注册土木工程师(水利水电工程)资格考试指定辅导教材

水利水电工程专业案例

(水工结构与工程地质篇)

(2009 年版)

全国勘察设计注册工程师水利水电工程专业管理委员会
中 国 水 利 水 电 勘 测 设 计 协 会 编

黄 河 水 利 出 版 社

图书在版编目(CIP)数据

水利水电工程专业案例:2009.水工结构与工程地质篇/全国勘察设计注册工程师水利水电工程专业管理委员会,中国水利水电勘测设计协会编.—郑州:黄河水利出版社,2009.4
注册土木工程师(水利水电工程)资格考试指定辅导教材
ISBN 978-7-80734-592-3

Ⅰ.水…　Ⅱ.①全…②中…　Ⅲ.①水利工程-工程技术人员-资格考核-自学参考资料②水力发电工程-工程技术人员-资格考核-自学参考资料　Ⅳ.TV

中国版本图书馆CIP数据核字(2009)第047289号

出 版 社:黄河水利出版社
　　地址:河南省郑州市顺河路黄委会综合楼14层　　邮政编码:450003
发行单位:黄河水利出版社
　　发行部电话:0371-66026940、66020550、66028024、66022620(传真)
　　E-mail:hhslcbs@126.com
承印单位:河南省瑞光印务股份有限公司
开本:787 mm×1 092 mm　1/16
印张:54.0
字数:1 248千字　　印数:6 001—9 000
版次:2007年4月第1版　　印次:2009年4月第3次印刷
　　2009年4月第2版

定价:129.00元

注册土木工程师(水利水电工程)资格考试
指定辅导教材编委会

前　言

为加强对水利水电工程勘察、设计人员的管理，保证工程质量，国家对从事水利水电工程勘察、设计活动的专业技术人员实行职业准入制度，注册土木工程师（水利水电工程）执业制度于2005年9月起正式实施。今后，在水利水电工程勘察、设计活动中形成的勘察、设计文件，必须由注册土木工程师（水利水电工程）签字并加盖执业印章后方可生效。专业技术人员经考试合格并注册后方可以注册土木工程师（水利水电工程）名义执业。根据执业岗位需要，注册土木工程师（水利水电工程）执业岗位划分为水利水电工程规划、水工结构、水利水电工程地质、水利水电工程移民、水利水电工程水土保持5个执业类别。

注册土木工程师（水利水电工程）资格考试分为基础考试和专业考试，基础考试合格后方可报名参加专业考试。基础考试分为两个半天，分别进行公共基础、专业基础考试；专业考试分为两天，分别进行专业知识、专业案例考试。基础考试不分执业类别，专业考试分执业类别。

为更好地帮助考生复习，全国注册土木工程师（水利水电工程）专业管理委员会和中国水利水电勘测设计协会成立了由行业资深专家、教授组成的考试复习教材编审委员会，于2007年5月组织编写并出版了参加资格考试的专用复习教材。针对2007年、2008年考试情况，全国勘察设计注册工程师水利水电工程专业管理委员会组织专家对考试大纲进行了修订，并经全国勘察设计注册工程师管理委员会审定，于2009年3月公布，考试复习教材编审委员会也组织专家对原复习教材进行了修编。

《水利水电工程专业基础知识》属于注册土木工程师（水利水电工程）必须要掌握的基本内容，此次没有修编，其余教材均进行了增加或删除，结构也进行了调整，将原来的专业案例（工程规划、水土保持与工程移民篇）分为两册，使水土保持的内容更丰富，同时让考生复习更具针对性。修编后的复习教材分《水利水电工程专业基础知识》、《水利水电工程专业知识》（2009年版）、《水利水电工程专业案例（水工结构与工程地质篇）》（2009年版）、《水利水电工程专业案例（工程规划与工程移民篇）》（2009年版）和《水利水电工程专业案例(水土保持篇)》(2009年版)五册,《水利水电工程专业基础知识》供参加基础考试的考生复习参考,其他四册供参加专业考试的考生复习参考。本套复习教材及《勘察设计注册土木工程师(水利水电工程)资格考试大纲》(2009年版)由黄河水利出版社出版发行。《注册土木工程师(水利水电工程)执业资格专业考试必备技术标准汇编》及其增补本由中国水利水电出版社出版发行。

本复习教材以《勘察设计注册土木工程师(水利水电工程)资格考试大纲》(2009年版)为依据,以注册工程师应掌握的专业知识、勘察设计技术标准为重点,紧密联系工程实践,不仅能帮助考生系统掌握专业知识和正确运用设计规范、标准处理工程实际问题,而且可作为水利水电专业技术人员从事勘察、设计、咨询、建设项目管理、专业技术管理的辅导读本和高等院校师生教学、学习的参考用书。

参加本教材编写的专家以其强烈的责任感、深厚的理论功底、丰富的工程实践经验以及对技术标准的准确理解,对教材字斟句酌,精心编撰,付出了辛勤劳动。我们对各位作者表示深切的谢意,对编者所在单位给予的关心和支持表示衷心的感谢,对黄河水利出版社展现的专业精神表示敬意。

全国勘察设计注册工程师水利水电工程专业管理委员会

中国水利水电勘测设计协会

2009年3月

目 录

工程地质篇

水工结构篇

第一章　总体设计能力

第一节　工程等别与水工建筑物级别划分依据和原则

一、工程等别

水利水电工程的等别，应根据其工程规模、效益及在国民经济中的重要性，划分为 5 等，按表 1-1-1 确定。

表 1-1-1　水利水电工程分等指标

工程等别	工程规模	水库总库容（亿 m^3）	防洪		治涝	灌溉	供水	发电
			保护城镇及工矿企业的重要性	保护农田（万亩）	治涝面积（万亩）	灌溉面积（万亩）	供水对象重要性	装机容量（万 kW）
Ⅰ	大(1)型	≥10	特别重要	≥500	≥200	≥150	特别重要	≥120
Ⅱ	大(2)型	10～1.0	重要	500～100	200～60	150～50	重要	120～30
Ⅲ	中型	1.0～0.10	中等	100～30	60～15	50～5	中等	30～5
Ⅳ	小(1)型	0.10～0.01	一般	30～5	15～3	5～0.5	一般	5～1
Ⅴ	小(2)型	0.01～0.001		<5	<3	<0.5		<1

注：1. 水库总库容是指水库最高水位以下的静库容。
2. 治涝面积和灌溉面积均指设计面积。
3. $1hm^2$ = 15 亩，下同。

（1）对综合利用的水利水电工程，当按各综合利用项目的分等指标确定的等别不同时，其工程等别应按其中最高等别确定。

水利水电工程等别的划分列入了水库总库容、装机容量、治洪、防涝、灌溉、供水等指标。

（2）平原区拦河水闸工程的等别，应根据其过闸流量，按表 1-1-2 确定。

表 1-1-2　拦河水闸工程分等指标

工程等别	工程规模	过闸流量（m^3/s）
Ⅰ	大(1)型	≥5 000
Ⅱ	大(2)型	5 000～1 000
Ⅲ	中型	1 000～100
Ⅳ	小(1)型	100～20
Ⅴ	小(2)型	<20

（3）灌溉、排水泵站的等别，应根据其装机流量与装机功率，按表 1-1-3 确定。工业、

城镇供水泵站的等别,应根据其供水对象的重要性,按表1-1-1确定。

表1-1-3　灌溉、排水泵站分等指标

工程等别	工程规模	分等指标	
		装机流量(m^3/s)	装机功率(万kW)
Ⅰ	大(1)型	≥200	≥3
Ⅱ	大(2)型	200~50	3~1
Ⅲ	中型	50~10	1~0.1
Ⅳ	小(1)型	10~2	0.1~0.01
Ⅴ	小(2)型	<2	<0.01

注:1.装机流量、装机功率是指包括备用机组在内的单站指标。
2.当泵站按分等指标分属两个不同等别时,其等别按其中高的等别确定。
3.由多级或多座泵站联合组成的泵站系统工程的等别,可按其系统的指标确定。

(4)引水枢纽工程等别应根据引水流量的大小,按表1-1-4确定。

表1-1-4　引水枢纽工程分等指标

工程等别	Ⅰ	Ⅱ	Ⅲ	Ⅳ	Ⅴ
规模	大(1)型	大(2)型	中型	小(1)型	小(2)型
引水流量(m^3/s)	>200	200~50	50~10	10~2	<2

二、水工建筑物级别

(一)永久性水工建筑物级别

(1)水利水电工程的永久性水工建筑物的级别,应根据其所在工程的等别和建筑物的重要性,划分为5级,按表1-1-5确定。

表1-1-5　永久性水工建筑物级别

工程等别	主要建筑物	次要建筑物
Ⅰ	1	3
Ⅱ	2	3
Ⅲ	3	4
Ⅳ	4	5
Ⅴ	5	5

(2)失事后损失巨大或影响十分严重的水利水电工程的2~5级主要永久性水工建筑物,经过论证并报主管部门批准,可提高一级;失事后造成损失不大的水利水电工程的1~4级主要永久性水工建筑物,经过论证并报主管部门批准,可降低一级。

(3)水利枢纽工程水库大坝按表1-1-5规定为2级、3级的永久性水工建筑物,如坝高超过表 1-1-6 指标,其级别可提高一级,但洪水标准可不提高。

表 1-1-6 水库大坝提级指标

级别	坝型	坝高(m)
2	土石坝	90
	混凝土坝、浆砌石坝	130
3	土石坝	70
	混凝土坝、浆砌石坝	100

对水电枢纽工程,2 级土石坝坝高超过 100m、3 级土石坝坝高超过 80m,2 级混凝土坝或浆砌石坝坝高超过 150m、3 级混凝土坝或浆砌石坝坝高超过 120m,大坝的级别宜相应提高一级,洪水设计标准宜相应提高,但抗震设计标准不提高。

(4)当永久性水工建筑物基础的工程地质条件复杂或采用新型结构时,对 2 ~ 5 级建筑物可提高一级设计,但洪水标准不予提高。

(5)城市防洪建筑物级别,根据《城市防洪设计规范》(CJJ50—92)确定。应按城市等别及其在工程中的作用和重要性划分为四级,按表 1-1-7 确定。

表 1-1-7 防洪建筑物级别

城市等别	永久性建筑物级别		临时性建筑物级别
	主要建筑物	次要建筑物	
Ⅰ	1	3	4
Ⅱ	2	3	4
Ⅲ	3	4	4
Ⅳ	4	4	

注:1. 主要建筑物是指失事后使城市遭受严重灾害并造成重大经济损失的建筑物,例如堤防、防洪闸等。
2. 次要建筑物是指失事后不致造成城市灾害或者造成经济损失不大的建筑物,例如丁坝、护坡、谷坊。
3. 临时性建筑物是指防洪工程施工期间使用的建筑物,例如施工围堰等。

(6)堤防工程的级别,应按《堤防工程设计规范》(GB50286—98)确定。堤防工程的防洪标准主要由防护对象的防洪要求确定。堤防工程的级别根据堤防工程的防洪标准确定,见表 1-1-8 的规定。

表 1-1-8 堤防工程的级别

防洪标准(重现期(年))	≥100	<100,且≥50	<50,且≥30	<30,且≥20	<20,且≥10
堤防工程的级别	1	2	3	4	5

堤防工程上的闸、涵、泵站等穿堤水工建筑物的级别,按所在堤防工程的级别和与建筑物规模相应的级别高者确定,其设计防洪标准不应低于堤防工程的防洪标准,并应留有适当的安全裕度。

（7）灌溉渠道或排水沟的级别应根据灌溉或排水流量的大小，按表1-1-9确定。对灌排结合的渠道工程，当按灌溉和排水流量分属两个不同工程级别时，应按其中较高的级别确定。

表1-1-9　灌排渠沟工程分级指标

工程级别	1	2	3	4	5
灌溉流量（m^3/s）	>300	300～100	100～20	20～5	<5
排水流量（m^3/s）	>500	500～200	200～50	50～10	<10

（8）水闸、渡槽、倒虹吸、涵洞、跌水与陡坡等灌排建筑物的级别，应根据过水流量的大小，按表1-1-10确定。

表1-1-10　灌排建筑物分级指标

工程级别	1	2	3	4	5
过水流量（m^3/s）	>300	300～100	100～20	20～5	<5

（9）在防洪堤上修建的引水、提水工程及其他灌排建筑物，或在挡潮堤上修建的排水工程，其级别不得低于防洪堤或挡潮堤的级别。

（10）倒虹吸、涵洞等灌排建筑物与公路或铁路交叉布置时，其级别不得低于公路或铁路的级别。

（二）临时性水工建筑物级别

（1）水利水电工程施工期使用的临时性挡水和泄水建筑物的级别，应根据保护对象的重要性、失事后果、使用年限和临时性建筑物规模，按表1-1-11确定。

表1-1-11　临时性水工建筑物级别

级别	保护对象	失事后果	使用年限（年）	临时性水工建筑物规模	
				高度（m）	库容（亿m^3）
3	有特殊要求的1级永久性水工建筑物	淹没重要城镇、工矿企业、交通干线或推迟总工期及第一台（批）机组发电，造成重大灾害和损失	>3	>50	>1.0
4	1、2级永久性水工建筑物	淹没一般城镇、工矿企业或影响工程总工期及第一台（批）机组发电而造成较大经济损失	3～1.5	50～15	1.0～0.1
5	3、4级永久性水工建筑物	淹没基坑，但对总工期及第一台（批）机组发电影响不大，经济损失较小	<1.5	<15	<0.1

（2）当临时性水工建筑物根据表1-1-11指标分属不同级别时，其级别应按其中最高

级别确定。但对3级临时性水工建筑物,符合该级别规定的指标不得少于两项。

(3)利用临时性水工建筑物挡水发电、通航时,经过技术经济论证,3级以下临时性水工建筑物的级别可提高一级。

第二节 洪水标准

一、一般规定

(1)水利水电工程永久性水工建筑物的洪水标准,应按山区、丘陵区和平原、滨海区分别确定。

(2)当山区、丘陵区的水利水电工程永久性水工建筑物的挡水高度低于15m,且上下游最大水头差小于10m时,其洪水标准宜按平原、滨海区标准确定;当平原区、滨海区的水利水电工程永久性水工建筑物的挡水高度高于15m,且上下游最大水头差大于10m时,其洪水标准宜按山区、丘陵区标准确定。

(3)江河采取梯级开发方式,在确定各梯级水利水电工程的永久性水工建筑物的设计洪水与校核洪水标准时,还应结合江河治理和开发利用规划,统筹研究,相互协调。

二、山区、丘陵区水利水电工程的永久性水工建筑物

(1) 山区、丘陵区水利水电工程永久性水工建筑物的洪水标准,应按表1-2-1确定。

表1-2-1 山区、丘陵区水利水电工程永久性水工建筑物的洪水标准((重现期(年))

项目		水工建筑物级别				
		1	2	3	4	5
设计		1 000~500	500~100	100~50	50~30	30~20
校核	土石坝	可能最大洪水(PMF)或10 000~5 000	5 000~2 000	2 000~1 000	1 000~300	300~200
	混凝土坝、浆砌石坝	5 000~2 000	2 000~1 000	1 000~500	500~200	200~100

(2)对土石坝,如失事下游将造成特别重大灾害时,1级建筑物的校核洪水标准,应取可能最大洪水(PMF)或重现期10 000年标准;2~4级建筑物的校核洪水标准,可提高一级。

(3)对混凝土坝、浆砌石坝,如洪水漫顶将造成极严重的损失时,1级建筑物的校核洪水标准,经过专门论证并报主管部门批准,可取可能最大洪水(PMF)或重现期10 000年标准。

(4)山区、丘陵区水利水电工程的永久性泄水建筑物消能防冲设计的洪水标准,可低于泄水建筑物的洪水标准,根据泄水建筑物的级别按表1-2-2确定,并应考虑在低于消能防冲设计洪水标准时可能出现的不利情况。对超过消能设计标准的洪水,容许消能防冲建筑物出现局部破坏,但必须不危及挡水建筑物及其他主要建筑物的安全,且易于修复,

不致长期影响工程运行。

表 1-2-2　山区、丘陵区水利水电工程消能防冲建筑物洪水标准

永久性泄水建筑物级别	1	2	3	4	5
洪水重现期(年)	100	50	30	20	10

(5)水电站厂房的洪水标准,应根据其级别,按表 1-2-3 的规定确定。河床式水电站厂房,挡水部分的洪水标准,应与工程的主要挡水建筑物的洪水标准相一致。水电站厂房的副厂房、主变压器场、开关站、进厂交通等的洪水标准,可按表 1-2-3 确定。

(6)抽水蓄能电站的上、下调节池,若容积较小,失事后对下游的危害不大,且修复较容易,其水工建筑物的洪水标准,可根据其级别,按表 1-2-3 的规定确定。

表 1-2-3　水电站厂房洪水标准(重现期(年))

水电站厂房级别	设计	校核
1	200	1 000
2	200 ~ 100	500
3	100 ~ 50	200
4	50 ~ 30	100
5	30 ~ 20	50

(7)坝体施工期临时度汛洪水标准,应根据坝型及坝前拦洪库容,按表 1-2-4 确定。根据其失事后对下游的影响,标准可适当提高或降低。

表 1-2-4　坝体施工期临时度汛洪水标准(重现期(年))

坝型	拦洪库容(亿 m^3)		
	>1.0	1.0 ~ 0.1	<0.1
土石坝	>100	100 ~ 50	50 ~ 20
混凝土坝、浆砌石坝	>50	50 ~ 20	20 ~ 10

(8)导流泄水建筑物封堵后,如永久泄洪建筑物尚未具备设计泄洪能力,坝体度汛洪水标准应通过分析坝体施工和运行要求,按表 1-2-5 的规定确定。

表 1-2-5　导流泄水建筑物封堵后坝体度汛洪水标准(重现期(年))

坝型		大坝级别		
		1	2	3
混凝土坝、浆砌石坝	设计	200 ~ 100	100 ~ 50	50 ~ 20
	校核	500 ~ 200	200 ~ 100	100 ~ 50
土石坝	设计	500 ~ 200	200 ~ 100	100 ~ 50
	校核	1 000 ~ 500	500 ~ 200	200 ~ 100

三、平原、滨海区水利水电工程的永久性水工建筑物

(1)平原区水利水电工程永久性水工建筑物洪水标准,应按表 1-2-6 确定。

表 1-2-6 平原区水利水电工程永久性水工建筑物洪水标准(重现期(年))

项目		永久性水工建筑物级别				
		1	2	3	4	5
水库工程	设计	300 ~ 100	100 ~ 50	50 ~ 20	20 ~ 10	10
	校核	2 000 ~ 1 000	1 000 ~ 300	300 ~ 100	100 ~ 50	50 ~ 20
拦河水闸	设计	100 ~ 50	50 ~ 30	30 ~ 20	20 ~ 10	10
	校核	300 ~ 200	200 ~ 100	100 ~ 50	50 ~ 30	30 ~ 20

(2)潮汐河口段和滨海区水利水电工程永久性水工建筑物潮水标准,应根据其级别,按表 1-2-7 确定。对 1 级、2 级建筑物,若确定的设计潮水位低于当地历史最高潮水位,应采用当地历史最高潮水位校核。

表 1-2-7 潮汐河口段和滨海区水利水电工程永久性水工建筑物潮水标准

永久性水工建筑物级别	1	2	3	4、5
设计潮水位重现期(年)	≥100	100 ~ 50	50 ~ 20	20 ~ 10

(3)平原区水电站厂房的洪水标准,应根据其级别,按表 1-2-6 确定。

(4)平原、滨海区水利水电工程的永久性泄水建筑物消能防冲洪水标准,应根据泄水建筑物的级别,分别按表 1-2-6 和表 1-2-7 确定。

四、其他水利工程的永久性水工建筑物

(1)灌溉和治涝工程永久性水工建筑物洪水标准,应根据其级别,按表 1-2-8 确定。

表 1-2-8 灌溉和治涝工程永久性水工建筑物洪水标准

永久性水工建筑物级别	1	2	3	4	5
洪水重现期(年)	100 ~ 50	50 ~ 30	30 ~ 20	20 ~ 10	10

注:灌溉和治涝工程永久性水工建筑物的校核洪水标准,可视具体情况和需要研究确定。

(2)供水工程永久性水工建筑物洪水标准,应根据其级别,按表 1-2-9 确定。

表 1-2-9 供水工程永久性水工建筑物洪水标准(重现期(年))

运用情况	永久性水工建筑物级别			
	1	2	3	4
设计	100 ~ 50	50 ~ 30	30 ~ 20	20 ~ 10
校核	300 ~ 200	200 ~ 100	100 ~ 50	50 ~ 30

（3）泵站建筑物洪水标准，应根据其级别，按表 1-2-10 确定。

表 1-2-10　泵站建筑物洪水标准（重现期（年））

运用情况	永久性水工建筑物级别				
	1	2	3	4	5
设计	100	50	30	20	10
校核	300	200	100	50	20

五、堤防工程

堤防工程的洪水标准，应根据江河防洪规划和保护对象的重要性，按照现行国家标准《防洪标准》（GB50286—98）确定。

对没有整体防洪规划河流的堤防，或不影响整体防洪规划的相对独立的局部堤防，其洪水标准根据保护对象的重要性，按《防洪标准》（GB50286—98）确定。

穿堤永久性水工建筑物的洪水标准，应不低于堤防工程洪水标准。

六、城、乡防洪标准

（1）城市应根据其社会经济地位的重要性或非农业人口的数量分为 4 个等级。各等级的防洪标准按表 1-2-11 的规定确定。

表 1-2-11　城市的等级和防洪标准

等级	重要性	非农业人口（万人）	防洪标准（重现期（年））
Ⅰ	特别重要的城市	≥150	≥200
Ⅱ	重要的城市	150～50	200～100
Ⅲ	中等城市	50～20	100～50
Ⅳ	一般城镇	≤20	50～20

（2）位于滨海地区中等及以上城市，当按表 1-2-11 的防洪标准确定的设计高潮位低于当地历史最高潮位时，应采用当地历史最高潮位进行校核。

（3）以乡村为主的防护区（简称乡村防护区），应根据其人口或耕地面积分为 4 个等级，各等级的防洪标准按表 1-2-12 的规定确定。

表 1-2-12　乡村防护区的等级和防洪标准

等级	防护区人口（万人）	防护区耕地面积（万亩）	防洪标准（重现期（年））
Ⅰ	≥150	≥300	100～50
Ⅱ	150～50	300～100	50～30
Ⅲ	50～20	100～30	30～20
Ⅳ	≤20	≤30	20～10

七、临时性水工建筑物

临时性水工建筑物洪水标准，应根据建筑物的结构类型和级别，在表 1-2-13 规定的幅度内，结合风险度综合分析，合理选用。对失事后果严重的，应考虑遇超标准洪水的应急措施。

表 1-2-13　临时性水工建筑物洪水标准(重现期(年))

临时性建筑物类型	临时性水工建筑物级别		
	3	4	5
土石结构	50 ~ 20	20 ~ 10	10 ~ 5
混凝土、浆砌石结构	20 ~ 10	10 ~ 5	5 ~ 3

第三节　工程建设场址及坝(闸)址、厂(站)址

工程场址选择是水利水电工程设计的重要内容之一。对各比较场址方案，应从综合利用、地形地质、枢纽布置、工程量、施工导流、施工条件、建筑材料、施工工期、环境影响、移民安置、工程投资、工程效益和运行条件等方面，进行技术经济综合比较论证后，选定坝址、厂址等工程场址。

一、坝址选择

(一)地形条件

地形条件很大程度上制约着坝型选择和枢纽建筑物特别是泄洪消能建筑物、施工导流工程的布置，并最终反映到坝址的经济性上。有利的地形条件，可以使挡水、泄洪消能、发电厂房等建筑物布置各得其所，在很好地满足各建筑物功能性要求的同时，使工程的投资最小。

由于地形的不同，各比较坝址选择出的代表坝型和枢纽布置格局可能也不同，有时存在几个坝址其代表坝型分别为重力坝、拱坝和土石坝的情况。这时需要仔细研究各坝型与其坝址的适应性，综合比较建坝难度、泄洪条件、厂房布置条件及经济等方面的差别。

地形条件还影响到导流工程的布置，如果河谷较宽，则可以采用河床分期导流布置，避免隧洞全年导流带来临时工程投资的增加，对施工布置和减少工程量有利，是坝址比选考虑的重要因素之一。

(二)地质条件

良好的工程地质与水文地质条件是选择坝址及坝轴线的必要条件，有些情况下甚至起决定性作用。作为重力坝坝址，首先要求岩石有足够的强度及完整性、均匀性；作为混凝土拱坝坝址，对岩体的强度及完整性比重力坝要求更高，同时要求坝肩具有良好的稳定性；土石坝坝址应查清坝基覆盖层厚度，并注意坝基是否存在可能液化的土层。对高坝而言，一般应将坝址选在硬岩上，同时避免坝基存在不利的软弱夹层，以减少坝基处理工程量。

应尽量选择横向谷坝址，倾角较陡时，对坝基和两岸防渗和抗滑稳定有利。如坝址河段内可能出露不同的岩层，应尽可能将坝址选择在非可溶性岩石位置，以简化坝址勘探及防渗处理工程量。岩层与河流近平行的纵向谷坝址，往往对坝基及两岸防渗不利。

另外，坝址选择应尽量远离上游库区的滑坡体，大型活动滑坡体会制约坝址的选择。

(三)枢纽布置

坝址比选应充分重视枢纽布置条件特别是泄洪建筑物的布置条件及差别。

一个良好的坝址，应使枢纽的各个建筑物布置协调，各得其所，特别是泄洪建筑物应有充分的布置场地，使其具有良好的泄洪消能及水流归槽条件。

在河流有通航要求时，坝址比选应考虑地形和水流条件对通航建筑物的影响。

(四)库区淹没

水库区的淹没大小和移民搬迁安置的难度，是坝址比选考虑的重要因素之一。随着社会经济环境的变化，有时甚至会制约坝址的选择。应尽量选择淹没少，征地少，人口迁移少的优良坝址。

水库对铁路等重要设施的淹没等不利影响常制约正常蓄水位选择，同时影响坝址的比选。

(五)施工条件

施工条件也是坝址比选考虑的重要因素之一。应注意施工总布置和运行管理条件的差别，使枢纽运行管理方便。坝址选择还应注意外部交通条件，有时往往也是坝址取舍的重要条件之一。

(六)建筑材料

坝址的建筑材料分布情况亦对坝址比选存在重要影响，不同建筑材料的种类、储量、质量、数量、分布及运距情况，影响到坝址及相应坝型的选择。

(七)其他

坝址比选时，还要考虑对环境的影响，尽量避开敏感对象。

工程量、工程总投资及动态经济指标，是坝址比选时应考虑的重要经济条件。应选择技术可靠、经济合理的坝址作为工程的选定坝址。

二、闸址选择

闸址应根据水闸的功能、特点和运用要求，综合考虑地形、地质、水流、潮汐、泥沙、冻土、冰情、施工、管理、周围环境等因素，经技术经济比较后选定。

(1)闸址宜选择在地形开阔、岸坡稳定、岩土坚实和地下水水位较低的地点。闸址宜优先选用地质条件良好的天然地基，避免采用人工处理地基。

(2)节制闸或泄洪闸闸址宜选择在河道顺直、河势相对稳定的河段，经技术经济比较后也可选择在弯曲河段裁弯取直的新开河道上。

(3)进水闸、分水闸或分洪闸闸址宜选择在河岸基本稳定的顺直河段或弯道凹岸顶点稍偏下游处，但分洪闸闸址不宜选择在险工堤段和保护重要城镇的下游堤段。

(4)排水闸(排涝闸)或泄水闸(退水闸)闸址宜选择在地势低洼、出水通畅处，且排水闸(排涝闸)闸址宜选择在靠近主要涝区和容泄区的老堤堤线上。

(5)挡潮闸闸址宜选择在岸线和岸坡稳定的潮汐河口附近，且闸址泓滩冲淤变化较小、上游河道有足够的蓄水容积的地点。

(6)若在多支流汇合口下游河道上建闸，选定的闸址与汇合口之间宜有一定的距离；若在平原河网地区交叉河口附近建闸，选定的闸址宜在距离交叉河口较远处；若在铁路桥或Ⅰ、Ⅱ公路桥附近建闸，选定的闸址与铁路桥或Ⅰ、Ⅱ级公路桥的距离不宜太近。

(7)选择闸址应考虑材料来源、对外交通、施工导流、场地布置、基坑排水、施工水电供应等条件。

(8)闸址选择应考虑水闸建成后工程管理维修和防汛抢险等条件。

(9)选择闸址还应考虑下列要求：占用土地及拆迁房屋少；尽量利用周围已有公路、航运、动力、通信等公用设施；有利于绿化、净化、美化环境和生态环境保护；有利于开展综合经营。

三、水电站厂房厂址选择

水电站厂房厂址应根据地形、地质、环境条件，结合整个枢纽的工程布局等因素，经技术经济比较后选定。

(1)厂址及其上下游衔接应选择相对优越的地形、地质、水文条件，还必须与枢纽其他建筑物相互协调。

(2)厂房位置宜避开冲沟口和崩塌体，对可能发生的山洪淤积、泥石流或崩塌体等应采取相应的防御措施；厂房位于高陡坡下时，对边坡稳定要有充分的论证，并应设有安全保护措施及排水。

(3)河床式厂房进水口应注意避免泥沙的淤积和磨蚀、漂浮物的堵塞和冰凌的壅阻。

(4)地下厂房宜布置在地质构造简单、岩体完整坚硬、上覆岩层厚度适宜、地下水微弱以及山坡稳定的地段；洞室位置宜避开较大断层、节理裂隙发育区、破碎带以及高地应力区，如不可避免时，应有专门论证；主要交通在设计洪水标准条件下应保证畅通；在校核洪水标准条件下，应保证进出厂人行交通不致阻断；穿过泄水雾化区地段宜采取适当保护措施。

(5)地下厂房洞口位置宜避开风化严重或有较大断层通过的高陡边坡地带；应避开滑坡、危崖、山崩及其他软弱面形成的坍滑体。

(6)地下厂房主洞室纵轴线选择应综合考虑下列因素：①主洞室的纵轴线走向，宜与围岩的主要构造弱面(断层、节理、裂隙、层面等)呈较大的夹角。同时，应注意次要构造面对洞室稳定的不利影响；②在高地应力地区，洞室纵轴线走向与最大主应力水平投影方向的夹角宜采用较小角度。

(7)地下厂房洞室群各洞室顶部以上的岩体厚度或傍山洞室靠边坡一侧的岩体厚度，应根据岩体完整程度、风化程度、地应力大小、地下水活动情况、洞室规模及施工条件等因素综合分析确定。主洞室岩体厚度不宜小于洞室开挖宽度的2倍。

(8)地下厂房洞室群各洞室之间的岩体应保持足够的厚度，其厚度应根据地质条件、洞室规模及施工方法等因素综合分析确定，不宜小于相邻洞室的平均开挖宽度的1～1.5倍。上、下层洞室之间岩石厚度，不宜小于小洞室开挖宽度的1～2倍。

(9)水电站厂房应少占用或不占用农田，保护天然植被，保护环境，保护文物。

四、泵站站址选择

泵站站址应根据流域(地区)治理或城镇建设的总体规划、泵站规模、运行特点和综合利用要求，考虑地形、地质、水源或承泄区、电源、枢纽布置、对外交通、占地、拆迁、施工、管理等因素以及扩建的可能性，经技术经济比较选定。

(1)山丘区泵站站址宜选择在地形开阔、岩坡适宜、有利于工程布置的地点。

(2)泵站站址宜选择在岩土坚实、抗渗性能良好的天然地基上，不应设在大的和活动性的断裂构造带以及其他不良地质地段。

选择站址时，如遇淤泥、流沙、湿陷性黄土、膨胀土等地基，应慎重研究确定基础类型和地基处理措施。

(3)由河流、湖泊、渠道取水的灌溉泵站，其站址应选择在有利于控制提水灌溉范围，使输水系统布置比较经济的地点。

泵站取水口应选择在主流稳定靠岸，能保证引水，有利于防洪、防沙、防冰及防污的河段；否则，应采取相应的措施。由潮汐河道取水的灌溉泵站取水口，还应符合淡水水源充沛、水质适宜灌溉的要求。

(4)直接从水库取水的灌溉泵站，其站址应根据灌区与水库的相对位置和水库水位变化情况，研究论证库区或坝后取水的技术可靠性和经济合理性，选择在岸坡稳定、靠近灌区、取水方便、少受泥沙淤积影响的地点。

(5)排水泵站站址应选择在排水区地势低洼、能汇集排水区涝水，且靠近承泄区的地点。排水泵站出口不宜设在迎溜、岸崩或淤积严重的河段。

(6)灌排结合泵站站址，应根据有利于外水内引和内水外排、灌溉水源水质不被污染和不致引起或加重土壤盐渍化，并兼顾灌排渠系的合理布置等要求，经综合比较选定。

(7)供水泵站站址应选择在城镇、工矿区上游，河床稳定、水源可靠、水质良好、取水方便的河段。

(8)梯级泵站站址应根据总功率最小的原则，结合各站站址地形、地质条件，经综合比较选定。

第四节　主要建筑物的基本型式及选择

水利水电工程主要建筑物有：挡水建筑物，泄水建筑物，引水建筑物，输(排)水(渠系)建筑物，发电厂房(泵站)及开关站(变电站、换流站)，通航、过木及过鱼建筑物和堤防及河道整治建筑物等。主要建筑物基本型式选择与枢纽的位置、枢纽的功能及总体布置密切相关，应根据枢纽所在位置的地形地质、建筑材料、水文气象、施工条件、占地移民、管理运行要求、环境景观、工程造价等，经综合比较后确定。

一、挡水建筑物

挡水建筑物主要有土石坝、重力坝、拱坝、挡水闸等型式。根据挡水和过水的不同要求，又可以将挡水建筑物划分为非溢流坝和溢流坝。

对选定的坝址，需要开展坝型比选研究工作，根据地形地质条件、枢纽布置条件、坝型适应性、泄洪消能、防冲护岸、工程量、施工导流、施工条件、施工工期、建筑材料、工程投资和运行条件等因素，经技术经济综合比较论证，选定挡水建筑物型式。

（一）地形地质条件

地形地质条件是坝型选择的关键因素。坝址地形地质条件与某种坝型适应性好，则该坝型技术经济条件较优越。

一般来说，岩石地基适于修建混凝土坝或浆砌石坝；对坝基及两岸岩石坚硬完整的狭窄河谷，比较适合修建拱坝；覆盖层地基对土石坝较适应，但也可以修建矮混凝土坝或浆砌石坝。需要指出的是，即使是地形地质条件适合修建拱坝的坝址，也有可能适宜修建当地材料坝，需要综合枢纽布置、施工条件、工程投资等各方面因素综合确定。

（二）枢纽布置条件

挡水建筑物或坝的型式不同，相应的泄洪建筑物及引水发电系统布置也就差别很大。坝型的比选，应充分考虑枢纽布置条件的差别，特别是泄洪消能条件、电站厂房布置、建筑物高边坡的稳定性影响等因素，以选择出枢纽布置顺畅、技术难度相对较小、总体投资较低的合理坝型。

（三）施工条件及工期

各种坝型的导流条件、施工总布置、工期等存在差别，是坝型比选考虑的主要因素之一。土石坝施工导流及度汛难度一般比混凝土坝要大；混凝土坝外来材料的运输量比土石坝要大；从施工难易程度上比较，均质坝比心墙坝和斜墙坝施工要简单。

（四）建筑材料

挡水建筑物型式选择要考虑材料来源，对土和石料丰富的地方要优先考虑采用当地材料坝，根据不同料的储量、质量及开采运输条件可以选用不同型式的土石坝。混凝土骨料储量、质量及开采运输条件好时可以考虑修建混凝土坝。

（五）工程量及工程投资

在保证满足工程功能要求及确保建筑物安全的前提下，工程量及工程总投资是坝型比选考虑的重要综合指标，如坝型均可行且无明显控制坝型比选的因素，则一般应选择工程量及工程总投资少的坝型作为选定坝型。

二、泄水建筑物

泄水建筑物的型式有坝顶溢洪道、岸边溢洪道、坝内泄水孔、土石坝坝下埋管、泄水隧洞等。泄水建筑物的型式选择除与地形地质、施工、运行条件密切相关外，还与组成水利枢纽的坝型有关。

由混凝土坝组成的水利枢纽适合做坝顶溢洪道；以土坝组成的水利枢纽坝体一般不能过水，多采用岸边或垭口溢洪道以及泄洪隧洞。河床狭窄且两岸山坡陡峻、岸坡开挖量大的地方，选用隧洞泄洪有利，坝肩岸坡平缓的适合岸边溢洪道。

从泄洪运用条件上比较，开敞式岸边溢洪道超泄能力较大，比隧洞泄洪更安全。

考虑到坝下埋管对坝的安全影响，在其他型式都不可能的情况下方可考虑选用，坝下埋管宜建基在岩基及坚实的土基上并采用无压流方式，有压流管道宜做在坝体的廊道内以策安全。

从水流形态上可分为自由溢流的开敞式和淹没流的孔口式，对有漂浮物或有排冰要求的可选用开敞式溢洪道，对有排沙要求或低水位放水要求的，可选用潜孔口式，孔口的高低根据运用需要确定。

一般大中型工程的泄水建筑物均应进行整体水力学模型试验，必要时还应进行断面模型试验，以验证其泄流能力和泄洪消能等水力学条件，论证工程布置的合理性。

三、发电引水建筑物

发电引水建筑物的型式主要有渠道、隧洞和管道，在水源点和电站站址选定后，引水建筑物的型式主要取决于引水线路的地形地质条件，高山地区宜布置隧洞，地形平坦时可进行明渠和管道方案比较，管道造价高但蒸发渗漏损失少，埋在地下有利于冬季输水，明渠则相反，且水质容易受到污染。

四、输(排)水(渠系)建筑物

输(排)水(渠系)建筑物是指灌溉、治涝、城镇及工业供水等用于输水、排水干线的建筑物，包括进水口、渠道、管道、隧洞、涵洞、渡槽、倒虹吸等。治涝排水工程多位于偏远地区，排水建筑型式的选择与水量损失、水质污染无关，冬季不需要排水，排水渠选择在地势较低处，为节约投资多以渠道型式为主。灌溉和供水的输水工程，输水线路要照顾到沿线用水户的需要，在水源地和供水点选定后，输水建筑物型式的选择和发电引水建筑物相同。

沿线交叉建筑物的型式，一般由该处的地形地质条件确定，规模较大的交叉建筑物，应通过技术经济比较确定。

五、发电厂房(泵站)及开关站(变电站)

发电厂房按厂房结构及布置特点分为地面式厂房、地下式厂房、坝内式厂房和溢流式厂房。地面式厂房建于地面，按其位置不同，又分为河床式厂房、坝后式厂房、岸边式厂房；地下式厂房位于地下洞室中，也有的地下厂房其上部露出地面；坝内式厂房位于坝体空腔内；溢流式厂房位于溢流坝坝趾，坝上溢出水流流经或跃过厂房顶，泄入尾水渠。

对低水头水电站，电站厂房通常采用河床式电站布置方案，厂房兼做挡水建筑物；对高水头水电站，电站厂房一般采用坝后式、地下式或岸边地面厂房；在河床狭窄、厂房高度和挡水高度合适的条件下也可做成坝内式或厂房顶溢流式。有时为了取得大的落差，需将电站放在远离水源地或引水枢纽处而成为引水式电站。

泵站根据其承担的任务不同，可分为灌溉泵站、排水泵站、灌排结合泵站、供水泵站等。泵房结构型式较多，常用的有固定式和移动式两种。固定式泵房按基础型式的特点又可分为分基型、干室型、湿室型和块基型 4 种；移动式泵房可分为泵船和泵车两种；当水源水位变化幅度在 10m 以上且水位涨落速度大于 2m/h，水流流速又大时宜采用竖井式泵站；当水源水位变化幅度在 15m 以上，洪水期较短、含沙量不大时可采用潜没式泵站。

泵房结构型式的确定,主要根据主机组结构性能、水源水位变幅、地基条件及枢纽布置,通过技术经济比较择优选定。

开关站(变电站)有户外式和户内式两种型式,户外式占地面积大、受气候及风沙影响大,但造价低,户内式则相反,且运行安全程度较高。应根据使用要求经技术经济比较选定。

六、堤防

堤防工程的型式应按照因地制宜、就地取材的原则,根据堤段所在位置,堤址地质、筑堤材料、水流及风浪特性、施工条件、运用和管理要求、环境景观、工程造价等因素,经技术经济比较,综合确定。

根据筑堤材料,可选择土堤、石堤、混凝土和钢筋混凝土防洪墙、分区填筑的混合堤等;根据堤身的断面型式,可选择斜坡式堤、直墙式堤或直斜式堤等;根据防渗体设计,可选择均质土堤、斜墙式或心墙式土堤等。

同一堤防的各堤段可根据具体条件采用不同堤型,在堤型变换处要做好接缝处理,必要时要设过渡段。

七、通航、过木及过鱼建筑物

通航、过木及过鱼建筑物包括船闸、升船机、筏道、鱼道等,一般均为枢纽工程的一个组成部分,在枢纽扩建、改建时也可列为单项工程。此类工程的设计应参照交通部、林业部、农业部的有关规范进行,对其标准、要求还宜征得有关部门的同意;重要的通航建筑物应进行必要的水工和泥沙模型试验。

第五节　水利水电工程枢纽布置

合理安排枢纽中各个水工建筑物的相互位置称为枢纽布置。枢纽布置要因地制宜,既要满足枢纽的各项任务和功能的要求,又要适合枢纽区的自然条件,便于施工和导流,有利于节省投资和缩短工期。水利水电枢纽一般都有挡水、泄水和电站等建筑物,应协调好各建筑物的位置关系,以达到更好地发挥预定功能、运行安全可靠、经济合理可行的目的。

对选定的坝轴线、坝型,需对各种可行的枢纽布置方案进行比选研究,从综合利用、地形地质条件、建筑物布置、水力学条件、工程量、施工导流、施工条件、施工工期、施工占地、工程投资和运行条件等方面,结合必要的试验研究成果,经综合比较论证后选定枢纽布置方案。

一、枢纽布置设计的一般原则

(1)应满足各个建筑物在布置上的要求,保证其在任何工作条件下都能正常工作。要尽量避免枢纽中各建筑物运行中的互相干扰。如对有船闸的枢纽工程,应将船闸与溢流坝和电站尽量分开布置,特别在溢流坝泄水时,引航道不致产生过大横向流速,以使船不致偏航而顺利驶入闸室，必要时下游出口应设导墙，使引航道与溢流坝或水电站厂房隔开。当厂房与溢流坝相邻时，两者之间一般应设足够长的导流墙，以防止泄洪对厂房及其尾水的影响；应注意厂房、变电设备及开关站等需离泄洪射流一定距离，以免雾化水流影响安全运行；土石坝泄水和引水建筑物进、出口附近的坝坡和岸坡，应有可靠的防护措施，出口应采取妥善的消能措施，并使消能后的水流离开坝脚一定距离，避免水流冲刷和回流淘刷等。

(2)枢纽中各建筑物应尽可能紧凑布置，在满足功能要求的前提下，减少工程投资，方便运行管理。大流量、高水头、窄河谷的水利水电枢纽，泄水建筑物与坝后式电站厂房的布置矛盾十分突出，此时可研究比选泄水建筑物与电站厂房重叠布置方案，如新安江的厂顶溢流布置，乌江渡、漫湾的厂前挑流布置方案，建筑物布置非常紧凑，工程量及投资较省，经济效益较明显。又如都江堰根据"深淘滩、低作堰"治水六字诀采用鱼嘴分水、宝瓶口正面引水与飞河堰侧面排沙，枢纽建筑物组成合理，布置紧凑，起到了分水、泄洪、引水和排沙的作用，运行至今已有 2 200 多年，收到了良好的社会效益和经济效益。

(3)尽量使一个建筑物发挥多种用途或临时建筑物和永久建筑物相结合布置，充分发挥综合效益。在峡谷河段筑坝，一般采用隧洞导流，将临时性的导流洞封堵改建为永久泄洪隧洞，是减少泄洪洞工程量、节约投资的合理措施。在我国导流洞改建为龙抬头无压泄洪洞的有刘家峡、碧口、石头河和紫坪铺等，导流洞改建为有压隧洞的有响洪甸、南水、冯家山等，还有小浪底导流洞改建成孔板泄洪洞。在中小水头情况下也有泄洪洞与发电洞和发电与灌溉隧洞合一布置等型式。

(4)在满足建筑物强度和稳定的条件下，枢纽布置应考虑降低枢纽总造价和年运转费用。为了提高重力坝的稳定性，常将坝的上游面做成倾向上游(坡度不宜过缓)，以利用坝面上的水重来提高坝的抗滑稳定性；重力坝坝体内各部位应力各不相同，为了节约与合理使用水泥，坝体按不同部位分区，采用不同强度等级的混凝土；拱坝泄洪建筑方式与布置宜首先研究采用坝身泄洪的可行性，以求经济；可通过优化拱坝水平拱圈布置等降低总造价。

(5)枢纽布置要做到施工方便，工期短，造价低。一般坝轴线直线布置(拱坝除外)，坝体工程量最小。在高山峡谷河流拐弯较大河段，把坝布置在弯道上，利用河弯凸岸布置泄水建筑物和引水发电系统，枢纽布置相对简单，减轻或避免了大坝与泄水、发电建筑物在施工和运行中的相互干扰，可缩短工期，降低造价和提高效益。三峡水利枢纽需在河床中布置大型溢洪坝、水电站厂房和通航建筑物，坝址之所以选在河谷较宽的三斗坪，原因之一是便于施工，且可借助江中中堡岛进行分期导流。土石坝在坝址附近选择接近水库正常蓄水位的马鞍形垭口修岸边溢洪道，既节省工程量又便于施工和运用管理。

(6)尽可能使枢纽中的部分建筑物早期投产，提前发挥效益(如提前蓄水，早期发电或灌溉)。如碾压混凝土坝施工工艺简单，可采用大型机械，大仓面浇筑混凝土，能缩短工期，提前投产，及早发挥效益，坑口坝、龙门滩坝、天生桥二级工期均提前一年。施工导流问题和工期也是选择布置方案的主要因素之一，有时为了缩短工期，提前发电，将厂房布置在河滩一侧以简化导流。目前用重力坝底部设置多孔数、大孔径的导流底孔，取代坝体留导流缺口已成发展趋势，采取边蓄水、边施工措施以争取提前发电、防洪、供水、灌溉等综合利用效益，尽量缩短建设周期，如 1980 ~ 2000 年间建设的岩滩、水口、五强溪、三峡等高重力坝大型水电站,首批机组发电周期一般都在工程截流后4~6年。

(7)枢纽的外观应与周围环境相协调,在可能的条件下注意美观。建成一座水利水电枢纽,便造就一个水库环境,赋与水利水电枢纽环境功能。水库景观的好与坏,其实是对水库进行开发的部分结果。它涉及水利工程、环境、水土保持、生物、生态和美学诸多方面,所以需要进行必要的设计。水利水电的雄伟建筑物实际是非常丰富的科技和人文教育的大课堂。保护库区自然植被、生态体系和树种,使人获得回归自然的感受。水库形成宽阔的平静水面,是一种难得的景观资源,可以开展生产、生活、业余及教育等活动,如航运、养鱼、亲水、戏水、钓鱼、划船、游船、露营、赏花、运动、散步、休息等,营造宜人的生存环境,使之成为旅游胜地。

二、枢纽布置方案选择考虑的主要因素

影响枢纽布置方案选择的主要有综合利用、地形地质条件、建筑物布置、施工条件、施工工期、工程量及工程投资、运行条件等方面。

(一)地形地质条件

对选定坝址及坝型,枢纽布置方案间的差别主要体现在泄洪建筑物、引水发电系统、通航建筑物型式选择及布置方面,而地形地质条件对枢纽布置影响较大。

对高混凝土重力坝而言,当河床宽度合适时,可将泄洪及引水发电系统布置在不同坝段,使其均匀布置在河床内;当在狭窄河谷中建造高重力坝或拱坝时,一般在河床坝段布置泄洪设施,而引水发电系统则需采用隧洞引水布置方案,厂房则采用地下式或岸边式。对土石坝而言,应根据泄洪规模大小及地形条件,研究比选采用岸边式开敞溢洪道、全部采用泄洪洞或二者组合方式。

地质条件对引水发电系统布置及泄洪建筑物布置选择有着重大影响。当采用隧洞引水发电时,一般根据地形条件,将引水发电系统布置在凸岸较为合理。

(二)建筑物布置及泄洪消能条件

不同的枢纽布置方案,建筑物的型式和布置不同,泄洪建筑物、发电厂房及下游消能防冲设计难度也存在一定差别。应充分考虑溢洪道、泄洪洞之间,地下厂房、地面厂房、坝后厂房、岸边厂房、溢流厂房之间,设置调压室与不设置调压室等方面的技术难度、施工难度、运行可靠性、投资等方面的差别对枢纽布置方案比选的影响。

(三)施工条件及工期

枢纽布置方案比选应考虑施工导流、施工场地布置、施工工期、施工难易程度、施工机械化水平等方面的差别。导流条件好、施工难度低、施工方便、工期短的枢纽布置方案,有利于工程建设的顺利进行,可尽早发挥综合效益。

(四)运行管理条件

枢纽布置应考虑运行管理条件的差别。如发电、通航、泄洪等有无干扰,建筑物检查维修是否方便,闸门及启闭设备是否便于控制运用,对外交通是否便利等。

(五)提前发电效益

枢纽布置方案不同,发电工期也存在差别。有的工程通过围堰挡水,可提前发电半年以上,经济效益明显。枢纽布置方案比选应考虑提前发电效益差别及提前发电可能增加

部分工程投资的经济合理性。

(六)工程量及工程投资

一个好的枢纽布置方案,应是以最少的工程量及投资,达到满足各种开发任务及确保工程安全运行的要求。工程量、工程总投资是枢纽布置方案的重要比选因素。

第六节　安全超高及顶高程确定

对于"安全超高"的定义,不同的规范有所差异,如《土石坝设计规范》(SL274—2001)中的"安全超高"包括"波浪爬高、风壅增高和安全加高"三项;《水闸规范》、《溢洪道规范》、《泵站规范》等中的"安全超高"仅指安全加高。因此在使用中应特别注意其差别。

一、永久性挡水建筑物

(1)水利水电工程永久性挡水建筑物顶部高程,应按工程设计情况和校核情况时的静水位加相应的波浪爬高、风壅增高和安全加高确定,其安全加高应不小于表 1-6-1 中的规定。

表 1-6-1　永久性挡水建筑物安全加高　(单位:m)

<table>
<tr><th colspan="3" rowspan="2">建筑物类型及运用情况</th><th colspan="4">永久性挡水建筑物级别</th></tr>
<tr><th>1</th><th>2</th><th>3</th><th>4、5</th></tr>
<tr><td rowspan="3">土石坝</td><td colspan="2">设计</td><td>1.5</td><td>1.0</td><td>0.7</td><td>0.5</td></tr>
<tr><td rowspan="2">校核</td><td>山区、丘陵区</td><td>0.7</td><td>0.5</td><td>0.4</td><td>0.3</td></tr>
<tr><td>平原、滨海区</td><td>1.0</td><td>0.7</td><td>0.5</td><td>0.3</td></tr>
<tr><td rowspan="2">混凝土闸坝、浆砌石闸坝</td><td colspan="2">设计</td><td>0.7</td><td>0.5</td><td>0.4</td><td>0.3</td></tr>
<tr><td colspan="2">校核</td><td>0.5</td><td>0.4</td><td>0.3</td><td>0.2</td></tr>
</table>

(2)当水利水电工程永久性挡水建筑物顶部设有稳定、坚固和不透水的且与建筑物的防渗体紧密结合的防浪墙时,防浪墙顶部高程可按上述(1)条确定,但挡水建筑物顶部高程应不低于水库正常蓄水位。

(3)土石坝的土质防渗体顶部在设计静水位以上的超高,应在表 1-6-2 规定的范围内选取,防渗体顶部高程应不低于校核情况下的静水位。

表 1-6-2　设计情况下土石坝土质防渗体顶部超高　(单位:m)

防渗体结构型式	超高
斜墙	0.8～0.6
心墙	0.6～0.3

(4)确定地震区土石坝顶部超高时,应另计入地震坝顶沉陷和地震涌浪高度。地震涌浪高度,可根据坝前水深和设计烈度的大小,采用0.5～1.5m。当库区有可能发生大体积坍岸或滑坡引起涌浪时,其安全加高应进行专门研究。

二、临时性挡水建筑物

不过水的临时性挡水建筑物的顶部高程,应按设计洪水位加波浪高度,再加安全加高确定。安全加高值按表1-6-3确定。

过水的临时性挡水建筑物顶部高程,应按设计洪水位加波浪高度确定,不另加安全加高。

表1-6-3　临时性挡水建筑物安全加高　(单位:m)

临时性挡水建筑物类型	建筑物级别	
	3	4、5
土石结构	0.7	0.5
混凝土、浆砌石结构	0.4	0.3

三、溢洪道

溢洪道控制段的闸墩、胸墙或岸墙的顶部高程,在宣泄校核洪水时不应低于校核洪水位加安全超高值;挡水时不应低于设计洪水位或正常蓄水位加波浪的计算高度和安全超高值。安全超高下限值见表1-6-4。

表1-6-4　溢洪道安全超高下限值　(单位:m)

运用情况	控制段建筑物级别		
	1	2	3
挡水	0.7	0.5	0.4
泄洪	0.5	0.4	0.3

当溢洪道紧靠坝肩时,控制段的顶部高程应与大坝坝顶高程协调一致。

四、水闸

闸顶高程(指胸墙或岸墙顶高),泄洪时应高于设计或校核洪水位加安全超高值;关门时应高于设计或校核洪水位加计算波浪高度和安全超高值。安全超高下限值见表1-6-5。

闸顶高程的确定,还需考虑下列因素:

(1)在有泥沙沉积的河(渠)道上,应考虑泥沙沉积后水位有可能抬高的影响;

(2)对于挡潮闸应考虑关闸潮位壅高的影响;

(3)修建在软弱地基上的水闸应考虑地基沉降的影响;

(4)防洪大堤上的水闸闸顶高程应不低于两侧堤顶高程。

表 1-6-5　水闸安全超高下限值　（单位：m）

运用工况		水闸级别		
		1	2	3
泄洪时	设计洪水位	1.5	1.0	0.7
	校核洪水位	1.0	0.7	0.5
关闸时	设计洪水位	0.7	0.5	0.4
	校核洪水位	0.5	0.4	0.3

五、堤防工程

（1）堤防工程的安全加高值应根据堤防工程的级别和防浪要求，按表 1-6-6 的规定确定。1 级堤防重要堤段的安全加高值，经过论证可适当加大，但不得大于 1.5m。

表 1-6-6　堤防工程安全加高值

堤防工程的级别		1	2	3	4	5
安全加高值（m）	不允许越浪的堤防工程	1.0	0.8	0.7	0.6	0.5
	允许越浪的堤防工程	0.5	0.4	0.4	0.3	0.3

（2）当土堤临水侧堤肩设有稳定、坚固的防浪墙时，防浪墙顶高程计算应按设计洪水位或设计高潮位加堤顶超高确定。但土堤顶面高程应高出设计静水位 0.5m 以上。

（3）防渗体的顶部应高出设计水位 0.5m。

六、城市防洪工程

（1）防洪建筑物的安全超高应符合表 1-6-7 的规定。

（2）建在防洪堤上的防洪闸和其他建筑物，其挡水部分的顶部标高不得低于堤防（护岸）的顶部标高。

（3）当堤顶设置防浪墙时，堤顶标高应不低于设计洪（潮）水位加 0.5m。

（4）防洪闸的胸墙和岸墙顶标高不得低于岸（堤）顶标高；泄洪时不得低于设计洪水位加安全超高；关闸时不得低于设计挡洪（潮）水位加波浪高和安全超高。

表 1-6-7　防洪建筑物安全超高　（单位：m）

建筑物名称	建筑物级别			
	1	2	3	4
土堤、防洪墙、防洪闸	1.0	0.8	0.6	0.5
护岸、排洪渠道、渡槽	0.8	0.6	0.5	0.4

注：1. 安全超高不包括波浪爬高。

2. 越浪后不造成危害时，安全超高可适当降低。

七、泵站

泵房挡水部位顶部安全超高不应小于表 1-6-8 的规定。

表 1-6-8　泵房挡水部位顶部安全超高下限值　　　　（单位:m）

运用情况	泵站建筑物级别			
	1	2	3	4、5
设计	0.7	0.5	0.4	0.3
校核	0.5	0.4	0.3	0.2

注:1. 安全超高是指波浪、壅浪计算顶高程以上距离泵房挡水部位顶部的高度。
2. 设计运用情况是指泵站在设计水位时运用的情况,校核运用情况是指泵站在最高运行水位或洪(涝)水位时运用的情况。

第七节　水工建筑物稳定与强度安全标准

目前,水利行业各类水工建筑物的稳定计算仍沿用单一安全系数法,而电力行业则采用以分项系数极限状态设计表达式进行计算分析。

一、分项系数极限状态法

(一)水工建筑物结构安全级别

当整个结构(包括地基)或结构的一部分超过某一特定状态,结构不能满足设计规定的某种功能要求时,称此特定状态为该功能的极限状态。

进行水工建筑物结构设计时,应根据水工建筑物的级别,采用不同的水工建筑物结构安全级别,见表 1-7-1。

表 1-7-1　水工建筑物结构安全级别

水工建筑物级别	水工建筑物结构安全级别
1	Ⅰ
2、3	Ⅱ
4、5	Ⅲ

(二)承载能力极限状态表达式

(1)承载能力极限状态。当结构或结构构件出现下列状态之一时,即认为超过了承载能力极限状态:失去刚体平衡;超过材料强度而破坏,或因过度的塑性变形而不适于继续承载;结构或构件丧失弹性稳定;结构转变为机动体系;土石结构或地基、围岩产生渗透失稳等。此时结构是不安全的。

按承载能力极限状态设计时,应考虑基本组合与偶然组合两种作用效应组合。基本组合为持久状况或短暂状况下，永久作用与可变作用的效应组合。偶然组合为偶然状况下，永久作用、可变作用与一种偶然作用的效应组合。

（2）对基本组合，应采用下列极限状态设计表达式：

$$\gamma_0\psi S(\gamma_G G_K,\gamma_Q Q_K,a_K) \leqslant \frac{1}{\gamma_{d1}}R\left(\frac{f_K}{\gamma_m},a_K\right) \tag{1-7-1}$$

式中 γ_0——结构重要性系数，对应于结构安全级别为Ⅰ、Ⅱ、Ⅲ级的结构及构件，可分别取用1.1、1.0、0.9；

ψ——设计状况系数，对应于持久状况、短暂状况、偶然状况，可分别取用1.0、0.95、0.85；

$S(\cdot)$——作用效应函数；

$R(\cdot)$——结构及构件抗力函数；

γ_G——永久作用分项系数；

γ_Q——可变作用分项系数；

G_K——永久作用标准值；

Q_K——可变作用标准值；

a_K——几何参数的标准值（可作为定值处理）；

f_K——材料性能的标准值；

γ_m——材料性能分项系数；

γ_{d1}——基本组合结构系数。

混凝土重力坝的作用分项系数见表1-7-2，材料性能分项系数见表1-7-3，基本组合结构系数见表1-7-4。

表1-7-2 混凝土重力坝作用分项系数

序号	作用类型	分项系数
1	自重	1.0
2	水压力 ①静水压力 ②动水压力：时均压力、离心力、冲击力、脉动压力	 1.0 1.05、1.1、1.1、1.3
3	扬压力 ①渗透压力 ②浮托力 ③扬压力（有抽排） ④残余扬压力（有抽排）	 1.1~1.2 1.0 1.1（主排水孔之前） 1.2（主排水孔之后）
4	淤沙压力	1.2
5	浪压力	1.2

注：其他作用分项系数见《水工建筑物荷载设计规范》（DL5077—1997）。

表 1-7-3　混凝土重力坝材料性能分项系数

序号	材料性能		分项系数	说明
1	①混凝土/基岩	摩擦系数 f_R' 凝聚力 c'_R	1.3 3.0	
	②混凝土/混凝土	摩擦系数 f_c' 凝聚力 c'_c	1.3 3.0	包括常态混凝土和碾压混凝土层面
	③基岩/基岩	摩擦系数 f_d' 凝聚力 c'_d	1.4 3.2	
	④软弱结构面	摩擦系数 f_d' 凝聚力 c'_d	1.5 3.4	
2	混凝土强度	抗压强度 f_c	1.5	

表 1-7-4　混凝土重力坝基本组合结构系数

序号	项目	组合类型	结构系数	说明
1	抗滑稳定极限状态设计式	基本组合 偶然组合	1.2 1.2	包括建基面、层面、深层滑动面
2	混凝土抗压极限状态设计式	基本组合 偶然组合	1.8 1.8	

对于混凝土拱坝，计算作用效应时，直接采用作用标准值进行计算。拱坝的抗滑稳定分项系数见表 1-7-5，拱坝的应力结构系数系数见表 1-7-6。

(3)对偶然组合，应采用下列极限状态设计表达式：

$$\gamma_0\psi S(\gamma_G G_K,\gamma_Q Q_K,A_K,a_K)\leqslant\frac{1}{\gamma_{d2}}R\left(\frac{f_K}{\gamma_m},a_K\right)\tag{1-7-2}$$

式中 A_K——偶然作用代表值；

γ_{d2}——偶然组合结构系数，见表 1-7-4。

表 1-7-5　拱坝抗滑稳定分面系数

依据公式	符号	分项系数
按抗剪断公式 (1-7-8)	γ_{m1f}	2.4
	γ_{m1c}	3.0
	γ_{d1}	1.2
按抗剪公式 (1-7-9)	γ_{m2f}	1.2
	γ_{d2}	1.1

注：有关地震组合情况下的各项分项系数应按 DL5073 规定执行。

表 1-7-6　拱坝应力结构系数

计算方法	受力状况	基本组合 偶然组合
拱梁分载法	抗压	2.00
	抗拉	0.85
有限元法	抗压	1.60
	抗拉	0.65

注：地震情况下的结构分项系数应按 DL5073 规定执行。

(三)正常使用极限状态表达式

当结构或结构构件影响正常使用或达到耐久性的极限值时，即认为达到了正常使用极限状态，如：影响结构正常使用或外观变形；对运行人员或设备、仪表等有不良影响的振动；对结构外形、耐久性以及防渗结构抗渗能力有不良影响的局部损坏等，即此时结构是不适于使用的。

正常使用极限状态作用效应的短期组合采用下列设计表达式：

$$\gamma_0 S_s(G_K, Q_K, f_K, a_K) \leqslant \frac{C_1}{\gamma_{d3}} \tag{1-7-3}$$

正常使用极限状态作用效应的长期组合采用下列设计表达式：

$$\gamma_0 S_l(G_K, \rho Q_K, f_K, a_K) \leqslant \frac{C_2}{\gamma_{d4}} \tag{1-7-4}$$

式中　C_1、C_2——结构的功能极限；

$S_s(\cdot)$、$S_l(\cdot)$——作用效应的短期组合、长期组合时的效应函数；

γ_{d3}、γ_{d4}——正常使用极限状态短期组合、长期组合时的结构系数；

ρ——可变作用标准值的长期组合系数，可取 $\rho = 1$。

(四)作用及材料性能标准值

1. 抗剪断强度标准值

大型工程可行性研究及招标设计阶段，混凝土重力坝坝体混凝土与基岩接触面、基岩、坝基软弱结构面、碾压混凝土层面的抗剪断强度的标准值，按现场或室内试验测定成果概率分布的 0.2 分位值确定。当坝基地质条件简单时，其抗剪断强度的标准值可根据少量现场试验成果参照类似工程的试验成果分析确定。抗剪断摩擦系数概率分布模型取正态分布，抗剪断凝聚力取对数正态分布。

对混凝土拱坝，抗剪断强度参数应按材料的峰值强度平均值采用。拱坝的抗剪强度参数，对脆性破坏的材料，采用比例极限；对塑性或脆塑性破坏的材料，采用屈服强度；对已经剪切错断过的材料，采用残余强度。

2. 抗压强度标准值

混凝土的强度等级应按照标准方法制作养护的边长为 150mm 的立方体试件，在 28d 龄期用标准试验方法测得的具有 95% 保证率的立方体抗压强度来确定，用符号 C(MPa)表示。

大坝常态混凝土强度的标准值可采用90d龄期强度，保证率80%，按表1-7-7采用。大坝碾压混凝土强度的标准值可采用180d龄期强度，保证率80%，按表1-7-8采用。当坝体常态混凝土开始承受荷载的时间早于90d，或碾压混凝土开始承受荷载的时间早于180d时，应进行核算，必要时应调整强度等级。

拱坝混凝土抗拉强度标准值为0.08倍抗压强度标准值，坝体混凝土强度不应低于$C_{90}15$。

表1-7-7 大坝常态混凝土强度标准值 （单位：MPa）

强度种类	符号	大坝常态混凝土强度标准值					
		C7.5	C10	C15	C20	C25	C30
轴心抗压	f_{ck}	7.6	9.8	14.3	18.5	22.4	26.2

注：常态混凝土强度等级和标准值可内插使用。

表1-7-8 大坝碾压混凝土强度标准值 （单位：MPa）

强度种类	符号	大坝碾压混凝土强度标准值					
		C5	C7.5	C10	C15	C20	C25
轴心抗压	f_{ck}	7.2	10.4	13.5	19.6	25.4	31.0

注：碾压混凝土强度等级和标准值可内插使用。

（五）混凝土重力坝稳定与强度安全标准

1. 坝基抗滑稳定控制标准

坝基抗滑稳定控制标准为：

$$\gamma_0\psi S(\cdot) \leqslant R(\cdot)/1.2 \text{ 或 } \gamma_0\psi \sum P_R \leqslant (f'_R \sum W_R + c'_R A_R)/1.2 \qquad (1\text{-}7\text{-}5)$$

式中 $\sum P_R$——坝基面上全部切向作用之和，kN；

f'_R——坝基面抗剪断摩擦系数；

c'_R——坝基面抗剪断凝聚力，kPa；

$\sum W_R$——坝基面上全部法向作用之和，kN，向下为正；

A_R——坝基面的面积，m^2；

其他符号意义同前。

核算坝基面抗滑稳定极限状态时，应按材料的标准值和作用的标准值或代表值分别计算基本组合和偶然组合。

2. 坝体及坝基应力控制标准

1）坝趾压应力控制标准

$$\gamma_0\psi S(\cdot) \leqslant R(\cdot)/1.8$$

或

$$\gamma_0\psi\left(\frac{\sum W_R}{A_R} - \frac{\sum M_R T_R}{J_R}\right)(1 + m_2^2) \leqslant R(\cdot)/1.8 \qquad (1\text{-}7\text{-}6)$$

式中 $\sum W_R$——坝基面上全部法向作用之和，kN，向下为正；

$\sum M_R$——全部作用对坝基面形心的力矩之和,kN · m,逆时针方向为正;

A_R——坝基面的面积,m^2;

J_R——坝基面对形心轴的惯性矩,m^4;

T_R——坝基面形心轴到下游面的距离,m;

m_2——坝体下游坡度;

$R(\cdot)$——混凝土或基岩抗压强度,kPa。

核算坝趾抗压强度时,应按材料的标准值和作用的标准值或代表值分别计算基本组合和偶然组合。

2)坝体上、下游面拉应力控制标准

基本组合时,坝踵垂直应力不出现拉应力(计扬压力),坝体上游面的垂直应力不出现拉应力(计扬压力);短期组合下游坝面的垂直拉应力不大于100kPa。

采用有限元法计算混凝土重力坝上游垂直应力,计扬压力时,坝基上游面拉应力区宽度宜小于坝底宽度的0.07倍(垂直拉应力分布宽度/坝底面宽度)或坝踵至帷幕中心线的距离。

采用有限元法计算扬压力时,坝体上游面拉应力区宽度宜小于计算截面宽度的0.07倍或计算截面上游面至排水孔(管)中心线的距离。

(六)混凝土拱坝稳定与强度安全标准

1.混凝土拱坝应力控制标准

拱坝应力按分项系数极限状态表达式进行控制,无论是拱梁分载法或有限元法,拱坝应力都应满足下列表达式要求。

$$\gamma_0 \psi S(\cdot) \leqslant \frac{1}{\gamma_d} R(\cdot) \tag{1-7-7}$$

此外,持久状况,基本组合情况下,采用拱梁分载法计算时,坝体最大拉应力不得大于1.2MPa;采用有限元法计算时,经等效处理后的坝体最大拉应力不得大于1.5MPa。短暂状况,基本组合情况下,未封拱坝段最大拉应力不宜大于0.5MPa。如不能满足上述要求,应采取各种可行措施降低坝体拉应力。

如仅有坝面个别点的拉应力不能满足要求,则应研究坝体可能开裂的范围,评价裂缝的稳定性和对坝体的影响,任何情况下开裂都不能扩展到坝体上游帷幕线。

对于200m以上的高坝,其拉应力控制标准应作专门研究。地震情况下拱坝应力分析及其应力控制指标,应符合DL5073的有关规定和要求。

2.抗滑稳定控制标准

用刚体极限平衡法分析拱座稳定时,1、2级拱坝及高拱坝应满足承载能力极限状态设计表达式(1-7-8),其他则应满足承载能力极限状态设计表达式(1-7-8)或式(1-7-9),不同建筑物的安全级别见表1-7-1。

$$\gamma_0 \psi \sum T \leqslant \frac{1}{\gamma_{d1}} \left(\frac{\sum f_1 N}{\gamma_{m1f}} + \frac{\sum c_1 A}{\gamma_{m1c}} \right) \tag{1-7-8}$$

$$\gamma_0 \psi \sum T \leqslant \frac{1}{\gamma_{d2}} \frac{\sum f_2 N}{\gamma_{m2f}} \tag{1-7-9}$$

式中 γ_0——结构重要性系数,对应于安全级别为Ⅰ、Ⅱ、Ⅲ级的建筑物,分别取1.1、1.0、0.9;

ψ——设计状况系数,对应于持久状况、短暂状况、偶然状况,分别取1.00、0.95、0.85;

T——沿滑动方向的滑动力,10^3kN;

f_1——抗剪断摩擦系数;

N——垂直于滑动方向的法向力,10^3kN;

c_1——抗剪断凝聚力,MPa;

A——滑裂面的面积,m^2;

f_2——抗剪摩擦系数;

γ_{d1}、γ_{d2}——两种计算情况的结构系数;

γ_{m1f}、γ_{m1c}、γ_{m2f}——两种表达式的材料性能分项系数。

公式(1-7-8)中的抗剪断强度参数,应按材料的峰值强度平均值采用。

公式(1-7-9)中的抗剪强度参数,应按下述特性采用:

(1)对脆性破坏的材料,采用比例极限;

(2)对塑性或脆塑性破坏的材料,采用屈服强度;

(3)对已经剪切错断过的材料,采用残余强度。

采用式(1-7-8)、式(1-7-9)两个公式进行计算时,相应的分项系数应满足表1-7-5的规定。

二、单一安全系数法

(一)碾压式土石坝

碾压式土石坝坝坡抗滑稳定计算应采用刚体极限平衡法。对于均质坝、厚斜墙坝和厚心墙坝,宜采用计及条块间作用力的简化毕肖普法;对于有软弱夹层、薄斜墙、薄心墙坝的坝坡稳定分析及任何坝型,可采用满足力和力矩平衡的摩根斯顿－普赖斯等方法。非均质坝体和坝基稳定安全系数的计算应考虑安全系数的多极值特性。滑动破坏面应在不同的土层进行分析比较,直到求得最小稳定安全系数。

采用计及条块间作用力的计算方法时,坝坡抗滑稳定的安全系数,应不小于表1-7-9中的数值。混凝土面板堆石坝用非线性抗剪强度指标计算坝坡稳定的安全系数可参照表1-7-9中的值。

表1-7-9　抗滑稳定最小安全系数

运用条件	工程等级			
	1	2	3	4、5
正常运用条件	1.50	1.35	1.30	1.25
非常运用条件Ⅰ	1.30	1.25	1.20	1.15
非常运用条件Ⅱ	1.20	1.15	1.15	1.10

采用不计条块间作用力的瑞典圆弧法计算坝坡抗滑稳定安全系数时，对1级坝正常运用条件最小安全系数应不小于1.30，其他情况应比表1-7-9中数值减小8%。

采用滑楔法进行稳定计算时，若假定滑楔之间作用力平行于坡面和滑底斜面的平均坡度，安全系数应符合表1-7-9的规定；若假定滑楔之间作用力为水平方向，对1级坝正常运用条件最小安全系数应不小于1.30，其他情况应比表1-7-9规定的数值减小8%。

（二）混凝土重力坝

（1）重力坝坝基面坝踵、坝趾的垂直应力应符合下列要求。

运用期：

①在各种荷载组合下（地震荷载除外），坝踵垂直应力不应出现拉应力，坝趾垂直应力应小于坝基容许压应力。

②在地震荷载作用下，坝踵、坝趾的垂直应力应符合《水工建筑物抗震设计规范》（SL203—97）的要求。

施工期：坝趾垂直应力允许有小于0.1MPa的拉应力。

（2）重力坝坝体应力应符合下列要求。

运用期：

① 坝体上游面的垂直应力不出现拉应力（计扬压力）。

②坝体最大主压应力，不应大于混凝土的允许压应力值。

③在地震情况下，坝体上游面的应力控制标准应符合SL203—97的要求。

④关于坝体局部区域拉应力的规定：

宽缝重力坝离上游面较远的局部区域，允许出现拉应力，但不应超过混凝土的允许拉应力。

当溢流坝堰顶部位出现拉应力时，应配置钢筋。

廊道及其他孔洞周边的拉应力区域，宜配置钢筋；有论证时，可少配或不配钢筋。

施工期：

① 坝体任何截面上的主压应力不应大于混凝土的允许压应力。

②在坝体的下游面，允许有不大于0.2MPa的主拉应力。

混凝土的允许应力应按混凝土的极限强度除以相应的安全系数确定。

坝体混凝土抗压安全系数，基本组合不应小于4.0；特殊组合（不含地震情况）不应小于3.5。

当局部混凝土有抗拉要求时，抗拉安全系数不应小于4.0。

在地震情况下，坝体的结构安全应符合SL203—97的要求。

（3）坝基抗滑稳定安全系数。

按抗剪断强度公式计算的坝基面抗滑稳定安全系数K'值不应小于表1-7-10的规定。

按抗剪强度公式计算的坝基面抗滑稳定安全系数K值不应小于表1-7-11的规定。

表 1-7-10 坝基面抗滑稳定安全系数 K'

荷载组合		K'
基本组合		3.0
特殊组合	(1)	2.5
	(2)	2.3

表 1-7-11 坝基面抗滑稳定安全系数 K

荷载组合		坝的级别		
		1	2	3
基本组合		1.10	1.05	1.05
特殊组合	(1)	1.05	1.00	1.00
	(2)	1.00	1.00	1.00

(三)混凝土拱坝

1. 拱坝应力控制标准

拱坝应力分析应以拱梁分载法或有限元法计算成果,作为衡量强度安全的主要标准。

用拱梁分载法计算时,坝体的主压应力和主拉应力,应符合下列应力控制指标的规定。

(1)容许压应力:混凝土的容许压应力等于混凝土的极限抗压强度除以安全系数。对于基本荷载组合,1、2 级拱坝的安全系数采用 4.0,3 级拱坝的安全系数采用 3.5;对于非地震情况特殊荷载组合,1、2 级拱坝的安全系数采用 3.5,3 级拱坝的安全系数采用 3.0。混凝土极限抗压强度,指 90d 龄期 15cm 立方体的强度,保证率为 80%。

(2)容许拉应力:在保持拱座稳定的条件下,通过调整坝的体形来减少坝体拉应力的作用范围和数值。对于基本荷载组合,拉应力不得大于 1.2MPa;对于非地震情况特殊荷载组合,拉应力不得大于 1.5MPa。

用有限元法计算时,应补充计算“有限元等效应力”。按“有限元等效应力”求得的坝体主拉应力和主压应力,容许压应力规定与用拱梁分载法计算时的规定相同。容许拉应力:对于基本荷载组合,拉应力不得大于 1.5MPa;对于非地震情况特殊荷载组合,拉应力不得大于 2.0MPa。超过上述指标时,应调整坝的体形,减少坝体拉应力的作用范围和数值。

拱坝应力分析除研究运行期外,还应验算施工期的坝体应力和抗倾覆稳定性。

在坝体横缝灌浆以前,按单独坝段分别进行验算时,坝体最大拉应力不得大于 0.5MPa,并要求在坝体自重单独作用下,合力作用点落在坝体厚度中间的 2/3 范围内。

坝体横缝灌浆前遭遇施工洪水时,坝体抗倾覆稳定安全系数不得小于 1.2。

地震区的拱坝应力分析及其控制指标,可参照 SL203—97 的规定执行。当拱坝设有重力墩时,重力墩的应力和稳定分析,应符合《混凝土重力坝设计规范》(SL319—2005)的规定。

2. 坝肩抗滑稳定控制标准

采用刚体极限平衡法进行抗滑稳定分析时,1、2 级拱坝及高拱坝,应按抗剪断公式计算,其他可按抗剪断或抗剪进行计算,相应安全系数应符合表 1-7-12 的规定。

表 1-7-12 抗滑稳定安全系数

荷载组合		建筑物级别		
		1	2	3
按抗剪断公式	基本	3.50	3.25	3.00
	特殊(非地震)	3.00	2.75	2.50
按抗剪公式	基本	—	—	1.30
	特殊(非地震)	—	—	1.10

拱座抗滑稳定分析应按空间问题计算可能滑动块体抗滑稳定安全系数。拱座无特定的滑裂面或作初步估算时,可简化为平面问题进行核算。此时如个别断面的安全系数不满足表 1-7-12 的要求,可根据具体情况确定采取处理措施的必要性。必要时,可分析滑裂面上的局部(点)安全系数,研究可能进入破坏状态的区域、范围及过程。

(四)水闸

(1)土基上的闸室稳定计算应满足下列要求:在各种计算情况下,闸室平均基底应力不大于地基允许承载力,最大基底应力不大于地基允许承载力的 1.2 倍;闸室基底压力的最大值与最小值之比不大于表 1-7-13 规定的允许值;沿闸室基底面的抗滑稳定安全系数不小于表 1-7-14 规定的允许值。

表 1-7-13 闸室基底压力最大值与最小值之比的允许值

地基土质	荷载组合		地基土质	荷载组合	
	基本组合	特殊组合		基本组合	特殊组合
松软	1.50	2.00	坚实	2.50	3.00
中等坚实	2.00	2.50			

注:1. 对于特别重要的大型水闸,其闸室基底应力最大值与最小值之比的允许值可按表列数值适当减小。

2. 对于地震区的水闸,闸室基底应力最大值与最小值之比的允许值可按表列数值适当增大。

3. 对于地基特别坚实或可压缩土层甚薄的水闸,可不受本表的规定限制,但要求闸室基底不出现拉应力。

表 1-7-14 土基上沿闸室基底面抗滑稳定安全系数的允许值

荷载组合		水闸级别			
		1	2	3	4、5
基本组合		1.35	1.30	1.25	1.20
特殊组合	Ⅰ	1.20	1.15	1.10	1.05
	Ⅱ	1.10	1.05	1.05	1.00

注:1. 特殊组合Ⅰ适用于施工情况、检修情况及校核洪水位情况。

2. 特殊组合Ⅱ适用于地震情况。

(2)岩基上的闸室稳定计算应满足下列要求:在各种计算情况下,闸室最大基底应力不大于地基允许承载力。在非地震情况下,闸室基底不出现拉应力;在地震情况下,闸室基底拉应力不大于 100kPa。沿闸室基底面的抗滑稳定安全系数不小于表 1-7-15 规定的允许值。

表 1-7-15　岩基上沿闸室基底面抗滑稳定安全系数的允许值

荷载组合		按抗剪计算时 水闸级别 1	按抗剪计算时 水闸级别 2、3	按抗剪计算时 水闸级别 4、5	按抗剪断计算时
基本组合		1.10	1.08	1.05	3.00
特殊组合	Ⅰ	1.05	1.03	1.00	2.50
	Ⅱ	1.00			2.30

注:1. 特殊组合Ⅰ适用于施工情况、检修情况及校核洪水位情况。
2. 特殊组合Ⅱ适用于地震情况。

(五)水电站厂房

(1)厂房整体抗滑和深层抗滑稳定安全系数应不小于表 1-7-16 规定的数值。

表 1-7-16　抗滑稳定最小安全系数

地基类别	荷载组合		厂房建筑物级别 1	厂房建筑物级别 2	厂房建筑物级别 3	适用公式
非岩基上	基本组合		1.35	1.30	1.25	抗剪或抗剪断公式
	特殊组合	Ⅰ	1.20	1.15	1.10	
		Ⅱ	1.10	1.05	1.05	
岩基	基本组合		1.10			抗剪公式
	特殊组合	Ⅰ	1.05			
		Ⅱ	1.00			
	基本组合		3.00			抗剪断公式
	特殊组合	Ⅰ	2.50			
		Ⅱ	2.30			

(2)厂房抗浮稳定安全系数,不分级别,任何情况下不得小于 1.10。

(3)地基允许承载力。岩基上厂房地基面上的法向应力用材料力学法计算时,应符合下列要求:① 厂房地基面上所承受的最大法向应力不应超过地基允许承载力。在地震情况下地基允许承载力可适当提高。② 厂房地基面上所承受的最小法向应力(计入扬压力)应满足下列条件:对于河床式厂房除地震情况外都应大于零,在地震情况下允许出现不大于 0.1MPa 的拉应力;对坝后式及岸边式的厂房,正常运行情况应大于零,机组检修、机组未安装及非常运行情况允许出现不大于0.1～0.2MPa 的局部拉应力，地震情况如出现大于0.2MPa 的拉应力，应进行专门论证。

非岩基上厂房地基面平均基底应力应不大于地基允许承载力；基底最大应力应不大于1.2倍地基允许承载力。非岩基上厂房地基面法向应力不均匀系数的允许值可按表1-7-17采用。

表 1-7-17　不均匀系数的允许值

<table>
<tr><th rowspan="2">地基土质</th><th colspan="2">荷载组合</th></tr>
<tr><th>基本组合</th><th>特殊组合</th></tr>
<tr><td>松软</td><td>1.5</td><td>2.0</td></tr>
<tr><td>中等坚实</td><td>2.0</td><td>2.5</td></tr>
<tr><td>坚实</td><td>2.5</td><td>3.0</td></tr>
</table>

注：1. 对于重要的大型厂房，不均匀系数的允许值宜按表列值适当减小；
2. 对于地震情况，不均匀系数的允许值可适当增大。

（六）泵站

（1）泵房沿基础底面抗滑稳定安全系数的允许值应按表1-7-18采用。

表 1-7-18　抗滑稳定安全系数允许值

<table>
<tr><th rowspan="2">地基类别</th><th rowspan="2" colspan="2">荷载组合</th><th colspan="4">泵站建筑物级别</th><th rowspan="2">适用公式</th></tr>
<tr><th>1</th><th>2</th><th>3</th><th>4、5</th></tr>
<tr><td rowspan="3">土基</td><td colspan="2">基本组合</td><td>1.35</td><td>1.30</td><td>1.25</td><td>1.20</td><td rowspan="3">抗剪或抗剪断公式</td></tr>
<tr><td rowspan="2">特殊组合</td><td>Ⅰ</td><td>1.20</td><td>1.15</td><td>1.10</td><td>1.05</td></tr>
<tr><td>Ⅱ</td><td>1.10</td><td>1.05</td><td>1.05</td><td>1.00</td></tr>
<tr><td rowspan="6">岩基</td><td colspan="2">基本组合</td><td colspan="4">1.10</td><td rowspan="3">抗剪公式</td></tr>
<tr><td rowspan="2">特殊组合</td><td>Ⅰ</td><td colspan="4">1.05</td></tr>
<tr><td>Ⅱ</td><td colspan="4">1.00</td></tr>
<tr><td colspan="2">基本组合</td><td colspan="4">3.00</td><td rowspan="3">抗剪断公式</td></tr>
<tr><td rowspan="2">特殊组合</td><td>Ⅰ</td><td colspan="4">2.50</td></tr>
<tr><td>Ⅱ</td><td colspan="4">2.30</td></tr>
</table>

（2）泵房抗浮稳定安全系数的允许值，不分泵站级别和地基类别，基本荷载组合下为1.10，特殊荷载组合下为1.05。

（3）地基应力控制标准。各种荷载组合情况下的泵房基础底面应力应不大于泵房地基允许承载力。只有竖向对称荷载作用时，泵房基础底面平均应力不应大于泵房地基持力层允许承载力；在竖向偏心荷载作用下，除应满足基础底面平均应力不大于地基持力层允许承载力外，还应满足基础底面边缘最大应力不大于1.2倍地基持力层允许承载力的要求;在地震情况下,泵房地基持力层允许承载力可适当提高。

土基上泵房基础底面应力不均匀系数的计算值不应大于表1-7-19规定的允许值。当泵房地基持力层内存在软弱夹层时,除应满足持力层的允许承载力外,还应对软弱夹层的允许承载力进行核算。

表1-7-19　泵房基础底面压应力不均匀系数的允许值

地基土质	荷载组合	
	基本组合	特殊组合
松软	1.5	2.0
中等坚实	2.0	2.5
坚实	2.5	3.0

注:1. 对于重要的大型泵站,不均匀系数允许值可按表列值适当减小。

2. 对于地基条件较好,泵房结构简单的中型泵站,不均匀系数的允许值可按表列值适当增大,但增大值不应超过0.5。

3. 对于地震情况,不均匀系数的允许值可按表中特殊组合栏所列值适当增大。

岩基上泵房基础底面应力不均匀系数可不控制,但在非地震情况下基础底面边缘的最小应力应不小于零,在地震情况下基础底面边缘的最小应力应不小于-100kPa。

(七)堤防工程

土堤抗滑稳定计算采用瑞典圆弧滑动法,土的抗剪强度指标可用三轴剪力仪测定,也可用直剪仪测定。土堤的抗滑稳定安全系数不应小于表1-7-20的规定。

表1-7-20　土堤抗滑稳定安全系数

堤防工程的级别		1	2	3	4	5
安全系数	正常运用条件	1.30	1.25	1.20	1.15	1.10
	非常运用条件	1.20	1.15	1.10	1.05	1.05

土堤的抗滑稳定计算分为正常运用情况和非常运用情况:

(1)正常运用情况应包括两种工况:①设计洪水位下稳定渗流期或不稳定渗流期的背水侧堤坡;②设计洪水位骤降期的临水侧堤坡。

(2)非常运用情况应包括三种工况:①施工期临水、背水侧堤坡;②多年平均水位+地震的临水、背水侧堤坡;③长期降雨期临水、背水侧堤坡。工况③仅用于降雨量较大、降雨时间长、填土渗透系数$K>10^{-4}$cm/s的土堤。

第八节　水工建筑物抗震设计基本要求

我国受环太平洋地震带及欧亚地震带的影响,地震活动频繁,历史上曾多次发生灾害性大地震,全国大部分地区为抗震设防区,近期又处于地震活动的上升期,因此需要重视水工建筑物的抗震设计。

一、地震震级和地震烈度

地震的震级和烈度是反应地震特性和地震影响的两个不同的概念。地震震级是用来表示一次地震的规模大小的。一次地震的震级是根据地震时所释放的总能量来确定的。设 E 是地震时所释放的总能量(单位为尔格),地震震级为 M,则 E 和 M 的关系一般可表示为:

$$\lg E = 11.8 + 1.5M \tag{1-8-1}$$

目前国际上比较通用的震级标准为理氏震级,它以标准地震仪所记录的最大地动位移 A(即振幅,以 μm 计)的常用对数值来表示一次地震的震级,其表达式是:

$$M = \lg A \tag{1-8-2}$$

我国地震震级是按理氏震级标准划分的,最大震级一般不超过 9 级。

一次地震只有一个震级。一般来说,小于 2 级的地震人们感觉不到,称为微震。2 ~ 4 级的地震称为有感地震,5 级以上的地震就会在震中区附近引起不同程度的破坏,统称为破坏性地震,7 级以上的为强烈地震和大地震,8 级以上为特大地震。到目前为止所记录的世界上最大的地震是 1960 年 5 月 22 日发生在智利的 8.9 级特大地震,我国 1975 年的海城地震为 7.3 级,1976 年的唐山大地震为 7.6 级,2008 年汶川特大地震为 8.0 级。

地震烈度是指地震区地表运动的危害性及建筑物的破坏程度。这是工程师进行抗震设计时最为关心的。目前,地震烈度还没有合适的定量标准,一般是根据宏观现象,例如人的感觉、物体反应、建筑物的破坏程度和自然现象等因素来确定地震烈度。不同国家烈度的划分也不同。例如日本采用 0 ~ 7 度的 8 度制,少数的欧洲国家采用 10 度制,而绝大多数国家(包括苏联、美国等)均采用 12 度制。我国将地震烈度分为 12 度,6 度以上的为有害地震。根据建筑物所处地区的历史震害调查和近代地震观测记录,可以划分地区的基本烈度。严格讲,地震基本烈度一般是指该地区在今后 50 年内可能遭遇的较大地震,其超越几率在 10% 左右。

值得注意的是:

《中国地震动参数区划图》(GB18306—2001),直接采用地震动参数——地震动峰值加速度和地震反应谱特征周期,不再采用地震基本烈度。在标准等尚未修订(包括局部修订)之前,可参照下述方法确定:

(1)抗震设计验算直接采用 GB18306—2001 提供的地震动参数。

(2)当涉及地基处理、构造措施或其他防震减灾措施时,地震基本烈度数值可由 GB18306—2001 查取地震动峰值加速度并按表 1-8-1 确定,也可根据需要作更细致的划分。

表 1-8-1　地震动峰值加速度分区与地震基本烈度对照表

地震动峰值加速度分区 g	<0.05	0.05	0.1	0.15	0.2	0.3	≥0.4
地震基本烈度值	<6	6	7	7	8	8	≥9

二、工程抗震设防类别

从工程抗震角度对水工建筑物划分工程抗震设防类别的目的是，根据工程重要性和场地地震基本烈度对各类建筑物确定设计烈度，选择抗震计算中地震作用效应的计算方法和调整重要性系数。工程抗震设防类别的划分和 GB50199—94 中的结构安全级别相协调。

水工建筑物的工程抗震设防类别应根据其重要性和工程场地基本烈度按表 1-8-2 的规定确定。

表 1-8-2　工程抗震设防类别

工程抗震设防类别	建筑物级别	场地基本烈度
甲 乙	1（壅水） 1（非壅水），2（壅水）	≥6
丙 丁	2（非壅水），3 4，5	≥7

各类水工建筑物抗震设计的设计烈度或设计地震加速度代表值应按下列规定确定：

（1）一般采用基本烈度作为设计烈度。

（2）工程抗震设防类别为甲类的水工建筑物，可根据其遭受强震影响的危害性，在基本烈度基础上提高 1 度作为设计烈度。

（3）对基本烈度为 6 度或 6 度以上、坝高超过 200m 或水库总库容大于 100 亿 m^3 的大（1）型工程，及基本烈度为 7 度或 7 度以上、坝高超过 150m 的大（1）型工程，需要做专门的地震危害性分析。其设计地震加速度代表值的概率水准，对壅水建筑物应取基准期 100 年内超越概率 P_{100} 为 0. 02，对非壅水建筑物应取基准期 50 年内超越概率 P_{50} 为 0. 05。

（4）其他特殊情况需要采用高于基本烈度的设计烈度时，应经主管部门批准。

（5）施工期的短暂状态，可不与地震作用组合；空库时，如需要考虑地震作用，可将设计地震加速度代表值减半进行抗震设计。

（6）抗震设计烈度高于 9 度的水工建筑物或高度大于 250m 的壅水建筑物，其抗震设计标准应进行专门研究论证，报主管部门审查批准。

三、抗震设计基本要求

抗震设计内容包括抗震计算和工程抗震措施。设计烈度为 6 度时，可不进行抗震计算，但对 1 级水工建筑物仍应采取适当的抗震措施。

水工建筑物抗震设计的基本要求是，能抗御设计烈度的地震，如有局部损坏，经一般处理仍可正常使用。在设计中应注意到：

（1）结合抗震要求，选择有利的工程地段和场地。

（2）避免地基失效和靠近建筑物的岸坡失稳。

（3）选择安全、经济、合理的抗震结构和工程措施。注意结构的整体性和稳定性，改善结构的抗震薄弱部位。

(4)从抗震角度提出对施工的质量要求和措施。

(5)考虑震后便于对遭受震害的建筑物进行检修时,能适时降低库水位。

设计烈度高于9度的水工建筑物,和设计烈度为9度高于250m的壅水建筑物,应专门进行抗震研究。

第九节　水工建筑物荷载和组合

一、水工建筑物上的荷载

水工建筑物承受的主要荷载,包括自重、水压力(静水压力和动水压力)、温度荷载、扬压力、土压力及泥沙压力、浪压力、冰压力、地震荷载等。

(一)自重

水工建筑物(结构)的自重标准值,可按结构设计尺寸与其材料容重计算确定。

(二)水压力

1.静水压力

垂直作用于水工建筑物表面某点处的静水压力强度,可按式(1-9-1)计算:

$$p = \gamma_w H \tag{1-9-1}$$

式中　p——计算点处静水压力强度,kPa;

H——计算点处的作用水头,m;

γ_w——水(或含泥沙水)的容重,kN/m^3。

2.动水压力

动水压力包括时均压力和脉动压力。动水压力一般可只计及时均压力,但当水流脉动影响结构的安全或引起结构振动时,应计及脉动压力的影响。

计算动水压力时,应区分恒定流和非恒定流两种水流状态。对于恒定流,尚应区别渐变流或急变流等不同流态,并采用相应的方法计算。水电站压力水道系统内产生的水锤压力,应按有压管道的非恒定流计算。

(三)扬压力

混凝土坝、水闸和水电站厂房等建筑物的扬压力,应按垂直作用于计算截面全部截面面积上的分布力计算。

作用于建筑物计算截面上的扬压力分布图形,应根据不同的水工结构型式,上、下游计算水位,地基地质条件及防渗、排水措施等情况确定。

确定扬压力分布图形时的上、下游计算水位,应与计算静水压力的上、下游计算水位一致。

扬压力分布图形,其中,矩形部分的合力为浮托力,其余部分的合力为渗透压力。

(四)土压力及泥沙压力

计算挡土建筑物(挡土墙)的土压力时,对于向外侧移动或转动的挡土结构,可按主动土压力计算;对于保持静止不动的挡土结构,可按静止土压力计算。

作用在单位长度挡土墙背上的主动土压力标准值可按下式计算：

$$F_{ak} = \frac{1}{2}\gamma H^2 K_a \tag{1-9-2}$$

式中 F_{ak}——主动土压力标准值，kN/m；

γ——挡土墙后填土容重，kN/m³；

H——挡土墙高度，m；

K_a——主动土压力系数，可按《水工建筑物荷载设计规范》（DL5077—1997）附录 F 计算。

作用于坝面单位宽度上的水平泥沙压力，一般可按下列公式计算：

$$F_{sk} = \frac{1}{2}\gamma_{sb} h_s^2 \tan^2\left(45° - \frac{\varphi_s}{2}\right) \tag{1-9-3}$$

$$\gamma_{sb} = \gamma_{sd} - (1 - n)\gamma_w \tag{1-9-4}$$

式中 F_{sk}——泥沙压力，kN/m；

γ_{sb}——泥沙的浮容重，kN/m³；

γ_{sd}——泥沙的干容重，kN/m³；

γ_w——水的容重，kN/m³；

n——泥沙的孔隙率；

h_s——坝前泥沙淤积厚度，m；

φ_s——泥沙的内摩擦角，(°)。

（五）浪压力

1. 作用于铅直迎水面建筑物上的浪压力

作用于铅直迎水面建筑物上的浪压力，应根据建筑物迎水面前的水深，按两种波态分别计算：

（1）当 $H \geqslant H_{cr}$ 和 $H \geqslant \frac{L_m}{2}$ 时，浪压力分布如图 1-9-1（a）所示，单位长度上的浪压力值按

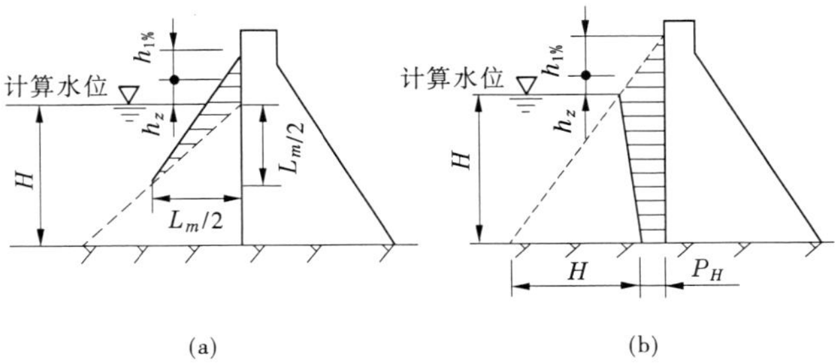

图 1-9-1 直墙式挡水建筑物的浪压力分布

式（1-9-5）~式（1-9-7）计算：

$$P_{wk} = \frac{1}{4}\gamma_w L_m (h_{1\%} + h_z) \tag{1-9-5}$$

$$h_z = \frac{\pi h_{1\%}^2}{L_m} \mathrm{cth} \frac{2\pi H}{L_m} \tag{1-9-6}$$

$$H_{cr} = \frac{L_m}{4\pi} \ln \frac{L_m + 2\pi h_{1\%}}{L_m - 2\pi h_{1\%}} \tag{1-9-7}$$

式中 P_{wk}——单位长度迎水面上的浪压力,kN/m;

γ_w——水的容重,kN/m^3;

L_m——平均波长,m;

$h_{1\%}$——累积频率为1%的波高,m;

H——挡水建筑物迎水面前的水深,m;

h_z——波浪中心线至计算水位的高度,m;

H_{cr}——使波浪破碎的临界水深,m。

(2)当 $H \geqslant H_{cr}$,但 $H < \frac{L_m}{2}$ 时,浪压力分布如图1-9-1(b)所示,单位长度上的浪压力按式(1-9-8)、式(1-9-9)计算:

$$P_{wk} = \frac{1}{2}[(h_{1\%} + h_z)(\gamma_w H + p_{lf}) + H p_{lf}] \tag{1-9-8}$$

$$p_{lf} = \gamma_w h_{1\%} \mathrm{sech} \frac{2\pi H}{L_m} \tag{1-9-9}$$

式中 p_{lf}——建筑物底面处的剩余浪压力强度,kN/m^2。

2. 计算波浪要素(波高、波长等)的基本资料

1)年最大风速

年最大风速是指水面上空10m高度处10min平均风速的年最大值;对于水面上空 z(m)处的风速,应乘以表1-9-1中的修正系数 K_z 后采用。陆地测站的风速,应参照有关资料进行修正。

表1-9-1 风速高度修正系数

高度 z(m)	2	5	10	15	20
修正系数 K_z	1.25	1.10	1.00	0.96	0.90

2)风区长度(有效吹程)

风区长度(有效吹程)按下列情况确定:

(1)当沿风向两侧的水域较宽时,可采用计算点至对岸的直线距离。

(2)当沿风向有局部缩窄且缩窄处的宽度 b 小于12倍计算波长时,可采用5倍 b 为风区长度,同时不小于计算点至缩窄处的直线距离。

(3)当沿风向两侧的水域较狭窄或水域形状不规则或有岛屿等障碍物时,可自计算点逆风向作主射线与水域边界相交,然后在主射线两侧每隔7.5°作一条射线,分别与水域边界相交。如图1-9-2所示,记 D_0 为计算点沿主射线方向至对岸的距离,D_i 为计算点沿第 i 条射线至对岸的距离,α_i 为第 i 条射线与主射线的夹角,$\alpha_i = 7.5 \times i$(一般取 $i = \pm1、\pm2、\pm3、\pm4、\pm5、\pm6$),同时令 $\alpha_0 = 0$,则等效风区长度 D 可按式(1-9-10)计算:

$$D = \frac{\sum_i D_i \cos^2 \alpha_i}{\sum_i \cos\alpha_i} \quad (i = 0、\pm 1、\pm 2、\pm 3、\pm 4、\pm 5、\pm 6) \tag{1-9-10}$$

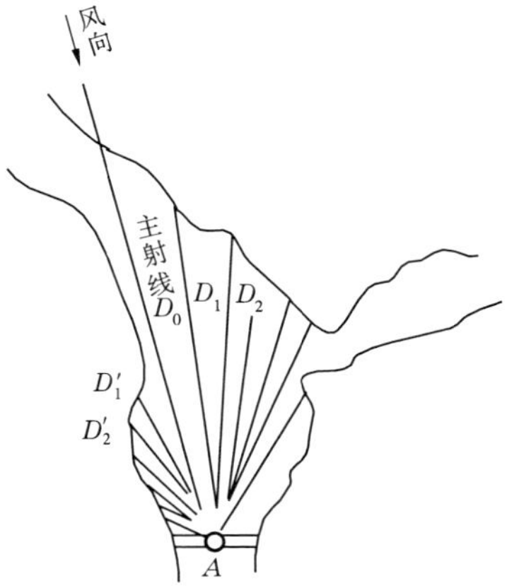

图 1-9-2　等效风区长度计算示意

3. 风区内的水域平均深度

风区内的水域平均深度一般可通过沿风向作出地形剖面图求得,其计算水位应与相应设计状况下的静水位一致。

4. 波浪要素计算

(1)宜根据拟建水库的具体条件,按下述三种情况计算波浪要素:

①平原、滨海地区水库,宜按莆田试验站公式计算:

$$\frac{gh_m}{v_0^2} = 0.13\text{th}\left[0.7\left(\frac{gH_m}{v_0^2}\right)^{0.7}\right] \times \text{th}\left\{\frac{0.0018(gD/v_0^2)^{0.45}}{0.13\text{th}[0.7(gH_m/v_0^2)^{0.7}]}\right\} \tag{1-9-11}$$

$$\frac{gT_m}{v_0} = 13.9\left(\frac{gh_m}{v_0^2}\right)^{0.5} \tag{1-9-12}$$

式中　h_m——平均波高,m;

T_m——平均波周期,s;

v_0——计算风速,m/s;

D——风区长度,m;

H_m——水域平均水深,m;

g——重力加速度,9.81m/s^2。

②丘陵、平原地区水库,宜按鹤地水库公式计算(适用于库水较深、$v_0 < 26.5$m/s 及 $D < 7.5$km):

$$\frac{gh_{2\%}}{v_0^2} = 0.00625 v_0^{1/6}\left(\frac{gD}{v_0^2}\right)^{1/3} \tag{1-9-13}$$

$$\frac{gL_m}{v_0^2} = 0.0386\left(\frac{gD}{v_0^2}\right)^{1/2} \tag{1-9-14}$$

式中　$h_{2\%}$——累积频率为2%的波高,m;

L_m——平均波长,m。

③内陆峡谷水库,宜按官厅水库公式计算(适用于 $v_0 < 20$m/s 及 $D < 20$km):

$$\frac{gh}{v_0^2} = 0.0076 v_0^{-1/12}\left(\frac{gD}{v_0^2}\right)^{1/3} \tag{1-9-15}$$

$$\frac{gL_m}{v_0^2} = 0.331 v_0^{-1/2.15}\left(\frac{gD}{v_0^2}\right)^{1/3.75} \tag{1-9-16}$$

式中　h——当 $gD/v_0^2=20\sim250$ 时，为累积频率 5% 的波高 $h_{5\%}$，当 $gD/v_0^2=250\sim1\,000$ 时，为累积频率 10% 的波高 $h_{10\%}$。

（2）累积频率为 P（%）的波高 h_P 与平均波高的关系可按表 1-9-2 进行换算。

表 1-9-2　累积频率为 P（%）的波高与平均波高的比值

$\frac{h_m}{H_m}$	P（%）									
	0.1	1	2	3	4	5	10	13	20	50
0	2.97	2.42	2.23	2.11	2.02	1.95	1.71	1.61	1.43	0.94
0.1	2.70	2.26	2.09	2.00	1.92	1.87	1.65	1.56	1.41	0.96
0.2	2.46	2.09	1.96	1.88	1.81	1.76	1.59	1.51	1.37	0.98
0.3	2.23	1.93	1.82	1.76	1.70	1.66	1.52	1.45	1.34	1.00
0.4	2.01	1.78	1.68	1.64	1.60	1.56	1.44	1.39	1.30	1.01
0.5	1.80	1.63	1.56	1.52	1.49	1.46	1.37	1.33	1.25	1.01

（3）平均波长 L_m 与平均波周期 T_m 可按式（1-9-17）换算：

$$L_m=\frac{gT_m^2}{2\pi}\text{th}\frac{2\pi H}{L_m}\tag{1-9-17}$$

对于深水波，即当 $H\geqslant0.5L_m$ 时，式（1-9-17）可简化为式（1-9-18）：

$$L_m=\frac{gT_m^2}{2\pi}\tag{1-9-18}$$

按上述方法计算波浪要素，其中计算风速的取值应遵循下列规定：当浪压力参与荷载基本组合时，采用重现期为 50 年的年最大风速；当浪压力参与荷载特殊组合时，采用多年平均年最大风速。

（六）冰压力

1. 静冰压力

在寒冷地区的冬季，水库表面结冰，冰层厚度从几厘米到 1m 以上。当气温升高时，冰层膨胀，对建筑物产生的压力称为静冰压力。静冰压力的大小与冰层厚度、开始升温时的气温及温升率有关，可按表 1-9-3 采用。静冰压力的作用点在冰面以下 1/3 冰厚处。

表 1-9-3　静冰压力

冰厚（m）	0.4	0.6	0.8	1.0	1.2
静冰压力（kN/m）	85	180	215	245	280

注：1. 冰层厚度取多年平均年最大值。
2. 对于小型水库应将表中静冰压力乘以 0.87 后采用，对于库面开阔的大型平原水库，应乘以 1.25 后采用。
3. 表中静冰压力适用于结冰期内水库水位基本不变的情况；结冰期内水库水位变动情况下的静冰压力应专门研究。
4. 表中静冰压力值可按冰层厚度相应计算取值。

2. 动冰压力

冰块破裂后,受风及流水的作用而漂流,冰块撞击到坝面时,将产生动冰压力。冰块作用在铅直或接近铅直坝面上所产生的动冰压力可按式(1-9-19)计算:

$$F_{bk} = 0.07vd_i\sqrt{Af_{ic}} \qquad (1\text{-}9\text{-}19)$$

式中 F_{bk}——冰块撞击坝面的动冰压力,MN;

v——冰块流速,m/s,按实测资料确定,当无实测资料时,对于水库可取流冰期内保证率为1%的风速的3%,但不宜大于0.6m/s;

d_i——计算冰厚,m,取当地最大冰厚的0.7~0.8倍,流冰初期取大值;

A——冰块面积,m^2,可由当地或邻近地点的实测或调查资料确定;

f_{ic}——冰块的抗压强度,MPa,对水库可采用0.3~0.4MPa,对河流,在流冰初期可采用0.4~0.5MPa,后期高水位时,可采用0.3~0.4MPa。

作用于独立墩柱上的动冰压力,可按式(1-9-20)计算:

$$F_{p1} = mf_{ib}d_ib \qquad (1\text{-}9\text{-}20)$$

式中 F_{p1}——冰块切入三角形墩柱或作用于前沿垂直的矩形、多边形、圆形独立墩柱的动冰压力,MN;

m——墩柱前沿的平面形状系数,按表1-9-4的规定取值;

f_{ib}——冰块的挤压强度,MPa,流冰初期可取0.75MPa,后期可取0.45MPa;

b——冰作用高程处的墩柱前沿宽度,m。

3. 冻胀力

严寒使地基土中的水分结冰成为冻土,冻土层内的土体冻胀,受到建筑物和下面未冻土层的约束,将对建筑物或其保护层形成冻胀力,使之变位,甚至失稳、破坏。冻土融化时,强度骤减,严重时可使建筑物受到破坏。因此,在设计寒冷地区的水工建筑物时,要遵循有关规范的规定进行分析计算。

表1-9-4 平面形状系数 m 值

平面形状	夹角为2α的三角形					矩形	多边形或圆形
	45°	60°	75°	90°	120°		
m	0.54	0.59	0.64	0.69	0.77	1.0	0.9

注:α为三角形夹角的一半。

(七)温度荷载

应根据结构特征,分别考虑结构在施工期和运行期的温度作用。

(1)杆件结构。假定温度沿截面厚度方向呈线性分布。

(2)简化为杆件结构计算的平板结构或 $L/R<0.5$ 的壳体结构,可将沿结构厚度方向实际分布的计算温度分解为三部分,即截面平均温度、等效线性温差和非线性温差计算。

(3)大体积混凝土结构和其他空间形状复杂的非杆件结构,应根据其温度边值条件,按连续介质热传导理论计算其温度场。

大体积混凝土结构施工期的温度作用标准值,应取结构稳定温度场与施工期最高温度场之差值。

物体温度变化会产生膨胀或收缩变形,当变形受到约束时,将产生内应力。结构由于温度变化产生的应力、变形、位移等,称为温度作用效应。其中,以混凝土结构及钢结构的温度作用效应最为明显。

建筑物外界气温的年周期变化过程可用式(1-9-21)表示:

$$T_a = T_{am} + A_a \cos\omega(\tau - \tau_0) \tag{1-9-21}$$

式中 T_a——多年月平均气温,℃;

τ——时间变量,月;

τ_0——初始相位,对于高纬度地区(纬度大于 30°),取 $\tau_0 = 6.5$ 月,对于低纬度地区,取 $\tau_0 = 6.7$ 月;

ω——圆频率,1/月,$\omega = 2\pi/12$;

T_{am}——多年年平均气温,℃;

A_a——多年平均气温年变幅,℃。

大体积混凝土结构在施工期内产生大量的水泥水化热且不易散发,而混凝土的强度增长缓慢,当气温降低时极易产生表面裂缝甚至贯穿裂缝。混凝土结构的温度变化过程可分为三个阶段:早期,自混凝土浇筑开始至水泥水化热作用基本结束为止;中期,自水泥水化热作用基本结束起至混凝土冷却到稳定温度止;晚期,混凝土到达稳定温度后,结构的温度仅随外界温度变化而波动。

(八)地震荷载

地震引发地层表面作随机运动,能使水工建筑物产生严重破坏。破坏情况取决于地震过程特点和建筑物的动态反应特性。

水工建筑物地震作用,应包括建筑物自重以及其上的设备自重所产生的地震惯性力、地震动水压力和地震动土压力。

各类水工建筑物地震作用,应按下列原则考虑:

(1)土石坝和混凝土重力坝的水平向地震作用,可只考虑顺河流方向的水平向地震作用;两岸陡坡上的重力坝坝段尚宜计入垂直河流的水平向地震作用。

(2)闸墩、进水塔、闸顶机架和其他两个主轴方向刚度接近的水工混凝土结构,应考虑结构两个主轴方向的水平向地震作用。

(3)混凝土拱坝,应同时考虑顺河流方向和垂直河流方向的水平向地震作用。

(4)当设计烈度为 8、9 度时,1、2 级土石坝、重力坝等挡水建筑物和长悬臂、大跨度及高耸的水工混凝土结构,应同时计入水平向和竖向地震作用。

(5)严重不对称或空腹等特殊型式的拱坝,以及设计烈度为 8、9 度的 1、2 级双曲拱坝,竖向地震作用宜作专门研究。

二、荷载组合

《水工建筑物荷载设计规范》(DL5077—1997)规定结构上的作用,可按作用随时间的变异分为下列三类:①永久作用;②可变作用;③偶然作用。

水工结构主要作用按随时间变异的分类按 DL5077—1997 附录 A 采用。

水工建筑物设计荷载组合可分为基本组合和特殊组合两类。基本组合由基本荷载组成,特殊组合除相应的基本荷载外,还应包括某些特殊荷载。

基本荷载包括自重、水压力、扬压力、土压力、泥沙压力、地应力、围岩压力、浪压力、冰压力、风荷载、雪荷载、运用期温度荷载等。

特殊荷载包括校核工况水压力及扬压力、施工期温度荷载、地震荷载等。

荷载组合工况:①基本组合工况一般包括完建情况、正常运用情况、设计洪水情况、冰冻情况;②特殊组合工况一般包括施工期情况、检修情况、校核洪水情况、地震情况。

第十节　天然建筑材料

一、天然建筑材料的基本性能、物理力学指标

(一)混凝土用砂、砾料

骨料根据尺寸大小不同又分为粗骨料和细骨料。粗骨料就是所用的石子的粒径为 5mm 以上。常用的粗骨料有砾石和卵石。细骨料就是砂子的粒径为 0.15 ~5mm。

(1)混凝土细骨料质量应符合表 1-10-1、表 1-10-2 和图 1-10-1 的规定。

表 1-10-1　混凝土细骨料质量指标

序号	项目		指标	备注
1	表观密度		$>2.55g/cm^3$	
2	堆积密度		$>1.50g/cm^3$	
3	孔隙率		<40%	
4	云母含量		<2%	
5	含泥量(黏、粉粒)		<3%	不允许存在黏土块、黏土薄膜;若有则应做专门试验论证
6	碱活性骨料含量			有碱活性骨料时,应做专门试验论证
7	硫酸盐及硫化物含量(换算成 SO_3)		<1%	
8	有机质含量		浅于标准色	人工砂不允许存在
9	轻物质含量		≤1%	
10	细度	细度模数	2.5 ~3.5 为宜	
		平均粒径	0.36 ~0.50mm 为宜	
11	人工砂中石粉含量		6% ~12% 为宜	常态混凝土

表 1-10-2　混凝土细骨料颗粒级配范围

筛孔直径(mm)	细砂	中砂	粗砂
	累计筛余(%)		
5	0	0 ~ 8	8 ~ 15
2. 5	3 ~ 10	10 ~ 25	25 ~ 40
1. 25	5 ~ 30	30 ~ 50	50 ~ 70
0. 63	30 ~ 50	50 ~ 67	67 ~ 83
0. 315	55 ~ 70	70 ~ 83	83 ~ 95
0. 158	85 ~ 90	90 ~ 94	94 ~ 97
平均粒径(mm)	0. 31 ~ 0. 36	0. 36 ~ 0. 43	0. 43 ~ 0. 66
细度模数	1. 78 ~ 2. 50	2. 50 ~ 3. 19	3. 19 ~ 3. 85

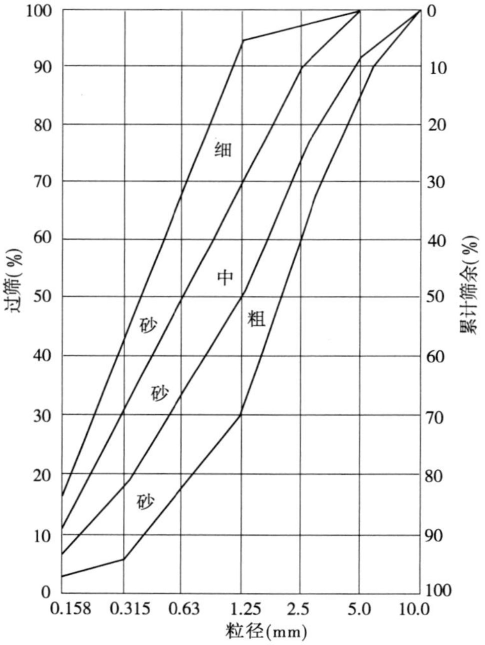

图 1-10-1　砂级配曲线

(2)混凝土粗骨料质量应符合表 1-10-3 的规定。

(3)人工骨料。使用的骨料应根据优质、经济、就地取材的原则进行选择。可选用天然骨料、人工骨料,或两者互相补充。选用人工骨料时,有条件的地方宜选用石灰岩作料源。

表 1-10-3　混凝土粗骨料质量指标

序号	项目	指标	说明
1	表观密度	$>2.6g/cm^3$	对砾石力学性能的要求,应符合《水工混凝土结构设计规范》规定
2	堆积密度	$>1.6g/cm^3$	
3	孔隙率	<45%	
4	吸水率	<2.5% 抗寒性混凝土:<1.5%	
5	冻融损失率	<10%	
6	针片状颗粒含量	<15%	
7	软弱颗粒含量	<5%	
8	含泥量	<1%	不允许存在黏土团块、黏土薄膜;有则应做专门试验论证
9	碱活性骨料含量		有碱活性骨料时,应做专门试验论证
10	硫酸盐及硫化物含量(换算成 SO_3)	<0.5%	
11	有机质含量	浅于标准色	
12	粒度模数	宜采用 6.25 ~8.30	
13	轻物质含量	不允许存在	

人工骨料品质,除应符合上述天然骨料质量要求外,还要求岩石单轴饱和抗压强度应大于40MPa,常态混凝土人工细骨料中石粉含量以6% ~12% 为宜。重要的大型工程,必要时应做人工骨料轧制试验。

(4)碱活性骨料。碱活性骨料可与水泥或混凝土中的碱离子发生化学反应并产生体积膨胀,导致混凝土开裂破坏,故应予以注意。

常见含碱活性成分的岩石应按表 1-10-4 的规定确定。

表 1-10-4　常见含碱活性成分的岩石

岩类	岩石	活性成分
火成岩	安山岩 英安岩 流纹岩 凝灰岩 粗面岩 松脂岩 珍珠岩 黑曜岩 玄武岩	中、酸性富含二氧化硅的火山玻璃,微晶隐晶质石英,磷石英,方英石
沉积岩	硅质岩	微晶隐晶质石英,玉髓,蛋白石,燧石,碧玉,玛瑙
	碳酸盐岩	含有 10% ~20% 黏土质矿物的灰质白云岩(白云石和方解石含量几乎各占 1/2)

岩石碱活性判定标准应符合表 1-10-5 的规定。

表 1-10-5　岩石碱活性判定标准

试验方法	具潜在碱活性判定指标
化学法	当 $\delta_R > 0.070$ 并 $C_{SiO_2} > \delta_R$，或 $\delta_R < 0.070$ 并 $C_{SiO_2} > 0.035 + \delta_R/2$ 时，具潜在危害，应进行砂浆长度试验进一步鉴定
砂浆长度法	当半年膨胀率大于 0.10% 或 3 个月膨胀率大于 0.05%（无半年膨胀率资料时才有效）为具潜在危害
岩石柱法（碳酸盐岩）	当试件浸泡 84d 膨胀率大于 0.10% 时具有潜在危害，必要时应进行混凝土试验评定

注：δ_R 为碱度降低值，mol/L；C_{SiO_2} 为滤液中的二氧化硅浓度，mol/L。

（二）土石坝填筑材料

（1）土石坝坝壳填筑砂砾料质量应符合表 1-10-6 的规定。

表 1-10-6　土石坝坝壳填筑砂砾料质量指标

序号	项目	指标	说明
1	砾石含量	5mm 至相当于 3/4 填筑层厚度的颗粒在 20% ~80% 范围内	干燥区的渗透系数可小些，含泥量可适当增加；强震区砾石含量下限应予提高，砂砾料中的砂料应尽可能采用粗砂
2	紧密密度	$>2g/cm^3$	
3	含泥量（黏、粉粒）	≤8%	
4	内摩擦角	>30°	
5	渗透系数	碾压后大于 1×10^{-3} cm/s	应大于防渗体的 50 倍

（2）反滤层料质量应符合表 1-10-7 的规定。

表 1-10-7　反滤层料质量指标

序号	项目	指标
1	级配	应尽量均匀，要求这一粒组的颗粒，不会钻入另一粒组的孔隙中去，为避免堵塞，所用材料中小于 0.1mm 的颗粒在数量上不应超过 5%
2	不均匀系数	≤8
3	颗粒形状	应无片状、针状颗粒，坚固抗冻
4	含泥量（黏、粉粒）	<3%
5	渗透系数	$>5.8\times10^{-3}$ cm/s
6	对于塑性指数大于 20 的黏土地基第一层粒度 D_{50} 的要求： 当不均匀系数 $C_u \leq 2$ 时，$D_{50} \leq 5$mm； 当不均匀系数 $2 < C_u \leq 5$ 时，$D_{50} \leq 5 \sim 8$mm	

(3)土石坝土料质量应符合表1-10-8的规定。

表1-10-8　土料质量指标

序号	项目	均质坝土料	防渗体土料
1	黏粒含量	10%~30%为宜	15%~40%为宜
2	塑性指数	7~17	10~20
3	渗透系数	碾压后 $<1\times10^{-4}$cm/s	碾压后 $<1\times10^{-5}$cm/s，并应小于坝壳透水料的50倍
4	有机质含量(按质量计)	<5%	<2%
5	水溶盐含量	<3%	
6	天然含水率	与最优含水率或塑限接近者为优	
7	pH值	>7	
8	紧密密度	宜大于天然密度	
9	SiO_2/R_2O_3	>2	

(4)特殊土料。特殊土如黄土、膨胀土、红黏土、分散性土作土坝防渗体与坝体填筑料或堤防填筑料时，其特性应按工程要求做专门改性试验进行确定并作出评价。

(5)碎(砾)石类土料。碎(砾)石类土料质量应符合表1-10-9的规定。

表1-10-9　碎(砾)石类土料质量指标

序号	项目	指标	
		防渗体土料	均质坝土料
1	P_5含量(>5mm)	宜<60%	
2	黏粒含量	占小于5mm颗粒的15%~40%	
3	最大颗粒粒径	小于15cm或不超过碾压铺垫层厚的2/3	
4	塑性指数	10~20	
5	渗透系数	碾压后小于1×10^{-5}cm/s，并应小于坝壳透水料的50倍	碾压后小于1×10^{-4}cm/s
6	有机质含量(按质量计)	<2%	<5%
7	水溶盐含量	<3%	
8	天然含水率	与最优含水量或塑限接近者为优	

(6)槽孔固壁土料。槽孔固壁土料质量应符合表1-10-10的规定。

表 1-10-10　槽孔固结壁土料质量指标

序号	项目		指标
1	颗粒组成	>0.075mm	<5%
		<0.005mm	>50%
		<0.002mm	>40%
2	塑性指数		>20
3	SiO_2/Al_2O_3		3~4
4	pH 值		>7
5	活动性指数		<1
6	有机质含量		<1%

(7)块石料。块石料质量应符合表 1-10-11 的规定。

表 1-10-11　块石料质量指标

序号	项目	指标	说明
1	饱和抗压强度	应按地域、设计要求与使用目的确定	埋石及砌石的硫酸盐及硫化物含量,同混凝土骨料要求
2	软化系数		
3	冻融损失率	<1%	
4	干密度	$>2.4t/m^3$	

二、天然建材选用原则和方法

水利水电工程天然建筑材料选用原则和方法应从建材质量、料源、开采规划、开采方法和利用工程开挖渣料等诸方面综合考虑。

(1)天然建筑材料应符合《水利水电工程天然建筑材料勘察规程》(SL251—2000)达到各设计阶段的精度要求。对砂石原料的质量要求:①应符合《水工混凝土施工规范》(DL/T5144—2001)及《水利水电工程天然建筑材料勘察规程》(SL251—2000)对石料质量的规定。原料中某些质量指标虽不符合规定,经加工处理后可满足要求时也可选用。②有碱活性的骨料一般应避免使用,当采用低碱水泥或掺粉煤灰等掺合料且经试验证明对混凝土不致产生有害影响时,也可选用。③风化岩体单块石料的物理力学性能和化学稳定性如能满足质量要求时,也可选用。④采用节理裂隙发育的岩体作骨料,应通过试验验证满足设计要求。

(2)根据优质、经济、就近取材的原则,选用天然、人工砂石料,或两者结合的料源:①工程附近天然砂石储量丰富,质量符合要求,级配及开采、运输条件较好时,应优先作为比较料源。②在主体工程附近无足够合格天然砂石料时,应研究就近开采加工人工骨料的可能性和合理性。③尽量不占或少占耕地。④开挖渣料数量较多,且质量符合要求时,应尽量利用。⑤当料物较多或情况较复杂时,宜采用系统分析法优选料源。

(3)对选定的主要料场开挖渣料应作开采规划。料场开采规划原则:①尽可能机械化集中开采,合理选用采、挖、运设备。②若料场比较分散,上游料场用于浇筑前期,近距离料场宜作为调剂高峰用。③拟定分期开采计划时,力求天然级配与混凝土需用级配接近,并能连续均衡开采。④采取有效措施提高料场开采率。⑤受洪水或冰冻影响的料场应要有备料、防洪或冬季开采等措施。

(4)用采砂船采集砂砾石时应考虑:①选择大型采砂船应考虑设备进场、撤退及下一工程衔接使用的可能性。②选择合理开采水位,研究开采顺序和作业路线,尽可能创造静水和低流速开采条件,减少细砂与骨料的流失量。③应考虑到开采过程中因细砂流失而使砂料细度模数增大问题,必要时可采取补救措施回收细砂。

(5)利用工程开挖渣料时应考虑:①开挖爆破设计宜控制岩块粒度,以适应装运、破碎设备要求。②防止废料混入。③力求开挖与浇筑进度平行交叉,减少渣料堆储和二次采装。

第十一节　水工建筑物的工程地质条件及建基条件

一、对坝基的地质要求

不同坝型对地基地质条件的要求见表 1-11-1。

表 1-11-1　不同坝型对地质条件的要求

地质条件	土石坝	混凝土重力坝	混凝土拱坝
岩土性质	坝基岩(土)应具有抗水性(不溶解),压缩性也应较小,尽量避免有很厚的泥炭、淤泥、软黏土、粉细砂、湿陷性黄土等不良土层	坝基要求尽可能为岩基,应有足够的整体性、均一性,并具有一定的承载力、抗水性和耐风化性能,覆盖层与风化层不宜过厚	坝基应为完整、均一、承载力高、强度大、耐风化、抗水的坚硬岩基,覆盖层和风化层不宜过厚
地质构造	以土层均一、结构简单、层次较稳定、厚度变化小的为佳,最好避开严重破碎的大断层带	尽量避开大断层带、软弱带以及节理密集带等不良地质构造	应避开大断层带、软弱带以及节理密集带等不良地质构造
坝基与坝肩稳定	应避免有能使坝体活动的性质不良的软弱层及软弱夹层。两岸坝肩接头处,地形坡度不宜过陡	坝基应有足够的抗滑稳定性,应尽量避免有不利于稳定的滑移面(软弱夹层、缓倾角断层等)	两岸坝基在地形地质条件上应大致对称(河谷宽高比最好不超过 3.5),在拱推力作用下,不能发生滑移和过大变形,拱座下游应有足够的稳定岩体
渗漏及渗流稳定	应有足够的渗流稳定性,应避开难以处理的易渗透变形破坏的土层与可液化土层,并避免渗漏量过大	岩石的透水性不宜过大,不致产生大量漏水。避免产生过大的渗透压力	岩石的透水性要小,应避免产生过大的渗透压力(特别是两岸坝肩的侧向渗透压力)

注:1. 土石坝的心墙基础要求较高的渗流稳定条件,一般须采取相应的工程措施。

2. 支墩坝对地质条件的适应性较强,但须注意防止产生过大的侧向渗透压力,软弱夹层及软弱破碎带产生渗透变形破坏以及相邻支墩产生过大的不均一沉陷。

二、拱坝的建基面与地基处理

（1）混凝土拱坝建基面应符合下列要求：①具有整体性和抗滑稳定性；②具有足够的强度和刚度；③具有抗渗性、渗透稳定性和有利的渗流场；④具有在水长期作用下的耐久性；⑤控制地基接触面的形状对坝体应力分布的不利影响。

（2）混凝土拱坝坝基处理宜采取挖除风化岩、控制基础形状、设置相关建筑物（如垫座、推力墩、重力墩）、固结灌浆、接触灌浆、帷幕灌浆、坝基排水、断层破碎带与软弱夹层的处理（包括用混凝土置换、高压水泥灌浆等）以及预应力锚固基岩等措施。

三、混凝土重力坝建基面与地基处理

（一）混凝土重力坝的基础经处理后必须符合的要求

（1）具有足够的强度，以承受坝体的压力。

（2）具有足够的整体性和均匀性，以满足坝基抗滑稳定要求和减小不均匀沉陷。

（3）具有足够的抗渗性，以满足渗透稳定要求。

（4）具有足够的耐久性，以防止岩体性质在水的长期作用下发生恶化。

（二）基础处理措施

1. 基础开挖

强度不满足设计要求的岩层、表层夹泥裂隙、风化囊、断层破碎带、节理密集带、岩溶充填物及浅埋的软弱夹层等工程地质缺陷均应予以挖除，或局部挖除后再进行处理。

2. 固结灌浆

根据坝基应力及地质条件，可在全坝基及上、下游一定范围包括宽缝重力坝的宽缝部位、防渗帷幕上游坝基、断层破碎带及两侧影响带。

3. 坝基防渗及排水

（1）坝基及两岸的防渗措施，可采用水泥灌浆，亦可采用水泥混合材料灌浆，形成防渗帷幕。

（2）坝基帷幕后设置排水孔与帷幕共同作用，降低扬压力，控制渗流量。

4. 断层破碎带和软弱夹层处理

（1）规模不大的断层破碎带采用混凝土塞处理。

（2）规模大的断层破碎带必须进行专门设计。

（3）提高深层抗滑稳定的处理原则有：①提高软弱结构面的抗剪能力；②增加尾岩抗力；③提高软弱结构面的抗剪能力与增加尾岩抗力相结合。

四、土石坝建基面与处理

（1）土石坝坝基（包括坝头）处理应满足渗流控制（包括渗流稳定和控制渗流量）、静力和动力稳定允许沉降量和不均匀沉降量等方面的要求，保证安全运行。处理的标准应根据具体情况在设计中确定。竣工后的坝顶沉降不应大于坝高的1%。对于特殊土的坝基，允许沉降量应视具体情况确定。

（2）坝基中遇到下列情况时，必须慎重研究和处理：①深厚砂卵石层；②软黏土；③湿陷性黄土；④疏松砂土及少黏土；⑤喀斯特（岩溶）；⑥有断层破碎带、透水性强或有软弱夹层的岩石；⑦含有大量可溶盐类的岩石；⑧透水坝基下游坝脚处有连续的透水性较差的覆盖层；⑨矿区井、洞。

五、边坡工程地质

（一）影响边坡稳定的因素

影响边坡稳定的因素较多，其主要因素见表 1-11-2。

表 1-11-2　影响边坡稳定的因素

<table>
<tr><th>影响因素</th><th colspan="2">简要说明</th></tr>
<tr><td>地形</td><td colspan="2">边坡坡度与高度——边坡越陡、越高，岩体越容易失去稳定
反坡地形——往往成为边坡不稳定的主要因素</td></tr>
<tr><td rowspan="3">软弱结构面</td><td>不利组合</td><td>软弱结构面不利组合可构成平面与空间不稳定岩体</td></tr>
<tr><td rowspan="2">滑动面不利情况</td><td>产状：
一般同向边坡，当坡脚被切穿时，滑动面走向与边坡坡面走向夹角愈小，对边坡稳定愈不利；滑动面倾角愈大，对边坡稳定愈不利</td></tr>
<tr><td>连续性——结构面成为滑动面时，连续分布较断续分布抗剪强度低，稳定性差
夹泥——滑动面存在夹泥时，往往抗剪强度低，阻滑力小，尤其是夹泥连续性较好、厚度大于起伏差时更为突出</td></tr>
<tr><td>岩性</td><td rowspan="4">增大下滑力或降低阻滑力</td><td>富含亲水性、膨胀性、崩解性矿物的软弱岩层，容易软化、泥化，可使滑动面处岩石的抗剪强度降低</td></tr>
<tr><td>风化作用</td><td>1. 节理裂隙进一步张开或扩大，并产生新的风化裂隙，可使岩体型成滑动面、分割面和岩块松动
2. 可使岩体结构破坏，岩体、滑动面、抗剪强度等力学指标降低</td></tr>
<tr><td>水的作用</td><td>1. 产生孔隙水压力
2. 促使软弱夹层软化和泥化
3. 渗流过程中滑带的水力坡降超出临界坡降时，可产生潜蚀
4. 水流冲刷坡脚或岸坡，使岩体失去支撑，形成新的临空面</td></tr>
<tr><td>地震</td><td>地震的影响视地震力的强度而定。地震加速度与震源远近、震波与边坡的方位、岩性、层理、节理裂隙、断层发育情况、含水性等有关</td></tr>
<tr><td>地应力</td><td colspan="2">可引起边坡岩体变形</td></tr>
<tr><td rowspan="3">人为因素</td><td>爆破</td><td>与地震作用相类似</td></tr>
<tr><td rowspan="2">修建工程</td><td>斜坡开挖切断了塌滑面，形成较大临空面，使边坡岩体失去支撑而产生塌滑</td></tr>
<tr><td>修建水库，水库最初蓄满水时，库岸边坡岩体因浸水引起抗剪强度显著降低，容易产生崩塌或滑坡。当库水位迅速下降时，边坡岩体在较大孔隙水压力作用下，常常失去稳定产生滑坡</td></tr>
</table>

注：同向边坡是指结构面倾向和边坡坡面倾向一致的边坡。

(二)边坡变形的类型

根据变形的性质,岩质边坡变形大体上可分为崩塌、滑坡和蠕动三种基本类型,见表1-11-3。

表1-11-3 岩质边坡变形类型

类型	概况	
崩塌	边坡下部边缘部分岩体的结构先遭受破坏形成陡坡或倒坡后,边坡上部岩体因失去支撑,在重力及其他力的作用下,突然以高速脱离母岩面自由翻滚、坠落的急剧变形破坏	
蠕动	脆性岩层	岩块在重力和卸荷力的作用下,沿已有滑面或绕一定的转点长期而缓慢地滑动或转动
	塑性岩层(夹层或垫层)	岩层(块)在一定荷载作用下,沿着滑动面,长期而缓慢地塑性变形或流动
滑坡	边坡中一定体积的岩体,在重力和其他力的作用下,沿着一个(组)或两个(组)以上软弱面(带)作整体滑动	

根据滑动面的组合情况,基岩滑坡可分为平面滑坡和空间滑坡两大类,见表1-11-4。

表1-11-4 基岩滑坡类型

类型	概况
平面滑坡	滑动面由一个平面构成 滑动面由两个或两个以上平面构成,这些平面的走向大致平行,两侧不受约束,或约束力可以忽视
空间滑坡	滑动面由两个或更多个平面构成,这些面的走向并不平行,而是将岩体相互割切成空间的棱形、锥形、槽形等不稳定岩体

六、地下建筑的基本地质要求

地下洞室的工程地质问题,主要是围岩稳定及洞口边坡稳定问题。地下洞室位置、轴线方向及洞口的基本地质要求见表1-11-5。

表1-11-5 地下洞室位置、轴线方向及洞口的基本地质要求

项目	基本地质要求
洞室位置	1. 地形完整,尽量避开沟谷等低洼地形,洞周围岩有足够厚度 2. 岩石完整,构造简单,尽量避开软弱、易膨胀、易溶解、岩溶发育的岩层和严重破碎等不良地段 3. 尽可能避开活动断裂 4. 尽量避开地下水丰富的含水层(带)和可能大量涌水的汇(集)水构造 5. 避开含有害气体、放射性元素及有用矿产的岩体

续表 1-11-5

项目	基本地质要求
轴线方向	1. 轴线一般应与层面、断层、主要节理等结构面和破碎带、岩溶发育带相垂直或有较大的夹角,使洞顶与高边墙部位无较大不利组合,岩石较完整 2. 当地应力大于岩体强度时,轴线尽可能与最大主应力方向一致
洞口	1. 地形完整,尽量避开沟谷和高陡边坡地段 2. 基岩裸露或覆盖较薄,洞周围岩完整性较好,风化较轻。避开覆盖较厚、洞周围岩有较大断层通过或岩石风化严重形成的破碎地段 3. 边坡稳定,无山崩、危崖、滑坡和软弱结构面不利组合形成的塌滑体

七、溢洪道工程地质

溢洪道的地形地质基本要求见表 1-11-6。

表 1-11-6　溢洪道的地形地质基本要求

<table>
<tr><th rowspan="2">地形地质条件</th><th colspan="3">基本要求</th></tr>
<tr><th>河岸正槽式溢洪道</th><th>河岸侧槽式溢洪道</th><th>河床式溢洪道</th></tr>
<tr><td>地形</td><td>1. 坝附近有高程接近于正常蓄水位的马鞍形山口,其下游山沟很快通到原河道或其他河道
2. 河岸平缓或者有阶梯状地形者有阶梯状地形</td><td>河岸边坡很陡</td><td>与坝基的地质要求相同</td></tr>
<tr><td>岩性与地质构造</td><td colspan="2">1. 第四纪堆积物或岩石风化层厚度薄
2. 岩石坚硬、完整、均一,抗冲刷性能好
3. 没有大的构造破碎带和强烈的褶皱
4. 岩性和构造,不致构成地基产生滑动和过大变形的条件</td><td></td></tr>
<tr><td>水文地质</td><td colspan="2">1. 无承压水(或防止承压水的顶托作用)
2. 岩土的渗流稳定条件好</td><td rowspan="3">岩体抗冲刷性能好,不致出现危及大坝及其他水工建筑物安全的冲刷现象,应将冲刷坑布置在岩体完整性好、地质构造较简单、裂隙不发育、两侧边坡低缓的地段</td></tr>
<tr><td>边坡稳定</td><td>边坡岩体稳定条件好</td><td>边坡岩体稳定条件好,尤应注意高陡边坡的稳定性</td></tr>
<tr><td>出口地基冲刷</td><td colspan="2">岩体抗冲刷性能好,不致出现危及大坝及其他水工建筑物安全的冲刷现象</td></tr>
</table>

八、渠道线路的工程地质条件

渠道与渠系建筑物应研究的主要工程地质问题有：

(1)渠道渗漏及渗漏引起的浸没问题。

(2)渠坡及渠道布置地段的天然斜坡稳定和影响渠坡稳定的渠水冲刷问题。

(3)渠道整体稳定问题(即由于滑坡、崩塌、岩堆、泥石流、陷穴、黄土湿陷等引起的渠道失稳破坏)。

(4)渠系建筑物的地基强度与稳定问题(包括不同渠道线路类型及其主要工程地质条件,见表1-11-7)。

表1-11-7　不同渠道线路类型的主要工程地质条件

渠道线路类型	主要工程地质条件
平原型线路	多为第四系松散堆积物,应根据其成因类型、物质组成、结构,并结合地下水埋藏条件,分析与评价渗漏、浸没、渗流稳定及渠坡稳定
谷底或坡麓型线路	堆积物的成分与结构复杂,地下水类型多变,工程地质条件较复杂。斜坡的不良地质作用(滑坡、崩塌、泥石流等)常对渠道工程造成危害,遇有岩堆时,往往产生较严重的渗漏
山腹或盘山型线路	多为半挖半填型的渠道,须注意渠坡稳定,同时要注意山坡稳定。当山坡稳定条件差时,渠水的渗流作用常引起山坡失稳,甚至造成渠道连同山坡一起滑动。要根据岩性、构造、地下水埋藏特征分析渗漏的可能性
岭脊型线路	一般地下水埋藏较深,主要应注意渠水的渗失,尤其是对于松散砂及砂砾层构成的土质渠床,透水性大的疏松结构岩层和强裂隙性(或有构造破碎带)的岩层构成的渠床
穿越岭脊型线路	此类渠线跨谷工程多,跨谷工程的基础稳定是主要问题。对土基不能有超限的不均匀沉陷,对岩基不允许有超限的滑动。穿越山岭的隧道,应注意洞口边坡稳定与洞身围岩稳定。深挖方、高填方工程,应注意渠坡的稳定性

第二章　水工混凝土结构

水工混凝土结构是水利水电工程中最重要、最基本的结构型式。水工混凝土结构分为钢筋混凝土结构、素混凝土结构和预应力混凝土结构。其中，钢筋混凝土结构是由钢筋和混凝土两种材料组成共同受力的结构。水工混凝土结构常因水工建筑物的整体性要求而采用现浇混凝土施工。相关规范有《水工混凝土结构设计规范》(DL/T5057—1996)和《水工混凝土结构设计规范》(SL/T191—96)。

第一节　水工混凝土设计规定与结构安全标准

一、混凝土基本规定

(1)混凝土应满足强度要求，并应根据建筑物的工作条件、地区气候等具体情况，分别满足抗渗、抗冻、抗侵蚀、抗冲刷等耐久性的要求。

(2)混凝土强度等级应由按标准方法制作养护的边长为150mm的立方体试件，在28d龄期用标准试验方法测得的具有95%保证率的抗压强度标准值确定。

(3)混凝土强度标准值应按表2-1-1采用。构件设计时，混凝土强度设计值应按表2-1-2采用。

(4)对防止温度裂缝有较高要求的大体积混凝土结构，设计时应对混凝土提出高延伸率和低热性要求，宜选用低热水泥或掺加合适的掺合料与外加剂。

(5)混凝土的容重应由试验确定。当无试验资料时，素混凝土可按24kN/m^3，钢筋混凝土可按25kN/m^{3}采用。

表2-1-1　混凝土强度标准值　(单位:N/mm^2)

强度种类	符号	混凝土强度等级										
		C10	C15	C20	C25	C30	C35	C40	C45	C50	C55	C60
轴心抗压	f_{ck}	6.7	10.0	13.5	17.0	20.0	23.5	27.0	29.5	32.0	34.0	36.0
轴心抗拉	f_{tk}	0.90	1.20	1.50	1.75	2.00	2.25	2.45	2.60	2.75	2.85	2.95

表2-1-2　混凝土强度设计值　(单位:N/mm^2)

强度种类	符号	混凝土强度等级										
		C10	C15	C20	C25	C30	C35	C40	C45	C50	C55	C60
轴心抗压	f_c	5.0	7.5	10.0	12.5	15.0	17.5	19.5	21.5	23.5	25.0	26.5
轴心抗拉	f_t	0.65	0.90	1.10	1.30	1.50	1.65	1.80	1.90	2.00	2.10	2.20

注:计算现浇的钢筋混凝土柱时，如截面的长边或直径小于300mm，则表中强度设计值应乘以系数0.8。

(6)28d 龄期时混凝土受压或受拉弹性模量 E_c 可按表 2-1-3 采用。混凝土的泊松比 υ_c 可取为 0. 167。混凝土剪变模量 G_c 可按表 2-1-3 混凝土弹性模量的 0. 4 倍采用。

表 2-1-3　混凝土弹性模量 E_c　　(单位:N/mm^2)

混凝土强度等级	弹性模量	混凝土强度等级	弹性模量	混凝土强度等级	弹性模量
C10	1.75×10^4	C30	3.00×10^4	C50	3.45×10^4
C15	2.20×10^4	C35	3.15×10^4	C55	3.55×10^4
C20	2.55×10^4	C40	3.25×10^4	C60	3.60×10^4
C25	2.80×10^4	C45	3.35×10^4		

二、钢筋基本规定

(1)钢筋强度的标准值应具有不小于 95% 的保证率。普通钢筋的强度标准值应按表 2-1-4 采用。

表 2-1-4　钢筋强度标准值　　(单位:N/mm^2)

种　类		f_{yk}或f_{pyk}或f'_{yk}或f'_{pyk}
热轧钢筋	Ⅰ级(Q235)	235
	Ⅱ级(20MnSi、20MnNb(b))	335
	Ⅲ级(20MnSiV、20MnTi、K20MnSi)	400
	Ⅳ级($40Si_2MnV$、45SiMnV、$45Si_2MnTi$)	540
冷拉钢筋	Ⅰ级($d\leqslant12$)	280
	Ⅱ级($d\leqslant25$)	450
	($d=28\sim40$)	430
	Ⅲ级	500
	Ⅳ级	700

(2)钢筋抗拉强度设计值 f_y 或 f_{py} 及钢筋抗压强度设计值 f'_y 或 f'_{py},应按表 2-1-5 采用。

表 2-1-5　钢筋强度设计值　　(单位:N/mm^2)

种　类		f_y 或 f_{py}	f_y'或f'_{py}
热轧钢筋	Ⅰ级(Q235)	210	210
	Ⅱ级(20MnSi、20MnNb(b))	310	310
	Ⅲ级(20MnSiV、20MnTi、K20MnSi)	360	360
	Ⅳ级($40Si_2MnV$、45SiMnV、$45Si_2MnTi$)	500	400
冷拉钢筋	Ⅰ级($d\leqslant12$)	250	210
	Ⅱ级($d\leqslant25$)	380	310
	($d=28\sim40$)	360	310
	Ⅲ级	420	360
	Ⅳ级	580	400

三、结构设计基本规定与安全标准

(一)设计原则和设计表达式

水工混凝土结构采用概率极限状态设计原则,以分项系数设计表达式进行设计。

(二)极限状态以及计算和验算的内容

水工混凝土结构的极限状态分为承载能力极限状态和正常使用极限状态两类。

设计时,应根据承载能力及正常使用极限状态的要求,分别按下列规定进行计算和验算。

(1)承载能力及稳定:所有结构构件均应进行承载能力计算;必要时尚应进行结构的抗倾、抗滑及抗浮验算;对需要抗震设防的结构,尚应进行结构的抗震承载能力计算。

(2)变形:对使用上要求控制变形量值的结构构件,应进行变形验算。

(3)抗裂或裂缝宽度:对使用上要求进行裂缝控制的结构构件,应进行抗裂或裂缝宽度验算。

(三)水工建筑物级别和结构的安全级别

水工混凝土结构设计时,应根据《水利水电工程等级划分及洪水标准》(SL252—2000)的规定,按水工建筑物的级别,采用不同的水工建筑物结构安全级别。

水工建筑物的结构安全级别按表2-1-6划分为三级。

表2-1-6　水工建筑物结构安全级别

水工建筑物级别	水工建筑物结构安全级别
1	Ⅰ
2、3	Ⅱ
4、5	Ⅲ

对有特殊安全要求的水工建筑物,其结构安全级别应经专门研究确定。

结构及结构构件的结构安全级别可根据其在水工建筑物中的部位、本身破坏对水工建筑物安全影响的大小,采用与水工建筑物结构安全级别相同或降低一级,但不得低于Ⅲ级。

(四)结构设计状况

结构设计时,应根据结构在施工、安装、运行、检修等不同时期可能出现的不同结构体系、作用(荷载)和环境条件,按以下三种设计状况设计:①持久状况;②短暂状况;③偶然状况。

三种设计状况均应进行承载能力极限状态设计。对持久状况尚应进行正常使用极限状态设计,对短暂状况可根据需要进行正常使用极限状态设计,对偶然状况可不进行正常使用极限状态设计。

(五)作用(荷载)效应组合

按承载能力极限状态设计时,应考虑下列两种作用(荷载)效应组合:①基本组合;②偶然组合。

按正常使用极限状态设计时，应考虑下列两种作用(荷载)效应组合：①短期组合；②长期组合。

(六)温度作用

建筑物在施工和运行期间，当温度的变化对建筑物有较大影响时，应进行温度应力计算，并宜采用构造措施和施工措施以消除或减小温度应力。使用中允许出现裂缝的钢筋混凝土结构构件，在计算温度应力时，应考虑裂缝开展而使构件刚度降低的影响。

(七)渗透压力

在水工建筑物设计中，必要时应考虑作用在构件截面上的渗透压力，并宜采用专门的排水、防渗、止水措施，以降低渗透压力。

(八)环境条件

水工混凝土结构所处的环境条件可分为下列四个类别：

一类——室内正常环境；

二类——露天环境，长期处于地下或水下的环境；

三类——水位变动区，或有侵蚀性地下水的地下环境；

四类——海水浪溅区及盐雾作用区，潮湿并有严重侵蚀性介质作用的环境。

第二节　承载能力极限状态计算和正常使用状态验算基本规定

一、承载能力极限状态计算基本规定

(一)基本组合的设计表达式

对于基本组合，应采用下列极限状态设计表达式：

$$\gamma_0\psi S(\gamma_G G_K,\gamma_Q Q_K,a_K)\leqslant\frac{1}{\gamma_d}R(f_d,a_K) \tag{2-2-1}$$

式中　γ_0——结构重要性系数；

γ_G——永久作用(荷载)分项系数；

γ_Q——可变作用(荷载)分项系数；

γ_d——结构系数；

ψ——设计状况系数；

G_K——永久作用(荷载)标准值；

Q_K——可变作用(荷载)标准值；

f_d——材料强度设计值；

a_K——结构构件几何参数标准值；

$S(\cdot)$——作用(荷载)效应函数；

$R(\cdot)$——结构构件抗力函数。

(二)偶然组合的设计表达式

对于偶然组合，极限状态设计表达式宜按下列原则确定：

(1)偶然作用分项系数可取为1.0；

(2)参与组合的某些可变作用,可根据各类水工建筑物设计规范的规定作适当折减；

(3)结构系数 γ_d 可按规定取用。素混凝土,受拉破坏 $\gamma_d=2.0$,受压破坏 $\gamma_d=1.3$；钢筋混凝土,$\gamma_d=1.2$。

二、正常使用极限状态验算基本规定

(一)短期组合和长期组合设计表达式

结构构件正常使用极限状态分别按作用(荷载)效应的短期组合和长期组合进行设计。

对于短期组合,应采用下列设计表达式:

$$\gamma_0 S_s(G_K,Q_K,f_K,a_K) \leqslant C_1/\gamma_{d3} \tag{2-2-2}$$

对于长期组合,应采用下列设计表达式:

$$\gamma_0 S_l(G_K,\rho Q_K,f_K,a_K) \leqslant C_2/\gamma_{d4} \tag{2-2-3}$$

式中 f_K——材料强度标准值；

ρ——可变作用标准值的长期组合系数；

C_1、C_2——结构的功能限值；

$S_s(\cdot)$——作用(荷载)效应短期组合功能函数；

$S_l(\cdot)$——作用(荷载)效应长期组合功能函数；

γ_{d3}、γ_{d4}——短期组合、长期组合的结构系数。

(二)裂缝控制验算

钢筋混凝土结构构件设计时,应根据使用要求进行不同的裂缝控制验算。

(1)抗裂验算。承受水压的轴心受拉构件、小偏心受拉构件以及发生裂缝后会引起严重渗漏的其他构件,应进行抗裂验算。如有可靠防渗措施或不影响正常使用时,也可不进行抗裂验算。

抗裂验算时,结构构件受拉边缘的拉应力不应超过以混凝土拉应力限制系数 α_{ct} 控制的应力值。对于荷载效应的短期组合,α_{ct} 取为0.85；对于长期组合,α_{ct} 取为0.7。

(2)裂缝宽度验算。需进行裂缝宽度验算的结构构件,应按荷载效应的短期组合和长期组合两种情况分别进行验算,其最大裂缝宽度计算值 W_{max} 不应超过表2-2-1所规定的允许值$[W_{max}]$。

表2-2-1　钢筋混凝土结构构件最大裂缝宽度允许值　(单位:mm)

环境条件类别	最大裂缝宽度允许值	
	短期组合	长期组合
一	0.40	0.35
二	0.30	0.25
三	0.25	0.20
四	0.15	0.10

（三）受弯构件的挠度

受弯构件的最大挠度f应按荷载效应的短期组合和长期组合两种情况分别进行验算，其计算值不应超过表2-2-2规定的允许值[f]。

表2-2-2　受弯构件的允许挠度[f]

项次	构件类型	允许挠度（以计算跨度l_0计算）	
		短期组合	长期组合
1	吊车梁：手动吊车 电动吊车	$l_0/500$ $l_0/600$	— —
2	渡槽槽身：当$l_0 \leq 10m$时 当$l_0 > 10m$时	$l_0/400$ $l_0/500$	$l_0/450$ $l_0/550$
3	工作桥及启闭机下大梁	$l_0/400$	—
4	屋盖、楼盖：当$l_0 < 7m$时 当$7m \leq l_0 \leq 9m$时 当$l_0 > 9m$时	$l_0/200$ $l_0/250$ $l_0/300$	$l_0/250$ $l_0/300$ $l_0/400$

第三节　结构耐久性要求及混凝土的一般要求

一、结构耐久性依据

设计永久性建筑物时，应满足结构的耐久性要求。

设计时，可按结构所处的环境类别提出相应的耐久性要求，也可根据结构表层保护措施的实际情况及预期的施工质量控制水平，将环境类别适当提高或降低。

二、混凝土最低强度等级、水灰比和最小水泥用量

混凝土强度等级不宜低于表2-3-1所列数值。

钢筋混凝土与预应力混凝土结构的混凝土水灰比不宜大于表2-3-2所列数值。素混凝土结构的最大水灰比可按表2-3-2所列数值增大0.05。

混凝土的水泥用量不宜少于表2-3-3所列数值。

表2-3-1　混凝土最低强度等级

环境条件类别	素混凝土	钢筋混凝土		预应力混凝土	
		Ⅰ级钢筋	Ⅱ、Ⅲ级钢筋	热轧钢筋、冷扎带肋钢筋	高强钢丝、热处理钢筋
一	C10	C15	C20	C30	C40
二	C15	C15	C20	C30	C40
三	C15	C20	C25	C35	C40
四	C20	C25	C30	C35	C40

表 2-3-2　混凝土最大水灰比

环境条件类别	最大水灰比
一	0.65
二	0.60
三	0.55
四	0.45

表 2-3-3　混凝土的最小水泥用量　（单位：kg/m^3）

环境条件类别	最小水泥用量		
	素混凝土	钢筋混凝土	预应力混凝土
一	200	220	280
二	230	260	300
三	270	300	340
四	300	360	380

三、混凝土抗渗等级和抗冻等级

对于有抗渗要求的结构，混凝土应满足有关抗渗等级的规定。

混凝土抗渗等级按 28d 龄期的标准试件测定，混凝土抗渗等级分为 W2、W4、W6、W8、W10、W12 六级。

对于有抗冻要求的结构，根据气候分区、冻融循环次数、结构构件重要性等选定混凝土抗冻等级。

混凝土抗冻等级按 28d 龄期的试件用快冻试验方法测定，分为 F400、F300、F200、F150、F100、F50 六级。

第四节　素混凝土结构构件承载能力极限状态计算

一、一般规定

（一）使用范围

素混凝土不得用于轴心受拉或偏心受拉构件。当裂缝形成会导致破坏、导致不允许的变形或破坏结构的抗渗性能时，不应采用素混凝土受弯构件或合力作用点超出截面范围的偏心受压构件。

（二）计算内容

对素混凝土结构构件应进行下列计算：

（1）承载能力计算，包括结构稳定性验算。

（2）承受局部荷载部位的局部受压计算。

二、受压构件承载力计算

（一）受压构件的承载力计算方法

素混凝土受压构件的承载力计算，应根据结构的工作条件及轴向力至截面重心的距离 e_0 值的大小，选择下列两种方法之一进行：

（1）不考虑混凝土受拉区作用，仅对受压区承载力进行计算。

（2）考虑混凝土受拉区作用，对受拉区和受压区承载力同时进行计算。

对于没有抗裂要求的构件，当 $e_0 < 0.4y_c'$ 时，可按第一种方法计算；当 $0.4y_c' \leq e_0 \leq 0.8y_c'$ 时，也可按第一种方法进行计算，并应在混凝土受拉区配置构造钢筋，其配筋量不少于构件截面面积的 0.05%，但每米宽度内的钢筋截面面积不大于 1 500mm^2。如能满足第二种计算方法的要求，则可不必配置此项构造钢筋。

对于有抗裂要求的构件（例如承受水压的构件）或没有抗裂要求而 $e_0 > 0.8y_c'$ 的构件，应按第二种方法计算。

（二）受压构件的承载力计算公式

（1）当计算素混凝土受压构件的正截面承载力而不考虑混凝土受拉区作用时，假定受压区的法向应力图形为矩形，其应力值等于混凝土的轴心抗压强度设计值，此时，轴向力作用点与受压区混凝土合力点相重合。对称于弯矩作用平面的任意截面的受压构件，其受压承载力应按下列公式计算：

$$N \leq \frac{1}{\gamma_d}\varphi f_c A_c' \tag{2-4-1}$$

受压区高度 x 应按下列条件确定：

$$e_c = e_0 \tag{2-4-2}$$

此时，e_0 尚应符合下列要求：

$$e_0 \leq 0.8y_c' \tag{2-4-3}$$

矩形截面受压构件的受压承载力应按下列公式计算（图 2-4-1）：

$$N \leq \frac{1}{\gamma_d}\varphi f_c b(h - 2e_0) \tag{2-4-4}$$

式中 N——轴向力设计值；

φ——轴心受压构件的稳定系数；

f_c——混凝土轴心抗压强度设计值；

A_c'——混凝土受压区的截面面积；

e_c——混凝土受压区的合力点到截面重心的距离；

e_0——轴向力对截面重心的偏心距离；

y_c'——混凝土截面重心至受压区边缘的距离；

b——矩形截面宽度，T 形、工字形截面腹板的宽度；

h——截面高度。

（2）当计算素混凝土受压构件的正截面承载力，考虑混凝土受拉区的作用时，应对受

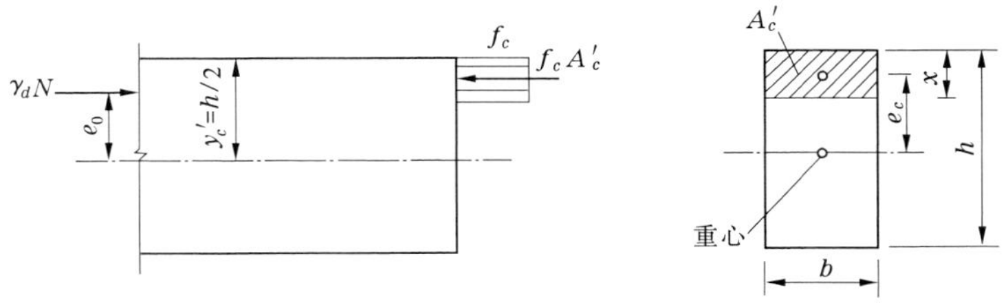

图 2-4-1　矩形截面的素混凝土受压构件的抗压承载力计算图

拉区和受压区承载力分别进行计算。

受拉区承载力按下列公式计算：

$$N \leqslant \frac{1}{\gamma_d}\left(\frac{\varphi\gamma_m f_t W_t}{e_0 - \frac{W_t}{A}}\right) \tag{2-4-5}$$

受压区承载力按下列公式计算：

$$N \leqslant \frac{1}{\gamma_d}\left(\frac{\varphi f_c W_c}{e_0 + \frac{W_c}{A}}\right) \tag{2-4-6}$$

对矩形截面，受拉区和受压区承载力分别按下列公式计算：

$$N \leqslant \frac{1}{\gamma_d}\left(\frac{\varphi\gamma_m f_t bh}{\frac{6e_0}{h} - 1}\right) \tag{2-4-7}$$

$$N \leqslant \frac{1}{\gamma_d}\left(\frac{\varphi f_c bh}{\frac{6e_0}{h} + 1}\right) \tag{2-4-8}$$

式中　γ_m——截面抵抗矩的塑性系数；

f_t——混凝土轴心抗拉强度设计值；

A——构件截面面积；

W_t——截面受拉边缘的弹性抵抗矩；

W_c——截面受压边缘的弹性抵抗矩；

γ_d——结构系数。

三、受弯构件的承载力计算

素混凝土受弯构件的正截面承载力应按下列公式计算：

对称于弯矩作用平面的任意截面

$$M \leqslant \frac{1}{\gamma_d}\gamma_m f_t W_t \tag{2-4-9}$$

矩形截面

$$M \leqslant \frac{1}{\gamma_d}\left(\frac{1}{6}\gamma_m f_t bh^2\right) \tag{2-4-10}$$

式中　M——弯矩设计值。

四、局部受压构件的承载力计算

素混凝土构件的局部受压承载力应按下列公式计算：

$$F_l \leqslant \frac{1}{\gamma_d}\omega\beta f_c A_l \tag{2-4-11}$$

$$\beta = \sqrt{\frac{A_b}{A_l}}$$

如果在局部受压区还有非局部荷载作用，应按下列公式计算：

$$F_l \leqslant \frac{1}{\gamma_d}\omega\beta(f_c - \sigma)A_l \tag{2-4-12}$$

式中 F_l——局部受压轴向力设计值；

ω——荷载分布的影响系数；

β——混凝土局部受压时的强度提高系数；

A_l——局部受压面积；

A_b——局部受压时的计算底面积；

σ——非局部荷载设计值产生的压应力。

第五节　钢筋混凝土结构构件承载能力极限状态计算

一、钢筋混凝土结构构件正截面承载力计算的主要规定

（一）正截面承载力计算方法的基本假定

正截面承载力计算方法的基本假定为：

（1）截面应变保持平面。

（2）不考虑混凝土的抗拉强度。

（3）混凝土轴心受压的应力应变关系曲线为抛物线，其极限应变取 0.002，相应的最大压应力取混凝土轴心抗压强度设计值 f_c。

（4）钢筋应力取等于钢筋应变与其弹性模量的乘积，但不大于其强度设计值，受拉钢筋的允许极限拉应变取 0.01。

（二）等效矩形应力图

混凝土非均匀受压区的应力图形可简化为等效的矩形应力图，其高度等于按平截面假定所确定的中和轴高度乘以系数 0.8，矩形应力图的应力取为 f_c。

（三）相对界限受压区计算高度

受拉钢筋和受压区混凝土同时达到其强度设计值时的相对界限受压区计算高度 ξ_b 按下列公式计算：

$$\xi_b = \frac{x_b}{h_0} = \frac{0.8}{1 + \dfrac{f_y}{0.0033E_s}} \tag{2-5-1}$$

式中　ξ_b——相对界限受压区计算高度；

x_b——界限受压区计算高度；

h_0——截面有效高度，即受拉钢筋的重心至截面受压边缘的距离；

f_y——钢筋的抗拉强度设计值；

E_s——钢筋弹性模量。

（四）钢筋应力

钢筋应力可根据截面应变保持平面的假定计算，也可按下列公式计算：

$$\sigma_{si} = \frac{f_y}{\xi_b - 0.8}\left(\frac{x}{h_{0i}} - 0.8\right) \qquad (2\text{-}5\text{-}2)$$

此时，钢筋应力应符合下列条件：

$$-f_y' \leqslant \sigma_{si} \leqslant f_y \qquad (2\text{-}5\text{-}3)$$

式中　σ_{si}——第 i 层纵向钢筋的应力；

h_{0i}——第 i 层纵向钢筋截面重心至混凝土受压区边缘的距离；

x——混凝土受压区计算高度；

f_y'——钢筋的抗压强度设计值。

二、受弯构件正截面抗弯承载力计算

（一）矩形和翼缘位于受拉区的 T 形截面的受弯构件

对于矩形和翼缘位于受拉区的 T 形截面的受弯构件，其正截面抗弯承载力应按下列公式计算（图 2-5-1）：

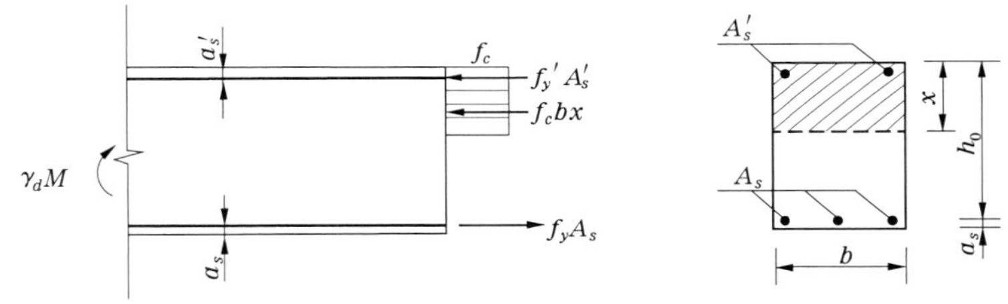

图 2-5-1　矩形截面受弯构件正截面抗弯承载力计算图

$$M \leqslant \frac{1}{\gamma_d}\left[f_cbx\left(h_0 - \frac{x}{2}\right) + f_y'A_s'(h_0 - a_s')\right] \qquad (2\text{-}5\text{-}4)$$

此时，受压区高度 x 按下列公式确定：

$$f_cbx = f_yA_s - f_s'A_s' \qquad (2\text{-}5\text{-}5)$$

混凝土受压区的高度尚应符合下列要求：

$$x \leqslant \xi_bh_0 \qquad (2\text{-}5\text{-}6)$$

$$x \geqslant 2a_s' \qquad (2\text{-}5\text{-}7)$$

式中　A_s——纵向受拉钢筋的截面面积；

A_s'——纵向受压钢筋的截面面积；

a_s'——受压钢筋合力点至受压区边缘的距离。

（二）翼缘位于受压区的 T 形截面的受弯构件

对于翼缘位于受压区的 T 形截面的受弯构件，其正截面抗弯承载力应按下列情况计算。

（1）当符合下列条件时，则按宽度为 b_f' 的矩形截面计算（见图 2-5-2（a））。

$$f_y A_s \leqslant f_c b_f' h_f' + f_y' A_s' \tag{2-5-8}$$

（2）当不符合上述条件时，计算中应考虑截面腹板受压区混凝土的工作，其正截面抗弯承载力按下列公式计算（见图 2-5-2（b））：

$$M \leqslant \frac{1}{\gamma_d}\left[f_c bx\left(h_0 - \frac{x}{2}\right) + f_c(b_f' - b)h_f'\left(h_0 - \frac{h_f'}{2}\right) + f_y' A_s'(h_0 - a_s')\right] \tag{2-5-9}$$

此时，受压区高度 x 按下列公式确定：

$$f_c[bx + (b_f' - b)h_f'] = f_y A_s - f_y' A_s' \tag{2-5-10}$$

式中　b_f'——T 形截面受压区翼缘的计算宽度；

　　　h_f'——T 形截面受压区翼缘的高度。

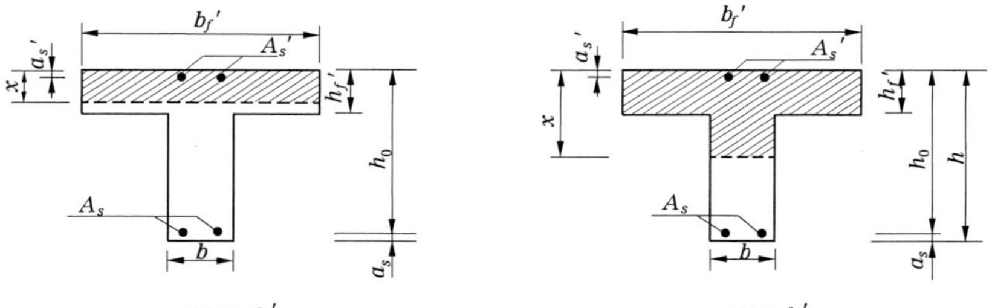

(a) $x \leqslant h_f'$　　(b) $x > h_f'$

图 2-5-2　T 形截面受弯构件受压区高度

（三）受弯构件正截面抗弯承载力计算应符合的要求

受弯构件正截面抗弯承载力的计算应符合 $x \leqslant \xi_b h_0$ 的要求。当受拉钢筋按构造要求或按正常使用极限状态计算要求配置的钢筋截面面积大于按抗弯承载力计算的钢筋截面面积时，则在验算 $x \leqslant \xi_b h_0$ 的条件中，可仅取受弯承载力所需的纵向受拉钢筋截面面积。

三、受压构件正截面受压承载力计算

（一）轴心受压构件

对于轴心受压构件，当配有箍筋或在纵向钢筋上焊有横向钢筋时，其正截面抗压承载力应按下列公式计算（见图 2-5-3）：

$$N \leqslant \frac{1}{\gamma_d}\varphi(f_c A + f_y' A_s') \tag{2-5-11}$$

（二）矩形截面偏心受压构件

矩形截面偏心受压构件正截面受压承载力应按下列公式计算（图 2-5-4）：

$$N \leqslant \frac{1}{\gamma_d}(f_c bx + f_y' A_s' - \sigma_s A_s) \tag{2-5-12}$$

$$N \cdot e \leqslant \frac{1}{\gamma_d}\left[f_c bx\left(h_0 - \frac{x}{2}\right) + f_y' A_s'(h_0 - a_s')\right] \tag{2-5-13}$$

$$e = \eta e_0 + \frac{h}{2} - a_s$$

式中 a_s——纵向受拉钢筋合力点至受拉区边缘的距离；

e——轴向力作用点至受拉边或受压较少边钢筋合力点的距离。

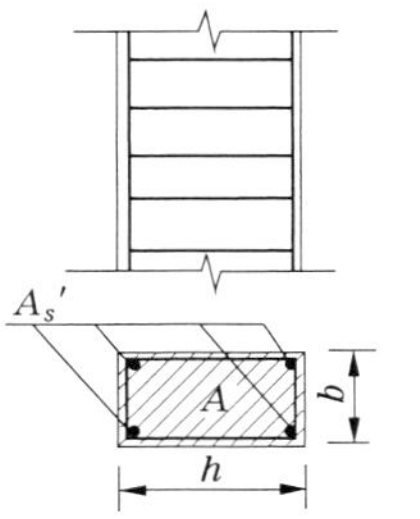

图 2-5-3　配置箍筋的轴心受压构件截面

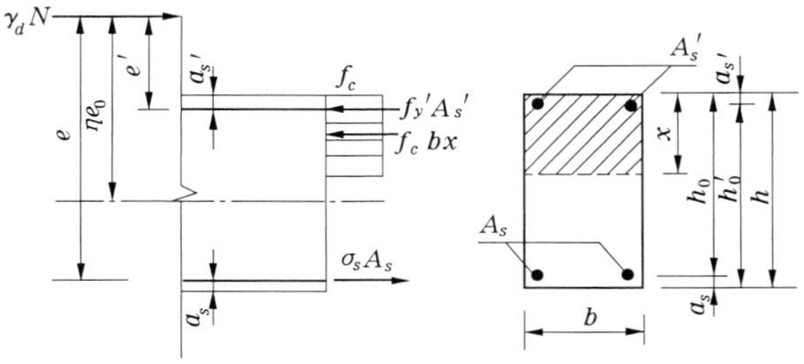

图 2-5-4　矩形截面偏心受压构件正截面受压承载力计算图

如计算中考虑受压钢筋时，则受压区高度应符合下列条件：

$$x \geqslant 2a_s' \tag{2-5-14}$$

（三）T 形截面偏心受压构件

对于 T 形截面偏心受压构件，当翼缘位于截面的较大受压边缘时，其正截面抗压承载力应按下列规定计算。

（1）如受压区高度 $x \leqslant h_f'$，应按照宽度为 b_f'的矩形截面计算。

（2）如受压区高度 $x > h_f'$（见图 2-5-5），则应考虑腹板的受压作用，按下列公式计算：

$$N \leqslant \frac{1}{\gamma_d}[f_c bx + f_c(b_f' - b)h_f' + f_y'A_s' - \sigma_s A_s] \tag{2-5-15}$$

$$N \cdot e \leqslant \frac{1}{\gamma_d}\left[f_c bx\left(h_0 - \frac{x}{2}\right) + f_c(b_f' - b)h_f'\left(h_0 - \frac{h_f'}{2}\right) + f_y'A_s'(h_0 - a_s')\right] \tag{2-5-16}$$

对翼缘位于截面受拉边或受压较小边的小偏心受压构件，尚应按下列公式进行验算：

$$N \cdot e' \leqslant \frac{1}{\gamma_d}\left[f_c bh\left(h_0' - \frac{h}{2}\right) + f_c(b_f - b)h_f\left(h_0' - \frac{h_f}{2}\right) + f_y'A_s(h_0' - a_s)\right] \tag{2-5-17}$$

式中 b_f——T 形截面翼缘位于截面受拉边或受压较小边时的翼缘计算宽度；

h_f——T 形截面翼缘位于截面受拉边或受压较小边时的翼缘高度；

e'——轴向力作用点至纵向受压钢筋合力点的距离。

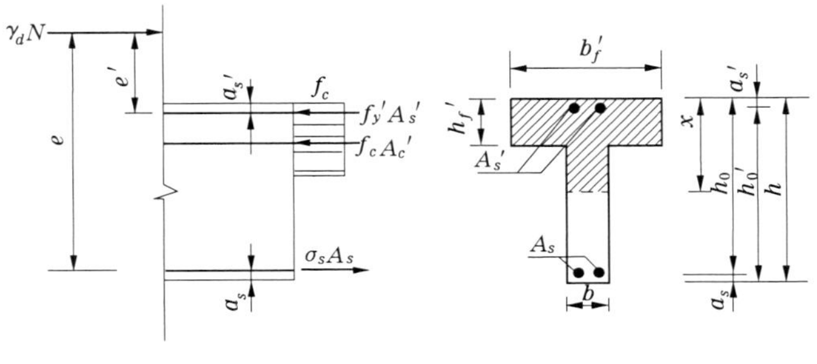

图 2-5-5　T 形截面偏心受压构件正截面抗压承载力计算图

四、受拉构件正截面受拉承载力计算

（一）轴心受拉构件

轴心受拉构件的正截面受拉承载力应按下列公式计算：

$$N \leqslant \frac{1}{\gamma_d} f_y A_s \tag{2-5-18}$$

（二）小偏心受拉构件

对于轴向力 N 作用在钢筋 A_s 合力点及 A_s' 合力点之间的小偏心受拉构件，其正截面受拉承载力按下列公式计算（见图 2-5-6）：

$$N \cdot e \leqslant \frac{1}{\gamma_d} f_s' A_s' (h_0 - a_s') \tag{2-5-19}$$

$$N \cdot e' \leqslant \frac{1}{\gamma_d} f_y A_s (h_0' - a_s) \tag{2-5-20}$$

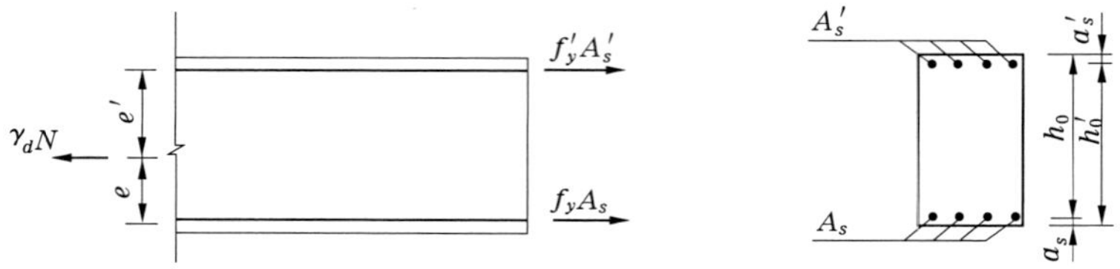

图 2-5-6　小偏心受拉构件的正截面受拉承载力计算图

（三）大偏心受拉构件

对于轴向力 N 不作用在钢筋 A_s 合力点及 A_s' 合力点之间的矩形截面大偏心受拉构件，其正截面受拉承载力按下列公式计算（见图 2-5-7）：

$$N \leqslant \frac{1}{\gamma_d}(f_y A_s - f_y' A_s' - f_c b x) \tag{2-5-21}$$

$$N \cdot e \leqslant \frac{1}{\gamma_d}\left[f_c b x\left(h_0 - \frac{x}{2}\right) + f_y' A_s' (h_0 - a_s')\right] \tag{2-5-22}$$

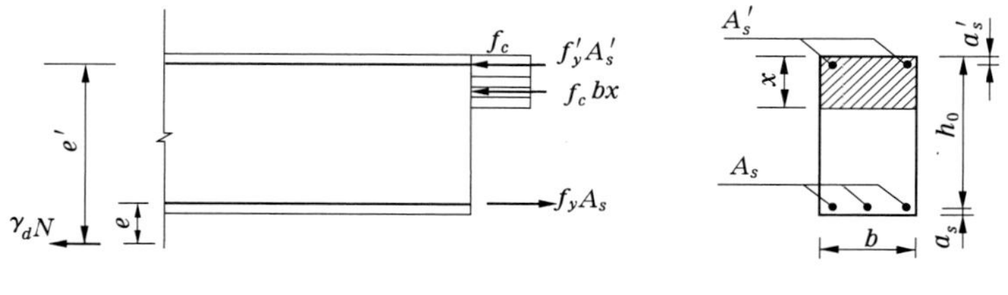

图 2-5-7　矩形截面大偏心受拉构件的正截面受拉承载力计算图

此时，混凝土受压区的高度应符合 $x \leqslant \xi_b h_0$ 的要求，计算中考虑受压钢筋 A_s' 时，则尚应符合 $x \geqslant 2a_s'$ 的条件。

五、受弯构件斜截面承载力计算

(一)截面验算

对于矩形、T 形和工字形截面的受弯构件,其截面应符合下列要求:

当 $h_w/b \leqslant 4.0$ 时

$$V \leqslant \frac{1}{\gamma_d}(0.25f_c b h_0) \tag{2-5-23}$$

当 $h_w/b \geqslant 6.0$ 时

$$V \leqslant \frac{1}{\gamma_d}(0.20f_c b h_0) \tag{2-5-24}$$

当 $4.0 < h_w/b < 6.0$ 时,按直线内插法取用。

式中 V——支座边缘截面的剪力设计值;

h_w——截面腹板的高度,对于矩形截面,$h_w = h_0$。

(二)斜截面的计算位置

在计算斜截面的受剪承载力时,其计算位置应按下列规定采用:

(1)支座边缘处的截面(见图 2-5-8(a)、(b)截面 1—1)。

(2)受拉区弯起钢筋弯起点处的截面(见图 2-5-8(a)截面 2—2、3—3)。

(3)箍筋数量或间距改变处的截面(见图 2-5-8(b)截面 4—4)。

(4)腹板宽度改变处的截面。

(三)受弯构件斜截面受剪承载力计算

对于矩形、T 形和工字形截面的受弯构件,其斜截面抗剪承载力应按下列公式计算。

(1)当仅配有箍筋时

$$V \leqslant \frac{1}{\gamma_d}(V_c + V_{sv})$$
$$V_c = 0.07f_c b h_0 \tag{2-5-25}$$
$$V_{sv} = 1.25f_{yv}\frac{A_{sv}}{s}h_0$$

(2)当配有箍筋和弯起钢筋时

$$V \leqslant \frac{1}{\gamma_d}(V_c + V_{sv} + V_{sb}) \tag{2-5-26}$$
$$V_{sb} = f_y A_{sb}\sin\alpha_s$$

式中 V_c——混凝土的受剪承载力;

V_{sv}——箍筋的受剪承载力;

V_{sb}——弯起钢筋的受剪承载力;

f_{yv}——箍筋抗拉强度设计值;

A_{sv}——配置在同一截面内箍筋各肢的全部截面面积;

A_{sb}——同一弯起平面内弯起钢筋的截面面积;

s——箍筋或分布钢筋的间距;

α_s——斜截面上弯起钢筋与构件纵向轴线的夹角。

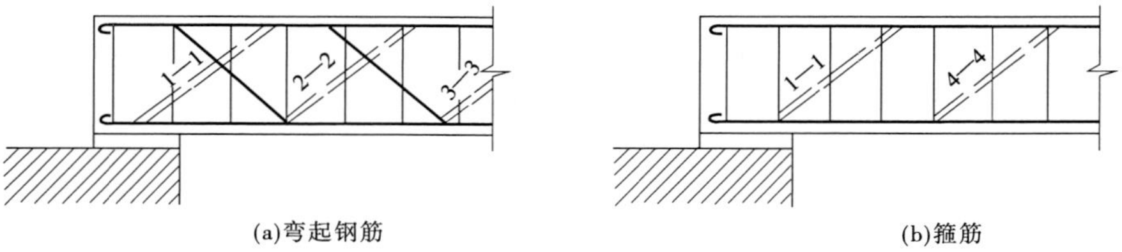

图 2-5-8　斜截面抗剪承载力的计算位置图

1—1—支座边缘处的斜截面;2—2、3—3—受拉区弯起钢筋弯起点的斜截面;

4—4—箍筋数量与间距改变处的斜截面

(四)剪力设计值的选用

计算弯起钢筋时,剪力设计值 V 可按下列规定采用(见图 2-5-8(a)):

(1)当计算第一排(对支座而言)弯起钢筋时,取用支座边缘处的剪力设计值。对于仅承受直接作用在构件顶面的分布荷载的受弯构件,也可改取为距离支座边缘为 $0.5h_0$ 处的剪力设计值。

(2)当计算以后的每一排弯起钢筋时,取用前一排(对支座而言)弯起钢筋弯起点处的剪力设计值。

(五)受弯构件斜截面受弯承载力计算

受弯构件斜截面受弯承载力应按下列公式计算(见图 2-5-9):

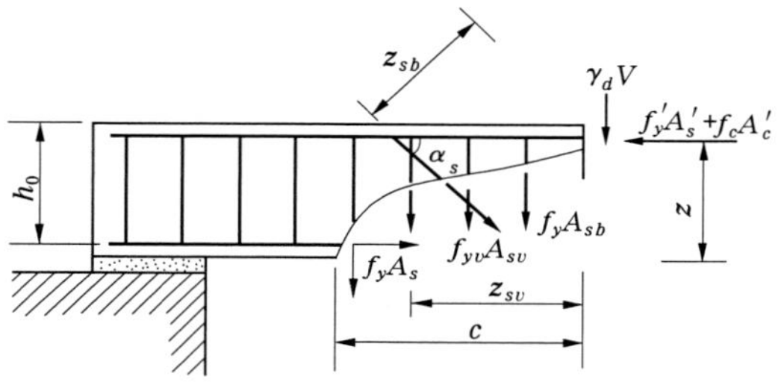

图 2-5-9　受弯构件斜截面受弯承载力计算图

$$M \leqslant \frac{1}{\gamma_d}(f_y A_s z + \sum f_{yv} A_{sv} z_{sv} + \sum f_y A_{sb} z_{sb}) \tag{2-5-27}$$

此时,斜截面的水平投影长度 c 可按下列条件确定:

$$V = \frac{1}{\gamma_d}(\sum f_{yv} A_{sv} + \sum f_y A_{sb} \sin\alpha_s) \tag{2-5-28}$$

式中　V——斜截面受压区末端的剪力设计值;

z——纵向受拉钢筋合力点至混凝土受压区合力点之间的距离;

z_{sv}——同一截面内箍筋的合力至斜截面受压区合力点之间的距离;

z_{sb}——同一弯起平面内弯起钢筋的合力点至斜截面受压区合力点之间的距离。

第六节 钢筋混凝土结构构件正常使用极限状态验算

一、正截面抗裂验算

对使用上不允许出现裂缝的钢筋混凝土构件，在荷载效应的短期组合及长期组合下，应按下列公式分别进行抗裂验算。

（1）受弯构件：

$$M_s \leqslant \gamma_m \alpha_{ct} f_{tk} W_0 \tag{2-6-1}$$

$$M_l \leqslant \gamma_m \alpha_{ct} f_{tk} W_0 \tag{2-6-2}$$

（2）偏心受压构件：

$$N_s \leqslant \frac{\gamma_m \alpha_{ct} f_{tk} A_0 W_0}{e_0 A_0 - W_0} \tag{2-6-3}$$

$$N_l \leqslant \frac{\gamma_m \alpha_{ct} f_{tk} A_0 W_0}{e_0 A_0 - W_0} \tag{2-6-4}$$

（3）轴心受拉构件：

$$N_s \leqslant \alpha_{ct} f_{tk} A_0 \tag{2-6-5}$$

$$N_l \leqslant \alpha_{ct} f_{tk} A_0 \tag{2-6-6}$$

（4）偏心受拉构件：

$$N_s \leqslant \frac{\gamma_m \alpha_{ct} f_{tk} A_0 W_0}{e_0 A_0 + \gamma_m W_0} \tag{2-6-7}$$

$$N_l \leqslant \frac{\gamma_m \alpha_{ct} f_{tk} A_0 W_0}{e_0 A_0 + \gamma_m W_0} \tag{2-6-8}$$

式中 N_s、M_s——由荷载标准值按荷载效应短期组合计算的轴向力值、弯矩值；

N_l、M_l——由荷载标准值按荷载效应长期组合计算的轴向力值、弯矩值；

α_{ct}——混凝土拉应力限制系数；

f_{tk}——混凝土轴心抗拉强度标准值；

A_0——构件换算截面面积，$A_0 = A_c + \alpha_E A_s + \alpha_E A_s'$；

A_c——混凝土截面面积；

α_E——钢筋弹性模量与混凝土弹性模量的比值，$\alpha_E = E_s / E_c$；

W_0——换算截面受拉边缘的弹性抵抗矩，$W_0 = I_0 / (h - y_0)$；

I_0——换算截面对重心轴的惯性矩；

y_0——换算截面重心至受压边缘的距离。

二、钢筋混凝土构件正截面裂缝宽度验算

（一）最大裂缝宽度允许值

对于使用上要求限制裂缝宽度的钢筋混凝土构件，应进行裂缝宽度验算。按荷载效应的短期组合（并考虑部分荷载的长期作用的影响）及长期组合所求得的最大裂缝宽度

W_{max}，不应超过表 2-2-1 规定的允许值[W_{max}]。

（二）最大裂缝宽度

对于矩形、T 形及工字形截面的钢筋混凝土受拉、受弯和偏心受压构件，按荷载效应的短期组合（并考虑部分荷载的长期作用的影响）及长期组合的最大裂缝宽度 W_{max} 可分别按下列公式计算：

$$W_{max} = \alpha_1\alpha_2\alpha_3 \frac{\sigma_{ss}}{E_s}(3c + 0.10\frac{d}{\rho_{te}}) \tag{2-6-9}$$

$$W_{max} = \alpha_1\alpha_2\alpha_3 \frac{\sigma_{sl}}{E_s}(3c + 0.10\frac{d}{\rho_{te}}) \tag{2-6-10}$$

式中 W_{max}——最大裂缝宽度；

α_1、α_2、α_3——裂缝宽度验算时考虑构件受力特征、钢筋表面形状、荷载长期作用影响的系数；

σ_{ss}、σ_{sl}——按荷载效应的短期、长期组合计算的构件的纵向受拉钢筋应力；

c——混凝土保护层厚度；

d——钢筋直径；

ρ_{te}——纵向受拉钢筋的有效配筋率，$\rho_{te} = A_s/A_{te}$；

A_{te}——有效受拉混凝土截面面积。

（三）裂缝宽度计算中的受拉钢筋应力

在钢筋混凝土构件最大裂缝宽度计算中，按荷载效应的短期组合及长期组合的纵向受拉钢筋应力可分别按下列公式计算。

（1）受弯构件：

$$\sigma_{ss} = \frac{M_s}{0.87h_0A_s} \tag{2-6-11}$$

$$\sigma_{sl} = \frac{M_l}{0.87h_0A_s} \tag{2-6-12}$$

（2）大偏心受压构件：

$$\sigma_{ss} = \frac{N_s}{A_s}(\frac{e}{z} - 1) \tag{2-6-13}$$

$$\sigma_{sl} = \frac{N_l}{A_s}(\frac{e}{z} - 1) \tag{2-6-14}$$

$$z = [0.87 - 0.12(1 - \gamma'_f)(\frac{h_0}{e})^2]h_0$$

$$e = \eta_s e_0 + y_s$$

$$\eta_s = 1 + \frac{1}{4\,000\frac{e_0}{h_0}}\left(\frac{l_0}{h}\right)^2$$

当 $\frac{l_0}{h} \leqslant 14$ 时，可取 $\eta_s = 1.0$。

（3）轴心受拉构件：

$$\sigma_{ss} = \frac{N_s}{A_s} \tag{2-6-15}$$

$$\sigma_{sl} = \frac{N_l}{A_s} \tag{2-6-16}$$

(4)偏心受拉构件(矩形截面):

$$\sigma_{ss} = \frac{N_s}{A_s}(1 \pm 1.1\frac{e_s}{h_0}) \tag{2-6-17}$$

$$\sigma_{sl} = \frac{N_l}{A_s}(1 \pm 1.1\frac{e_s}{h_0}) \tag{2-6-18}$$

式中 η_s——使用阶段的偏心距增大系数;

y_s——截面重心至纵向受拉钢筋合力点的距离;

l_0——计算跨度或计算长度;

e_s——轴向拉力作用点至纵向受拉钢筋合力点的距离。

式(2-6-17)、式(2-6-18)右边括号内第二项,对小偏心受拉构件取负号;对大偏心受拉构件,取正号。

三、受弯构件的挠度验算

(一)刚度和挠度允许值

钢筋混凝土受弯构件在正常使用极限状态下的挠度,可根据构件的刚度用结构力学的方法计算。

在等截面构件中,可假设各同号弯矩区段内的刚度相等,并取用该段内最大弯矩处的刚度。

受弯构件的挠度应分别按荷载效应的短期组合(并考虑部分荷载的长期作用的影响)及长期组合所对应的长期刚度 B_l 进行计算,所得的挠度计算值 f 不应超过表 2-2-2 规定的允许值[f]。

(二)长期刚度

矩形、T 形及工字形截面受弯构件的长期刚度可按下列公式计算。

(1)对应于荷载效应的短期组合(并考虑部分荷载的长期作用的影响)时:

$$B_l = \frac{M_s}{M_l(\theta - 1) + M_s}B_s \tag{2-6-19}$$

(2)对应于荷载效应的长期组合时:

$$B_l = \frac{B_s}{\theta} \tag{2-6-20}$$

(三)短期刚度

钢筋混凝土受弯构件的短期刚度 B_s 可按下列公式计算。

(1)不出现裂缝的构件:

$$B_s = 0.85E_cI_0 \tag{2-6-21}$$

(2)出现裂缝的矩形、T 形及工字形截面构件:

$$B_s = (0.025 + 0.28\alpha_E\rho)(1 + 0.55\gamma_f' + 0.12\gamma_f)E_c b h_0^3 \qquad (2\text{-}6\text{-}22)$$

(四)受弯构件的挠度计算

对于均质弹性梁,挠度计算用下式:

$$f = S\frac{Ml_0^2}{EI} = \frac{5}{48}\frac{M_s l_0^2}{B_l} \leqslant [f] \qquad (2\text{-}6\text{-}23)$$

$$M = \frac{1}{8}ql_0^2$$

式中 B_s、B_l——受弯构件的短期、长期刚度;

θ——考虑荷载长期作用对挠度增大的影响系数;

γ_f——受拉翼缘面积与腹板有效面积的比值,$\gamma_f = (b_f - b)h_f/bh_0$;

q——简支梁承受的均布荷载;

S——与荷载类型、支撑条件有关的系数,对承受均布荷载的简支梁 $S = 5/48$。

第七节　水工混凝土结构的设计构造

一、一般构造规定

(一)永久缝和临时缝

结构受温度变化和混凝土干缩作用时,应设置伸缩缝;当地基有不均匀沉陷或冻胀时,应设置沉降缝。在高程有突变的地基上浇筑的结构,在突变处也宜分缝。永久的伸缩缝和沉降缝应做成贯通式。具有独立基础的排架、框架结构,当设置伸缩缝时,其双柱基础可不断开。

对于承受水压的结构,缝内应设置止水。

施工期间设置的临时缝和临时宽缝应尽量与施工缝相结合,并设置在结构受力较小处。

临时缝和临时宽缝应根据具体情况,设置键槽和插筋,在基础沉陷基本完成和两侧混凝土冷却后再进行接缝处理,并宜在结构的最低温度期间进行。

伸缩缝的间距可根据当地的气候条件、结构型式、施工程序、温度控制措施和地基特性等情况按照规范采用。一般素混凝土为 10 ~ 40m;钢筋混凝土为 20 ~ 100m 不等。

(二)混凝土保护层

纵向受力钢筋的混凝土保护层厚度(从钢筋外边缘算起)不应小于钢筋直径及规范规定的数值,同时也不宜小于粗骨料最大粒径的 1.25 倍。根据环境条件的不同类别,一般为 20 ~ 60mm 不等。

(三)钢筋的锚固

绑扎骨架中的受力光面钢筋应在末端做成弯钩,变形钢筋和焊接骨架、焊接网以及轴心受压构件中的光面钢筋可不做弯钩。

当板厚小于 120mm 时,板的上层钢筋可做成直抵板底的直钩。

在支座锚固的纵向受拉钢筋,当计算中充分利用其强度时,伸入支座的锚固长度不应小于规范中规定的数值，一般为 $20d \sim 40d$ 不等。纵向受压钢筋的锚固长度不应小于规范数值的 0.7 倍。

纵向受拉钢筋不宜在受拉区截断。如必须截断时，应延伸至正截面受弯承载力计算不需要该钢筋的截面以外，延伸长度不应小于 $20d$。

纵向受压钢筋在跨中截断时，必须伸至按计算不需该钢筋的截面以外，其伸出的长度不应小于 $15d$；但对绑扎骨架中末端无弯钩的光面钢筋，不应小于 $20d$。

（四）钢筋的接头

钢筋的接头宜采用焊接或机械连接接头。

钢筋直径 $d \leqslant 28$mm 的焊接接头，宜采用闪光对头焊或搭接焊；$d > 28$mm 时，宜采用帮条焊，帮条截面面积应为受力钢筋截面面积的 1.2 倍（Ⅰ级钢筋）或 1.5 倍（Ⅱ、Ⅲ级钢筋）。不同直径的钢筋不能采用帮条焊。搭接焊和帮条焊接头宜采用双面焊缝，钢筋的搭接长度不应小于 $5d$。当施焊条件困难而采用单面焊缝时，其搭接长度不应小于 $10d$。当焊接Ⅰ级钢筋时，则可分别为 $4d$ 和 $8d$。

钢筋采用绑扎搭接接头时，受拉钢筋的搭接长度不应小于 $1.2l_a$，且不应小于 300mm；受压钢筋的搭接长度不应小于 $0.85l_a$，且不应小于 200mm。受拉钢筋的最小锚固长度 l_a 按规范取用，一般混凝土强度为 C20 时，取 $30d \sim 45d$ 不等。

焊接骨架受力方向的钢筋接头采用绑扎接头时，受拉钢筋的搭接长度不应小于 l_a；受压钢筋的搭接长度不应小于 $0.7l_a$。

轴心受拉和小偏心受拉构件以及承受振动的构件不得采用绑扎搭接接头。

双面配置受力钢筋的焊接骨架不得采用绑扎搭接接头。

受拉钢筋直径 $d > 22$mm，或受压钢筋直径 $d > 32$mm 时，不宜采用绑扎搭接接头。

梁、柱的绑扎骨架中，在绑扎接头的搭接长度范围内，当钢筋受拉时，其箍筋间距不应大于 $5d$，且不大于 100mm；在钢筋受压时，箍筋间距不应大于 $10d$，且不大于 200mm。在此，d 为搭接钢筋中的最小直径。

钢筋的接头位置宜设置在构件的受力较小处，并宜错开。

采用焊接接头时，在接头左右 $35d$ 且不小于 500mm 的区段内，接头的受拉钢筋截面面积与受拉钢筋总截面面积的比值不宜超过 1/2，装配式构件连接处及临时缝处的焊接接头钢筋可不受此比值限制。

采用绑扎接头时，从任一接头中心至 1.3 倍搭接长度范围内，受拉钢筋的接头比值不宜超过 1/4；当接头比值为 1/3 或 1/2 时，钢筋的搭接长度应分别乘以 1.1 及 1.2。

受压钢筋的接头比值不宜超过 1/2。

（五）最小配筋率

钢筋混凝土构件的纵向受力钢筋的配筋率不应小于表 2-7-1 规定的数值。

二、结构构件的设计构造主要规定

（一）板

（1）钢筋混凝土板中受力钢筋的间距：当板厚 $h \leqslant 200$mm 时，不应大于 250mm；当 200mm $< h \leqslant 1\ 500$mm 时，不应大于 300mm；当 $h > 1\ 500$mm 时，不应大于 $0.2h$ 且不大于

400mm。

表 2-7-1　钢筋混凝土构件纵向受力钢筋基本最小配筋率 ρ_{0min}（%）

项次	分类	钢筋等级	
		Ⅰ级	Ⅱ、Ⅲ级、LL550
1	受弯或偏心受拉构件的受拉钢筋 A_s 梁 板	 0.20 0.15	 0.15 0.15
2	轴心受压柱的全部纵向钢筋	0.40	0.40
3	偏心受压构件的受拉或受压钢筋（A_s 或 A'_s） 柱 墙	 0.25 0.20	 0.20 0.15

板中弯起钢筋的弯起角不宜小于 30°，厚板中的弯起角可为 45°或 60°。钢筋弯起后，板中受力钢筋直通伸入支座的截面面积不应小于跨中钢筋截面面积的 1/3。其间距不应大于 400mm。

（2）单向板中单位长度上的分布钢筋截面面积不应小于单位长度上受力钢筋截面面积的 15%（集中荷载时为 25%），且每米长度内不少于 3 根，其直径不宜小于 5mm。

对于承受分布荷载的厚板，其分布钢筋的配置可不受上述规定的限制。此时，分布钢筋的直径可采用 10 ~ 16mm，间距可为 200 ~ 400mm。

当板处于温度变化幅度较大或处于不均匀沉陷的复杂条件，且在与受力钢筋垂直的方向所受约束很大时，分布钢筋宜适当增加。

（3）如板边为部分嵌固，而在分析中没有考虑这种嵌固的影响，则在板的顶部沿板边需配置垂直板边的钢筋，其数量按承受跨中最大弯矩绝对值的 1/4 计算。钢筋应从支座边伸出至少为 1/5 跨度的长度；若为单向板时，平行板跨方向的板边，其顶部垂直板边的钢筋可按构造适当配置。

（4）现浇板的受力钢筋与梁的肋部平行时，应沿梁肋方向每米长度内配置不少于 5 根与梁肋垂直的构造钢筋，其直径不小于 6mm，且单位长度内的总截面面积不应小于板中单位长度内受力钢筋截面面积的 1/3，伸入板中的长度从肋边算起每边不小于板计算跨度 l_0 的 1/4（见图 2-7-1）。

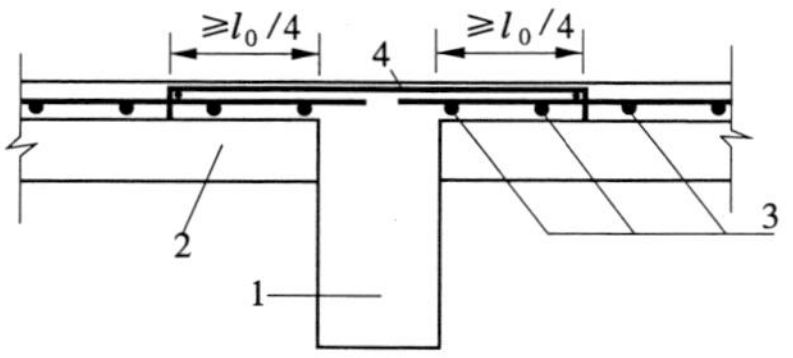

图 2-7-1　板中遇梁肋垂直的构造钢筋配筋

1—主梁；2—次梁；3—板的受力钢筋；4—间距不大于 200mm、直径不小于 6mm 的构造钢筋

（5）简支板的下部纵向受力钢筋伸入支座的长度 l_{as} 不应小于 $5d$；当采用焊接网配筋

时，其末端至少应有一根横向钢筋配置在支座边缘内（图 2-7-2（a））。如不能符合上述要求，应在受力钢筋末端制成弯钩（图 2-7-2（b））或加焊附加的横向锚固钢筋（图 2-7-2（c））。

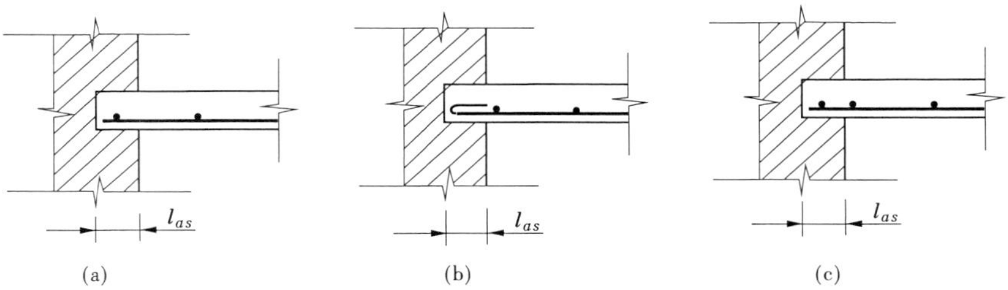

图 2-7-2　焊接网在板的自由支座上的锚固

（二）梁

（1）梁的下部纵向钢筋的净距不应小于钢筋直径，上部纵向钢筋的净距不应小于 1.5 倍钢筋直径，同时均不小于 30mm，也不应小于最大骨料粒径的 1.5 倍。梁的下部纵向受力钢筋不宜多于两层，当两层布置不开时，允许钢筋成束布置，但每束钢筋以 2 根为宜；受力钢筋多于两层时，第三层及以上的钢筋间距应增加一倍。

伸入支座内的纵向受力钢筋不得少于 2 根。

（2）简支梁的下部受力钢筋伸入支座内的锚固长度 l_{as}（见图 2-7-3）应符合下列条件。

当 $V \leqslant V_c/\gamma_d$ 时：

$$l_{as} \geqslant 5d$$

当 $V > V_c/\gamma_d$ 时：

螺纹钢筋　　$l_{as} \geqslant 10d$

月牙纹钢筋　　$l_{as} \geqslant 12d$

光面钢筋　　$l_{as} \geqslant 15d$

（3）钢筋混凝土梁中箍筋的配置应符合下列要求。

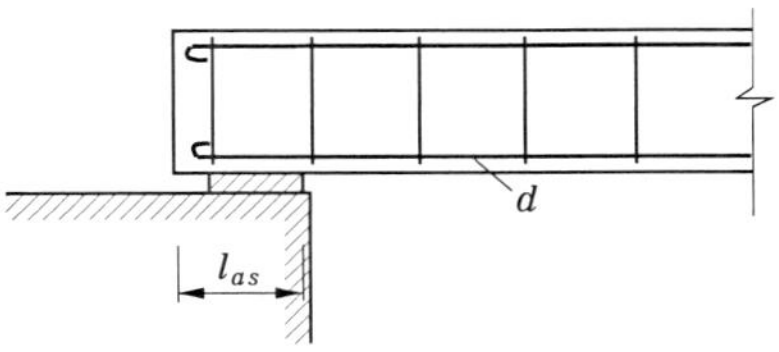

图 2-7-3　纵向受力钢筋在支座上的锚固

①如按计算不需设置抗剪钢筋，对高度大于 300mm 的梁，仍应沿全梁设置箍筋；对高度为 150～300mm的梁，可仅在构件端部各 1/4 跨度范围内设置箍筋，但当在构件中部 1/2 跨度范围内有集中荷载作用时，则应沿梁全长设置箍筋；对高度为 150mm 以下的梁，可不设箍筋。

②当 $V > V_c/\gamma_d$ 时，箍筋的配筋率 ρ_{sv} 不应小于 0.12%（Ⅰ级钢筋）或 0.08%（Ⅱ级钢筋）。在此，$\rho_{sv} = \frac{A_{sv}}{bs}$。

③对高度 $h > 800$mm 的梁，箍筋直径不宜小于 8mm；对高度 $h = 250 \sim 800$mm 的梁，箍筋直径不宜小于 6mm；对高度 $h < 250$mm 的梁，箍筋直径不应小于 4mm。当梁中配有计算的受压钢筋时，箍筋直径尚不应小于 $d/4$（d 为受压钢筋中的最大直径），箍筋并应做成

封闭式。

④箍筋最大间距应遵照规范规定，一般为150～500mm。

⑤当配有计算需要的纵向受压钢筋时，箍筋间距在绑扎骨架中不应大于15d，在焊接骨架中不应大于20d（d为受压钢筋中的最小直径），同时在任何情况下均不应大于400mm；当一层内纵向受压钢筋多于5根且直径大于18mm时，箍筋间距不应大于10d。

⑥纵向钢筋绑扎搭接处的箍筋间距应符合规范的规定，一般为100～200mm。

⑦当一层内的纵向受压钢筋多于4根（或当梁宽大于400mm，一层内的纵向受压钢筋多于3根）时，应设置复合箍筋。

（4）对于绑扎骨架的钢筋混凝土梁，当设置弯起钢筋时，弯起钢筋的弯终点外应留有锚固长度，其长度在受拉区不应小于20d，在受压区不应小于10d。对光面钢筋，在末端尚应设置弯钩（图2-7-4）。位于梁底层两侧的钢筋不应弯起。

梁中弯起钢筋的弯起角可根据梁的高度取为45°或60°。

（5）当梁的跨度小于4m时，架立钢筋的直径不宜小于6mm；跨度等于4～6m时，不宜小于8mm；跨度大于6m时，不宜小于10mm。

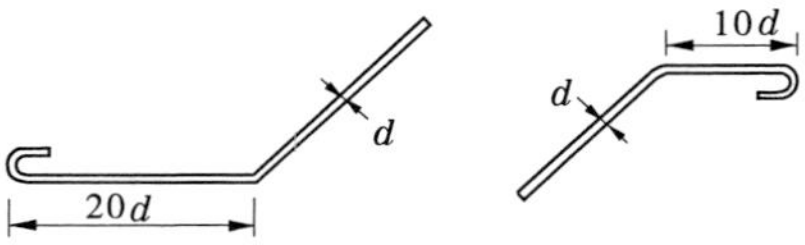

(a)受拉区 (b)受压区

图2-7-4　弯起钢筋端部构造

（6）当梁高超过700mm时，在梁的两侧沿高度每隔300～400mm，应设置一根直径不小于10mm的纵向构造钢筋。两侧构造钢筋之间宜设置联系拉筋，联系拉筋直径可取与箍筋相同，间距一般为500～700mm。

（7）对于薄腹梁，应在下部1/2梁高的腹板内沿两侧配置纵向构造钢筋，其直径为10～14mm，间距为100～150mm，并按上稀下密的方式布置；在上部1/2梁高的腹板内沿两侧配置直径不小于10mm的纵向构造钢筋。

（三）柱

（1）钢筋混凝土柱的纵向受力钢筋应符合下列要求：

①纵向受力钢筋直径d不宜小于12mm，全部纵向钢筋配筋率不宜超过5%。

②当偏心受压柱的截面高度$h \geqslant 600$mm时，在侧面应设置直径为10～16mm的纵向构造钢筋，其间距不大于500mm，并相应地设置复合箍筋或联系拉筋。

③柱内纵向钢筋的净距不应小于50mm；在水平位置上浇筑的装配式柱，其下部纵向钢筋的最小净距不应小于钢筋直径d，上部不应小于1.5d，也不应小于最大骨料粒径的1.5倍。

④柱内纵向受力钢筋间距的中距不应大于350mm。

（2）柱中箍筋应符合下列要求：

①柱中箍筋应做成封闭式。

②箍筋的间距不应大于400mm，也不大于构件截面的短边尺寸；同时，在绑扎骨架中不应大于15d；在焊接骨架中不应大于20d（d为纵向钢筋的最小直径）。

③箍筋直径不应小于0.25倍纵向钢筋的最大直径，也不小于6mm。

④柱子各边纵向钢筋多于3根时，应设置复合箍筋；当柱子短边不大于400mm，且纵向钢筋不多于4根时，可不设置复合箍筋。

⑤当柱中全部纵向受力钢筋的配筋率超过3%时，则箍筋直径不宜小于8mm，且应焊成封闭环式，间距不应大于10d（d为纵向钢筋的最小直径），且不应大于200mm。

⑥当柱中纵向钢筋按构造配置，钢筋强度未充分利用时，箍筋的配置要求可适当放宽。

三、素混凝土结构构造钢筋

（1）素混凝土结构在截面尺寸急剧变化处、孔口周围及遭受高速水流剧烈冲刷的表面应设置构造钢筋。

（2）对于遭受剧烈气温或湿度变化作用的素混凝土结构表面，宜配置构造钢筋网，其主要受约束方向的钢筋数量可采用构件截面面积的0.04%，但每米内不多于1 200 mm^2；钢筋以小直径的为宜，间距不宜大于250mm。

四、抗震设计的构造要求

（1）对于钢筋混凝土框架及铰接排架等类结构，当设计烈度为9度时，混凝土强度等级不宜低于C30；当设计烈度为7度、8度时，不应低于C20。纵向受力钢筋宜优先选用较高质量的Ⅱ、Ⅲ级钢筋；箍筋宜选用Ⅰ、Ⅱ级钢筋或LL550级冷轧带肋钢筋。

（2）钢筋混凝土框架结构按8度、9度设计烈度设防时，纵向受力钢筋不宜采用余热处理钢筋。施工中纵向受力钢筋的实测极限抗拉强度与实测屈服强度的比值不应小于1.25；屈服强度的实测值与标准值的比值，不应大于1.25（9度设防）或1.4（8度设防）。不宜以强度等级较高的钢筋代替原设计中的纵向受力钢筋，如需要代换时，应按照钢筋受拉承载力设计值相等的原则进行代换。

（3）设计烈度为8度、9度时，纵向受拉钢筋最小锚固长度l_{aE}应比本节"钢筋的接头"部分所述的锚固长度l_a增加5d；6度、7度时，$l_{aE}=l_a$。

（4）抗震设计时，构件节点的承载力不应低于其连接构件的承载力。

（5）抗震设计时，预埋件的锚固钢筋实配截面面积应比静力计算时的所需截面面积增大25%。

第八节　水工混凝土结构的温度作用

一、设计范围

下列情况下应考虑温度作用设计：

（1）重要的大体积混凝土结构抗裂验算时。

（2）对限制裂缝宽度有严格要求的超静定钢筋混凝土结构设计。

（3）为确定温度伸缩缝位置和设计防渗止水构造设施，对结构构件进行变形计算时。

能保证自由变形的非大体积结构可不考虑温度作用的影响。

二、分期考虑因素

温度作用应按不同分期分别考虑。

(1)混凝土浇筑施工期:考虑混凝土浇筑温度、水泥水化热、调节结构温度状态的人工温控措施、建筑物基底及相邻部分的热量传导等。

(2)结构运用期:考虑外界气温、水温、结构表面日照影响等。

拱和框架等非大体积的超静定钢筋混凝土结构可只考虑运用期的温度作用。

三、计算参数

气温、水温、表面日照辐射热等温度作用的计算参数及周期变化过程应取自工程附近气象水文部门的实测资料,或根据水工建筑物的荷载设计规范确定。

对于大型工程,混凝土的线膨胀系数 α_c、导热系数 λ、比热 c 及导温系数 a 等热力学特性指标,均应由试验或专门研究确定。

四、大体积混凝土在温度作用下的裂缝控制

(1)大体积混凝土结构的温度场应采用包括不稳定过程在内的热传导方程计算。

(2)大体积混凝土结构在温度作用下的应力宜根据徐变应力分析理论的有限单元法计算。弹性基础上的混凝土结构,当基础与结构的材料特性符合比例变形条件时,或刚性基础上的混凝土结构,也可利用混凝土应力松弛系数进行徐变温度应力计算。

(3)对于允许出现裂缝的结构,当考虑温度作用影响且不满足抗裂要求时,应配置温度钢筋限制温度裂缝扩展。

五、考虑温度作用的钢筋混凝土框架计算

(1)钢筋混凝土框架计算时,应考虑框架封闭时的温度与运用期间可能遇到的最高或最低多年月平均温度之间的均匀温差。必要时,考虑结构在运用期间的内外温差。

(2)分析钢筋混凝土框架在温度作用下的内力时,杆件的刚度应取用开裂后的实际刚度。可采用混凝土开裂后刚度分段变化的非线性分析方法或其他降低构件刚度的近似方法。

第三章　水工金属结构

水工金属结构也称水工钢结构，一般包括水利水电工程中所采用的各种钢闸门、闸门启闭机械、拦污栅、拦污栅清理机械、升船机以及操作闸门和拦污栅的附属设备，如自动抓梁、拉杆与锁锭装置等。

由于闸门、拦污栅和它们的启闭机械在水利水电工程中是一个不可分割的整体，因此上述设备也总称为水工机械设备。

水工金属结构主要应用规范有《水利水电工程闸门设计规范》(SL74—95)、《水利水电工程启闭机设计规范》(SL41—93)等。

第一节　水工金属结构布置、选型

一、闸门的分类

(一)闸门按工作性质分类

(1)工作闸门：指承担主要工作并能在动水中启闭的闸门。

(2)事故闸门：指当闸门的下游(或上游)发生事故时，能在动水中关闭的闸门。当需快速关闭时，也称为快速闸门。这种闸门宜在静水中开启。

(3)检修闸门：指水工建筑物和机械设备等检修时用以挡水的闸门，这种闸门，宜在静水中启闭。

(二)闸门按结构形型式和动作特征分类

(1)平面闸门：应用最广，形式多样。

(2)弧形闸门：启闭时闸门绕支铰轴转动，广泛用做工作闸门。

(3)叠梁闸门：由若干节平面闸门组成一套闸门放入孔口内挡水的闸门，一般用于检修闸门。

(4)浮箱闸门：形如空箱，在水面上可以浮动，将门叶拖运到门框处后，向箱体内充水，浮箱即下沉就位，可用做检修闸门。

(5)转动式闸门：包括舌瓣闸门，翻板闸门和拍门，这种闸门，启闭时也绕转轴转动，与弧形闸门不同，不带支臂。

(6)扇形闸门：外形上近似弧形闸门，但它有封闭的顶板，并铰支在底板上。通过向门下空腔充水，可使闸门上升挡水；将水排出空腔，闸门即下降泄水，顶板形成溢流面的一部分。当支铰位于上游侧时称为鼓形闸门。

(7)圆辊闸门：形如横卧圆管，可沿门槽内轨道滚动，滚到底即可封闭孔口。为了改善其水流条件，在底部和顶部往往加设檐板。

(8)圆筒闸门：为一直立的圆筒，位于竖井内以封堵环列的一圈孔口，由于水压力作用均匀向心，合力为零，故启闭闸门时阻力很小。

(9)人字闸门：由两扇绕垂直轴转动的平面门组成，当闭门时，支撑呈“人”字形，多用于船闸。

此外，尚有拱形闸门、锥形阀、三角形闸门、屋顶闸门、球形闸门及排针闸门等。

二、闸门的布置与选型

闸门应布置在水流较平顺的部位，应尽量避免门前横向流和漩涡、门后淹没出流和回流等对闸门运行的不利影响。闸门布置在进口时，尚应避免闸孔和门槽顶部同时过水。

闸门型式的选择，应根据下列因素综合考虑确定：①水利枢纽对闸门运行的要求；②闸门在水工建筑物中的位置、孔口尺寸、上下游水位和操作水头；③泥沙和漂浮物的情况；④启闭机的型式、启闭力和挂脱钩方式；⑤制造、运输、安装、维修和材料供应等条件；⑥技术经济指标等。

(一)表孔溢洪道闸门的布置与选型

表孔溢洪道工作闸门的型式在我国应用最多的是弧形闸门和平面闸门。溢洪道工作闸门的上游侧，宜设置检修闸门，其型式通常为平面滑动闸门，也可采用浮箱闸门或叠梁闸门。

当设有移动式启闭机操作多孔口闸门时，其检修闸门应多孔共用，一般 10 孔以内可设置 1 ~2 扇，10 孔以上每增加 10 孔可增设 1 扇。

当水库水位每年有较长的连续时间低于闸门底槛，而且该时段能满足工作闸门检修要求时，可不设检修闸门。

工作闸门的底槛位置，宜位于溢流堰顶略偏下游处，如此可压低水舌，避免溢流堰面产生负压，并可改善闸门的底缘流态。工作闸门之前设有检修闸门时，两门槽之间的净距离应能满足启闭机的布置、闸门的安装、运行和维修等的要求，一般不宜小于 1.5m。

溢洪道工作闸门，其操作设备除应有可靠的常用电源外，应设有备用动力，以增加安全性。

(二)深孔泄水闸门的布置与选型

深孔担负着泄洪、引水、放空水库、排沙、排淤等重要任务。实践证明，深孔闸门的运行条件相当复杂，有与高速水流相关的一系列问题需要解决。

为保证工作闸门及泄水孔的安全运行，一般应在泄水孔工作闸门的上游侧设事故闸门。对高水头长输水洞的闸门尚应研究在事故闸门前设置检修闸门的必要性。事故闸门一般采用平面闸门，而检修闸门则可采用平面闸门或叠梁闸门。

当深孔泄水道为明流管道、工作闸门设置于泄水道进口，并有移动式启闭机操作闸门时，其进口事故闸门可考虑几个孔口共用 1 套闸门。但深孔泄水道为有压管道、工作闸门设置于出口处时，有时为了避免洞身长期承压，事故闸门需经常关闭，用以挡水，则每个孔口可单独设置一扇事故闸门。事故闸门一般采用平面闸门，依水头高低可为滑动闸门、定轮闸门或链轮闸门。

深孔泄水道，当下游水位经常淹没底槛时，为了对水道和门槽埋件进行检修，必要时可设置下游检修闸门。对于重要工程，考虑事故闸门的检修而在泄水道的上游增设一道检修闸门。检修闸门通常采用平面闸门、拱形闸门或叠梁闸门。

当工作闸门设置于泄水道的进口或中段时，宜增大门后泄水道的断面，并在门后顶部设通气孔以充分补气。从而使闸门处于任意开度时，门后水流能形成稳定的无压流态。工作闸门前的压力段应保持一定的收缩率，以保证压力段上均产生正压力，避免引起空蚀。

当泄水隧洞有弯道时，工作闸门尚宜布置在弯道下游水流平稳的直段上。

泄水孔工作闸门的型式应根据闸门的操作水头、水工布置和运用条件等因素并通过技术经济比较确定，可选用平面闸门、弧形闸门、锥形阀、高压滑动平面阀门等。当闸门孔口尺寸较大、操作水头大于50m时，或者考虑改善工作闸门的水力学条件以及有部分开启要求时，宜选用弧形闸门但要注意采用合理的止水形式。当无部分开启要求且能对门槽妥善处理时，也可采用平面闸门作为泄水孔的工作闸门。

锥形阀是在中小孔口、高中压管道出口处用于控制泄流的一种良好设备。若采用锥形阀作为深孔工作闸门时，应解决自由射流形成的水雾，对电站下游建筑物及电气设备所造成的不利影响。

排沙孔一般位于电站进水口、灌溉引水孔口等需要排沙的部位。排沙孔进口一般要设置检修闸门或事故闸门，以防止泥沙在洞内淤积。闸门宜采用上游面板和上游止水，以防泥沙在闸门梁格内淤积。门槽与水道边界应尽量保持光滑平整，并选用合宜的抗磨损材料，加以防护。

（三）引水发电系统闸门的布置与选型

水电站根据布置方式的不同，分为坝后式电站、河床式电站、引水式电站及混合式电站。各类水电站的水道进口，一般均设有拦污栅、检修闸门和事故闸门或快速闸门，而在尾水管出口则设有尾水检修闸门。

为满足机组、事故闸门与门槽以及门后水道的检修要求，各类电站的进口一般应设置检修闸门。其型式通常采用平面滑动闸门，均在静水中启闭。

当机组台数较多，进口检修闸门采用移动式启闭机操作时，检修闸门可考虑多孔共用。其设置数量应根据孔口数量、工程重要性和事故闸门的使用情况、检修条件等因素综合考虑。

当机组或钢管要求闸门紧急关闭作事故保护时，坝后式电站的进水口及引水式电站压力钢管的进水口应设快速闸门、蝴蝶阀或球阀等，以防机组飞逸或压力管道事故的扩大。快速闸门结构简单、制造方便、造价低、操作可靠，且水流能量损失较少，因而普遍采用。至于蝴蝶阀与球阀，由于其结构复杂，造价昂贵，动水关闭可靠性较差，而且占用较大的厂房面积等因素，只有在一些特殊条件下，如数台机组共用一根引水管道，不便设置快速闸门时，方予以考虑。

当快速闸门或事故闸门设于调压井内并经常停放于孔口上方时，应考虑调压井内涌浪对闸门停放和下降的不利影响，并采取相应的措施，必要时，应进行专门研究。

快速闸门的关闭时间，应满足防止机组飞逸和对压力钢管保护的要求，一般为2min。其下降速度在接近底槛时，不宜大于5m/min。快速闸门的启闭设备，应有现地操作和远方操作两套系统，并应配有可靠的电源和准确的闸门开度指示控制器。

河床式电站，如浙江的富春江、广西的西津、湖北的葛洲坝、辽宁的太平湾以及苏联列宁伏尔加水电站等，其特点是大流量低水头，一般都采用转桨式机组。这种电站的进水口，一般都采用事故闸门代替快速闸门，并且用移动式启闭机操作。甚至也可数台机组共用一套事故闸门。由于机组都设有事故配压阀、事故油泵等防飞逸装置，故这种布置方式是安全的。

由于河床式电站单机引用流量较大，为缩减闸门孔口尺寸，进水口常用中墩隔开，分为2~3孔。如葛洲坝二江电站其进水口分为3孔，有不少电站分为2孔。采用这种布置，可降低闸门用钢量和启闭机的容量。

引水式电站布置形式较多，闸门的设置也不相同。在引水洞的进口可以只设置检修闸门，或者设置事故闸门。由于引水洞一般都较长，如渔子溪与映秀湾电站，有的引水洞长达10km左右，而且有的水头也较高，万一洞子出事，不易处理。因此，为保证安全运行，除在压力管道进口处设快速闸门或事故闸门外，宜在长引水道进口处设事故闸门。

电站的尾水管出口处，均设置尾水检修闸门，用以拦阻下游尾水以便进行尾水管及水轮机组的安装与检修。尾水检修闸门通常采用平面滑动闸门，也可采用拱形闸门（如刘家峡、龚嘴等电站），并用移动式启闭机操作。闸门可多孔共用，其设置数量根据发电机组运行检修工况确定。

对于抽水蓄能电站，必要时也可在出口设尾水事故检修闸门。

对贯流式机组的电站，事故闸门和检修闸门的设置可根据孔口尺寸、设计水位、启闭机容量等因素将其分别放在进水口或电站尾水处。

（四）船闸闸门的布置与选型

船闸应在上、下闸首设置工作闸门、检修闸门，位于重要水利水电枢纽上的船闸，因闸门失事可能引起严重后果，应在上闸首设置事故闸门。

承受单向水头在静水条件下启闭的大中型工作闸门，宜优先选用人字闸门；承受双向水头在静水条件下启闭的工作闸门，宜选用横拉闸门；对于较小型的船闸，宜选用一字闸门；在有帷墙的上闸首或井式船闸，宜选用上升或下沉式平面闸门。

船闸的事故闸门多采用平面闸门。而检修闸门，除常采用平面闸门外，还可采用叠梁闸门或浮箱式闸门。

船闸的输水廊道中，除设有工作闸门外，还设有检修闸门或事故闸门（在水运工程界习惯上将此类闸门称为阀门）。

船闸输水廊道中的工作闸门，需在动水中开启，并按照船只停泊的要求不断调节闸室的进水量，因而闸门是在水头不断变化下运行的。在正常运转条件下，闸门总是在静水中关闭，但在过闸船舶发生事故的情况下，则不论闸室是充水还是泄水，输水廊道工作闸门都须能在动水中关闭。

闸室下游泄水廊道中的工作闸门，因可能出现较大的负压，工作条件甚为不利，但可采用给负压区通气的办法以防止出现真空和空穴。而在上游输水廊道里或两个相邻闸室之间的输水廊道里，则不允许给闸门后面通气或仅允许少量通气，否则渗气水流会使船只停泊条件大大恶化。

输水廊道的深孔工作闸门，运转十分频繁，是这类闸门运行上的又一特点。

20m以下的中低水头廊道工作闸门，可选用平面闸门；10～30m的中高水头宜选用反向弧形闸门，如要采用平面闸门，则应对门槽采取有效措施。

某些船闸上也可采用立轴式或横轴式蝴蝶阀以及垂直圆筒阀门。

船闸输水廊道的进水口可根据水文条件设置拦污栅。

（五）水闸、排灌系统的闸门布置与选型

水闸与排灌系统多为中小型水利工程，其闸门型式的选择，应根据水闸特点、使用条件、水流主要参数等因素，因地制宜灵活选用。水闸与排灌系统的工作闸门，除常用平面闸门与弧形闸门外，尚可采用升卧式闸门、拱形闸门、翻板闸门及舌瓣闸门等，从材料考虑还可选用铸铁闸门。

需用闸门局部开启以控制泄水的水闸，宜选用弧形闸门；当水闸采用分离式底板时，宜采用平面闸门；为降低启闭机排架高度，提高水闸的整体抗震性能，可采用升卧式闸门或双扉平面闸门；有排冰、过木等要求的水闸，宜采用下沉式闸门或舌瓣闸门等。

在流量增长很快且泥沙淤积轻微，或有专门要求的河流上，可采用水力自动操作闸门。

挡潮工作闸门，宜采用平面闸门，其面板应布置于海水一侧。宜采用双向止水，且要求止水严密。

排灌水闸与挡潮闸工作闸门的主要工作特点是须双向挡水，在设计支承、止水及底缘型式时，应能适应这一特点。

挡潮闸或上游水域比较开阔的水闸，当采用潜孔弧形闸门且上游水位有时低于门楣时，应在进口的胸墙段上设排气孔，以减轻潮浪所产生的强压气囊对闸门的冲击力。

当闸门启闭频繁或要求全部闸门均匀开启时，宜选用固定式启闭机。

各类水闸工作闸门的上游侧，宜设置检修闸门。当下游水位经常淹没底槛时，应研究设置下游检修闸门的必要性。检修闸门的型式可选用叠梁式、浮式叠梁或平面闸门。检修闸门设置数量可与表孔溢洪道相同。

对于抽水泵站，其进口宜设拦污栅与检修闸门，出口设拍门或平面快速闸门。尚宜设出口事故闸门或检修闸门。

三、拦污栅布置

拦污栅一般设置在水电站、排灌站及供水等建筑物的进水口。用以拦阻水流中所挟带的污物（浮冰、漂木、树枝、树叶和杂草等），使有害污物不易进入引流道内，以保护机组、水泵、闸门、阀及管道等不受损害，使机组或其他设备与结构物安全运行。因而，拦污栅也是水利水电枢纽中不可缺少的金属结构设备之一。

（一）影响拦污栅布置的因素

很多工程实例表明，拦污栅的合理布置，对电站机组安全运行是非常重要的。如果布置不当，会在经济上和运行管理上造成很大的损失和麻烦。

在布置拦污栅时，应尽可能地利用水流流向及地形等有利条件，尽量避免污物进入进水口，以减轻对拦污栅的威胁；要求过栅水流平顺，水头损失小；此外，还应考虑清污方便，便于安装、检修及更换。

影响拦污栅布置的主要因素有：

(1)进水口的型式、用途、位置及其在水下的深度。

(2)水库的大小、等级及引水方式。

(3)管道的引用流量及允许过栅流速(对于电站进水口拦污栅，过栅流速宜为0.8～1.0m/s，经论证最大不超过1.2m/s)。

(4)水流所挟污物的性质、大小及数量、水轮机、闸门或阀的类型尺寸等。

(5)当地气候条件及水库水位的变化情况。

(6)清污方式。

(7)制造安装及运输条件。

(8)鱼类问题。

对于污物严重的河流，在做枢纽整体模型试验时，应对拦污栅进行定性观测和试验。

(二)拦污栅的布置形式

引水道进口按其在水面下的位置而分为深孔及浅孔两种。深孔进水口因位于深水之下，故其拦污栅受冰冻和污物堵塞的机会要较浅孔进水口拦污栅少些，一般不要求机械清污。深孔进水口或高度较大的浅孔进水口的拦污栅，一般垂直置放。垂直置放可以缩短进水口建筑物的长度，减少建筑物的投资。高度不是太大的浅式进水口的拦污栅，一般倾斜置放。倾斜的拦污栅可提高清污机的清污效果。由于清污的要求，倾斜置放的拦污栅与水平面的夹角多采用$\alpha=70°\sim75°$。当电站引用流量一定时，拦污栅倾斜置放较垂直置放扩大了栅面，因而降低了过栅流速，减少了水头损失。

在大中型电站中，可以将各机组的进水口布置成连通式或分段连通式的。当某孔拦污栅被污物局部堵塞时，其他进水口仍可向该孔口补充水流，以保证机组的正常运行。

拦污栅一般设置在进水口检修闸门和工作闸门的上游。由于拦污栅和检修闸门不同时使用，为布置紧凑，有的进水口两者共用一个闸槽，这种布置形式虽节省了一道栅槽，但也增大了检修闸门的尺寸。

无论是深孔或浅孔进水口拦污栅，均可做成固定的或活动的。固定式拦污栅要用地脚螺栓将栅叶固定在栅槽内。由于固定式拦污栅检修和清污困难，出现事故也不易处理，因此拦污栅宜做成活动式的，以便提出孔口维修、更换和进行提栅人工清污。在动水条件下启吊拦污栅，水位差不得大于2m。

拦污栅在平面上的布置形状有直线、折线、曲线等几种形式。浅式进水口拦污栅多采用直线式即平面式布置；深式进水口拦污栅为了降低过栅流速，可以将拦污栅布置成多边形、拱形及半圆形。

电站进水口应设有可靠的测水位差设施，以便监视拦污栅前后的水位差，以及事故闸门、检修闸门在开启前的平压情况。

在污物较少的地区，可设置一道拦污栅。在污物较多的地区，宜考虑排污设施，并宜考虑设两道拦污栅或采用连通式布置。此外，尚应设置有效的清污设施及卸污设施。所有的拦污栅均宜设置可靠的清污平台。在寒冷地区，必要时应采取有效措施，以防止栅条结冰或冰屑堵塞。

对抽水蓄能电站，上池进水口及长尾水洞出口宜设拦污栅，拦污栅设计应考虑双向水流作用下的水动力影响。

对贯流式机组电站，拦污栅设计应采取减少水头损失的措施，同时尚应考虑水动力影响，必要时可设清污机。

第二节　闸门的荷载及结构布置

一、闸门荷载

作用在闸门上的荷载，按设计条件和校核条件划分为两类，即设计荷载和校核荷载。

（一）设计荷载

（1）闸门自重（包括加重）。

（2）设计水头下的静水压力。

（3）设计水头下的动水压力。

（4）设计水头下的波浪压力。

（5）设计水头下的地震动水压力。

（6）设计水头下的水锤压力。

（7）泥沙压力。

（8）风压力。

（9）启闭力。

（二）校核荷载

（1）闸门自重（包括加重）。

（2）校核水头下的静水压力。

（3）校核水头下的动水压力。

（4）校核水头下的波浪压力。

（5）校核水头下的地震动水压力。

（6）校核水头下的水锤压力。

（7）泥沙压力。

（8）风压力。

（9）冰、漂浮物和推移物的撞击力。

（10）温度荷载。

（11）启闭力。

对闸门有特殊要求时（如水下爆破等），应专门研究作用在闸门上的荷载。高水头下经常动水操作或经常局部开启的工作闸门，设计时应考虑闸门各部件承受不同程度的动力荷载，可按闸门不同型式及其水流条件，将作用在闸门不同部件上的静荷载分别乘以不同的动力系数来考虑。动力系数取值范围为1.0～1.2。对大型工程中水流条件复杂的重要工作闸门，其动力系数应作专门研究。当进行闸门刚度验算时，不考虑动力系数。

二、闸门主要荷载的计算

（一）静水压力计算

作用在闸门上的静水压力，可按表 3-2-1 中的公式计算。

表 3-2-1　平面闸门静水压力计算

序号	水压力图形	计算公式
1	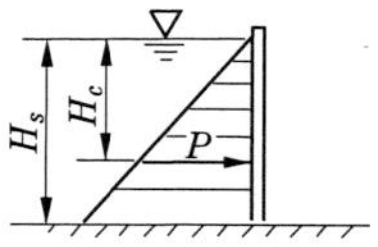	总水压力：$$P=\frac{1}{2}H_s^2B_{zs}$$ P 力作用点位置：$$H_c=\frac{2}{3}H_s$$
2	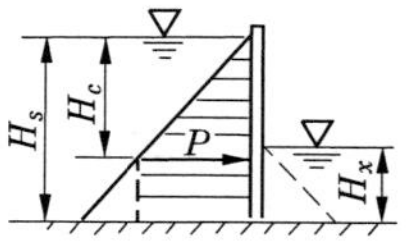	总水压力：$$P=\frac{1}{2}\gamma(H_s^2-H_x^2)B_{zs}$$ P 力作用点位置：$$H_c=\frac{1}{3}(2H_s-\frac{H_x^2}{H_s+H_x})$$
3	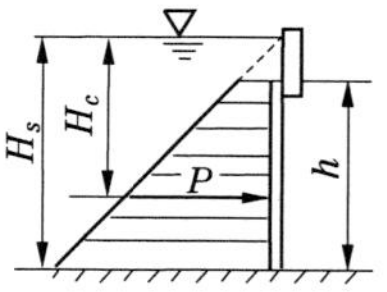	总水压力：$$P=\frac{1}{2}\gamma(2H_s-h)hB_{zs}$$ P 力作用点位置：$$H_c=H_s-\frac{h}{3}\cdot\frac{3H_s-2h}{2H_s-h}$$
4	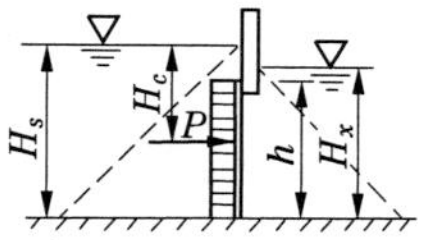	总水压力：$$P=\gamma(H_s-H_x)hB_{zs}$$ P 力作用点位置：$$H_c=H_s-\frac{1}{2}h$$
5	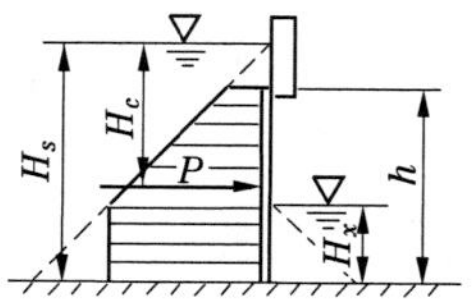	总水压力：$$P=\frac{1}{2}\gamma[(2H_s-h)h-H_x^2]B_{zs}$$ P 力作用点位置：$$H_c=\frac{3H_sH_x^2-H_x^3-6H_s^2h+6H_sh^2-2h^3}{3H_x^2-6H_sh+3h^2}$$

续表 3-2-1

<table>
<tr><th>序号</th><th>水压力图形</th><th>计算公式</th></tr>
<tr><td>6</td><td>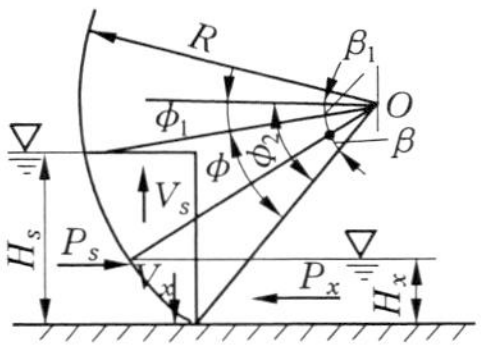
</td><td>$P_s=\frac{1}{2}\gamma H_s^2B$
$V_s=\frac{1}{2}\gamma R^2[\frac{\pi\phi}{180}+2\sin\phi_1\cos\phi_2-\frac{1}{2}(\sin2\phi_1+\sin2\phi_2)]B$
$P_x=\frac{1}{2}\gamma H_x^2B$
$V_x=\frac{1}{2}\gamma R^2[\frac{\pi\beta}{180}+2\sin\beta_1\cos\beta_2-\frac{1}{2}(\sin2\beta_1+\sin2\beta_2)]B$
总水压力：
$P=\sqrt{(P_s-P_x)^2+(V_s-V_x)^2}$</td></tr>
<tr><td>7</td><td>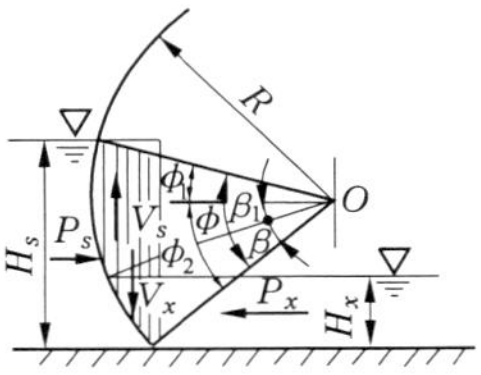
</td><td>$P_s=\frac{1}{2}\gamma H_s^2B$
$V_s=\frac{1}{2}\gamma R^2[\frac{\pi\phi}{180}-2\sin\phi_1\cos\phi_2-\frac{1}{2}(\sin2\phi_2-\sin2\phi_1)]B$
$P_x=\frac{1}{2}\gamma H_x^2B$
$V_x=\frac{1}{2}\gamma R^2[\frac{\pi\beta}{180}+2\sin\beta_1\cos\phi_2-\frac{1}{2}(\sin2\beta_1+\sin2\phi_2)]B$
总水压力：
$P=\sqrt{(P_s-P_x)^2+(V_s-V_x)^2}$</td></tr>
<tr><td>8</td><td>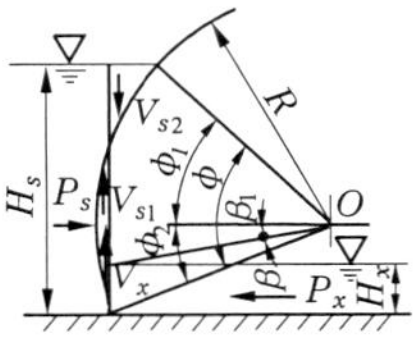
</td><td>$P_s=\frac{1}{2}\gamma H_s^2B$
$V_s=\frac{1}{2}\gamma R^2[\frac{\pi\phi}{180}-\sin2\phi_2-\sin(\phi_1-\phi_2)-2\sin\phi\sin^2(\frac{\phi_1-\phi_2}{2})]B$
$P_x=\frac{1}{2}\gamma H_x^2B$
$V_x=\frac{1}{2}\gamma R^2[\frac{\pi\beta}{180}+2\sin\beta_1\cos\phi_2-\frac{1}{2}(\sin2\beta_1+\sin2\phi_2)]B$
总水压力：
$P=\sqrt{(P_s-P_x)^2+(V_s-V_x)^2}$</td></tr>
</table>

续表 3-2-1

序号	水压力图形	计算公式
9	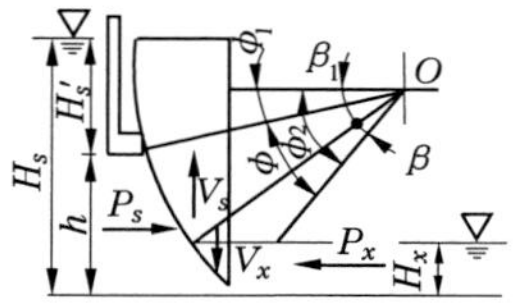	$P_s=\frac{1}{2}\gamma(H_s+H_s')hB$ $V_s=\frac{1}{2}\gamma R^2[\frac{\pi\phi}{180}+2\sin\phi_1\cos\phi_2-\frac{1}{2}(\sin2\phi_1+\sin2\phi_2)+\frac{2H_s'}{R}(\cos\phi_1-\cos\phi_2)]B$ P_x、V_x、P 的计算公式同(6) 式中 P_s——上游水平分力,kN; V_s——上游垂直分力,kN; P_x——下游水平分力,kN; V_x——下游垂直分力,kN; H_s——上游水头,m; H_x——下游水头,m; R——弧门面板曲率半径,m; γ——水的容重,一般对淡水可取 10kN/m^3,对海水可取 10.4 kN/m^3,含沙水按试验确定; B_{zs}——两侧止水间距,m; B——孔口宽度,m; h——闸门高度(计算到顶止水),m

(二)动水压力计算

闸门在动水中工作时,作用在闸门上的动水压力包括时均值及脉动值两部分。当符合《水利水电工程钢闸门设计规范》(SL74—95)3.0.5 条的情况时,脉动值的作用和影响按动力系数予以考虑。

垂直作用于闸门面板的时均动水压力,可按静水压力分布计算。

作用于闸门的水柱压力和闸门底缘的上托力、下吸力,可参照式(3-2-1)和式(3-2-2)计算。

1. 上托力计算

当采用如图 3-2-1 所示的底缘形式时,上托力按式(3-2-1)计算:

$$P_t = \gamma\beta_t H_s D_1 B_{zs} \qquad (3\text{-}2\text{-}1)$$

式中 P_t——上托力,kN;

H_s、D_1——见图 3-2-1,m;

B_{zs}——两侧止水距离,m;

γ——水的容重,kN/m^3,可采用 10kN/m^3;

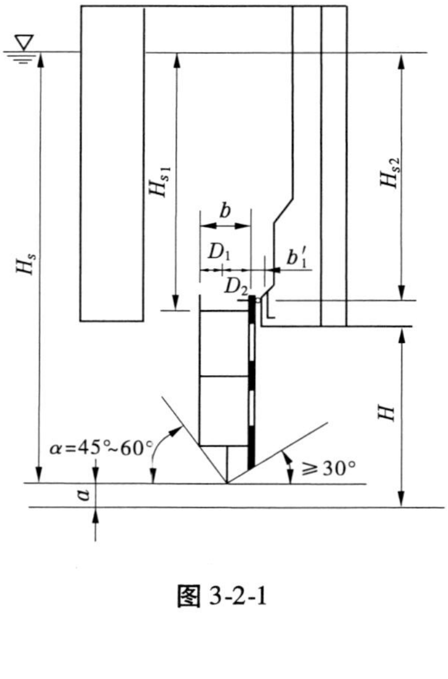

图 3-2-1

β_t——上托力系数，当验算闭门力时，按闸门接近完全关闭时的条件考虑，取 β_t = 1.0，当计算持住力时，按闸门的不同开度考虑，β_t 可参照表 3-2-2 取用。

表 3-2-2 中 β_t 值适于闸后明流流态，且在应用时：泄水道闸门，$0 < a < 0.5H$；电站快速闸门，$0 < a < a_k$。a_k 为电站快速闸门关闭时闸后明满流转换临界开度。关于临界开度的确定问题，可根据已成工程类比或参考有关试验研究报告计算。必要时可通过水工模型试验确定。在一般情况下，亦可暂按 $a_k = 0.5H$ 估算；H 为引水道的孔高。

表 3-2-2　上托力系数 β_t

α	a/D_1				
	2	4	8	12	16
60°	0.8	0.7	0.5	0.4	0.25
52.5°	0.7	0.5	0.3	0.15	—
45°	0.6	0.4	0.1	0.05	—

注：a 为闸门开启高度，m；D_1 为闸门底止水至上游面板的距离，m；α 为闸门底缘的上游倾角（参阅图 3-2-1）。

计算持住力过程可在上述相对开度范围内进行，特殊情况应通过水工试验论证。

2. 下吸力计算

下吸力计算公式为：

$$P_s = p_s D_2 B_{zs} \tag{3-2-2}$$

式中　P_s——下吸力，kN；

D_2——闸门底缘止水至主梁下翼缘的距离，m；

p_s——闸门底缘 D_2 部分的平均下吸强度，可按 20kN/m^2 计算，当流态良好、通气充分并符合《水利水电工程钢闸门设计规范》（SL74—95）5.1.2（4）要求时，可适当减少。

溢流坝闸门、水闸闸门和坝内明流底孔闸门当符合《水利水电工程钢闸门设计规范》（SL74—95）5.1.2（4）要求及下游流态良好、通气充分时，可不计下吸力。

（三）波浪压力计算

波浪压力按现行《混凝土重力坝设计规范》（SDJ21）所列公式或按浅水波计算方法进行计算。

（四）泥沙压力计算

当闸门前面有泥沙淤积时，作用在闸门上的泥沙压力可按下式计算：

$$P_n = \frac{1}{2}\gamma_n h_n^2 \tan^2(45° - \phi/2) B \tag{3-2-3}$$

式中　P_n——泥沙压力，kN；

γ_n——泥沙在水中的密度，kN/m^3，$\gamma_n = (\gamma_0 - 1)(1 - \rho)$；

γ_0——泥沙颗粒密度，kN/m^3；

ρ——泥沙的空隙率；

h_n——泥沙的淤积高度，m；

B——门上泥沙淤积宽度，m；

ϕ——淤沙的内摩擦角,(°)。

(五)漂浮物撞击力计算

漂浮物撞击力可按下式计算:

$$P_z = W_p V/9.81t \tag{3-2-4}$$

式中 P_z——漂浮物撞击力,kN;

W_p——漂浮物容重,kN,根据河流中漂浮物情况,按实际调查确定;

V——水流速度,m/s;

t——撞击时间,s,应根据实际资料估算。

注:流冰对闸门的撞击力,按现行《混凝土重力坝设计规范》(SDJ21)所列公式确定。

(六)地震力计算

地震作用按现行《水工建筑物抗震设计规范》(SDJ10)确定。

(七)风荷载计算

风荷载按现行《工业与民用建筑结构荷载规范》有关规定采用。

(八)启闭力计算

1. 动水中启闭的平面闸门启闭力计算

(1)闭门力计算:

$$F_w = n_T(T_{zd} + T_{zs}) - n_G G + P_t \quad (\text{kN}) \tag{3-2-5}$$

计算结果为正值时,需要加重(加重方式有加重块、水柱或机械下压力等);为负值时,依靠自重可以关闭。

(2)持住力计算:

$$F_T = n'_G G + G_j + W_s + P_x - P_t - (T_{zd} + T_{zs}) \quad (\text{kN}) \tag{3-2-6}$$

(3)启门力计算:

$$F_Q = n_T(T_{zd} + T_{zs}) + P_x + n'_G G + G_j + W_s \quad (\text{kN}) \tag{3-2-7}$$

式中 n_T——摩擦阻力安全系数,可采用1.2;

n_G——计算闭门力用的闸门自重修正系数,可采用0.9~1.0;

n'_G——计算持住力和启门力用的闸门自重修正系数,可采用1.0 ~1.1;

G——闸门自重,kN,当有拉杆时应计入拉杆重量,计算闭门力时选用浮重;

W_s——作用在闸门上的水柱压力,kN;

G_j——加重块重量,kN;

P_t——上托力,kN,包括底缘上托力及止水上托力;

P_x——下吸力,kN;

T_{zd}——支承摩阻力,kN;

$T_{zd} = \dfrac{P}{R}(f_1 r + f)$——滑动轴承的滚轮摩阻力;

$T_{zd} = \dfrac{Pf}{R}(\dfrac{R_1}{d} + 1)$——滚动轴承的滚轮摩阻力;

$T_{zd} = f_2 P$——滑动支承摩阻力;

P——作用在闸门上的总水压力,kN;

r——滚轮轴半径,mm;

R_1——滚动轴承的平均半径,mm;

R——滚轮半径,mm;

d——滚动轴承滚柱直径,mm;

f_1、f_2、f_3——滑动摩擦系数,计算持住力应取小值,计算启门、闭门力应取大值,可参照《水利水电工程钢闸门设计规范》附录 M 选用;

f——滚动摩擦力臂,mm,参照《水利水电工程钢闸门设计规范》附录 M 选用;

T_{zs}——止水摩阻力,kN,$T_{zs}=f_3P_{zs}$;

P_{zs}——作用在止水上的压力,kN。

2. 静水中开启的平面闸门启闭力计算

静水中开启的平面闸门,其启闭力计算除计入闸门自重和加重外,尚应考虑一定的水位差引起的摩阻力。露顶式闸门和电站尾水闸门可采用不大于 1m 的水位差;潜孔式闸门可采用 1 ~5m 的水位差。对有可能发生淤泥、污物堆积等情况时,尚应酌情增加。

3. 弧形闸门启闭力计算

(1)闭门力计算:

$$F_w = \frac{1}{R_1}[n_T(T_{zd}r_0 + T_{zs}r_1) + Ptr_3 - n_G Gr_2] \quad (\text{kN}) \tag{3-2-8}$$

计算结果为正值时需加重,为负值时,依靠自重可以关闭。

(2)启门力计算:

$$F_Q = \frac{1}{R_2}[n_T(T_{zd}r_0 + T_{zs}r_1) + n'_G Gr_2 + G_jR_1 + P_xr_4] \quad (\text{kN}) \tag{3-2-9}$$

式中 r_0、r_1、r_2、r_3、r_4——分别为转动铰摩阻力、止水摩阻力、闸门自重、上托力、下吸力对弧形闸门转动中心的力臂,m;

R_1、R_2——分别为加重(或下压力)和启门力对弧形闸门转动中心的力臂,m;

T_{zs}——止水摩阻力,按式(3-2-6)、式(3-2-7)中的算式计算;

其他符号含义同前。

(3)弧形闸门在启闭运动过程中,力的作用点、方向和力臂随运动而变化,因此,必要时可绘制启闭力过程线,以决定最大值。

4. 拦污栅启吊力计算

(1)在静水中启吊时其启吊力为:

$$F_Q \geqslant n'_G G + n_m m \quad (\text{kN}) \tag{3-2-10}$$

式中 n_m——污物的超重系数,可采用 1.2;

m——污物的重量,kN,按栅条间部分堵塞考虑,堵塞面积可根据污物情况决定;

G——拦污栅自重,kN;

n'_G——自重修正系数,采用 1.0 ~1.1。

(2)在动水中启吊时,其启吊力除按公式(3-2-10)计算外,尚应考虑拦污栅部分堵塞后形成水位差的影响,选用水位差不得大于 2m。

5. 闸门启闭力计算应注意的其他问题

(1)为防止闸门的底部渗漏,除进行上述各项计算外,还应验算底止水在槛上的压应力 σ_y。

$$\sigma_y \geqslant 0.0012\gamma H_s \quad (\mathrm{N/mm^2}) \tag{3-2-11}$$

式中 γ——水的容重，$\mathrm{kN/m^3}$，可取 10；

H_s——由底槛算起的水头，m。

(2)在多泥沙水流中工作的闸门，计算启闭力时应做专门研究。除考虑水压力外，还应考虑泥沙影响，包括泥沙引起的支承、止水摩阻力，泥沙与闸门间的粘着力和摩擦力，门上淤积泥沙的重量等。粘着系数和摩擦系数可通过试验确定。此外，还应适当加大安全系数，以克服泥沙局部阻塞增加的阻力。

(3)计算小型闸门的启闭力时，安全系数应适当加大。

三、闸门的结构布置

(一)平面闸门

1. 承载结构

由面板与主(次)、纵(横)梁系连接而成用以承受水压力的结构件，通常称门叶结构。

根据已知的孔口尺寸、设计水头、闸门工作性质、制造、运输条件等因素初定是否需要分节及如何分节，采用何种支承方式(滑动支承或滚动支承)。

初定面板厚度和主梁数目及其截面尺寸。按式(3-2-12)和式(3-2-13)以及图 3-2-2 初定主梁位置。在面板厚度、主梁数目和位置初步选定之后，就布置水平次梁，次梁的主要作用在于使梁格变小，从而使面板厚度不会太厚。因为若不设次梁，梁格大面板就要厚，就增加门叶结构的钢材量，只要适当设置次梁，面板减薄后减少的钢材量一般均大于设置次梁而增加的钢材量。当然面板厚度也不能太薄，还应考虑工艺性和结构件的构造需要。现行钢闸门设计规范指出，闸门承重构件的钢板厚度不得小于 6mm(小型工程的闸门可不受此限)。因此，次梁的数目及其所选用的型钢规格和面板的合适厚度以及主梁的位置三者之间都有一个优化调整的过程。为充分利用面板的强度，梁格布置时宜使面板的长短边比(b/a)大于 1.5，并将长边布置在沿主梁轴线方向，闸门梁系宜采用同一层的布置方式。

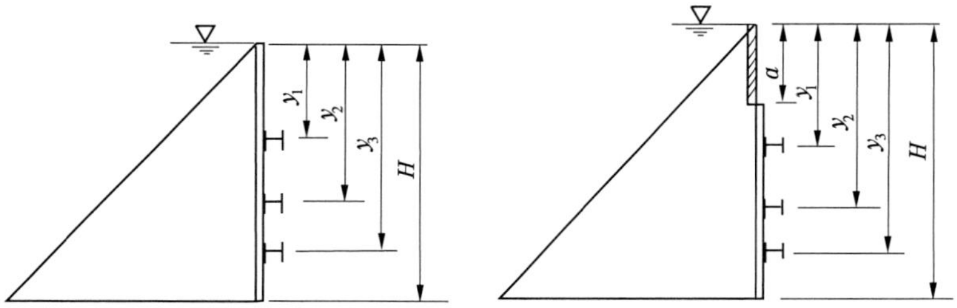

(a)露顶闸门　　(b)潜孔闸门

图 3-2-2 主梁位置

对工作闸门和事故闸门在布置底主梁的位置时，应符合底缘布置的要求，下游倾角应不小于 30°，当闸门支承在非水平底槛上时，其夹角可适当增减，当不能满足 30°要求时，应采用适当补气措施；对于部分利用水柱的平面闸门，其上游倾角不应小于 45°，宜采用 60°，如图 3-2-3 所示。

对露顶式双主梁平面闸门，主梁宜布置在静水压力线上、下等距离的位置，如图 3-2-4 所示，同时应注意：两主梁间的距离 a 值要尽量大些；上主梁到闸门顶缘的距离 a_0 小于 $0.45H$，且不大于 3.6m。对露顶式闸门顶部应有 0.3～0.5m 的超高。

$$y_k = \frac{2H}{3\sqrt{n}}[k^{1.5} - (k-1)^{1.5}] \tag{3-2-12}$$

对于潜孔闸门（见图 3-2-2(b)）

$$y_k = \frac{2H}{3\sqrt{n+\beta}}[(k+\beta)^{1.5} - (k+\beta-1)^{1.5}] \tag{1-2-13}$$

式中　$\beta = \dfrac{na^2}{H^2 - a^2}$，$a$ 为水面至门顶止水的距离。

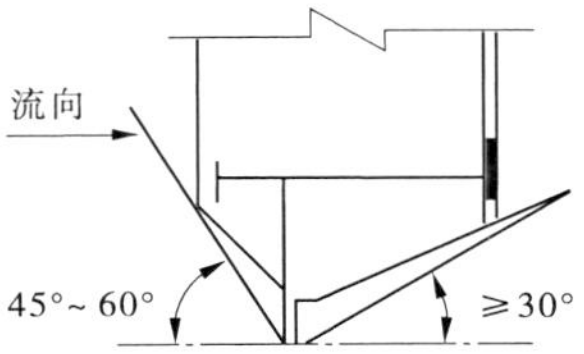

图 3-2-3

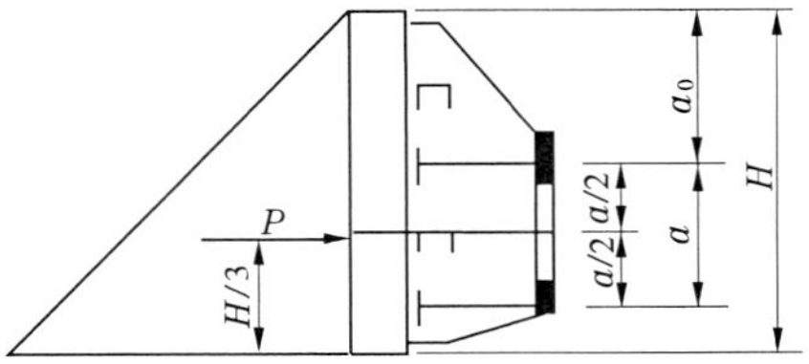

图 3-2-4

对各类闸门和拦污栅的主（次）梁均应验算刚度，受弯构件的最大挠度与计算跨度之比不应超过相应的容许值。

2. 支承结构和埋件结构

平面闸门的支承结构是传递力的枢纽，它的功能主要是把闸门承重结构上的全部水压力通过支承结构的主轮或滑块经由埋件主轨传到水工结构的基础，支承结构就其支承方式可分为滚动支承和滑动支承两类。滑动支承结构的主要优点是门叶尤其是边梁结构简单，埋件结构也较简单，门槽尺寸较小有利于水流流态；主要缺点是由于滑动摩阻力大，故作为工作闸门或事故闸门需要动水操作的工况时，为了顺利下门就要加重或利用门顶水柱压力。这样明显地增加启闭力从而加大启闭机容量和重量，水电站进水口快速闸门多采用这种滑动支承结构。而滚动支承结构的优点是当闸门动水操作运行时启闭力小，从而使启闭机的容量和重量都小，主要缺点是使门叶结构尤其是边梁结构复杂化，门槽尺寸大，埋件也较复杂，因而两种支承结构要根据闸门工作性质、操作水头、孔口尺寸等诸多因素综合比较选定。当采用滑动支承利用水柱压力下门时，为使闸门井内形成有效的水柱压力，应该使闸门门叶与上游胸墙之间的缝隙距离（S_0）和门叶与下游门楣之间的缝隙距离（S_1）比例为大于或等于 5

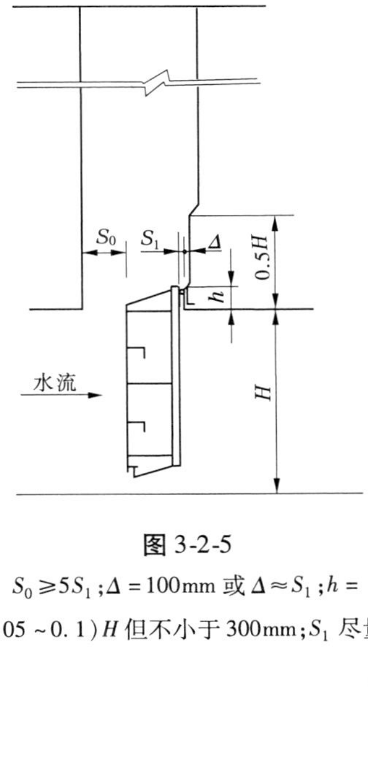

图 3-2-5

$S_0 \geq 5S_1$；$\Delta = 100$mm 或 $\Delta \approx S_1$；$h = (0.05 \sim 0.1)H$ 但不小于 300mm；S_1 尽量小

倍的关系即 $S_0 \geqslant 5S_1$，如图 2-2-5 所示。

另外，不论是滑动支承结构或滚动支承结构，作为工作闸门或事故闸门，它们的主轨高度应根据使用条件按(1.5～2.0)的孔口高度选用。它们的门槽型式也应根据使用条件选用Ⅰ型或Ⅱ型门槽，以利于减轻或防止气蚀的发生，详见表 3-2-3。

表 3-2-3　门槽型式

槽型	图形	门槽几何形状的参数	适用范围
Ⅰ	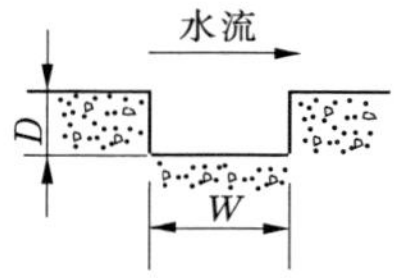	(1)较优宽深比，W/D = 1.6～1.8； (2)合宜宽深比，W/D = 1.4～2.5； (3)门槽初生空穴数的经验公式为： $K_i = 0.38(W/D)$ (公式适用范围为 W/D = 1.4～3.5)	(1)泄水孔事故门门槽和检修门门槽； (2)水头低于 12m 的溢流坝堰顶工作闸门门槽； (3)电站进水口事故、快速闸门门槽； (4)泄水孔工作门门槽，当水流空穴数 $K>1.0$(约相当于水头低于 30m 或流速小于 20m/s)时
Ⅱ	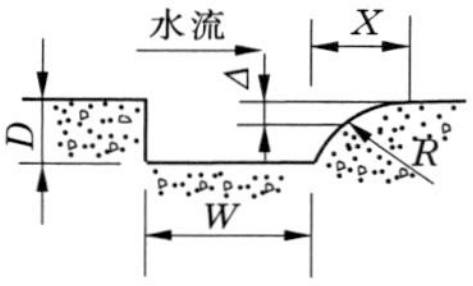	(1)合宜宽深比，W/D = 1.5～2.0； (2)较优错距比，Δ/W = 0.05～0.08； (3)较优斜坡，Δ/X = 1/10～1/12； (4)较优圆角半径，R = 30～50mm 或圆角比 R/D = 0.10； (5)门槽初生空穴数 K_i = 0.4～0.6(可根据已有科研成果及工程实例类比选用)	(1)泄水孔工作门门槽，其水流空穴数 $K>0.6$(一般相当水头为30～50m，或流速为 20～25m/s)时； (2)高水头、短管道事故门门槽，其水流空穴数 $1.0>K>0.4$ 时； (3)要求经常部分开启，其水流空穴数大于 0.8 的工作门门槽； (4)水头高于 12m，其水流空穴数大于 0.8 的溢流坝堰顶工作门门槽

(二)弧形闸门

1. 承载结构

弧形闸门因其面板呈弧形曲面而得名，但由于曲面的曲率不大，在验算面板和纵梁时近似地按平面面板和直梁验算，绝大部分主横梁弧形闸门其梁系均为同一层布置，因此在面板厚度的选定和梁系的布置方面与平面闸门无大的区别，主要区别在于其主梁方面弧形闸门基本上都是双主横梁的结构，过去曾有少数弧形闸门采用三主横梁结构，现在也越来越少了，国内情况是这样，国外情况也如此。根据有关资料，在 20 世纪 90 年代中期，国外双主横梁弧形闸门的规模已达 15m×21.24m，国内也已达到 14m×19m(也许还有更大)。这是因为双主横梁布置在受力分析及结构布置方面有较明显的优点。另外一点与平面闸门不同的是关于主梁的支点，平面闸门主梁支点一般均在荷载的外侧，而弧形闸门的主梁支点一般都靠近孔口中心线，两端各有0.2倍孔口宽度的悬臂段，这明显地减少了主梁跨中弯矩和曲弯挠度，因此《水利水电工程闸门设计规范》5.1.9指出：主横梁式弧形闸门的主框架型式有(a)、(b)、(c)三种型式(如图3-2-6)，当支承条件许可时，宜采用(a)型，当支承在侧墙上时，应采用(b)型，l_1 宜取0.2L左右，(b)型框架两侧的斜柱，就是我们所称的斜支臂。而(a)型的则称为直支臂，支臂是偏心受压的柱体，应进行稳定性验算，对于偏心受压柱体采用箱形截面比工字形截面合理。

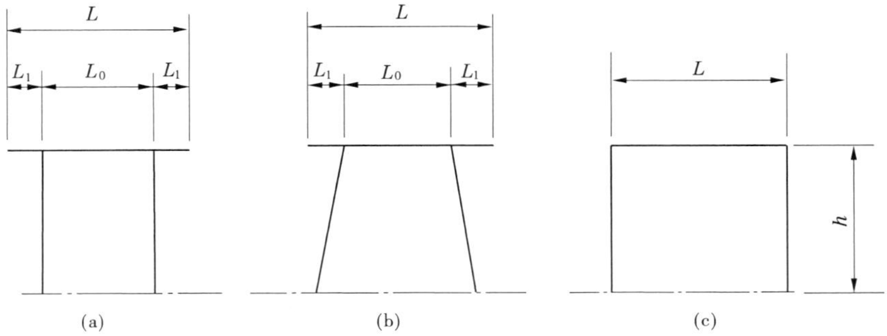

图3-2-6

2. 支承结构

弧形闸门面板上的全部水压力由两侧的支臂经由支铰传递到水工结构的基础。支铰主要由活动铰座、固定铰座和铰轴组成，其中活动铰座与支臂端部连接，固定铰座安装在支承大梁或悬臂梁上，这悬臂梁(也称为牛腿)可以是钢筋混凝土的，也可以是钢制的。

支铰的轴有不同型式，过去一般都用圆柱形的，现在也有用球面的，从受力条件分析，以球面为好，不管何种形式，都以具有自润滑功能为好。

(三)止水结构

不论平面闸门、弧形闸门都设有止水结构，通常闸门上所采用的止水均为软止水，一般所用均为橡皮止水，近年也有一种称为橡塑复合止水的，就是在普通止水橡皮能起止水作用的密封面上，局部贴合或者喷涂上一层聚四氟乙烯薄膜，在使用过程中聚四氟乙烯薄膜与埋件上的止水座板密合，由于聚四氟乙烯摩擦系数小，所以一方面减小了闸门启闭过程中的摩阻力，同时也延长了止水的使用期。

第三节　闸门构件及连接件的材料和容许应力

一、材料和容许应力

应根据闸门的工作性质、操作条件、连接方法、工作温度等不同情况选择其相应的钢号。

(一)闸门承重结构的钢材

闸门承重结构的钢材可选用平炉或氧气转炉Q235、Q345、16Mnq等，并应分别符合《碳素结构钢》(GB700)、《低合金结构钢》(GB1591)和《桥梁建筑用热轧碳素钢》(GB714)中规定的质量要求。因为现在闸门结构基本上为焊接连接的钢结构件，因此其所用钢材除应保证其抗拉强度、屈服点、伸长率的机械性能和硫、磷含量的化学成分应合乎要求外，还应保证其碳的含量合乎要求。此外，对主要受力结构和弯曲成形部分钢材应具有冷弯试验合格保证，对承受动载的结构用钢材，应具有相应计算温度冲击试验的合格证明。

根据不同情况按表 3-3-1 选用相应的闸门及埋件采用的钢号。

表 3-3-1　闸门及埋件采用的钢号

<table>
<tr><th>项次</th><th colspan="2">使用条件</th><th>计算温度
（℃）</th><th colspan="2">钢号</th></tr>
<tr><td>1</td><td rowspan="4">闸门部分</td><td>大型工程的工作闸门、大型工程的重要事故闸门、局部开启的工作闸门</td><td>—
20
0
-20</td><td>Q235A
Q235B
Q235C
Q235D</td><td>16Mn、16Mnq</td></tr>
<tr><td>2</td><td rowspan="2">中、小型工程不作局部开启的工作闸门，其他事故闸门</td><td>等于或低于-20</td><td colspan="2">Q235A、Q235B、Q235C、Q235D，16Mn、16Mnq</td></tr>
<tr><td>3</td><td>高于-20</td><td colspan="2">Q235AF、Q345</td></tr>
<tr><td>4</td><td>各类检修闸门、拦污栅</td><td>高于-30</td><td colspan="2">Q235AF、Q345</td></tr>
<tr><td>5</td><td rowspan="2">埋件部分</td><td>主要受力埋件</td><td>—</td><td colspan="2">Q235AF</td></tr>
<tr><td>6</td><td>按构造要求选择的埋件</td><td>—</td><td colspan="2">Q195</td></tr>
</table>

注：1. 当有可靠根据时，可采用其他钢号。对无证明书的钢材，经试验证明其化学成分和机械性能符合相应标准所列钢号的要求时，可酌情使用。

2. 低温地区的焊接结构采用沸腾钢时，板厚不宜过大。

3. 非焊接结构的钢号，可参照表 3-3-1 选用。

4. 计算温度应按现行《采暖通风和空气调节设计规范》中规定的冬季空气调节室外计算温度确定。

5. 大型工程指一、二等工程；中型工程指三等工程；小型工程指四、五等工程。

（二）闸门支承结构（主轮和主轨）的铸造钢件

闸门支承结构（主轮和主轨）的铸造钢件可采用《一般工程用铸造碳钢件》（GB11352）中规定的 ZG230-450、ZG270-500、ZG310-570、ZG340-640 铸钢；和《合金铸钢》（JB/ZQ4297）中规定的 ZG35CrMo、ZG50Mn2、ZG34CrNi3Mo 等合金铸钢。钢号和容许应力见表 3-3-2。

（三）闸门的吊杆轴、连接轴、主轮轴、支铰轴

闸门的吊杆轴、连接轴、主轮轴、支铰轴可分别选用：《优质碳素结构钢》（GB699）中规定的 35 号、45 号钢，《碳素结构钢》（GB700）中规定的 Q275 钢；《合金结构钢》

(GB3077)中规定的 35Mn2、40Cr、34CrNi3Mo 等合金钢。钢号和容许应力见表 3-3-2。

(四)闸门支承滑道和止水座板所使用的不锈钢

闸门支承滑道和止水座板所使用的不锈钢宜采用《不锈钢热轧钢板》(GB4237)中规定的 1Cr18Ni9 或 1Cr18Ni9Ti 不锈钢。

(五)闸门止水结构的型号和材料

闸门止水结构的型号和材料可根据不同运行条件分别采用合乎标准的橡皮止水和橡塑复合止水,其尺寸型号及物理机械性能见图 3-3-1 及表 3-3-3 ~ 表 3-3-5。

止水橡皮的定型设计各部尺寸如表 3-3-3(见图 3-3-1)。

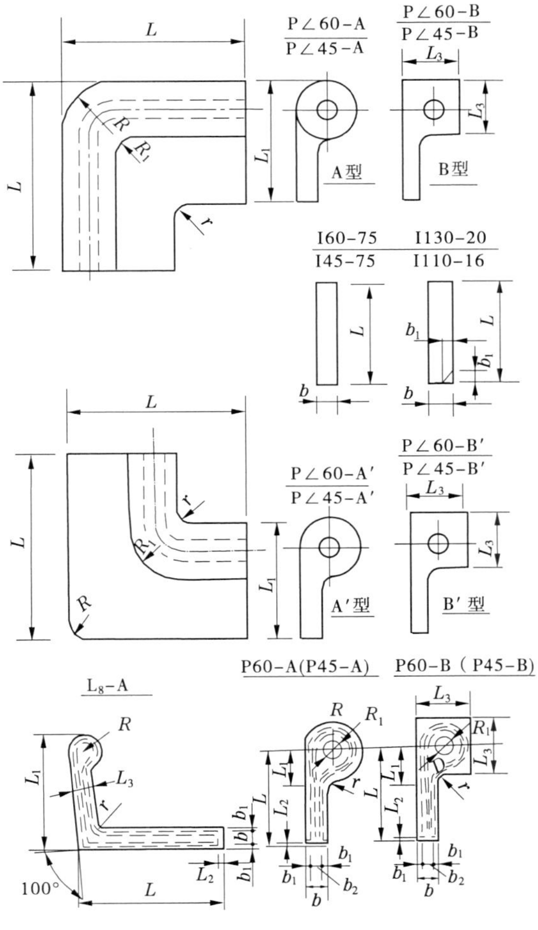

图 3-3-1

表 3-3-2　机械零件的容许应力

（单位：N/ mm^2）

应力种类	符号	碳素结构钢		低合金钢	优质碳素结构钢		铸造碳钢				合金铸钢		合金结构钢	
		Q235	Q275	Q345	35	45	ZG230-450	ZG270-500	ZG310-570	ZG340-640	ZG50Mn2	ZG35CrMo	35Mn2	40Cr
抗拉、抗压和抗弯	$[\sigma]$	100	120	140	130	145	115	120	140	150	190	170 (235)	130 (280)	(320)
抗剪	$[\tau]$	65	75	90	85	95	85	90	105	115	150	130 (180)	85 (190)	(215)
局部承压	$[\sigma_{cd}]$	150	180	210	195	220	170	180	200	220	280	250 (345)	195 (430)	(485)
局部紧接承压	$[\sigma_{cj}]$	80	95	110	105	120	90	95	110	120	155	135 (190)	105 (230)	(265)
孔壁抗拉	$[\sigma_k]$	120	145	180	150	170	130	140	155	170	220	190 (265)	150 (330)	(375)

注：1. 括号内为调质处理后的数值。

2. 孔壁抗拉容许应力是指固定结合的情况；若是活动结合，则应按表值降低 20%。

3. 表列“合金结构钢”的容许应力，适用于钢材厚(径)不大于 25mm 者。如由于厚度影响，屈服点有减小时，各类容许应力，可按屈服点减小比例予以减小。

表 3-3-3　止水橡皮尺寸

闸门类别	止水部位	型号	各部尺寸(mm)											应用范围
			L	L_1	L_2	L_3	b	b_1	b_2	R	R_1	r	D	
平面闸门和潜孔弧形闸门	顶侧止水	P60－A	110	40	6	—	20	6	8	30	24	10	20	1. P60－A 适用于孔口大的闸门； 2. P45－A 适用于孔口中、小的闸门； 3. P60－B 及 P45－B 适用于潜孔弧门； 4. P60－A 及 P60－B 内有帆布三层
		P60－B	110	40	6	60	20	6	8	—	24	10	20	
		P45－A	100	31	5	—	16	5	6	22.5	18	8	20	
		P45－B	100	31	5	45	16	5	6	—	18	8	20	
	转角止水	P∠60－A	350	140	—	—	—	—	—	80	20	20	—	1. P∠60－A、P∠45－A 及 P∠60－B、P∠45－B 适用于下游止水的转角； 2. P∠60－A′、P∠45－A′及 P∠60－B′、P∠45－B′适用于上游止水的转角
		P∠60－A′	350	140	—	—	—	—	—	20	80	20	—	
		P∠60－B	350	140	—	60	—	—	—	80	20	20	—	
		P∠60－B′	350	140	—	60	—	—	—	20	80	20	—	
		P∠45－A	350	122.5	—	—	—	—	—	55	10	10	—	
		P∠45－A′	350	122.5	—	—	—	—	—	10	55	10	—	
		P∠45－B	350	122.5	—	45	—	—	—	55	10	10	—	
		P∠45－B′	350	122.5	—	45	—	—	—	10	55	10	—	
	底止水	I130－20	130	—	—	—	20	10	—	—	—	—	—	适用于孔口大的闸门(无帆布)；
		I110－16	110	—	—	—	16	8	—	—	—	—	—	适用于孔口中、小的闸门(无帆布)
	橡皮垫	I 60－75	75	—	—	—	20	—	—	—	—	—	—	适用于 P60－A；
		I 45－75	75	—	—	—	16	—	—	—	—	—	—	适用于 P45－A
露顶式弧门	侧止水	L8－A	80	60	6	12	6	3		8	—	5	—	

注：橡塑复合止水的型号尺寸同该表。

表 3-3-4　普通止水橡皮物理机械性能

序号	指标名称	指标值
1	密度(g/cm^3)	1.2～1.5
2	含胶量(新胶)不小于(%)	60
3	拉伸强度(MPa)	13～22
4	肖氏硬度 HS	50～70
5	延伸率(%)	400～500
6	拉伸弹性模量(MPa): 当 100% 时 当 200% 时	 1.6～2.0 1.8～2.5
7	压缩弹性模量(MPa): 当 20% 时 当 30% 时 当 40% 时	 5.5～6.0 5.6～6.0 6.2～6.8
8	在 -40℃到 +40℃温度下工作	不发生冻裂或硬化

表 3-3-5　橡塑复合止水的物理机械性能

序号	指标名称	指标值
1	肖氏硬度 HS	65±5
2	拉伸强度(MPa)	16～26
3	拉断延伸率(%)	450～500
4	黏着强度(F4 与橡胶间)(kN/m)	12～15
5	聚四氟乙烯层厚度(mm)	贴合层 1.0～1.2,喷涂层 0.5±0.1
6	喷涂层磨损厚度(预压缩 3mm,运行行程 3 000m)(mm)	0.11～0.21

(六)焊接材料

闸门焊接用的手工焊焊条应符合《碳钢焊条》(GB5117)、《低合金钢焊条》(GB5118)、《不锈钢焊条》(GB983)中选择与主体金属强度相适应的焊条型号;自动焊和半自动焊的焊丝和焊剂应符合《焊接用钢丝》(GB1300)、《碳素钢埋弧焊用焊剂》(GB5293)中选择与主体金属强度相适应的焊丝和焊剂。焊缝的容许应力见表 3-3-6。

表 3-3-6　焊缝的容许应力　　(N/ mm^2)

焊接方法和焊条型号	构件钢材		对接焊缝					贴角焊缝
	钢号	组别	抗压 $[\sigma_c^h]$	抗拉 $[\sigma_l^h]$			抗剪 $[\tau^h]$	抗拉、抗压和抗剪 $[\tau_l^h]$
				当用自动焊时	当用半自动焊或手工焊时			
					(1)精确方法	(2)普通方法		
自动焊、半自动焊和用 E43 × × 型焊条的手工焊	Q215	第 1 组	145	145	145	125	85	105
		第 2 组	130	130	130	110	75	95
		第 3 组	125	125	125	105	70	90
	Q235	第 1 组	160	160	160	135	95	115
		第 2 组	150	150	150	120	90	105
		第 3 组	145	145	145	115	85	100
自动焊、半自动焊和用 E50 × × 型焊条的手工焊	16Mnq	第 1 组	230	230	230	200	135	160
		第 2 组	220	220	220	190	130	150
	16Mn	第 3 组	205	205	205	175	120	140
		第 4 组	190	190	190	165	110	130

注:1. 检查焊缝质量的普通方法是指外观检查、测量尺寸、钻孔检查等方法;精确方法是在普通方法的基础上,用 X 射线、超声波等方法进行补充检查。

2. 仰焊焊缝的容许应力按表中数值降低 20% 。

3. 安装焊缝的容许应力按表中数值降低 10% 。

(七)高强度螺栓

闸门用高强度螺栓连接应符合《钢结构用高强度大六角头螺栓》(GB1228)、《钢结构用高强度大六角螺母》(GB1229)、《钢结构用高强度垫圈》(GB1230)、《钢结构用高强度大六角头螺栓、大六角螺母、垫圈技术条件》(GB1231)、《钢结构用扭剪型高强螺栓连接副型式尺寸》(GB3632)、《钢结构用扭剪型高强度螺栓连接副技术条件》(GB3633)中规定的技术要求。紧固力及紧固力矩见表 3-3-7。

表 3-3-7　高强度螺栓规定的紧固力及紧固力矩

公称直径 d	螺纹摩擦系数	紧固力(N)		拧紧力矩 T(N · m)	
		8.8	10.9	8.8	10.9
M14	0.14	53 000	74 000	135	195
M16	0.14	73 000	102 000	215	300
M18	0.14	88 000	124 000	290	410
M20	0.14	113 000	160 000	410	580
M22	0.14	142 000	199 000	560	790
M24	0.14	164 000	230 000	710	1 000
M27	0.14	215 000	300 000	1 050	1 450
M30	0.14	260 000	370 000	1 400	2 000

(八)门槽埋件二期混凝土强度等级

根据强度选用混凝土强度等级,通常采用 C20 ~ C30 号。特殊情况可提出抗渗和抗冻等级要求。

二、钢材的厚度（直径）分组与容许应力

同一钢号材质的钢材，其容许应力数值与钢材的厚度（直径）有关，钢材的厚度（直径）越大则容许应力越低。同样，作为构件连接件的焊缝的容许应力也根据焊接件厚度不同而不同，因而钢材按尺寸分组。关于钢材厚度（直径）的分组和对应组的容许应力见表 3-3-8 和表 3-3-9。

表 3-3-8　钢材的尺寸分组

组别	钢材尺寸（mm）		
	Q215、Q235		Q345、16Mnq
	钢材厚度（直径）	型钢和异型钢的厚度	钢材厚度（直径）
第 1 组	≤16	≤15	≤16
第 2 组	>16～40	>15～20	>16～25
第 3 组	>40～60	>20	>25～36
第 4 组	>60～100	—	>36～50
第 5 组	>100～150	—	>50～100 方、圆钢
第 6 组	>150	—	—

注：1. 型钢包括角钢、工字钢和槽钢。

2. 工字钢和槽钢的厚度是指腹板厚度。

表 3-3-9　钢材不同尺寸组别的容许应力　（单位：N/ mm^2）

钢材			抗拉、抗压和抗弯 [σ]	抗剪 [τ]	局部承压 [σ_{cd}]	局部紧接承压 [σ_{cj}]
钢种	钢号	组别				
碳素结构钢	Q215	第 1 组	145	90	220	110
		第 2 组	135	80	200	100
		第 3 组	125	70	190	95
		第 4 组	120	65	180	90
		第 5 组	115	60	170	85
		第 6 组	110	55	160	80
	Q235	第 1 组	160	95	240	120
		第 2 组	150	90	230	115
		第 3 组	145	85	220	110
		第 4 组	135	80	210	105
		第 5 组	130	75	200	100
		第 6 组	125	70	190	95

续表 3-3-9

钢材			抗拉、抗压和抗弯[σ]	抗剪[τ]	局部承压[σ_{cd}]	局部紧接承压[σ_{cj}]
钢种	钢号	组别				
低合金结构钢	Q345、16Mnq	第1组	230	135	350	175
		第2组	220	130	330	165
		第3组	205	120	310	155
		第4组	190	110	290	145
		第5组	180	105	270	135

注:1. 局部承压应力不乘调整系数。

2. 局部承压是指构件腹板的小部分表面受局部荷载的挤压或端面承压(磨平顶紧)等情况。

3. 局部紧接承压是指可动性小的铰在接触面的投影平面上的压应力。

第四节 闸门构件的强度、刚度及稳定计算

本节主要讲述闸门主要构件的设计计算方法,对于闸门的其他零部件例如行走支承、轨道、吊耳等的设计计算不再叙述。有需要者可参考其他设计手册和相关书籍。

一、闸门面板设计

对于四边固定的面板(图 3-4-1),根据理论分析和试验结果所知,在均布荷载作用下最大弯矩发生在面板支承边的长边中点 A 处。但是当该点的应力达到所用钢材的屈服点时,面板的承载能力还远远没有耗尽,随着荷载的增加,支承边上其他各点的弯矩都随着增加而使面板上下游面逐步达到屈服点。这时,面板仍然能够承受继续增大的荷载。

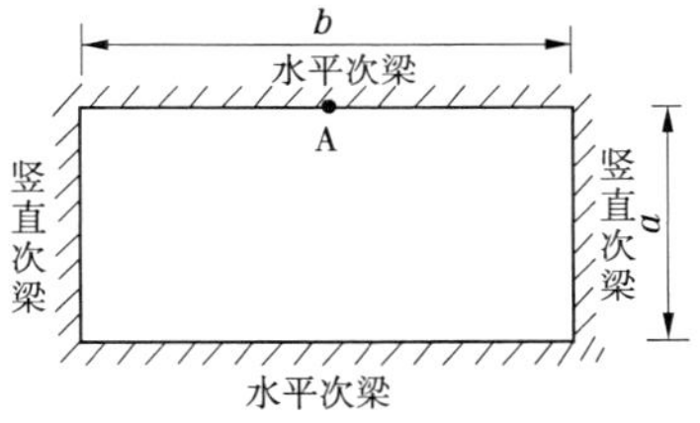

图 3-4-1 四边固定板在均匀水压力作用下最大弯矩作用点示意图

根据试验的结果,当荷载增加到设计荷载的 3.5 倍时,面板跨中部分才开始出现局部的塑性变形。这就说明面板的强度储备是很大的。因此,在设计面板厚度时,可以将承载能力提高 60% 左右而仍有足够的安全度。容许应力的提高是通过将其乘以大于 1 的所谓的弹塑性调整系数来实现的。

(一)面板厚度计算

作用在面板上的水压力强度是上面小下面大,计算时可以近似地取面板区格中心处的水压强度作为该面板区格的均布荷载。由于四边固定板在均布荷载作用下,在长边中点 A 处的局部弯应力为最大,根据理论分析其值为:

$$\sigma_{max} = k \cdot pa^2/\delta^2$$

式中 k——四边固定矩形弹性薄板在支承长边中点的弯应力系数;

P——面板计算区格中心的水压强度($p=\gamma hg=0.009\ 8h\text{N/mm}^2$);

h——区格中心的水头,m;

a、b——面板区格的短边和长边的长度(从面板与主(次)梁的连接焊缝算起),mm;

根据强度条件 $\sigma_{max} \leqslant 0.9\alpha[\sigma]$,可得面板厚度:

$$\delta \geqslant a\sqrt{\frac{kp}{0.9\alpha[\sigma]}} \quad (\mathrm{mm}) \tag{3-4-1}$$

式中 0.9——面板参加主梁工作需要予留一定的强度储备系数;

α——弹塑性调整系数,当 $b/a \leqslant 3$ 时,$\alpha = 1.5$,当 $b/a > 3$ 时,$\alpha = 1.4$;

$[\sigma]$——钢材的抗弯容许应力,N/mm^2。

把闸门的面板从上到下每个区格的厚度初选之后,如各个区格之间的板厚相差较大,应当调整区格竖向间距再次试选,使各区格所需的板厚大致相等,这样既节约材料,又便于订货与制造。还应加上腐蚀裕度 1~2mm,面板厚度不得小于 6mm(小型工程闸门不受此限)。

(二)面板参加主(次)梁整体弯曲计算

在按式(3-3-1)选出面板厚度并在主梁截面选定后,考虑到面板本身在局部弯曲的同时还随着主(次)梁受整体弯曲的作用,则面板为双向受力状态,故应按强度理论对折算应力进行验算。

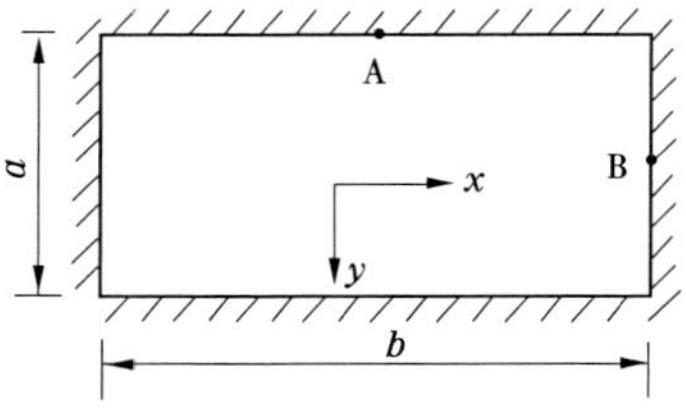

图 3-4-2 当面板的边长比 $b/a \leqslant 1.5$ 且长边沿主梁轴线方向时的面板应力状态

(1)当面板的边长比 $b/a > 1.5$,且长边沿主梁轴线方向时(图 3-4-2),只须按下式验算面板 A 点在上游面的折算应力,其算式为

$$\sigma_{zh} = \sqrt{\sigma_{my}^2 + (\sigma_{mx} - \sigma_{ox})^2 - (\sigma_{my})(\sigma_{mx} - \sigma_{ox})} \leqslant 1.1\alpha[\sigma] \tag{3-4-2}$$

式中 $\sigma_{my} = k_y qa^2/\delta^2$——垂直于主(次)梁轴线方向、面板区格的支承长边中点的局部弯曲应力;

$\sigma_{mx} = \mu\sigma_{my}$——面板沿主(次)梁轴线方向的局部弯曲应力,其中 μ 为泊松比,取 $\mu = 0.3$;

σ_{ox}——对应于面板验算点的主(次)梁上翼缘的整体弯曲应力;

k_y——支承长边中点弯应力系数;

σ_{my},σ_{mx},σ_{0x}均取绝对值,式中其他符号意义同前。

(2)当面板的边长比 $b/a \leqslant 1.5$ 或面板长边方向与主(次)梁轴线垂直时(图 3-4-3),还需按式(3-4-3)验算 B 点的折算应力。

$$\sigma_{zh} = \sqrt{(\sigma_{my})^2 + (\sigma_{mx} + \sigma_{ox})^2 - (\sigma_{my})(\sigma_{mx} + \sigma_{ox})} \leqslant 1.1\alpha[\sigma] \tag{3-4-3}$$

式中 σ_{mx}——面板沿主梁轴线方向的局部弯应力,$\sigma_{mx} = kqa^2/\delta^2$,$k$ 值对图 3-4-3(a)取 k_x,对图 3-4-3(b)取 k_y;

σ_{my}——垂直于主梁轴线方向面板的局部弯应力,$\sigma_{my} = \mu\sigma_{mx}$,$\mu$ 取 0.3;

σ_{ox}——对应于面板验算点主梁上翼缘整体弯应力,$\sigma_{ox} = (1.5\xi_1 - 0.5)M/W$

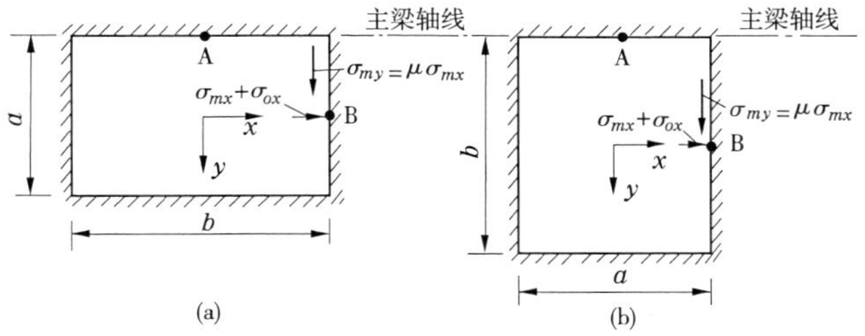

图 3-4-3　当面板的边长比 $b/a \leqslant 1.5$ 或面板长边方向与主梁轴线垂直时的面板应力状态

ξ_1——面板兼作主(次)梁上翼缘的有效宽度系数;

M——对应于面板验算点主梁的弯矩;

W——对应于面板验算点主梁的截面抵抗矩;

其他符号意义同前。

σ_{my}、σ_{ox}、σ_{ox}均取绝对值。

二、次梁设计计算

(一)次梁的荷载与计算简图

1. 梁格为降低连接时次梁的荷载和计算简图

如图 3-4-4(b)所示的降低连接,水平次梁是支承在竖直次梁上的连续梁,由面板传给水平次梁的水压力,其作用范围是按面板跨度的中心线来划分的(见图 3-4-4(a)、(b)),水平次梁所承受的均布荷载由下式计算:

$$q = p\frac{a_{上} + a_{下}}{2} \quad (\text{N/cm}) \tag{3-4-4}$$

式中　P——次梁轴线处的水压强度,N/cm^2;

$a_{上}$、$a_{下}$——分别为水平次梁轴线到上、下相邻梁之间的距离(见图 3-4-4(b))。

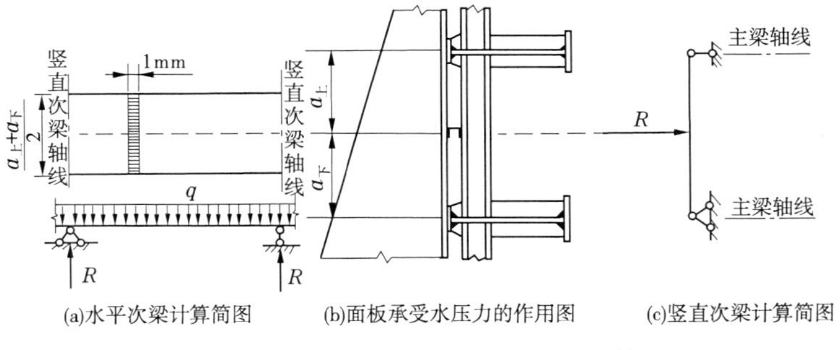

图 3-4-4　梁格为降低连接时次梁的计算简图

水平次梁的计算简图为图 3-4-4(a)所示的连续梁。

竖直次梁为支承在主梁上的简支梁,承受由水平次梁传来的集中荷载 R,R 为水平次梁边跨内侧支座反力,其计算简图如图 3-4-4(c)所示。

2. 梁格为齐平连接时次梁的荷载和计算简图

水平次梁和竖直次梁同时支承着面板，面板上的水压力是按梁格夹角的平分线来划分各梁所负担水压力作用的范围。例如，当水平次梁的跨度大于竖直次梁的跨度时，水平次梁（如 AB 梁）所负担水压力作用面积为六边形（图 3-4-5 中的阴影部分）。该六边形面积上作用的水压力换算到水平次梁上的荷载分布图为梯形（见图 3-4-5(b)、(d)），其中跨中的荷载集度为 $q=p\dfrac{a_{上}+a_{下}}{2}$，式中 p 为六边形面积中心处的水压强度。当水平次梁是在竖直次梁处断开后再连接于竖直次梁上时，水平次梁应按简支梁计算，其计算简图如图 3-3-5(b) 所示，当采用实腹隔板来代替竖直次梁时，水平次梁是在实腹隔板的预留孔中穿过并被连接于隔板上的，这时，水平次梁应按连续梁计算（图 3-4-5(d)）。

竖直次梁为支承在主梁以及顶、底梁上的简支梁，如图 3-4-5(c) 所示。它们除承受由水平次梁传来的集中荷载外，还承受由面板直接传来的分布压力，由图 3-4-5(a) 知道这个水压力作用面积为有一个对角线与梁轴垂直的正方形，因此作用到竖直次梁上的荷载是三角形分布的荷载，其上、下两个三角形顶点处的荷载集度 $q_{上}$、$q_{下}$ 分别为：

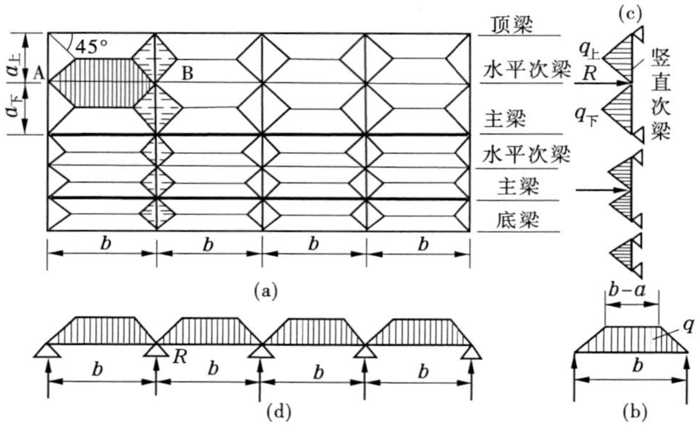

图 3-4-5　梁格为齐平连接时次梁的荷载和计算简图

$$\left.\begin{aligned}q_{上}&=a_{上}\,p_{上}\quad \text{N/cm}\\ q_{下}&=a_{下}\,p_{下}\quad \text{N/cm}\end{aligned}\right\}\tag{3-4-5}$$

式中　$a_{上}$、$a_{下}$——水平次梁的上、下间距（如图 3-4-5(a) 所示），cm；

$p_{上}$、$p_{下}$——上、下两个正方形的平均水压强度，N/cm²。

（二）次梁的截面设计

当次梁的计算简图确定以后，就可以求其内力。根据最大弯矩可以求出次梁所需要的截面抵抗矩为：

$$W\geqslant\frac{M_{\max}}{[\sigma]}\tag{3-4-6}$$

再根据 W 和满足刚度要求的最小梁高从型钢表中选取型钢截面的规格。在一个闸门中型钢规格不宜过多，以便订货与加工制造。

闸门中的水平次梁，一般是采用槽钢或不等肢角钢，它们宜肢尖朝下与面板相连（见图 3-4-6(a)），以免因上部形成凹槽积水积淤而加速钢材腐蚀。竖直次梁常采用工字钢（图 3-4-6(b)）或实腹隔板。

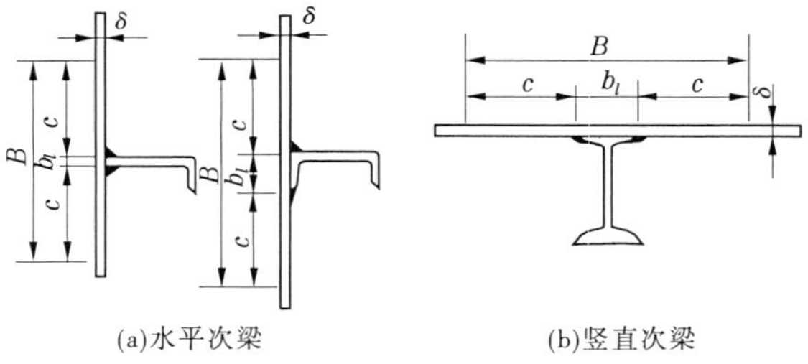

图 3-4-6　次梁截面形式及面板兼作梁翼的有效宽度

当次梁直接焊于面板时，焊缝两侧的面板在一定的宽度（称有效宽度）内可以兼作次梁的翼缘参加次梁的抗弯工作。面板参加次梁工作的有效宽度 B 可按下列两式计算，然后取两式算得的较小值。

（1）考虑面板兼作梁翼缘在受压时不致丧失稳定而限制的有效宽度（见图 3-4-7）：

$$B \leqslant 60t + b_l \quad (\text{Q235 钢}) \qquad \text{或} \ B \leqslant 50t + b_l \quad (\text{Q345 钢}) \tag{3-4-7}$$

式中　t——面板厚度；

b_l——见图 3-4-6。

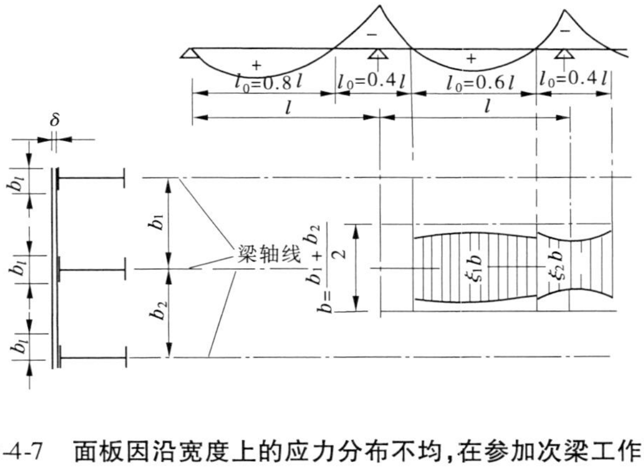

图 3-4-7　面板因沿宽度上的应力分布不均，在参加次梁工作时的折算有效宽度示意图

（2）考虑面板沿宽度上应力分布不均而折算的有效宽度（见图 3-4-7）：

$$B = \xi_1 b \ \text{或} \ B = \xi_2 b \tag{3-4-8}$$

式中　$b = \dfrac{b_1 + b_2}{2}$——b_1 和 b_2 分别为次梁与两侧相邻梁的间距；

ξ_1、ξ_2——有效宽度系数，可按表 3-4-1 查用，ξ_1 适用于梁的正弯矩图为抛物线的梁段，如在均布荷载作用下的简支梁或连续梁的跨中部分，ξ_2 适用于负弯矩图可近似地取为三角形的梁段，如连续梁的支座部分或悬臂梁的悬臂部分。

表 3-4-1　面板的有效宽度系数 ξ_1 和 ξ_2

$\frac{l_0}{b}$	0.5	1.0	1.5	2.0	2.5	3	4	5	6	8	10	20
ξ_1	0.20	0.40	0.58	0.70	0.78	0.84	0.90	0.94	0.95	0.97	0.98	1.00
ξ_2	0.16	0.30	0.42	0.51	0.58	0.64	0.71	0.77	0.79	0.83	0.86	0.92

注：l_0 为主（次）梁弯矩零点之间的距离，对于简支梁 $l_0 = l$（l 为主（次）梁的跨度）；对于连续梁的边跨和中间跨的正弯矩段，可近似地分别取 $l_0 = 0.8l$ 和 $l_0 = 0.6l$；对于连续梁的负弯矩段可近似地取 $l_0 = 0.4l$。

三、主梁设计计算

（一）主梁的形式

主梁是平面闸门中的主要受力构件，根据闸门的跨度和水头大小，主梁的形式有轧成梁、组合梁和桁架。轧成梁用于小跨度低水头的闸门。对于中等跨度的闸门常采用组合梁，为缩小门槽宽度和节约钢材，常采用变高度的主梁（见图 3-4-8）。对于大跨度的露顶闸门，主梁可采用桁架形式（见图 3-4-9）。桁架节间应取偶数，以便闸门所有杆件都对称于跨中，并便于布置主桁架之间的联结系。

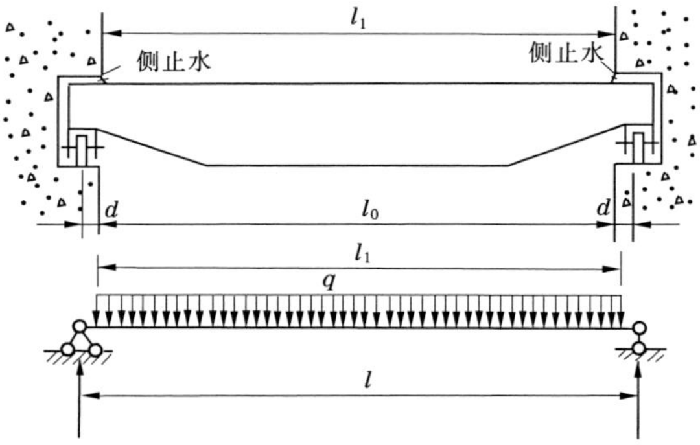

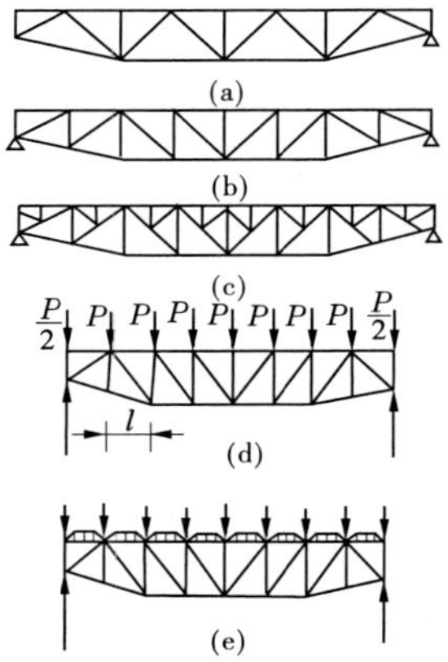

图 3-4-8　侧止水布置在闸门上游面时主梁的计算简图　图 3-4-9　平面闸门主桁架型式及其计算简图

为了避免弦杆承受节间集中荷载，宜使竖直次梁的间距与桁架节间尺寸相一致，一般为 1～2m。桁架的高度一般为桁架跨度的$\frac{1}{8}$～$\frac{1}{5}$。

（二）主梁的荷载

主梁除承受竖直次梁传来的集中荷载外，还承受面板直接传来的分布荷载。然而，为了简化计算，可近似地将作用在主梁上的荷载换算为均布荷载。当主梁按等荷载的原则布置时，只须把闸门在跨度方向单位长度上的总水压力 p 除以主梁的根数 n，即得每根主梁单位长度上的荷载 $q = p/n$。如果主梁不是按等荷载布置，各主梁所受的荷载可按杠杆原理分配确定，最后按承受荷载最大的主梁进行设计。

主梁的计算简图如图 3-4-10 所示。其计算跨度 l 为闸门行走支承中心线之间的距离，即

$$l = l_0 + 2d$$

式中　l_0——闸门孔口宽度；

d——行走支承中心线到闸墩侧壁的距离，根据跨度和水头的大小，一般取 $d = 0.15 \sim 0.4\text{m}$。

主梁的荷载跨度等于两侧止水之间的距离。

当侧止水布置在下游边而面板设在上游边时，还应考虑闸门侧向水压力对主梁引起的轴向压力。其计算简图如图 3-4-10 所示。应按压弯构件设计。

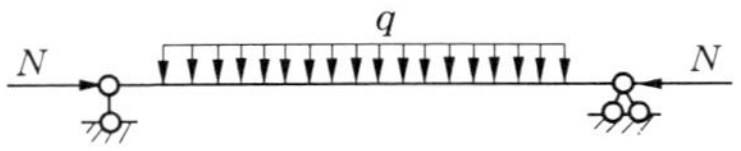

图 3-4-10　闸门受侧向水压力时主梁的计算简图

当主梁为桁架时，应将图 3-4-8 所示的均布荷载，化算为节点荷载，若桁架的节间长度为 l，则节点荷载 $p = ql$（见图 3-3-9（d）），然后即可计算杆件内力并进行截面选择，但是对于直接与面板相连的上弦杆，在选择截面时，还必须考虑面板传来的水压力对上弦杆引起的局部弯曲（见图 3-3-9（e））。

（三）主梁设计特点

（1）部分面板可以兼作主梁的上翼缘。面板可被利用的有效宽度与水平次梁中的规定基本相同。只是式（3-4-8）中的 b 应取为每根主梁承受截面的宽度。例如，多主梁式闸门为主梁的平均间距。

（2）主梁的下翼缘（或主桁架的下弦）同时兼作纵向联结系的杆件将承受闸门的部分自重，故当设计主梁或主桁架时，可将容许应力降低为 $0.9[\sigma]$ 来进行设计。待纵向连接系的杆件内力算出以后，再将分别由水压力与门重产生的两种应力叠加而后按 $[\sigma]$ 来验算强度。

（3）为防止主梁挠度过大影响闸门的正常使用，应进行主梁的挠度计算，使不超过最大相对挠度限值。

对露顶式工作闸门、事故闸门：

$$\left[\frac{f}{l}\right] = \frac{1}{600}$$

对潜孔式工作闸门、事故闸门：

$$\left[\frac{f}{l}\right] = \frac{1}{750}$$

对检修闸门和拦污栅：

$$\left[\frac{f}{l}\right] = \frac{1}{500}$$

式中　f——挠度，cm；

l——计算跨度，cm。

（4）为保证主梁腹板局部稳定而设置的横向加劲肋，其间距应与横向联结系相结合。当横向联结系采用实腹隔板时，则隔板可代替横向加劲肋。

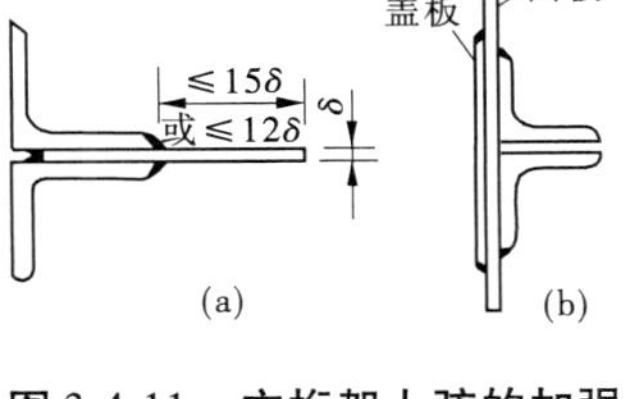

图 3-4-11　主桁架上弦的加强图

(5)由于主梁与面板焊牢,所以主梁的整体稳定性得到了保证,设计时不必对此验算。

(6)对于主桁架的受压上弦杆,由于承受面板直接传来的水压力而引起局部弯曲,则上弦杆的截面可以采用在两个角钢之间放置钢板的办法来进行加强,加强钢板伸出角钢肢以外的宽度对 Q235 不得超过 15 倍的板厚(见图 3-4-11(a));对 Q345 不得超过 12 倍的板厚。对于大跨度的主桁架,为了节约钢材,可以采用变截面的弦杆,在内力较大的跨中部分,可采用焊在面板外侧的辅助盖板来增加跨中部分的弦杆截面(见图(3-4-11(b))。

四、边梁设计

边梁是设在闸门两侧的竖直构件,主要用来支承主梁和边跨的顶、底梁、水平次梁以及纵向联结系,并在边梁上设置行走支承(滚轮或滑道)和吊耳。从图 3-4-12 可见,作用在边梁上的外力有:梁系传来的水平水压力 p_1、p_2、p_3、p_4、p_5、p_6、p_7、p_8 和行走支承的反力 R_1、R_2,在竖直方向有闸门自重 $G/2$、启闭闸门时行走支承和止水与埋固构件之间的摩阻力 $T_{zd}/2$ 和 $T_{zs}/2$,门底过水时的下吸力 p_x,有时还有门顶水柱压力 W_s 以及作用在边梁顶端吊耳上的启门力 $T/2$ 等。由此可见,边梁是平面闸门中重要的受力构件。其截面尺寸一般是按构造要求确定。截面高度应与主梁端部高度相等,腹板厚度宜等于主梁端部腹板厚度,翼缘厚度则应大于腹板厚度,可用面板兼作上翼缘,也可另设单独的翼缘板。单腹式边梁的翼缘宽度不宜小于 300mm,以便于安装行走支承。双腹式边梁的两个下翼缘通常用宽度为 100 ~ 200mm 的扁钢做成,为便于在两块腹板之间焊接,其间距不应小于 300 ~ 400mm。

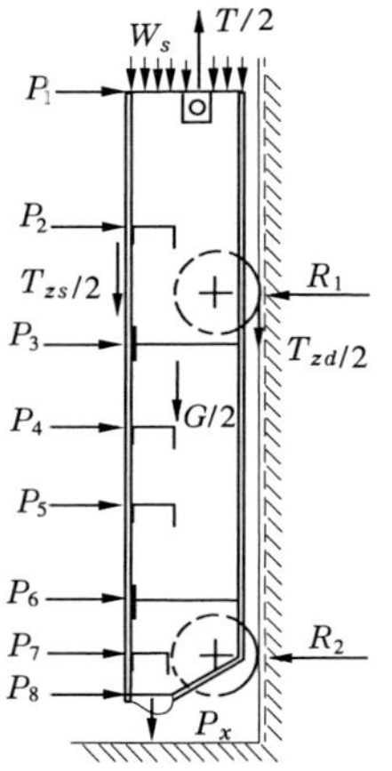

图 3-4-12　平面闸门边梁荷载图

计算边梁时可按图 3-4-12 绘出弯矩、剪力和轴力图,在弯矩图内应包括各轴向荷载因偏心作用而在边梁中引起的偏心弯矩。当闸门处于开启过程时,应按拉弯构件校核截面的强度,当闸门关闭时,应按压弯构件校核截面的强度。边梁需要验算的危险截面一般是上、下轮轴支承处或与主梁连接处。如果边梁的翼缘或腹板直接承受水压,还应验算由于板的局部弯应力和上述的边梁所引起的应力按折算应力校核。

第五节　闸门表面防腐蚀和防冰冻

一、表面防腐蚀

闸门表面防腐蚀有不同的方式(如阴极保护、表面涂装涂料和喷涂金属等),本节叙述在水利水电工程中应用最为普遍的方法——表面涂装涂料及喷涂金属。

(一)表面预处理

表面预处理是取得良好防腐蚀效果的前提,主要的工作是将待涂装涂料或喷涂金属的表面铁锈、氧化皮、油污、焊渣、灰尘、水分等污物清除干净。其方法是采用喷射或抛射防锈,所用磨料表面应清洁干净。喷射用的压缩空气应经过滤,除去油、水。预处理后的金属表面等级应符合《涂料前钢材表面锈蚀等级和除锈等级》(GB8923)中规定的 $Sa2\frac{1}{2}$ 级;除锈后的表面粗糙度数值应达到 40~70μm,除锈后应用干燥的压缩空气吹净。涂装涂层前,若发现钢材表面出现污染或返锈,应重新处理到原除锈等级。

(二)表面涂装

涂料一般分底漆和面漆两种,底漆的功能是防锈,一般说面漆的主要功能为美观。

涂料只有在发挥涂膜的性能以后才有效,而涂膜的性能是否良好,除做好表面清理工作外,选择合适的涂料规格是基础,执行严谨的施工工艺为保证。

涂装的涂料应符合图纸规定,涂装层数、每层厚度、逐层涂装间隔时间、涂料配制方法和涂装注意事项,应按设计文件或涂料生产厂家说明书规定执行。

涂装底漆应在钢材表面清理后尽快进行,在潮湿的天气应在 4h 内涂装完毕,在晴天和较好的天气条件下,最长也不超过 12h。

如若闸门在车间拼装不立即进行焊接,则应在拼装焊缝两侧各 50mm 范围内,涂装焊接时不会对焊缝质量产生不良影响的底漆,以免坡口生锈。待拼装焊缝焊接后,对焊缝区进行二次防锈,用人工涂刷或小型高压喷漆机喷涂涂料达到规定厚度。

闸门出厂前应涂底漆,面漆宜在安装后完成,故在安装焊缝两侧 100~200mm 范围内应留待安装后涂装,如采用金属喷涂,则除安装焊缝两侧外,宜全部在出厂前完成。

在下述施工条件下不得进行涂装作业:①空气相对湿度超过 85%;②施工现场环境温度低于 10℃;③钢材表面温度未高于大气露点 3℃以上。大气露点计算表见表 3-5-1。

表 3-5-1　大气露点计算表

相对湿度(%)	环境温度(℃)									
	-5	0	5	10	15	20	25	30	35	40
95	-6.5	-1.3	3.5	8.2	13.3	18.3	23.2	28.0	33.0	38.2
85	-7.2	-2.0	2.6	7.3	12.5	17.4	22.0	27.0	32.0	37.1
80	-7.7	-2.8	1.9	6.5	11.5	16.5	21.0	25.9	31.0	36.2
75	-8.4	-3.6	0.9	5.6	10.4	15.4	19.9	24.7	29.6	35.0
70	-9.2	-4.5	-0.2	4.59	9.1	14.2	18.5	23.3	28.1	33.5
65	-10.0	-5.4	-1.0	3.3	8.0	13.0	17.4	22.0	26.8	32.0
60	-10.8	-6	-2.1	2.3	6.7	11.9	16.2	30.6	25.3	30.5
55	-11.5	-7.4	-3.2	1.0	5.6	10.4	14.8	19.1	23.0	28.0
50	-12.8	-8.4	-4.4	-0.3	4.1	8.6	13.3	17.5	22.2	27.1
45	-14.3	-9.6	-5.7	-1.5	2.6	7.0	11.7	16.0	20.2	25.2
40	-15.9	-10.3	-7.3	-3.1	0.9	5.4	9.5	14.0	18.2	23.0
35	-17.5	-12.1	-8.6	-4.7	-0.8	3.4	7.4	12.0	16.1	20.6
30	-19.9	-14.3	-10.2	-6.9	-2.9	1.3	5.2	9.2	13.7	18.0

(三)涂料涂层质量检查

(1)在每层漆膜涂装前应对上一层涂层外观进行检查,如有漏涂、流挂、皱皮等缺陷应进行处理，并用湿膜测厚仪测定涂层厚度。

（2）涂装完成后，检测涂层内部质量应符合以下规定：

①用测厚仪测定漆膜厚度，测点距离为 1.0m 左右，85% 以上测点厚度应符合设计要求，漆膜最小厚度不低于设计厚度的 85% 。

②用针孔检测仪按设计规定电压值检测漆膜针孔，可在闸门主梁与纵隔板围成的各区域中根据闸门重要程度抽查其中的 10% ~20% 。在一个区域中应取不少于 5 个检测点，每处测试的检查探测距离保持在 300mm 左右。在检测区域中，如只有 20% 以下发现针孔，该区域全部合格，并将所发现的针孔，用砂纸砂轮机打磨补涂。

③对漆膜附着力检查，用专用割刀在漆膜表面以等距离（1 ~2mm）划出相互垂直的两组平行线，构成一组方格，划格时，必须切透漆膜触及基本金属，检查漆膜附着力并分组，达到前三级为合格漆膜。漆膜附着力等级区分如表 3-5-2 所示。

表 3-5-2　漆膜附着力等级区分表

分级	说明
0	切割的边缘完全是平滑的，没有一个方格脱落
1	在切割交叉处涂层有少许薄片分离，划格区受影响明显地不大于 5%
2	涂层沿切割边缘或切口交叉处脱落明显大于 5% ，但受影响明显不大于 15%
3	涂层沿切割边缘，部分和全部以大碎片脱落或者在格子的不同部位上部分和全部剥落明显大于 15% ，但划格区受影响明显不大于 35%
4	涂层沿着切割边缘大碎片剥落或者一些方格部分或全部出现脱落，明显大于 35% ，但划格区受影响明显不大于 65%
5	甚至按第四类也识别不出其剥落程度

（四）金属喷涂

金属喷涂就是在经过清理的钢材表面喷涂锌或铝，喷涂用的锌丝的纯度宜采用 99.99% ，但不低于 99.95% 。铝丝的纯度不得低于 99.5% 。喷涂厚度，喷锌层宜为 120 ~250μm，喷铝层宜为 120 ~150μm。

钢材表面清理后应尽快进行喷涂，一般应在 2h 内喷涂，如在晴天和较好的大气条件下，最长不应超过 8h，喷涂的施工条件与上述的涂料的施工条件相同。

喷涂应力求均匀，一般不少于二次喷完，喷束应垂直交叉覆盖。

当涂层经检查合格后，应及时用图样规定的涂料进行封闭，涂装前将涂层表面灰尘清理干净，涂装宜在涂层尚有余温时进行。

（五）金属涂层质量检查

金属涂层表面应均匀无杂物、起皮、鼓泡、孔洞、凹凸不平、粗颗粒、掉块及裂纹等缺陷，遇有少量夹杂，可用小刀剔刮，如缺陷面积较大，应铲除重喷。金属喷涂层的厚度测量，采用磁性测厚仪测定磁性基体上无磁性涂层厚度的方法。

金属涂层的厚度测定和结合性能检查方法应按《热喷涂铝及铝合金涂层》（GB9795—88）和《热喷涂锌及锌合金涂层》（GB9793—88）执行。

二、闸门防冰冻

（一）闸门的防冰

闸门防冰的目的是不使闸门承受附近水域形成的冰层静压力。为此一个有效的办法是在靠近闸门水域保持一个不冻带，其具体办法是利用压缩空气或潜水泵将水下一定水深的水不断地推向表层这样不断地上下翻腾，因深层水的水温较高，同时又不断地扰动表层水面从而使表层水不能成冰。对于冰冻较浅的地区尚有一些因地制宜的办法。

（二）闸门的防冻

对于在冰冻期需要操作运行的闸门，除了上述的防冰措施，并使其止水严密之外，尚应对闸门与门槽相接处采取保温加热措施，使其不致冻结而使闸门难以启闭，加热的办法可以把埋件做成有内腔的，在内腔设电流加热元件或者往内腔通循环热油等方式，使埋件止水面不冻结。

第六节　启闭机

一、启闭机的类型

水利水电工程中所使用的各类型启闭机，按其传动形式分为机械传动和液压传动。机械传动启闭机包括固定卷扬式启闭机、螺杆式启闭机、单向门式和双向门式启闭机、台车式和桥式启闭机；而液压传动启闭机至今在国内尚限于固定启闭机。液压启闭机分为柱塞式和活塞式，活塞式又有单作用和双作用之分。

二、启闭机的基本参数

（1）启闭力（kN）。指启门和闭门时可能产生的持住力或下压力。

（2）扬程（m）。启闭机扬程可根据运行条件决定，并应满足：①泄流闸门可提出水面以上1～2m；②快速闸门可提到孔口以上0.5～1.0m；③闸门检修更换可提到检修平台以上0.5～1.0m。

（3）启闭速度（m/min）。一般是指闸门工作扬程启闭速度的平均值，除快速下降闸门启闭机外，一般卷扬式启闭机的启门速度和闭门速度视为相同。

（4）移动速度（m/min）。一般指移动式启闭机大车、小车的走行速度，对带回转吊的门机有回转吊的旋转速度和变幅速度。

（5）跨度（m）。双轨移动式启闭机两轨道中心线之间的距离（也有称轨距）。

（6）吊点距（m）。双吊点闸门两个吊点中心线之间的距离。

三、工作级别

启闭机的工作级别是指主起升机构的工作级别，按机械的设计寿命和荷载状态划分为 4 级(见表 3-6-1),启闭机工作级别的举例见表 3-6-2。

表 3-6-1　机构工作级别

工作级别	总设计寿命(h)	荷载状态
Q_1—轻	800	不经常使用且很少启闭额定荷载
Q_2—轻	1 600	
Q_3—中	3 200	有时启闭额定荷载,一般启闭中等荷载
Q_4—重	6 300	经常启闭额定荷载

表 3-6-2　启闭机工作级别举例

启闭机型式			工作级别
卷扬式启闭机	启闭检修闸门		Q_1—轻
	启闭事故闸门	扬程 <40m	Q_1—轻 ~ Q_2—轻
		扬程≥40m	Q_2—轻 ~ Q_3—中
	启闭工作闸门	扬程 <40m	Q_2—轻 ~ Q_3—中
		扬程≥40m	Q_3—中 ~ Q_4—重
螺杆式启闭机	启闭事故闸门		Q_1—轻 ~ Q_2—轻
	启闭工作闸门		Q_2—轻
液压启闭机	启闭事故闸门		Q_1—轻 ~ Q_2—轻
	启闭工作闸门		Q_2—轻 ~ Q_3—中
链式启闭机	启闭工作闸门		Q_2—轻 ~ Q_3—中
移动式启闭机	扬程 <40m		Q_1—轻 ~ Q_3—中
	扬程≥40m		Q_2—轻 ~ Q_4—重

四、安全保护装置

为了保证启闭机可靠安全的运行及人员安全工作,各种类型的启闭机应装设相应制动装置、荷载限制器、行程限制器、缓冲器、夹轨器及锚定装置、风速仪及电气保护装置等安全设施。

五、荷载

不同型式的启闭机,其荷载组合是不同的,下列各项荷载的不同组合可适用于不同型式的启闭机设计。

(一)自重荷载

自重荷载是指启闭机的结构、机械设备、电气设备和压重等的重力。

（二）启闭荷载

启闭荷载是指升降闸门时，作用到启闭机与闸门（或吊杆、自动挂脱梁）连接的吊耳上的最大启门力、最大持住力或最大下压力。

（三）走行荷载

走行荷载是指移动式启闭机移动时携带的除自重荷载以外的垂直荷载，如携带的闸门自重或其他物件的重量。

（四）水平荷载

1. 走行惯性力

走行惯性力是由启闭机质量或小车质量和走行时的携带质量（走行荷载）在走行机构启动或制动时产生的惯性力，其值为考虑启闭机或小车驱动力突加或突变时结构的动力效应，取其质量和走行加速度乘积的1.5倍，但不大于主动车轮与钢轨间的粘着力。加（减）速度见《水利水电工程启闭机设计规范》（SL41—93，DL/T5167—2002）附录B。

2. 回转吊作回转运动时的水平力

回转吊的回转机构运行时，起升质量产生的水平力（包括风力、起制动时产生的惯性力和回转运动时的离心力）按吊重绳索对于铅垂线的偏角所引起的水平分力计算。

3. 启闭机偏斜走行时的水平侧向力

门式、桥式、台车式启闭机偏斜走行时的水平侧向力见《水利水电工程启闭机设计规范》（SL41—93，DL/T5167—2002）附录C。

（五）碰撞荷载

（1）移动式启闭机作用在缓冲器上的碰撞荷载，按碰撞限位开关减速后的实际碰撞速度所引起的实际动能计算，但碰撞速度不小于50%的额定走行速度。

对于缓冲器的固定连接和缓冲器的止挡件，应按额定走行速度碰撞的条件进行计算。

（2）计算碰撞荷载时，对于吊重能自由摆动的启闭机，则不考虑吊重所具有的动能。对于装有吊架以限制吊重摆动的启闭机，要将吊重考虑在内。

（六）风荷载

室外工作的移动式启闭机应考虑风荷载。风荷载分为工作状态风荷载和非工作状态风荷载。工作状态风荷载是启闭机在正常工作时所能承受的最大计算风力。非工作状态风荷载是启闭机在非工作时所受的最大计算风力。

（七）温度荷载

温度荷载一般不考虑。

（八）安装荷载

设计启闭机时，必须考虑启闭机在安装过程中产生的荷载。室外作业的启闭机安装时风压按100N/m^2取值。

（九）雪荷载

雪荷载在多雪地区才予考虑，其值应根据当地资料选取。

（十）坡度荷载

在轨道上移动的启闭机，由安装引起的坡度不超过0.3%时可不计算坡度荷载，否则按实际坡度计算坡度荷载。

（十一）地震荷载

当启闭机工作地区的地震基本烈度大于或等于7时，应考虑地震水平荷载。

（十二）试验荷载

启闭机投入使用前，应进行动载试验和静载试验。试验现场应坚实、平整，风速一般不超过8.3m/s，动载试验取额定荷载的110%，静载试验取额定荷载的125%，并作用于启闭机最不利的位置。如有特殊要求，则可另行考虑。

对于大型移动式启闭机允许采用液压测力计进行试验。试验必须制定试验规程，根据试验规程要求的加载次序、方法进行试验。

六、结构

启闭机的钢结构采用许用应力方法计算。其结构应进行强度、稳定和刚度计算，并满足其规定的要求。计算时一般不考虑材料的塑性影响，也不进行疲劳强度计算。

结构按两类荷载情况进行计算。第Ⅰ类荷载按工作时的最大荷载进行强度、刚度和稳定性计算；第Ⅱ类荷载按非工作时的最大荷载或工作时的特殊荷载进行强度和稳定性的验算。

七、选型设计原则和要求

（1）泄水系统工作闸门的启闭机一般选用固定式启闭机和一门一机布置，但若闸门操作运行方式和启闭时间允许，也可选用移动式启闭机。

（2）多孔泄洪系统的事故闸门和检修闸门的启闭机，一般选用移动式启闭机。

（3）施工导流封孔闸门的启闭机，其启闭力应考虑在一定水位下有启门的可能，同时应有准确的指示装置，以显示闸门是否到达底槛。

（4）挡潮闸、水闸工作闸门的启闭机，一般采用一门一机以便迅速启闭闸门。

（5）电站机组进水口和泵站出口快速闸门的启闭机选型，应根据工程布置、闸门的启闭荷载等进行全面的技术经济比较，选用卷扬式或液压式快速闸门启闭机。

（6）当多机组电站进水口设有检修闸门时，一般选用移动式启闭机，并尽量与溢洪、泄水系统检修闸门的启闭机协调共用。

（7）电站机组多孔尾水管检修闸门的启闭机，一般采用移动式启闭机。

（8）启闭机除满足启闭闸门的最大工作扬程要求外，还应留有适当的裕度。对启闭潜孔弧门的启闭机，其最大工作扬程应满足更换侧、顶止水的需要。

（9）启闭机应安装在最高水位以上，防止启闭机被淹，并应便于闸门、门槽及启闭机部件等正常检修。

（10）对用于操作泄洪及其他应急闸门的启闭机，必须设置可靠的备用电源。

（11）快速闸门启闭机应能在2min内关闭孔口并应设有减速装置，使闸门接近底槛时的下降速度不大于5m/min。

（12）有小开度充水要求的闸门，启闭机应设有能满足小开度精度的行程开关或其他措施。

（13）液压启闭机液压系统管路内油液的流速可为：吸油管 $v=0.6\sim1.2$m/s，压力油

管 $v=2.5\sim5m/s$，回油管 $v=1.5\sim2.5m/s$，短管道及局部收缩处 $v=5\sim7m/s$。

（14）液压启闭机的液压缸在闸门启开位置工况下，24h 内闸门因启闭机液压系统漏油而产生的沉降量不应大于 200mm。

（15）启闭机的荷载限制器。当启闭荷载超过额定荷载的 10% 时就应发出超载报警信号并切断电源。

八、启闭机荷载试验

（1）移动式启闭机应做静荷载试验及动荷载试验，静荷载试验的荷载应为 1.25 倍的额定荷载；动荷载试验的荷载应为 1.1 倍的额定荷载。

（2）液压启闭机的压力试验，对液压管路和液压缸分别进行。对管路系统的试验压力为 1.5 倍最高工作压力；对液压缸则分两种情况：①当液压缸最大工作压力 $P\leqslant16MPa$ 时，取 $1.5P$；②当液压缸最大工作压力 $P>16MPa$ 时，取 $1.25P$。

压力试验的保压时间为 2min 以上。

第七节　金属结构制造、安装及试验

水工金属结构的制造执行生产许可证制度，它与电力铁塔、桥梁支座、铁路工业产品、危险化学品及其包装物、容器等影响生产安全、公共安全的产品，同属实行生产许可证管理六大类产品中第五类。因此，承接制造水工金属结构设备的企业必须具有相应资质的许可证。

因为闸门是焊接成形的钢结构产品，所以它的制造过程实质上是焊接的生产过程。所以，本文主要叙述与闸门焊接过程有关的主要技术要求。

一、闸门制造

（一）闸门制造前应具备的资料和器具

设备设计图样和技术文件，设计图样包括总图、装配图及零件图；主要钢材、焊材及防腐材料质量证书；标准件和非标准协作件质量证书。

闸门制造必须按设备设计图样和有关技术文件进行，如有修改应有设计修改通知书。

闸门使用的钢材必须符合图样规定，其性能合格并应具有出厂质量证书。否则，经复验合格方可使用。

焊接材料（如焊条、焊丝、焊剂）必须具有出厂质量证书。焊条的化学成分、机械性能和扩散氢含量等各项指标以及焊丝、焊剂等都应该符合各自相应的标准规定，并应严格按规定妥善保管。

应具备所需要的测量工具和仪器，其精度必须达到精度为万分之一的钢卷尺、J_2 型经纬仪、S_3 型水准仪，并定期由法定计量部门予以检定。

（二）焊接

1. 焊缝分类

分布在闸门结构各部位的焊缝，按其重要性分为三类。

一类焊缝:闸门主梁、边梁、支臂的腹板及翼缘板的对接焊缝;闸门吊耳板、吊杆的对接焊缝;闸门主梁与边梁腹板连接的角焊缝及翼缘板连接的对接焊缝;转向吊杆的组合焊缝及角焊缝;拦污栅吊耳板和吊杆的对接焊缝。

二类焊缝:闸门面板的对接焊缝;拦污栅主梁的腹板、翼缘板对接焊缝;闸门主梁、边梁、支臂的翼缘板与腹板的组合焊缝和角焊缝;闸门吊耳板与门叶的组合焊缝及角焊缝;主梁、边梁与门叶面板的组合焊缝和角焊缝;支臂与连接板的组合焊缝和角焊缝。

三类焊缝:不属于一、二类焊缝的其他焊缝均为三类焊缝(设计有特殊要求者例外)。

由施焊单位根据结构特点及其质量要求编制焊接工艺规程。对本单位尚未验证过的一、二类焊缝的焊接工艺应进行焊接工艺评定。

2. 焊工资格

从事闸门一、二类焊缝焊接的焊工必须持有有效期内的劳动人事部门签发的锅炉、压力容器焊工考试合格证书或者通过电力工业部、水利部签发的水工钢结构焊工考试合格证书,且焊工焊接的钢材种类、焊接方法和焊接位置等均应与焊工本人考试合格的项目相符。

3. 焊接的基本规定

焊接各类焊缝所选用的焊条、焊丝、焊剂应与所施焊的钢种相匹配,选用时可照表3-7-1。异种钢材焊接时,焊接材料按强度低的钢材选用,或按图纸规定,焊接工艺按强度高的钢材选用。为防止产生裂纹,闸门的一、二类焊缝预热温度可由斜Y形坡口焊接裂纹试验确定或按有关规定进行。对厚度大于36mm的低合金钢,宜采取后热消氢处理。后热应在焊后立即进行,后热温度为250~350℃,保温时间不少于1h,若焊后立即进行消除应力热处理者可不作后热消氢处理。为减少焊接变形和焊接应力,根据结构的特点和坡口型式,选择合理的焊接顺序及采用分段退步和多层多道焊或采取预留反变形等措施。对于封闭焊缝,焊接时可配合锤击消除应力。要求焊透的焊缝,双面焊接时,单侧焊接后应用碳弧气刨或砂轮进行背缝清根,并将清根侧的定位焊全部清除。如用碳弧气刨清根,清根后应用砂轮修整,并认真检查有无缺陷。对需要预热焊接的焊缝,清根前应预热。

(三)焊缝检验

所有焊缝均应进行外观检查,外观质量应符合表3-7-2的规定。无损检测人员必须持有国家有关部门签发的,并与其工作相适应的资格证书。评定焊缝质量应由Ⅱ级或Ⅱ级以上的检测人员担任。焊缝内部缺陷探伤可在射线或超声波探伤中任选一种,表面裂纹检查可选用渗透或磁粉探伤。焊缝无损探伤长度占全长的百分比应不少于表3-7-2的规定。但如图样、设计文件另有规定,则按图样、设计文件规定执行。当焊缝局部无损探伤发现有不允许的缺陷时,应在其延伸方向或可疑部位作补充检查,若补充检查不合格,则应对该条焊缝进行全部检查。焊缝的射线探伤按《钢熔化焊对接接头射线照相和质量分级》(GB3323)标准评定,检验标准为AB级,一类焊缝不低于Ⅱ级合格,二类焊缝不低于Ⅲ级合格。超声波探伤按《钢焊缝手工超声波探伤方法和探伤结果的分级》(GB11345)标准评定,检验等级可选作B级,一类焊缝BⅠ级合格,二类焊缝BⅡ级为合格。对有延迟裂纹倾向的钢材无损探伤应在焊接完成24h以后进行。单面焊且无垫板的对接焊缝,根部未焊透深度不应大于板厚的20%,且最大不超过3mm。板材的组合焊缝,如图样上无特殊要求,腹板与翼缘板的允许未焊透深度不应大于板厚的25%,且最大不超过4mm。

表 3-7-1 焊条、焊丝、焊剂与所施焊的钢种的匹配

钢种	牌号	手工焊		埋弧焊			气体保护焊	
		焊条牌号	符合国际型号	焊丝牌号	焊剂		焊丝牌号	保护气体种类
					牌号	符合国际型号		
碳素钢	Q235	J422 J426 J427	E4303 E4316 E4315	H08A	HJ431	HJ401	H08Mn2SiA	CO_2
低合金钢	Q345 16Mnq	J506 J507 J507H	E5016 E5015 E5015	H08MnA H10MnSi H10Mn2	HJ431 HJ431 HJ350	HJ401 HJ401 HJ402	H08Mn2SiA	CO_2
	15MnV 15MnTi	J506 J507 J507H J556 J557	E5016 E5015 E5015 E5516 - G E5515 - G	H08MnA H10MnSi H10Mn2	HJ431 HJ431 HJ350	HJ401 HJ401 HJ402	H08Mn2SiA	CO_2
不锈钢	0Cr18Ni9Ti 1Cr18Ni9Ti	A132 A137	E0-19-10Nb-16 E0-19-10Nb-15	H0Cr20Ni10Ti	HJ260		H0Cr20Ni10Ti H0Cr19Ni9Ti	Ar Ar

注：奥氏体不锈钢与碳素钢或低合金钢的异种钢接头可选用 A302、A307 焊条。

表 3-7-2 焊缝外观质量标准 （单位：mm）

序号	项目		焊缝类别		
			一	二	三
			允许缺陷尺寸		
1	裂纹		不允许		
2	表面夹渣		不允许		深≤0.1δ，长 0.3δ，且 <15
3	咬边		深不超过 0.5，连续长度不超过 100，两侧咬边累计长度不大于该焊缝的 10%		≤1
4	表面气孔		不允许	1.0 直径气孔在每米范围内允许 3 个，间距≥20	1.5 直径气孔在每米范围内允许 5 个，间距≥20
5	焊缝余高 Δh	手工焊	$12<\delta<25 \quad \Delta h=0\sim2.5$ $25<\delta\leqslant50 \quad \Delta h=0\sim3$		$0\sim3$ $0\sim4$
		埋弧焊	$0\sim4$		$0\sim5$
6	对接接头焊缝宽度	手工焊	盖过每边坡口宽度 2 ~4，且平缓过渡		
		埋弧焊	盖过每边坡口宽度 2 ~7，且平缓过渡		
7	角焊缝厚度不足（按设计焊缝厚度计）		不允许	≤0.3 +0.05δ，且≤1。每 100 焊缝长度内缺陷总长度≤25	≤0.3 +0.05δ，且≤2。每 100 焊缝长度内缺陷总长度≤25
8	角焊缝焊脚 K	手工焊	$K<12^{+3}, K>12^{+4}$		
		埋弧焊	$K<12^{+4}, K>12^{+5}$		

表 3-7-3　焊缝无损探伤长度占全长的百分比(%)

钢种	板厚(mm)	射线探伤		超声波探伤	
		一类	二类	一类	二类
碳素钢	≥38	20	10	100	50
	<38	15	10	50	30
低合金钢	≥32	25	10	100	50
	<32	20	10	50	30
高强度钢	任意厚度	40	20	100	50

注:局部探伤部位应包括全部丁字缝及每个焊工所焊焊缝的一部分。

(四)焊后消除应力热处理

(1)当钢闸门及埋件结构厚度超过下列数值:碳素结构钢42mm、低合金结构钢36mm时,可按图样或设计文件规定进行消除应力热处理。

(2)焊件宜作整体消除应力热处理,由于条件限制,允许分段或局部热处理,但局部热处理的加热宽度,在焊缝中心两侧应不小于3倍板厚。

(3)消除应力热处理的温度应按图样规定或经焊接工艺评定确定,也可按不同钢种参照下列规定执行:碳素钢与低合金钢为580~620℃,高强钢为550~580℃。

(4)焊件在炉内整体热处理的加热速度、恒温时间及冷却速度应符合下列要求:①焊件入炉时,炉内温度应低于300℃。②加热速度,升温至300℃后,加热速度不应超过$220\times\frac{25}{\delta_{max}}$℃/h,且小于等于220℃/h,式中$\delta_{max}$为最大板厚(mm)。③恒温时间,保温时间可按2~2.5min/mm,且不小于30min/mm,保温时各部温差不得超过50℃。④冷却速度,恒温后的冷却速度不应超过$260\times\frac{25}{\delta_{max}}$℃/h,且小于等于260℃/h,式中$\delta_{max}$为最大板厚(mm)。⑤炉温降至300℃以下焊件才能出炉空冷。

(5)整体或局部热处理后,应提供热处理曲线及消除应力的效果及硬度测定记录。

二、闸门试验

闸门和埋件分别制造和安装完成并经检测合格后方可以进行试验。

(1)闸门应在无水情况下做全行程启闭试验。试验前应检查自动挂脱梁是否灵活可靠;充水阀在行程范围内的升降是否自如,在最低位置时止水是否严密;同时还须清除门叶上和门槽内所有杂物并检查吊杆的连接情况。启闭时,应在止水橡皮处浇水润滑。有条件时,工作闸门应做动水启闭试验。

(2)闸门启闭过程中应检查滚轮、支铰等转动部位运行情况,闸门升降或旋转过程中有无卡阻,启闭机左右两侧是否同步,止水橡皮有无损伤。

(3)闸门处于全关工作部位后,应用灯光或其他方法检查止水橡皮的压缩程度,不应有透亮或有间隙。如闸门为上游止水,则应在支承装置和轨道接触后检查。

(4)闸门在承受设计水头的压力时,通过任意1m长止水橡皮范围内漏水量不应超过0.1L/s。

第四章　碾压式土石坝设计

第一节　筑坝材料选择与填筑标准

土石坝是指由土、石料等当地材料建成的坝，是历史最为悠久的一种坝型。就地取材是土石坝的一个主要特点。坝址附近土石料的种类及其工程性质，料场的分布、储量、开采及运输条件等是进行土石坝设计的重要依据。近年来，由于筑坝技术的发展，对筑坝材料的要求已逐渐放宽。原则上讲，一般土石料都可选作碾压式土石坝的筑坝材料。对设计者的要求是选择合理的结构型式，将土石料在坝体的各部分进行适当的配置，以使所选择的坝型和所设计的坝体剖面经济合理、安全可靠且便于施工。

一、筑坝土石料选择应遵循的原则

（1）具有或经过加工处理后具有与其使用目的相适应的工程性质。如：防渗料具有足够的防渗性能；坝壳料具有较高的强度；反滤料、过渡料、下游坝壳水下部分土石料具有良好的排水性能等。

（2）石料的工程性质在长时期内保持稳定。如：在大气和水的长期作用下不致风化变质；在长期渗流作用下不致因可溶盐溶蚀形成集中渗水通道；在高水头作用下有足够的抗渗流稳定性；在地震等循环荷载作用下不会产生过大的孔隙水压力等。

（3）就地、就近取材，减少弃料，少占或不占农田，并优先考虑枢纽建筑物开挖料的利用。这对减少工程建设费用、节约投资起到非常重要的作用。

（4）便于开采、运输和压实。料场规划合理，运距适当，并有公路连接料场与工地，满足便于开采和运输的要求。对于土石料的压实性能，则应从以下几个方面考虑：防渗体土料的含水量接近最优含水量；无影响压实的超径材料；填土压实后有较高的承载力；有利于施工机械的正常运行等。

二、各种筑坝材料的选择标准及其填筑标准

（一）防渗体

1. 防渗土料的选择标准

（1）渗透系数：均质坝不大于 1×10^{-4}cm/s，心墙和斜墙不大于 1×10^{-5}cm/s。

（2）水溶盐含量（指易溶盐和中溶盐，按质量计）含量不大于 3%。

（3）有机质含量（按质量计）：均质坝不大于 5%，心墙和斜墙不大于 2%，超过此规定需进行论证。

（4）有较好的塑性和渗透稳定性。级配较好，在渗流作用下有较高的抗渗流变形能力；有一定塑性，产生裂缝后有较高的抗冲蚀能力。

(5)浸水与失水时体积变化小。胀缩土吸水膨胀、失水收缩比较剧烈,易出现滑坡、地裂、剥落等现象,应有限制地应用于低坝。红土天然含水量高,压实干容重低,但其强度较高,防渗性能好,压缩性不太大,可用来筑坝。不过,由于其黏粒含量过高,天然含水量常高出最优含水量很多,施工不便。对这样一些特殊类型的土,要加强研究,并采取适当的工程措施。

对以上原则应结合料场的实际情况进行综合考虑、比较和选择,因为土料的某些性质常常是互有矛盾的,如:在压实功能大体相近的条件下,土料黏粒含量愈高,防渗性能愈好,可塑性也好,但强度则愈低,压缩性愈大,施工困难增多。这就有一个权衡和优选问题。

2. 砾石土防渗体

砾石土或称砾石黏性土,是一种含有相当多粗砾土(粒径大于5mm),也含有一定数量淅沥土(粒径小于5mm)的混合料,最大粒径一般为75~150mm。其中粒径大于5mm的颗粒含量不宜超过50%,最大粒径不宜大于铺土厚度的2/3,0.075mm以下的颗粒含量不应小于15%,并且在填筑时不允许发生粗料集中架空的现象。实践证明,级配优良的砾石土,压实性好,抗剪强度高,压缩性低,便于施工,是一种优良的筑坝材料。

砾石土有以下特性:

(1)防渗性。一些天然状态下的砾石土是透水的,但经过压实后可以变成相对不透水的。当粗料含量控制在50%甚至60%以下时,粗粒间的孔隙可以被细料所充填,渗透性主要取决于细料的性质。所以,只要级配良好,粗料不架空,有适当的细料,渗透系数就可满足防渗体的要求。

从渗流稳定性方面看,砾石土不如塑性大的细粒土。但级配良好的砾石土抗冲蚀能力仍很强,可用做防渗料,一旦出现裂缝,粗料不易被冲动带走,对缝壁起稳定作用,可防止裂缝进一步扩大。另一方面,砾石土粒径范围广,即使被冲动,小颗粒也可堵塞大颗粒间的孔隙,逐步形成自然反滤,使裂缝“自愈”。

(2)可塑性、压缩性与抗剪强度。砾石土的变形模量高,可塑性差,抗拉能力低,适应坝体变形的能力差。但其压缩性低,沉降量小,抗剪强度高。砾石土的强度随其密度增大而增加,而密度的大小与压实功、压实机械有关,只是浸水饱和后强度即随之降低,其中细粒土的黏性愈大,含量愈多,则其降低亦愈显著。

(3)砾石土防渗料的设计与施工,应通过试验确定粗料含量的适宜比例,避免发生压实不够、粗料架空、坝体渗透性偏大的情况,以便获得良好的防渗性与压实性。

天然状态砾石土的级配、防渗性和含水量等常常难以满足设计要求,这时可采用堆成料堆人工混合的方法加以解决。砾石土压缩性低、沉降量小,对防止和控制裂缝有利;但其可塑性低,适应坝体变形能力较差,抗裂能力较低。根据应力分析结果,设计时要将坝体顶部靠近两岸的部位,坝体与陡岸岩质边坡连接的部位等容易产生拉应力的区域以及与基岩的接合面改用可塑性较大的细粒黏性土,并控制其含水量稍大于最优含水量,以利结合,同时更好地适应不均匀沉降。

3. 其他防渗土料

一般情况下,塑性指数大于20和液限大于40%的冲积黏土、膨胀土、开挖压实困难的干硬黏土、冻土、分散性黏土等不宜作为坝的防渗体填筑料，必须采用时，应根据其特性采用相应的措施。

(1)红土。红土分布于我国长江以南，是热带、亚热带湿热地区的岩石风化产物。红土因其生成条件不同和母岩的不同，彼此间的性质差异可能很大。

红土具有稳固的团粒结构，在压实过程中由于团粒牢固，其内部的孔隙不易改变，所以压实干容重低，一般在 $1.5g/cm^3$ 以下，但仍具有较高的强度、较低的压缩性和较小的渗透性，耐水性和抗冲刷能力也较好，故可用于填筑均质坝和分区坝的防渗体。只是其黏粒含量过高，天然含水量高于最优含水量很多，施工不便，往往需要经过翻晒或掺料的工序，增加工程造价。应用于高坝时需进行深入研究。

(2)黄土。黄土在我国分布较广，由于各地区黄土的堆积环境、地质和气候条件不同，其物理力学性质也有很大差异。有些黄土层中含有大量孔隙，一旦浸水，则土料之间的大量可溶性盐类被软化或溶解，使颗粒间原有的连接受到破坏，强度显著降低，主体突然发生明显变形，具有这种性质的黄土称为湿陷性黄土。

湿陷性黄土和黄土状土也可用于填筑均质坝和分区坝的防渗体，但应具有适当的填筑含水量与压实密度，使土料的原状结构得到破坏，防止浸水后的湿陷和软化。黄土一般不耐冲蚀，要注意选好反滤料。

(3)膨胀土。膨胀土是一种吸水膨胀、失水收缩均较剧烈的黏性土，土的这种性质对建筑物不利。使用膨胀土作防渗料时，应设置足够的盖重层，使其具有足够的约束应力，防止土体浸水后发生膨胀软化，引起分层或裂缝。必要时可在心墙顶部换用非膨胀土或人工掺合料。

(4)分散性黏土。这种土的特点是土粒间的斥力超过吸力，一旦与低盐浓度的水接触，土体表面的颗粒逐渐依次脱落成悬浮状态，如遇渗流水，土料即被带走。经处理改性后的分散性黏土仅可用于填筑3级低坝的防渗体，所选用的反滤料应经过试验验证。防渗体与坝基、岸坡接触处等易产生集中渗流的部位，以及易受雨水冲刷的坝表面不得采用分散性黏土填筑。

(二)坝壳料

坝壳料主要用来保持坝体的稳定，应具有比较高的强度。下游坝壳的水下部位以及上游坝壳的水位变动区内则要求具有良好的排水性能。砂、砾石、卵石、漂石、碎石等无黏性土料以及料场开采的石料和枢纽建筑物中开挖的石渣料，均可用做坝壳材料，但应根据其性质配置于坝壳的不同部位。均匀中细砂及粉砂等一般可用于中、低坝坝壳的干燥区，如应用于水下部位则应进行论证，并采取必要的工程措施，以避免发生不利的渗透变形和振动液化，且地震区不宜采用。

随着土石坝堆石体施工机械的改进，施工方法已由抛填改为薄层碾压，从而提高了碾压效率，降低了碾压费用；碾压后堆石表面平整，可以减少运输车辆轮胎的磨损；碾压的密实度高，碾压的堆石很少发生颗粒分离现象，沉降和扭曲变形都较小。为此，对堆石料的石质、尺寸、级配、细料含量等要求均大大放宽，并有可能采用风化岩、软岩等劣质石料修建高坝。

风化岩、软岩等劣质石料的特点是：母岩石质软，抗压强度低，石块小，细料多，但级配良好，碾压密实，孔隙率低，其工程性质基本能满足筑坝要求。风化岩、软岩堆石料虽细粒含量较多，但粒间接触点相应增多，压实后，其压缩性并不很大。有的坝软岩压实后的摩擦系数 φ 达到 37°～49°，与坚硬岩石相差无几，故用风化岩和软岩建成的堆石坝坡也可以做成陡坡。

风化岩、软岩筑坝时，应按压实后的级配研究确定材料的物理力学指标，并应考虑进水后抗剪强度的降低、压缩性增加等不利情况。一般应注意以下几个问题：

(1)应按石料质量分区使用，将坝壳由内向外分成几个区，质量差的、粒径小的石料放在内侧，质量好的、粒径大的石料放在外侧，这样可扩大材料的使用范围。

(2)设计时应在堆石料表面铺一层 1～1.5m 厚的新鲜岩石保护层，以防止内部继续风化。现场和实验室观测表明，堆石距表面的深度超过 0.5m 时，遭受风化的影响便很小。

(3)堆石中细料含量宜适当控制，以保持必要的透水性和压实密度，如细料含量较多难以自由排水，则应将其填筑在坝壳内要求较低的"任意料区"。

(4)"任意料区"一般布置在下游坝壳的干燥区或坝壳内侧靠近心墙附近。"任意料区"的周围应包一层排水过渡层。

(5)应防止细料过分集中，形成软弱面，影响坝体稳定和不均匀沉降。如岩石的软化系数较低，则应研究浸水后的抗剪强度降低和湿陷问题。

(三)反滤料、过滤料及排水材料

(1)反滤料、过滤料和排水材料应采用质地致密坚硬，具有高度抗水性和抗风化能力的材料，风化料一般不能用做反滤料。

(2)材料应具有要求的级配和透水性，其中反滤料和排水材料中粒径小于 0.075mm 的颗粒含量应不超过 5%。

(3)宜尽量利用天然砂砾料筛选，当缺乏天然砂砾料时，亦可人工轧制，但应选用抗水性和抗风化能力强的母岩材料。

(4)3 级低坝经过论证可采用土工织物作为反滤层。

三、各种筑坝材料的填筑标准

(一)筑坝材料填筑标准的确定

筑坝材料的填筑标准应根据以下因素综合研究确定：

(1)坝的级别、高度、坝型和坝的不同部位。

(2)土石料的压实特性和采用的压实机具。

(3)坝料的填筑干密度和含水率与力学性质的关系，以及设计对土石料力学性质的要求。

(4)土料的天然干密度、天然含水率，以及土料进行干燥或湿润处理的程度。

(5)当地气候条件对施工的影响。

(6)设计地震烈度及其他动荷载作用。

(7)坝基土的强度和压缩性。

(8)不同填筑标准对造价和施工难易程度的影响。

（二）含砾和不含砾的黏性土的填筑标准

含砾和不含砾的黏性土的填筑标准应以压实度和最优含水率作为设计控制指标。设计干密度应以击实最大干密度乘以压实度求得。

黏性土的压实度应符合下列要求：

（1）1级、2级坝和高坝的压实度应为98%～100%，3级中、低坝及3级以下的中坝压实度应为96%～98%。

（2）设计地震烈度为8度、9度的地区，宜取上述规定的大值。

（3）有特殊用途和性质特殊的土料的压实度宜另行确定。

（4）黏性土的最大干密度和最优含水率应按击实试验方法求取。对于砾石土应按《土工试验规程》（SL237—1999）全料试样求取最大干密度和最优含水率。

黏性土的施工填筑含水量应根据土料性质、填筑部位、气候条件和施工机械等情况，控制在最优含水率－2%～＋3%偏差范围以内。有特殊用途和性质的黏性土的填筑含水率应另行确定。

填筑含水率还应符合下列要求：①上限值：不影响压实和运输机械的正常运行；施工期间土体内产生的孔隙压力不影响坝坡稳定；在压实过程中不产生剪切破坏。②下限值：填土浸水后不致产生大量的附加沉降使坝顶高程不满足设计要求、坝体发生裂缝以及在水压力作用下不产生水力劈裂等，不致产生松土层而难以压实。

在冬季负气温下填筑时，应使土料在填筑过程中不冻结，黏性土的填筑含水率宜略低于塑限；砂和砂砾料中的细料部分的含水率宜小于4%，并适当提高填筑密度。

（三）砂砾石和砂的填筑标准

砂砾石和砂的填筑标准应以相对密度为设计控制指标，并应符合下列要求：

（1）砂砾石的相对密度不应低于0.75，砂的相对密度不应低于0.70，反滤料的相对密度宜为0.70。

（2）砂砾石中粗粒料含量小于50%时，应保证细料（粒径小于5mm的颗粒）的相对密度也符合上述要求。

（3）地震区的相对密度设计标准应符合《水工建筑物抗震设计规范》（SL203—97）的规定。

（四）堆石的填筑标准

堆石的填筑标准宜用孔隙率为设计控制指标，并应符合下列要求：

（1）土质防渗体分区坝和沥青混凝土心墙坝的堆石料，孔隙率宜为20%～28%。

（2）沥青混凝土面板坝堆石料的孔隙率宜在混凝土面板堆石坝和土质防渗体分区坝的孔隙率之间选择。

（3）采用软岩、风化岩石筑坝时，孔隙率宜根据坝体变形、应力及抗剪强度等要求确定。

（4）设计地震烈度为8度、9度的地区，可取上述孔隙率的小值。

用孔隙率作为填筑标准有一定困难，实际施工时按碾压参数（包括碾压设备的型号、振动频率及质量、行进速度、铺筑厚度、碾压遍数等）及干密度同时控制。堆石碾压时宜加水，加水量宜通过碾压试验确定。对于软化系数较高的硬岩堆石，应通过碾压试验确定是否加水。

(5)当采用砾石土、风化岩石、软岩、膨胀土、湿陷性黄土等性质特殊的土石料时,对1级、2级坝和高坝,宜进行专门的碾压试验,论证其填筑标准。

第二节 坝体结构设计

一、坝体材料分区

坝体材料分区设计应根据就地取材和挖填平衡原则,经技术经济比较确定。坝体各种不同材料应有明确的分区;对各区材料的性质和施工压实要求等应有具体的可供考核、检验和进行质量评定的技术指标。

(1)均质坝分为坝体、排水体、反滤层和护坡等区。土质防渗体分区宜分为防渗体、反滤层、过渡层、坝壳、排水体和护坡等区。

(2)防渗体在上游面时,坝体渗透性宜从上游至下游逐步增大;防渗体在中间时,坝体渗透性宜向上、下游逐步增大。

(3)当采用风化料或软岩筑坝时,坝表面应设保护层,其垂直厚度应不小于1.5m。

二、坝体边坡的选择

坝坡应根据坝型、坝高、坝的等级、坝体和坝基材料的性质、坝所承受的荷载以及施工和运用条件等因素,经技术经济比较确定。

(1)均质坝、土质防渗体分区坝、沥青混凝土面板或心墙坝及土工膜心墙或斜墙坝坝坡,可参照已建坝的经验或近似方法初步拟定,最终应经稳定计算确定。沥青混凝土面板坝的上游坡不宜陡于1:1.7。

(2)当坝基抗剪强度较低,坝体不满足深层抗滑稳定要求时,宜采用在坝坡脚压戗的方法提高其稳定性。

设计地震烈度为9度的地区,坝顶附近的上、下游坝坡宜上缓下陡,或采用加筋堆石、表面钢筋网或大块石堆筑等加固措施。

(3)上、下游坝坡马道的设置应根据坝面排水、检修、观测、道路、增加护坡和坝基稳定等不同需要确定。

(4)土质防渗体分区坝和均质坝上游坡宜少设马道。根据施工交通需要,下游坝坡可设置斜马道,其坡度、宽度、转弯半径、弯道加宽和超高等,应满足施工车辆行驶要求。斜马道之间的实际坝坡可局部变陡,但平均坝坡应不陡于设计坝坡。马道宽度应根据用途确定,但最小宽度不宜小于1.50m。

(5)若坝基土或筑坝土石料沿坝轴线方向不相同,应分坝段进行稳定计算,确定相应的坝坡。当各坝段采用不同坡度的断面时,每一坝段的坝坡应根据该坝段中最大断面来选择。坝坡不同的相邻坝段,中间应设渐变段。

三、坝顶高程及构造要求

(一)坝顶高程

坝顶安全超高、坝顶高程拟定参见第一章有关内容。

(二)坝顶构造要求

(1)坝顶宽度应根据构造、施工、运行和抗震等因素确定。如无特殊要求,高坝的顶部宽度可选用10~15m,中、低坝可选用5~10m。

(2)坝顶盖面材料应根据当地材料情况及坝顶用途确定,宜采用密实的砂砾石、碎石、单层砌石或沥青混凝土等柔性材料。

(3)坝顶面可向上游侧或下游侧根据降雨强度放坡,一般为2%~3%,并做好向下游的排水系统。

(4)坝顶上游侧的防浪墙应坚固不透水,墙顶应高于坝顶1.00~1.20m,并必须与防渗体紧密结合,同时设置必要的伸缩缝,做好止水。地震区的土石坝应核算防浪墙的动力稳定性。对于高坝,坝顶下游侧和不设防浪墙的上游侧,可根据运行条件设栏杆等安全防护措施。

四、坝体防渗体的选择

在土石坝中,土质防渗体是应用最为广泛的防渗结构,且可用做防渗体的土料范围很广。透水和不透水是一相对概念,所谓防渗体,是指这部分土体比坝壳其他部分更不透水,它的作用是控制坝体内浸润线的位置,并保持渗流稳定。土质防渗体断面尺寸应根据下列因素研究确定:

(1)防渗土料的质量,如允许渗透比降、塑性、抗裂性能等。

(2)防渗土料的数量和施工难易程度。

(3)防渗体下面坝基的性质及处理措施。

(4)防渗土料与坝壳材料单价比值。

(5)设计地震烈度为8度、9度地区适当加厚。

另外,土质防渗体断面应满足渗透比降、下游浸润线和渗透流量的要求。

土质防渗体的主要结构型式为心墙和斜墙(见图4-2-1)。心墙和斜墙的厚度决定于土料的容许坡降。渗流分析表明,土石坝防渗体中的水头损失并不是按直线规律分布的,例如,心墙与下游水位相交处附近的逸出坡降可达到平均坡降的1.6倍或更大。在设计中通常采用平均容许坡降J_a作为控制标准,它等于最大作用水头H与防渗体厚度T的比值,这是一个半经验性的数据。我国土石坝设计规范规定心墙的J_a不宜大于4,斜墙的J_a不宜大于5。在国内外土石坝的建设实践中,厚心墙的底部厚度常取为水头的30%~50%,薄心墙的底部厚度取为水头的15%~20%。由于反滤层设计的不断完善,20世纪50年代以后防渗体的容许坡降值明显提高。前南斯拉夫的卡里门采和梯克维心墙坝,坝高分别为92.0m和113.5m,采用的$J_a=4.9\sim5.0$。美国的库加尔心墙坝,坝高158m,采用的$J_a=4.5$;布朗温里斜墙坝,坝高122m,采用的$J_a=8.4$。薄心墙坝的发展表明,在控制渗流稳定的工程措施中,除渗径长度(防渗体的厚度)外,反滤层已起着愈来愈重要的作用。

防渗体顶部的水平宽度需要考虑机械化施工的要求，不应小于3m。然后自上而下逐渐加厚，在坝底部不低于容许坡降所规定的要求。厚心墙一般作成上、下游面对称。近代高土石坝多将心墙做成顶部略倾向下游的斜心墙，这样可节省工程量、减小防渗体拱效应，有利于防止裂缝，同时具有下游坝坡可设计相对较陡的优点。

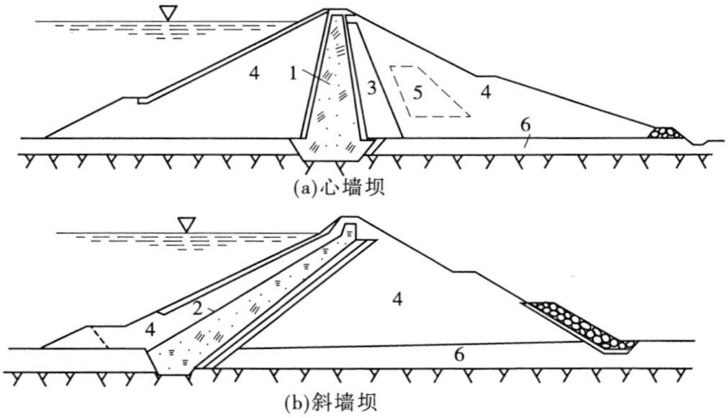

图 4-2-1　土石坝的土质防渗体及截水槽

1—心墙；2—斜墙；3—过渡层；4—坝壳砂砾料；

5—任意料；6—河床砂砾石

土质防渗体顶部在正常蓄水位或设计洪水位以上的超高，应按表 4-2-1 的规定取值。非常运用条件下，防渗体顶部不应低于非常运用条件的静水位，并应核算风浪爬高高度的影响。当防渗体顶部设有稳定、坚固、不透水且与防渗体紧密接合的防浪墙时，将防渗体顶部高程放宽至正常运用的静水位以上即可。同时，防渗体顶部高程的确定应预留竣工后的沉降超高。

表 4-2-1　正常运用情况下防渗体顶部超高　　（单位：m）

防渗体结构型式	超高	防渗体结构型式	超高
斜墙	0.80～0.60	心墙	0.60～0.30

心墙和斜墙的顶部以及斜墙的上游侧均应设置保护层，以防止冰冻和干裂。保护层厚度（包括上游护坡的垫层在内）应不小于该地区的冻结或干燥深度。斜墙上游保护层应分层碾压填筑，达到和坝体相同的标准。其外坡坡度应按稳定计算确定，使保护层不致沿斜墙面或连同斜墙一起滑动。

心墙、斜墙与坝壳和截水槽与坝基透水层之间，以及下游渗流逸出处，都必须设置反滤层。当坝基或坝壳为砂性土，层间关系可满足反滤要求时，经过论证也可不设置专门的反滤层。保证裂缝在渗流作用下能够自愈的有效措施，主要依靠防渗体下游侧的反滤层。当冲刷后的土粒一旦被反滤层所截留，即可促使裂缝自行愈合。

五、反滤层与过渡层设计

(一)设计原则

反滤层的作用是滤土排水,防止土工建筑物在渗流逸出处遭受管涌、流土等渗流变形的破坏以及不同土层界面处的接触冲刷。对下游侧具有承压水的土层,还可起压重作用。在土质防渗体(包括心墙、斜墙、铺盖和截水槽等)与坝壳或坝基透水层之间,以及下游渗流出逸处或进入排水处,如不满足反滤要求,都必须设置反滤层。在分区坝坝壳内各土层之间,坝壳与透水坝基的接触部位均应尽量满足反滤原则。

过渡层的作用是避免在刚度相差较大的两种土料之间产生急剧变化的变形和应力。反滤层可以起过渡层的作用,而过渡层却不一定能满足反滤要求。在分区坝的防渗体与坝壳之间,根据需要与土料情况可以只设置反滤层,也可同时设置反滤层和过渡层。

坝的反滤层必须符合下列要求:① 使被保护的土不发生渗透变形;② 渗透性大于被保护土,能通畅地排出渗透水流;③ 不致被细粒土淤塞失效。

(二)反滤层的级配和层数的计算方法

反滤层设计包括掌握被保护土、坝壳料和料场砂砾料的颗粒级配,根据反滤层在坝的不同部位确定反滤层的类型,计算反滤层的级配、层数和厚度。

根据工程实际情况,反滤层的类型可按下列规定确定:

(1)均质坝的水平排水体和斜墙后的反滤层等,反滤层位于被保护土下部,渗流方向由上向下(见图4-2-2),属Ⅰ型反滤。

(2)位于坝基渗流出逸处和排水沟下边的反滤层等,反滤层位于被保护土上部,渗流方向由下向上(见图4-2-3),属Ⅱ型反滤。

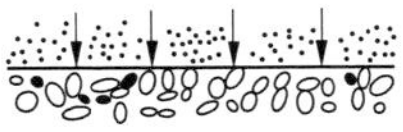

(a)

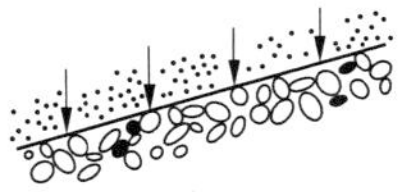

(b)

图4-2-2　Ⅰ型反滤

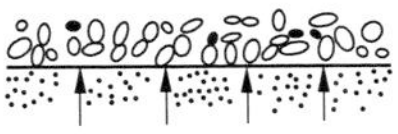

(a)

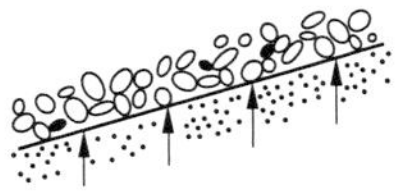

(b)

图4-2-3　Ⅱ型反滤

减压井、竖式排水体等的反滤层,反滤层成垂直的形式,渗流方向水平,属过渡型,可归为Ⅰ型。

(3)被保护土为无黏性土,且不均匀系数 $C_u \leqslant 5 \sim 8$ 时,其第一层反滤层的级配按式(4-2-1)、式(4-2-2)确定:

$$D_{15} / d_{85} \leqslant 4 \sim 5 \tag{4-2-1}$$

$$D_{15} / d_{15} \geqslant 5 \tag{4-2-2}$$

式中　D_{15}——反滤料的粒径,小于该粒径的土重占总土重的15%;

d_{15}——被保护土的粒径,小于该粒径的土重占总土重的15%;

d_{85}——被保护土的粒径,小于该粒径的土重占总土重的85%。

对于以下情况,按下述方法处理后,仍可按式(4-2-1)、式(4-2-2)初步确定反滤层,然后通过试验确定级配。

①对于不均匀系数 $C_u > 8$ 的被保护土,宜取 $C_u \leqslant 5 \sim 8$ 的细粒部分的 d_{85}、d_{15}作为计算粒径;对于级配不连续的被保护土,应取级配曲线平段以下(一般是1~5mm粒径)细粒部分的 d_{85}、d_{15}作为计算粒径。

②当第一层反滤层的不均匀系数 $C_u > 5 \sim 8$ 时,应控制粒径大于5mm颗粒的含量小

于 60%，选用 5mm 以下的细粒部分的 D_{15} 作为计算粒径。

（4）当被保护土为黏性土时，其第一层反滤层的级配应按下列方法确定：

①滤土要求：根据被保护土粒径小于 0.075mm 颗粒含量的百分数不同而采用不同的方法。

当被保护土含有大于 5mm 颗粒时，应按小于 5mm 颗粒级配确定小于 0.075mm 颗粒含量百分数，及按小于 5mm 颗粒级配的 d_{85} 作为计算粒径。当被保护土不含大于 5mm 颗粒时，应按全料确定小于 0.075mm 颗粒含量的百分数，及按全料的 d_{85} 作为计算粒径。

a. 对于小于 0.075mm 颗粒含量大于 85% 的土，其反滤层可按式（4-2-3）确定：

$$D_{15} \leqslant 9d_{85} \tag{4-2-3}$$

当 $9d_{85} < 0.2\text{mm}$ 时，取 D_{15} 等于 0.2mm。

b. 对于小于 0.075mm 颗粒含量为 40% ~85% 的土，其反滤层可按式（4-2-4）确定：

$$D_{15} \leqslant 0.7\text{mm} \tag{4-2-4}$$

c. 对于小于 0.075mm 颗粒含量为 15% ~39% 的土，其反滤层可按式（4-2-5）确定：

$$D_{15} \leqslant 0.7\text{mm} + (40 - A)(4d_{85} - 0.7\text{mm})/25 \tag{4-2-5}$$

式中 A——小于 0.075mm 颗粒含量（%）。

若式（4-2-5）中 $4d_{85} < 0.7\text{mm}$，应取 0.7mm。

②排水要求：本条① 中的三类土还应同时符合式（4-2-6）的要求：

$$D_{15} \geqslant 4d_{15} \tag{4-2-6}$$

式（4-2-6）中 d_{15} 应为全料的 d_{15}，当 $4d_{15} < 0.1\text{mm}$ 时，应取 D_{15} 不小于 0.1mm。

（5）反滤料 D_{90}（下包线）和 D_{10}（上包线）的粒径关系宜符合表 4-2-2 的规定。

表 4-2-2　防止分离的 D_{90}（下包线）和 D_{10}（上包线）的粒径关系

被保护土类型	D_{10}（mm）	D_{90}（mm）
所有类别	<0.5	20
	0.5 ~ 1.0	25
	1.0 ~ 2.0	30
	2.0 ~ 5.0	40
	5.0 ~ 10	50
	>10	60

（6）根据求出的第一层反滤层，用式（4-2-1）、式（4-2-2）验算与坝壳料的关系，如满足上述两式要求，可不设第二层反滤层，如不满足可设第二层反滤层。同理，可计算是否需要设第三层反滤层。

（7）选择第二层、第三层反滤层时，可分别以第一、二层反滤层为被保护土，按式（4-2-1）、式（4-2-2）确定。

（三）反滤层的厚度

反滤层每层的厚度应根据材料的级配、料源、用途、施工方法等综合确定。人工施工时，水平反滤层的最小厚度可采用 0.30m，垂直或倾斜反滤层的最小厚度可采用 0.50mm；采用机械施工时，最小厚度应根据施工方法确定。

如果防渗体与坝壳料之间的反滤层总厚度不能满足过渡要求，可加厚反滤层或设置过渡层。

(四)是否加厚防渗体上、下游侧反滤层

在下列情况下,应论证是否要加厚防渗体上、下游侧反滤层:

(1)设计地震烈度为8度、9度地区的土石坝。

(2)峡谷地区的高土石坝,或岸坡坡度有突变的部位。

(3)防渗体与岩石岸坡或刚性建筑物接触面附近部位。

(4)防渗体由塑性较低、压缩性较大的土料筑成。

(5)防渗体与坝壳的刚度相差悬殊。

(6)坝建于深厚覆盖层上。

(五)其他

(1)土石坝的过渡层应具有协调相邻两侧材料变形的功能,混凝土面板堆石坝的垫层和堆石之间,沥青混凝土心墙和坝壳之间均应设过渡层。土质防渗体分区坝是否设过渡层应根据防渗体和坝壳材料特性及反滤层厚度综合研究确定。

(2)土质防渗体分区坝坝壳为堆石时,过渡层应采用连续级配,最大粒径不宜超过300mm,顶部水平宽度不宜小于3.00m,采用等厚度或变厚度均可。

(3)在填筑过程中反滤层宜与坝体同时上升,且不应有明显的颗粒分离和压碎现象。

(4)选用土工织物作反滤层,宜用在易修补的部位,并应按《土工合成材料应用技术规范》(GB50290—98)设计。

六、坝体排水及构造要求

坝体排水的作用是:控制和引导渗流,降低浸润线,加速孔隙水压力消散,防止渗流出逸处产生渗透变形,并保护下游坝坡免遭冻胀破坏。

(一)坝体排水要求

坝体排水必须满足以下要求:

(1)应有充分的排水能力,以保证自由地向坝外排出全部渗透水。

(2)应按反滤原则设计,以保证坝体及地基土不发生渗透破坏。

(3)便于观测和检修。

(二)坝体排水形式

坝体排水有四种常用形式:

(1)坝内排水。坝内排水又分为竖式排水和水平排水。其中竖式排水包括直立排水、上昂式排水、下昂式排水等;水平排水包括坝体不同高程的水平排水层、褥垫式排水(坝底部水平排水层)、网状排水带、排水管等。

(2)棱体排水,又称滤水坝趾。棱体排水可以降低浸润线,防止坝坡冻胀,保护下游坝脚不受尾水淘刷且有支持坝体增加稳定性的作用。但石料用量大、费用较高、与坝体施工有干扰,检修较困难。适用于下游有水的情况。

(3)贴坡式排水,又称表面排水。其构造简单、用料节省、施工方便、易于检修,但不能降低浸润线,且易因冰冻而失效。

(4)综合型排水,由上述各种排水形式中的两种或多种综合组成。

（三）排水形式的选择

排水形式的选择，必须结合坝基排水的需要及其形式，考虑下列情况，经技术经济比较确定：

(1)坝型、坝体填土和坝基土的性质以及坝基的工程地质与水文地质条件。

(2)下游有水、无水以及下游水位高程与持续时间，以及泥沙淤积影响。

(3)施工情况及排水设备的材料。

(4)筑坝地区的气候条件。

另外，均质坝和下游坝壳用弱透水材料填筑的土石坝，宜优先选用竖式排水，其底部可用褥垫式排水将渗水引出。若需降低坝体内的孔隙水压力，可在上、下游不同高度设置坝体水平排水层，其位置、层数和厚度应根据计算确定，但最小厚度不宜小于0.3m。

（四）坝内水平排水设计应遵守的规定

坝内水平排水设计应遵守以下规定：

(1)由砂、卵砾石组成的水平排水层的厚度和伸入坝体内的长度应根据渗流计算确定，排水层中每层料的最小厚度应满足反滤层最小厚度的要求。

(2)网状排水带中纵向排水带(平行于坝轴线)的厚度和宽度及伸入坝体内的深度应根据渗流计算确定。网状排水带中的横向排水带宽度应不小于0.5m，其坡度不超过1%，或按不产生接触冲刷的要求确定。

(3)当渗流量很大，增大排水带尺寸不合理时，可采用排水管，管周围应设反滤层。

(4)坝内水平排水伸进坝体的极限尺寸，对于黏性土均质坝为坝底宽的1/2，砂性土均质坝为坝底宽的1/3；对于土质防渗体分区坝，宜与防渗体下游的反滤层相连接。

（五）棱体排水设计应遵守的规定

棱体排水设计应遵守以下规定：

(1)顶部高程应超出下游最高水位，超过的高度1级、2级坝应不小于1.0m，3级、4级坝应不小于0.5m，并应超过波浪沿坡面的爬高。

(2)顶部高程应使坝体浸润线距坝面的距离大于该地区的冻结深度。

(3)顶部宽度应根据施工条件及检查观测需要确定，但不宜小于1.0m。

(4)应避免在棱体上游坡脚处出现锐角。

(5)棱体与坝体以及土质地基之间均应设置反滤。

（六）贴坡排水设计应遵守的规定

贴坡排水设计应遵守以下规定：

(1)顶部高程应高于坝体浸润线出逸点，超过的高度应使坝体浸润线在该地区的冻结深度以下，1级、2级坝不小于2.0m，3级、4级和5级坝不小于1.5m，并应超过波浪沿坡面的爬高。

(2)底脚应设置排水沟或排水体。

(3)材料应满足防浪护坡的要求。

（七）坝面排水

(1)除干砌石或堆石护坡外，均必须设坝面排水。应包括坝顶、坝坡、坡头及坝下游等部位的集水、截水和排水措施。

(2)坝面排水系统的布置、尺寸应根据计算确定。有马道时纵向排水沟宜与马道一致,并设于其内侧;竖向排水沟可每 50 ~ 100m 设置一条。

七、护坡

坝表面为土、砂、砂砾石等材料时应设专门护坡,堆石坝可采用堆石材料中的粗颗粒料或超径石做护坡。

(一)护坡的形式、厚度及材料粒径

(1)应根据坝的等级、运用条件和当地材料情况,对上游坡考虑波浪淘刷、顺水流冲刷、漂浮物和冰层的撞击及冻冰的挤压,下游面考虑冻涨、干裂、蚁鼠等动物破坏、雨水、大风、水下部位的风浪、冰层和水流等因素,经技术经济比较确定。

(2)护坡的形式。①上游护坡:堆石(抛石)、干砌石、浆砌石、预制(现浇的)混凝土或钢筋混凝土板(块)、沥青混凝土等;②下游护坡:干砌石、堆石、卵石、碎石、草皮、钢筋混凝土框格填石、土工合成材料等。

(3)护坡厚度和粒径计算,参见《碾压式土石坝设计规范》(SL274—2001)附录 A. 2。

(二)护坡的覆盖面积

护坡的覆盖面积应按以下要求确定:

(1)上游面上部自顶部起,如设防浪墙时应与之连接;下部至死水位以下不宜小于 2. 5m,4 级、5 级坝可减至 1. 5m,最低水位不确定时应护至坝脚。

(2)下游面应由坝顶护至排水棱体,无排水棱体时应护至坝脚。

(三)其他

护坡料与被保护料之间应满足反滤要求,并设置排水。寒冷地区的黏性土护坡,应根据冻胀是否引起护坡变形设置不小于当地冻结深度的防冻垫层。

第三节　坝基处理设计

一、坝基处理的一般要求

土石坝底面积大,坝基应力较小,坝身具有一定适应变形的能力,坝身断面分区和材料的选择也具有灵活性,所以土石坝对天然地基强度和变形的要求,以及处理措施所达到的标准等,都可以略低于混凝土坝。但是,土石坝坝基的承载力、强度、变形和抗渗能力等条件一般远不如混凝土坝,所以对坝基处理的要求丝毫也不能放松。据国外资料统计,土石坝失事约有 40% 是由于地基问题引起的,可见坝基处理的重要性。

坝基(包括坝头,下同)处理应满足渗流控制(包括渗透稳定和控制渗流量)、静力和动力稳定、允许沉降量和不均匀沉降量等方面的要求,保证坝的安全运行。处理的标准与要求应根据具体情况在设计中确定。竣工后的坝顶沉降量不宜大于坝高的 1% 。对于特殊土的坝基,允许总沉降量应视具体情况确定。

当坝基中存在下列特殊情况时,必须慎重研究和处理。

(1)深厚砂砾石层。

(2)软黏土。

(3)湿陷性黄土。

(4)疏松砂土及少黏性土。

(5)喀斯特(岩溶)。

(6)有断层、破碎带、透水性强或有软弱夹层的岩石。

(7)含有大量可溶盐类的岩石和土。

(8)透水坝基下游坝脚处有连续的透水性较差的覆盖层。

(9)矿区井、洞。

二、砂砾石坝基的处理

常见的砂砾石坝基,其河床段上部多为近代冲积的透水砾石层、具有明显的成层结构特性。砂砾石坝基应查明砂砾石的平面和空间分布情况,以及级配、密度、渗透系数、允许渗透比降等物理力学指标,在这种坝基上即使建造高土石坝,其地基承载力一般也是足够的,而且压缩性不大。如坝基土层中夹有松散砂层、淤泥层、软黏土层,则应考虑其抗剪强度与变形特性,在地震区还应了解标准贯入击数、剪切波速、动力特性指标等,考虑可能发生的振动液化造成坝基和坝体失稳的危险。为此,需进行专门的分析研究,必要时,可采取挖除、排水预压、振冲加固等措施。

在砂砾石地基上建坝的主要问题是进行渗流控制,解决办法是做好防渗和排水,具体可采用垂直防渗、上游防渗铺盖、下游排水设备及盖重以及经过论证的其他有效措施。这些设施可单独使用,也可以综合使用,可根据坝高、坝型、水库的用途及坝基地质条件,选择几种可能方案,通过技术经济比较确定。

(一)垂直防渗

各种垂直防渗设施能比较可靠而有效地截断坝基渗透水流,解决坝基渗流控制问题。在技术条件可能而又经济合理时,应优先采用。

在下列情况下,对中、高坝应采用垂直防渗措施:

(1)对渗漏量损失要求较高的水库。

(2)坝基砂砾石层渗透稳定性差,采用铺盖及排水减压措施仍不能保证坝与坝基的渗透稳定时。

(3)砂砾石坝基深厚,水平层次非常显著,具有强渗漏带时。垂直防渗措施应设在坝的防渗体底部,均质坝可设于距上游坝脚1/3～1/2坝底宽度处。垂直防渗措施的底部宜伸入相对不透水层,也可按渗流计算、模拟试验成果确定。必要时可对基岩进行灌浆处理。坝的防渗体、砂砾石覆盖层和基岩内的防渗设施应紧密地连接成一整体。

垂直防渗一般有以下几种型式:截水槽、混凝土防渗墙、灌浆帷幕或其组合等。砂砾石层深度在15m以内,宜采用明挖回填黏土截水槽;砂砾石层深度在80m以内,可采用混凝土防渗墙;砂砾石层很深时,可采用灌浆帷幕,或在深层采用灌浆帷幕,上层采用明挖回填黏土截水槽或混凝土防渗墙。

1. 截水槽

当坝基砂砾石层不太深厚时,截水槽是最为常用而又稳妥可靠的防渗设施。一般布置在大坝防渗体底部(均质坝则多设在靠上游 1/3 ~ 1/2 坝底宽处),横贯整个河床并延伸到两岸。截水槽应采用与坝体防渗体相同的土料填筑,其压实度不应小于坝体同类土料,底宽应根据回填土料的允许渗透坡降及土料与基岩接触面抗渗流冲刷的允许渗透比降和施工条件确定。

2. 混凝土防渗墙

深厚砂砾石地基采用混凝土防渗墙是比较有效和经济的防渗设施,混凝土防渗墙的施工技术较易掌握,所以在砂砾石层地基防渗处理中得到广泛的应用(见图 4-3-1)。

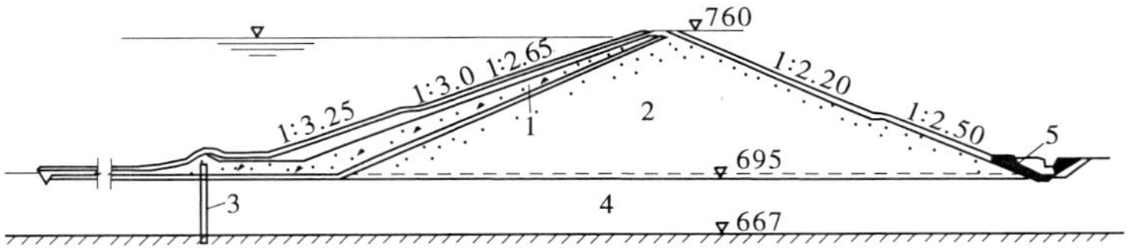

图 4-3-1　采用混凝土防渗墙的土石坝　(高程:m)

1—斜墙;2—坝体砂砾料;3—混凝土防渗墙;

4—河床砂砾石;5—贴坡排水与反渗排水沟

混凝土防渗墙设计应遵守下列设计原则:

(1)厚度应根据坝高和施工条件确定。

(2)混凝土防渗墙顶应做成光滑的楔形,插入土质防渗体高度宜为 1/10 坝高;高坝可适当降低,或根据渗流计算确定;低坝应不低于 2m。在墙顶可设填筑含水率大于最优含水率的高塑性土区。

(3)墙底宜嵌入基岩 0.5 ~ 1.0m。对风化较深和断层破碎带可根据坝高和断层破碎情况加深。

(4)高坝深砂砾石层的混凝土防渗墙,应进行应力应变分析核算墙的应力,为确定混凝土的强度提供依据。

(5)混凝土防渗墙除应具有所要求的强度外,还应有足够的抗渗性和耐久性,在混凝土内可掺黏土、粉煤灰及其他外加剂。

(6)对高坝深厚覆盖层中的混凝土防渗墙宜采用钻孔、物探等方法做强度和渗透性的质量检查。

防渗墙的受力条件比较复杂,目前关于支承、地基反力的计算假定和参数取值与实际情况不完全相符,计算成果和观测成果有时出入较大;对墙身材料及其抗渗性和耐久性的研究还不够等。

3. 灌浆帷幕

帷幕设计的主要内容在于根据容许的渗透坡降 J 确定帷幕厚度 T。在砂砾石坝基内建造灌浆帷幕前,应先按可灌比 M 判别其可灌性:$M > 15$ 可灌注水泥浆;$M > 10$ 可灌注水泥黏土浆。可灌性应通过室内及现场试验最终确定。可灌比 M 可按式(4-3-1)计算:

$$M = D_{15}/d_{85} \tag{4-3-1}$$

式中　D_{15}——受灌地层中小于该粒径的土重占总土重的 15%,mm;

d_{85}——灌注材料中小于该粒径的土重占总土重的 85%,mm。

通过现场帷幕灌浆试验论证灌浆帷幕的技术可行性和经济合理性。帷幕灌浆试验应确定帷幕的布置(排距、孔距、深度、厚度)、灌浆压力、灌浆材料、水灰比、灌浆设备、灌浆方法、施工工艺等,并应通过检查孔验证是否达到预期防渗效果。

灌浆帷幕的设计还应遵循下列原则:

(1)帷幕厚度 T 可按式(4-3-2)计算:

$$T = H/J \tag{4-3-2}$$

式中 H——最大设计水头,m;

J——帷幕的允许坡降,对一般水泥黏土浆,可采用3~4。

对深度较大的多排帷幕,根据渗流计算和已有的工程实例可沿深度逐渐减薄。

(2)帷幕的底部深入相对不透水层宜不小于5m,若相对不透水层较深,可根据渗流分析,并结合类似工程研究确定。

(3)多排帷幕灌浆的孔、排距应通过灌浆试验确定,初步可选用2~3m,排数可根据帷幕厚度确定。

(4)使用的水泥黏土浆最优配比应由试验确定,但其中水泥量应为水泥和黏土总量的20%~50%(按质量计)。

(5)灌浆结束后,对表层未固结好的砂砾石应挖除,在完整的帷幕顶上填筑防渗体,必要时可设置利于结合的齿墙或混凝土垫层。

(6)灌浆方法宜用套阀花管法。

(二)上游防渗铺盖

用黏性土料修筑铺盖与坝身防渗体相连接,并向上游延伸至要求的长度,也是土石坝常用的防渗设施。铺盖的作用是延长渗径,从而使坝基渗漏损失和渗流坡降减小至容许范围以内。当坝基覆盖层深厚,缺乏采用垂直防渗设施的条件或其造价昂贵难以实现时,适于采用铺盖防渗。当上游有天然铺盖或坝前淤积物较厚可以利用时更值得考虑。铺盖不能像垂直防渗设施那样可以完全截阻渗流,其防渗效果有一定限度,故多在中、小工程中使用,对高、中坝,复杂地层,渗透系数较大和防渗要求较高的工程应慎重选用。铺盖应与下游排水设施联合作用。

铺盖设计应遵守下列原则:

(1)长度和厚度应根据水头、透水层厚度以及铺盖和坝基土的渗透系数通过试验或计算确定。

(2)铺盖应由上游向下游逐渐加厚,前端最小厚度可取0.5~1.0m,末端与坝身防渗体连接处厚度应由渗流计算确定,且应满足构造和施工要求。

(3)铺盖与坝基土接触面应平整、压实。当铺盖和坝基土之间不满足反滤原则时,应设反滤层。

(4)铺盖应采用相对不透水土料填筑,其渗透系数应小于坝基砂砾石层的1/100,并应小于 1×10^{-6}cm/s,应在等于或略高于最优含水率下压实,也可采用土工膜作铺盖。

(5)当利用天然土层作铺盖时,应查明天然土层及下卧砂砾石层的分布、厚度、级配、渗透系数和允许渗透比降等情况,论证天然铺盖的渗透性,并核算层间关系是否满足反滤要求。必要时可辅以人工压实、局部补充填土、利用水库淤积等措施。对抗渗性差的天然土层宜避免采用。

(6)铺盖宜进行保护,避免施工和运用期间发生干裂、冰冻和水流淘刷等。

(三)下游排水设施及盖重

坝基中的渗透水流有可能引起坝下游地层的渗透变形或沼泽化,或使坝体浸润线过高,所以要设置坝基排水设施。

1. 设置原则

对于成层结构的砂砾石地基,单纯采用水平防渗设施常常不能有效地降低渗透压力,特别是当下游坝基有较不透水的土层覆盖时,在其下卧的砂砾石层中可能产生较大的扬压力,导致管涌、流土以及下游沼泽化。这种情况即使采用垂直防渗设施,如果防渗效果不够彻底,也有类似情况发生。此时,可采用排水沟或减压井。

2. 坝基排水设施的选用及布置

根据坝基地质情况,并结合坝体排水,按下述情况选用:

(1)透水性均匀的单层结构坝基以及上层渗透系数大于下层的双层结构坝基,可采用水平排水垫层,也可在坝脚处结合贴坡排水体做反滤排水沟。

(2)双层结构透水坝基,当表层为不太厚的弱透水层,且其下的透水层较浅,渗透性较均匀时,宜将坝底表层挖穿做反滤排水暗沟,并与坝底的水平排水垫层相连,将水导出。此外,也可在下游坝脚处做反滤排水沟。

(3)对于表层弱透水层太厚,或透水层成层性较显著时,宜采用减压井深入强透水层。

(4)当下游侧表层土较薄时,可开挖排水沟深入下部透水层,沟底及边坡设反滤层,表面用块石砌护或做成暗管式;当表层土较厚或坝基深部有强透水层时,则采用减压井较为有效。

(5)坝基反滤排水暗沟的位置宜设在距离下游坝脚 1/4 坝底宽度以内,坝外的反滤排水沟及排水减压井应设在靠近坝脚处。坝外反滤排水沟宜采用明式,并与排地面水排水沟分开,避免冲刷和泥沙淤塞。坝基反滤排水暗沟、水平排水垫层及反滤排水沟断面均应由计算或试验确定,并做好反滤层。

3. 排水减压井系统设计

排水减压井系统设计包括确定井径、井距、井深、出口水位,并计算渗流量及井间渗透水压力,使其小于允许值。同时应符合下列要求:

(1)出口高程应尽量低,但不得低于排水沟底面。

(2)井径应大于 150mm。

(3)进水花管贯入强透水层的深度,宜为强透水层厚度的 50% ~100% 。

(4)进水花管的开孔率宜为 10% ~20% 。

(5)进水花管孔眼可为条形和圆形,进水花管外填反滤料粒径 D_{85} 与条孔宽度之比应大于或等于 1.2,与圆孔直径之比应大于或等于 1.0。

(6)减压井周围的反滤层应按本章第二节反滤层的级配和层数的计算方法的规定进行设计。采用砂砾料或土工织物作反滤均可。采用砂砾料作反滤料时,废墟料的粒径应不大于层厚的 1/5。

(7)蓄水后应加强观测,对效果达不到设计要求的地段可加密井系。

减压井的缺点是加大了坝基渗水量。减压井与其他防沙排水设施共同使用时,应统一考虑,权衡利弊。

4. 盖重

下游坝脚渗流出逸处,若地表相对不透水层不足以抵抗剩余水头,可采用透水盖重。透水盖重的延伸长度由计算或试验确定。计算方法可按渗透稳定的有关规定执行。

三、岩石坝基处理

当岩石坝基有较大透水性、软弱夹层、风化破碎或有化学溶蚀,以致通过地层的渗漏量影响水库效益,影响坝体和坝基的稳定或渗透稳定时,应对坝基进行处理。在不同的地质条件下,处理的方法也有所不同。

(一)喀斯特地区岩石坝基处理

在喀斯特地区筑坝,应根据岩溶发育情况、充填物性质、水文地质条件、水头大小、覆盖层厚度和防渗要求等研究处理方案。一般来说,可选择以下方法处理:

(1)大面积溶蚀未形成溶洞的可做铺盖防渗。

(2)浅层的溶洞宜挖除洞内的破碎岩石和充填物,用浆砌石和混凝土堵塞。

(3)深层的溶洞可采用灌浆方法处理,或做混凝土防渗墙。

(4)防渗体下游宜做排水设施。

(5)库岸边处可做防渗措施隔离。

(6)采用以上数项措施综合治理。

(二)不利地质构造地区岩石坝基处理

1. 处理原则

(1)坝基范围内有断层、破碎带、软弱夹层等地质构造时,应根据产状、宽度、组成物性质、延伸长度及所在部位,研究其渗漏、管涌、溶蚀和滑动对坝基和坝体的影响,确定其处理措施。

(2)除做好接触面的表面处理外,还可采用灌浆、混凝土塞和盖板、混凝土防渗墙、铺盖、扩大截水槽底宽、挖除和放缓坝坡等处理措施。

(3)在防渗体下游断层或破碎带出露处应设置排水反滤设施。

2. 灌浆原则

(1)当基岩裂隙宽度大于0.15~0.25mm时,应采用水泥灌浆;裂隙宽度小于0.15mm应采用化学灌浆或超细水泥灌浆。化学灌浆宜作为水泥灌浆的加密措施。

(2)受灌地区的地下水流速不大于600m/d时,可采用水泥灌浆;大于此值时,可在水泥浆液中加速凝剂或采用化学灌浆,但灌浆的可能性及其效果应根据试验确定。

(3)当地下水有侵蚀性时,应选择抗侵蚀性水泥或采用化学灌浆。化学灌浆应采用低毒或无毒材料,并应对环境污染进行分析。

(4)对于土质防渗体坝,当其基岩透水性较大时,应做帷幕灌浆,高坝还应同时进行固结灌浆处理。

(5)当两岸坝肩岩体有承压水或山体较单薄存在岩体稳定问题时,应做灌浆帷幕和排水幕设施。

(三)帷幕灌浆的设计要求

1. 灌浆帷幕的钻孔方向

钻孔方向宜与岩石主导裂隙的方向正交。当主导裂隙与水平面所成的夹角不大时,宜采用垂直帷幕;反之,则宜采用倾斜式帷幕,其倾斜方向应与主导裂隙的倾斜方向相反,并应结合施工条件确定。

2. 帷幕灌浆的深度

帷幕深度应根据建筑物的重要性、水头大小、地质条件、渗透特性以及对帷幕所提出的防渗要求等按下列方法综合研究确定:

(1)坝基下存在相对不透水层,且埋藏深度不大时,帷幕应深入该层至少5m。

(2)当坝基相对不透水层埋藏较深或分布无规律时,应根据渗流分析、防渗要求,并结合类似工程经验研究确定帷幕深度。

(3)喀斯特地区的帷幕深度,应根据岩溶及渗漏通道的分布情况和防渗要求确定。

3. 帷幕灌浆的设计标准

灌浆帷幕的设计标准应按灌后基岩的透水率控制。1级、2级坝及高坝透水率宜为3~5Lu,3级及其以下的坝透水率宜为5~10Lu。蓄水和抽水蓄能水库的上库可取低值,滞洪水库等可用高值。基岩相对不透水层透水率的标准同前。

4. 帷幕灌浆的灌浆孔的布置

灌浆帷幕宜采用一排灌浆孔。基岩破碎带部位和喀斯特地区宜采用两排或多排孔。对于高坝,根据基岩透水情况可采用两排。多排帷幕灌浆孔按梅花型布置,排距、孔距宜为1.5~3.0m。灌浆压力应根据地质条件、坝高及灌浆试验等确定。

5. 灌浆帷幕伸入两岸的长度

灌浆帷幕伸入两岸的长度可依据下述原则之一确定:

(1)至水库正常蓄水位与水库蓄水前两岸的地下水位相交处。

(2)至水库正常蓄水位与相对不透水层在两岸的相交处。

(3)根据防渗要求,按渗流计算成果确定。

6. 帷幕灌浆的质量检查

帷幕灌浆完成后,应进行质量检查,检查孔宜布置在基岩破碎带、灌浆吸浆量大、钻孔偏斜度大等有特殊情况部位和有代表性的地层部位,其数量宜为灌浆孔总数的10%,检查标准按灌浆帷幕设计标准规定的透水率执行。

四、易液化土、软黏土和湿陷性黄土坝基的处理

(一)易液化土坝基的处理

坝基中的细砂等地震时易液化的土料对坝的稳定危害很大。土的抗液化能力和土的颗粒级配、相对密度、透水性、土的结构、初始应力状态(有效上覆压力、初始剪应力)及动荷载特性(振动幅度及变化规律、振动持续时间)等许多因素有关。对于可能液化的土层,应尽可能挖除后换填非液化土。当挖除比较困难或很不经济时,可首先考虑采取人工加密措施,使之达到与设计地震烈度相适应的密实状态,然后采取加盖重、加强排水等附

加防护设施。

在易液化土层的人工加密措施中，对浅层土可以进行表面振动加密，对深层土则以振冲、强夯等方法较为经济和有效。振冲法是依靠振动和水冲使砂土加密，并可在振冲孔中填入粗粒料形成砂石桩。强夯法是利用几十吨的重锤反复多次夯击地面，夯击产生的应力和振动通过波的传播影响到地层深处，可使不同深度的地层得到不同程度的加固。

（二）软黏土的坝基处理

1. 软弱黏性土存在的问题

（1）天然地基承载力很低，高度超过 3 ~ 6m 的坝就足以使地基发生局部破坏。

（2）土的透水性很小，排水固结速率缓慢，地基强度增长不快，沉降变形持续时间很长，在建筑物竣工后仍将发生较大的沉降，地基长期处于软弱状态。

（3）由于灵敏度较高，在施工中不宜采用振动或挤压措施，否则易扰动土的结构，使土的强度迅速降低造成局部破坏和较大变形。

2. 软黏土地基的处理措施

软黏土地基一般不宜用做坝基，在经过技术论证、采取有效处理措施后，才可修建低均质坝和心墙坝。

（1）对软黏土，一般宜尽可能将其挖除。当厚度较大或分布较广，难以挖除时，可以通过排水固结或其他化学、物理方法，如打砂井、插塑料排水带、加荷预压、真空抽压、振冲置换，以及调整施工速率等措施处理，以提高地基土的抗剪强度，改善土的变形特性。杜湖水库主坝（见图 4-3-2）坝基表层有 10 余 m 厚的淤泥质黏土层，抗剪强度较低，采用砂井加固后，随坝体增高，坝基强度增长较快，当大坝填筑到一定高度时，坝基土的抗剪强度已增至满足稳定要求。

（2）建在软黏土地基上的坝，应尽量减小坝基中的剪应力，防渗体填筑的含水量宜略高于最优含水量，以适应较大的不均匀沉降。

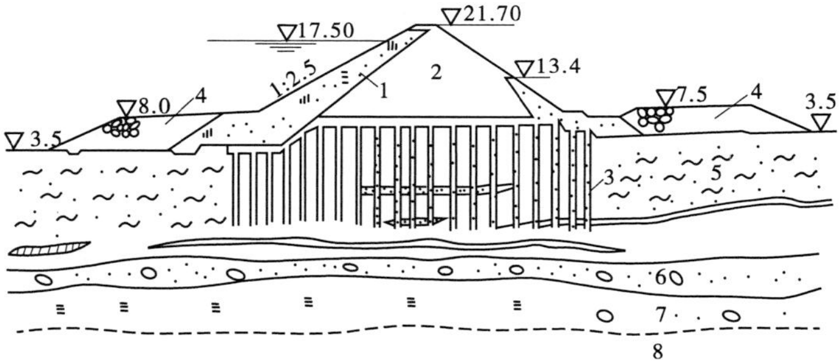

图 4-3-2　软弱地基上利用砂井加固的土石坝　（高程：m）

1—黏土斜墙；2—壤土坝体；3—砂井；4—镇压层；5—淤泥质黏土；6—中粗砂混少量碎石；7—硬可塑粉质黏土；8—碎石混少量砂

（三）湿陷性黄土的坝基处理

湿陷性黄土地基的主要危害是浸水后产生大的不均匀沉降，造成坝体裂缝，这种地基不宜建坝。在经过论证其沉降、湿陷和溶滤对土石坝的危害，做好处理工作后，可用于低坝坝基。一般的处理措施是挖除、翻压和通过强夯以消除其湿陷性，也可通过预先浸水处理，使湿陷量大部在建坝前或施工期完成。对黄土中的陷穴、动物巢穴、窑洞、墓坑等地下空洞，必须查明处理。

第四节　坝体与坝基、岸坡及其他建筑物的连接

土石坝与坝基、岸坡及混凝土建筑物的连接是土石坝设计中的一个重要问题。应当重视防渗体与坝基、岸坡等相接触的结合面的妥善处理，使其结合紧密，避免产生集中渗流；保证坝体与河床及岸坡结合面的质量，不使其形成影响坝体稳定的软弱层面，且不致因岸坡形状或坡度不当引起坝体不均匀沉降而产生裂缝。

一、坝体与坝基及岸坡的连接

坝体与坝基及岸坡的连接必须妥善设计和处理。连接面不应发生水力劈裂和邻近接触面岩石大量漏水，不得形成影响坝体稳定的软弱层面，不应由于岸坡形状或坡度不当引起不均匀沉降而导致坝体裂缝。

(一)坝体与土质坝基及岸坡连接必须遵守的规定

坝体与土质坝基及岸坡的连接必须遵守下列规定：

(1)坝断面范围内必须清除坝基与岸坡上的草皮、树根、含有植物的表土、蛮石、垃圾及其他废料，并将清理后的坝基表面上层压实。

(2)坝体断面范围内的低强度、高压缩性软土及地震时易液化的土层，应清除或处理。

(3)土质防护体应坐落在相对不透水土基上，或经过防渗处理的坝基上。

(4)坝基覆盖层与下游坝壳粗粒料(如堆石等)接触处应符合反滤要求，如不符合应设置反滤层。

(二)坝体与岩石坝基和岸坡连接必须遵守的原则

坝体与岩石坝基和岸坡的连接应遵守下列原则：

(1)坝断面范围内的岩石坝基与岸坡，应清除其表面松动石块、凹处积土和突出的岩石。

(2)土质防渗体和反滤层应与坚硬、不冲蚀和可灌浆的岩石连接。风化层较深时，高坝宜开挖到弱风化层上部，中、低坝可开挖到强风化层下部，在开挖的基础上对基岩再进行灌浆等处理。在开挖完毕后，宜用风水枪冲洗干净，对断层、张开节理裂隙应逐条开挖清理，并用混凝土或砂浆封堵。坝基岩面上应设混凝土盖板、喷混凝土或喷水泥砂浆。

(3)对失水很快风化的软岩(如页岩、泥岩等)，开挖时宜预留保护层，待开始回填时，随挖除，随回填，或开挖后喷水泥砂浆或喷混凝土保护。

(4)土质防渗体与岩石接触处，在邻近接触面0.5～1.0m范围内，防渗体应为黏土，如防渗料为砾石土，应改为黏土，黏土应控制在略高于最优含水率情况下填筑，在填土前应用黏土浆抹面。

(三)与土质防渗体连接的岸坡的开挖应符合的要求

(1)岸坡应大致平顺，不应成台阶状、反坡或突然变坡，岸坡上缓下陡时，变坡角应小

于20°。

(2)岩石岸坡不宜陡于1∶0.5。陡于此坡度时应有专门论证,并采取相应工程措施。

(3)土质岸坡不宜陡于1∶1.5。

(4)岸坡应保持施工期稳定。

二、坝体与其他建筑物的连接

坝体与混凝土坝、溢洪道、船闸、涵管等建筑物的连接,必须防止接触面的集中渗流、因不均匀沉降而产生的裂缝,以及水流对上、下游坝坡和坡脚的冲刷等因素的有害影响。

(一)坝下埋设涵管的要求

坝下埋设涵管应符合以下要求:

(1)土质防渗体坝下涵管连接处,应扩大防渗体断面。

(2)涵管本身设置永久伸缩缝和沉降缝时,必须做好止水,并在接缝处设防滤层。

(3)防渗体下游面与坝下涵管接触处,应做好反滤层,将涵管包围起来。

(二)坝体与混凝土坝的连接

坝体与混凝土坝的连接可采用侧墙式(重力墩式或翼墙式等)、插入式或经过论证的其他形式。土质防渗体与混凝土建筑物的连接面应有足够的渗径长度。

(1)侧墙式。土石坝与船闸、溢洪道等建筑物的连接应采用侧墙式。坝体与建筑物采用侧墙式连接时,土质防渗体与混凝土面结合的坡度不应陡于1∶0.25,下游侧接触面与土石坝轴线的水平夹角应为85°~90°。连接段的防渗体应适当加大断面,或选用高塑性黏土填筑并充分压实,且在接合面附近加强防渗体下游反滤层等。严寒地区应符合防冻要求。

(2)插入式(见图4-4-1)。这种连接形式结构简单,从混凝土坝与土石坝的连接部位开始,混凝土坝的断面逐渐缩小,最后成为刚性心墙插入土石坝心墙内。

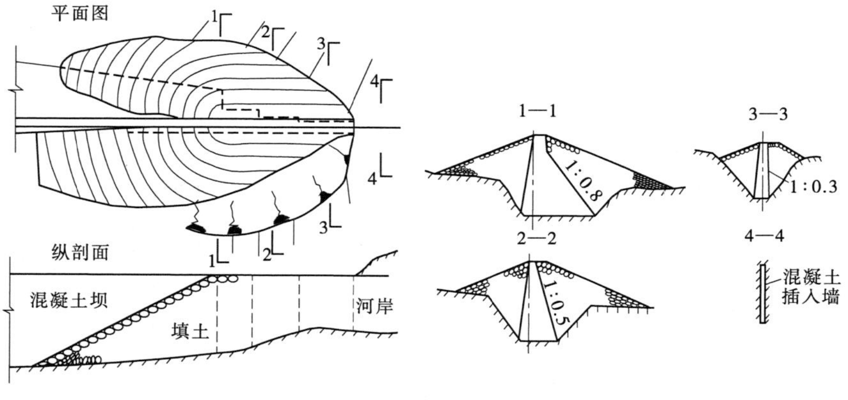

图4-4-1　土坝与混凝土坝的插入式连接

采用这种连接形式,土石坝的坡脚要向混凝土坝方向延伸较长,故中高坝不适于直接与混凝土溢流坝相连接。从抗震角度看,土与混凝土两种性质不同的结构地震时易分离,插入部分断面变化易引起应力集中,结合部位施工不便,开裂后自愈作用小,修复困难。特别是对于高坝，采用高插入墙，根据受力条件，每隔一定高度需设置柔性铰，结构也比较复杂。近年来，应用逐渐减少，但因结构简单，对于低坝尚有一定的适用性。

第五节　坝的渗流、渗透稳定及坝坡稳定计算

一、坝的渗流计算

（一）渗流计算的内容

（1）确定坝体浸润线及其下游出逸点的位置，绘制坝体及坝基内的等势线分布图或流网图。

（2）确定坝体与坝基的渗流量。

（3）确定坝坡出逸段与下游坝基表面的出逸比降，以及不同土层之间的渗透比降。

（4）确定库水位降落时上游坝坡内的浸润线位置或孔隙压力。

（5）确定坝肩的等势线、渗流量和渗透比降。

（二）渗流分析的目的

（1）对初选的坝的形式与尺寸进行检验，确定对坝坡稳定有重要影响的渗流作用力，为核算坝坡稳定提供依据。

（2）进行坝体防渗布置与土料配置，根据坝体内部的渗流参数与渗流逸出坡降，检验土体的渗流稳定，防止发生管涌和流土，在此基础上确定坝体及坝基中防渗体的尺寸和排水设施的容量与尺寸。

（3）确定通过坝和河岸的渗流水量损失并设计排水系统的容量。

（三）渗流计算工况

（1）上游正常蓄水位与下游相应的最低水位。

（2）上游设计洪水位与下游相应的水位。

（3）上游校核洪水位与下游相应的水位。

（4）库水位降落时上游坝坡稳定最不利的情况。

（四）土石坝的渗流特性

坝体和河岸中的渗流均为无压渗流，有浸润面存在，大多数情况下可看做稳定渗流。但水库水位急降时则产生不稳定渗流，需要考虑渗流浸润面随时间变化对坝坡稳定的影响。

土石坝中渗流流速 v 和坡降 J 的关系一般符合如下规律：

$$v = kJ^{1/\beta} \tag{4-5-1}$$

式中　k——渗透系数，量纲与流速相同；

β——参量，$\beta=1\sim1.1$ 时为层流，$\beta=2$ 时为紊流，$\beta=1.1\sim1.85$ 时为过渡流态。

v——坝体渗流流速，实际土体孔隙中的流速较此为高。

在渗流分析中，一般假定渗流流速和坡降的关系符合达西定律，$\beta=1$。细粒土，如黏土、砂等，基本满足这一条件。粗粒土，如砂砾石、砾卵石等只有部分能满足这一条件，当其渗透系数 k 达到 1～10m/d 时，$\beta=1.05\sim1.72$，这时按达西定律计算的结果和实际会

有一定出入。堆石体中的渗流，坝基和河岸中裂隙岩体中的渗流，各自遵循不同的规律，均需作专门的研究。

在均质土坝中可假定各点和各个方向的渗透系数 k 是相同的，但在不均质土中应考虑空间各点渗透系数的变化，并且考虑各个方向渗透的不均匀性 $k_x \neq k_y \neq k_z$，计算渗流量时宜采用土层渗透系数的大值平均值，计算水位降落时的浸润线宜用小值平均值。黏性土由于团粒结构的变化以及化学管涌等因素的影响，渗透系数还可能随时间而变化。一般说来，土体中的渗流取决于孔隙大小的变化，从而取决于土石坝中的应力和变形状态。对高坝而言，渗流分析和应力分析是有耦连影响的。

对于宽广河谷中的土石坝，一般采用二维渗流分析就可满足要求。对狭窄河谷中的高坝则需进行三维渗流分析。由于三维分析的工作量很大，有时也可选择代表性的剖面进行二维分析，然后对计算结果作适当调整。

（五）渗流分析的基本方程

根据达西定律的连续条件：

$$\left.\begin{aligned} v_x &= -k_x \frac{\partial H}{\partial x} \\ v_y &= -k_y \frac{\partial H}{\partial y} \end{aligned}\right\} \tag{4-5-2}$$

$$\frac{\partial v_x}{\partial x} + \frac{\partial v_y}{\partial y} = 0 \tag{4-5-3}$$

可得二维渗流方程：

$$k_x \frac{\partial^2 H}{\partial x^2} + k_y \frac{\partial^2 H}{\partial y^2} = 0 \tag{4-5-4}$$

式中　v_x、v_y——x 向和 y 向的渗流流速；

k_x、k_y——x 向和 y 向的渗透系数，假设 k_x 和 k_y 不随坐标而变化；

H——渗流场中某一点的渗压水头，m。

筑坝过程中土石料分层压实，水平向和竖直向的渗透系数 k_x 和 k_y 实际上是不相同的，有的情况 k_x 和 k_y 的差别可达10倍以上，这时考虑两个方向渗透不均匀性的影响。将式(4-5-4)进行坐标变换：

$$\left.\begin{aligned} X &= \frac{k_y}{\sqrt{k_x k_y}} x \\ Y &= y \end{aligned}\right\} \tag{4-5-5}$$

则在变换后的坐标 xy 中：

$$\frac{\partial^2 H}{\partial X^2} + \frac{\partial^2 H}{\partial Y^2} = 0 \tag{4-5-6}$$

由于 H 符合拉普拉斯方程，可使计算得到很大程度的简化。在变换后的坐标系中，渗透系数 $k = \sqrt{k_x k_y}$，渗流流速仍如式(4-5-2)，但需将 k_x 和 k_y 代之以 k。最后再将 xy 坐标系中的计算结果按式(4-5-5)转换回 xy 坐标系。

图4-5-1所示为均质土坝在各向同性和各向异性渗流场中的流网变化图，其中，图

4-5-1(a)为 $k_x = k_y$ 时的流网,图 4-5-1(b)为 $k_x = 16k_y$ 时按式(4-5-5)变换后在 xy 坐标系中的流网,图 4-5-1(c)为由(b)转换回 xy 坐标系后的流网。从中可见,当 k_x 和 k_y 相差较大时,由于浸润线抬高,渗流从下游坝坡逸出,表明此时水平排水作用显著减小,在工程设计中需要改用竖直排水。苏联在建造奥尔多—托柯伊坝(坝体为冲积堆土料)时,也有类似情况,后来不得不在坝体内灌注了一道黏土—水泥浆防渗心墙。

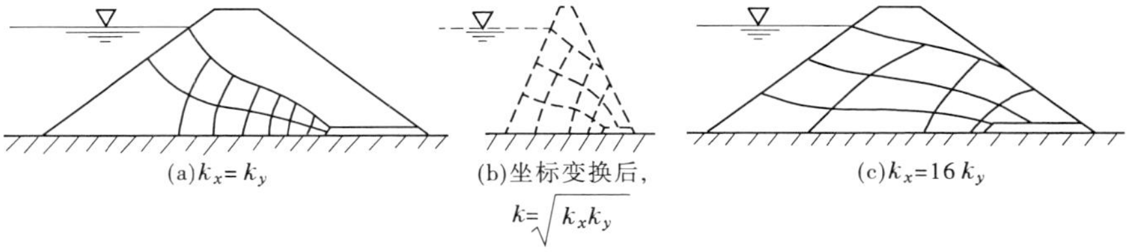

图 4-5-1　均质土坝在各向同性和各向异性渗流介质中的流网变化

(六)渗流分析的水力学方法和流网法

有许多方法可用来进行渗流分析,其中,水力学方法和流网法比较简单而实用,同时也具有一定的精度。遇坝基较为复杂的情况,可采用有限元方法和电模拟法,其内容可参考有关文献。

1. 水力学方法

水力学方法可用来近似确定浸润线的位置,计算渗流流量、平均流速和坡降。水力学方法采用的基本假定是:

(1)渗流为缓变流动,等势线和流线均缓慢变化。渗流区可用矩形断面的渗流场模拟(见图 4-5-2)。渗流量 q 和渗流水深 H_x 的计算公式为:

$$q = k\frac{H_1^2 - H_2^2}{2L} \tag{4-5-7}$$

$$H_x = \sqrt{H_2^2 + (H_1^2 - H_2^2)x/L} \tag{4-5-8}$$

式中　H_1、H_2——上、下游水深,m;

L——渗流区长度,m;

x——计算点至下游面的距离,m。

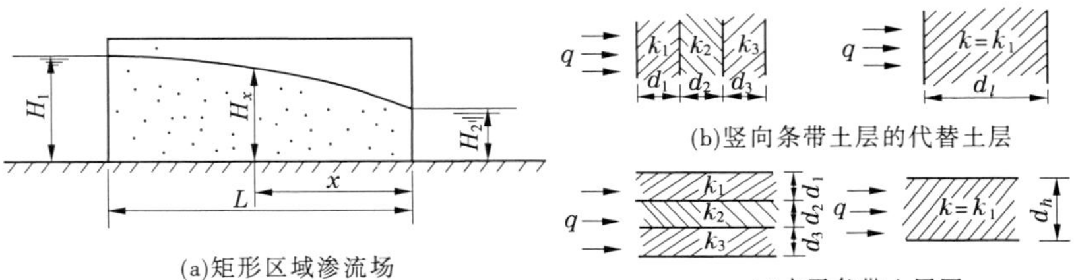

图 4-5-2　水力学方法计算简图

(2)不同渗透系数的竖向条带土层或是水平条带土层均可以一等效的均质土层代替。代替土层的宽度 d_l 或厚度 d_h 按所通过的渗流量不变的原则予以确定。

$$d_l = d_1 + \frac{k_1}{k_2}d_2 + \frac{k_1}{k_3}d_3 + \cdots \tag{4-5-9}$$

$$d_h = d_1 + \frac{k_2}{k_1}d_2 + \frac{k_3}{k_1}d_3 + \cdots \tag{4-5-10}$$

式中符号的意义见图 4-5-2(b)、(c),代替土层的渗透系数等于第一层土的渗透系数。

(3)上游三角形棱体可以用一等效的矩形体代替,当坝体和坝基渗透系数相同时,可以足够精确地认为等效矩形的宽度 $b = 0.4H_1$。上游坝坡较陡时($m_1 \leqslant 2$),可取:

$$b = \frac{m_1}{1 + 2m_1}H_1 \tag{4-5-11}$$

式中 m_1——上游坝坡的坡率。

(4)当坝体和坝基渗透系数相同时,浸润线在下游坡面上的逸出高度 Δ 可近似确定为:

$$\Delta = 1.2(A + \sqrt{A^2 + 0.4DH_2}) \tag{4-5-12}$$

$$A = 0.5\left[Dm_2 - \left(1 + \frac{0.4}{m_2}\right)H_2\right] \tag{4-5-13}$$

$$D = \frac{q}{k} \approx \frac{H_1^2 - H_2^2}{2(L_x + 0.4H_1)} \tag{4-5-14}$$

式中 m_2——下游坝坡的坡率;

其他符号的含义见图 4-5-3。

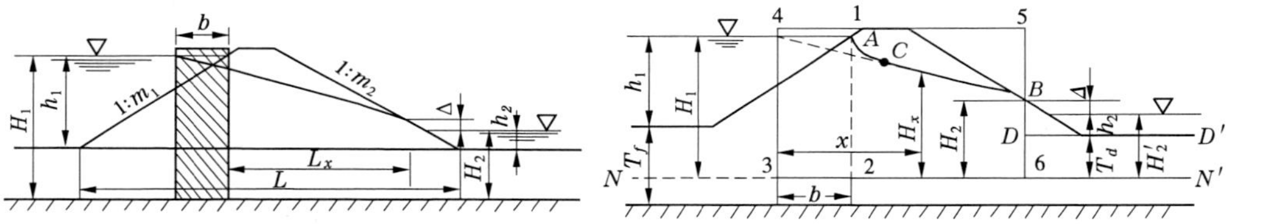

(a)上游棱体的简化　　(b)坝基的简化

图 4-5-3　均质坝的计算图形

(5)当土石坝位于透水地基上时,如地基中的不透水层埋藏较深(大于建筑物不透水底部长度的 1.5 倍),可取地基的计算深度为坝基宽度的一半;如不透水层埋藏较浅,则取计算深度等于实际深度。如坝基渗透系数与坝体不同,还须按式(4-5-10)给出的原则换算为相同渗透系数的土层,然后进行渗流分析。如地基为多种土层,也可按类似的原则进行换算。若坝基渗透系数小于上覆土层的 1/100,可视为相对不透水层简化。

(6)均质坝浸润线和渗流量的计算要点总结如下(见图 4-5-3):

①按式(4-5-10)将不透水层以上的多种土层坝基换算为与坝基渗透系数相同的单一坝基,厚度为 T_f。

②在代替坝基中根据不透水层的埋藏深度选定计算深度 T_d。

③求出坝体和坝基上游棱体的等效矩形体的宽度 b,并从水库水位与上游坝坡的交点 A 向上游延伸长度 b 求得渗流场的上游边界 3—4。

④按式(4-5-12)~式(4-5-14)近似估算渗流在下游坡面的逸出高度 Δ,确定逸出点 B,并计算下游渗流水深 $H_2 = T_d + h_2 + \Delta$。

⑤按等效渗流剖面 $N'345DD'$ 和上、下游计算水深 H_1、H_2，依照式(4-5-7)和式(4-5-8)确定渗流量和浸润线位置，计算时 $H_1 = h_1 + T_d$，L 为点 4、5 间的距离。

⑥如按式(4-5-7)计算出的渗流量与原式(4-5-14)的估计值不相符，则应将新的渗流量值代入式(4-5-12)～式(4-5-14)，重新计算逸出高度，重复步骤④、⑤直至渗流量值前后相符为止，一般迭代 2～3 次即可满足要求。

⑦订正浸润线的进口段 AC，在 A 点浸润线应与上游坝坡面正交，可通过直观描绘。如下游坝趾设有排水棱体，则渗流场的下游边界可近似取通过下游水位与排水内坡面的交点(见图 4-5-4)。

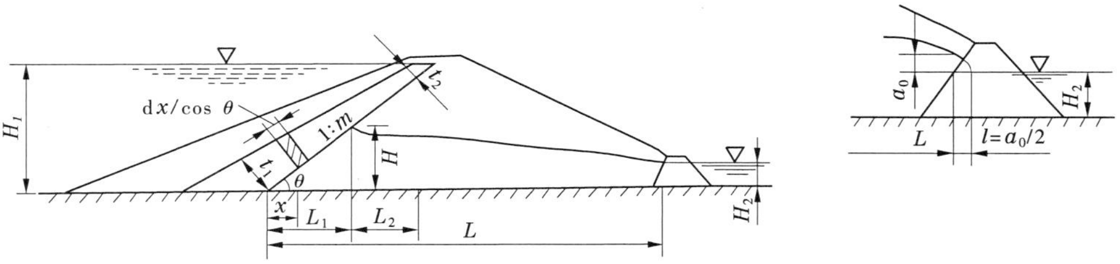

图 4-5-4　斜墙坝的计算图形

由于沿坝轴线地形和坝基土质条件的变化，一般需分段计算。

应用以上原则可进行各种地基上均质坝的渗流分析。

(7)应用式(4-5-9)可进行各种地基上土质心墙和斜墙坝的渗流分析。图 4-5-4 中所示的斜墙坝，斜墙后的渗流也可看做是缓变流动。其下游出口水深可假设为 H_2。斜墙后的水深 H 可按通过斜墙的流量等于通过坝体的流量这一连续条件加以确定。

通过斜墙的渗流包括两部分：

①水深小于 H 的斜墙下部，作用的水头为常值 $H_1 - H$，斜墙的厚度为：

$$t = \frac{t_1 - (t_1 - t_2)x}{L_1 + L_2}$$

通过该段的渗流量为：

$$q_1 = k_1 \int_0^{L_1} \frac{H_1 - H}{t_1 - (t_1 - t_2)x/(L_1 + L_2)} \frac{\mathrm{d}x}{\cos\theta}$$

②水深大于 H 的斜墙上部，渗流在重力的作用下自由降落，作用在斜墙上的水头为上游水面与斜墙底面高度之差 $(H_1 - y)$，通过该段底渗流量为：

$$q_2 = k_1 \int_L^{L_2} \frac{H_1 - y}{t_1 - (t_1 - t_2)x/(L_1 + L_2)} \frac{\mathrm{d}x}{\cos\theta}$$

将 q_1 和 q_2 两式积分并求和，再应用以下几何关系：

$$y = x/m;\quad L_1 + L_2 \approx mH_1$$

$$L_1 = mH;\quad L_2 \approx m(H_1 - H)$$

即可得到通过斜墙的渗漏量为：

$$q = \frac{k_1 m}{\cos\theta(t_1 - t_2)}[H_1(1 + a_1) - H(2 + a_1) + a_2] \tag{4-5-15}$$

$$a_1 = H_1 \ln \frac{t_1 H_1}{t_1 H_1 - H(t_1 - t_2)}$$

$$a_2 = \frac{H_1 t_2}{t_1 - t_2} \ln \frac{t_2 H_1 + H(t_1 - t_2)}{t_1 H_1 - H(t_1 - t_2)}$$

式中　m——斜墙背水坡坡率；

　　k_1——斜墙土料的渗透系数。

③通过坝体内的渗流量为：

$$q = k_2 \frac{H^2 - H_2^2}{2(L - mH)} \tag{4-5-16}$$

式中　k_2——坝壳土料的渗透系数。

④联立求解式(4-5-15)、式(4-5-16)即可确定 H 和 q。

已知斜墙后水深 H 和出口水深 H_2，浸润线可参考式(4-5-8)得出。可将解法推广于复杂透水地基上斜墙带截水槽或斜墙带铺盖的情况。

在应用水力学方法时要注意它的适用条件，例如，给出的断面平均流速和坡降只有在远离排水处才可以应用；式(4-5-9)和式(4-5-10)给出的等效均质土层的换算方法只有当各层土的渗透系数相差不超过10倍时才是比较有效的。有些情况可以简化，例如，对于黏土心墙坝，一般可假设心墙的上、下游水位分别等于坝的上、下游水位。

2. 流网法

流网法是一种图解法。流网图绘制方便，当坝体和坝基中的渗流场不十分复杂时，其精度尚能满足设计要求。

1)流网的基本特性

(1)等势线和流线互相正交。

(2)流网各个网格的长宽比保持为常数时，则相邻等势线间的水头差相等，各相邻流线间通过的渗流量相等。

(3)上游水位下的坝坡和库底以及下游水位下的坝坡和库底均为等势线，总水头等于坝上、下游的水位差。

(4)坝下不透水层面为一流线。

(5)浸润线为一流线，其水头等于线上各点的 y 坐标。

(6)渗流在下游坝坡上的逸出点与浸润线一样，其压力等于大气压，各点水头也随几何坐标 y 而变化。

(7)在两种渗透系数不同的土层交界面上，流线间的夹角有如下的关系：$\tan\alpha_1/\tan\alpha_2 = k_1/k_2$(见图4-5-5(b))。

2)渗流计算

设上、下游的总水头 H 被等势线分割成 m 个分格，各分格的水头差 ΔH 相同。同时，渗流边界内的区域被流线分割成 n 个分格，各分格通过的渗流量相同，则各网格流线和等势线的边长保持相同的比例。如某计算点所在网格 i 的流线和等势线的平均边长分别为 a_i 和 b_i，则该网格内渗流的平均水力坡降 J_i 和平均流速 v_i 以及通过全断面的单宽渗流量 q 分别为：

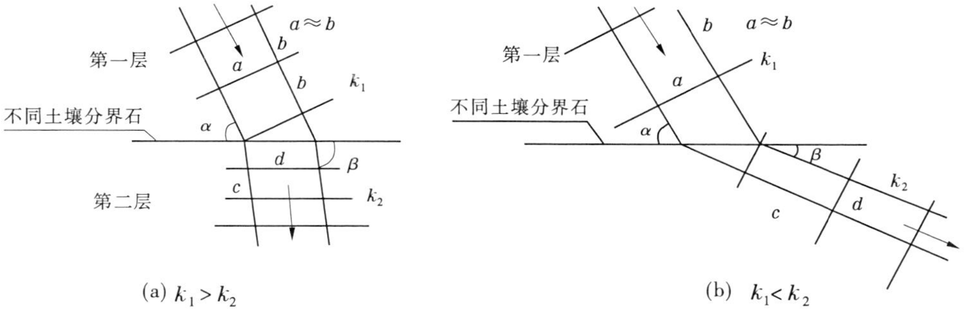

图 4-5-5　流网特性图

$$J_i = \frac{H}{a_i m};\quad v_i = kJ_i = k\frac{H}{a_i m}$$

$$q = kH\frac{b_i}{a_i}\frac{n}{m} \tag{4-5-17}$$

如为正方形网格,则式中 $a_i = b_i$。

图 4-5-6 是几种有代表性的土坝流网图,可供参考。当水力学方法和流网法尚不足以满足设计要求时,应采用比较精确的方法,如有限元法或电模拟法等。

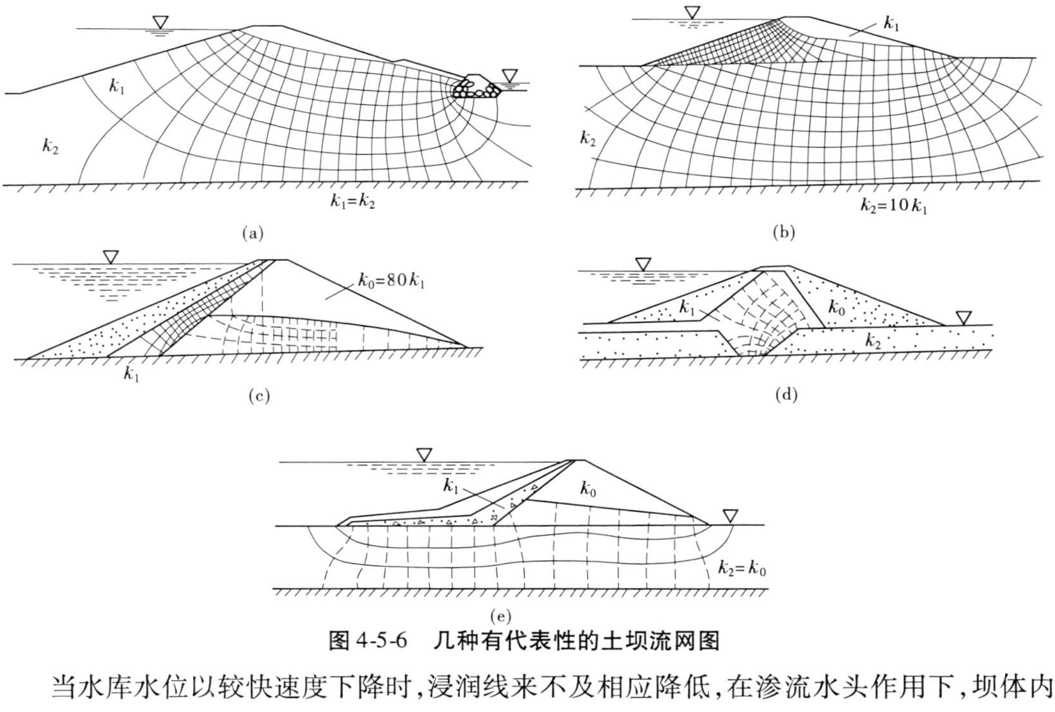

图 4-5-6　几种有代表性的土坝流网图

当水库水位以较快速度下降时,浸润线来不及相应降低,在渗流水头作用下,坝体内一部分孔隙水将从上游坝坡渗出,影响上游坝坡的稳定。此时渗流成为不稳定渗流,渗流参数随时间而变化。这种情况一般只能采用近似方法处理。有的文献根据坝身土体渗透系数 k 与库水位下降速度 v 的比值大小,将渗流分为急降与缓降两种情况。下述处理方法可供初步分析时参考。当 $k/v < 0.1c$ 时,属于急降情况,可假设浸润线保持水位下降前

的位置不变，根据下降后的水库水位按稳定渗流绘制流网（见图 4-5-7（b）），核算上游坝坡是否稳定。当 $k/v=(0.1\sim60)c$ 时，属于缓降情况，此时可将库水下降过程划分为若干时段，分别按稳定渗流近似分析浸润线和浸润参数的变化。而当 $k/v>60c$ 时，则可不计水位下降对坝坡稳定的影响。此处，c 为一常数，对于透水性较强的砂性土，当 $k\approx10^{-3}$ cm/s 时，取 $c=5$；对于透水性较弱的黏性土，当 $k\approx10^{-6}$cm/s 时，取 $c=12$。

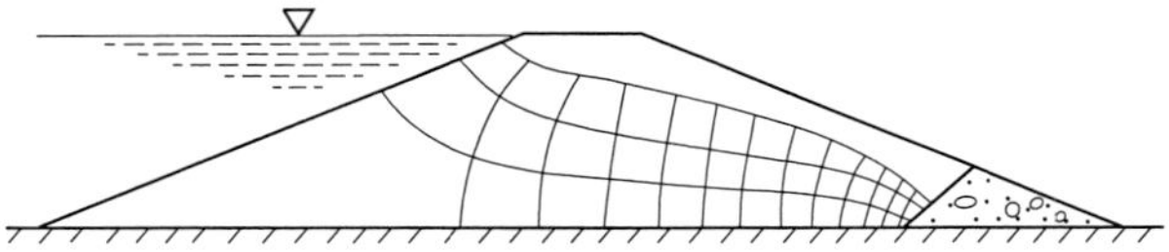

(a)均质坝水位急降前的流网

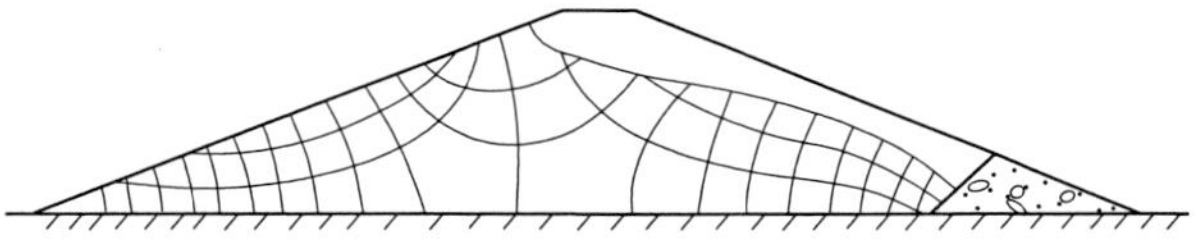

(b)均质坝水位急降放空后的流网

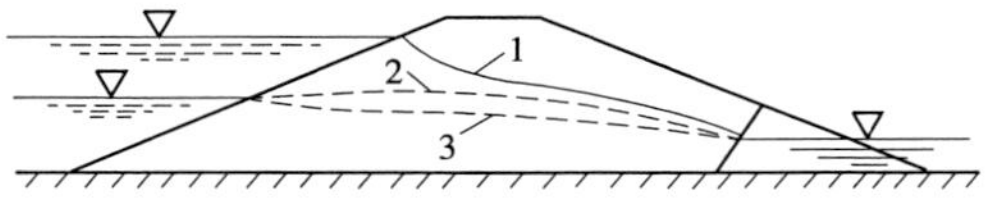

(c)均质坝水位急降前后浸润线变化

图 4-5-7　水库水位下降时渗流情况的变化

1—降水前稳定渗流浸润线；2—降水后未稳定期浸润线；

3—降水后稳定渗流浸润线

二、渗透稳定计算

（一）渗透稳定的计算内容

（1）判别土的渗透变形形式，即管涌、流土、接触冲刷或接触流失等。

（2）判明坝和坝基土体的渗透稳定。

（3）判明坝下游渗流出逸段的渗透稳定。

（二）渗透变形的判别方法

（1）应按《水利水电工程地质勘察规范》（GB50287—99）的规定执行。

（2）在没有反滤层保护时，坝体、坝基渗透出逸比降应小于材料的允许渗透比降。

（三）设置排水盖重或排水减压井的条件

（1）坝基表层土的渗透系数小于下层土的渗透系数，而下游渗透出逸比降符合下式：

$$J_{a-x}>(G_s-1)(1-n_1)/K$$

（2）排水盖重的厚度 t：

$$t=\frac{kJ_{a-x}t_1\gamma_w-(G_s-1)(1-n)t_1\gamma_w}{\gamma}$$

式中　J_{a-x}——表层土在坝下游坡脚点 a 至 a 以下范围 x 点的渗透比降，可按表层土上、下表面的水头差除以表层土层厚度 t_1 得出；

G_S——表层土的土粒比重；

n_1——表层土的孔隙率；

K——安全系数，取1.5~2.0；

t_1——表层土的厚度；

γ——排水盖重层的容重，水上用湿容重，水下用浮容重；

γ_w——水的容重。

（四）阻止渗透变形的工程措施

主要是降低渗流的渗透坡降，或提高土体的抗渗强度，以防止渗透破坏。

三、坝坡稳定计算

（一）概述

稳定分析是确定坝的设计剖面和评价坝体安全的主要依据。稳定分析的可靠程度对坝的经济性和安全性具有重要影响。土是一种具有强非线性性质的土体，目前，人们对土坡失稳机理的研究还不够充分，所以稳定分析的方法和控制标准在相当大的程度上还需依靠工程经验判断。

（二）计算工况与内容

（1）在土石坝施工、建设、蓄水和库水位降落的各个时期不同荷载下，应分别计算其稳定性。控制稳定有施工期（包括竣工时）、稳定渗流期、水库水位降落期和正常运用遇地震四种工况。

（2）计算内容：①施工期的上、下游坝坡；②稳定渗流期的上、下游坝坡；③水库水位降落期的上游坝坡；④正常运用遇地震的上、下游坝坡。

（三）抗剪强度指标计算

（1）土石坝各种计算工况下，土体的抗剪强度均应采用有效应力法，按式（4-5-18）计算：

$$\tau = c' + (\sigma - u)\tan\varphi' = c' + \sigma'\tan\varphi' \tag{4-5-18}$$

（2）黏性土施工期同时应采用总应力法，按式（4-5-19）计算：

$$\tau = c_u + \sigma\tan\varphi_u \tag{4-5-19}$$

黏性土库水位降落期同时应采用总应力法，按式（4-5-20）计算：

$$\tau = c_{cu} + \sigma'_c\tan\varphi_{cu} \tag{4-5-20}$$

式中 τ——土体的抗剪强度；

c'、φ'——有效应力抗剪强度指标；

σ——法向总应力；

σ'——法向有效应力；

u——孔隙压力；

c_u、φ_u——不排水剪总强度指标；

c_{cu}、φ_u——固结不排水剪总强度指标；

σ'_c——库水位降落前的法向有效应力。

（3）粗粒料非线性抗剪强度指标可按式（4-5-21）计算：

$$\varphi = \varphi_0 - \Delta\varphi \lg\left(\frac{\sigma_3}{p_a}\right) \tag{4-5-21}$$

式中 φ——土体滑动面的摩擦角；

φ_0——一个大气压下的摩擦角；

$\Delta\varphi$——σ_3 增加一个对数周期下 φ 的减小值；

σ_3——土体滑动面的小主应力；

p_a——大气压力。

(4)土质防渗体坝、沥青混凝土面板坝或心墙坝及土工膜斜墙坝或心墙坝，其抗剪强度应采用式(4-5-18)~式(4-5-20)确定。上述坝型中的1级高坝，有条件时，粗粒料可用式(4-5-21)确定的抗剪强度指标验算稳定性。混凝土面板堆石坝的粗粒料应采用公式(4-5-21)确定的抗剪强度指标进行稳定计算。

(四)抗剪强度指标测定

(1)土的抗剪强度指标应采用三轴仪测定。对3级以下的中坝，可用直接慢剪试验测定土的有效强度指标；对渗透系数小于 10^{-7}cm/s 或压缩系数小于 0.2MPa^{-1} 的土，也可用直接快剪试验或固结快剪测定其总强度指标。

(2)抗剪强度试验的仪器、方法和设计取值应参考《碾压土石坝设计规范》(SL274—2001)附录D的规定选用。

(五)坝体和坝基的孔隙压力

(1)黏性填土或坝基土中某点在施工期的起始孔隙压力 u_0 可按式(4-5-22)计算：

$$u_0 = \gamma h \bar{B} \tag{4-5-22}$$

式中 γ——某点以上土的平均容重；

h——某点以上的填土高度；

$\bar{B}$——孔隙压力系数。

对于饱和度大于80%和渗透系数介于 $10^{-7}\sim10^{-5}$cm/s 的大体积填土，可计算施工期填土中孔隙压力的消散和强度的相应增长。应加强现场孔隙压力观测，校核计算的成果。

(2)稳定渗流期坝体和坝基中的孔隙压力应根据流网确定。

(3)水库水位降落期坝体和坝基中孔隙压力的计算应符合下列规定：

①对无黏性土，可通过渗流计算确定水库水位降落期坝体内的浸润线位置，绘制瞬时流网，定出孔隙压力。

②对黏性土，先进行估算，并通过现场观测进行核算。

(六)稳定计算及安全系数

1.稳定计算

坝坡抗滑稳定计算应采用刚体极限平衡法。

(1)均质坝、厚斜墙坝和厚心墙坝：宜采用计及条块间作用力的简化毕肖普(Simplified Bishop)法。

(2)有软弱夹层、薄斜墙、薄心墙坝：其坝坡稳定分析及任何坝型，可采用满足力和力矩平衡的摩根斯顿-普赖斯(Morgenstern-Price)等方法。

2. 安全系数

非均质坝体和坝基稳定安全系数的计算应考虑安全系数的多极值特性。滑动破坏面应在不同的土层进行分析比较，直到求得最小稳定安全系数。

(1)采用计及条块间作用力的计算方法时，坝坡抗滑稳定的安全系数应不小于表4-5-1规定的数值。

表4-5-1　坝坡抗滑稳定最小安全系数

运用条件	工程等级			
	1	2	3	4、5
正常运用条件	1.50	1.35	1.30	1.25
非常运用条件Ⅰ	1.30	1.25	1.20	1.15
非常运用条件Ⅱ	1.20	1.15	1.15	1.10

(2)混凝土面板堆石坝用非线性抗剪强度指标计算坝坡稳定的安全系数可参照表4-5-1的规定取值。

(3)采用不计条块间作用力的瑞典圆弧法计算坝坡抗滑稳定安全系数时，对1级坝正常运用条件最小安全系数应不小于1.30，其他情况应比表4-5-1规定的数值减小8%。

(4)采用滑楔法进行稳定计算时，若假定滑楔之间作用力平行于坡面和滑底斜面的平均坡度，安全系数应符合表4-5-1的规定；若假定滑楔之间作用力为水平方向，安全系数应按(3)的规定采用。

(5)由土工膜做成的斜墙土石坝，除应进行沿有关部位的坝坡和坝基稳定分析外，还应沿土工膜和土的接触带进行稳定分析。

(6)抗震稳定计算应按《水工建筑物抗震设计规范》(SL203—97)的有关规定取用。

四、坝的应力与变形分析

(一)土石坝的应力与变形分析内容

(1)沉降分析。

(2)固结分析。

(3)应力应变分析。

(二)固结与沉降分析

土石坝坝体和坝基的变形随时间的发展过程及孔隙水压力消散的固结过程，是土石坝坝体及地基的沉降过程，故应进行沉降分析。沉降计算一般只考虑固结沉降。

(1)沉降计算内容：①最终沉降量计算；②竣工时沉降量计算；③沉降过程计算。

(2)估算在土体自重及其他外荷作用下，坝体和坝基竣工时的沉降量和最终沉降量，计算方法应按《碾压式土石坝设计规范》(SL274—2001)附录E。

1级、2级高坝及建于复杂和软弱地基上的坝应采用有限元计算坝体及坝基或其他相衔接的建筑物在土体自重及其他外荷载作用下和各种不同工作条件下的应力、变形。

（3）坝顶竣工后的预留沉降超高，应根据沉降计算、有限元应力应变分析、施工期观测和工程类比等综合分析确定。

根据沉降计算结果，应推算出坝体各部位的不均匀沉降量和不均匀沉降梯度，初步判断发生裂缝的可能性。

（4）当计算的竣工后坝顶沉降量与坝高的比值大于1%时，应在分析计算成果的基础上，论证选择的坝料填筑标准的合理性和采取工程措施的必要性。

（5）在施工过程中，应对沉降、孔隙压力、总应力和位移等项目的原型观测和施工质量检测资料及时进行分析，校核和修正计算参数，参考工程类比成果，判断计算成果的正确性和合理性，并论证是否需要采取工程措施或修正设计。

（三）应力及应变分析

应力、变形计算宜采用非线性弹性应力应变关系分析，也可采用弹塑性应力应变关系分析。对于黏性土的坝体和坝基，宜考虑固结对坝体应力和变形的影响。

（1）有限元计算的参数宜由试验测定，并结合工程类比选用。试验用料的力学特性应能代表实际采用的筑坝材料，试验条件和加载方式宜反映坝体的施工、运行条件。

有限元计算应按照施工填筑和蓄水过程，模拟坝体分期加载的条件，并应反映坝体不连续界面的力学特性。

（2）应根据有限元应力、变形计算结果，分析坝体是否发生塑性区及其范围、拉应力区及其范围、变形及裂缝、防渗体的水力劈裂等。并在上述两种计算结果基础上综合研究是否会发生裂缝以及应采取的抗裂措施等。

（3）对高烈度地震区的高土石坝，除进行静力的应力及变形计算外，还需进行动力分析。

第六节　混凝土面板堆石坝

一、混凝土面板堆石坝断面设计

（一）面板堆石坝的主要组成部分

面板堆石坝的主要组成部分见图4-6-1。

（1）堆石体。根据其受力情况和在坝体中所发挥的作用，又可划分为垫层区、过渡区、主堆石区和次堆石区。

对用于坝体垫层区、过渡区、主堆石区和次堆石区等坝料的要求和填筑标准见《混凝土面板堆石坝设计规范》（SL228—98）中筑坝材料和填筑标准的有关内容。

（2）钢筋混凝土面板及其与河床和岸坡相连接的趾板等构成的防渗系统。

①钢筋混凝土面板厚度：应控制渗透水力梯度不超过200，顶部一般为0.3m，向底部逐渐加厚，并按式（4-6-1）计算：

$$t = 0.30 + (0.002 \sim 0.0035)H \tag{4-6-1}$$

式中　t——面板厚度，m；

H——计算断面至面板顶部的垂直距离，m。

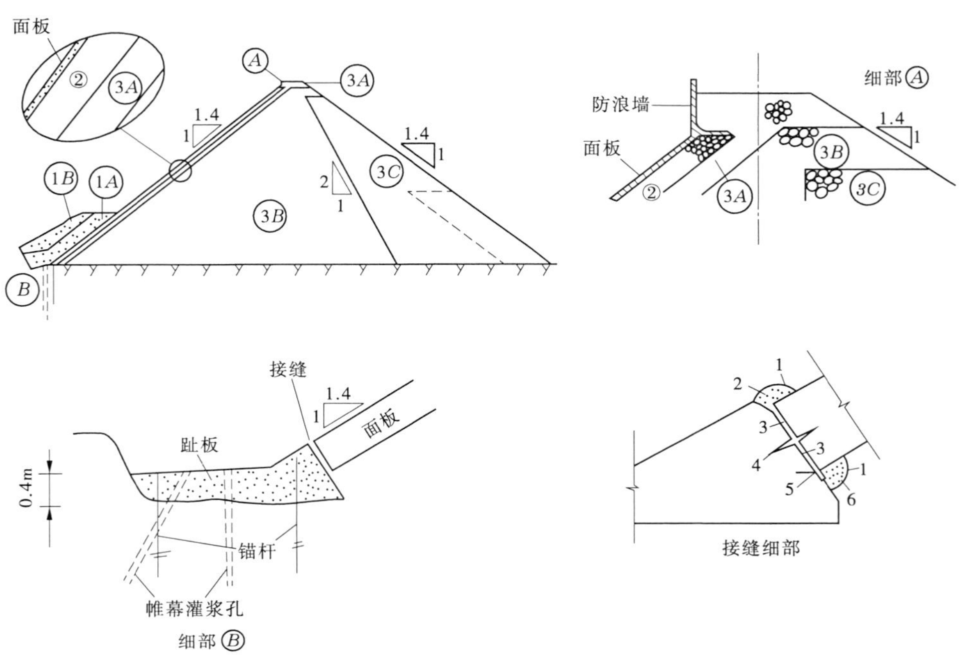

图 4-6-1　混凝土面板堆石坝

1—聚氯乙烯条带;2—沥青玛瑺脂填料;3—可压缩填料;

4—聚氯乙烯止水;5—止水铜片;6—沥青砂填充料

中、低坝可采用 0.3 ~ 0.4m 等厚度面板。

②钢筋混凝土面板的设置及其与河床和岸坡相连接的趾板等要求见《混凝土面板堆石坝设计规范》(SL228—98)中有关内容。

(二)坝顶结构

坝顶宽度应由运行、布置坝顶设施和施工的要求确定,宜按照坝高不同采用 5 ~ 8m,100m 以上高坝宜适当加宽。如坝顶有交通要求,坝顶宽度还应遵照有关规定选用。

坝顶上游侧应设置防浪墙,墙高可采用 4 ~ 6m,墙顶高出坝顶 1 ~ 1.2m,防浪墙的底部高程宜高于正常蓄水位,与面板的接缝应详细设计。防浪墙上游侧底部位宜设置宽 0.6 ~ 0.8m 的小道,以利检查行走。坝顶下游侧可设置护栏或低挡墙,护栏高度为 0.5 ~ 1.0m,挡墙高度 1m 左右。低坝防浪墙可以采用与面板连成整体的低防浪墙结构型式。

防浪墙必须坚固不透水,并经稳定和强度验算。防浪墙应设伸缩缝,其止水应和面板的止水或面板与防浪墙间水平接缝的止水连接。

坝顶应预留沉降超高,其值可参考类似工程确定。沉降超高的设置应由坝头处的零值渐变到坝最高点处的最大值,用局部放陡顶部坝坡实现沉降超高。

防浪墙底部高程以上的坝体应用细堆石料填筑,并铺设路面。当有坝顶公路时,应按公路标准设计坝顶路面。坝顶应做好排水。坝顶结构应经济实用,建筑处理要美观大方,并做好照明设施。

（三）坝坡

当筑坝材料为硬岩堆石料时，上、下游坝坡可采用 1∶1.3～1∶1.4，软岩堆石体的坝坡宜适当放缓；当用质量良好的天然砂砾石料筑坝时，上、下游坝坡可采用 1∶1.5～1∶1.6。下游坝坡上设有道路时，道路之间的实际坝坡可以比前述规定的坝坡值略陡，但平均坝坡应满足前述要求。

高坝的下游坝坡可用干砌石、大块石堆砌或摆石砌护，并使坝体具有良好的外观。施工期垫层区的上游坡面应及时做好固坡处理。可视具体情况选用碾压砂浆、喷乳化沥青、喷混凝土或砂浆等固坡措施。

面板坝上游坡采用均一坡度以利面板施工，下游坡如无特殊要求，也可不设马道。高山峡谷区的堆石坝，下游坝坡常布置有"之"字形的上坝公路，这是一种比较经济的交通运输方案。

建基要求及坝基处理见《混凝土面板堆石坝设计规范》（SL228—98）中坝基处理的有关内容。

二、混凝土面板堆石坝周边和板间接缝止水构造设计

周边缝应设置止水。底部止水钢片应选为最基本的防渗线，中部 PVC 或橡胶止水片及顶部止水视情况选用。顶部止水系统一般由柔性填料、粉细砂（或粉煤灰）等材料构成，可以是其中的一种止水材料，也可以是柔性填料和无黏性材料两种止水材料。低坝和 50m 以下中坝可以只采用一道底部止水。中坝及 100m 以下高坝宜设置底、顶部两道止水。100m 以上的高坝宜选用底、顶部两道止水，或底、中、顶部三道止水。

不同坝高的压性垂直缝均应采用硬平缝结构，都只需采用一道底部止水。缝的一侧缝面应涂沥青乳液等防黏剂。止水铜片下应设置 PVC 垫片并黏合在水泥砂浆垫座上。止水铜片两侧底角应设置沥青止浆条。高坝张性垂直缝宜采用底、顶部两道止水，中、低坝可只采用一道底止水，其结构同压性缝。

面板水平施工缝须用钢筋穿过，应不设止水。趾板伸缩缝可采用铜片、PVC 或橡胶片止水，并应与周边缝止水构成封闭系统。防浪墙与面板的水平接缝，宜设置底、顶部两道止水。

中间与顶部止水均应与相接缝的底部止水连接形成封闭结构：周边缝 PVC 止水带宜与垂直缝处的底部止水连接；周边缘柔性止水可用柔性填料塞与垂直缝的底部止水连接。止水面膜宜黏结或压结，固定在面板上。

寒冷地区在水位变动区不应采用角钢、膨胀螺栓作为柔性填料面膜的止水固定件，宜采用黏结材料，以避免遭到冻胀的破坏而失去其固定作用。

混凝土防渗墙与连接板之间的接缝止水，应按周边缝止水设计。

第七节　沥青混凝土斜墙和心墙坝设计

沥青混凝土具有较好的塑性和柔性，渗透系数为 $10^{-9} \sim 10^{-7}$cm/s，所以防渗和适应变形的能力均较好，产生裂缝时，有一定的自行愈合的功能，而且施工受气候的影响也小，

故适于用做土石坝的防渗体材料。20 世纪 60 年代以来,应用沥青混凝土作防渗体的土石坝发展较快,世界各国已建 200 多座。奥地利的欧申克沥青混凝土斜墙堆石坝,坝高 106m。我国近一二十年来已建成 20 多座,其中,陕西石砭峪沥青混凝土斜墙定向爆破堆石坝,坝高 82. 5m;三峡茅坪溪大坝采用沥青混凝土心墙;四川南垭河冶勒水电站在深厚覆盖层上修建沥青混凝土心墙坝,坝高 125. 5m。

沥青混凝土防渗体可做成斜墙或心墙。早期的沥青混凝土斜墙做成双层形式,即在两层密实的沥青混凝土防渗层之间夹一层由疏松沥青混凝土铺成的排水层,其作用是排除透过防渗层的渗水。但许多工程运用的实践表明,效果并不明显,所以近年来倾向于不设排水层。斜墙铺筑在垫层上,垫层一般为厚 1 ~ 3m 的碎石或砾石,其上铺有 3 ~ 4cm 厚的沥青碎石层作为斜墙的基垫。垫层的作用是调节坝体变形。斜墙本身由密实的沥青混凝土防渗层组成,厚 20cm 左右,分层铺压,每一铺层厚 3 ~ 6cm。在防渗层的迎水面涂一层沥青玛𤧛脂保护层,可减缓沥青混凝土的老化,增强防渗效果。由于保护层表面光滑,尚可减轻结冰引起的冻害。斜墙与地基防渗结构连接的周边要做成能适应变形和错动的柔性结构。按铺筑施工的要求,沥青混凝土斜墙的上游坝坡不应陡于 1∶1. 6 ~ 1∶1. 7。

沥青混凝土心墙可做成竖直的或倾斜的。对于中低坝,其底部厚度可采用坝高的 1/60 ~ 1/40,但不小于 40cm;顶部厚度可以减小,但不小于 30cm。如采用埋块石的沥青混凝土心墙,其最小厚度不宜小于 50cm。心墙两侧各设一定厚度的过渡层。心墙与基岩连接处设钢筋混凝土座垫,内设观测廊道,用以观测心墙的渗水情况。心墙与地基防渗结构的连接部分也应做成柔性结构。

用做防渗体的沥青混凝土,要求具有良好的密度、热稳定性、水稳定性、防渗性、可挠性、和易性和足够的强度。

第八节　分期施工和扩建加高设计

一、分期施工设计

(一)分期施工设计原则

土石坝分期施工临时断面的填筑高程,应根据各时段的拦洪标准和蓄水要求确定。临时断面的分期划分应根据坝型、坝基地形地质条件、防渗排水设施的布置、总体施工进度、导流与度汛、枢纽建筑物的开挖料利用等具体情况拟定。

(二)分期施工设计

(1)分期施工时,临时断面上游坝面防护应与拦洪蓄水条件相适应。下游坝面应视分期施工间断时间的长短,做好坝面排水防护措施,或设临时护坡。

(2)龙口段和先期填筑段的施工应符合下列规定:

①均质坝和厚心墙坝,应核算合龙段的施工期稳定性。

②先填筑坝段的横向坝坡,土料不宜陡于 1∶3,砂砾石料不宜陡于 1∶1. 5,堆石料不宜陡于 1∶1. 3。

③土质防渗体的高坝,应根据坝体应力和变形计算结果,验算分期填筑坝体的不均匀

沉降，进行发生裂缝的可能性分析，同时根据计算结果和工程类比确定分期填筑坝段的最大高差。

④龙口段两侧先期施工的坝体横向坡脚应采取防护措施。但在坝体合龙前必须将临时防护设施全部清除。

(3)土质心墙、斜心墙和斜墙不应采取分期加厚的形式。

(4)清基、削坡工作宜一次完成。如需分期完成，应避免后期施工对前期施工的影响。

(5)分期完建的坝，坝体、泄水和引水建筑物均必须按最终规模进行设计。

二、扩建加高设计

(一)设计原则

(1)进行扩建加高设计时，应分析原坝体的原型观测资料，并对原坝体进行勘探、试验，了解坝体的质量和安全状况，作为扩建加高设计的依据。

(2)进行扩建加高时，应对原坝坝基处理、坝坡稳定、填筑质量以及坝体与岸坡和其他建筑物的连接进行安全复核，对已建的泄水、引水建筑物的泄水能力和安全进行核算。不满足加高后运用要求时应进行加固和扩建。

(二)扩建加高设计

(1)土石坝的扩建加高宜采用从下游面增厚加高的方法。如在水库的淤积物上加高，应根据淤积物固结情况，进行变形和稳定分析，研究采取排水固结措施和控制加高速率必要性等问题。

(2)若其他加高措施有困难、加高相对高度不大，对原坝体的填筑质量、坝坡安全裕度、坝基地质条件以及地震烈度等情况进行论证后，坝的整体安全满足规范要求时，也可采用戴帽加高的方法。

(3)扩建加高坝体的土料与原坝体填土性质不同时，应研究增设反滤层和过渡层的必要性。

(4)土质防渗体分区坝可采用混凝土面板堆石坝从下游面加高。加高设计中应对原坝的土质防渗体与混凝土面板之间的连接和止水进行专门设计，必须形成完整的防渗体系。

第九节　碾压式土石坝安全监测设计

一、碾压式土石坝安全监测设计

土石坝的安全监测应按《碾压式土石坝设计规范》(SL274—2001)及《土石坝安全监测技术规范》(SL60—94)执行。

(一)安全监测目的

安全监测的目的是:①监视土石坝的安全运行;②根据施工期的监测资料，控制和调整施工项目和速率，必要时修正设计;③根据长期观测资料，检验设计的正确性;④为科研提供资料。

（二）安全监测项目

土石坝应根据坝的等级、高度、结构型式以及地形、地质条件，设置必要的监测项目及相应的设施。

(1)1 级、2 级坝及高坝应设置下列监测项目：①坝面垂直位移、水平位移和接缝位移；②坝基沉降；③坝体内部垂直位移；④坝体和坝基的孔隙压力及坝体浸润线；⑤渗透流量、渗透水透明度和水质，如有可能，最好分段量测渗流量；⑥绕坝渗流、岸坡地下水位。

(2)3 级坝及 4 级、5 级坝高大于 30m 的坝应设置下列监测项目：①坝面垂直位移和水平位移；②渗流量；③根据具体情况观测坝体和坝基的孔隙压力及坝体浸润线。

(3)地震监测设置。设计地震烈度为 8 度、9 度地区的 1 级、2 级高坝应设置地震监测设施。

（三）监测设施布置

监测设施布置应少而精，突出重点。内部监测设施至少应沿坝轴线的一个纵断面和最大坝高横断面布置，必要时可增设横断面。各观测设施应能相互校核，并做到一种设施多种用途。

二、面板堆石坝安全监测设计

SL228—98 及 DL/T5016—1999 均对坝的原型观测做出了具体规定。规范明确规定 1 级、2 级坝及 100m 以上高坝应设置的观测项目有：

(1)坝面垂直位移和水平位移。

(2)坝体内部垂直位移。

(3)接缝位移。

(4)面板变形、应变(和温度)。

(5)渗流(坝基渗透压力、坝体渗透流量、渗水透明度和水质)。

注：观测项目括弧中所列为 DL/T 5016—1999 要求内容。

第五章　混凝土重力坝设计

混凝土重力坝设计应遵循《混凝土重力坝设计规范》(DL5108—1999)及《混凝土重力坝设计规范》(SL319—2005)的相关规定。

第一节　重力坝布置和设计基本要求

一、重力坝布置

(1)坝体布置应结合枢纽布置全面考虑。根据综合利用要求,合理安排泄洪、发电、灌溉、供水、航运、过木、排沙、过鱼等建筑物的布置,避免相互干扰。可首先考虑泄洪建筑物的布置,使其下泄水流不致冲淘坝基、其他建筑物的基础及岸坡,并使其流态和冲淤不致影响其他建筑物的使用。

(2)碾压混凝土重力坝的枢纽布置宜采用引水式或地下式厂房。若采用坝后式厂房,可根据坝高将引(输)水管道水平布置在坝体下部或上部的常态混凝土区内,后者宜采用背管式布置。

(3)位于洪水流量大而狭窄河道上高坝的枢纽布置,可选用厂房顶溢流式、厂前挑流式、坝内式或地下式厂房等;位于宽阔河道上,可选用河床式或坝后式厂房。两岸坝接头可通过技术经济比较选用混凝土坝或土石坝。

(4)坝体溢流段的前沿长度,溢流泄水孔孔数、孔口形式、尺寸和堰顶高程应考虑以下因素综合比较决定:①水库运行和泄洪以及排漂浮物的要求;②坝址地形地质条件、下游河床及两岸抗冲性能;③下游水深及消能要求;④坝体分段情况,与相邻建筑物的关系;⑤闸门形式、工作条件及运行方式。⑥开敞式溢流孔具有较大泄洪潜力,宜优先考虑。

(5)坝体泄洪及消能防冲设施应根据坝高、坝基及下游河床和两岸地形地质条件、下游河道水深变化情况,结合过木、排冰、排漂等要求合理选择。当采用挑流消能时,挑流水舌应不影响其他建筑物的安全和运行,必要时设置导墙或采取其他措施。

(6)可根据功能要求设置坝体泄水孔、放水孔。

①泄洪孔设置条件:经研究认为采用泄水孔泄洪有利;有排沙要求。

②放水孔的设置条件:大型水库下游有重要城市、重要粮棉或经济作物基地、大型企业、交通干线;地震设计烈度为 8 度以上或坝基地质条件极为复杂时;运行期、检修期和施工蓄水期需向下游供水,而发电和其他取水设施不能满足要求时;有检修或特殊要求,需降低或放空库水。

(7)泄水孔位置、形式、高程、孔数和孔口尺寸的选择应考虑以下因素。

①布置条件:在狭窄河道泄水孔宜与溢流坝段结合,其消能方式应与溢流坝统一考虑;宽阔河道可考虑分设。排沙孔应靠近发电(或灌溉、供水)进水口、船闸闸首等部位,

其流态不得影响这类建筑物的正常运行。

②运行条件：下泄流量、放水期限、检修条件、排沙及排漂等。

③施工条件：泄水孔设于不同位置对施工进度和施工方法的影响，施工期泄洪及下游供水要求等。

④闸门工作条件、启闭机形式和坝体结构强度等。

(8)重力坝的施工导流建筑物如底孔、缺口、梳齿等，应根据导流方案和地形、地质、水文等条件经比较确定，其布置应符合下列要求：

①能宣泄所承担的施工流量；

②结合永久泄水建筑物的布置；

③在通航河流上应考虑施工期通航要求，或采取其他措施来满足；

④当需要时，能通过漂浮物或浮冰；

⑤泄洪时应不致冲坏永久建筑物或影响施工进度；

⑥施工方便，运行可靠，便于回填封堵。

导流建筑物的封堵应有妥善的设计和施工措施。

(9)设于坝内的发电引水管道的进水口高程，应根据水利动能设计要求和泥沙淤积等条件确定，并符合《水电站进水口设计规范》(DL/T5398—2007)或《水利水电工程进水口设计规范》(SL285—2003)的有关规定。

工农业及城市生活供水管道取水口高程应满足供水期的引水高程、流量和水量的要求，必要时考虑水温和泥沙情况分层设置。

设置在坝上的过坝建筑物的进出口宜远离泄洪建筑物的进出口。

(10)大型枢纽工程的重力坝布置应经水工模型试验验证运行期和施工期的流态与冲淤状况是否满足各项建筑物的运行需要。

中型工程宜进行水工模型试验。

二、重力坝设计基本要求

(1)重力坝的断面原则上应由持久状况控制，并以偶然状况复核，此时，可考虑坝体的空间作用或采用其他适当措施，不宜由偶然状况控制设计断面。

地震作用组合下的偶然状况应符合《水工建筑物抗震设计规范》(DL5073—2000)的有关规定。

(2)分期施工投入运行的坝，强度和稳定计算应按持久状况计算。

一期施工而分阶段投入运行的坝，应研究施工期作用于坝上的荷载，坝的未完建断面(临时运行断面)的强度和稳定计算应按短暂状况计算。

设计规定的坝体及其构件的施工程序，不宜使施工期产生的应力导致增加坝体断面。

(3)宽缝重力坝可用材料力学法计算坝体应力，局部区域如头部附近等部位，也可用有限元法计算，并允许在离上游面较远部位出现不超过坝体混凝土允许的拉应力。

(4)空腹重力坝可用结构力学、材料力学法和有限元法计算坝体应力，并用模型试验验证。所得应力成果应避免特别不利的应力分布状态。

(5)有横缝的重力坝，其强度和稳定计算应按平面问题考虑，可取一个坝段或取单位宽度进行计算。

不设横缝或横缝灌浆的整体式重力坝的稳定计算可按整体式进行,其强度计算可用试载法;在复杂空间受力条件下(河谷断面、基础反力不对称等),其应力状态可按空间问题用有限元法或试验确定。

(6)厂坝连接的坝后式厂房,在坝的稳定核算中,可考虑厂坝联合的抗滑作用。厂房作用于坝上的抗滑力,可根据厂坝整体分析的应力状态确定。

第二节　坝体结构、构造设计和坝体材料分区

一、坝体结构设计

(一)坝体结构设计一般规定

(1)坝体断面形式应根据坝的受力条件以及坝址的地形地质、水文气象、建筑材料、施工工期等条件,通过综合技术经济比较确定。

(2)各个坝段上游面宜协调一致,使坝段两侧横缝上游面止水设施呈对称布置,廊道距上游面的距离也保持一致。各溢流坝段和非溢流坝段下游面应分别保持一致,但溢流坝段与非溢流坝段间用导墙分隔,可采用不同的下游坝坡。

(3)建在地震区的混凝土重力坝坝体结构的抗震设计应符合《水工建筑物抗震设计规范》(DL5073—1997 或 SL203)的规定。

(4)建在寒冷地区混凝土重力坝的抗冰冻设计应符合《水工建筑物抗冰冻设计规范》(DL/T5082—1998 或 SL211)的规定。

(5)经技术经济比较,坝型除采用实体混凝土重力坝外,也可采用宽缝重力坝、大头坝、空腹重力坝等。

(二)非溢流坝段

(1)非溢流坝段的基本断面呈三角形,其顶点宜位于正常蓄水位(或防洪高水位)附近。基本断面上部设坝顶结构。

(2)坝顶宽度应根据设备布置、运行、检修、施工和交通等需要确定,并应满足抗震、特大洪水时抢护等要求。在严寒地区,当冰压力很大时,还要核算断面的强度。

(3)常态混凝土实体重力坝非溢流坝段的上游面可为铅直面、斜面或折面。上游坝坡宜采用 1∶0~1∶0.2;当设置纵缝时,应考虑其对纵缝灌浆前施工期坝体应力的影响,坝坡不宜太缓。采用折面时,折坡点高程应结合坝内发电引水管、泄水孔等建筑物的进水口一并考虑。下游坝坡可采用一个或几个坡度,并应根据稳定和应力要求,结合上游坝坡同时选择。下游坝坡宜采用 1∶0.6~1∶0.8;对横缝设有键槽进行灌浆的整体式重力坝,坝坡可适当变陡。

(4)碾压混凝土重力坝在体型上应力求简单,便于施工,上游坝坡应结合其防渗结构型式进行选择;下游坝坡可按常态混凝土重力坝断面的选择原则进行优选,但应考虑少设横缝、不宜设纵缝的特点。

(5)宽缝重力坝非溢流坝段的上游坝坡宜较实体重力坝放缓。宽缝宽度可取坝段宽

的 20%～40%。当有引水管、泄水孔、导流底孔等大型孔洞横穿坝体时，该部分坝体结构和宽缝布置应经论证确定。

(6)宽缝重力坝头部尺寸的设计，应考虑下列因素：①头部应力状态；②坝面防渗和止水系统的布置；③帷幕灌浆廊道和坝内交通系统的布置；④其他特殊要求。

迎水面头部最小厚度可取 0. 07～0. 10 倍该高程处上游坝面作用水头，且不得小于 3m；宽缝尾部最小厚度不得小于 2m，寒冷地区应适当加厚。

(7)宽缝不宜贯穿坝顶。宽缝的上、下游及顶部与邻近的实体部分连接处，应有足够的渐变长度。宽缝水平截面的渐变坡度(平行坝轴线长度与垂直坝轴线长度之比)，上游部位可用 1∶1. 5～1∶2. 0，尾部可用 1∶1. 0～1∶1. 5。顶部垂直截面渐变坡度(垂直高度与水平长度之比)可用 2. 0∶1～1. 5∶1。

宽缝顶部的高程应高于下游水位，可根据稳定、应力要求与上、下游坝坡和宽缝宽度同时选定。

(8)空腹重力坝上游坝面可为斜面、铅直面，呈倒坡或下部呈倒坡。倒坡宜陡于 1∶0. 15。

(9)空腹重力坝腹孔底部的位置可位于坝剖面中部的坝基面上，空腹的形状和尺寸，应根据应力分析确定。腹孔总宽可占坝基总宽的 1/3 左右，腹孔高度在坝高的 1/3 以内。腹孔形状可采用长轴倾向下游、倾角为 60°～70°、近似于椭圆形的斜腹孔，或顶部为双心圆弧，上游面垂直或稍倾向下游，下游面大体上与下游坝面平行的曲线形腹孔。

(三)溢流坝段、坝身泄水孔结构设计要求

有关结构设计要求见泄洪消能体型及结构设计一节。

二、坝体构造设计

(一)坝顶

(1)坝顶应高于校核洪水位，坝顶上游防浪墙顶的高程应高于波浪顶高程，其与正常蓄水位或校核洪水位的高差，可由式(5-2-1)计算，应选择两者中防浪墙顶高程的高者作为选定高程。

$$\Delta h = h_{1\%} + h_z + h_c \tag{5-2-1}$$

式中 Δh——防浪墙顶至正常蓄水位或校核洪水位的高差，m；

$h_{1\%}$——波高，m；

h_z——波浪中心线至正常或校核洪水位的高差，m；

h_c——安全超高，按表 5-2-1 采用。

表 5-2-1 安全超高 h_c

相应水位	坝的安全级别		
	Ⅰ	Ⅱ	Ⅲ
正常蓄水位	0. 7	0. 5	0. 4
校核洪水位	0. 5	0. 4	0. 3

(2)防浪墙宜采用与坝体连成整体的钢筋混凝土结构，墙身应有足够的厚度以抵挡波浪及漂浮物的冲击，在坝体横缝处应留伸缩缝，并设止水，墙身高度可取1.2m。坝顶下游侧应设置栏杆。

(3)非溢流坝段的坝顶宽度应根据设备布置、运行、检修、施工和交通等需要确定，并应满足抗震、特大洪水时抢护等要求。在严寒地区，当冰压力很大时，还要核算断面的强度。必要时，可在坝的上、下游面加做悬臂结构，增加坝顶宽度。坝顶路面应具有横向坡度，并设置相应的排水设施。严寒地区，横向坡度应适当加大。常态混凝土坝坝顶最小宽度为3m。

(4)溢流坝顶应结合闸门、启闭设备布置、操作检修、交通和观测等要求设置坝顶工作桥、交通桥。坝顶上的桥梁宜采用装配式钢筋混凝土结构或预应力钢筋混凝土结构，桥下应有足够的净空。坝顶结构应经济适用，注意美观。

(5)坝顶用做公路时，公路侧的人行道宜高出路面20~30cm。

(二)坝内廊道及通道

(1)坝内应根据下列要求设置廊道及竖井：①进行帷幕灌浆；②设置坝基排水孔；③集中与排除坝体和坝基的渗水；④监测坝体的工作状态，安装观测设备并进行观测；⑤检查和维修坝身的排水管；⑥运行操作(闸门操作廊道等)、坝内通风和铺设风、水、电管路；⑦施工中坝体冷却和纵、横缝灌浆；⑧坝内交通运输及其他要求。

(2)高、中坝内必须设置基础灌浆廊道，兼作灌浆、排水和检查之用。

(3)坝内应设置纵向坝体排水及检查廊道，廊道每隔30m左右高差设置一层，并应与坝体接缝灌浆分区相适应。对设引张线的廊道宜在同一高程上呈直线布置。廊道的上游壁离上游坝面的距离应满足防渗要求并不小于3m。纵向廊道与泄水孔、导流底孔净距离不宜小于3~5m，应通过应力分析确定，防止开裂贯通。严寒地区，在坝顶附近设置检查廊道时，与坝顶和坝面应保持足够的距离。

(4)纵向坝体排水及检查廊道应沿不同高程分设自流式或专门的抽排设备。当灌浆廊道的高程低于尾水位或采用抽排降压措施时，抽排设备应经设计选择，并应有备用设备和备用电源。

(5)当设有多层廊道时，应在两岸近岸坡部位将各层互相连通。若廊道较长，沿坝轴线方向每隔200~300m，应在上、下层廊道间设置便梯；大型工程的高坝，应设置1~2座电梯，中坝可视需要设置电梯；闸门井及闸墩等处应设置爬梯；两岸下游坝面附近，宜随地形设置人行走道。

(6)坝内廊道可采用拱顶平底断面或矩形断面，沿横缝设置的横向廊道可用三角形顶平底断面，电梯井和集水井多采用矩形和正方形断面。

(7)基础灌浆廊道的断面尺寸，应根据钻灌机具尺寸及工作要求确定，宽度可取2.5~3.0m，高度可为3.0~3.5m。其他廊道亦应具有保证完成其功能且可以自由通行的尺寸，其最小尺寸：宽度为1.2m，高度为2.2m。较长的基础灌浆廊道，每隔50~100m，宜设置横向灌浆机室。

(8)基础灌浆廊道的纵向坡度应缓于45°，坡度较陡的长廊道，应分段设置安全平台及扶手。当两岸坡度陡于45°时，基础灌浆廊道可分层布置并用竖井连接。

(9)廊道内应有足够的照明设施和良好的通风条件,各种电器设备与线路应保证绝缘良好,并宜设置应急照明。廊道通向坝外的进出口应设门,寒冷地区宜设双重门。

(10)宽缝重力坝的廊道宜与各坝段宽缝空腔连通,并根据需要在空腔内设置检查平台或环形通道。平台、扶梯及其承重牛腿,宜采用钢筋混凝土结构。宽缝空腔底部下游面,可视施工运输情况设置必要的通道,完工后再视情况决定是否保留或封堵。

(三)坝体分缝

(1)纵、横缝的划分应根据坝基地形地质条件、坝体布置、坝体断面尺寸、温度应力和施工条件等因素通过技术经济比较确定。

横缝间距可为15~20m,超过24m或小于12m时,应作论证。

纵缝间距宜为15~30m。条件允许时,宜采用通仓浇筑。块长超过30m应严格温度控制。通仓浇筑应注意防止蓄水以后上游面产生深层裂缝。

浇筑层厚度应根据容许温差通过计算确定。在基础部位,宜采用层厚1.5~2.0m。常态混凝土基础以上浇筑层厚度应在满足温度控制要求的前提下适当放宽。

(2)横缝可为伸缩缝或沉陷缝,但在下列情况宜采用全部或部分灌浆缝的形式:

①对横缝有很高防渗要求时;

②位于陡坡上的坝段或坝体承受侧向荷载,其侧向稳定或应力不能满足要求,需将相邻坝段联结成整体时;

③河谷狭窄,经过技术经济比较后认为选用整体式重力坝有利时;

④地震设计烈度在8度以上或有其他特殊要求,需将大坝联结成整体,提高大坝的抗震性能时。

(3)当坝内或坝后布置厂房,坝内布置压力钢管、泄水孔、导流底孔以及坝顶布置溢流表孔时,横缝间距应与其相适应。

岸坡坝段宜在地形突变或转折处设置横缝。

(4)纵缝可采用竖缝形式,缝面应设置键槽,并埋设灌浆系统进行灌浆。纵缝与坝面应垂直相交,避免浇筑块出现尖角。纵缝也可在某个高程加半圆管进行并缝。碾压混凝土重力坝不设纵缝。

(5)纵(横)灌浆缝缝面需用止浆片分隔成若干区进行灌浆,每一灌浆区的面积可为300~450m^2,其高度可为10~15m。

纵缝灌浆时坝体温度宜采取稳定温度。提高灌浆温度或超冷灌浆应有专门论证。纵缝灌浆完成后,需待水泥浆结石达到预期强度,水库才能蓄水。

(6)纵(横)缝同一灌浆区的进、出浆管口,排气管出口等,应集中于廊道或平台附近。纵(横)缝的灌浆压力应根据应力及变形条件确定,层顶压力可取0.1~0.3MPa。当同一坝段有数条纵缝时,各纵缝间灌浆进度宜相同,或先灌下游纵缝。各横缝间灌浆进度也宜相同。

(7)同一坝段相邻浇筑块水平施工缝应错开。当水平施工缝与廊道顶拱相交时,可以1:1.0~1:1.5的坡度与拱座连接,廊道以上的水平施工缝离廊道顶不应小于1.5m。

(8)斜缝适用于中、低坝,可不灌浆;用于高坝时应经论证。

(9)碾压混凝土坝不宜设纵缝,且少设横缝。可由切缝机压入金属片或用其他材料进行人工埋设造缝,亦可采用钻孔、切缝、预埋等方法设置非暴露平面的不连续诱导缝。横缝间距与坝址地形地质条件、布置方式、坝体断面形状、温度应力、施工能力等因素有关,应通过技术经济论证确定。

(10)常态混凝土重力坝在上、下游方向实现通仓长块浇筑,而不设纵缝时,应经论证并采取相应温控防裂措施。

(四)坝体止水和排水

(1)重力坝横缝的上游面、溢流面、下游面最高尾水位以下及坝内廊道和孔洞穿过分缝处的四周等部位应布置止水设施。

(2)高坝上游面附近的横缝止水应采用两道止水片,其间设一道沥青或经论证的其他措施。第一道止水片至上游坝面间的横缝内可贴沥青油毡,第二道止水片下游宜设排水或检查井。当有特殊需要时,可考虑在横缝的第二道止水片与检查井之间进行灌浆作为止水的辅助设施。

中、低坝的横缝止水可适当简化。

(3)高坝横缝的两道止水片应采用厚1.0~1.6mm的止水铜片;中坝的第一道止水片应为铜片。止水铜片每一侧埋入混凝土内的长度可为20~25cm。止水片宜加工成"⌒"形,其接头和接缝,应保证焊接质量。采用橡胶(或氯丁橡胶、遇水膨胀型橡胶)止水带。

塑料止水带、橡胶止水带或遇水膨胀型橡胶止水带应视工作水头、气候条件、所在部位和便于施工等因素选用合适的标准型号。对塑料止水带及橡胶止水带的安装,应采取措施防止变形。

(4)横缝止水片必须与坝基岩石妥善连接。止水片埋入基岩内的深度可为30~50cm,必要时插锚筋,保证止水槽混凝土与基岩的结合。

(5)陡坡段坝体与边坡接触面的基础止水可采用以下方法:①接触灌浆;②止水片与基岩的连接要求和横缝止水片与基岩的连接方式相同。

基础止水片与横缝止水片相交处必须密封。

(6)检查井截面尺寸可为1.2m×0.8m(长×宽),井内设置爬梯、休息平台,并与检查廊道相通。

(7)止水沥青井宜采用边长为15~25cm的正方形或内径为15~25cm的圆形。沥青井底部也应埋入基岩内。井内应设置加热设备,可预埋钢筋通电或预埋管路通蒸气。沥青井底部应设置老化沥青排出管,管径可为15~20cm。

(8)在上游面防渗层下游应设置铅直或近乎铅直的排水管系。排水管应通至纵向排水廊道,其上部应通至上层廊道或坝顶(或溢流面以下),以便于检修。排水管可采用拔管、钻孔或预制无砂混凝土管,管距可为2~3m,内径可为15~25cm。

渗入排水管的水可汇集到下层纵向廊道,沿集水沟或集水管经横向廊道的排水沟汇入集水井,再用水泵或自流排水排向下游,排水沟断面常用30cm×30cm,底坡3‰;排水管施工时必须防止被混凝土和杂物等堵塞。

(9)碾压混凝土重力坝设横缝并采用常态混凝土或富胶凝材料碾压混凝土作为上游防渗层时,横缝内止水应设置在防渗层内,采用其他类型材料作为上游坝面防渗层时应结合防渗布置考虑设置止水的方法,并应由试验论证其可靠性。

(10)碾压混凝土重力坝竖向排水系统的排水管,可设在上游防渗层下游侧。排水管可采用钻孔形成或预制无砂混凝土管,管距可为 2~3m,内径采用 15~20cm。

三、大坝混凝土材料及分区

(1)大坝混凝土所用的水泥、骨料、水、活性掺合料、外加剂等应符合现行的国家标准及有关行业标准的规定。

大坝混凝土除应满足设计上对强度的要求外,还应根据大坝的工作条件、地区气候等具体情况,分别满足耐久性(包括抗渗、抗冻、抗冲耐磨和抗侵蚀)以及低热性等方面的要求。

(2)常态混凝土重力坝应根据不同部位和不同条件分区,见图 5-2-1。

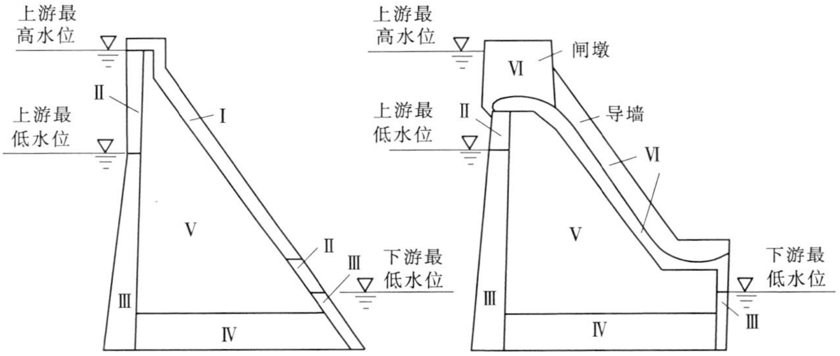

图 5-2-1　坝体混凝土分区图

Ⅰ区—上、下游水位以上坝体外部表面混凝土;Ⅱ区—上、下游水位变化区的坝体外部表面混凝土;Ⅲ区—上、下游最低水位以下坝体外部表面混凝土;Ⅳ区—坝体基础混凝土;Ⅴ区—坝体内部混凝土;Ⅵ区—抗冲刷部位的混凝土(例如溢流面、泄流孔、导墙和闸墩等)

大坝混凝土分区性能见表 5-2-2。

表 5-2-2　大坝混凝土分区性能

分区	强度	抗渗	抗冻	抗冲刷	抗侵蚀	低热	最大水灰比	选择各分区的主要因素
Ⅰ	+	−	++	−	−	+	+	抗冻
Ⅱ	+	+	++	−	+	+	+	抗冻、抗裂
Ⅲ	++	++	+	−	+	+	+	抗渗、抗裂
Ⅳ	++	+	+	−	+	++	+	抗裂
Ⅴ	++	+	+	−	−	++	+	
Ⅵ	++	−	++	++	++	+	+	抗冲耐磨

注:表中有"++"的项目为选择各区混凝土等级的主要控制因素,有"+"的项目为需要提出要求的,有"−"的项目为不需要提出要求的。

(3)大坝混凝土的强度等级。混凝土的强度等级应按照标准方法制作养护的边长为150mm 的立方体试件,在 28d 龄期用标准试验方法测得的具有 95%保证率的立方体抗压强度来确定,用符号 C(N/mm^2)表示。

大坝常态混凝土强度的标准值可采用 90d 龄期强度,保证率 80%,按表 5-2-3 采用。

表 5-2-3　大坝常态混凝土强度标准值

强度种类	符号	大坝常态混凝土强度等级					
		C7.5	C10	C15	C20	C25	C30
轴心抗压(MPa)	f_{ck}	7.6	9.8	14.3	18.5	22.4	26.2

注:常态混凝土强度等级和标准值可内插使用。

坝体内部大孔口,包括导流孔、引水管、泄水孔、孔壁周围的混凝土以及地震设计烈度 8 度以上的坝体上部混凝土,其强度等级应适当提高。

选择混凝土强度等级时,应考虑承受由温度、渗透压力及局部应力集中所产生的拉应力、剪应力或主应力。

坝体内部常态混凝土的强度等级不应低于 C7.5,碾压混凝土强度等级不应低于 C5。

(4)大坝混凝土的抗渗等级应根据所在部位和水力坡降,可按表 5-2-4 选用。

表 5-2-4　大坝混凝土抗渗等级的最小允许值

项次	部位	水力坡降	抗渗等级
1	坝体内部		W2
2	坝体其他部位按水力坡降考虑时	$i<10$	W4
		$10\leqslant i<30$	W6
		$30\leqslant i<50$	W8
		$i>50$	W10

注:1. 表中 i 为水力坡降。

2. 承受侵蚀水作用的建筑物,其抗渗等级应进行专门的试验研究,但不得低于 W4。

3. 混凝土的抗渗等级应按《水工混凝土试验规程》(SL84—94)规定的试验方法确定。根据坝体承受水压力作用的时间也可采用 90d 龄期的试件测定抗渗等级。

(5)大坝混凝土应根据气候分区、冻融循环次数、表面局部小气候条件、水分饱和程度、结构构件重要性和检修的难易程度等因素选用抗冻等级。

(6)根据大坝混凝土耐久性要求,混凝土的水灰比不宜大于表 5-2-5 所列数值。

表 5-2-5　混凝土最大水灰比

气候分区	大坝混凝土分区					
	Ⅰ	Ⅱ	Ⅲ	Ⅳ	Ⅴ	Ⅵ
严寒和寒冷地区	0.55	0.45	0.50	0.50	0.65	0.45
温和地区	0.60	0.50	0.55	0.55	0.65	0.45

(7)在环境水有侵蚀性情况下,应选择抗侵蚀性能较好的水泥,外部水位变化区及水下混凝土的水灰比可较表5-2-5减少0.05。

(8)高速水流区的混凝土应采用具有抗冲耐磨性的低流态高强度混凝土或高强硅粉混凝土。当采用耐磨材料衬护时,应与混凝土可靠结合。

(9)同一浇筑块中混凝土强度等级不宜超过两种,分区厚度尺寸最小为2~3m。

(10)碾压混凝土坝所用的材料试验应按《水工混凝土试验规程》(SL48—94)规定的方法进行,胶凝材料中活性掺合料(包括水泥中的混合材)所占的比例,外部混凝土中不宜超过总胶凝材料的45%,内部混凝土中宜占总胶凝材料的50%~60%。

碾压混凝土的总胶凝材料用量不宜低于150kg/m^3;最低水泥熟料用量应根据工程等级、坝高通过试验研究确定,不宜低于55kg/m^3,有抗侵蚀性要求时,水泥中的C_3A含量应低于5%,水胶比宜为0.5~0.6,并应进行试验论证。在粉煤灰掺量较高的情况下,采用C_3A含量较高的水泥,应由试验指标、温控要求等因素确定。碾压混凝土中宜掺用减水缓凝剂,以满足可碾性和缓凝性要求,有抗冻要求时可掺入引气剂。

(11)碾压混凝土坝内部混凝土的强度等级宜采用一种,对于高坝亦可按高程或部位采用不同的强度等级。强度等级的分区宽度根据坝体受力状态、构造要求和施工条件确定,且不宜小于5.0m。抗冲刷部位的碾压混凝土性能应经专门论证确定。不同分区的碾压混凝土,宜采用同一品种的水泥。有抗冻要求的部位的碾压混凝土应经过论证。

第三节　泄洪、消能建筑物型式及结构设计

一、泄水建筑物型式及结构设计

混凝土重力坝泄水、泄洪建筑物型式主要可分为溢流坝段及坝身泄水孔两大类。坝身泄水口包括有压孔及无压孔两种型式。

(一)溢流坝段

(1)溢流坝段的堰面曲线,当采用开敞式溢流孔时可采用幂曲线;当设有胸墙时,可采用孔口泄流的抛物线。堰面曲线的确定如下。

①开敞式溢流堰的堰面曲线。

a.堰顶下游段堰面曲线。

堰顶下游的堰面曲线可采用式(5-3-1)所示的幂曲线:

$$x^n = kH_d^{(n-1)}y \tag{5-3-1}$$

式中　H_d——定型设计水头,m,按堰顶最大作用水头H_{max}的75%~95%计算;

k、n——与上游堰面的倾斜坡度有关的参数;

x、y——以溢流堰顶点为坐标原点的坐标,x以向下游为正,y以向下为正。

b.堰顶上游段堰面曲线。

当上游坝面为铅直面时,R_1、R_2及R_3等参数见图5-3-1。

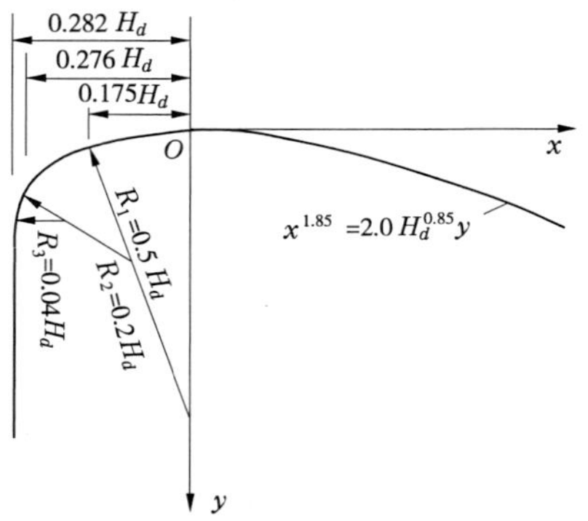

图 5-3-1　上游坝面为铅直面的堰顶上游段堰面曲线

当上游坡度为 3∶1、3∶2时，堰顶上游段的堰面曲线如图 5-3-2 所示。

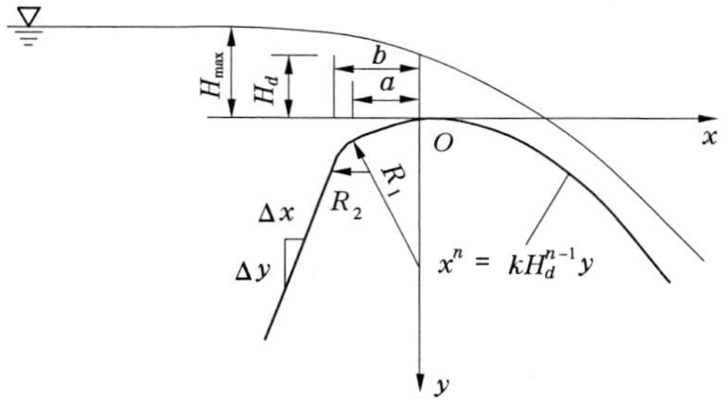

图 5-3-2　上游坝坡为 3∶1、3∶2时的堰顶上游段堰面曲线

当上游坡度为 3∶3时，堰面曲线如图 5-3-3 所示。

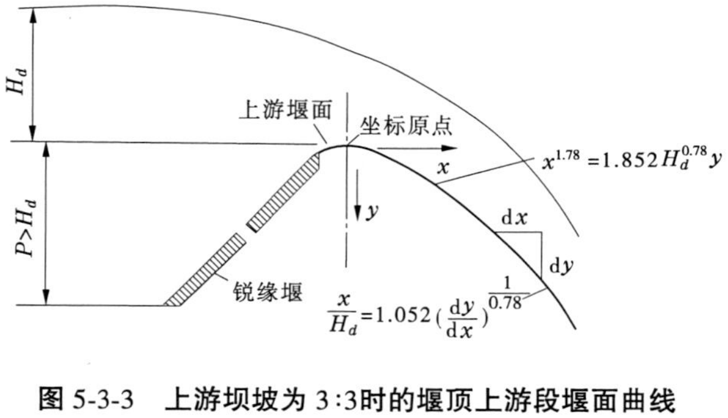

图 5-3-3　上游坝坡为 3∶3时的堰顶上游段堰面曲线

当上游坡介于上述各种坡度之间时，可利用图 5-3-4 所示的曲线来近似地求得适于中间坡度的 n 和 k 值，至于中间坡度的上游堰面形状则可由图 5-3-2 双圆弧曲线的坐标内插给出。

②有胸墙溢流堰的堰面曲线。

设有胸墙溢流坝的堰面曲线，当校核洪水情况下最大作用水头 H_{max}（孔口中心线上）

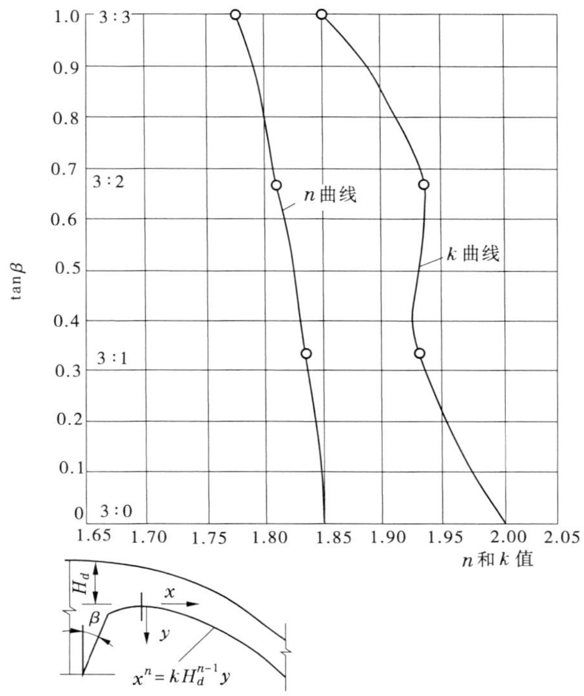

图 5-3-4　n 和 k 值关系曲线

与孔口高 D 的比值 $H_{max}/D>1.5$ 时，或闸门全开时仍属孔口泄流，即可按式(5-3-2)计算：

$$y=\frac{x^2}{4\varphi^2 H_d} \tag{5-3-2}$$

式中　H_d——定型设计水头，m，一般取孔口中心线至水库校核水位水头的 75%~95%；

φ——孔口收缩断面上的流速系数，一般取 $\varphi=0.96$，孔前设有检修闸门槽时取 $\varphi=0.95$；

其他符号含义见图 5-3-5。

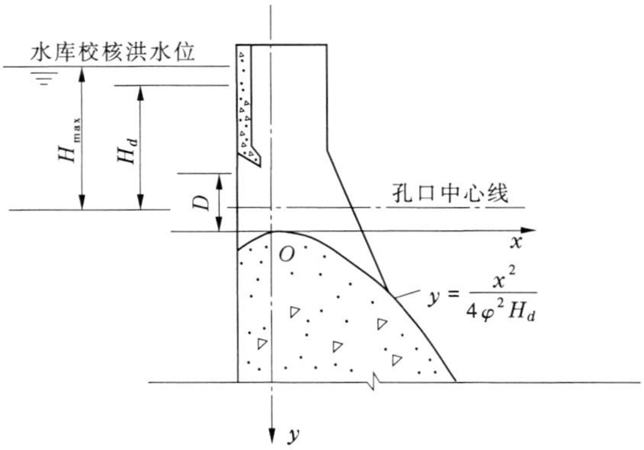

图 5-3-5　有胸墙溢流堰的堰面曲线示意图

原点上游可用单圆、复圆或椭圆曲线，与胸墙底缘通盘考虑。当 $1.2<\frac{H_{max}}{D}<1.5$ 时，应通过试验确定。

经过数值模拟优化论证和试验验证，也可采用其他堰面曲线。

(2)选择溢流坝的堰面曲线时，堰顶附近允许出现的经当地大气压修正的负压值应符合下列要求：

①正常蓄水位或常遇洪水位闸门局部开启时(后者以运行中较常出现的开度为准)，可允许有不大的负压值，应在设计中经论证确定；

②校核洪水位闸门全开时堰面出现的水压力不得低于-6×9.81kPa。

当堰顶闸门槽产生过大负压足以引起严重空蚀破坏时，应设法改善门槽的型式。

(3)溢流坝的反弧段应结合下游消能型式选择，对不同的消能设施可选用不同的公式。

①对于挑流消能，可按式(5-3-3)求得反弧段半径：

$$R=(4\sim10)h \tag{5-3-3}$$

式中 h——校核洪水位闸门全开时反弧段最低点处的水深，m，反弧段流速 $v<16$m/s 时，可取下限，流速越大，反弧半径也宜选用较大值，以至取上限。

②对于戽流消能，反弧段半径 R 与流能比 $K=\frac{q}{\sqrt{g}E^{1.5}}$有关，一般选择范围为 $E/R=2.1\sim8.4$，E 为自戽底起算的总水头(m)，q 为单宽流量($m^3/(s\cdot m)$)，g 为重力加速度(m/s^2)。

③对于底流消能，反弧段半径可近似按式(5-3-4)得：

$$R=\frac{10^x}{3.28} \tag{5-3-4}$$

$$x=\frac{3.28v+21H+16}{11.8H+64} \tag{5-3-5}$$

式中 H——不计行近流速的堰上水头，m；

v——坝趾处流速，m/s。

(4)闸墩的型式和尺寸应满足布置、水流条件和结构上的要求。当采用平面闸门时，闸墩在门槽处应有足够的厚度。

(5)溢流坝的堰面曲线、闸墩、门槽、坝面压力、泄流能力和反弧半径等，大型工程应经水工模型试验验证，中型工程宜经水工模型试验验证，水力条件较简单的中型工程，则可参照类似工程的经验，经计算确定。

(6)当溢流坝有排冰要求时，溢流坝孔口尺寸应根据冰情资料确定，堰上水深宜大于流冰期最大冰厚。冰块应能自由下泄而不致破坏下游设施，下游应有导墙、护岸等设施。闸墩墩头宜呈锐角形状。必要时，宜经调查研究和试验确定。

(二)坝身泄水孔

(1)泄水孔可设在溢流坝段的闸墩下部或专设的泄水孔坝段，并应有消能设施，使下泄水流不冲刷下游岸坡及相邻建筑物。

(2)坝身泄水孔应避免孔内有压流、无压流交替出现的现象。

(3)无压孔在平面上宜布置成直线。当需布置成弯道时,应进行分析研究并经水工模型试验验证。

(4)无压孔由有压段和无压段组成。有压段包括进口段、门槽段和压坡段三个部分,该段体型的设计应使其在各种流量之下保持正压,并要求断面变化均匀,泄流能力大。有压段末端设工作闸门,其上游设一道事故检修门。无压段的孔顶高度应留有余幅。在直线段当孔身为矩形时,顶部距水面的高度可取最大流量时不掺气水深的30%~50%;当孔顶为圆拱形时,其拱脚距水面的高度可取不掺气水深的20%~30%;当孔顶为扁圆拱时,可参照圆拱孔顶的要求略予增加,并应保证泄流时不淹没。无压段出口宜高出尾水位,防止在无压段出现水跃。无压段水流流速较大时,应采取掺气减蚀设施。

无压孔无压段底缘线可布置成直线,也可依次布置成直线段及其他曲线段并与下游消能设施平顺衔接。

(5)无压坝身泄水孔的体型设计。无压坝身泄水孔的典型布置如图5-3-6所示。包含有较短的压力段和较长的无压段。压力段又分为进口段、事故检修门槽段和压坡段三个部分,压坡段下游侧设工作闸门。检修闸门采用平板门,工作闸门则多采用弧形门。明流段自上游至下游按顺序布置直线段、抛物线段和反弧段。

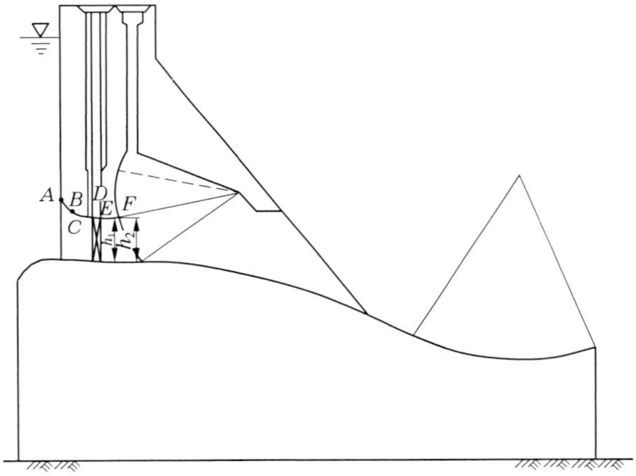

图5-3-6 无压坝身泄水孔的典型布置

①进口段。按《混凝土重力坝设计规范》(DL5108—1999)附录B或《混凝土重力坝设计规范》(SL319—2005)附录A设计。

②事故检修门槽段。事故检修门槽段应选择体型较优且初生空化数较低的门槽。

③压坡段。压坡段体型的选择应使压坡段不产生负压为准,其顶坡宜取稍陡于BC段的顶坡,可相应采用1:4.0~1:6.0;高水头的坝身泄水孔压坡段的顶坡宜取小值,水头较低或次要泄水建筑物可取大值。压坡段两端断面面积之比A_2/A_1,可参照实际工程所选用的值确定。

当事故检修的止水为下游止水时,应注意在该段的首端设置通气孔。

④明流段。明流段竖曲线段常设计为抛物线。明流段的反弧段一般采用单圆弧式，末端为挑坎，鼻坎高程应高于该处的下游水位以保证发生自由挑流，但可略低于下游最高水位。

(6)有压孔进口段体型布置要求与无压孔进口段基本相同，其下游接事故检修闸门门槽段，其后接平坡或小于 1:10 的缓坡段。工作闸门设在出口端，出口端上游设一压坡段，孔口断面可为圆形或矩形。

(7)有压坝身泄水孔的体型设计。有压坝身泄水孔的典型布置如图 5-3-7 所示，进口段形状与无压坝身泄水孔基本相同，但工作门布置在出口端，事故检修门仍设在进口段之后；压坡段位于工作门上游，事故检修门槽段与压坡段之间设有较长的有压平坡段。

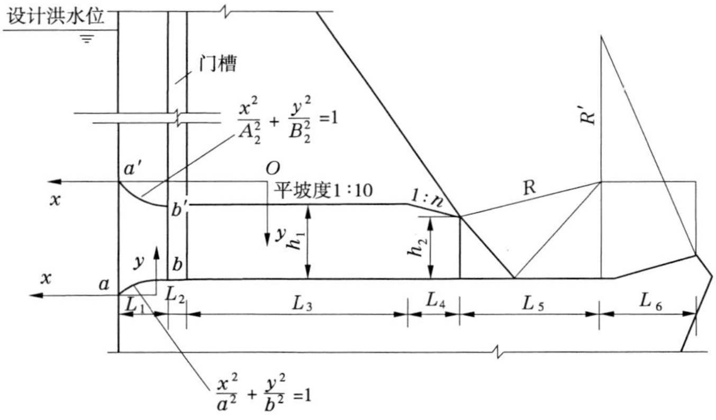

图 5-3-7 有压坝身泄水孔的典型布置

(8)坝身泄水孔的闸门和启闭机的设计应符合下列要求：无压孔的工作闸门，可采用弧形闸门或平面闸门，事故检修闸门为平面闸门。弧形闸门的启闭机室一般设于坝内，对于中坝也可设于坝顶；平面闸门的启闭机室一般设于坝顶。位于坝内的启闭机室应考虑通风、防潮、采暖设施。有压孔的工作闸门可采用弧形闸门、平面闸门、锥形阀或其他型式的门、阀。事故检修闸门平时宜作挡水之用。

(9)坝身泄水孔的通气孔设件应符合《水利水电工程钢闸门设计规范》(SL74—95)的有关要求。

(10)高坝坝身泄水孔水力条件复杂时，应做水工模型试验，必要时应进行减压箱模型试验验证。

(11)坝身泄水孔(包括导流底孔)，应作为坝体的一部分和坝身设计统一考虑。

(12)宜避免导流底孔与其上部缺口同时宣泄洪水。无法避免时，应考虑底孔出口受水舌封堵的不利情况，采取适当措施以避免空蚀。

应采取措施防止导流底孔进口闸门槽顶部进水。

(13)坝身泄水孔的衬护，应根据水压力、孔口尺寸、受力条件、孔内流速和泥沙含量、粒径、硬度及泄水的持续时间、施工条件等因素确定。

内水压力较高的有压孔，宜采用钢衬，并与外围混凝土可靠结合。

二、消能型式及结构设计

(一)消能型式选择

(1)消能型式应根据地形地质条件、枢纽布置、运行条件、下游水深及河床抗冲能力、消能防冲要求、下游水流衔接以及对其他建筑物的影响等综合考虑,并经技术经济比较选定。

(2)挑流消能适用于坚硬岩石上的高、中坝,低坝需经论证才能选用。

当坝基有延伸至下游的缓倾角软弱结构面,可能被冲坑切断而形成临空面,危及坝基稳定或岸坡可能被冲塌危及坝肩稳定时,均不宜采用。

(3)底流消能适用于中、低坝或基岩较软弱的河道,高坝采用底流消能需经论证,但不宜用于排漂和排冰。

(4)面流消能适用于水头较小的中、低坝,下游水位稳定,尾水较深,河床和两岸在一定范围内有较高抗冲能力的顺直河道,可排漂和排冰。

(5)消力戽消能适用于尾水较深(大于跃后水深),且下游河床和两岸有一定抗冲能力的河道。

(6)联合消能适用于高、中坝,泄洪量大、河床相对狭窄、下游地质条件较差或单一消能型式经济合理性差的情况。联合消能应经水工模型试验验证。

(二)消能防冲结构设计一般规定

(1)消能防冲建筑物设计的洪水标准可低于大坝的泄洪标准。一等工程消能防冲建筑物宜按 100 年一遇洪水设计;二等工程消能防冲建筑物宜按 50 年一遇洪水设计;三等工程消能防冲建筑物宜按 30 年一遇洪水设计,并需考虑在小于设计洪水时可能出现的不利情况,保证安全运行。同时,应满足出现大于设计洪水时产生的局部破坏不致危及大坝安全并易于修复。

(2)泄水建筑物的消能防冲设计应满足下列要求:

①坝体泄洪消能防冲设施应根据坝高、坝基及下游河床和两岸地形地质条件,下游河道水深变化情况,结合过木、排冰、排漂等要求合理选择。

当采用挑流消能时,挑流水舌应不影响其他建筑物的安全和运行,必要时,设置导墙或采取其他措施。

②消能设施应做到消能效果良好,结构可靠,防止空蚀和磨损,防止淘刷坝基和岸坡,保证坝体及有关建筑物的安全。

③选定的消能型式应能在宣泄设计洪水及其以下各级洪水流量时,尤其是常遇洪水流量时,都具有良好的消能效果,对超过消能防冲设计标准的洪水,允许消能防冲建筑物出现不危及挡水建筑物安全,不影响枢纽长期运行并易于修复的局部损坏。

④淹没于水下的消能设施(消力池、消力戽等),应为运行期的排水检修提供条件。

(3)泄水建筑物的闸门宜同步、对称、均匀地启闭,以控制流态稳定,并由设计提出运行规划。

(4)大型工程和高坝的泄水建筑物设计应经水工模型试验验证,中型工程宜进行水工模型试验,水力条件较简单的中型工程则可参照类似工程经验计算确定。

（三）高速水流区的防空蚀设计

（1）泄水建筑物的高速水流区，应注意下列部位或区域发生空蚀破坏的可能性：

① 进口、闸门槽、弯曲段、水流边界突变（不连续或不规则）处；

② 反弧段及其附近；

③ 差动式鼻坎、窄缝式鼻坎、扭曲式鼻坎、分流墩；

④ 溢流坝面上和泄水孔流速大于 20m/s 的区域。

（2）在高速水流区各部位的水流空化数宜大于该处的初生空化数。

水流空化数估算公式为：

$$\sigma=\frac{h_0+h_d-h_v}{v_0^2/(2g)} \tag{5-3-6}$$

式中 σ——水流空化数，无量纲；

h_0——计算断面处的动水压力水头，水柱高，m；

h_d——计算断面处的大气压力水头，水柱高，m，对于不同高程按 10.33－▽/900 估算，即相对于海平面，每增加高度 900m，较标准大气压力水头降低 1m，▽为海平面以上的高程；

h_v——水的汽化压力水头，水柱高，m，对于不同的水温可参照表 5-3-1。

$v_0^2/(2g)$——计算断面处的平均流速水头，m。

表 5-3-1 水的汽化压力水头与水温关系

水温（℃）	0	5	10	15	20	25	30	40
水柱高 h_v（m）	0.06	0.09	0.13	0.17	0.24	0.32	0.43	0.75

（3）对（1）中所列部位或区域（不包括门槽），当 $\sigma<0.3$ 时，应采取以下防空蚀措施：

①合理设计建筑物的体型和严格控制不平整度。

水流边壁表面的不平整度指施工后的混凝土表面不符合设计体型的孤立突体或凹陷。在施工时必须严格控制表面不平整度。

确定不平整度的控制标准时，应充分考虑体型、部位的重要性、水流空化数、结构材料和可能连续运行的历时等。

在设置掺气设施后，溢流面的不平整度控制标准可适当放宽。

②突体应处理成缓坡。

③采用掺气设施。

④采用合理的运行方式。

⑤采用抗蚀性能好的材料。

（4）掺气减蚀设施布置应满足下列要求：

①在保护范围内应有足够的通气量，临近保护面的掺气浓度不应低于 3%～4%，要求特别高的部位不低于 5%。

②设施本身有足够的强度和可靠性。

③在宣泄设计及以下各级流量时，通气空腔应保持稳定，并应防止通气孔掺气槽堵

塞,以保证通气顺畅。

(5)掺气减蚀的型式可分为:

①底部通气设施。一般都是过流面上设置挑坎、跌坎或掺气槽,使水流脱离底部边界形成空腔,由空腔中的气水交界面掺入空气。对水流干扰小,流态平顺,使泄水建筑物的底板防蚀。

②底侧(又称突扩、突跌)通气设施。这种设施底部边壁有突跌,两侧边壁有突扩,空气经三个面进入空腔与水流掺混,可以同时使底板和边墙减免空蚀。

(6)掺气减蚀设施的保护段长度。根据国内外已运行工程的经验。一个选型良好的掺气减蚀设施,一般可以保护70~100m长的反弧段或100~150m的直线段,并可根据工程布置和试验研究成果适当加长。

(7)流速30~35m/s的泄水建筑物应采取掺气措施,特殊重要的工程和流速大于35m/s的建筑物应通过减压箱模型试验确定防空蚀措施。

(8)在多泥沙河流上,泄水建筑物应考虑挟沙的高速水流磨损和空蚀的相互作用。

(四)消能防冲设施的设计

(1)挑流鼻坎的型式,一般有连续式、差动式、窄缝式和扭曲式等,应经比较选定。鼻坎最低高程宜高出宣泄洪水标准时的下游水位,但可略低于下游最高水位。

①挑流鼻坎的挑角可采用15°~35°,应通过比较选定。采用差动式鼻坎,鼻坎处平均流速大于16m/s时,应合理选择反弧段半径、挑角差、高低坎宽度比和高低坎的高差,并可考虑在鼻坎和反弧段间接入直线过渡段以改善流态。

差动式鼻坎的上齿坎挑角和下齿坎挑角的差值以5°~10°为宜;上齿宽度和下齿宽度之比宜大于1.0;齿高差以1.5m为宜;高坎侧宜设通气孔;高坎顶面的棱角宜做成圆弧状。

②窄缝式挑坎适用于狭谷河道高水头的溢流道和深孔。出口断面可呈矩形、梯形、Y形和V形等,也可采用不对称形式,应经比较选定。底板的挑角宜取零度或为正负小挑角;收缩比可为0.15~0.5;长宽比在中、深孔大流量、低弗劳德数时,宜取0.75~1.5,相应收缩比应取较大值;在表孔、高弗劳德数时,长宽比宜取1.5~3.0,相应收缩比应取较小值。

③扭曲式鼻坎应根据具体情况控制转向角度和入水落点。

(2)挑流消能的安全挑距,以不影响坝趾基岩稳定为原则。冲坑最低点距坝趾的距离应大于2.5倍坑深。水舌入水宽度的选择应考虑不影响冲坑两侧岸坡或其他建筑物的稳定为宜。

(3)挑流消能应研究雾化对枢纽其他建筑物运行安全及边坡稳定的影响,尤其对干旱少雨地区更应重视。坝下游的建筑物及露天设置的电气设备、输电线路,宜避开雾化区,或采取保护措施。

(4)底流消能应保证在消力池内形成稳定的水跃,避免产生回流。消力池内要清理干净,其尾坎前后不允许堆积石渣。

(5)消力池宜采用等宽矩形断面。水跃前段地形许可时,可设计成斜护坦。跃前断面平均流速小于16m/s时,护坦上可设置辅助消能设施(消力墩)。寒冷地区,辅助消能设施应满足《水工建筑物抗冰冻设计规范》(SL211—2006)的要求。

(6)消力池两侧导墙顶的高程,可根据跃后水深加超高决定。设在池外侧的导墙,墙外河床中如有一定水深,可适当降低墙高,允许墙顶有不大的漫溢水头。

(7)面流消能、戽流消能流态复杂且不稳定。宜采取下列工程措施,防止坝基和下游河床河岸的淘刷,保证工程安全。

①鼻坎下设置齿墙或短护坦;

②两侧设置导墙,防止横向回流;

③下游设置护岸。

(8)联合消能的防冲设施可按照(1)~(7)的规定设计。但对宽尾墩与消力池联合运用型式,考虑其泄洪功率大等特点,应加强消力池底板的强度、自身以及与基础结合的整体性,并应采取措施保证消力池底板止水的可靠性。

第四节　泄水建筑物的水力计算

一、泄流能力及掺气水深计算

(1)开敞式溢流堰泄流能力计算公式:

$$Q = Cm\varepsilon\sigma_s B\sqrt{2g}H_w^{3/2} \tag{5-4-1}$$

式中　Q——流量,m^3/s;

B——溢流堰净宽,m;

H_w——堰顶以上作用水头,m;

g——重力加速度,m/s^2;

m——流量系数;

C——上游面坡度影响修正系数,当上游面为铅直面时,C 取 1.0;

ε——侧收缩系数,根据闸墩厚度及墩头形状而定,可取 $\varepsilon=0.90\sim0.95$;

σ_s——淹没系数,视泄流的淹没程度而定,不淹没时 $\sigma_s=1.0$。

(2)孔口泄流能力计算公式:

$$Q = \mu A_k\sqrt{2gH_w} \tag{5-4-2}$$

式中　Q——流量,m^3/s;

A_k——出口处的面积,m^2;

H_w——自由出流时为孔口中心处的作用水头,淹没泄流时为上下游水位差,m;

μ——孔口或管道流量系数,初期设计时对设有胸墙的堰顶高孔,当 $H_w/D=2.0\sim2.4$(D 为孔口高,m)时,取 $\mu=0.74\sim0.82$,对深孔取 $\mu=0.83\sim0.93$,当为有压流时,μ 必须计算沿程及局部水头损失后确定。

(3)溢流坝水面线计算,当弗劳德数 $Fr>2$ 时,应考虑波动及掺气影响。

波动及掺气计算公式:

$$h_b=\left(1+\frac{\zeta v}{100}\right)h \tag{5-4-3}$$

式中 h——不计入波动及掺气的水深，m；

h_b——计及波动及掺气的水深，m；

v——不计入波动及掺气的计算断面上的平均流速，m/s；

ζ——修正系数，一般为 1.0～1.4s/m，视流速和断面收缩情况而定，当流速大于 20m/s 时，宜采用较大值。

边墩或导墙顶高程应根据计算水面线加 0.5～1.5m 的超高确定。

二、挑流消能设计

挑流消能设计应对各级下泄流量进行水力计算，估算水舌挑射距离、最大冲坑深度。

（1）水舌挑距估算公式（计算参见图 5-4-1）：

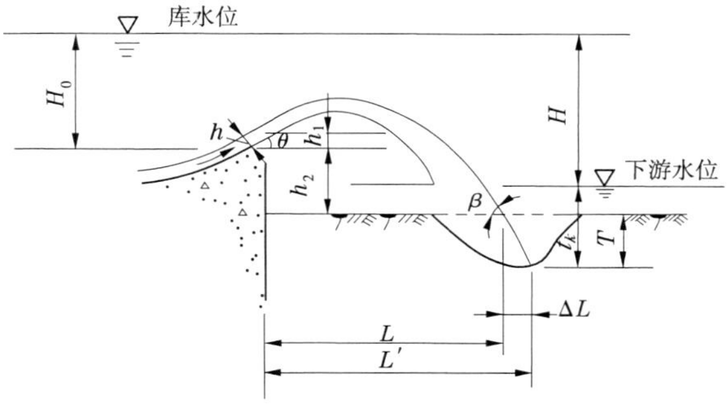

图 5-4-1 挑流消能示意图

$$L'=L+\Delta L \tag{5-4-4}$$

$$L=\frac{1}{g}\left[v_1^2\sin\theta\cos\theta+v_1\cos\theta\sqrt{v_1^2\sin^2\theta+2g(h_1+h_2)}\right] \tag{5-4-5}$$

$$\Delta L=T\tan\beta \tag{5-4-6}$$

式中 L'——冲坑最深点到坝下游垂直面的水平距离，m；

L——坝下游垂直面到挑流水舌外缘进入下游水面后与河床面交点的水平距离，m；

ΔL——水舌外缘与河床面交点到冲坑最深点的水平距离，m；

v_1——坎顶水面流速，m/s，按鼻坎处平均流速 v 的 1.1 倍计，即 $v_1=1.1v=1.1\varphi\sqrt{2gH_0}$，$H_0$ 为水库水位至坎顶的落差，m；

θ——鼻坎的挑角，(°)；

h_1——坎顶垂直方向水深，m，$h_1=h/\cos\theta$，h 为坎顶平均水深，m；

h_2——坎顶至河床面高差，m，如冲坑已经形成，作为计算冲坑进一步发展时，可算至坑底；

φ——堰面流速系数；

T——最大冲坑深度，由河床面至坑底，m；

β——水舌外缘与下游水面的夹角。

(2)最大冲坑水垫厚度按式(5-4-7)估算(见图 5-4-1)：

$$t_k = kq^{0.5}H^{0.25} \tag{5-4-7}$$

式中 t_k——水垫厚度，自水面算至坑底，m；

q——单宽流量，$m^3/(s \cdot m)$；

H——上下游水位差，m；

k——冲刷系数，其数值见表 5-4-1。

表 5-4-1 基岩冲刷系数 k 值

可冲性类别		难冲	可冲	较易冲	易冲
节理裂缝	间距(cm)	>150	50~150	20~50	<20
	发育程度	不发育，节理(裂隙)1~2组，规则	较发育，节理(裂隙)2~3组，X形，较规则	发育，节理(裂隙)3组以上，不规则，呈X形或米字形	很发育，节理(裂隙)3组以上，杂乱，岩性被切割呈碎石状
基岩构造特征	完整程度	巨块状	大块状	块(石)碎(石)状	碎石状
	结构类型	整体结构	砌体结构	镶嵌结构	碎裂结构
	裂隙性质	多为原生型或构造型，多密闭，延展不长	以构造型为主，多密闭，部分微张，少有充填，胶结好	以构造型或风化型为主，大部分微张，部分张开，部分为黏土充填，胶结较差	以风化或构造型为主，裂隙微张或张开，部分为黏土充填，胶结很差
k	范围	0.6~0.9	0.9~1.2	1.2~1.6	1.6~2.0
	平均	0.8	1.1	1.4	1.8

注：适用范围为水舌入水角 30°<β<70°。

三、底流消能设计

底流消能设计应对各级下泄流量进行水力计算，确定护坦高程、长度、厚度和尾水淹没度等。

(一)护坦长度计算

护坦长度可根据其上是否设置辅助消能设施及水力特性，按照式(5-4-8)计算。当护坦上无辅助消能设施时，尾水淹没度可取 1.05~1.10 倍跃后水深。

护坦长度计算公式：

(1)收缩断面的弗劳德数 $Fr \geqslant 4.5$,护坦上不设辅助消能设施时:

$$L=6(h''-h') \tag{5-4-8}$$

式中 L——护坦消力池长度,m;

h'——跃前共轭水深,m;

h''——跃后共轭水深,m。

(2)当 $Fr>4.5$,池首断面平均流速 v' 大于 16m/s,护坦上可设梳流坎及尾坎,但不设消力墩时,其消力池长度按式(5-4-9)计算:

$$L=(3.2\sim4.3)h'' \tag{5-4-9}$$

(3)当 $Fr>4.5$,池首断面平均流速 v' 小于 16m/s,护坦上可设梳流坎、消力墩及尾坎时:

$$L=(2.3\sim2.8)h'' \tag{5-4-10}$$

(二)护坦上的时均水压力分布取值

护坦上的时均水压力分布,可按下列规定取值:

(1)当护坦面为水平时,作用在其上的时均水压力可近似取计算断面上的水深。

(2)当不设消力墩、坎等辅助消能设施的护坦上发生水跃时,可取跃首、跃尾间水面连一直线,作为近似水面线。

(3)当护坦上设有消力墩时,则墩下游可按跃后水深估算,墩上游可按跃后水深的一半估算。

四、水流对尾槛的冲击力

水流对消力池尾槛的冲击力代表值可按式(5-4-11)计算:

$$P_{ir}=K_d A_0 \frac{\rho_w v^2}{2} \tag{5-4-11}$$

式中 P_{ir}——作用于消力池尾槛的水流冲击力代表值,N;

A_0——尾槛迎水面在垂直于水流方向上的投影面积,m^2;

v——水跃收缩断面的流速,m/s;

K_d——阻力系数,对于消力池中未形成水跃、水流直接冲击尾槛的情况,可取 $K_d=0.6$,对于消力池中已形成水跃且 $3\leqslant Fr\leqslant10$ 的情况,可取 $K_d=0.1\sim0.5$(弗劳德数 Fr 大者 K_d 取小值,反之取大值)。

水流冲击力的作用分项系数应采用 1.1。

五、脉动压力

(1)作用于一定面积上的脉动压力代表值可按下式计算:

$$P_{Fr}=\pm\beta_m p_{Fr} A \tag{5-4-12}$$

式中 P_{Fr}——脉动压力代表值,N;

p_{Fr}——脉动压强代表值,N/m^2;

A——作用面积,m^2;

β_m——面积均化系数。

其中正、负号应按不利设计条件选定。

(2)脉动压强代表值可按下式计算：

$$p_{fr}=2.31K_p\frac{\rho_w v^2}{2} \tag{5-4-13}$$

式中　K_p——脉动压强系数；

v——相应设计状况下水流计算断面的平均流速，m/s，可根据水流条件确定，对于消力池水流，可取收缩断面的平均流速，对于泄槽水流，可取计算断面的平均流速，对于反弧鼻坎挑流，可取反弧最低处的断面平均流速。

第五节　混凝土重力坝的抗滑稳定与应力计算

一、抗滑稳定分析

抗滑稳定分析是重力坝结构计算中的一项重要内容，其目的是核算坝体沿坝基面或沿地基深层软弱结构面抗滑稳定的安全度。因为重力坝沿坝轴线方向用横缝分隔成若干个独立的坝段，所以稳定分析可以按平面问题进行。但对于地基中存在多条互相切割交错的软弱面构成空间滑动体或位于地形陡峻的岸坡段，则应按空间问题进行分析。重力坝的失稳破坏过程是比较复杂的，理论分析、试验及原型观测结果表明，位于均匀坝基上的混凝土重力坝沿坝基面的失稳机理是：首先在坝踵处基岩和胶结面出现微裂松弛区，随后在坝趾处基岩和胶结面出现局部区域的剪切屈服，进而屈服范围逐渐增大并向上游延伸，最后形成滑动通道，导致大坝的整体失稳。

(一)沿坝基面的抗滑稳定分析

以一个坝段或取单宽作为计算单元。计算公式有抗剪强度公式和抗剪断公式。

1.抗剪强度公式

将坝体与基岩间看成是一个接触面，而不是胶结面。

当接触面呈水平时见图 5-5-1(a)，其抗滑稳定安全系数 K_s 为：

$$K_s=f(\sum W-U)/\sum P \tag{5-5-1}$$

式中　$\sum W$——接触面以上的总铅直力；

$\sum P$——接触面以上的总水平力；

U——作用在接触面上的扬压力；

f——接触面间的摩擦系数。

当接触面倾向上游时(见图 5-5-1(b))：

$$K_s=\frac{f(\sum W\cos\beta-U+\sum P\sin\beta)}{\sum P\cos\beta-\sum W\sin\beta} \tag{5-5-2}$$

式中　β——接触面与水平面间的夹角。

由式 5-5-2 可以看出，当接触面倾向上游时，对坝体抗滑有利；而当接触面倾向下游

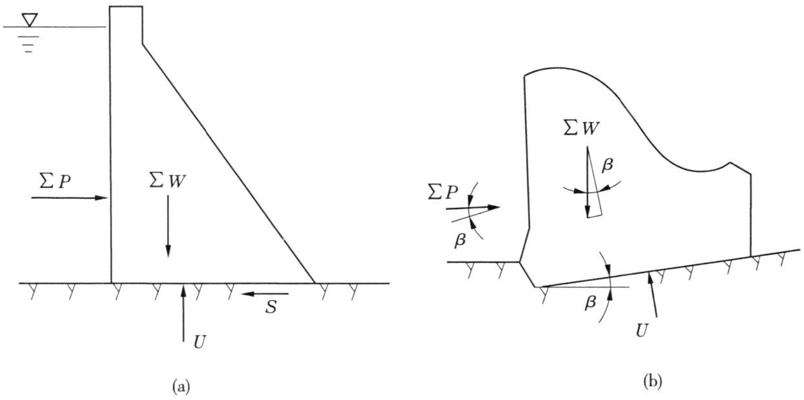

图 5-5-1　坝体抗滑稳定计算简图

时 β 为负值，使抗滑力减小，滑动力增大，对坝体稳定不利。

摩擦系数 f 值要由若干组试验确定。由于试验岩体自身的非均匀性质和每次试验条件不可能完全相同，导致试验成果具有较大的离散性。根据国内外已建工程的统计资料，混凝土与基岩间的 f 值常取 0.5~0.8。摩擦系数的选定直接关系到大坝的造价与安全，f 值愈小，为维持稳定所需的 $\sum W$ 愈大，即坝体剖面愈大。

由于抗剪强度公式未考虑坝体混凝土与基岩间的凝聚力，而将其作为安全储备，因此相应的安全系数 K_s 值就不应再定得过高。这里的 K_s 值只是一个抗滑稳定的安全指标，并不反应坝体真实的安全程度。

值得注意的是，式(5-5-1)中的 $\sum W$ 和 $\sum P$ 基本上与坝高的平方成正比，而坝体混凝土与基岩接触面间的凝聚力则与坝高成正比，因此采用抗剪公式核算抗滑稳定时，高坝的安全储备要比低坝小。

2. 抗剪断公式

利用抗剪断公式时，认为坝体混凝土与基岩接触良好，直接采用接触面上的抗剪断参数 f' 和 c' 计算抗滑稳定安全系数。此处，f' 为抗剪断摩擦系数，c' 为抗剪断凝聚力。

$$K'_s = \frac{f'(\sum W - U) + c'A}{\sum P} \tag{5-5-3}$$

在抗剪断计算公式中，$\sum W$ 和 $\sum P$ 都与坝高的平方成正比，而坝体混凝土与基岩接触面间的凝聚力则与坝高成正比，因此用抗剪断公式核算抗滑稳定时，对较低的坝，凝聚力对抗滑稳定所起的作用比较高的坝为大。因此，采用抗剪断公式设计较低的坝是比较经济的。

对于大、中型工程，在设计阶段，强度参数 f' 和 c' 应有野外及室内试验成果；在规划和可行性研究阶段可参照规范给定的数值选用。我国设计规范用统计的方法给出了不同级别岩石的抗剪断参数，如表 5-5-1 所示。f' 和 c' 值的确定方法与 f 相同。

表 5-5-1 坝体混凝土与基岩接触面抗剪断参数的参考值

岩石工程分级	岩石综合评价	基岩特征	抗剪断参数	
			f'	c'(MPa)
Ⅰ	很好的岩石	完整的、新鲜的、致密坚硬的、裂隙不发育的、块状的、厚层状的岩石。饱和抗压强度大于100MPa,变形模量大于2×10^4MPa,声波纵波速大于5 000m/s	1.2~1.5	1.3~1.5
Ⅱ	好的岩石	完整的、新鲜的、坚硬的、微裂隙的、块状的、厚层状的岩石。饱和抗压强度60~100MPa,变形模量$(1\sim2)\times10^4$MPa,声波纵波速4 000~5 000m/s	1.0~1.3	1.1~1.3
Ⅲ	中等岩石	完整性较差的、微风化的、微裂隙的、中等坚硬的、块状的、层状的岩石。饱和抗压强度30~60MPa,变形模量$(0.5\sim1.0)\times10^4$MPa,声波纵波速3 500~4 500m/s	0.9~1.2	0.7~1.1
Ⅳ	较差的岩石	完整性差的、弱风化的、弱裂隙的、较软弱的、中厚层的岩石或节理不发育,但层理、片理较发育、易风化的薄层状的岩石。饱和抗压强度15~30MPa,变形模量$(0.2\sim0.5)\times10^4$MPa,声波纵波速2 500~3 500m/s	0.7~0.9	0.3~0.7

上述抗剪强度公式形式简单,对摩擦系数f的选择,多年来积累了丰富的经验,在国内外应用广泛,但该公式忽略了坝体与基岩间的胶结作用,不能完全反映坝的实际工作性态。抗剪断公式直接采用接触面上的抗剪断强度参数,物理概念明确,比较符合坝的实际工作情况,近20年来已日益为各国所采用。我国《混凝土重力坝设计规范(试行)补充规定》(SDJ21—78)建议:当坝基内不存在可能导致深层滑动的软弱面时,应按抗剪断强度公式计算;对中型工程中的中、低坝,也可按抗剪强度公式计算。

重力坝的失稳破坏机理是比较复杂的,包括断裂、剪切滑移和压碎等,实质上是一个混凝土和岩体的强度问题。利用有限元法分析坝体和坝基的应力与稳定,是近年来水工设计的重要发展。当坝基为非均质的复杂岩体时,可沿接触面分段,求出每个分段的正应力σ_{ni}和剪应力τ_{ni},设某分段的长度为l_i,则这一分段的阻滑力为$(f_i\sigma_{ni}+c_i)l_i$,滑动力为$\tau_{ni}l_i$,沿接触面求代数和,可以得出抗滑稳定安全系数为:

$$K_s=\frac{\sum_{i=1}^{n}(f_i\sigma_{ni}+c_i)l_i}{\sum_{i=1}^{n}\tau_{ni}l_i} \tag{5-5-4}$$

(二)深层抗滑稳定分析

当坝基内存在不利的缓倾角软弱结构面时,在水荷载作用下,坝体有可能连同部分基岩沿软弱结构面产生滑移,即所谓的深层滑动。设计时,首先要查明地基中的主要缺陷,确定失稳边界,测定失稳边界面上的抗剪强度参数;其次是选择合理的计算方法并规定相应的安全系数;最后是选择提高深层抗滑稳定性的措施,满足安全要求。目前,常用的分析方法有计算和实验两类,其中计算方法主要有刚体极限平衡法和有限元法两种,本节主要对刚体极限平衡法作简要介绍。

1. 单斜面深层抗滑稳定计算

如图 5-5-2 所示,在地基内只有一个软弱面。计算中将软弱面以上的坝体和地基视作刚体,按式(5-5-4)计算刚体沿软弱面的抗滑稳定安全系数。

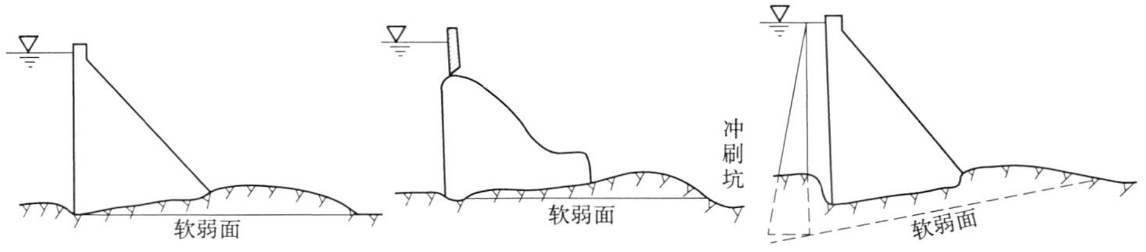

图 5-5-2 坝基内的软弱面

$$K_s = \frac{f_B(\sum W\cos\beta - U \pm \sum P\sin\beta) + c_B A}{\sum P\cos\beta \mp \sum W\sin\beta} \tag{5-5-5}$$

式中 f_B、c_B——滑动面上的摩擦系数及凝聚力,当按抗剪断强度参数取值时,$f_B=f'$、$c_B=c'$,当按抗剪强度系数取值时,$f_B=f$、$c_B=0$。

$\pm\sum P\sin\beta$ 和 $\mp\sum W\sin\beta$,当滑动面倾向上游时,选用上面的符号;当滑动面倾向下游时,选用下面的符号。

2. 双斜面深层抗滑稳定计算

很多实际工程的地基内往往存在多条相互切割交错的断层或软弱夹层。构成复杂的滑动面。在作深层抗滑稳定分析时,应验算几个可能的滑动通道,从中找出最不利的滑动面组合,进而计算其抗滑稳定安全系数。

如图 5-5-3 所示,AB 是一条缓倾角夹层或软弱面,称为主滑裂面,BC 是另一条辅助破裂面,切穿地表。关于 BC 的位置可根据地基内的反倾向节理拟定,或通过试算选取一条最不利的破裂面。计算时将滑移体分成两块,在其分界面 BD 上引入一个需要事先假定与水平面成 ψ 角的内力 R(抗力)。分别令①区或②区处于极限平衡状态,即可演绎出三种不同的计算方法:剩余推力法、被动抗力法及等安全系数法。

(1)剩余推力法。先令①区处于极限平衡状态,其沿 AB 面的抗滑稳定安全系数为 1,求得 R 后,再计算②区沿 BC 面的抗滑稳定安全系数 K_2,K_2 即为整个坝段的抗滑稳定安全系数。

当①区处于极限平衡时,可以列出:

$$P\cos\alpha + W_1\sin\alpha = f_1[W_1\cos\alpha - P\sin\alpha - R\sin(\psi-\alpha) - U_1] + c_1A_1 + R\cos(\psi-\alpha) \tag{5-5-6}$$

解出 R,将 R 加在②区上,便可求得②区的抗滑稳定安全系数,也即整个滑动体的抗

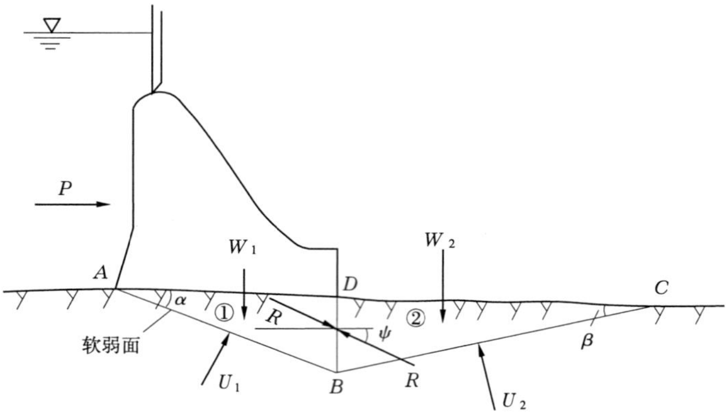

图 5-5-3　双斜面深层抗滑稳定计算简图

滑稳定安全系数 K。

$$K_2=K=\frac{f_2[R\sin(\varphi+\beta)+W_2\cos\beta-U_2]+c_2A_2}{R\cos(\varphi+\beta)-W_2\sin\beta} \tag{5-5-7}$$

式中　f_1、c_1 和 f_2、c_2——①区、②区可能滑动面上的摩擦系数和凝聚力；

A_1、A_2——AB、BC 可能滑动面的面积；

其他符号的意义如图 5-5-3 所示。

（2）被动抗力法。与上述方法相反，先令②区处于极限平衡状态（抗滑稳定安全系数为 1），求得抗力 R 后，再计算①区沿 AB 面的抗滑稳定安全系数 K_1，作为整个坝段的抗滑稳定安全系数。

（3）等安全系数法。令①区和②区同时处于极限平衡状态，分别列出两个区抗滑稳定安全系数 K_1、K_2 的计算式，然后令 $K_1=K_2$，解出抗力 R，再将其代回原计算式，即可求出整个滑移体的抗滑稳定安全系数。

上述三种计算方法中的前两种，由于先令一个区处于极限平衡状态，也即相当于这一区的 $K=1$，因而推算出的另一区的 K 值要比等安全系数法为大，相比之下，等安全系数法更为合理。

抗力 R 与水平面的夹角 ψ 难于准确给出。我国工程界根据经验常假定 $\psi=0$，这样求出的成果偏于安全，或假定 $\tan\psi$ 等于 BD 面上的 f 除以安全系数，或参照有限元法分析成果，用 BD 面上各点主应力的平均倾角作为 ψ 值。

以上分析方法人为地将滑动岩体分成①区和②区两块，等于在地基内增加了一个软弱面，这样必然使抗滑稳定安全系数有所降低。当岩体比较完整坚固或 BD 面上的抗剪强度足以承担该面上的剪应力时，则应验算该滑移体的整体抗滑稳定性，如图 5-5-4 所示。

设 R_1、R_2 分别为 AB 面和 BC 面上反力的合力，作用点为 O_1 和 O_2，自作用点作滑动面的法线，交点 O 即为瞬时滑动中心，将 R_1、R_2 分解为 N_1、Q_1 和 N_2、Q_2，并令所有外荷载对 O 点的力矩为 M_0，则

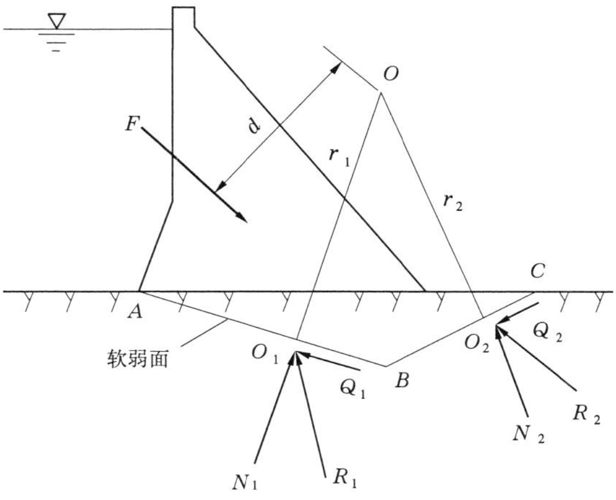

图 5-5-4　整体深层抗滑稳定计算简图

$$M_0 = Fd = Q_1 r_1 + Q_2 r_2 \tag{5-5-8}$$

将滑动面上所能提供的最大抗滑力矩与滑动力矩 M_0 相比，便可得出整体深层抗滑稳定的安全系数 K：

$$K = \frac{(f_1 N_1 + c_1 l_1) r_1 + (f_2 N_2 + c_2 l_2) r_2}{Q_1 r_1 + Q_2 r_2} \tag{5-5-9}$$

式中　f_1、c_1 和 f_2、c_2——AB 面和 BC 面上的摩擦系数和凝聚力；

r_1、r_2——力臂；

l_1、l_2——AB 面和 BC 面的长度。

解决问题的关键在于确定 AB 面和 BC 面上的反力与相应的转动中心，反力 R_1、R_2 及其作用点 O_1、O_2 可通过有限元法或其他方法求解。

(三)岸坡坝段的抗滑稳定分析

当靠近两岸岸坡坝段的坝基面是倾向河床的斜面或折面时，该坝段在上游水压力及坝体自重作用下，有向下游及河床滑动的趋势，在三向荷载作用下，使其抗滑稳定性不如河床坝段。

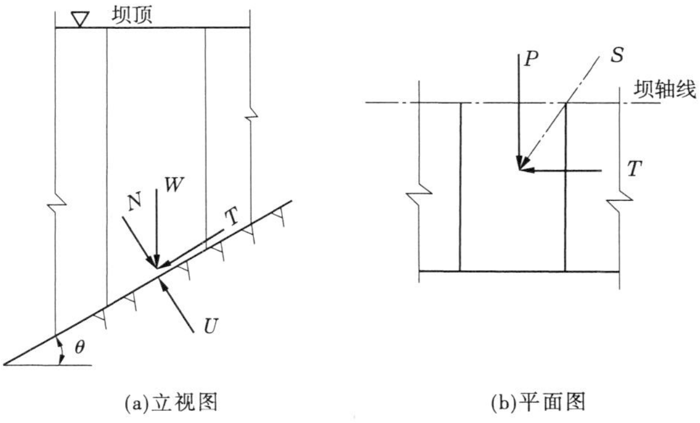

图 5-5-5　岸坡坝段抗滑稳定计算简图

图 5-5-5 是靠近岸坡的一个坝段，设岸坡倾角为 θ，坝段总重为 W，坝基面上的扬压力为 U，上游坝面水压力为 P，坝基面的抗剪强度参数为 f 或 f' 和 c'，滑动面面积为 A。将自重 W 分解为滑动面的法向分力 $N=W\cos\theta$ 和切向分力 $T=W\sin\theta$，并将切向分力和水压力合成为 S，则岸坡坝段的抗滑稳定安全系数为：

$$K_s=\frac{f(N-U)}{S} \tag{5-5-10}$$

或

$$K'_s=\frac{f'(N-U)+c'A}{S} \tag{5-5-11}$$

式(5-5-10)、式(5-5-11)中的 $S=\sqrt{T^2+P^2}$。

二、重力坝的应力分析

混凝土重力坝的应力分析是在坝体断面已初步拟定的情况下进行的。其目的是判定坝在运用期和施工期是否满足强度与稳定方面的要求，同时也为研究与设计、施工有关的其他问题（如确定坝体混凝土的标号分区以及某些部位配置钢筋等）提供依据。重力坝应力分析一般应包括以下内容：计算坝体选定截面上的应力（应根据坝高选定计算截面，包括坝基面、折坡处的截面及其他需要计算的截面），计算坝体削弱部位（如孔洞、泄水管道、电站引水管道部位等）的局部应力，计算坝体个别部位的应力（如闸墩、胸墙、导墙、进水口支承结构、宽缝重力坝的头部等），需要时分析坝基内部的应力。设计时可根据工程规模和坝体结构情况，计算上述内容的部分或全部，或另加其他内容。

重力坝的分析方法很多，可归纳为理论计算和模型试验两大类，对中、小型工程，一般可只进行理论计算。理论计算方法有材料力学法、结构力学法、弹性理论和弹塑性理论的数学解析法及数值解法等，材料力学法和刚体极限平衡法计算成果是规范规定的确定坝体断面的依据。近年来，由于计算机技术的发展，有限元法得到了迅速发展和广泛应用，有限元法被作为应力分析的主要辅助方法。高坝除用材料力学法计算坝体应力外，尚宜采用有限元法进行计算分析，必要时可采用结构模型、地质力学模型等试验验证。

修建在复杂地基上的中坝，必要时，可进行有限元分析。

（一）模型试验法

目前，常用的试验方法有光测方法和脆性材料电测方法。光测方法有偏光弹性试验和激光全息试验，主要解决弹性应力分析问题。脆性材料电测方法除能进行弹性应力分析外，还能进行破坏试验。近年来发展起来的地质力学模型试验方法，可以进行复杂地基的试验。此外，利用模型试验还可进行坝体温度场和动力分析等方面的研究。模型试验方法在模拟材料特性、施加自重荷载和地基渗流体积力等方面目前仍存在一些问题，有待进一步研究和改进。

（二）材料力学法

这是应用最广、最简便，也是重力坝设计规范中规定采用的计算方法。材料力学法不考虑地基的影响。假定水平截面上的正应力 σ_y 按直线分布，使计算结果在地基附近约 1/3 坝高范围内，与实际情况不符。但这个方法有长期的实践经验，多年的工程实践证明，对于中等高度的坝，应用这一方法，并按规定的指标进行设计，是可以保证工程安全的。对于较高的坝，特别是在地基条件比较复杂的情况下，还应该同时采用其他方法进行应力分析。

（三）弹性理论的解析法

这种方法在力学模型和数学解法上都是严格的，但目前只有少数边界条件简单的典型结构才有解答，所以在工程设计中较少采用。由于通过对典型构件的计算可以检验其他方法的精确性，因此弹性理论的解析方法仍是一种很有价值的分析方法。

（四）弹性理论的差分法

弹性理论差分法在力学模型上是严格的，在数学解法上采用差分格式是近似的。由于弹性理论差分法要求方形网格，对复杂边界的适应性差，所以在应用上远不如有限元法普遍。

（五）弹性理论的有限元法

有限元法在力学模型上是近似的，在数学解法上是严格的，是20世纪50年代中期随着电子计算机的出现而产生的一种计算方法。有限元法可以处理复杂的边界，包括几何形状、材料特性和静力条件。60年代以后，经数学工作者的努力，发现有限元法源出于变分法中的里兹法，从而使有限元法的应用从求解应力场扩大到求解磁场、温度场和渗流场等。它不仅能解决弹性问题，还能解决弹塑性问题；不仅能解决静力问题，也能解决动力问题；不仅能计算单一结构，还能计算复杂的组合结构。有限元法已成为一种综合能力很强的计算方法。随着计算机附属设备和软件工程的发展，近来在前处理和后处理功能方面也有很大进步，如网格自动剖分、计算成果的整理和绘图、屏幕显示和光笔的应用等。一些国内外通用计算软件也渐趋成熟，从而可使设计人员从过去烦琐的计算中解脱出来，实现设计工作的自动化。

第六节　混凝土重力坝坝基处理设计

一、一般规定

（1）混凝土重力坝的基础经处理后应满足下列要求：

①具有足够的强度，以承受坝体的压力；

②具有足够的整体性和均匀性，以满足坝基抗滑稳定和减少不均匀沉陷；

③具有足够的抗渗性，以满足渗透稳定，控制渗流量；

④具有足够的耐久性，以防止岩体性质在水的长期作用下发生恶化。

（2）坝基处理设计应综合考虑基础与其上部结构之间的相互关系，必要时可采取措施，调整上部结构的型式，使上部结构与其基础工作条件协调。

（3）坝基处理设计时，应同时考虑坝基和两岸坝接头部位的工程地质、水文地质条件对建筑物运行的影响，研究坝基变形、渗透和坝肩边坡稳定情况，尤应考虑施工或蓄水对稳定和渗透带来的变化，必要时应采取相应的处理措施。

（4）岩溶地区的坝基处理设计，应认真查清其在坝区分布范围及特点、水文地质条件及裂隙中充填物、非岩溶岩石的封闭条件。对岩溶发育、情况复杂的基础，应进行专门的处理设计。

二、坝基开挖

(1)混凝土重力坝的建基面应根据大坝稳定、坝基应力、岩体物理力学性质、岩体类别、基础变形和稳定性、上部结构对基础的要求、基础加固处理效果及施工工艺、工期和费用等技术经济比较确定。原则上应在考虑基础加固处理后,在满足坝的强度和稳定的基础上,减少开挖量。

坝高超过100m时,可建在新鲜、微风化或弱风化下部基岩上;坝高50~100m时,可建在微风化至弱风化中部基岩上;坝高小于50m时,可建在弱风化中部-上部基岩上。两岸地形较高部位的坝段,可适当放宽。

(2)重力坝的基坑形状应根据地形地质条件及上部结构的要求确定,坝段的基础面上、下游高差不宜过大,并略向上游倾斜。当基础面高差过大或向下游倾斜时,应开挖成带钝角的大台阶状,台阶的高差应与混凝土浇筑块的尺寸和分缝的位置相协调,并和坝趾处的坝体混凝土厚度相适应。对地形高差悬殊部位的坝体应调整坝段的分缝。

(3)两岸岸坡坝段基础的形状,在平行坝轴线方向宜开挖成有一定宽度的台阶状,或采取其他结构措施,确保坝体侧向稳定。

(4)基础中存在的局部工程地质缺陷,例如表层夹泥裂隙、强风化区、断层破碎带、节理密集带及岩溶充填物等均应结合基础开挖予以挖除。

(5)坝基开挖设计中可采用梯段爆破、预裂爆破等方式,保证坝基岩体不致受到破坏或产生不良后果。对易风化、泥化的岩体,应采取相应的保护措施,及时覆盖开挖面。

三、坝基固结灌浆

坝基固结灌浆的设计,应根据坝基工程地质条件、坝高和灌浆试验资料确定。

坝基岩体裂隙发育且具有可灌性时,应在坝基范围内进行固结灌浆,并应根据坝基应力及地质条件,向坝基外上、下游及宽缝重力坝的宽缝部位适当扩大灌浆范围;防渗帷幕上游的坝基宜进行固结灌浆;断层破碎带及其两侧影响带应适当加强固结灌浆。

固结灌浆孔的孔距、排距可采用3~4m,或根据开挖以后的地质条件并参照灌浆试验确定。固结灌浆孔的孔深应根据坝高和开挖以后的地质条件采用5~8m;局部地区及坝基应力较大的高坝基础,必要时可适当加深,帷幕上游区宜根据帷幕深度采用8~15m。

固结灌浆孔通常布置成梅花形,对于较大的断层和裂隙带应专门布孔。灌浆孔方向应根据主要裂隙产状结合施工条件确定,使穿过较多的裂隙。

帷幕上游区的固结灌浆应在基础部位混凝土浇筑后进行。其他部位的固结灌浆也宜按这种方式进行。

灌浆压力在不抬动基础岩体的原则下,经论证采用无混凝土盖重灌浆时,其灌浆压力为0.2~0.4MPa,有盖重时为0.4~0.7MPa。对缓倾角结构面发育的基岩,其灌浆压力应由试验确定。

四、坝基防渗帷幕和排水

坝体基础的防渗帷幕和排水设计,应以坝区的工程地质、水文地质条件和灌浆试验资料为依据，结合水库功能、坝高综合考虑防渗和排水的相互作用，经分析研究确定帷幕和排水的设置。水文地质条件复杂的高坝，应进行渗流计算。

（一）防渗帷幕设计

防渗帷幕应符合下列要求：①减少坝基和绕坝渗漏，防止其对坝基及两岸边坡稳定产生不利影响；②防止在坝基软弱结构面、断层破碎带、岩体裂隙充填物以及抗渗性能差的岩层中产生渗透破坏；③在帷幕和坝基排水的共同作用下，使坝基面渗透压力和坝基渗漏量降至允许值以内；④具有连续性和耐久性。

坝基及两岸的防渗措施，可采用水泥帷幕灌浆；经研究论证坝基也可采用混凝土齿墙、防渗墙或水平防渗铺盖；两岸岸坡也可采用明挖或洞挖后回填混凝土形成的防渗墙。多泥沙河流上，经分析淤积物的渗透系数及上游的淤积厚度能起防渗作用时，设计中可适当考虑其效果，但应确保大坝初期运行的安全。

大、中型工程或高坝应事先进行帷幕灌浆试验。在施工过程中可根据钻孔资料补充修正防渗帷幕设计。主帷幕应在水库蓄水前完成。

岩体相对隔水层的透水率 q 根据不同坝高可采用下列标准：

坝高在 100m 以上，q 为 1～3Lu；

坝高为 100～50m，q 为 3～5Lu；

坝高在 50m 以下，q 为 5Lu。

抽水蓄能电站或水源短缺水库 q 值控制标准宜取小值。

防渗帷幕布置和深度，应遵守下列规定：①当坝基下存在可靠的相对隔水层时，防渗帷幕应伸入到该岩层内 3～5m；②当坝基下相对隔水层埋藏较深或分布无规律时，帷幕深度可参照渗流计算，并考虑工程地质条件、地层的透水性、坝基扬压力、排水等因素，结合工程经验研究确定，通常在 0.3～0.7 倍水头范围内选择；③两岸坝头部位，防渗帷幕伸入岸坡内的范围、深度以及帷幕轴线的方向，应根据工程地质、水文地质条件确定，宜延伸到相对隔水层处或正常蓄水位与地下水位相交处，并与河床部位的帷幕保持连续性。

坝基灌浆帷幕中心线距坝上游面的距离可取 0.1 倍左右坝底宽。防渗帷幕的排数、排距及孔距，应根据工程地质条件、水文地质条件、作用水头以及灌浆试验资料选定。

帷幕排数在考虑帷幕上游区的固结灌浆对加强基础浅层的防渗作用后，坝高 100m 以下的可采用一排。对地质条件较差、岩体裂隙特别发育或可能发生渗透变形的地段，可采用两排，但坝高 50m 以下的，仍可采用一排。帷幕孔距可为 1.5～3m，排距宜比孔距略小。当帷幕由两排灌浆孔组成时，可将其中的一排孔钻灌至设计深度，另一排孔深可取设计深度的 1/2 左右。钻孔宜穿过岩体的主要裂隙和层理，倾向上游 0°～10°。

帷幕灌浆必须在浇筑一定厚度的坝体混凝土作为盖重后施工。灌浆压力应通过试验确定，通常在帷幕孔顶段取 1.0～1.5 倍坝前静水头，在孔底段取 2～3 倍坝前静水头，但不得抬动岩体。

（二）排水设计

排水孔宜设置在基础灌浆廊道的帷幕下游侧，以充分降低坝基渗透压力并排除渗水，但应注意防止渗透变形。尾水位较高的坝，可在主排水幕下游坝基面上设置由纵、横向廊道组成的副排水系统，采取抽排措施。当高尾水位历时较久时，尚宜在坝趾增设一道防渗帷幕。主排水幕可设一排，副排水幕视坝高可设1~3排。坝高较低、基岩条件较好且为弱透水层（渗透系数 $k<0.1\text{m/d}$）时，也可不设帷幕而只设排水以降低坝基渗透压力，但应在坝基面的上游部位进行固结灌浆。主排水孔的孔距可为2~3m，副排水孔的孔距可为3~5m。

排水孔孔深应根据帷幕和固结灌浆的深度及基础的工程地质、水文地质条件确定。主排水孔孔深为帷幕深的0.4~0.6倍；坝高50m以上的坝基主排水孔孔深不宜小于10m。当坝基内存在裂隙承压水层、深层透水区时，除加强防渗措施外，排水孔宜穿过此部位。副排水孔孔深可为6~12m。

在岸坡坝段的坝体内应设置横向排水廊道，并向岸坡内钻排水孔和设置专门的排水设施，使渗水靠近基础面排出坝体，必要时可在岸坡山体内设置排水隧洞，并钻设排水孔。

当排水孔的孔壁有塌落危险或排水孔穿过软弱结构面、夹泥裂隙时，应采取相应的保护措施，如孔内设滤层等。

五、断层破碎带和软弱结构面处理

（1）坝基范围内的断层破碎带或软弱结构面，应根据其所在部位、埋藏深度、产状、宽度、组成物性质以及有关试验资料，研究其对上部结构的影响，结合施工条件进行专门处理。在地震设计烈度为8度以上的区域，其处理要求应适当提高。低坝的断层破碎带处理要求可适当降低。

（2）倾角较陡的断层破碎带，可用下述方法处理：

①坝基范围内单独出露的断层破碎带，其组成物质主要为坚硬构造岩，对基础的强度和压缩变形影响不大时，可将断层破碎带及其两侧风化岩体适当挖除。

②断层破碎带规模不大，但其组成物质以软弱的构造岩为主。对基础的强度和压缩变形有一定影响时，可用混凝土塞加固，塞深可采用1.0~1.5倍断层破碎带的宽度或根据计算确定。

贯穿坝基上、下游的纵向断层破碎带的处理，宜在上、下游坝基外适当扩挖。

③断层破碎带的规模较大，或为断层交会带，影响范围较广，且其组成物质主要是软弱构造岩，当对基础的强度和压缩变形有较大影响时，必须进行专门的处理设计。

（3）提高深层缓倾角软弱结构面稳定性的处理方法有：①提高软弱结构面抗剪能力；②增加尾岩抗力；③提高软弱结构面抗剪能力与增加尾岩抗力相结合。

应根据软弱结构面产状、埋深、特性及其对坝体影响程度，结合工程规模、施工条件和工程进度，进行综合分析比较后选定。

（4）根据软弱结构面埋深不同可分别采取混凝土置换、混凝土深齿墙、混凝土塞等措施，增加软弱结构面抗剪能力；必要时也可采取抗滑桩、预应力锚索、化学灌浆等措施，保证沿软弱结构面的抗滑稳定。当采用规模较大的混凝土塞、大齿墙或混凝土洞塞进行缓倾角软弱结构面的处理时，应制定相应的温度控制等施工措施，并进行接触灌浆。

（5）伸入水库区内的断层破碎带或软弱结构面，有可能造成渗漏通道并使地质条件恶化时，应进行专门的防渗处理。

当断层破碎带规模较大、倾角较陡时，可用防渗墙处理。当断层破碎带或软弱结构面内微裂隙较多或蓄水运行后的坝基发现未处理好的断层破碎带或节理密集带发生泥化，用水泥灌浆难以达到预期效果时，可用超细水泥灌浆或化学灌浆。

六、岩溶地区的防渗处理

(1)防渗处理的方式有防渗帷幕灌浆和防渗墙两类，应根据溶洞的规模、溶缝透水性程度等条件选定。对存在岩溶洞穴或具有强透水性的溶缝，可采取混凝土防渗墙或高压灌浆填塞等措施处理。

当坝基存在连通上、下游的溶洞，且埋藏不深或施工条件许可时，也可采用开挖回填混凝土进行处理，以满足强度和防渗要求。

(2)防渗帷幕线在平面上的轮廓布置，可根据两岸地形地质条件选定。幕线应设在岩溶发育微弱地带，当必须通过岩溶暗河或管道时，幕线应力求与其垂直。

防渗帷幕线可采用直线式、折线式、前翼式或后翼式，需经技术经济比较选定。有条件时，可采用后翼式。

(3)岩溶地区河谷剖面上帷幕灌浆的形式有封闭式、悬挂式和混合式等，可根据相对隔水层的深度、坝高、坝基及两岸允许的渗漏量及幕后扬压力等因素，在保证大坝安全的前提下，通过技术经济比较选定。

(4)帷幕线沿剖面上、下层搭接的形式可采用斜接式、直接式和错列式等，应保证搭接部位连续封闭和密实。

(5)岩溶地区防渗帷幕厚度可根据临界渗透坡降控制的允许水力梯度确定。

帷幕厚度由帷幕孔距和排数确定，孔距和排距应根据地质构造和岩溶水文地质条件，通过帷幕灌浆试验选定。

(6)灌浆廊道的布设可根据灌浆钻孔条件、幕与幕之间在空间的接头、施工通风和排水等因素确定。廊道层间高差和层数宜根据钻孔灌浆技术水平和地形地质条件确定，高差可取 30~50m。

(7)灌浆材料可根据岩溶洞穴和溶蚀裂隙规模、渗漏情况选用水泥或水泥与黏土、膨润土等混合浆液。

(8)当坝基帷幕轴线上存在连通上、下游的岩溶洞穴或强透水性的溶缝，且埋藏较深不宜明挖时，可采取逐层洞挖，逐个回填混凝土形成连续防渗墙，也可采用槽式洞挖后回填混凝土形成防渗墙。

第七节　坝体温度控制与防裂

一、坝体温度变化

坝体内各点的温度是不同的，而且随时间在变化。坝体的温度过程可分为三个阶段。

第一阶段为上升期。混凝土入仓时的浇筑温度为 T_j，入仓后，由于水泥水化热作用，在混凝土凝固和硬化过程中产生水化热(每千克水泥的发热量约为 334.4kJ)，使混凝土温度从 T_j 上升至最高值 T_{max}。主要温升发生在 3~7d 内，温差 $T_r = T_{max} - T_j$ 称为水化热温升，其值一般为 15~25℃，最高可达 36℃。

第二阶段为降温期。温度达到了 T_{max} 后，逐渐散热冷却，温度下降。靠近坝体表面由于水化热散逸较快，该部位的温度较早地达到稳定温度。坝体内部由于水化热不易散发，温度下降缓慢，需要较长时间才能到达稳定温度。

第三阶段为稳定期。靠近坝体表面的温度随外界温度变化而波动，坝体内部一般接近坝址的年平均气温 T_d。

实体重力坝从 T_{max} 降到 T_d 所需的时间，视散热条件，自几个月至几年不等。而温度回降值 $\Delta T = T_{max} - T_d$ 则是重力坝温度控制的一个重要指标。

二、施工期的温度应力

坝体浇筑块的温度变化，引起体积变形，如变形受到地基或内部约束便产生温度应力，这种应力称为约束应力。

（一）地基约束引起的应力

浇筑在基岩上的混凝土，在温升过程中，浇筑块底部受基岩约束不能自由膨胀，在混凝土内将引起水平方向的压应力。由于混凝土浇筑初期弹性模量较低，因而压应力不高。混凝土达最高温度后，开始下降，直到稳定温度。在降温过程中，体积随之收缩，首先抵消温升阶段的压应力，随后在混凝土内产生水平拉应力。由于此时龄期一般已超过 28d，混凝土塑性减小而弹性模量增大，因而变形引起的拉应力较大。当拉应力超过极限抗拉强度时，混凝土就会开裂。

同样，新浇混凝土受老混凝土（龄期超过 28d）约束也将产生温度约束应力。

（二）内外温差引起的应力

混凝土块在浇筑初期，由于表面温度降低，在块体内外形成的温差将使外部收缩受拉而内部受压，当拉应力超过材料的抗拉强度时，将产生表面裂缝。

三、重力坝的温度裂缝和防止措施

（一）裂缝的分类

当坝体内某部位的拉应力超过混凝土的抗拉强度时，就会出现裂缝。重力坝的裂缝多是由温度应力引起的。裂缝可分为表面裂缝、深层裂缝和贯穿性裂缝三类。

表面裂缝：缝宽小于 0.3mm，缝深不大于 1m，平面缝长小于 5m，呈规则状，多由于气温骤降期温度冲击且保温不善等形成，对结构应力、耐久性和安全运行有轻微影响。

深层裂缝：缝宽不大于 0.5mm，缝深不大于 5m，缝长大于 5m，呈规则状，多由于内外温差过大或较大的气温骤降冲击且保温不善等形成，对结构应力、耐久性有一定影响，一旦扩大发展，危害性更大。

贯穿性裂缝：缝宽大于 0.5mm，缝深大于 5m，侧（立）面缝长大于 5m，平面上贯穿全仓或一个坝块，主要是由于基础温差超过设计标准，或在基础约束区受较大气温骤降冲击产生的裂缝在后期降温中继续发展等原因形成，横向贯穿性裂缝会导致漏水和渗透侵蚀性破坏，纵向贯穿性裂缝会损坏坝的整体性，水平向贯穿性裂缝会降低大坝的抗剪强度，使结构应力、耐久性和安全系数降到临界值或其下，结构物的整体性、稳定性受到破坏。

贯穿性裂缝及深层裂缝危害性大，必须避免。

（二）温度控制的目的

为防止大坝裂缝，除适当分缝、分块和提高混凝土质量外，还应对混凝土进行温度控制。

对大体积混凝土进行温度控制的目的：一是防止由于混凝土温升过高、内外温差过大及气温骤降产生各种温度裂缝；二是为做好接缝灌浆，满足结构受力要求，提高施工工效，简化施工程序提供依据。

（三）温度控制标准

（1）基础容许温差，即基岩约束范围内的混凝土最高温度与稳定温度之差，建议采用表 5-7-1 中规定的数值。

表 5-7-1　基础容许温差 ΔT　　（单位：℃）

离建基面高度 h	浇筑块长边长度 l				
	16m 以下	17～20m	21～30m	31～40m	通仓长块
（0～0.2）l	26～25	24～22	22～19	19～16	16～14
（0.2～0.4）l	28～27	26～25	25～22	22～19	19～17

（2）上下层温差，是指在老混凝土面（混凝土龄期超过 28d）上下各 1/4 块长范围内，上层新浇混凝土的最高平均温度与开始浇筑混凝土时下层老混凝土的平均温度之差。当上层混凝土短间歇均匀上升的浇筑高度 h 大于 0.5 倍块长时，上下层容许温差一般为 15～20℃；当 h 小于 0.5 倍块长时，上下层容许温差标准应另行研究。

（3）内外容许温差，是指坝块中心温度与边界温度之差。内外容许温差大致和基础容许温差相当，一般不宜大于 20～25℃。

（4）温度控制及防裂措施。为达到温控标准，防止坝体在施工期产生温度裂缝，应采取必要的温控措施。稳定温度受自然条件制约，不易控制，因而温控措施主要靠降低混凝土水化热温升和混凝土入仓温度及温差来进行。坝体混凝土防裂措施除采用合适的混凝土原材料，做好坝体分缝设计外，主要靠做好温控设计并采取有效的温控措施，并同时做好施工组织设计，安排好施工季节、施工进度、坝块浇筑顺序等。

温控措施主要有：①降低混凝土的浇筑温度。采取预冷骨料和加冰屑拌和等措施来降低混凝土的入仓温度；采用合理的混凝土分区，埋设块石，掺用适宜的外加剂（如粉煤灰）和塑化剂等来尽量减少水泥用量；采用低热水泥，并在运输中注意隔热保温。②减少混凝土水化热温升。混凝土硬化初期发热量最大，温升最快，采用冷却水管进行初期冷却或减小浇筑层厚度，利用仓面天然散热，可以有效地减小水化热温升。③加强对混凝土表面的养护和保护。在混凝土浇筑后初期需要对坝块表面加覆盖、浇水养护。冬季要抵御寒潮袭击，夏季要防止热量回灌进入混凝土。

四、稳定温度场

坝体竣工蓄水后，经过较长时间的散热，当外界温度变化只影响靠近坝体表面的混凝土，而内部各点的温度变幅极微时，称为稳定温度。一般取年平均温度作为稳定温度，将稳定温度用等值线表示，即为坝体的稳定温度场。

第八节　碾压混凝土重力坝的材料性能、构造要求与施工特点

一、施工特点

用碾压混凝土筑坝是将土石坝施工中的碾压技术应用于混凝土坝，采用自卸汽车或皮带输送机将超干硬性混凝土运到仓面，以推土机平仓，振动碾压实的筑坝新方法。

碾压混凝土坝与常态混凝土坝相比具有以下一些优点：

(1)工艺程序简单，可快速施工，缩短工期，提前发挥工程效益。

(2)胶凝材料(水泥+粉煤灰、矿渣或其他具有一定活性的混合材料)用量少，一般在 $120\sim160kg/m^3$，其中水泥为 $60\sim90kg/m^3$。

(3)由于水泥用量少，结合薄层大仓面浇筑，坝体内部混凝土的水化热温升可大大降低，从而简化了温控措施。

(4)不设纵缝，节省了模板和接缝灌浆等费用，有的甚至整体浇筑不设横缝。

(5)可使用大型通用施工机械设备，提高混凝土运输和填筑的工效。

(6)降低工程造价。

二、枢纽布置要求及施工导流

碾压混凝土重力坝的剖面设计、水力设计、应力和稳定分析与常态混凝土重力坝相同，为便于施工，坝顶最小宽度宜不小于 5m。

碾压混凝土坝的枢纽布置宜为扩大碾压混凝土的使用范围及快速施工创造条件；大坝中采用碾压混凝土的部位宜相对集中。狭谷河段碾压混凝土坝的枢纽布置宜采用引水式或地下厂房。若采用坝后式厂房时可根据坝高将引、输水管道水平布置在坝体下部或上部的常态混凝土区内，后者宜采用背管式布置，以方便碾压混凝土施工。

洪水流量较大、河道宽阔而采用河床式厂房的枢纽布置中，碾压混凝土宜应用于非溢流坝段及坝顶溢流坝段。碾压混凝土坝上布置泄水建筑物时，宜优先采用开敞式溢流孔或溢流表孔。

枢纽的施工导流宜采用隧洞、明渠或利用碾压混凝土坝的缺口等导流方式。当需在碾压混凝土坝段内设置施工导流底孔时，应研究后期封堵的施工措施。

碾压混凝土重力坝设计中在材料与构造等方面需要适应碾压混凝土的特点。

三、材料性能

(1)碾压混凝土坝的胶凝材料，特别是水泥的用量远远少于常态混凝土，掺合料包括有活性的粉煤灰、火山灰、磷矿渣及高炉灰渣等，一般使用粉煤灰的情况较多。在胶凝材料中掺合料所占的质量比，在外部碾压混凝土中不宜超过总胶凝材料的 55%，在内部碾压混凝土中不宜超过总胶凝材料的 65%，当掺量超过 65%时，应做专门试验论证。

(2)碾压混凝土的配合比应由试验确定,碾压混凝土的总胶凝材料用量宜不低于130kg/m^3;水泥用量应根据大坝级别、坝高并通过试验研究确定;水胶比宜小于0.70,宜在0.5~0.6,有抗侵蚀性要求时,水泥中C_3A含量应低于5%,水胶比宜小于0.45,并应进行试验论证。

(3)为防止骨料分离,骨料的最大粒径大多小于80mm,并需级配良好。砂率应通过试验选取最佳值,使用天然砂石料时,三级配碾压混凝土砂率宜为28%~32%,二级配宜为32%~37%;使用人工砂石料时,砂率应增加3%~6%。

(4)单位用水量可根据施工要求的VC值、骨料的种类及最大粒径、砂率等选定。三级配碾压混凝土,用水量可为70~110kg/m^3。

为保证混凝土的碾压质量,在施工现场,常以其稠度作为控制指标。碾压混凝土的稠度以振动密实时间VC值表示(试件在振动台上从开始振动到混凝土全面翻浆所需的时间,以s计),通常采用15~20s。

(5)大体积建筑物内部碾压混凝土的胶凝材料用量不宜低于130kg/m^3,其中水泥熟料不宜低于45kg/m^3。

(6)由于碾压混凝土胶凝材料用量少且采用薄层大仓面铺筑施工工艺,为改善混凝土的可碾性,需掺用减水剂;为防止出现冷缝、有效地发挥快速施工的特点,需掺用缓凝剂。目前,国内一般掺用木质素黄酸钙、萘系、糖蜜等具有缓凝减水双重作用的外加剂。有抗冻要求的建筑物的外部碾压混凝土一般还需掺用引气剂等。

外加剂与水泥和掺合料掺用时存在适应性问题,必须进行外加剂对水泥和掺合料的适应性试验。

(7)碾压混凝土坝内部混凝土的强度等级宜采用一种,对于高坝亦可按高程或部位采用不同的强度等级。强度等级的分区宽度根据坝体受力状态、构造要求和施工条件确定,不宜小于5.0m。

(8)抗冲刷部位的碾压混凝土性能应经专门论证确定。不同分区的碾压混凝土宜采用同一品种的水泥。有抗冻要求部位的碾压混凝土应经过论证。

四、坝体构造设计要求

(一)坝体分缝

由于碾压混凝土重力坝采用大面积摊铺碾压的施工方式,故不宜设置纵缝,但根据工程的具体条件和需要设置横缝或诱导缝。

近年来,修建的碾压混凝土重力坝大都设置了横缝或诱导缝,只是横缝或诱导缝的间距较常态混凝土重力坝要大。据调查,部分横缝或诱导缝间距超过30m的碾压混凝土重力坝,主要是在其上游面出现了不同程度的表面裂缝。三维有限元温度应力计算分析研究也表明,随着横缝间距增大,沿坝轴线方向的坝体拉应力相应增大,其范围也增大。随着碾压混凝土施工技术日臻成熟,切缝机具的改进及成缝方式的多样化,使横缝或诱导缝的成缝已不再成为制约碾压混凝土快速施工的主要因素。近期在建或完建的碾压混凝土重力坝,如百色、龙滩、三峡三期围堰等,其横缝或诱导缝的间距均在20~30m。

为了避免坝体裂缝,横缝或诱导缝间距应根据坝基地形地质条件、坝体布置、坝体断面尺寸、温度应力、施工强度等因素综合比较确定，其间距宜为 20～30m，该间距是指横缝（诱导缝）之间或横缝与诱导缝之间的距离。

（二）坝内廊道

碾压混凝土坝的基础灌浆、排水、检查、安全监测及交通等廊道宜予合并；低坝可设置 1 条，中坝、高坝可设置 1～3 条。廊道的断面应满足施工、运行、安全监测和检修等要求。

为减少施工干扰，增大施工作业面，方便碾压混凝土快速施工，碾压混凝土重力坝的内部构造应尽可能简化。廊道层数可适当减少，中等高度以下的坝可只设一层坝基灌浆、排水廊道；100m 以内的高坝可设二层，以满足灌浆、排水和交通的需要。工程实践中，廊道大都采用变态混凝土、常态混凝土、混凝土预制构件等形成。

近年来，由于变态混凝土对碾压混凝土施工干扰少，使异种混凝土之间能良好结合等优势已被广泛应用，目前廊道型式以变态混凝土加混凝土预制构件拼装型式居多，使廊道可直接设置在碾压混凝土坝体内，不受以往大坝基础廊道往往设置在基础常态混凝土或基础内的限制。

（三）坝体防渗

（1）碾压混凝土坝的上游面应设防渗层。近年来，国内碾压混凝土坝上游防渗普遍采用二级配碾压混凝土，如普定、江垭、棉花滩、大朝山、汾河二库、高坝洲、涌溪Ⅲ级、沙牌、龙首等，并取得了丰富的实践经验和试验成果，普定、江垭、汾河二库等碾压混凝土大坝钻孔压水试验的渗透系数均达到 10^{-10}～10^{-9} cm/s，能满足高坝的防渗要求。

采用二级配碾压混凝土防渗，其结构简单、施工方便，可实现通仓碾压，适应碾压混凝土快速施工，易保证防渗层与大坝内部碾压混凝土之间的结合质量，并可减少上游坝面混凝土的水泥用量，减小温度应力。

因此，防渗层宜优先采用二级配碾压混凝土。其抗渗等级的最小允许值为：

$H<30$m 时，采用 W4；$H=30$～70m 时，采用 W6；$H=70$～150m 时，采用 W8；$H>150$m 应力 30−70m 时，应进行专门试验论证。

注：H 为水头，m。

二级配碾压混凝土防渗层的有效厚度宜为坝面水头的 1/30～1/15，但最小厚度应满足施工要求。二级配碾压混凝土防渗层上游表面采用变态混凝土时，变态混凝土的厚度宜为 30～50cm，最大厚度宜不大于 100cm。

（2）采用沥青材料、合成橡胶及复合土工膜等作为上游坝面防渗层时，其厚度及技术要求应根据材料的抗渗性、耐久性及变形性能通过试验研究确定。采用常态混凝土作为碾压混凝土坝的防渗层时，其厚度和抗渗等级应满足坝体防渗要求。

（3）下游坝面应根据下游水位变幅等情况，视工程的具体条件采取防渗措施。

（四）止水设施

（1）碾压混凝土重力坝横缝或诱导缝的上游面、溢流面、下游面最高尾水位以下及坝内廊道和孔洞穿过横缝或诱导缝处的四周等部位应布置止水设施。

（2）坝体横缝或诱导缝内止水设施及材料应根据工作水头、气候条件、所在部位和便于施工等因素确定；采用二级配碾压混凝土或常态混凝土作为上游防渗层时，止水设施应置于防渗层内；采用沥青材料、合成橡胶及复合土工膜等材料作为上游坝面防渗层时，应结合防渗布置设置止水设施。坝体横缝或诱导缝内不宜设沥青井。

(3)碾压混凝土重力坝高坝横缝或诱导缝上游面附近的止水应采用两道厚1.0~1.6mm的止水铜片。中坝、低坝的横缝或诱导缝止水可适当简化,但中坝横缝或诱导缝上游面的第一道止水片应为铜片。止水铜片每一侧埋入混凝土内的长度可为20~25cm。

(五)坝体排水

碾压混凝土重力坝一般均需设置坝体排水,坝内竖向排水孔应设在上游防渗层下游侧,可采用钻孔、埋设透水管或拔管等方法形成,孔距为2~3m。钻孔的孔径宜为76~102mm,透水管或拔管的孔径宜为15~20cm。

根据坝的重要性、结构布置、运行条件和地质条件等因素,可在大坝基础设置排水廊道。

五、碾压混凝土重力坝温度控制及坝体防裂

(1)碾压混凝土重力坝温度控制特点是:水泥用量少,粉煤灰等掺合料掺量高,降低了混凝土的发热量,且发热过程较慢;坝体一般不设置纵缝,横缝不形成暴露面,主要靠层面散热,散热过程大大延长。温度控制设计应根据材料性能、结构尺寸、气候条件、铺筑层厚、连续升程及间歇方式,并结合仓面降温散热措施等进行研究,合理安排施工时段,简化温度控制方式。

(2)碾压混凝土坝温度控制设计,应收集坝址区年平均气温和变幅、多年月平均气温、旬平均气温、气温骤降的变幅和历时及相应的频率、河流水温、坝基地温以及类似工程水库水温等资料。

(3)碾压混凝土高坝、中坝应进行碾压混凝土力学性能、热学性能、变形性能(极限拉伸、自生体积变形、干缩)的试验研究,高坝还宜进行徐变试验研究。

(4)碾压混凝土坝温度控制设计应研究基础容许温差、内外温差、上下层新老混凝土温差和坝内最高温度,并应重视遇寒潮及冬季的保温设计。

(5)碾压混凝土重力坝高坝、中坝的基础容许温差应根据坝址区的气候条件、碾压混凝土的抗裂性能和热学性能及变形性能、浇筑块的高长比、基岩变形模量等因素,通过温度控制设计确定。以下各情况的基础容许温差应进行专门论证确定:①在基础约束范围内长期间歇或过水的浇筑块。②基岩变形模量与混凝土弹性模量相差较大。③基础回填混凝土、混凝土塞及陡坡坝段。

(6)应根据气候条件等因素,提出坝体内外温差或坝内最高温度的控制标准。

(7)在不影响碾压混凝土强度及耐久性的前提下,应采取下列措施降低水泥用量,减少发热量:①合理确定掺合料的掺量;②采用发热量较低的水泥;③使用高效减水剂。

(8)应采用合适的碾压混凝土原材料,改善碾压混凝土性能,提高碾压混凝土的抗裂能力。温度控制设计应提出碾压混凝土的抗裂性能指标。

(9)碾压混凝土坝的碾压层厚、升程及碾压方式,应根据工程特点、温度控制、施工条件、气候条件和施工进度安排等确定。碾压升程的间歇期宜由温控计算研究确定。

(10)合理安排混凝土浇筑进度,宜利用低温季节的有利时段浇筑碾压混凝土。

(11)为达到温控标准,防止坝体在施工期产生温度裂缝,必要时可采取下列温度控

制措施:①在粗骨料堆上洒水、喷雾、料堆加高、地垅取料、加设凉棚。②用冷却水或加片冰拌和碾压混凝土。③仓面喷雾或流水养护。④骨料预冷。⑤在碾压混凝土运输过程中防止热量倒灌。⑥埋设冷却水管。

(12)坝基常态混凝土垫层,在浇筑后不宜长期间歇。

(13)应合理布置、简化坝体细部结构。在碾压混凝土铺筑方式上宜优先采用连续均匀上升,不宜在基础约束范围内长期间歇。根据结构物布置和受力情况,对重要部位及易产生裂缝的部位应适当布置限裂钢筋。

(14)碾压混凝土坝应根据坝址的气候条件及施工情况进行坝面、仓面及侧面的保温和保湿养护。通过保温设计,选定保温材料,确定保温时间。对孔口、廊道等通风部位应及时封闭。严寒及寒冷地区应重视冬季的表面保温。

第九节 重力坝的安全监测设计

混凝土重力坝应根据大坝级别、坝高、地质条件、结构型式及特点,设置必要的监测设施。安全监测设计的主要任务是:

(1)监视工程建筑物在施工期、蓄水期和运行期的工作状态与安全。

(2)检验设计,指导施工和运行。

(3)为科学研究积累资料。

混凝土重力坝安全监测范围应包括坝体、坝基、坝肩,以及对大坝安全有重大影响的近坝区岸坡和其他与大坝安全有直接关系的建筑物和设备。

安全监测设计应遵循下列原则:

(1)安全监测系统应能全面、准确地反映大坝及基础在施工期、蓄水期和运行期的实际工作性态。

(2)应根据坝高、地质条件、结构特点,以及在相同类型坝段中的代表性等因素,确定重点监测坝段和一般监测坝段,测点布置应突出重点。

(3)监测项目应统筹安排,配合布置。重要监测断面或部位的某些重要测点,可采用两种以上监测手段,关键部位用于监测重要物理量的仪器可设备份。应结合影响工程安全的主要因素,有针对性地设置监测项目和布置监测仪器。

(4)应选择性能稳定可靠,且适宜在恶劣环境中长期工作的监测仪器和设备。仪器的量程和精度应满足监测要求。需要长期观测的重要监测项目,其仪器设备应便于更换。

(5)宜采用先进技术并为后期技术改进留有余地。

(6) 1、2 级重力坝的重要测点,宜设置具有数据采集和数据管理功能的自动化监测系统。

第六章　混凝土拱坝设计

混凝土拱坝设计应遵循《混凝土拱坝设计规范》(SL282—2003)及《混凝土拱坝设计规范》(DL/T5346—2006)相关规定。

第一节　拱坝布置和设计基本要求

一、拱坝布置设计

(一)一般规定

拱坝布置设计包括坝线选择、平面布置、拱坝体型选择、泄洪建筑物布置及引水发电建筑物布置等有关内容,总体上应符合以下有关规定和要求。

(1)拱坝宜修建在河谷较狭窄、地质条件较好的坝址上。

(2)拱坝坝轴线应选在河谷两岸较厚实的山体上。

(3)拱坝布置应根据坝址地形、地质、水文等自然条件及枢纽的综合利用等要求,进行全面技术经济比较,选择最优方案。

(4)泄洪方式的选择,应根据泄洪量大小,结合工程具体情况确定。除有明显合适的岸边泄洪通道外,宜首先研究采用拱坝坝身泄洪的可行性。

(5)与拱坝相邻的其他建筑物布置,应分析研究其对拱坝应力及拱座稳定的影响。

(6)应分析研究拱坝两岸山体存在不利结构面、缓倾角节理、软弱夹层和下游临空面等因素对拱坝布置的影响,以及采用拱座加固措施的可行性。

(7)应分析研究施工导流、工程施工等对拱坝布置的影响。

(8)最终选定的1级、2级拱坝布置方案,应进行水工模型试验;3级拱坝必要时也应进行水工模型试验。

(9)拱坝设计应进行优化,在满足坝体应力、拱座稳定的条件下,选择最优体型。

(二)拱坝体型选择与设计

拱坝体型的选择,应综合考虑坝址河谷形状、地质条件、地震情况、泄洪量大小、坝体应力和拱座稳定、坝体混凝土方量和坝基开挖方量、坝体受力条件、对地基的适应性和施工条件等因素的影响,通过拱圈线型的优化比选确定。对V形河谷,可选用双曲拱坝;对U形河谷,可选用单曲拱坝。当坝址河谷的对称性较差时,坝体的水平拱可设计成不对称的拱,或采用其他措施。当坝址河谷形状不规则或河床有局部深槽时,宜设计成有垫座的拱坝。

当地质、地形条件不利时,可采用两端拱圈呈扁平状、拱端推力偏向山体深部的变曲率拱坝,或采用拱端逐渐加厚的变厚度拱或设垫座的拱坝;当坝址两岸上部基岩较差或地形较开阔时,可设置重力墩或推力墩与拱坝连接。

坝体轮廓力求简单，基岩面、坝面应变化平顺，避免形状突变；拱坝体型应使应力变化平缓，容许压应力和容许拉应力均在规范允许的范围内，必要时应采用坝体应力变化平缓的变厚度、变曲率拱。水平拱圈最大中心角应根据稳定、应力、工程量等因素选为75°~110°，拱端内弧面的切线与利用岩面等高线的夹角不应小于30°，若夹角小于30°应专门研究拱座的稳定性，并调整坝体作用于拱座上的各种作用力的合力方向。

应合理设计垂直悬臂梁断面，在满足施工期自重拉应力控制标准及坝表孔布置的要求下，可选取较大的下游面倒悬度，悬臂梁的上游面倒悬度不宜大于0.3∶1。

拱坝线型可采用抛物线、椭圆、双曲线、多心圆、对数螺线、统一二次曲线等变曲率拱型，并根据坝体应力、拱座稳定及工程具体条件，通过比较后选定。

拱坝的坝轴线通常定义为坝顶拱圈的外缘弧线。若河谷大体对称，对圆弧形坝轴线，顶拱轴线的半径可用 $R_{轴}=0.6L_1$，式中 L_1 为坝顶高程处拱端可利用基岩面间的河谷宽度。

沿坝轴线方向在利用岩面的最低点处的顺河向剖面作为拱冠梁的位置。对于单心拱坝，拱冠梁的厚度可根据下面一组公式初步拟定，该组公式主要是根据混凝土强度建立的。

$$T_c=2\varphi_c R_{轴}(3R_f/2E)^{1/2}/\pi \tag{6-1-1}$$

$$T_B=0.7\bar{L}H/[\sigma] \tag{6-1-2}$$

$$T_{0.45H}=0.385HL_{0.45H}/[\sigma] \tag{6-1-3}$$

式中　T_c、T_B、$T_{0.45H}$——拱冠梁顶厚、底厚和0.45H高度处的厚度，m；

φ_c——顶拱的半中心角，rad；

$R_{轴}$——顶拱中心线的半径，m；

R_f——混凝土的极限抗压强度，kPa；

E——混凝土的弹性模量，kPa；

$\bar{L}$——两岸可利用基岩面间河谷宽度沿坝高的平均值，m；

H——拱冠梁的高度，m；

$[\sigma]$——坝体混凝土的容许压应力，kPa；

$L_{0.45H}$——拱冠梁0.45H高度处两岸可利用基岩面间的河谷宽度，m。

也可用美国垦务局建议的公式：

$$T_c=0.01(H+1.2L_1) \tag{6-1-4}$$

$$T_B=\sqrt[3]{0.0012HL_1L_2\left(\frac{H}{122}\right)^{H/122}} \tag{6-1-5}$$

$$T_{0.45H}=0.95T_B \tag{6-1-6}$$

式中　L_1——坝顶高程处拱端可利用基岩面间的河谷宽度，m；

L_2——坝底以上0.15H处拱端可利用基岩面间的河谷宽度，m。

（三）拱坝泄洪布置

拱坝泄洪布置，应根据泄洪建筑物对坝体应力稳定的影响、拱坝体型、坝高、泄洪量大小、厂房布置、其他泄洪建筑物（如溢洪道、泄洪洞等）以及坝址地形、地质、水文泥沙、施工条件（包括导流、度汛）、运行维修条件等因素，经综合技术经济比较择优选定。泄洪布置方式应具有足够的运行灵活性。重要工程或大型工程的泄洪布置需经模型试验论证。

拱坝泄洪布置分为坝身(表孔、中孔、深孔)式、岸边式和隧洞式三大类,宜优先考虑采用坝身孔口泄洪方式。常用的拱坝坝身孔口泄流方式有坝顶泄流、坝身孔口泄流、坝面泄流、坝肩滑雪道泄流、坝后厂顶溢流(厂前挑流)等。

拱坝坝身泄洪,其溢流段的长度、孔数、泄流孔尺寸、位置等,应根据泄洪量和水头大小、对坝体应力及下游冲刷的影响与后果、枢纽运行要求,以及对相邻建筑物的影响等方面研究确定。

当采用拱坝坝身泄洪时,应符合下列要求:

(1)下泄水流与坝脚应保持足够的安全距离,各级流量下下游水体消能区应保持足够的水垫深度和水域范围。

(2)应重视泄洪水流挑入河床对两岸山体稳定和其他建筑物运行安全的影响。

(3)当水头高、泄流量大时,宜研究落水点纵向拉开、横向扩散或采用对冲消能。

(4)应重视泄洪雾化对下游两岸山体、电气设备以及交通等的不利影响,根据泄洪雾化影响的强度和范围,采取相应的防护措施。

(5)坝身设置的中部偏上的中孔、中部偏下的深孔或底部附近的底孔应符合下列要求:

①孔口的位置应避开高应力区和基础约束区。

②孔口尺寸应根据坝体厚度、应力集中程度、水头大小、闸门允许尺寸等确定。

③孔口数目应根据所承担的泄洪量大小、对坝体应力影响程度等确定。

④孔口断面宜采用高宽比为 0.8~1.6 的矩形。

(四)其他布置要求

当采用坝后式或坝内式厂房时,拱坝坝内或坝面压力管道的布置应根据坝体厚度、压力管道受力状况、施工与运行条件等,经技术经济比较研究确定。布置型式有下列三种:

(1)压力管道斜向或垂直布置于坝体内。

(2)压力管道从进水口高程水平穿过坝体,再沿下游坝面向下“背管”布置。

(3)压力管道贴坝体上游面,垂直下延到机组高程后,再水平穿过坝体布置。

当坝身需要布置供水孔、排沙孔或放水底孔时,其孔口位置、尺寸、数目、位置及形状等,应根据其不同要求和坝体应力情况,参照坝身设置的中部偏上的中孔、中部偏下的深孔或底部附近的底孔的要求进行设计。

拱坝两岸的连接建筑物(重力墩、推力墩等)的型式、尺寸,应根据地形、地质情况,以及与坝体连接的方式等,通过应力和稳定分析计算确定。

二、拱坝设计基本要求

(1)应充分掌握建坝地区的各项基本资料(包括水文气象、泥沙、地形、地质、地震、建筑材料、施工条件、运行要求、环境保护,以及坝址上下游梯级衔接要求等),特别是坝区的工程地质和水文地质条件。

(2)应优选枢纽布置和拱坝布置,根据坝址地形、地质、水文等自然条件及枢纽的综合利用等要求,进行全面技术经济比较,选择最优方案。

(3)应认真分析拱坝的稳定性和应力,合理选择拱坝建基面和拱坝体型,做好基础处理设计。

拱座岩体应具有足够的稳定性。拱坝体型设计应使坝体应力分布尽可能均匀,最大压应力应不大于坝体混凝土的允许压应力,最大拉应力不超过允许拉应力。

(4)应重视高拱坝的泄洪消能及雾化影响研究。泄洪消能布置应尽可能减少对拱坝坝肩、坝基稳定的不利影响,并保证工程安全;应做好坝体防洪安全设计和泄洪消能防冲设计,并注意研究薄拱坝坝身泄洪产生的结构问题。

(5)应做好高地震区拱坝的抗震防震设计,研究降低或放空库水的设施。

(6)应提出对坝体混凝土质量和温度控制的要求,并应考虑坝体浇筑和接缝灌浆顺序、施工蓄水过程中坝体自身的稳定和应力以及度汛问题,力求简化坝体结构,方便施工。

(7)应合理布置安全监测系统,认真做好安全监测设计。

第二节　拱坝结构、构造设计和坝体分区

一、坝体结构、构造设计

(一)坝顶布置要求

(1)坝顶高程应不低于水库最高静水位。

(2)坝顶上游侧防浪墙顶高程与水库正常蓄水位的高差或与校核洪水位的高差,可按公式(6-2-1)计算,应选择两者计算所得防浪墙顶高程的高者作为最终的选定高程。

$$\Delta h = h_b + h_z + h_c \tag{6-2-1}$$

式中　Δh——防浪墙顶高程与水库正常蓄水位或校核洪水位的高差,m;

h_b——波高,m;

h_z——波浪中心线至水库正常蓄水位或校校洪水位的高差,m;

h_c——安全超高,m。

(3)防浪墙宜采用与坝体连成整体的钢筋混凝土结构,墙身应有足够的厚度,墙身高度宜采用1.2m,在坝体横缝处应留伸缩缝,并设止水。坝顶下游侧应设置栏杆。

(4)非溢流段坝顶宽度应根据剖面设计,满足运行、交通要求,不宜小于3m。坝顶路面应有横向坡度和排水系统。当设人行道时,宜高出坝顶路面20~30cm。

(5)溢流坝段应结合溢流方式,布置坝顶工作桥、交通桥,其尺寸必须满足泄流、设备布置、运行操作、交通和监测检修等要求。坝顶桥梁宜采用装配式钢筋混凝土结构或预应力钢筋混凝土结构,桥下应有足够的净空。

(6)地震区溢流坝段的坝顶工作桥、交通桥等结构应减轻自重,加强与闸墩的连结。

(7)坝顶布置应结合工程建筑的总体规划并与周围环境相协调。

(二)横缝和纵缝

1. 横缝和纵缝布置的原则

拱坝是整体结构,为便于施工期间混凝土散热和降低收缩应力,防止混凝土产生裂缝,需要分段浇筑,各段之间设有收缩缝,在坝体混凝土冷却到年平均气温左右,混凝土充

分收缩后,再用水泥浆封填,以保证坝的整体性。

收缩缝有横缝和纵缝两类。横缝是必须设置的,宜采用径向或接近径向布置,间距一般取 15~25m。

在变半径的拱坝中,为了使横缝与半径方向一致,必然会形成一个扭曲面。有时为了简化施工,对不太高的拱坝也可以中间高程处的方向为准,仍以铅直平面来分缝。横缝底部缝面与地基面的夹角不得小于 60°,并应尽可能接近正交。缝内设铅直向的梯形键槽,以提高坝体的抗剪强度。

拱坝厚度较薄时,一般可不设纵缝,对厚度大于 40m 的拱坝,经分析论证,可考虑设置纵缝。当施工有可靠的温控措施和足够的混凝土浇筑能力时,可不受此限制。相邻坝块间纵缝应错开,宜采用铅直纵缝,但在下游坝面附近应缓转与坝面正交,也可在某一高程并缝。并缝缝顶可设圆形孔洞,配置并缝钢筋。纵缝面应设置键槽,并埋设灌浆系统。键槽走向为水平方向,形状宜为三角形。

2. 接缝灌浆

横缝和纵缝都必须进行接缝灌浆,并在浆液结石达到预期强度后,坝体方能挡水受力。

灌浆时坝体温度应降到设计规定值,盖重层与灌浆区的混凝土温度宜一致,缝的张开度不宜小于 0.5mm,灌浆区上部盖重层不宜小于 6m;缝两侧坝体混凝土龄期,在采取有效措施后,不宜小于 4 个月。拱坝横(纵)缝尚未灌浆而需临时拦洪时,必须专门论证。

横(纵)缝缝面应采用止浆片分成若干封闭区进行灌浆。横缝上游面和下游面止水片可兼作止浆片。每一灌浆区的面积宜为 $200\sim400m^2$,其高度宜为 9~15m。灌浆升浆管路和出浆设施的形成,应优先采用塑料拔管方式,也可采用预埋管和出浆盒方式。横(纵)缝同一灌浆区的进、出浆管口、排水(气)管出口等布置,宜集中于廊道或下游坝后桥附近。

横(纵)缝的灌浆压力,应根据坝体应力及变形条件确定。除顶层外,灌浆区上部应有 9m 厚的混凝土盖重。层顶灌浆压力可为 0.1~0.3MPa。

(三)坝内廊道及交通

拱坝坝内廊道设置应兼顾基础灌浆、排水、安全监测、检查维修、运行操作和坝内交通等多种用途。坝内应设置基础灌浆廊道,对于中、低高度的薄拱坝,也可不设廊道。廊道与坝内其他孔洞门的净距离不宜过小,应通过应力分析确定。

纵向廊道的上游壁离上游坝面的距离,宜为 0.05~0.1 倍坝面作用水头,且不小于 3m。基础灌浆廊道在平面上沿拱圈弧形或折线形布置,两岸沿岸坡上升至一定高程终止,或向两岸延伸。

基础灌浆廊道应与平硐或横向廊道相连,通向下游坝外。廊道坡度较陡时,廊道内应设置平台及扶手。当两岸坡度大于 45°时,基础灌浆廊道可与灌浆平硐相结合分层布置。灌浆平硐及基础灌浆廊道的断面尺寸,应根据灌浆机具尺寸和工作空间要求确定,宽度宜为 2.5~3.0m,高度宜为 3.0~3.5m。交通及监测廊道最小宽度宜为 1.2m,最小高度宜为 2.2m。廊道断面形状可为拱顶平底或矩形。廊道两侧(或一侧)应设排水沟,排水沟尺寸宜为 25cm×25cm,底坡 3‰左右。基础灌浆廊道底板混凝土厚度不宜小于 3m。当需要布置多层廊道时，层高宜为20~40m，坝内各层廊道均应相互连通，可采用电梯、坝后桥、两岸坡道等方式。廊道内应有足够的照明设施和良好的通风条件。各种电气设备与线路应绝缘良好并易于检修。必要时可设置应急照明。廊道通向坝外的进、出口，应设门保安防寒。在泄洪和施工度汛时，应有防止廊道进水的措施。

1、2级拱坝宜在坝后(或坝内)设置电梯。校核尾水位以上部位的下游坝面，宜分层设置坝后桥。坝后桥应与坝体整体连接，其伸缩缝的位置应与拱坝横缝布置相适应。坝后桥每层间隔应与坝身孔洞和廊道布置相协调。校核尾水位以下的下游坝面，可设置临时栈桥。闸门井及闸墩等部位视需要可设置爬梯。

(四)坝体止水和排水

横缝上游面、校核尾水位以下的横缝下游面、溢流面以及陡坡段坝体与边坡接触面等部位，均应设置止水片。

止水片应根据其重要性、作用水头、检修条件等因素确定止水材料和布置型式。承受高水头的横缝上游面止水，宜设两道退火紫铜片或不锈钢片；承受中等水头的横缝上游面止水、溢流面止水、陡坡段坝体与边坡接触面止水，宜设一道退火紫铜片或不锈钢片；承受较低水头的横缝上游面止水、校核尾水位以下的横缝下游面止水，宜采用一道塑料止水带或橡胶止水带。止水铜片或不锈钢片每一侧埋入混凝土内的长度，宜为20~25cm，止水片的接头和接缝应保证焊接质量。

塑料止水带或橡胶止水带应根据工作水头、气候条件、所在部位和施工条件等因素，选用合适的标准型号，并采取控制安装变形的措施。止水片距离坝面宜为20~50cm。

横缝止水或基础止水必须与坝基妥善连接，止水片埋入基岩深度宜为30~50cm，必要时止水槽混凝土与基岩之间插锚筋连接。陡坡段坝体与边坡接触面的基础止水，宜采取以下措施：①坝身混凝土浇筑到一定高度、基础混凝土充分收缩以后，在排水孔钻设之前，进行接触灌浆。有条件时，可利用帷幕孔与部分固结灌浆孔进行接触灌浆。②设置铜片或不锈钢片止水。基础止水片与横缝止水片相交处必须密封。

廊道排水系统应由排水管与各层廊道排水沟组成。坝身宜设置竖向排水管，管距宜为2.5~3.5m，排水管内径宜为15~20cm，应与廊道分层连通，不应有急弯。廊道底面高于校核尾水位时，可采用自流排水；廊道底面低于校核尾水位时，应设集水井并由水泵抽排。无冰冻地区的薄拱坝其坝身可不设置排水管。

二、坝体混凝土及分区设计

(1)坝体混凝土可根据应力分布情况或其他要求，设置不同混凝土分区。坝体混凝土标号分区设计应以强度为主要控制指标，混凝土的其他性能指标应视坝体不同部位的要求做校验，必要时可提高局部混凝土的性能指标，设不同标号分区。

(2)高拱坝拱冠与拱端坝体应力相差较大时可设不同标号区。坝体厚度小于20m时，混凝土标号不宜分区。同一层混凝土标号分区最小宽度不宜小于2.0m。

(3)坝体混凝土应满足强度、热学、抗渗、抗冻、抗冲刷、抗侵蚀、抗化学反应破坏等物理力学性能和耐久性要求。未经专门论证，坝体混凝土不得使用碱活性骨料。

(4)根据坝体承受水压力作用的时间，用90d龄期的试件测定抗渗等级。对于中、低坝,其混凝土抗渗等级不低于 W6;对于高坝,其混凝土抗渗等级不低于 W8。对承受侵蚀水作用的建筑物,其抗渗等级应进行专门的试验论证。

(5)大坝混凝土抗冻等级,应根据气候分区、冻融循环次数、表面局部小气候条件、水分饱和程度、所在部位的重要性和检修难易程度等因素,按表 6-2-1 选用。

表 6-2-1 大坝混凝土抗冻等级

气候分区	严寒		寒冷		温和
年冻融循环次数(次)	≥100	<100	≥100	<100	
1. 受冻严重且难于检修部位;流速大于 25m/s、过冰、多沙或多推移质过坝的溢流坝、深孔或其他输水部位的过水面及二期混凝土	F300	F300	F300	F200	F100
2. 受冻严重但有检修条件部位;上游面冬季水位变化区;流速小于 25m/s 的溢流坝、泄水孔的过水面	F300	F200	F200	F150	F50
3. 受冻较严重部位;大坝外露阴面	F200	F200	F150	F150	F50
4. 受冻较轻部位;大坝外露阳面和水下部位混凝土	F200	F150	F100	F100	F50

注:1. 气候分区标准作如下划分:严寒——最冷月平均气温<-10℃;寒冷——-10℃≤最冷月平均气温≤-3℃;温和——最冷月平均气温>-3℃。

2. 年冻融循环次数分别按一年内气温从 3℃以上降至-3℃以下,然后回升至 3℃以上的交替次数;或一年中日平均气温低于-3℃期间预定水位的涨落次数统计,取其中大值。

3. 冬季水位变化区指运行期内可能遇到的冬季最低水位以下 0.5~1.0m,冬季最高水位以上 1.0(阳面)、2.0(阴面)、4.0 m(水电站尾水区)。

4. 阳面指冬季大多为晴天,平均每天有 4h 以上阳光照射,不受山体或建筑物遮挡的表面,否则按阴面考虑。

5. 最冷月平均气温低于-25℃地区的混凝土抗冻等级宜根据具体情况研究确定。

(6)抗冻混凝土必须外加引气剂,其水泥、掺合料、外加剂的品种和数量、水胶比、配合比及含气量应通过试验确定。

(7)混凝土最大水胶比不应大于表 6-2-2 所列规定值。在环境水有侵蚀性情况下,应选择抗侵蚀性能较好的水泥。

表 6-2-2 混凝土最大水胶比

气候分区	混凝土部位				
	水上	水位变化区	水下	基础	抗冲
严寒和寒冷地区	0.50	0.45	0.50	0.50	0.45
温和地区	0.55	0.50	0.50	0.50	0.45

第三节　拱坝泄洪、消能建筑物型式及结构设计

一、泄水建筑物型式及结构设计

(一)泄水建筑物型式

拱坝泄水、泄洪建筑物分为坝身(表孔、中孔、深孔)式、岸边式和隧洞式三大类。岸边式泄水建筑物主要为岸边式溢洪道;隧洞式泄水建筑物包括有压泄洪洞、无压泄洪洞、有压接无压泄洪洞、竖井泄洪洞等多种型式及其组合。常用的拱坝坝身孔口泄流方式有坝顶泄流、坝身孔口泄流、坝面泄流、坝肩滑雪道泄流、坝后厂顶溢流(厂前挑流)等。坝身式泄水建筑物按其进水口所处部位和水力学特性等因素,可分为表孔、浅孔、中孔、深孔和底孔等型式。

拱坝泄水建筑物宜优先考虑采用坝身孔口泄洪方式。

(二)表孔和浅孔

坝身表孔和浅孔可设计为坝顶挑流或跌流,也可设计为沿坝面或滑雪道式泄流。表孔设置胸墙且胸墙起挡水作用时,应按浅孔设计。表孔的堰面曲线宜采用幂曲线,浅孔的堰面曲线宜采用抛物线。经过数值计算或模型试验论证,也可采用其他堰面曲线。浅孔出口采用压板时,其体型曲线宜由水工模型试验确定。

在当地大气压条件下宣泄常遇洪水,闸门全开时,表孔和浅孔溢流堰顶附近不宜出现负压;闸门局部开启时,经论证可允许出现不大的负压值;宣泄校核洪水时,其负压值不得超过$(3\sim6)\times9.81$kPa,对薄拱坝及高拱坝应在上述范围内取小值。堰顶闸门槽负压过大,可能产生空蚀破坏时,应改进门槽型式,或改用无门槽闸门。采用厂房顶泄流或挑越厂房顶泄流时,应进行水工模型试验,要求在各种运行工况下均不产生危及结构安全的振动,并应采取有效止水措施。

(三)深式(包括中孔、深孔和底孔)泄水孔

深式泄水孔(包括中孔、深孔和底孔)宜设计成有压孔。对于厚拱坝也可设计成短有压孔接无压孔,但应避免无压孔内出现明、满流交替现象。无压孔在平面上宜作直线布置,其出口宜高出下游水位,并应防止在孔内出现水跃。

有压孔应进行压力坡线计算,不得出现负压。有压孔出口处断面应逐渐收缩,有压孔进、出口面积之比可根据有压段长度及压力分布经综合分析后确定。深式泄水孔进口段的顶部,宜采用椭圆曲线。孔身底缘线可根据进、出口高差及设计水头等条件采用抛物线或缓坡直线。

无压孔的水面至孔顶间应留有净空,净空高度应根据水流速度及掺气状况确定。在直线段,当孔身为矩形时,最小净空高度取不掺气水深的30%~50%;当孔顶为半圆拱时,其拱脚距水面的高度可取不掺气水深的20%左右;当孔顶为扁圆拱时,可参照半圆拱的要求略予增加。采用掺气设施时,应作专门研究。

深式泄水孔应在进口处设置事故检修门。当闸门槽负压过大,可能引起空蚀破坏时,应改进门槽型式,或改用无门槽闸门。

导流底孔所在坝段上部,不宜布置施工度汛临时过水缺口。若无法避免,应重视底孔出流被上层缺口泄水封堵的不利情况,并采取适当措施。应采取措施防止导流底孔进口闸门槽顶部进水。导流底孔出口流速较大时,宜设置出口消能工。

(四)坝身泄水孔结构布置

在满足混凝土分层分块及细部构造要求和方便施工的前提下,坝身泄水孔可采用非径向布置、有压段中心线适当偏转等结构措施。采用挑流或跌流消能方式时,出口段可采用扩散、收缩(宽尾墩、窄缝坎等)、差动、斜切或扭曲等结构措施。

各种措施的布置及结构尺寸应通过水工模型试验确定。泄水建筑物出口段反弧半径可采用 $4h \sim 10h$(h 为校核洪水位闸门全开时反弧最低点的水深)。经论证,也可采用小于上述的反弧半径或采用变半径曲线。

坝面或滑雪道泄流设施的体型曲线,可根据具体情况采用较陡的坡度,但在宣泄设计洪水时应保证水流不脱离坝面,且不产生引起空蚀或严重振动的其他水流现象,必要时应通过水工模型试验确定。泄水建筑物的泄流能力应通过计算确定,必要时应通过水工模型试验论证。对特殊型式的泄水建筑物,其泄流能力应由水工模型试验确定。凡有水流向心集中情况者,计算所得流量还应乘以折减系数,其值可取 0.92~0.98,拱半径较小者取小值。

二、消能型式及结构设计

(一)消能型式选择

(1)泄水建筑物的下游必须采取适当的消能防冲设施,避免过坝水流对下游河床冲刷危及枢纽建筑物和岸坡的安全。通常采用的消能方式有挑流、跌流、底流、戽流等,应结合坝高,河床和两岸地形、地质条件,河道水深、水位变化情况,并考虑过船、过木、排沙、排污等因素综合研究确定。

(2)挑流消能方式适用于消能区基岩较完整坚硬、水头较大的高、中坝。

(3)跌流消能设计坝下游宜设置水垫塘。

(4)底流消能适用于坝体下游有软弱基岩,下游水位流量关系较稳定的河道,以及枢纽设有船闸、筏道或鱼道等,要求下游水流较平稳的情况。有排冰和排漂要求时,不宜采用底流消能。

(5)戽流消能适用于水头较小的中、低坝,下游尾水较深,且下游河床和两岸有一定抗冲能力的河道。

(二)消能防冲结构设计要求

(1)长期淹没于水下的消能防冲设施(如消力池、水垫塘、消力戽、短护坦、二道坝等),应提供检查及维修的方便条件。

(2)拱坝泄洪宜采用多种泄水建筑物相结合的布置型式。

坝身式泄水建筑物,宜采用挑流、跌流消能方式。深式泄水孔也可采用底流、戽流消能方式。多种坝身泄水孔联合运行时,宜采用同高程孔口泄流左右对冲消能,或不同高程孔口泄流上下对冲消能，或高孔跌流配合低孔的底流、面流消能等组合消能方式。

（3）拱坝挑流消能设计应对各级流量工况进行水力计算，包括估算水舌挑射距离、范围以及最大冲坑深度等。其设计应符合下列规定：

①冲坑深度较大或坝基存在下倾软弱构造，并可能被冲坑切断而危及坝基稳定时，或岸坡可能被冲塌而危及拱座稳定时，应采取有效防冲措施。

②挑流鼻坎的体型及挑角的大小宜通过比较确定。采用差动式鼻坎时，应合理选择反弧半径、高低坎宽度比、高程差及挑角差。亦可视需要在鼻坎与反弧段之间接入直线过渡段，或在适当部位采取通气措施。

③鼻坎的设置高程应能保证自由挑流。

（4）跌流消能设计应对各级流量工况进行水力计算，包括水舌跌落距离、范围及最大冲坑深度和动水压力大小等，并满足以下要求：①水流条件复杂的大型工程应通过水工模型试验确定。②保持水舌下缘充分补气，使泄流水舌相对稳定。③坝下游宜设置水垫塘。当有足够的天然水域和水深，能承受下泄水流的冲击作用，冲刷范围有限时，经水工模型试验论证，可简化防护设施。

（5）挑流或跌流消能，当自然水垫厚度不足时，应根据岸坡和坝址基岩情况采取下列相应措施：

①岸坡和坝址基岩坚硬完整，在冲刷不影响大坝及其他重要建筑物安全且具有检修条件时，可参照类似工程经验，经研究比较后采取先冲后护的方法。

②岸坡冲刷威胁拱座稳定时，应调整布置或对岸坡进行可靠的防护。若坝址基岩完整性较差或裂隙较发育，应根据类似工程经验或水工模型试验成果，采用短护坦、二道坝和人工水垫塘等工程措施。

③在下游尾水位较低的情况下，应先泄放小流量，待具备适当尾水深度后再泄放大流量。

（6）水垫塘设计应符合下列要求：

①水垫塘底高程宜按水力条件和地质条件确定，但不宜低于大坝建基面高程。水垫塘的宽度、长度和深度，必须满足各级流量泄流时水流能形成淹没水跃。

②水垫塘末端必要时可设置二道坝，二道坝的位置及高度应根据类似工程经验或水工模型试验确定，以下游不出现二次水跃为宜。

③充分估计水垫塘周边水面涌浪作用，采取相应的防护措施。

④水垫塘两岸边坡应采取防护措施以防止泄洪雾化的影响。

⑤衬砌通常设永久分块缝，缝中宜设置耐久可靠的止水。当衬砌承受较大的扬压力时，宜设置封闭式抽排水设施。

⑥水垫塘衬砌表层宜设置一定厚度的抗蚀耐磨层，两种混凝土必须牢固结合。

⑦应防止石渣、杂物等坚硬固体物质残留或进入水垫塘。水垫塘两岸边坡存在不稳定的岩块时，应及时清理或喷锚加固。

⑧水垫塘应具备检查维修的条件。

(7)底流消能设计应符合下列规定。

①有排冰或排漂要求时,不宜采用底流消能。

②地形适宜时,消力池的前段或全段可设计成斜护坦。护坦上是否设置辅助消能工,应结合其工作条件研究确定。当跃前断面平均流速大于16m/s时,在消力池前段不宜设置消力墩。

③施工时残留于消力池中和尾坎下游回流范围内的石渣、杂物等,应清除干净。

④在寒冷地区,宜保持辅助消能工冬季淹没于水下。

(8)底流消能设计应对各级流量进行水力计算,确定护坦高程、长度、边墙或导墙顶高程及尾水淹没度等,并应符合下列规定:

①初步设计阶段,护坦长度可根据辅助消能工设置情况及水力特性确定。1、2级拱坝或高坝以及有水流向心集中情况者,其护坦长度、边墙高度及消能工的体型尺寸和位置等,应经水工模型试验验证。

②尾水淹没度可取0.95~1.05。

③消力池两侧导墙顶的高程可根据跃后水深并计及超高确定,靠河床一侧的导墙,若墙外河床中有一定水深,可适当降低墙高,允许墙顶有不大的漫溢水头。

(9)戽流消能设计应根据各级流量选择适当的戽半径、戽底高程、戽唇挑角和坎高等,并经水工模型试验确定。

(10)当消能工下游河道流速仍然较大时,应研究可能被冲淤的河段范围,并采取相应的防护措施。

(三)防空蚀设计

(1)对于泄水建筑物,应注意下列容易发生空蚀破坏的部位和区域:①进出口、闸门槽、弯曲段、水流边界突变(不连续或不规则)处。②反弧段及其附近。③差动式鼻坎、窄缝式鼻坎、扭曲式鼻坎、分流齿坎、分流墩等。④溢流面上和泄水孔内流速大于20m/s的区域。⑤消力池中的趾墩、消力墩。⑥陡槽水流空化数 $\sigma_k<0.3$ 区域(不包括门槽)。

(2)高速水流区各部位的水流空化数 σ_k 宜大于该处的初生空化数。对容易产生空蚀破坏的部位或区域,应根据工程具体情况选用以下防空蚀措施:① 选择合理的建筑物体型尺寸;②采用掺气减蚀措施;③ 严格控制过流面的不平整度,不平整度的控制标准按DL/T5207执行,局部突体应处理成缓坡;④采用抗蚀性能好的护面材料;⑤采用合理的运行方式。

(3)对于明流泄水建筑物,流速大于35m/s时应采取掺气减蚀措施。

在多泥沙河流上,泄水建筑物应考虑挟沙水流磨损,以及推移质的跳跃冲击与空蚀的联合作用。

(四)雾化

拱坝挑流、跌流消能,特别是高拱坝空中对冲消能的泄洪雾化问题,应进行专门研究,确定雾化范围和强度分布。应充分研究泄洪雾化对枢纽建筑物、下游两岸山体、电气设备、输电线路、交通道路和各种洞口等的不利影响,必要时应采取相应的防护措施。

第四节　泄水建筑物的水力计算

一、坝身式泄水建筑物泄流能力

(一)表孔泄水能力计算

$$Q=m_z\varepsilon\sigma_m B\sqrt{2gH_z^3} \tag{6-4-1}$$

式中　Q——流量,m^3/s;

B——溢流孔净宽,m;

H_z——溢流孔堰顶作用水头,m;

g——重力加速度,m/s^2;

m_z——流量系数,在定型设计水头下,当 $P/H_z>3$(P 为堰高,m)时,则 $m_z=0.47\sim0.49$,当 $P/H_z\leqslant3$ 时,则 $m_z=0.44\sim0.47$。

ε——侧收缩系数,根据墩头厚度及墩头形状而定,可取 $\varepsilon=0.90\sim0.95$;

σ_m——淹没系数,视泄流的淹没程度而定,不淹没时,$\sigma_m=1$。

(二)孔口泄流能力计算

孔口泄流能力可按式(6-4-2)计算:

$$Q=\mu A_k\sqrt{2gH_z} \tag{6-4-2}$$

式中　A_k——出口处的面积,m^2;

H_z——自由泄流时为孔口中心线处的作用水头,淹没泄流时为上下游水位差,m;

μ——孔口或管道的流量系数,对 $H_z/D=2.0\sim2.4$(D 为孔口高度,m)的浅孔,取 $\mu=0.74\sim0.82$,对深式泄水孔可参照公式(6-4-3)估算,当为长有压孔时,μ 值必须计及沿程和局部水头损失后确定。

(三)深式泄水孔流量系数

$$\mu=\xi-0.3\frac{D}{H_z} \tag{6-4-3}$$

对喇叭形进口,ξ 可取为0.97;对非完全喇叭形进口,ξ 可取为0.93;对圆形进口,ξ 可取为0.90。

(四)其他

平顶式或类似于宽顶堰的坝顶泄水建筑物的流量系数,可取0.35~0.37。

泄水建筑物的泄流能力,在初步设计阶段可按上面方法计算,必要时应通过水工模型试验论证。对特殊型式的泄水建筑物,其泄流能力应由水工模型试验确定。凡有水流向心集中情况者,计算所得流量还应乘以折减系数,流量向心集中的折减系数可取0.92~0.98,拱半径较小或中心角较大者取小值,否则取大值。

拱坝流量向心集中系数按式(6-4-4)估算:

$$C_q=\frac{R}{R-L} \tag{6-4-4}$$

式中 C_q——流量向心集中系数；

R——鼻坎末端算起的拱坝半径，m；

L——由鼻坎末端算起的挑距，m。

二、挑流消能水力计算

拱坝挑流消能设计应对各级流量工况进行水力计算，包括估算水舌挑射距离、范围以及最大冲坑深度等。

不对冲的普通挑流消能水舌挑距计算参见5.4.2节。

对冲挑流消能设计，应通过模型试验等手段对各级流量下的水舌挑距、范围和冲坑水垫厚度进行估算，并应符合下列要求：

(1)采用左右对冲式挑流消能时，坝身两侧泄水建筑物出口射流的交会线在设计流量下宜与下游河流中心线基本重合。在各级流量下挑流水舌的挑距和冲坑深度、位置等应通过模型试验确定。对冲消能设计时宜提出闸门启闭方案。

(2)采用上下对冲式挑流消能时，对高低坎的相对位置、布置型式以及对冲后的挑距和冲坑深度等，应通过水工模型试验确定。

(3)对于安全挑距，宜根据最大冲坑深度和河床基岩节理、裂隙以及层面等软弱构造面发育情况，以不影响坝趾基岩及岸坡稳定为原则研究确定。冲坑上游侧影响范围与地质条件密切相关，初步设计时可按3倍冲坑深度估算。水舌入水宽度的选定应不影响冲坑两侧岸坡及有关建筑物的稳定，否则应采取安全措施。

(4)按挑流设计的坝顶泄流，在坝顶水头较低时，有可能转变为跌流，应分析研究由此引发的不良后果，并采取适当的工程措施。

三、跌流消能水力计算

跌流消能设计应对各级流量进行水力计算，估算水舌抛射距离、范围和最大冲坑深度等。跌流消能水力要素可见图6-4-1，并按下面的公式确定，必要时应通过水工模型试验论证。

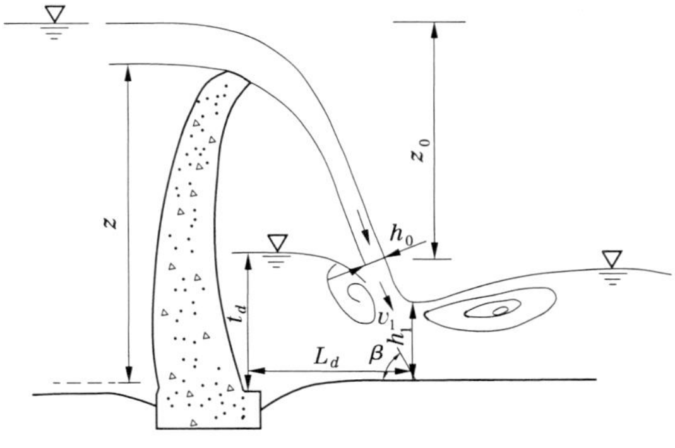

图6-4-1 跌流消能水力要素

(1)跌流的射距可用公式(6-4-5)估算：

$$L_d = 2.3q^{0.54}z^{0.19} \tag{6-4-5}$$

式中　L_d——射距,m;

z——鼻坎至河床高差,m。

(2)水舌冲击区上游水垫深度,可按公式(6-4-6)估算:

$$t_d = 0.6q^{0.44}z^{0.34} \tag{6-4-6}$$

式中　t_d——水垫塘底板或护坦上内侧的水垫深度,m;

q——泄水建筑物出口断面的单宽流量,$m^3/(s \cdot m)$,下同。

(3)水垫塘底板或护坦上的冲击流速,当水舌落点上下游有水位差时,按公式(6-4-7)估算。

$$v_1 = 4.88q^{0.15}z^{0.275} \tag{6-4-7}$$

式中　v_1——对水垫塘底板或护坦的冲击流速,m/s;

z——鼻坎至河床高差,m。

当水舌落点上、下游无明显水位差时,按公式(6-4-8)估算(适用于水舌基本布满河面时):

$$v_1 = \frac{2.5v_0}{\sqrt{\dfrac{t_d}{h_0 \sin\beta}}} \tag{6-4-8}$$

$$v_0 = \varphi\sqrt{2gz_0} \tag{6-4-9}$$

$$\beta = \arccos\left(\frac{2v_1}{v_0} - 1\right) \tag{6-4-10}$$

式中　h_0——水舌落至水面时的厚度,m,$h_0 = q/v_0$;

v_0——水舌落至水面时的平均流速,m/s;

β——水舌入射角,(°);

z_0——上下游落差,m;

g——重力加速度,m/s^2;

φ——流速系数。

(4)水垫塘底板或护坦上的动水压力,可按公式(6-4-11)估算:

$$P_d = \frac{\gamma_w (v_1 \sin\beta)^2}{2g} \tag{6-4-11}$$

式中　P_d——动水压力强度,kPa;

γ_w——水的容重,kN/m^3;

其余符号意义同前。

水垫塘底板或护坦上的脉动压力,可按公式(6-4-12)估算:

$$P_m = \pm\alpha_m \frac{v_0^2}{2g}\gamma_w \tag{6-4-12}$$

式中　P_m——脉动压力强度,kPa;

v_0——入水流速,m/s;

α_m——脉动压力系数,取 0.05~0.2。

(5)当下游不设护坦时,最大冲坑处水垫厚度根据水流特性可按挑流相关公式估算。

采用天然水垫塘时,跌流水舌的安全射距及水舌入水宽度和挑流消能设计的要求一样,同时应分析研究水舌下缘的通气条件以及坝基、拱座的防护措施。

四、底流消能水力学计算

底流消能设计应对各级流量进行水力计算,以确定护坦高程、长度、边墙或导墙顶高程及尾水淹没度等。水力计算包括以下护坦长度、脉动压力、冲击力三个方面。

(一)护坦(消力池)长度

护坦(消力池)长度可根据辅助消能工设置情况及水力特性,按公式(6-4-13)~式(6-4-15)确定。1、2级拱坝或高坝以及有水流向心集中情况者,其护坦长度、边墙高度及消能工的体型尺寸和位置等,应经水工模型试验验证。

消力池的长度计算公式:

(1)当弗劳德数 $Fr=\dfrac{v'}{\sqrt{gh'}}\geqslant 4.5$,护坦上不设辅助消能工时:

$$L_c=6.9(h''-h') \tag{6-4-13}$$

式中 L_c——消力池长度,m;

h'、h''——跃前、跃后共轭水深,m。

(2)当 $Fr>4.5$,池首断面平均流速 v' 大于 16m/s,护坦上可设梳流坎及尾坎,但不宜设消力墩时:

$$L_c=(3.2\sim4.3)h'' \tag{6-4-14}$$

(3)当 $Fr>4.5$,池首断面平均流速 v' 小于 16m/s,护坦上可设梳流坎、消力墩及尾坎时:

$$L_c=(2.3\sim2.8)h'' \tag{6-4-15}$$

(二)脉动压力

底流消力池护坦和尾坎上的脉动压力的计算公式:

$$P_m=\pm\alpha_m\frac{v^2}{2g}\gamma_w \tag{6-4-16}$$

式中 P_m——脉动压力强度,沿法线方向作用于建筑物表面,kPa;

v——计算断面处的平均流速,m/s;

α_m——脉动压力系数,根据水流缓急程度取 0.05~0.10。

(三)冲击力

护坦中设消力墩(包括梳流坎及尾坎)时,其所受冲击力的计算公式:

$$P_d=\pm k_d\frac{v^2}{2g}\gamma_w A_d \tag{6-4-17}$$

式中 P_d——消力墩(包括梳流坎及尾坎)所受冲击力,kN;

v——墩、坎附近的流速,m/s,或近似按墩、坎断面处的平均流速计算;

A_d——墩、坎迎水面在流速方向上的投影面积,m^2;

k_d——阻力系数,视墩、坎位置、形状及流速大小,取 $k_d=1.2\sim2.0$。

五、空蚀

水流空化数 σ_k 按下式计算:

$$\sigma_k=\frac{h_d+h_q-h_v}{\frac{v^2}{2g}} \tag{6-4-18}$$

式中 σ_k——水流空化数;

h_d——计算断面处的时均动水压力水头,m;

h_q——大气压力水头,m,对于不同高程按 $10.33-\frac{\nabla}{900}$(∇为海平面以上高度)估算,即相对于海平面每增加高度 900m,较标准大气压力水头降低 1m 水柱;

h_v——水的汽化压力水头,m,对于不同水温可按表 6-4-1 取值;

$v^2/(2g)$——计算断面处的流速水头,m。

表 6-4-1 不同水温时水的汽化压力水头值

水温(℃)	0	5	10	15	20	25	30	40
h_v(m)	0.06	0.09	0.13	0.17	0.24	0.32	0.43	0.75

第五节 拱坝应力与拱座抗滑稳定计算

一、坝体应力分析方法及内容

拱坝应力分析应以拱梁分载法或有限元法计算成果,作为衡量强度安全的主要标准。拱梁分载法是拱坝应力分析的基本方法。1、2 级拱坝和高拱坝或情况比较复杂的拱坝(如拱坝内设有大的孔洞、基础条件复杂等),除用拱梁分载法计算外,还应采用有限元法计算。必要时,应进行结构模型试验加以验证。

采用拱梁分载法进行应力分析时,应结合地形、地质条件,合理布置拱梁网格体系,在应力梯度变化较大处,宜加密网格。对于高坝,宜采用不少于 4 向变位调整的拱梁分载法程序进行计算。

采用弹性有限元法进行坝体应力分析时,基础计算范围应不小于 1.5 倍坝高,单元的剖分应达到设计所要求的精度,单元的型式应结合拱坝体型合理选用,计算模型应接近于实际情况,计算坝体自重应计及施工过程。应力计算成果应进行等效处理,即将断面上的应力分布按合力和一次矩相同的条件,转化为等效的线形分布处理。根据工程的重要程度和必要性,可采用非线性有限元法进行弹塑性分析。

拱坝应力分析的主要内容应包括:①坝体上、下游面的主应力及分布。②各计算截面上的应力分布。③坝体特殊部位(孔洞、泄水管道、各种悬臂结构等部位)的局部应力。

④坝基(特别是软弱夹层、断层等部位)内部应力。设计中可根据工程规模、地质条件、拱坝的具体情况和设计阶段,计算上述内容的部分或全部,或增加其他计算分析内容。

拱坝应力分析中,可根据其重要程度和必要性,分析考虑下列因素:

(1)不同体型和布置对坝体应力分布的影响。

(2)基础综合变形模量变化对坝体应力的影响。

(3)坝身孔洞及悬臂结构等对坝体应力的影响。

(4)分期蓄水、分期施工、施工程序及蓄水过程对坝体应力的影响。

(5)封拱温度对坝体应力的影响,并优选对坝体应力有利的封拱温度。

(6)混凝土徐变对坝体温度应力的影响。

(7)当坝体设有重力墩、推力墩、周边缝等措施时,分析其对坝体应力的影响。

(8)坝内埋管对坝体应力的影响。

对坝址地质、地形条件比较复杂的1、2级拱坝,应对坝基应力和位移作专门研究。必要时,应结合拱座稳定和基础处理方案一并研究。

1、2级高拱坝应力分析中所采用的混凝土弹性模量和泊松比,宜通过试验确定。计算拱坝的基础变位时,应研究综合变形模量及其沿整个基础面上的变化。坝基岩体的变形模量宜通过试验确定。

二、拱座稳定分析方法及计算

(一)拱座稳定分析方法

拱座抗滑稳定的数值计算方法以刚体极限平衡法为主。1、2级拱坝或地质情况复杂的拱坝还应辅以有限元法或其他方法进行分析。初步设计以后的阶段,1、2级拱坝或地质情况复杂的拱坝除采用数值分析方法外,必要时还应辅以地质力学模型试验。采用刚体极限平衡法进行抗滑稳定分析时,坝体传来的作用力应采用拱梁分载法的相应计算成果。

(二)拱座稳定分析基本要求

(1)研究拱座稳定时,应综合分析研究坝的布置(包括坝轴线、平面布置、拱端构造、体型、泄洪方式等)、坝体应力情况、基础处理和施工方法等影响因素。

(2)抗滑稳定分析中的滑动体边界,常由若干个滑裂面和临空面组成。滑裂面为岩体内的各种结构面,尤其是软弱结构面;临空面为地表或软弱结构面。滑裂面应在工程地质勘测的基础上,经过研究得出最可能的滑动破坏形式之后确定。

(3)拱座抗滑稳定分析应按空间问题计算可能滑动块体抗滑稳定安全系数。拱座无特定的滑裂面或作初步估算时,可简化为平面问题进行核算。此时如个别断面的安全系数不满足要求,可根据具体情况确定采取处理措施的必要性。必要时,可分析滑裂面上的局部(点)安全系数,研究可能进入破坏状态的区域、范围及过程。

(4)拱座稳定分析主要研究岩体的可能滑动问题,但在拱座下游附近如存在较大断层或软弱带而有可能引起较大变形时,应采用有限元法或模型试验进行专门研究,必要时应采取加固措施控制变形量。加固的必要性和加固方案可通过平面或空间有限元分析或模型试验进行比较论证后确定。

(5)对平面曲率较小、岸坡较平缓或岸坡有顺坡节理等复杂地质构造的拱坝,宜注意坝基浅层抗滑稳定问题。

(6)对于高坝或地质条件复杂的拱坝,应采用数值计算或地质力学模型试验,分析拱坝与地基在正常作用和超载作用下的坝体应力、变形、开裂、屈服等破坏状态的发展过程以及超载安全度。结合工程类比,综合评价拱坝整体安全性。

(三)拱座抗滑稳定计算

拱座稳定计算应包括下列荷载:坝体传来的作用力、岩体自重、渗透压力和地震荷载。

(1)采用刚体极限平衡法进行抗滑稳定分析时,1、2级拱坝及高拱坝,应按抗剪断公式(6-5-1)进行计算,其他则可按式(6-5-2)进行计算:

抗剪断计算公式

$$K_1 = \frac{\sum(Nf_1 + c_1A)}{\sum T} \tag{6-5-1}$$

抗剪计算公式

$$K_2 = \frac{\sum Nf_2}{\sum T} \tag{6-5-2}$$

式中 K_1、K_2——抗滑稳定安全系数;

N——垂直于滑裂面的作用力;

T——沿滑裂面的作用力;

A——计算滑裂面的面积;

f_1——抗剪断摩擦系数;

c_1——抗剪断凝聚力;

f_2——抗剪摩擦系数。

f_1 和 c_1 值应按相应于材料的峰值强度(小值平均值)采用。f_2 应按材料的不同性质分别取用相应特性值:对脆性破坏的材料,采用比例极限;对塑性或脆塑性破坏的材料,采用屈服强度;对已经剪切错断过的材料,采用残余强度。

(2)对水电枢纽工程,采用刚体极限平衡法分析拱座稳定时,1、2级拱坝及高拱坝应满足承载能力极限状态设计表达式(6-5-3),其他则应满足承载能力极限状态设计表达式(6-5-3)或式(6-5-4)。

$$\gamma_0\psi\sum T \leqslant \frac{1}{\gamma d_1}\left(\frac{\sum f_1N}{\gamma_{m_1f}} + \frac{\sum c_1A}{\gamma_{m_1c}}\right) \tag{6-5-3}$$

$$\gamma_0\psi\sum T \leqslant \frac{1}{\gamma d_2}\frac{\sum f_2N}{\gamma_{m_2f}} \tag{6-5-4}$$

式中 γ_0——结构重要性系数,对应于安全级别为Ⅰ、Ⅱ、Ⅲ级的建筑物,分别取1.1,1.0,0.9;

ψ——设计状况系数,对应于持久状况、短暂状况、偶然状况,分别取1.00,0.95,0.85;

T——沿滑动方向的滑动力,10^3kN;

f_1——抗剪断摩擦系数;

N——垂直于滑动方向的法向力，10^3kN；

c_1——抗剪断凝聚力，MPa；

A——滑裂面的面积，m^2；

f_2——抗剪摩擦系数；

γ_{d_1}、γ_{d_2}——两种计算情况的结构系数；

γ_{m_1f}、γ_{m_1c}、γ_{m_2f}——两种表达式的材料性能分项系数。

采用式(6-5-3)、式(6-5-4)进行计算时，相应的分项系数应满足表6-5-1的规定。

表6-5-1　拱座抗滑稳定分项系数

按公式(6-5-3)	γ_{m_1f}	2.4
	γ_{m_1c}	3.0
	γ_{d_1}	1.2
按公式(6-5-4)	γ_{m_2f}	1.2
	γ_{d_2}	1.1

注：有关地震组合情况下的各项分项系数应按DL5073规定执行。

第六节　拱坝坝基(坝肩)处理设计

一、一般规定

混凝土拱坝地基经过必要的处理后，应具有足够的强度和刚度，能够满足拱座抗滑稳定和拱坝整体稳定要求，具有抗渗性、渗透稳定性和有利的渗流场，应具有在水长期作用下的耐久性。通过地基处理，建基面应平顺，避免不利的应力分布。

坝基处理设计(包括两岸拱座和河床段的地基)应根据坝址地质条件和基岩的物理力学性质，综合分析坝体和地基之间的相互关系(包括坝轴线的位置、坝体形状与构造等)、泄洪建筑物的布置、施工技术等因素，选择安全、经济和有效的处理方案。

岩溶地区的坝基处理应通过特定的勘测、试验手段，查明坝基范围岩溶洞穴、暗河系统、连通管道以及地下水位等基本情况，进行专门研究。

坝基处理应采用挖除风化岩石、控制基坑形状、设置相关连接建筑物(如垫座、推力墩、重力墩等)、固结灌浆、接触灌浆、防渗帷幕、坝基排水、断层破碎带与软弱夹层的处理(包括用混凝土置换、高压水泥灌浆等)以及预应力锚固基岩等措施。

二、坝基开挖

(1)坝基的开挖深度，应根据岩体的类别和质量分级、基岩的物理力学性质、拱坝对基础的承载要求、基础处理的效果、上下游边坡的稳定性、工期和费用等，经技术经济比较研究确定。

(2)根据坝址具体地质情况，结合坝高，选择新鲜、微风化或弱风化中、下部的基岩作为建基面。高坝应开挖至Ⅱ类岩体,局部可开挖至Ⅲ类岩体。中低坝可适当放宽。

(3)拱坝建基面宜开挖成径向面,如图 6-6-1 所示。如拱端厚度较大而使开挖量过多或考虑开挖后边坡的稳定要求,也可采用非全径向开挖,非径向角 $\alpha \leqslant 30°$,非径向面与拱坝中心线的夹角 $\beta \geqslant 10°$。经充分论证,拱座利用岩面也可开挖成其他形状。

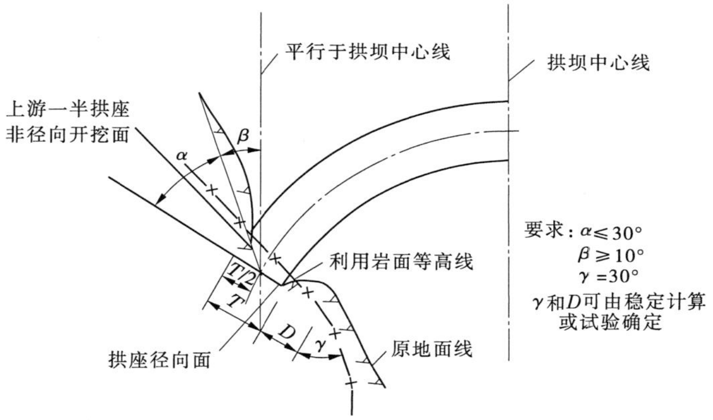

图 6-6-1 拱座形状准则

(4)同一坝体采用两种开挖形式时,自上而下应平缓过渡,河床段基岩面的上、下游高差不宜过大,且尽可能略向上游倾斜。整个坝基可利用岩面在垂直水流方向应平顺,避免突变,也不宜开挖成台阶状。基岩面的起伏差应小于 0.3~0.5m。拱座基岩面的等高线与拱端内弧切线的夹角不宜小于 30°。当开挖到接近设计的岩面时,应保留 0.3~0.5m 厚度,用风铲撬挖,挖至检验合格为止。对坝基内局部的地质缺陷,如夹泥裂隙、节理密集带、风化岩脉、断层破碎带等,埋藏不深的,应予以挖除。对于河床中的覆盖层,原则上要全部挖除,对低拱坝,如覆盖层太深,挖除有困难,则应在结构上采取措施,如在挖除表层覆盖层后,浇筑混凝土支承拱,坝体即建在支承拱上。

(5)坝基开挖设计应对控制爆破提出要求,并在现场试验和施工过程中不断对爆破参数进行调整,以减轻开挖爆破引起的建基面岩体的破坏。

(6)坝址位于高地应力地区时,应结合基岩岩性研究分析初始地应力场及基坑开挖后的二次应力场,避免开挖过程中因应力释放严重破坏基岩岩体。坝基开挖爆破设计宜采用预裂爆破的方式。

(7) 应对开挖后的坝基地质条件进行复核和补充评价,进一步落实基础处理方案。

三、固结灌浆和接触灌浆

一般要求对拱坝坝基进行全面的固结灌浆,对于比较坚硬完整的基岩,也可以只在坝基的上游侧和下游侧设置数排固结灌浆孔。对节理、裂隙发育的基岩,为了减小地基变形,增加岩体的抗滑稳定性,还需在坝基外的上、下游侧扩大固结灌浆的范围。断层破碎带及其两侧影响带,应加强固结灌浆。

固结灌浆孔的孔距、排距,应根据开挖以后的地质条件,并参照灌浆试验确定,宜为

2~4m。固结灌浆孔的孔深,应根据坝高和开挖以后的地质条件确定,宜采用5~8m。局部地区及坝基应力较大的高坝基础,必要时可适当加深,帷幕上游区根据帷幕深度确定,宜采用8~15m。

固结灌浆孔宜布置成梅花形,对于较大的断层和裂隙带应专门布孔。灌浆孔方向应根据主要裂隙产状,穿过较多的裂隙,结合施工条件确定。在混凝土盖重块厚度内,宜预留灌浆孔。

灌浆压力应根据工程和地质情况进行分析计算并结合工程类比拟定,在保证不掀动岩石的情况下,宜采用较大值,一般为0.2~0.4MPa;有混凝土盖重时,可取0.3~0.7MPa。必要时进行灌浆试验论证,而后在施工过程中调整确定。

对于坝体与陡于50°~60°的岸坡间和上游侧的坝基接触面以及基岩中所有槽、井、洞等回填混凝土的顶部,均需进行接触灌浆,以提高接触面的强度,减少渗漏。接触灌浆应在坝体混凝土浇筑到一定高度、混凝土充分收缩、钻排水孔之前进行。有条件时,可利用帷幕灌浆孔与部分固结灌浆孔进行接触灌浆。

四、防渗帷幕

防渗帷幕应符合下列基本要求:①减少坝基渗漏量和绕坝渗漏量,减小坝基渗流对坝基及两岸边坡稳定的不利影响;②防止坝基软弱夹层、断层破碎带、岩体裂隙充填物等软弱层带可能产生渗透破坏;③在帷幕和坝基排水的共同作用下,控制坝基渗透压力在允许值以内;④具有可靠的连续性和足够的耐久性。

坝基和两岸的防渗帷幕宜采用水泥灌浆;在水泥灌浆达不到设计防渗要求时,可采用化学材料补充灌浆,但应防止污染环境。

帷幕线的位置(包括向两岸延伸的帷幕)应根据拱座和坝基应力情况,以及将来可能需要修补和补强的条件,布置在压应力区,且靠近上游面。防渗帷幕轴线的方向,以及两岸帷幕伸入岸坡内的范围深度,应根据工程地质、水文地质、地形条件、拱座的稳定情况和防渗要求研究确定。两岸部位的帷幕与河床部位的帷幕应保持连续性。河床及两岸帷幕灌浆,可分别在基础廊道和灌浆平硐内进行。

岩溶地区的防渗帷幕应在查明坝基范围水文、地质以及两岸地形条件的基础上,选择经济、合理的帷幕线路。帷幕线宜布置在岩溶发育微弱地带。当无法避开岩溶暗河或通道时,帷幕线宜与其垂直,并采用回填、二次灌浆等措施封堵沿线洞穴。

防渗帷幕的深度及两岸坝头延伸长度应符合下列规定:①坝基下存在相对隔水层时,防渗帷幕应伸入该岩层内不少于3~5m。②两岸山体防渗帷幕应延伸到相对隔水层,或正常蓄水位与地下水位交汇处,并适当留有余地。③当坝基下相对隔水层埋藏较深或分布无规律时,帷幕深度可参照渗流计算结果,并考虑工程规模、地质条件、地基的渗透性、排水条件等因素,按0.3~0.7倍坝前静水头选择。对地质条件特别复杂地段的帷幕深度应进行专门论证。

防渗帷幕及其下部相对隔水层岩体的透水率根据不同坝高可采用下列标准:坝高在100m以上,$q=1\sim3$Lu;坝高在50~100m,$q=3\sim5$Lu;坝高在50m以下,$q\leq5$Lu。抽水蓄能电站或水源短缺水库可适当提高标准。

防渗帷幕的灌浆参数,应根据工程地质条件、水文地质条件、作用水头等确定。施工过程中应根据灌浆试验及施工资料分析,对帷幕灌浆设计(布置和工艺)进行调整。

帷幕灌浆孔的排数,对于完整性好,透水性弱的岩体,中坝及低坝可采用1排,高坝可采用1~2排;对于完整性差,透水性强的岩体,低坝可采用1排,中坝可采用1~2排,高坝可采用2~3排。当帷幕由主副帷幕组合而成时,副帷幕孔深可取主帷幕孔深的1/2。

帷幕孔距宜采用1.5~3.0m,排距应略小于孔距。软弱层带部位可适当加密孔距。帷幕钻孔方向宜倾向上游,倾角宜在0°~15°,宜穿过岩层的主要裂隙和层理面。

帷幕灌浆施工宜在浇筑一定高度的坝体混凝土作为盖重后进行,灌浆洞内的帷幕灌浆应在回填灌浆和固结灌浆施工完成后进行。

帷幕灌浆顶段的灌浆压力不宜小于1.5倍的坝前静水头;孔底段不应小于2倍的坝前静水头,但不宜大于6.0MPa,且不得抬动岩体。

五、坝基排水

正常情况下,防渗帷幕的下游应布置坝基排水,设1排主排水孔,必要时加设1~3排辅助排水孔。坝基下存在相对隔水层或缓倾角结构面时,宜根据其分布情况进行合理布置。对于地质条件较差的坝基,设置排水孔时应防止渗透变形。中、低高度的薄拱坝可简化排水布置,经论证可不设坝基排水。

主排水幕排水孔的孔距宜采用2~3m,副排水幕排水孔的孔距宜采用3~5m。

排水孔的孔深应根据帷幕灌浆和固结灌浆的深度及基础的工程地质、水文地质条件确定。主排水孔孔深宜为帷幕孔深的0.4~0.6倍;坝高50m以上的坝基主排水孔孔深不应小于10m,副排水孔深宜为主排水孔的0.7倍。当坝基内有裂隙承压水层、较大的深层透水区时,除加强防渗措施外,排水孔宜穿过此层。坝基下存在相对隔水层或缓倾角结构面时,宜根据其分布情况进行相应调整。

排水孔的开孔位置与帷幕下游侧的距离不宜小于2m。河床段主排水孔应布置在基础廊道内,孔口高程应尽量降低。对高坝以及两岸地形较陡、地质条件较复杂的中坝,宜在两岸布置多层纵横向排水平洞。

当排水孔的孔壁不稳定或排水孔穿过软弱层带区时,应采取孔壁保护措施。排水孔应在其相应部位的接触灌浆、固结灌浆、帷幕灌浆等完成后钻孔。

六、断层破碎带、软弱夹层的处理

(1)软弱层带一般指严重挤压破碎带、断层破碎带、全-强风化夹层、泥化夹层、层间蚀变带、泥质岩、黏土质粉砂岩表层等。软弱层带是拱坝坝基及坝肩处理中经常碰到的主要问题之一,是控制拱坝的坝肩稳定及边坡稳定的主要因素之一。坝基有软弱层带分布时,通常会遇到以下问题:①沿软弱层带形成集中渗漏。②软弱层带使坝基综合变形模量降低,造成的坝体应力恶化,导致坝体变形不对称,降低坝体承载安全度。③顺软弱层带形成可能滑裂面,降低坝基抗滑稳定安全性。

(2)由于各个工程存在的软弱层带性状差异很大,大坝结构型式不同,因此对各个工程影响程度也不尽相同,其处理方法也就各不相同。对于坝基范围内的断层破碎带或软弱夹层,应根据其产状、宽度、充填物性质、所在部位和有关的试验资料,分析研究其对坝体和地基的应力、变形、稳定与渗漏的影响，并结合施工条件，采用适当的方法进行处理。

(3)一般情况下，位于坝肩部位的断层破碎带比位于河床部位的对拱坝的安全影响大；缓倾角比陡倾角断层的危害性严重；位于坝趾附近的比位于坝踵附近的断层破碎带对坝体应力和稳定更为不利；断层破碎带宽度愈大，对应力和稳定的影响愈严重。软弱层带的处理应根据其特性、规模、位置及对拱坝的危害程度等因素，选择高压固结灌浆、化学灌浆、断层塞、混凝土置换、抗剪(抗滑)或传力混凝土结构、锚固等处理措施或综合处理措施。对特殊的地基，需进行专门的研究。

(4)对倾角较陡的一定规模的软弱层带，宜采用以下处理措施：

①断层组成物为胶结良好、质地坚硬的角砾岩、片状岩、碎块岩等构造岩，对整个坝基的传力、稳定和变形的影响较小时，可将表层较破碎的部分挖除，进行混凝土塞局部置换处理，必要时可对两侧及深层岩体进行高压固结灌浆。

②断层组成物为糜棱岩、断层泥等软弱构造岩，对整个坝基的强度、稳定和变形有较明显影响时，可采用挖除断层物质，回填混凝土(即置换法)、高压水泥灌浆、高喷冲洗灌浆等处理方法，必要时可增加化学灌浆处理(例如环氧类浆材)。高坝的处理方案应根据坝高、断层部位、产状、性质和规模等，通过相应的计算或模型试验进行论证；中、低坝可参照其他工程的经验，综合研究后确定。

③采用置换法处理断层破碎带，开挖时应注意减少对完好岩体的损伤，开挖后应及时回填混凝土，应加强置换混凝土与基岩结合面的回填灌浆、接触灌浆及围岩固结灌浆。当混凝土回填规模较大时，应制定相应的温度控制、固结灌浆、接触灌浆与观测等措施。

(5)对倾角较平缓的断层破碎带或软弱夹层，应根据其埋藏深浅和力学参数以及对坝体应力、坝基变形和抗滑稳定性的影响程度，采用抗剪(抗滑)混凝土结构、锚固及局部加强防渗排水等处理措施。

(6)当坝基内的软弱层带有可能成为坝基渗漏通道时，应根据断层破碎带或软弱夹层的具体情况、作用水头、库水侵蚀性等因素，进行专门的防渗处理(如高压冲洗置换处理、防渗井塞等)。

(7)对于局部裂隙构造发育的岩体，可采用加强固结灌浆、高压固结灌浆的处理措施。

(8)两岸拱座岩体内存在断层破碎带、层间错动等软弱结构面，影响拱座稳定安全时，必须对两岸拱座基岩采取相应的加固处理措施(如抗滑键、传力墙和高压固结灌浆等)。1、2级拱坝或高坝工程的处理方案，应通过有限元分析或模型试验论证。

(9)两岸岩体内的顺坡向断层破碎带、节理密集带或软弱夹层，受到库水、地下水、泄洪雾化及泄洪水流冲刷等反复作用后，可能引发岩体滑坍而危及大坝或其他建筑物的安全时，必须采取相应的防护措施。

第七节　坝体温度控制与混凝土防裂措施

一、一般规定

对混凝土拱坝，应根据坝址区自然条件、坝体结构特点及混凝土原材料、混凝土性能等进行温度控制及防裂设计，制定合理的温度控制标准及防裂措施，提出不同施工时段、不同施工部位的混凝土浇筑温度要求。高、中拱坝宜采用有限元法进行温度场、温度应力分析。低坝可参照类似工程经验进行温度控制及防裂设计。

二、搜集资料要求

当日平均气温 2~3d 连续下降不小于 6℃,称之为“气温骤降”,对坝体防裂不利。设计应搜集整理坝址地区温度资料,并对年平均气温和变幅、多年月平均和旬平均气温、气温骤降的幅度和历时及出现的频率、水库水温、坝基地温、日照等资料进行分析。

高坝混凝土应进行力学、热学、极限拉伸、徐变和自生体积变形等试验,利用试验资料进行防裂及温度控制设计。中、低坝工程可根据需要进行必要的试验。

三、坝体接缝及浇筑层厚

坝体纵缝、横缝的设置应考虑温度控制的要求。浇筑层厚应根据温度控制标准及混凝土施工机械、混凝土浇筑能力及温度控制措施等因素,通过综合分析决定。基础约束区的浇筑层厚度宜采用 1.5~2.0m,应采取短间歇均匀上升的分层浇筑方法,层面不应长期暴露。基础约束范围以外的浇筑层厚度宜采用 2.0~3.0m,可根据该部位温度控制标准和上下层温差要求,以及混凝土施工机械设备浇筑能力确定,并应做到短间歇均匀上升。

四、基础部位裂缝原因

据国内部分混凝土坝裂缝调查,基础部位出现裂缝有下列几种情况:

(1)基岩上薄层浇筑块长时间停歇,以致混凝土薄层的约束应力和由于内外温差引起的应力相叠加,使块长中部产生的拉应力远大于混凝土的抗拉强度,形成贯穿裂缝。

(2)岩石表面起伏很大,局部有深坑或突出尖角,致使混凝土浇筑块厚度不均匀,造成局部应力集中,形成基础混凝土裂缝。

(3)施工期坝上留缺口导流或汛期过水,在混凝土温度较高时,因受水的冷冲击,造成基础混凝土开裂。

(4)相邻坝块不及时浇筑混凝土,以致基础混凝土块侧表面长期暴露,在气温反复作用下,开始出现表面裂缝,以后逐渐发展形成贯穿裂缝。

为利于基础混凝土的防裂,基础容许温差、上下层混凝土温差应满足规定的要求。此外,尚需根据工程具体情况,注意改善基础块的约束边界和温度边界条件,避免局部应力集中和冷冲击。

五、温差控制标准

(一)基础温差

基础温差是指浇筑块 $0.4l$(l 为浇筑块长边尺寸)高度范围的基础约束区内,混凝土的最高温度和该部位稳定温度或准稳定温度之差。

当基础约束区混凝土 28d 龄期的极限拉伸值不低于 0.85×10^{-4}、基岩和混凝土弹性模量相近、短间歇均匀上升浇筑时,基础约束区混凝土的容许温差按表 6-7-1 的规定确定。

表 6-7-1　基础约束区混凝土容许温差　（单位:℃）

距基岩面高度 H	浇筑块长边 l				
	16m 以下	17~20m	21~30m	31~40m	通仓长块
0~0.2l	26~25	25~22	22~19	19~16	16~14
0.2l~0.4l	28~27	27~25	25~22	22~19	19~17

对坝身导流底孔、深式泄水孔、闸墩等部位,在施工期或运行期过流受低温水冷冲击,应研究该部位混凝土温度低于稳定温度所产生的影响。

以下各种情况的基础约束区混凝土温差应予论证:①坝块结构尺寸长宽比大于 2.0;②基础约束区内长间歇的浇筑块;③基岩弹性模量和混凝土弹性模量相差较大者;④基础回填混凝土、混凝土塞及陡坡等浇筑块;⑤试验和实测充分证明混凝土自生体积变形有明显稳定的膨胀或收缩者。

(二)上下层温差

上下层新老混凝土温差的控制,应符合下列规定:

上下层温差是指高度小于 1/4 块长范围内,上层新浇混凝土的最高平均温度与开始浇筑混凝土时下层老混凝土(龄期超过 28d)的平均温度之差,即新老混凝土温差。上下层混凝土容许温差应为 15~20℃。

各坝块应均匀上升,避免过大的高差,相邻块高差不超过 12m,相邻坝块浇筑时间的间隔宜小于 28~30d。

(三)内外温差控制

内外温差是指混凝土内部最高温度与混凝土表面温度之差。应根据当地气候条件,通过温度应力计算分析,提出各月坝体内外温差及坝体内部最高温度控制标准。

六、表面保护及温控措施选用

(一)表面保护

混凝土裂缝大多数是表面裂缝,在一定条件下表面裂缝可发展为深层裂缝,甚至为贯穿性裂缝。气温骤降是引起混凝土表面裂缝的最不利因素之一,低温季节内外温差过大或混凝土表面温度梯度过大,也是引起混凝土表面裂缝的原因之一,因此应根据当地气候条件,提出各月坝体内外温差或坝体内部最高温度控制标准。

应重视表面混凝土保温、保湿及养护,防止寒潮袭击和高温热量倒灌,尤其是气温骤降的影响。遇气温骤降时,对龄期 2~3d 以上(基础约束区和特殊部位)或 3~4d 以上(普通部位)的新浇混凝土,必须进行表面保护。低温季节也应根据当地气候条件对混凝土外露面进行保护,在坝体结构断面突变部位、基础约束区、孔口和廊道口、上下游坝面等部位,最易受气温突变影响,应重点保护并研究制定合理的保护措施。严寒和寒冷地区应研究混凝土的长期保护措施。

混凝土表面保护材料应根据当地气候条件及不同部位、不同条件下的表面保温要求选用。稻草帘、木丝板、玻璃纤维、石棉及矿棉制品、膨胀珍珠岩及泡沫混凝土等保温材料，吸湿性均较大，并非理想保温材料。聚苯乙烯泡沫塑料和聚氨脂泡沫塑料，由于具有闭孔结构，吸水性很小，导热系数也小，其保温效果优于其他材料。

泄水孔、廊道、竖井等孔洞进出口，在低温季节气温骤降期间应进行遮闭或封堵。

(二)温度控制措施选用

温控措施的选用应符合以下要求：

(1)应采用合适的混凝土原材料，改进混凝土施工管理和施工工艺，改善混凝土性能，提高混凝土抗裂能力。

(2)应合理安排混凝土施工程序，在有利季节浇筑基础约束区混凝土，并控制相邻块、相邻坝端高差。基础约束区混凝土应连续均匀上升，不得出现薄层、长间歇情况。控制混凝土全年的浇筑量，高温季节宜利用夜间浇筑，严寒地区应避免在冬季浇筑混凝土。

(3)应采用低发热量水泥、浇筑低流态混凝土、掺高效外加剂、加大骨料粒径、优选骨料级配、掺适宜的掺合料、控制浇筑层厚度和层间间歇期、通水冷却等减少混凝土水化热温升措施。夏季减少浇筑层厚，保证正常的间歇时间，并利用天然低温养护。

(4)应采用在骨料上洒水喷雾、骨料堆高、地垄取料、混凝土拌和加冰、冷水拌和、预冷骨料等骨料及混凝土简易人工冷却措施，降低混凝土浇筑温度，并对预冷混凝土进行保温。还应降低混凝土出机口温度，严格控制混凝土运输时间和仓面浇筑坯覆盖前的暴露时间，减少混凝土运输和浇筑过程中的温度回升。

(5)坝体内应埋设冷却水管通水冷却：初期通制冷水或低温河水，降低混凝土最高温度；中期可通河水冷却，控制低温季节坝体内外温差；后期通制冷水或河水降温，使坝体达到接缝灌浆温度。通水类别和通水时间应通过分析计算确定。

通水时坝体混凝土温度与冷却水之间的温差不宜超过25℃，坝体降温速度每天不宜大于1℃。冷却水管，特别是固结灌浆压重块混凝土中的冷却水管，应谨防被打断。

(6)在气温骤降情况到来前，应做好坝体混凝土的表面保护措施。

第八节　碾压混凝土拱坝

一、概况

碾压混凝土拱坝国外已建的有南非的克涅布特(Knellpoort)(碾压混凝土重力拱坝，坝高50m)及俄尔威坦斯(Wolwedans)(碾压混凝土重力拱坝，坝高70m)。我国自普定碾压混凝土拱坝(坝高75m)于1993年11月建成蓄水以来，近年来相继建成了温泉堡(坝高48m)、溪柄(坝高63.5m)、红坡(坝高55.2m)、沙牌(坝高129m)、龙首(坝高80m)、石门子(坝高109m)等碾压混凝土拱坝，在拱坝体型、坝高及碾压混凝土规模等方面均取得了很大的进展，为碾压混凝土拱坝的设计积累了不少经验，并在某些方面进行了有益的探索和创新。

碾压混凝土拱坝在枢纽布置、大坝防渗、大坝廊道构造、碾压混凝土材料、变态混凝土等方面，与碾压混凝土重力坝设计存在较多共性，其材料性能要求、构造要求、温控要求、施工特点等与混凝土重力坝大同小异，但由于拱坝的受力特点和重力坝完全不同，只有保证结构的整体性,才能起到拱向传力作用,故接缝设计及接缝灌浆的要求一般要比重力坝更严格。碾压混凝土拱坝在体型设计、拱坝应力分析方法、分缝结构及灌浆体系等方面和碾压混凝土重力坝相比,具有自己的特点。

二、碾压混凝土拱坝体型设计

对于碾压混凝土拱坝而言,坝址地形条件以河谷狭窄、河谷宽高比较小为优。为适应碾压混凝土坝全断面通仓碾压、连续上升、快速施工的特点,碾压混凝土拱坝在拱坝体型、拱坝结构设计上宜简化。早期建成的南非克涅布特(knellpoort)、俄尔威坦斯(Wolwedans)及我国的红坡工程均为重力拱坝。近年来,随着我国碾压混凝土拱坝建设的发展,拱坝体型大都采用单曲拱坝或双曲拱坝,但与常态混凝土拱坝相比,其拱型相对要简单,主要是为了适应碾压混凝土筑坝的特点。

三、碾压混凝土拱坝应力分析要求

碾压混凝土拱坝的应力状态与常态混凝土拱坝是不同的。常态混凝土拱坝是按柱状块浇筑,通过坝内埋设的冷却水管将坝内混凝土施工期的水化热温升消除,待坝块冷却到封拱温度后才进行横缝接缝灌浆,使各坝块形成整体。而碾压混凝土拱坝通常采用全断面通仓碾压,在碾压后已成拱,施工期碾压混凝土水化热温升所产生的温度应力,将随着坝体温度的回降持续影响拱坝运行期的应力状态。碾压混凝土拱坝施工时虽然已成拱,但这时坝体弹性模量还较低,碾压混凝土中水泥水化刚开始不久,尤其在碾压混凝土中掺用了大量的粉煤灰,温升较慢,过程较长,碾压混凝土强度增长速度较常态混凝土低,在温升达到峰值及以后的一段降温过程中,碾压混凝土弹性模量还在发展,徐变也较大。此外,因碾压混凝土拱坝在施工时已成拱,其坝体自重应力分布与常态混凝土拱坝也不同。由于上述因素,碾压混凝土拱坝的应力及其分布与常态混凝土拱坝是不同的,要比较准确地反映碾压混凝土拱坝的应力状态,除采用拱梁分载法计算外,高坝、中坝宜采用三维有限元计算。我国的普定、沙牌、龙首、石门子、蔺河口等碾压混凝土拱坝都进行了三维有限元仿真计算,并通过有限元仿真计算指导碾压混凝土拱坝的横缝或诱导缝的布置及设计。

四、碾压混凝土拱坝接缝设计

与重力坝相比,碾压混凝土拱坝体积要小得多,温度控制措施相对容易,因此一般不必同重力坝那样设置密集的横缝,其中诱导缝是应用较多的一种。除了诱导缝之外,高碾压混凝土拱坝也可设置完全切断的无抗拉能力的横缝,但是横缝的数目必须尽可能减少对施工的干扰。因此,碾压混凝土拱坝中横缝的布置与常规柱状块浇筑拱坝中所采用的小缝距的密集横缝布置型式有很大不同。

由于碾压混凝土拱坝在碾压后已成拱,施工期碾压混凝土水化热产生的温升,在冷却到准稳定温度场的过程中将产生较大的温度拉应力,且碾压混凝土由于掺粉煤灰等掺合料,坝体温降过程较长,不可能待坝体温度降到准稳定温度场后才开始蓄水,因此横缝或诱导缝灌浆体系应具有重复灌浆的功能,才能保证拱坝的安全运行。此外,横缝或诱导缝的设置要便于碾压混凝土施工。因此,横缝或诱导缝的分缝位置、分缝结构及灌浆体系是碾压混凝土拱坝设计的一个关键问题。

在狭窄河谷、温和地区的中高碾压混凝土拱坝可仅设诱导缝或短缝;对宽阔河谷或寒冷的地区,碾压混凝土拱坝只设诱导缝不能完全解决问题,因此还需设置横缝。我国的设计及科研单位在这方面进行了大量的科学研究,并已将成果应用于工程实践。

五、碾压混凝土拱坝温度控制措施

碾压混凝土拱坝的温控措施一般与碾压混凝土重力坝基本相同,即采用预冷骨料、加冰用冷水拌制、运输加遮阳棚、仓面喷雾、加盖保温被等手段降低浇筑温度。

为了减少对施工的干扰,一般不采用在坝内埋设冷却水管来降低混凝土的温度,但近年来,部分高拱坝工程在坝体内埋设了冷却水管,以解决夏季或次高温季节碾压混凝土施工的温度控制问题,如大朝山上游拱围堰、沙牌、蔺河口、龙首及石门子碾压混凝土拱坝,并在实践中对冷却水管的管材及施工工艺进行了改进,取得了较好的效果。三峡纵向围堰及大朝山上游拱围堰因采用冷却水管而使混凝土最高温度降低了 4~5℃。

沙牌拱坝在夏季施工时段采用了外径 32mm、管壁厚 2mm、水平间距及层距均为 1.5m 的高强度聚乙烯冷却水管对坝体混凝土温度进行削峰。高强度聚乙烯管与金属管相比,减少了大量接头,具有良好的弯曲性能,可在碾压层面上快速铺设,对施工作业干扰较小。虽然聚乙烯管的热传导性能较金属管差,但由于增大了管径,可通过降低冷却水管温度、增大冷却水流速等予以弥补。采用高强度聚乙烯冷却水管,可减轻因施工期水化热温升而引起碾压混凝土拱坝温度应力的不利影响,但应保证管路接头的牢固,避免振动碾的激振力对管路接头的损坏;此外,还应注意避免汽车入仓直接碾压在管材上而引起的损坏。

工程实践经验表明,加强坝面及仓面的保温与保湿,是防止碾压混凝土坝表面裂缝的有效措施。我国部分碾压混凝土坝产生了表面裂缝,产生表面裂缝的主要原因是气温骤降和干缩变形。为防止坝体发生表面裂缝,保温与保湿是很必要的,而用限制坝内最高温度来防止气温骤降产生的表面裂缝往往很难奏效。碾压混凝土坝应根据坝址的气候条件及施工情况进行坝面、仓面及侧面的保温和保湿养护。通过保温设计,选定保温材料,确定保温时间。对孔口、廊道等通风部位应及时封闭。严寒及寒冷地区应重视冬季的表面保温。

六、内部构造应尽可能简化

为减少施工干扰,增大施工作业面,碾压混凝土拱坝的内部构造应尽可能简化。廊道层数可适当减少,碾压混凝土坝的基础灌浆、排水、检查、安全监测及交通等廊道宜予合并;低坝可设置 1 条,中坝、高坝可设置 1~3 条,以满足灌浆、排水和交通的需要。廊道的断面应满足施工、运行、安全监测和检修等要求。

廊道可采用变态混凝土、常态混凝土或混凝土预制构件等形成。

第七章　水工隧洞设计

第一节　水工隧洞分类

水工隧洞设计应符合《水工隧洞设计规范》(SL279—2002、DL/T5195—2004)的要求。

水工隧洞是以输水为目的,在岩、土体中通过开挖形成的隧洞,不包括埋管和回填管。水工隧洞可按不同原则进行分类。按其用途,水工隧洞可以分为:

发电隧洞——根据隧洞与水电站相对位置又可分为引水隧洞和尾水隧洞;

灌溉隧洞——为灌溉供水的隧洞;

供水隧洞——供给生活用水、工业用水的隧洞;

导流隧洞——施工期将河道水流引至下游河床的隧洞,目的是保证施工地段正常作业,导流隧洞又称施工导流隧洞,是临时建筑物;

排水隧洞——用做降低地下水位的隧洞,放空水库用的隧洞均属此类;

泄洪隧洞——宣泄洪水的隧洞;

航运隧洞——用于通航的隧洞;

排沙隧洞——定期排放水库淤沙的隧洞;

多用途隧洞——一条隧洞兼有多种用途,如发电及泄洪,灌溉及供水,导流及泄洪等。

按隧洞过水流态可分为有压隧洞和无压隧洞。在同一条隧洞中允许有不同流态,如上游为有压隧洞,下游为无压隧洞。

按对围岩加固方式可分为不衬砌隧洞、喷锚衬砌隧洞、混凝土或钢筋混凝土衬砌隧洞。

按流速大小可分为低流速隧洞和高流速隧洞。

第二节　水工隧洞选择的基本条件与设计原则

一、水工隧洞选择的基本条件

以下情况采用水工隧洞是必需的或在技术经济上是合理的。

(1)水工隧洞不受地形影响,可以在两点间取直线,以最小的水头损失换取最大的落差,因而最适合用于山岭起伏地区的引水式水电站。

(2)泄水建筑物的设计高程在地面以下时,用明渠因挖方过大而不经济。

(3)修建明渠可能受到滑坡、塌方、泥石流、雪崩及冰冻等的威胁。

(4)深山峡谷中修建当地材料坝无条件采用其他导流建筑物及泄洪建筑物。

(5)水电站厂房采用地下结构。

二、水工隧洞设计原则

(1)水工隧洞的级别按《防洪标准》(GB50201—94)、《水电枢纽工程等级划分及设计安全标准》(DL5180—2003)、《水利水电工程等级划分及洪水标准》(SL252—2000)的规定执行。对于下列情况,经论证可予以提高或降低:

①地质条件特别复杂、水头和流速特别高以及失事后将会造成严重损失的水工隧洞,设计级别可提高一级(最高不高于1级隧洞)。对地质条件特别复杂、水头和流速特别高的水工隧洞,设计条件很复杂,需要进行专门的研究。由于边界条件复杂,设计参数难于确定,为保证运行安全,应该留有较大的安全裕度。对失事后将会造成严重损失的水工隧洞,也同样有安全裕度的问题。故设计时可将其提高一级。

②对低水头、低流速并且失事后不致造成严重损失的隧洞,从节省投资出发,设计级别可降低一级。

(2)水工隧洞设计应满足工程总体规划和环境及水土保持的要求。

(3)水工隧洞的设计除应符合《水工隧洞设计规范》(SL279—2002、DL/T5195—2004)外,还应符合国家现行有关标准的规定。

三、基本资料的收集与分析

(1)水工隧洞设计应根据隧洞用途和不同设计阶段的要求,收集下列基本资料:

①流域规划、工程任务、枢纽布置、水库(河道)特征水位、隧洞引用流量、隧洞泄洪或导流标准、水库调度运行方式、河道取(用)水原则等;

②区域地质资料,地震基本烈度,隧洞进、出口及沿线的地形资料,工程地质资料和水文地质资料;

③有关的水文、气象资料及水文设计成果,建筑材料及施工组织设计成果,机电设备以及调压(减泄压)设施、压力钢管、闸门(阀)设置等;

④隧洞区的环保要求。

(2)地质资料是水工隧洞设计的重要依据之一,也是施工、运行的重要资料,水工隧洞开工前,设计人员应逐步地掌握隧洞地区下列基本地质情况:①进、出口及沿线的岩层分界、产状、岩性和主要地质构造,围岩的分类及主要物理、力学参数;②进、出口及沿线的水文地质情况;③进、出口成洞条件及洞脸边坡的稳定性;④影响施工安全的地质现象(如岩溶、有害气体等);⑤地应力、地震及岩爆情况;⑥高地温情况;⑦对不良工程地质问题的预测。

(3)对高地应力区1、2级水工隧洞的重要洞段,设计人员在初步设计阶段应掌握地应力的测验成果,并作出评价。施工阶段应根据地应力的现场复核成果,对设计进行校核、补充或修改。

高地应力区岩体初始地应力状态,隧洞开挖后围岩应力重分布特点,围岩的应力、变形与围岩物理特性之间的关系,在承受内水压力作用下围岩应力状态的改变,这些都关系到水工隧洞的布置、断面形状、支护或衬砌型式的选择、施工期和运行期的安全。因此,在初步设计阶段掌握地应力测验成果,并作出评价以用于设计。考虑到施工阶段围岩性状的变化,实测数据的离散性,特别是初步设计阶段实测数据有限,代表性不足,在施工阶段应根据现场复核成果校验原采用数据的合理性,以复核或修改设计。

地应力测验费用较大,技术要求和测点布置较严格,一般工程往往受到各种条件的限制,难以大规模地开展地应力(场)实测工作,而地应力又很重要,故对高地应力区1、2级水工隧洞的重要洞段,如高压岔管部位、高压下平段,设计人员应掌握地应力测验成果,作出评价,以便设计使用。

第三节　水工隧洞洞线选择

(1)水工隧洞的洞线应根据隧洞的用途,综合考虑地形、地质、水力学、施工、运行、沿线建筑物、枢纽总体布置及对周围环境的影响等因素,通过技术经济比较选定。

水工隧洞洞线选择是水工隧洞设计最重要的一环,是水力计算、结构设计的基础,关系到围岩稳定、施工工期、工程造价和运行安全。由于洞线选择不当造成重大损失的工程事故很多。选线时要多方面考虑,综合比较。总之,洞线选择是一个综合分析、比较的过程,布置上的欠缺是不易弥补的,不能在情况不明的情况下搞布置,不能片面强调某一方面因素,忽视全局。应通过可行方案的细致比较,合理选定。

(2)在满足枢纽总体布置要求的条件下,洞线应选在线路短、沿线地质构造简单、岩体完整稳定、上覆岩层厚度适中、水文地质条件有利及施工方便的地区。

水工隧洞是枢纽工程的组成部分,每个枢纽工程的任务、作用都不相同,对枢纽工程中各种水工隧洞的要求也不相同。因此,各水工隧洞的布置应满足枢纽总体布置的要求,综合各种影响因素,按各自的运行条件合理布置,才能发挥枢纽工程的总体效益。

水工隧洞的上覆岩体厚度应该适中,而不是越厚越好。因为,随着水工隧洞埋深的加大,不仅增加了施工支洞布置的难度,也在施工条件(排烟、排水、坡度、通风)、临时工程、对外交通、检修条件、地应力等方面带来新的问题,有的工程甚至影响工期,增加工程投资。因此,只要隧洞能满足上覆岩体厚度和其他布置要求,不一定越深埋越好。

(3)洞线布置应避免相邻建筑物的不利影响。避免相邻建筑物的不利影响是水工隧洞设计实践中多年来遵循的原则。不利影响包括相互间应力、变形、渗流、稳定、施工、运行、检修等方面的影响。由于水工隧洞的布置不当,产生上述这些问题不仅增加工程措施,也可能给运行留下不安全隐患。所以,从布置上避免相互不利影响是最好的选择。

(4)洞线布置应根据隧洞区岩层及主要地质构造的分布特性,满足下列要求:

①洞线与岩层、构造断裂面及主要软弱带走向应有较大的交角。对整体块状结构岩体及厚层并胶结紧密、岩石坚硬完整的岩体,交角不宜小于30°;对薄层岩体,特别是层间结合疏松的陡倾较薄岩层,交角不宜小于45°。

②隧洞所通过地段有较大地质构造(断层及其影响带、裂隙卸荷带、软弱构造、不整合带)时,洞线布置应根据不利构造及其组合对隧洞围岩稳定的影响程度,并考虑施工、运行、工期、投资等各种因素,通过可行方案的技术经济比较后决定。

③选择洞线时应对不同洞段可能出现的局部不稳定岩体进行分析、预测,采取适宜的工程措施,保证所选洞线顺利实施。

较大地质构造、软弱带、层面等对围岩稳定的影响,既包括这些结构面对围岩稳定的直接影响,也包括这些结构面的组合对围岩稳定的影响。为了保证围岩稳定,发挥围岩的自稳能力和获得围岩的最大承载能力,在布置上,关键是洞线走向与围岩结构面及围岩最大主应力的交角。工程实践证明,对整体块状岩体交角按30°控制,对层状岩体按45°控制已经成为水工隧洞布置的一个共识。

隧洞通过较大地质构造时,造成失稳的几率较大,除控制洞线与较大构造断裂面、主要软弱构造面夹角问题外,还应采取合理的施工方法、开挖程序,选择适宜的支护(衬砌)型式,研究受力条件更好的断面形状、控制运行方式等,甚至采取特殊的施工手段和围岩加固措施。无论采用什么样的方法、措施,都涉及到工程工期、工程投资和工程效益,故应该通过多种方案的技术经济比较,选定合理、经济、安全的方案。

施工中施工隧洞都会遇到局部围岩不稳定问题,有些局部不稳定问题在隧洞布置阶段可以预测,但大多数是在开挖过程中逐渐揭露出来的。近年来国内在处理局部不稳定问题上积累了很多成功的经验,总体来说,处理局部不稳定问题关键是监测预报(预测)和及时采取工程处理措施,而很少采用改变洞线的做法。因为一条合适的洞线是经过对各种因素综合分析比较后确定的,由于局部不稳定而改变洞线将会带来许多新的布置问题,是否要改变应经过慎重的技术经济比较。

(5)隧洞沿线遇有断裂构造、不利构造面、软弱带、蚀变带、膨胀岩等时,应充分考虑地下水活动的影响,注意围岩的稳定条件。洞线宜避开可能造成地表水强补给的冲沟。

地下水造成围岩稳定条件恶化,甚至引起局部失稳是近年来水工隧洞设计、施工人员的共识。国内几项较大规模围岩坍塌失稳或连续失稳的事例,多数由于有强渗透的含水层、裂隙水、强地表水补给、通道等情况。总结近年来一些围岩失稳教训,对几种不利地质构造,在地下水活动的影响下,将更容易造成围岩失稳,应引起设计人员的高度重视。

对有地表水强补给的冲沟,一是容易造成围岩失稳,二是施工期外水内渗,工程上处理很困难,运行期的外水压力可能较大。最好的方法宜在布置时避开这种冲沟。

(6)在高地应力区,水工隧洞的轴线方向宜与最大水平地应力方向有较小交角。

岩体的初始地应力状态,是目前地下工程设计和施工中应考虑的主要因素之一。理论与实验研究表明,岩体应力与围岩稳定关系十分密切,洞轴线应垂直地质构造或与地质构造线保持较大角度,高地应力区还应注意与最大水平地应力方向的交角。如对二滩水电站的地应力资料进行分析研究,结果表明,由于水平方向两个地应力分量差别较大,如果洞轴线选在最大主应力方向,边墙受到的侧向压力小,若选在垂直最大主应力方向,边墙受到的侧压力大,两者相比,边墙上单位面积所受的侧压力后者是前者的1.57~3.63倍。又如中国科学院湖北岩土所调查了87处矿山巷道的变形破坏情况,这些巷道的轴向,与最大主应力方向的交角都较大,绝大多数都大于60°或接近垂直,属于侧压力破坏的占56%,属于顶部受压破坏的只占11%,说明高地应力区洞轴线应与最大水平地应力方向呈较小交角。

(7)水工隧洞垂直和侧向最小覆盖厚度,应根据地质条件、隧洞断面形状及尺寸、施工成洞条件、内水压力、支护(衬砌)型式、围岩渗透特性等因素,按下列要求综合分析决定。

①隧洞(有压、无压)进、出口和无压隧洞洞身,在采取了合理的施工方法和工程措施

后可保证施工期和运行期安全时,对垂直和侧向最小覆盖厚度不做具体规定。

②有压隧洞洞身的垂直和侧向最小覆盖厚度(不包括覆盖层),当围岩较完整、无不利结构面、采用混凝土或钢筋混凝土衬砌时,可按不小于 0.4 倍内水压力水头控制;无衬砌或采用锚喷衬砌时,可按不小于 1.0 倍内水压力水头控制。

有山谷、边坡影响时,可采用有限元分析或按式(7-3-1)判断:

$$\gamma_r D\cos\alpha > K\gamma_w H \tag{7-3-1}$$

式中 γ_w——水容重,kN/m^3;

γ_r——岩体容重,kN/m^3;

D——最小覆盖厚度,m;

H——最大内水压力水头,m;

K——经验系数,$K=1.1$;

α——坡面倾角,$\alpha>45°$时取 45°。

③有压隧洞洞身的垂直和侧向最小覆盖厚度应保证围岩不产生渗透失稳和水力劈裂。对高水头有压隧洞洞身,在初步设计和技施设计阶段宜通过工程类比和有限元分析,复核垂直和侧向最小覆盖厚度,满足不发生渗透失稳和水力劈裂的要求。

(8)相邻两隧洞间的岩体厚度,应根据布置要求、地质条件、围岩承受的内水压力、围岩的应力和变形、隧洞横断面尺寸和形状、施工方法和运行情况(如一洞有水邻洞无水)等因素综合分析决定。岩体厚度不宜小于 2.0 倍开挖洞径(或洞宽)。岩体较好时,经分析岩体厚度可适当减小,但不应小于 1.0 倍开挖洞径(或洞宽)。应保证运行期围岩不发生渗透失稳和水力劈裂。

确定相邻两隧洞间岩体最小厚度是个复杂的问题,目前还没有成熟的分析方法,也没有绝对标准。只能根据地质条件、布置要求、内水压力大小、围岩的应力状态、隧洞的断面形状和尺寸、施工方法及运行条件等因素,并参照已有工程的经验,综合分析确定。

随着高水头、大直径水工隧洞的发展,岩壁厚度问题越来越引起人们的重视,一般都通过不同力学模型的有限元分析,以岩间的岩柱应力在最不利工况下不超过该处岩石的允许应力和不产生过大或不收敛变形为限定条件。

有关渗透失稳和水力劈裂的要求是近年来水工隧洞设计、施工、运行经验的总结,相对来说相邻隧洞洞间岩壁的工作条件不如单洞,发生渗透失稳和水力劈裂的几率更大,在布置和工程措施上应引起重视,留有足够的安全裕度。受条件限制时应采取必要的工程措施,以保证施工和运行安全。

(9)经论证必须穿过坝基、坝肩或其他建筑物基础的水工隧洞,与建筑物基础之间的围岩应有足够的厚度,满足建筑物基础和隧洞对应力、应变、稳定和渗透的要求。不能满足要求时,应采取必要的工程措施,保证施工和运行安全。

(10)洞线遇有沟谷时,应根据地形、地质、水文及施工条件进行绕沟或跨沟方案的技术经济比较。当采用跨沟方案时,应选择合理的跨沟位置。对跨沟建筑物基础、隧洞的连接部位及洞脸边坡,应加强工程措施。

(11)沿河傍山地段的土洞,洞线应向山里侧内移,防止出现偏压,防止水流冲刷山体影响洞身稳定。

沿河傍山地段的土洞洞线向山里侧内移主要考虑三种影响:其一,防止土洞渗水引起山体滑坡,也防止山体滑坡造成土洞破坏;其二,防止出现偏压,偏压易使土洞在施工和运行中出现不易控制的危险;其三,由于土岸河谷容易受洪水冲刷,以至产生一些塌岸、深切、滑坡等不利地质现象,影响土洞的稳定和安全,甚至造成危害。因此,在土洞布置时宜使洞身离岸有较为可靠的距离,由其他原因内移受到限制时应采取可靠的工程措施。

内移距离因受地形、地质、地下水等多种因素影响,很难有明确规定,宜视具体情况经分析计算和工程类比后确定。

(12)洞线在平面上宜布置为直线。如需要设置弯段时,应符合下列要求:

①对于流速小于20m/s的无压隧洞,弯曲半径不宜小于5.0倍洞径(或洞宽),转角不宜大于60°。对于流速小于20m/s的有压隧洞,可适当降低要求,但弯曲半径不应小于3.0倍洞径(或洞宽),转角不宜大于60°。

②高流速无压隧洞不应设置曲线段。高流速有压隧洞设置曲线段时,其弯曲半径和转角宜通过试验确定。

③弯段的首尾应设置直线段,其长度不宜小于5.0倍洞径(或洞宽)。

隧洞平面布置应力求直线,这样洞线最短、工程量最小,对洞内水流条件有利,且施工方便。但由于种种原因不可能布置成直线,如:实际工程中出于总体布置的需要,为增加埋深,为避开不良地质条件,为便于设计、施工支洞或满足检修要求等洞线都可能出现弯段。水工隧洞平面布置采用曲线时,其弯道的缓急对隧洞的流态、压力分布、水头损失和施工难易都有影响,具体表现为弯道的几何特性,即弯道的转角和弯道的半径。

(13)洞身段设置竖向曲线时,对高流速隧洞(有压或无压),其型式和竖向曲线半径应通过试验确定。低流速有压隧洞的竖向曲线半径不宜小于5.0倍的洞径(或洞宽),低流速有压隧洞可适当降低要求。

(14)水工隧洞设置平面或竖向曲线时其弯曲半径还应考虑施工方法和大型施工设备的要求。

(15)洞身段的纵坡应根据运用要求,上、下游衔接,沿线建筑物的底部高程以及施工和检修条件等综合分析决定。

水工隧洞纵坡应满足不淤流速的要求,沿程纵坡不宜变化过多。长距离输水隧洞(灌溉隧洞和供水隧洞)的纵坡应考虑沿程分水(取水)设施的布置要求。

(16)布置在多泥沙河流上的排沙隧洞,其平面和竖向的转弯曲线、转弯角度、纵坡坡度均应通过水工模型试验确定。泥沙问题是一个复杂的问题,二维计算成果还不能很准确地反映实际冲淤分布,故多沙河流上排沙洞的布置不便用计算解决,有关布置问题规定用水工模型试验确定。

(17)长隧洞须设置施工支洞时,支洞的数目及长度应根据隧洞沿线地形条件和地质条件、施工方法、对外交通情况,并考虑有利于均衡各段隧洞的工程量及工期的要求分析决定。地质条件较差时,应研究施工支洞对主洞的影响。

(18)布置水工隧洞时应考虑临时占地、永久占地、植被破坏和恢复、施工污染、运行期地下水位变化等对环境的影响和水土保持的要求。宜使原自然环境较少破坏,较易恢复,环境投资最小。

第四节　水工隧洞进、出口布置原则

(1)水工隧洞进、出口布置,应根据枢纽总体布置要求、地形条件和地质条件,使水流顺畅,进流均匀,出流平稳,满足使用功能和运行安全的要求,并应考虑闸门、拦污清淤设备的设置及对外交通。

水工隧洞进、出口布置包括位置和型式选择,是隧洞布置的重要一环。进、出口布置应做到以下几点:

①满足枢纽总体布置的要求,处理好与相邻建筑物的关系,避免相互之间的不利影响;

②根据地形、地质条件,选择适宜的位置和结构型式,保证施工和运行期工程安全;

③满足隧洞运行对进、出口的要求,注意进水、出流的平顺,进、出口与上、下游水流的衔接,避免或减少淤积、冰凌、泥沙、污物、冲刷等对水工隧洞进、出口、洞身、相邻建筑物的影响;

④便于进、出口的结构、边坡、设备的施工和运行管理,便于设备安装、检修,便于结构及边坡的维护;

⑤方便施工、节省投资、节省运行和维护费用。

(2)水工隧洞进、出口宜选在地质构造简单,岩体完整,风化覆盖层较浅的地区,避开不良地质构造和容易发生崩塌、冲沟、危崖、滑坡的地区。

选择进、出口较适宜的地质条件,应注意以下几点:

①进、出口选在有基岩出露,地质条件较简单,风化较浅、覆盖厚度较小、无顺坡不利结构、岩石新鲜完整部位,对进口边坡和隧洞进口段有利;

②岩体产状对进口边坡影响较大,反倾向岩体对洞口稳定有利,但须注意局部崩塌问题,顺坡岩体应分析能否产生不稳定滑坡体;

③在岩脉、断层、破碎带、软弱卸荷带且风化较深碎裂岩体和不良地质地段,不宜布置进、出口;

④在崩塌、冲沟、危崖、滑坡等地区不宜布置进、出口。

(3)水工隧洞进、出口布置应充分考虑水工隧洞的布置。在地形、地质条件较复杂的地区,应通过技术经济论证,选择最佳布置方案。

当地形、地质条件比较复杂,不能全部满足进、出口及隧洞布置要求时,考虑到隧洞受地形、地质条件限制较多,不宜采用过多的断面型式,相对来说,改变进、出口的布置比改变隧洞布置方便。因此要求进、出口布置应充分考虑与其连接的水工隧洞在布置上的要求,经过综合论证和技术经济比较后确定。

(4)水工隧洞进、出口洞脸和两侧边坡宜避免高边坡开挖。无法避免时,应分析开挖后的稳定性,采取相应的加固措施。

水工隧洞进、出口边坡给工程带来的很多问题中,主要是高边坡稳定问题。高边坡处理措施复杂,工程投资大,影响进、出口施工,甚至影响工期。虽然近年来岩锚加固技术有了很大进步,但保持自然稳定状态,少开挖边坡,不造成高开挖边坡应该是最好的方案。

(5)水工隧洞进、出口应有必要的清坡范围,并采取适当的工程措施,防止覆盖层、坡积物、松动岩块等在风力、地面径流、水位变化等自然因素作用下滚落,影响其正常运行。

(6)土洞洞口应选在山坡稳定、土质条件较好处,不宜布置在卸荷带上。土洞洞口的设计边坡,应视土质和开挖高度通过边坡稳定分析后确定。

(7)土洞洞口与渡槽、岩洞等建筑物连接处应设永久缝。在寒冷地区,应结合防冻要求加深洞口基础埋深,基底标高应符合《水工建筑物抗冰冻设计规范》(SL211—1998、DL/T5082—1998)的规定。

(8)有压泄水隧洞的出口洞段体形设计应符合下列要求:

①若隧洞沿程体形无急剧变化,出口段断面面积宜收缩为洞身断面的85%~90%。若沿程体形变化较大,洞内水流条件差,宜收缩为洞身断面的80%~85%。收缩方式宜采用洞顶压坡的形式,对重要的隧洞工程宜进行水工模型试验验证。

②出口洞段的底坡宜平缓,侧向扩散宜平顺,应与下游水流衔接良好。采用突扩或底部跌落的出口时,应经过水工模型试验验证。当出口邻近主河道(主流)时,宜采用适当的出流导向措施,防止与主流对冲。

(9)泄水隧洞的出口,应考虑地形、地质条件和水力学条件,运行方式,下游水深和变幅,下游河床的抗冲能力,水流衔接、消能防冲要求以及对相邻建筑物的影响,通过技术经济比较选择适宜的消能防冲措施。消能防冲措施应遵守下列规定:

①消能防冲建筑物的洪水标准按《溢洪道设计规范》(SL253—2000、DL/T5166—2002)执行。

②消能防冲建筑物的布置、结构型式、水力学计算及消能防冲要求应符合《溢洪道设计规范》(SL253—2000 、DL/T5166—2002)的规定。

③泄洪洞的出口宜采用挑流或底流消能,当条件允许时也可采用其他消能方式。采用挑流消能时,应注意减少泄水产生的雾化、泥化、溅水对其他建筑物的影响。

(10)布置泄水隧洞时,应根据可能出现的泄洪运行工况,充分研究泄水隧洞出口的位置、水流流态、冲淤范围和对相邻建筑物的影响,并应通过技术经济比较和水工模型试验验证确定合理方案。

(11)对有压隧洞排水补气、充水排气和无压隧洞水面线以上的通气以及其他需要通气的洞段,应估算通气面积,并留有余地。

第五节 多用途隧洞的布置

(1)选择隧洞布置方案时,应根据隧洞的用途、使用和施工条件,在保证隧洞可靠运行的前提下,研究临时与永久相结合以及一洞多用的合理性。

(2)临时与永久相结合的隧洞,应对洞线、纵坡、支护及衬砌型式、进出口高程及位置、运行及检修条件等进行综合比较论证。

(3)泄洪与发电共用一条主洞布置时,必须保证各自的运行和较好的水力条件,安全宣泄规定的泄洪流量,保证发电隧洞的压力状态及发电时的最小水头,并采取适当的措施,防止机组振动和分岔附近空蚀破坏。泄洪洞宜布置在主洞上,发电洞宜布置在支洞上。

（4）主、支洞的分岔角宜在30°～60°内选取，在满足布置和结构要求的条件下，应采用较小的分岔角度。

（5）泄洪、发电共用一条主洞时，分岔型式宜根据水头、流量以及分流比确定，必要时应进行水工模型试验验证。分岔后发电洞的长度不宜小于10倍洞径（或洞宽）（若泄洪时不发电或发电引水系统有稳压设施，则长度可适当减小）。泄洪洞出口断面面积，如主洞泄洪，不宜大于85%的泄洪洞洞身断面面积；如支洞泄洪，不宜大于70%的支洞洞身断面面积。

当发电洞设置调压（减压）设施时，其分岔位置、型式、分流比等都应经过整体水工模型试验验证。

（6）永久泄洪洞与导流洞结合时，除采用常规的外部消能外，可结合工程条件进行内部消能（如孔板消能、旋涡消能）或内、外结合消能的方案比选。采用内部消能或内、外结合消能时，必须经过试验验证。

第六节　水工隧洞受力状态及洞型尺寸

一、内水压力状态选择

（1）发电引水隧洞宜采用有压隧洞。当上游水位变化不大、引用流量比较稳定时，可采用无压隧洞。

发电尾水隧洞宜采用无压隧洞。当下游水位变化大，或者机组安装高程较低时，可采用有压隧洞。采用有压尾水隧洞时，应研究是否需要设置尾水调压室。与调压室连接的有压尾水隧洞，应满足调压室涌浪和稳定运行的要求。

（2）有压隧洞严禁出现明、满流交替运行的方式，在最不利运行条件下，洞顶以上应有不小于2.0m的压力水头。

（3）高流速的泄水隧洞，严禁采用明、满流交替运行方式。

低流速泄水隧洞，正常情况下按明流方式运行的，可在校核洪水位时出现明、满流交替的运行方式。无压隧洞出口段允许在汛期有短时间的明、满流交替运行方式。

（4）导流隧洞经论证在设计过流条件下水流流态不致造成洞身破坏时，可采用明、满流交替的运行方式。

（5）土洞宜采用无压隧洞。采用有压隧洞时，应根据土体抗力、内水压力、土体的渗流变形等情况，选定适宜的衬砌型式。

二、水工隧洞的受力状态

水工隧洞在施工期、完建期、投产运用期、放空修理期、发生地震期可能受到不同荷载组合的作用。各断面因每种荷载组合而产生的内力，包括弯矩和轴向力，不仅数量上有差别，而且在方向上也有所不同。明确水工隧洞在各时期所受的各种荷载组合，对水工隧洞的设计有重要的指导作用。

水工隧洞可能受以下荷载的作用：

(1)围岩压力；

(2)围岩弹性抗力；

(3)地层摩擦力；

(4)衬砌自重；

(5)均匀内水压力；

(6)满洞水压力；

(7)外水压力；

(8)灌浆压力；

(9)温度压力；

(10)地震力。

三、横断面型式

(1)隧洞的横断面形状应根据隧洞的用途、水力学、工程地质与水文地质、衬砌工作条件以及地应力情况、施工方法等因素,通过技术经济分析确定。

(2)有压隧洞宜采用圆形断面。在围岩稳定性较好,内、外水压力不大时,可采用便于施工的其他断面形状。

有压隧洞地质条件较好时宜采用圆拱直墙式断面,圆拱中心角为 90°~180°。当需要加大拱端推力时,也可选用小于 90°的中心角。断面的高宽比应根据水力学条件、地质条件选用,宜为 1.0~1.5,洞内水位变化较大时宜采用大的比值。无压隧洞地质条件较差时,可选用圆形或马蹄形断面。

(3)高地应力区采用非圆形断面时,断面的高宽比与地应力条件相适应,若水平地应力大于垂直地应力时,宜采用高度较小而宽度较大的断面;若垂直地应力大于水平地应力时,宜采用高度较大而宽度较小的断面。

(4)对发电与泄洪、导流与发电或导流与泄洪等共同的多用途隧洞,断面形状应经技术经济比较后确定,必要时宜通过水工模型试验验证。

(5)较长隧洞可采用多种断面形状和衬砌型式,但不宜过多过密。不同断面或衬砌型式之间应设置过渡段,过渡段的边界应采用平缓曲线,并便于施工。

有压隧洞过渡段的圆锥角宜采用 6°~10°,对承受双向水流的过渡段应取小值。过渡段的长度不应小于 1.5 倍洞径(或洞宽)。高流速无压隧洞过渡段的体形应通过试验选定。

四、横断面尺寸

(1)水电站、抽水蓄能电站或泵站输水隧洞(引水及尾水洞)的断面尺寸,应进行经济断面论证。

(2)灌溉隧洞的横断面尺寸,应根据隧洞的进、出口高程和加大流量确定。

(3)泄洪隧洞的横断面尺寸,应在各种可能运行条件下均能满足规定的过流能力要求,并应通过技术经济比较后确定。

(4)导流隧洞的横断面尺寸,应根据导流流量的要求,结合进口高程、围堰的高度、出口水流衔接以及通航、过冰、施工要求等,通过技术经济比较后确定。

(5)多用途隧洞的横断面尺寸,除应满足各自的运行要求外,共用部分应通过技术经济比较确定。

(6)横断面的最小尺寸除应满足运行要求外,还应符合施工要求。圆形断面的内径不宜小于1.8m;非圆形断面的高度不宜小于1.8m,宽度不宜小于1.5m。采用掘进机、架钻台车、钢模台车等较大型设备施工时,断面尺寸应通过技术经济分析后确定。

(7)在低流速无压隧洞中,若通气条件良好,在恒定流情况下,洞内水面线以上的空间不宜小于隧洞断面面积的15%,且高度不应小于400mm;在非恒定流条件下,若计算中已考虑了涌波,上述数值允许适当减小。对较长的隧洞和不衬砌或锚喷衬砌的隧洞,上述数值可适当增加。有通航要求的隧洞,弯曲半径和转角、过水断面尺寸和水面线以上的空间应符合有关标准的规定。

(8)高流速无压隧洞的横断面尺寸宜通过试验确定,并应考虑掺气的影响。在掺气水面线以上的空间,宜为断面面积的15%~25%。当采用圆拱直墙形断面时,水面线不宜超过直墙范围。当水流有冲击波时,应将冲击波波峰限制在直墙范围内。

第七节　水工隧洞水力计算

(1)水工隧洞水力计算应根据隧洞用途和不同设计阶段在下列项目中选择:①过流能力;②上、下游水流衔接;③水头损失;④压坡线;⑤水面线;⑥掺气、充放水方式及其他水力现象。

(2)水工隧洞的沿程水头损失和局部水头损失应分别进行计算,并应符合下列规定:

①沿程水头损失计算中的粗糙系数 n 值,应根据衬砌型式、施工方法及运行后可能的变化,参照已有工程综合分析选用。

②局部水头损失计算中采用的局部阻力系数,可参照水力学资料分析确定,必要时可通过试验确定。

③无压隧洞洞身的过流能力,对长洞按均匀流计算;对短洞可按非均匀流计算。

沿程水头损失计算中糙率系数如何选取是水工隧洞设计人员和运行人员最为关心的问题之一。混凝土和钢筋混凝土衬砌结构的糙率系数,经长期实践较为成熟,取值比较一致,但对不衬砌和锚喷衬砌隧洞,糙率系数的取值有不同意见,设计人员对不衬砌和锚喷衬砌隧洞的糙率系数取值应慎重研究后确定。除用半理论半经验公式估算外,主要还是参照已有工程进行类比分析确定。随着施工水平的提高,管理手段的完善,先进施工机械和施工方法的应用,设计人员应不断总结和分析糙率系数的变化,使其取值更符合实际。较长水工隧洞多以沿程水头损失为主,较短隧洞局部水头损失所占比重较大,尤其是一洞多机的引水发电洞,多以局部水头损失为主,故对布置较复杂而局部水头损失所占比重较大或局部水头损失系数不易确定的隧洞,局部水头损失系数宜通过水工模型试验确定。

(3)水工隧洞的过流能力计算应符合下列规定:①有压隧洞按管流计算;②无压隧洞,对开敞式进口按堰流情况计算;对深式进口按管流计算。

无压洞可分为长洞和短洞,对短洞其过流能力不受洞长影响,仅取决于进口型式,开敞式进口按堰流计算,深式有压进口按管流计算。无压长洞,泄流能力受洞长影响,应通过推求控制断面的水面线后,计算过流能力。

(4)计算无压隧洞的水面线,首先应判别水面线的类型,在选定控制断面后,可按分段求和法或其他方法计算。水面线的计算方法很多,经调查分析,分段求和法计算较简单,设计中采用的较多,与实测值比较吻合,国内的计算机程序也多用此法。

(5)对高流速、大流量、水流条件复杂的水工隧洞,应进行整体或局部水工模型试验,验证水力计算和建筑物布置的合理性。高流速、大流量、水流条件复杂的水工隧洞设计条件和运行条件都很复杂,很难用工程类比和计算分析确定设计参数和工程措施,而一旦失事或设计失误将造成较大甚至不可弥补的损失,故应通过局部或整体水工模型试验验证设计的合理性。

(6)高流速的水工隧洞,应根据试验选定各部位的体形,并使选定体形最低压力点(或可疑点)的"初生空化数"小于该处的"水流空化数",否则必须采取相应的措施。

高流速泄水隧洞的空蚀现象比较复杂,主要与流速和边界条件有关,当过水边界遇有突变、突体、陡坎等断面急骤变化时,水流在边界将发生局部涡流和分离,使流速加大、压力降低,压力降到相应水温的汽化压力时,水流中形成空腔(空穴)或气泡,由压力降低至形成气泡的过程叫"空化"。空穴泡不断随水流运动,在下游较高压力区,由于水体的压缩使气泡突然溃灭,在瞬间以极大的压力冲击过水边界表面,造成破坏,即为"空蚀"。多年的研究和工程实践证明控制"空蚀"的关键是控制"空化",一般用"初生空化数"σ_i 判断。对高流速的水工隧洞应通过水工模型试验确定体形,使水流空化数 σ 大于"初生空化数"σ_i。需要强调的是设计人员应注意沿程空化数的计算,不能仅依靠模型试验确定的体型,需通过对比 σ 与 σ_i 值选择合适的工程措施,达到既控制"空蚀",又节省投资的效果。

(7)高流速的水工隧洞应特别重视下列容易发生"空蚀"的部位:①有压隧洞的进口、闸门槽、过渡段、分岔段、弯曲段、出口及水流边壁突变的部位;②无压洞的陡坡泄流曲线段、反弧段、扩散或收缩段、闸墩、门槽及其出口段等部位;③出口消能部位。

(8)对易于发生空蚀的部位,可采用下列防"空蚀"措施。

①选择合适的体型。体型的合理性主要使水流边界满足阻力小、磨损少、不出现有害水流流态。从指标看,应使"初生空化数"σ_i 越小越好。

②控制水流边壁表面的局部不平整度。空蚀现象与隧洞边壁的不平整度有关,如果不注意边壁的光滑平整,在高速水流作用下,即使体形合适也仍将可能产生局部"空蚀",甚至可能进一步发展扩大。不少发生空蚀破坏的泄水建筑物,多是由局部表面不平整引起的。调查资料表明,在低压过水,流速大于 15~20m/s 时,当水流边壁表面有明显的凸凹不平,就可能发生"空蚀",流速大于 30m/s 时,即使仅有 3mm 的不平整度,也应当防止"空蚀"。此外,升坎比跌坎、陡坡比缓坡更易发生"空蚀"。近年来的工程调查和水工模型试验表明应根据水流空化的大小确定过流表面的不平整度和处理措施,其标准已列入《水工建筑物抗冲磨防空蚀混凝土技术规范》(DL/T5207—2005)中。

③向水流中掺气。掺气设施的型式、尺寸和位置,可通过局部模型试验或参照已建工程的原型观测资料决定。

防空蚀措施除体型合理、控制“初生空化数”外，常用的还有掺气减蚀、采用防蚀和抗蚀材料。当流速大于 30m/s 时，视时均压力大小决定是否采取掺气措施；当流速大于 35m/s 时，就必须掺气。防蚀和抗磨材料最近发展很快，也进行了大量试验研究。《水工建筑物抗冲磨防空蚀混凝土技术规范》（DL/T5207—2005）中对掺气和防空蚀材料都有较详细的规定，高流速泄水隧洞采用掺气和防空蚀材料时应按该规范执行。

④采用抗蚀材料。

⑤选用合理的运行方式。合理的运行方式主要是控制泄水隧洞内的流态和负压，对明流洞防止发生涌浪、水击、潜水跃等不利水力现象，对有压洞防止过流初期的负压、脉动和正常泄流后由于调控闸门的操作不当造成水击和水流紊乱。对有出口收缩断面的有压泄水洞，应防止洞内可疑和潜在危险地段出现“水流空化数”不满足初生空化数的要求。

（9）对多泥沙河流泄水建筑物的过水部位，应选用抗磨损能力较强的材料。试验表明，含沙水流对混凝土表面的磨蚀率随流速、含沙浓度及浑水密度的加大而加大，随材料强度和掺气浓度加大而减小，故对多泥沙河流除正常的防“空蚀”设计外，过水表面应采用抗磨损材料。

第八节　水工隧洞支护与衬砌

（1）水工隧洞支护应保持围岩稳定或提供必要的稳定时间。

《水工隧洞设计规范》将支护与衬砌分开，明确支护设计作为隧洞的设计内容之一。支护即通常所称的施工期临时支护。支护的目的是加固围岩，提高围岩的自承能力，保证施工期的围岩稳定。一些不良地质洞段，开挖后围岩的变形速率大，出现失稳倾向或已经发生局部失稳，临时支护的措施应起到防止失稳扩大的作用，保证后续工作有足够的施工时间。

（2）水工隧洞衬砌应符合下列规定：

①保持围岩稳定。

②满足运行所要求的水力学条件。衬砌结构满足水力学要求不单是减少糙率降低水头损失，还包括通过衬砌结构满足流态和压力等方面的要求，如不同断面型式的过渡要求，无压洞竖曲线的流态衔接要求，岔管的分流、压力、水头损失要求，过水边壁的空蚀要求，泄水隧洞的负压要求等。

③满足防渗要求。

④防止水流冲刷以及温度、湿度、大气等因素对围岩的破坏作用。

⑤满足环境保护要求。环境保护要求是越来越被人们认识和重视的问题，作为枢纽工程的单项建筑物，水工隧洞设计时不仅要符合整个枢纽的环境保护条件，还应考虑水工隧洞本身的特点，如泄水洞泄水水流对周围环境的影响、水工隧洞施工期作为排水边界对天然地下水位的影响，施工期对环境的破坏和恢复等。此外，还要考虑内水外渗对环境的影响，其一是渗透稳定问题，不能造成滑坡、坍塌等环境破坏；其二是内水外渗使地下水位抬高，不能造成沼泽、浸没、浸润线过高等破坏原有动植物的生存环境。总之，环境问题是设计人员应不断加深认识，妥善处理的问题，需要积累经验。

（3）水工隧洞支护和衬砌设计应充分发挥围岩的自承和承载能力，支护结构宜按围岩自承能力确定，衬砌结构宜按围岩与衬砌联合承受作用设计。

理论和实践都证明稳定及基本稳定围岩具有自承和承载能力，自承和承载能力的大小取决于岩体结构和物理力学特性、地质构造及其影响程度、地应力大小和分布、地下水分布及连通情况等岩体本身的自然特性，以及施工方法、施工程序和对围岩的加固措施、加固效果。选择支护结构就要根据围岩的稳定情况进行，自稳性强的围岩可不进行支护；较短时间可达到变形稳定的围岩宜作柔性支护，使支护参与围岩应力调整；变形时效长的围岩应进行分期支护，选择不同的支护刚度和时间，有利于围岩达到变形稳定，充分发挥其自稳能力，防止失稳的发生和扩大，为后续施工创造条件。围岩具有自承和承载能力已经是水工隧洞设计、施工、运行人员的共识，将围岩作为与衬砌结构联合工作的承载体，是水工隧洞设计理论的进步，设计中应充分发挥这种能力，以节省工程投资。

（4）支护型式应根据工程地质、水文地质、断面大小、施工方法等，通过分析计算或工程类比决定。

支护的型式很多，由于工程地质、水文地质条件的差别，施工方法和施工程序的不同，断面型式、尺寸的不同，可采用不同的支护手段和措施，即使同一工程在不同洞段出现的问题其处理方式也不尽相同，因此支护的型式应根据具体情况，在满足施工期围岩稳定或给后续工作留有足够稳定时间的前提下，通过方案比选确定。如果拟将支护作为永久衬砌，或必须留作永久衬砌，在支护方式选择时需要考虑运行要求。

支护方案比选一般有两种情况：其一是隧洞开挖前根据掌握的地质资料和预测结果，提出备用方案，隧洞开挖后根据实际情况施工或修正；其二是在隧洞开挖过程中或永久衬砌没完成前围岩失稳，对失稳围岩进行处理方案比选。前一种比选涉及到布置要求、施工方法及施工程序选择、爆破参数的选择或试验、施工监测、支护型式和时间及后续衔接；后一种主要是防止失稳扩大和恢复正常施工，自然也有与永久衬砌的关系。由于地质条件的千差万别，支护型式的选择不论是哪种情况，都要进行必要的计算（或估算）、分析，以确定支护结构所承受的荷载，支护可能达到的效果和安全程度。工程类比是选择支护型式的有效方法，按照某些规范、设计手册、指南中的参数进行支护设计是一种类比方法，参照类似工程的实例，结合本工程的实际情况进行支护设计更是常用的类比方法。近年来我国在隧洞施工中积累了很多成功经验，包括不同的地质条件、断面型式、施工方法等基本因素，也包括不同的失稳类型和规模，工程处理措施各有特点，都是工程类比的很好例子。

（5）水工隧洞衬砌型式应综合考虑断面形状和尺寸、运行条件及内水压力、围岩条件（覆盖厚度、围岩分类、承担内水压力能力、地下水分布及连通情况、地质构造及影响程度）、防渗要求、支护效果、施工方法等因素，经过技术经济比较后确定。

隧洞衬砌型式选择是一个综合分析比较过程，这里给出了选择隧洞衬砌型式时应考虑的主要问题。这些都是几十年来我国水工隧洞设计经验的总结，包括了地质条件、地形条件、施工条件、运行要求、环境要求。

（6）水工隧洞的衬砌型式包括锚喷衬砌、混凝土衬砌、钢筋混凝土衬砌和预应力混凝土衬砌（机械式或灌浆式）。

（7）根据防渗要求，隧洞衬砌结构设计原则可分为抗裂设计、限制裂缝开展宽度设计和不限制裂缝开展宽度设计。按不同防渗要求,衬砌结构的设计原则见表 7-8-1。

表 7-8-1 衬砌结构的设计原则

衬砌的防渗要求	计算控制条件	衬砌的设计原则
严格	衬砌结构中拉应力不应超过混凝土允许拉应力	抗裂设计
一般	衬砌结构裂缝宽度不应超过允许值	限制裂缝宽度设计
无	不计算裂缝宽度和间距,钢筋应力不应超过钢筋允许拉应力	不限制裂缝宽度设计

(8)水工隧洞衬砌结构的防渗应符合下列规定:

①围岩抗渗能力差,内水外渗造成的危害(围岩、边坡、进口建筑物的渗透失稳或环境破坏),处理费用大或很难处理时,应提出严格的防渗要求;

②围岩具有抗渗能力,内水外渗可能造成不良地质段的局部失稳,经处理不会造成危害的,宜提出一般防渗要求;

③围岩具有较好的抗渗性,内水外渗不存在渗透失稳和环境破坏问题,可不提出防渗要求。

(9)围岩承担内水压力能力的判别,应符合围岩中初始地应力的最小主应力大于隧洞设计的最大内水压力的规定。

将围岩作为承载结构是近年来水工隧洞设计理论的重要进步,有压隧洞运行期围岩不发生水力劈裂是围岩承担内水压力的前提,也是衬砌结构与围岩联合承载的必要条件。判断是否发生水力劈裂,国内外都引用最小主应力准则,即围岩初始地应力中的最小主应力大于隧洞设计的最大内水压力。最大内水压力包括瞬时最大动水压力,其数值与压力隧洞的布置、运行工况以及洞段的位置有关。运行工况包括最不利危险工况,如水电站突甩负荷造成压力管道的压力上升,抽水蓄能电站泵工况的突然断电,水电站或泵站机电运行事故造成的压力波叠加等。

设计采用的最大内水压力有三个原因:其一,由于现有技术能力的限制,目前地应力测量精度还不很高,从这种意义上讲取地应力中的最小主应力作为控制值,是留有一定安全裕度的,与隧洞设计的最大内水压力进行比较是合适的。其二,围岩承担内水压力的权重,一是取决于围岩与衬砌结构的变形相容条件,如不衬砌隧洞和锚喷衬砌隧洞,围岩承担全部内水压力,普通混凝土、钢筋混凝土衬砌结构决定于回填灌浆效果,预应力混凝土结构和钢筋混凝土结构由预应力大小和松弛效果决定,即变形相容条件越好围岩承担内水压力的权重越大;二是取决于围岩变形模量与衬砌结构的弹性模量之比,比值越大即围岩的变形模量越大,围岩承担内水压力的权重越大,计算分析和工程实测资料都证明了这一规律。如广蓄的实验洞和岔管部位的实测数据、天荒坪抽水蓄能电站的计算分析、挪威 36 个电站的统计资料,都表明硬岩具有较大的承担内水压力能力,有的承担能力可以达到 70%~80%。因此,对同一种衬砌结构,地质条件和施工质量决定了围岩承担内水压力的权重,在变形相容条件一致以及岩体完整坚硬的条件下,围岩可能承担更大比重的内水压力,甚至全部内水压力,这样按设计的最大内水压力与围岩最小主应力进行比较是安全的。其三，工程上有压隧洞较多采用混凝土补砌结构和钢筋混凝土衬砌结构，这种衬砌结构存在裂缝是必然的，运行期某些裂缝已经构成了洞内与围岩的内外水贯通，同时混凝土结构和钢筋混凝土结构本身也是透水结构，运行一定时段以后围岩已经形成稳定的渗流场。因此，按设计最大内水压力控制是必要的。总之，用初始地应力中最小主应力与设计最大的内水压力比较是个简便又留有安全裕度的方法。在不具备或没有条件进行地应力测验时，覆盖厚度和工程类比判断围岩是否具有承担内水压力的能力是可行的。但对高压隧洞或压力隧洞的重要部位宜在施工期进行地应力测验，以保证运行安全。

（10）根据隧洞衬砌结构的不同设计原则，考虑隧洞的压力状态、围岩最小覆盖厚度、围岩分类、围岩承担内水压力的能力等四项因素，进行岩洞衬砌型式选择时，可按表 7-8-2 并通过工程类比研究确定。

表 7-8-2 是将国内衬砌型式选择中沿用的作法，以及影响衬砌型式选择的主要因素归纳整理后提出的，主要指导思想说明如下：

①有压隧洞和无压隧洞分开，对无压洞不要求满足最小覆盖厚度和具有围岩承担内水压力能力。

②无压洞应考虑内水外渗问题，即按控制衬砌结构的设计原则。对有严格防渗要求的无压洞可采用钢筋混凝土结构并加防渗措施，如掺加防水剂的防渗混凝土、衬砌结构外设置防渗膜、衬砌结构内涂防渗涂料、结构中部夹设防渗膜的复合结构等。对一些特殊的地质条件，如遇水易软化的泥岩、遇水膨胀的软岩、宽大的断层或卸荷带等，采用钢筋混凝土加防渗措施的衬砌结构可能投资较大或影响施工工期，可研究采用机械式预应力混凝土结构，通过技术经济比较研究确定。

③有一般防渗要求的无压洞，一般都采用锚喷结构和钢筋混凝土结构。对Ⅰ、Ⅱ类围岩多采用锚喷结构，但考虑内水外渗会恶化围岩条件时，为安全计也常采用钢筋混凝土衬砌，以减少渗漏量并更有效地保持围岩稳定。是否采用钢筋混凝土衬砌宜进行技术经济比较后确定。当围岩为Ⅲ、Ⅳ、Ⅴ类时宜采用钢筋混凝土衬砌结构，主要是保证围岩稳定，满足安全运行要求。Ⅲ类围岩是否采用局部构造锚杆、加设钢筋网，加厚喷层等措施，还是采用钢筋混凝土衬砌，主要取决于围岩的稳定条件，以及考虑施工工期、投资等因素，宜进行技术经济比较后确定。

④无防渗要求的无压洞，应以维护围岩稳定为条件来决定衬砌型式。Ⅳ、Ⅴ类围岩的衬砌型式多采用锚喷结构或钢筋混凝土结构，采用哪种结构主要取决于地质条件，宜经过技术经济比较确定。

⑤工程实践证明，水工隧洞采用普通（非预应力）混凝土和钢筋混凝土的衬砌结构，由于各种原因都存在裂缝而起不到抗裂作用，因此非预应力混凝土和钢筋混凝土不能单独作为水工隧洞的抗裂衬砌结构。对有严格防渗要求的水工隧洞，若采用非预应力混凝土结构和钢筋混凝土结构作为抗裂衬砌时，应与防渗措施联合使用，无论是无压洞还是有压洞，都应采用这种复合衬砌结构或者采用预应力混凝土衬砌、钢板衬砌。

⑥满足最小覆盖厚度要求是有压水工隧洞布置和衬砌型式选择的前提条件，是安全、稳定运行的基础。考虑到工程中由于地形条件和地质条件的限制，往往出现局部洞段不满足最小覆盖厚度的情况。表 7-8-2 给出这种局部洞段（或部位）不满足要求时，有压隧洞衬砌

型式选择的可用型式。如水工隧洞穿越沟谷或河道造成局部洞段浅埋，与较宽大地质构造交叉或在Ⅲ、Ⅳ类围岩中通过其覆盖厚度有较大折减的洞段，通过松散、软弱岩层的洞段等。这些供选择的可用型式应按防渗要求确定的设计原则进行衬砌结构设计，通常都不再或很少考虑围岩承担内水压力，即使围岩通过内部加固处理（如固结灌浆）提高了变形模量，进而具有一定的承担内水压力能力，也多作为衬砌结构的安全裕度处理。

⑦围岩能满足覆盖厚度要求而又不具备承担内水压力能力是由地质条件造成的，如断层影响带及卸荷带、软岩及松散岩、软弱夹层、薄层岩体、软硬岩石层等，水工隧洞局部洞段遇到此类地质条件是不可避免的，衬砌结构型式选择中应根据地质预测（预报）和围岩的物理力学参数，按防渗要求确定的设计原则进行衬砌结构设计，并应根据施工中揭露出来的实际地质条件进行确认和修正。

⑧有抗裂要求的有压水工隧洞，采用钢筋混凝土并加防渗措施的复合结构时，考虑到防渗措施的施工质量保证率、防渗材料（如防渗涂料、防渗膜）的老化等问题，建议在低压洞使用，以保证安全、稳定运行。

⑨有压隧洞按非限裂原则（无防渗要求）采用不衬砌时，考虑到Ⅲ类以上围岩本身就存在局部稳定性差的问题，故建议在Ⅰ、Ⅱ类围岩中使用。

⑩表7-8-2中给出的可供选择衬砌型式中，凡两种以上的型式都应进行技术经济比较后选用。

表7-8-2　岩洞衬砌形式选择

<table>
<tr><th rowspan="2">压力状态</th><th rowspan="2">设计原则</th><th rowspan="2">最小覆盖厚度要求</th><th rowspan="2">承担内水压力</th><th colspan="3">围岩分类</th><th rowspan="2">备注</th></tr>
<tr><th>Ⅰ、Ⅱ</th><th>Ⅲ</th><th>Ⅳ、Ⅴ</th></tr>
<tr><td rowspan="3">无压</td><td>抗裂</td><td></td><td></td><td colspan="3">钢筋混凝土并加防渗措施</td><td>研究是否采用预应力混凝土</td></tr>
<tr><td>限裂</td><td></td><td></td><td colspan="2">锚喷、钢筋混凝土</td><td>钢筋混凝土</td><td></td></tr>
<tr><td>非限裂</td><td></td><td></td><td colspan="2">不衬砌、混凝土、锚喷</td><td>锚喷、钢筋混凝土</td><td></td></tr>
<tr><td rowspan="9">有压</td><td rowspan="3">抗裂</td><td>满足</td><td>具备</td><td colspan="2">预应力混凝土、钢筋混凝土并加防渗措施</td><td>预应力混凝土、钢板</td><td rowspan="3">钢筋混凝土并加防渗措施宜在低压洞中使用</td></tr>
<tr><td></td><td>不具备</td><td colspan="3">预应力混凝土、钢板</td></tr>
<tr><td>局部不满足</td><td></td><td colspan="3">预应力混凝土、钢板</td></tr>
<tr><td rowspan="3">限裂</td><td>满足</td><td>具备</td><td colspan="2">锚喷、钢筋混凝土</td><td>钢筋混凝土</td><td rowspan="3">锚喷宜在低压洞中使用</td></tr>
<tr><td></td><td>不具备</td><td colspan="3">钢筋混凝土</td></tr>
<tr><td>局部不满足</td><td></td><td colspan="3">钢筋混凝土、预应力混凝土</td></tr>
<tr><td rowspan="3">非限裂</td><td>满足</td><td>具备</td><td colspan="2">不衬砌、混凝土、锚喷、钢筋混凝土</td><td>锚喷、钢筋混凝土</td><td rowspan="3">不衬砌隧洞宜在Ⅰ、Ⅱ类围岩中使用</td></tr>
<tr><td></td><td>不具备</td><td colspan="3">钢筋混凝土</td></tr>
<tr><td>局部不满足</td><td></td><td colspan="3">钢筋混凝土</td></tr>
</table>

⑪位于完整、坚硬、渗透性小的岩体中的隧洞，当洞内水流不致冲刷破坏岩石，内水外渗不致影响相邻建筑物、围岩和山坡的稳定时，通过技术经济比较可不作衬砌。导流洞应优先研究不衬砌的可能性。

(11)混凝土及钢筋混凝土衬砌应控制裂缝及裂缝开展宽度。对超过最大裂缝允许值而引起严重渗漏的裂缝应加以处理。

采用混凝土衬砌和钢筋混凝土衬砌的水工隧洞，不可避免地都会出现裂缝，对有严格防渗要求的隧洞，必须采用其他防渗措施，或者采用预应力混凝土(钢筋混凝土)衬砌或钢板衬砌。对有一般防渗要求及无防渗要求的隧洞，也应尽量防止产生或减少裂缝并控制裂缝宽度。大量的内水外渗不仅损失水量，而且恶化围岩条件，也改变衬砌结构的工作条件，对安全运行不利。

(12)混凝土和钢筋混凝土的衬砌厚度(不包括围岩超挖部分)，应根据强度、抗渗和构造要求等，结合施工方法分析确定。单层钢筋混凝土衬砌厚度不宜小于250mm，双层钢筋混凝土衬砌厚度不宜小于300mm。

衬砌的厚度在满足强度和构造要求的前提下应采用较薄衬砌；理论分析和工程实践表明，用增加衬砌厚度提高结构的抗弯曲破坏能力是有限的，甚至是不合理的。充分利用围岩的承载能力，发挥衬砌结构与围岩的联合承载作用，使衬砌结构减薄是水工隧洞设计的一个发展方向。

(13)混凝土衬砌和钢筋混凝土衬砌，应根据需要提出混凝土的强度、抗渗、抗冻、抗磨和抗侵蚀等要求，其强度标号不应低于R150，采用28d龄期，经论证可采用后期强度。对平整围岩表面设置的混凝土衬砌，可不提抗渗要求。

水工隧洞都有不同的用途和不同的工作条件，应根据具体工程提出强度、抗渗、抗冻、抗磨和抗侵蚀的要求。根据国内水工隧洞的资料显示：衬砌结构的强度标号都大于R150(28d龄期)；发电引水隧洞低压段大多数采用R150；高压岔管多采用R200以上；钢筋混凝土衬砌的导流洞多采用R150以上；泄洪洞大多采用R200以上，有的采用R300；高流速泄水隧洞还提出抗磨蚀要求。故本条仍沿用《水工隧洞设计规范》(SD134—84)的规定，强度标号不小于R150。

(14)混凝土衬砌和钢筋混凝土衬砌的强度计算仍按《水工混凝土结构设计规范》(DL/T5057—1996)和《水工钢筋混凝土结构设计规范(试行)》(SDJ20—78)的规定执行。

受内水压力控制的圆形有压隧洞混凝土衬砌，混凝土的抗拉安全系数按表7-8-3确定。

表7-8-3　混凝土的抗拉安全系数

隧洞级别	1		2、3	
荷载组合	基本	特殊	基本	特殊
混凝土达到设计抗拉强度时的安全系数	2.1	1.8	1.8	1.6

考虑到水工隧洞中混凝土受拉结构的工作条件与地表混凝土受拉结构工作条件有较大差异，如围岩约束、围岩承载、沿洞轴的纵向应力、衬砌结构的环向应力、应变问题等，仍

采用地表混凝土受拉结构的安全系数,将使断面不必要的加大。故提出降低安全系数的规定,多年来设计实践证明是合理的。

(15)水工隧洞衬砌结构计算可根据衬砌结构特点、荷载作用形式、围岩条件和施工方法及各设计阶段的要求等,选取合适的计算方法和计算模型,并应符合下列规定:

①将围岩作为承载结构的隧洞可采用有限元法进行围岩和衬砌的分析计算。计算时应根据围岩特性选取适宜的力学模型,并应模拟围岩中的主要构造。硬质岩或高地应力区隧洞可采用弹性力学模型;较软岩宜采用弹塑性力学模型;软岩及有流变性的围岩宜采用黏弹塑性力学模型;重要工程、大型隧洞和洞室交叉部位宜模拟隧洞的形成过程和承受作用过程;对围岩变形稳定后施工的衬砌,在进行围岩二次应力(场)分析时不应考虑衬砌结构的作用;高压隧洞或有高地下水作用的隧洞,可通过渗流场分析进行应力耦合计算。

②以内水压力为主要荷载,围岩为Ⅰ、Ⅱ类的圆形有压隧洞,可采用弹性力学解析方法计算。

③对于Ⅳ、Ⅴ类围岩中的洞段可采用结构力学方法计算。

④无压洞可采用结构力学方法计算。

几十年来我国建成了大量的混凝土、钢筋混凝土衬砌结构的水工隧洞,其衬砌结构的应力计算方法各有所不同,如结构力学方法(包括衬砌边值法、假定反力图形、封闭框架、刚构)、弹性力学方法、边界元法、有限元法等。尽管方法各异,但这些隧洞绝大多数运行正常,说明衬砌计算的设计条件较接近实际情况,有一定的安全裕度。分析国内一些水工隧洞衬砌计算所使用的计算方法、计算模型,上述给出可供选择的计算方法及其适用条件,采用哪种方法应根据具体工程的围岩条件,综合各种因素选用,以更接近衬砌结构的设计条件,保证运行安全,节省工程投资。

近年来国内许多水工隧洞都成功地进行了有限元法联合承载的分析计算,包括软质岩、硬质岩、高压洞、低压洞、线性或非线性变形、有无构造影响、不同渗流场、不同开挖程序等,其成果较为接近实际。

广蓄、天荒坪、荒沟、二滩等工程的计算分析成果表明,硬质岩和高应力区隧洞控制性荷载作用是内水压力,围岩呈弹性变形状态,采用弹性力学模型可简化计算且与实际出入不大。对软质岩、较软岩、有流变性质的围岩,应考虑在内水压力或其他荷载组合作用下围岩的塑性变形或蠕变,计算模型宜选用弹塑性力学模型(较软岩)或黏弹塑性力学模型(软岩及有流变性的围岩)。

大直径隧洞、洞室交叉部位施工一般都不能一次成型,施工程序和施工时序都将影响围岩变形。故对重要工程、大直径隧洞、洞室交叉部位建议模拟隧洞的形成过程和承受作用过程,以保证选择合理的支护及衬砌结构,满足施工、运行、检修各时期的安全稳定要求。

二次应力(场)分析中有两种基本情况:一种情况是衬砌结构承受围岩的变形荷载,即围岩变形没达到稳定前已完成的衬砌结构,如采用新奥法施工的锚喷结构,采用双护盾施工的软质岩衬砌结构(超过预留变形量时),兼作衬砌结构的支护结构等,在这种情况下衬砌结构参与围岩的二次应力调整;另一种情况是围岩变形稳定后施工的衬砌结构,该衬砌结构不参与围岩的二次调整,故对此种情况进行围岩二次应力分析时不应考虑衬砌结构的作用。

以内水压力为主要荷载的Ⅰ、Ⅱ类围岩的圆形隧洞，考虑围岩为联合承载结构可采用弹性力学法进行计算。以衬砌为承载结构的传统结构力学方法在我国隧洞设计中运用了几十年，已经形成一套完整的计算体系，设计实践证明，对Ⅳ、Ⅴ类围岩隧洞和无压洞的衬砌结构设计，只要荷载作用分析合理、计算边界清楚，采用结构力学方法则力学概念明确、计算简单、经验较成熟，工程中应用多且运行良好。

（16）衬砌按结构力学方法计算时，围岩抗力的大小和分布，可根据实测变形数据、工程类比或理论公式分析确定。

用结构力学法进行衬砌结构内力计算时，应根据围岩的实际情况考虑围岩的弹性抗力，如对Ⅳ、Ⅴ类围岩是否采用了围岩内部加固措施，加固效果如何，对无压洞圆形断面可采用假定反力图形的方法；对非圆形断面可采用衬砌边值法中的弹性抗力系数等。总之，围岩抗力的大小和分布，可根据现场实测或试验数据，通过工程类比和必要的分析研究确定。

（17）装配式混凝土衬砌的结构计算，应考虑预制块间的拼装缝型式和连接型式。在软弱、稳定性差的围岩中不宜采用无螺栓的连接型式。

（18）当隧洞衬砌承受明显的不对称荷载时，应根据产生偏压的地质、地形等条件进行专门研究。

隧洞衬砌结构受明显不对称荷载时，其变形、应力比较复杂，宜根据具体情况进行专门研究。如对由于围岩局部坍塌造成的偏压，可按松散体的重力确定荷载作用后进行分析试算；对由于岩层结构造成的偏压可用有限元分析计算，计算中宜考虑结构面的物理特性；对无压洞可参考《铁路隧道设计规范》（TB10003—1999）或《公路隧道设计规范》（JTJ026—1990）进行分析计算。

（19）不衬砌长隧洞的开挖，宜采用掘进机。若用钻爆法施工，必须采用光面爆破（或预裂爆破）的方法，且宜逆水流方向开挖。

（20）不衬砌和锚喷衬砌隧洞的底部应用现浇混凝土找平，厚度不宜小于100mm。对不衬砌和锚喷衬砌隧洞，底板通常都用现浇混凝土找平以减少糙率和便于检修。为保证找平层的结构强度和施工质量提出最小厚度不宜小于100mm。

（21）不衬砌和锚喷衬砌隧洞水电站的输水隧洞应设置集渣坑，其位置、深度和数目，根据洞段的长度、地质条件和水力学条件以及清理方式研究决定。

（22）不衬砌隧洞应根据地质条件分析围岩的稳定性。对重要洞段宜采用有限元方法并辅以工程类比法分析判断。不衬砌隧洞的主要问题就是在各种荷载作用下的围岩稳定问题，该问题实际上是个场力作用下的应力应变分析问题，有限元法可较接近实际的模拟各种边界条件，故推荐用有限元进行稳定分析计算。由于计算参数和计算模型的限制，尤其是计算假定还不能准确地反映围岩特性，故应通过工程类比和计算分析综合分析后确定。

（23）锚喷衬砌隧洞，可根据围岩条件、隧洞运行要求、锚喷衬砌的作用和要求，选择下列类型的衬砌：①喷射混凝土（普通混凝土或钢纤维混凝土）衬砌；②喷射混凝土与锚杆组合式衬砌；③喷射混凝土、锚杆、钢筋网组合式衬砌；④锚喷与混凝土或钢筋混凝土组合式衬砌。

总结国内外锚喷衬砌的类型，依照《锚杆喷射混凝土支护技术规范》(GB50086—2001)和《水利水电地下工程锚喷支护施工技术规范》(SDJ57—85)提出四种锚喷型式。钢纤维喷射混凝土有表面和延伸锈蚀问题，使用中应注意地下水和过洞水流的水质影响。

(24)锚喷衬砌隧洞的允许流速不宜大于 8m/s；锚喷衬砌的临时过水隧洞允许流速不宜超过 12m/s。经论证超过上述规定流速的锚喷衬砌隧洞，应采取有效的防空蚀抗冲磨措施。有关允许流速问题主要是防空蚀破坏和冲刷破坏，近年来施工机械、施工方法、建筑材料都有很大进步，使锚喷衬砌隧洞的起伏差、糙率、不平整度以及喷混凝土层的黏结强度等都有明显提高，为防空蚀破坏创造了条件，同样也提高了锚喷衬砌隧洞的抗冲能力。有关不冲流速的允许值，按《锚杆喷射混凝土支护技术规范》(GB50086—2001)执行。

(25)喷混凝土厚度，无钢筋网时宜为 80~200mm，有钢筋网时宜为 100~250mm。喷混凝土的指标应符合下列要求：①混凝土标号不小于 R200。②喷混凝土与围岩的黏结力，Ⅰ、Ⅱ类围岩不低于 1.2MPa；Ⅲ类围岩不低于 0.8MPa。③符合《锚杆喷射混凝土支护技术规范》(GB50086—2001)和《水利水电地下工程锚喷支护施工技术规范》(SDJ57—85)的规定。

(26)承受内、外水压力作用的圆形隧洞，混凝土喷层中的应力可按《锚杆喷射混凝土支护技术规范》(GB50086—2001)的规定计算，处于复杂地质条件下的非圆形隧洞，可用有限元法估算。复杂地质条件下非圆形断面的锚喷衬砌还没有比较公认的计算公式，故建议用有限元进行分析计算，可更好地模拟地质条件。

(27)局部不稳定岩块可采用悬吊式砂浆锚杆加固。锚杆应按最优方向布置。锚入稳定围岩的长度宜为 40~50 倍锚杆直径。锚杆直径可按《锚杆喷射混凝土支护技术规范》(GB50086—2001)计算，但不宜小于 16mm。

(28)整体稳定性较差的围岩宜采用系统锚杆。锚杆直径不宜小于 16mm，锚杆长度应根据地质条件和隧洞开挖断面尺寸分析确定，并应符合下列要求：①锚杆宜垂直主结构面布置，若主结构面不明显时，可与洞周边轮廓线垂直布置；②在岩面上锚杆宜呈菱形布置；③锚杆间距不宜大于其长度的 1/2，Ⅳ、Ⅴ类围岩中的锚杆间距宜为 0.5~1.0m，并不得大于 1.5m。

(29)钢筋网的布置应符合下列要求：①纵向钢筋直径宜为 6~10mm，环向钢筋直径宜为 6~12mm；②网格间距宜为 150~300mm；③喷射混凝土保护层厚度不宜小于 50mm；④宜与锚杆焊接固定；⑤交叉点应连接牢固，连接宜采用隔点相焊或隔点相绑的方法。

(30)采用锚喷支护时，隧洞开挖方法及质量要求应符合规范《水工隧洞设计规范》(SL279—2002)的规定。喷射混凝土后，洞壁相邻表面的起伏差应控制在 150mm 以内。

(31)采用锚喷与混凝土或锚喷与钢筋混凝土组合式衬砌时，其设计应符合下列要求：

①锚喷衬砌，可按《锚杆喷射混凝土支护技术规范》(GB50086—2001)通过计算并结合工程类比确定设计参数。

②锚喷衬砌如与临时支护结合时，宜紧接开挖面进行，并应进行施工期监测。必要时还应根据监测成果修改设计参数。

③混凝土或钢筋混凝土衬砌宜适时施工。

(32)采用钢纤维喷射混凝土应符合《水利水电地下工程锚喷支护施工技术规范》

(SDJ57—85)的规定。

(33)应做好喷射混凝土与混凝土或钢筋混凝土衬砌的接触处理。

(34)不衬砌隧洞及锚喷衬砌隧洞的进、出口,闸室前后均采用混凝土或钢筋混凝土衬砌。其长度应根据工程地质条件决定,但不宜小于2~3倍洞径(或洞宽)。

(35)锚喷衬砌隧洞的设计和施工除满足规范《水工隧洞设计规范》(SL279—2002)的规定外,尚应满足《锚杆喷射混凝土支护技术规范》(GB50086—2001)和《水利水电地下工程锚喷支护施工技术规范》(SDJ57—85)的规定。针对多年来水工隧洞使用锚喷支护和衬砌的经验,对设计人员所关心的问题说明如下:

①大量工程实践证明,局部松动岩块或局部的软弱岩体,往往是围岩的薄弱环节,对围岩稳定有较大影响,围岩失稳多由此引起。因此,对于不同岩体应采取不同的锚喷措施。如在坚硬整体围岩或厚层、中厚层围岩中,对局部松动块体宜采用悬吊式锚杆加固,锚杆应穿过可能失稳的结构面,起到悬吊和抗剪作用;对局部软弱岩体(如断层、节理密集带)宜采用系统锚杆加固,视围岩情况加设钢筋网,必要时还可进行固结灌浆。

②整体稳定性较差的围岩采用系统锚杆是为了加固围岩,以控制围岩的变形,减少围岩压力,防止围岩破坏。锚杆长度应超过应力释放区,并留有一定的安全裕度。

③软弱围岩往往都有塑性变形的特点,甚至有流变性变形的特点,即围岩开挖后变形量大、变形时间长,在这种情况下锚杆支护(或锚杆喷混凝土支护)将与围岩共同承担围岩的应力调整。如果锚喷结构作为支护和衬砌结合型式,即锚喷结构既为初期支护结构,又留作永久衬砌结构,锚喷结构应紧跟开挖面适时进行,使锚喷结构及时提供一定的抗力,避免围岩变形速率过大,以致引起围岩失稳,同时还应使围岩变形有一定发展,形成岩石拱,以充分发挥围岩的自承作用。经过初期支护后,应通过围岩的变形监测判定围岩是否达到最大变形,变形是否趋于稳定,是否需要二期支护(或加强支护),并选择合适的后续衬砌时间和衬砌型式。这一切都应在现场变形监测数据的基础上,依据工程经验通过必要的分析计算确定。

④锚喷结构与刚性结构(混凝土或钢筋混凝土)结合作为永久衬砌结构时,刚性结构的刚度和衬砌时间应仔细选择。对围岩开挖后较快趋于基本稳定或稳定的块状岩体、厚层或中厚层围岩,衬砌结构基本上不承受围岩的变形荷载,即衬砌结构不参与围岩的二次应力调整,此时衬砌结构的刚度由运行条件控制,衬砌时间由施工进度控制;但对变形尚未稳定的围岩,在不同的时间段,岩体的应力—变形曲线是不同的,变形速率大时宜首先考虑采用锚喷一类的柔性支护,此时若采用混凝土或钢筋混凝土衬砌,则衬砌结构将承受很大的变形压力,甚至使衬砌受到破坏,当锚喷支护不能使围岩趋于稳定时,必须适时地采用刚性支护承受变形荷载,限制变形发展,防止围岩松散以致破坏。总之,何时进行刚性支护,支护的刚度多大,都应通过变形监测,并根据监测结果进行必要的分析计算,再结合工程经验、工程类比研究决定。

⑤锚喷隧洞的进、出口部位,因为多了一个临空面,施工爆破和围岩卸荷影响都比洞内严重,往往施工中出现洞口、洞脸岩体的裂隙、节理张开,大大降低了围岩的完整性。工程实践证明该部位应采用混凝土或钢筋混凝土锁口衬砌。

第九节　埋藏式钢筋混凝土岔管设计

一、岔管设计的内容

(1)岔管的布置、岔管尺寸和体型选择以及岔管的结构设计。

(2)围岩的应力分析、渗透稳定分析，必要时还需研究降低外水压力的排水措施。

(3)回填灌浆和固结灌浆设计以及围岩的其他加固措施设计。

(4)施工期围岩的监测设计和运行期岔管及围岩的安全监测设计。

近年来，随着高水头引水式电站，特别是抽水蓄能电站的发展，埋藏式高压钢筋混凝土岔管应用得越来越多，积累了不少成功经验。

二、岔管的布置原则

(1)高压钢筋混凝土岔管宜布置在Ⅰ、Ⅱ类围岩地段。Ⅲ类围岩地段需经论证后方可布置钢筋混凝土岔管。Ⅳ、Ⅴ类围岩地段不得布置钢筋混凝土岔管。

(2)钢筋混凝土岔管及其前后一定范围的洞段，必须满足最小覆盖厚度、水力劈裂、渗透稳定的要求。施工中应进行地应力测验以及必要的围岩现场物理、力学测验。

(3)高压钢筋混凝土岔管所在的位置距钢管和厂房都较近，所以对围岩的要求较高。国内外的工程实践都说明，高压钢筋混凝土岔管及其前后一定长度的洞段必须满足覆盖厚度、水力劈裂和渗透稳定的要求。为保证围岩承受高内水压力，不因局部地质构造处理不当造成渗透失稳，高压钢筋混凝土岔管宜布置于Ⅰ、Ⅱ类围岩洞段。对Ⅲ类围岩，应通过论证且有可靠的工程措施才可采用。而Ⅳ、Ⅴ类围岩洞段即使采用高代价的工程处理措施，也可能由于施工原因留有隐患，故不得布置钢筋混凝土岔管。

(4)高压钢筋混凝土岔管的分岔型式、体型、尺寸应根据运行要求、水力学条件、施工方法等进行综合分析论证后确定。分岔角宜为45°~60°，岔管体型应平顺过渡，进行修圆，避免折线连接。

(5)高压钢筋混凝土岔管的分岔型式、体型、分岔角度将直接影响水力学条件、结构的应力分布(包括岔裆处的应力集中)、施工难度和对质量的保证率。因此，应通过综合分析后决定。

(6)岔管的分岔角度不宜过小。过小的角度不仅为岔裆部位开挖造成困难，容易引起局部围岩松动，甚至失稳，而且易引起应力集中。广蓄电站的经验以45°~60°为宜，过大的角度对水流流态不利，也将造成开挖跨度增大，对围岩稳定不利。

第十节　水工隧洞的灌浆、防渗、排水设计

一、灌浆

隧洞灌浆分为固结灌浆和回填灌浆两种。固结灌浆和回填灌浆孔分排间隔排列。

回填灌浆的范围、孔距、排距、灌浆压力及浆液浓度等，应根据隧洞的砌衬结构型式、运行条件及施工方法等分析确定。回填灌浆的范围宜在顶部或顶拱中心角 90°~120°以内，孔距和排距宜为 2~6m，灌浆压力应视混凝土衬砌厚度和配筋情况确定：对混凝土衬砌可采用 0.2~0.3MPa；对钢筋混凝土衬砌可采用 0.3~0.5MPa。灌浆孔应深入围岩 50mm。隧洞衬砌遇有围岩塌陷、溶洞、较大超挖等情况时，应在该部位顶部（顶拱）预埋灌浆管及排气管，其数量和位置应根据现场情况确定。

土洞的回填灌浆宜采用低压灌浆。当支护与衬砌设有柔性止水时，衬砌浇筑时应预埋灌浆管，灌浆管不得损坏柔性止水和穿透支护。

回填灌浆形成的水泥结石应满足设计要求。水泥结石的弹性模量、填充率、密实度、透水性等设计指标，宜根据围岩的工程地址和水文条件、衬砌结构的性质、围岩开挖成形情况以及隧洞的运行要求通过灌浆试验综合分析确定。

围岩的固结灌浆应根据隧洞的工程地址和水文地质条件、衬砌型式、施工对围岩的影响程度以及运行要求，通过技术经济比较确定。固结灌浆孔的排距宜采用 2~4m，每排不宜少于 6 孔，孔位宜作对称布置；灌浆深度应根据围岩情况分析确定，可取 0.5 倍隧洞直径（或洞宽）；灌浆压力可采用 1.0~2.0 倍内水压力。对有特殊要求的固结灌浆可通过工程类比和现场试验确定其各项参数。

高水头压力隧洞，固结灌浆压力宜小于 1.5 倍内水压力，并应小于围岩最小主应力。

隧洞衬砌采用灌浆预应力结构时，灌浆程序应遵循下列规定：

（1）对围岩进行固结灌浆。

（2）在围岩与衬砌间灌注高水压，直至两者完全脱开。

（3）在围岩与衬砌间进行高压灌浆。

隧洞封堵体顶部必须进行回填灌浆，封堵体其他周边与围岩以及由于各种原因张开的缝隙应做接触灌浆。封堵段围岩的固结灌浆，可根据围岩条件、作用水头大小以及封堵体型式研究决定。封堵体的灌浆布置、灌浆压力、浆液浓度等灌浆参数，应根据工程地质及水文地质条件、封堵体型式、封堵体工作条件以及施工方法分析确定。

灌浆材料应根据围岩工程地质、水文地质和隧洞的工作条件选定。当地下水具有侵蚀性时，应采用抗侵蚀作用的水泥。

二、防渗

水工隧洞的下列部位应采用保证围岩及山坡渗透稳定的有效防渗措施：

（1）有压隧洞的出口。

（2）不良地质洞段及Ⅳ、Ⅴ类围岩洞段。

为防止渗漏，泄水隧洞通常设置衬砌，当在岩石坚硬稳定、裂隙少，而水头和流量也小时，可以不做衬砌，而只将隧洞周边岩石修平。无衬砌隧洞虽然节省了衬砌的工程量，但由于糙率大，水头损失大，要泄放同样的流量就要增加开挖断面。因此，是否做衬砌，除考虑地质条件外，尚需进行技术经济比较决定。高压隧洞钢筋混凝土衬砌与钢板衬砌的连接段，应在钢筋混凝土衬砌的末端设置环状防渗帷幕，并应在衬护钢板的首端设止水环。隧洞洞口边坡及其周围，应根据地形、地质条件设截水沟及排水孔，形成可靠的排水系统。

洞口边坡应采取防止地面径流冲蚀破坏的措施。

三、排水

为降低作用在衬砌上的外水压力，有时需要设置排水。对于无压隧洞，一般在洞底衬砌下埋纵向排水管。先在岩石内挖排水沟，尺寸 0.4m×0.4m，中间埋直径 0.2～0.3m 的疏松混凝土管或钢瓦管，四周填砾石。排水管通向下游。当排水压力较大时，可在洞内水面以上设置衬砌的径向排水管，排水孔间距和排距一般为 2～4m，深入岩石 2～4m。

对于有压洞，除在洞底衬砌外埋设纵向排水管外，还设置环向排水槽，槽中填以卵石，外面用木板盖好。环向排水应与纵向排水相同。凡是设置排水的地方，即不再做固结灌浆，如做回填灌浆，要注意灌浆压力不能太大，以免堵塞排水系统。

目前，在较重要的工程中，应用近代材料的网状结构形成纵横向连续排水幕墙，以达到良好排水的目的。

第八章　溢洪道设计

溢洪道设计应符合《溢洪道设计规范》(SL253—2000、DL/T5166—2002)的要求。

第一节　溢洪道布置基本要求

一、一般规定

(1)河岸式溢洪道布置可包括进水渠、控制段、泄槽、消能防冲设施及出水渠。

(2)溢洪道的布置应根据地形、地质、工程特点、枢纽布置、坝型、施工及运用条件、经济指标等综合因素进行全面考虑。

当具备合适的地形、地质条件时,经技术经济比较论证,溢洪道可布置为正常溢洪道和非常溢洪道。正常溢洪道和非常溢洪道宜分开布置,如采用集中布置,需充分论证。非常溢洪道宜采用开敞式,经论证亦可采用自溃坝式。

(3)溢洪道布置应结合枢纽总体布置全面考虑,避免泄洪、发电、航运及灌溉等建筑物在布置上的相互干扰。

溢洪道布置应合理选择泄洪消能布置和型式,出口水流应与下游河道平顺连接,避免下泄水流对坝址下游河床和岸坡的严重淘刷、冲刷以及河道的淤积,保证枢纽其他建筑物的正常运行。

(4)溢洪道的泄量、溢流前缘总宽度及堰顶(或闸底板)高程等应根据下列因素通过技术经济比较选定:①水库特性、河段防洪规划;②与其他泄水建筑物在布置和运用上的协调;③地形、地质条件,下游河床及河岸抗冲能力;④河道特性及消能要求;⑤与相邻建筑物的连接;⑥闸门型式及定型尺寸; ⑦运用及维修条件;⑧造价。

(5)当设有正常、非常溢洪道时,正常溢洪道的泄洪能力不应小于设计洪水标准下所要求的泄量。非常溢洪道宜泄超过正常溢洪道泄流能力的洪水。

非常溢洪道的启用标准应根据工程等级、枢纽布置、坝型、洪水特性及标准、库容特性及对下游的影响等因素确定。溢洪道启用时,水库最大总下泄量不应超过坝址同频率的天然洪水。非常溢洪道控制段下游各部分结构,可结合地形、地质条件适当简化。

(6)正常溢洪道在布置和运用上可分为主、副溢洪道,应根据地形条件、地质条件、枢纽布置、坝型、洪水特性及对下游的影响等因素研究确定。

主溢洪道宜按宣泄常遇洪水泄量设计,副溢洪道宜按宣泄设计洪水泄量与主溢洪道泄量之差值设计。副溢洪道控制段以下部分的结构可根据实际条件适当简化。

(7)溢洪道的位置应选择有利的地形条件和地质条件布置在岸边或垭口,并宜避免开挖而形成高边坡。当两岸坝肩山势陡峻而布置上又需要较大的溢流前缘宽度时,可采用侧槽式或其他型式的进口。

(8)溢洪道应布置在稳定的地基上,并应充分注意建库后水文地质条件的变化对建筑物及边坡稳定的不利影响。

(9)溢洪道进、出口的布置,应使水流顺畅。溢洪道轴线宜取直线,如需转弯时,宜在进水渠或出水渠段内设置弯道。

(10)当溢洪道靠近坝肩布置时,其布置及泄流不得影响坝肩及岸坡的稳定。在土石坝枢纽中,当溢洪道靠近坝肩时,与大坝连接的接头、导墙、泄槽边墙等必须安全可靠。

(11)溢洪道的闸门启闭设备及基础抽排水设备,应设置备用电源,保证供电可靠。

二、进水渠

(1)进水渠的布置应遵循下列原则:①选择有利的地形、地质条件;②在选择轴线方向时,应使进水顺畅;③进水渠较长时,宜在控制段之前设置渐变段,其长度视流速等条件确定,不宜小于2倍堰前水深;④渠道需转弯时,轴线的转弯半径不宜小于4倍渠底宽度,弯道至控制堰(闸)之间宜有长度不小于2倍堰上水头的直线段。

(2)进水渠道口布置应因地制宜,使水流平顺入渠,体型宜简单。当进口布置在坝肩时,靠坝一侧应设置顺应水流的曲面导水墙,靠山一侧可开挖或衬护成规则曲面。当进口布置在垭口面临水库时,宜布置成对称或基本对称的喇叭口形式。

(3)进水渠底宽顺水流方向收缩时,进水渠首、末端底宽之比宜为1.5~3,与控制段连接处应与溢流前缘等宽。底板宜为平底或不大的反坡。

(4)基岩上的进水渠渠底可不衬护,当水头损失较大或不满足不冲流速要求时,是否衬护,应通过经济比较确定。当岩性差时,应进行衬护。

(5)进水渠的直立式导墙的平面弧线曲率半径不宜小于2倍渠道底宽。导墙顺水流方向的长度宜大于堰前水深的2倍,导墙墙顶高程应高于泄洪时最高库水位。

紧靠土石坝坝体的进水渠,其导墙长度以挡住大坝坡脚为下限。距控制段2倍堰前水深距离以内的导墙,其墙顶应高出泄洪时最高库水位;2倍堰前水深距离以外的导墙,可设置为下潜式,其墙顶应超出坝面适当高度。

三、控制段

(1)控制段设计应包括控制泄量的堰(闸)及两侧连接建筑物。

(2)控制堰(闸)轴线的选定,应满足下列要求:

①统筹考虑进水渠、泄槽、消能防冲设施及出水渠的总体布置要求;

②建筑物对地基的强度、稳定性、抗渗性及耐久性的要求;

③便于对外交通和两侧建筑物的布置;

④当控制堰(闸)靠近坝肩时,应与大坝布置协调一致;

⑤便于防渗系统的布置,堰(闸)与两岸(或大坝)的止水、防渗排水系统应形成整体。

(3)控制堰的型式应根据地形、地质条件,水力条件,运用要求,通过技术经济综合比较选定。堰型可选用开敞式或带胸墙孔口式的实用堰、宽顶堰、驼峰堰等型式。开敞式溢流堰有较大的超泄能力,宜优先选用。堰顶如设置闸门,应从工程安全、洪水调度、水库运行、工程投资等方面论证确定。

(4)侧槽式溢洪道的侧堰可采用实用堰,堰顶可不设闸门。侧槽断面宜采用窄深式梯形断面,靠山一侧边坡可根据基岩特性确定,靠堰一侧边坡可取1∶0.5～1∶0.9。

(5)闸墩的型式和尺寸应满足闸门(包括门槽)、交通桥和工作桥的布置,以及水流条件、结构和运行检修等的要求。

(6)控制堰(闸)的工作桥、交通桥布置,应根据闸门启闭设备、运行、观测、检修和交通等要求确定。当有防洪抢险要求时,交通桥与工作桥必须分开设置,桥下净空应满足泄洪、排凌及排漂浮物的要求。

(7)控制段闸墩、胸墙或安全超高下限值的岸墙的顶部高程,为宣泄校核、设计洪水位或正常蓄水位加波浪的计算高度和安全超高值。影响波浪计算高度的主要因素有风速、风区长度、波长、水域水深及挡水建筑物迎水面坡度等。安全超高下限值见表8-1-1。当溢洪道紧靠坝肩时,控制段的顶部高程应与大坝坝顶高程协调一致。

表 8-1-1　安全超高下限值　　(单位:m)

运用情况	控制段建筑物级别		
	1	2	3
挡水	0.7	0.5	0.4
泄洪	0.5	0.4	0.3

四、泄槽

(1)在选择泄槽轴线时,宜采用直线。当必须设置弯道时,弯道宜设置在流速较小、水流比较平稳、底坡较缓且无变化的部位。

(2)泄槽在平面上设置弯道时,宜满足下列要求,泄量大、流速高的泄槽,弯道参数宜通过水工模型试验确定:①横断面内流速分布均匀;②冲击波对水流扰动影响小;③在直线段和弯段之间,可设置缓和过渡段;④为降低边墙高度和调整水流,宜在弯道及缓和过渡段渠底设置横向坡;⑤矩形断面弯道的弯道半径宜采用6～10倍泄槽宽度。

(3)泄槽的纵坡、平面及横断面布置,应根据地形、地质条件及水力条件等进行技术经济比较确定。

①泄槽纵坡宜大于水流的临界坡。当条件限制需要变坡时,纵坡变化不宜过多,且宜先缓后陡。

②泄槽横断面宜采用矩形断面。当结合岩石开挖采用梯形断面时,边坡不宜缓于1∶1.5,并应注意由此引起的流速不均匀问题。

③泄槽沿轴线宜为等宽。当需要变化泄槽宽度时,变化角度可按《溢洪道设计规范》(SL253—2000)附录A.3.3确定。

五、消能防冲设施

(1)溢洪道消能防冲设施的型式应根据地形条件、地质条件、泄流条件、运行方式、下游水深及河床抗冲能力、消能防冲要求、下游水流衔接及对其他建筑物影响等因素,通过技术经济比较选定。河岸式溢洪道可采用挑流消能或底流消能,亦可采用面流、戽流或其他消能型式。

(2)溢洪道消能防冲建筑物的设计洪水标准:1 级建筑物按 100 年一遇洪水设计;2 级建筑物按 50 年一遇洪水设计;3 级建筑物按 30 年一遇洪水设计。同时,还应考虑宣泄低于消能防冲设计洪水标准的洪水时可能出现的不利情况。

对超过消能防冲设计标准的洪水,允许消能防冲建筑物出现部分破坏,但不应危及大坝及其他主要建筑物的安全,且易于修复,不得长期影响枢纽运行。

消能防冲建筑物的校核洪水标准可低于溢洪道的校核洪水标准,应根据枢纽布置及泄洪对枢纽安全的影响程度具体选定。但消能防冲建筑物的局部破坏危及大坝及挡水建筑物安全时,应采用与大坝及挡水建筑物相同的校核洪水标准进行校核。

(3)选定的消能设施,应保证在宣泄消能防冲设计洪水流量及以下各级流量时,尤其是在宣泄常遇洪水时消能效果应良好,结构可靠,并能防空蚀、抗磨损和抗冻害,必要时可采取相应措施。淹没于水下的消能工宜考虑检修条件。

(4)挑流消能可用于岩石地基的高、中水头枢纽。溢洪道挑流消能设施的平面型式可采用等宽式、扩散式、收缩式。挑流鼻坎可选用连续式、差动式和各种异型鼻坎等。

(5)当采用挑流消能时,应慎重考虑挑射水流的雾化和多泥沙河流的泥雾对枢纽其他建筑物及岸坡的安全和正常运行的影响。

(6)当采用挑流消能遇有下列情况时,必须采取妥善措施处理:①地基中存在延伸至下游的缓倾角软弱结构面及断层破碎带,有可能被冲坑切断,危及建筑物的安全;②岸坡有可能被冲塌,危及坝肩稳定,堵塞出水渠或下游河道;③下游涌浪及回流危及大坝与其他建筑物的安全和正常运行。

(7)底流消能可用于各种地基,或设有船闸等对流态有严格要求的枢纽。底流消能设施可采用平底式、斜坡式、扩散式、收缩式等消力池及各种型式的辅助消能工,必要时可设多级消力池,并应注意泥沙磨蚀问题。

(8)面流消能可用于下游尾水大于跃后水深且水位变幅不大、河床及两岸在一定范围内有较高的抗冲能力,或有排冰要求的枢纽。

(9)消力戽或戽式消能工可用于下游水深大于跃后水深、下游河床及两岸有一定抗冲能力的枢纽,有排泄漂浮物要求时不宜采用。消力戽下游宜设置导墙。

六、出水渠

(1)当溢洪道下泄水流经消能后不能直接泄入河道而造成危害时,应设置出水渠。

(2)选择出水渠线路应经济合理,其轴线方向应顺应下游河势。出水渠宽度应使水流不过分集中,并应防止折冲水流对河岸有危害性的冲刷。

第二节　溢洪道进水渠、控制段、泄槽、消能防冲、边墙等建筑物设计

一、一般规定

(1)溢洪道的结构设计,应根据布置、水力设计、地基及运用条件,结合防渗、排水、止

水及锚固等工程措施，在满足安全、耐久的前提下，选用经济合理的结构型式和尺寸。

(2)大体积混凝土的抗压强度可采用90d龄期抗压强度值，按表8-2-1规定取值；其余部位混凝土抗压强度可采用28d龄期抗压强度值，按表8-2-2规定取值，经论证亦可采用90d龄期的抗压强度，强度增长系数对于普通硅酸盐水泥取1.15，对于矿渣硅酸盐水泥取1.3。混凝土耐久性(抗渗、抗冻、抗腐蚀、抗冲刷等)指标取值按《水工混凝土结构设计规范》(SL/T191—96)中有关规定执行。混凝土泊松比取0.167，钢筋强度和弹性模量按表8-2-3规定取值，止水材料应具有足够的耐久性和可靠性。

表8-2-1　大体积混凝土抗压强度(90d龄期)

大体积混凝土强度等级	C7.5	C10	C15	C20	C25	C30
轴心抗压强度(MPa)	5.0	6.5	9.5	12.3	15.0	17.5

表8-2-2　混凝土抗压强度及弹性模量(28d龄期)

混凝土强度等级	C10	C15	C20	C25	C30	C35	C40
轴心抗压强度(MPa)	5	7.5	10	12.5	15	17.5	19.5
轴心抗拉强度(MPa)	0.65	0.9	1.1	1.3	1.5	1.65	1.8
弹性模量($\times10^4$MPa)	1.75	2.2	2.55	2.8	3.0	3.15	3.25

表8-2-3　钢筋强度和弹性模量　(单位：N/mm^2)

种类			抗拉强度	抗压强度	弹性模量
热轧钢筋	Ⅰ级(Q235)		210	210	2.1×10^5
	Ⅱ级(20MnSi、20MnNb(b))		310	310	2.0×10^5
	Ⅲ级(20MnSiV、20MnTi、K20MnSi)		360	360	
	Ⅳ级($40Si_2MnV$、45SiMnV、$45Si_2MnTi$)		500	400	
冷拉钢筋	Ⅰ级($d\leq12$mm)		250	210	2.1×10^5
	Ⅱ级	$d\leq25$mm	380	310	1.8×10^5
		$d=28\sim40$mm	360	310	
	Ⅲ级		420	360	
	Ⅳ级		580	400	
冷轧带肋钢筋	LL550($d=4\sim12$mm)		360	360	1.9×10^5
	LL650($d=4\sim6$mm)		430	380	
	LL800($d=5$mm)		530	380	
热处理钢筋	40SiMn($d=6$mm)		1 000	400	2.0×10^5
	48SiMn($d=8.2$mm)				
	45SiCr($d=10$mm)				

注：1. 在钢筋混凝土结构中，轴心受拉和小偏心受拉构件的钢筋抗拉强度值大于310N/mm^2时，仍应按310N/mm^2取用；其他构件的钢筋抗拉强度值大于360N/mm^2时，仍应按360N/mm^2取用；对于直径大于12mm的Ⅰ级钢筋，如经冷拉，不得利用冷拉后的强度。

2. 成盘供应的LL550级冷轧带肋钢筋经机械调直后，抗拉及抗压强度值应降低20N/mm^2。

3. 结构构件中配有不同种类的钢筋时，每种钢筋根据其受力情况应采用各自的强度值。

(3)溢洪道混凝土与地基接触面、地基内岩体之间、地基内软弱夹层层面的抗剪断强度 C'、f' 的取值,对于大、中型溢洪道的规划,可按有关规定选用;可行性研究报告以后各设计阶段,应根据野外及室内试验成果分析确定;对于中型工程,若无条件进行野外试验时,宜进行室内试验,并参照类似工程经验及有关规定选用。

(4)溢洪道的混凝土结构应考虑温度应力的影响,并根据当地的气候条件、结构特点、地基约束等因素,采取必要的结构措施和施工措施。

(5)溢洪道建筑物设置锚筋时,应经计算并参照类似工程的经验确定,必要时应进行锚筋抗拔试验。

二、进水渠衬护

(1)进水渠渠底需要衬护时,可采用混凝土护面、浆砌块石或干砌块石等。

(2)底板衬护厚度可按构造要求确定,混凝土衬砌厚度可取为30cm,必要时还要进行抗渗和抗浮稳定验算。

(3)混凝土衬砌的分块尺寸,可按本节四、(3)的规定确定。

三、控制段

(1)控制段结构设计应包括:①结构型式选择和布置;②荷载计算及其组合;③稳定计算;④结构计算;⑤细部设计;⑥提出材料强度、抗冻、抗渗等指标及施工要求,特别是混凝土施工温度控制要求。

(2)控制堰(闸)的结构型式,可采用分离式或整体式。分离式适用于岩性比较均匀的地基,整体式适用于地基均匀性较差的情况。

(3)分离式底板,必要时应设置垂直水流向的纵缝,缝的位置和间距应根据地基、结构、气候和施工等条件确定。

分离式底板的横缝(顺水流向),根据应力传递要求可选用铅直式、台阶式、倾斜式或键槽式。控制段范围内的结构缝,均应设置止水设施。

(4)闸室的胸墙可根据运用条件选用固定式、活动式或混合式。固定式胸墙与闸墩的连接,可根据闸室结构特点采用简支或固端。胸墙应有足够的刚度,在水压力作用下,不应产生过大变形。

(5)控制堰(闸)的稳定分析可采用刚体极限平衡法。闸室基底应力及实用堰堰体应力分析可采用材料力学法,重要工程或受力条件复杂时可采用有限元法。闸墩的应力分析可采用材料力学法,大型闸墩宜采用有限元法。宽顶堰及驼峰堰闸底板应力分析可采用材料力学法、有限元法或弹性地基梁法。

(6)闸墩的型式和布置,应符合本章第一节三、(5)的规定。对设置大型弧形闸门的闸墩,通过技术经济比较,可采用预应力钢筋混凝土结构。

(7)作用在控制段上的荷载分为基本荷载和特殊荷载两类。

基本荷载:①结构自重及其上的永久设备重量;②正常蓄水位或设计洪水位时的静水压力(取其中一种控制情况);③相应于正常蓄水位或设计洪水时的扬压力;④相应于正常蓄水位或设计洪水时的波浪压力;⑤土压力;⑥淤沙压力;⑦冰压力;⑧其他出现机会较

多的荷载。

特殊荷载:①校核洪水位时的静水压力;②相应于校核洪水位时的扬压力;③相应于校核洪水位时的波浪压力;④相应于校核洪水位时的动水压力;⑤地震荷载;⑥其他出现机会很少的荷载。

(8)控制段结构设计的荷载组合应分为基本组合和特殊组合。基本组合由基本荷载组成;特殊组合由基本荷载和一种或几种特殊荷载组成。根据各种荷载实际出现的可能性,按选择最不利的情况进行计算,荷载组合见表 8-2-4。

(9)作用在控制段上的荷载,应按有关规定进行计算。

(10)堰(闸)基底面的抗滑稳定安全系数按抗剪断强度式(8-2-1)计算。当堰(闸)地基内存在不利的软弱结构面时,其抗滑稳定需做专门研究。当堰(闸)承受双向(顺水流和垂直水流方向)荷载时,还应验算其最不利荷载组合方向的抗滑稳定性。

$$K = \frac{f' \sum W + C'A}{\sum P} \tag{8-2-1}$$

式中 K——按抗剪断强度计算的抗滑稳定安全系数;

f'——堰(闸)体混凝土与岩基接触面的抗剪断摩擦系数;

C'——堰(闸)体混凝土与岩基接触面的抗剪断凝聚力;

$\sum W$——作用于堰(闸)体上的全部荷载对计算滑动面的法向分量;

$\sum P$——作用于堰(闸)体上的全部荷载对计算滑动面的切向分量;

A——堰(闸)体与基岩接触面的截面面积。

表 8-2-4　荷载组合表

荷载组合	计算情况	荷载										说明
		1	2	3	4	5	6	7	8	9	10	
		自重	静水压力	扬压力	波浪压力	动水压力	土压力	淤沙压力	冰压力	地震荷载	其他	
基本组合	完建情况	√	—	—	—	—	√	—	—	—	√	必要时,可考虑地下水产生的扬压力
	正常蓄水位情况	√	√	√	√	—	√	√	—	—	√	
	设计洪水位情况	√	√	√	√	√	√	√	—	—	√	
	冰冻情况	√	√	√	—	—	√	√	√	—	—	按正常蓄水位计算静水压力、扬压力
特殊组合	施工情况	√	—	—	—	—	√	—	—	—	√	应考虑施工过程中各个阶段的临时荷载

续表 8-2-4

荷载组合	计算情况	荷载										说明
		1	2	3	4	5	6	7	8	9	10	
		自重	静水压力	扬压力	波浪压力	动水压力	土压力	淤沙压力	冰压力	地震荷载	其他	
特殊组合	检修情况	√	√	√	√	—	√	√	—	—	√	按正常蓄水位组合(必要时可按设计洪水位组合或冬季的水位条件)计算静水压力、扬压力及波浪压力
	校核洪水位情况	√	√	√	√	√	√	√	—	—	—	
	地震情况	√	√	√	√	—	√	√	—	√	—	按正常蓄水位组合计算静水压力、扬压力及波浪压力。有论证时可另作规定

(11)堰(闸)沿基底面的抗滑稳定安全系数不得小于表 8-2-5 的规定值。

表 8-2-5　抗滑稳定安全系数 K 值

荷载组合		按抗剪断强度公式计算的安全系数 K
基本组合		3.0
特殊组合	(1)	2.5
	(2)	2.3

注:地震情况为特殊组合(2),其他情况的特殊组合为特殊组合(1)。

(12)堰(闸)基底面上的垂直正应力,应满足下列要求:

①运用期:在各种荷载组合情况下(地震情况除外),堰(闸)基底面上的最大垂直正应力 σ_{max} 应小于基岩的容许压应力(计算分计入扬压力和不计入扬压力);最小垂直正应力 σ_{min} 应大于零(计入扬压力)。

地震情况下可允许出现不大于 0.1MPa 的垂直拉应力。

计算双向受力情况时,基底面上可容许出现不大于 0.1MPa 的垂直拉应力。双向受力并计入地震荷载时基底面可容许出现不大于 0.2MPa 的垂直拉应力。

②施工期:堰(闸)基底面上的最大垂直正应力 σ_{max} 应小于基岩的容许压应力;堰(闸)基底面下游端的最小垂直正应力 σ_{min} 可容许有不大于 0.1MPa 的拉应力。

(13)溢流堰体上游面的铅垂方向最小正压应力(计入扬压力)应大于零。不满足此项要求时,应配置钢筋。

(14)用材料力学法分析堰(闸)断面的应力分布,当结构和受力均对称时,可按单向偏心受压公式计算;当结构不对称或受力不对称时,可按双向偏心受压公式进行计算。

(15)闸墩及其底板,应根据闸室的结构型式和运用条件进行下列情况的稳定和应力分析:①闸墩两侧工作闸门全关闭;②闸墩一侧工作闸门关闭,另一侧闸门全开启泄洪;③闸墩一侧工作闸门关闭,另一侧检修闸门关闭;④其他不利的运用条件。

(16)分离式底板应校核其抗浮稳定性,必要时应采取排水和锚固等措施。

(17)对于闸墩上的闸门槽和弧门铰支座应进行强度核算。对闸室的上部结构,应进行强度、配筋、变形和限裂计算,有抗震要求的尚应进行抗震设计。

(18)对于大型和受力条件复杂的中型工程的控制段的结构设计,应根据具体情况选用多种方法进行分析比较,必要时宜进行结构模型试验,验证各部位的应力状态。

四、泄槽底板

(1)泄槽底板的厚度,应考虑溢洪道的规模及其与坝的相对位置、沿线的工程地质和水文地质条件、水力特性、气候条件、水流中挟沙情况等因素,并根据类似工程经验进行类比确定。泄槽底板的厚度不应小于 0.3m。

(2)泄槽底板可采取防渗、排水、止水、锚固等必要的工程措施。泄槽底板在消力池最高水位以下的部分,应按消力池护坦设计。

(3)泄槽底板应设置结构缝,其位置应满足结构布置要求。分块尺寸应考虑气候特点、地基约束情况、混凝土施工(特别是温控)条件,比照类似工程经验确定,其纵、横缝间距可采用 10~15m。

(4)泄槽底板的纵、横缝一般可采用平缝。当地基不均匀性明显时,横缝宜采用半搭接缝、全搭接缝或键槽缝。

(5)溢洪道泄槽底板的纵、横缝(包括与相邻建筑物的分缝),宜设止水。

(6)对于可能发生不均匀沉陷或不设锚筋的泄槽底板,宜在板块上游端设置齿槽,并采用上、下游板块的全搭接横缝。也可在板块上、下游端均设齿槽,但不应只在板块下游端设置齿槽。

五、挑流鼻坎

(1)挑流鼻坎在泄洪时所受的动水压力按下列公式计算,其抗滑稳定分析及安全系数可与控制段相同。

动水压力计算:

①作用在溢洪道建筑物过流面一定面积上的动水压力,应按该面积上各点动水压强的合力计算。动水压力一般只计及时均压力,但对于消力池或当水流脉动影响结构的安全和引起结构振动时,尚应计及脉动压力。对于重要的或体型复杂的水工建筑物,其动水压力宜通过模型试验测定并经综合分析确定。

②计算动水压力时,应区分恒定流和非恒定流两种水流状态。对于恒定流,尚应区别渐变流或急变流等不同流态,并采用相应的方法计算。渐变流的时均压强,可根据相应设计状况下的水流条件,通过计算或试验求得水面线后按式(8-2-2)计算。

$$p_{tr} = \rho_w g h \cos\theta \tag{8-2-2}$$

式中 p_{tr}——过流面上计算点的时均压强，N/m^2；

ρ_w——水的密度，kg/m^3；

g——重力加速度，m/s^2；

h——计算点 A 的水深，m；

θ——结构物底面与水平面的夹角。

计算示意图见图 8-2-1。

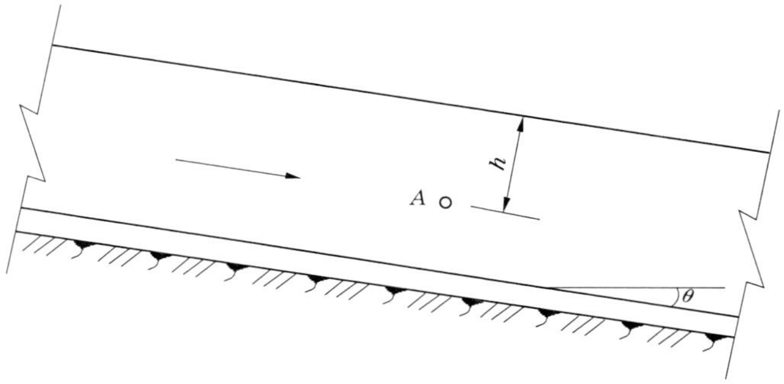

图 8-2-1 时均压强计算示意图

③作用在消力池水平护坦上的时均压力，可近似等于相应断面的静水压力。对于不设消力墩的护坦，可在跃首与跃尾之间水面线连一直线，作为近似的水面线，用以估算时均压力。对于设有消力墩的护坦，墩下游护坦的时均压力可按跃后水深估算，墩上游护坦的时均压力可取跃后水深的一半。

④溢洪道建筑物反弧段底面上的动水离心力压强近似取均匀分布，可按式(8-2-3)计算：

$$p_{cr} = \rho_w q v / R \tag{8-2-3}$$

式中 p_{cr}——水流离心力压强，N/m^2；

q——相应设计状况下反弧段上的单宽流量，$m^3/(s \cdot m)$；

v——反弧段最低点处的断面流速，m/s；

R——反弧半径，m；

ρ_w——水的密度，kg/m^3。

反弧段上离心力合力的水平及垂直分力可按式(8-2-4)计算：

$$P_{xr} = q\rho_w v(\cos\varphi_2 - \cos\varphi_1)$$
$$P_{yr} = q\rho_w v(\sin\varphi_2 + \sin\varphi_1) \tag{8-2-4}$$

式中 P_{xr}——单位宽度上离心力合力的水平分力，N/m；

P_{yr}——单位宽度上离心力合力的垂直分力，N/m；

φ_1、φ_2——图 8-2-2 中所示的角度，取其绝对值；

其余符号含义同前。

⑤作用于反弧段边墙上的水流离心力压强，沿径向剖面在水面处为零，在墙底处为

p_{cr}，其间近似采用线性分布。p_{cr} 可按式(8-2-3)计算，并垂直作用于墙面。

⑥水流对消力池尾坎的冲击力可按式(8-2-5)计算：

$$P_{ir} = K_d A_0 \frac{\rho_w v^2}{2} \tag{8-2-5}$$

式中 P_{ir}——作用于消力池尾坎的水流冲击力，N；

A_0——尾坎迎水面在垂直于水流方向上的投影面积，m^2；

v——水跃收缩断面流速，m/s；

ρ_w——水的密度，kg/m^3；

K_d——阻力系数（对于消力池中未形成水跃，水流直接冲击尾坎的情况，可取 $K_d=0.6$；对于消力池中已形成水跃，且 $3 \leqslant Fr \leqslant 10$ 的情况，可取 $K_d = 0.1 \sim 0.5$，弗劳德数 Fr 大者 K_d 取小值，反之取大值）。

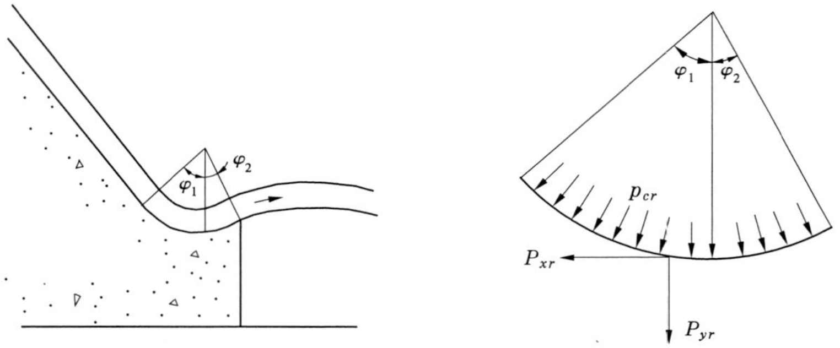

图 8-2-2　反弧段上的水流离心力示意图

⑦作用于一定面积底板上的脉动压力可按式(8-2-6)计算：

$$P_{fr} = \pm \beta_m p_{fr} A \tag{8-2-6}$$

式中 P_{fr}——脉动压力，N；

p_{fr}——脉动压强，N/m^2；

A——作用面积，m^2；

β_m——面积均化系数，可按表 8-2-6 取值。

式(8-2-6)中正、负号应按不利设计条件选定。

表 8-2-6　面积均化系数

结构部位	泄槽、鼻坎		平底消力池底板									
结构分块尺寸	L_m>5m	L_m≤5m	L_m/h_2	0.5			1.0			1.5		
			b/h_2	0.5	1.0	1.5	0.5	1.0	1.5	0.5	1.0	1.5
β_m	0.10	0.14	—	0.55	0.46	0.40	0.44	0.37	0.32	0.37	0.31	0.27

脉动压强可按式(8-2-7)计算：

$$p_{fr} = 3K_p \frac{\rho_w v^2}{2} \tag{8-2-7}$$

式中 K_p——脉动压强系数；

ρ_w——水的密度，kg/m^3；

v——相应设计状况下水流计算断面的平均速度，m/s，可根据水流条件确定(对于消力池水流，可取收缩断面的平均流速；对于泄槽水流，可取计算断面的平均流速；对于反弧鼻坎挑流，可取反弧最低处的断面平均流速)。

泄水建筑物不同部位的脉动压强系数 K_p 可按表 8-2-7 及表 8-2-8 选用。对于重要工程，宜根据专门试验确定。

⑧作用于溢洪道边墙上的水流脉动压力，可近似按脉动压强沿水深均布计算，其脉动压强值取对应于墙根底板上的脉动压强，按上述方法计算。

表 8-2-7　溢洪道泄槽及鼻坎的脉动压强系数 K_p

结构部位	溢洪道泄槽	鼻坎
K_p	0.010~0.025	0.010~0.020

表 8-2-8　平底消力池底板的脉动压强系数 K_p

结构部位	$Fr_1>3.5$	$Fr_1\leqslant3.5$
$0<x/L<0.2$	0.03	0.03
$0.2<x/L<0.6$	0.05	0.07
$0.6<x/L<1.0$	0.02	0.04

注：Fr_1 为收缩断面的弗劳德数；x 为计算断面离消力池起点的距离，m；L 为消力池长度，m。

(2)挑流鼻坎顺水流向纵缝的间距可按本节四泄槽底板的要求采用。挑流鼻坎不宜设垂直水流向的结构缝。

六、消力池护坦

(1)消力池护坦应进行抗浮稳定复核。对设有消力齿、消力墩或尾槛的护坦，尚应进行抗倾及抗滑稳定复核。采用抽排降压的护坦应复核地基的渗透稳定。

(2)护坦抗浮稳定应按下列情况分别计算：①宣泄消能防冲的设计洪水流量或小于该流量的控制流量；②宣泄消能防冲的校核洪水流量；③消力池排水检修。

尚应根据具体条件分析闸门启闭的不利情况，进行复核。必要时，应考虑排水设施局部或全部失效，作为校核情况复核护坦的稳定。

(3)护坦的抗浮稳定可按式(8-2-8)计算，其安全系数 K_f 值可取 1.0~1.2，应根据工程等级、枢纽布置、地基特性、计算情况等选用。校核情况下 K_f 值可取下限。

$$K_f = \frac{P_1 + P_2 + P_3}{Q_1 + Q_2} \tag{8-2-8}$$

式中 P_1——护坦自重,按混凝土重度计算;

P_2——护坦顶面上的时均压力;

P_3——当采取锚固措施时,地基的有效重量;

Q_1——护坦顶面上的脉动压力;

Q_2——护坦底面上的扬压力。

作用于护坦底面上的扬压力,可采用图 8-2-3 所示之扬压力分布图形计算,此时扬压力系数 α 定义为以排水廊道中排水孔孔口高程为基准,测点扬压力水头与下游水位水头之比。

①护坦不设排水设施,或虽有排水设施但不可靠时,扬压力系数 $\alpha=1.0$。

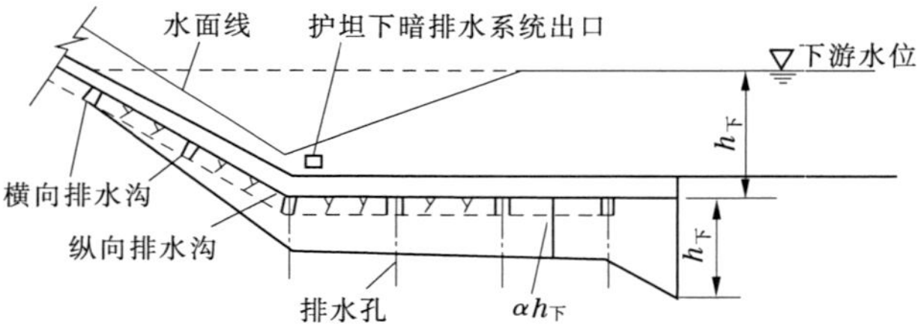

图 8-2-3　护坦下扬压力分布图形

②护坦下设有纵、横排水沟系统(沟中设有排水孔),其出口设在两侧边墙收缩水深处水面以下,或设在泄槽尾部趾墩的负压区,在闸门均匀开启时,可取扬压力系数 $\alpha=0.8\sim0.9$。

③护坦周边及内部设有纵、横排水廊道或排水沟和排水孔,地基表面设有排水,排水孔高程以下设有集水井并有自动抽水设备保证抽排,护坦纵、横缝设有可靠的止水设施,护坦下游边及两侧设有防渗帷幕及排水幕时,可取扬压力系数 $\alpha=0.2\sim0.3$。必要时宜通过电拟试验等进行验证。

(4)当护坦设置锚筋时,宜将锚筋向上延伸并与护坦表层钢筋网连接。

(5)护坦分缝间距宜与泄槽底板分缝间距相同,缝中宜设止水。垂直水流向的缝宜采用半搭接缝或键槽缝,顺水流向的缝宜采用键槽缝。

七、边墙

(1)溢洪道进水渠、控制段、泄槽、挑流鼻坎及消力池的两侧挡土或不挡土的导墙、边墙或贴坡式边墙(以下统称为边墙),宜设置结构缝与底板分开。根据实际情况,控制段、泄槽、挑流鼻坎、消力池的边墙也可与底板连成整体。

(2)溢洪道边墙设计应进行抗滑稳定、基底正应力和基底合力偏心距的核算,必要时还应核算其抗倾稳定。

(3)溢洪道边墙承受的荷载及其分类与控制段相同。

(4)泄槽反弧段边墙设计应考虑水流离心力;泄槽、鼻坎和消力池的边墙设计,还应考虑脉动压力。消能设施的边墙、隔墙或导墙,应视其体型考虑水流诱发墙体振动的可能性。

(5)进水渠及控制段边墙的荷载组合与控制段相同;控制段以下各段边墙的荷载组合见表 8-2-9。

(6)溢洪道边墙沿建基面的抗滑稳定可按抗剪断强度式(8-2-1)进行,也可按抗剪强度式(8-2-9)进行,当墙基内存在不利软弱结构面时,应复核其深层抗滑稳定。

$$K_c = \frac{f\Sigma W}{\Sigma P} \tag{8-2-9}$$

式中 K_c—— 按抗剪强度计算的抗滑稳定安全系数;

f—— 边墙混凝土与基岩接触面的抗剪摩擦系数;

ΣW—— 作用于边墙上的全部荷载对计算滑动面的法向分量;

ΣP—— 作用于边墙上的全部荷载对计算滑动面的切向分量。

f 值的选取,可根据野外或室内试验成果,并参照类似工程经验选用。

表 8-2-9 溢洪道下游段边墙荷载组合

荷载组合	计算情况	1	2	3	4	5	6	7	说明
		自重	静水压力	扬压力	动水压力	土压力	地震荷载	其他	
基本组合	(1)完建情况	√	—	—	—	√	—	√	
	(2)泄设计洪水	√	√	√	√	√	—	√	
	(3)不泄洪	√	√	√	—	√	—	√	按下游水位计算静水压力
特殊组合	(4)泄校核洪水	√	√	√	√	√	—	√	
	(5)检修	√	—	√	—	√	—	√	
	(6)排水失效	√	√	√	√	√	—	√	
	(7)地震	√	√	√	—	√	√	—	地震荷载与(3)组合

(7)当按式(8-2-1)计算边墙抗滑稳定安全系数 K 时,其值应不小于表 8-2-5 规定值;当按式(8-2-8)计算边墙抗滑稳定安全系数 K_c 时,其值应不小于表 8-2-10 规定值。

表 8-2-10 边墙抗滑稳定安全系数 K_c 值

荷载组合		按抗剪强度公式计算的安全系数 K_c		
		建筑物级别		
		1	2	3
基本组合		1.10	1.05	1.05
特殊组合	(1)	1.05	1.00	1.00
	(2)	1.00	1.00	1.00

注:地震情况为特殊组合(2),其他情况的特殊组合为特殊组合(1)。

(8)当库水位或下游水位骤降时,可根据具体情况考虑是否需要核算进水渠导墙或消力池边墙的稳定。

(9)边墙基底最大垂直正应力不应大于地基容许压应力(计算分计入扬压力和不计入扬压力)。

对于重要部位的边墙,计入扬压力时,在基本组合情况下,基底不应出现拉应力;在特殊组合情况下,可允许出现不大于0.2MPa的拉应力。

(10)对次要部位的边墙,计入扬压力时,在基本组合情况下,基底面上合力的偏心距不应大于基底宽的1/4;在特殊组合情况下,偏心距不应大于基底宽的1/3。计算墙基应力时,开裂部位的扬压力按受拉面一侧承受全静水压强计算。

(11)对于合力偏心距大于等于1/4基底宽的边墙,应核算其抗倾覆稳定,计算公式如下:

$$K_0 = \frac{\sum M_y}{\sum M_0} \tag{8-2-10}$$

式中 $\sum M_y$——作用于墙体的荷载对墙前趾产生的稳定力矩;

$\sum M_0$——作用于墙体的荷载对墙前趾产生的倾覆力矩;

K_0——抗倾覆稳定安全系数,对于计入地震的特殊荷载组合 $K_0 \geqslant 1.3$,其余各种荷载组合 $K_0 \geqslant 1.5$。

(12)边墙结构缝间距可取10~15m。有防渗要求时,缝中应设置止水。

(13)重力式边墙顶宽应不小于0.5m,可利用渠槽底板的一部分作为前墙趾,在挖方渠道中可采用恒重式边墙。

(14)进水渠边坡设置贴坡式边墙或护坡时,可根据水流及地质条件分别采用喷水泥砂浆、喷混凝土、干砌块石、浆砌块石和混凝土衬砌等型式。其厚度按结构要求确定。

泄槽和鼻坎段的贴坡式边墙,可采用混凝土衬砌,其厚度不宜大于相应部位底板的厚度,最小厚度应满足施工要求。

消力池贴坡式边墙的厚度宜按计算并结合工程经验类比确定。

八、下游防冲

当消能设施出口区地质条件较差时,可根据消能型式设置防淘齿墙、翼墙、二道坝、海漫或防冲槽等设施。

第三节 溢洪道水力计算与设计

一、一般规定

(1)溢洪道水力设计宜包括如下内容:①泄流能力计算;②水流边界体型设计;③水面线及压坡线计算;④弯道水力计算;⑤消能防冲水力设计;⑥高速水流区防空蚀设计。

对于大型工程及水力条件较复杂的中型工程,上述各项水力设计内容均应经溢洪道水工模型试验验证。

(2)溢洪道的水力设计应满足下列要求:①泄流能力必须满足设计和校核工况下所

要求的泄量，设计和校核洪水标准按有关规定执行；②消能防冲设计的洪水标准按本章第一节五、(2)执行；③体型合理、简单，水流平顺、稳定，并避免发生空蚀；④下泄水流流态及水流对河床的冲淤满足本章第一节一、(10)的要求。

(3)溢洪道沿程水头损失计算中的糙率系数，可按有关规定查用。局部水头损失计算中的局部阻力系数，可根据有关资料分析选用。

二、进水渠

(1)进水渠水力设计应使渠内水流平顺、稳定，水面波动及横向水面比降小，并应避免回流和旋涡。

(2)进水渠中的设计流速应大于悬移质不淤流速，小于渠道不冲流速，且水头损失较小。不满足上述规定时，应进行论证。渠道设计流速宜采用3~5m/s。

(3)渠道水面线可由引水渠首部到位于堰前3~5倍堰上水头处的控制断面之间建立能量方程，用分段求和法计算。

三、控制段

(1)开敞式实用堰(包括正堰和侧堰)，堰顶下游堰面宜优先采用WES型幂曲线，堰顶上游堰头可采用双圆弧、三圆弧或椭圆曲线。堰面曲线可按下列方法计算。

①开敞式堰面堰顶下游堰面采用WES幂曲线，可按式(8-3-1)计算：

$$x^n = kH_d^{n-1}y \tag{8-3-1}$$

式中 H_d——堰面曲线定型设计水头(对于上游堰高 $P_1 \geqslant 1.33H_d$ 的高堰，取 $H_d = (0.75 \sim 0.95)H_{max}$，对于 $P_1 < 1.33H_d$ 的低堰，取 $H_d = (0.65 \sim 0.85)H_{max}$，$H_{max}$ 为校核流量下的堰上水头)；

x、y——原点下游堰面曲线横、纵坐标；

n——与上游堰坡有关的指数，见表8-3-1；

k——当 $P_1/H_d > 1.0$ 时，k 值见表8-3-1，当 $P_1/H_d \leqslant 1.0$ 时，取 k 为2.0~2.2。

表8-3-1 堰面曲线参数

上游堰面坡度($\Delta y/\Delta x$)	k	n	R_1	a	R_2	b
3:0	2.000	1.850	$0.5H_d$	$0.175H_d$	$0.2H_d$	$0.282H_d$
3:1	1.936	1.836	$0.68H_d$	$0.139H_d$	$0.21H_d$	$0.237H_d$
3:2	1.939	1.810	$0.48H_d$	$0.115H_d$	$0.22H_d$	$0.214H_d$
3:3	1.873	1.776	$0.45H_d$	$0.119H_d$	—	—

②开敞式堰面堰顶上游堰头曲线可采用下列三种曲线：

双圆弧曲线，如图8-3-1所示，图中 R_1，R_2，k，n，a，b 等参数取值见表8-3-1。

三圆弧曲线，上游堰面铅直，如图8-3-2所示。

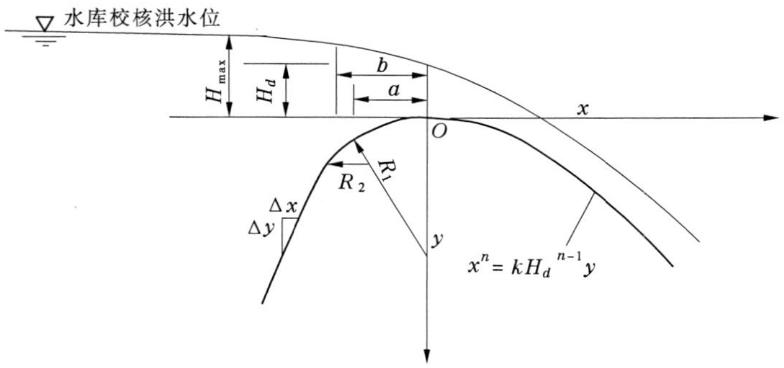

图 8-3-1　堰顶上游堰头为双圆弧曲线，下游为幂曲线

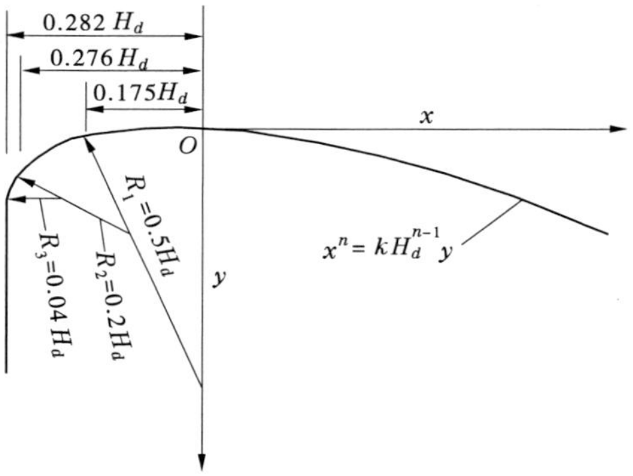

图 8-3-2　堰顶上游堰头为三圆弧曲线，下游为幂曲线

椭圆曲线，可按式(8-3-2)计算：

$$\frac{x^2}{(aH_d)^2} + \frac{(bH_d - y)^2}{(bH_d)^2} = 1.0 \tag{8-3-2}$$

式中　aH_d、bH_d——椭圆曲线长半轴、短半轴（当 $P_1/H_d>2.0$ 时，$a=0.28\sim0.30$，$a/b=0.87+3a$；当 $P_1/H_d<2.0$ 时，$a=0.215\sim0.28$，$b=0.127\sim0.163$；当 P_1/H_d 小时，a 与 b 取小值）。

上游堰面采用倒悬时，应满足 $d>H_{max}/2$ 的条件，如图 8-3-3 所示。

（2）当选择低实用堰时，宜取上游堰高 $P_1\geqslant0.3H_d$，下游堰高 $P_2\geqslant0.6H_d$，H_d 为堰面曲线的定型设计水头。堰面曲线下接直线段，坡度宜陡于 1∶1。

（3）当堰顶以上最大水头与孔口高度的比值 $H_{max}/D>2$ 时，或闸口全开仍属孔口泄流时，孔口下游堰面曲线宜采用抛物线，可按下列公式计算。胸墙底缘可采用椭圆、圆弧或其他形式。

带胸墙孔口式实用堰堰面曲线采用抛物线时，如图 8-3-4 所示，抛物线可按式(8-3-3)计算：

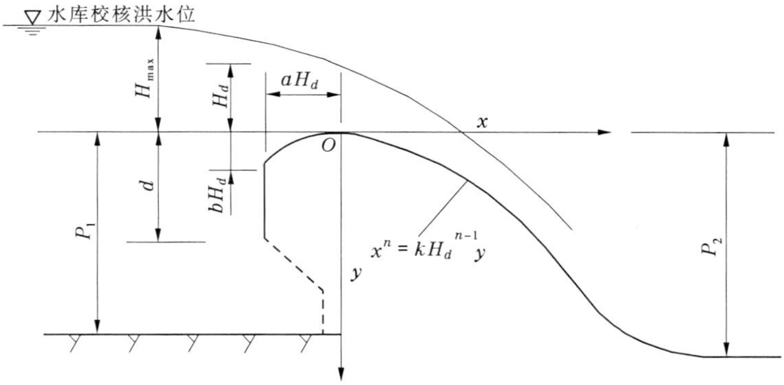

图 8-3-3　上游堰面倒悬，堰头为椭圆曲线，下游为幂曲线

$$y = \frac{x^2}{4\varphi^2 H_d} \tag{8-3-3}$$

式中　H_d——孔口出流堰面定型设计水头，取 $H_d = (0.56\sim0.77)H_{max}$；

φ——孔口出流收缩断面上的流速系数，取 $\varphi = 0.95\sim0.96$。

堰顶上游堰头曲线可选用单圆、复式圆弧或椭圆曲线。

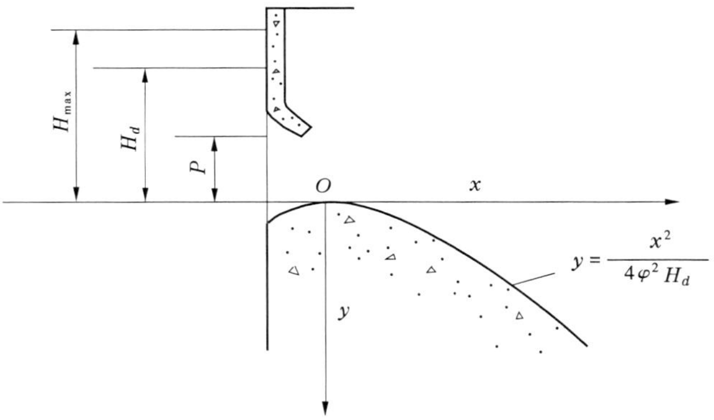

图 8-3-4　堰顶孔口式实用堰堰面曲线

（4）堰高小于 3m 的低堰，可采用宽顶堰或驼峰堰。驼峰堰堰面曲线参数可按下列方法选用。

其体型参数见表 8-3-2，驼峰堰剖面示意图如图 8-3-5 所示。

表 8-3-2　驼峰堰体型参数

类型	上游堰高 P_1	中圆弧半径 R_1	上、下圆弧半径 R_2	总长度 L
a 型	$0.24H_d$	$2.5P_1$	$6P_1$	$8P_1$
b 型	$0.34H_d$	$1.05P_1$	$4P_1$	$6P_1$

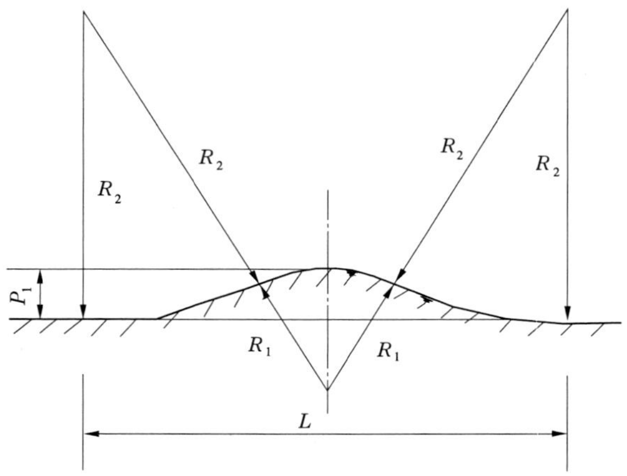

图 8-3-5 驼峰堰剖面示意图

(5)实用堰堰顶附近堰面压力应符合下列规定:①对于常遇洪水闸门全开情况,堰面不应出现负压;②对于设计洪水闸门全开情况,堰顶附近负压值不得大于 0.03MPa;③对于校核洪水闸门全开情况,堰顶附近负压值不得大于 0.06MPa。

堰顶附近的堰面负压值可按有关规定查得。

(6)控制堰(闸)的泄流能力,可根据不同堰型选用公式进行计算。

①开敞式 WES 型实用堰的泄流能力按式(8-3-4)和式(8-3-5)计算:

$$Q = cm\varepsilon\sigma_s B\sqrt{2g}H_0^{3/2} \tag{8-3-4}$$

$$\varepsilon = 1 - 0.2[\xi_k + (n-1)\xi_0]\frac{H_0}{nb} \tag{8-3-5}$$

式中 Q ——流量,m^3/s;

B——溢流堰总净宽,m,定义 $B=nb$;

b——单孔宽度,m;

n——闸孔数目;

H_0——计入行近流速水头的堰上总水头,m,$H_0=H+v^2/2g$;

g——重力加速度,m/s^2;

m ——二维水流 WES 实用堰流量系数,由表 8-3-3 查得;

c——上游堰坡影响系数(当上游堰面为铅直时,$c=1.0$,当上游堰面倾斜时,c 值由表 8-3-4 查得);

ε——闸墩侧收缩系数;

ξ_0——中墩形状系数,与闸墩头伸出上游堰面距离 L_u 及淹没度 h_s/H_0 有关,可查表 8-3-5,中墩形状见图 8-3-6;

ξ_k——边墩形状系数,边墩形状见图 8-3-6(对于直角矩形,$\xi_k=1.0$;对于折线或圆角形，$\xi_k=0.7$；对于流线形，$\xi_k=0.4$）；

σ_s——淹没系数，可查图 8-3-7。

上式适用于 $H_0/b\leqslant1.0$，当 $H_0/b>1.0$ 时，H_0/b 仍取值 1.0。

表 8-3-3　WES 实用堰流量系数 m 值（适用于二圆弧、三圆弧及椭圆堰头曲线）

H_0/H_d	P_1/H_d				
	0.2	0.4	0.6	1.0	≥1.33
0.4	0.425	0.430	0.431	0.433	0.436
0.5	0.438	0.442	0.445	0.448	0.451
0.6	0.450	0.455	0.458	0.460	0.464
0.7	0.458	0.463	0.468	0.472	0.476
0.8	0.467	0.474	0.477	0.482	0.486
0.9	0.473	0.480	0.485	0.491	0.494
1.0	0.479	0.486	0.491	0.496	0.501
1.1	0.482	0.491	0.496	0.502	0.507
1.2	0.485	0.495	0.499	0.506	0.510
1.3	0.496	0.498	0.500	0.508	0.513

表 8-3-4　上游堰面坡度影响修正系数 c 值

上游堰面坡度（$\Delta y/\Delta x$）	P_1/H_d						
	0.3	0.4	0.6	0.8	1.0	1.2	1.3
3:1	1.009	1.007	1.004	1.002	1.000	0.998	0.997
3:2	1.015	1.011	1.005	1.002	0.999	0.996	0.993
3:3	1.021	1.014	1.007	1.002	0.998	0.993	0.988

表 8-3-5　中墩形状系数 ξ_0

墩头形状	$L_u=H_0$	$L_u=0.5H_0$	$L_u=0$				说明
			$\frac{h_s}{H_0}\leqslant0.75$	$\frac{h_s}{H_0}=0.80$	$\frac{h_s}{H_0}=0.85$	$\frac{h_s}{H_0}=0.9$	
矩形	0.20	0.40	0.80	0.86	0.92	0.98	墩尾形状与头部相同，h_s 为超过堰顶的下游水深
楔形或半圆形	0.15	0.30	0.45	0.51	0.57	0.63	
尖圆形	0.15	0.15	0.25	0.32	0.39	0.46	

②带胸墙孔口实用堰泄流能力按式（8-3-6）和式（8-3-7）计算：

$$Q=\mu A\sqrt{2gH_0} \tag{8-3-6}$$

$$A=BD \tag{8-3-7}$$

式中　Q——流量，m^3/s；

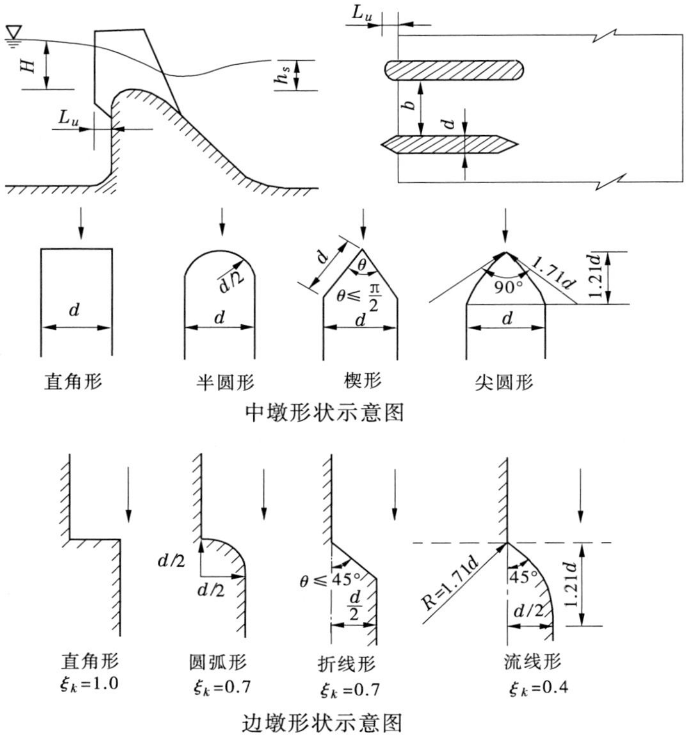

图 8-3-6　中墩、边墩形状示意图

A——孔口面积,m^2;

B——孔口总净宽,m;

D——孔口高度,m;

H_0——计入行近流速水头的堰上总水头,m;

μ——孔口自由出流流量系数(当 $P_1/H_d>0.6$、$H/D=2\sim3$ 时,$\mu=0.70\sim0.80$;当 $P_1/H_d>0.6$,$H/D=1.5\sim2.0$ 时,$\mu=0.60\sim0.70$);

H_d——定型设计水头;

H——堰上水头。

③带胸墙孔口式平底闸泄流能力按式(8-3-8)计算:

$$Q=\mu A\sqrt{2g(H_0-D)} \tag{8-3-8}$$

式中　H_0——自闸底板算起的计入行近流速水头的上游总水头,m;

μ——流量系数,对于圆滑孔口,可取 $\mu=0.90$;

其余符号含义同前。

④宽顶堰泄流能力按式(8-3-9)计算:

$$Q=m\varepsilon B\sqrt{2g}H_0^{3/2} \tag{8-3-9}$$

式中　Q——流量,m^3/s;

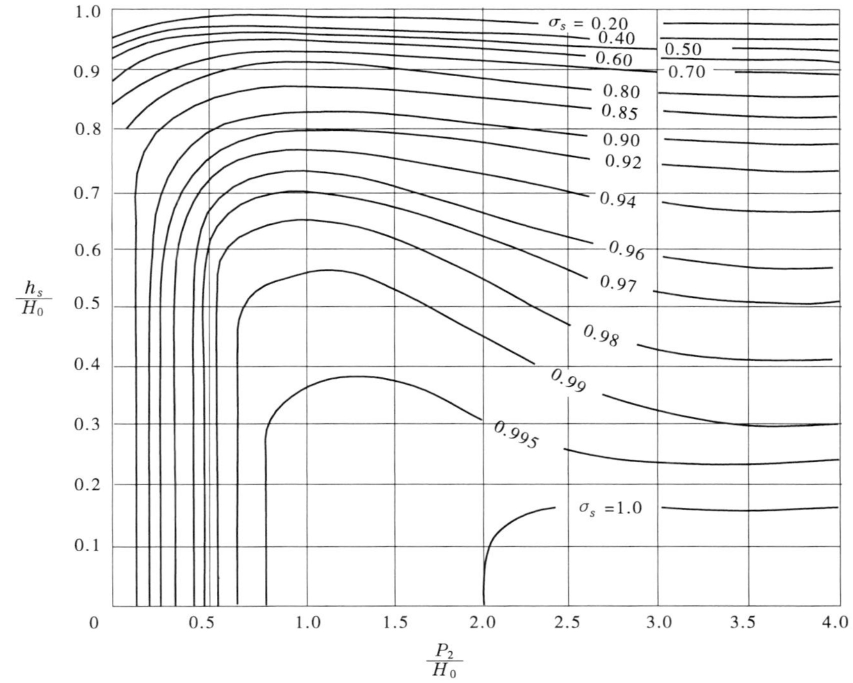

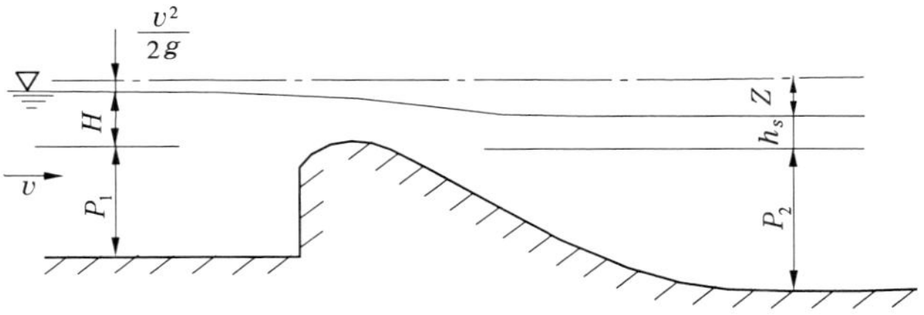

图 8-3-7　WES 实用堰淹没系数

B——总净宽，m；

H_0——计入行近流速水头的堰上游总水头，m；

m——二元水流宽顶堰流量系数，与相对上游堰高 P_1/H 及堰头型式有关，可按表 8-3-3 查得；

H——不计入行近流速的堰上水头；

ε——闸墩侧收缩系数，可按实用堰（闸）侧收缩系数 ε 取用。

式（8-3-9）适用闸门全开非淹没出流。计算简图见图 8-3-8。

⑤驼峰堰泄流能力按式（8-3-9）计算，其中流量系数 m 按式（8-3-10）和（8-3-11）计算。

对于表 8-3-2 中的 a 型：

当 $P_1/H_0 \leqslant 0.24$ 时　　$m = 0.385 + 0.171(P_1/H_0)^{0.657}$

当 $P_1/H_0 > 0.24$ 时　　$m = 0.414(P_1/H_0)^{-0.0652}$　　（8-3-10）

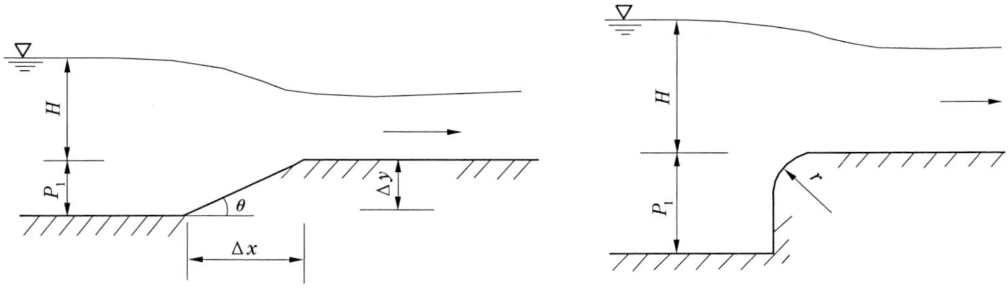

图 8-3-8　宽顶堰计算简图

对于表 8-3-2 中的 b 型：

当 $P_1/H_0 \leqslant 0.34$ 时　　$m = 0.385 + 0.224(P_1/H_0)^{0.934}$

当 $P_1/H_0 > 0.34$ 时　　$m = 0.452(P_1/H_0)^{-0.032}$　　(8-3-11)

(7)闸墩墩头型式,应满足过堰(闸)水流平顺的要求,可采用圆弧或其他曲线形式。墩尾可采用曲线形或齐头形,门槽型式可按《水利水电工程钢闸门设计规范》(SL74—95)选用。

(8)实用堰末端与泄槽连接的反弧半径 R 可取 3~6 倍反弧最低点最大水深。流速大时取大值。

四、泄槽

(1)泄槽段的水力设计,应根据布置和最大流量计算诸水力要素,确定水流边壁的体型、尺寸及需要采取的工程措施。

(2)泄槽段的水面线,应根据能量方程用分段求和法计算,计算中应正确确定起始计算断面及其水深。计算公式如下:

$$\Delta l_{1-2} = \frac{\left(h_2\cos\theta + \frac{\alpha_2 v_2^2}{2g}\right) - \left(h_1\cos\theta + \frac{\alpha_1 v_1^2}{2g}\right)}{i - \bar{J}} \qquad (8\text{-}3\text{-}12)$$

$$\bar{J} = \frac{n^2\bar{v}^2}{\bar{R}^{4/3}} \qquad (8\text{-}3\text{-}13)$$

式中　Δl_{1-2}——分段长度,m;

h_1、h_2——分段始、末断面水深,m;

v_1、v_2——分段始、末断面平均流速,m/s;

α_1、α_2——流速分布不均匀系数,取 1.05;

θ——泄槽底坡角度,(°);

i——泄槽底坡,$i=\tan\theta$;

$\bar{J}$——分段内平均摩阻坡降;

n——泄槽槽身糙率系数,查表 8-3-6;

$\bar{v}$——分段平均流速，$\bar{v}=(v_1+v_2)/2$，m/s；

$\bar{R}$——分段平均水力半径，$\bar{R}=(R_1+R_2)/2$，m。

表 8-3-6　水力计算中常用的糙率 n 值

水流边壁类型及其表面特征	糙率 n 值
1. 混凝土衬砌	
(1)壁面顺直，有抹光的水泥浆面层或经磨光表面光滑者	0.011~0.012
(2)壁面顺直，采用钢模且拼接良好者	0.012~0.013
(3)壁面顺直，采用木模拼接且缝间凹凸度为 3~5mm 者	0.013~0.014
(4)壁面不够顺直，木模拼接不良，缝间凹凸度达 5~20mm 者	0.014~0.016
(5)粗糙的混凝土	0.016~0.018
2. 喷混凝土	
(1)围岩表面平整	0.020~0.025
(2)围岩表面高低不平整	0.025~0.030
3. 喷浆护面	0.016~0.025
4. 水泥浆砌块石护面	
(1)渠底、壁面较顺直，砌石面较平整，拼接良好，$1m^2$ 内不平整度 30~50mm 者	0.015~0.020
(2)平整度较差	0.020~0.030
5. 干砌块石或乱石护坡	
(1)渠底、壁面欠顺直，干砌石拼接一般	0.021~0.023
(2)干砌块石平整度较差或乱石护坡	0.023~0.035
6. 岩石	
(1)经过良好修整的	0.025~0.030
(2)经过中等修整的	0.030~0.033
(3)未经修整，凹凸甚大者	0.035~0.045
7. 土	
(1)平整顺直，养护良好	0.020~0.023
(2)平整顺直，养护一般	0.023~0.025
(3)床面多石，杂草丛生，养护较差	0.025~0.028

起始计算断面位置及其水深 h_1 应按泄槽上游段型式分别选取如下：

①泄槽上游接宽顶堰、缓坡明渠或过渡段（见图 8-3-9）时，起始计算断面定在泄槽首端，水深 h_1 取用泄槽首端断面计算的临界水深 h_k。

②泄槽上游接实用堰、陡坡明渠（见图 8-3-10）时，起始计算断面分别定在堰下收缩断面或泄槽首端以下 $3h_k$ 处，起始计算断面水深 h_1 小于 h_k，可按式(8-3-14)计算：

$$h_1=\frac{q}{\varphi\sqrt{2g(H_0-h_1\cos\theta)}} \tag{8-3-14}$$

式中　q——起始计算断面单宽流量，$m^3/(s\cdot m)$；

H_0——起始计算断面渠底以上总水头，m；

θ——泄槽底坡坡角，(°)；

φ——起始计算断面流速系数，取 0.95。

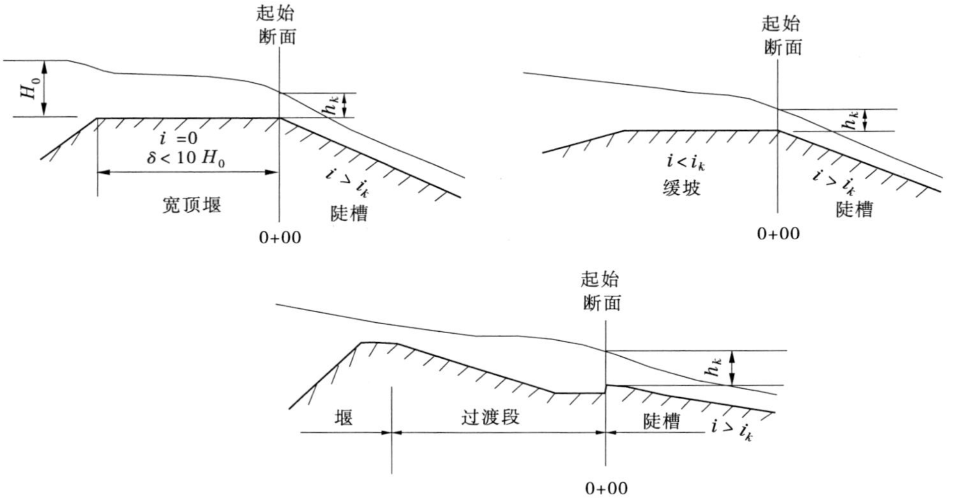

图 8-3-9　泄槽起始断面水深 h_1 示意图(一)

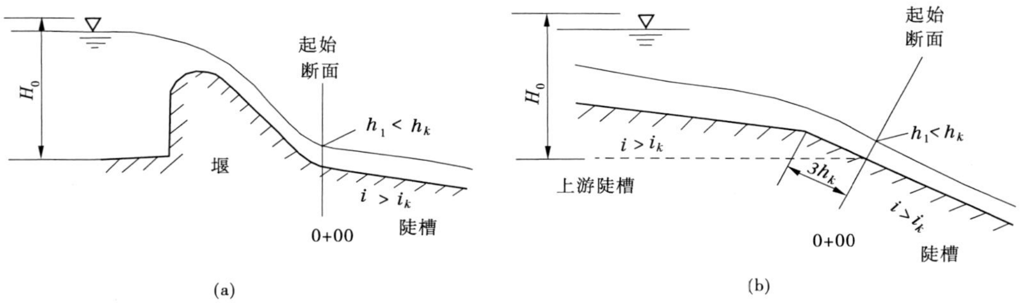

图 8-3-10　泄槽起始断面水深 h_1 示意图(二)

(3)当泄槽水流掺气时,应考虑水流掺气后的水深,掺气水深可按式(8-3-15)计算:

$$h_b = \left(1 + \frac{\xi v}{100}\right)h \tag{8-3-15}$$

式中　h、h_b——泄槽计算断面的水深及掺气后的水深,m;

v——不掺气情况下泄槽计算断面平均流速,m/s;

ξ——修正系数,可取 1.0~1.4s/m,流速大于 20m/s 时取大值。

(4)当泄槽段内布置收缩段时,应进行收缩角计算。对于收缩角较大的收缩段,应进行急流冲击波验算。

泄槽收缩段的急流冲击波及收缩角可分别按下列公式计算:

①当泄槽收缩段作直线收缩时,所产生的冲击波见图 8-3-11、图 8-3-12。

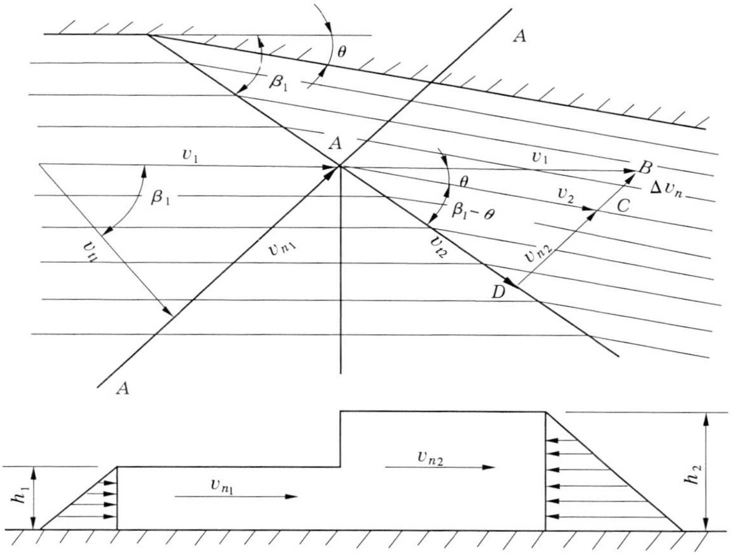

图 8-3-11　收缩段冲击波示意图

波角、波峰后水深、流速按式(8-3-16)计算：

$$\tan\theta=\frac{\tan\beta_1(\sqrt{1+8Fr_1^2\sin^2\beta_1}-3)}{2\tan^2\beta_1+\sqrt{1+8Fr_1^2\sin^2\beta_1}-1}$$

$$\frac{h_2}{h_1}=\frac{1}{2}(\sqrt{1+8Fr_1^2\sin^2\beta_1}-1) \tag{8-3-16}$$

$$\frac{v_2}{v_1}=\frac{\cos\beta_1}{\cos(\beta_1-\theta)}$$

式中　θ——边墙偏转角,(°)；

Fr_1——弗劳德数,$Fr_1=v_1/\sqrt{gh_1}$；

β_1——冲击波波角,(°)；

h_1、h_2——起始断面与波峰下游断面水深,m；

v_1、v_2——起始断面与波峰下游断面平均流速,m/s。

②泄槽边墙收缩(扩散)角 θ 可按如下经验公式确定：

$$\tan\theta=\frac{1}{kFr}=\frac{\sqrt{gh}}{kv} \tag{8-3-17}$$

式中　θ——收缩段边墙与泄槽中心线夹角,(°)；

Fr——收缩(扩散)段首、末断面的平均弗劳德数；

h——收缩(扩散)段首、末断面的平均水深,m；

v——收缩(扩散)段首、末断面的平均流速,m/s；

k——经验系数,可取 $k=3.0$。

(5)当泄槽在平面上布置弯道时,应计算弯道段横向水位差。计算方法如下。

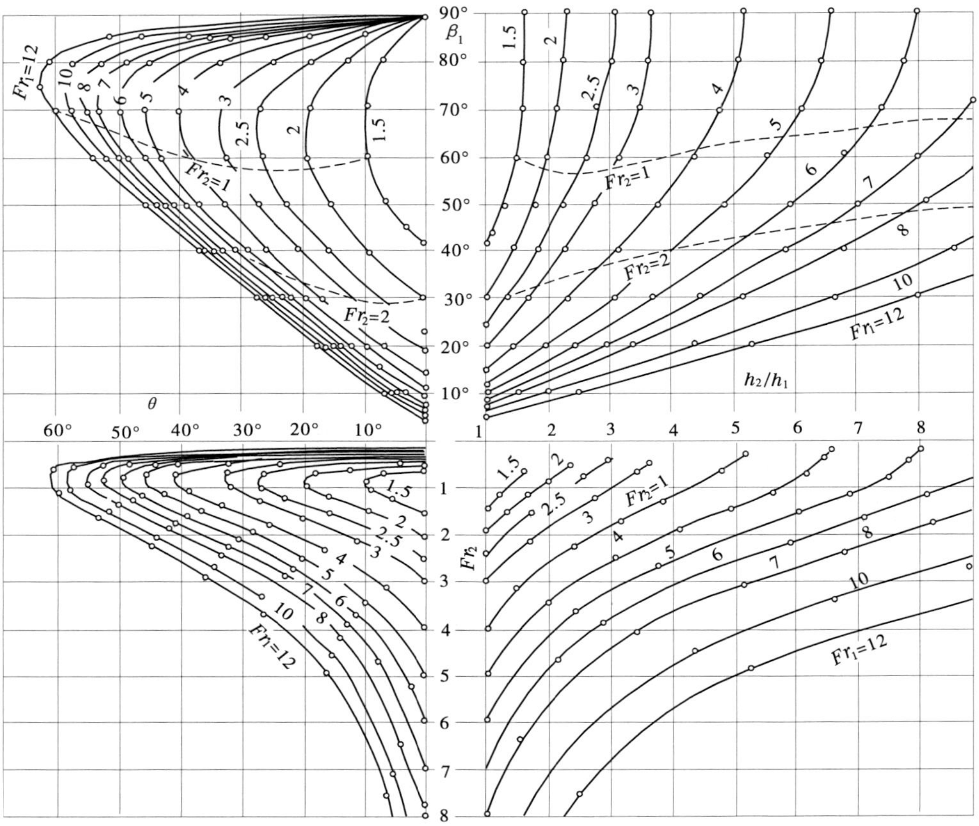

图 8-3-12　收缩段冲击波计算诺谟图

泄槽急流弯道段内、外侧横向水位差宜分别按小扰动冲击波理论及经验公式计算，两结果中取其大值。

①当波高较小、能量损失可忽略时，按小扰动冲击波理论计算。波角可按式（8-3-18）计算，最大横向水面差所在断面的转角 θ_0 可按式（8-3-19）计算，边墙水深按式（8-3-20）计算，各符号定义见图 8-3-13。

波角 β_1 按式（8-3-18）计算：

$$\beta_1 = \arcsin \frac{\sqrt{gh_1}}{v_1} = \arcsin \frac{1}{Fr_1} \tag{8-3-18}$$

式中　Fr_1——扰动线上游来流弗劳德数；

h_1——扰动线上游来流断面水深，m；

v_1——扰动线上游来流断面流速，m/s。

最大横向水面差所在断面位置转角 θ_0 按式（8-3-19）计算：

$$\theta_0 = \arctan \frac{2b}{(2r_0 + b)\tan\beta_1} \tag{8-3-19}$$

式中　b——弯道槽宽,m;

r_0——弯道中心线的曲率半径,m;

β_1——波角,(°);

θ_0——第一个外侧最高水位所对应的圆心角,(°)。

边墙水深按式(8-3-20)计算:

$$\theta_1 \pm \theta = \sqrt{3}\arctan\frac{\sqrt{3}}{\sqrt{Fr^2 - 1}} - \arctan\frac{1}{\sqrt{Fr^2 - 1}} \tag{8-3-20}$$

式中　θ——弯道圆心角,(°);

Fr——相应转角 θ 处内、外侧水流弗劳德数;

θ_1——积分常数,根据 $\theta=0,h=h_1,Fr=Fr_1$ 按式(8-3-20)确定。

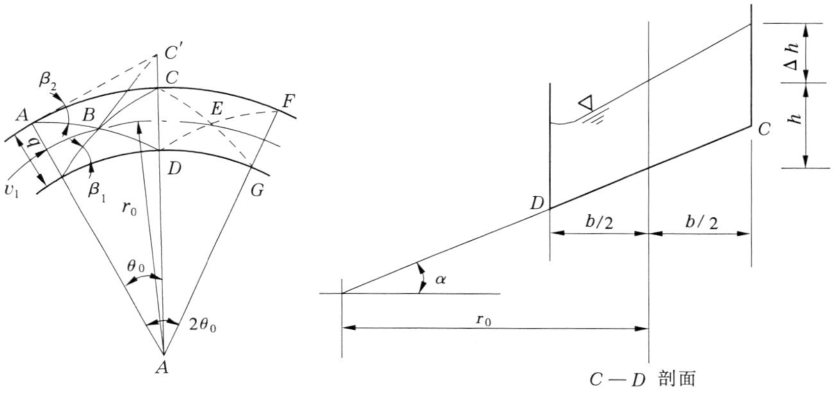

图 8-3-13　弯道冲击波计算简图

当已知积分常数 θ_1 时,将 θ 与 θ_1 相加(当转角向内)或相减(当转角向外),按式(8-3-20)可得出沿弯道外侧及内侧相应的弗劳德数、水深及流速。

将按式(8-3-19)算得的 θ_0 代入式(8-3-20)的 θ 值,则可得到弯道段外侧最高水深及内侧最低水深,从而得出最大横向水面差。

图 8-3-14 是式(8-3-19)、式(8-3-20)的简化计算曲线,用法如下:

由 h_1/E_s 或 Fr_1 在曲线上查出相应的 θ_1 值,然后将 θ 与 θ_1 相加或相减,在曲线上由 $\theta_1 \pm \theta$ 查出 h_2/E_s 或 Fr_2,从而求出 h_2 和 v_2。

$$E_s = h + v^2/2g$$

$$Fr = v/\sqrt{gh}$$

②弯道段最大横向水面差,可按如下经验公式计算:

$$\Delta h = K\frac{v^2 b}{g r_0} \tag{8-3-21}$$

式中　Δh——弯道外侧水面与中心线水面的高差,m;

v——扩散段或收缩段起止断面的平均流速,m/s;

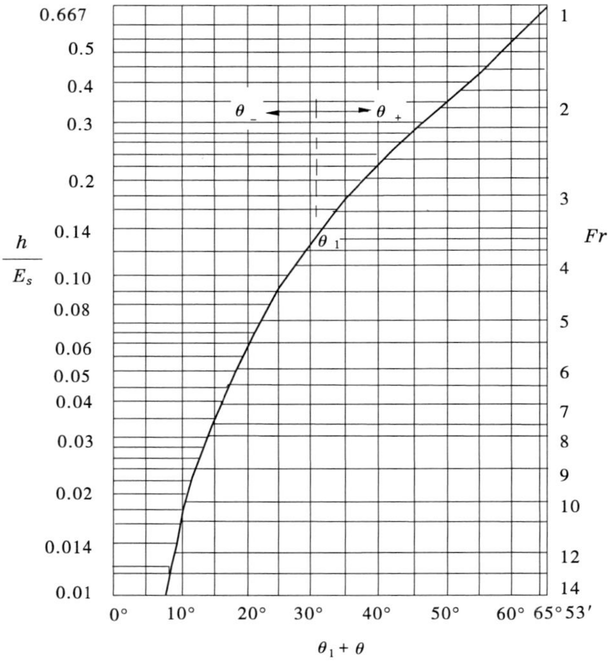

图 8-3-14　$\theta_1 \pm \theta = f(Fr)$ 关系曲线

b——弯道宽度,m;

r_0——弯道中心线的曲率半径,m;

K——超高系数,其值可按表 8-3-7 查取。

表 8-3-7　横向水面超高系数 K 值

泄槽断面形状	弯道曲线的几何形状	K 值
矩形	简单圆曲线	1.0
梯形	简单圆曲线	1.0
矩形	带有缓和曲线过渡段的复曲线	0.5
梯形	带有缓和曲线过渡段的复曲线	1.0
矩形	既有缓和曲线过渡段,槽底又横向倾斜的弯道	0.5

(6)侧槽溢洪道中侧槽段水力设计应满足下列要求:

①侧槽底坡 i,应取单一坡度,且小于按侧槽末端断面临界水深 h_k 计算出的临界底坡 i_k。在宣泄设计流量时,槽内应为缓流。

②侧槽首端断面水深超过堰顶的高度 h_s,应小于堰上水头 H_0 的一半,保证侧槽内为非淹没出流。

③侧槽首、末端断面底宽比 b_u/b_e 可采用 0.5~1.0。

④侧槽内和槽末断面处均不得产生水跃。槽末宜设调整段，不宜紧接收缩段、弯道段。调整段长度 L_2 可采用 $(2\sim3)h_e$，底坡宜水平。尾部升坎高度 d 采用 0.1～0.2 倍泄槽首端断面临界水深 h_k。

⑤侧槽段横向水面差应限制在一定范围内，靠山一侧水面壅高 Δh 宜取平均水深 h 的 10%～25%，必要时应经水工模型试验确定。

侧槽段水力计算公式见下。

侧槽沿程水面线可按式(8-3-22)和式(8-3-23)计算。侧槽段各部符号见图 8-3-15。

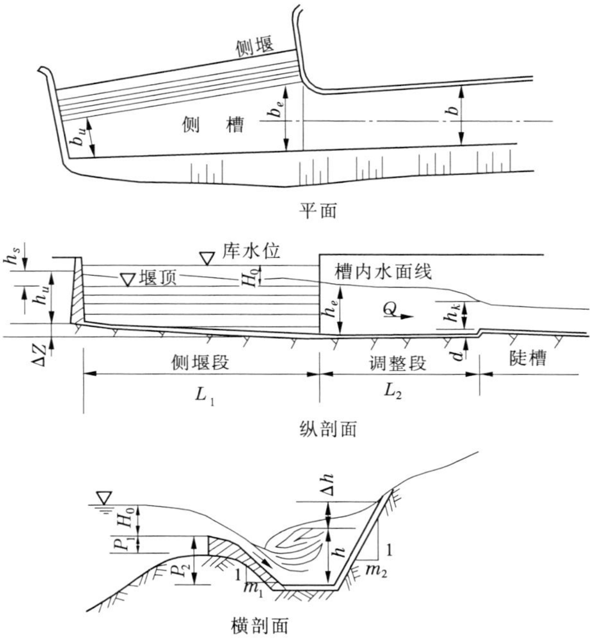

图 8-3-15 侧槽示意图

$$\Delta y = \frac{(v_1 + v_2)}{2g}\left[(v_2 - v_1) + \frac{Q_2 - Q_1}{Q_1 + Q_2}(v_1 + v_2)\right] + \bar{J}\Delta x \tag{8-3-22}$$

$$Q_2 = Q_1 + q\Delta x \tag{8-3-23}$$

式中 Δx——计算段长度，断面 2 与断面 1 之间的距离，m；

Δy——Δx 内水面差，m；

Q_1、Q_2——断面 1 及断面 2 的流量，m^3/s；

q——侧槽溢流堰单宽流量，$m^3/(s\cdot m)$；

v_1、v_2——断面 1 及断面 2 的水流平均流速，m/s；

$\bar{J}$——分段区内平均摩阻坡降，见式(8-3-13)。

计算中以侧槽末端断面作为起始计算断面，其水深 h_e 与泄槽首端断面临界水深 h_k 的比值与侧槽首末端底宽比 b_u/b_e 有关，可按表 8-3-8 查得。

表 8-3-8　$h_e/h_k=f(b_u/b_e)$ 关系

b_u/b_e	1	1/2
h_e/h_k	1.20~1.30	1.25~1.35

(7)泄槽段底坡变化处,应采用曲线连接。当底坡由缓变陡时,可采用抛物线连接(见图 8-3-16),抛物线方程可按式(8-3-24)和式(8-3-25)计算;当底坡由陡变缓时,可采用圆弧连接,圆弧半径 R 可采用 3~6 倍变坡处的断面水深 h,流速大者宜取用大值。

$$y = x\tan\theta + \frac{x^2}{K(4H_0\cos^2\theta)} \tag{8-3-24}$$

$$H_0 = h + \frac{\alpha v^2}{2g} \tag{8-3-25}$$

式中　x、y——以缓坡泄槽段末端为原点的抛物线横、纵坐标,m;

θ——缓坡泄槽底坡坡角,(°);

H_0——抛物线起始断面比能,m;

h——抛物线起始断面水深,m;

v——抛物线起始断面流速,m/s;

α——流速分布不均匀系数,取 $\alpha=1.0$;

K——系数,对于落差较大的重要工程,取 $K=1.5$,对于落差较小者,取 $K=1.1\sim1.3$。

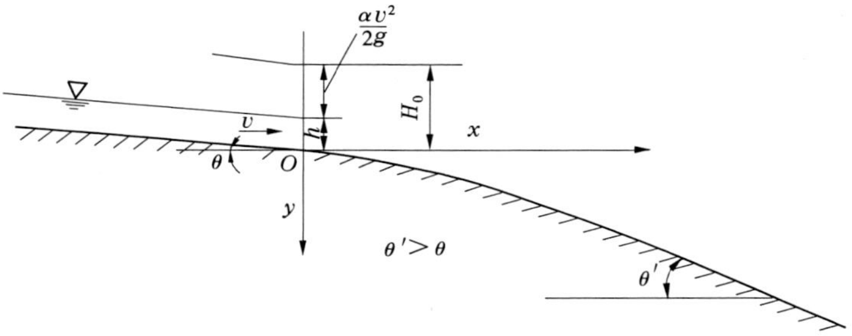

图 8-3-16　底坡由缓变陡抛物线连接段

当泄槽段设置掺气减蚀设施时,在其保护范围内,变坡处的连接方式可不受上述限制。

(8)泄槽段边墙高度,应根据计入波动及掺气后的水面线,再加上 0.5~1.5m 的超高。对于收缩(扩散)段、弯道段等水力条件比较复杂的部位,宜取大值。

五、消能防冲

(1)挑流消能水力设计,应对各级流量进行系列计算。挑流水舌抛距、最大冲坑深度可按下列公式及图表计算。

①挑流水舌外缘挑距可按式(8-3-26)计算:

$$L = \frac{1}{g}[v_1^2\sin\theta\cos\theta + v_1\cos\theta\sqrt{v_1^2\sin^2\theta + 2g(h_1\cos\theta + h_2)}] \qquad (8\text{-}3\text{-}26)$$

式中 L——自挑流鼻坎末端算起至下游河床床面的挑流水舌外缘挑距，m；

θ——挑流水舌水面出射角，近似可取用鼻坎挑角，(°)；

h_1——挑流鼻坎末端法向水深，m；

h_2——鼻坎坎顶至下游河床高程差，m，如计算冲刷坑最深点距鼻坎的距离，该值可采用坎顶至冲坑最深点高程差；

v_1——鼻坎坎顶水面流速，m/s，可按鼻坎处平均流速 v 的 1.1 倍计。

计算示意图见图 8-3-17。

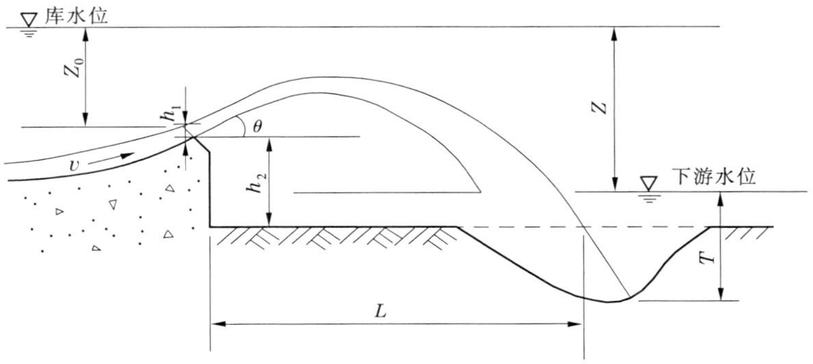

图 8-3-17 挑流水舌挑距及冲刷坑计算示意图

关于鼻坎平均流速 v，可按下列两种方法计算。

一种方法是按流速公式计算，适用范围为 $S<18q^{2/3}$：

$$v = \varphi\sqrt{2gZ_0} \qquad (8\text{-}3\text{-}27)$$

$$\varphi^2 = 1 - \frac{h_f}{Z_0} - \frac{h_j}{Z_0} \qquad (8\text{-}3\text{-}28)$$

$$h_f = 0.014S^{0.767}Z_0^{1.5}/q \qquad (8\text{-}3\text{-}29)$$

式中 v——鼻坎末端断面平均流速，m/s；

Z_0——鼻坎末端断面水面以上的水头，m；

φ——流速系数；

h_f——泄槽沿程水头损失，m；

h_j——泄槽各项局部水头损失之和，m，可取 h_j/Z_0 为 0.05；

S——泄槽流程长度，m；

q——泄槽单宽流量，$m^3/(s \cdot m)$。

另一种方法是按推算水面线方法计算：鼻坎末端水深可近似利用泄槽末端断面水深，按推算泄槽段水面线方法求出，单宽流量除以该水深，可得鼻坎断面平均流速。

②冲刷坑最大水垫深度按式(8-3-30)计算：

$$T = kq^{1/2}Z^{1/4} \qquad (8\text{-}3\text{-}30)$$

式中 T——自下游水面至坑底最大水垫深度，m；

q——鼻坎末端断面单宽流量，$m^3/(s \cdot m)$；

Z——上、下游水位差，m；

k——综合冲刷系数，参见有关规定。

安全挑距、水舌入水宽度、允许最大冲坑深度的确定，应以不影响鼻坎基础、两岸岸坡的稳定及保证相邻建筑物的安全为原则。冲刷坑上游坡度，应根据地质情况确定，宜在1∶3～1∶6之间选用。同时，还应考虑贴壁流和跌流的冲刷及其防护措施。

（2）挑流鼻坎段反弧半径 R 可采用反弧最低点最大水深 h 的 6～12 倍。对于泄槽底坡较陡、反弧段内流速及单宽流量较大者，反弧半径宜取大值。

（3）挑流鼻坎挑角应经比较选定，可采用 15°～35°。当采用差动式鼻坎时，应合理选择反弧半径、高低坎宽度比、高程差及挑角差。亦可视需要采取通气孔等减蚀措施。

（4）挑流鼻坎高程应通过比较选定，在保证能形成自由挑流情况下，可略低于下游最高水位。

（5）底流消能防冲的水力设计，应满足下列要求：①保证消力池内形成低淹没度稳定水跃，并应避免产生两侧回流；②消力池宜采用等宽的矩形断面；③护坦上是否设置辅助消能工，应结合运用条件综合分析确定。当跃前断面平均流速超过 16～18m/s 时，池内不宜设置趾墩、消力墩等辅助消能工。

（6）底流消能的水力设计，应对各级流量进行计算，确定池底高程、池长及尾坎布置等。消力池两侧边墙高度，可根据跃后水深加适当超高确定。对于不设辅助消能工的消力池水力计算，可按下列方法进行。

①等宽矩形断面消力池水平光滑护坦上的水跃形态如图 8-3-18 所示，其水跃消能计算按式（8-3-31）～式（8-3-32）进行：

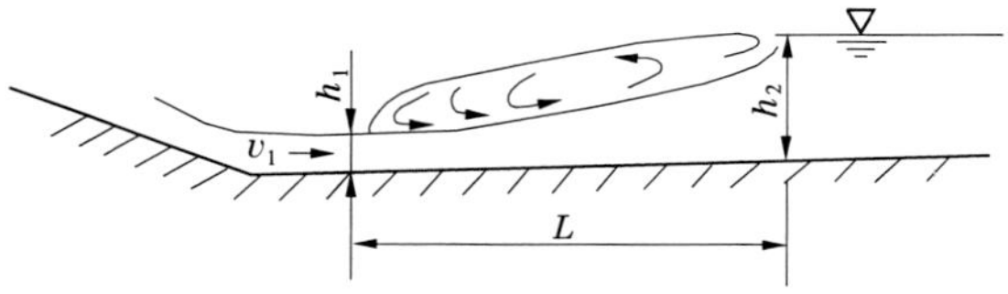

图 8-3-18　水平光滑护坦水跃形态

自由水跃共轭水深 h_2 可按式（8-3-31）和式（8-3-32）计算：

$$h_2 = \frac{h_1}{2}\left(\sqrt{1 + 8Fr_1^2} - 1\right) \tag{8-3-31}$$

$$Fr_1 = v_1 / \sqrt{gh_1} \tag{8-3-32}$$

式中　Fr_1——收缩断面弗劳德数；

h_1——收缩断面水深，m；

v_1——收缩断面流速，m/s。

水跃长度 L 可按式（8-3-33）计算：

$$L = 6.9(h_2 - h_1) \tag{8-3-33}$$

式(8-3-33)适用范围为 $Fr_1=5.5\sim9.0$。

②渐扩式矩形断面消力池,水平护坦上水跃消能按下述方法进行计算。

水跃共轭水深 h_2 可按式(8-3-34)计算:

$$h_2=\frac{h_1}{2}(\sqrt{1+8Fr_1^2}-1)\sqrt{\frac{b_1}{b_2}} \tag{8-3-34}$$

式中 Fr_1——收缩断面弗劳德数;

b_1、b_2——跃前、跃后断面宽度。

扩散式消力池水跃长度可采用按上述方法计算出的自由水跃长度的 0.8 倍。

③等宽矩形断面下挖式消力池的水跃形态如图 8-3-19 所示,池深、池长可按式(8-3-35)~式(8-3-37)计算:

$$d=\sigma h_2-h_t-\Delta Z \tag{8-3-35}$$

$$\Delta Z=\frac{Q^2}{2gb^2}\left(\frac{1}{\varphi^2h_t^2}-\frac{1}{\sigma^2h_2^2}\right) \tag{8-3-36}$$

$$L_k=0.8L \tag{8-3-37}$$

式中 d——池深,m;

σ——水跃淹没度,可取 $\sigma=1.05$;

h_2——池中发生临界水跃时的跃后水深,m;

h_t——消力池出口下游水深,m;

ΔZ——消力池尾部出口水面跌落,m;

Q——流量,m^3/s;

b——消力池宽度,m;

φ——消力池出口段流速系数,可取 0.95;

L——自由水跃长度,可按式(8-3-33)计算。

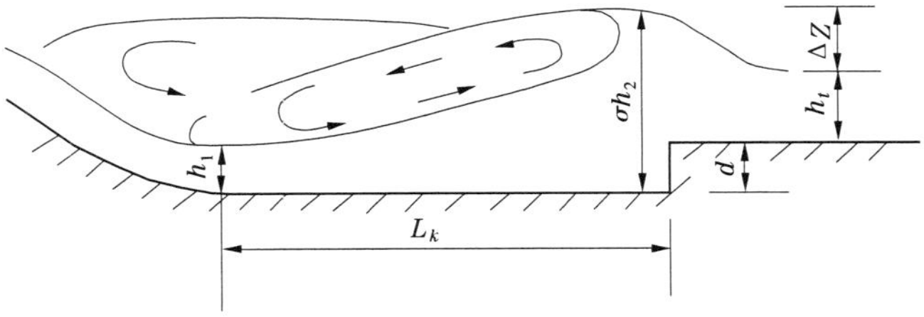

图 8-3-19 下挖式消力池的水跃形态

六、出水渠

(1)当消力池的出池水流流速超过基岩的允许抗冲流速时,或当消力池下游河床为非岩基时,应设置防冲齿墙、海漫、防冲槽等保护设施,按《水闸设计规范》(SL265—2001)有关规定执行。

(2)当采用各种异型挑流鼻坎、扩散(收缩)式消力池,或池内设置辅助消能工时,其体型、布置和水力计算应经水工模型试验验证。

(3)出水渠水流应平顺、稳定,不产生冲刷破坏。

(4)渠道的水面线,可根据下游控制断面水位流量关系,按能量方程计算。

七、防空蚀设计

(1)应重视溢洪道下列部位和区域的防空蚀设计:①闸墩、门槽、溢流面、平面收缩(扩散)段、平面弯曲段、陡坡变坡处、反弧段及其下游段,水流边界突变处;②异型鼻坎、分流墩、消力墩及趾墩处;③水流空化数较小的部位。

(2)溢洪道各部位的水流空化数 σ,应大于该处体型的初生空化数 σ_i。水流空化数的计算按式(8-3-38)和式(8-3-39)进行。若干体型的初生空化数及空蚀发生与否的判别标准见有关规定。

$$\sigma = \frac{h_0 + h_a - h_v}{v_0^2/2g} \tag{8-3-38}$$

$$h_a = 10.33 - \frac{\nabla}{900} \tag{8-3-39}$$

式中 σ——水流空化数;

h_0——来流参考断面时均压力水头,m;

v_0——来流参考断面平均流速,m/s;

h_a——建筑物所在地区的大气压力水柱,m;

∇——当地的海拔高度,m;

h_v——水的汽化压力水柱,m,与水温有关,见表 8-3-9。

表 8-3-9 水的汽化压力与水温关系

水温(℃)	0	5	10	15	20	25	30	40
h_v(m)	0.06	0.09	0.13	0.17	0.24	0.32	0.43	0.75

(3)对于容易发生空蚀的部位和区域,可采取下列防空蚀措施:

①选择合理的体型。

②控制水流边界壁面的局部不平整度。包括混凝土施工中留下的接缝错台、模板印痕、钢筋头、混凝土表面的凹凸不平及其他突体、跌坎等。其标准可按有关规定执行。

③当流速超过 30~35m/s 时应设置掺气减蚀设施,如挑坎、跌坎、通气槽及其各种组合型式。

④选用合理的运行方式。

⑤采用抗蚀性能好的材料。

(4)在多泥沙河流上,应同时考虑挟沙水流对边壁的磨损与空蚀的联合作用,选用抗蚀耐磨性能好的材料。当采用掺气减蚀设施时,应论证泥沙磨损及淤堵问题。

第四节 地基处理、防渗排水设计

一、一般规定

(1)溢洪道的地基处理设计,应结合建筑物的结构和运用特点,满足各部位对承载能力、抗滑稳定、地基变形、渗流控制、抗冲及耐久性的要求。

(2)地基处理方案,应根据工程重要性、地质条件、施工条件和运用特点等因素,通过技术、经济比较确定。

(3)当地基为软弱岩石或存在规模较大、性状差的断层破碎带、软弱夹层、岩溶等缺陷时,应进行专门处理设计。

(4)地基处理应重视防渗排水设施的设计。设计排水设施应因地制宜,合理布设,便于检修,保证排水通畅。

二、地基开挖

(1)溢洪道的建基面,应根据建筑物对地基的要求,结合地质条件、工程处理措施等综合研究确定。重要部位的地基宜开挖至弱风化的中部至上部岩层。不衬砌的泄槽,应开挖至坚硬、完整的新鲜或微风化岩层。对易风化、易泥化的基岩,应提出相应的施工保护措施。

(2)对于岩层较差的地基,不宜只采用开挖方法满足建筑物对地基的要求,还可采取加固措施改善地基条件,并通过技术经济比较确定开挖深度。

(3)建筑物的基坑形状,应根据地形、地质条件及上部结构要求确定,开挖面宜连续平顺。控制段的基坑宜略向上游倾斜,当受地形、地质条件限制,高差过大或略向下游倾斜时,可开挖成带钝角的台阶状。

泄槽的衬砌段与不衬砌段应连接平顺。

三、固结灌浆

(1)溢洪道地基固结灌浆的范围和深度应根据岩石的破碎程度、风化深度、裂隙大小和基础应力情况确定,宜在控制段及消能建筑物地基范围内进行。基岩条件好时,可不进行固结灌浆。

(2)固结灌浆孔可按梅花形或方格形布置,灌浆孔方向应尽量穿过较多的裂隙。固结灌浆孔的孔距、排距、孔深应根据岩体的破碎情况、节理发育程度及基础应力综合考虑,孔距、排距宜取 3~4m,孔深宜取 3~5m。必要时可通过灌浆试验确定孔距、排距及灌浆压力等参数。

对于较大的断层破碎带、裂隙密集带,宜专门布孔。

(3)固结灌浆宜在混凝土浇筑后进行,灌浆压力当有混凝土盖重时可采用 0.2~0.5MPa,当无混凝土盖重时可采用 0.1~0.3MPa。在不抬动地基岩体和混凝土盖重条件下取较大值。软弱岩体地基灌浆压力可适当降低。

四、地基防渗和排水

(1)溢洪道地基的防渗、排水设计应根据工程地质条件和水文地质条件、建筑物的重要性及作用、建筑物的安全稳定,综合考虑防渗、排水的相互作用,确定相应措施。靠近坝肩的溢洪道,其防渗、排水布设应与大坝的防渗、排水系统统筹安排。

(2)防渗和排水设施的布设应满足下列要求:

①减少堰(闸)基的渗漏和绕渗。

②防止在软弱夹层、断层破碎带、岩体裂隙软弱充填物及其他抗渗变形性能差的地基中产生渗透破坏。

③降低建筑物基底的扬压力。

④具有可靠的连续性和足够的耐久性。

⑤防渗帷幕不得设置在建筑物底面的拉力区。

⑥在严寒地区,排水设施应防止冰冻破坏。

(3)堰(闸)基及其两岸的防渗措施,宜采用水泥灌浆帷幕,也可根据条件采用混凝土齿墙、防渗墙、水平防渗板或其组合措施。必要时应进行帷幕灌浆试验。

(4)控制段防渗帷幕的范围及深度,应遵守下列规定:

①当地基下存在着明显的相对隔水层时,一般帷幕应伸入到该隔水层内2~3m。相对隔水层透水率的控制标准为小于5Lu。

②当地基的相对隔水层埋藏较深或分布无规律时,帷幕深度除应满足防渗和排水设施布设的要求外,还应考虑水文地质、工程地质条件及基础排水措施,通过渗流计算,结合已建工程经验确定,可在0.3~0.7倍堰(闸)建基面以上最大水深范围内选择。遇透水性强的破碎带,应适当增加帷幕的深度和厚度。

③防渗帷幕伸入岸坡的范围、深度及走向,应根据水文地质、工程地质条件确定,宜延伸至正常蓄水位与相对隔水层范围线(或与蓄水前地下水位线)相交处。无相对隔水层或地下水位较深时,帷幕延伸范围应通过渗流计算,并类比已建工程经验确定。

④靠近坝肩的溢洪道,其帷幕应与大坝帷幕衔接,形成整体防渗系统。远离坝肩的溢洪道,其防渗帷幕深度、伸入岸边范围可适当降低要求。

(5)防渗帷幕体透水性控制标准应与相对隔水层透水性控制标准一致,与大坝帷幕衔接的溢洪道防渗帷幕应与大坝帷幕透水性控制标准相一致。远离坝肩的溢洪道,防渗帷幕透水性控制标准可适当降低。

(6)帷幕灌浆孔宜设一排,对地质条件较差、岩体破碎、裂隙发育或可能发生渗透变形的地段,可增加至两排,且与第一排灌浆孔相间布置。

帷幕灌浆的孔距可取为1.5~3.0m,排距宜略小于孔距。有条件时,灌浆孔距、排距可通过灌浆试验选定。

帷幕钻孔方向宜采用铅直或略向上游倾斜,应使钻孔尽量穿过岩体的层面和主要裂隙,但不宜倾向下游。

(7)帷幕灌浆必须在有一定厚度混凝土盖重及固结灌浆后进行,灌浆压力可通过试验确定,帷幕孔表层段不宜小于0.2~0.5MPa,孔底段不宜小于0.4~0.8MPa,以不抬动岩体为原则。

(8)溢洪道地基的排水设施应能有效排泄通过建筑物地基、岸坡及衬砌接缝的渗水,充分降低渗透压力,其布设应符合防渗和排水设施布设的要求,并遵循下列原则:①以排水廊道或集水沟(管)为主导,形成完整的排水系统;②各部位(如控制段、泄槽)地基的渗水可分段分级导引至集水廊道或集水沟(管);③排水系统出口应能顺利地将渗水排出;④应考虑防止排水失效的措施,设置必要的检测设施;⑤当必须降低地基内承压水的作用时，应选择适宜的位置设置减压排水孔或减压井。

(9)堰(闸)基底宜设一排主排水孔，应布设在防渗帷幕下游的廊道或集水沟(管)内，与帷幕灌浆孔的间距在基底面不宜小于2m。必要时可增设辅助排水孔和排水沟(管)。

主排水孔的孔距宜为2~3m，其孔深应根据防渗帷幕和固结灌浆深度，以及基础水文地质条件确定。孔深可为帷幕深度的40%~60%，且不小于固结灌浆孔的深度。

辅助排水孔孔距宜为3~5m，孔深可小于主排水孔孔深。

(10)泄槽底板下的排水设施，应根据具体条件布设：①泄槽底板下，宜设纵、横向排水沟(管)，构成互相贯通的沟(管)网系统；②软弱岩基、底板下扬压力过大或不便设锚筋的地段，可设连续的排水垫层，或垫层与排水沟(管)相结合；③纵横排水沟(管)的间距宜与底板纵横缝相对应，但不宜骑缝布设；④对于规模较大的溢洪道宜优先选用在边墙地基或泄槽底板下设置一条或多条纵向集水廊道的形式。

(11)挑流鼻坎基底有自流排渗条件时，其排水设施宜与泄槽底板下的排水系统相应布设，并与其纵、横排水沟(管)或廊道连通，经鼻坎基底或坎体通向下游。

(12)消力池护坦下的排水设施(包括消力戽底排水设施)可按上述第(10)条的规定执行，必要时可在排水沟(管)内设深入基岩一定深度的排水孔。

护坦下的纵、横排水系统的出口宜设在两侧边墙收缩水深处水面以下，或设在泄槽尾部趾墩的负压区。

(13)当下游水位较高，消力池护坦需要采取抽排降压措施时，应符合以下规定：①护坦的排水廊道与排水沟(管)等应构成可靠的排水系统；②在适当位置设置低于排水系统的集水井和可靠的自动抽水设备；③当下游高水位历时较长时，宜在护坦下游边及两侧设置阻截尾水回渗的截水墙、灌浆帷幕或其联合设施。

对于地质条件复杂(如岩性极不均匀，可能发生管涌或化学侵蚀、溶解作用)或不具备监测维修条件等情况，不宜采取抽排降压措施。

(14)溢洪道的边墙(重力式或贴坡式)，可设置与底板排水沟(管)相通的墙后排水系统。对有防渗要求的边墙，水面线以下部位不应设明排水孔。无防渗要求的边墙及护坡可设置明排水孔。

(15)排水孔和排水沟(管)，应采取防止淤塞的措施，有泥化夹层出露的部位、软弱岩基的排水垫层或墙后回填土中埋设的排水管，均应设反滤保护，并应注意渗漏水的化学沉淀影响排水效果。

五、断层、软弱夹层及岩溶处理

(1)溢洪道地基范围内的断层破碎带和软弱夹层，应根据其出露部位、规模、性状，研究上部结构对地基强度、稳定、变形的要求和渗漏的影响，结合施工条件和类似工程经验，采取相应措施进行处理。

(2)陡倾角的断层破碎带可根据其规模、岩性及上部结构要求，采用不同方法处理：

①建筑物地基下的断层破碎带，若其组成物质为坚硬构造岩，可适当挖除，加强固结灌浆处理。

②若断层破碎带组成物质为软弱构造岩（软弱夹层），且规模不大，应根据上部结构型式，分别采用混凝土塞、板、梁、拱等跨越结构措施。

③当断层破碎带由软弱构造岩组成，且规模较大时，应进行研究，并根据类似工程经验，采取加铺钢筋、加厚底板、扩大基础、锚杆或预应力锚索等措施。

（3）地基存在缓倾角断层破碎带或软弱夹层时，应根据其埋藏深度及对建筑物的影响选择处理措施，可采取挖除后回填混凝土、灌浆、防滑齿墙、抗滑桩、抗滑塞（键）、锚杆或预应力锚索等措施。

（4）溢洪道地基的岩溶处理应与大坝及其他建筑物岩溶处理结合进行。其处理措施应根据岩溶的特点、规模、埋深、水文地质条件、充填物的物理力学性质以及对建筑物结构的影响等，选用下列不同方式：

①规模不大的溶洞且埋深较浅者可开挖后回填混凝土，并对洞顶及周围加强固结灌浆。

②堰（闸）基内规模不大但埋深较大的溶洞，可钻孔灌注混凝土或水泥砂浆，若处于防渗线上，可按《混凝土重力坝设计规范》（DL5108—1999）处理。

③对规模较大的溶洞，应先填砂砾石或混凝土，后灌浆。

在进行溶洞处理时，对岩溶水应采取妥善的疏导措施。

（5）当断层或岩溶处理中混凝土回填较深、范围较大时，应制定相应的混凝土温控和接触灌浆等措施。

第九章　水闸设计

第一节　水闸布置基本要求

一、枢纽布置

（1）水闸枢纽是以水闸为主的水利枢纽，一般由水闸、船闸、水电站、泵站等建筑物组成。与其他水利枢纽一样，水闸枢纽布置应根据闸址地形、地质、水流等条件，以及该枢纽中各建筑物的功能、特点、运用要求等，合理安排好水闸与枢纽其他建筑物的相对位置。如能布置紧凑协调，就可组成整体效益最大的有机联合体，以充分发挥整个枢纽工程的作用；反之，不仅影响整个枢纽工程的正常运用，而且还将增加各建筑物的施工难度和工程造价。

（2）为了保证节制闸或泄洪闸（特别是汛期泄洪）泄水通畅，减少对上、下游河（湖）床的冲刷影响和对堤防的威胁，节制闸或泄洪闸的轴线宜与河道中心线正交。根据试验资料，一般要求节制闸或泄洪闸上、下游河道的直线段长度不宜小于 5 倍水闸进口处水面宽度。位于弯曲河段的泄洪闸，宜将其布置在河道深泓部位，以保证其通畅泄洪。

（3）为了保证进水闸或分水闸有足够的引水量或分水量，减少进水闸或分水闸闸前泥沙淤积或被挟带入渠，进水闸或分水闸的中心线与河道或渠道中心线的交角不宜超过 30°，其上游引河（渠）长度不宜过长。

进水闸进口水流状况主要与引水角的大小有关。引水角愈小，进水口前沿宽度愈大，进口水流转弯愈平缓，但土建工程量愈大；而引水角愈大，进口水流转弯愈急，水流的收缩程度愈剧烈，不但增大了闸上的水头损失，而且由于进口水流流速分布不均匀，容易造成闸上闸下的局部冲刷；同时，引水角愈大，进水口附近由于横向比降引起的横向环流愈显著，使推移质泥沙被带进口门愈多，进水口门上端的淤积情况也愈严重。对于过闸水位差大于 0.2m 的进水闸，其引水角不要大于 30°，并尽可能将引水角定得小些；对于过闸水位差小于 0.2m 的进水闸，其引水角可按式(9-1-1)计算确定：

$$\delta = \arccos \frac{v_0}{v_1} \tag{9-1-1}$$

式中　δ——引水角，(°)；

v_0——引水口外的河道流速，m/s；

v_1——引水口内的渠道流速，m/s。

通常取 $v_1>v_0$，即 $0<(v_0/v_1)<1$，则 $90°>\delta>0°$，因此引水角 δ 通常为锐角。

分洪闸通常是无坝分洪，即使有拦河节制闸与其配合，在分洪时节制闸总是开放的，因此仍属于无坝分洪。为了使分洪时闸前不产生偏流，即过闸流量分布均匀，以减小下游消能防冲工程的负担，分洪闸的中心线宜正对河道主流方向。

（4）为了保证排水闸或泄水闸能够及时、有效地排除洼地积水或渠道内的余水，减免农田受淹损失和方便渠道检修，排水闸或泄水闸的中心线与河（渠）道中心线的交角不宜超过60°，其下游引河（渠）宜短而直，以利迅速排（泄）水，并减少泥沙在下游引河（渠）淤积，同时对减少外江（河）对岸顶冲也有利，并且排水闸闸下泥沙淤积与大风风向有密切关系，在风向与下游引河（渠）方向一致时，闸下泥沙淤积量较多，因此下游引河（渠）轴线方向宜避开建闸地区的常年大风向。

（5）滨湖水闸的轴线布置十分重要。为了保证滨湖水闸闸前来水平顺，各孔流速分布均匀，出闸后不致形成折冲水流，滨湖水闸的轴线宜尽量与来水方向正交。当滨湖水闸上、下游水面较宽阔时，可根据需要设一定长度的导水堤，以减少由于横向水流而引起的在边孔处发生立轴回流、各孔泄流不匀以及出闸水流扩散不良等现象。

（6）水闸枢纽是以水闸为主的水利枢纽，因此一般以水闸居中布置，具有通航、发电或抽水灌溉作用的船闸、水电站或泵站等其他建筑物原则上宜靠岸布置，但船闸不宜与泵站或水电站布置在同一岸侧。船闸、泵站或水电站与水闸相对位置的确定，除应注意解决其自身安全运行问题外，还应以不影响水闸通畅泄水为原则。

（7）在多泥沙河流上，常在进水闸进水口或其他取水建筑物取水口的相邻位置设置冲沙闸（排沙闸）或泄洪冲沙闸，以冲泄进水闸进水口或其他取水建筑物取水口处的淤积泥沙。如果进水口或取水口高出河床很多，也可在进水口或取水口的口门下设置冲沙廊道，而不另设置冲沙闸（排沙闸）。

（8）在平原水网地区建闸，原河道一般都是通航河道，或虽然目前不通航，但要求将来能够通航。因此，当水闸建成后上、下游平水机会较多时，为了满足河道通航要求，可设置1~2孔通航孔（兼作泄水孔）。通航孔一般设在河道的一侧或两侧，其上、下游设有简易的引航、导航设施。当水闸枢纽设有泵站或水电站时，为了保证船只安全过闸和泵站或水电站的安全运行，通航孔不宜紧靠泵站或水电站布置。

（9）当水闸上、下游水位差不大，且原河道有过木要求时，可设置过木孔或在岸边设过木道，过木孔或岸边过木道不宜紧靠泵站或水电站布置。过木孔宜设在河道主流集中的位置，采用下卧式弧形闸门，门上设有溢流板，以便漂木随主流集中漂放过闸。

（10）当水闸经常有水流下泄，且有过鱼要求时，可结合岸墙、翼墙的布置设置鱼道。鱼道进口一般设置在鱼类洄游和集群的地方，但附近的水流不应有旋涡、水跃等扰动情况。鱼道下泄水流宜与河道水流斜交，使鱼类容易找到上溯进口；鱼道出口不宜紧靠泄洪闸，以免上溯至上游的鱼再被冲至下游。

（11）在平原区，水力资源缺乏，如水闸上游有余水可以利用，且有发电要求时，可结合岸墙、翼墙的布置设置小型水力发电机组或在边闸孔内设置可移式发电装置。

（12）水工模型试验是研究和验证水闸泄水能力，下游消能和上、下游冲淤状况，以及整个枢纽工程水流条件的最好方法。对水流流态复杂的大型水闸枢纽布置，应经水工模型试验验证。模型试验的范围，除包括水闸上、下游护坦及海漫以内的范围外，还应包括水闸上、下游护坦和海漫以外有可能产生冲淤的河段。

二、闸室布置

（1）水闸闸室布置应根据水闸挡水、泄水条件和运行要求，结合考虑地形、地质等因素，做到结构安全可靠、布置紧凑合理、施工方便、运用灵活、经济美观。

（2）闸室结构可根据泄流特点和运行要求，选用开敞式、胸墙式、涵洞式和双层式等结构型式。

①开敞式闸室亦称堰流式闸室，其泄流特点是闸门全开时过闸水流具有自由水面，一般闸槛高程较高、挡水高度较小的水闸都采用这种型式。当闸门全部打开时，闸室过水断面面积和泄流量都随着水位的抬高而增大，这对需要泄洪、分洪的水闸是一个很大的优点，因此泄洪闸或分洪闸宜采用开敞式。由于过闸水流不受任何阻挡，大量漂浮物可随着水流下泄，不致阻塞闸孔，因此有排冰、过木要求的水闸或有通航要求的闸孔，应采用开敞式。

②胸墙式和涵洞式闸室亦称孔流式闸室，其泄流特点是闸门全开时过闸水流只能通过固定孔洞下泄，自由水面受到闸室顶部的固定结构部件（如胸墙或涵洞顶板等）所阻挡，一般闸槛高程较低、挡水高度较大的水闸常采用这种闸室结构型式。对于闸上水位变幅较大，高水位时需关闸挡水，而闸室总净宽为低水位时的过闸流量所控制，即挡水水位高于泄水运用水位，或者为防止闸下局部冲刷，有限制过闸单宽流量要求的水闸，采用这种闸室结构型式也较为合适。这样既不影响水闸的过水能力，又可减小闸门高度和启门力，降低工作桥高度（在有抗震要求的地区，更能显示出它的优越性）。鉴于此，沿江、沿海地区的排水闸（排涝闸）、挡潮闸，多数采用这种闸室结构型式。但是，这种闸室结构型式显然不适用于有排冰、过木等要求的水闸。同时，由于闸室顶部设有固定结构部件的闸孔，很难满足通航净空的要求，因此也不适用于兼有泄水和通航作用的闸孔。

③双层式闸室亦称混合泄流式闸室，是一种分上、下两层，分别装设闸门，既具有面层泄流能力，又具有底层泄流能力的闸室结构。其泄流特点是：开启上层闸门时可利用面层泄流泄放洪水和漂浮物，开启下层闸门时可利用底层泄流冲走闸前淤积的泥沙。这种型式多数适用于拦河节制闸或进水闸、分水闸。有时在软弱地基上建闸，为了加强闸室垂直水流向的横向刚度，以减小地基的不均匀沉降和闸室的结构变形，往往在闸室中部增设一层水平横向隔板，以构成上、下两层泄水通道，但共用一道闸门，这在运用要求上与混合泄流式闸室是不尽相同的。

（3）整体式闸室结构是在闸墩中间设顺水流向永久缝（沉降缝、伸缩缝），将多孔水闸分成若干闸段，每个闸段一般由 2～4 个完整的闸孔组成。这种结构适用于地质条件较差、可能产生不均匀沉降的地基。分离式闸室结构是在闸室底板上设顺水流向永久缝（沉降缝、伸缩缝），将多孔水闸分为若干闸段，每个闸段呈倒 T 形或倒 Π 形。这种结构适用于地质条件较好、承载能力较大的地基。开敞式闸室结构可根据地基条件及受力情况等选用整体式或分离式，而涵洞式和双层式闸室结构不宜采用分离式。

（4）闸顶高程通常是指闸室胸墙或闸门挡水线上游闸墩和岸墙的顶部高程。由于水闸是兼有挡水和泄水双重作用的水工建筑物，因此闸顶高程应根据挡水和泄水两种运用情况确定。水闸通常是在正常蓄水位条件下关门挡水，有时因外河行洪或其他原因，不允许水闸向外河泄水，此时可能出现最高挡水位高于正常蓄水位的情况。无论是在正常蓄水位或最高挡水位条件下的关门挡水，由于风力作用，闸前均会出现波浪（立波或破碎波波型），因此闸顶高程不应低于水闸正常蓄水位（或最高挡水位）加波浪计算高度与相应安全超高值之和。当水闸闸前水位达到设计洪水位（或校核洪水位）必须开闸泄水时，由于流速的影响，水面不会形成较高的波浪，至少不会形成立波波型，因此闸顶高程不应低于设计洪水位（或校核洪水位）与相应安全超高值之和。为了不使上游来水（特别是洪水）漫过闸顶，危及闸室结构安全，上述挡水和泄水两种情况下的安全保证条件应同时得到满足。

《水闸设计规范》（SL265—2001）规定的水闸安全超高下限值见表9-1-1。

位于防洪（挡潮）堤上的水闸，其闸顶高程不得低于防洪（挡潮）堤堤顶高程。

此外，在确定闸顶高程时，还应分别考虑软弱地基上闸基沉降的影响、多泥沙河流上闸前泥沙淤积后水位可能抬高的影响、防洪（挡潮）堤上水闸两侧堤顶可能加高的影响等。

表9-1-1　水闸安全超高下限值　　（单位：m）

运用情况		水闸级别			
		1	2	3	4、5
挡水时	正常蓄水位	0.7	0.5	0.4	0.3
	最高挡水位	0.5	0.4	0.3	0.2
泄水时	设计洪水位	1.5	1.0	0.7	0.5
	校核洪水位	1.0	0.7	0.5	0.4

（5）闸槛高程的确定，不仅对闸孔的型式、尺寸和闸室的稳定有着决定性的影响，而且直接关系到整个水闸工程的工程量和造价。如果将闸槛高程定得低一些，可加大过闸水深和过闸单宽流量，减小闸室总宽度，减少工程投资，而且有利于水闸引水或排水；但是，如果将闸槛高程定得太低，将增大闸身和两岸结构的高度，反而可能增加工程投资，同时增加闸下消能防冲布置上的困难，甚至还会带来严重的泥沙淤积（例如位于潮汐河口的挡潮闸）。当地基上部土层土质很差，且厚度较薄，清除以后即可将闸底板置于较坚实的地基上，从而避免人工处理时，适当降低闸槛高程，则是完全必要和合理的。因此，闸槛高程应根据河（渠）底高程、水流、泥沙、闸址地形、闸址地质等条件，结合选用的堰型、门型，经技术经济比较确定。在一般情况下，为了多泄（引）水，多冲沙，节制闸、泄洪闸、进水闸或冲沙闸闸槛高程宜与河（渠）底齐平；多泥沙河流上的进水闸，以及分洪闸、分水闸，在满足引水或泄水、分水条件下，闸槛高程可比河（渠）底略高一些，以防止大量推移质泥沙被挟带入渠或被挟带入分洪区；排水闸（排涝闸）、泄水闸或挡潮闸（往往兼有排涝闸作用），在满足排水、泄水条件下，闸槛高程应尽量定得低些，以保证将涝水或渠系集水面积内的洪水迅速排走。

多孔水闸各闸孔的闸槛高程，多数情况下是相同的，但对复式河床上的多孔水闸，当闸基为岩石或坚硬的黏性土时，可选用高、低闸槛（即深、浅闸孔）的布置型式。至于低闸槛（深孔）是放在河道的中间还是一侧，可根据地基、河槽断面型式及水流条件确定，一般是将低闸槛布置在深孔部位，但必须注意开挖好闸的基坑，妥善布置好高、低闸槛衔接处的防渗止水设施。在一般情况下，粉砂、细砂地基上的多孔水闸不宜采用高、低闸槛布置型式。

（6）闸孔总净宽的确定，主要涉及两个问题：一是过闸单宽流量的大小，二是闸室总宽度与河道总宽度的关系。如果采用的闸孔总净宽过小，使过闸单宽流量过大，将增加闸下消能布置的困难，甚至影响水闸工程的安全；反之，如果采用的闸孔总净宽过大，使过闸单宽流量过小，则工程量加大，造成浪费。一般来说，采用的闸孔总净宽要略大于计算值，以留有余地（以超过计算值3%~5%为宜）。同时，还要求闸室总宽度大体上与上、下游河道宽度（即通过设计流量的平均过水宽度）相适应。大、中型水闸闸室总宽度与河道宽度的比值一般不宜小于表9-1-2所列数值，否则会加大连接段的工程量，从而增加工程总造价，同时对水闸安全泄水不利。

表9-1-2　水闸闸室总宽度和河道宽度的比值

河道宽度(m)	闸室总宽度/河道宽度
50~100	0.6~0.75
100~200	0.75~0.85
>200	0.85

（7）闸孔的孔径大小，主要应根据闸的地基条件、运用要求、选用的闸门结构型式、启闭机容量，以及闸门的制作、运输、安装等因素综合分析确定，并应符合国家现行的《水利水电工程钢闸门设计规范》（SL74—95）所规定的闸门孔口尺寸系列标准。

对于多孔水闸，当闸孔孔数较少时，为了便于闸门的对称开启，使过闸水流均匀，避免发生偏流，造成闸下的局部冲刷，同时使闸室结构受力对称，有利于工程的安全运行，闸孔的孔数以采用单数为好。因此，《水利水电工程钢闸门设计规范》（SL74—95）规定，闸孔孔数少于8孔时，宜采用单数孔。当闸孔孔数超过8孔时，在一般情况下采用单数孔或双数孔都是可以的。

（8）闸室底板是整个闸室结构的基础，是承受水闸上部结构的重量及荷载，并向地基传递的结构，同时兼有防渗及防冲作用，防止地基由于受渗透水流作用可能产生的渗透变形，并保护地基免受水流的冲刷。因此，闸室底板必须具有足够的整体性、坚固性、抗渗性和耐久性。闸室底板通常都是采用钢筋混凝土结构。

闸室底板型式应根据地基、泄流等条件选用平底板、低堰底板或折线底板。

①平底板是最常采用的一种底板型式，构造简单，施工方便，对不同的地基有一定的适应性。当闸室顺水流向永久缝分在闸墩处时，优点是闸室结构整体性好，对地基不均匀沉降的适应性强，且具有较好的抗震性能，但缺点是工程量较大，而且闸孔孔径不宜过大。

②箱式平底板具有很好的整体性，对地基不均匀沉降的适应性和抗震性能都很好，但工程量很大，施工较复杂。因此，只有在高压缩性软黏土地基上，为了减小地基的不均匀沉降需增大闸室的横向刚度，或因承载力不足需加大闸室底板砌置深度时，才采用箱式平底板。当在松软地基上且荷载较大时，如采用这种箱式平底板，即可不进行地基处理。

③低堰底板和折线底板（亦称斜底板），在实际工程中的应用远不及平底板普遍，而且受力条件较复杂，目前还没有精确的分析计算方法，只是在某些特定的条件下才被采用。

（9）闸室底板厚度应根据闸室地基条件、作用荷载及闸孔净宽等因素，经计算并结合构造要求确定。闸室底板通常是等厚度的，也可以采用变厚度，后者在地基较坚实的情况下，有利于改善底板的受力条件，例如加大闸墩墩基部位的厚度，减小跨中部位的厚度。对于大、中型水闸，闸室平底板厚度可取闸孔净宽的1/6～1/8，其值为1.0～2.0m，最小厚度不宜小于0.7m。

(10)闸室底板顺水流向长度应根据闸室地基条件和结构布置要求，以满足闸室整体稳定和地基允许承载力为原则，进行综合分析确定。闸室底板顺水流向长度通常与闸墩长度相等，当需要调整闸室的重心位置或需利用上游水重以增加闸室的抗滑稳定性时，闸室底板顺水流向长度可向闸墩上游端或下游端略加长，但伸出闸墩的悬臂长度一般不宜超过闸室底板厚度的1倍。闸室底板顺水流向长度与上、下游最大水位差的比值可参照表9-1-3所列数值初步拟定。

表9-1-3　闸室底板顺水流向长度与上、下游最大水位差的比值

地基土质	闸室底板顺水流向长度/上、下游最大水位差
碎石土和砾(卵)石	1.5～2.5
砂土和砂壤土	2.0～3.5
粉质壤土和壤土	2.0～4.0
黏土	2.5～4.5

(11)为了防止和减少由于地基不均匀沉降、温度变化和混凝土干缩引起的裂缝，对于多孔水闸的闸室底板，必须沿垂直水流向进行分段，即设置若干道顺水流向的永久缝。分段长度的确定，主要是根据闸室地基条件和结构构造特点，结合考虑采用的施工方法和措施等因素。岩基上闸室分段长度最大不宜大于20m，而土基上闸室分段长度不宜超过35m，当分段长度超过本规定数值时，宜作技术论证。在设缝位置方面，对坚实地基上或采用桩基的水闸，可在闸室底板上或闸墩中间设缝分段；对软弱地基上或地震区的水闸，宜在闸墩中间设缝分段，因为在闸墩中间设缝分段，结构整体性好，对地基不均匀沉降的适应性强，且具有较好的抗震性能。

设在闸墩中间的永久缝，通常采用铅直贯通缝；而设在闸室底板上的永久缝，可采用铅直贯通缝，也可采用斜搭接缝或齿形(阶梯状)搭接缝。永久缝的宽度一般为2～3cm，缝内以柏油油毡填实。

(12)闸墩是闸门和各种上部结构的支承体，由闸门传来的水压力及上部结构的重量及荷载通过闸墩传布于底板。闸墩的结构型式应根据闸室结构抗滑稳定性和闸墩纵向刚度要求确定，一般宜采用实体式，其纵向刚度很大，可以保证在纵向不会产生显著的变形。

闸墩的外形轮廓设计应能满足过闸水流平顺、侧向收缩小、过流能力大的要求。闸墩上游墩头一般做成半圆形，以减小水流的进口损失；下游墩头宜做成流线形，以利于水流的扩散。

(13)闸墩的厚度应根据闸孔孔径、受力条件、结构构造要求和施工方法确定。弧形闸门的闸墩，因为没有门槽，可采用较小的厚度。平面闸门的闸墩厚度，往往受门槽的深度控制。平面闸门闸墩门槽处的最小厚度，主要是根据结构强度和刚度的需要确定。如采用油压式启门机械，门槽处最小厚度的确定，还要考虑油缸布置的需要。此外，闸墩门槽处最小厚度如果过小，还会增加施工上的困难。因此，平面闸门闸墩门槽处的最小厚度不宜小于 0.4m。

（14）工作闸门门槽应设在闸墩水流较平顺部位，这样可以避免产生因水流流态不好对闸门运行带来不利的影响。门槽宽深比宜取 1.6~1.8。

检修闸门门槽与工作闸门门槽之间的净距离一般不宜小于 1.5m，主要为了满足闸门安装与维修的需要，同时也方便启闭机的布置与运行。

为了满足检修闸室，特别是在正常蓄水位以下检修工作闸门门槽的需要，往往在工作闸门门槽的上、下游侧各设置一道检修闸门门槽。当两道检修闸门都关闭时，闸墩一侧承受侧向水压力，底板顶面无水（空载），底面承受地基反力和扬压力，为此必须核算检修期闸墩和底板的强度，此时可能需要配置较多的钢筋。

（15）兼作岸墙的边闸墩还应考虑承受侧向土压力的作用，其厚度应根据结构抗滑稳定性和结构强度的需要计算确定。对于涵洞式或双层式闸室结构，常以边闸墩兼作岸墙，多用于闸孔较少的中、小型水闸，整个闸室不分缝，闸室两侧边闸墩所承受的侧向土压力可以互相平衡。否则，它将边闸孔底板分缝，使边闸墩承受的侧向土压力不影响或少影响其他闸孔。

（16）闸门结构的选型布置应根据其受力情况、控制运用要求、制作、运输、安装、维修条件等，结合闸室结构布置合理选定。

①挡水高度和闸孔孔径均较大，需由闸门控制泄水的水闸宜采用弧形闸门。

②当永久缝设置在闸室底板上时，宜采用平面闸门；当采用弧形闸门时，必须考虑闸墩间可能产生的不均匀沉降对闸门强度、止水和启闭的影响。

③受涌浪或风浪冲击力较大的挡潮闸，宜采用平面闸门，且闸门面板宜布置在迎潮侧。

④有排冰或过木要求的水闸，宜采用平面闸门或下卧式弧形闸门；多泥沙河流上的水闸，不宜采用下卧式弧形闸门。

⑤有通航或抗震要求的水闸，宜采用升卧式平面闸门或双扉式平面闸门。

⑥检修闸门应采用平面闸门或叠梁式闸门。

（17）露顶式闸门顶部应在可能出现的最高挡水位以上有 0.3~0.5m 的超高。

（18）启闭机型式可根据门型、尺寸及其运用条件等因素选定。选用启闭机的启闭力应等于或大于计算启闭力，同时应符合国家现行的《水利水电工程启闭机设计规范》（SL41—93）所规定的启闭机系列标准。常用的闸门启闭机主要有卷扬式、螺杆式和液压式三种。

（19）在闸室顶部设置胸墙结构，其作用主要是为了减小闸门高度，从而减轻闸门重量和启闭机吨位。胸墙在闸室中的位置总是与闸门位置配合在一起的，一般都是布置在闸门的上游侧。胸墙一般采用板式结构，直接支承在闸墩上；当闸孔孔径较大时，则采用板梁式结构，顶梁和底梁水平支承在闸墩上，板支承在顶梁和底梁上。为了使水流平顺地通过闸孔，减小局部阻力，增大闸孔泄流能力，胸墙上游面底部宜做成流线形。胸墙与闸墩的连接方式应与闸室的构造要求相协调。在一般情况下，采用简支式连接最合适，因为简支结构受力明确、计算简单、施工方便。对于永久缝设置在底板上的水闸，胸墙与闸墩不应采用固支式连接，以免由于地基不均匀沉降、支承部位的变形等不利因素产生结构次应力，造成不良后果。

（20）闸室上部工作桥、检修便桥、交通桥可根据闸孔孔径、闸门启闭机型式及容量、设计荷载标准等分别选用板式、板梁式或板拱式，其与闸墩的连接形式应与底板分缝位置及胸墙支撑型式统一考虑。有条件时可采用预制构件，现场吊装。工作桥的支承结构可根据其高度及纵向刚度选用实体式或钢架式。工作桥、检修便桥、交通桥的梁（板）底高程均应高出最高洪水位0.5m以上；若有流冰，应高出流冰面0.2m以上。

（21）松软地基上的水闸结构选型布置尚需符合下列条件：①闸室结构布置均匀、重量轻、整体性强、刚度大；②相邻分部工程的基底压力差小；③选用耐久、能适应较大不均匀沉降的止水型式和材料；④适当增加底板长度和埋置深度。

（22）冻胀性地基上的水闸结构选型布置应符合下列要求：①闸室结构整体性强、刚度大；②Ⅲ级冻胀土地基上的1、2、3级水闸和Ⅳ、Ⅴ级冻胀土地基上的各级水闸，其基础埋深不小于基础设计冻深；③在满足地基承载力要求的情况下，减小闸室底部与冻胀土的接触面积；④在满足防渗、防冲和水流衔接的条件下，缩短进出口的长度；⑤适当减小冬季暴露的大、中型水闸铺盖、消力池底板等底部结构的分块尺寸。

（23）地震区水闸结构选型布置应符合下列要求：①闸室结构布置均匀、重量轻、整体性强、刚度大；②降低工作桥排架高度，减轻其顶部重量，并加强排架柱与闸墩和桥面结构的抗剪连接；③在闸墩上分缝，并选用耐久、能适应较大变形的止水型式和材料；④适当降低边墩（岸墙）后的填土高度，减少附加荷载；⑤加强地基与闸室底板的连接，并采取措施防渗；⑥上游防渗铺盖采用混凝土结构，并适当布筋。

三、防渗排水布置

（1）水闸防渗排水布置应根据闸基地质条件和水闸上、下游水位差等因素，结合闸室消能防冲和两岸连接布置进行综合分析确定。

（2）均质土地基上的水闸闸基轮廓线应根据选用的防渗排水设施，经合理布置确定。

在工程规划和可行性研究阶段，初步拟定的闸基防渗长度应满足式(9-1-2)要求：

$$L = C\Delta H \tag{9-1-2}$$

式中 L——闸基防渗长度，即闸基轮廓线防渗部分水平段和垂直段长度的总和，m；

ΔH——上、下游水位差，m；

C——允许渗径系数值，见表9-1-4，当闸基设板桩时，可采用表9-1-4中所列规定值的小值。

表9-1-4　允许渗径系数值

排水条件	地基类别									
	粉砂	细砂	中砂	粗砂	中砾细砾	粗砾夹卵石	轻粉质砂壤土	轻砂壤土	壤土	黏土
有滤层	13~9	9~7	7~5	5~4	4~3	3~2.5	11~7	9~5	5~3	3~2
无滤层	—	—	—	—	—	—	—	—	7~4	4~3

(3)当闸基为中壤土、轻壤土或重砂壤土时,闸室上游宜设置钢筋混凝土或黏土铺盖,或土工膜防渗铺盖,闸室下游护坦底部应设滤层。地基土的渗透系数应比黏土铺盖的渗透系数大 100 倍以上。

(4)当闸基为较薄的壤土层,其下卧层为深厚的相对透水层时,除应符合上条的规定外,尚应验算覆盖土层抗渗、抗浮的稳定性。必要时可在闸室下游设置深入相对透水层的排水井或排水沟,并采取防止被淤堵的措施。

(5)当闸基为粉土、粉细砂、轻砂壤土或轻粉质砂壤土时,闸室上游宜采用铺盖和垂直防渗体(钢筋混凝土板桩、水泥砂浆帷幕、高压喷射灌浆帷幕、混凝土防渗墙、土工膜垂直防渗结构等)相结合的布置形式。垂直防渗体宜布置在闸室底板的上游端。在地震区粉细砂地基上,闸室底板下布置的垂直防渗体宜构成四周封闭的形式。

粉土、粉细砂、轻砂壤土或轻粉质砂壤土地基除应保证渗流平均坡降和出逸坡降小于允许值外,在渗流出口处(包括两岸侧向渗流的出口处)必须设置级配良好的滤层。

(6)当闸基为较薄的砂性土层或砂砾石层,其下卧层为深厚的相对不透水层时,闸室底板上游端宜设置截水槽或防渗墙,闸室下游渗流出口处应设滤层。截水槽或防渗墙嵌入相对不透水层深度不应小于 1.0m。

当闸基砂砾石层较厚时,闸室上游可采用铺盖和悬挂式防渗墙相结合的布置型式,闸室下游渗流出口处应设滤层。

当闸基为粒径较大的砂砾石层或粗砾夹卵石层时,闸室底板上游端宜设置深齿墙或深防渗墙,闸室下游渗流出口处应设滤层。

(7)当闸基为薄层黏性土和砂性土互层时,除应符合上述第(3)、(5)条的规定外,铺盖前端宜加设一道垂直防渗体,闸室下游宜设排水沟或排水浅井,并采取防止被淤堵的措施。

(8)当闸基为岩石地基时,可根据防渗需要在闸室底板上游端设水泥灌浆帷幕,其后设排水孔。

(9)闸室底板的上、下游端均宜设置齿墙,齿墙深度可采用 0.5~1.5m。

(10)铺盖长度可根据闸基防渗需要确定,一般采用上、下游最大水位差的 3~5 倍。

混凝土或钢筋混凝土铺盖最小厚度不宜小于 0.4m,其顺水流向的永久缝缝距可采用 8~20m,靠近翼墙的铺盖缝距宜采用小值。缝宽可采用 2~3cm。

黏土或壤土铺盖的厚度应根据铺盖土料的允许水力坡降值计算确定,其前端最小厚度不宜小于 0.6m,逐渐向闸室方向加厚。铺盖上面应设保护层。

防渗土工膜厚度应根据作用水头、膜下土体可能产生裂隙宽度、膜的应变和强度等因素确定,但不宜小于 0.5mm。土工膜上面应设保护层。

在寒冷和严寒地区,混凝土或钢筋混凝土铺盖应适当减小永久缝缝距,黏土或壤土铺盖应适当加大厚度,并应避免冬季暴露于大气中。

(11)钢筋混凝土板桩最小厚度不宜小于 0.2m,宽度不宜小于 0.4m,板桩之间应采用梯形榫槽连接。

水泥砂浆帷幕或高压喷射灌浆帷幕的最小厚度不宜小于 0.1m,混凝土防渗墙最小厚度不宜小于 0.2m。

地下垂直防渗土工膜厚度不宜小于0.25mm;重要工程可采用复合土工膜,其厚度不宜小于0.5mm。

(12)排水沟断面尺寸应根据透水层厚度合理确定,沟内应按滤层结构要求铺设导渗层。

(13)排水井的井深和井距应根据透水层埋藏深度及厚度合理确定,井管内径不宜小于0.2m。滤水管的开孔率应满足出水量要求,管外应设滤层。

(14)侧向防渗排水布置(包括刺墙、板桩、排水井等)应根据上、下游水位,墙体材料和墙后土质以及地下水位变化等情况综合考虑,并应与闸基的防渗排水布置相适应。

(15)承受双向水头的水闸,其防渗排水布置应以水位差较大的一向为主,合理选择双向布置型式。

四、消能防冲布置

(1)水闸消能防冲布置应根据闸基地质情况、水力条件以及闸门控制运用方式等因素,进行综合分析确定。

(2)水闸闸下宜采用底流式消能。其消能设施的布置型式可按下列情况经技术经济比较后确定:

①当闸下尾水深度小于跃后水深时,可采用下挖式消力池消能。消力池可采用斜坡面与闸底板相连接,斜坡面的坡度不宜陡于1:4。

②当闸下尾水深度略小于跃后水深时,可采用突槛式消力池消能。

③当闸下尾水深度远小于跃后水深,且计算消力池深度又较深时,可采用下挖式消力池与突槛式消力池相结合的综合式消力池消能。

④当水闸上、下游水位差较大,且尾水深度较浅时,宜采用二级或多级消力池消能。

⑤下挖式消力池、突槛式消力池或综合式消力池后均应设海漫和防冲槽(或防冲墙)。

⑥消力池内可设置消力墩、消力梁等辅助消能工。当用于大型水闸时,其布置型式和尺寸应通过水工模型试验验证。

(3)当水闸闸下尾水深度较深、且变化较小,河床及岸坡抗冲能力较强时,可采用面流式消能。

(4)当水闸承受水头较高,且闸下河床及岸坡为坚硬岩体时,可采用挑流式消能。

(5)夹有较大砾石的多泥沙河流上的水闸,不宜设消力池,可采用抗冲耐磨的斜坡护坦与下游河道连接,末端应设防冲墙。在高速水流部位,尚应采取抗冲磨与抗空蚀的措施。

(6)对于大型多孔水闸,可根据需要设置隔墩或导墙进行分区消能防冲布置。

(7)海漫应具有一定的柔性、透水性、表面粗糙性,其构造和抗冲能力应与水流流速相适应。海漫宜做成等于或缓于1:10的斜坡,末端应设防冲槽(或防冲墙)。海漫下面应设垫层。

(8)水闸上、下游护坡和上游护底工程布置应根据水流流态、河床土质抗冲能力等因素确定。护坡长度应大于护底(海漫)长度。护坡、护底下面均应设垫层。必要时,上游护底首端宜增设防冲槽(或防冲墙)。

五、两岸连接布置

(1)水闸两岸连接应能保证岸坡稳定,改善水闸进、出水流条件,提高泄流能力和消能防冲效果,满足侧向防渗需要,减轻闸室底板边荷载影响,且有利于环境绿化等。

两岸连接布置应与闸室布置相适应。

(2)水闸两岸连接宜采用直墙式结构;当水闸上、下游水位差不大时,也可采用斜坡式结构,但应考虑防渗、防冲和防冻等问题。

在坚实或中等坚实的地基上,岸墙和翼墙可采用重力式或扶壁式结构;在松软地基上,宜采用空箱式结构。岸墙与边闸墩的结合或分离,应根据闸室结构和地基条件等因素确定。

(3)当闸室两侧需设置岸墙时,若闸室在闸墩中间设缝分段,岸墙宜与边闸墩分开;若闸室在闸底板上设缝分段,岸墙可兼作边闸墩,并可做成空箱式。对于闸孔孔数较少、不设永久缝的非开敞式闸室结构,也可用闸墩代替岸墙。

(4)上、下游翼墙宜与闸室及两岸岸坡平顺连接。上游翼墙的平面布置宜采用圆弧式或椭圆弧式,下游翼墙的平面布置宜采用圆弧(或椭圆弧)与直线组合式或折线式。在坚硬的黏性土和岩石地基上,上、下游翼墙可采用扭曲面与岸坡连接的型式。

(5)上游翼墙顺水流向的投影长度应大于或等于铺盖长度。下游翼墙的平均扩散角每侧宜采用 7°~12°,其顺水流向的投影长度应大于或等于消力池长度。在有侧向防渗要求的条件下,上、下游翼墙的墙顶高程应分别高于上、下游最不利的运用水位。

(6)翼墙分段长度应根据结构和地基条件确定。建筑在坚实或中等坚实地基上的翼墙分段长度可采用 15~20m;建筑在松软地基或回填土上的翼墙分段长度可适当减短。

第二节　水力学及渗流计算

一、水力设计

(1)水闸的水力设计内容应包括:①闸孔总净宽计算;②消能防冲设施的设计计算;③闸门控制运用方式的拟定。

(2)进行水力设计时,应考虑到水闸建成后上、下游河床可能发生淤积或冲刷,以及闸下水位的变动等情况对过水能力和消能防冲设施产生的不利影响。

(3)水闸闸孔总净宽应根据下游闸槛型式和布置,上、下游水位衔接要求,泄流状态等因素计算确定。

①对于平底闸,当为堰流时,闸孔总净宽可按式(9-2-1)~式(9-2-6)计算(计算简图见图 9-2-1):

$$B_0=\frac{Q}{\sigma\varepsilon m\sqrt{2g}H_0^{\frac{3}{2}}} \tag{9-2-1}$$

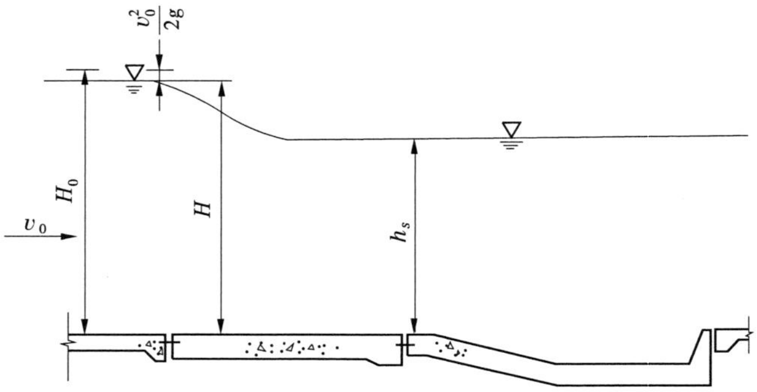

图 9-2-1 闸孔总净宽计算简图

单孔闸

$$\varepsilon = 1 - 0.171\left(1 - \frac{b_0}{b_s}\right)\left(\frac{b_0}{b_s}\right)^{\frac{1}{4}} \tag{9-2-2}$$

多孔闸,闸墩墩头为圆弧形时

$$\varepsilon = \frac{\varepsilon_z(N-1) + \varepsilon_b}{N} \tag{9-2-3}$$

$$\varepsilon_z = 1 - 0.171\left(1 - \frac{b_0}{b_0 + d_z}\right)\left(\frac{b_0}{b_0 + d_z}\right)^{\frac{1}{4}} \tag{9-2-4}$$

$$\varepsilon_b = 1 - 0.171\left(1 - \frac{b_0}{b_0 + \frac{d_z}{2} + b_b}\right)\left(\frac{b_0}{b_0 + \frac{d_z}{2} + b_b}\right)^{\frac{1}{4}} \tag{9-2-5}$$

$$\sigma = 2.31\frac{h_s}{H_0}\left(1 - \frac{h_s}{H_0}\right)^{0.4} \tag{9-2-6}$$

式中 B_0——闸孔总净宽,m;

Q——过闸流量,m^3/s;

H_0——计入行近流速水头的堰上水深,m;

g——重力加速度,可采用 $9.81m/s^2$;

m——堰流流量系数,可采用 0.385;

ε——堰流侧收缩系数,对于单孔闸可按式(9-2-2)计算求得或由表 9-2-1 查得,对于多孔闸可按式(9-2-3)计算求得;

b_0——闸孔净宽,m;

b_s——上游河道一半水深处的宽度,m;

N——闸孔数;

ε_z——中间孔侧收缩系数,可按式(9-2-4)计算求得或由表 9-2-1 查得,但表中 b_s 为 b_0+d_z;

d_z——中闸墩厚度,m;

ε_b——边闸孔侧收缩系数,可按式(9-2-5)计算求得或由表 9-2-1 查得,但表中 b_s

为 $b_0+d_z/2+b_b$；

b_b——边闸墩顺水流向边缘线至上游河道水边线之间的距离，m；

σ——堰流淹没系数，可按式(9-2-6)计算求得或按表 9-2-2 查得；

h_s——由堰顶算起的下游水深，m。

表 9-2-1　ε 值

b_0/b_s	≤0.2	0.3	0.4	0.5	0.6	0.7	0.8	0.9	1.0
ε	0.909	0.911	0.918	0.928	0.940	0.953	0.968	0.983	1.000

表 9-2-2　宽顶堰 σ 值

h_s/H_0	≤0.72	0.75	0.78	0.80	0.82	0.84	0.86	0.88	0.90	0.91
σ	1.00	0.99	0.98	0.97	0.95	0.93	0.90	0.87	0.83	0.80
h_s/H_0	0.92	0.93	0.94	0.95	0.96	0.97	0.98	0.99	0.995	0.998
σ	0.77	0.74	0.70	0.66	0.61	0.55	0.47	0.36	0.28	0.19

②对于平底闸，当堰流处于高淹没度(h_s/H_0≥0.9)时，闸孔总净宽也可按式(9-2-7)、式(9-2-8)计算(计算简图见图 9-2-2)。

$$B_0 = \frac{Q}{\mu_0 h_s \sqrt{2g(H_0 - h_s)}} \tag{9-2-7}$$

$$\mu_0 = 0.877 + \left(\frac{h_s}{H_0} - 0.65\right)^2 \tag{9-2-8}$$

式中　μ_0——淹没堰流的综合流量系数，可按式(9-2-8)计算求得或由表 9-2-3 查得。

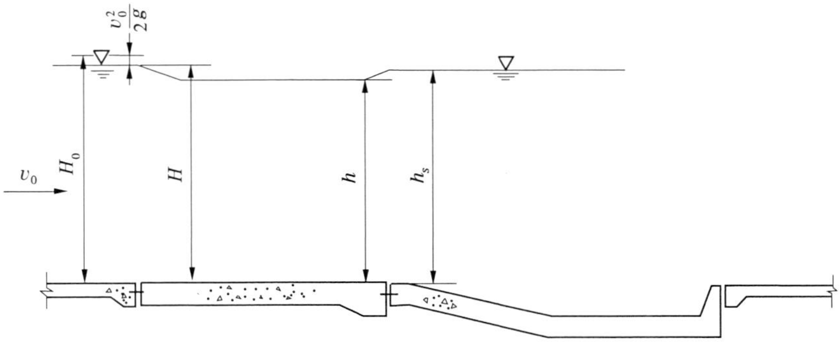

图 9-2-2　闸孔总净宽计算简图(h_s/h_0≥0.9)

表 9-2-3　μ_0 值

h_s/H_0	0.90	0.91	0.92	0.93	0.94	0.95	0.96	0.97	0.98	0.99	0.995	0.998
μ_0	0.940	0.945	0.950	0.955	0.961	0.967	0.973	0.979	0.986	0.993	0.996	0.998

③对于平底闸，当为孔流时，闸孔总净宽可按式(9-2-9)～式(9-2-12)计算(计算简图见图 9-2-3)：

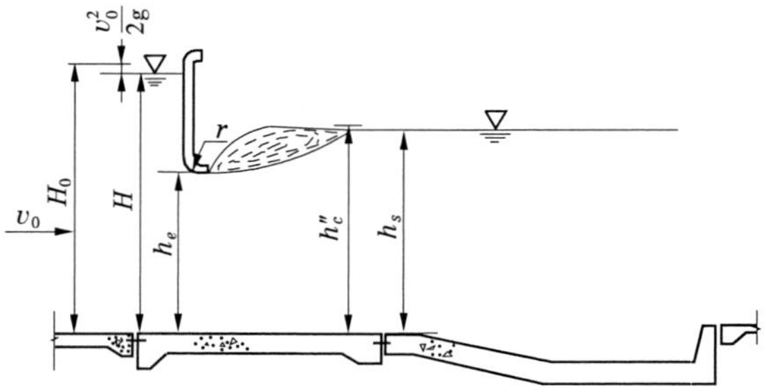

图 9-2-3　闸孔总净宽计算简图(孔流)

$$B_0 = \frac{Q}{\sigma' \mu h_e \sqrt{2gH_0}} \tag{9-2-9}$$

$$\mu = \varphi \varepsilon' \sqrt{1 - \frac{\varepsilon' h_e}{H}} \tag{9-2-10}$$

$$\varepsilon' = \frac{1}{1 + \sqrt{\lambda \left[1 - \left(\frac{h_e}{H}\right)^2\right]}} \tag{9-2-11}$$

$$\lambda = \frac{0.4}{2.718^{16\frac{r}{h_e}}} \tag{9-2-12}$$

式中　h_e——孔口高度,m;

μ——孔流流量系数,可按式(9-2-10)计算求得或由表 9-2-4 查得;

φ——孔流流速系数,可采用 0.95~1.0;

ε'——孔流垂直收缩系数,可由式(9-2-11)计算求得;

λ——计算系数,可由式(9-2-12)计算求得,该公式适用于 $0<\frac{r}{h_e}<0.25$ 范围;

r——胸墙底圆弧半径,m;

σ'——孔流淹没系数,可由表 9-2-5 查得,表中 h_c''为跃后水深,m。

表 9-2-4　μ 值

r/h_e	h_e/H													
	0	0.05	0.10	0.15	0.20	0.25	0.30	0.35	0.40	0.45	0.50	0.55	0.60	0.65
0	0.582	0.573	0.565	0.557	0.549	0.542	0.534	0.527	0.520	0.512	0.505	0.497	0.489	0.481
0.05	0.667	0.656	0.644	0.633	0.622	0.611	0.600	0.589	0.577	0.566	0.553	0.541	0.527	0.512
0.10	0.740	0.725	0.711	0.697	0.682	0.668	0.653	0.638	0.623	0.607	0.590	0.572	0.553	0.533
0.15	0.798	0.781	0.764	0.747	0.730	0.712	0.694	0.676	0.657	0.637	0.616	0.594	0.571	0.546
0.20	0.842	0.824	0.805	0.785	0.766	0.745	0.725	0.703	0.681	0.658	0.634	0.609	0.582	0.553
0.25	0.875	0.855	0.834	0.813	0.791	0.769	0.747	0.723	0.699	0.673	0.647	0.619	0.589	0.557

表 9-2-5　σ'值

$(h_s-h_c'')/(H-h_c'')$	≤0	0.1	0.2	0.3	0.4	0.5	0.6	0.7	0.8	0.9	0.92	0.94	0.96	0.98	0.99	0.995
σ'	1.00	0.86	0.78	0.71	0.66	0.59	0.52	0.45	0.36	0.23	0.19	0.16	0.12	0.07	0.04	0.02

(4)水闸的过闸单宽流量应根据下游河床地质条件，上、下游水位差，下游尾水深度，闸室总宽度与河道宽度的比值，闸的结构构造特点和下游消能防冲设施等因素选定。

(5)水闸的过闸水位差应根据上游淹没影响、允许的过闸单宽流量和水闸工程造价等因素综合比较选定。一般情况下，平原区水闸的过闸水位差可采用 0.1~0.3m。

(6)挡潮闸闸孔的总净宽应以可能出现的最不利潮型作为设计潮型，并考虑上游河道调蓄能力、潮汐河口回淤对挡潮闸泄流的影响等因素按水库调节计算确定。

(7)水闸闸下消能防冲设施必须在各种可能出现的水力条件下，都能满足消散动能与均匀扩散水流的要求，且应与下游河道有良好的衔接。

(8)底流式消能设计应根据水闸的泄流条件(特别是始流条件)进行水力计算，确定消力池的深度、长度和底板厚度等。消力池计算公式如下：

①消力池深度可按式(9-2-13)~式(9-2-16)计算(计算简图见图 9-2-4)。

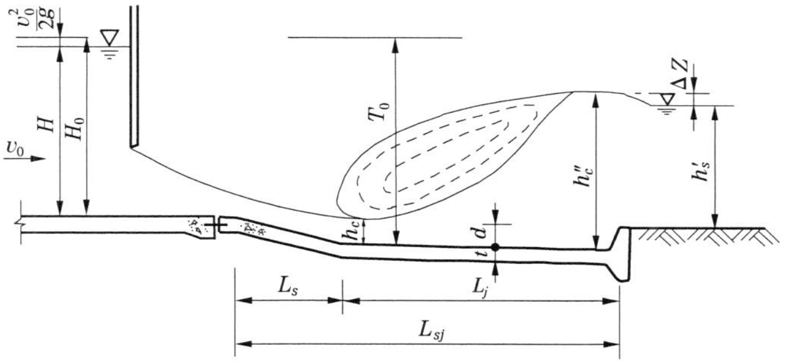

图 9-2-4　消力池深度计算简图

$$d = \sigma_0 h_c'' - h_s' - \Delta Z \tag{9-2-13}$$

$$h_c'' = \frac{h_c}{2}\left(\sqrt{1+\frac{8\alpha q^2}{gh_c^3}}-1\right)\left(\frac{b_1}{b_2}\right)^{0.25} \tag{9-2-14}$$

$$h_c^3 - T_0 h_c^2 + \frac{\alpha q^2}{2g\varphi^2} = 0 \tag{9-2-15}$$

$$\Delta Z = \frac{\alpha q^2}{2g\varphi^2 h_s'^2} - \frac{\alpha q^2}{2gh_c''^2} \tag{9-2-16}$$

式中　d——消力池深度，m；

σ_0——水跃淹没系数，可采用 1.05~1.10；

h_c''——跃后水深，m；

h_c——收缩水深,m;

α——水流动能校正系数,可采用 1.0~1.05;

q——过闸单宽流量,$m^3/(s\cdot m)$;

b_1——消力池首端宽度,m;

b_2——消力池末端宽度,m;

T_0——由消力池底板顶面算起的总势能,m;

ΔZ——出池落差,m;

h_s'——出池河床水深,m。

②消力池长度可按式(9-2-17)、式(9-2-18)计算(计算简图见图 9-2-4)。

$$L_{sj} = L_s + \beta L_j \tag{9-2-17}$$

$$L_j = 6.9(h_c'' - h_c) \tag{9-2-18}$$

式中 L_{sj}——消力池长度,m;

L_s——消力池斜坡段水平投影长度,m;

β——水跃长度校正系数,可采用 0.7~0.8;

L_j——水跃长度,m。

③消力池底板厚度可根据抗冲和抗浮要求,分别按式(9-2-19)和式(9-2-20)计算,并取其大值。

抗冲
$$t = k_1\sqrt{q\sqrt{\Delta H'}} \tag{9-2-19}$$

抗浮
$$t = k_2\frac{U - W \pm P_m}{\gamma_b} \tag{9-2-20}$$

式中 t——消力池底板始端厚度,m;

$\Delta H'$——闸孔泄水时的上、下游水位差,m;

k_1——消力池底板计算系数,可采用 0.15~0.20;

k_2——消力池底板安全系数,可采用 1.1~1.3;

U——作用在消力池底板底面的扬压力,kPa;

W——作用在消力池底板顶面的水重,kPa;

P_m——作用在消力池底板上的脉动压力,kPa,其值可取跃前收缩断面流速水头值的 5%;通常计算消力池底板前半部的脉动压力取“+”,计算消力池底板后半部的脉动压力取“-”;

γ_b——消力池底板的饱和重度,kN/m^3。

消力池末端厚度,可采用 $t/2$,但不宜小于 0.5m。

(9)面流式消能设计应根据水闸的各级流量和可能组合的相应水位进行水力计算,选定跌坎高度、坎顶仰角、反弧半径和跌坎长度等,并研究解决防止闸基淘刷和下游两岸岸坡冲刷问题。跌坎面流式消能计算方法如下:

①跌坎计算。跌坎计算简图见图 9-2-5,选定跌坎高度应符合式(9-2-21)~式(9-1-23)的要求。

$$P \geqslant 0.186\frac{h_k^{2.75}}{h_{dc}^{1.75}} \tag{9-2-21}$$

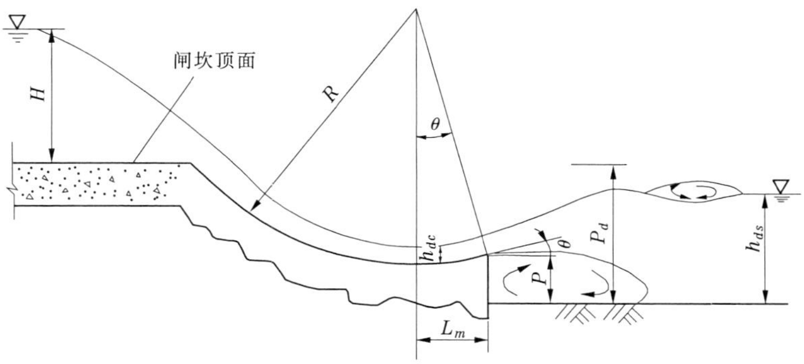

图 9-2-5　跌坎计算简图

$$P < \frac{2.24h_k - h_{ds}}{1.48\dfrac{h_k}{P_d} - 0.84} \tag{9-2-22}$$

$$P > \frac{2.38h_k - h_{ds}}{1.81\dfrac{h_k}{P_d} - 1.16} \tag{9-2-23}$$

式中　P——跌坎高度，m；

h_k——跌坎上的临界水深，m；

h_{dc}——跌坎上的收缩水深，m；

h_{ds}——跌坎后的河床水深，m；

P_d——闸坎顶面与下游河底的高差，m。

②选定的跌坎坎顶仰角 θ 宜为 0°~10°。

③选定的跌坎反弧半径 R 不宜小于跌坎上收缩水深的 2.5 倍。

④选定的跌坎长度 L_m 不宜小于跌坎上收缩水深的 1.5 倍。

(10)挑流式消能设计应根据水闸的各级流量进行水力计算，选定挑流鼻坎坎顶高程、反弧半径和挑角等，计算下泄水流的挑射距离及最大冲坑深度，并采取必要的防护措施。

(11)海漫的长度应根据可能出现的不利水位、流量组合情况进行计算确定。海漫长度计算公式如下。

当$\sqrt{q_s\sqrt{\Delta H'}}=1\sim9$，且消能扩散良好时，海漫长度可按式(9-2-24)计算：

$$L_p = K_s\sqrt{q_s\sqrt{\Delta H'}} \tag{9-2-24}$$

式中　L_p——海漫长度，m；

q_s——消力池末端单宽流量，$m^3/(s \cdot m)$；

K_s——海漫长度计算系数，可由表 9-2-6 查得。

表 9-2-6　K_s 值

河床土质	粉砂、细砂	中砂、粗砂、粉质壤土	粉质黏土	坚硬黏土
K_s	14~13	12~11	10~9	8~7

(12)下游防冲槽的深度应根据河床土质、海漫末端单宽流量和下游水深等因素综合确定,且不应小于海漫末端的河床冲刷深度。

海漫末端的河床冲刷深度可按式(9-2-25)计算:

$$d_m = 1.1\frac{q_m}{[v_0]} - h_m \tag{9-2-25}$$

式中 d_m——海漫末端河床冲刷深度,m;

q_m——海漫末端单宽流量,$m^3/(s \cdot m)$;

$[v_0]$——河床土质允许不冲流速,m/s;

h_m——海漫末端河床水深,m。

(13)上游防冲槽的深度应根据河床土质、上游护底首端单宽流量和上游水深等因素综合确定,且不应小于上游护底首端的河床冲刷深度。

上游护底首端的河床冲刷深度可按式(9-2-26)计算:

$$d'_m = 0.8\frac{q'_m}{[v_0]} - h'_m \tag{9-2-26}$$

式中 d'_m——上游护底首端河床冲刷深度,m;

q'_m——上游护底首端单宽流量,$m^3/(s \cdot m)$;

h'_m——上游护底首端河床水深,m。

(14)闸门的控制运用应根据水闸的水力设计或水工模型试验成果,规定闸门的启闭顺序和开度,避免产生集中水流或折冲水流等不良流态。闸门的控制运用方式应满足下列要求:

①闸孔泄水时,保证在任何情况下水跃均完整地发生在消力池内。

②闸门尽量同时均匀分级启闭。如不能全部同时启闭,可由中间孔向两侧分段、分区或隔孔对称启闭,关闭时与上述顺序相反。

③对分层布置的双层闸孔或双扉闸门应先开底层闸孔或下扉闸门,再开上层闸孔或上扉闸门,关闭时与上述顺序相反。

④严格控制始流条件下的闸门开度,避免闸门停留在振动较大的开度区泄水。

⑤关闭或减小闸门开度时,避免水闸下游河道水位降落过快。

(15)在大型水闸的初步设计阶段,其水力设计成果应经水工模型试验验证。

二、渗流计算及防渗排水设计

水闸的防渗排水设计应根据闸基地质情况,闸基和两侧轮廓线布置及上、下游水位条件等进行,其内容应包括:①渗透压力计算;②抗渗稳定性验算;③滤层设计;④防渗帷幕及排水孔设计;⑤永久缝止水设计。

(一)渗透压力计算

岩基上水闸基底渗透压力计算可采用全截面直线分布法,但应考虑设置防渗帷幕和排水孔时对降低渗透压力的作用和效果。土基上水闸基底渗透压力计算可采用改进阻力系数法或流网法;复杂土质地基上的重要水闸,应采用数值计算法。水闸基底渗透压力计算公式如下。

1. 全截面直线分布法

(1)当岩基上水闸闸基设有水泥灌浆帷幕和排水孔时,闸底板底面上游端的渗透压力作用水头为 $H-h_s$,排水孔中心线处为 $\alpha(H-h_s)$,下游端为零,其间各段依次以直线连接(见图 9-2-6)。作用于闸底板底面上的渗透压力可按式(9-2-27)计算:

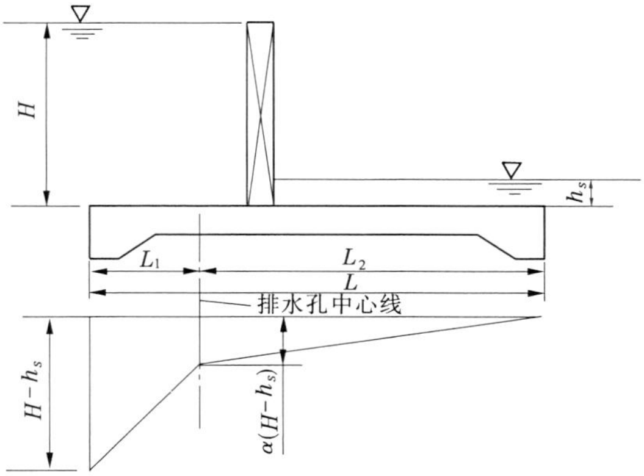

图 9-2-6　全截面直线分布法计算渗透压力简图
(设有水泥灌浆和排水孔)

$$U = 0.5\gamma(H - h_s)(L_1 + \alpha L) \tag{9-2-27}$$

式中　U——作用于闸底板底面上的渗透压力,kN/m;

L_1——排水孔中心线与闸底板底面上游端的水平距离,m;

α——渗透压力强度系数,可采用 0.25;

L——闸底板底面的水平投影长度,m。

(2)当岩基上水闸闸基未设水泥灌浆帷幕和排水孔时,闸底板底面上游端的渗透压力作用水头为 $H-h_s$,下游端为零,其间以直线连接(见图 9-2-7),作用于闸底板底面上的渗透压力可按式(9-2-28)计算:

$$U = 0.5\gamma(H - h_s)L \tag{9-2-28}$$

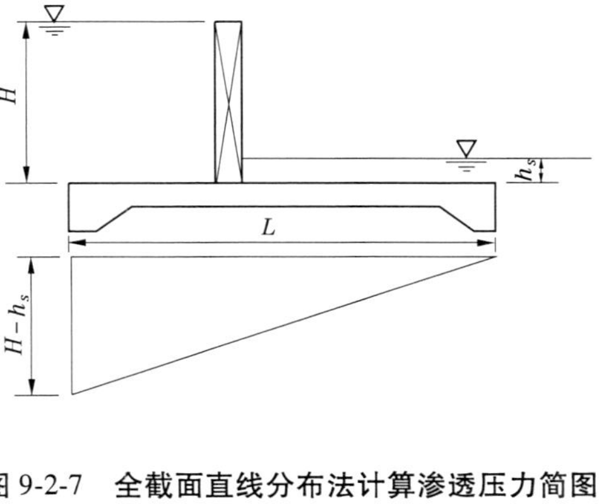

图 9-2-7　全截面直线分布法计算渗透压力简图
(未设水泥灌浆帷幕和排水孔)

2. 改进阻力系数法

(1)土基上水闸的地基有效深度可按式(9-2-29)或式(9-2-30)计算:

当 $\dfrac{L_0}{S_0} \geqslant 5$ 时 $$T_e = 0.5L_0 \tag{9-2-29}$$

当 $\dfrac{L_0}{S_0} < 5$ 时 $$T_e = \frac{5L_0}{1.6\dfrac{L_0}{S_0} + 2} \tag{9-2-30}$$

式中 T_e——土基上水闸的地基有效深度,m;

L_0——地下轮廓的水平投影长度,m;

S_0——地下轮廓的垂直投影长度,m。

当计算的 T_e 值大于地基实际深度时,T_e 值应按地基实际深度采用。

(2)分段阻力系数可按式(9-2-31)~式(9-2-34)计算。

①进、出口段(见图 9-2-8):

$$\xi_0 = 1.5\left(\frac{S}{T}\right)^{1.5} + 0.441 \tag{9-2-31}$$

式中 ξ_0——进、出口段的阻力系数;

S——板桩或齿墙的入土深度,m;

T——地基透水层深度,m。

②内部垂直段(见图 9-2-9):

$$\xi_y = \frac{2}{\pi}\ln\cot\left[\frac{\pi}{4}\left(1 - \frac{S}{T}\right)\right] \tag{9-2-32}$$

式中 ξ_y——内部垂直段的阻力系数。

③水平段(见图 9-2-10):

$$\xi_x = \frac{L_x - 0.7(S_1 + S_2)}{T} \tag{9-2-33}$$

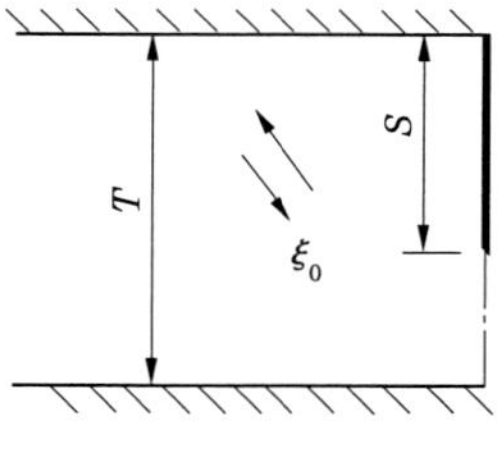

图 9-2-8 进、出口段

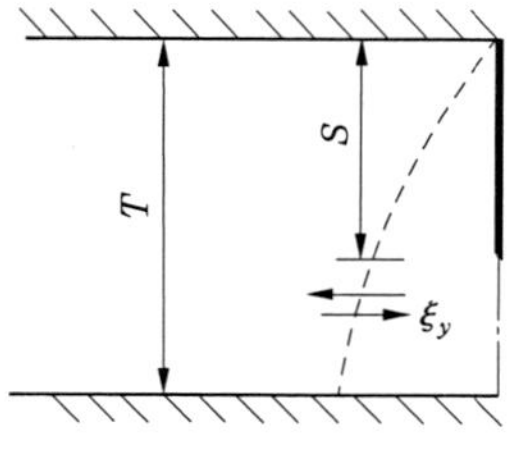

图 9-2-9 内部垂直段

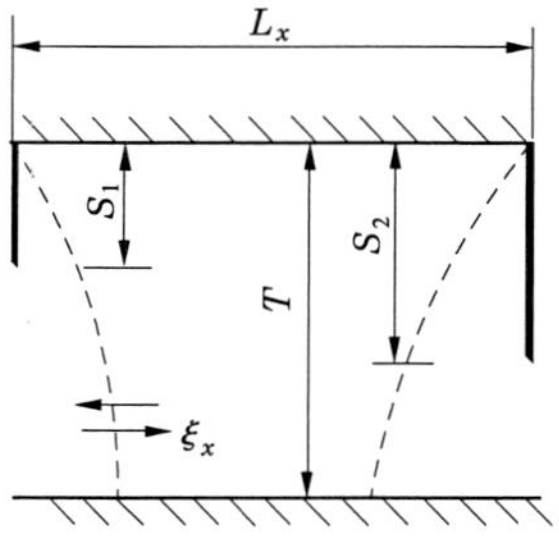

图 9-2-10 水平段

式中 ξ_x——水平段的阻力系数;

L_x——水平段长度,m;

S_1、S_2——进、出口段板桩或齿墙的入土深度,m。

（3）各分段水头损失值可按式（9-2-34）计算：

$$h_i = \xi_i \frac{\Delta H}{\sum_{i=1}^{n} \xi_i} \tag{9-2-34}$$

式中 h_i——各分段水头损失值，m；

ξ_i——各分段的阻力系数；

n——总分段数。

以直线连接各分段计算点的水头值，即得渗透压力的分布图形。

（4）进、出口段水头损失值和渗透压力分布图形可按下列方法进行局部修正。

①进、出口段修正后的水头损失值可按式（9-2-35）~式（9-2-37）计算（见图9-2-11）：

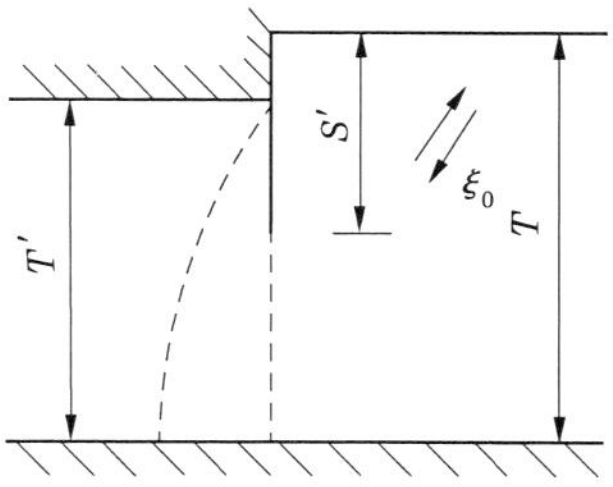

图9-2-11 进、出口段修正后的水头损失计算简图

$$h'_0 = \beta' h_0 \tag{9-2-35}$$

$$h_0 = \sum_{i=1}^{n} h_i \tag{9-2-36}$$

$$\beta' = 1.21 - \frac{1}{\left[12\left(\frac{T'}{T}\right)^2 + 2\right]\left(\frac{S'}{T} + 0.059\right)} \tag{9-2-37}$$

式中 h'_0——进、出口段修正后的水头损失值，m；

h_0——进、出口段水头损失值，m；

β'——阻力修正系数，当计算的 $\beta' \geq 1.0$ 时，采用 $\beta' = 1.0$；

S'——底板埋深与板桩入土深度之和，m；

T'——板桩另一侧地基透水层深度，m。

②修正后水头损失的减小值，可按式（9-2-38）计算：

$$\Delta h = (1 - \beta') h_0 \tag{9-2-38}$$

式中 Δh——修正后水头损失的减小值，m。

③水力坡降呈急变形式的长度可按式（9-2-39）计算：

$$L_x' = \frac{\Delta h}{\frac{\Delta H}{\sum_{i=1}^{n} \xi_i}} T \tag{9-2-39}$$

式中　L'_x——水力坡降呈急变形式的长度，m。

④出口段渗透压力分布图形可按下列方法进行修正（见图 9-2-12），即图 9-2-12 中的 QP'为原有水力坡降线，根据式（9-2-38）和式（9-2-39）计算的 Δh 和 L'_x 值，分别定出 P 点和 O 点，连接 QOP，即为修正后的水力坡降线。

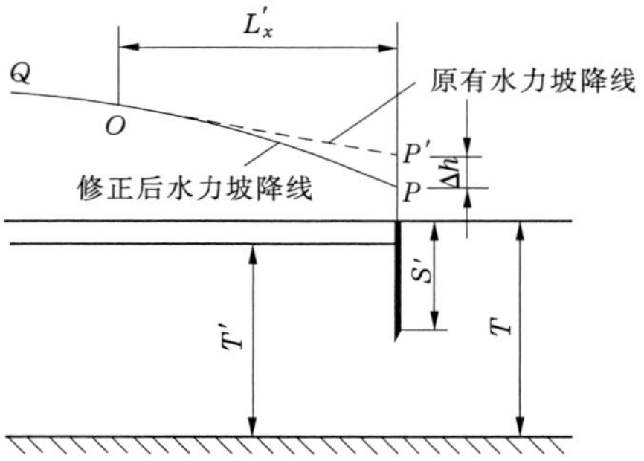

图 9-2-12　出口段渗透压力分布修改示意图

⑤进、出口段齿墙不规则部位可按下列方法进行修正（见图 9-2-13（a）和图 9-2-13（b））。

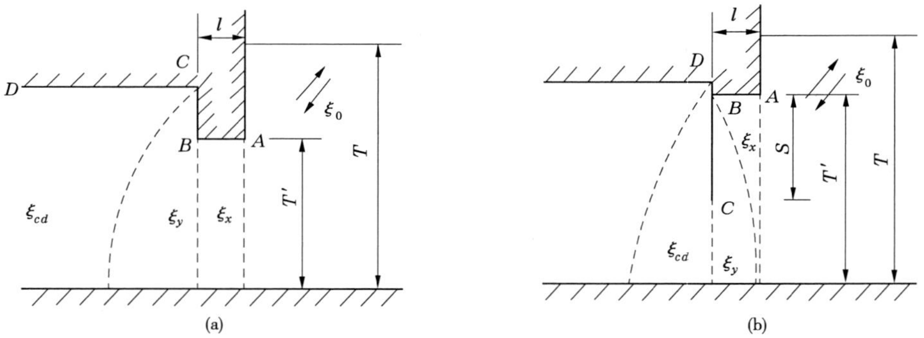

图 9-2-13　进、出口段齿墙不规则部位修正计算图

当 $h_x \geqslant \Delta h$ 时，可按式（9-2-40）进行修正：

$$h_x' = h_x + \Delta h \tag{9-2-40}$$

式中　h_x——水平段的水头损失值，m；

h'_x——修正后的水平段水头损失值，m。

当 $h_x < \Delta h$ 时，可按下列两种情况分别进行修正。

第一种情况：若 $h_x + h_y \geqslant \Delta h$，可按式（9-2-41）和式（9-2-42）进行修正：

$$h'_x = 2h_x \tag{9-2-41}$$

$$h'_y = h_y + \Delta h - h_x \tag{9-2-42}$$

式中　h_y——内部垂直段的水头损失值，m；

h'_y——修正后的内部垂直段水头损失值，m。

第二种情况：若 $h_x+h_y<\Delta h$，可按式(9-2-41)、式(9-2-43)和式(9-2-44)进行修正：

$$h'_y = 2h_y \tag{9-2-43}$$

$$h'_{cd} = h_{cd} + \Delta h - (h_x + h_y) \tag{9-2-44}$$

式中 h_{cd}——图 9-2-13(a)和图 9-2-13(b)中 CD 段的水头损失值，m；

h'_{cd}——修正后的 CD 段水头损失值，m。

以直线连接修正后的各分段计算点的水头值，即得修正后的渗透压力分布图形。

⑥出口段渗流坡降值可按式(9-2-45)计算：

$$J = \frac{h'_0}{S'} \tag{9-2-45}$$

式中 J——出口段渗流坡降值。

当岸墙、翼墙墙后土层的渗透系数小于或等于地基土的渗透系数时，侧向渗透压力可近似地采用相对应部位的水闸闸底正向渗透压力计算值，但应考虑墙前水位变化情况和墙后地下水补给的影响；当岸墙、翼墙墙后土层的渗透系数大于地基土的渗透系数时，可按闸底有压渗流计算方法进行侧向绕流计算。复杂土质地基上的重要水闸，应采用数值计算法进行计算。

(二)抗渗稳定性验算

(1)验算闸基抗渗稳定性时，要求水平段和出口段的渗流坡降必须分别小于表 9-2-7 规定的水平段和出口段允许渗流坡降值。

(2)验算砂砾石闸基出口段抗渗稳定性时，应首先判别可能发生的渗流破坏形式(流土或管涌)：当 $4P_f(1-n)>1.0$ 时，为流土破坏；当 $4P_f(1-n)<1.0$ 时，为管涌破坏。

砂砾石闸基出口段防止流土破坏的允许渗流坡降值即表 9-2-7 中所列的出口段允许渗流坡降值。

表 9-2-7 水平段和出口段允许渗流坡降值

地基类别	允许渗流坡降值	
	水平段	出口段
粉砂	0.05~0.07	0.25~0.30
细砂	0.07~0.10	0.30~0.35
中砂	0.10~0.13	0.35~0.40
粗砂	0.13~0.17	0.40~0.45
中砾、细砾	0.17~0.22	0.45~0.50
粗砾夹卵石	0.22~0.28	0.50~0.55
砂壤土	0.15~0.25	0.40~0.50
壤土	0.25~0.35	0.50~0.60
软黏土	0.30~0.40	0.60~0.70
坚硬黏土	0.40~0.50	0.70~0.80
极坚硬黏土	0.50~0.60	0.80~0.90

砂砾石闸基出口段防止管涌破坏的允许渗流坡降值可按式(9-2-46)、式(9-2-47)计算。

$$[J] = \frac{7d_5}{Kd_f}[4P_f(1-n)]^2 \tag{9-2-46}$$

$$d_f = 1.3\sqrt{d_{15}d_{85}} \tag{9-2-47}$$

式中　$[J]$——防止管涌破坏的允许渗流坡降值；

d_f——闸基土的粗细颗粒分界粒径，mm；

P_f——小于 d_f 的土粒百分数含量(%)；

n——闸基土的孔隙率；

d_5、d_{15}、d_{85}——闸基土颗粒级配曲线上小于含量 5%、15%、85%的粒径，mm；

K——防止管涌破坏的安全系数，可采用 1.5~2.0。

(3)当翼墙墙后地下水位高于墙前水位时，应验算翼墙墙基的抗渗稳定性。必要时可采用有效的防渗排水设施。

(三)滤层设计

(1)滤层的级配应能满足被保护土的稳定性和滤料的透水性要求，且滤料颗粒级配曲线应大致与被保护土颗粒级配曲线平行。

滤层的级配宜符合式(9-2-48)~式(9-2-50)的要求：

$$\frac{D_{15}}{d_{85}} \leqslant 5 \tag{9-2-48}$$

$$\frac{D_{15}}{d_{15}} = 5 \sim 40 \tag{9-2-49}$$

$$\frac{D_{50}}{d_{50}} \leqslant 25 \tag{9-2-50}$$

式中　D_{15}、D_{50}——滤层滤料颗粒级配曲线上小于含量 15%、50%的粒径，mm；

d_{50}——被保护土颗粒级配曲线上小于含量 50%的粒径，mm。

滤层的每层厚度可采用 20~30cm。滤层的铺设长度应使其末端的渗流坡降值小于地基土在无滤层保护时的允许渗流坡降值。

(2)当采用土工织物代替传统砂石料作为滤层时，选用的土工织物应有足够的强度和耐久性，且应能满足保土性、透水性和防堵性要求。

(四)防渗帷幕及排水孔设计

(1)岩基上水闸基底帷幕灌浆孔宜设单排，孔距宜取 1.5~3.0m，孔深宜取闸上最大水深的 0.3~0.7 倍。帷幕灌浆应在有一定厚度混凝土盖重及固结灌浆后进行。灌浆压力应以不掀动基础岩体为原则，通过灌浆试验确定。防渗帷幕体透水率的控制标准不宜大于 5Lu。

(2)帷幕灌浆孔后排水孔宜设单排，其与帷幕灌浆孔的间距不宜小于 2.0m。排水孔孔距宜取 2.0~3.0m，孔深宜取帷幕灌浆孔孔深的 0.4~0.6 倍，且不宜小于固结灌浆孔孔深。

(五)永久缝止水设计

位于防渗范围内的永久缝应设一道止水。大型水闸的永久缝应设两道止水。止水的型式应能适应不均匀沉降和温度变化的要求，止水材料应耐久。垂直止水与水平止水相交处必须构成密封系统。

永久缝可铺贴沥青油毡或其他柔性材料，缝下土质地基上宜铺设土工织物带。

设计烈度为8度及8度以上地震区大、中型水闸的永久缝止水设计，应作专门研究。

第三节　稳定及结构计算

一、一般规定

（1）水闸结构设计应根据结构受力条件及工程地质条件进行，其内容应包括：①荷载及其组合；②闸室和岸墙、翼墙的稳定计算；③结构应力分析。

（2）水闸混凝土结构除应满足强度和限裂要求外，还应根据所在部位的工作条件、地区气候和环境等情况，分别满足抗渗、抗冻、抗侵蚀、抗冲刷等耐久性的要求。

①各部位的混凝土强度等级应根据计算或耐久性要求确定。但处于二类环境条件下的混凝土强度等级不宜低于C15，处于三类环境条件下的混凝土强度等级不宜低于C20，处于四类环境条件下的以及有抗冲耐磨要求的混凝土强度等级不宜低于C25。

②混凝土的限裂要求应根据所处的环境条件确定。但处于二类环境条件下的混凝土最大裂缝宽度计算值不应超过0.20mm；处于三类环境条件下的混凝土最大裂缝宽度计算值不应超过0.15mm；处于四类环境条件下的混凝土最大裂缝宽度计算值不应超过0.10mm。

③混凝土的抗渗等级应根据所承受的水头、水力梯度、水质条件及渗流水的危害程度等确定。但防渗段水力梯度小于10的混凝土抗渗等级不得低于W4，水力梯度等于或大于10的混凝土抗渗等级不得低于W6；寒冷和严寒地区水闸防渗段水力梯度小于10和等于或大于10的混凝土抗渗等级应分别不低于W6和W8。

④混凝土的抗冻等级应根据气候分区、年冻融循环次数、结构构件的重要性及其检修条件等情况确定。但温和地区和长期处于水下的混凝土抗冻等级不应低于F50；寒冷地区年冻融循环次数少于100次和等于或多于100次的混凝土抗冻等级分别不应低于F100和F150；严寒地区年冻融循环次数少于100次和等于或多于100次的混凝土抗冻等级应分别不低于F200和F300。

（3）当水闸部分结构采用砌石时，选用的条石或块石应能抗风化，冻融损失率应小于1%，单块重量不宜小于30kg，砌筑砂浆强度等级不应低于M7.5。

砌石结构应采取有效的防渗排水措施；严寒、寒冷地区水闸砌石结构还应采取保温防冻措施。

（4）7度及7度以上地震区的水闸除应认真分析地震作用和做好抗震计算外，尚应采取安全可靠的抗震措施。当地震烈度为6度时，可不进行抗震计算，但对6度地震区的1级水闸仍应采取适当的抗震措施。

二、荷载计算及组合

（一）荷载分类

作用在水闸上的荷载可分为基本荷载和特殊荷载两类。

（1）基本荷载主要有下列各项：①水闸结构及其上部填料和永久设备的自重；②相应于正常蓄水位或设计洪水位情况下水闸底板上的水重；③相应于正常蓄水位或设计洪水位情况下的静水压力；④相应于正常蓄水位或设计洪水位情况下的扬压力（即浮托力与渗透压力之和）；⑤土压力；⑥淤沙压力；⑦风压力；⑧相应于正常蓄水位或设计洪水位情况下的浪压力；⑨冰压力；⑩土的冻胀力；⑪其他出现机会较多的荷载等。

（2）特殊荷载主要有下列各项：①相应于校核洪水位情况下水闸底板上的水重；②相应于校核洪水位情况下的静水压力；③相应于校核洪水位情况下的扬压力；④相应于校核洪水位情况下的浪压力；⑤地震荷载；⑥其他出现机会较少的荷载等。

（二）荷载计算

1. 水闸自重及填料重量计算

水闸结构及其上部填料的自重应按其几何尺寸及材料重度计算确定。水闸结构使用的建筑材料，主要有混凝土和钢筋混凝土，在有的部位也有采用浆砌条石或浆砌块石的。混凝土的容重可采用 $23.5\sim24.0kN/m^3$，钢筋混凝土的容重可采用 $24.5\sim25.0kN/m^3$，浆砌块石的容重可采用 $21.0\sim23.0kN/m^3$，浆砌条石的容重可采用 $22.0\sim25.0kN/m^3$。

闸门、启闭机及其他永久设备应尽量采用实际重量。

2. 闸底板水压力计算

作用在水闸底板上的水重应按其实际体积及水的容重计算确定。水的容重一般为 $10kN/m^3$。在多泥沙河流上的水闸，应考虑水中含有悬移质泥沙对水的容重的影响，采用浑水容重，其值可根据黄河水利委员会勘测规划设计研究院推荐采用的公式：$\gamma_h=10+\frac{0.622\ 64}{100}\rho_{max}$ 计算而得，γ_h 为浑水容重（kN/m^3），ρ_{max} 为实测最大含沙量（kg/m^3）；如无实测含沙量资料，浑水容重可采用 $10.5\sim11.0kN/m^3$。

3. 水闸上的静水压力计算

作用在水闸上的静水压力应根据水闸不同运用情况时的上、下游水位组合条件计算确定。根据我国已建水闸工程运行的实践经验，对水闸闸室抗滑稳定起控制作用的，往往不是宣泄校核洪水时的水位组合条件，而是上游为可能出现的最高挡水位（也可能是直到接近设计或校核洪水位时才开闸放水的水位），下游为常水位或无水时的水位组合条件，因为后一种水位组合时，上、下游水位差大，对结构的抗滑稳定不利。

4. 基础底面扬压力

计算水闸基础底面扬压力的水位组合条件，应和计算静水压力的水位组合条件相对应。对于沿海地区的挡潮闸，因下游水位受潮汐影响，闸基渗透压力的传递有滞后现象，这种滞后现象对闸室的抗滑稳定是有利的。

5. 土压力计算

作用在水闸上的土压力应根据填土性质、挡土高度、填土内的地下水位、填土顶面坡角及超荷载等因素计算确定。对于向外侧移动或转动的挡土结构，可按主动土压力计算；对于保持静止不动的挡土结构，可按静止土压力计算。

土压力按下列方法进行计算。

(1)作用在水闸挡土结构上的主动土压力可根据填土性质、挡土高度、填土内的地下水位、填土顶面坡角及超荷载等因素,分别按下列规定进行计算:

①对于重力式挡土结构,当墙后填土为均质无黏性土时,主动土压力宜按库仑公式,即式(9-3-1)和式(9-3-2)计算(计算简图见图 9-3-1):

$$F_a = \frac{1}{2}\gamma_t H_t^2 K_a \tag{9-3-1}$$

$$K_a = \frac{\cos^2(\varphi_t - \varepsilon)}{\cos^2\varepsilon\cos(\varepsilon + \delta)\left[1 + \sqrt{\dfrac{\sin(\varphi_t + \delta)\sin(\varphi_t - \beta)}{\cos(\varepsilon + \delta)\cos(\varepsilon - \beta)}}\right]^2} \tag{9-3-2}$$

式中 F_a———作用在水闸挡土结构上的主动土压力,kN/m,其作用点距墙底为墙高的 1/3 处,作用方向与水平面呈($\varepsilon+\delta$)夹角;

γ_t——挡土结构墙后填土容重,kN/m³,地下水位以下取浮容重;

H_t——挡土结构高度,m;

K_a——主动土压力系数;

φ_t——挡土结构墙后填土的内摩擦角,(°);

ε——挡土结构墙背面与铅直面的夹角,(°);

δ——挡土结构墙后填土对墙背的外摩擦角,(°),可按表 9-3-1 采用;

β——挡土结构墙后填土表面坡角,(°)。

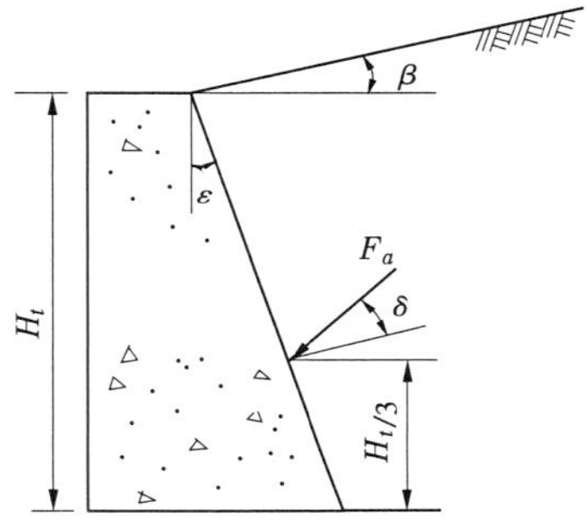

图 9-3-1 重力式挡土结构计算简图

表 9-3-1 δ 值

挡土结构墙背面排水状况	δ 值
墙背光滑,排水不良	$(0\sim0.33)\varphi_t$
墙背粗糙,排水良好	$(0.33\sim0.50)\varphi_t$
墙背很粗糙,排水良好	$(0.50\sim0.67)\varphi_t$
墙背与填土之间不可能滑动	$(0.67\sim1.00)\varphi_t$

②对于扶壁式或空箱式挡土结构,当墙后填土为砂性土时,主动土压力宜按朗肯公式,即式(9-3-1)和式(9-3-3)计算(计算简图见图 9-3-2,主动土压力 F_a 的作用方向与水平面呈 β 夹角,即与填土表面平行):

$$K_a = \cos\beta\frac{\cos\beta - \sqrt{\cos^2\beta - \cos^2\varphi_t}}{\cos\beta + \sqrt{\cos^2\beta - \cos^2\varphi_t}} \tag{9-3-3}$$

③对于扶壁式或空箱式结构,当墙后填土为砂性土,且填土表面水平时,主动土压力可按式(9-3-1)和式(9-3-4)计算:

$$K_a = \tan^2\left[45° - \frac{\varphi_t}{2}\right] \tag{9-3-4}$$

④当挡土结构墙后填土为黏性土时，可采用等值内摩擦角法(又称等代内摩擦角法)计算作用于墙背或 AB 面上的主动土压力。等值内摩擦角可根据挡土结构高度、墙后所填黏性土性质及其浸水情况等因素，参照已建工程实践经验确定，挡土结构高度在 6m 以下者，墙后所填黏性土水上部分等值内摩擦角可采用 28°~30°，水下部分等值内摩擦角可采用 25°~28°；挡土结构高度在 6m 以上(含 6m)者，墙后所填黏性土采用的等值内摩擦角应随挡土结构高度的增大而相应降低。

⑤当挡土结构墙后填土表面有均布荷载作用时，可将均布荷载换算成等效的填土高度，计算作用于墙背或 AB 面上的主动土压力。此种情况下，作用于墙背或 AB 面上的主动土压力应按梯形分布计算。

⑥当挡土结构墙后填土表面有车辆荷载作用时，可将车辆荷载近似地按均布荷载换算成等效的填土高度，计算作用于墙背或 AB 面上的主动土压力。

(2)对于墙背铅直、墙后填土表面水平的水闸挡土结构，静止土压力可按式(9-3-5)和式(9-3-6)计算(计算简图见图 9-3-3)：

$$F_0 = \frac{1}{2}\gamma_t H_t^2 K_0 \tag{9-3-5}$$

$$K_0 = 1 - \sin\varphi'_t \tag{9-3-6}$$

式中 F_0——作用在水闸挡土结构上的静止土压力，kN/m；

K_0——静止土压力系数，应通过试验确定；在没有试验资料的情况下，也可按表 9-3-2 选用；

φ_t'——墙后填土的有效内摩擦角，(°)。

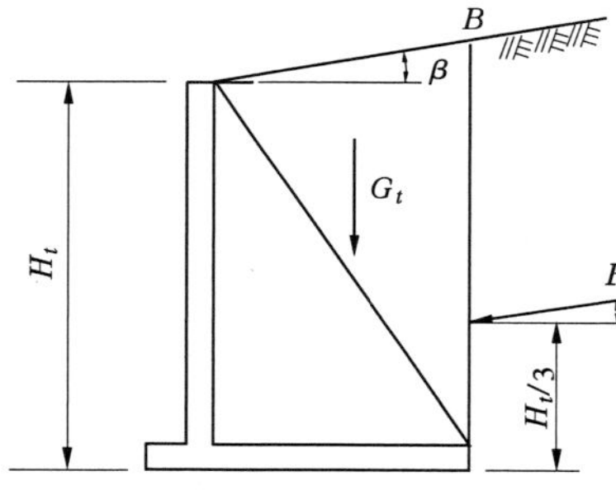

图 9-3-2 扶壁式或空箱式挡土结构计算简图

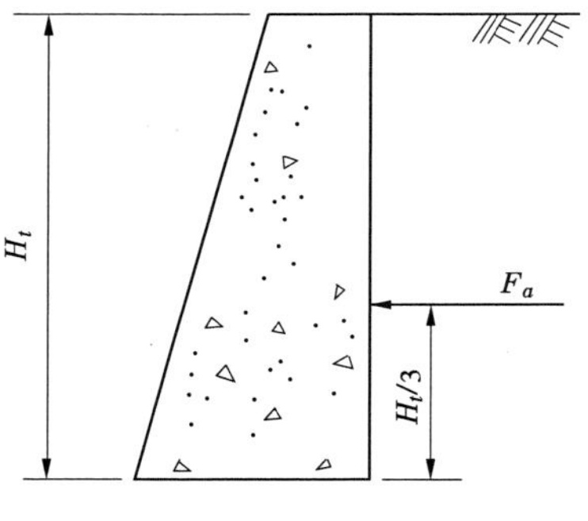

图 9-3-3 水闸挡土结构计算简图

表 9-3-2 K_0 值

墙后填土类别	K_0 值
碎石土	0. 22~0. 40
砂 土	0. 36~0. 42
壤 土	0. 60~0. 62
黏 土	0. 70~0. 75

6. 泥沙压力计算

作用在水闸上的淤沙压力应根据水闸上、下游可能淤积的厚度及泥沙容重等计算确定。

泥沙可能淤积的厚度，应根据当地实测最大含沙量进行综合研究后确定。根据调查资料，黄河水利委员会勘测规划设计研究院对黄河上引水闸泥沙可能淤积厚度的确定，如引渠长度较短，按低于设计洪水位 0.5m 考虑；如引渠长度较长，按低于设计洪水位 2.0m 考虑。一些资料建议，对于低水头水工建筑物，在多泥沙河流上，泥沙可能淤积的厚度可取建筑物高度的 1/3。对于沿海挡潮闸，闸下有时淤积相当严重，在确定泥沙淤积厚度时，除应考虑上游来水含沙量外，还应考虑下游引河布置、潮型、潮流量、附近海岸冲淤变化等因素。

作用在水闸上的淤沙压力可按《水工建筑物荷载设计规范》(DL5077—1997)的规定计算。

7. 风压力计算

作用在水闸上的风压力应根据当地气象台站提供的风向、风速和水闸受风面积等计算确定。计算风压力时应考虑水闸周围地形、地貌及附近建筑物的影响。

在计算作用在水闸上的风压力时，对于计算风速的取值，可参照《水工建筑物荷载设计规范》(DL5077—1997)计算风浪要素时对计算风速的有关规定，当风压力参与荷载的基本组合时，采用当地气象台站提供的重现期为 50 年的年最大风速；当风压力参与荷载的特殊组合时，采用当地气象台站提供的多年平均年最大风速。

参照《水工建筑物荷载设计规范》(DL5077—1997)的规定，在计算作用在水闸上的风压力时，也可从《建筑结构荷载规范》(GBJ9—87)所附"全国基本风压分布图"上查得闸址所在地基本风压值(采用值不得小于 $0.25kN/m^2$)，再乘以 1.1，即相当于将重现期为 30 年的年最大风速提高为重现期为 50 年的年最大风速的风压值，以此作为作用在水闸单位面积上的风压值。

8. 浪压力计算

作用在水闸上的浪压力应根据水闸闸前风向、风速、风区长度(吹程)、风区内的平均水深以及闸前实际波态的判别等计算确定。浪压力计算参见《水闸设计规范》(SL265—2001)附录 E。

9. 其他荷载

作用在水闸上的冰压力、土的冻胀力、地震荷载可按《水工建筑物荷载设计规范》(DL5077—1997)、《水工建筑物抗冰冻设计规范》(SL211—98)、《水工建筑物抗震设计规范》(SL203—97)的规定计算。人群及汽车荷载、漂浮物撞击力等其他荷载可按《公路桥涵设计通用规范》(JTJ021—89)、《水利水电工程钢闸门设计规范》(SL74—95)等规范的规定计算。

(三)荷载组合

1. 荷载组合的原则

设计水闸时，应将可能同时作用的各种荷载进行组合。

水闸在施工、运用及检修过程中，各种荷载的大小及分布情况是随机变化的，因此应根据水闸不同的工作条件和荷载机遇情况进行荷载组合。荷载组合的原则是:考虑各种荷载出现的几率,将实际上可能同时出现的各种荷载进行最不利的组合,并将水位作为组合条件。按有关规定,荷载组合可分为基本荷载组合和特殊荷载组合两类。在基本荷载组合中又可分为完建情况、正常蓄水位情况、设计洪水位情况和冰冻情况四种,在特殊荷载组合中又分为施工情况、检修情况、校核洪水位情况和地震情况四种,详见表 9-3-3。该表规定的计算闸室稳定和应力时应采用的荷载组合,是符合我国水闸设计的实际情况的,必要时可考虑其他可能的不利组合。至于向下排水设备完全堵塞的情况,一般是不允许出现的,因此在水闸设计中是不考虑的。

由于地震与设计洪水位或校核洪水位同时遭遇的几率极小,因此按有关规定,地震荷载只应与正常蓄水位情况下的相应荷载组合。

2. 荷载组合

荷载组合见表 9-3-3

表 9-3-3　荷载组合

荷载组合	计算情况	荷载												说明
		自重	水重	静水压力	扬压力	土压力	淤沙压力	风压力	浪压力	冰压力	土的冻胀力	地震荷载	其他	
基本组合	完建情况	√	—	—	—	√	—	—	—	—	—	—	√	必要时可考虑地下水产生的扬压力
	正常蓄水位情况	√	√	√	√	√	√	√	√	—	—	—	√	按正常蓄水位组合计算水重、静水压力、扬压力及浪压力
	设计洪水位情况	√	√	√	√	√	√	√	√	—	—	—	—	按设计洪水位组合计算水重、静水压力、扬压力及浪压力
	冰冻情况	√	√	√	√	√	√	√	—	√	√	—	√	按正常蓄水位组合计算水重、静水压力、扬压力及冰压力
特殊组合	施工情况	√	—	—	—	√	—	—	—	—	—	—	√	应考虑施工过程中各个阶段的临时荷载
	检修情况	√	—	√	√	√	√	√	√	—	—	—	√	按正常蓄水位组合(必要时可按设计洪水位组合或冬季低水位条件)计算静水压力、扬压力及浪压力
	校核洪水位情况	√	√	√	√	√	√	√	√	—	—	—	—	按校核洪水位组合计算水重、静水压力、扬压力及浪压力
	地震情况	√	√	√	√	√	√	√	√	—	—	√	—	按正常蓄水位组合计算水重、静水压力、扬压力及浪压力

三、闸室稳定计算

(1)计算单元的选取。闸室稳定计算的计算单元应根据水闸结构布置特点,宜取两相邻顺水流向永久缝之间的闸段作为计算单元。对于未设顺水流向永久缝的单孔、双孔或多孔水闸,则以未设缝的单孔、双孔或三孔水闸作为一个计算单元;对于采用顺水流向永久缝进行分段的多孔水闸,一般情况下,由于边孔闸段和中孔闸段的结构边界条件及受力状况有所不同,因此应将边孔闸段和中孔闸段分别作为计算单元。

(2)土基上的闸室稳定计算。土基上的闸室稳定计算,应包括两方面的含义:一方面是地基承载能力的计算,要求在各种计算情况下地基不致发生剪切破坏而失去稳定;另一方面是闸室抗倾覆和抗滑稳定的计算,要求在各种计算情况下闸室不致发生倾覆或过大的沉降差,且不致发生沿地基表面的水平滑动。

①在各种计算情况下(一般控制在完建情况下),要求闸室平均基底应力不大于地基允许承载力,最大基底应力不大于地基允许承载力的 1.2 倍。

②在各种计算情况下(多数控制在设计洪水位情况下或校核洪水位情况下,或正常挡水位遭遇地震的情况下),要求闸室基底应力的最大值与最小值之比不大于表 9-3-4 规定的允许值。

表 9-3-4　土基上闸室基底应力最大值与最小值之比的允许值

地基土质	荷载组合	
	基本组合	特殊组合
松软	1.50	2.00
中等坚实	2.00	2.50
坚实	2.50	3.00

③在各种计算情况下(多数控制在设计洪水位情况下或校核洪水位情况下,或正常蓄水位遭遇地震的情况下),要求沿闸室基底面的抗滑稳定安全系数不小于规定的允许值。

(3)岩基上的闸室稳定计算。与土基上的闸室稳定计算一样,岩基上的闸室稳定计算同样有地基承载能力、闸室抗倾覆和抗滑稳定两方面的含义和三项要求。

①在各种计算情况下,闸室最大基底应力不大于地基允许承载力。

②在非地震情况下,闸室基底不出现拉应力;在地震情况下,闸室基底拉应力不大于100kPa。

③沿闸室基底面的抗滑稳定安全系数不小于规定的允许值。

(4)闸室基底应力计算。闸室基底应力应根据结构布置及受力情况,分别按下列规定进行计算。

①当结构布置及受力情况对称时，按式(9-3-7)计算：

$$p_{\substack{max\\min}} = \frac{\sum G}{A} \pm \frac{\sum M}{W} \tag{9-3-7}$$

式中 $p_{\substack{max\\min}}$——闸室基底应力的最大值和最小值，kPa；

$\sum G$——作用在闸室上的全部竖向荷载(包括闸室基础底面上的扬压力在内)，kN；

$\sum M$——作用在闸室上的全部竖向和水平向荷载对于基础底面垂直水流方向的形心轴的力矩，kN·m；

A——闸室基底面的面积，m^2；

W——闸室基底面对于该底面垂直水流方向的形心轴的截面矩，m^3；

②当结构布置及受力情况不对称时，按式(9-3-8)计算：

$$p_{\substack{max\\min}} = \frac{\sum G}{A} \pm \frac{\sum M_x}{W_x} \pm \frac{\sum M_y}{W_y} \tag{9-3-8}$$

式中 $\sum M_x$、$\sum M_y$——作用在闸室上的全部竖向和水平向荷载对于基础底面形心轴 x、y 的力矩，kN·m；

W_x、W_y——闸室基底面对于该底面形心轴 x、y 的截面矩，m^3。

(5)土基上闸室基底应力最大值与最小值之比的允许值。关于确定闸室基底应力最大值与最小值之比允许值的问题，在地基条件方面，不是取决于地基的类别是黏土还是砂土，而是取决于地基土质的松软或坚实程度如何，因为实践证明，坚硬的黏土地基比松散的粉砂或细砂地基，在不均匀沉降方面的适应性好一些，因而闸室基底应力最大值与最小值之比的允许值可以大一些。此外，确定闸室基底应力最大值与最小值之比允许值，也应按荷载组合的不同类别而有所区别。土基上闸室基底应力最大值与最小值之比的允许值(见表 9-3-4)。

(6)土基上沿闸室基底面的抗滑稳定安全系数的计算。土基上沿闸室基底面的抗滑稳定安全系数，应按式(9-3-9)和式(9-3-10)计算：

$$K_c = \frac{f\sum G}{\sum H} \tag{9-3-9}$$

$$K_c = \frac{\tan\varphi_0 \sum G + C_0 A}{\sum H} \tag{9-3-10}$$

式中 K_c——沿闸室基底面的抗滑稳定安全系数；

f——闸室基底面与地基之间的摩擦系数，在没有试验资料的情况下，可根据地基类别按表 9-3-5 所列值选用；

$\sum H$——作用在闸室上的全部水平向荷载，kN；

φ_0——闸室基础底面与土质地基之间的摩擦角，(°)，可按表 9-3-6 规定采用；

C_0——闸室基底面与土质地基之间的黏接力，kPa，可按表 9-3-6 规定采用。

对于特别重要的大型水闸工程，采用的 φ_0 值和 C_0 值还应经现场地基土对混凝土板的抗滑强度试验验证。

黏性土地基上的大型水闸，沿闸室基底面的抗滑稳定安全系数宜按式（9-3-10）计算。

对于土基上采用钻孔灌注桩基础的水闸，若验算沿闸室底板底面的抗滑稳定性，应计入桩体材料的抗剪断能力。

表 9-3-5　闸室基底面与地基之间的摩擦系数 f 参考值

地　基　类　别		f
黏　土	软弱	0.20~0.25
	中等坚硬	0.25~0.35
	坚硬	0.35~0.45
壤土、粉质壤土		0.25~0.40
砂壤土、粉砂土		0.35~0.40
细砂、极细砂		0.40~0.45
中砂、粗砂		0.45~0.50
砂砾石		0.40~0.50
砾石、卵石		0.50~0.55
碎石土		0.40~0.50
软质岩石	极软	0.40~0.45
	软	0.45~0.55
	较软	0.55~0.60
硬质岩石	较坚硬	0.60~0.65
	坚硬	0.65~0.70

表 9-3-6　φ_0、C_0 值（土质地基）

土质地基类别	φ_0	C_0
黏性土	0.9φ	$(0.2\sim0.3)C$
砂性土	$(0.85\sim0.9)\varphi$	0

注：表中 φ 为室内饱和固结快剪（黏性土）或饱和快剪（砂性土）试验测得的内摩擦角；C 为室内饱和固结快剪试验测得的黏结力（kPa）。

按表 9-3-6 的规定采用 φ_0、C_0 值时，应按式（9-3-11）折算闸室基底面与土质地基之间的综合摩擦系数。

$$f_0 = \frac{\tan\varphi_0 \sum G + C_0 A}{\sum G} \tag{9-3-11}$$

式中　f_0——闸室基底面与土质地基之间的综合摩擦系数。

对于黏性土地基，如折算的综合摩擦系数大于 0.45，或对于砂性土地基，如折算的综合摩擦系数大于 0.50，采用的 φ_0 值和 C_0 值均应有论证。

（7）岩基上沿闸室基底面的抗滑稳定安全系数。

岩基上沿闸室基底面的抗滑稳定安全系数，应按式(9-3-9)或式(9-3-12)计算：

$$K_c = \frac{f' \sum G + C'A}{\sum H} \tag{9-3-12}$$

式中 f'——闸室基底面与岩石地基之间的抗剪断摩擦系数；

C'——闸室基底面与岩石地基之间的抗剪断黏结力，kPa。

闸室基底面与岩石地基之间的抗剪断摩擦系数f'值及抗剪断黏结力C'值可根据室内岩石抗剪断试验成果，并按照类似工程实践经验及表9-3-7所列数值选用。但选用的f'、C'值不应该超过闸室基础混凝土本身的抗剪断参数值。

表9-3-7 f'、C'值(岩石地基)

岩石地基类型		f'	C'(MPa)
硬质岩石	坚硬	1.5~1.3	1.5~1.3
	较坚硬	1.3~1.1	1.3~1.1
软质岩石	较软	1.1~0.9	1.1~0.7
	软	0.9~0.7	0.7~0.3
	极软	0.7~0.4	0.3~0.05

(8)当闸室承受双向水平向荷载作用时，应验算其合力方向的抗滑稳定性，其抗滑稳定安全系数应按土基或岩基分别不小于表9-3-8、表9-3-9规定的允许值。

(9)土基上沿闸室基底面抗滑稳定安全系数的允许值，见表9-3-8。

表9-3-8 土基上沿闸室基底面抗滑稳定安全系数的允许值

荷载组合		水闸级别			
		1	2	3	4、5
基本组合		1.35	1.30	1.25	1.20
特殊组合	Ⅰ	1.20	1.15	1.10	1.05
	Ⅱ	1.10	1.05	1.05	1.00

注：1. 特殊组合 Ⅰ 适用于施工情况、检修情况及校核洪水位情况。

2. 特殊组合 Ⅱ 适用于地震情况。

(10)岩基上沿闸室基底面抗滑稳定安全系数的允许值，见表9-3-9。

表9-3-9 岩基上沿闸室基底面抗滑稳定安全系数的允许值

荷载组合		按式(9-3-9)计算时			按式(9-3-12)计算时
		水闸级别			
		1	2、3	4、5	
基本组合		1.10	1.08	1.05	3.00
特殊组合	Ⅰ	1.05	1.03	1.00	2.50
	Ⅱ	1.00			2.30

注：1. 特殊组合 Ⅰ 适用于施工情况、检修情况及校核洪水位情况。

2. 特殊组合 Ⅱ 适用于地震情况。

(11)当沿闸室基底面抗滑稳定安全系数计算值小于允许值时，可在原有结构布置的基础上，结合工程的具体情况，采取下列一种或几种抗滑措施：

①将闸门位置移向低水位一侧,或将水闸底板向高水位一侧加长;

②适当增大闸室结构尺寸;

③增加闸室底板的齿墙深度;

④增加铺盖长度或帷幕灌浆深度,或在不影响防渗安全的条件下将排水设施向水闸底板靠近;

⑤利用钢筋混凝土铺盖作为阻滑板,但闸室自身的抗滑稳定安全系数不应小于1.0(计算由阻滑板增加的抗滑力时,阻滑板效果的折减系数可采用0.80),阻滑板应满足抗裂要求;

⑥增设钢筋混凝土抗滑桩或预应力锚固结构。

(12)当闸室设有两道检修闸门或只设一道检修闸门,利用工作闸门与检修闸门进行检修时,应按式(9-3-13)进行抗浮稳定计算。

$$K_f = \frac{\sum V}{\sum U} \tag{9-3-13}$$

式中 K_f——闸室抗浮稳定安全系数;

$\sum V$——作用在闸室上全部向下的铅直力之和,kN;

$\sum U$——作用在闸室基底面上的扬压力,kN。

不论水闸级别和地基条件,在基本荷载组合条件下,闸室抗浮稳定安全系数不应小于1.10;在特殊荷载组合条件下,闸室抗浮稳定安全系数不应小于1.05。

四、岸墙、翼墙稳定计算

(1)计算单元的选取。岸墙、翼墙稳定计算宜取单位长度或分段长度的墙体作为计算单元。

对于未设横向永久缝的重力式岸墙、翼墙结构,宜取单位长度墙体作为稳定计算单元;对于设有横向永久缝的重力式、扶壁式或空箱式岸墙、翼墙结构,宜取分段长度墙体作为稳定计算单元。

(2)土基计算要求。土基上的岸墙、翼墙稳定计算应满足下列要求:

①在各种计算情况下,岸墙、翼墙平均基底应力不大于地基允许承载力,最大基底应力不大于地基允许承载力的1.2倍;

②岸墙、翼墙基底应力的最大值与最小值之比不大于表9-3-4规定的允许值;

③沿岸墙、翼墙基底面的抗滑稳定安全系数不小于表9-3-8规定的允许值。

(3)岩基计算要求。岩基上的岸墙、翼墙稳定计算应满足下列要求:

①在各种计算情况下,岸墙、翼墙最大基底应力不大于地基允许承载力;

②翼墙抗倾覆稳定安全系数不小于本部分第(8)条规定的允许值;

③沿岸墙、翼墙基底面的抗滑稳定安全系数不小于表9-3-9规定的允许值。

(4)岸墙、翼墙的基底应力计算应按式(9-3-7)规定计算。

(5)土基上沿岸墙、翼墙基底面的抗滑稳定安全系数。应按式(9-3-9)或式(9-3-10)计算。

(6)岩基上沿岸墙、翼墙基底面的抗滑稳定安全系数。应按式(9-3-9)或式

(9-3-12)计算。

(7)当沿岸墙、翼墙基底面的抗滑稳定安全系数计算值小于允许值时,可采取下列一种或几种抗滑措施:①适当增加底板宽度;②在基底增设凸榫;③在墙后增设阻滑板或锚杆;④在墙后改填摩擦角较大的填料,并增设排水;⑤在不影响水闸正常运用的条件下,适当限制墙后的填土高度,或在墙后采取其他减载措施。

(8)岩基上翼墙的抗倾覆稳定安全系数,应按式(9-3-14)计算:

$$K_0 = \frac{\sum M_V}{\sum M_H} \tag{9-3-14}$$

式中 K_0——翼墙抗倾覆稳定安全系数;

M_V——对翼墙前趾的抗倾覆力矩,kN·m;

M_H——对翼墙前趾的倾覆力矩,kN·m。

不论水闸级别,在基本荷载组合条件下,岩基上翼墙的抗倾覆安全系数不应小于1.50;在特殊荷载组合条件下,岩基上翼墙的抗倾覆安全系数不应小于1.30。

五、结构应力分析

(1)水闸结构应力分析应根据各分部结构布置型式、尺寸及受力条件等进行。

(2)开敞式水闸闸室底板的应力分析可按下列方法选用:

①土基上水闸闸室底板的应力分析可采用反力直线分布法或弹性地基梁法。相对密度小于或等于0.50的砂土地基,可采用反力直线分布法;黏性土地基或相对密度大于0.50的砂土地基,可采用弹性地基梁法。

②当采用弹性地基梁法分析水闸闸室底板应力时,应考虑可压缩土层厚度与弹性地基梁半长之比值的影响。当比值小于0.25时,可按基床系数法(文克尔假定)计算;当比值大于2.0时,可按半无限深的弹性地基梁法计算;当比值为0.25~2.0时,可按有限深的弹性地基梁法计算。

③岩基上水闸闸室底板的应力分析可按基床系数法计算。

(3)开敞式水闸闸室底板的应力可按闸门门槛的上、下游段分别进行计算,并计入闸门门槛切口处分配于闸墩和底板的不平衡剪力。

(4)当采用弹性地基梁法时,可不计闸室底板自重,但当作用在基底面上的均布荷载为负值时,则仍应计及底板自重的影响,计及的百分数则以使作用在基底面上的均布荷载值等于零为限度确定。

(5)当采用弹性地基梁法时,可按表9-3-10的规定计及边荷载计算百分数。

表9-3-10 边荷载计算百分数 (%)

地基类别	边荷载使计算闸段底板内力减少	边荷载使计算闸段底板内力增加
砂性土	50	100
黏性土	0	100

注:1. 对于黏性土地基上的老闸加固,边荷载的影响可按本表规定适当减小。

2. 计算采用的边荷载作用范围可根据基坑开挖及墙后土料回填的实际情况研究确定,通常可采用弹性地基梁长度的1倍或可压缩层厚度的1.2倍。

(6)开敞式或胸墙与闸墩简支连接的胸墙式水闸，其闸墩应力分析方法应根据闸门型式确定。平面闸门闸墩的应力分析可采用材料力学方法，弧形闸门闸墩的应力分析宜采用弹性力学方法。

(7)涵洞式、双层式或胸墙与闸墩固支连接的胸墙式水闸，其闸室结构应力可按弹性地基上的整体框架结构进行计算。

(8)受力条件复杂的大型水闸闸室结构宜视为整体结构采用空间有限单元法进行应力分析，必要时应经结构模型试验验证。

(9)水闸底板和闸墩的应力分析，应根据工程所在地区的气候特点、水闸地基类别、运行条件和施工情况等因素考虑温度应力的影响。

(10)为减小水闸底板或闸墩的温度应力，宜采取下列一种或几种防裂措施：

①适当减小底板分块尺寸及闸墩长高比；

②在可能产生温度裂缝的部位预留宽缝，两侧增设插筋或构造补强钢筋，回填微膨胀性混凝土；

③结合工程具体情况，采取控制和降低混凝土浇筑温度的工程措施，并加强混凝土养护；

④对于严寒、寒冷地区水闸底板和闸墩，其冬季施工期和冬季运用期均应采取适当的保温防冻措施。

(11)闸室上部工作桥、检修便桥、交通桥以及两岸岸墙、翼墙等结构应力，可根据各自的结构布置型式及支承情况采用结构力学方法进行计算。

第四节　地基稳定及沉降计算

一、一般规定

(1)水闸地基计算应根据地基情况、结构特点及施工条件进行，其内容应包括：①地基渗流稳定性验算；②地基整体稳定计算；③地基沉降计算。在各种运用情况下，水闸地基应能满足承载力、稳定和变形的要求。

(2)岩石按坚硬程度分类。碎石土可按砾的含量分类。土可按颗粒级配及塑性指数分类，砂土也可按砂粒含量分类，黏性土也可参照塑性图分类。对于岩石的分类，除按成因可分为岩浆岩、沉积岩和变质岩外，作为工程地基，通常可按岩石的坚硬程度分为硬质岩石和软质岩石两类，并可按其风化程度分为未风化、微风化、弱风化、强风化和全风化五种情况。

作为工程的土质地基，在建筑、水利、铁道、交通等行业，习惯上把土分为碎石土、砂性土和黏性土三类。

对于碎石土和砂性土，可按砾的含量和砂粒的含量分类，而对于黏性土，可同时按黏粒含量和塑性指数分类。

(3)土质地基的划分。对于土质地基，初步划分松软地基和坚实地基的特性指标见表 9-4-1 和表 9-4-2。

表 9-4-1　松砂特性指标

松砂类别	D_r(%)	$N_{63.5}$(击)
粉砂、细砂	≤33	≤8
中砂、粗砂	≤33	≤10

注:表中 $N_{63.5}$ 为标准贯入击数。

表 9-4-2　软土特性指标

软土类别	$N_{63.5}$(击)	e	W(%)
软弱黏性土	2~4	0.75~1.00	$\geq W_L$
淤泥质土	1~2	1.00~1.50	$>W_L$
淤泥	≤1	≥1.50	$>W_L$

注:表中 e 为孔隙比,W 为天然含水量(%),W_L 为液限。

坚硬黏性土的特性指标为标准贯入击数大于 15 击;密实砂土的特性指标为相对密度大于 0.67,标准贯入击数大于 30 击。

(4)土质地基的计算应根据地基土和填料土的物理力学性质试验指标进行。地基土的专门试验项目(如地基土对混凝土板的抗滑强度试验、砂砾石地基的管涌试验等)应根据工程具体情况确定。

(5)地基土的剪切试验方法可按表 9-4-3 的规定选用。室内试验应尽量减少取样和试验操作过程中可能造成的误差,试验指标的取值宜采用小值平均值。

(6)岩基物理力学性指标的试验方法可按《水利水电工程岩石试验规程》(DL5006—92)的规定选用。

表 9-4-3　剪切试验适用条件

地基土类别	饱和快剪	饱和固结快剪
$N_{63.5}\geq4$ 击的黏土和壤土	验算施工期不超过一年的完建期地基强度	验算运用期和施工期超过一年的完建期地基强度
$N_{63.5}<4$ 击的软土和软土夹薄层砂等	验算尚未完全固结状态的地基强度	验算完全固结状态的地基强度
$N_{63.5}>8$ 击的砂土和砂壤土	验算施工期不超过一年或土层较厚的完建期地基强度(直接快剪)	验算运用期和施工期超过一年或土层较薄的完建期地基强度
$N_{63.5}\leq8$ 击的松砂、砂壤土和粉细砂夹薄层软土等	验算施工期不超过一年或土层较厚的完建期地基强度(三轴不排水剪)	验算运用期和施工期超过一年或土层较薄的完建期地基强度

注:1. 重要的大型水闸的黏性土地基应同时采用相应排水条件的三轴剪切试验方法验证。
2. 软黏土地基可辅以采用野外十字板剪切试验方法。
3. 回填土可采用饱和快剪试验方法。

(7)地基计算的荷载组合可按表 9-3-3 的规定采用。

(8)地基渗流稳定性验算应按相关条目的规定进行。

（9）凡属下列情况之一者，可不进行地基沉降计算：①岩石地基；②砾石、卵石地基；③中砂、粗砂地基；④大型水闸标准贯入击数大于15击的粉砂、细砂、砂壤土、壤土及黏土地基；⑤中、小型水闸标准贯入击数大于10击的壤土及黏土地基。

（10）当水闸天然地基不能满足承载力、稳定或变形的要求时，应根据工程具体情况，因地制宜地作出地基处理设计。地基处理设计方案应针对地基承载力或稳定安全系数的不足，或对沉降变形不适应等，根据地基情况（尤其要注意考虑地基中渗流作用的影响）、结构特点、施工条件和运用要求，并综合考虑地基、基础及其上部结构的相互协调，经技术经济比较后确定。

二、地基整体稳定计算

（1）岩石地基的允许承载力可根据岩石类别及其风化程度按表9-4-4确定。

表9-4-4　岩石地基允许承载力　　（单位：kPa）

岩石类别	风化程度				
	未风化	微风化	弱风化	强风化	全风化
硬质岩石	≥4 000	4 000～3 000	3 000～1 000	1 000～500	<500
软质岩石	≥2 000	2 000～1 000	1 000～500	500～200	<200

注：强风化岩石改变埋藏条件后，如强度降低，宜按降低程度选用较低值。

（2）碎石土地基的允许承载力可根据碎石土的密实度按表9-4-5确定。

表9-4-5　碎石土地基允许承载力　　（单位：kPa）

颗粒骨架	密实度		
	密实	中密	稍密
卵石	1 000～800	800～500	500～300
碎石	900～700	700～400	400～250
圆砾	700～500	500～300	300～200
角砾	600～400	400～250	250～150

注：1. 表中数值适用于骨架颗粒空隙全部由中砂、粗砂或坚硬的黏性土所充填的情况；
2. 当粗颗粒为弱风化或强风化时，可按其风化程度适当降低允许承载力；当颗粒间呈半胶结状时，可适当提高允许承载力。

（3）在竖向对称荷载作用下，可按限制塑性区开展深度的方法计算土质地基的允许承载力；在竖向荷载和水平向荷载共同作用下，可按 C_K 法验算土质地基的整体稳定，也可按汉森公式计算土质地基的允许承载力。参见《水闸设计规范》（SL265—2001）附录H。

（4）当土质地基持力层内夹有软弱土层时，还应采用折线滑动法（复合圆弧滑动法）对软弱土层进行整体抗滑稳定验算。

（5）岸墙、翼墙地基的整体抗滑稳定及上、下游护坡工程的边坡稳定可采用瑞典圆弧滑动法或简化毕肖普圆弧滑动法计算。

（6）按瑞典圆弧滑动法或折线滑动法计算的整体抗滑稳定安全系数或边坡稳定安全系数均不应小于表9-4-6规定的允许值；按简化毕肖普圆弧滑动法计算的整体抗滑稳定

安全系数或边坡稳定安全系数均不应小于表 9-4-6 规定允许值的 1.1 倍。

表 9-4-6　整体抗滑(或边坡)稳定安全系数的允许值

荷载组合		水闸级别			
		1	2	3	4、5
基本组合		1.30	1.25	1.20	1.15
特殊组合	Ⅰ	1.20	1.15	1.10	1.05
	Ⅱ	1.10	1.05	1.05	1.00

注:1. 特殊组合 Ⅰ 适用于施工情况、检修情况及校核洪水位情况。
2. 特殊组合 Ⅱ 适用于地震情况。

(7)当岩石地基持力层范围内存在软弱结构面时,必须对软弱结构面进行整体抗滑稳定验算。

(8)对于地质条件复杂的大型水闸,其地基整体抗滑稳定计算应作专门研究。

三、地基沉降计算

(1)水闸土质地基沉降可只计算最终沉降量,并应选择有代表性的计算点进行计算,计算时应考虑结构刚性的影响。

(2)土质地基最终沉降量可按式(9-4-1)计算:

$$S_{\infty} = m\sum_{i=1}^{n}\frac{e_{1i} - e_{2i}}{1 + e_{1i}}h_i \tag{9-4-1}$$

式中 S_{∞}——土质地基最终沉降量,m;

n——土质地基压缩层计算深度范围内的土层数;

e_{1i}——基础底面以下第 i 层土在平均自重应力作用下,由压缩曲线查得的相应孔隙比;

e_{2i}——基础底面以下第 i 层土在平均自重应力加平均附加应力作用下,由压缩曲线查得的相应孔隙比;

h_i——基础底面以下第 i 层土的厚度,m;

m——地基沉降量修正系数,可采用 1.0~1.6(坚实地基取较小值,软土地基取较大值)。

(3)对于一般土质地基,当基底压力小于或接近于水闸闸基未开挖前作用于该基底面上土的自重压力时,土的压缩曲线宜采用回弹再压缩曲线,但对于软土地基,土的压缩曲线宜采用 $e\sim p$ 压缩曲线。对于重要的大型水闸工程,有条件时土的压缩曲线也可采用 $e\sim \lg p$ 压缩曲线。

(4)土质地基压缩层计算深度可按计算层面处土的附加应力与自重应力之比为 0.10~0.20(软土地基取小值,坚实地基取大值)的条件规定。

(5)高饱和度软土地基的沉降量计算,有条件时可采用考虑土体侧向变形影响的简化计算方法。

(6)土质地基允许最大沉降量和最大沉降差,应以保证水闸安全和正常使用为原则,根据具体情况研究确定。天然土质地基上水闸地基最大沉降量不宜超过 15cm,相邻部位的最大沉降差不宜超过 5cm。

(7)对于软土地基上的水闸,当计算地基最大沉降量或相邻部位的最大沉降差超过上述规定的允许值时,宜采取下列一种或几种措施:①变更结构型式(采用轻型结构或静定结构等)或加强结构刚度;②采用沉降缝隔开;③改变基础型式或刚度;④调整基础尺寸与埋置深度;⑤必要时对地基进行人工加固;⑥安排合适的施工程序,严格控制施工速率。

第五节　地基处理设计

(1)岩基处理设计应满足下列规定:

①对岩基中的全风化带宜予清除,强风化带或弱风化带可根据水闸的受力条件和重要性进行适当处理。

②对裂隙已发育的岩基,宜进行固结灌浆处理。固结灌浆孔可按梅花形或方格形布置,孔距、排距宜取 3~4m,孔深宜取 3~4m,必要时可加深加密。灌浆压力应以不掀动基础岩体和混凝土盖重为原则,无混凝土盖重时不宜小于 100kPa,有混凝土盖重时不宜小于 200kPa。

③对岩基中的泥化夹层和缓倾角软弱带应根据其埋藏深度和对地基稳定的影响程度采取不同的处理措施。在埋藏深度较浅且不能满足地基稳定要求时,应予全部清除;在埋藏深度较深或埋藏深度虽较浅但能满足地基稳定要求时,可全部保留或部分保留,但应有防止恶化的工程措施。

④对岩基中的断层破碎带应根据其分布情况和对水闸工程安全的影响程度采取不同的处理措施,通常以开挖为主,开挖深度可取破碎带宽度的 1~1.2 倍,并用混凝土回填,必要时可铺设钢筋。在灌浆帷幕穿过断层破碎带的部位,帷幕灌浆孔应适当加密。

(2)对地基整体稳定有影响的溶洞或溶沟等,可根据其位置、大小、埋藏深度和水文地质条件等,分别采取压力灌浆、挖填等处理方法。

(3)土基常用的处理方法见表 9-5-1,可根据水闸地基情况、结构特点和施工条件等,采用一种或多种处理方法。

(4)对于地基中的液化土层,可采用挖除置换、强力夯实、振动水冲、板桩(连续墙)围封或沉井基础等常用处理方法。当采用板桩(连续墙)围封或沉井基础处理时,桩(墙、井壁)体必须嵌入非液化土层。

(5)垫层法设计应满足下列规定:

①垫层厚度应根据地基土质情况、结构型式、荷载大小等因素,以不超过下卧土层允许承载力为原则确定,但不宜大于 3.0m。

②垫层材料应就地取材,采用性能稳定、压缩性低的天然或人工材料,但不宜采用粉砂、细砂、轻砂壤土或轻粉质砂壤土。垫层材料中不应含树皮、草根及其他杂质。

③壤土垫层宜分层压实,土料的含水量应控制在最优含水量附近,大型水闸垫层压实

系数不应小于 0.96;中、小型水闸垫层压实系数不应小于 0.93。

表 9-5-1　土基常用处理方法

处理方法	基本作用	适用范围	说明
垫层法	改善地基应力分布,减少沉降量,适当提高地基稳定性和抗渗稳定性	厚度不大的软土地基	用于深厚的软土地基时,仍有较大的沉降量
强力夯实法	增加地基承载力,减少沉降量,提高抗振动液化能力	透水性较好的松软地基,尤其适用于稍密的碎石土或松砂地基	用于淤泥或淤泥质土地基时,需采取有效的排水措施
振动水冲法	增加地基承载力,减少沉降量,提高抗振动液化能力	松砂、软弱的砂壤土或砂卵石地基	1. 处理后地基的均匀性和防止渗透变形的条件较差; 2. 用于不排水抗剪强度小于 20kPa 的软土地基时,处理效果不显著
桩基础	增加地基承载力,减少沉降量,提高抗滑稳定性	较深厚的松软地基,尤其适用于上部为松软土层、下部为硬土层的地基	1. 桩尖未嵌入硬土层的摩擦桩,仍有一定的沉降量; 2. 用于松砂、砂壤土地基时,应注意渗透变形问题
沉井基础	除与桩基作用相同外,对防止地基渗透变形有利	适用于上部为软土层或粉细砂层、下部为硬土层或岩层的地基	不宜用于上部夹有蛮石、树根等杂物的松软地基或下部为顶面倾斜度较大的岩基

注:深层搅拌法、高压喷射法等其他处理方法,经论证后也可采用。

④砂垫层应有良好的级配,宜分层振动密实,相对密度不应小于 0.75;强地震区水闸垫层相对密度不应小于 0.8。

⑤对于重要的大型水闸工程,垫层压密效果应根据地基土质条件及选用的垫层材料等进行现场试验验证。

(6)强力夯实法设计应满足下列规定:

①锤重和落距应根据地基土质情况和施工设备条件等因素确定,锤重可采用 100~250kN,落距可采用 10~20m。锤的重心位置应在锤的半高度以下,锤底面积可按锤底面静压力为 30~40kPa 计算确定,锤体中宜均匀设置若干个上下贯通的通气孔。

②夯点可按方格形或梅花形布置,间距可采用锤底面直径或边长的 1.5~2.5 倍。

③夯点夯击遍数,每遍击数和前、后两遍的间歇时间等,均应经现场最佳夯击能试验确定。当地下水位较高时,应适当延长间歇时间,并应有良好的排水措施。

④强力夯实的有效加固深度应根据现场试夯结果或当地已建工程经验确定。

⑤强力夯实法设计应有防止对周围已有建筑物产生有害影响的措施。

(7)振动水冲法设计应满足下列规定:

①振冲孔添加填料挤扩成桩的桩径宜采用 0.6~0.8m。振冲孔孔距宜采用 1.5~2.5m,按梅花形或方格形布置,孔深应根据设计要求和施工条件确定。当松软土层不厚时,振冲孔宜打穿松软土层。

②振冲孔添加的填料宜采用有良好级配的砂、碎石等。碎石最大粒径不宜大于5cm，含泥量不宜大于5%。

③采用振动水冲法加固的地基，当添加与天然地基土质不同的填料时，应按复合地基设计；当不添加填料或添加与天然地基土质相同的填料时，可按均质地基设计。

④对于地基土质条件复杂的大型水闸工程，采用的振冲孔孔距、孔深，选用的填料及挤扩成桩的桩径等设计数据以及振冲效果应经现场试验验证。

（8）桩基础设计应满足下列规定：

①水闸桩基础通常宜采用摩擦型桩（包括摩擦桩和摩擦端承桩）。

②桩的根数和尺寸宜按承担底板底面以上的全部荷载确定。对于摩擦型桩，经论证后可适当考虑桩间土承担部分荷载。

③预制桩的中心距不应小于3倍桩径或边长，钻孔灌注桩的中心距不应小于2.5倍桩径。

④桩的平面布置宜使桩群形心与底板底面以上基本荷载组合的合力作用点相接近，单桩的竖向荷载最大值与最小值之比不宜大于表9-3-4规定的允许值。

⑤在同一块底板下，不应采用直径、长度相差过大的摩擦型桩，也不应同时采用摩擦型桩和端承型桩（包括端承桩和摩擦端承桩）。

⑥当防渗段底板下采用端承型桩时，应采取防止底板底面接触冲刷的措施。

⑦单桩的竖向荷载和水平向荷载以及允许的竖向承载力和水平向承载力，可按现行的《建筑地基基础设计规范》（GBJ7—89）等有关专业规范计算确定。如采用钻孔灌注桩，桩顶不可恢复的水平位移值宜控制不超过0.5cm；如采用预制桩，宜控制不超过1.0cm。

（9）深厚的松软土基上的水闸桩基础，当桩的中心距小于6倍桩径或边长、桩数超过9根（含9根）时，应作为群桩基础，其桩尖平面处的地基压应力和沉降量不应大于该平面处地基土的允许承载力和允许沉降量。

（10）沉井基础设计应满足下列规定：

①沉井平面布置应简单对称，其长宽比不宜大于3。

②沉井分节浇筑高度应根据地基条件、控制下沉速度等因素确定。

③沉井应按均衡下沉设计。下沉系数（即沉井自重与井壁摩阻力之比）可采用1.15~1.25。井壁单位面积摩阻力可根据地基土类别由表9-5-2查得。

表9-5-2　井壁单位面积摩阻力　（单位：kPa）

地基土类别	井壁单位面积摩阻力
泥浆套	3~5
软土	10~12
较软黏性土	12~25
较硬黏性土	25~50
砂性土	12~25
砂砾石	15~20
砂卵石	18~30

注：泥浆套即灌注在沉井井壁外侧的触变泥浆，作为助沉材料。

④沉井宜下沉到下卧硬土层或岩层,是否封底应根据工程具体情况研究确定。

⑤当地基存在承压水层且影响地基抗渗稳定性时,不宜采用沉井基础。

(11)沉井井壁及隔墙厚度应根据结构强度和刚度、下沉需要的重量以及施工要求等因素确定。井壁外侧面应尽量做到平整光滑。隔墙与井壁所分隔的井口尺寸应满足施工要求。隔墙底面应高于井壁刃脚 0.5m 以上。井壁刃脚底面宽度不宜小于 0.2m,刃角内侧斜面与底平面的夹角宜采用 45°~60°。

第十章　水电站建筑物设计

第一节　水电站厂房设计

一、水电站厂房的组成

从设备布置、运行要求的空间可分为：

（1）主厂房。布置有水电站的主要动力设备（水轮发电机组）和各种辅助设备的主机室，组装、检修设备的安装间，是水电站厂房的主要组成部分。

（2）副厂房。布置着控制设备、电气设备和辅助设备，是水电站运行、控制、监视、通信、试验、管理和运行人员工作的房间。

（3）主变压器场。装有主变压器，电能经过主变压器升高到规定的电压后引到开关站。

（4）开关站。装设高压开关、高压母线和保护措施等高压电气设备的场所，高压输电线由此将电能输往用户。

二、水电站厂房型式

水电站厂房按结构及布置特点可分为地面式（包括河床式、坝后式、岸边式）、地下式（包括地下式、半地下式、窑洞式）、坝内式、厂顶溢流式等型式。

（一）地面式厂房

1. 河床式厂房

河床式厂房的特点是厂房与坝一样起挡水作用，水电站建筑物集中布置在电站坝段，进水口后边的引水道很短，紧接着就是厂房。一般适用于低水头电站。

2. 坝后式厂房

坝后式厂房主要是指厂房直接布置在挡水坝后面，坝后式厂房通常是高、中水头电站的地面厂房。在这种布置中，水电站建筑物集中布置在电站坝段上，在坝身中设有进水口，进水口设有拦污栅、闸门和启闭设备。压力钢管穿过坝身，厂房布置在坝后。通常坝与厂房间用永久的沉降缝分开，厂房不起挡水作用。也有厂房与坝体联合受力，厂坝接缝采用灌浆处理，使坝体和厂房连成整体。

3. 岸边式厂房

岸边式厂房多数用于混合式开发布置，厂房通常位于引水系统的末端岸边。就厂房本身的布置和结构型式来说，与坝后式地面厂房差别不大，岸边式地面厂房通常也是承受中、高水头的电站厂房；也有一些当地材料坝或一些河谷窄、泄量大、低水头电站布置坝后厂房有困难而采用岸边式地面厂房。

(二)地下式厂房

1. 地下式厂房

地下式厂房位于地下,可布置在引水道的首部、中部或尾部,随工程地质和水文地质条件、水利枢纽布置开发方式、对外交通条件以及施工总布置等不同而异,有的坝后式电站因受地形的限制,也采用地下式厂房,但这类电站不增加水头,通常就布置在坝下游岸边,紧靠大坝。地下式厂房通常是承受中、高水头的电站厂房。一般抽水蓄能电站采用地下式厂房。

2. 窑洞式厂房

窑洞式厂房一般布置在坝后,一部分布置于河床,一部分机组布置在岸边地下,厂房互相连通,布置在地下的厂房称为窑洞式厂房。

(三)其他型式厂房

1. 坝内式厂房

坝内式厂房的机电设备大部或全部置于坝内,厂房与大坝合为一体,但它不同于河床溢流混合式厂房。坝内式厂房一般是坝顶较高或坝的体积较大,坝内的空间安放水轮发电机组,也有利用大坝结构上的大孔洞作厂房,如空腹坝。坝内式厂房在我国采用不多,多用于中水头电站。

2. 厂顶溢流式厂房

厂顶溢流式厂房包括坝后溢流式和河床溢流混合式厂房。

(1)坝后溢流式厂房位于坝后,厂房顶过洪水,在结构上厂房与大坝有一定联系,有与大坝衔接为一体的,也有厂房与坝体用结构缝分开的。由于厂房不直接承受上游水库水压力,因此它不同于河床溢流混合式厂房。这种坝后溢流式厂房通常为承受中、高水头的电站厂房。

(2)河床溢流混合式厂房,厂坝结构在河床上衔接为一体,厂房顶溢流,一般适合低水头电站。

在实际应用中还采用厂前挑流式、半地下式、露天或半露天式、贯流式(灯泡式)机组等厂房型式。

三、地面厂房厂区布置

(一)厂区布置原则

(1)合理布置主厂房、副厂房、主变压器场地、开关站、高低压引出线、进厂交通、发电引水及尾水建筑物等,使电站运行安全、管理和维护方便。

(2)妥善解决厂房和其他建筑物(包括泄洪、排沙、通航、过竹木和过鱼等)布置及运用的相互协调,避免干扰,保证电站安全和正常运行。

(3)考虑厂区消防、排水及检修的必要条件。

(4)综合考虑施工程序、施工导流及首批机组发电投运的工期要求,优化各建筑物的布置。

(二)坝后式厂房厂区布置

坝后式厂房在结构上一般与大坝不发生联系,厂房与泄洪建筑物分开布置。这类电站厂区布置的特点是布置比较集中紧凑，往往将主变压器、开关站和副厂房等布置在厂坝之间的空间里或尾水平台上。也有将开关站布置在邻近厂房的空地上。

厂房的上下游方向的位置应使高压引水管长度最短，但不能影响大坝安全，其在坝后的左右位置应考虑不妨碍大坝溢洪主流的平顺下泄，并使尾水渠水流不受下泄流的干扰，又要使厂房避免移向岸边增加开挖量。如厂房过分移向岸边，由于尾水管开挖高程较低，岸坡坝段的开挖高程又往往较高，两者高差太大会影响坝的稳定，并形成高边坡，往往要加长厂坝之间的距离来保证大坝安全。

（三）岸边式厂房厂区布置

引水式电站岸边厂房是指由引水道获得一部分或全部水头的电站。这类电站厂房与大坝有相当距离，而与调压井（塔）相毗邻。厂房位置宜选在紧靠河边、较为平坦的岸边或滩地上，以减少开挖。开关站可布置在邻近处。在选择调压井位置和高压引水管线路时，要考虑有足够的岩石覆盖厚度，并尽量缩短高压钢管明管段的长度。因此，选择陡峭而有高滩地的岸边地形对厂房布置最为有利。

（四）尾水渠布置

尾水渠布置的基本要求是水流平顺，能量损失小，防止渠道淤积或冲刷，同时力求减少基础开挖、渠道衬砌和施工围堰等工程量。

对于坝后式厂房，从水力学观点看，要求坝身泄流尽可能与原主河道一致，因此厂房的尾水渠常不得不偏向一岸。考虑尾水渠布置时应注意防止泄洪回流使尾水渠出水受阻，避免造成尾水位波动以及淤积，必要时应适当加长消力池与尾水渠之间的导墙。

对于引水式厂房，尾水渠一般以紧靠原河道并与原河道斜交，使尾水方向接近原河道的水流方向为宜。尾水渠的转弯半径不宜太小。如厂房离大坝溢洪道不远，或在同岸或对岸有泄洪隧洞，或岸边有垭口溢洪道时，要防止这些泄洪建筑物泄洪时对尾水渠的影响。必要时可在尾水渠的上游侧设置防冲淤用的导流墙，导流墙的位置、长度和高度可通过水力模型试验确定。

（五）主变压器布置

为了提高运行的可靠性和缩短昂贵的电流母线，主变压器应尽量靠近发电机布置，并考虑在高压侧有方便的出线条件。

主变压器由于重量很大，宜直接布置在基岩上或混凝土基础上。对于坝后式厂房，厂坝之间的空间常被用来布置主变压器，也有将主变压器放置在尾水平台上的，这样的结构势必增加土建工程量。总之，主变压器位置要从水工和电气两方面作技术经济比较确定。

主变压器应有良好的通风条件和可靠的灭火设施。按规程规定，当主变压器油量在2 500kg以上时，防火净距应不小于10m，与露天固定绝缘油罐的距离应不小于15m，否则要用钢筋混凝土防爆墙隔开。主变压器底部一般均设有排油、集油坑，坑内铺卵石，并铺设通向远处的排油管。升压站周围应加设保护围墙或遮栏，高度不得低于2.3~2.5m。

（六）开关站布置

开关站宜靠近主变压器和中央控制室。开关站大多选择在厂房下游侧近处且地基和边坡稳定的地段，要尽量利用山地、坡地，以不占或少占农田为原则。对于在山坡上或山脚下修建的开关站，应注意避开断层、滑坡、危岩、滚石、溶洞和冲沟等不利的地质区段，要有防止山洪和泥石流冲击的措施。对布置在岸边的开关站要避开泄洪建筑物雾雨的侵袭和水流的冲刷。此外,选择开关站位置还要考虑输电的方向,即选择好开关站出线架与第一座高压输电塔的相对位置。

近年来国内外发展一种封闭式六氟化硫(SF_6)组合电器,可以大大缩小开关站的面积和高度,很适合于地形受限制的电站。但是,SF_6 封闭式组合电器的清洁度要求较高,要求防尘,国内一些水电站采用封闭式 SF_6 组合电器,大多布置在户内或地下洞室内。

开关站的电压等级目前有 500kV、330kV、220kV、110kV 和近区 35kV 等几种。开关站的地面标高按规范应高出百年一遇洪水位 1.0~1.5m,开关站场内要有足够的安全距离和交通道路。开关站四周同样要加设围墙或遮栏。

四、主厂房主要尺寸的确定

(一)主厂房长度的确定

1. 机组间距 L_1

厂房的机组间距大多由水轮机蜗壳的尺寸控制,只有高水头小容量的机组才由发电机定子外径控制。蜗壳周围混凝土的厚度一般由结构计算确定,但对于金属蜗壳还应考虑蜗壳拼装和焊接工作的方便。蜗壳周围混凝土的厚度不宜小于 0.8~1.0m。有的电站机组间距受尾水管宽度或边墩厚度控制。如遇这种情况,则可采用尾水管平面转角的布置方式使机组间距不增加或少增加。

由于蜗壳尺寸与水轮机转轮直径 D_1 有关,故具体确定机组间距 L_1 时,可由以下水轮机转轮直径 D_1 为参数的经验公式来计算。

对于金属蜗壳(水头在 40~120m):

$$L_1 = 3.6D_1 + h \quad (\mathrm{m}) \tag{10-1-1}$$

式中,h=1~3.5m,水头高时取小值,水头低时取大值。

对于混凝土蜗壳(水头在 10~40m):

$$L_1 = 2.4D_1 + h \quad (\mathrm{m}) \tag{10-1-2}$$

式中,h=4.5~8m,水头高时取小值,水头低时取大值。

2. 安装间长度 L_2

以往设计中习惯采用经验长度系数来确定安装间的长度,如 $L_2=(1\sim1.5)L_1$ 或 $L_2=2L_1$。有时采用面积系数来确定安装间长度。安装间长度还与机组台数有关,当台数超过 4 台时,安装间的面积应稍大些。

3. 主厂房边机组段的附加长度 ΔL

一般大型水电站在安装发电机转子时多用两台吊车联合工作,由于吊装边机组时吊钩范围受主厂房端墙(山墙)的限制,因此边机组段需要增加一个附加长度(ΔL),附加长度一般为:

$$\Delta L = (0.2 \sim 1.0)D_1$$

4. 主厂房长度 L

综上所述,主厂房长度可按下式计算:

$$L = nL_1 + L_2 + \Delta L \tag{10-1-3}$$

式中　n——机组台数。

(二)主厂房宽度的确定

主厂房宽度应由厂房的水下部分与水上部分综合考虑确定。厂房水下部分宽度以机组纵轴线为界(见图10-1-1),由下游侧与上游侧两部分宽度组成。下游侧宽度 B_1 主要取决于蜗壳尺寸及下游混凝土的结构厚度。上游侧宽度 B_2 主要取决于蜗壳进口布置、主阀(有些厂房蝴蝶阀布置在厂内)和机组其他附属设备的布置。至于厂内的机械管路、电气出线和水工排水廊道等都应尽量利用已有空间进行布置,一般以不增加厂房宽度为原则。

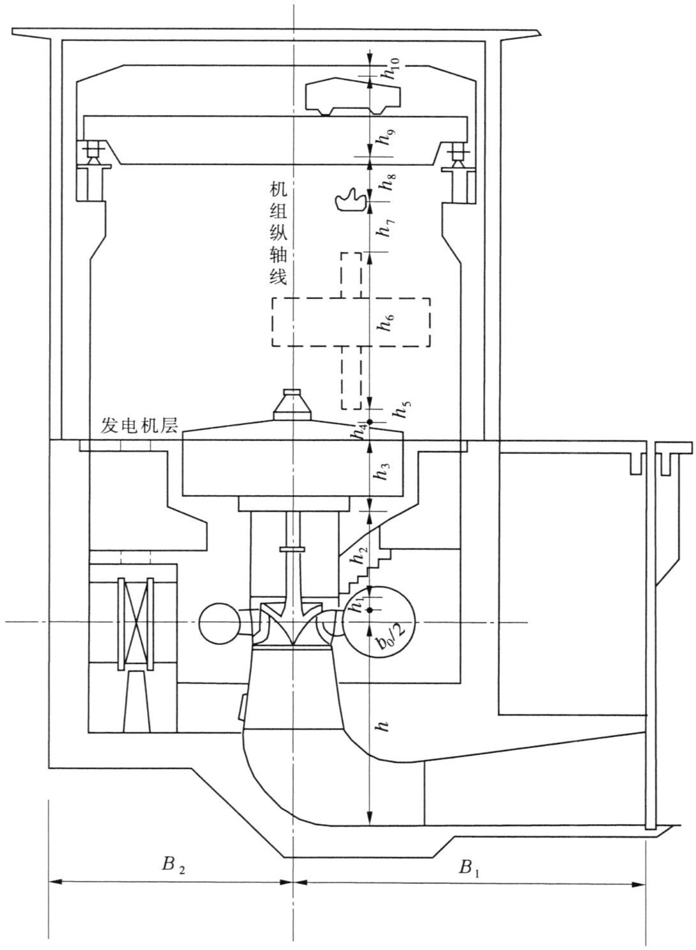

图10-1-1　厂房横剖面示意图

水下部分宽度在初设阶段也可采用一些经验公式估算。下游侧宽度 B_1 通常取尾水管长度($4.5D_1$):

$$B_1 = 4.5D_1 \tag{10-1-4}$$

式中　D_1——水轮机转轮直径,m。

上游侧宽度 B_2 为:

$$B_2 = \alpha D_1 \tag{10-1-5}$$

式中　α——系数，随转轮直径而异，当 $D_1 = 1 \sim 6$m 时，相应取 $\alpha = 1.8 \sim 6.0$。

厂房水上部分宽度根据发电机尺寸、调速器、压油装置以及发电机层上下游侧通道等布置要求，结合选择相应容量的吊车标准跨度确定。发电机层一般设主通道在下游侧，宽度为 1.7~2.2m，上游侧为辅助通道，宽度为 1.2~1.7m。

（三）主厂房高度的确定

主厂房高度由水下部分高度（发电机层以下）和水上部分高度两部分组成。水下部分高度取决于水轮机安装高程、尾水管高度、蜗壳尺寸、座环的上环下缘面至机坑踏脚板距离、水轮机坑高度以及尾水位高程等。水上部分高度取决于发电机的型式和尺寸、励磁机尺寸、发电机转子连轴长、水轮机转子连轴长、吊车高度以及吊装方式等。

1. 主厂房水下部分高度

1）水轮机吸出高度 H_s

为避免水轮机转轮受气蚀破坏，必须根据水轮机的吸出高度来确定其安装高程。水轮机吸出高度按下式计算：

$$H_s = 10 - \frac{\nabla}{900} - (\sigma + \Delta\sigma)H - 1 \quad (\text{m}) \tag{10-1-6}$$

式中　H——计算水头，m；

∇——水电站所在地点的海拔高度，m；

σ——气蚀系数，可由有关气蚀系数与比转速的关系曲线图查得；

$\Delta\sigma$——气蚀系数修正值，可由有关气蚀系数修正值与水头的关系曲线查得。

为了设计与安装的方便，常常用名义吸出高度 H'_s 确定安装高程。对立轴混流式水轮机，名义吸出高度定义为最低尾水位至导水机构中心线的高度，即

$$H'_s = 10 - \frac{\nabla}{900} - (\sigma + \Delta\sigma)H - 1 + \frac{b_0}{2} \tag{10-1-7}$$

式中　b_0——导水机构高度。

如求得的 H'_s 为正值，则水轮机安装高程在最低尾水位之上，反之在最低尾水位之下。最低尾水位一般指只有一台机组发电时的尾水位，并应考虑下游可能受到冲刷而对尾水位的影响。

2）水下部分高度 H_1

水轮机安装高程确定后，厂房水下部分高度可由下式计算（以图 10-1-1 的混流式水轮机悬式发电机为例）：

$$H_1 = h + \frac{b_0}{2} + h_1 + h_2 + h_3 \tag{10-1-8}$$

式中　h——尾水管高度，查有关尾水管尺寸表；

h_1——座环的上环下缘面至机坑踏脚板距离；

h_2——机坑高度；

h_3——发电机下机架底部至发电机层距离。

h_1、h_2、h_3 均与机组尺寸及安装高程有关，可由厂房布置确定。

在初设阶段，厂房水下部分高度也可由下列经验公式估算：

$$H_1 = 0.16D_1^2 + 2.8D_1 + 4 \quad (m) \tag{10-1-9}$$

2. *厂房水上部分高度（厂房内净高 H_2）*

厂房水上部分高度习惯上从发电机层算起。不管安装间是否与发电机布置在同一高程，水上部分的高度必须满足下列要求：

（1）使吊车吊运发电机转子连轴或水轮机转轮连轴能顺利地通过运行机组，吊运的空间通道应满足吊车直线运输，避免吊运转子时碰坏周围设备。起吊件与固定物（楼板、设备）的垂直安全距离不小于 0.3m，水平安全距离不小于 0.5m。

（2）使主变压器进厂，并利用吊车进行卸车及吊出铁芯或钟罩。

（3）使水轮机顶盖能利用吊车进行翻修。

（4）使水轮机转轮能利用吊车进行翻修。

（5）使发电机定子能利用吊车进行翻身立起。

（6）使所有设备进厂均能利用吊车顺利卸车。

在满足上述条件确定吊车轨顶高程后，加上吊车的总高度并留出小车至天棚底（或梁底）必要的净空即为厂房水上部分净高（见图 10-1-1），即：

$$H_2 = h_4 + h_5 + h_6 + h_7 + h_8 + h_9 + h_{10} \tag{10-1-10}$$

式中 h_4——发电机上机架露出发电机层楼面的高度；

h_5——垂直安全距离（不小于 0.3m）；

h_6——发电机转子连轴长或水轮机转轮连轴长；

h_7——吊装高度；

h_8——吊钩极限位置至吊车轨顶距离；

h_9——吊车总高度；

h_{10}——净空，与屋面结构型式有关，当采用肋形结构或屋架结构时，$h_{10} = 0.2 \sim 0.5$m（指顶梁底或屋架下弦底算起，小车检修可在两主梁或两榀屋架之间进行）；当采用整片屋面厚板时，可在安装间部位留出小车检修用的空间，而不必过多地抬高厂房高度。

五、厂房内部布置

（一）发电机层布置

发电机层为安放水轮发电机组及其辅助设备和仪表表盘的场地，又是运行人员巡回检查机组、监视仪表的场所。故发电机层内布置要求整洁、明亮，并适当考虑美观，达到安全经济、方便运行的目的。

（1）发电机布置一般有定子埋入式布置、上机架埋入式布置及定子外露式布置等几种方式。前两种布置方式的发电机层要抬高，增加厂房高度，但发电机层显得比较宽敞，水轮机层也由于层高加大，有空间可布置夹层，对设备布置和防潮有利。但后一种定子外露式布置目前国内很少采用。励磁机的布置有埋入或外露两种，但考虑发电机层的美观和运行人员检监方便等因素，一般倾向于外露布置。近年来有些电站采用静子励磁方式，从而取消了励磁机，在这种情况下可适当降低厂房高度。

(2)发电机层应尽量布置在最高尾水位之上,并与安装间同一高程。有的水电站因尾水位太高,采用同一高程布置有困难,这时,只得将发电机层的地面和安装间取用不同高程,把安装间抬高到最高尾水位之上,形成发电机层有两个高程的布置。

(3)发电机可以布置在发电机层室的正中,也可偏向一侧。在大型水电站中,发电机多数偏向上游一侧,而把吊运转子的主通道放在下游一侧。上游侧楼面上布置有机旁盘、励磁盘、调速器及压油装置等。机旁盘主要是为了就近操作发电机开停机用的,还用于机组检修后调试机组,所以应布置在发电机层靠近发电机的地方。机旁盘由机组自动操作盘、保护盘、制动盘等组成,每台机组3~5块(中型机组),盘前空地至少要有1.8~2.0m过道,便于运行人员巡视操作,盘后离墙壁应留有0.8~1.0m检修过道。对于采用直流励磁方式的电站,一般均设有3~5块励磁盘。励磁盘最好与机旁盘布置在一起,便于调试、监视并节省电缆。也有电站将励磁盘布置在与发电机层同一高程的生产副厂房内。调速器与机旁盘布置在同一侧有利于运行人员检查监视。下游侧楼面设备较少,可考虑作为主通道,宽度一般不小于1.5~2.0m并贯通全厂。上游侧过道留的宽度较狭窄,为1.0~1.2m。

(4)发电机消防设施宜布置在发电机层,这样对处理事故有利。发电机制动闸一般都设在发电机层机旁盘或调速器附近,以便运行人员操作。

(5)发电机层平面设备布置应考虑在吊车主、副钩的工作范围线内,致使楼面所有设备都能由厂内吊车起吊。在吊钩工作范围线内应设有供安装检修必需的吊物孔,以沟通上下层之间的运输。大型电站最好每台机组设一个吊物孔,这样当一台机检修时不致影响相邻机组的正常运行。吊物孔宜布置在设备较少的一侧,平时用铁盖板盖住。

(二)安装间布置

(1)安装间是主厂房的一部分,其位置可在主厂房的一端,也可在主厂房的中间,位置确定主要取决于对外交通的路线。已建电站中多数在主厂房的一端,少数电站因地制宜,有布置在厂房中间的,如刘家峡、回龙寨等电站。

(2)安装间的高程应与进厂交通一致,并与发电机层最好在同一高程。如主变压器须进厂检修,为了不增加厂房高度,宜在安装间设一变压器坑以吊出铁芯或吊走钟罩。安装间还要考虑设置发电机转子检修坑,坑的尺寸决定于主轴法兰盘的大小,并在每侧多加宽0.25m。有的电站在安装间还设有水轮机转子坑。厂内有两台吊车工作的安装间要考虑安放平衡梁的布置。有的电站在安装间设有地锚,供吊车作静载试验用。

(3)安装间大门尺寸要满足运输车辆进厂的要求。通行标准轨距的火车,其宽度一般不小于4.2m,高度不小于5.4m;通行载重汽车的大门宽度一般不小于3.3m,高度不小于4.5m;如大型平板车进厂,大门宽度也不能小于4.2m。另外,有的电站主变压器需进厂检修,则安装间大门尚需根据主变压器尺寸确定。有时为了减小尺寸,主变压器进厂可采取底座轮子转向,拆除周围散热器等措施。

(三)水轮机层布置

(1)水轮机层习惯上是指发电机层以下,蜗壳大块混凝土以上的这部分空间。如空间较大,也可在中间布置夹层。水轮机层通常布置机电附属设备及管线,因此最好能采取合理的分区布置方式,力求避免机电管线交叉现象。我国有不少电站采取了电与机分别布置在厂房纵轴线上下游侧的布置方式，不但维护检修方便，同时也提高了运行的可靠性。当然，电气布置在哪一侧与发电机出线方向、变压器的位置有关。水力机械的回复机构要与调速器、作用筒的位置一致。

(2)电气设备布置在该层的主要有发电机引出线(母线)、中性点引出线、母线廊道和电缆廊道等。在发电机引出线侧和中性点侧都装有电流互感器，一般安装在风罩外壁或机墩外壁上，在发电机引出线侧还装有电压互感器，一般装置在与主厂房平行的副厂房中，与发电机低压开关柜布置在一起，其优点是便于集中维护管理。电压互感器也有安置在机墩外壁的。以上这些外露带电的电气设备必须设置保护网加以围护。

(3)水轮机层还有水力机械接力器的回复机构，各种油、气、水管及其操作阀门等。水轮机导水机构的作用筒以及回复机构的结构(刚性或软性)和布置决定调速器的位置。如为金属蜗壳，则在正 Y 方向蜗壳尺寸最小，作用筒可布置在上游侧，回复机构采用刚性连接，拐臂不长。此时调速器可相应在正 Y 轴左右一定范围内布置。如水轮机采用的是混凝土蜗壳，则作用筒的位置不受蜗壳尺寸限制，调速器可在机组周围任何位置布置。

(4)水轮机层内机墩占了很大的空间与面积，因此要充分利用机墩周围的场地。一般大型机组冷却水环管均布置在机墩外围，操作检修方便。对水质较好的电站，冷却水环管也可采用埋在机墩内的布置方式，而在机墩外面设操作阀门及水力观测仪表。机组的油、气管一般布置在水轮机层的下游侧空间里(贴着下游侧墙壁布置或吊在发电机层楼板底下)。

(5)水轮机层上、下游侧须留出沟通上、下层吊物孔及楼梯的位置以及必要的过道。主要过道的宽度不宜小于1.2~1.6m。水轮机机墩壁上设一进人孔，进人孔的大小应满足水轮机导轴承、接力器和导水叶等检修的需要。进人孔尺寸一般宽为1.2~1.8m，高度不小于1.8~2.0m，且斜坡不能太大，平面位置最好与 Y 轴成45°角。

(6)水轮机层的防潮、采光、自然通风等均逊于发电机层，故一般不宜布置值班人员工作室及检修人员的休息室。

(四)蜗壳层及蝴蝶阀的布置

蜗壳层除去蜗壳过水部分外，均为大体积混凝土，布置较为简单。有些引水式电站一根总管供数台机组发电用水，往往在蜗壳进口前设置一道事故快速闸门(如球阀或蝴蝶阀)。

球阀或蝴蝶阀可布置在厂内，也可设在厂前专用的阀室内。其用途是当机组发生事故或检修时能及时切断水流而不影响其他机组正常运行。根据运行经验，球阀或蝴蝶阀设在厂内是安全可靠的。布置上由于受球阀或蝴蝶阀中心线至机组纵轴线的距离不小于两倍球阀或蝴蝶阀直径的要求，又要利用厂内吊车安装与检修阀门，这样须适当增加一些厂房宽度。球阀或蝴蝶阀设在厂外在安全上更能得到保障，但需专建一座阀室并增加一套起重设备。球阀或蝴蝶阀设在厂内或厂外要根据电站具体情况，经技术经济比较确定。

(五)检查(排水)廊道及水泵室的布置

一般电站在蜗壳层以下的上游侧或上、下游侧均设有检查(排水)廊道，作为运行人员进入蜗壳、尾水管检查的过道，有的电站还同时兼作至水泵室集水井的过道。由于检查廊道高程较低，厂内渗漏水可考虑汇集于此再排至集水井。集水井位于全厂最低处，其作用不仅要求能容纳运行时的渗漏水，还要求担负机组检修时的集、排水。集水井的容积应根据全厂渗漏量、一台机组排水量与水泵的抽水量等指标计算确定。

排水泵室一般布置在集水井的上层，有楼梯、吊物孔与水轮机层连接。一般电站将渗漏排水泵与检修排水泵分设两套设备，互为备用，一套设备发生事故时另一套投入运行，不致水淹厂房。有的电站采用深井水泵作为渗漏排水泵布置在水轮机层，而将检修排水泵布置在排水泵室。电站排水都通向下游尾水渠。

（六）副厂房布置

水电站的副厂房由两部分组成，即生产用副厂房和办公用副厂房。

生产用副厂房一般布置有配电装置室、母线廊道和电缆廊道、厂用变压器室、中央控制室、载波电话室、电缆夹层、蓄电池室和电气实验室等房间。如电站采用水冷发电机组，则尚需布置一套面积较大的水处理房间。除中控室外，生产用副厂房的位置最好布置在主厂房上游一侧，与主厂房并列布置，如坝后式厂房可设在厂坝之间的空间里，引水式厂房可布置在主厂房与后山坡之间的空间里。如厂房后山地形很陡，则副厂房宜布置在主厂房一端。也有把生产用副厂房布置在下游侧的尾水平台上。

发电机电压的母线廊道位置宜在发电机出线方向的一侧，并靠近主变压器、厂变压器的位置。其面积和层高取决于母线的数量和带电安全距离的要求。保护网的外侧应有足够宽的巡视通道。层高要考虑母线散热和运行人员工作的条件，净高一般不低于3.0m。

电缆廊道是供铺设中控室至变电站、发电机的操作电缆和动力电缆专用的长廊，其位置也宜在变电站及中控室的一侧。母线廊道及电缆廊道必须有防潮、防火措施。

配电装置室设有一系列的发电机电压及厂用电的开关柜（油开关、遮断器）、电抗器及相应的配电盘等设备。其数量及布置是根据电气主接线的方式而定。设置配电装置的各小室之间都要用钢筋混凝土防爆墙隔开，各小室要有各自的室内防爆设施，如门窗设有单独向外的直接通道，这样，各小室外侧最好能设一公用走廊。整个配电装置室至少应有两个经过楼梯间的向外独立出口，另外在布置中尚需考虑设备进厂的运输通道。

中控室为全厂的中枢，其位置最好能选择在变电站与机组之间，以节省电缆。其高程最好与发电机层同一高程，要有专用的最短通道通至发电机层及变电站，以方便运行，在选定中控室位置时还要考虑电站初期发电的需要。控制盘离墙壁的距离不得小于1m，两排盘之间的距离不得小于1.8m，以满足检修的要求。主环控制室盘前离墙壁应不小于4.5m，以满足放控制桌和运行监视的要求。一般中控室采用接近正方形或略为伸长的长方形布置型式，中控室的层高不宜太低，一般净高至少要在3.5~4.5m以上。中控室要求安静，因此在其周围上下的毗邻房间应避免布置有噪声和有振动的机电设备。中控室还要求通风良好、温湿度合适、采光均匀柔和。墙壁和天花板（吊棚）用软质纤维板或吸音板装饰，并涂一层无光泽的浅色油漆，避免反光耀眼。中控室要求干净，最好用木地板，或在水泥地面上铺塑料板或硬质纤维板，总之要做好中控室的通风、防潮、取暖、照明、隔音、防尘、防火和防震等设计。

六、厂房结构布置

水电站厂房一般为现浇的钢筋混凝土结构型式。水电站厂房的结构布置应与厂房内部布置结合一起考虑，它包括了厂房伸缩缝的设置，一期、二期混凝土的划分，厂房水下和水上结构布置等部分。

（一）伸缩缝布置

水电站厂房为防止地基不均匀沉陷，以及减少下部结构受基础约束产生的温度和干缩应力，必须沿厂房长度方向（纵向）设置永久的温度伸缩缝或沉降缝。当厂房基础为岩基的情况下，由于基础约束应力较大，大型水电站一般每台机组设一条永久伸缩缝，缝自基础通至厂顶，布置在两台机组之间，整个主机间是由若干机组段组成的，每个机组段成为独立的计算单元。中型电站也有每两台机设一条伸缩缝的。当厂房基础为软基的情况下，为了避免基础不均匀沉陷及加强厂房的整体性，一般在主机间不设永久伸缩缝。对于多机组的厂房，为了减少混凝土干缩和大体积混凝土水化热温升给结构带来的不利影响，可在施工期设置临时缝，临时缝两侧均需留出钢筋，施工完毕后焊接骑缝钢筋并用水泥砂浆将缝灌好。在任何地基情况下，厂房与大坝（坝后式）、主机间与安装间、主厂房与副厂房之间均需设置沉降缝，以避免两个不同性质的建筑物因地基应力相差太大而引起裂缝。永久缝缝宽一般为2cm，缝间填沥青油毡。厂房水下结构的永久缝、临时缝都要有止水装置，以防渗漏。

（二）厂房水下结构布置

厂房的水下部分结构大多是现场浇筑的钢筋混凝土整体结构，其中机墩、蜗壳和尾水管等占了很大的空间。余下的部位中，一部分是作为厂房基础的实体底板，另一部分是浇筑在底板上的厂房四周底墙（主机间下游侧底墙是以尾水管扩散段的顶板作为基础），无论底板、底墙均为整片的实体结构，第三部分是下游侧的尾水闸墩，闸墩的厚度根据尾水管的尺寸及布置上的需要确定。上述这些结构在岩基情况下，因机组之间均有永久伸缩缝隔开，每个机组段可视为相同的独立单元进行结构布置与计算，以便设计与施工。

由于机组到货一般均迟于土建的施工期，因此厂房混凝土需分期浇筑。一期、二期混凝土浇筑的范围划分如下：一期混凝土包括底板、底墙、尾水管、尾水闸墩、尾水平台和除发电机层楼板以外的厂房水上部分结构（包括安装间）；二期混凝土包括蜗壳、机墩、风罩及发电机层楼板等。一期混凝土形成以后能否利用厂内吊车进行机组安装是厂房水下结构布置考虑的原则之一。另外，机组安装顺序与浇筑程序的相互配合，一期、二期混凝土在各个时期相互间的受力关系也要同时考虑。

（三）厂房水上结构布置

当厂房长、宽、高及机组间距确定以后，即可进行排架、屋面系统、吊车梁及各层楼板等水上结构布置。排架在伸缩缝处一般设双柱，分别受力，但也有仅设单柱而将吊车梁做成跨缝的简支结构。由于受水下部分孔洞（主要是上游的钢管孔、蝴蝶阀坑和下游的尾水管）及边机组段加长的影响，柱距常常不能沿厂房全长等距布置，从而增加了结构计算的工作量。但在某些场合下，如上游底墙较厚并且较高，上游柱脚可假定在墙顶处固定；如下游有很厚的尾水闸墩与底墙整体浇筑，则下游柱脚可抬高至闸墩顶部固定，此时柱距的布置就不受墙上大孔洞削弱的影响，可有条件布置成等距。吊车梁多数是布置成单跨简支形式，现浇的吊车梁也有布置成多跨连续梁。

水电站厂房屋面结构型式常用有以下几种：有由于厂顶泄洪或特殊需要采用现浇的整片厚板结构；有采用屋面大梁与吊车柱整浇一起的排架结构；又有采用预制大型屋面板

与大跨度屋架的装配式结构等。究竟采用哪种结构型式，要根据电站的规模、对电站的要求以及施工的条件确定。同样，为方便设计与施工，厂房水上结构主机室的布置应尽量做到系列化、规格化，将每一机组段（边机组段除外）都布置成相同的结构型式。

七、地面厂房整体稳定分析及地基应力计算

引水道岸边式厂房或坝后式厂房，当尾水位不高，一般不需要验算厂房的稳定性。但对下游水位特别高的厂房，以及厂房上游水下部分墙身有可能承受山岩压力、填土压力、地下水压力时，要验算厂房的抗浮稳定和抗滑稳定，包括尚未安装机组、二期混凝土尚未浇筑的机组段。对厂坝连接的坝后式厂房要验算厂房承受大坝推力的稳定性。

河床式厂房是挡水建筑物，必须进行厂房的总体稳定分析，其要求与大坝相同。

（一）荷载组合

厂房承受的荷载组合情况可分为基本组合及特殊组合两种。基本组合是厂房在正常运行情况下的荷载组合；特殊组合是厂房在非常运行情况下的荷载组合。

荷载组合一般应按表 10-1-1 的规定进行计算，必要时考虑其他可能的不利组合。

表 10-1-1　厂房稳定分析荷载及组合

序号	力的方向及组合情况	荷载说明及其组合
1	垂直力	① 自重 W_1；② 水重 W_2；③ 机电设备重 G；④ 基础扬压力 U
2	垂直力总和	$\sum V = W_1 + W_2 + G - U$
3	水平力	① 上游水压力 P_1；② 下游水压力 P_2；③ 浪压力 P_3；④ 泥沙压力 P_4；⑤ 风压力 P_5；⑥ 地震时结构惯性力 P_6；⑦ 地震时水的激荡力 P_7；⑧ 水压力 P_8 等
4	水平力总和	$\sum H = P_1 - P_2 + P_3 + P_4 + P_5 + P_6 + P_7 + P_8$
5	正常运行情况（一） 正常运行情况（二）	$\sum V = W_1 + W_2 + G - U$；$\sum H = P_1 - P_2 + P_3 + P_4 + P_5 + P_8$；水位为正常水位 同上，此时上下游水位采用与建筑物等级相应的设计频率水位
6	特殊组合（一）	$\sum V = W_1 + W_2 + G - U$；$\sum H = P_1 - P_2 + P_3 + P_4 + P_5 + P_8$；水位为非常水位
7	特殊组合（二）	$\sum V = W_1 + W_2 + G - U$；$\sum H = P_1 - P_2 + P_3 + P_4 + P_5 + P_6 + P_7 + P_8$；水位为正常水位
8	其他情况	机组大修：$G = 0, W_2 = 0, P_6 = 0, P_7 = 0$；施工情况：$G = 0, W_2 = 0, W_1$ 按实际计算，亦不计地震

（二）荷载

（1）厂房各部分结构自重应按其几何尺寸及容重计算。

（2）厂房内机电设备重量只计算固定的主要设备，不考虑附属设备及非固定设备重量。

（3）水重应按实际体积及容重计算，对于多泥沙河流的水容重应考虑实际含沙量的影响。

（4）作用于厂房基础的扬压力，应按全部计算截面积考虑。

①河床式厂房的扬压力计算图形，应按《混凝土重力坝设计规范》（DL5108—1999）采用。

②坝后式与岸边式厂房的扬压力计算图形，可根据厂房基础的地质条件及防渗和排水等情况参照《混凝土重力坝设计规范》（DL5108—1999）采用。对于厂坝整体连接或永久变形缝已用止水封闭的坝后式厂房，扬压力的计算图形应与坝体共同考虑。

当洪峰历时短时，水电站厂房扬压力的计算图形可考虑时间效应，经论证研究确定。

（5）作用于厂房的填土及堆渣的侧向压力一般按主动土压力或静止土压力计算。填土及堆渣的容重和内摩擦角或侧压力系数，可根据工程类比确定。

（6）泥沙压力、浪压力、冰压力，可按《混凝土重力坝设计规范》（DL5108—1999）的规定采用。

（7）地震力包括地震惯性力、地震动水压力、地震动土压力等。各种地震力应按《水工建筑物抗震设计规范》（DL5073—2000）的规定采用。

（三）整体稳定及地基应力计算

厂房整体稳定及地基应力计算的内容一般包括沿地基面的抗滑稳定和厂房基础面上的垂直正应力。当厂房地基内部存在不利于厂房整体稳定的软弱层面时，还应进行厂房深层抗滑稳定性计算。对高尾水位的厂房，必要时还应验算其抗浮稳定性。

厂房整体稳定及地基应力计算，应分别以中间机组段、边机组段及安装间段作为一个独立的整体进行计算，每段计算的整体稳定性及地基应力，必须满足所规定的安全度。边机组段及安装间段有侧向水压力作用时，还必须核算双向水压力作用下的整体稳定性及地基应力。

厂房整体抗滑稳定性可按下列抗剪断强度公式或抗剪强度公式计算。对于河床式厂房及与坝体有联合作用的坝后式厂房，其计算公式选择及安全系数宜与拦河坝相协调。

（1）抗剪断强度的计算公式：

$$K' = \frac{f' \sum W + C'A}{\sum P} \tag{10-1-11}$$

式中 K'——按抗剪断强度计算的抗滑稳定安全系数，按表 10-1-2 采用；

f'、C'——滑动面的抗剪断摩擦系数及抗剪断凝聚力，kPa；

A——基础面受压部分的计算截面积，m^2；

$\sum W$—— 全部荷载对滑动面的法向分值（包括扬压力），kN；

$\sum P$—— 全部荷载对滑动面的切向分值（包括扬压力），kN。

(2)抗剪强度的计算公式：

$$K = \frac{f\sum W}{\sum P} \tag{10-1-12}$$

式中 K——按抗剪强度计算的抗滑稳定安全系数，按表 10-1-2 采用；

f——滑动面的抗剪摩擦系数。

f'、C'及f值，应参考室内试验及野外试验的成果，结合有关因素分析研究确定。

厂房整体抗滑稳定安全系数应满足表 10-1-2 的规定。

表 10-1-2　抗滑稳定安全系数 K、K'

抗滑稳定安全系数	荷载组合		
	基本组合	特殊组合	
		无地震	有地震
K	1.1	1.05	1.0
K'	3.0	2.5	2.3

(3)厂房抗浮稳定性可按下列公式计算：

$$K_f = \frac{\sum W}{U} \tag{10-1-13}$$

式中 K_f——抗浮稳定安全系数，任何情况下不得小于 1.1；

$\sum W$—— 机组段(或安装间段) 的全部重量 ,kN；

U——作用于机组段(或安装间段)的扬压力总和，kN。

抗浮稳定性计算可选择特殊组合的(1)机组检修、(2)机组未安装、(3)非常运行三种情况中最不利的情况进行。

(4)厂房地基面上的垂直正应力，可按下列公式计算：

$$\sigma = \frac{\sum W}{A} \pm \frac{\sum M_x y}{J_x} \pm \frac{\sum M_y x}{J_y} \tag{10-1-14}$$

式中 σ——厂房地基面上的垂直正应力，kN/m^2；

$\sum W$——作用于机组段(或安装间段)上全部荷载(包括或不包括扬压力)在计算截面上法向分力的总和，kN；

$\sum M_x$、$\sum M_y$——作用于机组段(或安装间段)上全部荷载(包括或不包括扬压力)对计算截面形心轴 x、y 的力矩总和，kN · m；

x、y——计算截面上计算点至形心轴 y、x 的距离，m；

J_x、J_y——计算截面对形心轴 x、y 的惯性矩，m^4；

A——基础面受压部分的计算截面积。

当尾水底板为分离式或厚度较薄，不能将荷载传递到其下地基时，则此部分底板不应计入计算截面。

当地基条件较复杂又不宜用本条规定的方法计算时，可采用有限元法或其他合适的方法进行计算。

厂房地基面上的垂直正应力应符合下列要求：

①厂房地基面上所承受的最大垂直正应力：无论是何种型式的厂房，在任何情况下均不应超过基岩的允许压应力。在地震情况下基岩允许压应力可适当提高。

②厂房地基面上所承受的最小垂直正应力(计入扬压力)：对于河床式厂房无论正常运行或非常运行情况都应大于零，只有在地震情况下才允许出现不大于 $100kN/m^2$ 的拉应力；对坝后式及岸边式厂房，正常运行情况，一般应大于零，非常运行情况允许出现不大于 $100\sim200kN/m^2$ 的局部拉应力，地震情况如出现大于 $100\sim200kN/m^2$ 的拉应力，应进行专门论证。

(四)地面厂房的基础处理

位于岩基上的厂房一般只要挖去覆盖层及强风化层后，弱风化或微风化岩石都可以作为厂房基础。但河床式厂房以及准备取消尾水管底板的厂房，要求较高，最好放在新鲜完整的基岩上或微风化基岩上。

对新鲜基岩可不进行固结灌浆。对微风化和弱风化基岩以及渗漏量大的基岩要进行固结灌浆，孔距一般为 3.0m 左右，孔深 5~8m。对河床式厂房基础要求与大坝相同，除固结灌浆外，还必须进行帷幕灌浆，孔距 2.0m 左右，孔深至透水率 3Lu 即可。

对小的断层破碎带和浅的软弱夹层的处理，一般采取挖除后回填混凝土塞。如遇大的构造破碎带，挖除后设跨越结构——钢筋混凝土厚板或少筋深梁。

厂房后山坡及邻近的滑坡构造要加以重视，其处理办法有削坡减载、降低地下水、截住地表水、防止前池和调压井等的渗漏水，以及不挖坡脚和保护坡脚等。

八、地面厂房结构设计

(一)般规定

(1)地面厂房结构采用概率极限状态设计原则，以分项系数设计表达式进行设计。

(2)厂房结构设计应根据承载能力极限状态及正常使用极限状态的要求，分别按下列规定进行计算和验算。

①承载能力：厂房所有结构构件均应进行承载能力计算；对需要抗震设防的结构，尚应进行结构的抗震承载能力计算。

②变形：对使用上需要控制变形的结构构件，如吊车梁、厂房构架等，应进行变形验算。

③裂缝控制：对承受水压力的下部结构构件，如钢筋混凝土蜗壳、尾水管、闸墩、胸墙及挡水墙等，应进行抗裂或裂缝宽度验算；对使用上需要限制裂缝宽度的上部结构构件，应进行裂缝宽度验算。

(3)厂房结构设计应根据水工建筑物的级别，采用不同的水工建筑物结构安全级别。结构安全级别及对应的结构重要性系数 γ_0 可按表 10-1-3 的规定采用。

(4)厂房结构应根据在施工、安装、运行、检修等不同时期可能出现的不同作用、结构体系和环境条件，按下列三种设计状况设计：

表 10-1-3　水工建筑物结构安全级别及结构重要性系数

水工建筑物级别	结构安全级别	结构重要性系数
1	Ⅰ	1.1
2、3	Ⅱ	1.0

——持久状况；

——短暂状况；

——偶然状况。

三种设计状况均应按承载能力极限状态进行设计。对持久状况还应进行正常使用极限状态设计；对短暂状况可根据需要进行正常使用极限状态设计；对偶然状况可不进行正常使用极限状态设计。

对应持久状况、短暂状况和偶然状况的设计状况系数 ψ 分别按 1.0、0.9 和 0.8 取值。

(5)结构上的作用，按作用随时间的变异可分为下列三类：

——永久作用；

——可变作用；

——偶然作用。

厂房结构设计作用分类及分项系数可按表 10-1-4 的规定采用。

(6)按承载能力极限状态设计时，应考虑下列两种作用效应组合。

①基本组合：持久状况或短暂状况下，永久作用与可变作用的效应组合，并应采用下列设计表达式

$$\gamma_0 \psi S(\gamma_G G_K, \gamma_Q Q_K, \alpha_K) \leqslant \frac{1}{\gamma_{d1}} R\left(\frac{f_K}{\gamma_m}, \alpha_K\right) \tag{10-1-15}$$

式中 γ_0——结构重要性系数，按表 10-1-4 取用；

ψ——设计状态系数；

$S(\cdot)$——作用效应函数；

$R(\cdot)$——结构抗力函数；

G_K——永久作用标准值；

γ_G——永久作用分项系数，按表 10-1-4 取用；

Q_K——可变作用标准值；

γ_Q——可变作用分项系数，按表 10-1-4 取用；

α_K——几何参数标准值；

γ_{d1}——基本组合的结构系数，根据结构型式，按有关规范或工程经验选用；

f_K——材料性能标准值；

γ_m——材料性能分项系数，按有关规范选用。

②偶然组合：偶然状况下，永久作用、可变作用与一种偶然作用的效应组合，并应采用下列设计表达式

表 10-1-4　厂房结构作用分类及分项系数

序号	作用类型	作用名称	分项系数
1	永久作用	结构自重	1.05(0.95)
2		永久机电设备重	1.05(0.95)
3		土压力	1.2
4		淤沙压力	1.2
5	可变作用	静水压力	1.0
6		浪压力	1.2
7		扬压力(包括渗透压力和浮托力)	1.0
8		水锤压力	1.1
9		淤沙压力	1.2
10		楼面活荷载	1.2
11		吊车、门机荷载	1.2
12		屋面活荷载	1.2
13		风荷载	1.3
14		冰压力	1.1
15		雪荷载	1.3
16		机电设备动力荷载	1.2
17		温度作用	1.1
18		施工或安装荷载	1.2
19	偶然作用	地震作用	1.0
20		校核洪水位时的静水压力	1.0
21		机组短路或飞逸时动力荷载	1.0

注:括号内的数值为当作用效应对结构有利时采用。

$$\gamma_0\psi S(\gamma_G G_K,\gamma_Q Q_K,A_K,\alpha_K) \leqslant \frac{1}{\gamma_{d2}}R(\frac{f_K}{\gamma_m},\alpha_K) \qquad (10\text{-}1\text{-}16)$$

式中　A_K——偶然作用代表值;

γ_{d2}——偶然组合的结构系数,根据结构型式,按有关规范或工程经验选用;

Q_K——与偶然作用同时出现的可变作用标准值。

(7)按正常使用极限状态设计时,应考虑下列两种作用效应组合。

①短期组合:持久状况或短暂状况下,可变作用的短期效应与永久作用效应的组合,应采用下列设计表达式

$$\gamma_0 S(G_K,Q_K,f_K,\alpha_K) \leqslant C_1 \qquad (10\text{-}1\text{-}17)$$

②长期组合:持久状况下,可变作用的长期效应与永久作用效应的组合,并应采用下列设计表达式

$$\gamma_0 S(G_K,\rho Q_K,f_K,\alpha_K) \leqslant C_2 \qquad (10\text{-}1\text{-}18)$$

式中　C_1、C_2——结构功能限值;

ρ——可变作用长期组合系数($\rho<1$),可参照有关规范规定及工程经验取用。

(8)对直接承受动荷载作用的结构在进行静力计算时应考虑动力系数,其数值可按表 10-1-5 的规定采用。其动力作用只考虑传至直接承受动力荷载的结构,其他部分计算时可不考虑。

表 10-1-5 动力系数

序号	动荷载种类	动力系数	说明
1	吊车竖向轮压、门机轮压	1.05	
2	机动车辆轮压	1.20	包括汽车、拖车轮压
3	搬运、装卸重物	1.10~1.20	
4	电动机、通风机	1.20~1.50	
5	水轮发电机垂直、水平动荷载	1.50~2.00	圆筒式机墩取小值,环形梁柱式、构架式机墩取大值

(9)厂房各部位混凝土除应满足强度要求外,并应根据所处环境条件、使用条件、地区气候等具体情况分别提出抗渗、抗冻、抗侵蚀、抗冲刷等耐久性要求。混凝土强度等级可按表 10-1-6 的规定采用;其他耐久性等级按《水工混凝土结构设计规范》(SL/T191—96)、《水工建筑物抗冰冻设计规范》(SL211—98)中有关规定采用。

表 10-1-6 厂房结构各部位混凝土强度等级

序号	结构部位	强度等级	说明
1	大体积基础	≥C15	
2	尾水管、蜗壳、机墩、风罩、尾水闸墩、水下墙等	≥C20	
3	水位变动区混凝土结构等	≥C25	
4	桥面梁、预制钢筋混凝土吊车梁、屋架等	≥C30	采用Ⅲ级钢筋时不低于 C35
5	预应力钢筋混凝土构件	≥C35	当采用高强钢丝、热处理钢筋作为预应力钢筋时,混凝土强度等级不宜低于 C40

(10)厂房结构的一般构件可只作静力计算,但对直接承受设备振动荷载的构件如发电机支撑结构等,还应进行动力计算。一般结构可按结构力学法计算,对于复杂结构,除用结构力学法计算外,宜采用有限元法进行计算分析,必要时可采用结构模型试验验证。

(11)厂房结构设计应与《水工建筑物荷载设计规范》(DL5077—1997)、《水工建筑物抗震设计规范》(SL203—97)、《建筑抗震设计规范》(GBJ11—89)、《水工混凝土结构设计规范》(SL/T191—96)配套使用。当结构设计引用其他专门设计规范时还应符合专门规范的有关标准和要求。

(二)尾水管结构设计

尾水管是水电站厂房水下部分的主要承重结构之一,它的内部形状和尺寸由水轮机制造厂通过水力模型试验确定。为了减少水力损失和厂房开挖量,目前大多采用弯形尾水管。尾水管结构设计的主要内容是确定周围混凝土尺寸,进行结构应力分析和截面设计。

弯形尾水管按其构造特点分为锥管段、弯管段和扩散段三部分。锥管段四周为大块体混凝土,一般不需进行结构计算;弯管段与扩散段则为顶板、底板、边墩和中间隔墩组成的复杂空间结构,计算较为繁杂。

在水轮机安装高程和尾水管内部形状尺寸确定以后，根据安装蜗壳所需的净高及操作廊道顶板结构厚度的要求，尾水管顶板厚度即可确定下来，一般按蜗壳周围二期混凝土与尾水管顶板之间的施工浇筑缝进行划分。尾水管顶板在顺水流方向通常是变截面的。

尾水管的底板同时也是厂房的基础板。若地基是坚硬完整的岩石，而且抗冲、耐磨性好，透水性小，则尾水管底板原则上可以取消，只做混凝土护面以减小糙率。有的工程则设计成0.3~1.0m厚的分离式底板，在结构上与中墩和边墩完全分开，整个厂房的荷载由墩子传至地基。若地基条件较差，则尾水管底板宜与边墩、中墩浇筑成整体结构，它的厚度由计算确定。大、中型工程整体式尾水管的底板厚度大多在1m以上，有的达2~3m。当底板为分离式时，应验算它在检修情况下的抗浮稳定。为了满足稳定要求，有时将分离式底板用锚筋锚固于基岩中，并在底板上开设排水孔，以减小浮托力。

为了减小顶板、底板的跨度，尾水管通常设置一个或两个中间隔墩，其形状、尺寸也是由制造厂通过试验确定。边墩尺寸与机组间距和每一区段上机组台数有关，当一个区段布置一台机组时，边墩最小厚度常在1.0m以上，有的达1.5~2.0m。如两台机组合一区段，边墩尺寸更大一些，但两台机组的尾水管之间的边墩可不分缝，减少一个边墩。

（三）水轮发电机机墩设计

机墩是水轮发电机组的支承结构，承受着巨大的静荷载和动荷载，是水电站厂房的重要结构之一。它必须具有足够的刚度、强度、稳定性和耐久性。

机墩的型式和尺寸，随水电站水头和机组容量的大小、发电机型式以及推力轴承的支承方式等的不同而不同。它必须满足机组安装、运行和检修等方面的要求，且便于施工。机墩主要有以下几种型式。

1. 圆筒式机墩

这是目前我国大中型水轮发电机（竖轴式）用得最多的一种型式。因为它刚度大、抗扭和抗震性能好，施工也不复杂。它的内径 d 与水轮机固定导叶的内径相同，一般为 $d=(1.30\sim1.40)D_1$，或 $d\geqslant D_i-(600\sim1\,500)\text{mm}$，此处 D_1 是水轮机转轮直径，D_i 为发电机转子直径。圆筒筒壁混凝土厚度取 $\delta=(\frac{1}{6}\sim\frac{1}{10})D$，并一般不小于1.0m，此处 D 为圆筒外径。在确定筒壁厚度时要兼顾到发电机定子固定螺栓的位置，以使机墩的荷载偏心距不致过大。图10-1-2(a)是圆筒式机墩的平剖面示意图，图10-1-2(b)所示的八角形机墩也是圆筒式的一种型式，这种型式机墩的外模可用平板而不用圆模。

2. 矮式机墩

这种机墩多用于中、低水头大容量机组的支承结构。它与蜗壳顶板实际上连成一体，是在蜗壳顶板上布置若干矮小的环向支墩，以支承水轮发电机组，如图10-1-3所示。

3. 环形梁式机墩

环形梁式机墩是由立柱和顶部环形梁组成。这种型式在结构上刚度较差，一般用于中小型机组的支承结构。其平剖面示意见图10-1-2(c)。

4. 平行墙式机墩

由两组平行的钢筋混凝土墙和底板组成，一般可用于高水头冲击式横轴机组的中型水电站，国内已有成功先例，其平剖面如图10-1-2(d)所示。

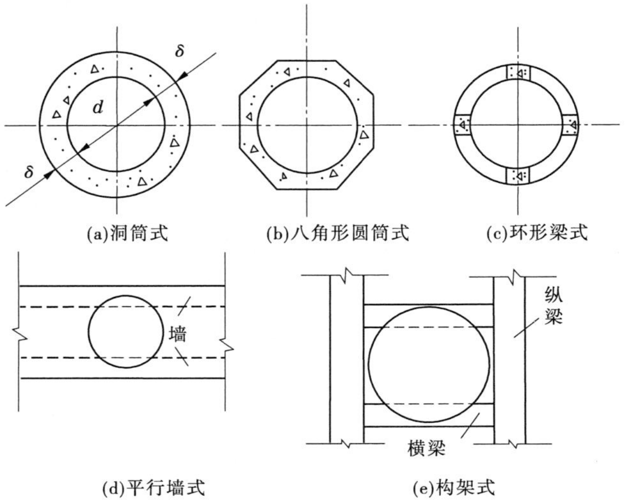

图 10-1-2　机墩型式示意图(平剖面)

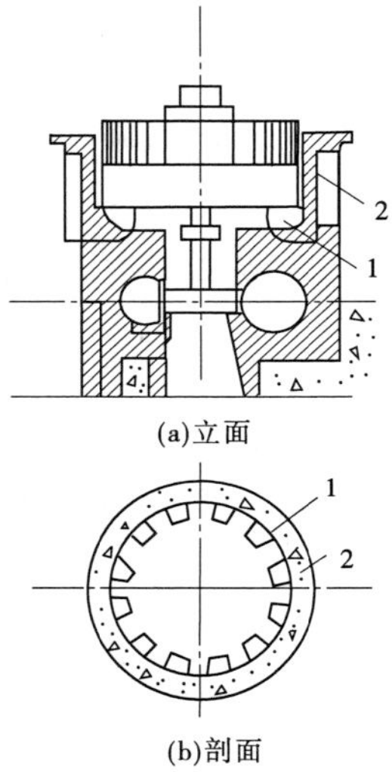

图 10-1-3　矮式机墩(定子基础和制动基础)示意图

1—矮机墩;2—风罩;

5. 构架式机墩

由构架横梁和纵梁组成,机墩刚度差,一般只用于小型机组,如图 10-1-2(e)所示。

(四)蜗壳设计

蜗壳是水轮机的过流部分,它的尺寸与断面形状由制造厂家根据水力模型试验确定。

在高、中水头的电站中,多采用金属蜗壳。其断面形状近似于不完全的圆形,如图 10-1-4 所示。这种蜗壳的内水压力完全由金属蜗壳本身承担,蜗壳上半部与外围混凝土之间用弹性垫层隔开,使上层结构(主要是机墩)传来的荷载完全由蜗壳外围的混凝土承担,而不传给金属蜗壳本身,因此对这种蜗壳,水工设计的任务在于布置蜗壳外围混凝土的结构,进行结构计算和截面设计,以及提出施工要求。至于金属蜗壳本身的设计则由制造厂家承担。

在低水头(水头低于40m左右)水电站中,多采用梯形断面的钢筋混凝土蜗壳。在我国,不仅河床式厂房采用这种蜗壳,而且在某些坝后式厂房中也采用。目前我国已建成或正在施工中的带有梯形断面蜗壳的大中型水电站有几十座。如长江葛洲坝水电站、黄河青铜峡水电站等。这种蜗壳结构既承受内水压力,又承受上部结构传来的荷载。由于这种蜗壳过流量大、且防渗要求又严、体型又较复杂,因此对设计和施工的要求都较高。

此外,我国有一些水头在30~50m的中型水电站,其在流量不大的情况下,曾成功地采用了承受内水压力的圆断面钢筋混凝土蜗壳。再有,对一些水头较高、流量较大的水电站,人们为减薄金属蜗壳钢板厚度,也曾提出研究钢板与外围混凝土联合受力的结构设计问题。

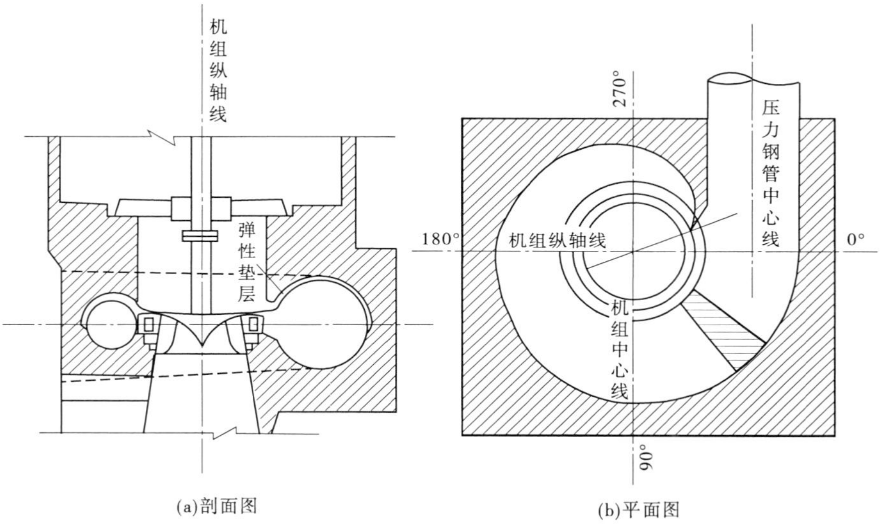

图 10-1-4　金属蜗壳外围混凝土结构

(五)水电站厂房吊车梁设计

吊车梁是直接承受吊车荷载的承重结构,是厂房上部的重要结构之一。

水电站厂房内大多采用电动桥式吊车。与一般工业厂房吊车相比,水电厂吊车具有以下一些特点:

(1)吊车起吊容量大。在大、中型水电站厂房中,吊车容量常达百吨以上,有的达400~500t,有时还常用两台吊车联合工作,制造厂家设计有专供水电厂用的2×50t~2×500t吊车。

(2)吊车工作间歇性大。水电厂吊车只是在机组安装和大修时才起吊最重件(一般为发电机转子连轴),所以吊车在最大负荷下工作的机会不多。不仅如此,平时吊车在一般负荷下工作的机会也不太多。

(3)操作速度缓慢。水电厂吊车无论是运行速度或起吊速度均较一般工业厂房吊车缓慢。

(4)水电厂吊车大多为软钩,轮压的动力系数较小,对结构受力有利。

因此，水电厂吊车的性质属于轻级工作制，吊车梁可不验算重复荷载作用下的疲劳强度。另外，近年来国内大、中型水电厂吊车一般都不做现场动载试验，而仅在安装间设置地锚，用液压测力器做静载试验，或由制造厂家在出厂前进行试验来保证质量。

我国水电厂吊车梁大多采用钢筋混凝土结构，也有采用钢结构的。钢筋混凝土吊车梁在施工上可分现浇、预制和叠合梁等型式。现浇的吊车梁可做成单跨简支或多跨连续结构。一般来讲，连续梁在材料利用上更合理些。如吊车梁采用连续梁型式，则在厂房伸缩缝处必须断开；预制的吊车梁大多做成单跨预应力混凝土结构；叠合梁也大多是单跨的。有一些水电站，连续式吊车梁先按简支梁施工，留出接头处的狭槽后填混凝土，使之成为整体。这种施工方法其钢筋接头难免集中在同一截面，受力不利。

吊车梁截面常用的有矩形、T 形和 I 字形等型式，至于像鱼腹式、桁架式、下撑组合式等变截面吊车梁，在大、中型水电厂内则很少采用。

上述几种截面型式及其尺寸的选择应根据吊车轮压的大小、分布和吊车梁的跨度等因素，并参照已建工程设计经验进行设计。由于水电厂吊车梁承受荷载较大，因此截面尺寸较一般梁大。梁的高跨比$\frac{h}{l}$一般取$\frac{1}{4}\sim\frac{1}{7}$；梁的高宽比$\frac{h}{b}$，矩形截面一般取 2~2.5，T 形和 I 字形截面，梁高与肋宽的比例有时可达 6~7；上翼缘宽度 b'_i 除满足承受水平荷载要求外，还应满足固定轨道的需要，一般取$\frac{1}{3}\sim\frac{2}{3}$梁高，且不小于 40cm；下翼缘宽度 b_i 主要决定于预应力钢筋的根数和排列，一般小于或等于上翼缘宽度；翼缘高度 h'_i、h_i 一般取$\frac{1}{5}\sim\frac{1}{8}$梁高。

对吊车梁材料的要求：现浇混凝土强度等级不得低于 C20，预应力混凝土强度等级一般宜用 C40；钢筋宜用Ⅱ级及Ⅱ级以上，预应力钢筋宜优先选用Ⅳ级、Ⅴ级或高强钢丝。钢筋混凝土吊车梁短期组合最大许可挠度为跨度 L_0 的 1/600。

(六)水电站厂房排架设计

水电站厂房排架是厂房上部的主要承重结构，它承受屋面、吊车、楼板、风雪等荷载。在高尾水位的电站还承受下游水压力。厂房排架一般采用钢筋混凝土结构，围护结构一般为砖墙，结构型式如图 10-1-5 所示。

与一般工业厂房相比，水电站厂房排架具有下述一些特点，这些特点须在排架设计中考虑：

(1)承受的荷载较大。大、中型水电站吊车容量常达百吨至数百吨，有时甚至达千吨；安装间楼板设计荷载常为 50~150kN/m^2，有的超过 200kN /m^2；发电机层楼板的荷载一般也有 20~70kN /m^2。荷载不仅大而且种类多。

(2)排架高度较高，通常 20~30m。主厂房一般为单层排架，安装间单层、多层均有。排架跨度一般为 10~25m，很少超过 30m，且大多是单跨排架。

(3)排架的构成大多采用实腹柱与实腹屋面大梁现场浇筑的整接型式，中型水电站也有采用实腹柱与预制屋架的铰接型式。有的电站因溢流或特殊需要，屋面采用整片厚板，围护结构采用钢筋混凝土墙，由厚的板、墙、柱整体浇筑构成排架。水电站厂房屋顶一

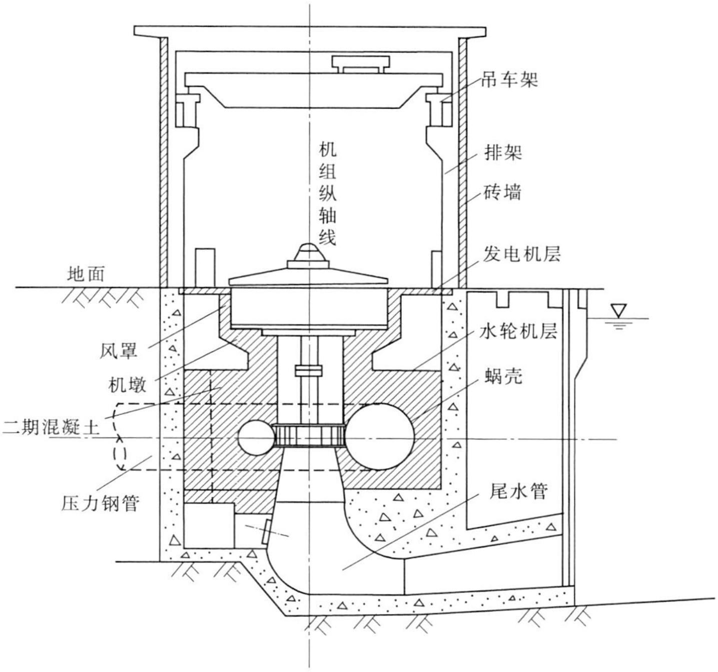

图 10-1-5　厂房剖面图

般不设天窗架。

(4)由于厂房水下结构开有各种类型孔洞及其他布置上的原因,使排架常常形成上、下游柱脚不同高程的不等高结构。

(5)由于水电站机组全部安装完成的历时较长,在二期混凝土未浇筑前即需使用排架,这样柱子高度增加,使排架长期处于不利的受力状态。

(6)排架屋面大梁(或屋架)施工与相邻机组的安装有时交叉进行,即厂房未封顶以前有可能提前使用吊车,使排架柱处于独立柱承载的不利受力状态。

(7)当屋顶采用现浇实腹屋面大梁或屋面厚板时,为了加快施工进度,节省模板支撑,有可能采用承重构架的施工方法。

(8)由于水电站厂房布置各不相同,带来排架的型式、尺寸、承载情况也不相同,设计较难标准化和定型化。

排架设计内容主要包括结构布置、荷载确定、内力计算、截面设计、施工详图等。结构布置应在厂房布置中统盘考虑,其中包括排架的型式、高度、跨度、间距和围护结构等。构件截面尺寸一般根据经验进行估算。横梁截面按(0.6~0.8)M_0 估算,M_0 为简支梁时的跨中最大弯矩,配筋率可为 1.5%~2.0%。柱按轴压构件估算,计入可能发生的轴向压力,然后将所得截面尺寸加大 50%~80%。初估截面尺寸时可参考已建工程的资料,并遵照有关梁、柱尺寸的构造要求。

九、灯泡贯流式机组厂房设计

灯泡贯流式机组厂房多为挡水厂房，厂房本身作为枢纽挡水建筑物的一部分。灯泡贯流式机组厂房通常采用的结构较为简单，厂房四周有足够高的挡水墙挡水，水库上游来水流量大于发电用水时，多余水量由泄水闸弃水。

（一）厂区布置

厂区布置应因地制宜，根据工程具体情况妥善安排好主副厂房、主变场地、开关站、尾水渠及进厂交通线路的相对位置，并与整体枢纽统一协调。

1. 进出口建筑物布置

进口建筑物布置包括进水渠、拦（导）沙坎、拦（导）污排布置。灯泡式河床电站厂房的进水渠可采用正向进水和侧向进水方式，两种进水方式均可满足厂房发电运行要求，采用何种形式取决于枢纽的具体情况，根据上游地形、河势及工程量等方面的条件选定。

灯泡机组安装高程通常较低，流道进口一般在河床平均高程以下，并低于其他泄水建筑物底坎高程。为防止河床推移质泥沙进入流道磨损转轮，机组进水渠一般均设有拦沙设施，拦截河床的推移质。拦沙坎的高度通常比进水渠底高 2～3m。如果河流中悬移质数量很大，应考虑拦一部分悬移质，此时其坎顶高程和剖面型式应经过计算和试验确定。拦沙坎的平面轴线形状应有利于泄水闸宣泄泥沙，拦沙坎的建基高程要考虑水库泄水时的冲刷影响，以保证其基础不被泄水水流淘刷破坏。

河流中下游污物很多，大量污物随水流流到厂房进水口前，堵塞进水口造成停机，影响发电效益。工程实践经验表明，在不断改进清污机性能，做好清污工作的同时，库区设置拦污建筑物不失为一种有效的工程措施。库区拦污建筑物通常采用拦污排。拦污排的形式多样，可采用锚缆固定拦污排，也可采用两端可随水位升降的活动系缆装置固定浮排。浮排轴线与坝轴线交角不可过小，以大于 65°为宜，这样可利用泄水闸水流将污物排往下游。浮排材料可采用竹、木、钢铁桶、钢筋混凝土浮箱等。

出口建筑物主要是尾水渠的布置，一般情况下，尾水渠底坡有一段反坡，逐渐升至下游河床，反坡段坡度不可过陡，应根据施工条件和水力学计算确定。厂房尾水渠和泄水闸之间通常以厂闸导墙隔开，导墙规模应结合水工整体模型试验确定。

2. 进厂交通布置

厂房的进厂方式大致可分为水平进厂和垂直进厂两大类。通常多采用水平直接进厂方式。

灯泡机组厂房多处河流中、下游，流量大、水位高，水平直接进厂有困难，有的电站则采用垂直进厂方式，即通过设在坝顶和进厂间的起吊设备进厂。在高尾水情况下，若采用直接进厂方式则须修建挡水墙或防洪门，并有必要的排水措施。

3. 主变场地和开关站的布置

主变场地和开关站最好就近布置，一般紧靠厂房一侧布置主变场地和开关站，母线由廊道接入，主变场地和开关站均布置在尾水平台或厂房屋面上；或主变场地布置于尾水平台，开关站布置岸边。总之，主变场地和开关站的布置应经方案比较择优选定。

（二）厂房布置

1. 设备布置

1）流道及进出口设备布置

灯泡式水轮发电机组过水流道外形由生产厂家根据试验确定，流道通常可分成进口段、中段和出口段。灯泡式水轮发电机组放置在流道中段内，其上游部分为进口段，下游部分为出口段。

流道进口段通常布置有拦污栅、检修闸门及其所属的启闭设备和进口闸墩、胸墙及桥面结构。流道进口的布置主要是确定拦污形式和拦污栅、检修门及坝顶公路的相对位置。

流道出口通常只布置工作门及其启闭设备。

2）主、副厂房设备布置

水轮机附属设备包括调速器、油压装置、起重设备、防飞逸设备。

起重设备通常采用桥机，其控制范围为主机间及安装间，根据需要设置一台或两台。调速器及油压装置一般布置在靠近水轮机的流道中段顶板上面，也可布置在水轮机井下游侧的尾水管顶板上，有些电站调速器及油压装置布置在运行层上。

灯泡机组的防飞逸设备可采用重锤，布置在水轮机井内，不再另设事故配压阀。

排水系统包括检修排水和渗漏排水。排水井设置在厂房下部的高程最低处，渗漏排水和检修排水通常分开设置，分别由排水廊道和排水沟连通各排水设备。排水泵室可与排水井布置在同一高程，也可布置在集水井正上方的尾水顶板上，通过设置在边墩的排水泵孔连通。排水泵的开启由水位控制。厂房若需排雨水则应因地制宜布置集水井和排水泵。厂房的灌浆廊道排水和大坝灌浆廊道排水统一布置，应与厂内排水分开。

供水系统包括机组冷却、润滑和生活消防用水。供水系统根据水源的位置、用水设备的位置统一考虑，一般供水系统布置在安装间副厂房的底层。

供气系统包括高压、低压两个系统，空压机室因震动和噪音大应布置在厂房最低层的尾水顶板上，并有相应的隔墙等减振和降低噪音措施。

油系统承担机组的操作油、润滑油、冷却用的透平油及电气使用的绝缘油的贮存和供应，并保证油的质量符合用油设备的要求。通常布置在副厂房的下层，其中高位油箱根据机组使用要求可布置在厂房端墙或上游挡水墙顶部，也可布置在下游副厂房顶部，其机组回油箱通常布置在水轮机井下面。

3）电气设备布置

电气副厂房包括一次回路和二次回路，通常一次回路包括厂用变、高压室、励磁变及二次回路的机旁盘等，布置在副厂房的下面各层。二次回路包括继电保护室、电缆室、蓄电池室、中控室、计算机室等，布置在副厂房的上面各层。

2. 结构布置

1）分缝

厂房永久缝一般采用一机一缝和两机一缝，根据机组尺寸大小及机组稳定、应力和施工要求确定。通常两道永久缝间构成一个独立结构体。有的工程因尾水位很高，厂房的侧向水推力很大，为避免基底产生拉应力，在施工后期将永久缝灌浆，使几个机组段连成一体抵抗侧向水推力。

2）止水

厂房上、下游垂直止水一般位于上、下游挡水墙处，其中上游垂直止水应与帷幕接头。厂房的水平止水线一般布置在流道顶板，也可布置在流道底板，两种布置各有其优点。顶板处设止水可利用缝水压力平衡侧向水推力，同时机组正常运行期间边墩两侧水压力平衡，结构受力条件好，是经常采用的止水方法。

3）挡水墙

灯泡机组安装高程较低，厂房依靠设置较高的挡水墙挡水。上下游挡水墙以进、出口闸墩为支承组成挡水结构。左右两端墙跨度很大，通常设置中支撑墙和上下游挡水墙作为左右两端墙的支撑，共同组成侧向挡水结构。

进口平台和坝（闸）顶结构相连，其结构布置应与坝（闸）顶布置相协调。出口平台若布置变压器、开关站，则其结构布置应统一考虑。

厂房多为封闭式，通风、采光大多采用人工方式。若利用下游挡水墙和副厂房之间的空间协助通风、采光，在结构布置上应考虑通风、采光的要求。

3. 厂房主要尺寸的确定

（1）前缘长度的确定。厂房前缘挡水长度应满足流道、吊车限制线、安装间平面尺寸、边墩结构厚度、左右两端墙结构厚度的要求。

（2）上下游底宽的确定。厂房上下游方向底宽按流道长度和进出口闸门布置要求确定。上部宽度除满足下部要求外还要满足启闭机布置、运行及进出口平台布置要求。

（3）安装高程的确定。安装高程应满足各种工况下防止空蚀和尾水口淹没深度大于0.5m的要求。在基本高程确定后，为获得较大的发电效益，可进行降低安装高程的方案比较，经经济、技术论证后最终确定安装高程，另外还应考虑河床下切的影响，留有一定的余地。

（4）建基高程的确定。建基高程受流道和设备布置影响，通常在流道和设备布置外轮廓线，减底板厚度即为厂房各部位的建基高程。管道电缆层高程为流道顶高程外加流道顶板厚度。

（5）运行层高程的确定。有些电站厂房不设置运行层，设置运行层的，其高程为管道电缆层高程外加5m左右。

进出口平台及挡水墙顶高程的确定应满足校核水位加安全超高的要求。

十、水电站地下厂房设计

（一）地下厂房布置特点

地下水电站绝大部分的建筑物均设在地下，如压力引水隧洞、调压井、高压输水管道；厂区部分的主副厂房、安装间、母线道、主变室、出线洞和开关站；尾水系统的尾水连接管、尾水调压井和尾水隧洞；此外还有进厂交通洞和通风洞等均设在地下。有时主变压器室和开关站、中控楼也设在地面。

1. 首部式开发布置

首部式地下厂房布置特点：厂房位置距进水口（进/出水口）较近，而尾水隧洞较长。

首部式地下厂房布置应适用于地面单坡连续向下倾斜和中等起伏的地形。在这种地形条件下，如果输水道首段地质条件合适，则将厂房布置在首部，采用压力斜井或压力竖井直接从进水口引水至厂房，这种布置压力管道较短，可省去引水道上的调压井。交通运输、通风、出线一般采用竖井或斜井来解决。

2. 中部式开发布置

中部式地下厂房布置特点：地下厂房位于输水道中部，它的引水道长度和尾水洞长度大致相等或相差不大。厂房位置选择时，尽可能布置使引水隧洞只设引水调压井或尾水调压井，避免同时设两个调压井的方式。当尾水隧洞较长或尾水洞口的河床水位变幅较大时，宜设尾水调压井；当尾水洞不长，尾水位变幅不大时，亦可不设尾水调压井。

3. 尾部式开发布置

尾部式地下厂房布置特点：地下厂房位于输水道的尾部，它具有较长的引水隧洞和较短的尾水洞，一般设有上游调压室，尾水洞的流态可为有压流或无压流，当下游尾水位变幅不大时，采用无压尾水洞。

尾部式地下厂房的优点：

(1)尾部式地下水电站所适应的水头范围大，用长引水隧洞集中很大的水头，将上游水库的蓄水引至地下厂房，建成调节性能良好的大容量水电站。

(2)对外交通便利，高压电缆线路短，节省投资，当在运输洞口布置开关站、副厂房等建筑物时，运行维护方便。

(3)运行和施工用的附属洞室缩短，可降低工程造价，缩短工期。

4. 半地下式及窑洞式厂房布置的特点

厂房的位置按其在水平方向的埋置深度分为深埋的完全地下式、浅埋的半地下式和窑洞式三类。在地质条件许可的情况下，采用半地下式和窑洞式，这样附属洞室比较短，施工和管理运行都比较方便，而且可以避免深埋地下厂房往往出现的高地应力情况。

半地下式厂房按其结构可分为堑壕式和竖井式两种类型。选择堑壕式多半是因为厂房位置是按形成最短的引水系统和保证调压井的有利位置而选定的。竖井式厂房是半地下式厂房的一种型式，一般均为岩石竖井，软基竖井则很少。竖井大部分为圆形，井中往往只装一台或两台机组，否则竖井直径太大。

窑洞式厂房布置方式适用于窑洞洞口段，地形坡度较陡，基岩裸露，山体稳定，洞口不会受到滑坡、泥石流的危害。

(二) 地下厂房枢纽布置

1. 厂房位置选择

地下厂房位置的选择，通常根据电站的开发方式和工程总体布置的要求、地形地质条件，结合高压管道及其他附属洞室布置的需要、机电运行的要求，以及施工条件和环境保护等因素，拟定几个厂房位置及布置方案，进行技术经济比较，择优选定，开展进一步的地质勘探和试验研究工作。当厂区地质条件比较复杂时，厂房位置的选择有可能主要取决于地质因素。

1)厂房位置的选择原则

(1)地下厂房主洞和附属洞室宜布置在地质构造简单、岩体完整坚硬、上覆岩层厚度适宜、地下水微弱以及山体稳定的地段。

(2)洞室位置宜避开较大断层、节理裂隙发育区、破碎带以及高地应力区。

(3)当地震设计烈度为Ⅷ度或超过Ⅷ度,不宜在地形陡峭、岩体风化、裂隙发育的山体中修建窑洞式厂房。

2)厂房埋置深度

在厂区枢纽布置时,地下厂房位置的选择应特别注意保持地下厂房顶部围岩有足够的厚度,或傍山洞室靠边坡一侧的岩体厚度,应根据岩体完整性程度、风化程度、地应力大小、地下水流动情况、洞室规模及施工条件等因素综合分析确定。主洞室顶部岩体厚度不宜小于洞室开挖宽度的2倍。

地下厂房的埋置深度,应结合工程地质条件、引水道布置、厂房的运输条件、出线洞等附属洞室的布置、施工和运行条件进行综合技术经济比较后确定。

3)洞口的选择

洞口是地下工程的咽喉,对施工和运行安全关系重大,洞口位置宜避开风化严重或有较大断层通过的高陡边坡地带,应避开滑坡、危崖、山崩及其他软弱面形成的坍滑体。

洞口不宜设在排水困难的低洼地段,洞口应有开阔的场地,以便排除石渣,就近铺填公路,布设风、水、电及混凝土和砂石系统。

交通运输洞的进口宜位于校核洪水位以上及避开泄流雾化区。进口高程若低于校核洪水位,应设置可靠的防洪、防淹措施和人员安全进出口。地下厂房至少应有两个进出通道。

4)洞室间岩体厚度

地下厂房洞室群的各洞室之间的岩体应保持足够的厚度,其厚度应根据地质条件、洞室规模及施工方法等因素综合分析确定,一般不宜小于相邻洞室的平均开挖宽度的1~1.5倍。

2. 厂房纵轴线方向的选择

地下厂房主洞室纵轴线选择应综合考虑地质构造面和地应力场的影响。

(1)洞室纵轴线走向宜与围岩的主要构造弱面断层、节理、裂隙、层面等呈较大夹角。同时,应注意次要构造面对洞室稳定的不利影响。在评价节理裂隙时,不仅要考虑到节理裂隙的数量、倾角,也要考虑其性质,特别是节理裂隙层面的抗剪强度以及对厂房边墙稳定的影响。

(2)对于深埋的地下洞室,地应力往往较大,此时洞室纵轴线走向不仅要考虑与构造弱面的夹角,还应考虑与地层主应力的关系。在高地应力地区,洞室纵轴线走向与最大主应力水平投影方向的夹角宜采用较小夹角(15°~30°),以有利于边墙稳定。

(3)洞室纵轴线走向还要考虑与上下游水道及调压室位置等因素,避免水道过多转弯甚至延长。为了便于出线,副厂房通常布置在主厂房的下游。当地下厂房的围岩较好时,将主厂房跨度加大,使副厂房与主厂房布置在同一跨度的下游侧,母线及电缆长度都较短,布置合理,运行方便。

3. 主、副厂房内部布置

主、副厂房内部布置应根据机电布置、设备安装、检修及运行,结合水工结构,在满足功能要求的原则下,尽可能压缩地下洞室空间。合理布置主、副厂房,中控室,主变压器室,开关站等建筑物的位置,以及地下和地面之间附属通道的型式、位置,使电站运行安全、管理方便。

1)主厂房主机间的控制尺寸

可按《水电站厂房设计规范》(SL266—2001)的要求确定,同本节四地面厂房的有关内容。

2)主阀布置

(1)主阀布置在单独的阀门室内。当机组尺寸较大,主厂房跨度较大,而地质条件又不利时,将主阀布置在主厂房外单独阀门室内可减小主厂房的跨度。此种布置需要另设电动桥式吊车或手动单轮吊车,以及增设至主阀室的通道、通风、照明系统和排水洞。

(2)主阀布置在主厂房内。只要保证阀体的安装运输及检修和安装位置,在地质条件允许、技术经济合理的情况下,主厂房适当加宽,即可将主阀布置在主厂房内,这样可节省阀室内的吊车以及通道和事故排水洞。

3)副厂房布置

按照副厂房与主厂房的相对位置来划分,可分为以下几种布置型式:

(1)副厂房布置在主厂房的端部。此种布置施工较方便,当机组要分期投入运行时,只要完成了副厂房及紧靠副厂房机组的土建施工,就可以进行安装,施工干扰少,但将使控制和操作电缆长度增加,靠近副厂房处电缆比较集中。

(2)副厂房与主厂房纵轴平行布置在主厂房的一侧。为了便于出线,副厂房通常布置在主厂房的下游。当地下厂房的围岩较好时,将主厂房跨度加大,使副厂房与主厂房布置在同一跨度的下游侧,母线及电缆长度都较短,布置合理,运行方便。

(3)副厂房应按集中与分散相结合、地面与地下相结合、管理运行方便的原则布置。

①凡必须靠近主机的附属设备,可集中布置在紧靠主机间的地下洞室内。

②凡可远离主机放置的设备,可利用已有洞室分散布置或置于地面。

③中控室的位置应从电站的安全运行、操作维护、监视方便、消除事故迅速和经济合理等方面考虑,一般应尽量靠近主厂房布置。当变电站布置在地面,而电站采用自动化水平较高的监视设备,主厂房不需值班时,可将中控室布置在地面。

4)安装间布置

地下厂房安装间的布置除应满足《水电站厂房设计规范》(SL266—2001)的有关要求外,还应考虑进厂交通洞线的布置型式和围岩稳定等因素。

(1)安装间布置在主厂房的一端,可避免地下厂房下游或上游端墙上开洞,有利于岩壁吊车梁的安全。

(2)安装间布置在中部,对于围岩条件较差时,由于安装间向下部开挖较浅,下部岩体可以保留,所以对厂房高边墙起支撑作用,对分期安装施工有利。但由于进厂交通由厂房中间与长轴正交进厂,主变室、开关室、尾水道、尾水调压室均有可能与交通道交叉,增加了布置上的困难。安装间下部将有大量管路及电缆通过,两端需各设一组集水井及排水设备,否则下部要开凿一条连接两边机组的排水廊道。引水道及尾水道总长度可能有所增加。

4. 主变压器和开关站的布置

按照变电站与地下主厂房之间的相对位置来划分，变电站（主变压器和开关站）可以全部布置在地面，也可全部布置在地下，或者将主变压器布置在地下、开关站布置在地面。

1）变电站布置在地面

埋置较浅的厂房，且地下厂房附近的地表有合适的场地布置变电站时，将变电站布置在尽量靠近地下厂房的山坡或台地上，母线长度较短，地表与地下工程施工干扰较少，可以减少洞挖，加快施工进度，节省投资。

对于首部开发式或中部开发式地下水电站，一般是通过出线竖井至地面变电站。

对于尾部开发式地下水电站，当地下主厂房水平方向距地面不远而洞口附近又有场地布置变电站时，则发电机电压母线多经过专用母线隧洞或与其他通道共同使用的水平隧洞至地面变电站。应注意变电站的山坡稳定及山洪、泥石流的威胁，并做好相应的处理和防护措施。当变电站位于河流的岸边时，其地表高程应高于校核洪水位以上。

2）主变压器布置在地下，开关站布置在地面

这种布置方式采用较多，优点是：

（1）主变压器布置在地下，则发电机电压母线长度较短，电能损失较少。

（2）在不利的地形地质条件下运行较安全、可靠。

近年来兴建的大型地下水电站，一般将主变压器布置在地下，且靠近厂房，而将需要场地较大的开关站布置在地面。

3）主变压器及开关站都布置在地下

有的地下厂房由于地形陡峻、河床狭窄，水平方向的洞口及主厂房顶部地表附近都没有合适的场地布置开关站，或泥石流、崩塌等不利自然条件威胁时，采用变电站布置在地下的型式。这种布置比较紧凑，并可省去大量母线及母线洞开挖。

地下开关站一般布置成长条形，因此只能适应简单的主接线，有时需用高压电缆作为进出线或联络线，投资则相应增加。地下开关站必须注意防火、防潮、通风及安全出口的设计。

4）主变压器布置在地下的型式

（1）主变压器与主厂房布置在同一大跨度的洞室内。一般主变压器布置在厂房下游，由于洞室跨度大，对地质条件要求高，工程量较集中，并应特别注意主变压器防火。优点是避免机械管路与发电机电压母线、电缆交叉，低压母线和电缆较短，运行管理方便，可利用主厂房的桥机组装检修。由于主变压器的防火和厂房的运行安全，这种布置型式很少采用。

（2）主变压器布置在主厂房端部延长的同一洞室内，此种布置，洞室长度长，但跨度相对较小，适于地质条件较差、机组台数少、装机容量为100MW以下的电站。

（3）主变压器布置在单独的洞室内，主变压器室与主厂房纵轴平行，近年来修建的大型地下水电站，由于机组尺寸较大，多采用这种布置。这样可减少主厂房跨度，增加施工工作面，加快施工进度，也有利于主变压器的防火和厂房运行安全。当机组台数不多，主厂房和主变室不长，且主变压器室跨度不大时，也可采用与主厂房纵轴垂直布置的方式。

（4）主变压器与主机间隔布置。主变压器布置在主厂房发电机层楼板下部，与主机

间隔布置，用防爆墙与主机隔开。主变压器顶部设吊物孔，可利用主厂房吊车进行安装和检修，发电机至主变压器的电力接线最短。这种型式适用于竖轴机组。

（5）主变压器下部应有事故集油坑及集油井，设计洞室时要考虑它们的位置。在发生事故时，可使主变压器油流入油坑，汇入集油井，以利灭火。

5. 尾水布置

在尾水系统布置中，如果尾水位变幅不大，可采用无压尾水洞。当尾水位变幅较大、尾水洞较长时采用有压尾水洞，必要时需设置尾水调压井。

（1）尾水系统设计应满足《水电站厂房设计规范》（SL266—2001）的有关要求。

①当尾水管的出水汇入一条尾水洞时，尾水管汇入尾水洞的水流折角宜大于90°。

②尾水管出流应满足机组运行稳定要求，尾水管内真空度不应超过8m水柱。

③尾水洞（包括尾水调压室）的布置及其断面尺寸应根据下游尾水变化幅度、工程地质、机组调节保证等因素，经技术经济比较确定。

④尾水管扩散段之间应保留维持围岩稳定需要的岩体厚度，应选择窄高型的尾水管。

⑤在尾水管末端宜设尾水闸门。当采用一机一洞时，尾水洞长度较短且出口设有检修闸门，则尾水管末端可不设尾水闸门。

⑥尾水管闸门操作廊道底面及操作平台的高程宜高于尾水洞出口的下游校核洪水位加尾水洞（尾水调压室）的涌浪高度。当采用密闭式闸阀时可不受此规定限制。

（2）抽水蓄能电站的尾水洞一般较长，常用多机一洞布置，各机组后面设尾水闸门或阀门。尾水闸阀常有以下3种布置：

①尾水闸门采用常规平板定轮门，闸门与尾水调压室结合。

②单独设置尾水闸门井，另设尾水调压室。

③采用油压滑动闸门，另设尾水调压室。

尾水洞与厂房长轴的夹角，以90°最简单，但也可与厂房斜交，夹角为60°~90°，这样可减小尾水洞转弯角或分岔角度，减小水头损失。

6. 其他附属洞室的布置

为了充分利用空间和减少地下工程量，地下厂房的附属洞室应力求做到“一洞多用”的布置原则。

1）附属通道布置

附属通道的长度应尽可能短一些，断面要考虑综合使用的要求，尽可能利用勘察探洞和施工支洞。例如，通常将交通洞兼作进风洞用，出线洞兼作排风洞用，还有交通洞和出线洞合用一洞，利用顶拱部分出线，下部做交通运输用，中间用混凝土板隔开。排风洞的位置较高，常用做厂房顶拱施工，其布置灵活。交通洞作为厂房中部的通道。

2）交通运输洞的布置

（1）交通运输洞的宽度及高度应满足设备运输要求，如运输洞兼作其他用途时，其断面尺寸还应满足其他使用要求。

（2）交通运输洞的纵坡和转弯半径可按照公路的有关规定确定，进入安装间前应有一段平段。

（3）当受地形限制，布置交通运输洞有困难时，经论证可采用竖井运输方式。

交通运输洞进厂方式主要有两种:沿厂房纵轴方向进入和垂直纵轴方向进入。

沿厂房纵轴方向进入的优点:减少与其他洞室交叉,有利于围岩稳定,尤其对岩壁吊车梁的布置干扰少。利用进厂交通洞作进风时,纵向进厂便于通风设备布置,组织气流,消除死角。施工时,方便载重车进出。

3)竖井布置

为了减少洞挖工程量,充分利用开挖空间,竖井一般也是综合利用,将运输、交通(电梯及楼梯)、通信、出线(或高压电缆)、操作电缆等尽可能布置在一个竖井内。竖井平面尺寸,应用最大部件外形尺寸周围每侧再加 30~50cm 的安全距离确定。当竖井较深时,为防止吊运时钢丝绳摆动损坏设备,安全距离宜适当加大。

竖井的断面形状以圆形或椭圆形较好,矩形断面在转角处应力集中,但矩形断面布置较紧凑,如果竖井兼有进风或排风的作用时,圆形断面也可得到充分利用。

4)出线洞

为了减少电缆的长度,出线洞常做成坡度较陡的斜井或竖井。出线洞的高差不宜太大,否则巡视检修不便。根据我国规范要求,因出线洞中敷设电缆,特别是油浸高压电缆,都布置隔墙,专设排风道,消防要求高。出线洞常与排风洞、安全出口结合,因此断面型式为城门洞型或圆型。

5)安全交通道

一般要求安全交通道与进厂交通洞分设在厂房的两端,以免事故时将人员封堵在一端。地下厂房至少有两个通往地面的安全出口,与安全保障有关的另一措施是在地下厂房的某一位置布置一避难室,用钢筋混凝土结构建成,设双道密闭门。

6)排水廊道

当地质条件较差、地下水较大,而且地下水水位高于厂房顶拱时,为减少厂房边墙的外水荷载,在上游边墙外一定距离,一般在厂房拱座高程和发电机层高程附近,布置上下两道排水廊道,有必要时可形成环向封闭的排水系统,排水廊道亦可考虑利用地质探洞和施工支洞。

7.通风、防潮和排水布置

(1)地下厂房通风系统的布置应遵循下列原则:

①设置专门的通风洞,宜充分利用交通运输洞(井)、出线洞(井)、无压尾水洞以及主厂房天棚吊顶上方空间等附属洞室兼作送风道或排风道之用。

②通风系统设计与防火设计相协调。

③蓄电池室布置于地下时,必须单独设置专用排风道,以便将有害气体直接排出洞外。

④通风系统的通风机宜远离主、副厂房布置(如布置在洞口或单独的洞室内),若布置在主、副厂房内或其邻近地方时,应有防止噪音的有效措施。

(2)地下厂房、主变压器室及高压开关站等洞室的防渗、排水、防潮措施,应根据工程地质、水文地质和工程布置情况确定。

①洞室距水库较近或地下水丰富地区,应加强前沿部位的防渗、排水措施,必要时可在洞群外围与厂房顶部分层设置防渗帷幕或排水廊道,并在排水廊道内设排水帷幕。

②当设有尾水调压井时，应加强靠近尾水调压井侧的防渗排水措施。

③应根据围岩水文地质条件及防渗排水工程措施，合理确定渗漏水量，设置足够大容积的集水井和抽排设施。

④抽水蓄能电站，可能尾水位变幅较大，水头较高，当厂房埋深较大时，常需设计排水洞将集水井的水抽排至下游，在地形条件允许时，优先考虑自流排水洞。也可结合施工支洞，采用抽排相结合的半自流排水方式，将集水井的水抽到顶拱高程左右，沿自流排水洞，将水排至下游。当采用沿着尾水洞的混凝土衬砌底部埋管，用泵强制将水抽出，排往下库的方法，遇下库水位较高时，还应在厂房内另设事故集水井，以策安全。

⑤当地下水不大、不衬砌边墙时，可采用系统排水孔与随机排水孔相结合的方法布设，一般孔深 3.0~4.0m，间距 5~6m，地下水可自由排出，经厂内排水系统汇入集水井。边墙衬砌时，需布设排水孔，一般孔深 1.5~2.0m，间距 3~4m，或者在衬砌背后设置两道高程不同的水平排水盲沟和几道垂直排水盲沟，两者互相沟通，形成边墙四周的排水网。不衬砌顶拱一般不设系统排水孔，对渗水部位打随机排水孔，孔内插入弹簧管引排至侧壁，孔周用速凝水泥封闭。顶拱为混凝土衬砌时需布设排水孔，一般孔深 2~4m，间距 3m，应在顶拱回填灌浆后再进行。顶拱采用明槽排水方式，简便有效。

（三）地下厂房洞室围岩稳定分析

1. 围岩条件

围岩地质条件主要是指围岩结构状态、岩石物理力学性质、地下水和地应力。

（1）对比较坚硬的围岩，关键因素是地质结构面的分布及其强度变形特性，特别是有两组以上结构面切割岩体，将很可能产生围岩失稳。应特别注意那些出现次数多、延伸长、贯通性强、地质构造和结构面强度较低的断层和节理组。对较软弱围岩（黏土质岩、泥岩、泥板岩等），构造和结构面不是关键因素，主要是围岩的自身强度和变形性质。

（2）岩石物理力学性质对稳定性的影响，主要是岩面的抗剪强度和变形性质。在一般情况下，围岩的结构状态是控制围岩稳定的关键因素，例如破碎状围岩，岩石的强度高也阻止不了洞室围岩的塌落。但较完整的围岩，大块状结构在围岩中因构造和节理少，结构面强度较高，围岩稳定。所以，岩石强度在完整的围岩中起主导作用。

（3）地下水对围岩产生的力学、物理和化学作用，不利于围岩稳定，会造成塌方或失稳。大体归为 3 个方面：

①有一定渗透性的围岩，由于洞室开挖，附近的地下水有了新的排泄通道，在洞周产生渗压梯度，对围岩的水推力增加，使岩石向洞内滑动。

②静水压力的作用，增加了围岩的含水量和饱和度，因而降低岩石的强度和弹模值，降低软弱结构面的抗剪强度。软岩岩质软化，以岩盐、石膏等脆石为主的黏土岩引起膨胀，胶结弱的砂岩则产生管涌和潜蚀等，都会加剧围岩的失稳和破坏。

③促进围岩的浸蚀、溶解或某些矿物成分的化学变化与物理的综合作用，常使围岩强度下降。

（4）地应力。地应力的大小对围岩稳定有很大的影响。围岩中，初始应力场控制了围岩应力的重分布。在地应力比较高的地区，或埋深很大的洞室周围岩体内贮存有很大的应变能，当开挖时应力释放，可能发生岩块横飞和围岩塌落的现象，一般称之为岩爆。

在地下厂房纵轴线选择时,从地应力角度来看,洞室纵轴与大主应力方向水平投影的夹角为15°~30°时,稳定性较好。

2. 地下洞室形状

1)高拱形

顶拱为半圆形,两端与直墙直接相接,适用于锚喷支护,避免了拱座应力集中,施工速度快,减少了厂房开挖宽度,节省地下挖量。浅埋或中等深埋的地下厂房,厂房顶拱的形状设计,应注意节理裂隙等的产状及其性质的影响,在水平层状岩石中,顶拱一般设计成高拱形。

2)直墙曲顶拱形

在一般地质条件下常采用,顶拱矢跨比常用 $\frac{1}{3}$ ~ $\frac{1}{5}$(拱顶直边墙型)。该体型最大的缺点是大拱座问题,不但应力集中,而且施工开挖难以成型。

3)拱顶斜边墙

根据厂房上、中、下部的布置区别对待,采用拱顶斜边墙或台阶式边墙,使厂房宽度从顶部至下部逐渐变窄。这种体型可减少开挖量,改变边墙应力状态,拉应力的量值比直墙的情况要小得多。

4)马蹄形和卵形

这两种体型均具有曲线形的外形轮廓,对围岩应力分布较均匀,适用于较软弱的围岩条件和水平地应力较高的情况,但开挖施工困难。

5)地下厂房、主变压器及高压开关站等洞室形状选用原则

地下厂房、主变压器及高压开关站等洞室形状选用原则:

(1)围岩较坚固完整且地应力不大时,宜采用直墙曲顶拱的型式。

(2)软弱破碎的围岩或水平地应力较大的中等质量围岩宜采用马蹄形或卵形。

(3)洞室的轮廓宜避免突变和锐角。

3. 地下洞室尺寸

1)主厂房断面尺寸选择

主厂房断面尺寸主要取决于机组及附属设备的尺寸,应通过采用技术先进、体积小的设备以及合理的布置来压缩地下洞室的空间,选择合理洞形。因为它直接关系地下洞室围岩稳定性、支护型式的选择,以及工程量和工程造价。洞室尺寸和形状设计应遵循的基本原则可归纳如下:

(1)就地下厂房的空间尺寸而言,应重点研究厂房横断面的尺寸和形状。

(2)地下厂房内部主要机电设备布置应紧凑。

(3)充分利用地下厂房的空间,尽量做到一洞多用,减少附属洞室。

(4)应考虑厂房围岩稳定性和应力状态,以及支护结构型式对轮廓尺寸的影响。

(5)应考虑施工方法能实现设计的体型规格。

2)减少厂房尺寸的措施

减少厂房尺寸的措施有:

(1)采用岩壁锚固吊车梁。

(2)引水管斜向进厂，当与主厂房纵轴线斜向 60°进厂，比垂直进厂可减少约 0.15 倍机组长度。

(3)设备紧凑布置，减小走道尺寸。

(4)采用先进设备(封闭式尾水闸门、高转速机组、先进的桥吊、合适的蜗壳和球阀)，减小厂房尺寸。

(5)减少厂房运行人员，简化通风布置。

4. 地下洞群间距

地下厂房洞室群的各洞室之间的岩体应保持足够的厚度，其厚度应根据地质条件、洞室规模及施工方法等因素综合分析确定。主洞与相邻洞室的距离可参考下列经验数据：

(1)岩质坚硬完整取 1.0~1.5 倍平均洞跨。

(2)中等坚硬及节理发育的岩石取 1.5~2.0 倍平均洞跨。

(3)稍坚硬节理发育的岩层取 2.0~3.0 倍平均洞跨。

目前国内外岩柱厚度的选定，主要依据工程经验设计，再用数值分析法进行验证。

地下厂房洞群各洞室之间的岩体厚度不宜小于相邻洞室的平均开挖宽度的 1~1.5 倍。上、下层洞室之间岩石厚度，不宜小于小洞室开挖宽度的 1~2 倍。两洞室相交时，其轴线之间的夹角应根据工程布置要求及交叉口处地质构造确定，宜采用较大夹角。

5. 地下洞室开挖与临时支护

1)地下厂房洞群开挖

(1)地下厂房洞室群开挖是一项比较复杂的系统工程。主厂房跨度大、边墙高，一般均采用自上而下分层进行，在岩石条件好的情况下，采用先中导洞、后扩挖两侧的施工方法，由一端向另一端掘进；当岩石条件不好的情况下(Ⅳ类围岩)，应采用先边墙后顶拱的施工方法。

(2)地下厂房中的岩壁、岩台式吊车梁是一种先进结构，它充分利用围岩的承载能力，其受力情况取决于岩石质量、岩壁台座的角度、锚杆的深度和角度。因此，岩壁的开挖要求成型好、超挖少，爆破对围岩破坏小。为保证开挖符合设计的要求，应制定专门的技术措施。

(3)地下厂房中的母线洞、引水支管及尾水洞等，常与厂房高边墙相交，宜先开挖与其相交的小洞并做好支护，以保证主厂房高边墙开挖时的稳定。

(4)地下厂房各洞室，如主厂房、主变洞和尾水闸门洞平行布置，相距较近时，开挖后留下的岩墙岩柱应力集中，施工时为确保岩体的稳定，应采取合理的开挖程序和开挖方法，及时支护，加强监测，以策安全。

(5)开挖应避免挖成尖角。在设计时，应优先考虑柔性支护。当必须采用钢筋混凝土衬砌时，应采取先拱后墙法开挖，应特别注意拱座的开挖质量，其目的是保护拱座不受或少受爆破的破坏。同时要求下部开挖时，顶拱混凝土强度应达到设计强度的 75%，以防止对顶拱混凝土的破坏。

(6)开挖程序应减少对围岩的扰动次数，减少对围岩的破坏，应采用光面爆破或预裂爆破。掘进进尺应根据围岩类别确定，对松散自稳性差的围岩，采取短进尺，及时支护。

2)临时支护

(1)临时支护应根据地质条件、洞室断面尺寸、开挖方法、围岩暴露时间等因素做出支护设计。

(2)支护型式要适应围岩的变形要求,除特殊地段外应优先采用喷锚支护,临时支护应尽可能与永久支护相结合,成为永久支护的一部分。喷锚支护类型及参数选择,应根据围岩特性、断面尺寸、施工方法、使用条件等通过工程类比确定。施工时通过现场监测,调整支护参数。

(3)当采用构架支撑时(木支撑、钢支撑、格栅支架),支护结构应根据确定的荷载、开挖方法进行设计。支护荷载是根据洞室断面尺寸和围岩分类而定。

(4)支护顺序与支护时机与围岩自稳时间有关,自稳时间较长时,支护可在开挖后进行,采取一循环一锚喷或几个循环一锚喷;自稳时间短,出渣后即应进行支护;自稳时间很短时,爆破后先喷混凝土,控制围岩变形,出渣后再按设计要求完成支护;对松散、破碎、无自稳能力的围岩,应采取超前锚杆、管棚或超前灌浆等方法加固岩体后,再开挖,必要时设钢支架与锚喷联合支护,以增加支护刚度。对易风化、潮解、膨胀等岩体,要及早封闭,以防止潮解和形成膨胀压力,并采取防水、排水措施。

6. 围岩稳定分析

1)影响围岩稳定因素分类

自然地质因素:围岩结构状态、岩石物理力学性质、地下水、地应力。

工程人为因素:洞室形状和尺寸、洞室轴线方位,施工开挖。

2)围岩稳定性分析方法

围岩稳定性分析方法有以工程地质条件为基础,分析围岩岩体结构、变形形态和地下水等动态情况,评价其稳定性,属于定性分析。从岩石力学观点出发,采用有限元和模拟试验方法,分析不同条件下围岩的变形和应力值,判断其稳定性,这类属定量的分析方法。

(1)赤平极射投影分析方法。在地下工程设计中常采用赤平极射投影方法,分析地质构造和结构面的组合作用,判断围岩的稳定性。

(2)围岩分类方法。围岩分类方法实质上是一种广泛的工程类比法。对于较重要的地下工程,有时同时进行几种围岩分类方案比较选择,再判断地下建筑物的稳定性,进行支护设计。常用的有挪威 Banto 岩体质量 Q 系统分类、南非地质力学分类《比尼奥斯基分类法(RMR)》。我国厂房围岩分类可参见《水利水电工程地质勘察规范》(GB50287—99)中的“围岩工程地质分类”。

(3)有限元分析法。地下厂房有限元分析计算模型选用:坚硬完整围岩可采用弹性力学模型计算;软弱围岩、高地应力围岩宜采用弹塑性力学模型计算;有流变性质的围岩宜采用黏弹性力学模型计算。

(4)对于局部不稳定岩体可采用极限平衡法进行计算分析。

(5)围岩变形反馈分析法。围岩变形反馈分析包括变形量测、反分析和稳定性标准。

7. 地下洞室支护

地下厂房的支护设计应根据围岩的地质条件、洞室断面型式和尺寸及施工方法,通过工程类比和围岩稳定分析选择合适的支护型式。施工中应及时支护围岩,充分发挥围岩的自身承载力，满足工程安全施工和运行的要求。

1）支护型式

（1）柔性支护：有喷混凝土、钢筋网加喷混凝土、钢纤维喷混凝土、砂浆锚杆、预应力锚杆、预应力锚索、钢拱肋加钢喷混凝土及这些支护的组合等型式。

（2）刚性支护：即现浇钢筋混凝土结构。

（3）复合式支护：一般情况下一次支护采用喷锚支护，二次支护采用现浇混凝土结构。

地下厂房各洞室应优先采用喷混凝土（包括喷钢纤维混凝土）、钢筋网、锚杆、锚索等一种或几种组合而成的柔性支护。当单独使用柔性支护难以满足围岩稳定要求时，宜采用柔性支护与钢筋混凝土衬砌组合的复合式支护。Ⅳ、Ⅴ类围岩宜采用钢筋混凝土衬砌的刚性支护或复合式支护。

地下厂房柔性支护的设计和施工技术要求，应符合现行《水利水电工程锚喷支护技术规范》（SL377—2007）及《水工预应力锚固设计规范》（SL212—98）的有关规定。

地下厂房在开挖支护过程中，通过对围岩变形、支护受力等量测来监控洞室的稳定状况并反馈设计，验证围岩稳定分析和最终确定支护型式与参数。紧随洞室开挖做好地质实测记录，注意检查潜在的不稳定楔形体或块体并及时预报，对可能产生这类破坏的部位局部加强支护。

2）喷锚支护设计

喷锚支护参数的选取采用工程类比法和围岩稳定分析法选定。

（1）系统支护。选择符合实际情况的围岩分类，收集同类工程的成功支护实例，结合实际工程的特点，经工程类比，提出支护参数。

（2）局部加强支护。局部加强支护主要是为拉紧局部岩块之间的缝隙，跟随开挖揭示的地质现象局部加设的支护。

（3）喷锚支护的计算。由于计算中要把错综复杂的围岩条件简化为一种计算模型，但实际的地质条件是千变万化的，很难与确定的计算模型完全吻合，其结果也会与实际情况有差距，因此需考虑下列各种情况按有关规范或相关计算方法进行复核。

①锚杆对块状围岩的支护作用。地下洞室顶拱或边墙，由于节理裂隙的切割形成不稳定块体，用锚杆将它悬吊在稳定围岩上，这时锚杆受到拉力和剪力的作用。

②喷射混凝土防止危石塌落的能力。地下洞室可单独采用喷射混凝土作为支护结构。对喷射混凝土一方面要校核冲切强度，同时要校核喷混凝土与岩石表面间的拉应力。

③锚杆的组合梁作用。层状围岩的顶板，每一层岩石就像一根梁，在没有设置锚杆前，各层“岩石梁”的弯曲是各自独立进行的，并在每一根“岩石梁”的下缘产生拉应力。设置锚杆后，阻止了“岩石梁”之间的层面错动，“岩石梁”的抗弯刚度增大，从而提高了承载能力。

④边墙不稳定块体局部加强支护。边墙锚杆主要通过锚杆的抗剪能力，阻止不稳定块体的下滑，预应力锚杆则可提供预加荷载所产生的抗滑力。

（4）预应力锚杆（锚索）。当地下厂房洞室围岩稳定分析后，存在整体性质的压剪破坏区和塑性区，且系统加固的普通锚杆和钢筋网喷射混凝土提供的支护力满足不了围岩稳定的最小支护力时，应采用预应力锚杆加固。

①预应力锚杆应穿越破坏区或塑性区，锚固段必须布置在没有扰动的弹性区内。锚固段长度应满足下式要求：

$$L_l = k\frac{q_m}{\pi DC} \tag{10-1-19}$$

式中 L_l——锚固段长度；

q_m——单根锚杆超张拉力；

D——锚杆孔直径；

C——胶结材料同孔壁的黏结强度；

k——锚固段长度的安全系数，永久性锚固工程，当锚杆方向为仰孔时 $k=2.0$；俯孔时 $k=1.5$；临时性锚固工程，当锚杆方向为仰孔时 $k=1.6$；俯孔时 $k=1.2$。

②预应力锚杆的间距不宜大于预应力锚杆张拉段长度的1/2。

③预应力锚杆应均匀布置。锚杆方向应按洞室轮廓线的法向布置。

④属于局部范围压剪破坏区、塑性区、用各种结构面组成的下滑区或塌落区，以及岩壁吊车梁，应按局部加固进行设计。

⑤位于顶拱部位的塌滑体，应按预应力锚杆承担全部塌滑体重量决定锚固力。

⑥位于边墙部位的塌滑体，应在充分考虑塌滑体周围岩体的嵌固作用，并按岩质边坡稳定的规定，计算需要锚杆提供的锚固力。

⑦对有相邻洞室的岩墙，应优先采用对拉式预应力锚杆（或预应力锚索）。

⑧预应力锚固设计应按《水工预应力锚固设计规范》（SL212—98）的有关规定执行。

3）钢筋混凝土结构刚性支护

（1）钢筋混凝土结构刚性支护可根据围岩情况选择不同的结构型式：

①顶拱钢筋混凝土肋拱衬砌。

②顶拱全封闭钢筋混凝土衬砌，边墙不衬砌或薄层混凝土衬砌。

③洞室全断面钢筋混凝土衬砌。

（2）钢筋混凝土衬砌厚度。钢筋混凝土衬砌厚度应根据计算和构造要求，并结合施工方法确定。配置单层钢筋的混凝土厚度不宜小于300mm，配置双层钢筋的混凝土厚度不宜小于400mm。混凝土强度等级不宜低于C20。

（3）围岩压力。围岩压力应根据围岩条件、埋设深度、洞室断面形状与大小、施工方法及支护情况等因素，按实际情况及以下原则分析确定：

①薄层及松散围岩，可按下列公式计算，并根据实际情况进行修正：

竖直方向 $$q_v = (0.2 \sim 0.3)\gamma_R B \tag{10-1-20}$$

水平方向 $$q_h = (0.2 \sim 0.3)\gamma_R H \tag{10-1-21}$$

式中 q_v——竖直均布围岩压力，kN/m^2；

q_h——水平均布围岩压力，kN/m^2；

γ_R——岩体容重，kN/m^3；

B——洞室开挖宽度，m；

H——洞室开挖高度，m。

②块状、中厚层至厚层状围岩,可根据围岩中不稳定块体的重量(力)来确定围岩压力。

③不能形成稳定拱的浅埋洞室,宜按洞室顶拱上覆岩体的重量(力)来确定围岩压力。

④当采用复合式支护时,作用于衬砌上的围岩压力宜考虑围岩卸荷过程,予以适当折减。

⑤具有流变或膨胀等特殊性质的围岩,围岩压力应经专门研究确定。

(4)衬砌自重。衬砌自重可按设计厚度计算,若超挖较大时应考虑超挖使断面增大的影响。

(5)作用在衬砌体上外水压力。作用在衬砌体上的外水压力应根据地下水情况、围岩透水性能及工程上采取的阻排水措施,通过工程类比或渗流计算分析确定。对地下水较丰富的地下厂房应在洞室四周及顶部设置可靠的排水系统和灌浆阻水帷幕,减小或消除外水压力。

(6)回填灌浆。顶拱衬砌顶部应做回填灌浆。围岩完整性较差、裂隙较发育者,可考虑对衬砌后岩体进行固结灌浆。

回填灌浆的范围,一般在顶拱中心角 90°~120°以内。灌浆压力应根据灌浆孔布置、施灌程序及作用范围来确定。

固结灌浆的参数可通过工程类比或现场试验确定。固结灌浆孔间距可采用 2~4m,孔深应根据岩石裂隙情况确定,一般为 3~5m。

(7)混凝土干缩及温度应力。混凝土干缩及施工期温度作用宜靠浇筑分块和施工措施消除。运行期混凝土的温度应力应根据环境介质温度变化情况分析确定。

(8)施工和安装荷载。作用于衬砌上的施工及安装荷载应按实际情况确定。

(9)地震作用。地震设计烈度为Ⅸ度的地下结构或设计烈度为Ⅷ度的 1 级地下建筑物,均应验算建筑物和围岩的抗震强度及稳定性。窑洞式厂房的进口段,交通洞、通风洞、出线洞等出口部位,应按《水工建筑物抗震设计规范》(DL5073-2000)的有关规定执行。

(10)钢筋混凝土衬砌的应力分析。钢筋混凝土衬砌的应力分析,当采用结构力学方法进行计算时,应考虑围岩抗力。当地下厂房采用边开挖边衬砌的施工方法时,宜采用有限元法模拟开挖、支护过程。

(四)岩壁吊车梁设计

(1)地下厂房中除可采用常规的吊车梁、柱外,还可根据具体条件选用能缩小厂房开挖跨度的下列吊车梁:

①用锚杆或锚索锚固在岩壁上的岩壁式吊车梁。

②岩台式吊车梁。

③悬挂在钢筋混凝土顶拱拱座上的悬挂式吊车梁。

(2)岩壁式、岩台式吊车梁的设计与施工应满足以下要求:

①必须建筑在边墙围岩稳定的基础上,应注意岩壁侧向变形的影响,当遇到不良地质情况,如断层、软弱破碎带、不稳定块体和平行层面等,应采取相应的工程加固措施,以确保吊车梁的稳固性。

②应认真进行施工方法设计,选择合理的爆破方法及参数,严格控制超挖和岩壁(台)的成型。

③当岩壁(台)吊车梁下方布置有洞室时(如交通洞、母线洞等),应注意下层洞室开挖对岩壁(台)梁基础的影响,并采取相应的结构加固措施。

④岩壁(台)吊车梁的受拉锚杆入岩深度应穿过围岩爆破松弛区,锚入稳定岩体内的锚固长度可按计算和工程类比确定,并不小于该部位系统锚杆的深度。

⑤对重要的或大吨位岩壁吊车梁应进行现场承载试验,检验其承载能力及工作状况。

⑥岩壁吊车梁设计计算所需资料主要有吊车轮压、洞室开挖尺寸和有关的地质资料、厂房具体结构要求。

因岩壁吊车梁为一超静定结构,受到地质条件和开挖爆破等诸多不确定因素的影响,所有计算都只能建立在一定的假设基础上,在不同的工程中,采用不同的设计手段和方法,主要有刚体平衡法、弹性假定法、有限元法,各类计算方法可视具体工程情况选用。

⑦结构措施。施工分缝:梁体较长时应分纵向施工缝,减少混凝土产生的温度应力。分缝间距应考虑浇筑时的温度、浇筑能力等因素,一般不超过25m。在梁底下有交叉口时,洞口上梁体不应分缝。采用跳仓浇筑,缝面中间留缝槽,槽缝面积不小于梁体横断面面积的1/4。纵向钢筋跨缝布置不断开。

排水管埋设:一般梁体上部岩壁都有渗水,应在梁体上靠岩壁一侧设排水沟,在梁体上埋设向下的排水管。

⑧岩梁的承载试验。承载试验是为了确认结构的承载能力,根据有关规范,可进行0.7、1.0、1.15倍设计承载力的动载试验和1.25倍设计承载力的静载试验。

测试工作中除了按有关规定测试行车的机械和电气性能外,应对混凝土结构及围岩进行以下项目测试:岩锚梁主拉锚杆的应力;岩壁与梁体之间缝隙的观测;观测吊车荷载对梁体附近围岩的影响。

第二节　进水口设计

一、进水口类型及结构布置

(一)进水口类型

按照进水口位置和引水管道布置可分为以下几种类型。

1. 坝式进水口

坝式进水口(见图10-2-1)适用于各种混凝土坝。拦污栅装在上游坝面的支撑结构上。一般情况下,检修闸门和事故闸门均装在坝体内,但检修闸门也可装在坝面上。

2. 河床式进水口

河床式进水口(见图10-2-2)适用于河床式电站,为厂房建筑物的组成部分。

3. 岸塔式进水口

岸塔式进水口(见图10-2-3)适用于地质条件不利于将喇叭口设在岸边岩体内的情况。其特点是拦污栅、喇叭口和闸门均布置在岸边连接的塔内,可减小洞挖跨度,一般明挖量较大,进水口整体稳定性较好。

4. 竖井式进水口

竖井式进水口(见图 10-2-4)适用于岩石完整、稳定且便于对外交通的岸坡。其特点是拦污栅设于洞外,检修闸门或事故闸门装在竖井内,结构简单可靠;喇叭口直接开凿在岸坡上,洞挖跨度大;竖井上游段的检修需在入口处另设检修闸门(或叠梁);引用流量太大时拦污栅布置困难。

5. 岸坡式进水口

岸坡式进水口(见图 10-2-5)适用条件与

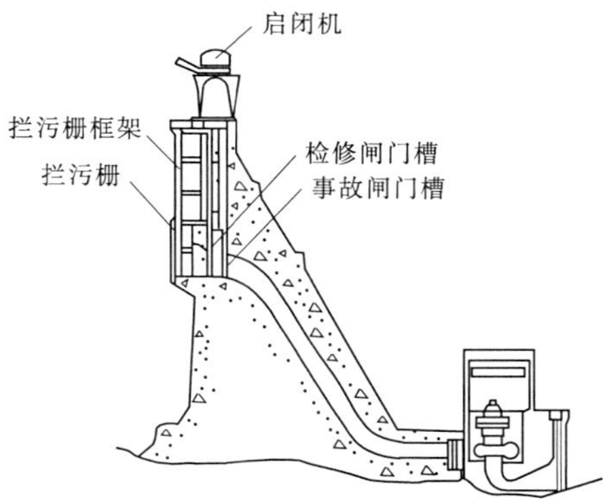

图 10-2-1　坝式进水口

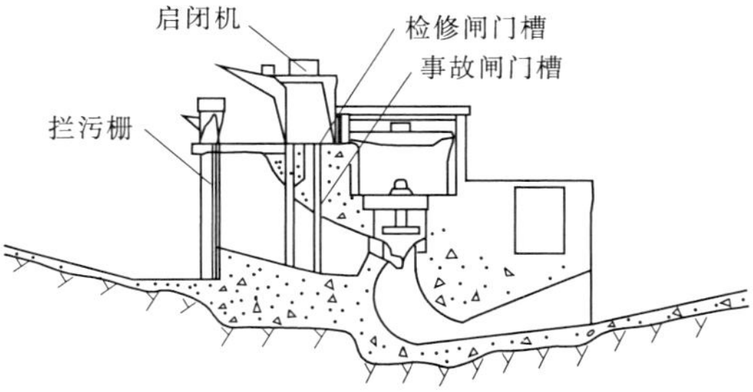

图 10-2-2　河床式进水口

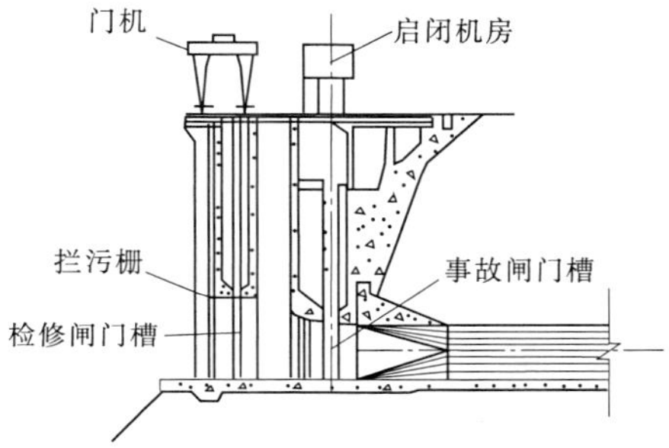

图 10-2-3　岸塔式进水口

竖井式进水口相同。检修闸门或事故闸门沿岸坡布置,闸门尺寸和启闭力增大。

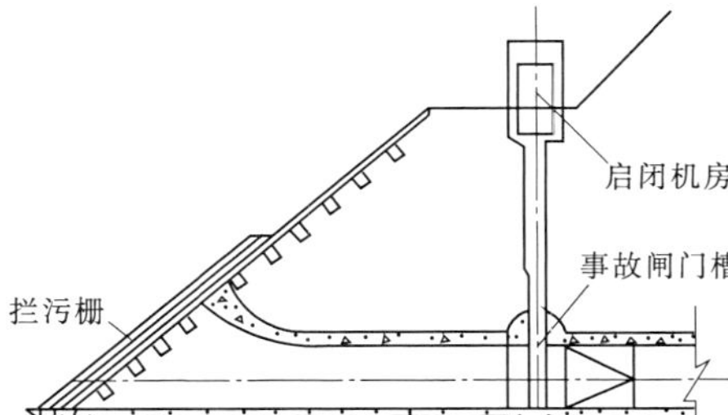

图 10-2-4　竖井式进水口

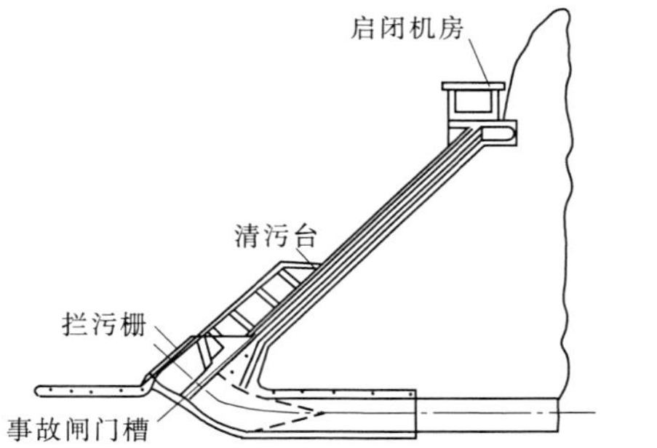

图 10-2-5　岸坡式进水口

6. 开敞式进水口

开敞式进水口(见图 10-2-6)适用于明渠引水式电站,进水口前缘水位变化幅度小。其主要特点是进水口范围内的水流为无压流,进水口后面一般连接无压引水建筑物,故此种进水口也称做无压进水口。开敞式进水口以引进表层水为主,因而防沙、防污和防冰等问题均较突出,是设计中需要解决的重要问题。

7. 塔式进水口

塔式进水口(见图 10-2-7)适用于河岸地形过缓或地质条件不宜在岸边设置进水口

的枢纽,其特点是明挖量一般较少,与岸边连接需要较长的桥梁或水上交通,抗震性能差。

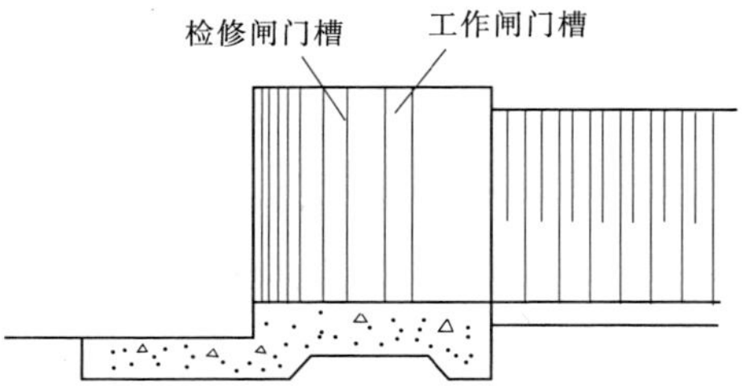

图 10-2-6 开敞式进水口

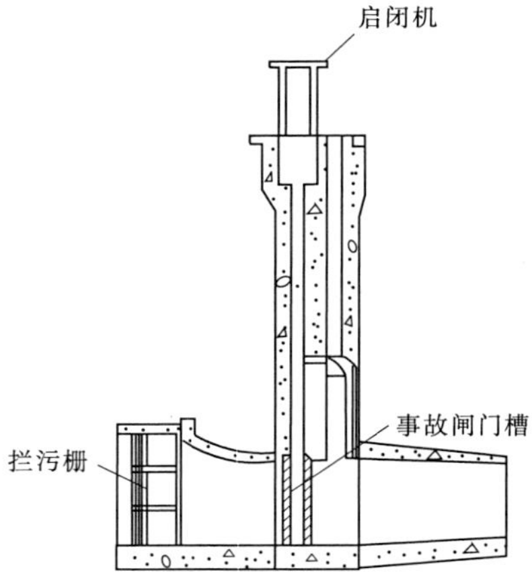

图 10-2-7 塔式进水口

(二)进水口布置

在各级水位下,进水口应水流平顺、流态平稳、进流匀称和尽量减少水头损失,并按运行需要引进所需流量或中断进水。进水口应避免产生贯通式漏斗旋涡。否则,应采取消涡措施。进水口所需的设备应齐全,闸门和启闭机应操纵灵活可靠,充水、通气和交通设施应畅通无阻。多泥沙河流上的进水口,应设置有效的防沙措施,防止泥沙淤堵进水口,避免推移质进入引水系统。多污物河流上的进水口,应设置有效的导污、排污和清污措施,防止大量污物汇集于进水口前缘堵塞拦污栅,影响电站运行。严冬地区的进水口,应有必要的防冰措施。进水口应具备可靠的电源和良好的交通条件,以便于施工和管理。进水口应与枢纽其他建筑物的布置相协调,并便于和发电引水系统的其他建筑物相衔接。

(三)进水口防沙、防污、防冰

1. 防沙

防沙问题是我国水电站经常遇到的很重要而又困难的问题,对进水闸和库深较小的进水口、开敞式和浅孔式进水口防沙问题更为突出,在选择枢纽位置、进行总体布置、设置泄洪建筑物和拟定水库运行方式时,都应把防沙问题放在重要地位予以考虑。深孔式进水口应根据水库地形、库区淤积形态和进水口底板高程等因素考虑排沙设施。如需设置排沙底孔时其位置和高程的选定应使排沙漏斗足以控制进水口,以满足“门前清”的要求。

首先要合理地选择进水口在枢纽总体中的位置。要使进水口的水流平顺、对称,不发生回流和旋涡,不使漂浮物堆积,不出现泥沙淤积。无压进水口宜设于河道凹岸,凹岸不易产生回流,而且河道弯段形成的横向环流使表层清水进入进水口,而河中底沙被带向凸岸。

防沙的措施主要有导(将泥沙导离进水口)、拦(将泥沙阻拦在进水口前缘)、排(将进水口前的泥沙排往下游)、沉(将越过进水口的泥沙沉淀在沉沙池内)和冲(将沉沙池内的泥沙冲往下游)。

2. 防污

在河流进水口前设置拦污栅是进水口拦阻漂浮物的主要措施。拦污栅可以布置成垂直或倾斜的,进水面可以是多边形的或平面的,倾斜布置和平面拦污栅便于清污。拦污栅前污物堵塞时,形成栅前后水位差,不仅增加水头损失,还会压坏栅片,因此需要清污,可以用顶部平台上的清污设备来完成。

3. 防冰

进水口防冰应对下列冰害采取相应的防冰措施:①动、静荷载引起的破坏;②孔口堵塞阻碍引水或减少水头;③设施冻结失去控制;④建筑物和设备磨损。

防止流冰对建筑物的破坏可采用下列措施:①进水口布置应避开流冰的直接撞击;②设置导冰和排冰设施;③调整水库(包括上下游梯级水库)运行方式,限制流冰的产生。

二、进水口水力计算

水电站进水口的水力计算应根据进水口型式进行相应的水力计算,计算内容包括:各式进水口的水头损失、开敞式进水口的引水流量、有压进水口的通气面积、有压进水口的管道充水时间、竖井式进水口竖井上游管道的水锤压力。

(一)水头损失计算

(1)有压进水口喇叭段最小断面水头损失:

$$\Delta h_1 = \xi_1 \frac{v_1^2}{2g} \quad (\mathrm{m}) \qquad (10\text{-}2\text{-}1)$$

式中 $\frac{v_1^2}{2g}$——喇叭段最小断面平均流速水头,m;

ξ_1——进水口水头损失系数。

(2)拦污栅损失:

$$\Delta h_2 = \xi_2 \frac{v_2^2}{2g} \quad (\mathrm{m}) \qquad (10\text{-}2\text{-}2)$$

$$\xi_2 = \beta\left(\frac{s}{b}\right)^{4/3}\sin\alpha \qquad (10\text{-}2\text{-}3)$$

式中 $\frac{v_2^2}{2g}$——过栅平均流速水头,m;

ξ_2——拦污栅水头损失系数;

β——栅条形状系数;

s——栅条宽度,cm;

b——栅条间距,cm;

α——栅条倾角,rad。

对大跨度拦污栅,若考虑拦污栅栅体结构梁系的影响,可适当加大拦污栅损失。

(3)闸门槽水头损失:

$$\Delta h_3 = \xi_3 \frac{v_3^2}{2g} \quad (\mathrm{m}) \qquad (10\text{-}2\text{-}4)$$

式中 $\frac{v_3^2}{2g}$——闸门槽断面平均流速水头，m；

ξ_3——闸门槽水头损失系数，一般取 0.05~0.15。

（4）渐变段（矩形断面变圆）水头损失：

$$\Delta h_4 = \zeta_4 \frac{v_4^2}{2g} \quad (\text{m}) \tag{10-2-5}$$

式中 $\frac{v_4^2}{2g}$——渐变段最小断面平均流速水头，m；

ξ_4——渐变段水头损失系数，一般取 0.05。

（5）沿程水头损失：

$$\Delta h_5 = \frac{v_5^2}{C^2 R} L \quad (\text{m}) \tag{10-2-6}$$

式中 v_5——输水道平均流速，m/s；

L——管道计算长度，m；

R——断面水力半径，m；

C——谢才系数，$\text{m}^{\frac{1}{2}}$/s。

（二）有压进水口的最小淹没深度

有压进水口淹没深度示意图见图 10-2-8。

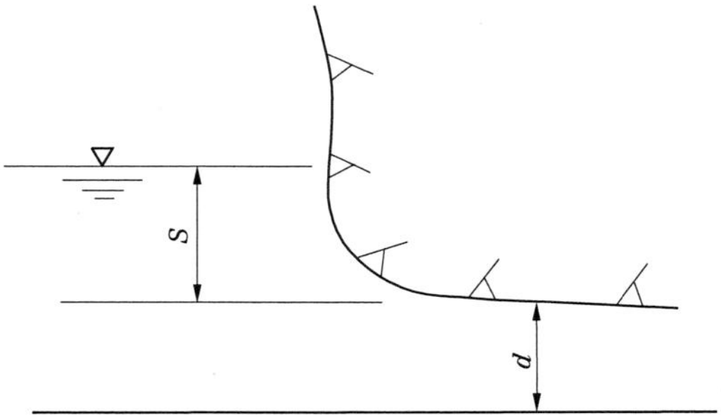

图 10-2-8 有压进水口淹没深度示意图

（1）从防止产生贯通式漏斗旋涡考虑，建议按戈登公式估算，即：

$$S = cvd^{\frac{1}{2}} \tag{10-2-7}$$

式中 S——进水口淹没深度，m；

v——闸孔断面平均流速，m/s；

d——闸孔高度，m；

c——与进水口集合形状有关的系数，进水口设计良好和水流对称取 0.55；边界复杂和侧向水流取 0.73。

（2）从防止产生负压考虑，建议按式（10-2-8）估算：

$$S = K\left(\xi_1 \frac{v_1^2}{2g} + \xi_2 \frac{v_2^2}{2g} + \xi_3 \frac{v_3^2}{2g} + \xi_4 \frac{v_4^2}{2g}\right) \tag{10-2-8}$$

式中　K——不小于 1.5 的安全系数。

S 的最终取值不应小于 1.5~2m。

(三)开敞式进水口流量

开敞式进水口流量按式(10-2-9)计算:

$$Q = m\sigma_s B\sqrt{2g}H_0^{\frac{3}{2}} \tag{10-2-9}$$

式中　Q——设计引水流量,m^3/s;

m——流量系数,一般取 0.32~0.36;

σ_s——淹没系数,取决于$\frac{h_s}{H_0}$,见表 10-2-1;

H_0——包括行近流速水头的堰前水头,m;

h_s——堰顶算起的下游水深,m。

表 10-2-1　淹没系数 σ

h_s/H_0	≤0.80	0.81	0.82	0.83	0.84	0.85	0.86	0.87	0.88	0.89
σ	1.00	0.995	0.990	0.98	0.97	0.96	0.95	0.93	0.90	0.87
h_s/H_0	0.90	0.91	0.92	0.93	0.94	0.95	0.96	0.97	0.98	
σ	0.84	0.82	0.78	0.74	0.70	0.65	0.59	0.50	0.40	

三、进水口结构设计

(一)开敞式进水口布置及孔口尺寸拟定

1. 开敞式进水口布置

工程上常将开敞式进水口设在河道主流比较集中、河床稳定、河岸坚固的河段上,防止因主流左右摆动而影响取水。进水口中心线与河道水流交角最好为 30°~45°,交角太大水流条件不好。地质上应尽量避开高边坡开挖和需处理的地段。

从防沙考虑,应充分利用河流弯道的环流作用,将进水口设在凹岸,引进河流表层清水,将底沙挟带到凸岸,以减轻泥沙对进水口的威胁,减少入渠泥沙,同时避免回流引起漂浮物的堆积。进水口位置应设在弯道顶点以下水最深、单宽流量最大、环流作用最强的地方。这个地点距弯道起点的距离 L 可由式(10-2-10)初步确定,即:

$$L = mB\sqrt{4\frac{R}{B}+1} \tag{10-2-10}$$

式中　B——河道水面宽度,m;

R——河道中心线半径,m;

m——系数,取 0.8~1.0。

由于受地形条件所限,不能将进水口设在凹岸而必须设在凸岸时,应将进水口设在凸岸中点偏上游处。因该处环流作用较弱,泥沙较少。必要时也可在河流对岸设丁坝,将河流的主流偏向凸岸,以利引水。

2. 开敞式进水口的尺寸拟定

1)进水口底板顶面高程

决定底板高程时需考虑的因素较多,实际工程中要通过技术经济比较确定。一般情况下，底板顶面的高程可比闸前设计水位的河床平均高程至少高出1.0~2.0m，视河道含沙量的多少而定，以便引水防沙。与后接的总干渠底部高程相同或稍高。

2)开敞式进水口孔口尺寸

开敞式进水口尺寸拟定时可按已确定的过闸流量、上下游流量、闸孔型式以及闸底板高程等，利用水力学公式确定孔口总宽度，然后拟定闸孔数及孔口尺寸。开敞式进水口一般属于宽顶堰，水流处于淹没出流状态。因此，孔口净宽可由式(10-2-11)计算，即：

$$B=\frac{Q}{\sigma\varepsilon m\sqrt{2g}H_0^{3/2}} \tag{10-2-11}$$

式中 B——闸孔总净宽，m；

Q——设计引用流量，m^3/s；

σ——淹没系数，取决于 h_s/H_0，从表10-2-1中查取，h_s 为堰顶起算的下游水深，m；

ε——闸墩侧收缩系数；

m——流量系数；

H_0——计入引水流速的堰顶水头，m。

孔口总宽度算出后，单孔宽度愈小，闸孔数愈多。因闸墩妨碍水流，从水力学条件看，以孔数少些为佳。而单孔宽度 b 的确定常取决于闸的型式、闸门材料、启闭设备和闸孔运用要求等。用卷扬机启闭的钢丝网平面闸门，每孔宽一般不超过6~8m，弧形钢闸门一般为8~12m。每孔宽度选定后，闸孔数目 n 为孔口总宽 B 与单孔宽度 b 的比值，n 应为整数，最好取用奇数。分孔后，需进一步验算闸孔的过水能力。

(二)深式进水口高程选择及尺寸拟定

1.深式进水口高程选择时需考虑的因素

(1)进水口顶部高程应在水电站运行中可能出现的最低水位以下，并有一定的淹没深度，以免产生旋涡而吸入空气和漂浮物，引起振动和噪音，减少流量，降低水轮机的出力。

(2)进口底板高程必须在水库设计淤沙高程以上，以免堵塞进水口。如无法满足此项要求时，应设置冲沙设施，保证进口门前不被淤积。

(3)考虑闸门结构、启闭设备及引水道的造价，进口高程应尽可能提高。

(4)进口高程应考虑综合利用要求，如满足灌溉、渔业、航运、供水等要求。

2.进口高程的选择

1)进口底部高程

进口底部高程通常应在水库设计淤沙高程以上0.5~1.0m。当设有冲沙设施时，应根据排沙条件决定。

2)进口顶部高程

(1)避免进水口前出现吸气漏斗和旋涡的临界淹没深度 s_k，s_k 可按式(10-2-12)计算，即

$$s_k=cv\sqrt{a} \tag{10-2-12}$$

式中 s_k——进水口闸门门顶低于水库最低水位的淹没深度，m；

c——经验系数，$c=0.55\sim0.73$，对称进水口取小值，侧向进水口取大值；

a——闸门孔口净高，m。

(2)避免压力管道出现负压，进口闸门顶部在水库最低水位下的最小安全距离 s，可

按式(10-2-13)计算,即:

$$s = \delta + 1.5(1 + h_i)\frac{v_i^2}{2g} \tag{10-2-13}$$

式中 s——闸门门顶的最小安全距离,m;

δ——冰冻层厚度,m;

h_i——进口水头损失系数,根据进口及拦污栅型式确定;

v_i——进口闸门处的流速,m/s。

3. 深式进水口尺寸拟定

深式进水口尺寸拟定时,要保证最优的水流条件,减少水头损失,并满足设备布置要求。此外,还要简化结构,便于施工。

1)进口段

进口段的形状一般是根据水电站进水口的布置方式以及引用流量来考虑,其横断面一般为矩形,可为单孔或双孔。为使水流平顺地引入引水道,减少水头损失,进口流速不宜太大,一般控制在 1.5m/s 以内。

进口曲线形状必须适合于水流收缩状态,以免在曲线段处形成负压区。进口段顶板曲线目前常用 1/4 椭圆曲线,少数工程采用双曲线。坝式进水口顶板常做成斜坡,以便于施工,当水电站引用流量及流速不大时,也可做成圆弧曲线。重要的工程应根据模型试验决定顶板曲线形状。进口两侧边墙的轮廓曲线,可用椭圆曲线、圆弧曲线或直线。

根据国内外实践经验,进口顶板的椭圆曲线方程为式(10-2-14):

$$\frac{x^2}{a^2} + \frac{y^2}{b^2} = 1 \tag{10-2-14}$$

式中,$a = (1\sim1.5)D$,常用 $1.1D$,D 为引水道直径;$b = (1/3\sim1/2)D$。

一般情况下,椭圆曲线的 $a/b = 3\sim4$。

进口流速一般不宜太大,建议其面积不小于式(10-2-15)的计算值,即:

$$A = A'/c\cos\theta \tag{10-2-15}$$

式中 A'——引水道断面面积;

θ——引水道中心线与水平面的夹角;

c——收缩系数,一般取 0.6~0.7。

进口段的长度无一定标准,视结构布置和水流流畅条件而定。

2)闸门段

闸门段是进口段和渐变段的连接段,是安装闸门和启闭设备的部分。闸门段通常设计成横断面为矩形的水平段,其高度一般等于和稍大于引水道直径 D,宽度一般等于或稍小于引水道直径 D,但整个闸门段过水断面常取后接引水道面积的 1.1 倍左右。闸门段的长度取决于整套闸门的布置需要,检修闸门和工作闸门之净距一般不小于工作闸门净高、宽的 0.4 倍,且不小于闸门的安装、维护工作所需的净空间。

3)渐变段

渐变段是矩形闸门段到圆形压力引水道的过渡段,为保证过渡段的水流平顺,减少水头损失,避免产生真空或气蚀现象,由矩形变到圆形的过渡段常采用在四角过渡,圆弧的中心位置和圆角半径 r 均按直线规律变化。渐变段长度根据经验一般为压力引水道直径的 1.5~2.0 倍。收缩角一般不超过 10°,以 6°~8°为宜,收缩斜率不大于 1∶5~1∶8。坝式进水口的渐变段长度一般取引水道直径的 1.0~1.5 倍。渐变段轴线通常为直线,也可根据引水道需要布置成曲线。在此情况下必须注意,当利用闸门局部开启冲水时,要避免水舌与底板分离,产生负压。

4)通气孔

引水管道在进行充水或放空过程中,闸门后需要排气和补气,特别在动水关闭时,问题更为突出,为此应紧靠闸门后设置通气孔。通气孔的布置原则如下:

(1)通气孔的顶部高程应在水库最高水位以上,以防止水流溢出,并加拦栅保护,防止堵塞。

(2)通气孔内口应尽量靠近闸门下游面,并设在门后管道顶部。

(3)通气孔运用方便,形体平顺,以减少气流阻力。

(4)有条件时尽可能将通气孔与闸门井和检查竖井结合共用,节省投资。

5)进人孔

为便于压力引水道内部的检修,需设置进人孔。进水口进人孔常和通气孔公用,在通气孔内设爬梯供检修人员上下。此时进人孔多采用 $1m^2$ 的正方形。

(三)深孔式进水口的结构设计

(1)进水口应进行沿建基面整体抗滑稳定与地基应力计算。对于有深层软弱面的地基,还应对深层软弱面进行整体抗滑稳定与地基应力计算;当水深较大时,应复核检修工况下整体抗浮稳定性。

(2)隧洞式进水口是在河岸岩石中开挖而成的,闸门设置在开挖竖井之中,故结构设计时可完全按地下结构(隧洞和竖井)考虑。

(3)岸坡式进水口紧靠在山岩之上,因进水口长期浸在水中,进水口背坡的稳定性需要充分论证(包括地震力作用)。否则,进水口将承受背坡山岩压力和填土压力(背坡有回填土)。

(4)塔式进水口承受着冰压力、风浪压力的作用,在地震区还要承受地震惯性力和地震动水压力的作用。为加强进水塔的稳定性,可将塔基嵌入岩石中,利用岩石的支撑作用来增加塔体的稳定。

(5)布置在混凝土重力坝上的坝式进水口,结构计算主要是计算坝体开孔的孔口应力和配置孔口的加强钢筋,以及按空间刚架计算拦污栅支撑结构等。

第三节 压力钢管设计

一、概况

(一)压力钢管的分类

《水电站压力钢管设计规范》(DL/T5141—2001)把发电引水钢管的结构型式分为:①明管;②地下埋管;③坝内埋管;④坝后背管;⑤其他管型。《水电站压力钢管设计规范》(SL281—2003)把水电站压力钢管型式分为:①明管;②地下埋管;③坝内埋管;④钢衬钢筋混凝土管;⑤其他管型。

(二)压力钢管的附件及其他设备

压力钢管的附件和其他设备包括伸缩节、人孔、闸阀、闷头、充排气装置、旁通管或充水阀、放空管和过流保护装置等。

(三)材料

除钢板和钢铸件材料以外,压力钢管在设计中还要采用防腐止水、垫层、混凝土和钢筋等材料。

(四)压力管道设计原则

压力钢管是水利水电工程中的重要建筑物之一,它是一种薄壳结构,长期承受高压水作用。此外还要承受温度变化、支座沉陷、地震、放空时的外压力以及围岩作用,一旦破裂,将造成严重后果。

压力管道包括管道钢结构本体、支承部分、人孔、伸缩节、通气设备、闸阀、土建部分——镇墩和支墩基础。管道上设有各种保护系统,以预防管壳破裂时事故扩大。管道结构还有一些相邻建筑物如防护墙、调压室、水轮机蜗壳等。因此,事先周密的考虑和妥善设计至关重要。

压力钢管设计时,除了从工程的总体设计中了解钢管的基本任务和主要参数(例如需通过的流量、承受的水头、管道的总长度等)外,还要充分调查了解当地的自然条件,特别是管道通过地区的地形、地质条件(包括地震、滑坡、泥石流等)、气象、水质腐蚀等条件,以及制造、运输、安装条件、材料等,水电站的运行工况和总体布局、制造厂的生产和技术能力等都会影响到钢管型式和结构的选择。

压力钢管设计时需要遵循的基本原则如下:

(1)必须保证管道和整个水电站工作可靠,运行方便。

(2)力求降低整个建筑物的总造价。

(3)力求节省管道结构的金属材料。

(4)尽量减少水电站管道的水头损失。

(5)方便施工,使工程尽快投入运行。

(6)采用定型结构和构件,力求结构通用。

(7)规定预防结构腐蚀和磨损的保护办法。

(8)方便运输安装和维修。

(五)压力钢管设计的一般步骤

(1)确定钢管的总布置,即确定钢管的直径和根数;钢管定线和选型(明管或埋管);布置镇墩、支墩、岔管等。

(2)进行管道的水力计算,如水头损失和水锤分析。

(3)选择钢管的材料、结构型式,初定管壳厚度。

(4)确定具体的荷载及其组合条件,进行较精确的分析。

(5)进行具体设备的细部布置和设计。

(6)绘制施工详图。

(7)制定钢管的制作、安装、试验和维修的技术要求。

二、管线布置

(一)压力管道根数的确定

水电站水轮机可采用下列方式供水：

一管一机单独供水(见图 10-3-1(a)、(e))；

一管数机分组供水(见图 10-3-1(b)、(f))；

一管多机联合供水(见图 10-3-1(c)、(g))；

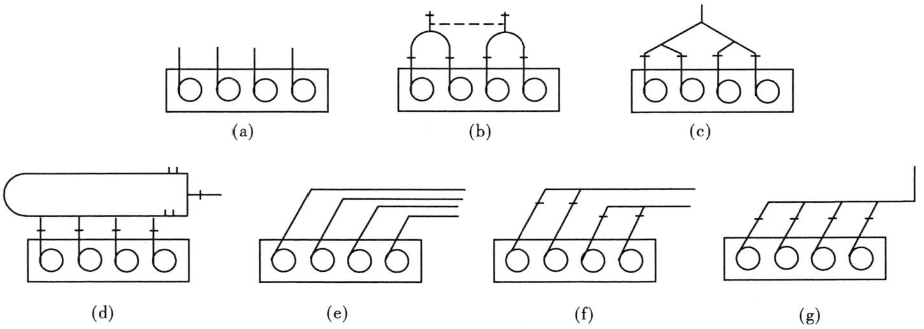

图 10-3-1　水轮机管道的布置型式

管道根数的选择应该进行技术经济比较,并考虑运行的可靠程度。

单独供水运行最方便、最可靠。一根管发生事故,只使一台机停止运行。在流量较大时,单独的水轮机管道也是最经济的。

分组供水的运行灵活性较差,一根管的事故导致几台机组停止运行。有时为了增加灵活性,在管道之间设置带闸阀的连通管(见图 10-3-1(b))。也可采用图 10-3-1(d)所示的两根管道环形连接布置。

采用联合供水方案,管道检修时必须全厂停止运行,这种布置在高水头、小流量的电站上,可以节省大量工程投资时方可采用。与大电网连接,而不直接送电给用户的电站也可采用。采用分组供水或联合供水时,每台水轮机前都应设置阀门。

一根明管改为两根,金属耗量将增加 10%~20%。如果再考虑镇墩、支墩的土建费用,造价还要增加。此外,根数增加,水头损失也要增加。

对于地下埋管,减少钢管根数的经济效益更大,如一根直径 7.07m 的管道改为两根直径 5.0m 的管道,岩石开挖量增加 11%,混凝土量增加 46%,钢板材料增加 43%。

但是,减小钢管根数时要考虑因停机造成的损失。此外,由于直径太大时就会带来管壁太厚及岔管结构方面的难题,减少水轮机管道根数的趋向,受到制造能力的限制。有的电站从运行、检修灵活性上考虑,也不允许用一根钢管供应所有机组。

所以,一般以两机一管为主,也有用单机单管或三机一管的。向数台大型水轮机供水的管道,其直径应足够大,以免使流速过大。通常在管道进口处,过栅流速为 0.8~1.2 m/s,而管道本身,流速应限制在 3~8m/s。

（二）管道线路

管道线路的选择是水电站设计中的一个重要阶段。线路总是力求短而直，以便减小水头损失，降低水锤压力。

管道线路首先要考虑当地的地形、地质条件，以及各种天然和人造障碍物的影响。此外，还应符合枢纽总体布置要求以及施工、运输、安装等条件和运行安全方便的要求。

参与引水方式比较的因素还应包括水力学条件、进水口布置、管线长短、分岔布置、安装分期、电站运行方式及其在电力系统运行中的地位。

管径可根据线路布置和内压变化自进水口起分段减小，但变径次数不宜太多。

明管、坝内埋管、坝后背管以及水轮机前不设置进水阀的地下埋管，钢管首端必须设置快速闸门（阀）和必要的检修闸门等设施。对于水轮机前设置进水阀的地下埋管，除了在管道首端设置必要的检修闸门外，还应根据工程具体情况决定是否在埋管首端设置事故闸门（阀），若布置事故闸门（阀），宜布置必要的通道，以便检修、更换闸门（阀）。快速闸门（阀）和事故闸门（阀）必须有远方（中央控制室）就地操作装置。操作装置必须有可靠电源。快速闸门（阀）和事故闸门（阀）下游必须设置通气孔或通气阀。紧靠快速闸门（阀）和事故闸门（阀）应设置充水阀或旁通管，并应满足钢管充水时间的要求。充水阀或旁通管的出水水流不得封堵通气孔下端孔口。通气孔上端孔口不应设在启闭室内，并应高于水库校核洪水位。

钢管宜设置过流保护装置。

管道转弯半径可采用2~3倍管径，位置相近的立面弯管和平面弯管宜合并为空间弯管；位置相近的进口渐变段（或变径渐缩管）和弯管宜合并为渐变弯管（或渐缩弯管）。在管道布置条件受限制的地方，转角大于40°的弯管允许减小转弯半径到1.5~2倍管径；在管道布置条件不受限制的地方，可采用大于3倍管径的转弯半径。不设镇墩的弯管当内压很大时，还应有更大的转弯半径。

进口渐变段长度不宜短于1倍管径。渐变段进口矩形断面面积与钢管圆断面面积的比值应经过技术经济比较确定，对于大直径且进口埋深大的管道，该比值宜采用1.0~1.2。设有钢衬的渐变段应采取措施，防止钢衬失稳。

选择管线时，应使其纵剖面在所有管段、在任何工况下都不会形成真空。钢管顶部至少应在最低压力线以下2m。在钢管最低点要布置排水措施，以便排干钢管中的水。钢管变径后往往都采用中心线高程不变的做法，造成变径后变径管前端管内积水无法排出。天荒坪工程根据国外经验，采用变径后底高程相同的布置，有利于管道放空。

抽水蓄能电站压力钢管应根据水流的双向性，确定管道的布置，尤其是进出口、渐变段（渐缩段）、岔管和弯管的选型。

（三）压力钢管的经济直径

压力钢管的根数确定后，每根钢管所通过的流量也随之确定，接着就要选择钢管的直径 D。显然，D 越小，钢材的用量及造价越低，但是管道中的流速越大，长期的水头损失也就越大。所以，钢管直径的选择是一个经济比较的问题。

苏联采用“抵偿年限”的概念，一些欧洲国家及日本根据“由于增加管径所增加的年费用不超过相应多获得的年电能的价格”这一原则来计算。但是，钢管的经济直径很难用一个公式来精确确定。因为不确定影响因素很多，所以经济直径的公式(10-3-1)的计算成果只能是一个参考值。

$$D = \sqrt[7]{\frac{KQ^3}{H}} \tag{10-3-1}$$

式中 D——钢管直径，m；

Q——管道流量，m^3/s；

H——水头，m；

K——系数，$K=8\sim15$。

公式(10-3-1)不适用于抽水蓄能电站。

在初估钢管直径时，可先估算出钢管中流速 v(一般不超过 4～5m/s)，然后由式(10-3-2)求出直径。一般经验，明管和地下埋管，作用水头为 100～300m，流速为 4～6 m/s；水头提高，流速可适当加大。坝内埋管与坝后背管较短，流速可略大于引水式电站，作用水头 30～70m，流速为 3～6m/s；水头 70～150m，流速为 5～7m/s；水头 150m 以上，流速大于 7m/s。

$$D = 1.13\sqrt{\frac{Q}{v}} \tag{10-3-2}$$

三、压力钢管选型

(一)地下埋管与明管的选择

对于引水式电站，一般在管型选择时多进行明管和地下埋管的比较。明管和地下埋管相比，各有其优缺点，而且一种管型的优点往往就是另一种管型的缺点。

明管的主要优点是：在运行中可以方便地进行检查维护，必要时可更换。其次，它受力明确，结构分析成果较为可靠。

埋管的主要优点是：钢管不受气温变化、冰冻、岩石滑动、雪崩、泥石流等的影响，钢管是连续支承在介质中，对应力分布有利，利用围岩承载，可减薄钢管壁厚。万一发生破裂事故，其后果较轻，但检查维修困难，要十分重视外压失稳问题。

为了克服明管的缺点，有些工程采用了钢衬钢筋混凝土管代替明管，可以防止发生爆管事故，但其施工要比明管复杂。

在下述情况下，一般采用或优先考虑地下埋管：

(1)厂房为地下式。

(2)管道沿线地形起伏较大，地表不够稳定或有发生泥石流、雪崩的可能。

(3)管道沿线地质条件好，基岩新鲜完整，可提供较大抗力。

(二)坝内埋管与坝后背管的选择

坝后背管在我国发展较快，这种管型具有以下优点：

(1)和明管相比背管最突出的优点是显著提高了管道的安全度，根据模型试验研究成果，结构具有足够的可靠性，可以避免发生类似明管的脆性破坏。

(2)和明管相比，不需考虑厂房的防冲问题，因而不需要修建事故溢洪道。

(3)可采用容易加工、塑性好和厚度小的钢板。

(4)和坝坡明管相比,抗震性能也比较好。

(5)对于坝体断面布置管道受限,如管径太大,采用坝内埋管有裂穿坝体的可能,或坝体采用碾压混凝土等,背管将是一种可行的选择。

(6)对于一些高坝,可以设置临时进水口,在施工期发电,提前创造经济效益,如契尔盖水电站和萨扬舒申斯克水电站,在这方面,采用背管能较好处理前期和后期发电工程的衔接问题。

但是坝后背管并非理想的管道布置型式,它所存在的缺点有施工工序交叉多、施工复杂、工程量也有所增加、管腰混凝土开裂问题尚在探讨中等。

在混凝土坝的引水管道布置中,我国目前以坝后背管和坝内埋管为主,两种管型通常要进行比较,其优缺点见表 10-3-1。因为坝后背管增加了管线长度,环向钢筋弯曲半径和数量均增加,而且还要增加混凝土的用量,钢板材料用量则相差不多,所以采用坝后背管一般会增加投资。五强溪水电站对坝后背管和坝内埋管进行的技术经济比较表明,坝后背管没有坝内埋管经济,但相差不是太大。

表 10-3-1　坝内埋管和背管比较

序号	比较项目	管型	
		背管	坝内埋管
1	管线布置	管线较长,水头损失较大	布置灵活,管线较短,水头损失较小
2	枢纽布置	比较适合于拱坝,但使枢纽布置顺河向加长 10m 以上	比较适合于重力坝,布置较为紧凑
3	管道直径	对大直径管道比较适应	对大直径管道比较适应
4	对坝体的影响	影响拱坝基本体型,开孔高程拱坝断开,削弱坝体	削弱坝体,有避免裂穿坝体的限制
5	上弯段结构	上弯段结构复杂	上弯段在坝内,无需特殊处理
6	对总施工进度影响	上平段较长,占用坝体上升时间亦较多;且拉长了钢管安装时间,将造成后期人力设备紧张,降低了工效	下弯段下部安装要占用坝体上升较多的时间;管道空腔减少的混凝土施工工期可弥补安装占用的时间
7	施工技术差异	管坝接缝面施工复杂,要设置键槽和大量过缝钢筋;每条钢管的安装不能连续进行,增加施工项目、工种交替、反复进场和退场,增设较高脚手架;温控要求较高;上弯段施工复杂;模板增多且体型复杂	随坝体上升,利用混凝土待凝、散热以及模板拆除与架立的时间,尽量减少与坝体施工的相互干扰
8	工程量差异	钢板用量相差不多,但钢筋用量大量增加,混凝土(单价提高)用量增加,开挖量和地基处理量增加	钢板用量相差不多,钢筋用量较少,减少混凝土用量,不增加开挖量和地基处理量
9	投资差异	减少前期投资积压,但因工程量增加,总投资可能增加,机组台数众多较为有利	前期投资积压增加利息,但因工程量减少,总投资不一定增加

四、水力计算

压力钢管的水力计算包括钢管的水头损失计算和水锤压力计算。计算成果应包括：①最高压力线；②最低压力线；③水头损失。

（一）压力钢管的水头损失

水流通过压力钢管时的水头损失 ΔH 由沿程摩阻损失 ΔH_1 和局部损失 ΔH_2 组成。

1. 沿程摩阻损失

计算公式：

$$\Delta H_1 = f\frac{L}{D}\frac{v^2}{2g} \tag{10-3-3}$$

式中 ΔH_1——沿程摩阻损失，m；

L——管道长度，m；

D——管道内径，m；

v——管内流速，m/s；

g——重力加速度，取 9.81m/s²。

f——摩阻系数，取决于管壁表面糙率，对于新的平滑钢管，f 值取 0.006～0.009；轻微锈蚀后，f 值为 0.009～0.015；当有 1～3mm 的锈蚀坑时，f 可达 0.015～0.03。

所以钢管内表面要勤加维护，除锈、刷漆很重要，不仅可延长钢管的寿命，而且可以减少水头损失。在设计时，如摩阻力对计算成果有不利影响，可取较大的值，反之，应取较小的值。

2. 局部损失

局部损失指水流局部变化（转弯、收缩、扩大、出流、分岔内阻力等）引起的局部水头损失，可用下述通用公式计算：

$$\Delta H_2 = \zeta\frac{v^2}{2g} \tag{10-3-4}$$

（二）水锤计算

管道中水流流速急剧变化所引起的管道压力升高或降低，称为水锤。压力变化的原因是运动水体的惯性力。压力变化过程具有波动性，它的参数取决于流量随时间的变化规律和管道自身的参数（长度、直径、管壁厚度和弹性）。调速机构（阀门、反击式水轮机的导叶或冲击式水轮机喷嘴的性能）决定了流量随时间的变化规律。调速机构不是瞬时关闭或开启的，而是在 T 时间内完成的。这时在阀门处产生的压力上升或降低，以速度 a 沿管道传播。设管长为 L，则在 L/a 时间后，升压波到达具有自由水面的蓄水池（压力前池、水库、调压室），作为压力管道的始端。从自由水面反射回来的降压波（负波）又以相同的速度 a 朝着相反的方向运动。直接波传到蓄水池，反射波再返到阀门处往返一次的时间 $t_\varphi = \dfrac{2L}{a}$，称为水锤相。根据 T 与水锤相 t_φ 的关系，可以区分为直接水锤（$T < t_\varphi$）和间接水锤（$T > t_\varphi$）。在直接水锤情况下，反射负波回到阀门时，阀门已经全部关闭，压力变化可能很大。因此,在水电站上,要采取各种措施避免直接水锤,而代之以危害较小的间接水锤。

水锤计算可以确定压力管道沿线的最大、最小压力值,给出管道的设计荷载,并找出可能发生的负压区。

水锤计算是调节保证计算的一部分,应与机组转速变化计算配合进行,按《水电站调压室设计规范》(DL/T5058—1996)的要求进行计算。

抽水蓄能电站压力管道水锤压力标准值应根据特征线法水力过渡过程计算成果确定。

水锤压力的初步计算可按下列工况进行。

1. 正常运行情况最高压力计算

(1)相应于水库或压力前池正常蓄水位,经由本压力钢管供水的全部机组突然丢弃全部负荷。

(2)调压室或压力前池最高涌浪压力计算,相应于水库正常蓄水位,经由本调压室或压力前池供水的全部机组突然丢弃全部负荷。

钢管水锤最高压力与调压室或压力前池最高涌浪如可能重叠,尚应考虑其相遇效应。

(3)对电站运行情况研究后,认为不可能同时丢弃全部负荷,则可按丢弃部分负荷计算。对于单机单管的情况,要计算可能的小开度下丢弃负荷的水锤压力。

2. 特殊运行情况最高压力计算

丢弃负荷条件同正常运行情况,相应于水库或压力前池最高发电水位。

3. 最低压力计算

(1)钢管水锤压力计算,相应于水库或压力前池死水位,经由本钢管供水的全部机组处于一台机组未带负荷,其余机组都在满发的工况时,这台机组由空转增至满发。

(2)如电力系统有特殊运行要求,可根据具体情况,确定增荷幅度。

(3)抽水蓄能电站应计算上库水位为最低水位,水泵水轮机在最低扬程做抽水运行,电源中断,同时导水叶拒动的工况。

在绘制沿管道的最低压力线时,必须记住:水锤第一相负动水压力线是下凹的,而并非直线。当调速器的开关规律是非直线形时,动水压力线与直线的偏差特别明显,为了修正最低压力线,应该考虑管道的摩阻。

五、压力钢管构造要求

(一)管壁厚度

1. 管壁最小厚度

管壁厚度除应满足承载能力要求外,还应根据制造、运输和安装等要求,保证必须的刚度,满足表10-3-2所列最小壁厚(包括壁厚裕量)的要求。

2. 厚度变化

钢管壁厚变化处,明管可保持外径不变,地下埋管、坝内埋管和坝后背管宜保持内径不变。钢管壁厚级差为2mm。不同厚度的钢板对接焊,若厚度差大于4mm,应将较厚板的接口处刨成1:3的坡度。

表 10-3-2　管壁最小厚度

钢管内径（m）	<1.6	1.6～3.2	3.3～4.8	4.9～6.4	6.5～8.0	8.1～9.6	9.7～11.2	11.3～12.8	12.9～14.4
最小壁厚（mm）	6	8	10	12	14	16	18	20	22

3. 壁厚裕量

考虑锈蚀、磨损及钢板厚度负偏差，钢管的壁厚裕量一般取 2mm。锈蚀和泥沙磨损较为严重的钢管以及因管径过小而无法进人的钢管，壁厚裕量应作专门论证。

（二）焊缝布置

1. 环向焊缝

环向焊缝间距直管不宜小于 500mm，岔管和弯管等结构不宜小于下列各项之大值：①10 倍管壁厚度；②300mm；③$3.5\sqrt{rt}$，r 为钢管内半径，t 为钢管壁厚。

2. 纵向焊缝

纵向焊缝不应布置在钢管横断面的水平轴线和垂直轴线上，与上述轴线间夹角应大于 10°，且相应弧线距离应大于 300mm 及 10 倍管壁厚度。

（三）消除应力要求

有下列情况之一者，应进行消除应力处理：

（1）结构厚度超过下列数值：Q235 和 20R 为 42mm、Q345 为 38mm、Q390 为 36mm。

（2）冷加工成型管节钢板厚度 t 超过下列范围：Q235 和 Q345 为 $t \geqslant D/33$、Q390 为 $t \geqslant D/40$。

（3）岔管等形状特殊的构件。

采用其他钢种，消除应力的要求应作专门研究。

（四）伸缩节、预留环缝和凑合节

这些特殊的构造措施和管节是钢管设计中的重要内容之一。预留环缝和凑合节最后一道施焊的环缝，应采取措施，降低施焊应力。根据实测，焊接应力较大。

1. 伸缩节

在建筑物永久缝处或管段上，若存在轴向、横向变位和角变位，宜将钢管断开并设置伸缩节。经论证后，可以采取其他措施代替伸缩节或取消伸缩节。

2. 预留环缝

若施工缝处变位较大，或为避免在蜗壳壳外包混凝土施焊合龙环缝而拉动蜗壳，应设置预留环缝。

3. 凑合节

若钢管分区段安装，分区段之间最后安装的管节应设置为凑合节。凑合节宜设置在直管段上，如施工进度安排需要，亦可设在上弯段上，龙羊峡水电站坝内埋管和李家峡水电站坝后埋管均有此情况，而坝后背管几乎难以避免。

（五）其他要求

（1）弯管段相邻管节转折角不宜大于10°。

（2）管径改变处的渐缩圆锥管，锥顶角不宜大于7°。

（3）钢管安装后，管口圆度偏差不应大于5D/1 000，且不应大于40mm。

（4）钢管管节可采用瓦片组焊，若条件具备，也可采用整卷工艺，如李家峡水电站坝后背管和万家寨水电站坝内浅埋管均采用了钢管整卷工艺。钢管在工厂制成单件，运到现场安装。不宜在安装现场焊接纵缝，若需要在安装现场焊接纵缝，必须要有相应的工艺措施。

六、明管

（一）布置特点

1. 地形、地质条件

明管线路布置宜选择在地形、地质条件优越的地段，并与进水口（大坝、调压室或压力前池等）和主厂房等建筑物相协调。

宜避开可能发生滑坡、崩塌、沉降量很大的地段和村镇居民区及交通线路等。若不能避开村镇居民区，应考虑工程对环境的影响。

部分管段若避不开山洪、坠石等影响，应采取其他管型（如洞内埋管、地下埋管或钢衬钢筋混凝土管）通过。若遇有河沟，可采用倒虹吸管或管桥等型式通过，并应考虑洪水泥石流对这些建筑物的影响。

水头高、线路长的管线，还应满足钢管运输安装及运行管理维修等方面的要求。

2. 事故溢洪道

为避免钢管一旦发生意外事故时，危及电站设备和人员安全，应设置事故溢洪道和工程防冲设施。与水渠、道路、输电线、通信线等交叉时，应设置必要的交叉建筑物和防护设施。

3. 镇墩、支墩

在明管轴线转折处要设置镇墩。在长度超过150m的直段上也要设置镇墩和伸缩节。镇墩的布置应和水压试验的方式相协调，应位于没有断裂、沉陷和滑动的坚实地基上。如果必须把管道布置在滑坡区或沉陷性地基上，为了保证建筑物能安全运行，应在镇墩间设置伸缩节。伸缩节宜设置在镇墩的下游侧。

支墩间距应通过钢管应力分析，并考虑安装条件、支座型式和地基条件等因素，经技术经济比较确定。

（二）结构计算

明管的结构计算包括管壳的应力分析（膜应力分析、加劲环引起的局部应力分析和支承环应力分析）和抗外压稳定分析（管壁抗外压和加劲环抗外压）。

（三）构造特点

1. 镇墩、支墩

镇墩、支墩混凝土强度等级不应低于C15，并应满足抗冻要求，混凝土外圈要求配有钢筋。在寒冷地区，墩底基面要求深埋在冻土线以下。

因镇墩承受的弯管或直管传来的管线轴向力很大，为了防止管道从混凝土中脱出，除了混凝土应有足够长度外，还应在管壁外设若干刚性环插入其中，起止推和加劲作用。

弯管置于混凝土内，相当于大体积混凝土内有一个大孔口，应力比较复杂。上凸弯管所承受的两轴向力的合力向外、向上，镇墩横断面管腰和管顶最易开裂，使镇墩混凝土上下分开，破坏了镇墩的整体性。为此，必须经过验算并配有足以保证镇墩联成整体的锚筋或锚环（用型钢），并将其插入到底部混凝土内。近期，若干电站的镇墩在发电后出现顶部纵向开裂的现象。改进措施有适当增布管腰外圈钢筋；在钢管外设垫层；结合基础加固或为减小镇墩体积，设置预应力锚索；采用上半部不浇筑混凝土的开敞式镇墩，用拉筋或型钢焊接在止推环上，锚固在下部混凝土中。

靠近主厂房的分岔管处镇墩与主厂房基础间宜用沉降缝分开。

2. 伸缩节

伸缩节应具有足够的刚度防止因变形而停止运行。伸缩节的型式应根据管径和内压大小以及变位要求等因素选用。伸缩节应能保证自由伸缩。

伸缩节的伸缩量和支座垫板长度应根据管长、水温、气温、合龙时的温度等因素确定，并应留有裕量。

3. 其他要求

（1）为了工地焊接和从管道一侧到达另一侧方便，实践经验证明，明管距地面、管槽所需要的尺寸至少 600mm，对于管径较大的管道，最好大于 600mm。

（2）分段式明管的支座应采取构造措施，保证钢管能适应温度变化时沿轴向自由伸缩，并能防止横向滑脱。可能发生较大沉降的地基上的支座，为便于调整钢管高程，应在支座及支承环两侧预留千斤顶的顶托位置。对于不埋入镇墩混凝土的支座，还应满足适应横向变形及微量转动的要求。支座宜设置可装卸的活动防尘罩。

七、地下埋管

（一）布置特点

1. 地形、地质条件

地下埋管线路的进出口位置应选择地形、地质条件相对优良的地段，具备成洞条件，避开活动断层、滑坡、地下水压力和涌水量很大等不良地段。

计入围岩抗力的地下埋管，其顶部和侧向覆盖围岩应有足够厚度。垂直于管轴的最小围岩覆盖厚度，不应计入全风化层和强风化层。

2. 管线布置

地下埋管宜采用一管多机引水方式。若管道较短，或工程地质条件不宜开挖大断面洞室，或受分期发电等的限制，经技术经济比较，亦可采用分组引水方式或单管单机引水方式。应避免出现一管已运行而邻管尚在开挖爆破的情况。

地下埋管的平面布置即主管根数和岔管位置的选择，总的原则是要降低造价，并减小运行水头的损失。

为了降低外水压力，地下埋管管线布置在满足最小覆盖围岩厚度要求后，可不必深置。

地下埋管的立面布置型式有斜井布置和竖井布置两大类，这两种布置方式各有优缺点，斜井布置时，输水道长度相对较短，水头损失较小。竖井布置输水道总长度比斜井长，而且还有一段较长的下平段，即总的高压段比较长。如果采用相同的衬砌材料，则竖井布置的经济性不如斜井。但是，一般认为竖井布置施工方便，总的工期和施工费用可能比斜井布置节省。其实，近年来，不少工程的斜井用阿利马克爬罐开挖导井，然后扩挖，其施工难度已经大为减小，斜井的开挖已不再认为是大难题。选用竖井和斜井还和高压管道的衬砌材料有关。当采用钢衬时，为了缩短钢管长度，经常采用斜井布置。而采用竖井布置时，大多采用混凝土衬砌，尤其有较长的下平段时，则几乎都采用混凝土衬砌。

洞井的型式（平洞、斜井、竖井）及斜井坡度，应根据布置要求、工程地质和施工条件等因素，经技术经济比较确定。管道坡度，目前国内开挖向上出渣采用不超过 30°~35°；向下出渣各工程采用的有所不同，或为溜渣方便取 45°以上，或为方便工人上下，取 40°以下，可根据工程情况和施工单位的经验确定。

长度和高差过大的斜井与竖井，宜布置在中间平段，以方便开挖施工和钢管安装。利用中间平段可以将钢管安装分为上、下两段，有两个安装工作面，这在钢管安装工期控制电站投产发电工期时，有特别重要的意义。但是这样一来需要增加一套钢管安装设备，此外，设置了中间平段后增加了两个弯道，自然会加大水头损失，但当水头较高时，水头损失仅占总水头的 0.1%左右，对电站的综合效率不会产生实质性的影响。

3. 排水系统

在地下水富集、外水压力（即地下水位）荷载明确的地区，应布置排水系统，并结合灌浆帷幕等措施，减小钢管的外水压力。防渗排水设施必须可靠，且便于检修。

排水措施可分为总体排水和局部排水，总体排水多半采用排水平洞，并在平洞中钻深孔。局部排水设施布置在需要降压的建筑物表面附近，把渗透水引入排水设施以降低压力。局部排水主要是在回填的混凝土中埋入水管或排水管或在管壳上开减压孔。小断面的排水管容易被堵塞，可靠性较差。

4. 压力钢管失稳

国内一电站，调压井后高压管道为地下埋管，$D=4.3$m，最大作用水头 $H=300$m。下弯段处勘察地下水位高出管中心线 145m，抗外压稳定设计中取外水压力折减系数为 0.6，管壁厚度 16~26mm，加强措施为锚筋环。高压管段 2/3 管段围岩为玄武岩，下弯段顶部有岩性较软的凝灰岩岩层斜穿洞线，其附近围岩破碎，钢管安装期间，地下水渗漏量较大。为排积水，在下弯段混凝土衬砌圈外侧设置直径 150mm 透水软管，从下弯段起引至相距 480m 远处的洞外集水井内。首台机组运行 3 个月后停机检查时，发现钢管失稳，管底向上隆起，从下弯段起，失稳段长达 330m。经初步分析，失稳原因有以下几个方面：

（1）地下水较为丰富，外水压力较大。

（2）钢板冲击韧性不满足要求。

（3）钢管外围回填混凝土采用微膨胀混凝土后，未进行管周回填灌浆与接触灌浆，实测缝隙值较大。

（4）运行中频繁甩负荷，多次放空管道。

（5）采用锚筋抗外压措施，因施工困难，一些锚筋被割断，被破坏的部分锚筋最终没有恢复。

(6)抗外压设计中对外水压力采用0.6的折减系数偏低。

(7)采用的局部排水措施不可靠。

据推测,失稳过程大致如下:

(1)在外水压力作用下,钢管首先在三个部位失稳,不能排除同时失稳的可能。外水压力产生的原因有两个,一是排水失效,使外水压力升高;二是钢管冲击韧性不足,在水击压力作用下产生纵向裂缝,因为在失稳后的管壁上发现了四条纵向裂缝,所以管壁开裂内水外渗的可能性不能排除。再加上钢管和混凝土之间的缝隙值也比较大,所以管道放空时便发生失稳破坏。由于钢管上有抗外压的锚筋,所以钢管管壁失稳的传递受到遏制,使管壁纵向出现较大的拉应力,并导致出现第一条环向裂缝。环向裂缝出现后,外水压力得到释放,第一次破坏结束。

(2)由于存在环向裂缝,当钢管再次充水运行时,内水通过管壁上的环向裂缝外渗,在施工支洞中就会出现大量涌水。这时的外水压力与内水压力基本相同,当管道放空时管壁会被再次撕开,出现第二条环向裂缝后,外水压力得到释放,第二次破坏结束。

(二)结构计算

地下埋管的结构计算包括承受内压的结构分析和抗外压稳定分析两大部分。

1.地下埋管承受内水压力计算原则

(1)钢衬与管外混凝土之间以及混凝土与岩石之间有缝隙δ。δ是由于混凝土冷却和结硬收缩而引起的,而且也与施工质量有关。管道充水以后,由于最低水温比安装时隧洞中的温度低,钢管发生温降收缩,同时使缝隙增大。运行过程中,在荷载作用下,混凝土、特别是岩石的塑性变形逐步增大,卸荷时就产生残余变形,等于使缝隙更加扩大,缝隙存在于混凝土与钢衬之间以及混凝土与围岩之间。

(2)缝隙的存在,使钢衬的工作分为两个阶段。第一阶段,内水压力由钢衬单独承担,一直到钢衬与围岩(通过混凝土)之间紧密接触,缝隙δ闭合为止。之后进入第二阶段,内水压力进一步增大,钢衬与围岩共同承载。

(3)认为钢衬与围岩之间的混凝土已经出现径向裂缝。所以,它不承担任何环向力和内水压力,仅将部分内水压力从钢衬传递给围岩,自身只承受山岩压力。

(4)认为所有材料(钢、混凝土和围岩)都在弹性阶段内工作,岩石被当做各向同性材料。

2.结构分析

地下埋管结构分析方法可根据设计项目属性按《水电站压力钢管设计规范》(DL/T5141—2001)及《水电站压力钢管设计规范》(SL281—2003)的相关条款取用。

(三)构造特点

1.灌浆

地下埋管灌浆包括回填灌浆、接触灌浆和固结灌浆,可在同一孔中分序进行,但在进行固结灌浆时,必须设置封堵栓塞。钢管壁上宜预留灌浆孔,并在管外焊接补强板。灌浆过程中,应进行检测,防止钢管发生失稳事故。灌浆后,全部灌浆孔均应严密封堵。

宜按以下顺序进行灌浆。

1)回填灌浆

混凝土衬圈顶拱与围岩间存在较大空腔,必须采用水灰比较低的稠浆(水泥砂浆或水泥浆)进行回填灌浆。若不作固结灌浆,管壁又不设预留孔,则回填灌浆可在管外设置纵向管路系统进行,但应有可靠的质量保证措施。

回填灌浆应在衬圈混凝土强度达到设计强度的70%以后进行。回填灌浆压力不应小于0.2MPa,也不得大于钢管抗外压临界压力。

2)固结灌浆

固结灌浆应根据围岩地质情况、内水压力、设计假定、开挖爆破方式等,经研究后进行,灌浆压力不宜小于0.5MPa。

3)接触灌浆

钢管与混凝土衬圈间若存在超过设计允许的缝隙,应进行接触灌浆。接触灌浆压力必须保证钢管在接触灌浆中的变形不超过设计允许值。接触灌浆宜安排在温度最低时段进行。坡度缓于45°的钢管底部,必须进行钢管与混凝土之间的接触灌浆,灌浆孔的孔口压力宜控制范围为0.2~0.25MPa。

灌浆孔补强、封孔将引起应力集中或焊接裂纹,尤其对调质钢危害更大。洞内焊接施工条件较差,管底多半有水,封孔焊接困难。若封堵不好,无异自留漏水通道。此外,灌浆还要拖长工期,破坏油漆。但是,接触灌浆对于截断渗水通道,改善混凝土质量大有好处。如不灌浆,隧洞漏水或水库渗水沿管外裂隙长驱直下,高差所造成的外水静压力将严重威胁钢管的稳定。混凝土缺陷将严重影响钢管的受力条件,所以接触灌浆对于保证钢管的质量是十分必要的。

2.加劲环与阻水环

与混凝土段连接的钢管(钢衬)始端必须设置阻水环。若围岩渗透性较强,宜在钢管始端布置防渗帷幕和排水幕,并应在其后设置排水设施,以减小钢管的外水压力。

钢管抗外压稳定可设置加劲环。若为光面管,弯管处必须设置加劲环,其他管段则要求每隔10~20m设置一道加劲环,防止光面管在发生外压失稳事故时扩大范围。宜在加劲环上接近管壁处开设串通孔,尺寸不能太小,以提高混凝土浇筑和接缝灌浆的质量。

阻水环和加劲环外缘距岩壁不应小于300mm。

但是,必须指出,在地下埋管上设置加劲环是不利的,因为管外空间混凝土的浇筑非常困难,而且还要求增大开挖直径。如果实在必须设置加劲环,应尽可能限制其尺寸,而且可不必验算环下管壳的局部应力。

3.其他要求

(1)钢管与围岩间衬圈混凝土强度等级不应低于C15,混凝土应浇筑密实。钢管安装支腿、阻水环、加劲环和止推环附近必须加强振捣,减小钢管与混凝土、混凝土与围岩之间的施工缝隙。经研究,可采用膨胀性掺合料或干缩较小的混凝土。

(2)钢管管壁与围岩间的径向净空尺寸视施工方法和结构布置(开挖回填、焊接、有无钢筋和锚固加劲构件等)而定。凡钢管就位后需要在管外进行焊接作业者,两侧和顶部不应小于500mm,底部不应小于600mm。

八、坝内埋管

(一)布置特点

压力钢管的平面位置宜位于坝段中央,其管径不宜大于坝段宽度的1/3,不应大于坝段宽度的1/2。

管线在坝体铅垂面中的布置应进行方案比较。比较的因素包括钢管对坝体稳定和应力的影响、工程量和水头损失的大小、钢管安装和坝段混凝土(包括接触灌浆)的施工条件以及它们之间的相互干扰。

(二)结构分析计算原则与混凝土开裂情况判别

1. 结构分析计算原则

(1)坝内埋管由钢管与外围混凝土联合承受内水压力。在最大内水压力作用下,不允许外围混凝土出现贯穿性裂缝。结构分析中考虑钢管与外围混凝土之间存在缝隙。

若外围混凝土最小厚度为(0.5~0.8)D,在最大内水压力作用下,不允许外围混凝土开裂,一旦开裂,就可能出现贯穿性裂缝,这时则要考虑在管外设置垫层或采用其他管型,如坝后背管等。

(2)设有垫层的坝内埋管,可按内水压力仅由钢管单独承受计算,这时的结构抗力限值可采用明管和坝内埋管联合承载情况的平均值;经论证,也可按传力垫层坝内埋管设计。

(3)外围混凝土最小厚度小于D或设有垫层的情况,均应满足由钢管单独承受内水压力的校核要求。

2. 混凝土开裂情况的判别

按照弹性力学厚壁圆筒多层管法计算,钢管外围混凝土开裂情况分为未开裂、内圈部分开裂和裂穿三种情况:①混凝土未开裂情况是坝内埋管允许的情况;②混凝土内缘部分开裂情况是外围混凝土最小厚度超过0.8D条件下坝内埋管允许的情况;③混凝土裂穿情况是坝内埋管不允许的情况。

(三)构造特点

1. 坝内埋管安装

坡度较陡的管段可采用摞节法,摞节法已在乌江渡、龙羊峡、李家峡等工程中得到运用,简化了安装,方便了施工。所谓摞节法,顾名思义就是将钢管自下而上一节一节安装,使其“摞起来”,安装一段钢管,浇筑一层混凝土。

坡度较缓的管段,以及坡度虽陡,但工程进度要求分期施工的管段,可在坝内预留全埋式安装槽,或浅埋式安装台。预留槽台的尺寸应满足钢管安装和回填混凝土的要求,两侧及底部最小净距不宜小于1m。根据需要在槽壁上布置插筋、键槽及锚固钢管的埋件,并打毛槽面(或台面),宜可提出进行接缝灌浆的要求。

2. 阻水环

钢管始端必须设置阻水环,并应在其后设置排水设施。

3. 接触灌浆

坡度缓于45°的钢管底部,必须进行钢管与混凝土之间的接触灌浆,灌浆孔的孔口压力宜控制范围为0.2~0.25MPa。预留灌浆孔外壁应补强,全部灌浆孔应严格密封。

九、坝后背管

(一)布置特点

管道平面布置宜位于坝段中央,对于拱坝应沿径向布置。上弯段和下弯段的转弯半径宜采用管径的2~3倍。上弯段是坝内埋管段和坝后背管段的过渡段,工程实例多数坝后背管的上弯段小部分布置在坝内,大部分布置在坝外,仅有紧水滩水电站全布置在坝内。背管段宜紧贴下游坝面布置,管道本体宜位于大坝基本断面以外。当管径较大时,为了缩短厂坝间的距离,亦可将管道局部嵌入坝体,如长江三峡水电站。

(二)构造特点

1. 外包混凝土

1)混凝土强度等级

混凝土强度等级不应低于C20,不宜高于C30,抗冻等级要求按相关规范取用。

2)横截面体型

横截面外轮廓宜用方圆形,优点是环向受力较好,而且可节约混凝土用量。若采用混凝土预制模板浇筑外包混凝土,体型常为多边形。

3)外包混凝土厚度

外包混凝土厚度一般可采用1~2m。根据坝后背管工程实例统计,外包混凝土除五强溪水电站为3m外,其余工程均为1~2m,外包混凝土厚度与钢管半径之比一般为0.286~0.770,平均值为0.452。确定外包混凝土厚度应考虑以下因素:①满足布筋和混凝土施工要求,内外圈钢筋之间应有适当的距离;②满足钢筋保护层厚度要求。

经初步分析,混凝土厚度越大,钢管和钢筋的环向应力分布越不均匀,裂缝数量减小,裂缝宽度增大。因此,在综合分析基础上,应选用较小厚度。

2. 管坝接缝面

管坝接缝面要布置键槽和插筋,根据管坝接缝面的应力分布确定。一般采用三角形或梯形键槽。重力坝管坝接缝面可采用台阶连接。

3. 钢筋布置

1)钢筋型式选择

环向钢筋的屈服强度不宜低于钢板的屈服强度,一般采用Ⅱ级钢筋。

2)钢筋接头

根据结构力学法计算成果,管腰混凝土开裂后,裂缝处外圈钢筋应力较大,由于管腰裂缝出现的位置是不规则的,因此规范中提出了对钢筋接头位置的限制,同时要求与钢管纵缝错开,也是为了避免缺陷过于集中。

3)钢筋直径

关于环向钢筋直径的选取,现有工程都是在满足布置要求的前提下,尽可能选用较小直径的钢筋,认为这样对于限制裂缝宽度有利。

4)纵向钢筋

背管纵向钢筋与环向钢筋的比值,已有背管工程各不相同,最大为51%,最小为

22%，在苏联《钢衬钢筋混凝土结构设计参考资料》中提出，纵向钢筋为环向钢筋的 40%。据此，规范中提出了纵向钢筋为环向钢筋 20%～40%的要求。此外，当引水管道与大体积混凝土结构连接处不分缝时，必须考虑管道端部弹性嵌固所引起的应力，所以应该在镇墩面附近局部增加轴向配筋（纵向钢筋）。

十、岔管

（一）岔管的种类与选型

1. 三梁岔管

1930 年三梁岔管由瑞士苏尔兹公司首先提出，可用于中、小型岔管。当岔管的 *HD* 值较大时，三梁岔管的加劲梁尺寸太大，故目前较少采用。

2. 月牙肋岔管

由瑞士埃塞·维斯公司将三梁岔管作了改进：纵梁（U 梁）用月牙形内加强肋代替，腰梁（横梁）完全取消，将主支管连接处的管壳加厚作为补偿。目前，国内应用最多，可用于大、中、小型岔管。

3. 球形岔管

这是国外较多采用的成熟管型，可用于大、中型电站，适用于 *HD* 值很大，特别是内压很大的岔管。目前，在国内应用较少，磨房沟水电站采用了球形岔管，其采用规模应以目前我国制造补强环的能力为限。国内目前制造补强环的办法是，锻成一个实心厚板，再割掉中心部分和环外多余部分，然后用立式车床加工（有时不能准确地加工成所要求的曲线形断面），造价较高。

4. 无梁岔管

无梁岔管是一种有发展前途的管型，可适用于大、中、小型电站。因为没有加劲构件，岔管各部分刚度相差不大，用于埋入岩体中的岔管，可以充分利用围岩的抗力。云南西洱河一级电站和新疆喀什二级电站曾先后采用此种类型。

5. 贴边岔管

多使用在埋藏于较好岩体中的中、低压力岔管。多采用薄钢板制造，可以较好地发挥与围岩共同受力的优点。

6. 外包钢筋混凝土岔管

有些中型岔管为了避免使用较厚的钢板，采用内设钢岔管，外包钢筋混凝土的组合结构，利用钢筋承担一部分内压。

7. 钢筋混凝土岔管

广州抽水蓄能电站、天荒坪抽水蓄能电站的岔管，*HD* 值分别达到 6 280m^2 和 5 831m^2，利用其围岩地质条件较好，而且围岩厚度达数百米的特点，仅作钢筋混凝土岔管，管外围岩中进行高压固结灌浆。

我国岔管的分类，大致分为三个阶段：20 世纪 50 年代建造的岔管，由于内压不高，一般多为贴边式岔管；从 60 年代起，由于高水头电站的出现，混合梁系和三梁系岔管应用较多；70 年代后，因钢管的内压和直径继续增大，大直径、高内压的三梁岔管，制作安装困难较大，技术经济指标不佳，所以逐渐采用月牙形内加强肋岔管，个别工程还采用了球形岔管和无梁岔管。90 年代后期，随着一些抽水蓄能电站的建设，管径和水头均较高，使岔管的设计和制造安装产生了一定的困难，所以在广州抽水蓄能电站和天荒坪抽水蓄能电站等工程中采用了钢筋混凝土岔管。根据有关资料，国外应用较多的是三梁岔管、球形岔管及月牙肋岔管。贴边岔管一般用于小孔口补强。

（二）布置特点

1. 岔管布置原则

岔管布置和型式应经技术经济比较确定。考虑的主要因素包括岔管尺寸、内水压力和地形地质条件，并应符合下列原则：①运行安全可靠；②结构合理，不产生过大的应力集中和变形；③水流平顺，避免或减少涡流和振动，水头损失较小；④制作、运输、安装方便；⑤经济合理。

2. 布置型式

岔管的布置型式有：①非对称 Y 形（卜形）；②Y 形；③三岔形；④上述各种型式的组合。

3. 管底排水

岔管的主、支管中心线宜布置在同一高程上，这样岔管的体型计算、展开计算较为方便，但是主管底部和岔管底部突出部位低于支管管底，积水不能自流排出，运行人员巡视时有困难。解决办法，可设置排水管排出积水，排水管接口应与管壁焊缝和加强构件错开。主、支管底部也可布置在同一高程上，但是岔管体型计算、展开计算较为复杂。也可将岔管段中心线布置成较陡的纵坡，减小积水深度。

4. 体型参数

1）三梁岔管

对于 Y 形布置，分岔角 ω 宜用 60°~90°；对于非对称 Y 形布置分岔角 ω 宜用 45°~70°。主管宜用圆柱管。分岔后，锥管腰线转折角可用 0°~15°，宜用 5°~12°。

2）月牙肋岔管

分岔角 ω 宜用 55°~90°，最大公切球半径宜为主管半径的 1.1~1.2 倍。

3）球形岔管

对于 Y 形布置，分岔角 ω 宜用 60°~90°；对于三岔形布置，分岔角 ω 宜用 50°~70°。球壳半径宜为主管半径的 1.3~1.6 倍。

4）无梁岔管

分岔角 ω 宜用 80°~120°，球壳半径宜取为主管半径的 1.15~1.3 倍。

5）贴边岔管

用于非对称 Y 形布置，分岔角 ω 宜用 45°~60°。支管半径与主管半径之比不宜大于 0.5，不应大于 0.7。

（三）构造特点

三梁岔管、月牙肋岔管和无梁岔管在锥管与锥管之间、锥管与球壳之间应布置虚拟的公切球，使其相贯线成为平面曲线，简化体型。

主锥管与支锥管的布置应满足构造要求和水流流态要求，并应紧凑；球形岔管和无梁岔管应设置导流板；三梁岔管和月牙肋岔管宜设置导流板。导流板应符合体型合理、焊接牢固、能承受水流冲击和振动的要求。

大型岔管管壁宜设计为变厚,相邻管节的壁厚之差不得大于4mm。

第四节　调压室设计

一、水电站不稳定工况

当水电站的负荷发生变化时,水轮机的转动力矩与发电机的阻力矩失去平衡,引起机组转速变化,调速器为了保持机组转速恒定,必须相应地改变水轮机的流量,从而在水电站的过水系统中引起非恒定流现象。

当水轮机的流量变化时,由于水流的惯性作用,在水电站有压过水系统(有压输水道、蜗壳、尾水管等)中将引起压强变化。此压强变化按一定的速度以压力波的形式从水轮机的节流机构(导叶或针阀)向上游传播,并在过水系统的特性变化处发生反射,此种现象称为水锤。压力波(水锤波)的传播速度与过水系统和水体的弹性有关,而压强(水锤压强)的变化不但与过水系统和水体的弹性有关,在很大程度上还取决于水轮机过流量的变化情况和变化梯度。当水电站丢弃负荷时,水轮机的转动力矩超过发电机的阻力矩,过剩的能量使机组转速升高,调速器关闭水轮机导叶(或针阀),引起水流压强升高(正水锤);反之,水电站增加负荷时,水轮机的能量不足,机组转速下降,调速器开启水轮机导叶引起水流压强下降(负水锤)。改变导叶开度的速度越快,水轮机流量的变化梯度越大,引起的压强变化越大。但改变导叶开度的速度越快,将导叶调整到与变化后的负荷相适应开度的历时越短,开度调整过程中的不平衡能量越小,因此引起的机组转速变化越小。反之,导叶开度变化越慢,则压强变化越小,转速变化越大。可见压强变化和转速变化二者对调节时间的要求是矛盾的。加大转速变化会增加机组造价和影响供电质量,加大压强变化则将增大水电站过水系统的投资和恶化机组的调节稳定性,因此对二者都必须加以限制,使之不超过某一允许值。协调水锤计算和机组转速变化计算以达到预期要求的计算工作,称调节保证计算。

二、水锤及调节保证计算

(一)水锤及调节保证计算的任务

水锤由流量变化引起,引起流量改变的原因很多,归纳起来有两类。

第一类:正常运行情况下的负荷变化。

电力系统的负荷是随时间变化的。水电站在系统中常担负尖峰负荷和调频任务,因此其负荷和水轮机的流量时刻处于变化之中。但这类变化幅度较小,对水锤计算一般不起控制作用。

第二类:事故引起的负荷变化。

引起水电站负荷大幅度改变的事故有:输电线或母线短路;主要设备发生故障及有关建筑物发生事故等。输电线或母线短路视接线图和短路的性质,可能迫使水电站丢弃全负荷,或只丢弃部分负荷。主要设备故障一般只会迫使与之有关的那个单元停机。因建筑物事故引起的停机可能性较小,但也并非不会发生,应对具体情况作具体分析。

机组转速变化除与调节过程中水轮机与发电机间的不平衡能量有关外,还与机组转动部分的惯性矩有关。在不平衡能量一定的情况下,此惯性矩越大则机组转速变化越小。工程中习惯用所谓飞轮效应 $GD^2=4gJ$ 来代替惯性矩 J,式中 G 为机组转动部分的重量,D 为惯性直径,g 为重力加速度。

水锤和调节保证计算的主要任务可概括为:根据水电站引水系统和水轮发电机组的特性,合理选择导叶开度的调节时间和调节规律,进行水锤和机组转速变化计算,使二者的数值均在允许范围之内,并尽可能降低水锤压强。

调节时间直接影响转速变化和水锤压强,而调节规律只对水锤压强有显著影响。合理的调节规律是指在某调节时间内使水锤压强最小而调速系统又能做到的开度变化规律。

水锤和调节保证计算往往要多次反复才能把转速变化、调节时间及规律和水锤压强处理到比较理想的情况。如经过调整,转速变化或水锤压强仍不能满足要求,则应采取适当的技术措施,如设置调压室、装设减压阀。如计算结果与调节保证的要求相差不远,则适当增加 GD^2 或减小引水系统中的流速可能是一种合理的方案。

水锤和调节保证计算一般包括以下内容。

(1)丢弃全部负荷或部分负荷时:①转速的最大升高值;②压力管道和蜗壳内的压强最大升高值及最大降低值(反水锤);③尾水管内的最大真空值。

(2)增加全部负荷或部分负荷时:①转速的最大降低值;②压力管道和蜗壳内的压强最大降低值。

以上各值均应在允许范围之内。

对于负水锤,以压力管道任何一点均不出现负压并有一定余压为限。尾水管进口的允许最大真空度为 8m 水柱。

(二)水锤基本方程

对于图 10-4-1 所示的系统,考虑管壁和水的弹性变形,根据动量和水流连续性原理,可导出水锤基本方程。

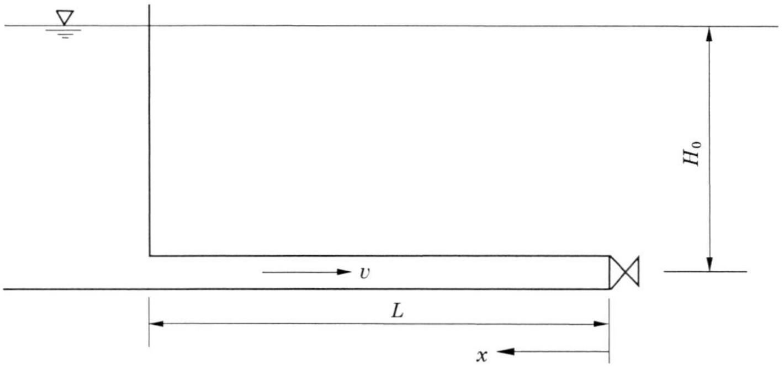

图 10-4-1　简单压力水管系统示意图

水锤基本方程具有以下形式:

$$H - H_0 = \phi\left(t - \frac{x}{c}\right) + F\left(t + \frac{x}{c}\right) \tag{10-4-1}$$

$$v - v_0 = -\frac{g}{c}\left[\phi\left(t - \frac{x}{c}\right) - F\left(t + \frac{x}{c}\right)\right] \tag{10-4-2}$$

式中，$\phi(t-\frac{x}{c})$和$F(t+\frac{x}{c})$与水头H具有同样的因次，分别代表向上游和向下游两个不同方向传递的压力波，前者称正向波函数，后者称反向波函数。

利用式(10-4-1)和式(10-4-2)水锤基本方程，根据具体的边界条件和初始条件，可求解任何水锤问题。

（三）水锤计算

水锤计算可采用多种方法，冲击式机组一般有解析法、图解法、电算法。在此基础上，反击式机组、抽水蓄能电站机组也有自己特殊的计算方法。

（四）减小水锤压强的措施

减小水锤压强主要有以下措施。

1. 缩短压力管道的长度

缩短压力管道的长度使进口的反射波能较早地回到压力管道的末端。因而加强了进口反射波削减水锤压强的作用。压力管道的布置应尽可能地选用较短的线路。在引水系统中设置调压室，其功能实质上就是缩短压力水管的长度。

2. 减小压力水管中的流速

减小压力水管中的流速可以减少水管中单位水体的动量，因而在同样的调节规律情况下可以减小水锤压强。但减小流速意味着加大管径，而管径一般是由动能经济计算确定的。为了减小水锤压强而加大管径往往是不经济的，一般并不采用。但在一定的条件下，例如适当地加大管径可以不设调压室，则采用这一措施可能是合理的。

3. 减小压力管道流速的变化梯度

适当延长水轮机导叶关闭时间，以减小流速的变化梯度，从而达到降低水锤压强的目的。但这样做T_s可能使机组转速变化率β超过允许值。

4. 采用合理的调节规律

若忽略摩阻及水体和管壁弹性变化的影响，则在调节时间T_s内，压力水管末端水锤(以相对值表示)的过程线与时间轴所包围的面积为：

$$\int_0^{T_s} \xi_a^A \mathrm{d}t = \frac{Lv_0}{gH_0} = \sigma T_s \tag{10-4-3}$$

这个面积决定于电站的特性。调节规律虽不能改变水锤曲线的面积，但在T_s一定的情况下，却决定着水锤过程线的形状，因而也决定着水锤最大压强的数值。在调节过程T_s中，水锤压强的平均值$\xi_a^A=\sigma$。显然，合理的调节程序是使最大水锤压强接近平均值。在中、低水头的电站中，最大水锤压强通常出现在调节过程的终了，水轮机导叶可采取先快后慢的调节规律(即所谓两段关闭)，以提高开始阶段的水锤压强，降低终了阶段的水锤压强。对于高水头电站，最大水锤压强常出现在调节的开始阶段，可以采取相反的调节规律。

调节规律决定于调速器的特性。采用较为合理的调节规律可能需要改变调速器的某些部件，应与制造厂共同研究解决。

三、调压室的功能、要求和设置调压室的条件

（一）调压室的功能

（1）由调压室自由水面反射水锤波，限制水锤波进入引水道，减小压力管道及水轮机的水锤压力。

（2）改善水轮机在负荷变化时的运行条件及系统供电质量。

（二）调压室的基本要求

（1）调压室的布置应尽量靠近厂房，以缩短压力水管的长度。

（2）能较充分地反射压力管道传来的水锤波。调压室除具有自由水面之外，底部和压力水管连接处应具有足够的断面面积，并应考虑到减小正常运行时水流通过调压室底部的水头损失。

（3）调压室的顶部，应满足水库最高设计水位当电站在瞬时丢弃全部负荷时，水涌入调压室所需的容积及高度；如为溢流式调压室，堰顶及泄水道断面应满足溢流量的要求。调压室的底部高程应保证最低设计水位当电站急增负荷，调压室水位下降时，压力水管内无空气进入。

（4）调压室的工作必须满足稳定条件，即在任何情况下负荷变化时，引水道和调压室中水体的波动必须是逐渐衰减的。

（5）调压室的结构安全可靠，施工简单方便，造价经济合理。

（三）调压室的设置条件

根据《水电站调压室设计规范》（DL/T5058—1996）设置调压室，应在机组调节保证计算和运行条件分析的基础上，考虑水电站在电力系统中的作用，地形、地质条件和压力管道布置等因素，进行技术经济比较后确定。

（1）设置上游调压室的条件，可按式（10-4-4）作初步判别：

$$T_w > [T_w]$$

$$T_w = \frac{\sum L_i v_i}{gH_p} \qquad (10\text{-}4\text{-}4)$$

式中 T_w——压力管道中水流惯性时间常数，s；

L_i——压力管道及蜗壳和尾水管（无下游调压室时应包括压力尾水道）各分段的长度，m；

v_i——各分段内相应的流速，m/s；

g——重力加速度，m/s^2；

H_p——设计水头，m；

$[T_w]$——T_w 的允许值，一般取 2~4s。

$[T_w]$的取值随电站在电力系统中的作用而异，当水电站作孤立运行，或机组容量在电力系统中所占的比重超过50%时，宜用小值；当比重小于10%~20%时，可取大值。

（2）设置下游调压室的条件，以尾水管内不产生液柱分离为前提，可按式（10-4-5）作

初步判断：

$$L_w > \frac{5T_s}{v_{w0}}\left(8 - \frac{\nabla}{900} - \frac{v_{wj}^2}{2g} - H_s\right) \tag{10-4-5}$$

式中 L_w——压力尾水道的长度,m；

T_s——水轮机导叶关闭时间,s；

v_{w0}——稳定运行时压力尾水道中的流速,m/s；

v_{wj}——水轮机转轮后尾水管入口处的流速,m/s；

H_s——吸出高度,m；

▽——机组安装高程,m。

当机组丢弃全负荷时,尾水管内的最大真空度不宜大于 8m 水柱。

高海拔地区应作高程修正：

$$H_v = \Delta H - H_s - \varphi\frac{v_{wj}^2}{2g} > -\left(8 - \frac{\nabla}{900}\right) \tag{10-4-6}$$

式中 H_v——尾水管内的绝对压力水头,m；

ΔH——尾水管入口处的水击值,m；

φ——考虑最大水击真空与流速水头真空最大值之间相位差的系数,对于末相水击 $\varphi=0.5$,对于第一相水击 $\varphi=1.0$。

(四)调压室的基本类型

根据调压室与厂房位置的相互关系,有下列 4 种基本方式：

(1)引水调压室(上游调压室)。调压室位于厂房上游的引水道上,如图 10-4-2 所示。在长的压力引水道中,多采用这种型式。

(2)尾水调压室(下游调压室)。当厂房下游具有较长的压力水道时,需设置尾水调压室以减小水锤压力,特别是防止丢弃负荷时产生过大的负水锤。尾水调压室应尽可能地靠近水轮机,如图 10-4-3(a)所示。

(3)上下游双调压室系统。在有些地下式水电站中,厂房的上下游都有比较长的压力水道,需在厂房的上下游均设置调压室,而成上下游双调压系统,如图 10-4-3(b)所示。

(4)上游双调压室系统。在上游有较长的压力引水道中,有时设置两个调压室,如图 10-4-3(c)所示。靠近厂房的调压室对于反射水锤波起主要作用,称做主调压室,靠近上游的调压室用以反射越过主调压室的水锤波,改善引水道的工作条件,帮助主调压室衰减引水系统的波动,称为辅助调压室或副调压室(亦有从上游起,称为第一调压室、第二调压室)。引水系统的波动衰减由两个调压室共同保证,增加一个调压室的断面可以减小另一调压室的断面,但两个调压室面积之和总是大于只设置一个调压室所需的断面面积。如果引水道中有施工竖井可以利用时,采用双调压室才可能是经济的。设置辅助调压室有时是因电站扩建、原有调压室容积不够而增设的;有时因结构、地质等原因,设置辅助调压室以减小主调压室的尺寸。

(五)调压室的基本结构型式

1. 简单圆筒式调压室

简单圆筒式调压室如图 10-4-4(a)所示,其特点是自上而下具有相同的断面,结构简

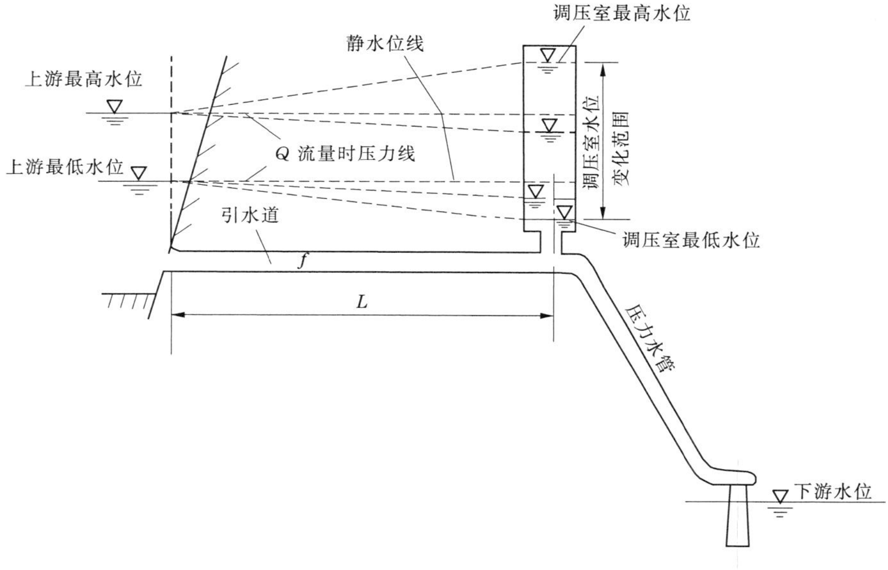

图 10-4-2　调压室布置示意图

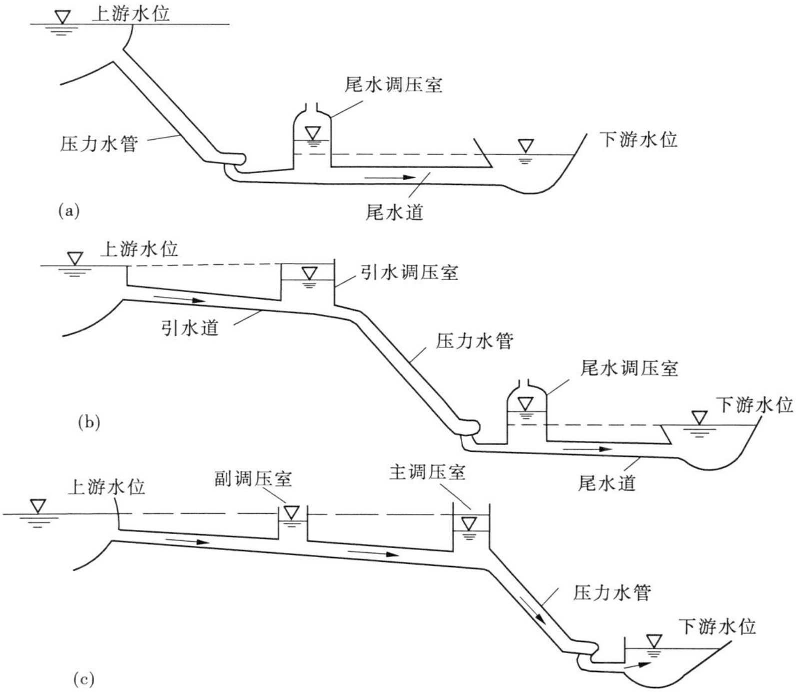

图 10-4-3　调压室的基本布置方式

单，反射水锤波较好，但正常运行时水流通过底部的水头损失较大，产生波动时振幅大，衰减慢。多用于低水头小容量的电站。

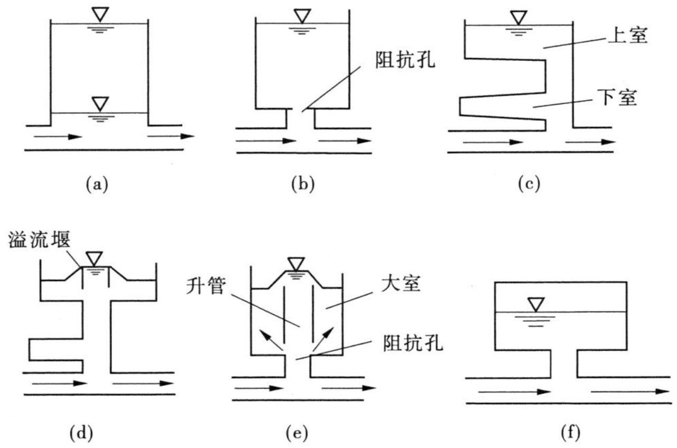

图 10-4-4　调压室的基本结构型式

2. 阻抗式调压室

将简单圆筒式调压室的底部收缩成孔口而成阻抗式调压室,如图 10-4-4(b)所示,由于底部存在附加阻抗,故与简单圆筒式调压室相比,波动的振幅小,衰减快,正常运行时水头损失小,但反射水锤波较差。

3. 双室式调压室

双室式调压室由一个断面较小的竖井和上下两个断面扩大的储水室组成,如图 10-4-4(c)所示。上室供丢弃负荷时蓄水之用,下室供增加负荷时补充水量之需。双室式调压室适用于水头较高、水库的工作深度较大的水电站中。

4. 溢流式调压室

溢流式调压室有溢流堰,如图 10-4-4(d)所示。当丢弃负荷时,调压室中水位迅速上升,升到堰顶后开始溢流,因此溢流堰能限制水位继续上升。溢出的水量可以排至下游河床,也可以在上室储存,待竖井水位下降时,储存的水量经底部孔口流回竖井。

5. 差动式调压室

差动式调压室如图 10-4-4(e)所示,它由两个直径不同的同心圆筒组成。中间圆筒的直径较小,上有溢流堰,通常称为升管,其底部以阻抗孔与外面的大室连通。差动式调压室综合地吸取了阻抗式和溢流式调压室的优点,但结构较为复杂。

6. 气垫式调压井

图 10-4-4(f)所示为气垫式调压室,这是一种将自由水面与大气隔开的调压室,室内水面气压大于大气压力,水面波动时,气体体积与压力亦随之变化。

四、调压室水力计算

(一)调压室水力计算的基本原理

进行调压室水力计算的目的,主要解决两个问题:

(1)求出调压室中可能出现的最高和最低水位及水位变化过程,从而确定引水道的设计压力和布置高程,并确定调压室的高度。

(2)根据波动衰减的要求,求出调压室所需的最小稳定面积。

根据水流连续性定律,水轮机在任何时刻所需的流量均由两部分组成:来自引水道的流量 fv 和调压室流出的水量 $F\frac{dz}{dt}$,此处 F 为调压室的断面面积,$\frac{dz}{dt}$ 为调压室水位下降速度,f 和 v 为引水道的断面面积和流速,由此得出水流的连续性方程:

$$Q = fv + F\frac{dz}{dt} \tag{10-4-7}$$

式中,z 以水库水位为基准,向下为正。

在引水道内非恒定流的情况下,如果不考虑引水道和水的弹性变形及调压室中的水体惯性,根据牛顿第二定律,引水道中水体质量与其加速度的乘积等于该水体所受的力,即:

$$Lf\frac{\gamma}{g}\frac{dv}{dt} = f\gamma(z - h_w)$$

由此得出水流的动力方程:

$$Z = h_{\omega} + \frac{L}{g}\frac{dv}{dt} \tag{10-4-8}$$

式中 h_{ω}——引水道通过流量 Q 时的水头损失;

γ——水的容重;

g——重力加速度。

调压室水位波动引起水轮机水头的变化,从而引起水轮机出力的变化。由于机组的负荷不变,因此调速器必须随着水头的变化相应地改变水轮机的流量,以适应负荷不变的要求。如调压室发生一微小变化 x,调速器使水轮机的流量相应地改变一微小数值 q,此时压力水管的水头损失为 $h_{\omega m}$,由此得出等式:

$$\gamma Q_0(H_0 - h_{\omega 0} - h_{\omega m0})\eta_0 = \gamma(Q_0 + q)(H_0 - h_{\omega 0} - h_{\omega m} - x)\eta$$

当水轮机的水头和流量变化不大时,可近似地假定机组效率 η 保持不变,即 $\eta = \eta_0$,由此得等出力方程:

$$Q_0(H_0 - h_{\omega 0} - h_{\omega m0}) = (Q_0 + q)(H_0 - h_{\omega 0} - h_{\omega m} - x) \tag{10-4-9}$$

式中 $h_{\omega m0}$——Q_0 时的 $h_{\omega m}$ 值;

$h_{\omega 0}$——引水道通过 Q_0 时的水头损失;

H_0——上下游水头差,即电站的毛水头。

式(10-4-7)~式(10-4-9)是调压室各种水力计算的基本方程式。

(二)水位波动计算

调压室水位波动计算常用的方法有解析法与逐步积分法。解析法较为简便,可直接求出最高和最低水位,但精度较差,不能求出波动的全过程,常用以初步确定调压室的尺寸。逐步积分法必须通过逐步计算才能求出最高和最低水位,此法的最大优点是可以求出波动的全过程。逐步积分法又分为图解法和数值积分法(列表法),两者原理相同。图解法简便、醒目,数值积分法则较精确,逐步积分法一般用于最后尺寸校核。

一般采用调压井规范中公式或计算机程序进行各种型式调压室水位波动计算。

(三)调压室稳定断面的分析计算

保证调压室波动衰减的条件有二:一是引水系统的水头损失应小于毛水头的 1/3,

即：

$$h_{\omega0} + h_{\omega m0} < 1/3H_0 \tag{10-4-10}$$

式中，$h_{\omega0}$ 和 $h_{\omega m0}$ 分别为引水道和压力水管最大水头损失。这一条件显然不起控制作用，因为从经济效益考虑，一般电站水头损失占总水头的比例总是很小的；另一条件是调压室必须具有一定的断面面积，即调压室的断面面积不得小于波动衰减的临界断面 F_K，即托马（Thoma）稳定断面。

托马稳定断面的计算公式，只研究了简单圆筒式调压室的计算，并且托马公式在推导过程中作了简化。即假定：水轮机的出力保持固定不变；调速器的灵敏度极高，达到理想的程度；水电站单独运行；并忽略了压力水管中的水头损失、水的惯性等影响；在公式推导时对所有高于二次的微分量均略去不计。几十年中不少专家、学者对托马公式进行了补充修正，给托马公式加入了新的内容。一般所指的托马公式，即这种经过修正补充的公式，习惯上仍简称托马公式。实践证明，应用托马公式决定的调压室断面是安全可靠的。

由于近代水电站多投入电网联合运行，随着电网容量的加大和机电设备的不断改革和完善，在电站并入电网工作，且不承担调频任务时，考虑整个电网分担负荷变化及调速器的稳定性能等对调压室的稳定性是有利的。在论证充分时，可以计入这些有利因素，以减小调压室所需的稳定断面。

因为调压室的波动衰减问题，主要是保证水电站发电机组的稳定运行问题，在机组的稳定运行有可靠的论证和措施时，调压室断面的改进或减小才有可能。

调压室的稳定断面面积计算可采用现行规范中有关公式计算。

从稳定断面的计算公式中可以看出：

（1）水电站的水头 H 愈高，要求的稳定断面愈小，即波动的衰减条件愈易满足。因此，在高水头的电站中，调压室的断面常由限制波动振幅的要求控制，用双室调压室常可以得到满意的结果。在中、低水头的电站中，调压室的断面多由波动的衰减需要控制，常用差动式、阻抗式和简单圆筒式调压室。在低水头的电站中，由于调压室按稳定要求所需的断面较大，采用简单圆筒式调压室也不会出现很大的波动振幅。

（2）引水道的糙率愈大，水头损失系数 α 愈大，因此稳定断面面积愈小。虽然净水头 H 随糙率的增大而减小，有使稳定断面增大的趋势，但其影响远不如 α 值的影响显著。为安全考虑，计算稳定断面面积时应采用引水道可能的最小糙率。

此外，应注意调压室的断面，在任何情况下均需满足稳定要求，对双室式调压室应使竖井满足稳定断面的要求。差动式调压室的稳定断面可取大室和升管面积之和。

第五节 边坡处理设计

一、一般要求

边坡处理设计的一般要求包括以下几个方面：

（1）边坡开挖坡度，应根据岩体质量、岩体结构特征、边坡高度和施工方法等条件，通过工程类比法或必要的计算分析确定，并保证其安全稳定。

(2)开挖边坡宜分级设置马道,马道的布置应考虑边坡岩体结构、边坡高度、坡度等条件。边坡马道分级高度可选用10~30m,马道宽度1.5~3m,结合施工设施及交通道路可适当加宽。

(3)边坡应设置排水设施。宜沿边坡走向结合马道位置布设纵、横排水沟排除地表水。视需要可在边坡内布置排水隧洞并钻设排水孔排除地下水。

(4)边坡表面进行防护处理时,可根据地质条件分别采用植被、砌石、挂网锚固喷浆或喷混凝土等措施。

(5)对边坡岩体应根据岩体结构特征进行分类,判断边坡可能发生破坏的形式,采用相应处理措施。

(6)对边坡进行稳定性分析应考虑边坡岩性、岩体控制结构面性质、结构面产状与边坡形状的关系、施工方法等因素,还应考虑降雨、泄洪雨雾、开挖爆破、地震等影响。

(7)边坡稳定分析计算,可采用刚体极限平衡法。地质条件复杂的高边坡宜采用有限元等方法进行分析。

(8)边坡稳定计算中,岩体综合抗剪强度和控制性结构面的抗剪强度指标,可根据类似工程的指标选用。高边坡或地质条件复杂的边坡应进行岩石试验。

(9)对高边坡及地质条件复杂的边坡应进行边坡监测设计,设置监测系统。

二、边坡处理方法

边坡处理时,应尽量避开高边坡,若不能避开,应对高边坡采取特殊处理。一般可根据岩层产状、节理裂隙产状、发育程度、坡高等因素,结合边坡稳定分析成果,可采用削坡减载、锚喷、系统砂浆锚杆、锚筋桩、抗滑桩、抗剪塞、锚洞、预应力锚索、混凝土护面、钢纤维喷混凝土、打排水孔等加固措施。

(一)系统砂浆锚杆

边坡岩体由于受岩层层面和节理裂隙的切割,多为层状块体结构,结构面连续性差,卸荷影响带较深,为降低工程造价,通常不会采用全面挖除的方法,则宜对边坡采取部分开挖和打系统砂浆锚杆相结合的方式进行处理。

(二)预应力锚固

预应力锚固是利用锚杆(索)和喷射混凝土加固围岩,阻止边坡变形,防止岩块松动,提高边坡的稳定性。预应力锚索加固岩体边坡的优越性在于能为节理岩体边坡、断层、软弱带等提供一种强有力的“主动”支护手段,是所有传统非预应力的“被动”支护所无法达到的。

(三)混凝土护面

若岩层内存在剪切破碎带,那么岩体极为破碎。在此地带施工实践证明,用钢纤维喷混凝土或挂钢筋网喷混凝土难以起到加固坡面的作用。为防止面板发生裂缝,在面板内设置分布钢筋,双向布置。形成混凝土面板与预应力锚杆(索)的组合结构,可以对剪切破碎带类岩体进行有效保护。

(四)喷混凝土

喷混凝土由粒径为2cm的集料和灰浆组成,通过风枪直接喷在被处理岩面上。这是处理岩质边坡的基本方法之一。它可防止岩层表面的风化和剥落,并在块体间造成表面加固层。喷射力将灰浆在原地压实,喷射混凝土的厚度一般采用每层 8~10cm,在每层固化后才可喷射下一层。在喷射混凝土之前应将岩质边坡彻底清洗,以提供稳固的岩质坡面条件。

为提高边坡的稳定性,近年来常在边坡坡面上实施钢纤维喷混凝土,喷层厚度均为10cm,分三层施喷,中层为钢纤维混凝土,厚 4cm,钢纤维含量 $60kg/m^3$,设计抗压强度为45MPa,抗拉强度 45MPa,表层和底层均喷素混凝土,厚度为 3cm,设计抗压强度为30MPa。表层喷素混凝土一是保护钢纤维不致锈蚀,二是防止施工中钢纤维伤人。对于临时边坡,一般只喷素混凝土厚 0.1m。

(五)排水

排水是边坡治理的有效手段之一,有“治坡先治水”之说。为使山体内孔隙水能及时排出,降低渗透压力,保证边坡的稳定,通常设置排水孔。设排水孔的目的是降低地下水位,使水压力平面低于潜在的破坏面,排水孔应延长至临界破坏面区的后面,排水孔的方向很大程度上取决于岩体主要不连续面的方位,最理想的排水孔设计是每米钻孔横切最多数目的不连续面。排水孔间距和排距一般为 2~4m,排水孔倾角通常与水平线约成 5°。

第十一章　堤防建筑物设计

第一节　堤线布置及堤型选择

一、堤线布置

(1)堤线布置应根据防洪规划,地形、地质条件,河流或海岸线变迁,结合现有及拟建建筑物的位置、施工条件、已有工程状况以及征地拆迁、文物保护、行政区划等因素,经过技术经济比较后综合分析确定。

(2)堤线布置应遵循下列原则:

①河堤堤线应与河势流向相适应,并与大洪水的主流线大致平行。一个河段两岸堤防的间距或一岸高地一岸堤防之间的距离应大致相等,不宜突然放大或缩小。

②堤线应力求平顺,各堤段平缓连接,不得采用折线或急弯。

③堤防工程应尽可能利用现有堤防和有利地形,修筑在土质较好、比较稳定的滩岸上,留有适当宽度的滩地,尽可能避开软弱地基、深水地带、古河道、强透水地基。

④堤线应布置在占压耕地、拆迁房屋等建筑物少的地带,避开文物遗址,利于防汛抢险和工程管理。

⑤湖堤、海堤应尽可能避开强风或暴潮正面袭击。

(3)海涂围堤、河口堤防及其他重要堤段的堤线布置应与地区经济社会发展规划相协调,并应分析论证对生态环境和社会经济的影响。必要时应做模型试验。

二、堤型选择

(1)堤防工程的型式应按照因地制宜、就地取材的原则,根据堤段所在的地理位置、重要程度、堤址地质、筑堤材料、水流及风浪特性、施工条件、运用和管理要求、环境景观、工程造价等因素,经过技术经济比较,综合确定。

(2)根据筑堤材料,可选择土堤、石堤、混凝土或钢筋混凝土防洪墙、分区填筑的混合材料堤等;根据堤身断面型式,可选择斜坡式堤、直墙式堤或直斜复合式堤等;根据防渗体设计,可选择均质土堤、斜墙式或心墙式土堤等。

(3)同一堤线的各堤段可根据具体条件采用不同的堤型。在堤型变换处应做好连接处理,必要时应设过渡段。

第二节　堤身设计

一、一般规定

（1）堤身结构应经济实用、就地取材、便于施工，并应满足防汛和管理的要求。

（2）堤身设计应依据堤基条件、筑堤材料及运行要求分段进行。堤身各部位的结构与尺寸，应经稳定计算和技术经济比较后确定。

（3）土堤堤身设计应包括确定堤身断面布置、填筑标准、堤顶高程、堤顶结构、堤坡与戗台、护坡与坡面排水、防渗与排水设施等。

防洪墙设计应包括确定墙身结构型式、墙顶高程和基础轮廓尺寸及防渗、排水设施等。

（4）通过古河道、堤防决口堵复、海堤港汊堵口等地段的堤身断面，应根据水流、堤基、施工方法及筑堤材料等条件，结合各地的实践经验，经专门研究后确定。

二、筑堤材料与土堤填筑标准

（1）土料、石料及砂砾料等筑堤材料的选择应符合下列规定。

①土料：均质土堤宜选用亚黏土，黏粒含量宜为15%～30%，塑性指数宜为10～20，且不得含植物根茎、砖瓦垃圾等杂质；填筑土料含水率与最优含水率的允许偏差为±3%；铺盖、心墙、斜墙等防渗体宜选用黏性较大的土；堤后盖重宜选用砂性土。

②石料：抗风化性能好，冻融损失率小于1%；砌墙石块质量可采用50～150kg，堤的护坡石块质量可采用30～50kg；石料外形宜为有砌面的长方体，边长比宜小于4。

③砂砾料：耐风化、水稳定性好，含泥量宜小于5%。

④混凝土骨料应符合国家现行标准《水利水电工程天然建筑材料勘察规程》（SL251—2000）的有关规定。

（2）下列土不宜作堤身填筑土料，当需要时，应采取相应的处理措施：①淤泥或自然含水率高且黏粒含量过多的黏土；②粉细砂；③冻土块；④水稳定性差的膨胀土、分散性土等。

（3）采取对土料加工处理或降低设计干密度、加大堤身断面和放缓边坡等措施时，应经技术经济比较后确定。

（4）土堤的填筑密度，应根据堤防级别、堤身结构、土料特性、自然条件、施工机具及施工方法等因素，综合分析确定。

（5）黏性土土堤的填筑标准应按压实度确定。压实度值应符合下列规定：① 1级堤防不应小于0.94；② 2级和高度超过6m的3级堤防不应小于0.92；③ 3级以下及低于6m的3级堤防不应小于0.90。

（6）无黏性土土堤的填筑标准应按相对密度确定，1级、2级和高度超过6m的3级堤防不应小于0.65；低于6m的3级及3级以下堤防不应小于0.60。有抗震要求的堤防应按国家现行标准《水工建筑物抗震设计规范》（SL203—97）的有关规定执行。

（7）溃口堵复、港汊堵口、水中筑堤、软弱堤基上的土堤，设计填筑密度应根据采用的施工方法、土料性质等条件并结合已建成的类似堤防工程的填筑密度分析确定。

三、堤顶高程

（1）堤顶高程应按设计洪水位或设计高潮位加堤顶超高确定。设计洪水位按国家现行有关标准的规定计算。堤顶超高应按下式计算确定。1 级、2 级堤防的堤顶超高值不应小于 2.0m。

$$Y = R + e + A \tag{11-2-1}$$

式中 Y——堤顶超高，m；

R——设计波浪爬高，m；

e——设计风壅增水高度，m，对于海堤，当设计高潮位中包括风壅增水高度时，不另计；

A——安全加高，m，按表 11-2-1 确定。

表 11-2-1　堤防工程的安全加高值

堤防工程的级别		1	2	3	4	5
安全加高值（m）	不允许越浪的堤防工程	1.0	0.8	0.7	0.6	0.5
	允许越浪的堤防工程	0.5	0.4	0.4	0.3	0.3

（2）流水期易发生冰塞、冰坝的河段，堤顶高程除应按本款（1）项规定计算外，尚应根据历史凌汛水位和风浪情况进行专门分析论证后确定。

（3）当土堤临水侧堤肩设有稳定、坚固的防浪墙时，防浪墙顶高程计算应与本款（1）项规定的堤顶高程计算相同，但土堤顶面高程应高出设计静水位 0.5m 以上。

（4）土堤应预留沉降量。沉降量可根据堤基地质、堤身土质及填筑密实度等因素分析确定，宜取堤高的 3%～8%。当有下列情况之一时，沉降量应按本章第五节第三款的规定计算：①土堤高度大于 10m；②堤基为软弱土层；③非压实土堤；④压实度较低的土堤。

四、土堤堤顶结构

（1）堤顶宽度应根据防汛、管理、施工、构造及其他要求确定。1 级堤防堤顶宽度不宜小于 8m；2 级堤防不宜小于 6m；3 级及 3 级以下堤防不宜小于 3m。

（2）根据防汛交通、存放料物等需要，应在顶宽以外设置回车场、避车道、存料场，其具体布置及尺寸可根据需要确定。

（3）根据防汛、管理和群众生产的需要，应设置上堤坡道。上堤坡道的位置、坡度、顶宽、结构等可根据需要确定。临水侧坡道，宜顺水流方向布置。

（4）堤顶路面结构，应根据防汛、管理的要求，并结合堤身土质、气象等条件进行选择。

（5）堤顶应向一侧或两侧倾斜，坡度宜采用 2%～3%。

（6）因受筑堤土源及场地的限制，可修建防浪墙。防浪墙的结构可采用干砌石勾缝、浆砌石、混凝土等。防浪墙净高不宜超过 1.2m，埋置深度应满足稳定和抗冻要求。风浪大的海堤、湖堤的防浪墙临水侧宜做成带防浪曲面。防浪墙应设置变形缝，并应进行强度和稳定性核算。

五、堤坡与戗台

（1）堤坡应根据堤防等级、堤身结构、堤基、筑堤土质、风浪情况、护坡型式、堤高、施工及运用条件，经稳定计算确定。1 级、2 级土堤的堤坡不宜陡于 1∶3.0。海堤临水侧应按其防护型式，确定其坡度。

（2）戗台应根据堤身稳定、管理、排水、施工的需要分析确定。堤高超过 6m 者，背水侧宜设置戗台，戗台的宽度不宜小于 1.5m。

（3）风浪大的海堤、湖堤临水侧宜设置消浪平台，其宽度可为波高的 1～2 倍，但不宜小于 3m。海堤消浪平台的高程，可为设计高潮位或略低于设计高潮位。对重要的海堤，其消浪平台的高程和尺寸，应经试验确定。消浪平台应采用浆砌大块石、竖砌条石、现浇混凝土等进行防护。

六、护坡与坡面排水

（1）护坡应坚固耐久、就地取材、利于施工和维修。对不同堤段或同一坡面的不同部位可选用不同的护坡型式。

（2）临水侧护坡的型式应根据风浪大小、近堤水流、潮流情况，结合堤的等级、堤高、堤身与堤基土质等因素确定。通航河流船行波作用较强烈的堤段，护坡设计应考虑其作用和影响。背水侧护坡的型式应根据当地的暴雨强度、越浪要求，并结合堤高和土质情况确定。

（3）1 级、2 级土堤水流冲刷或风浪作用强烈的堤段，临水侧坡面宜采用砌石、混凝土或土工织物模袋混凝土护坡。1 级、2 级堤防背水坡和其他堤防的临水坡，可采用水泥土、草皮等护坡。

（4）高度低于 3m 的 1 级、2 级堤防或 3 级及其以下堤防，可按已建同类堤防的护坡选定。

（5）水泥土、砌石、混凝土护坡与土体之间必须设置垫层。垫层可采用砂、砾石或碎石、石渣和土工织物，砂石垫层厚度不应小于 0.1m。风浪大的海堤、湖堤的护坡垫层，可适当加厚。

（6）水泥土、浆砌石、混凝土等护坡应设置排水孔，孔径可为 50～100mm。孔距可为 2～3m，宜呈梅花形布置。浆砌石、混凝土护坡应设置变形缝。

（7）砌石与混凝土护坡在堤脚、戗台或消浪平台两侧或改变坡度处，均应设置基座，堤脚处基座埋深不宜小于 0.5m，护坡与堤顶相交处应牢固封顶，封顶宽度可为 0.5～1.0m。

（8）海堤临水侧的防护可采用斜坡式、陡墙式或复合式结构，并应根据堤身、堤基、堤前水深、风浪大小以及材料、施工等因素经技术经济比较确定。陡墙式宜采用重力挡土墙结构，其断面尺寸应由稳定和强度计算确定。砌置深度不宜小于1.0m，墙与土体之间应设置过渡层，过渡层可由砂砾、碎石或石渣填筑，其厚度可为0.5~1.0m。复合式护坡宜结合变坡设置平台，平台的高程应根据消浪要求确定。

（9）风浪强烈的海堤临水侧坡面的防护宜采用混凝土或钢筋混凝土异型块体，异型块体的结构及布置可根据消浪的要求，经计算确定。重要堤段应通过试验确定。

（10）高于6m的土堤受雨水冲刷严重时，宜在堤顶、堤坡、堤脚以及堤坡与山坡或其他建筑物结合部设置排水设施。

（11）平行堤轴线的排水沟可设在戗台内侧或近堤脚处。坡面竖向排水沟可每隔50~100m设置一条，并应与平行堤轴向的排水沟连通。排水沟可采用预制混凝土或块石砌筑，其尺寸与底坡坡度应由计算或结合已有工程的经验确定。

七、防渗与排水设施

（1）堤身防渗的结构型式应根据渗流计算及技术经济比较合理确定。堤身防渗可采用心墙、斜墙等型式。防渗材料可采用黏土、混凝土、沥青混凝土、土工膜等材料。堤身排水可采用伸入背水坡脚或贴坡滤层。滤层材料可采用砂、砾料或土工织物等材料。

（2）堤身的防渗体应满足渗透稳定以及施工与构造的要求。

（3）堤身的防渗与排水体的布设应与堤基防渗与排水设施统筹布置，并应使两者紧密结合。

（4）防渗体的顶部应高出设计水位0.5m。

（5）土质防渗体的断面应自上而下逐渐加厚。其顶部最小水平宽度不宜小于lm，底部厚度不宜小于堤前设计水深的1/4。砂、砾石排水体的厚度或顶宽不宜小于1m。

（6）土质防渗体的顶部和斜墙的临水侧应设置保护层。保护层的厚度不应小于当地冻结深度。

（7）沥青混凝土或混凝土防渗体可采用面板或心墙等型式。防渗体和填筑体之间应设置垫层或过渡层。

（8）土工膜与土工织物用做土石堤的防渗与排水材料时，其性能应满足强度、渗透性和抗老化等要求，表面应加保护。

八、防洪墙

（1）城市、工矿区等修建土堤受限制的地段，宜采用防洪墙。防洪墙宜采用钢筋混凝土结构。当高度不大时，可采用混凝土或浆砌石结构。墙顶高程应按本章第二节第三款的规定计算确定。

（2）防洪墙应按本章第五节第二款规定进行抗倾覆、抗滑和地基整体稳定计算。地基应力应满足地基允许承载力的要求。地基承载力不足时，应对地基进行加固。

（3）防洪墙应满足强度和抗渗要求。结构强度计算应按国家现行标准《水工混凝土结构设计规范》（SL/T191—96）的有关规定执行。基底渗流轮廓应满足地基渗透稳定要求。

（4）防洪墙基础埋置深度应满足抗冲刷和冻结深度的要求。

(5)防洪墙应设置变形缝,钢筋混凝土墙缝距宜为15~20m,混凝土及浆砌石墙宜为10~15m。地基土质、墙高、外部荷载、墙体断面结构变化处,应增设变形缝。变形缝应设止水。

第三节 堤基处理

一、一般规定

(1)堤基处理应根据堤防工程级别、堤高、堤基条件和渗流控制要求,选择经济合理的方案。

(2)堤基处理应满足渗流控制、稳定和变形的要求:①渗流控制应保证堤基及背水侧堤脚外土层的渗透稳定。②堤基稳定应进行静力稳定计算。按抗震要求设防的堤防,其堤基还应进行动力稳定计算。③竣工后堤基和堤身的总沉降量和不均匀沉降量应不影响堤防的安全运用。

(3)对堤基中的暗沟、古河道、塌陷区、动物巢穴、墓坑、窑洞、坑塘、井窖、房基、杂填土等隐患,应探明并应采取处理措施。

二、软弱堤基处理

(1)软黏土、湿陷性黄土、易液化土、膨胀土、泥炭土和分散性黏土等软弱堤基的物理力学特性和抗渗强度及可能对工程产生的影响,应进行研究。

(2)软黏土堤基的处理措施:对浅埋的薄层软黏土宜挖除;当厚度较大难以挖除或挖除不经济时,可采用铺垫透水材料加速排水和扩散应力、在堤脚外设置压载、打排水井或塑料排水带、放缓堤坡、控制施工加荷速率等方法处理。

(3)软黏土堤基当采用铺垫透水材料加速软土排水固结时,其透水材料可使用砂砾碎石、土工织物,或两者结合使用。在防渗体部位,应避免造成渗流通道。

(4)在软黏土堤基上采用连续施工法修筑堤防,当填筑高度达到或超过软土堤基能承载的高度时,可在堤脚外设置压载。一级压载不满足要求时可采用两级压载,压载的高度和宽度应由稳定计算确定。

(5)软黏土堤基可采用排水砂井和塑料排水带等加速固结,排水井应与透水垫层结合使用。在软黏土层下有承压水时,应防止排水井穿透软土层。

(6)在软黏土地基上筑堤可采用控制填土速率方法。填土速率和间歇时间应通过计算、试验或结合类似工程分析确定。

(7)在软黏土地基上修筑重要的堤防,可采用振冲法或搅拌桩等方法加固堤基。

(8)在湿陷性黄土地基上修筑堤防,可采用预先浸水法或表面重锤夯实法处理。在强湿陷性黄土地基上修建较高的或重要的堤防,应专门研究处理措施。

(9)有抗震要求的堤防,应按国家现行标准《水工建筑物抗震设计规范》(SL203—97)的有关规定执行。

(10)对于必须处理的可液化的土层,当挖除有困难或挖除不经济时,可采取人工加密的措施处理。对于浅层的可液化土层,可采用表面振动压密等措施处理;对于深层的可液化土层,可采用振冲、强夯、设置砂石桩加强堤基排水等方法处理。

(11)泥炭土如无法避开而又不可能挖除时,应根据泥炭土的压缩性采取相应的措施,有条件时,应进行室内试验和试验性填筑。

(12)膨胀土堤基,在查清膨胀土性质和分布范围的基础上,可采用挖除、围封、压载等方法处理。

(13)分散性黏土堤基,在堤身防渗体以下部分应掺入石灰,石灰掺量应根据土质情况由试验确定,其重量比可采用2%~4%,均质土堤处理深度可采用0.2~0.3m;心墙或斜墙土石堤在防渗体下可采用1.0~1.2m。在非防渗体部位可采用满足保护分散性黏土要求的滤层。

三、透水堤基处理

(1)浅层透水堤基宜采用黏性土截水槽或其他垂直防渗措施截渗。截水槽底部应达到相对不透水层,截水槽宜采用与堤身防渗体相同的土料填筑,其压实密度不应小于堤体的同类土料。截水槽的底宽,应根据回填土料、下卧的相对不透水层的允许渗透坡降及施工条件确定。

(2)相对不透水层埋藏较深、透水层较厚且临水侧有稳定滩地的堤基宜采用铺盖防渗措施。铺盖的长度和断面应通过计算确定。计算时,应计算下卧层及铺盖本身的渗透稳定。当利用天然弱透水层作为防渗铺盖时,应查明天然弱透水层及下卧透水层的分布、厚度、级配、渗透系数和允许渗透坡降等情况,在天然铺盖不足的部位应采用人工铺盖补强措施。在缺乏做铺盖土料的地方,可采用土工膜或复合土工膜,在表面应设保护层及排气排水系统。

(3)深厚透水堤基上的重要堤段,可设置黏土、土工膜、固化灰浆、混凝土、塑性混凝土、沥青混凝土等地下截渗墙,截渗墙的深度和厚度应满足堤基和墙体材料允许渗透坡降的要求。

(4)特别重要的堤段需要在砂砾石堤基内建造灌浆帷幕时,应通过室内及现场试验确定堤基的可灌性。对于粒状材料浆体可灌性差的堤基,可采用化学浆材灌浆,或在粒状材料施灌后再灌化学浆材。采用灌浆帷幕时,可按国家现行标准《水工建筑物水泥灌浆施工技术规范》(SL62—94)的有关规定执行。

四、多层堤基处理

(1)多层堤基处理措施可采用堤背水侧加盖重、排水减压沟、排水减压井等措施。处理措施可单独使用,也可结合使用。

(2)表层弱透水层较厚的堤基,宜采用盖重措施处理。盖重宜采用透水材料。

(3)表层弱透水覆盖层较薄的堤基如下卧的透水层基本均匀,且厚度足够时,宜采用排水减压沟。排水减压沟可采用明沟,也可采用暗沟。暗沟可采用砂石、土工织物、开孔管等。

(4)弱透水覆盖层下卧的透水层呈层状沉积,各向异性,且强透水层位于地基下部,或其间夹有黏土薄层和透镜体，宜采用排水减压井，应根据渗流控制要求和地层情况，结合施工等因素，合理确定井距和井深。

（5）排水减压沟、排水减压井的平面位置宜靠近堤防背水侧坡脚。

（6）设置排水减压沟、排水减压井后，应复核堤基及渗流出口的渗透坡降。当超过允许渗透坡降时，应采取其他防渗和反滤等措施。防渗、反滤可用天然材料或土工膜、土工织物等。

第四节　堤岸防护

一、一般规定

（1）堤岸受风浪、水流、潮汐作用可能发生冲刷破坏的堤段，应采取防护措施。堤岸防护工程的设计应统筹兼顾，合理布局，并宜采用工程措施与生物措施相结合的防护方法。

（2）根据风浪、水流、潮汐、船行波作用，地质、地形情况，施工条件，运用要求等因素，堤岸防护工程可选用下列型式：①坡式护岸；②坝式护岸；③墙式护岸；④其他防护型式。

（3）堤岸防护工程的结构、材料应符合下列规定：①坚固耐久，抗冲刷、抗磨损性能强；②适应河床变形能力强；③便于施工、修复、加固；④就地取材，经济合理。

（4）堤岸防护长度，应根据风浪、水流、潮汐及堤岸崩塌趋势等分析确定。

（5）堤岸顶部的防护范围，应符合下列规定：①险工段的坝式护岸顶部应超过设计洪水位 0.5m 及以上；②堤前有窄滩的防护工程顶部应与滩面相平或略高于滩面。

（6）堤岸防护工程的护脚延伸范围应符合下列规定：①在深泓逼岸段应延伸至深泓线，并应满足河床最大冲刷深度的要求；②在水流平顺段可护至坡度为 1:3～1:4的缓坡河床处；③堤岸防护工程的护脚工程顶部平台应高于枯水位 0.5～1.0m。

（7）堤岸防护工程与堤身防护工程的连接应良好。

（8）防冲及稳定加固储备的石方量，应根据河床可能冲刷的深度、岸床土质情况、防汛抢险需要及已建工程经验确定。

二、坡式护岸

（1）坡式护岸上部护坡的结构型式，应符合本章第二节第六款的有关规定。下部护脚部分的结构型式应根据岸坡情况、水流条件和材料来源，采用抛石、石笼、沉排、土工织物枕、模袋混凝土块体、混凝土钢筋混凝土块体、混合型式等，经技术经济比较选定。

（2）抛石护岸应满足下列要求：①抛石粒径应根据水深、流速、风浪情况进行计算或根据已建工程分析确定；②抛石厚度不宜小于抛石粒径的 2 倍，水深流急处宜增大；③抛石护岸坡度宜缓于 1:1.5。

（3）柴枕护脚应满足下列要求：①柴枕抛护其上端应在多年平均最低水位处，其上应加抛接坡石。柴枕外脚应加抛压脚大块石或石笼等；②柴枕的规格根据防护要求和施工条件，枕长可为 10～15m，枕径可为 0.5～1.0m，柴、石体积比宜为 7:3，柴枕可为单层抛护,也可根据需要抛两层或三层。

(4)柴排护脚应满足下列要求:①采用柴排护脚,其岸坡不应陡于1∶2.5,排体上端应在多年平均最低水位处;②柴排垂直流向的排体长度应满足在河床发生最大冲刷时,在排体下沉后仍能保持缓于1∶2.5的坡度;③相邻排体之间应相互搭接,其搭接长度宜为1.5~2.0m。

(5)土工织物枕及土工织物软体排可根据水深、流速、岸床土质情况采用单个土工织物枕抛护、3~5个土工织物枕抛护及土工织物枕与土工织物垫层构成软体排型式防护,并应符合下列要求:

①土工织物材料应具有高强度、抗拉、抗磨、耐酸碱等性能,孔径应满足防渗、反滤要求。

②当护岸土体自然坡度陡于1∶2.0,坡面不平顺且有大的坑洼起伏及块石等尖锐物时不宜采用土工织物枕及土工织物软体排护岸。

③土工织物枕、土工织物排的首部应在多年平均最低水位以下。

④土工织物软体排垂直流向的排体长度应满足在河床发生最大冲刷时,排体随河床变形后坡度不陡于1∶2.5。土工织物软体排垫层顺水流向的搭接宽度不宜小于1.0m,并采用顺水流方向上游垫布压下游垫布的搭接方式。

(6)铰链式混凝土板土工织物排应满足下列要求:①排首应位于多年平均最低水位处;②混凝土板厚度应根据水深、流速经压载防冲稳定计算确定;③沉排长度符合本款(5)的规定;④顺水流向沉排宽度应根据沉排规模、施工技术要求确定;⑤土工织物垫层的搭接宽度应采用1.5~2.0m;⑥沉排排首可用钢链挂在固定的堤顶桩墩上,沉排尾端可加压重混凝土板。

三、坝式护岸

(1)坝式护岸布置可选用丁坝、顺坝及丁坝、顺坝相结合的"厂"形坝等型式。坝式护岸按结构材料、坝高及与水流、潮流流向关系,可选用透水、不透水,淹没、非淹没,上挑、正挑、下挑等型式。

(2)坝式护岸工程应按治理要求依堤岸修建。丁坝坝头的位置应在规划的治导线上,并宜成组布置。顺坝应沿治导线布置。

(3)丁坝的平面布置应根据整治规划、水流流势、河岸冲刷情况和已建同类工程的经验确定,必要时,应通过河工模型试验验证。丁坝的平面布置应符合下列要求:①丁坝的长度应根据堤岸、滩岸与治导线距离确定。②丁坝的间距可为坝长的1~3倍,处于治导线凹岸以外位置的丁坝及海堤的促淤丁坝的间距可增大。③非淹没丁坝宜采用下挑型式布置,坝轴线与水流流向的夹角可采用30°~60°。强潮海岸的丁坝,其坝轴线宜垂直于强潮流方向。

(4)不透水丁坝,可采用抛石丁坝、土心丁坝、沉排丁坝等结构型式。丁坝坝顶的宽度、坝的上下游坡度、结构尺寸应根据水流条件、运用要求、稳定需要、已建同类工程的经验分析确定,并应符合下列要求:

①抛石丁坝坝顶的宽度宜采用1.0~3.0m,坝的上下游坡度不宜陡于1∶1.5。

②土心丁坝坝顶的宽度宜采用5~10m,坝的上下游护砌坡度宜缓于1∶1。护砌厚度可采用0.5~1.0m,重要堤段应经计算分析确定。

③沉排叠砌的沉排丁坝的顶宽宜采用2.0~4.0m,坝的上下游坡度宜采用1∶1~1∶1.5。护底层的沉排宽度应加宽,其宽度应能满足河床最大冲刷深度的要求。

(5)土心丁坝在土与护坡之间应设置垫层。根据反滤要求,可采用砂石垫层或土工织物垫层,砂石垫层厚度宜大于0.1m。土工织物垫层的上面宜铺薄层砂卵石保护。

(6)在中细砂组成的河床或在水深流急处修建不透水坝式护岸工程宜采用沉排护底,坝头部分应加大护底范围,铺设的沉排宽度应满足河床产生最大冲刷的情况下坝体不受破坏。

(7)对不透水淹没丁坝的坝顶面,宜做成坝根斜向河心的纵坡,其坡度可为1%~3%。

(8)顺坝以及丁坝与顺坝相结合的"「"形坝的技术要求,可按本款(3)的规定执行。

四、墙式护岸

(1)对河道狭窄、堤外无滩易受水流冲刷、保护对象重要、受地形条件或已建建筑物限制的塌岸堤段宜采用墙式护岸。

(2)墙式护岸的结构型式,临水侧可采用自立式、陡坡式,背水侧可采用直立式、斜坡式、折线式、卸荷台阶式等型式。墙体结构材料可采用钢筋混凝土、混凝土、浆砌石等,断面尺寸及墙基嵌入堤岸坡脚的深度应根据具体情况及堤身和堤岸整体稳定计算分析确定。在水流冲刷严重的堤段,应加强护基措施。

(3)墙式护岸在墙后与岸坡之间可回填砂砾石。墙体应设置排水孔,排水孔处应设置反滤层。在风浪冲刷严重的堤段,墙后回填体的顶面应采取防冲措施。

(4)墙式护岸沿长度方向应设置变形缝,分缝间距:钢筋混凝土结构可为20m,混凝土结构可为15m,浆砌石结构可为10m。在堤基条件改变处应增设变形缝,并作防渗处理。

(5)墙式护岸墙基可采用地下连续墙、沉井或桩基,结构可采用钢筋混凝土或少筋混凝土,其断面结构尺寸应根据结构应力分析计算确定。

五、其他防护型式

(1)可采用桩式护岸维护陡岸的稳定、保护堤脚不受强烈水流的淘刷、促淤保堤。

(2)桩式护岸的材料可采用木桩、钢桩、预制钢筋混凝土桩、大孔径钢筋混凝土管桩等。

(3)桩的长度、直径、入土深度、桩距、材料、结构等应根据水深、流速、泥沙、地质等情况通过计算或已建工程运用经验分析确定。

(4)桩的布置可采用1~3排桩,按需要选择丁坝、顺坝、"「"形坝。排距可采用2.0~4.0m。同一排桩的桩与桩之间可采用透水式、不透水式。透水式桩间应以横梁连系并挂尼龙网、铅丝网、竹柳编篱等构成屏蔽式桩坝。桩间及桩与堤脚之间可抛块石、混凝土预制块等护桩护底防冲。

(5)具有卵石、砂卵石河床的中、小型河流在水浅流缓处可采用杩槎坝。杩槎坝可采用木、竹、钢、钢筋混凝土杆件做杩槎支架。根据水深、流速、防护要求不同,可选择填筑块石或土砂、石等构成透水或不透水的杩槎坝。

(6)有条件的岸、滩应采取植树、植草等生物防护措施,可设置防浪林台、防浪林带、草皮护坡等。防浪林台及林带的宽度,树的行距、株距应根据水势、水位、流速、风浪情况确定并应满足消浪、促淤、固土保堤等要求。

(7)用于堤岸防护的树、草品种应根据当地的气候、水文、地势、土壤等条件及环保要求选择,并应满足枝叶繁茂、扎根深及抗冲、抗淹、抗盐性能强等要求。

第五节　堤防渗流、渗透、抗滑稳定及沉降计算

一、渗流及渗透稳定计算

(1)河堤、湖堤应进行渗流及渗透稳定计算,计算求得渗流场内的水头、压力、坡降、渗流量等水力要素,进行渗透稳定分析,并应选择经济合理的防渗、排渗设计方案或加固补强方案。海堤的渗流计算宜根据实际情况决定。

(2)土堤渗流计算断面应具有代表性,并应进行下列计算:

①应核算在设计洪水或设计高潮持续时间内浸润线的位置,当在背水侧堤坡逸出时,应计算出逸点的位置、逸出段与背水侧堤基表面的出逸比降。

②当堤身、堤基土渗透系数 $k \geq 10^{-3}$cm/s 时,应计算渗流量。

③应计算洪水或潮水水位降落时临水侧堤身内的自由水位。

(3)河、湖的堤防渗流计算应计算下列水位的组合:

①临水侧为设计洪水位,背水侧为相应水位。

②临水侧为设计洪水位,背水侧为低水位或无水。

③洪水降落时对临水侧堤坡稳定最不利的情况。

(4)海堤或感潮河流河口段的堤防渗流计算应计算下列水位的组合:

①以设计潮水位或台风期大潮平均高潮位作为临海侧水位,背海侧水位为相应的水位、低水位或无水等情况。

②以大潮平均高潮位计算渗流浸润线。

③以平均潮位计算渗流量。

④潮位降落时对临水侧堤坡稳定最不利的情况。

(5)进行渗流计算时,对比较复杂的地基情况可作适当简化,并按下列规定进行:

①对于渗透系数相差 5 倍以内的相邻薄土层可视为一层,采用加权平均的渗透系数作为计算依据。

②双层结构地基,当下卧土层的渗透系数比上层土层的渗透系数小 100 倍及以上时,可将下卧土层视为不透水层;表层为弱透水层时,可按双层地基计算。

③当直接与堤底连接的地基土层的渗透系数比堤身的渗透系数大 100 倍及以上时,可认为堤身不透水,仅对堤基按有压流进行渗透计算,堤身浸润线的位置可根据地基中的压力水头确定。

(6)渗透稳定应进行以下判断和计算:①土的渗透变形类型;②堤身和堤基土体的渗透稳定;③堤防背水侧渗流出逸段的渗透稳定。

(7)土的渗透变形类型的判定应按国家现行标准《水利水电工程地质勘察规范》(GB50287—1999)的有关规定执行。

(8)背水侧堤坡及地基表面逸出段的渗流比降应小于允许比降;当出逸比降大于允许比降时,应采取设置反滤层、压重等保护措施。

二、抗滑稳定计算

(1)抗滑稳定计算应根据不同堤段的防洪任务、工程等级、地形地质条件,结合堤身的结构型式、高度和填筑材料等因素选择有代表性断面进行。

(2)土堤抗滑稳定计算可分为正常情况和非常情况。

正常情况稳定计算应包括下列内容:①设计洪水位下的稳定渗流期或不稳定渗流期的背水侧堤坡;②设计洪水位骤降期的临水侧堤坡。

非常情况稳定计算应包括下列内容:①施工期的临水、背水侧堤坡;②多年平均水位时遭遇地震的临水、背水侧堤坡。

(3)多雨地区的土堤,应根据填筑土的渗透和堤坡防护条件,核算长期降雨期堤坡的抗滑稳定性,其安全系数可按非常情况采用。

(4)土堤抗滑稳定计算可采用瑞典圆弧滑动法。当堤基存在较薄软弱土层时,宜采用改良圆弧法。

土堤抗滑稳定计算应符合《堤防工程设计规范》(GB50286—98)的规定,其抗滑稳定的安全系数不应小于表11-5-1规定的数值。

表11-5-1 土堤抗滑稳定安全系数

堤防工程的级别		1	2	3	4	5
安全系数	正常运用条件	1.30	1.25	1.20	1.15	1.10
	非常运用条件	1.20	1.15	1.10	1.05	1.05

(5)土的抗剪强度应根据各种运用条件选用。

(6)作用在防洪墙上的荷载可分为基本荷载和特殊荷载两类。

基本荷载:应包括自重,设计洪水位时(或多年平均水位)的静水压力、扬压力及风浪压力,土压力,冰压力,其他出现机会较多的荷载。

特殊荷载:应包括地震荷载,其他出现机会较少的荷载。

(7)防洪墙设计的荷载组合可分为正常情况和非常情况两类。正常情况由基本荷载组合;非常情况由基本荷载和一种或几种特殊荷载组合。根据各种荷载同时出现的可能性,选择不利的情况进行计算。

(8)防洪墙的抗滑和抗倾覆稳定安全系数计算应符合《堤防工程设计规范》(GB50286—98)的有关规定。其抗滑和抗倾覆稳定安全系数不应小于表11-5-2和表11-5-3规定的数值。

表 11-5-2　防洪墙抗滑稳定安全系数

地基性质		岩基					土基				
堤防工程的级别		1	2	3	4	5	1	2	3	4	5
安全系数	正常运用条件	1.15	1.10	1.05	1.05	1.00	1.35	1.30	1.25	1.20	1.15
	非常运用条件	1.05	1.05	1.00	1.00	1.00	1.20	1.15	1.10	1.05	1.05

表 11-5-3　防洪墙抗倾覆稳定安全系数

堤防工程的级别		1	2	3	4	5
安全系数	正常运用条件	1.60	1.55	1.50	1.45	1.40
	非常运用条件	1.50	1.45	1.40	1.35	1.30

(9)防洪墙在各种荷载组合的情况下,基底的最大压应力应小于地基的允许承载力。土基上的防洪墙基底的压应力最大值与最小值之比的允许值,黏土宜取 1.5~2.5;砂土宜取 2.0~3.0。

(10)岩基上的防洪墙基底不应出现拉应力。土基上的防洪墙除计算堤身或沿基底面的抗滑稳定性外,还应核算堤身与堤基整体的抗滑稳定性。

三、沉降计算

(1)沉降量计算应包括堤顶中心线处堤身和堤基的最终沉降量。

(2)根据堤基的地质条件、土层的压缩性、堤身的断面尺寸和荷载,将堤防分为若干段,每段选取代表性断面进行沉降量计算。

(3)堤身和堤基的最终沉降量,可按下式计算:

$$s = m\sum_{i=1}^{n}\frac{e_{1i} - e_{2i}}{1 + e_{1i}}h_i \tag{11-5-1}$$

式中　s——最终沉降量,mm;

n——压缩层范围的土层数;

e_{1i}——第 i 土层在平均自重应力作用下的孔隙比;

e_{2i}——第 i 土层在平均自重应力和平均附加应力共同作用下的孔隙比;

h_i——第 i 土层的厚度,mm;

m——修正系数,一般堤基的 m 取 1.0,对于海堤软土地基可采用 1.3~1.6。

(4)堤基压缩层的计算厚度,可按下列条件确定:

$$\frac{\sigma_z}{\sigma_B} = 0.2 \tag{11-5-2}$$

式中　σ_B——堤基计算层面处土的自重应力,kPa;

σ_z——堤基计算层面处土的附加应力,kPa。

实际压缩层的厚度小于式(11-5-2)计算值时,应按实际压缩层的厚度计算其沉降量。

第六节 堤防与各类建筑物、构筑物的交叉、连接

一、一般规定

(1)与堤防交叉的各类建筑物、构筑物宜选用跨越的型式。需要穿堤的建筑物、构筑物应合理规划并应减少其数量。

(2)与堤防交叉、连接的各类建筑物、构筑物,应根据自身的结构特点、运用要求、堤防工程的级别和结构等情况选择安全合理的位置和交叉、连接结构型式。

(3)与堤交叉、连接的各类建筑物、构筑物不得影响堤防的管理和防汛运用,不得影响防汛安全。

(4)位于淤积性江、河、湖、海的堤防上的穿堤和跨堤建筑物、构筑物的设计应按设计使用年限计及淤积影响。

二、穿堤建筑物、构筑物

(1)穿堤的各类建筑物、构筑物的底部高程应高于堤防设计洪水位,当在设计洪水位以下时,应设置能满足防洪要求的闸门或阀门,并能在防洪要求的时限内关闭。

压力管道和各类热力管道需要穿过堤防时,必须在设计洪水位以上通过。

(2)当堤防工程扩建加高时,必须对穿堤的各类建筑物、构筑物按新的设计条件进行验算,当原有的建筑物、构筑物需要保留利用时,必须符合下列要求:①能满足防洪要求;②运用工况良好;③能满足结构强度要求;④外周的覆盖土层能满足设计要求的厚度和密实度;⑤穿堤管道的接头良好;⑥穿堤管道外周与堤防连接处能满足渗透稳定要求。

当不能满足上述要求时,应加固、改建或拆除重建。

(3)有通航要求的水闸,可设置通航闸孔,其位置应按照过闸安全和管理方便的原则确定。

(4)有过鱼要求的水闸可结合岸墙和翼墙的布置设置鱼道。有农业灌溉引水和林业过木等其他过闸要求时,可结合堤防工程的总体规划合理布置。

(5)穿堤的各类建筑物与土堤接合部应能满足渗透稳定要求,在建筑物外围应设置截流环或刺墙等,渗流出口应设置反滤排水。

(6)穿堤的闸、涵、泵站等建筑物、构筑物的设计应满足下列要求:①位置应选择在水流流态平顺、岸坡稳定、不影响行洪安全的堤段;②采用整体性强、刚度大的轻型结构;③荷载、结构布置对称,基底压力的偏心距小;④结构分块、止水等对不均匀沉降的适应性好;⑤减小过流引起的震动;⑥进出口引水、消能结构合理可靠;⑦水闸边墙与两侧堤身连接的布置应能满足堤身、堤基稳定和防止接触冲刷的要求。

(7)穿堤建筑物宜建于坚硬、紧密的天然地基上。其基础应沿长度方向、地基条件改变处设置变形缝和止水措施。

(8)穿堤建筑物周围的回填土干密度不应低于堤防工程设计的要求。

(9)修建穿堤工程,不宜采用顶管法施工。当需要采用顶管法施工时,应选择土质坚实的堤段进行,沿管壁不得超挖,其接触面应进行充填灌浆处理。

(10)公路、铁路、航运码头或港口与堤防工程交叉的陆上交通闸,闸底板高程应尽量抬高。闸门结构及启闭型式可结合运用情况和技术经济比较选定。

三、跨堤建筑物、构筑物

(1)桥梁、渡槽、管道等跨堤建筑物、构筑物,其支墩不应布置在堤身设计断面以内。当需要布置在堤身背水坡时,必须满足堤身设计抗滑和渗流稳定的要求。

(2)跨堤建筑物、构筑物与堤顶之间的净空高度应满足堤防交通、防汛抢险、管理维修等方面的要求。

(3)上堤交通坡道和临堤航运码头与堤防连接时,不应降低堤顶高程,不应削弱堤身设计断面。设在临水侧的坡道应与水流方向一致,顺堤轴线方向傍堤坡修筑。

上堤的人行道或禽、畜坡道可采用砌石阶梯式或土石混合斜坡式,坡道路面应设置排水设施。

(4)当码头或港口与堤防工程交叉时,其交通宜采用跨堤式布置。

第十二章　取水建筑物

第一节　引水枢纽工程布置、设计基本要求

一、引水枢纽的设计原则

引水枢纽包括的建筑物主要有：坝（或拦河闸）、进水闸、冲沙闸、沉沙池及上下游整治工程等。引水枢纽的设计原则如下：

（1）做好河源水沙分析工作，以满足灌溉、发电及其他用水要求，落实用水计划。

（2）坝（或拦河闸）、进水闸和冲沙闸的布置要协调，并采取有效的防沙措施，以免引起渠道淤积，影响渠道正常输水。

（3）应采取措施防止漂浮物、冰凌进入渠道。

（4）应因地制宜地修建枢纽上下游河道整治工程，以稳定河槽，保证渠首引水顺畅。

（5）有综合利用的枢纽，要保持各建筑物互不干扰，运行正常，以发挥最大经济效益。

（6）应使管理运用灵活、方便。

引水枢纽布置必须满足引水防沙的要求。对于每一个引水枢纽布置，都应根据其本身的特点和条件，多作比较论证，包括进行模型试验，以便作出切合实际的最优布置方案。

二、渠首的引水防沙

（一）引水枢纽的位置选择

（1）引水口高程应满足自流灌溉的要求，并应符合渠道输水输沙条件。当灌区不能实现全部自流灌溉时，可考虑自流与提灌相结合的方案。

（2）应选择河槽比较稳定、河岸比较坚实的河段，且坝（闸）址的地质条件应较好，避免在淤泥或流沙基础上建坝（闸）。

（3）坝（闸）址所在河段断面应比较匀称，且河道水流应垂直坝轴线，避免斜流过坝。

（4）若为一岸引水，可考虑选在具有适宜弯曲的凹岸河段，这对引水防沙有利；若为两岸引水，则不宜选在弯段。

（5）最好不要在支流汇入处设置引水工程，以避免水流干扰。

（6）冲沙闸和进水闸应尽量设在靠岸的低水河梢一侧，以利引水冲沙。

（二）引水角

侧向分流的引水口，采用较小的引水角可起缓和副流的作用，即进沙浓度可相对降低（不能完全解决进沙问题）。因此，在布置侧面引水（即河岸引水）时，无坝引水渠首的引水角宜在 30°～60°选用。此外，还应改善引水口的边界条件，如降低行近流速、加大进水口前沿宽度、设置曲线形的导流墙等。

（三）弯道引水口的位置

弯曲河段水流结构的主要特点是存在横向环流。横向环流将流速较高的表层少沙水流推向凹岸，使凹岸遭到冲刷，形成深槽，与此同时，横向环流将河底挟沙量较高的水流推向凸岸，使凸岸堆积，形成边滩。横向环流与纵向水流结合形成螺旋流。

在引水工程中，利用这种弯道环流的特点，把引水口设在凹岸一侧，作为引水防沙措施之一。引水口一般选在凹岸弯道顶点下游（见图 12-1-1），具体位置可参考下式，结合实际情况选定。

$$L = 2Kl = KB\sqrt{4\frac{R}{B} + 1} \tag{12-1-1}$$

式中 L——从弯道起点至引水口的弧长（沿中心线），m；

R——弯道沿中心线的弯曲半径，m；

B——弯道水面宽，m；

l——从弯道中心线始点 P 作垂线交于弯道外侧点 C，l 为 P、C 两点之间的距离，m；

K——试验系数，其值为 0.6~1.0，一般选用 0.8。

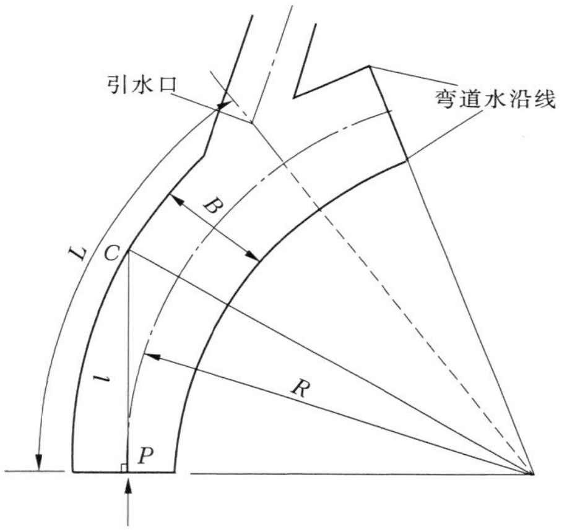

图 12-1-1　弯道引水口位置

弯道水流随流量的变化有大水趋直、小水坐弯的特点，弯道顶点低水上提，高水下错，因此必须做好防洪护岸工程。引水口位置，要考虑高、中、低水位时的不同弯曲半径所形成的弯道形态。

冲积性河道弯曲段往往是险工地段，在布置引水口时，需要加以防护整治。在一般情况下，选用的弯曲段不宜太急，弯曲半径不要小于 3 倍的水面宽度。

（四）进水闸前沿拦沙坎的高度

在多泥沙河流上，进水闸前沿拦沙坎高度的选择，对防沙入渠关系很大。如果选择得过高，将增加坝（闸）高，或加大进水口宽度，这是不适宜的。如果坎高选得偏低，则降低防沙作用，入渠泥沙比较严重。当设计方案采用冲沙槽形式时（考虑槽内淤积厚度的影响），坎高应在 1/2~2/3 的冲沙槽正常水深之间选择。对山区河流窄深断面，坝长较短，可选用高值；对平原河道宽浅断面，可选用低值。索克洛夫总结取水工程拦沙坎的经验提出:对于无坝取水工程,在含沙量小的稳定河床中,拦沙坎坎高可采用 0.5~0.8m;在卵石河床中,坎高可采用 1.0~1.5m;在沙质河床中,坎高可采用 2.0~3.0m,有时尚嫌不足。

有坝引水进水闸前的拦沙坎顶高程宜比设计水位时的河床平均高程高 0.5~1.0m。

拦沙坎的高度增大,能加深冲沙槽的深度和降低槽中行近流速,有利于泥沙沉积和削弱入渠水流产生的副流影响。有的在坎上增设悬臂式平板,形成"Γ"形坎,以加强拦沙作用。

(五)引水率与河道淤积

在多泥沙河流上,若引水率过高,将会引起下游河道流量减小,挟沙量增高,以致超过水流输沙能力而造成下游河道的严重淤积。据统计,当引水率超过 50%时,下游河道将存在泥沙淤积问题。另一方面,引水率大小也说明引水工程对河源水量的利用程度。如泾、洛、渭几个引水枢纽的引水率都不到 30%,虽未造成下游河道淤积,但由于河流洪枯流量悬殊和洪水时挟沙量大等特点,有 70%的水量未能利用,致使灌区用水不足。新疆地区根据当地气候特征、河道特性和来水来沙条件,引水工程的引水率都超过 50%,甚至达 60%~70%,对水的利用较充分,但有的也往往造成枢纽下游河道淤积。规范规定,无坝引水渠首的引水率宜小于 50%,多泥沙河流上无坝引水的引水率宜小于 30%,如经专门论证,引水率可适当提高。

确定引水率时,需要考虑本地区的条件和相应的工程措施,既要避免引水率过大而引起下游河道的淤积,也要注意克服因引水率偏低而造成水资源不能充分利用的问题。

(六)分水墙与冲沙槽

分水墙位于坝和冲沙闸连接处,与坝轴线相垂直,或成 5°~10°向外扩散。它的作用是:分水分沙,阻挡坝前淤沙入渠,与进水闸上游翼墙共同组成冲沙槽。分水墙的高度,不应低于溢流坝顶,而应高出坝顶 0.5m 左右,这样可有利于防止过坝洪水挟带的底沙进入冲沙槽。分水墙长度,一般与进水口宽度相等,或选用 1.3 倍的进水口宽。将分水墙作成弧形以起导流作用的叫做导流墙。有的做成人工岛式,有的利用天然有利地势,劈开崖头。如陕西梅惠渠鸡冠石分水,起到了良好的分水分沙作用。

冲沙槽是渠首引水防沙设施的重要组成部分。冲沙闸通过不同的运用方式,阻止底沙进入引水口,并将冲沙槽中的沉沙或来沙排泄到下游。

(七)渠首冲沙

冲沙闸是渠首防沙冲沙的主要建筑物,除执行冲沙任务、使进水闸"门前清"以外,在汛期还用以宣泄一部分洪水,以维护原河槽不致淤塞。在对上游河道加以整治的前提下,冲沙闸宽度等于或略大于进水闸宽度。按照进水闸分流比小于 50%的要求,冲沙槽在连续冲沙运行情况下,过槽流量一般不得小于进水闸设计流量的 2 倍,这样才能使进水闸分沙比有所降低。对冲沙闸设计,有的采用冲沙闸断面为河道断面的 1/20~1/5,有的采用冲沙闸宽度为河道过水宽度的 1/10~1/3。上述两种幅度变化较大,选用时要加以分析论证。还有的采用多年平均流量,或者采用按 50%频率的日平均流量。不论采用哪种方法,都必须经过综合分析来选定,使冲沙槽中的流态适应引水口要求,确保在正常情况下起到防沙冲沙的效果。

有坝引水,如有泄洪排沙要求时,可在冲沙闸旁另设河道排沙闸,并用分水墙与冲沙闸隔开(见图 12-1-2)。根据经验,这种布置形式对维护进水闸正常运行和河道排沙较为有利。

(八)干渠排沙闸

渠首防沙很难做到完全解决底沙入渠问题,仍会有一些底沙进入渠道,淤在渠首段。在进水闸以下 200~300m,设干渠排沙闸是排沙行之有效的措施(见图 12-1-3)。在设计渠首时,对干渠排沙闸的位置选择、排沙水头、泄入河道的地形及水力条件等,都应加以考虑。

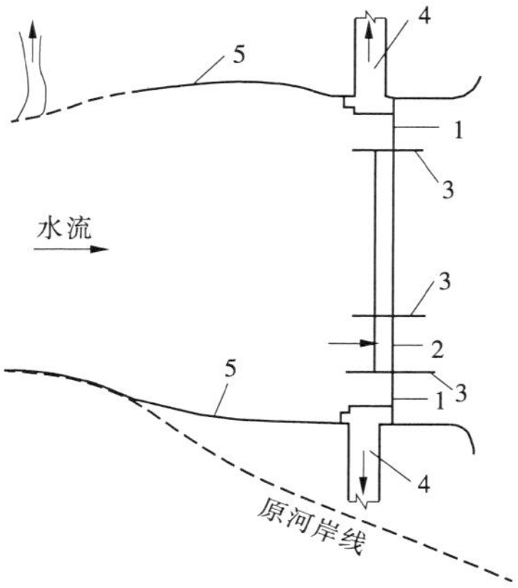

图 12-1-2 冲沙闸和河道排沙闸位置图

1—冲沙闸;2—进水闸;3—分水墙;4—渠道;5—导流堤

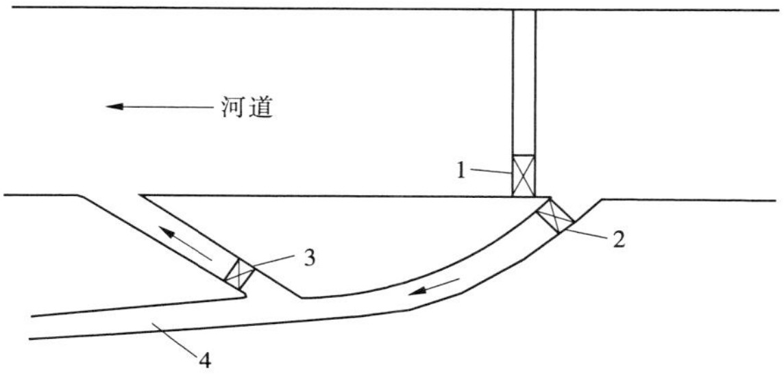

图 12-1-3 干渠排沙闸位置示意图

1—冲沙闸;2—进水闸;3—干渠排沙闸;4—引水干渠

(九)渠首冲沙运行方式

渠首冲沙运行方式与引水防沙效果有密切关系。冲沙闸的运行方式有:

(1)定期冲沙。缺水季节河道流量小于引水流量,应将冲沙闸关闭,将水流全部截引入渠,经过一定时期,打开冲沙闸将槽中积沙冲走。

(2)连续冲沙。当河道流量大于引水流量时,可边引水边冲沙,将多余的流量从冲沙闸下泄。冲沙闸闸门可根据排泄流量的大小来操纵,将远离进水闸的边孔开大,其他各孔依次递减。这样可加强闸前冲沙槽内的横向环流,有利于冲沙。连续冲沙,可充分发挥弧形冲沙槽的环流排沙作用。

在洪水上涨阶段,不宜将冲沙闸打开,在洪峰过后的落峰阶段,可根据沙峰过程线特征适时地将冲沙闸打开,泄洪冲沙,以免进水河槽被淤塞。

(十)引水防沙设计的几种方法

(1)利用弯道环流原理,凹岸引水,凸岸排沙。除了利用天然河湾进行无坝或有坝引水外,在工程措施中还有人工弯道、弧形冲沙槽、曲线形导流墙、波达波夫导流装置等,这些都是环流原理在工程措施中的具体应用。早在 2 000 多年以前,我国劳动人民已把这一原理科学地用到都江堰引水工程,取得了良好的引水防沙效果。

正面引水、侧面排沙也是利用横向环流排沙的一种形式(如引渠式渠首),其引水防沙效果较好。

(2)利用悬沙垂线分布不均匀原理，上层引水，底层排沙。通常，河道含沙量的分布，在表层较小，颗粒较细，而在底部较大，颗粒较粗。为了防止底部粗沙入渠，设计时可考虑采用底部冲沙廊道、分层取水、拦沙坎、潜堰等措施。由于底部水流中含粗沙较多，因此将进水闸前沿拦沙坎的高度取为 1/2 的水深是比较适宜的。

(3)应用拦河闸壅水沉沙，撇清排浑。拦河闸式引水枢纽的特点是：可根据河道来水来沙的规律操纵闸门，抬高水位，降低流速，壅水沉沙，以引用表层水，也可以降低水位，进行冲沙，还可在洪水时期敞开闸门泄洪排沙，基本上不改变原河道比降和稳定状态。此外，其他类型的，如翻板闸门、橡胶坝、浮体闸等不同形式的活动坝，也都具有上述性能。因此，在设计时对坝或闸的选择，应经过技术经济和引水防沙效果等多方面的方案比较后再行确定。

(4)水面导流，水底导沙。这和波达波夫导流装置的作用一样，使平行水流产生横向环流。水面导流装置有导流板、导流船，使其固定在水面，并与水流相斜交。水底导沙装置有导沙槛、涡管及截沙槽、挑沙潜坝和设在行近槽内固定的细部导沙装置等，这些都应通过水工模型试验来确定其位置、形状和尺寸。水面导流、水底导沙的装置，一般不布设在底部冲沙廊道式冲沙闸前，以免扰动水沙分布而引起副流。

(5)格栅滤水拦沙。这有两种形式：①底栏栅，即大于栅孔的砾石被阻于底栏栅坝外，适用于多砾石的山溪性河道；②立栏栅，除能拦阻沙石以外，还能调控不匀称的水流(这种形式也称为沙帘)。

(6)设置沉沙池。沉沙池的作用主要是沉淀悬移质中粗颗粒的泥沙，使流入干渠的水流澄清到满足设计要求。沉沙池一般布置在闸下游适当的地方，通常是将总干渠加深拓宽而成，也有修成厢形或利用天然洼地沉沙。

(7)避沙峰引水。这是根据黄河来水来沙情况和渠道输沙能力而提出的防淤措施。黄河下游来水来沙在年际和年内分配极不均匀，一般在汛期含沙量最大(最大超过 $590kg/m^3$)，非汛期则小，通常沙峰多集中在汛期很短的几天时间内，因此采用避沙峰引水措施，可减少入渠泥沙。

上述方法，各有其特点和适用范围，也可以互相配合使用，视枢纽布置具体情况研究确定。

三、无坝引水的布置形式

(一)有导流堤的无坝引水

导流堤在河道中顺河道方向布置，与水流成 10°～20°的夹角，其下游端与冲沙闸相接，如图 12-1-4 所示。导流堤与岸边形成引水道。进水闸布置在近乎正面引水位置，与冲沙闸成小于 90°的夹角。冲沙闸排泄多余水量，并冲刷进水闸前的泥沙。

我国古代的迎水湃实际上就是导流堤。古代汉渠和唐徕渠都有很长的导流堤，名为“十里长湃”。我国 2 000 多年前建成的都江堰工程就是利用导流堤和弯道环流原理，进行无坝引水的典型实例。它位于四川岷江进入平原冲积扇的首部，由鱼嘴、飞沙堰、宝瓶口、金刚堤、百丈堤等部分组成，如图 12-1-5 所示。鱼嘴、金刚堤将岷江分为内江和外江，内江位于河道凹岸一侧，是引水通道。枯水时，主流正对内江，其分流比大于外江；洪水

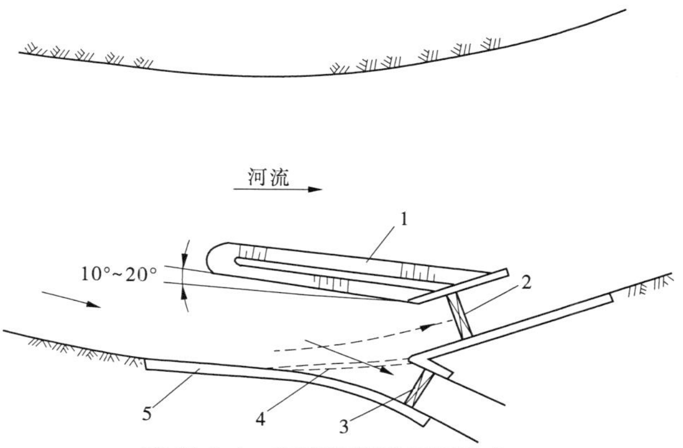

图 12-1-4　有导流堤的无坝引水

1—导流堤;2—冲沙闸;3—进水闸;4—拦沙坝;5—护岸

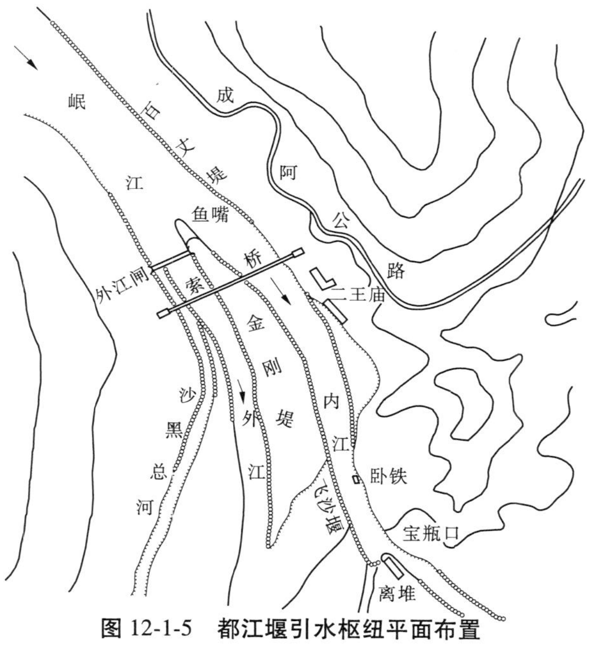

图 12-1-5　都江堰引水枢纽平面布置

时,主流流向外江,其分流比大于内江,内江分沙比均小于外江。入内江水流直达宝瓶口,大部分泥沙在洪水期随多余水量经飞沙堰泄入外江。各建筑物布置紧凑得当,分水排沙效果良好,综合地解决了引水、防沙、排洪、漂木等问题。

(二)弯道无坝引水

在多泥沙河流上无坝引水,要选择比较合适的弯道,在凹岸引水。如山东打渔张引水渠首,位于黄河下游,弯道比较稳定,引水角为 40°,弯道环流作用正常,在进水闸前增设一道拦沙潜堰,防沙效果良好(见图 12-1-6)。

(三)引水渠式无坝引水

当河岸土质较差易被水流冲刷变形时,进水闸应布置在距河岸较远的地方,使其不受河岸冲刷变形的影响。这时，将引水渠略为加深加宽，即可作为沉沙池，并在引水渠末端，按正面引水，侧面排沙的原则布置进水闸和冲沙闸。一般冲沙闸与引水渠轴线的夹角为30°~60°。冲沙闸底板高程比进水闸底板低0.5~1.0m。进水闸前设拦沙坎一道，以利导沙，见图12-1-7。

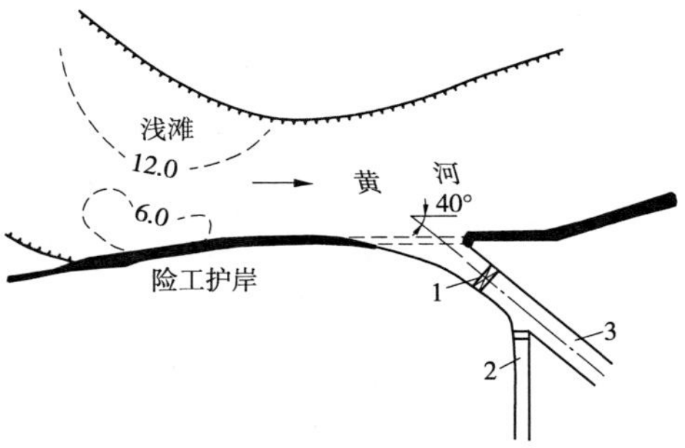

图12-1-6　山东打渔张渠首布置示意图

1—引黄闸；2—西沉沙条渠；3—干渠

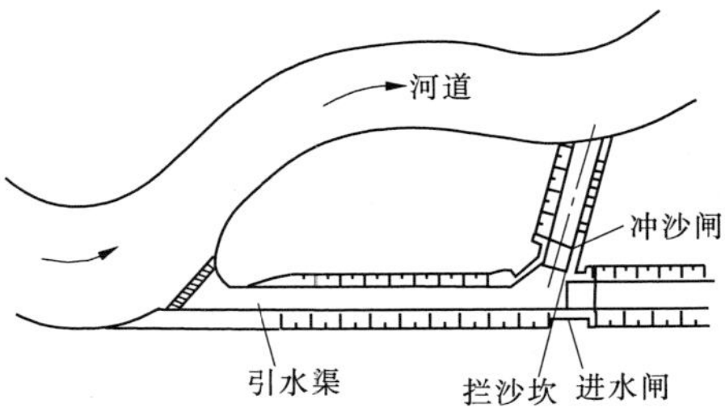

图12-1-7　闸前有长渠的取水工程

（四）多首制无坝引水

在我国北方多泥沙河流上，有的采用多首制无坝引水，其运用方法是：若一个引水口被淤塞，可由其他引水口引水，洪水时能引入较大流量，引洪淤灌。这种布置形式（见图12-1-8）由于工程简陋，淤积比较严重，清淤量大，故采用者较少。

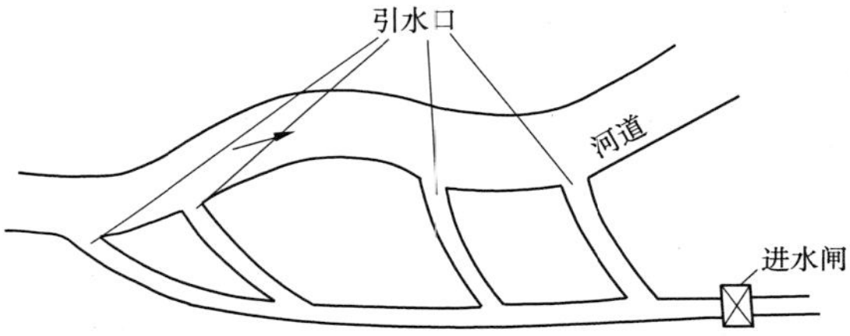

图12-1-8　多首制无坝引水

四、有坝（闸）引水的布置形式

（一）侧面引水

1. 矩形冲沙槽式

习惯上常把引水角为90°并带矩形冲沙槽的侧面引水渠首，叫做老印度式渠首，早先采用较多，但在多泥沙河流上都不同程度地存在着渠首淤积的问题。例如，陕西老渭惠渠渠首建于20世纪30年代，设进水闸6孔，冲沙闸2孔，每孔均为2m，引水角为90°，引水防沙效果差，干渠渠首段淤积极为严重，输水困难。造成上述问题的主要原因是：冲沙槽宽度偏小，仅为进水闸宽度的1/3，流态紊乱，水头损失较大。侧面引水、正面排沙的布置形式，引起副流，进水口边界不顺，引起漩涡等。1956年对老渭惠渠渠首进行了改善：进水闸由6孔增为12孔，总宽为32.8m，冲沙闸增加了3孔，每孔为5m，冲沙槽宽度由4.8m增为25.2m，为进水闸宽度的77%。并采取了复式水底排沙槛，即潜没分水墙、导沙槛和卷沙槽等措施（见图12-1-9）。这样，使防沙入渠情况得到了显著改善，为今后改进已成老印度式渠首工程提供了技术经验。

矩形冲沙槽式渠首，如建在山区河道上，且主槽比较稳定，推移质颗粒比较细，水源充

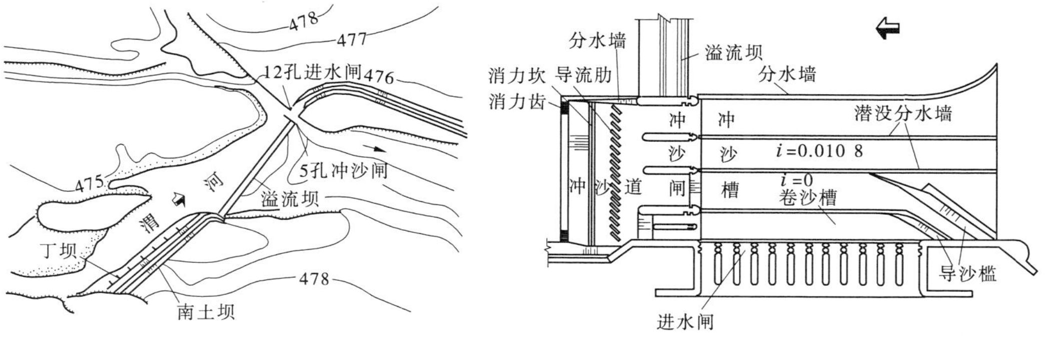

(a)渠首平面布置　　(b)冲沙槽平面布置

图 12-1-9　陕西省渭惠渠渠首改善平面布置图

足,应使冲沙槽宽度等于或接近进水闸宽,这样在实际运用中仍能保持较好的引水防沙效果;再如,在河道上建闸拦水,凡能自动调节水位和壅水沉沙的,采用这种形式引水防沙也能获得较好效果。因此,在选择布置方案时,应根据具体情况分析制定。

矩形冲沙槽式渠首,其改进形式有两种:

(1)锐角引水。即将引水角由 90°改为 30°~60°,一般取 40°。这种锐角引水对进入进水闸的水流有所改善,在西北地区多沙河流上采用较多。

(2)改进印度式引水。坝轴线与进水闸前沿线之间的夹角 β 为 105°~110°。这种布置形式的防沙效果较好,根据印度北方邦灌溉研究所做的下萨达引水枢纽模型试验,β 角与进沙关系曲线如图 12-1-10 所示。当 β = 105°~110°时较 β = 90°可提高防沙效率达 6 倍。我国不少大型引水枢纽,如三盛公、横排头、渔子溪等,也都采用了这种布置形式。

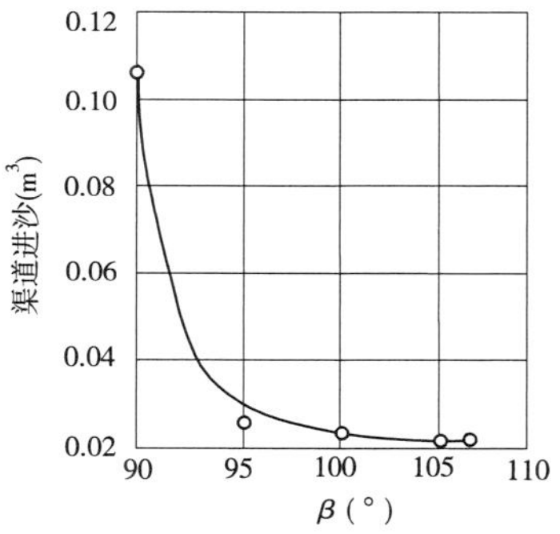

图 12-1-10　β 角与进沙关系曲线

2. 弧形冲沙槽式

这是将矩形冲沙槽改为向外弯曲的弧形冲沙槽,锐角引水,冲沙闸与坝轴线成 10°~20°夹角(倾向河心)。陕西千惠渠渠首(见图 12-1-11),位于半山区冲积性河道上,流域内被覆较好,河槽相对稳定,一岸引水分送另一岸,进水闸宽 2.6m,弧形冲沙槽宽 9m,槽宽为闸宽的 3.5 倍。槽内设导流槛、卷沙槽等排沙装置。冲沙闸与坝轴线成 15°交角(倾向河心),经 20 余年运行证明,入渠泥沙极少,坝下游河道排沙防冲效果良好。

弧形冲沙槽最显著的特点是:将侧向引水反向的弯曲环流流态改变为正向的弯曲环流,形成凹岸引水、凸岸排沙。安徽省淠史杭灌溉工程横排头引水枢纽,采用弧形分水岛,进水闸与坝轴线的夹角 β 为 120°,冲沙闸与坝轴线成 20°夹角(倾向溢流坝下游),冲沙槽水流方向正对着进水闸,冲沙闸位于侧向位置(即弧形冲沙槽顶点的下端)。实践表明,其引水防沙效果良好。

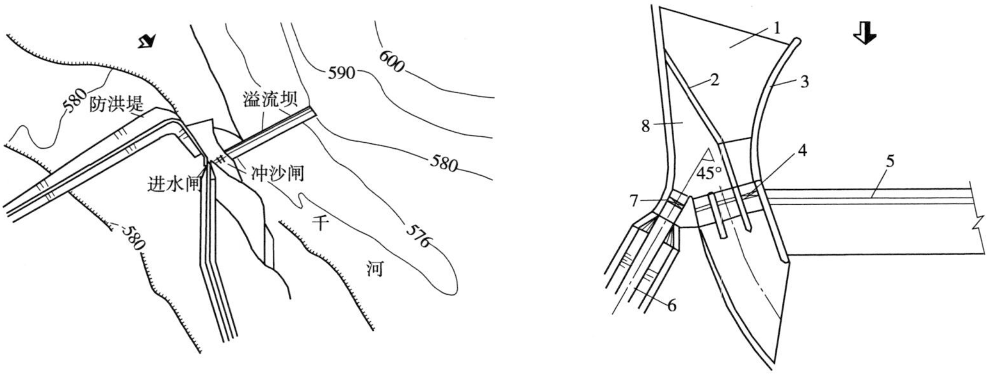

(a)渠首平面布置　　　　(b)弧形冲沙槽平面布置

图 12-1-11　陕西千惠渠渠首

1—弧形冲沙槽;2—导沙槛;3—导流墙;4—冲沙闸;5—溢流坝;6—渠道;7—进水闸;8—卷沙槽

3. 冲沙廊道式

冲沙廊道适用于河道水量丰沛、坝的上下游水位差较大的河段,以便有足够的水量和水头用以冲沙,其分流比一般小于 50%。冲沙廊道式渠首布置形式基本上有两种,即侧向冲沙廊道和底部冲沙廊道。侧向冲沙廊道可分为直线形和曲线形两种,侧向冲沙廊道在我国采用较少。底部冲沙廊道布置在冲沙槽内,占槽宽的一部分或全部,末端由冲沙闸控制。廊道顶部与进水闸底齐平,印度大型渠首多采用这种型式。印度东柯西渠首布置,廊道净高 1. 55m,宽 2. 9m,上层水流入渠,含有底沙的水流通过冲沙廊道和冲沙闸排至河道下游。不论是连续冲沙或定期冲沙,都能取得良好的冲沙效果。武汉水利电力学院通过模型试验研究提出,在冲沙槽内设置排沙管,这实际上也是底部冲沙廊道式。其顶部与进水闸槛同高,宽度为冲沙槽宽度的 1/5 ~ 1/3,试验结果表明,排沙效果也较好。

4. 两岸引水布置形式

(1)山区河道具有稳定平顺河段,河槽较窄,水流能够左右靠岸,可采用两岸同时引水。

(2)从一岸引水,可采用坝内廊道或埋管将水分送到另一岸。

(3)从一岸引水,可在干梁上设分水闸,采用渡槽或倒虹吸管将水分送到另一岸。

(4)可利用斜向导流堤,在河道上、下段两岸引水。

(5)可利用拦河闸壅高水位,同时满足两岸引水要求。

(二)正面引水

1. 在河道中正面引水式

河道水流与引水口方向一致(见图 12-1-12),上层水流入渠(正面引水),含沙浓度较大的底层水流通过冲沙槽下泄(正面排沙)。根据土耳其水工模型试验和原型观测,这种方式引水可防止 90%的有害颗粒泥沙入渠;与侧向引水相比,当同为 60%的分流比时,正向引水分沙比为 10%,而侧向引水分沙比为 35%。

2. 引渠式

当河道狭窄,岸边不适于布置进水闸和冲沙闸时,可采用引渠或引水隧洞把水引至下

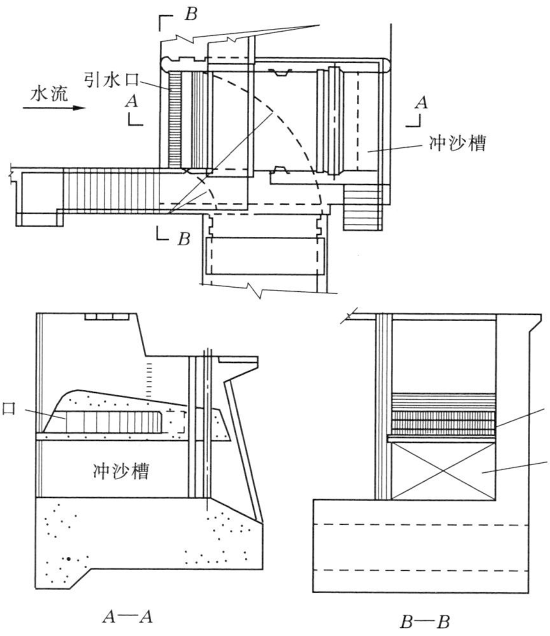

图 12-1-12　正面引水式布置示意图

游开阔一些的地方，正面设进水闸，侧面设冲沙闸。陕西采用这种形式较多，如宝鸡峡引渭渠首布置，前为引水隧洞和沉沙槽，水流经沉沙槽后正向通过进水闸引入渠道，定期打开冲沙闸排走沉沙槽中的积沙。引渠式渠首的坝前进水口一般设控制闸门，以免高含沙量洪水进入。如上游未设控制闸门，则在引渠段要考虑加设泄洪溢流堰，以保证安全。

3. 人工弯道式

利用河势和有利地形，人为地做成弯道形式的引渠（发挥横向环流作用），以便凹岸引水，凸岸排沙。人工弯道式引水枢纽由河道泄洪排沙闸、人工弯道式引渠、进水闸、冲沙闸及枢纽上下游河道整治工程等组成。这种引水枢纽在新疆采用较多。图 12-1-13 为新疆伊犁喀什河人工弯道式引水枢纽，其原河段较为稳定，弯道凹岸地形适于布置人工弯道式引渠。利用了两次弯道的有利条件，引水排沙效果颇为显著。

（三）底面引水

底面引水是指底栏栅式引水（又叫跌落式引水），即在溢流堰顶铺设栏栅，水流透过栅孔跌落于坝内廊道，并经进水闸流入渠道。凡大于栅孔的砾石或粗沙被阻于栅外，随过堰水流排至河道下游，小于栅孔的粗沙进入渠道，并由渠道沉沙池或排沙闸等进行处理。这种形式适用于砂砾和漂石多、河道比降陡的山溪性河流上的中小型引水工程（引水流量通常在 $10m^3/s$ 以下，有条件的地方引水流量可达到 $30m^3/s$）。新疆地区采用这种布置形式的较多，如图 12-1-14 所示。在栏栅坝的一端建有泄洪排沙闸，上游设导沙槛，以减轻过坝洪水和石砾。栏栅坝多采用矩形断面，结构简单，但落入廊道的推移质要在干渠段加以处理，耗用排沙的水量较多。在栏栅坝断面底部可增设卷沙槽或涡流管，法国还研究提出在廊道内设自动排沙器，以解决廊道内的泥沙问题。底栏栅式引水是发展山区水利

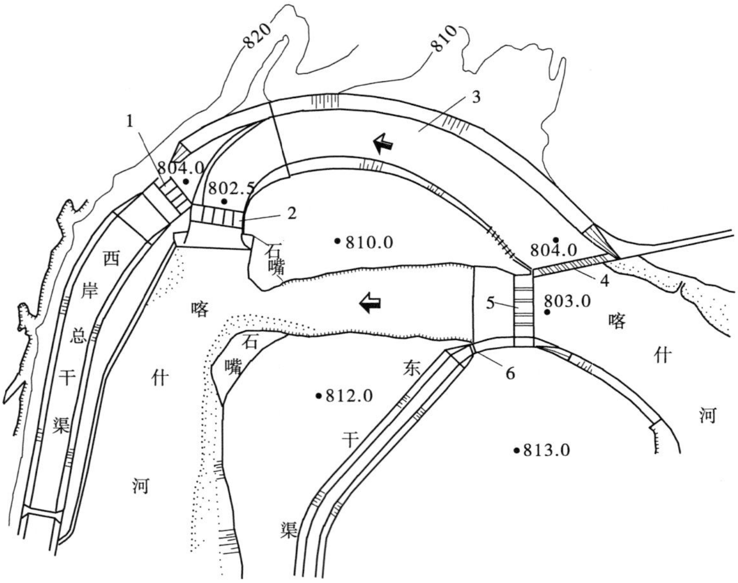

图 12-1-13　新疆伊犁喀什河人工弯道式引水枢纽

1—西岸进水闸;2—冲沙闸;3—人工弯道引渠;4—拦污栅;5—泄洪闸;6—东岸引水渠

的一种较好的布置型式,值得研究推广。

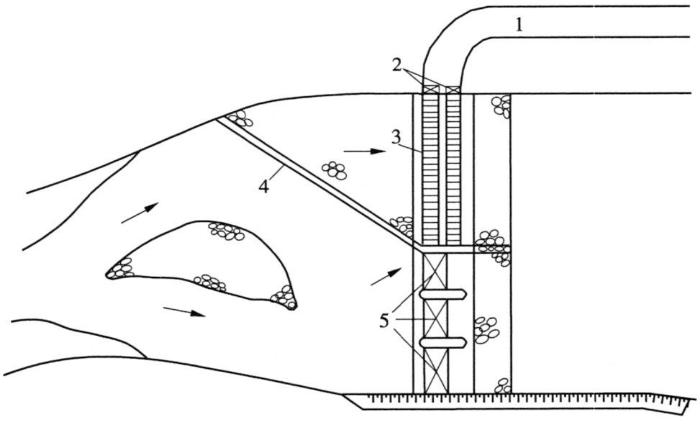

图 12-1-14　新疆吐鲁番人民渠底栏栅式渠首平面布置图

1—渠道;2—进水闸;3—底栏槽;4—导沙坎;5—泄洪排沙闸

上述侧面、正面和底面引水的布置形式多属于有坝引水。如用拦河闸引水来处理泥沙,比用溢流坝引水来处理泥沙容易,故在平原冲积性河道上多采用拦河闸引水。上述关于有坝引水的布置要求,也同样适用于拦河闸引水。例如内蒙古三盛公引水枢纽,是新建的拦河闸式大型引水工程,其拦河闸、进水闸及上下游河道整治等设计,都能满足引水防沙的基本要求。自建闸以来,水量增加,防沙效果显著,彻底改变了河套地区原来“多口引水,无坝自流”所造成的引水困难和淤积严重等情况。另外,还可采用拦河闸和溢流坝联合使用的形式,即闸坝式引水枢纽。例如湖南韶山洋潭引水枢纽,其泄洪闸和溢流坝的泄洪能力分别占设计洪水的60%和40%。泄洪闸控制河道的主流，使主流线稳定在引水口一侧，利于引水和通航。泄洪闸与坝轴线成7°交角（倾向河心）。由于泄洪闸的作用，使调水排沙、下游防冲等问题都得到了妥善的解决。

五、引水枢纽上下游河道的整治

渠首工程附近河道的演变直接影响取水口能否正常运用，大量的实际工程运行经验表明，很多情况下必须对渠首附近的河道进行整治，才能使其按设计要求运行。有时为了稳定河势或维持河道河相关系，即使没有渠首工程，也需要修建整治建筑物。

河道整治的目的在于防止引水枢纽上下游河道演变，保证具有良好的引水条件，维护渠首正常运行。对引水枢纽上下游河道整治工程，要求做到：①使河道主流靠近取水口，并能维持所需的水位，以便取其所需的水量；②消除坝前横向水流、汊流及有碍引水的洲滩等；③创造有利于引水防沙的适宜弯曲水流；④保护上游农田、工矿、交通等不受回水淹没和浸没影响。

（一）无坝引水口附近河道的整治

（1）治导河道主流线，使其靠拢引水口。常用的方法有以下两种：

①用短丁坝护岸挑流。根据设计主流治导线的要求，在弯道上游适当位置设置短丁坝，护岸挑流，使主流靠拢引水口。

②用长丁坝挑流。修建长丁坝后，使主流偏向引水口。

（2）清除水流障碍。当在进水闸前河岸有石礁或其他障碍物，引起水流偏离引水口时，应予以清除。

（3）筑堤拦断河汊，将水流导向引水口。若引水口处河道较宽，且低水位时出现数股河汊，使引水没有保证，则可考虑用杩槎和石块临时堆筑导流堤，拦断河汊，将水导向引水口。

（4）设置河底潜坝基槛，防止引水口被水流淘刷。在河湾处的引水口，为防止弯道环流的强烈淘刷（引起水位降低或河底变形），可修建河底潜坝。

（二）有坝（闸）引水枢纽的上下游河道的整治

为保证取水口处河床的稳定，对枢纽上下游河道应整治成不分叉、不淤积的人工稳定河床。冲积河道的河槽宽浅，为便于引水控制，用溢流坝或拦河闸将原过水部分缩窄，不过水部分用土坝（即副坝）堵截，然后在过水段两侧的上下游修建导流堤或增建上游丁坝，使之符合前面所述的河道整治要求。在冲积河道上建坝引水，坝前淤平后比降变缓，河幅展宽，必然会引起水流散乱，造成引水困难。由于其上下游河道整治工程不够完善，以致水流脱岸，在引水口对岸形成很大坐湾，水流沿坝轴线方向流入进水闸，使枯水季节引水非常困难。

整治引水枢纽上下游河道的导流堤长度，当一岸引水时可取为稳定河宽的4倍，当两岸引水时可取为稳定河宽的5~6倍。导流堤按平面形状，可分为上游扩散式、上游收敛式和平行式三种。扩散式导流堤上游容易出现浅滩，收敛式导流堤首部易遭受冲刷，而在近闸处易出现浅滩，平行式导流堤比较能得到均匀水流。

引水枢纽上下游河道整治工程多采用导流堤，以束窄河身，调整水流结构，使河床断面形态维持平衡状态。但由于河道演变问题比较复杂，在冲积河道上兴建大型引水枢纽时为预测河道的变化规律，应通过模型试验来验证整治工程设计方案是否正确。

第二节　泵站站址选择与枢纽布置

一、灌溉泵站

（一）站址选择

（1）地形要适于建泵站，即：①站址处应有较高的出水池，能有效地控制整个灌区，便于渠系布置，同时渠系建筑物工程量较少；②便于泵站枢纽布置，并能节省建站投资及运行费用。

（2）水源和水质要适于灌溉，即：①以河流为水源的泵站，应尽量选择河段顺直、主流靠近岸边、不易淤积、河床稳定的地段；②从水库取水的泵站，在坝上游的取水口应选在淤积范围之外，要远离河流入库处；③以湖泊为水源的泵站，应选在靠近湖泊出口处，远离河流入口；④在潮汐河道上建站，应选在淡水充沛，含盐量低，可取到适于灌溉用水之处；⑤在盐渍化较重地区，排水河道应与引水灌溉渠道分开，泵站应从引水河道取水。

（3）地质条件应较好，适于建泵站。

（4）电力灌溉泵站应尽量靠近电源，以节省输电线路投资。

（5）交通运输方便，靠近居民点，便于运输、管理及综合利用。

（6）应注意已有水工建筑物、码头、桥梁以及长远水利规划对本站的影响。

（二）枢纽布置时应考虑的问题

（1）枢纽布置必须服从地区治理规划要求，根据站址情况，并参考已建泵站的经验，应作出几个方案进行比较。

（2）要创造良好的水流条件，引水、进水流态要平稳，避免产生回流、死水区和水流旋涡。

（3）从多泥沙河流上取水的泵站，应设置有效的沉沙、冲沙或排沙设施。

（4）对于运行时水源有冰凌的泵站，应采取有效的防冰、导冰设施。

（5）尽量减少挖、压废农田及原有建筑物的拆迁。

（6）尽可能满足综合利用的要求，如排灌结合、抽水与自流结合、泵站与交通结合等。

（三）枢纽布置形式

1. 有引水渠的枢纽布置形式

图 12-2-1 为有引水渠的枢纽布置，适用于岸边坡度较缓，水源水位变幅不大，或水位变幅虽大，但取水量不大、取水时间不长的场合。为了减少出水压力管道长度以降低造价，通常将泵房设在靠近出水池的挖方中，但需进行投资及运行费用的经济比较。当水源水位变幅较大时，引渠渠首可建闸、涵，以便控制渠中水位和流量。此种布置形式一般适用于平原、丘陵地区从江、河、湖泊及渠道中取水的泵站。在多沙河流中取水，还需设置沉沙池及排沙设施。这种布置形式按照进水方向又可分为正向进水、斜向进水及侧向进水三种。正向进水由于引渠轴线与前池、进水池轴线一致，水流条件良好，应尽可能采用此

种方案。引水直段至少要有 3~5 倍泵房长度。但有时遇到地形等条件的限制而采用斜向或侧向进水时，水流条件较差，最好设置有效的导流措施。这种布置形式的主要缺点是引渠在汛期易淤积，清淤及维修工作量较大。其次，在引渠渠首设闸后，在水源高水位时，人为造成较大的扬程损失。

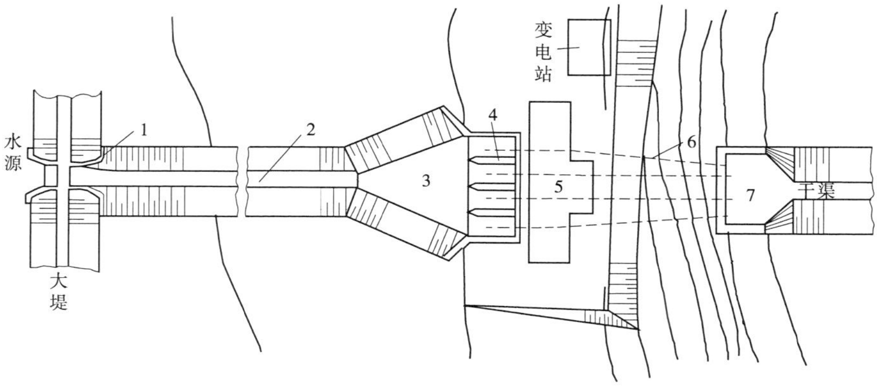

图 12-2-1　有引水渠的枢纽布置

1—进水闸；2—引水渠；3—前池；4—进水池；5—泵房；6—出水管；7—出水池

2. 无引水渠的枢纽布置形式

将泵房与取水建筑物合并，直接建在水源岸边或水中，如泵房本身需要挡水，则应按防洪要求设计。它适用于岸坡较陡、岸边稳定之处。见图 12-2-2，这种布置形式的泵房，受水位影响较大，结构也较复杂。但由于无引水渠及进水闸建筑物集中，故可以节省挖方投资，减少管理工作。

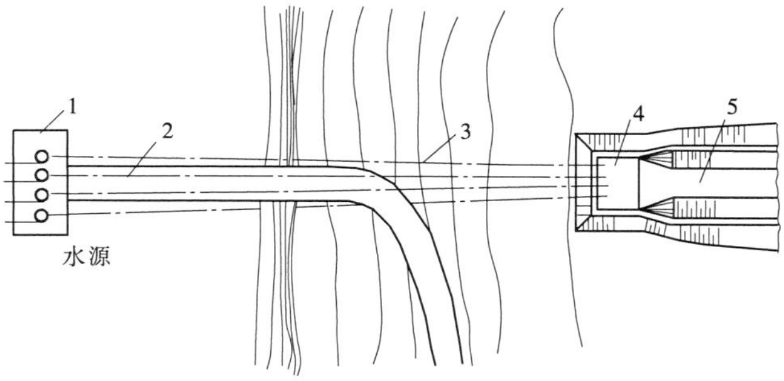

图 12-2-2　无引水渠的枢纽布置

1—泵房；2—栈桥；3—出水管；4—出水池；5—灌溉干渠

3. 从水库中取水的布置形式

从大坝上游取水的布置形式与有引渠及无引渠的布置形式相同，从大坝下游取水，可用管道直通水库，或从底部泄水管引水，泵房不受水库水位变化影响。见图 12-2-3，这种布置方式的选择应根据灌区位置、高程、水库水位变化等条件确定。

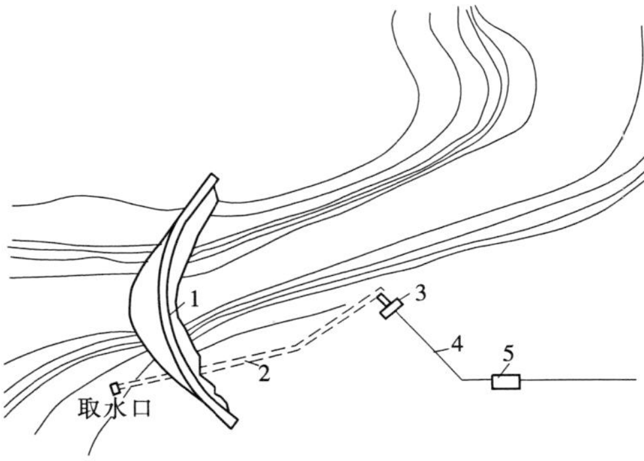

图 12-2-3　从水库中取水的枢纽布置

1—大坝;2—隧洞;3—泵房;4—出水管;5—出水池

二、排水泵站

(一)站址选择

(1)站址应选在排水区的低处或外河水位较低处,充分利用原有排水系统,以便减少挖渠土方和挖压面积,并减少提水扬程。

(2)以河流作为容泄区的排水站,出水口位置要选在河床稳定的地段,尽量避免迎溜、岸崩或淤积严重的地方。

(3)站址应选在地质条件较好之处,尽可能避开淤泥软土、粉细砂层、废河道、水潭及深沟等。

(4)站址要充分考虑能自排的条件,尽可能使自排与抽排相结合。

(5)其他要求与建灌溉泵站相同,如应接近电源,交通方便,对现有建筑物的影响及长远的水利工程规划等要予以考虑。

(二)枢纽布置形式

(1)分建式。图 12-2-4 为堤后式排水泵站枢纽布置,泵房与排水闸分开建造,引渠从排水河中引水,如有足够的曲率半径,则属于正面进水形式。这种形式其水流条件良好,适用于已有排水闸的情况下。对于新围垦区,分建式可能会增加投资。

(2)合建式。图 12-2-5 为闸站合建式排水泵站枢纽布置,泵房设于排水闸两侧,它们的基础连在一起,从而降低了工程造价。这种形式布置简化,管理方便,投资较省。

三、排灌结合泵站

(一)一站两用(排灌结合布置形式之一)

一站两用是圩区常见的排灌结合布置形式,属于分建式。由于排涝流量大于灌溉流量,故在布置时为了保证排水顺畅,使引渠、前池、进水池、出水池、泄水涵洞位于同一轴线上,并垂直于河堤。有时由于灌溉渠道布置上的原因,或受地形、其他建筑物的限制,泵站轴线也可布置成与河堤平行的形式。这两种形式的主要优点是能够创造良好的水流条件,排灌引水调度自如,矛盾较少。其缺点是水工建筑物较多,需要 3 至 4 座水闸,土建投

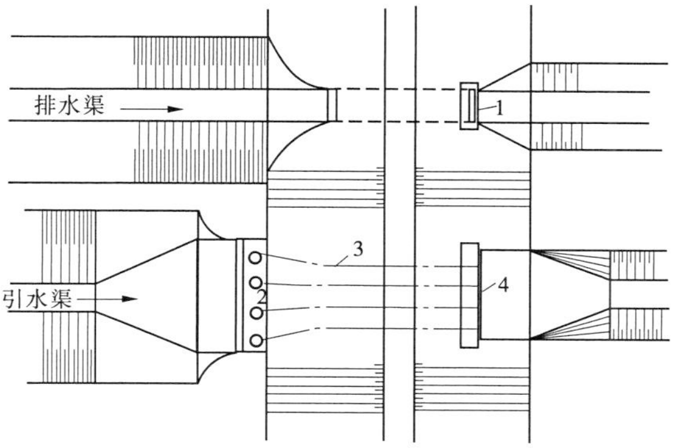

图 12-2-4　分建式排水泵站枢纽布置

1—自流排水闸;2—泵房;3—出水管;4—防洪闸

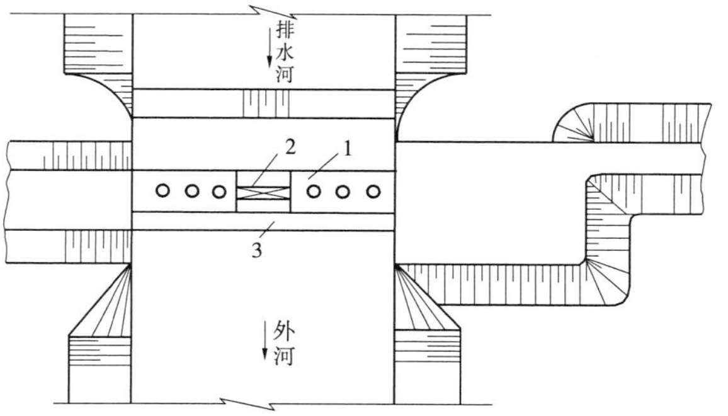

图 12-2-5　闸站合建式排水泵站枢纽布置

1—泵房;2—排水闸;3—交通桥

资较高,占用土地较多。

(二)引水与泄水二洞合一(排灌结合布置形式之二)

这种形式属于合建式,泵房后的出水建筑物由压力水箱及穿堤涵洞组成。在压力水箱底板下设一底洞,前端与穿堤涵洞相连,末端与进水池相通。在压力水箱出口设两层闸门(或只设一道闸门),上闸门封闭压力水箱,下闸门封闭底洞。这种形式的特点是在排涝时穿堤涵洞为泄水涵洞,在灌溉时为引水涵洞,因而使破堤建筑物减少,布置紧凑,管理方便,投资减少。但其缺点是灌溉引水时,前池及进水池为反向进水,流态较差,必须设置改善设施。另外,由于闸门过多,漏水较多,维修麻烦。

(三)双向流道泵站(排灌结合布置形式之三)

在泵房内设置双向进出水流道,以取代泵房外设置的若干建筑物,进行排灌结合,大大简化了枢纽布置,节省了投资。这是枢纽布置形式及泵房结构型式的发展。由于双向流道型式能节省进水闸、排水闸等一系列水工建筑物,工程造价可以降低,管理也很方便,因而已在一些大中型泵站中采用。

(四)灌、排、航结合泵站

在圩垸湖区,内河与外河往往有通航要求。灌、排、航结合泵站枢纽布置的主要建筑物包括船闸、公路桥、泵房、鱼道以及双向潮汐电站等。这种形式具有自引自排、抽引抽排、通航、过鱼、公路交通及发电等多种作用,适用于中小型抽水枢纽工程。但要妥善处理各种建筑物的关系和矛盾,保证其主要作用。

四、工业和城市生活用水泵站枢纽

(一)岸边式布置

直接从河流岸边取水的建筑物,称岸边式取水建筑物。由进水间和泵站组成。适用于河岸较陡、主流靠近河岸、并有一定的水深、水位变幅不太大、水质及地质条件较好的情况。

按照进水间与泵站合建或分开建筑,岸边取水建筑物分为合建式和分建式两类。

(1)合建式。进水间与泵站合建在一起,设在岸边,河水经过进水室入吸水室,然后由水泵抽送至水厂或用户。见图 12-2-6,这种型式布置紧凑、占地面积小,运行管理方便,因而采用广泛。

(2)分建式。当岸边地质条件差或进水室水深太大时,进水间与泵房分开建筑,进水间设于岸边,泵房建在岸内,但不宜过远,以免吸水管过长。见图 12-2-7,这种型式土建结构简单,施工容易,但吸水管路较长,水头损失大。

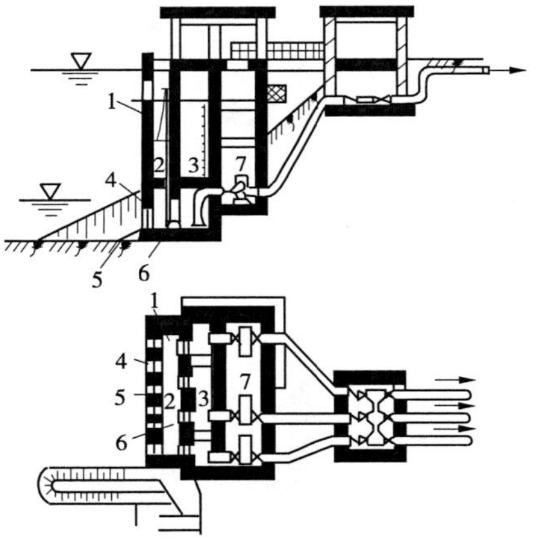

图 12-2-6　合建式岸边取水建筑物

1—进水间;2—进水室;3—吸水室;4—进水孔;5—格栅;6—格网;7—泵房

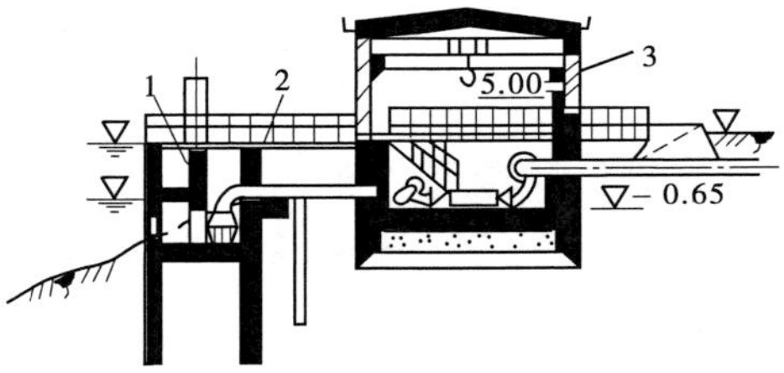

图 12-2-7　分建式岸边取水建筑物

1—进水间;2—引桥;3—泵房

(二)水库取水泵站

从水库上游取水的泵站,因受水库水位变幅影响,一般采取移动的缆车式或浮船式取水。

缆车式取水泵站枢纽由泵车、泵车轨道、输水斜管和牵引设备组成。其特点是泵车随着库水位的涨落,通过牵引设备,沿岸坡上轨道上下移动吸水,它适用于水库水位变幅在10~35m,涨落速度小于2.0m/s,岸坡稳定,岸坡倾角为10°~28°的情况。

浮船式取水泵站由浮船、联络管及输水管等部分组成,适用于水库或江河水位变幅在

10~40m 或更大,水位变化速度不大于 2.0m/h,取水地点有足够的水深,停泊条件好,岸坡倾角为 20°~30°的情况。其船体受风浪影响大,管理不便,安全性差。

第三节　进水闸、冲沙闸及沉沙池设计

一、进水闸设计

(一)进水闸前拦沙坎

进水闸前拦沙坎的平面形式可分为直线形和弧形,如图 12-3-1 所示。

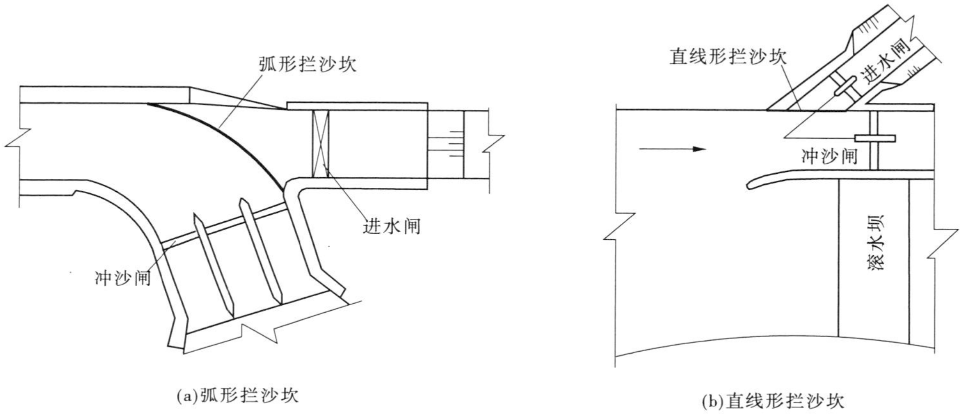

图 12-3-1　进水闸前拦沙坎平面形式示意图

当为无坝引水、进水闸深入河岸,且闸前不能设拦沙坎时,为更有效地防止推移质泥沙入渠,可在进水闸前河岸线处布设拦沙坎,其断面形式有拦沙坎型和潜堰型。拦沙坎(拦沙潜堰)与进水闸中心线斜交时,其长度可先按堰身垂直于闸中心线用宽顶堰公式算出,然后再用引水角修正。进水闸前拦沙坎(顶部)的设计高程,可根据不同的枢纽布置型式及防沙要求确定。

无坝引水的进水闸,其拦沙坎设计高程应根据河床冲淤变化幅度、枯水位及防沙要求等因素确定。在保证引水的前提下,适当抬高拦沙坎设计高程对防沙是有利的。对于河床较稳定、含沙量少的河流,拦沙坎或拦沙潜堰的设计高程,可比设计水位时的河床平均高程高 0.5~0.8m。对稳定性差、含沙量较大的大中河流,则应比设计水位时河床平均高程高 1.0~2.0m。

有坝引水进水闸的拦沙坎设计高程,视河流挟沙颗粒大小及含沙量而定,宜比设计水位时的河床平均高程高 0.5~1.0m 或高出冲沙闸底 0.7~1.5m。对于比降陡、推移质粒径较大的河段,可更高些。如四川南桠河石棉三级电站低进水闸的闸底,高出冲沙闸底达 5.0m。

当设有底部冲沙廊道时,进水闸前拦沙坎设计高程应为廊道底槛高程加廊道高度及其顶板厚度。

(二)进水闸下游护坦及消能设备

进水闸正常引水时,单宽流量较小,水头较低,一般不需要消能设备,只适当地延长护坦即可。在洪水时期引水(闸下出流),经过验算若认为有必要时,可设置消力池,或在护坦末端加消力槛。池后一般与渠道衬砌衔接,必要时可设海漫及防冲槽。

(三)进水闸的水力计算

1. 闸前设计水位的确定

1)无坝引水的进水闸

无坝引水的进水闸闸前水位的确定有两种方法:一种是对历年各灌溉季节的河道平均水位进行频率分析,选取相当于灌溉设计保证率的水位作为进水闸前河道水位。另一种是选用历年平均枯水位作为闸上游河道水位,因枯水时期河流水位较低,且比较稳定。

当引水量比较大时,闸前河道水位有一部分位能将转化为动能,因此闸前河道设计水位∇_0比引水后河道水位∇_2降低ΔZ,$\nabla_0=\nabla_2-\Delta Z$。$\Delta Z$值可按下式确定:

$$\Delta Z=\frac{3}{2}\frac{K}{1-K}\frac{v_2^2}{2g} \tag{12-3-1}$$

$$v_2=\frac{Q_2}{A_2}=\frac{Q_1-Q_0}{A_2} \tag{12-3-2}$$

式中 K——引水比,$K=\dfrac{Q_0}{Q_1}$;

v_2——与水位∇_2相应的河道平均流速,m/s;

Q_1——引水前的河道流量,m^3/s;

Q_0——引水流量,m^3/s;

A_2——相应于水位∇_2时的下游河道过水断面面积,m^2。

将由以上算出的闸前设计水位(∇_0)与引水后河道流量Q_2相应的临界水流的水位(∇_k)作比较,若$\nabla_0 \geqslant \nabla_k$则按$\nabla_0$值计算,若$\nabla_0<\nabla_k$则应采用$\nabla_0=\nabla_k$。

当从大江大河引水时,引水比往往很小,由式(12-3-1)算得的ΔZ很小,故可忽略不计。

2)有坝引水的进水闸

有坝引水的进水闸闸前设计水位由溢流坝壅高水位控制,一般令其等于闸后渠道水位加0.1~0.3m的过闸水头损失,而闸后渠道水位应与灌区控制高程推算的水位相一致。

2. 过闸单宽流量的选定

过闸单宽流量,可视闸前后水位差、闸后渠道水深、闸址地基土壤性质以及闸的规模等因素而定。过闸单宽流量通常取为稍大于渠道单宽流量,但不超过$10m^3/s$。

过闸单宽流量与渠道单宽流量之比不宜过大,以免过闸水流因未及扩散而引起渠道冲刷。闸后消力池出口处的单宽流量不宜大于1.5~2.0倍的渠道单宽流量。

3. 闸孔计算

进水闸的底板通常都采用水平的,故过闸水流一般按宽顶堰考虑。进水闸闸孔宽度应有足够的尺寸,以保证在最不利情况下能引进渠道设计流量。通常以闸上下游最小水位差作为计算的控制条件。开敞式进水闸孔，一般可按淹没宽顶堰计算。

二、冲沙闸设计

（一）冲沙闸

冲沙闸位于坝端或人工弯道引水渠的末端，与进水闸相邻布置，其夹角为30°~90°。

1. 冲沙闸底高程的确定

冲沙闸的底板高程，应根据河床比降及河床冲淤变化状态确定，一般以取多年平均枯水期的河槽平均高程为宜。当河流含沙量较大，河床本身也经常处于淤积情况时，底板可适当抬高0.5~1.5m，以便把泥沙冲到远离建筑物的地方。

2. 冲沙槽

为了使泥沙在进水闸前沉积，一般在冲沙闸前设置冲沙槽。当泥沙沉到一定限度时，可定期开启冲沙闸，借水力进行冲沙，或当河水有余时，可开启远离进水闸的冲沙闸孔，以便一面引水，一面冲洗。

（1）冲沙槽的尺寸，可根据河流、引水含沙情况和设计的沉沙冲洗条件具体确定。其宽度一般与冲沙闸总宽度相等，其长度可延长至进水闸上游数米处，并应使其横断面在各种水位情况下，为相应引水渠道过水横断面的1.25~1.5倍。正面引水布置的引渠式枢纽，以引渠作为冲沙槽，按沉沙池原理确定其尺寸。人工弯道式冲沙槽的弯道半径，按照新疆经验为水面宽度的5~6倍，长度不小于6倍水面宽度。

（2）冲沙槽槽底比降，可等于或大于枢纽处河道的平均比降，条件许可时，应尽可能大于临界比降，以便冲洗时在槽内形成急流，使槽进口的流速大于泥沙的冲刷流速，将槽内沉积的泥沙冲走。当冲沙水头、单宽流量较大，且冲沙槽流速尚能满足冲沙流速时，冲沙槽底可采用水平的。当河流泥沙为粗沙及细砾石时，根据陕西渭惠渠首改建的经验，可在槽内设潜没分水墙和导沙坎，作为辅助防沙措施。

（3）冲沙槽中的潜没分水墙可将闸前水流分层，以引进表层清水，而底沙则被拦在墙的上游一侧，同时可改变底部水流方向，将含沙水流导至冲沙闸。导沙坎可将底沙导向远离进水闸的冲沙闸孔。潜没分水墙、导沙坎的尺寸，一般需经模型试验确定。初拟尺寸时，可取潜没分水墙的间距与冲沙闸孔宽相等，长度与冲沙槽长相同，高度为进水闸前设计水深的1/2~2/3，并与进水闸槛高度相适应。

（4）将导沙坎布置在冲沙槽入口处，一般设两道，与冲沙槽水流方向成30°~40°的夹角。高度多采用进水闸前设计水深的1/4或略高，并应与进水闸槛相协调。导沙坎为梯形断面，迎水面垂直，背水面为1.5。

（5）分水墙的高度，在冲沙闸上游取与溢流坝同高，或略高于坝顶；在冲沙闸下游，应高出冲沙道在过设计流量时的水位。分水墙的头部往往被涡流淘刷，应加强对头部基础的保护，或将基础伸至最大冲刷深度以下。

3. 冲沙道

冲沙闸后的冲沙、消能设备，称为冲沙道。其平面布置可为直线形的或弧形的。渭惠渠的冲沙道为直线形的，在护坦上设铠装的斜向河心的导流肋，使水流方向改向河心。在含沙量较大、且为砾和卵石的山区河流上，为了将大粒径的砂石送到远离冲沙闸的下游河道，闸后可不做消力池，直接自冲沙闸起做成大于临界比降的急流冲沙道，冲沙道末端做齿墙与基岩相接，或将齿墙伸入最大冲刷深度以下。此外，还可在冲沙闸后或冲沙道末端，采用防冲板与防冲墙相结合（即防冲板消能工）的面流消能方式消能。在已采用的防冲板消能工中，进入防冲板的流速在 10m/s 左右，过闸单宽流量在 $20m^3/(s \cdot m)$ 以下。

在泥沙颗粒较细的平原河道上，冲沙闸下游也可采用消力池消能。当河流含沙量较大、颗粒较粗，且过闸流速较大时，闸室底板、冲沙道及闸墩过水部分的表面，可采取抗磨措施。常用的有高标号细骨料混凝土砌花岗岩料石做护面，亦有用钢屑混凝土、钢板或铸铁板做护面。

（二）冲沙闸的水力计算

1. 单宽流量

冲沙闸的单宽流量，主要根据冲沙闸在设计洪水情况下的泄流量确定，它与闸的下游水位变幅、河床的地质条件、地下水位以及采用的消能防冲设备等有关，故应经技术经济比较选用。对于砂质壤土，可取为 $10 \sim 25m^3/(s \cdot m)$；当尾水很深，土质为黏性土时，也可增高到 $40m^3/(s \cdot m)$；对于岩石地基，最大可达 $50 \sim 70m^3/(s \cdot m)$。

2. 闸孔计算

冲沙闸的闸孔宽度或过水断面的确定，目前尚无公认的法则，通常是根据引水形式并结合水沙具体条件，以能使引水枢纽上游保持一稳定河槽，使主槽靠近进水闸，并随时排走进水闸前的沉积泥沙为原则来确定。

当为人工弯道引水时，弯道设计流量可取为进水闸设计流量的 2~2.2 倍，而冲沙闸的设计流量应为进水闸设计流量的 1.0~1.2 倍。

冲沙闸的闸孔宽度，一般按无底槛的非淹没宽顶堰计算。

3. 流速验算

1）冲沙流速的验算

冲沙槽内的冲沙流速，一般应大于 1.5~3.0m/s，且槽内各断面的实际流速应大于冲沙流速。

冲沙流速可按下式计算：

$$v_c \geqslant 1.3 v_0 \tag{12-3-3}$$

$$v_0 = v_{01} R^{0.2} \tag{12-3-4}$$

式中 v_c——冲沙流速，m/s；

v_0——启动流速，m/s，计算启动流速的公式较多，可根据河流泥沙特性选用；

v_{01}——启动幺速，m/s，$v_{01} = \left[1.1 \dfrac{(0.7-\varepsilon)^4}{d} + 0.43 d^{0.75} \right]^{0.5}$；

d——泥沙的中值粒径（d_{50}），mm；

ε——泥沙的孔隙率，其稳定值为 0.4；

R——水力半径，m。

冲沙槽内各断面的实际流速，根据设计冲沙流量及冲沙槽比降进行计算。当冲沙槽比降大于临界比降时，冲沙槽进口处控制断面水深等于临界水深（h_k），流速为临界流速（v_k），其值为：

$$h_k = \sqrt[3]{\frac{\alpha q^2}{g}} \qquad (12\text{-}3\text{-}5)$$

$$v_k = \sqrt{g h_k} \qquad (12\text{-}3\text{-}6)$$

式中 q——单宽流量,$m^3/(s \cdot m)$;

α——动能修正系数。

只要临界流速大于冲沙流速(即 $v_k > v_c$),就可使泥沙沿槽底推移向下。对于平底及底坡小于临界比降的冲沙槽,当冲沙闸开启时,闸孔处常出现临界水深 h_k 和相应的临界流速 v_k ,其值可分别按式(12-3-5)和式(12-3-6)计算。

冲沙槽入口处的流速 v_1 亦应大于 v_c ,这样才能起冲沙作用。v_1 可根据入口处和闸的能量方程计算,即:

$$\frac{v_1^2}{2g} + h_1 + z_1 = \frac{v_2^2}{2g} + h_k + z_k + h_w \qquad (12\text{-}3\text{-}7)$$

式中 h_1——冲沙槽入口处水深,$h_1 = \frac{Q}{bv_1}$,m;

Q——冲沙流量,m^3/s;

b——冲沙槽宽度,m;

v_1——冲沙槽入口处的流速,m/s;

v_2——冲沙闸闸孔处的流速,m/s;

h_w——水流摩阻水头损失,数值很小,通常可忽略不计;

z_1——冲沙槽入口处高程,m;

z_k——冲沙闸闸孔处高程,m。

当冲沙槽为水平时,即 $z_1 = z_k$, 则式(12-3-7)可简化为:

$$\frac{v_1^2}{2g} + h_1 + = \frac{v_2^2}{2g} + h_k \qquad (12\text{-}3\text{-}8)$$

冲沙流速的验算,须配合槽底比降选定。临界比降 i_k 可由下式求得:

$$i_k = \frac{g}{\alpha C_k^2} \cdot \frac{\chi_k}{B_k} \qquad (12\text{-}3\text{-}9)$$

对于宽槽,可认为$\chi_k = B_k$,则式(12-3-9)可简化为:

$$i_k = \frac{g}{\alpha C_k^2} \qquad (12\text{-}3\text{-}10)$$

式中 χ_k、B_k—— 相应于临界水深 h_k 的湿周和水面宽度,m;

C_k—— 相应于临界水深时的谢才系数,对糙率 n 值应考虑泥沙影响,选用较大数值;

α ——流速改正系数,可取为 1.0~1.1。

2)淤积流速的验算

在冲沙闸关闭时,冲沙槽的流速应小于平均临界淤积流速。淤积流速可按进水闸的设计流量,按淤积前的冲沙槽断面和淤积达到设计高度的断面这两种情况加以计算。

平均临界淤积流速与水中含沙量和泥沙运行规律有关。当以推移质为主时，一般可按拉塞公式计算：

$$v = 0.645\sqrt{fR} \tag{12-3-11}$$

式中 v——平均临界淤积流速，m/s；

R——水力半径，m；

f——泥沙系数，可按表 12-3-1 取用。

表 12-3-1 f 值

重沙(细砾)	2.0	细沙或粗淤泥	1.0
粗沙	1.5	细淤泥	0.7
中沙	1.25	极细淤泥	0.5

3）耐冲流速的验算

冲沙闸下游除设置必要的消能工外，还应计算在各种不同的闸前和闸后水深、闸门开度及泄量的组合情况下的闸后最大流速值，以便据以选定闸后砌护材料。

三、沉沙池设计

（一）沉沙池的作用

在多泥沙河流上，通常在进水闸处或其下游的适当地方设置沉沙池，以沉淀水流中的较粗泥沙，防止其进入渠道或进入水轮机，造成渠道淤积或水轮机磨损。沉沙池应沉淀泥沙的粒径，主要取决于引水的用途。对于灌溉渠系上的沉沙池，应沉淀粒径大于 0.03～0.05mm 的泥沙。

沉沙池没有必要沉淀全部大于允许粒径的泥沙。因细小颗粒泥沙可作为田间肥源，而且过清水流还可能会引起渠道的冲刷。因此，有时规定一个沉降百分比，这个百分比一般在 80%～90%选择。当水流中含沙量小时，可采用下限；当含沙量大时，则采用上限。此外，还应验算经过沉淀后的水流含沙量是否会使渠道淤积。在我国黄河中下游灌溉渠系中，经过沉沙池沉淀后允许进入下游渠道的泥沙粒径一般应小于 0.03～0.04mm。水流中允许含沙量在汛期一般不超过 2～2.5kg/m^3，在非汛期则为 1.0～1.5kg/m^3。国外有的规范建议：当水中含沙量不大于 0.5kg/m^3 和对水轮机有害粒径的泥沙含量小于 0.2kg/m^3 时，可以不建沉沙池。

（二）沉沙池

1. 结构布置

1）定期冲洗式沉沙池

定期冲洗式沉沙池由进水口、沉淀室、出水口、冲沙廊道（或冲沙闸）以及节制闸等部分组成（见图 12-3-2）。当水流由窄狭的进水渠流入宽度较大的沉沙池时，由于水流扩散，流速变缓，泥沙逐渐沉降。为了提高沉沙效果，沉沙池的进口水流必须平顺，流速要分布均匀，避免发生涡流或集中底流等现象，以免影响泥沙的正常沉淀。为此，一般在沉沙池的进水口和出水口用渐变段与上下游渠道连接，使水流沿平面及深度均能均匀扩散和收缩。由于水流的自由扩散角只有 10°~12°,因此必须采取人工措施,在沉沙池进口处设置扩散墙或在进水槛上安装静水格栅。若沉沙池进口的流速较大,可在进水槛上设置闸门加以控制,或把进水槛分为许多孔口,每孔安装闸门,闸门的开度应根据渠道水流速度及方向来确定。采用闸门控制水流,可以在短距离内使水流在平面上得到良好的扩散。

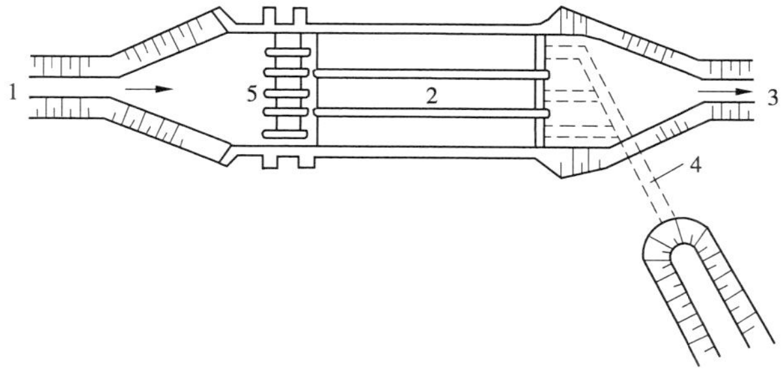

图 12-3-2 沉沙池的组成部分

1—进水口;2—沉淀室;3—出水口;4—冲沙廊道;5—节制闸

为了使沉沙池进口处水流流速均匀分布,应使渐变段不仅在平面上扩宽($\theta<20°$),而且将渠底做成反坡,沿下游方向逐渐抬高,并要求扩散段末端断面上流速(约为 0.7m/s)等于扩散段起始端平均流速。沉沙池内平均流速应小于 0.25m/s。沉沙池的沉淀室数目一般为 2~3 个。其横断面多为矩形,宽度不宜过大,最好不超过工作长度的 35%,因为过宽的沉淀室很难保证流速分布均匀。沉沙池的工作深度尽可能定得小些,一般电站用的沉沙池深 4~5m,灌溉用的沉沙池深 2.5~3.5m。工作深度过大是不经济的,一般应根据具体情况而定。若工作深度选小了,反而使沉沙池宽度增大,并不经济,甚至引起沉沙池内水流紊乱,妨碍泥沙沉淀。沉沙池的底坡可以是正坡或倒坡,较大的底坡很少采用。若采用正坡,冲沙廊道进口一般设在沉沙池末端,这对操作冲洗比较方便。沉沙池底坡一般为 0.020~0.005。

在沉沙池内,粗沙一般沉淀在沉淀室首端,中粒和细粒泥沙则在室内均匀下沉。因此,当水流所含粗粒泥沙较多时,室的首端淤积较快,而末端则淤积缓慢。此时,为了简化管理工作,沉淀室的底坡可采用倒坡,使沉淀室首端加深,以增加淤积容积,减少冲洗次数。当沉淀室较宽时,可在沉淀室中设置纵向分水墙,以提高冲洗效率。分水墙的高度约等于淤积的高度。

定期冲洗式直线形沉沙池的主要优点是结构简单,运行可靠,不易发生故障。其缺点是流速不均匀,对泥沙沉淀影响较大,对进口调整水流要求较高;当含沙量较大时,冲洗工作频繁,管理复杂;在排沙廊道的出口处容易形成沙滩,严重的会妨碍冲洗工作的顺利进行。

2)连续冲洗式沉沙池

连续冲洗式沉沙池可以是单室的,也可以是多室的。其型式很多,结构比较复杂。沉沙池中的泥沙沿着沉淀室底部的横向斜坡进入纵向冲沙道,然后调节冲沙道闸门将泥沙由泄水渠排至下游河道。冲沙道的顶部设有带孔的水平盖板(或用底栅),将沉淀室内具有小流速的水流与冲沙道内较大流速的水流分开,以便造成足以冲走冲沙道内泥沙的流速,并能利用较小的流量输送泥沙。冲沙道的流量是逐渐增加的,其横断面应相应增大,使冲沙道的流速大致保持不变，以保证必需的输沙能力，避免过多的水量损失。

连续冲洗式沉沙池由于结构复杂，容易发生故障，而且还要按照不同的水位、流量和含沙量来调整冲沙道闸门和底栅空隙，运用比较麻烦。加之农田灌溉一般都允许短期停止供水，因此在灌溉系统中较少采用这种型式，大多数采用定期冲洗式直线形沉沙池。

冲沙道的进水最好设计成斜向的，以便造成横向环流，提高冲沙道的输沙能力。当采用正面进水时，可在冲沙道的侧墙及底部设置斜向的条齿。条齿的厚度一般采用冲沙道宽度的 1/10，其方向与冲沙道轴线成 15°夹角。加条齿的冲沙道的糙率为 0.030~0.035。其输沙能力为无条齿的 1.5~2.0 倍。

2. 沉沙池计算

1）泥沙沉降速度

设计沉沙池前，必须了解泥沙实际沉降速度。泥沙在沉沙池内是在动水状态中沉降的，由于目前对泥沙在动水状态中沉降速度的研究还不成熟，所以常简单地采用泥沙在静水状态中的沉降速度来进行计算。如有条件时可现场取样，在实验室内进行泥沙沉降速度的测定；如无条件，可参考表 12-3-2 选用。

表 12-3-2　泥沙粒径与沉降速度关系

粒径（mm）	沉降速度（mm/s）			
	水温 0℃	水温 10℃	水温 20℃	水温 30℃
0.001	0.000 37	0.000 51	0.000 67	0.000 83
0.002	0.001 52	0.002 06	0.002 67	0.003 33
0.003	0.003 41	0.004 63	0.006 01	0.007 48
0.004	0.006 04	0.008 22	0.010 70	0.013 30
0.005	0.009 46	0.012 90	0.016 70	0.020 80
0.006	0.013 60	0.018 50	0.024 00	0.029 90
0.007	0.018 50	0.025 20	0.032 70	0.040 70
0.008	0.024 20	0.032 90	0.042 60	0.053 10
0.009	0.030 60	0.041 60	0.054 00	0.067 40
0.010	0.037 90	0.051 40	0.066 70	0.083 20
0.020	0.152 00	0.206 00	0.267 00	0.333 00
0.030	0.341 00	0.463 00	0.601 00	0.748 00
0.040	0.604 00	0.822 00	1.070 00	1.330 00
0.050	0.946 00	1.290 00	1.670 00	2.050 00
0.060	1.360 00	1.850 00	2.400 00	3.170 00
0.070	1.850 00	2.520 00	3.500 00	4.080 00
0.080	2.420 00	3.410 00	4.410 00	5.130 00
0.090	3.060 00	4.190 00	5.550 00	6.180 00
0.100	3.700 00	4.970 00	6.120 00	7.350 00

续表 12-3-2

粒径（mm）	沉降速度（mm/s）			
	水温 0℃	水温 10℃	水温 20℃	水温 30℃
0.150	7.690 00	9.900 00	11.800 00	13.700 00
0.200	12.300 00	15.300 00	17.900 00	20.500 00
0.250	17.200 00	21.000 00	24.400 00	27.500 00
0.300	22.300 00	26.700 00	30.800 00	34.400 00
0.350	27.400 00	32.800 00	37.100 00	41.400 00
0.400	32.900 00	38.700 00	43.400 00	48.600 00
0.500	43.300 00	50.600 00	56.700 00	61.900 00
0.600	54.300 00	62.600 00	69.200 00	75.000 00
0.700	65.200 00	74.200 00	81.200 00	88.500 00
0.800	75.000 00	85.500 00	93.700 00	102.000 00
0.900	85.500 00	96.000 00	106.000 00	114.000 00
1.000	95.200 00	107.000 00	117.000 00	125.000 00
1.500	143.00 00	160.000 00	172.000 00	177.000 00
2.000	190.000 00	205.000 00	205.000 00	205.000 00
2.500	229.000 00	229.000 00	229.000 00	229.000 00
3.000	251.000 00	251.000 00	251.000 00	251.000 00
3.500	271.000 00	271.000 00	271.000 00	271.000 00
4.000	290.000 00	290.000 00	290.000 00	290.000 00
5.000	324.000 00	324.000 00	324.000 00	324.000 00
6.000	355.000 00	355.000 00	355.000 00	355.000 00
7.000	383.000 00	383.000 00	383.000 00	383.000 00
8.000	409.000 00	409.000 00	409.000 00	409.000 00

2）结构尺寸

沉沙池各部分的基本尺寸可参照已建成的同类型的沉沙池尺寸，并结合工程实际情况初步拟定。然后进行泥沙沉降及冲洗的水力学计算，再按照一些经验公式进行核算，最后确定沉沙池的设计尺寸。

（1）沉沙池长度可按下式计算：

$$L = \xi H_p \frac{v}{\omega} \tag{12-3-12}$$

式中　L——沉沙池的长度，m；

H_p——沉沙池内的工作水深，m；

v ——沉沙池水流的平均流速，m/s；

ω ——泥沙的沉降速度，m/s；

ξ——系数，一般采用1.2~1.5。

（2）沉沙池工作宽度可按下式计算：

$$B=\frac{Q}{v_{cp}H_p} \tag{12-3-13}$$

式中 B——沉沙池的工作宽度，m；

Q——沉沙池内的流量，m^3/s；

v_{cp} ——沉沙池水流的平均流速，m/s；

H_p ——沉沙池的计算深度，即沉沙池首部的工作水深，m（沉沙池 $H_p=H-h_a$，h_a 为沉沙池冲沙前的设计淤积高度，一般取沉沙池首部设计水深 H 的 20%~30%）。

（3）沉沙池设计水深可按下式计算：

$$H=Z+\frac{q}{v_s}-iL \tag{12-3-14}$$

式中 H——沉沙池的设计水深，m；

Z——沉沙池上游与排沙沟下游的水位差，m；

q——沉沙池的单宽冲沙流量，$m^3/(s\cdot m)$；

v_s ——沉沙池的冲沙流速，m/s，其值应大于2~2.5m/s；

i——沉沙池的底坡；

L——沉沙池的长度。

沉沙池底坡一般是根据冲沙条件确定，当冲沙流速选定后，即可用下式计算沉沙池的底坡：

$$i=\frac{v_s^2}{C^2R} \tag{12-3-15}$$

式中 C—— 谢才系数（$C=\frac{1}{n}R^{1/6}$），在确定该系数所选用的粗糙系数 n 时，应计入泥沙沉积的影响，一般采用 $n=0.025$；

R——水力半径，m，R 值可近似地采用冲洗时的平均水深，其数值为沉沙池工作深度的10%~30%。

3）冲沙流速

当沉沙池工作一段时间后，池内泥沙淤积厚度逐渐加大，过水断面逐渐减小，流速渐增，有可能将推移质泥沙带进下游渠道。因此，必须停止供水，进行冲沙。冲沙流速取决于冲沙时呈悬浮状态并输送出去的泥沙数量及粗度，可用下式进行计算：

$$v_s=\omega\sqrt{\frac{h_{cp}}{d_{75}}}\sqrt[4]{\rho'} \tag{12-3-16}$$

式中 v_s——冲沙流速，m/s；

ω——粒径为 d_{75} 的泥沙颗粒的沉降速度，m/s；

h_{cp}——冲沙时，沉沙池内的平均水深，m，可采用沉沙池工作深度的 10%～30%；

d_{75}——在冲洗的泥沙中小于此值的泥沙占 75%的泥沙粒径，mm；

ρ'——冲沙水流中泥沙含量的百分数，一般采用 $\rho'=2\%\sim8\%$。

若水流中挟有个别粗大的石块或卵石，则可用下式计算冲沙流速：

$$v_s = 3\sqrt{gd_{\max}} \tag{12-3-17}$$

式中 g——重力加速度，m/s²；

$d_{\max}$——水流中个别粗大石块或卵石的最大直径，m。

此时，冲沙廊道的断面尺寸应使个别粗大石块或卵石通过，且廊道直径或底宽和高度应大于粗大石块或卵石直径的 2 倍，同时不得小于 0.5～0.7m，冲沙流速不应小于 4～6m/s。

4）单宽冲沙流量

在一般情况下，沉沙池的单宽冲沙流量可按下式计算：

$$q = (1.10 \sim 1.25)v_s h_{cp} \tag{12-3-18}$$

对于多室沉沙池，每一个沉淀室的流量一般小于沉沙池总工作流量的 35%～40%，也不大于一个沉淀室工作流量的 100%，这样不致因冲沙而对沉沙池结构及上下游渠道提出特殊要求而增大造价。

5）泥沙淤积厚度

假设沉沙池水流均匀，泥沙在沉降长度内均匀分布，则在冲沙以前沉沙池内泥沙淤积厚度可按下式计算：

$$\delta = \frac{q\rho t \times 60 \times 60}{1\,000\gamma l} \times 100 \tag{12-3-19}$$

式中 q——沉沙池的单宽流量；

δ——沉沙池内泥沙的淤积厚度，cm；

ρ——任何粒径组的泥沙含量，kg/m³；

t——时距，h；

γ——泥沙的容重，kg/m³；

l——任何粒径组的泥沙沉降长度，m。

6）冲沙时间

假设冲沙时的流速为等速流，则冲沙时间可按下式计算：

$$T = \frac{10\gamma V}{\rho q B} \tag{12-3-20}$$

式中 T——冲沙时间，s，实际冲沙时间常超过计算时间的 0.5～1.0 倍；

γ——泥沙的容重，kg/m³，一般采用 1.3～1.6kg/m³；

V——沉沙池的死容积，m³；

B——沉沙池的工作宽度，m。

若冲沙水流是从闸门底下冲射，同时在沉沙池末端的泥沙积堆上形成大跌水，则采用下式计算冲沙时间：

$$T = \frac{1}{200iK}\left[\ln \frac{H_k - h}{H_k - h - iL} - \frac{iL\left(\frac{3}{2}h_k - h\right)}{(H_k - h)(H_k - h - iL)}\right] \tag{12-3-21}$$

$$H_k = \delta + iL + \frac{3}{2}h_k \tag{12-3-22}$$

式中 K——系数，一般采用 $K=2\times10^{-4}$；

h_k——沉沙池末端的临界水深，m；

h——排沙廊道进口处水深，m，可由公式 $q=\varphi h\sqrt{2g(H_k-h)}$ 求得，φ 为流速系数，可取 0.78~0.99；

i、L——沉沙池的底坡和长度。

3. 冲洗程序

当沉淀室内的泥沙淤积到了有害的程度并随着水流进入渠道时，必须停止供水进行冲洗。冲洗流速一般不应小于 2.0~2.5m/s。冲洗时必须遵守以下程序：

(1)关闭沉淀室末端的节制闸停止供水，使沉淀室的水面上升到与上游水位齐平。

(2)将沉淀室进口闸门放下，但不完全关闭，使在自由满流条件下通过冲沙流量(为沉淀室工作流量的 0.5~1.0 倍)。

(3)开启冲沙廊道闸门，进行冲洗。由于池内水面很快降低，故流速增大，淤沙被冲走。

(4)泥沙冲洗完毕后，先关闭底部冲沙廊道闸门，这时沉淀室内的水位逐渐上升到与上游水位齐平。

(5)开启沉淀室进口闸门及沉淀末端的节制闸闸门，进行正常引水。

(三)沉沙条渠

沉沙条渠是利用天然洼池沉沙的带形或梭形渠道，两头窄中间阔，洼地淤满后即可作为耕地，这种沉沙池沉沙均匀，效果较好(见图 12-3-3)，并可与放淤改土相结合，改造盐碱地，扩大耕地。在黄河中下游地区应用较广。

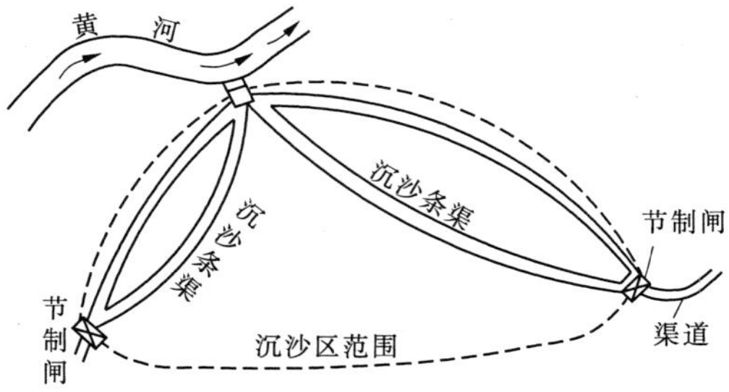

图 12-3-3　沉沙条渠布置示意图

1. 设计布置

1)布置原则

(1)利用居民稀少及土地贫瘠地区作为沉沙池，占耕地尽量少，以减少人口迁移及土地淹没损失。

(2)利用低洼地区,结合土壤改良及蓄水灌溉,做到综合利用。

(3)沉沙池的进出口要有一定的落差,并采用闸门控制,以利于水位调节,并使沉沙池水位平稳规顺,流势居中。同时充分利用沉沙库容,使池内淤积土在纵横方向均匀平整,以利耕种。

(4)有利于安全运用,避免池内水流游荡散乱,发生冲决危险。同时能使滩槽稳定,形成大滩小槽,高滩深槽。

(5)必须考虑堤外排水的布置,以免由于沉沙池蓄水而引起附近地区的地下水位上升,造成浸没影响,使农业减产。

(6)满足一年还耕要求,一次运用,轮淤轮耕。

2)基本尺寸的拟定

沉沙条渠由进口段、中段、下段及尾段组成。在平面布置上,进口段应逐渐展宽,中段要顺直,下段要徐缓收缩,尾段不宜过窄,以利后期沉沙。进口段的长度为全池长的0.15倍,该段是输沙段,流速要大些,以免进口淤塞。中段、下段的总长为全池长的0.7倍,但中段稍长。这两段是沉沙池的主要淤积段,流速应小,以利泥沙沉降。尾段的长度为全池长的15%,该段流速应大于中段、下段,以免淤积和阻塞通道。尾段的节制闸用以壅高水位或降低水位,以提高沉沙效果。一般应使尾段的平均流速小于0.4m/s,这样可使大于0.03mm的泥沙大部分沉淀。尾段设置节制闸的沉沙效率比不设节制闸的要增加25%~30%。大型沉沙条渠的进口和出口一般都修建节制闸,而小型沉沙条渠可以修建临时建筑物,以调节水位,控制沉沙。

根据某些沉沙池的资料,当池内平均流速为0.25~0.30m/s,流程为2km时,水流中大于0.03mm粒径的泥沙全部沉降在沉沙池内。到淤积后期,由于过水断面减小,池内流速增大,若使泥沙沉降,则需要调节节制闸壅水沉沙。所以沉沙池的设计长度应大于2~3km。池内初期平均流速应在0.25~0.30 m/s,到后期壅水形成的池内平均流速应在0.5~0.6m/s以下。

关于沉沙粒径与相应断面的平均流速的关系见表12-3-3。

表12-3-3　沉沙粒径与相应断面的平均流速的关系

沉沙粒径(mm)	0.001~0.01	0.01~0.02	0.02~0.04	>0.04
平均流速(m/s)	0.25~0.30	0.30~0.40	0.40~0.50	0.50~0.60

由于沉沙池一般只需考虑将大于0.03mm粒径的泥沙沉淀下来,所以池内的平均流速采用0.3~0.6m/s即可,不宜要求池内流速过小。

根据经验,流量愈大,要求沉沙条渠的长度愈长,同时要求沉沙条渠的宽度也愈宽。沉沙条渠的长度可取$L=\sqrt{Q}$;宽度可取$B=(2\sim4)Q$,最宽不宜超过$10Q$。沉沙条渠的长度与流量的关系见表12-3-4。

长江水利科学研究院曾提出用下列公式来计算沉沙条渠的长度:

当来水含沙量远大于水流挟沙能力时

$$L = K_1 \frac{h_{cp}(v_{cp} - v_h)}{\omega} \ln \frac{\rho}{\rho_0} \tag{12-3-23}$$

表 12-3-4　沉沙条渠的长度与流量的关系

引水流量(m^3/s)	5	5~10	10~30	30~60	70~100	150~200
条渠长度(km)	2~3	3~4	4~5	5~6	6~8	12~15

当条渠河床变形趋向平衡,沉沙条渠沿程流速较大时

$$L = K_2 \frac{h_{cp}(v_{cp} - v_h)}{\omega} \ln \frac{\rho - \rho_k}{\rho_0 - \rho_k} \tag{12-3-24}$$

式中　L——沉沙条渠的长度,m;

v_h——推移质泥沙的止动流速,m/s;

ρ_0——沉沙条渠尾部出口处的含沙量,kg/m^3;

ρ_k——水流挟沙能力,kg/m^3;

K_1——系数,一般采用 $K_1 = 11.1$;

K_2——系数,一般采用 $K_2 = 10.0$。

式(12-3-23)及式(12-3-24)的应用范围是:条渠内平均流速 v_{cp}=0.15~0.60m/s,条渠内平均水深 h_{cp}=0.7~4.0m,泥沙粒径 d=0.004~0.2mm。为了安全起见,沉沙条渠的设计长度应等于计算长度的1.2倍。沉沙条渠深度一般取2.5~3.5m。各段水深可按水面曲线推求。

如果沉沙条渠两侧边坡为一般土质,则内外坡可采用1∶5~1∶4,坡面应植草种树,以御风浪。堤顶高程应为水面高程加浪高再加安全超高。对于大型沉沙条渠,标准要适当提高,浪高按7级大风计算,安全超高采用1m。另外,要有足够的顶宽,以适应风浪冲击,避免边坡土壤流失。同时要满足抢护交通的要求。对于大型沉沙条渠的围堤、格堤,其顶宽一般为5~7m。由于堤高顶宽,土方量大,可利用沉沙条渠淤土分期加高,分层夯实,做成台阶形。

沉沙条渠是人工控制的宽浅渠道。条渠设计时,如果比降平缓,宽度太大,则泥沙全部落淤,有时水流一进入条渠即全部落淤,甚至影响进水。反之,如果比降太大,宽度过窄,则泥沙落淤甚少,甚至发生冲刷。所以,条渠的几何尺寸直接影响泥沙的落淤,影响沉沙条渠的使用寿命。条渠中的泥沙落淤总是粗沙先淤,细沙后淤,但并不是粗沙淤完后细沙才开始淤积。水流变缓可以迫使泥沙淤积,使水流变缓可以采用减小比降或增大宽度的方法。宽度增大后,水面比降必然减小。由试验得知:欲使大于0.08mm的泥沙淤积,断面平均流速必须小于0.4m/s。条渠设计时,糙率选用是否适当,对工程的成效影响很大。实际运用表明,糙率与含沙量及糙率与流速的关系比较密切。

2. 条渠水流和泥沙沉降过程

由于沉沙条渠各段尺寸不同,因此会引起水流及泥沙特性的改变。一般条渠的中段宽而两端窄,当水流进入条渠后,随着水面逐渐变宽,比降及流速逐渐变小,当流经中段最宽水面后,随着水面逐渐变窄,比降及流速又逐渐增加,水流挟沙能力也随之而变。由于这一水流特性的改变导致了泥沙沉降过程的变化,水流一进入条渠,泥沙即开始淤积,此后水流含沙量逐渐减小。由于粗沙先淤,细沙后淤,泥沙的沉降速度也沿程逐渐变小,河床质粒径也发生相应的变化。同时,由于泥沙淤积,渠床抬高,水位上升,比降及流速逐渐增加,水流挟沙能力也增加,泥沙淤积减少,下泄泥沙逐渐增多。当进入条渠的含沙量等

于下泄含沙量时，泥沙不再淤积，条渠即失去效用。

3. 淤积过程

宽浅的条渠，其淤积过程可以分为三个阶段。第一阶段：即条渠运用初期，条渠容积大，水面比降小，流速很低，流速及含沙量在横断面上呈均匀分布，泥沙平行地向上淤积。第二阶段：随着泥沙的淤积，渠床逐渐抬高，水面比降增加，流速加大，逐渐形成主流。此时流速及含沙量在横断面上分布不再均匀。含沙量分布没有一定规律，有的分布均匀，有的与流速分布相同，有的与流速分布相反。其中，以分布均匀者为最多。泥沙淤积不再平行地上升，宽度逐渐缩小，条渠中出现沙滩。主流有时摆动，在摆动过程中，渠底逐渐淤高，并向下游推进。第三阶段：条渠自上游向下游逐渐淤成一个弯曲形的河道，泥沙不再沉降，条渠即完成使命。

4. 条渠计算

利用伯努利水流运动方程式和泥沙平衡方程式进行计算，即假定泥沙淤积过程是先粗后细，并且在横断面上呈水平淤积状态，条渠中的水流为稳定流。此种方法由于假定不完全符合实际情况，故计算出的泥沙淤积位置、分布及运行情况与实际不完全符合，但计算出的淤积量与实际淤积量很接近。其计算公式如下：

$$\Delta Z = \frac{Q^2}{K_{cp}^2} \cdot \Delta L + \frac{v_2^2 - v_1^2}{2g} \qquad (12\text{-}3\text{-}25)$$

$$K_{cp} = \frac{K_1 + K_2}{2} \qquad (12\text{-}3\text{-}26)$$

式中 ΔZ——条渠的某一渠段上下游断面的水位差，m；

ΔL——渠段长度，m；

v_1、v_2——上下游断面的平均流速，m/s；

K_1、K_2——上下游断面的流量模数，等于$\frac{1}{n}B'H'^{\frac{5}{3}}$；

n——条渠糙率；

B'——条渠设计水面宽度，m；

H'——条渠设计水深，m。

计算时，首先将条渠分成几个渠段，分别绘制各渠段的断面图，然后计算水深、水面宽度、过水断面面积等。最后按式(12-3-25)用试算法自下而上地计算条渠沿程的水面线。按泥沙平衡方程式计算条渠的淤积厚度，其计算公式与直线形沉沙池的计算公式相同。

第四节　泵房、进水池与出水池

一、泵房

(一)泵房设计原则

泵房是泵站的主体建筑物。泵房设计包括选择结构类型、内部布置、泵房尺寸的确定、整体稳定校核及结构计算等内容。其设计原则为：

(1)在保证便于设备安装、检修及运行的前提下,使泵房布局紧凑,尺寸合理。

(2)在可能遇到的各种外力(包括地震力)作用及其最不利组合情况下,泵房均能满足整体稳定要求,各构件满足强度、刚度要求。

(3)泵房水下结构部分要进行防渗处理及抗裂校核。

(4)节省建筑材料,减少工程投资。

(5)整齐美观。

(二)泵房结构类型

泵房的结构类型很多,按位置能否变动分为固定式与移动式两大类。固定式泵房按其基础型式又可分为分基型、干室型、湿室型及块基型等 4 种。影响泵房结构类型的因素很多,最主要的是水泵结构及性能、水源水位变幅的大小等。

1. 分基型泵房

分基型泵房的特点是泵房基础与机组基础分开建筑。这种泵房无水下结构,和一般工业厂房相似,施工容易,通风、采光及防潮条件较好。泵房进水侧的挡土墙可以做成斜坡式或直立式。适用于水源水位变幅不大、能保证泵房地板在最高水位之上、岸边稳定、地质条件较好、地下水位较低、土壤的透水性小、卧式机组的情况。

2. 干室型泵房

干室型泵房有地上和地下两层结构,地下结构的四周墙壁与底板用混凝土或钢筋混凝土建成一个不透水的整体,形成一个干室,室内安装水泵机组及其他设备。这种泵房结构比分基型复杂,造价也高。适用于下列情况:①水源水位变幅较大,在运行过程中,不能保证泵房地板在水源高水位以上;②采用分基型泵房,在技术经济上不合理;③地质条件不够好,地基承载力较低,地下水位较高。

干室型泵房的平面形状有矩形和圆筒形两种。矩形泵房便于设备布置,检修维护方便。适用于机组较多和水源水位不太大的场合。圆筒形泵房受力条件好,可以充分发挥材料的性能,但机组及管路布置不如矩形泵房方便,互相干扰,操作管理不便。适用于机组台数少于 4 台,水源水位变幅较大的场合。此外,还有潜没式干室型泵房,可淹没在水下,通风条件较差。

3. 湿室型泵房

泵房与进水池合建,一般分上、下两层。下层为充满水的湿室,安装水泵。上层为电机层,安装电动机及配电设备。适于安装中小型立式轴流泵、导叶式混流泵及立式离心泵。

4. 块基型泵房

水泵的进水流道与泵房底板用钢筋混凝土浇筑在一起,构成整个泵房的基础。这种泵房适用于口径大于 1 200mm 的大型水泵(包括立、卧、斜型式);有直接挡水的要求时,采用块基型泵房比较有利。这种泵房适合于各种地基条件。

影响泵房结构型式的主要因素:①主机组结构型式——立式、斜式、卧式(贯流式、轴伸式、猫背式);②进水流道型式——肘形、钟形、双向流道、直筒或涵洞式;③出水流道型式——平直管、虹吸管、蜗形出水室、双向出水流道、直筒出水室;④泵房挡水作用——堤身式(河床式)、堤后式;⑤断流方式——真空破坏阀、拍门、快速闸门。

二、前池及进水池

(一)前池

1. 正向进水前池

(1)前池扩散角 α 一般在 20°~40°选取,流速小、池水深者选大值,流速大、池水浅者选小值。或按以下经验公式计算:

$$\tan\frac{\alpha}{2}=\frac{0.204\sqrt{h}}{v}+0.107 \tag{12-4-1}$$

式中 h——渠末水深,m;

v——渠末断面平均流速,m/s。

(2)前池长度 L 按下式计算:

$$L=\frac{B-b}{2\tan\frac{\alpha}{2}} \tag{12-4-2}$$

式中 B——进水池宽度,m;

b——渠末断面底宽,m。

为了缩短前池长度,节省工程量,前池平面形状可为折线型或曲线型。

(3)为改善进水池流态,使进水管进口阻力损失最小和减少工程量,底坡 i 不宜陡于 1∶4。

2. 侧向进水前池

常见的平面形状有梯形或曲线形。侧向进水前池长即进水池池宽 B,侧向进水前池的一端宽度即引水渠末端断面的底宽 b。

(二)进水池

1. 进水池宽度 B

单台机组:

$$B=(2.5\sim3.0)D_0 \tag{12-4-3}$$

式中 D_0——进水管的进口直径,m。

无隔墩的多机组:

$$B=(n-1)S+D_0+2C \tag{12-4-4}$$

式中 n——机组台数;

S——两相邻进水管的间距,m,见表 12-4-1;

C——边壁距离,m,见表 12-4-1。

表 12-4-1 相邻水管的间距 S、边壁距离 C 与 D_0 关系

间距	无隔墩进水池		有隔墩进水池
	$D_0<1$m	$D_0\geq1$m	
C	D_0	$(0.5\sim1.0)D_0$	D_0
S	$\geq3.5D_0$	$\geq3.5D_0$	$(2.5\sim3.0)D_0+\delta$(隔墩厚)

2. 进水管悬空高度 P

根据进水管管口流速、管内压力比较均匀与进口损失系数最小的要求，$P=(0.4\sim0.7)D_0$。

3. 进水管管口淹没深度 h_S

对于具有正值允许吸上高度的离心泵、混流泵的进水管，当管道进口弗劳德数 $Fr=\dfrac{v_1^2}{gD_0}=0.3\sim1.8$ 时，临界淹没深度 h_{SC} 按下式计算：

$$h_{SC}=K_S D_0 \tag{12-4-5}$$

$$K_S=0.64\left(Fr+0.65\frac{T}{D_0}+0.75\right) \tag{12-4-6}$$

式中 h_{SC}——临界淹没深度；

K_S——临界淹没深度系数；

T——进水管管口到池后壁的距离，m；

D_0——进水管进口直径，m。

h_S 的最小尺寸，若进水管立装，则不小于 0.5m；若进水管水平安装，则上缘淹没深度不小于 0.4m。对于立式轴流泵，水泵进口的淹没深度 h_S 见表 12-4-2。

表 12-4-2 h_S 值

泵 型	水泵转速（r/min）					h_1（mm）
	1 460	980	730	580	480	
14ZLB-70	1 400	200	—	—	—	602
20ZLB-70	—	700	500	—	—	300
28ZLB-70	—	—	1 250	350	—	405
32ZLB-100A	—	—	—	1 000	—	450
36ZLB-70	—	—	—	—	690	510
40ZLB-50	—	—	—	2 000	—	650

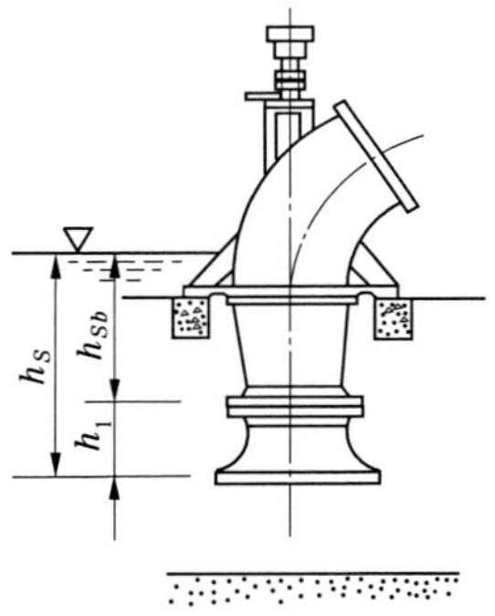

4. 进水池长度 L 与进水管的后壁距离 T

进水池长度 L 与进水管的后壁距离 T，分别按以下两式计算：

$$T=(0.3\sim0.5)D_0 \tag{12-4-7}$$

进水管管口中心线距进水池进口的距离不小于 $4D_0$。

$$L=K\frac{Q}{Bh} \tag{12-4-8}$$

式中 B——进水池宽度，m；

h——在设计水位时进水池水深，m；

Q——水泵额定流量，m^3/s；

K——秒换水系数，当 $Q<0.5m^3/s$ 时，$K=25\sim30$；当 $Q\geqslant0.5m^3/s$ 时，$K=15\sim20$，轴流泵取大值，离心泵、混流泵取小值。

(三)前池及进水池的防涡措施

前池与进水池中产生涡流的因素很多,例如由于引渠长度过短、前池扩散角过大、侧向进水、进水池形状不良、水泵安装不适宜等,针对不同情况可分别采取措施。

(1)建导流墩墙,改变流动方向。有些泵站因受地形条件限制,引渠较短,故在引渠中有一回流区,使站前水流不稳定、不平顺。例如排灌两用的泵站需由两个方向引水,故在引渠进口建立人字形导流墩,其作用是分割水流,使水流收缩,迫使水流向两侧扩散,其结果是对边侧水流提供了足够的动量,以克服脱壁回流现象。

例如某试验,导流墩墙前缘在引水渠的中心线上离泵房流道进口 160m,两尾墙之间夹角为 58°,前墙、尾墙长度均为 16m,如图 12-4-1 所示。墩墙顶部高程应与正常水位相等,过低将影响面流的流态。经试验与推算,导流墩墙两侧最大水位差为 7. 6~16cm。在导流墩墙的结构设计时,应注意结构的强度与稳定。

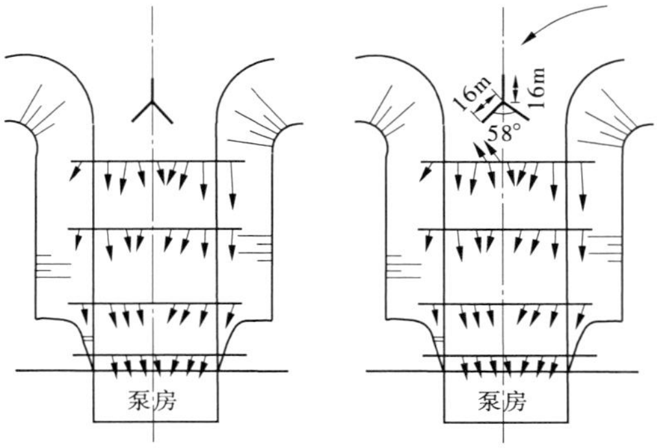

图 12-4-1　人字形导流墩

(2)利用涡流理论,建立柱,设底坎,改变流动性质。有些泵站因受地形条件限制,前池扩散角过大,或采用侧向进水前池,这就在前池中形成较大的回流区,在进水池中有恶劣的行近水流。分别在前池、进水池、引渠中建立垂直立柱并设断面为三角形的水平底坎,也称柱—坎结构,见图 12-4-2。垂直立柱的作用,首先是分割水流,使水流收缩,迫使水流均匀地向两侧扩散,其结果是对边侧水流提供足够的动量,用以克服脱流,避免回流产生;其次是使前池(或进水池)进口涡流破坏成较小的涡列,这些涡列具有垂直立轴且向下游泄流。三角形底坎的作用,是在坎后诱发一个具有足够强度的定常旋滚,与过坎的涡列相互掺搓而成为微涡流。这种微涡流再经过拦污栅可以获得满意的行近水流。概言之,即有目的地产生涡流并通过增强其互相作用而扩散,从而经济有效地改善泵站进水流态。

(3)对多机组泵站,可在进水池中加设隔墩以稳定水流并防止旋涡。试验表明,隔墩应稍离后墙,使各池水流相通,能较好改善池中水流条件。

(4)在进水管附近设隔板,防止旋涡发生。由于进水池形状或水泵的装置情况不良(如水泵进口淹没深度不足、悬空高度过大,后壁距过大等),在进水管周围有旋涡发生,为防止旋涡,经常采用的隔板形式如图 12-4-3 所示。

图 12-4-3 中的(a)、(b)、(c)、(d)、(g)型对于防止进水管周围的旋涡,有显著的效果,但采用(a)、(c)、(d)型时水泵轴功率有增大的趋势。在淹没深度不足时,采用(e)、(f)型能抑制水泵吸入空气。对于(e)型尺寸要适当,否则会使水泵效率下降;对于(f)型

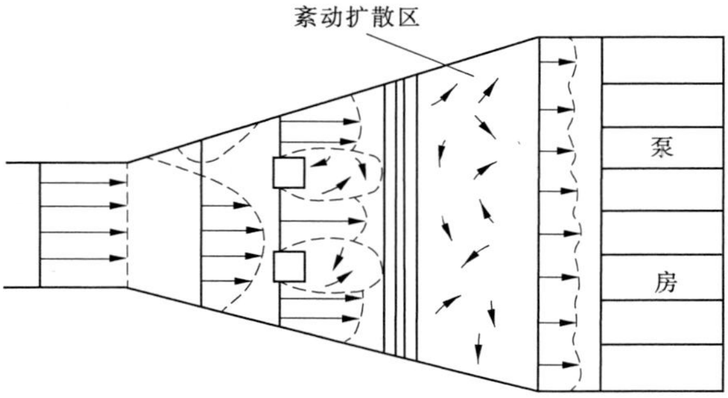

图 12-4-2　柱—坎结构

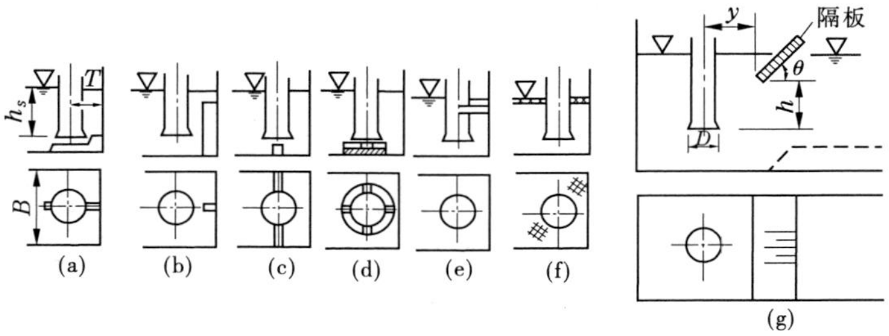

图 12-4-3　防涡措施示意图

因是多孔结构，应妥为安装，防止被吸入泵内发生事故；对于(g)型，隔板的位置安放尺寸为 $\theta=20°\sim60°$，$h=(0.5\sim1.0)D_0$，这种型式的隔板可全部置于水下，也可双列布置，但不能垂直设置。

三、出水池

按水流方向划分，出水池分为正向出水池和侧向出水池。按出水管出流方式划分，分为淹没式、自由式和虹吸式。

(一) 正向出水池

(1) 出水池长度按下式计算：

$$L=ah_s^{0.5} \tag{12-4-9}$$

$$a=7-\left(\frac{h_p}{D_0}-0.5\right)\frac{2.4}{1+\dfrac{0.5}{m^2}} \tag{12-4-10}$$

式中　L——出水池长度，m；

a——试验系数；

h_p——台坎高度，m；

m——台坎坡度，$m=h_p/L_p$，当垂直台坎时，$m=\infty$，当 $h_p=0$ 时，$m=0$；

h_s——管口上缘最大淹没深度，m。

(2) 管口下缘至池底的距离 P，一般为 20～30cm。

(3) 管口上缘最小淹没深度，一般采用：

$$h_{smin} = (1 \sim 2)\frac{v_0^2}{2g} \tag{12-4-11}$$

式中　h_{smin}——管口上缘最小淹没浓度,m,应淹没在出水池最低运行水位以下 0.1～0.2m。

(4)出水池底板高程 ∇_f 按下式计算:

$$\nabla_f = \nabla_{min} - h_{smin} + D_0 + P \tag{12-4-12}$$

式中　∇_{min}——出水池最低水位,m;

h_{smin}——管口上缘最小淹没深度,m。

(5)出水池池顶高程 ∇_H 按下式计算:

$$\nabla_H = \nabla_{max} + \Delta h \tag{12-4-13}$$

式中　∇_{max}——出水池最高水位,m;

Δh——超高,m,可按表 12-4-3 查得。

表 12-4-3　Δh 值

$Q(m^3/s)$	<1	1～10	10～30	>30
Δh (m)	0.4	0.6	0.75	0.9

(二)侧向出水池

(1)池宽 B 按下列经验公式确定:

$$\frac{B}{D_0} = 2\sqrt{2Fr - \frac{h_s}{D_0}} \tag{12-4-14}$$

式中　Fr——管口水流弗劳德数;

h_s——管口上缘淹没深度,m;

D_0——出水管口直径,m。

对于单管侧向出流,$B=(4\sim5)D_0$;对于多管侧向出流,池宽应随汇入流量的增大而适当加宽。

(2)池长 L 按下式计算:

对于单管侧向出流

$$L = L_2 + D_0 + L' = L_2 + (5 \sim 6)D_0 \tag{12-4-15}$$

对于多管侧向出流

$$L = L_2 + L_1 + L' = (n + 6)D_0 + (n - 1)S \tag{12-4-16}$$

式中　L', L_1, L_2——距离,见图 12-4-4,m;

n——管道根数;

S——管道之间的净距,m,与水泵布置的间距有关。

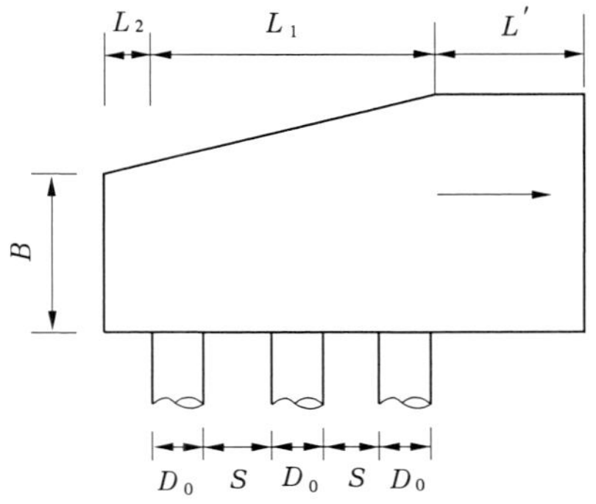

图 12-4-4

第十三章　渠系(输水)建筑物设计

第一节　渠线选定基本要求

一、一般渠道

(1)渠道选线一般要求在满足输水任务的前提下,使工程量小而且造价低。对于灌溉渠道,应尽可能布置在灌区的脊线,以争取最大的自流灌溉面积;对于排水沟道,应尽可能布置在排水区的洼线,以争取最大的排水效果。

(2)干渠穿过地形起伏较大的不平坦或丘陵地区,其线路大致沿等高线布置,尽量避免深挖和高填。

(3)渠线穿越铁路、公路、河流、沟渠应尽量正交,避免将弯线部分放在建筑物上。避免穿越较大的居民点、沼泽地及地形破碎地带等。

(4)在某些情况下,通过山地、丘陵,为了安全可靠和经济合理,可采用隧洞以缩短渠道长度和建筑物的数量。为了降低跨河(沟)建筑物的高度并使其具有适宜的过河位置,可采用绕线的比较方案。

(5)要考虑工程远近期规划、行政区的结合,平整土地、机耕及道路等因素。

(6)综合利用渠道,应考虑灌溉与航运、水能利用相结合,灌溉与防洪、排水相结合,灌溉与供水、养殖相结合;蓄、引、提相结合(安徽淠史杭大灌区的规划就体现了一水多用、一渠多利的原则)。

灌溉渠道线路布置要考虑排水系统的布置和不打乱天然排水流势,并使排水通畅。排水沟渠应布置在低洼地带而与灌溉系统相适应。

渠道上的水电站位置,应尽可能布置在工厂、城镇附近的有利地形处,并使渠线落差集中。动力渠道要求能量损失最少。航运渠道要有较缓纵坡,并使船闸数目最少、线路最短,施工条件较好,又尽可能地减少交叉建筑物等。

(7)为适应地形变化,渠道需要采用弯道时,弯道半径应在可能范围内选择较大值。

未衬砌的灌溉、动力渠道的弯道半径应不小于 5 倍水面宽度。最小容许弯道半径可用下式计算:

$$R_0 = 11v^2\sqrt{A} + 12 \tag{13-1-1}$$

式中　R_0——渠道最小容许弯道半径,m;

A——渠道过水有效断面面积,m^2;

v——设计流量时渠道断面平均流速,m/s。

衬砌的大型渠道,为使水流平顺,在弯道处可将凹岸渠底抬高,使渠底具有横比降。弯道中段的最大倾角的正切值,可按下式计算:

$$\tan\alpha = \frac{v^2}{gR} \tag{13-1-2}$$

式中　R——渠道中心线的弯道半径,m。

通航渠道的最小弯道半径 R_0 可按下式计算:

$$R_0 = 40\sqrt{A} \tag{13-1-3}$$

灌溉、动力渠道的弯道半径小于5倍水面宽时,凹岸应采取防冲措施。衬砌渠道的弯道半径以不小于2.5倍水面宽为宜。曲线段须进行衬砌时,衬砌段应外延至直线段,外延长度以1~3倍水深为宜。衬砌段的末端应设齿墙,齿墙一般深度可取为0.5m左右。

二、傍山(塬边)渠道

傍山渠线所遇的地形、地质、水文地质等条件比较复杂,因此对渠线的选定要进行足够的地质勘探、调查研究工作,并要反复论证提出的各种线路方案。渠线选定的原则是要确保安全,比较经济,容易施工,便于管理。要合理地考虑河流左右岸的具体地形、地质条件,既要注意渠线外侧坡度安全,又要尽量考虑渠线内侧人工开挖边坡的安全。傍山渠道一般以明渠通过山麓、丘陵、塬边。对于滑坡地区的渠线选择,渠线应尽量避免通过滑坡地区;在无法避免时,应进行详细的地质勘探和资料分析,须采取确保安全的必要措施。

第二节　渠道横断面选择

一、横断面型式

渠道横断面型式有梯形、矩形、多边形、抛物线形、U形及复式断面,见图13-2-1所示。梯形断面广泛适用于大、中、小型渠道,其优点是施工简单,边坡稳定,便于应用混凝土薄板衬砌。矩形断面适用于坚固岩石中开凿的石渠,如对于傍山或塬边渠道以及渠宽受限制的城镇工矿区,就可以采用石矩形断面或钢筋混凝土矩形断面。多边形断面适用于在粉质砂土地区修建的渠道。当渠床位于不同土质的大型渠道时,亦多采用多边形断面。为了使渠道尽量接近天然河床的断面型式,也有采用抛物线形断面的。在砂砾石地层修建渠道可采用弧形断面,具有水力条件较好、渠底能抵抗较大的浮托力、能节省衬砌工程量等优点。U形渠槽为目前发展的中、小型渠道混凝土衬砌断面型式,具有水力条件较好、占地少的优点,但施工比较复杂。复式断面适用于深挖方渠段,渠岸以上部分可将坡度改陡,每隔一段留一平台,以节省土方开挖量。

二、横断面选择

(一)应考虑满足的条件

(1)渠床稳定或冲淤平衡;

(2)有足够的输水能力;

(3)渗漏损失最小;

(4)施工、管理、运用方便;

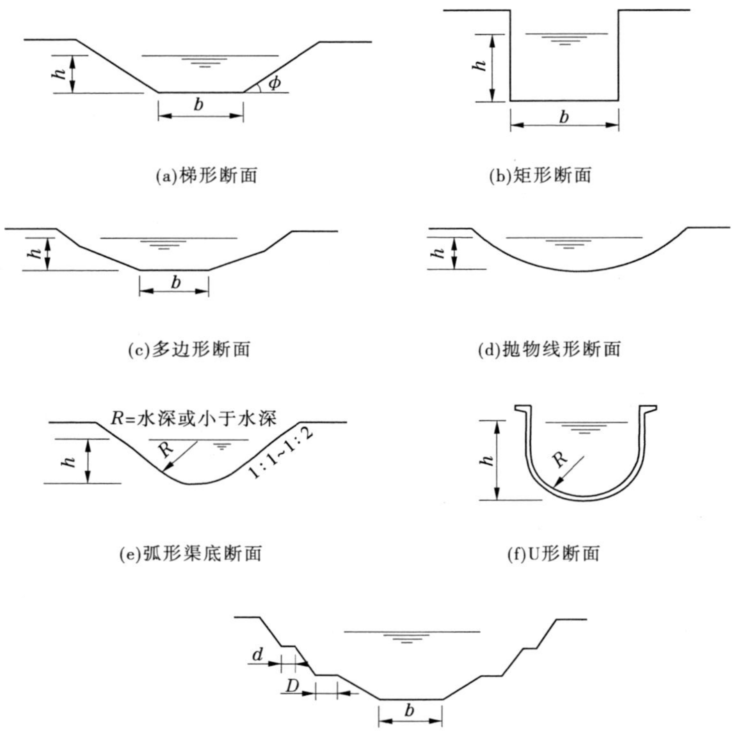

(a)梯形断面　(b)矩形断面　(c)多边形断面　(d)抛物线形断面　(e)弧形渠底断面　(f)U形断面　(g)复式断面

图 13-2-1　渠道横断面型式

(5)工程造价较小;

(6)满足综合利用对渠道的结构要求。

(二)横断面尺寸的确定

1. 梯形渠道水力最佳断面

水力最佳断面是指断面面积一定而通过流量最大的断面。梯形渠道水力最佳断面的宽深比β为:

$$\beta = \frac{b_0}{h_0} = 2(\sqrt{1 + m^2} - m) \qquad (13\text{-}2\text{-}1)$$

式中　b_0——渠底宽度,m;

h_0——渠道水力最佳断面水深,m;

m——边坡系数。

依边坡系数 $m = \cot\alpha$ 而变化的β值见表 13-2-1 所列。

表 13-2-1　β 值

m	0	0.1	0.2	0.25	0.5	0.75	1.00	1.50	1.75	2.00	2.25	2.5	3.0	4.0
α	90°	84°20′	78°40′	76°	63°36′	53°10′	45°	33°40′	29°40′	26°30′	24°	21°50′	18°30′	14°
$\beta = \frac{b_0}{h_0}$	2.00	1.81	1.64	1.56	1.24	1.00	0.83	0.61	0.53	0.47	0.42	0.38	0.32	0.25

2. 梯形渠道水力最佳断面水深计算

水力最佳断面水深 h_0 的计算公式为：

$$h_0 = 1.189\left[\frac{nQ}{(m'-m)\sqrt{i}}\right]^{\frac{3}{8}} \tag{13-2-2}$$

$$m' = 2\sqrt{1+m^2} \tag{13-2-3}$$

式中 Q——流量，m^3/s；

n——糙率；

m'——m 的函数；

i——渠道比降。

3. 梯形渠道实用经济断面计算

实际设计时多采用既符合水力最佳断面的要求，又能适应各种具体情况需要的实用经济断面。这种断面，其渠道设计流速比水力最佳断面的流速增大2%至减小4%，即过水断面面积较水力最佳断面面积减小2%至增大4%，在此范围内仍可认为基本符合水力最佳条件。但流速在增大2%至减小4%的范围内，其水深变化范围则为水力最佳断面水深的68%～160%，其相应的底宽变化范围则为29%～40%。设计时即可在此范围内选择出实用经济的断面。

当流量 Q、比降 i、糙率 n 及边坡系数 m 已定时，某一断面与水力最佳断面之间的关系式为：

$$(h/h_0)^2 - 2\alpha^{2.5}(h/h_0) + \alpha = 0 \tag{13-2-4}$$

$$\beta = \frac{b}{h} = \frac{\alpha}{(h/h_0)^2}(m'-m) - m \tag{13-2-5}$$

$$\alpha = \frac{A}{A_0} = \frac{v_0}{v} = \left(\frac{R_0}{R}\right)^{2/3} \tag{13-2-6}$$

式中 α——实用经济断面对水力最佳断面偏离程度的系数，等于实用经济断面面积与水力最佳断面面积之比，或水力最佳断面流速与实用经济断面流速之比，α 值一般采用1.00～1.04；

h_0、A_0、R_0、v_0——水力最佳断面的水深（m）、断面面积（m^2）、水力半径（m）、流速（m/s）；

h、A、R、v——实用经济断面的水深（m）、断面面积（m^2）、水力半径（m）、流速（m/s）。

按式（13-2-4）～式（13-2-6）计算比较烦琐，计算时可查《灌溉与排水工程设计规范》（GB50288—99）附表。

三、渠道边坡

（一）渠道内边坡系数

渠道内边坡系数须根据土质稳定条件来选择。水深小于3m的渠道，最小边坡系数可按表13-2-2选用。航运渠道内边坡系数 m 根据土的特性而定。对于岩石和半岩土，$m=0$～

0.50；对于松软的黏土和细粒砂土，$m = 2.5 \sim 6.0$，但挖方水上岸坡可稍陡于水下边坡。大型渠道水深大于3m时，渠道内边坡要考虑水面骤降对渠坡的影响，进行稳定验算。

表 13-2-2　灌溉、动力渠道最小边坡系数 m

土　类	灌　溉　渠　道		动力渠道
	水深 <1m	水深 1~3m	
稍胶结的卵石	1.00	1.00	1.00~1.25
夹砂的卵石和砾石	1.25	1.50	1.25~1.50
黏土、重壤土、中壤土	1.00	1.00~1.25	1.25~1.50
轻壤土	1.25	1.25~1.50	2.00~2.50
砂壤土	1.50	1.50~1.75	1.50~2.00
砂　土	1.75	2.00~2.50	3.00~3.50
风化的岩石	0.10~0.20	0.20~0.25	0.25~0.50
未风化的岩石	0~0.05	0.05~0.10	0.10~0.25

(二)渠岸以上的边坡

渠岸以上的边坡分低边坡和高边坡，其界限为：小于15~20m的为低边坡；大于15~20m的为高边坡。低边坡系数一般采用比拟法及图表法选择。高边坡应进行稳定分析，常用的有圆弧条分法，对于黄土边坡则采用裂隙圆弧法及图解法。

安全系数K值，一般根据工程等级及地质条件采用1.15~1.25；当考虑地震荷载时，应不小于1.05~1.10。

坡形一般有三种：直线形（一坡到顶，只应用于低边坡）、折线形（上缓下陡）及阶梯形（小平台和大平台）。高边坡常用阶梯形。单级阶梯的高度一般采用5~12m。小平台宽1~3m，大平台宽5~12m。

(三)填方渠道外边坡系数

一般半挖半填及填方渠堤的渠道外边坡，可做成与渠道内边坡一致或略缓一些。填方高度大于20~30m甚至更高时，可根据经验设计，或进行堤坡稳定分析确定。根据宝鸡峡渠道过沟填方的经验，在黄土及黄土类土地区修筑填方时，填方外边可自堤顶算起，每5m为一级变换坡比，每10m加设戗台，台宽1~1.5m，修筑排水沟及管理道路。

四、渠岸超高

(一)灌溉渠道

一般挖填方渠道，渠岸超高可根据加大水深确定，即：

$$F_b = \frac{1}{4}h_b + 0.2 \tag{13-2-7}$$

式中　F_b——渠岸超高，m；

h_b——渠道加大水深，m。

目前,国内大型灌溉渠道实际采用超高值为0.5~2.0m。宝鸡峡塬边渠道超高为正常水位以上1.35m。灌溉与航运相结合的安徽淠史杭灌区渠道,其超高为正常水位以上2m。

(二)动力渠道

动力渠道的一般渠岸超高为0.3~1.0m,或用下式计算:

$$F_b = \xi + h'_b + \delta \qquad (13\text{-}2\text{-}8)$$

式中 ξ——因电站事故停止工作引起不稳定流时正波在静水以上的高度,可根据渠道不稳定流动时由水力计算求得;

h_b'——风成波在最高水面以上的高度,一般为波浪全高的1/2;

δ——考虑到其他不能精确计算的因素,根据结构上的要求确定的安全数值,一般为0.2~0.65m。

(三)衬砌超高

(1)灌溉渠道、动力渠道衬砌超高,一般采用0.15~0.65m,对于傍山渠道采用大值。

(2)航运渠道一般衬砌高度,应高出最高航行水面1.0~1.5m,其最大值可采用2m,而衬砌底部高度应低于最低水位1.0m。安徽淠史杭灌区渠道的衬砌高度低于渠顶0.5m,高出正常水位1.5m。

(3)兼作防洪堤岸的衬砌超高,应采用较大值。

(4)渠道防渗的塑料薄膜的顶端在最高水位以上的超高范围,根据流量的不同,在0.2~0.8m范围内选用。

(四)弯道的超高

当弯道半径小于5倍水面宽度及平均流速大于2m/s时,弯道凹岸顶端的超高应予增加,其增加值可按下式计算:

$$F'_b = \frac{B}{R} \cdot \frac{v^2}{2g} \qquad (13\text{-}2\text{-}9)$$

式中 F'_b——增加的超高值,m;

B——加大流量时水面宽度,m;

v——平均流速,m/s;

R——弯道半径,m。

五、渠岸宽度

渠岸宽度一般为2~3m,当兼作道路时,其宽度应根据公路工程技术标准确定。挖方渠岸可以比填方堤顶宽度小,但必须满足维修管理的要求。灌溉渠道只满足管理运用要求时,渠岸宽度可按下式估算:

$$D = h + 0.3 \qquad (13\text{-}2\text{-}10)$$

式中 D——渠岸宽度,m;

h——渠道加大流量的水深,m。

动力渠道渠岸宽度一般为2~3.5m。航运渠道挖方渠岸宽度一般为3~4m,填方渠岸宽度一般为4~5m。安徽淠史杭灌区渠道所采用的渠岸宽度为6m,靠山、塬一侧为3m。

六、弃土和取土

挖方渠段的弃土堆坡脚至开口线的距离，当挖深在 10m 以内时，不少于 2m；当挖深在 10 ~ 15m 时，不少于 2.5m；当挖深超过 15m 时，不少于 3m。弃土要尽可能整平造地返耕。填方渠道的取土坑至渠堤坡脚的距离不小于 2m，取土深度不超过 1.5m，配水渠道的取土坑深度一般不超过 0.8m，以便于平整土地时填平。

第三节 渠道衬砌与护面结构设计

一、渠道衬砌与护面结构的选择

渠道衬砌与护面结构的主要作用为：

(1)减少渗漏损失，提高渠道水的利用系数，便于控制地下水位上升，防止土壤沼泽化和次生盐碱化等；

(2)减少渠道糙率，加大流速，增大输水能力，防止渠道冲刷破坏，减少土方开挖量。

目前，我国各地常用的渠道衬砌材料有土料、水泥土、石料、埋铺式膜料、沥青混凝土和混凝土等。渠道衬砌与护面结构可参照表 13-3-1，结合具体条件研究选定。

表 13-3-1 各类渠道衬砌与护面结构的允许最大渗漏量及适用条件

防渗衬砌结构类别		主要原材料	允许最大渗漏量 $(m^3/(m^2 \cdot d))$	使用年限（年）	适用条件
土料	黏性土、黏砂混合土	黏质土、砂、石、石灰等	0.07 ~ 0.17	5 ~ 15	就地取材，施工简便，造价低，但抗冻性、耐久性较差，工程量大，质量不易保证。可用于气候温和地区的中、小型渠道防渗衬砌
	灰土、三合土、四合土			10 ~ 25	
水泥土	干硬性水泥土、塑性水泥土	壤土、砂壤土、水泥等	0.06 ~ 0.17	8 ~ 30	就地取材，施工较简便，造价较低，但抗冻性较差。可用于气候温和地区，附近有壤土或砂壤土的渠道衬砌
石料	干砌卵石（挂淤）	卵石、块石、料石、石板、水泥、砂等	0.20 ~ 0.40	25 ~ 40	抗冻、抗冲、抗磨和耐久性好，施工简便，但防渗效果一般不易保证。可用于石料来源丰富，有抗冻、抗冲、耐磨要求的渠道衬砌
	浆砌块石、浆砌卵石、浆砌料石、浆砌石板		0.09 ~ 0.25		

续表 13-3-1

防渗衬砌结构类别		主要原材料	允许最大渗漏量 $(m^3/(m^2 \cdot d))$	使用年限（年）	适用条件
埋铺式膜料	土料保护层、刚性保护层	膜料、土料、砂、石、水泥等	0.04 ~ 0.08	20 ~ 30	防渗效果好，重量轻，运输量小，当采用土料保护层时，造价较低，但占地多，允许流速小。可用于中、小型渠道衬砌；采用刚性保护层时，造价较高，可用于各级渠道衬砌
沥青混凝土	现场浇筑、预制铺砌	沥青、砂、石、矿粉等	0.04 ~ 0.14	20 ~ 30	防渗效果好，适应地基变形能力较强，造价与混凝土防渗衬砌结构相近。可用于有冻害地区、且沥青料来源有保证的各级渠道衬砌
混凝土	现场浇筑	砂、石、水泥、速凝剂等	0.04 ~ 0.14	30 ~ 50	防渗效果、抗冲性和耐久性好。可用于各类地区和各种运用条件下的各级渠道衬砌；喷射法施工宜用于岩基、风化岩基以及深挖方或高填方渠道衬砌
	预制铺砌		0.06 ~ 0.17	20 ~ 30	
	喷射法施工		0.05 ~ 0.16	25 ~ 30	

二、混凝土衬砌

（一）结构型式与尺寸

渠道的混凝土衬砌广泛采用板形结构，其边坡截面有矩形、楔形、肋形、中部加厚形、槽形等。矩形板适用无冻胀地区的渠道，楔形板、肋形板适应于有冻胀地区的渠道。肋形板的缺点是：在施工中增加挖梁槽的工序，铺筑混凝土时大骨料易于集中，砂浆不匀，使强度不足，故施工中应特别注意。中部加厚板对防止冻胀也是有效的。槽形板适用于小型渠道预制安砌，大型渠道则现场浇筑。U 形槽水力性能、结构性能好，占地少，适用于小型渠道预制安砌。喷射混凝土作为渠道衬砌，具有强度高、厚度薄、抗冻性及防渗性好、施工方便等优点，但目前尚未普遍采用。

混凝土衬砌厚度与施工方法、气候因素、渠道大小及混凝土标号有关。现浇接缝少，造价低（约低 10%），适用于挖方渠道；预制安砌适用于填方渠道（特别是灌区配水渠道）。现浇混凝土比预制安砌的厚度稍大，有冻胀破坏地区的渠道衬砌厚度比无冻胀破坏地区的一般要厚一些，阴坡的比阳坡的要厚一些。现浇混凝土衬砌厚度可参考表 13-3-2 中数值选用。当水流含推移质泥沙较多且颗粒大时，应考虑增加磨损厚度。预制板一般厚度为 5 ~ 10cm，在无冻胀破坏地区可采用 4 ~ 8cm。

预制混凝土板的大小，按安砌时容易搬动、施工方便来考虑确定，最小为 50cm × 50cm，最大为 100cm × 100cm。

表 13-3-2　板式混凝土衬砌厚度参考数值

基础及其他条件	流量（m^3/s）	衬砌厚度（cm）	其　他
砂砾石、砾石、风化岩、有裂隙的岩石；无浮托力	<2 ≥2	3～6 4～10	3～4cm 厚的混凝土衬砌渠道，一般采用压力喷射法施工
密实的砂壤土、砂土挖方渠道；无浮托力	<2 ≥2	4～8 6～12	需要砾石垫层
黄土、轻壤土的填方渠段；冲积土、细砂土；有浮托力	<2 ≥2	6～10 8～15	需要垫层和排水设备；黏性土壤地段需要防冻胀措施，无冻胀不加垫层

（二）伸缩缝间距和接缝型式

1. 伸缩缝

混凝土衬砌渠道为适应温度变化、冻胀、基础不均匀沉陷等原因引起的变形，需要留伸缩缝。纵向缝一般设在边坡与渠底连接处，当渠底宽度超过 6～8m 时，可在渠底中部另加纵缝，渠道边坡上一般不设纵向缝或腰缝，渠道较深、边坡较大时可适当分成 2～3 块错缝砌筑。混凝土衬砌一般都设有横向伸缩缝，其间距与基础、气候、厚度、混凝土标号及施工等因素有关，设计时可参照表 13-3-3 结合具体条件适当增减。

表 13-3-3　混凝土衬砌横向伸缩缝间距

衬砌厚度（cm）	伸缩缝间距（cm）
5～7	250～350
8～9	350～400
>10	400～500

2. 缝型

混凝土衬砌的主要接缝型式如图 13-3-1 所示，其中图（a）、（b）、（c）三种为矩形缝，以图（c）有塑料止水的防渗漏性能最好，但造价较高。图（e）、（f）、（g）三种为梯形缝，以图（f）用聚氯乙烯胶泥作填料的防渗漏效果最好。宝鸡峡的 98km 长的塬边总干渠衬砌采用此型，运用已达若干年，经测定，渠道水利用系数达 0.990～0.994（$Q=20\sim25m^3/s$，95km 长的渠道的损失流量为 0.100～0.258m^3/s），衬砌下边土层含水率为 17%～19%，接近自然含水率，这说明基本不漏水。

上述八种接缝型式，可结合具体条件和要求选用。当渠道允许漏水时，可选用施工方便、造价低的接缝型式，如图 13-3-1（a）、（e）所示；如不允许漏水，应采取不漏水的接缝型式，如图 13-3-1（c）、（d）、（f）、（h）等。

3. 缝宽

缝宽取决于间距、温度变幅、干缩系数、线膨胀系数、填料伸缩性能、黏结力、施工要求等，一般采用 1～4cm。

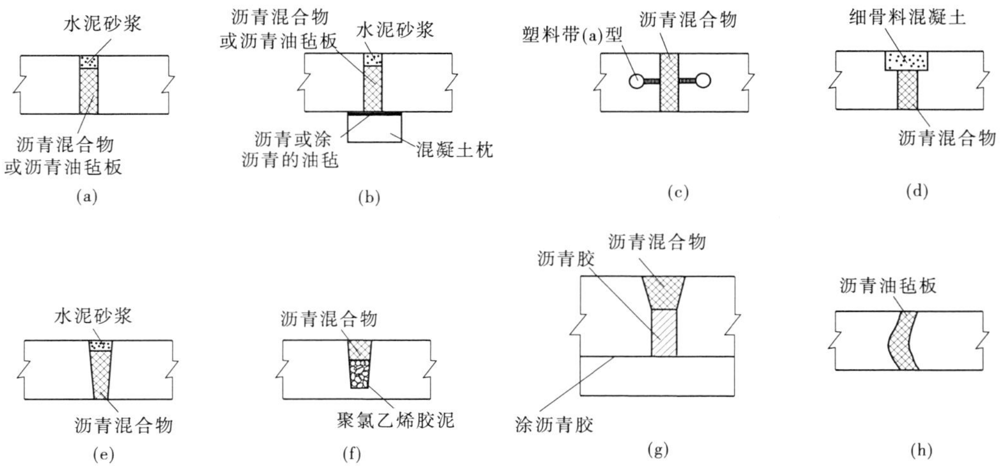

图 13-3-1 混凝土衬砌渠道伸缩缝

4. 填料

填料性能是决定衬砌效果和寿命的重要因素，要求：高温不流淌，低温不冻裂剥落，伸张时不裂缝，收缩时不挤出，黏结力强，负温下仍能黏着不脱离，耐久性好。目前，实际工程中采用的填料有沥青混合物、聚氯乙烯胶泥和沥青油毡板等。

(三)喷射混凝土

喷射混凝土衬砌渠道的优点是施工速度快、质量高，每 $1m^3$ 混凝土用水泥 350kg，衬砌厚度一般为 3～12cm。适应于大型渠道和 U 形渠道，是机械化衬砌渠道发展的方向。

三、石衬砌

(一)干砌卵石(挂淤)

干砌卵石适用于砂砾石基础或沙漠地带(坡度大、渗漏性强)的渠道。渠道断面型式一般采用梯形或渠底部分为弧形。弧形半径等于水深或小于水深。边坡系数值采用 1～2。最大允许流速与卵石粒径大小有关(见表 13-3-4)。

表 13-3-4 卵石直径与流速的关系

卵石直径(cm)	普通形状	30～35	25～30	20～25	15～20	10～15
	扁平形状	25～30	20～25	15～20	10～15	10
安全抗冲流速(m/s)		4.0～4.5	3.5～4.0	3.0～3.5	2.5～3.0	2.0～2.5
最大抗冲流速(m/s)		5.8～6.2	5.0～5.5	4.0～4.5	3.5～4.0	—

卵石规格可用岗察洛夫公式计算：

$$v_{不冲} = \sqrt[3]{d_{cp}}\lg\left(\frac{KR}{\Delta_{cp}} + 0.5A + 0.30\right) \tag{13-3-1}$$

式中 $v_{不冲}$——不冲流速,m/s;

d_{cp}——砌石的平均直径,m;

R——水力半径,m;

Δ_{cp}、K、A——粗糙形状参数,见表 13-3-5。

表 13-3-5 岗察洛夫公式粗糙形状参数

砌筑等级	砌石护面摘要说明	粗糙形状参数 平均值		
		Δ_{cp}	A	K
1	平面形石料,砌筑仔细,并经表面修理	0.05	1.10	7.0
2	平面形石料,砌筑一般	0.20	1.30	9.0
3	非平面形石料,砌筑和楔入得都好,卵石之间已经被填满	0.30	1.30	9.0
4	非平面形石料,一般砌筑,卵石之间无泥沙	0.45	1.40	10.0
5	非平面形石料,不圆滑,有棱角,砌筑不平整,楔入不良,空隙无泥沙	0.60	1.50	11.0
6	堆石体,护面过于紊乱	0.70	0.90	6.0

干砌卵石的垫层,在砂砾石渠床上,当流速小于 3.5m/s 时,可不设垫层;当流速超过 3.5m/s 时,需设粒径 2~4cm、厚 15cm 的砂砾石垫层。在黏土、黄土、砂土等的渠床上,垫层可做成双层,总厚度大于 25cm。

(二)浆砌石

浆砌石护面的防渗、防冲效果均较干砌石为优。单层厚度一般为 25~30cm,用 50 号、100 号水泥砂浆。伸缩缝间距为 20~50m,缝宽为 3cm 左右,以沥青砂浆灌注。糙率 n 值一般为 0.022 5~0.027 5;单层浆砌允许流速为 2.5~4.5m/s,双层浆砌允许流速为 3.5~5.0m/s。最大抗冲能力为 6~8m/s。勾缝一般采用比砌筑砂浆高一级标号的砂浆。

四、沥青混凝土衬砌

沥青混凝土衬砌渠道的断面形式有梯形和弧形。大型渠道一般采用就地浇筑,用机械振动压实,其厚度一般为 10~15cm,防渗层下为反滤层,在反滤层上面涂一层沥青胶或沥青乳剂。当不设反滤层时,可设 3~4cm 的沥青混凝土结合层,以便与沥青混凝土防渗层结合。小型渠道一般采用预制板,其厚度为 5~6cm。若渠道地下水位较高并有补给时,在边坡设排水;否则,可在渠床喷洒一层稀释沥青,其用量为每平方米喷洒 1kg,使土壤固结(可不做垫层)。防渗要求高的沥青混凝土衬砌,其表面应平整光滑,并应在其上面涂抹厚度为 2mm 以上的沥青胶,以增强其防渗能力。

五、塑料薄膜衬砌

塑料薄膜具有造价低(运输量少,施工简单)和效果好(适用性强,耐腐蚀性强)等优点。多采用埋藏式,可用于铺设矩形、梯形、复式梯形、锯齿形等断面。为了施工方便,一般多采用梯形边坡(可以较陡一些),保护层可用素土夯实或加铺防冲材料,其总厚度应不小于30cm。在寒冷、冻深较大的地区,保护层厚度常采用冻深的1/3~1/2。塑料薄膜防渗的关键是要铺好保护层,以延长其使用年限。

六、其他材料护面

(一)水泥土护面

采用水泥土护面,可收到良好的防渗效果。在无冻融作用的地区,水泥土的配合比为1:9~1:7,在有冻融作用的地区,水泥土的配合比为1:6~1:5。

水泥土洒水拌和后是一种黏聚性很小的松散体。水灰比,对于砂壤土为0.75~1.00,对于重壤土为1.1~1.45。考虑经济合理,水泥土的强度一般采用50~120kg/cm^2。土料以砂土及砂壤土为好。土料必须粉碎,过筛,除去3~5mm的土块。渠底可就地用机械碾压(渠坡可用50cm×30cm×8cm或50cm×30cm×12cm的预制块铺砌),24h后洒水养护,48h以后置于水中养护10~14d。

(二)黏土护面

采用黏土护面一般可减少渠道渗漏损失60%~80%。防渗层可用纯黏土或在黏土中掺砂石料,其厚度为15~30cm。上面盖以当地土料作为保护层,其厚度视土料性质和当地气候条件而定,薄的为10~20cm,厚的为30~60cm。当防渗层厚度超过10cm时,应分两次铺筑和夯实。无石护面的黏土防渗层渠道,其允许流速应小于0.7m/s。

(三)灰土护面防渗

灰土护面按所用材料分二合土和三合土两种。二合土是石灰和土料,它们的配合比有3:7、4:6等,三合土为石灰、砂子、黄土(或黏土),它们的配合比有1:1:4、1:1:6等。灰土防渗层的主要缺点是抗冻性能差,因此在北方地区使用时须加保护层(在南方地区可不设保护层)。衬砌厚度一般为20~40cm。

(四)人工挂淤防渗

人工挂淤防渗多用在断面较小、坡度缓、呈周期性工作的渠道上。利用黏土进行人工挂淤(可在静水中进行),可获得较均匀的挂淤防渗层。挂淤防渗效果与土粒粒径、挂淤方法及施工质量等有密切关系,在不同粗砂地基上,采用不同细土粒径,其淤入深度各不相同,黏土用量亦各不相同。

动水挂淤时,要注意黏土浆液的浓度,并控制渠水的流速。一般流速应控制在0.05~0.20m/s。淤填料颗粒愈细,流速应愈小。流速愈小,淤填层愈均匀。

第四节 渠道比降、流速与渗漏计算

一、渠道比降

渠道比降应根据渠线所经过地区的地形、土质、水流流量及含沙量等条件所规定的允许流速确定。各类渠道比降设计的原则如下。

（一）灌溉渠道

（1）输水渠道尽可能采取较缓的比降以满足自流灌溉的要求。

（2）渠道比降应尽量接近地面比降，避免挖、填方量过大。

（3）对于土壤易冲刷的渠道，其比降应缓；对于地质条件较好的渠道，其比降可适当陡一些。

（4）清水渠道应考虑防止冲刷，比降宜缓，如安徽淠史杭灌区渠道，其输水渠道比降为1/10 000～1/28 000。浑水渠道应考虑防止淤积，比降宜适当加大，如陕西宝鸡峡渠道比降为1/4 000～1/5 000，陕西泾惠渠灌区比降为1/2 000。

（5）对于流量过大的渠道，其比降可缓。如安徽淠史杭灌区渠道的过流量较大（$300m^3/s$），其相应的比降较缓，取为1/28 000。

（6）对于抽水灌溉输水渠道，在满足泥沙不淤的条件下，其比降应尽量放缓。

对于黄土地区从多泥沙河流引水的灌溉渠道，其比降可采用陕西省水利科学研究所的经验公式近似选定：

$$i = 0.275n^2 \frac{(\rho_0\omega)^{\frac{3}{5}}}{Q^{\frac{1}{4}}} \tag{13-4-1}$$

式中 i——渠道比降；

n——渠道糙率；

ρ_0——饱和挟沙量，kg/m^3；

ω——泥沙平均沉速，mm/s。

对于清水渠道的比降，应根据土质的耐冲流速确定，一般可用下式计算：

$$i = \frac{v^2}{C^2R} \tag{13-4-2}$$

式中 v——耐冲流速，m/s；

R——水力半径，m；

C——谢才系数。

我国部分灌区的土质输水干渠的比降见表13-4-1。

表13-4-1　我国部分灌区的土质输水干渠的比降

渠道名称	流量（m^3/s）	土壤	比降	说明
京密引水干渠	70～40	砂土、壤土	1/17 000	清水，部分衬砌
石津灌区总干渠	100	壤土	1/5 000	浑水
人民胜利渠总干渠	60	壤土	1/3 000～1/4 600	浑水，个别渠段为1/1 800
鸭河口灌区	134	黏土	1/10 000～1/15 000	清水
打渔张灌区总干渠	60	黏土、壤土	1/7 000～1/10 000	浑水
汾河干渠	78	砂土、壤土	1/5 000	浑水
镫口扬水灌区	50	壤土	1/10 000	浑水
唐徕渠	140	淤灌草甸土	1/7 000	浑水

续表 13-4-1

渠道名称	流量 (m^3/s)	土壤	比降	说明
河套灌区	480	壤土	1/8 000	浑水
疏勒河灌区	32	壤土	1/250	浑水
宝鸡峡总干渠	50	壤土	1/4 000 ~ 1/5 000	浑水,已全部衬砌
查哈阳灌区	50	黑钙土	1/5 000 ~ 1/8 000	清水
都江堰人民渠	93	壤土	1/2 500 ~ 1/3 000	清水,部分衬砌
都江堰东风渠	50	黏壤土	1/8 000	清水,部分衬砌
引丹总干渠	35	黏土	1/10 000	清水
韶山灌区	46	壤土	1/5 000 ~ 1/10 000	清水,部分衬砌
淠史杭总干渠	300	黏壤土	1/20 000 ~ 1/28 000	清水,部分衬砌
青年运河灌区	110	泥质板岩风化土、砂土	1/10 000 ~ 1/12 000	清水
清平灌区东干渠	14	砂壤土	1/6 000	清水

（二）排水沟道

（1）各级输水沟道的采用比降，主要取决于排水面积上的地面坡度以及满足沟道不淤不冲的条件。我国一些灌区排水沟道所采用的比降范围如表 13-4-2 所示。

表 13-4-2　我国一些灌区排水沟道比降范围

灌区名称	地面比降	排水干沟比降
泾惠渠灌区	1/200 ~ 1/1 000	1/400 ~ 1/2 000
洛惠渠灌区	1/200 ~ 1/1 000	1/400 ~ 1/2 000
东方红灌区	1/1 000 ~ 1/3 500	1/1 500 ~ 1/3 500
白沙灌区	1/170 ~ 1/600	1/500 ~ 1/1 000
人民胜利渠灌区	1/2 000 ~ 1/4 000	1/3 000 ~ 1/4 000
打渔张灌区	1/5 000 ~ 1/10 000	1/5 000 ~ 1/10 000

（2）沟道比降与容泄区的水位高程衔接有关。

（3）沟道比降接近地面比降可节约土方。

（4）在地面坡度变化较大时，也要尽可能地使沟道下游的流速大于上游流速，以免排水不畅。

（5）过大的沟道比降会引起土壤的冲刷，反之又会引起淤积和生长杂草，所以选择沟道比降应使实际流速介于不冲不淤流速之间。

（6）为保证在通过日常流量的情况下沟道不发生壅水现象，在沟口汇流处应具有适当的水面落差（一般为 0.1 ~ 0.2m）。

（三）航运渠道（运河）

（1）航运渠道最小可能比降可按下式计算：

$$i = \frac{\Delta H}{L} \tag{13-4-3}$$

式中　ΔH——被连通水道的水位差，m；

L——航道长度，m。

（2）航运渠道平均流速应小于最大容许航行流速。适宜航行的流速一般不超过0.6～0.3m/s。

（3）水流中如含有悬移质，必须验算运河的不淤渠道的设计流速应满足不冲和不淤的条件。

二、渠道流速

（一）设计流速

渠道的设计流速应满足不冲和不淤的条件。为了减少过水断面面积，设计流速通常选用允许流速中的较大值。允许流速的大小取决于渠道的土质和所采用的衬砌材料，渠道的流量、过水断面尺寸及其水力要素以及水流挟沙量和颗粒组成。因此，选择流速必须根据当地条件进行充分的调查研究，最好采用类比方法，与条件相类似的已建成渠道比较而定。

（二）平均流速

渠道平均流速应在最大的和最小的极限允许流速范围以内。平均流速可按谢才公式计算：

$$v = C\sqrt{Ri} \tag{13-4-4}$$

式中　v——平均流速，m/s。

谢才系数 C 值通常按曼宁公式计算：

$$C = \frac{1}{n}R^{\frac{1}{6}} \tag{13-4-5}$$

渠道糙率 n 值见表13-4-3。

表13-4-3　渠道糙率 n 值

一、土渠床

流量范围（m^3/s）	渠道特征	n 值
>25	平整顺直，养护良好	0.020～0.022 5
	平整顺直，养护一般	0.022 5～0.025
	渠床多石，杂草丛生，养护较差	0.025～0.027 5
25～1.0	平整顺直，养护良好	0.022 5～0.025
	平整顺直，养护一般	0.025～0.027 5
	渠床多石，杂草丛生，养护较差	0.027 5～0.030
<1.0	渠床弯曲，养护一般	0.025～0.027 5
	小型固定渠道	0.027 5～0.030

续表 13-4-3

二、岩石渠床	
渠道特征	n 值
经过良好修整的	0.025
经过中等修理无凸出部分的	0.030
经过中等修理有凸出部分的	0.033
未整理有凸出部分的	0.035 ~ 0.045
三、有护面的渠床	
渠道特征	n 值
抹光的水泥抹面	0.012
未抹光的水泥抹面	0.014
光滑的混凝土护面	0.015
粗糙的混凝土护面	0.017
平整的喷浆护面	0.015
不平整的喷浆护面	0.018
干砌块石护面	0.033
浆砌块石护面	0.025
料石和砌砖护面	0.017

(三)临界不冲流速

为了使灌溉渠道不冲不淤,设计时多以临界不冲条件为依据,用临界不淤流速作为核验。临界不冲流速又称最大允许流速,是设计渠道最大流速的限度。对于土质为沙质土、砾石土、砂卵石的渠道,可按有关经验公式计算。对于缺乏有关水力要素的渠道,可按表 13-4-4和表 13-4-5 取用。

表 13-4-4　黏性土渠床的允许不冲流速

序号	土壤名称	颗粒成分(%)		土壤的特性															
				孔隙比 1.2 ~ 0.90 密度 < 1.2t/m³				孔隙比 0.9 ~ 0.6 密度 1.2 ~ 1.66 t/m³				孔隙比 0.6 ~ 0.3 密度 1.66 ~ 2.04 t/m³				孔隙比 0.3 ~ 0.2 密度 2.04 ~ 2.14 t/m³			
		< 0.005 mm	0.005 ~ 0.05mm	水流平均深度(m)															
				0.40	1.00	2.00	3.00	0.40	1.00	2.00	3.00	0.40	1.00	2.00	3.00	0.40	1.00	2.00	3.00
				允许不冲刷的平均流速(m/s)															
1	黏土	30 ~ 50	70 ~ 50	0.35	0.40	0.45	0.50	0.70	0.85	0.95	1.10	1.00	1.20	1.40	1.50	1.40	1.70	1.90	2.10
2	重壤土	20 ~ 30	80 ~ 70	—	—	—	—	—	—	—	—	—	—	—	—	—	—	—	—
3	轻、中壤土	10 ~ 20	90 ~ 80	0.35	0.40	0.45	0.50	0.65	0.80	0.90	1.00	0.95	1.20	1.40	1.50	1.40	1.70	1.90	2.10
4	黄土	—	—	—	—	—	—	0.60	0.70	0.80	0.85	0.80	1.00	1.20	1.30	1.10	1.30	1.60	1.70

表 13-4-5 坚硬岩石和衬砌渠道的允许不冲流速

岩石或护面的种类	渠道流量(m^3/s)		
	<1	1~10	>10
软质水成岩(泥灰岩、页岩、软砾石)	2.50	3.00	3.50
中等硬质水成岩(致密砾石、多孔石灰岩、层状石灰岩、白云石灰岩、灰质砂岩)	3.50	4.25	5.00
硬质水成岩(白云砂岩、砂质石灰岩)	5.00	6.00	7.00
结晶岩、火成岩	8.00	9.00	10.00
单层块石铺砌	2.50	3.50	4.00
双层块石铺砌	3.50	4.50	5.00
混凝土护面(水中不含沙和卵石)	6.00	8.00	10.00
干砌卵石渠道(新疆维吾尔自治区)	4.00~4.50		

(四)临界不淤流速

临界不淤流速是渠道的最小平均流速,除要求在该流速下水中所含浮沙不致沉落外,同时还要防止渠道丛生杂草。为此,大型渠道的最小平均流速通常应大于0.5m/s;小型渠道的最小平均流速不得小于0.3m/s;很小的清水渠道的最小平均流速不得小于0.2m/s。

临界不淤流速的确定与水中含沙量及其泥沙运行规律有关。渠道水流挟沙能力和临界不淤流速可按有关经验公式计算。

(五)渠道设计流速的选择

渠道的设计流速一般应根据渠道的用途、工作条件及渠床地质状况确定。在某些情况下,可通过技术经济综合分析来确定。选择各类渠道的设计流速时,应遵循下列原则:

(1)渠床稳定,不发生冲刷或淤积;

(2)渠道中不生长杂草;

(3)适应工作条件,满足特殊运用要求;

(4)渠道造价合理。

对于灌溉渠道,土渠设计流速通常在0.6~1.0m/s范围内选用。对于清、浑水两用的渠道,允许在浑水时稍有淤积,清水时稍有冲刷,而在一年之内保持冲淤平衡。

对于航运渠道,设计流速应根据运用条件选用,一般不超过1.0m/s。

对于动力渠道,设计流速一般在1~2m/s范围内选用。

(六)冬季流冰问题

解决寒冷地区渠道冬季流冰问题主要有两种方法:一是在渠道内造成冰盖;二是保持渠道内不结冰的流速。关于造成冰盖的条件及有关问题,一般是按经验进行近似的估计。通常形成冰盖的流速应不大于0.5m/s,冰盖厚度一般可控制在10~5cm范围内。保持渠道内不结冰的流速，通常不小于 1.5m/s，当流速达到 2～3m/s 时，可防止渠道水面结冰。

三、渠道渗漏计算

（一）自由渗漏情况下渠道渗漏损失计算

1. 比拟法

工程地质比拟法是选择地质条件相似的灌区老渠道，根据它在未防渗前的多年实测渗漏资料，推算新建渠道的渗漏值。例如，陕西宝鸡峡塬边渠道在设计时，就是根据邻近的土质相近的泾、洛、渭三个老灌区渠道渗流的多年实测资料（未防渗前渠道的每千米渗漏损失率为 0.4%～0.5%）来计算其渗漏损失的。该渠道设计流量为 $50m^3/s$，土渠长 89.5km，每千米渗漏损失率以 0.4% 计，则每千米渗漏损失量为 $0.2m^3/s$，该段渠道总渗漏损失量为 $17.90m^3/s$，渠道水利用系数为 0.64。

2. 实测法

在无邻近渠道渗漏资料时，可在拟修建的渠道线路上按其土质分类分别进行实测试验，也可结合施工进行试验，取得实际的渗漏损失率，用来计算新修渠道的渗漏损失。例如，宝鸡峡塬边渠道在设计时，根据土壤和地质条件的不同划分 19 个段实测渗透系数，采用维杰尔尼可夫公式逐段计算，求得塬边渠道总渗漏流量为 $19.0m^3/s$，每千米渠道输水损失率为 0.425%，渠道水利用系数为 0.620。

3. 经验公式法

用于计算渠道渗漏的经验公式较多，此处仅介绍维杰尔尼可夫公式，该公式适用于梯形断面且不透水层距渠底很深时。

$$S = 0.0116(B + 2hk_i)k_\varphi \tag{13-4-6}$$

或

$$\sigma = \frac{1.16(B + 2hk_i)k_\varphi}{Q_净} \tag{13-4-7}$$

式中 S——每千米渠道上的输水损失量，$m^3/(s \cdot km)$；

σ——每千米渠道输水损失量占渠道净流量的百分数（输水损失率）；

$Q_净$——灌溉渠道的净流量，m^3/s；

B——渠道水面宽度，m；

k_φ——渗透系数，m/d，，无实测资料时，k_φ 值可参考表 13-4-6 选用；

h——渠道水深，m；

表 13-4-6 k_φ 值

透水性质	土壤种类	k_φ(m/d)
极小	重黏土	0.01
小	黏土、重黏壤土	0.01～0.05
中等	中黏壤土、轻黏壤土、黄土	0.05～0.40
大	砂壤土、粉砂土	0.40～1.00
强	砂土类土、砂石土	1.00

k_i——第一类完全椭圆积分的比值，$k_i = \frac{k}{k_1}$；可按表 13-4-7 选用；

k——模数 λ 时第一类完全椭圆积分；

k_1——模数 $\lambda' = \sqrt{1-\lambda^2}$ 时第一类完全椭圆积分。

表 13-4-7　$2k_i$ 值

$\frac{B}{h}$	$2k_i$		
	$m=1$	$m=1.5$	$m=2$
2	2.0	—	—
3	2.4	1.9	—
4	2.7	2.2	1.8
5	3.0	2.5	2.1
6	3.2	2.7	2.3
8	3.4	3.0	2.7
10	3.7	3.2	2.9
15	4.0	3.6	3.3
20	4.2	3.9	3.6

注：表中 m 为渠道的内边坡系数。

（二）顶托渗流情况下渠道渗漏损失计算

顶托渗流情况下的渠道渗漏损失计算，现有的理论方法比较复杂，通常用自由渗漏有关公式乘以顶托渗漏损失校正系数 γ 值作近似估算。γ 值见表 13-4-8。

表 13-4-8　γ 值

渠道净流量（m^3/s）	地下水埋深（m）						
	<3	3	5	7.5	10	15	20
0.3	0.82	—	—	—	—	—	—
1.0	0.63	0.79	—	—	—	—	—
3.0	0.50	0.63	0.82	—	—	—	—
10.0	0.41	0.50	0.65	0.79	0.91	—	—
20.0	0.36	0.45	0.57	0.71	0.82	—	—
30.0	0.35	0.42	0.54	0.66	0.77	0.94	—
50.0	0.32	0.37	0.49	0.60	0.69	0.84	0.97
100.0	0.28	0.33	0.42	0.52	0.58	0.73	0.84

（三）有衬砌及其他防渗措施的渠道渗漏损失计算

每千米渠道输水渗漏损失水量可用下列经验公式估算：

$$S_f = \alpha' S \tag{13-4-8}$$

式中　S_f——采取防渗措施后每千米渠道输水的渗漏量，$m^3/(s \cdot kg)$；

S——未采取防渗措施的每千米渠道渗漏量，$m^3/(s \cdot kg)$；

α'——减少系数,可按表 13-4-9 采用。

表 13-4-9　α'值

防渗措施	α'
渠槽翻松夯实(厚度大于 0.5m)	0.30～0.20
渠槽原土夯实(影响深度 0.4m)	0.70～0.50
灰土夯实	0.15～0.10
人工挂淤	0.70～0.50
混凝土护面	0.15～0.05
黏土护面	0.40～0.05
砌石护面(灌区内部)	0.014
沥青材料护面(灌区内部)	0.025
草泥抹面(灌区内部)	0.08

第五节　渠道抗冻胀设计

一、渠道工程抗冻胀设计步骤

(1)基本资料的收集。

(2)对渠道分段。

(3)选取代表性横断面。

(4)计算设计冻深和冻胀量。

(5)选取最大冻胀位移值。

(6)判断冻胀性类别。

(7)进行衬砌渠道冻胀安全校核。按《渠系工程抗冻胀设计规范》(SL23—2006)的规定,用常用材料衬砌渠道允许冻胀位移值进行校核,判定每一渠段按采用常用材料及结构型式时是否满足冻胀安全要求。

(8)选择抗冻胀措施。

(9)进行抗冻胀结构和工程措施的详细设计。

二、衬砌渠道安全冻胀的校核

衬砌渠道的冻胀破坏主要是由于渠床基土冻胀造成衬砌体变位较大所形成的,而衬砌体一般具有体积小、自重轻、所受约束力小等特点,衬砌体本身不足以抵抗冻胀力,因此选择冻胀位移量作为控制指标进行安全冻胀校核。

用常用材料衬砌的梯形断面渠道和整体式 U 形槽,其允许的冻胀位移值如表 13-5-1 所示。

选用表 13-5-1 允许位移值时,衬砌渠道断面深度大于 3.0m 和衬砌板单块尺寸大于

5.0m 时，取小值；衬砌渠道断面深度小于 1.5m 和衬砌板单块尺寸小于 2.5m 时，取大值。

表 13-5-1　衬砌渠道允许位移值

衬砌材料	混凝土	砌石	沥青混凝土	整体式 U 形槽
允许位移值(cm)	0.5～2	1～3	3～5	4～5

衬砌渠道横断面上的最大冻胀量必须小于或等于衬砌渠道的允许位移值；当渠道横断面上的最大冻胀量超过允许位移值时，要考虑采取抗冻胀结构和措施。

三、抗冻胀结构及工程措施

渠道抗冻胀结构和措施有改善衬砌结构、保温措施、隔水排水、渠床处理等。

(一)架空梁板式或预制空心板式结构

当渠道的冻胀位移值在 2 倍允许冻胀位移值之内，渠床基土为Ⅱ类以及Ⅱ类以下冻胀类别的中小型渠道，可采用架空梁板式或预制空心板式混凝土结构。

架空梁板式衬砌是一种装配式结构，梁与板分别预制。施工时，先安放混凝土梁，然后在混凝土梁上砌置混凝土板，使板底和基土之间有一定空隙，并将封顶板插入梁下一定深度。这种结构较为复杂，施工也较繁，但对于冻胀轻微的渠道，基本可以免除冻害。在施工中要严格保证接缝和充填止水。见图 13-5-1。

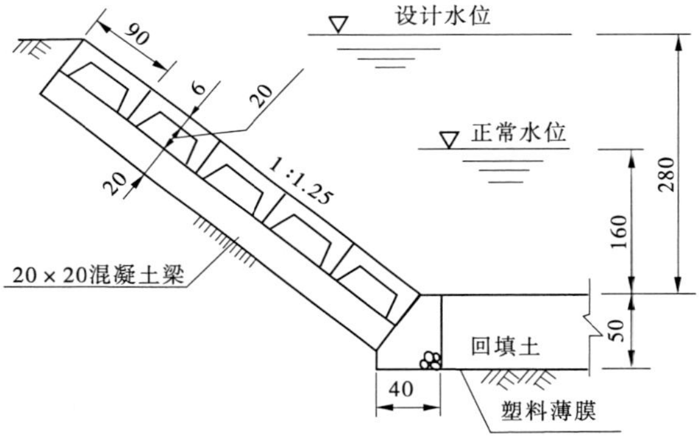

图 13-5-1　山西潇河灌区梁板式结构　(单位:cm)

空心板式结构四周板肋起肋梁作用，增加结构刚度和抗冻胀破坏的能力，这种板形结构虽然施工工序少，但预制较难。

(二)楔形板和肋梁板结构

楔形板是一种用于渠坡的下厚上薄的现浇混凝土板衬砌结构，陕西、新疆等省(区)采用这种结构，证明了楔形板比矩形板抗冻胀能力强。考虑到渠道阴、阳坡冻胀程度的差异，阴坡底部的板要比阳坡的厚些。楔形板伸缩缝间距以 3～4m 为宜。

在楔形板下，每隔 1m 左右，加一断面为矩形或倒梯形的肋梁，成为由连续 T 形梁组成的肋梁板。梁高 20cm，梁宽 10～20cm。这种肋梁板的特点是刚度大、抗弯曲性能好，比楔形板抗冻胀的能力强。见图 13-5-2。

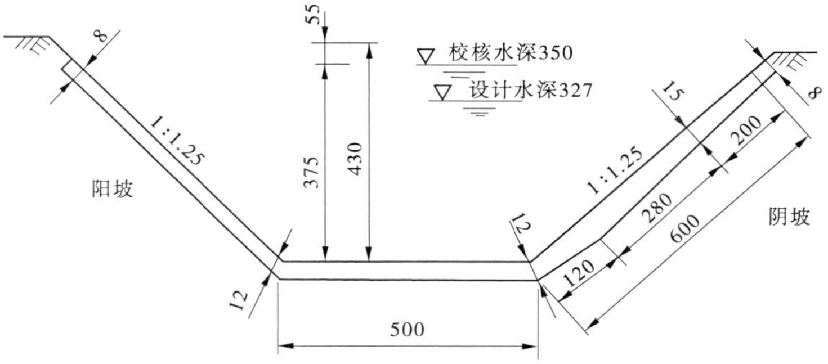

图 13-5-2　陕西冯家山总干渠楔形板衬砌断面　（单位:cm）

楔形板和肋梁板适用于渠床基土为Ⅱ类及Ⅱ类以下冻胀类别的渠道,曾在陕西省得到较广泛应用。

（三）U 形渠道

近年来,混凝土 U 形渠结构在许多省、市、区得到了大量应用。U 形渠道主要用于流量小于 $5m^3/s$ 及半径小于 1.0m 的小型渠道,一般为整体式现场浇筑。U 形渠在冻胀量 5 ~ 6cm 及以下时可以成功运行,当冻胀作用很强时,受两边侧向冻胀力作用常在断面曲线和直线交界处发生裂缝。

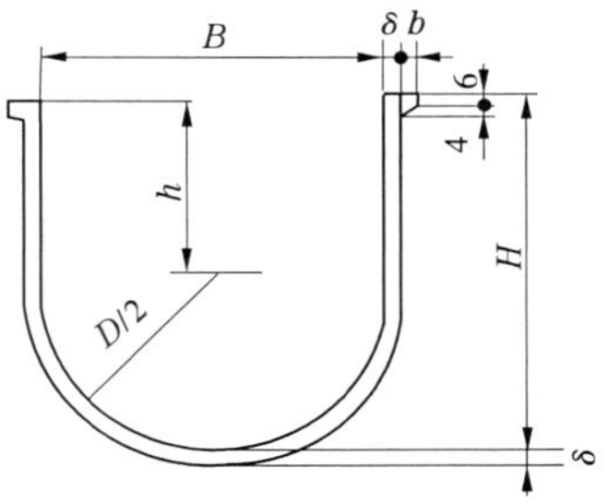

图 13-5-3　U 形渠槽　（单位:cm）

陕西省 U 形渠结构见图 13-5-3,直立段 h 一般为半圆直径的 1/3 ~ 1/2,上口宽 $B = D + (2 \sim 4)$ cm,壁顶部外延伸宽度 b 为壁厚 δ 的 2 ~ 3 倍。壁厚与半圆直径的关系如表 13-5-2 所示。

表 13-5-2　混凝土 U 形渠壁厚与半圆直径的关系　（单位:cm）

半圆形直径 D(cm)	50 以下	50 ~ 75	75 ~ 100	100 ~ 125	125 ~ 150	150 以上
壁厚 δ(cm)	4 ~ 5	5 ~ 6	6 ~ 7	7 ~ 8	8 ~ 9	9 ~ 10

也可考虑将圆弧段以上直线设为斜坡。现浇混凝土 U 形渠一般每隔 10m 设一横向伸缩缝,缝宽 2 ~ 3cm,用沥青砂浆或聚氯乙烯胶泥填塞伸缩缝,如图 13-5-4 所示。

对于小型 U 形渠,也常用预制安装的施工方法。

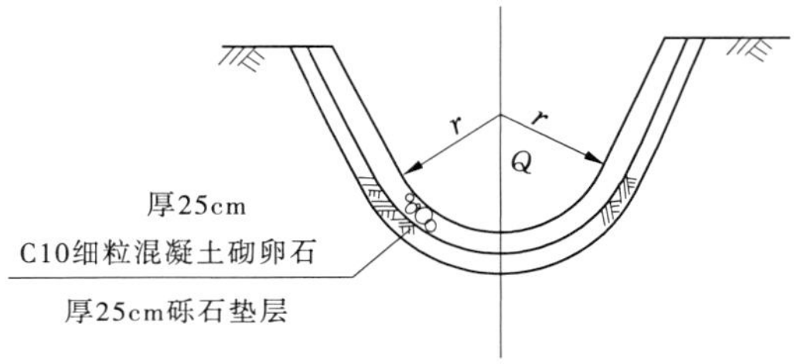

图 13-5-4　甘肃省武威地区 U 形渠

（四）弧形底渠道

弧形底渠道的型式为弧形渠底、梯形边坡断面，多用卵石砌成反拱渠底，两边坡用混凝土板衬砌。横向每隔 3 ~ 4m 设冻胀变形缝，缝内填充在当地最低气温下仍具有柔性的止水材料。需要指出，弧形渠底适应冻胀变形的范围有一定限度，同时弧长也不能太大，从减轻冻胀的角度考虑，断面不宜过于窄深，如图 13-5-5 所示。

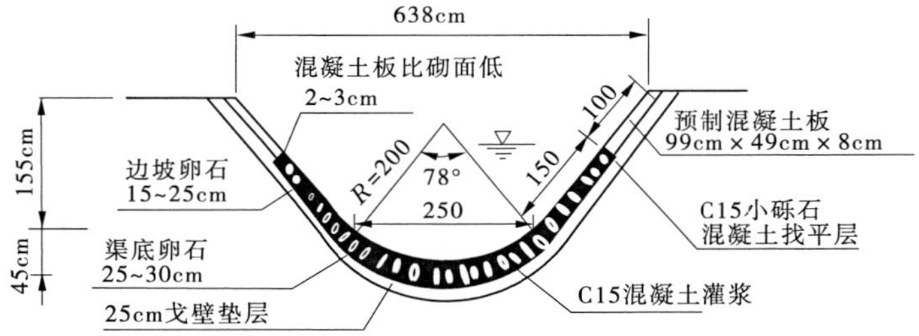

图 13-5-5 新疆三屯河东干渠横断面

（五）矩形槽

渠道冻胀量大于 5cm 或渠床土的冻胀性类别高于Ⅲ级的渠道，可采用混凝土或浆砌石矩形槽，并在槽底设置非冻胀性土置换层，槽侧回填土高度应小于槽深的 1/3。矩形槽是一种兼具削减和回避冻胀作用的结构性措施。

（六）渠床换基处理

换基是在冻结深度内将衬砌板下的冻胀性土置换为非冻胀性土。《渠系工程抗冻胀设计规范》（SL23—91）规定，粗粒土中粒径小于 0. 05mm 的土粒重量占土样总重量 6% 及以下时，为非冻胀性土。根据《土工试验规程》（SD128—84），粗粒土指粒径为 0. 1 ~ 50mm 的砂粒和砾石，只要有足够的换填深度（冻结深度内），适当的换填材料质量，并在必要时设置排水，则换基措施对各种条件下的冻胀防治均有效。

采用换基法抗冻胀时，应注意置换量过大是否可行；应保证置换层在冻结期不饱水或有排水出路；应严格保证置换土料的非冻胀性和防止在使用期间受细颗粒淤塞。

渠床各部位换填深度 H_n（cm）按式（13-5-1）计算：

$$H_n = \varepsilon \cdot H_d - \delta_0 \tag{13-5-1}$$

式中 ε——置换比（%），按表 13-5-3 选取；

δ_0——衬砌板厚度，cm；

表 13-5-3 不同土壤及地下水条件下的置换比

土类	地下水埋深（m）	置换比（%）	
		坡面上部	坡面下部及渠底
黏土	$>2.5 + H_d$	50 ~ 70	70 ~ 80
重、中壤土	$>1.5 + H_d$	50 ~ 70	70 ~ 80
轻壤、砂壤土	$>1.5 + H_d$	40 ~ 50	
黏土，重、中壤土	小于上述值	60 ~ 80	80 ~ 100
轻壤、砂壤土	小于上述值	50 ~ 60	60 ~ 80

H_d——置换部位的工程设计冻深，cm。

换填材料可就地取材。如甘肃民勤总干渠用的垫层料中值粒径为 0. 17mm；辽宁采用细砂，内蒙古和新疆采用风积沙等。

（七）排水措施

当冻融层或置换层下不透水或弱透水层较薄，深层地下水埋深大于工程设计冻深时，可在渠底每隔 10 ~ 20m 设一眼盲井，使冻融层或置换层与地下水联通；当渠床的冻融层有排水出路时，可在工程设计冻深底部设置纵、横向排水暗管，把渠床冻融层中的重力水或渠道傍渗水排出渠外；当渠道冬季输水、渠侧有傍渗水补给渠底时，可在最低运行水位以上设置反滤排水体，排水口设在最低运行水位处，，将傍渗水排入渠内，避免浸湿渠床。

采用排水措施的关键是掌握当地的水文地质资料，作好排水设施的设计，使其保证长期正常运行。

（八）保温措施

保温措施是在衬砌体下铺设保温垫层，以提高地温、削减或消除冻胀。在国内，近年来多采用混凝土预制板下铺设聚苯乙烯泡沫板的保温方法，如山西省潇河灌区北干渠、山东省引黄济青输水渠、北京市京密引水渠昆玉段等。据山西省潇河灌区观测，预制混凝土板下铺 5cm 厚聚苯板，比预制混凝土板衬砌提高地温 8. 6℃，减小冻深 73. 4% ~ 85%，减小冻胀量 96%。聚苯乙烯泡沫板的材料性能应不低于表 13-5-4 中的规定，初选厚度可按工程设计冻深 H_d 的 1/10 ~ 1/15 估算。

表 13-5-4　聚苯乙烯泡沫板物理力学性能

项目	密度（kg/m^3）	吸水性（g/m^2）	压缩强度（压缩 50%）	变曲强度（kPa）	尺寸稳定性（ - 40 ~ 70℃）	导热系数 W/（m · ℃）
数值	20 ~ 50	15 ~ 20	≥200	≥220	±0. 5%	0. 146 ~ 0. 044

（九）隔水措施

在混凝土衬砌板下加铺一层聚乙烯薄膜或土工膜，可大大减少衬砌板接缝处的渗漏量，使冻结前土中含水量尽可能降低。膜料可选用 0. 2mm 塑料薄膜、玻璃丝布油毡或其他土工膜。

隔水措施只适用于地下水深埋，且无其他渠床补充水源的情况。

（十）渠床土压实措施

用压实法或强夯法提高渠床土密度以降低冻胀量的方法是最简单易行的措施。压实可使土的干密度增加、孔隙率降低、透水性减弱、冻胀变形减小。对于湿陷性黄土渠床，其方法是：先放小水浸泡，使土层逐步湿陷而又不发生冲刷；如此反复数次后，逐渐加大注水量，直到不产生湿陷为止。

对于非湿陷性渠床土基，压实处理方法有原状土压实和翻松压实两种。原状土压实所能达到的深度一般仅在 0. 3m 以内，不宜在严寒地区采用；翻松土压实，可以分层回填，逐层压实，可达较大压实厚度。

第六节 输水管道管材选择及水力计算

一、管材选择

管道按材料一般分为金属管和非金属管。金属管包括铸铁管和钢管。非金属管包括混凝土管、玻璃钢管、PVC 管等。应根据工程具体情况,合理选用管材,以保证输水安全。

(一)铸铁管

铸铁管按材质可分为灰口铸铁管和球墨铸铁管,灰口铸铁管一般口径不大、材质不稳定,输水工程中基本不采用。球墨铸铁管具有铁的本质、钢的性能,强度高、延性好,其强度和延伸率均高于钢管,同时又具有一定的耐腐蚀性,目前已被许多国家和地区广泛用于输水工程中。

铸铁管管径一般为 50 ~ 1 500mm,最大约为 2 600mm。管段标准有效长度一般为 6 000mm 或 8 000mm。铸铁管按承受水压力的大小可分为三个级别,即高压管、普压管和低压管。高压管最大工作压力为 1. 0MPa,普压管最大工作压力为 0. 75MPa,低压管最大工作压力为 0. 45MPa。铸铁管接口形式较多,其中包括承插式刚性接口、承插式柔性接口、法兰接口、螺纹接口及焊接等形式。其中,柔性接口安装时允许偏转一定的角度(大口径管允许的偏转角度约为 1. 5°),能够适应复杂的地形条件,在遇到小的转弯时,可以利用接口的偏转进行调整,而无需另设管道配件。铸铁管还备有各种配件,适用于管道转弯、变径、分岔和各种阀门位置的连接,使管道的连接更加方便。

铸铁管铺设时,对基础要求较低,一般情况下,可不进行基础处理,仅需将天然地基进行适当平整,管道铺设于未经开挖扰动的原状土上;遇到较差地基或含岩石地区,铺设管道时可采用砂垫层基础。非冰冻地区,管道覆土厚度一般不应小于 0. 7m。

(二)钢管

钢管具有耐高压、韧性好的特点,同时钢管一般管壁相对较薄、管段较长,因此又有重量轻、运输方便、接头少的特点。同铸铁管相比,钢管价格较高,耐腐蚀性能较差,使用寿命相对较短。

输水工程中一般选用螺旋焊缝与直缝焊接钢管,钢管的管径、管壁厚度、管段长度可进行调整。钢管接口形式较多,也较为灵活。一般为刚性连接,可焊接,也可采用法兰、丝扣或特制承插口连接。一般情况下钢管连接均采用焊接,在连接阀件、设备及需要经常检修的部位,可采用法兰或丝扣连接。钢管配件一般采用标准铸铁配件,也可采用钢配件。

钢管铺设较为方便,其型式与铸铁管相似,管顶覆土厚度一般亦不小于 0. 7m。

(三)预应力钢筋混凝土管

预应力钢筋混凝土管按生产工艺可分为三阶段应力管和一阶段应力管,其加工工艺简单,造价较低。同金属管材相比,预应力钢筋混凝土管耐腐蚀能力强,不需进行内外防腐处理;因其内壁不易结垢,输水能力不易随时间下降,也不会引起水质变化;安装较铸铁管更为简便,工程质量容易得到保证;能够节约钢材和能源。但同金属管材相比,预应力钢筋混凝土管也存在着重量大、易碎、运输困难及管身易断裂等缺点。

预应力钢筋混凝土管按直径的大小可分为小口径管（内径 <400mm）、中口径管（400mm≤内径 <1 400mm）和大口径管（内径≥1 400mm）。根据现在的生产水平，管径一般为 300 ~2 200mm，最大为 3 400mm。管段标准长度多为 5.0m。管道工作压力一般为 0.4 ~1.2MPa，有时工作压力也可高达 2.0MPa。预应力钢筋混凝土管管节连接型式分为平口式和承插式两种，平口式常用法兰套管式柔性接头及刚性接头两种型式连接。法兰套管式柔性接头允许管节在纵向有 3 ~5mm 的相对位移及 1.5°的转角，适应性较好，但金属消耗量多，接头造价高；刚性接头成本较低，但对地基不均匀沉陷的适应性差，铺设安装困难，因此较少采用。承插式一般采用柔性接头，允许管节在纵向有 10mm 的相对位移及 1.5°的转角。管道铺设时，需采用中砂或粗砂作基础，铺砂找平并夯实，同时满足一定的厚度要求。当地基土质松软时，也可采用混凝土基础。

（四）普通钢筋混凝土管

普通钢筋混凝土输水管道可分为预制钢筋混凝土管和现浇钢筋混凝土管。普通钢筋混凝土管道的断面型式可分为圆形、矩形和拱形。圆形混凝土涵管的水力学性能好，能承受较大的填土压力和内水压力，受力条件好，主要为预制钢筋混凝土管，管径一般为 800 ~2 500mm，壁厚一般为内径的 1/10 ~1/15。断面为矩形的涵管称为箱形涵洞，其特点是对地基不均匀沉陷适应性好，对断面型式的调节比较方便，能满足过流要求。小跨径箱涵通常都采用单孔，孔径较大时，应做成双孔或多孔。单孔箱涵壁厚一般为其跨径的 1/8 ~1/12，双孔箱涵顶板厚度为其跨径的 1/9 ~1/10，侧墙厚度为其高度的 1/12 ~1/13。小跨径的箱涵可以分段预制，现场安装；大跨径箱涵一般现浇。同圆形涵管相比，箱涵受力条件较差，过水能力小于圆涵，但箱涵施工相对简单，对于大孔径涵管，施工质量更容易保证。

拱形涵洞能承受较大的外压，多用于填土较高、泄流量较大的明流涵洞。按拱的形状可分为：半圆拱（矢跨比 $f/l=1/2$）、平拱（矢跨比 $f/l=1/3\sim1/8$）、高拱（矢跨比 $f/l>1/2$）和三心拱。工程中多采用半圆拱或平拱。涵管顶部填土厚度不应小于 1.0m，不同涵管铺设方式也有所不同，管涵铺设时通常采用砌石或混凝土做底座，其包角为 90° ~135°。拱涵、箱涵对基础要求较低，岩石基础上，仅需将基础表面平整；压缩性小的上层上，仅需铺设塑性土或三合土进行夯实处理；在软弱地基上，可铺设碎石垫层。

（五）预应力钢筒混凝土管（PCCP）

预应力钢筒混凝土管是近年来从国外引进的新型管材，它是一种钢筒、钢丝和混凝土制成的复合管，按制作工艺，可分为内衬式和埋置式两种型式，内衬式是在钢筒内部衬以混凝土后在其外面缠绕预应力钢丝再喷射砂浆保护层，该型式一般管径较小；埋置式是将钢筒埋在混凝土里面，然后在混凝土管芯上缠绕环向预应力高强钢丝，再喷射砂浆保护层。该管经过 50 余年的发展，现已进入技术成熟阶段，已经广泛用于国内外的输水工程中，它充分发挥了钢材的抗拉、易密封和混凝土的抗压、耐腐蚀性能，具有耗钢少、使用寿命长的特点。

预应力钢筒混凝土管直径一般为 600 ~3 400mm，也可根据需要专门制作更大口径的管道，管段长度一般为 3 ~5m，能承受较高的工作压力，一般为 0.4 ~2.0MPa，国外应用的

PCCP 管工作压力已达 3.0MPa 以上。预应力钢筒混凝土管接口一般采用钢质承插口，以胶圈止水，密封性好，该接头可承受高达 3.0MPa 的压力。另外，这种半刚性接头既有一定的刚性，又有一定的柔性，对地基适应性较好。同预应力钢筋混凝土管相比，该管材的钢筋更不易受到腐蚀，其耐腐蚀性好，不需采用特别的防腐措施。此外，该管内表面光滑，对于立式振动成型的埋置式管，糙率 $n=0.010\ 7$，同时由于不易腐蚀结垢，因此过水能力强，水头损失小，并且过水能力不随时间降低。此类管道安装与铺设亦比较简单，和预应力钢筋混凝土管相似，只是接头连接形式有所不同。该种管材配有转换接头和弯管等配件，便于和其他管材连接或转弯。

（六）玻璃钢管

玻璃钢管是选用多种不同性质的树脂作为内衬渗层，玻璃纤维作增强层复合制造而成的，大口径常采用玻璃钢夹砂管。玻璃钢管具有强度高、重量轻、耐腐蚀、内壁光滑等特点，现已广泛应用于石油、化工、引水、给排水等领域。

玻璃钢管管径一般为 50～4 000mm，管段长度为 6.0m、12.0m、18.0m，目前国内有多家玻璃钢企业能够根据用户要求生产更大口径的玻璃钢管，玻璃钢管强度高，工作压力为 0.6～4.0MPa。玻璃钢管耐化学腐蚀、使用寿命长，能输送大多数酸碱盐等介质，其使用寿命比普通钢管长几倍甚至几十倍，比不锈钢管也长得多，因此玻璃钢管不需要特殊的防腐处理。内壁光滑并始终保持新生管的光滑状态是玻璃钢管的又一个显著特点，其糙率一般为 $n=0.009$，有的甚至达到 $n=0.007\ 9$，在具有同等输水能力时，玻璃钢管可以选用更小的管径，同时由于它能始终保持新生管的光滑状态，其输水能力也不会随时间增加而降低。

玻璃钢管由于重量轻，因此吊装相对简单，施工中耗工少，同时管道对基础和支撑结构要求也较低。玻璃钢管的连接总的来说可分为可拆卸连接和不可拆卸连接两种型式。实际应用中，可根据工作压力、管道几何尺寸、装配条件等选用不同的连接形式。目前，玻璃钢管广泛采用的连接形式有：搭接胶接、对接胶接、单 O 型圈密封承插口连接、双 O 型圈密封承插口连接、玻璃钢整体法兰连接、活套法兰连接。其中，双 O 型圈密封承插口连接具有可靠的密封性，且安装方便，特别适用于大口径管道和中低压管道。

（七）石棉水泥管

石棉水泥管是以石棉、玻璃纤维和水泥为主要原料，经卷制而成的一种压力管道，其管径一般为 100～1 000mm，管段长度为 5m 左右，防腐性能较好，一般情况下不需进行管道的内外防腐处理，但其易裂并且裂缝需经设备检测或经运行后才可发现，因此一般均需采用沥青或环氧树脂做涂层处理。石棉水泥管重量大，且易裂、易碎，因此运输、安装较为困难，施工接头较多，加之接头施工工艺要求较高也增加了施工难度。铺设石棉水泥管通常采用砂垫层基础或混凝土基础。

（八）PVC 管

PVC 管具有强度低、刚性差、受温度影响变形较大、管壁厚度不均匀、接口渗漏难以解决等缺点，但新疆 PVC 管在生产工艺和结构型式上已做较大改进，逐渐避免了上述问题，并在市政供水和排污等方面具有一定发展前景。

二、水力计算

(一)流速和管径的确定

输水管内的流速应根据技术经济比较和管内不淤条件选定。当通过设计流量时,管内流速通常为 1.5 ~3.0m/s,最大可达 4m/s。最大流速一般按允许水头损失控制,最小流速按通过最小流量时管内流速应大于挟沙流速来确定。

(1)有压管流挟沙流速可按下式计算:

$$v_{np} = \left(\omega \sqrt[6]{\rho} \sqrt[4]{\frac{4Q}{\pi d_{75}^2}}\right)^{\frac{1}{1.25}} \tag{13-6-1}$$

式中 v_{np}——挟沙流速,m/s;

ω——泥沙沉降速度,m/s;

ρ——挟沙水流中含沙量(重量比,%);

Q——管内通过的流量,m^3/s;

d_{75}——挟沙粒径,在泥沙级配曲线中小于该粒径的沙重占 75%,mm。

(2)管径根据选定的流速按下式计算:

$$D = \sqrt{\frac{4Q}{\pi v}} \tag{13-6-2}$$

式中 D——管径,m;

v——流速($v > v_{np}$),m/s。

(二)输水能力计算

输水能力按有压流计算,其计算式为:

$$Q = \mu A \sqrt{2gz} \tag{13-6-3}$$

$$\mu = \frac{1}{\sqrt{\zeta_0 + \sum \zeta + \frac{\lambda l}{D}}} \tag{13-6-4}$$

式中 A——输水管的断面面积,m^2;

z——上下游水位差,m;

μ——流量系数;

ζ_0——出口损失系数;

$\sum\zeta$——局部损失系数总和;

λ——沿程摩阻系数,$\lambda = \frac{8g}{C^2}$;

l——输水管线长度,m。

(三)水头损失的确定

总的水头损失按下式计算:

$$h_\omega = \left(\zeta_0 + \sum \zeta + \lambda \frac{l}{D}\right) \cdot \frac{v^2}{2g} \tag{13-6-5}$$

第七节　渡槽、倒虹吸管、涵洞的类型与一般设计要求

一、渡槽

(一)位置选择

(1)渡槽宜置于地形、地质条件较好的地段。要尽量缩短槽身长度,降低槽墩高度。进、出口应力求与挖方渠道相接,如为填方渠道,填方高度不宜超过6m,并需做好夯实加固和防渗排水设施。

(2)跨越河流的渡槽应选在河床稳定、水流顺直的地段,渡槽轴线尽量与水流流向正交。

(3)渠道与槽身在平面布置上应成一直线,切忌急剧转弯。

(二)型式选择

1. 梁式渡槽

渡槽的槽身直接支撑在槽墩或槽架上,既可用以输水又起纵向梁作用。各伸缩缝之间的每一节槽身沿纵向有两个支点,一般做成简支的,也可做成双悬臂的,前者的跨度常用8～15m,后者可达30～40m。

支撑结构可以是重力墩或排架。重力墩可以是实体的或空心的,实体墩用浆砌石或混凝土建造,由于用料多、自重大,仅用于槽墩不高、地质条件较好的情况;空心墩壁厚20cm左右,由于自重小、刚度大、省材料,因而在较高的渡槽中得到了广泛应用。槽架有单排架、双排架和A字形排架等型式。单排架高度可达15～25m;A字形排架稳定性好、适应高度大,但施工复杂、造价高,用的较少。

基础型式与上部荷载及地质条件有关。根据基础的埋置深度可分为浅基础和深基础,埋置深度小于5m的为浅基础;大于5m的为深基础,深基础多为桩基和沉井。

槽身横断面常采用矩形和U形。矩形槽身可用浆砌石或钢筋混凝土建造。对无通航要求的渡槽,为增强侧墙稳定性和改善槽身的横向受力条件,可沿槽身在槽顶每隔1～2m设置拉杆。如有通航要求,则可适当增加侧墙厚度或沿槽长每隔一定距离加肋,如图13-7-1所示。槽身跨度常采用5～12m。U形槽身是在半圆形的上方加以直段构成的,常用钢筋混凝土或预应力钢筋混凝土建造。为改善槽身的受力条件,可将底部弧形段加厚。与矩形槽身一样,可在槽顶加设横向拉杆。矩形槽身常用的深宽比为0.6～0.8,U形槽身常用0.7～0.8。

2. 拱式渡槽

当渠道跨越地质条件较好的窄深山谷时,以选用拱式渡槽较为有利。拱式渡槽由槽墩、主拱圈、拱上结构和槽身组成。主拱圈是拱式渡槽的主要承重结构,常用的主拱圈有板拱和肋拱两种型式。板拱渡槽主拱圈的径向截面多为矩形,可用浆砌石、钢筋混凝土或预制钢筋混凝土块砌筑而成。箱形板拱为钢筋混凝土结构。拱上结构可做成实腹或空腹。我国湖南省郴县乌石江渡槽,主拱圈为箱形,设计流量为$5m^3/s$,槽身为U形,净跨达110m。肋拱渡槽的主拱圈为肋拱框架结构,当槽宽不大时,多采用双肋,拱肋之间每隔一

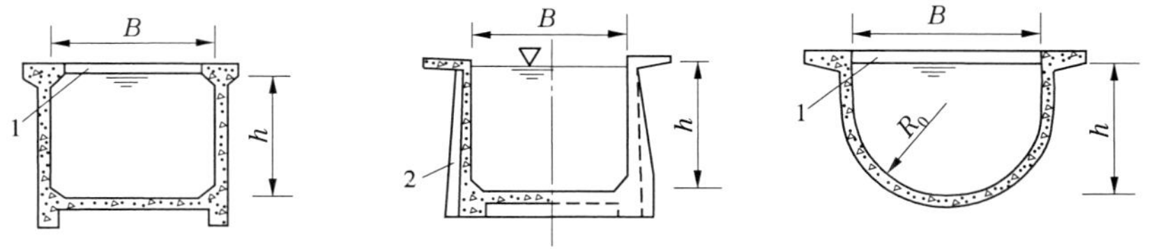

(a)设拉杆的矩形槽　(b)设肋的矩形槽　(c)设拉杆的U形槽

图 13-7-1　矩形及 U 形槽身横断面

1—拉杆;2—肋

定距离设置刚度较大的横梁系,以加强拱圈的整体性。拱圈一般为钢筋混凝土结构。拱上结构为空腹式。槽身一般为预制的钢筋混凝土 U 形槽或矩形槽。肋拱渡槽是大、中跨度拱式渡槽中广为采用的一种形式。

(三)纵横断面设计

根据渠系规划中给定的数据:设计流量和最大流量、渠首断面及其底部高程、水位流量关系和通过渡槽的允许水位降落值,即可拟定槽身纵横断面。设计步骤是:先拟定适宜的槽身纵坡 i 和槽宽 B,而后根据给定的设计流量进行水力计算。

加大纵坡,有利于缩小渡槽横断面,减小工程量,但过大的纵坡,不仅沿程损失加大,渠水位的控制高程降低,还可能使上、下游渠道受到冲刷。一般选用的槽身纵坡应略大于渠道纵坡,为 1/2 000 ~ 1/500。槽身净宽 B 应与水深 h 保持适宜的深宽比。

(四)渡槽水力计算

水流通过渡槽的水面如图 13-7-2 所示,z 为由于进口段流速增大、水流位能的一部分转化为动能及进口水头损失之和;槽内水流为均匀流,沿程水头损失为 $z_1 = iL$,z_2 为由于出口段流速减小,水流的一部分动能转化为位能减去出口水头损失后的水面回升值。

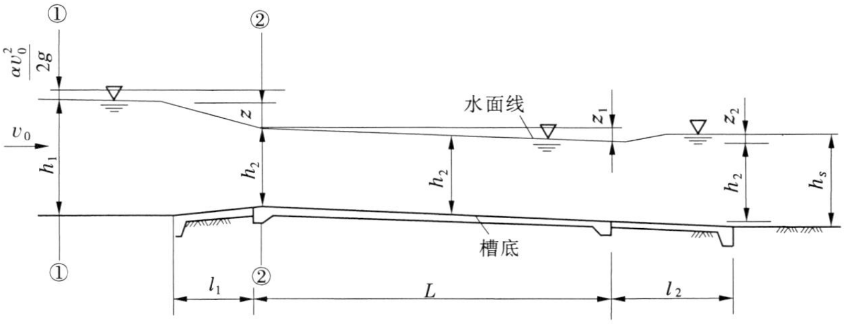

图 13-7-2　水流通过渡槽的水面示意

根据图 13-7-2 所示的水流条件,通过渡槽的流量和过槽水位差按下式计算:

$$Q = \omega C \sqrt{Ri} \tag{13-7-1}$$

$$\Delta z = (z - z_2) + z_1 \tag{13-7-2}$$

$$z = \frac{Q^2}{(\varepsilon \varphi \omega \sqrt{2g})^2} \tag{13-7-3}$$

式中　Q——过槽流量,m^3/s;

ω——过水断面面积，m^2；

C——谢才系数；

R——水力半径，m；

i——槽底比降；

Δz——渡槽进、出口水位差，m；

z——渡槽进口水头损失，m；

z_1——渡槽槽身水头损失，m；

z_2——渡槽出口水面回升值，m；

ε、φ——侧收缩系数和流速系数，均可取 0.9～0.95。

根据实际观测和模型试验，$z_2 \approx \frac{1}{3}z$。

（五）进口与渠道的连接

为使槽内水流与渠道平顺衔接，在渡槽的进、出口需要设置渐变段，渐变段长度 l_1 和 l_2 可分别采用进、出口渠道水深的 4 倍和 6 倍。

除小型渡槽外，由于以下原因，常在渐变段与槽身之间另设一节连接段：①对于 U 形槽身，需要从渐变段末端的矩形变为 U 形；②为停水检修，需要在进口预留检修门槽（有时出口也留）；③为在进、出口布置交通桥或人形桥；④为便于观察和检修槽身进、出口接头处的伸缩缝。连接段的长度可根据布置要求确定。

对于抗冲能力较低的土渠，为防止渠道受冲，尚需在靠近渐变段的一段渠道上加做砌石护面，长度约等于渐变段的长度。

二、倒虹吸管

当渠道横跨山谷、河流、道路时，可用渡槽，也可用倒虹吸管。当所穿越的山谷深而宽，采用渡槽不经济，或交叉高度不大，或高差虽大但允许有较大的水头损失时，一般来说，采用倒虹吸管比渡槽工程量小、造价低、施工方便。然而，倒虹吸管水头损失大，维修管理不如渡槽方便。

（一）倒虹吸管的布置

选定倒虹吸管位置所遵循的原则与渡槽基本相同：①管路与所穿过的山谷河流、道路等保持正交，以缩短管路长度；②进、出口应力求与挖方渠道相连，如为填方渠道，则需做好夯实加固和防渗设施；③为减少开挖，管身宜随地形坡度敷设，但弯道不能过多，以减少水头损失，也不宜过陡，以便施工。

倒虹吸管可做如下布置：对于高度不大的小倒虹吸管，常用斜管式和竖井式；对于高度较大的倒虹吸管，当跨越山沟时，管路一般沿地面敷设；当穿过深河谷时，可在深槽部分建桥。

倒虹吸管由进口段、管身和出口段三部分组成。进口段包括：渐变段、闸门、拦污栅，有的工程还设有沉沙池。进口段与渠道平顺衔接以减少水头损失。渐变段可以做成扭曲面或八字墙等形式，长度为 3～4 倍渠道设计水深。闸门用于管内清淤和检修。不设闸门的小型倒虹吸管，可在进口侧墙上预留检修门槽，需用时临时插板挡水。拦污栅用于拦污和防止人畜落入渠内被吸进倒虹吸管。

在多泥沙河流上，为防止渠道水流携带的粗颗粒泥沙进入倒虹吸管，可在闸门与拦污栅前设置沉沙池，如图 13-7-3 所示。对于含沙量较小的渠道，可在停水期间进行人工清淤；对于含沙量大的渠道，可在沉沙池末端的侧面设冲沙闸，利用水力冲淤。沉沙池底板及侧墙可用浆砌石或混凝土建造。

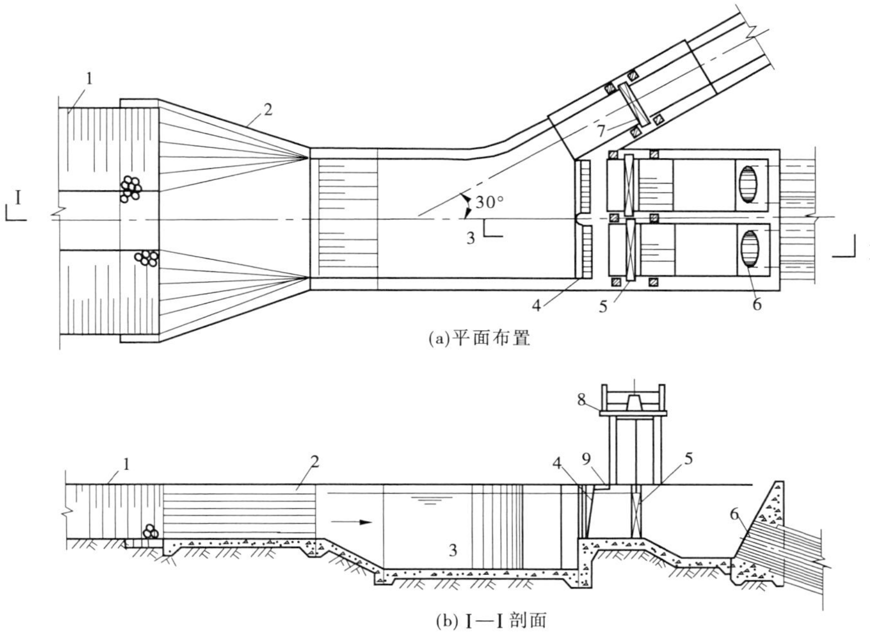

图 13-7-3　带有沉沙池的倒虹吸管进口布置

1—上游渠道；2—渐变段；3—沉沙池；4—拦污栅；
5—进口闸门；6—进水口；7—冲沙闸；8—启闭台；9—便桥

出口段的布置型式与进口段基本相同。单管可不设闸门；若为多管，可在出口段侧墙上预留检修门槽。出口渐变段比进口渐变段稍长。由于倒虹吸管的作用水头一般都很小，管内流速仅在 2.0m/s 左右，因而渐变段的主要作用在于调整出口水流的流速分布，使水流均匀平顺地流入下游渠道。

管身断面可分为圆形或矩形。圆形管因水力条件和受力条件较好，大、中型工程多采用这种形式。矩形管仅用于水头较低的中、小型工程。根据流量大小和运用要求，倒虹吸管可以设计成单管、双管或多管。管身与地基的连接型式及管身的伸缩缝和止水构造等与土坝坝下埋设的涵管基本相同。在管路变坡或转弯处应设置镇墩。为防止管内淤沙和放空管内积水，应在管段上或镇墩内设冲沙放水孔（可兼作进人孔），其底部高程一般与河道枯水位齐平。管身常埋入地下或在管身上填土。当管路通过冰冻地区时，应在冰冻层以下；穿过河床时，应置于冲刷线以下。管路所用材料可根据水头、管径及材料供应情况选定，常用浆砌石、混凝土、钢筋混凝土及预应力钢筋混凝土等，其中后两种应用较广。

（二）倒虹吸管的水力计算

水力计算的任务是在给定的设计流量和最大、最小流量，允许的水位降落值，渠道断面，上游渠底高程和水位流量关系的条件下，利用压力流公式，选定虹吸管的断面尺寸，检验上下游水位差和进口水面的衔接情况。

$$Q = \mu\omega\sqrt{2g\Delta z} \tag{13-7-4}$$

式中 Q ——通过倒虹吸管的流量，m^3/s；

ω——倒虹吸管的断面面积，m^2；

Δz——上下游水位差，m；

μ——计入局部损失和沿程摩阻损失的流量系数。

三、涵洞

当渠道与道路相交而又低于路面时，可设置输水用的涵洞；当渠道穿过山沟或小溪而沟溪流量又不大时，可用一段填方渠道，下面埋设用于排泄沟、溪水沟的涵洞。前者称为输水涵洞，后者称为排水涵洞。

涵洞由进口段、洞身和出口段三部分组成。进口段、出口段是洞身与渠道或溪沟的连接部分，其型式选择应使水流可以平顺地进出洞身，以减小水头损失。为防止水流冲刷，进口段需做一段浆砌石或干砌石护底与护坡，长度不小于 3 ~ 5m。出口段应结合工程的实际情况决定是否采取适当的消能防冲措施。

洞内水流形态可以是无压、有压或半有压。输水涵洞为减小水头损失，多是无压的。排水涵洞可以是无压的，有时为缩小洞径，也可设计成有压或半有压，但对有压涵洞在泄洪时可能出现的明满流交替而引起的振动应予注意。

小型涵洞的进口段、出口段都用浆砌石建造。大、中型工程可采用混凝土或钢筋混凝土结构。为适应不均匀沉降，常用沉降缝与洞身分开，缝间设止水。

按洞身断面形状，涵洞可以做成圆管涵、盖板涵、拱涵或箱涵，见图 13-7-4。圆管涵因水力条件和受力条件较好，且有压、无压均可，是普遍采用的一种型式，管材多用混凝土或钢筋混凝土。盖板涵的断面呈矩形，其底板、侧墙可用浆砌石或混凝土，盖板多为钢筋混凝土结构，当跨度小时，也可用条石，适用于洞顶铅直、荷载较小、跨度较小的无压涵洞。拱涵由拱圈、侧墙及底板组成，可用浆砌石或混凝土建造，适用于填土高度大、跨度较大的无压涵洞。箱涵为四周封闭的钢筋混凝土结构，适用于填土高度大、跨度大和地基较差的无压或低压涵洞。当洞身较长时，为适应地基不均匀沉降，应设沉降缝，间距不大于 10m，也不小于 2 ~ 3 倍洞高，缝间设止水。

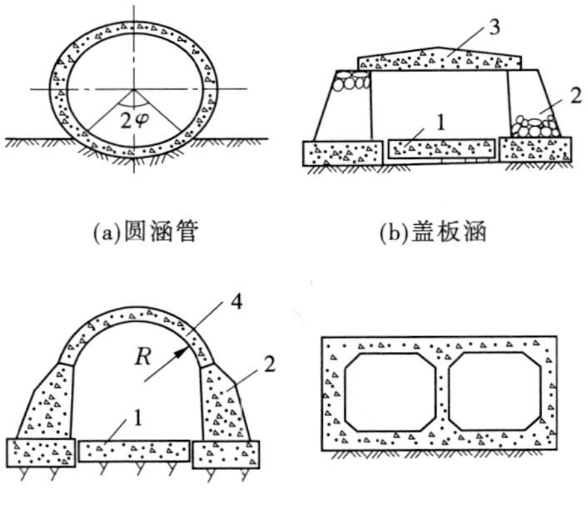

图 13-7-4 涵洞的断面型式

1—底板；2—侧墙；3—盖板；4—拱圈

涵洞轴线一般应与渠堤或道路正交以缩短洞身长度，并尽量与来水流向一致。为防止涵洞上、下游水道遭受冲刷或淤积，洞底高程应等于或接近于原水道的底部高程，洞底纵坡应等于或稍大于原河道的纵坡，一般为 1% ~3%。当涵洞穿过土渠时，其顶部至少应低于渠底0.6～0.7m，否则渠水下渗，容易沿管周围产生集中渗漏，引起建筑物破坏。洞线应选在地基承载能力较大的地段，在松软的地基上，常设置刚性支座或用桩基础，以加强涵洞的纵向刚度。

第十四章　施工组织设计

第一节　施工导截流

一、施工导流标准

(一)导流建筑物级别

根据《水利水电工程施工组织设计规范》(SL303－2004),导流建筑物根据其保护对象、失事后果、使用年限和工程规模划分为3～5级,具体按表14-1-1确定。

表14-1-1　导流建筑物级别划分

项目级别	保护对象	失事后果	使用年限(年)	导流建筑物规模	
				高度(m)	库容(10^8m^3)
3	有特殊要求的1级永久性水工建筑物	淹没重要城镇、工矿企业、交通干线或推迟总工期及第一台(批)机组发电,造成重大灾害和损失	>3	>50	>1.0
4	1级、2级永久性水工建筑物	淹没一般城镇、工矿企业,或影响工程总工期及第一台(批)机组发电而造成较大经济损失	1.5～3	15～50	0.1～1.0
5	3级、4级永久性水工建筑物	淹没基坑,但对总工期及第一台(批)机组发电影响不大,经济损失较小	<1.5	<15	<0.1

注:1. 导流建筑物包括挡水和泄水建筑物,两者级别相同;
2. 表中指标均按导流分期划分,保护对象一栏中所列永久性水工建筑物级别系按《水利水电工程等级划分及洪水标准》(SL252—2000)划分;
3. 有、无特殊要求的永久性水工建筑物均系针对施工期而言,有特殊要求的1级永久性水工建筑物系指施工期不应过水的土石坝及其他有特殊要求的永久性水工建筑物;
4. 使用年限系指导流建筑物每一导流分期的工作年限,两个或两个以上导流分期共用的导流建筑物,如分期导流一期、二期共用的纵向围堰,其使用年限不能叠加计算;
5. 导流建筑物规模一栏中,围堰高度指挡水围堰最大高度,库容指堰前设计水位所拦蓄的水量,两者应同时满足。

在确定导流建筑等级时应注意以下问题:

(1)当导流建筑物根据表14-1-1中指标分属不同级别时,应以其中最高级别为准,但列为3级导流建筑物时,至少应有两项指标符合要求。

(2)确定过水围堰级别时，表 14-1-1 中的各项指标系以过水围堰挡水期情况作为衡量依据。

(3)当导流建筑物与永久建筑物结合时，结合部分结构设计应采用永久建筑物级别标准，但导流设计级别仍按表 14-1-1 的规定执行。

(4)利用围堰挡水发电时，围堰级别可提高一级，但必须经过技术经济论证。

(5)当 4 级、5 级导流建筑物地基地质条件非常复杂，或工程具有特殊要求，必须采用新型结构，或失事后淹没重要厂矿、城镇时，其结构设计级别可以提高一级，但设计洪水标准不相应提高。

(6)确定导流建筑物级别的因素复杂，当按表 14-1-1 和上述各条规定所确定的级别不合理时，根据工程具体条件和施工导流阶段的不同要求，经过充分论证，可予以提高或降低。

(二)导流建筑物设计洪水标准

导流建筑物设计洪水标准应根据建筑物的类型和级别在表 14-1-2 规定幅度内选择。

表 14-1-2　导流建筑物洪水标准

导流建筑物类型	导流建筑物级别		
	3	4	5
	洪水重现期(年)		
土石结构	50 ~ 20	20 ~ 10	10 ~ 5
混凝土、浆砌石结构	20 ~ 10	10 ~ 5	5 ~ 3

过水围堰的挡水标准应结合水文特点、施工工期、挡水时段，经技术经济比较后在重现期 3 ~ 20 年范围内选定，当水文系列不小于 30 年时，也可根据实测流量资料分析选用；过水围堰过水时的设计洪水标准根据过水围堰的级别和表 14-1-2 选定，当水文系列不小于 30 年时，也可按实测典型年资料分析并通过水力学计算或水工模型试验选用。

(三)坝体施工期临时度汛洪水标准

当坝体填筑高程超过围堰堰顶高程时，坝体临时度汛洪水标准应根据坝型及坝前拦洪库容按表 14-1-3 规定执行。

表 14-1-3　坝体施工期临时度汛洪水标准

坝型	拦洪库容($\times 10^8 m^3$)		
	≥1.0	1.0 ~ 0.1	<0.1
	洪水重现期(年)		
土石坝	≥100	100 ~ 50	50 ~ 20
混凝土坝、浆砌石坝	≥50	50 ~ 20	20 ~ 10

(四)导流泄水建筑物封堵后坝体度汛洪水标准

导流泄水建筑物封堵后，如永久泄洪建筑物尚未具备设计泄洪能力，坝体度汛洪水标准应分析坝体施工和运行要求后按表 14-1-4 规定执行。汛前坝体上升高度应满足拦洪要求，帷幕灌浆及接缝灌浆高程应能满足蓄水要求。

表 14-1-4　导流泄水建筑物封堵后坝体度汛洪水标准

大坝类型		大坝级别		
		1	2	3
		洪水重现期(年)		
混凝土坝、浆砌石坝	设计	200～100	100～50	50～20
	校核	500～200	200～100	100～50
土石坝	设计	500～200	200～100	100～50
	校核	1 000～500	500～200	200～100

(五)封堵工程施工期间的导流设计标准及水库初期蓄水标准

(1)封堵工程在施工阶段的导流设计洪水标准，可根据工程重要性、失事后果等因素在该时段5～20年重现期范围内选定。

(2)封堵下闸的设计流量可用封堵时段5～10年重现期的月或旬平均流量，或按实测水文统计资料分析确定。

(3)水库施工期蓄水标准应根据发电、灌溉、通航、供水等要求和大坝安全加高值等因素分析确定，蓄水保证率宜为75%～85%。蓄水过程中，应满足下游必需的供水要求。

二、施工导流方式

施工导流可划分为分期围堰导流和断流围堰(一次拦断河床围堰)导流两种基本方式。按导流泄水建筑物形式不同，分期围堰导流又可分为束窄河床导流、底孔导流、缺口或梳齿导流、厂房导流等方式；断流围堰导流可分为明渠导流、隧洞导流、涵洞导流等。

(一)施工导流方式选择原则

(1)适应河流水文特性和地形、地质条件。

(2)工程施工期短，发挥工程效益快。

(3)工程施工安全、灵活、方便。

(4)结合利用永久建筑物，减少导流工程量和投资。

(5)适应通航、排冰、供水等要求。

(6)河道截流、围堰挡水、坝体度汛、封堵导流孔洞及蓄水和供水等初、后期导流在施工期各个环节能合理衔接。

(二)分期围堰导流

分期围堰导流，就是用围堰将河床内水工建筑物分段、分期围护起来进行施工，河水通过束窄后的河床，或河床内前期建成的临时及永久泄水建筑物导泄至基坑下游。其主要特点是拦河水工建筑物需分段分期围护施工，导流泄水建筑物位于河床之内。

1. 分期围堰导流适合条件

分期围堰导流一般适用于河床较宽的坝址，当河床覆盖层薄或具有浅滩、河心洲、礁岛等可利用时，对分期围堰导流更为有利。就拦河枢纽结构型式而言，分期围堰导流多用于混凝土坝(闸)或混凝土坝与土石坝结合的拦河枢纽。

2. 分期围堰导流的一般程序与布置型式

分期围堰导流,一般分两期导流的工程居多,也有分三期、四期导流的工程。图 14-1-1所示为两期导流的例子。对于两期导流的工程,其导流程序一般为:一期先围可形成中后期导流泄水建筑物的坝体一侧,形成一期基坑,被围堰束窄的另一侧河床过流,河床束窄程度一般控制为40% ~60%;二期围另一侧坝体,拆除一期围堰,一期基坑已形成的导流泄水建筑物过流,常用的导流方式有底孔导流(坝体内设临时导流底孔或利用永久底孔)、底孔结合坝体缺口导流、梳齿导流等。对于洪枯流量悬殊,洪水集中在汛期,而汛期较短的河流,中后期导流也常采用坝体过水导流方式,即汛期底孔结合坝面过水,坝体停工,汛后流量变小,坝体露出水面,枯水期继续坝体施工。

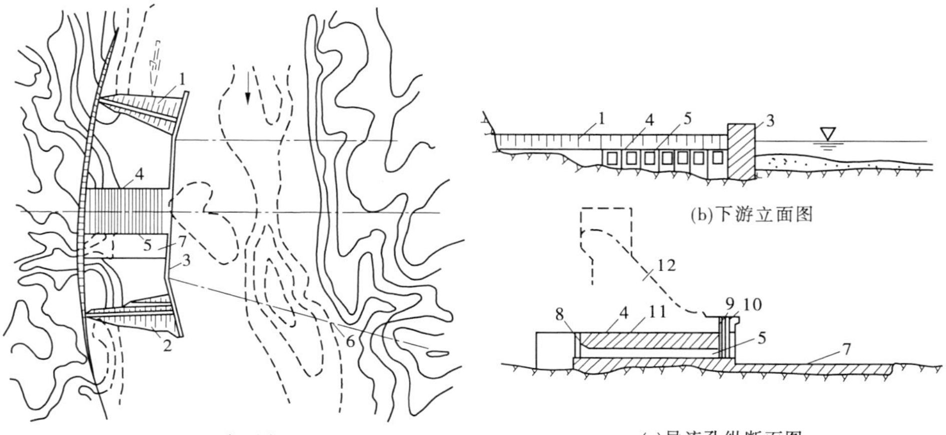

(a)平面图　　(c)导流孔纵断面图

图 14-1-1　分期围堰导流

1——一期上游横向围堰;2——一期下游横向围堰;3——、二期纵向围堰;4—预留缺口;5—导流底孔;6—二期上下游围堰轴线;7—护坦;8—封堵闸门槽;9—工作闸门槽;10—事故闸门槽;11—已浇筑的混凝土坝体;12—未浇筑的混凝土坝体

分期围堰导流,从布置型式上主要有两段两期、三段两期和三段三期等形式。图 14-1-2所示为导流分期与围堰分段的几种情况,从图中可以看出,同一导流分期中,建筑物可以在一段围堰内施工,也可以同时在两段围堰内施工。但需要指出,段数分得越多,围堰的工程量往往越大,施工也越复杂;同样,期数分得越多,工期有可能越长。因此,

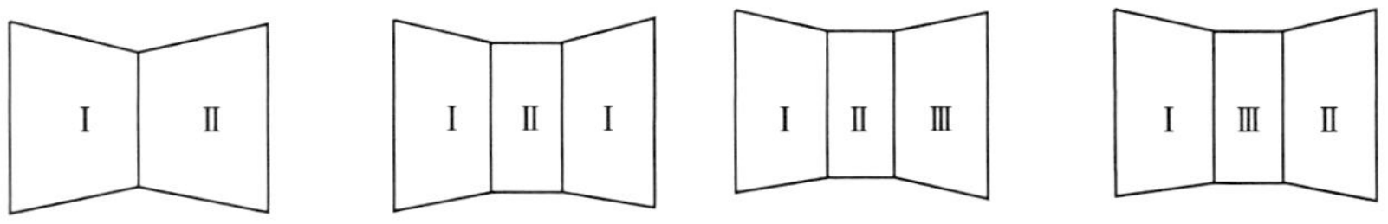

(a)两段两期　(b)三段两期　(c)三段三期　(d)三段三期

图 14-1-2　导流分期与围堰分段示意图

在工程实践中，两段两期导流采用最多。一般只有在比较宽阔的通航河道上施工，不允许断航或其他特殊情况下，才采用多段多期导流方法。

对于分期围堰导流，纵向围堰位置的确定，也就是河床束窄程度的选择是关键性问题之一。在确定纵向围堰位置或选择河床束窄程度时，应重视下列问题：束窄河床的流速要考虑施工通航、筏运、围堰和河床防冲等的要求，不能超过允许流速；各段主体工程的工程量、施工强度要比较均衡；便于布置后期导流泄水建筑物，不致使后期围堰过高或截流落差过大，造成截流困难。

(三)断流围堰导流

断流围堰导流也就是一次拦断河床围堰导流方式，即在河床主体工程的上下游各建一道拦河围堰，使河水经河床以外的临时泄水道或永久泄水建筑物下泄，主体工程建成或接近建成时，再将临时泄水道封堵。其主要特点是将河床内拦河水工建筑物一次整体围护施工，导流泄水建筑物位于河床外。

断流围堰导流常用的形式主要有明渠导流、隧洞导流、涵洞导流等，其中后期导流常与坝体底孔、缺口、过水坝面等组合导流。

1. 明渠导流

明渠导流，一般适用于河流流量较大、河床一侧有较宽台地、垭口或古河道的坝址。若能与永久建筑物相结合，例如埃及的阿斯旺坝就是利用了水电站的引水渠和尾水渠进行施工导流的，在这种情况下，采用明渠导流，常比较经济合理。

明渠导流一般有利于施工期通航、放木、排冰。

2. 隧洞导流

断流围堰隧洞导流方式适用于河谷狭窄，河岸地势高且具备成洞地质条件的坝址。隧洞断面尺寸和数量视河流水文特性、岩石完整情况以及围堰运行条件等因素确定。当隧洞导流过程中适用几个施工阶段时，应根据控制阶段的洪水标准进行设计。隧洞完成导流任务后，将其封堵。

一般山区河流，河谷狭窄，两岸地形陡峻，山岩坚实，采用隧洞导流较为普遍，但由于隧洞的泄水能力有限，汛期洪水宣泄常需另找出路，如允许基坑淹没或与其他导流建筑物联合泄流。隧洞是造价比较高和施工比较复杂的建筑物，所以导流隧洞最好与永久隧洞相结合，统一布置，进行设计。

3. 涵洞导流

涵洞导流一般在修筑土坝、堆石坝工程中采用。涵洞通常布置在河岸岩滩上，其位置常在枯水位以上，这样可在枯水期不修围堰或只修小围堰而先将涵洞筑好，然后再修上、下游全段围堰，将河水引经涵洞下泄。

涵洞一般是钢筋混凝土结构。当有永久涵洞可资利用时，采用涵洞导流是合理的。在某些情况下，可在建筑物岩基中开挖沟槽，必要时加以衬砌，然后封上混凝土或钢筋混凝土顶盖，形成涵洞。利用这种涵洞导流往往可以获得经济可靠的效果。由于涵洞的泄水能力较低，所以一般仅用于导流流量较小的河流上或只用来担负枯水期的导流任务。必须严格控制涵洞外壁防渗体填料的压实质量。

实际工程中所采用的导流方法和泄水建筑物的型式，除上面提到的外，还有其他多种型式。例如,当选定的泄水建筑物不能全部宣泄施工期间的洪水时,可以允许围堰过水,采用淹没基坑的导流方法,这在山区河道,水位暴涨暴落的条件下,往往是比较经济合理的;在平原河道河床式电站枢纽中,可利用电站厂房导流。

三、导流建筑物设计

导流建筑物包括导流泄水建筑物和挡水建筑物。导流泄水临时建筑物主要有导流明渠、导流隧洞、导流涵洞、坝体临时底孔、坝体缺口、坝体梳齿等;挡水临时建筑物主要是围堰。

(一)围堰

1. 围堰分类

(1)按使用的材料,可分为土石围堰、草土围堰、钢板桩围堰、混凝土围堰等。

(2)按围堰和水流方向的相对位置,可分为横向围堰和纵向围堰。

(3)按围堰与坝轴线的相对位置,可分为上游围堰和下游围堰。

(4)按导流期间基坑过水与否,可分为过水围堰和不过水围堰。

2. 围堰断面设计要求

1)不过水围堰堰顶高程的确定

(1)不过水堰顶高程不低于设计洪水的静水位与波浪高度及堰顶安全加高值之和,其堰顶安全加高不低于表 14-1-5 中的值。

表 14-1-5　不过水围堰堰顶安全加高下限值　　(单位:m)

围堰型式	围堰级别	
	3	4 ~ 5
土石围堰	0.7	0.5
混凝土围堰、浆砌石围堰	0.4	0.3

(2)土石围堰防渗体顶部在设计洪水静水位以上的加高值:斜墙式防渗体为 0.6 ~ 0.8m;心墙式防渗体为 0.3 ~ 0.6m。

2)过水围堰堰顶高程的确定

过水围堰堰顶高程应按静水位加波浪高度确定,不另加堰顶安全加高值。

3)围堰稳定安全系数及应力要求

(1)重力式混凝土围堰、浆砌石围堰采用抗剪断公式计算时,安全系数 K 不小于 3.0,若考虑排水失效情况,K 不小于 2.5;按抗剪强度公式计算时,安全系数 K 不小于 1.05;重力式混凝土围堰在设计工况时,迎水面允许有 0.15MPa 以下的主拉应力,堰体允许有 0.2MPa 以下的主拉应力。

(2)混凝土拱围堰、浆砌石拱围堰的稳定安全系数及应力控制指标分别参照《混凝土拱坝设计规范》(SL282—2003)和《浆砌石坝设计规范》(SL25—1991)的有关规定选取。

(3)土石围堰边坡稳定安全系数:3 级,K 不小于 1.20;4 ~ 5 级,K 不小于 1.05。

3. 土石围堰

土石围堰是水利水电工程中采用最为广泛的一种围堰型式,如图 14-1-3 所示。它能充分利用当地材料或废弃的土石方,构造简单、施工方便,可以在水流中、深水中,岩基上或有覆盖层的河床上修建,但其工程量大,堰身沉陷变形也较大。此外,除非采取特殊措施,土石围堰一般不允许堰顶过水,所以汛期应有防护措施。

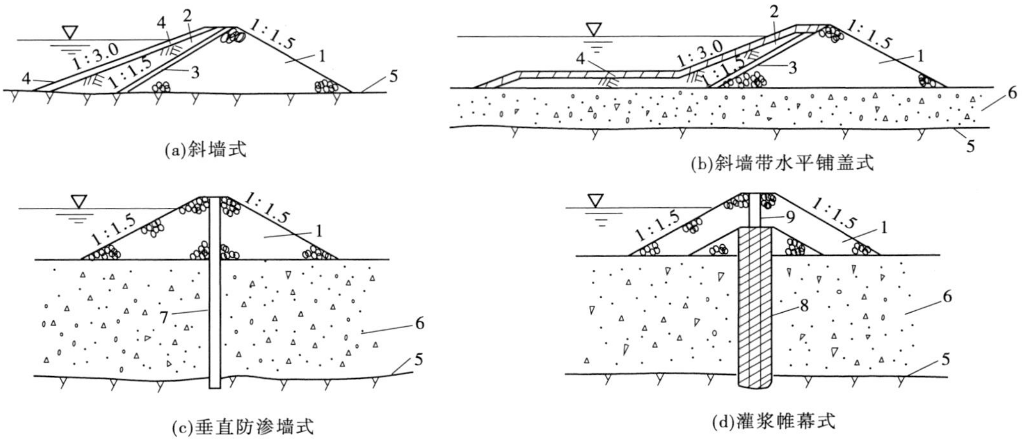

图 14-1-3　土石围堰

1—堆石体;2—黏土斜墙、铺盖;3—反滤层;4—护面;5—隔水层;
6—覆盖层;7—垂直防渗墙;8—灌浆帷幕;9—黏土心墙

土石围堰防渗体土料渗透系数不宜大于 10^{-4}cm/s,若当地富有风化料或砾质土料,并经过试验验证能满足防渗要求时,可选用;心墙或斜墙土石围堰堰壳填筑料应为无凝聚性材料,渗透系数大于 10^{-2}cm/s,宜采用天然砂卵石或石渣;围堰堆石体水下部分不宜采用软化系数大于 0.8 的石料;采用铺盖防渗时,堰基覆盖层渗透系数与铺盖土料渗透系数的比值宜大于 50,铺盖厚度不宜小于 2m。

4. 草土围堰

草土围堰是一种草土混合结构,多用捆草法修建。草土围堰的断面一般为矩形或边坡很陡的梯形,坡比为 1∶0.2 ~ 1∶0.3。根据实践经验,草土围堰的宽高比,在岩基河床上为 2 ~ 3,在软基河床上为 4 ~ 5。堰顶超高通常采用 1.5 ~ 2.0m。

5. 钢板桩格型围堰

钢板桩格型围堰按挡水高度不同,其平面型式有圆筒形格体、扇形格体及花瓣形格体等,应用较多的是圆筒形格体。钢板桩格型围堰在国外一些大、中型水利水电工程中应用得比较广泛。其优点为:钢板桩格型围堰修建和拆除可以高度机械化;钢板桩的回收率高,可达 70% 以上;边坡垂直、断面小、占地少、安全可靠等。

圆筒形格体钢板桩围堰,一般适用的挡水高度小于 15 ~ 18m,最高挡水水头不宜大于 30m,可以建在岩基或非岩基上,也可作过水围堰用。

圆筒形格体钢板桩围堰是由"一"字形钢板桩拼装而成的,由一系列主格体和联弧段构成。格体内填充透水性较强的填料,如砂、砂卵石或石渣等。

圆筒形格体的直径 D,根据经验一般取挡水高度 H 的 0.9 ~ 1.4 倍,平均宽度 B 一般为0.85D。圆筒形格体钢板桩围堰的设计，除按水工建筑物一般要求核算抗滑、抗倾覆稳定及地基强度外，尚需核算格体轴线垂直平面上的抗剪稳定性和钢板桩锁口的抗拉强度等。

6. 混凝土围堰

混凝土围堰的抗冲与防渗能力大，挡水水头高，底宽小，易于与永久混凝土建筑物相连接，必要时还可过水，因此采用比较广泛。

1)拱型混凝土围堰

拱型混凝土围堰一般适用于两岸陡峻、岩石坚实的山区河流上。此时常采用隧洞及允许基坑淹没的导流方案。通常围堰的拱座设在枯水位以上。对围堰的基础处理，当河床的覆盖层较薄时，常进行水下清基，若覆盖层较厚，则可灌注水泥浆防渗加固。

拱型混凝土围堰由于利用了混凝土抗压强度较高的特点，与重力式围堰相比，断面较小，可节省混凝土工程量。

2)重力式混凝土围堰

采用分期围堰法导流时，重力式混凝土围堰往往可兼作第一期和第二期纵向围堰，两侧均能挡水，还能作为永久建筑物的一部分，如隔墙、导墙等。

重力式混凝土围堰的断面有实体式，与非溢流重力坝类似，也可做成空心式。为了保证混凝土的施工质量，通常需在土石低水围堰围护下在干地施工。

7. 过水土石围堰

当采用允许基坑淹没的导流方案时，围堰堰顶必须允许过水。堰顶护面一般采取大块石护面、钢筋石笼护面、混凝土板护面及加筋护面等。较普遍的是混凝土板护面。

1)混凝土板护面过水土石围堰

图14-1-4所示为江西省上犹江水电站采用的混凝土板护面过水土石围堰。围堰由维持堰体稳定的堆石体、防止渗透的黏土斜墙、满足过水要求的混凝土护面板以及维持堰体和护面板抗冲稳定的混凝土挡墙等部分构成。

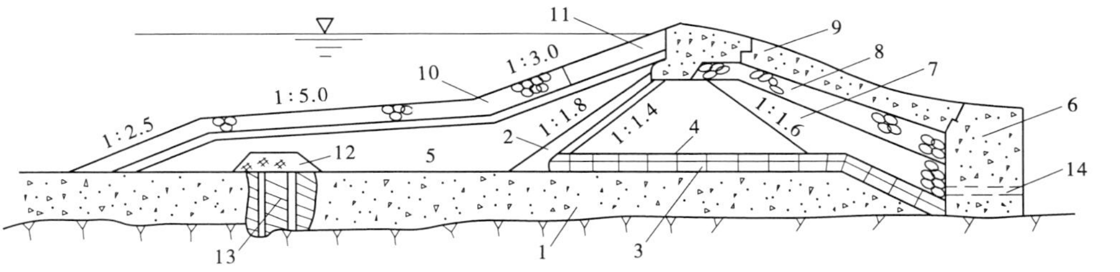

图14-1-4　上犹江水电站混凝土板护面过水土石围堰

1—砂砾石地基；2—反滤层；3—柴排护底；4—堆石体；5—黏土防渗斜墙；6—毛石混凝土挡墙；
7—回填块石；8—干砌块石；9,11—混凝土护面板；10—块石护面；
12—黏土顶盖；13—水泥灌浆；14—排水孔

混凝土护面板的厚度初拟时可为0.4～0.6m，边长为4～8m，并通过强度计算和抗滑稳定核算确定。

混凝土面板要求不透水，接缝要设止水，板面要平顺，以免在高速水流影响下发生气蚀或位移。为加强面板间的相互牵制作用,相邻面板可用 $\phi6\sim16mm$ 的钢筋连系在一起。

2)加筋过水土石围堰

加筋过水土石围堰(见图 14-1-5)是在围堰的下游坡面上铺设钢筋网,防止坡面块石被冲走,并在下游部位的堰体内埋设水平向主锚筋以防下游坡连同堰顶一起滑动。下游面采用钢筋网护面,可使护面块石的尺寸减小,下游坡坡角加大,其造价低于混凝土板护面过水土石围堰。

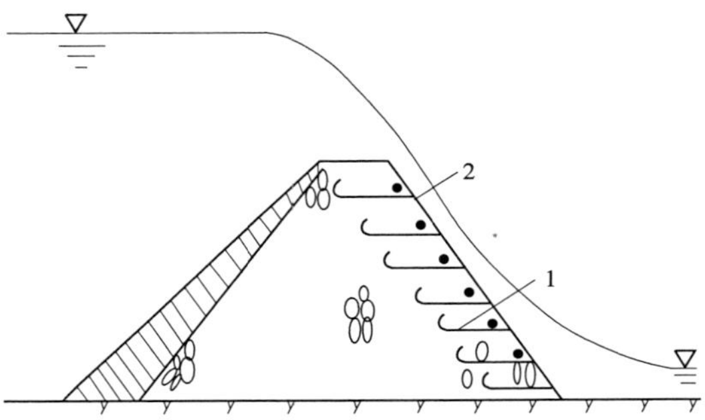

图 14-1-5　加筋过水土石围堰

1—水平向主锚筋;2—钢筋网

有关围堰结构设计的更多内容,参见本教材挡水蓄水建筑物的相关内容。

(二)导流明渠

1. 导流明渠布置

1)明渠路线选择

导流明渠的路线选择要充分考虑地形、地质条件,尽量避免高边坡开挖、半挖半填地基及不良地质条件;进出口及渠内水流平稳顺畅,力求不冲不淤;尽量利用厂房引渠和尾水渠、厂坝(闸坝)导墙等永久建筑物;少占压坝段,尽量不占压工程量大、施工难度高的坝段,避免后期明渠坝段占用工期过长;施工方便,工程量少;当利用明渠通航、放木时,其流态、水深、弯道等还需满足综合利用要求。

2)明渠进出口布置

明渠进出口布置有利于上、下游水流衔接,与河道主流的交角宜小于 30°。进出口位置取决于基坑大小和施工要求,进出口与上下游围堰之间要有适当的距离,对于斜墙式且无特别保护措施的土石围堰,一般不宜小于 30 ~ 50m;对于混凝土围堰或坡脚采取保护的土石围堰,不易小于 10 ~ 20m。进出口高程一般取接近河床高程,同时必须与底坡要求和进出口水流的衔接一起考虑。

明渠出口应考虑消能和防冲保护。当出口为较好的岩石基础时,一般不需设置特殊的消能和防护,当为软基或出口流速超过基础抗冲能力时,需研究消能和防护措施。消能方式一般以面流波状水跃连接为宜。防护措施一般有铅丝(或钢筋)笼块石、钢筋混凝土柔性板、抛大块石、混凝土齿墙、钢板桩、沉井等。

3)明渠弯道和底坡布置

弯道半径过小,水面横向比降大,流速分布不均匀,势必导致渠道内冲淤问题。土质渠道弯曲半径应严格控制,石质渠道或有保护的边坡可适当放宽。弯曲半径一般不应小于 5 倍渠底宽度。

明渠底坡越大,泄流能力越大,但底坡过大则会引起冲刷及防护等一系列问题。对于无通航要求的渠道,在流速允许的条件下,往往设计成陡坡,以减小渠道断面或降低围堰高度。对于有通航、放木要求的渠道,常设计为缓坡。底坡的确定应综合考虑河道比降、进出口水流衔接、消能与防护、渠道综合利用要求、围堰高度与明渠工程量等确定。

2. 导流明渠断面尺寸与型式选择

明渠过水断面尺寸的选择取决于流量大小及其允许抗冲流速和防护措施。明渠断面面积与上游围堰高度的关系应进行经济比较，但同时还需满足工期要求，使明渠与围堰的工程量对工程施工总体进度不造成大的影响。当有通航、放木等要求时，还需满足综合利用要求。

明渠的断面形式有矩形、梯形及复式断面。断面形式的选择取决于地形、地质条件及衬砌防护情况，一般以边坡稳定要求确定断面型式，但当河道宽度不大而两岸较高时，为了减小明渠宽度，也常采取工程措施或利用永久工程导墙设计成矩形断面。

3. 导流明渠结构设计

导流明渠结构物主要有底板、边坡防护、堤、挡墙、导墙（或纵向围堰）、消能设施等，其设计参见本教材溢洪道、堤防与渠系建筑物等相关内容。

（三）导流隧洞

1. 导流隧洞布置

隧洞布置主要考虑地形和地质条件、水流流速和流态要求、枢纽水工建筑物的布置及是否与永久建筑物结合等。

隧洞进出口应与上下游水流相衔接，与河道主流的交角以30°左右为宜；隧洞进出口与上下游围堰之间要有适当距离，一般不宜小于10～20m，以防隧洞进出口水流冲刷围堰的迎水面；进出口高程选择需考虑截流、通航、放木要求、封堵条件、泥沙淤积或磨损、方便施工等，同时必须与底坡要求和进出口水流的衔接一起考虑。

洞线转弯半径一般不小于5倍洞宽，曲线段的首尾均应保持直线段连接，直线段长度不宜小于5倍洞宽。

当导流隧洞与永久隧洞结合时，其布置还应满足永久隧洞要求。

2. 隧洞断面型式与尺寸选择

隧洞断面型式与尺寸选择应首先考虑隧洞的工作状态。导流隧洞常有明流和压力流两种工作状态，明流、压力流交替过渡常难以避免。因此，在一般情况下，按压力流设计，也有少数设计成明流。由于明流、压力流交替过渡段的流态极不稳定，隧洞工作状态的设计应力求避免在围堰最高挡水位置发生明流、压力流交替过渡状态。

1）隧洞断面型式

常用的隧洞断面型式有圆形，马蹄形、拱门形等，应根据地质条件、水力条件（有压、无压、水头的大小）、截流和通航要求、方便施工等经过技术经济比较确定。

拱门形断面，由于底部过水面积大，有利于截流、通航、放木，施工也较方便，因此虽其静力工作条件不如圆形，仍被广泛采用。当岩性较差，垂直山岩压力较大，侧向山岩压力较小时，宜用马蹄形断面，其受力条件较拱门形好，比圆形略差。圆形断面一般在岩性较差，而水头较高，内水压力或外水压力较大时采用，与拱门形断面相比对河道截流相对不利。

2）隧洞断面尺寸选择

隧洞断面尺寸选择，取决于通过流量的大小。在流量一定的条件下，隧洞经济断面的选择，需拟定几个隧洞尺寸计算相应的围堰高度，并计算不同断面尺寸的隧洞与围堰的工程量造价。两者相加,总造价最小的断面尺寸即为经济断面。

但是,由于隧洞开挖及衬砌单价高,围堰的单价低,比较的结果往往是小隧洞配高围堰最经济。因此,隧洞断面尺寸的选择不能单从经济上分析,经济合理的隧洞断面尺寸应体现以下方面:①在尽量发挥隧洞效益的同时,务使围堰能在一个枯水期内建成,并保证围堰的安全和技术上的可靠性;②洞内流速不超过允许抗冲流速;③满足通航、放木等综合利用的要求;④方便施工;⑤满足中、后期施工度汛要求。如果不能满足,应加大隧洞断面,降低围堰高程,减小洞内流速。隧洞经济断面分析虽不能作为选择断面尺寸的唯一依据,但从总的趋势来看,在围堰高度允许的前提下,尽量减少隧洞断面是经济的。

3)两条或多条隧洞的选择

一般在下列情况下采用两条或多条隧洞:

(1)导流流量较大,要求较大的过水面积,而地质条件又不允许开挖过大断面。

(2)虽地质条件允许开挖大断面隧洞,但施工设备及技术水平不相适应,或因大断面隧洞的支护不经济,而小隧洞可以简化支护。

(3)大断面隧洞施工难度大,工期过长,影响围堰截流时间,先打通一条较小隧洞进行截流,然后用两条或多条隧洞导流。

(4)因隧洞断面过大,后期下闸封堵困难。

(5)运行方面有特殊要求,如为通航、放木,设置专用隧洞。

3. 隧洞衬砌与不衬砌的比较

导流隧洞为临时性建筑物,运行时间一般都不长。在地质条件及抗冲要求允许的情况下,采用不衬砌或较低标准的衬砌,不仅可节省材料、降低工程造价,而且有利于提前通水,加快工程施工进度。隧洞衬砌与不衬砌的比较是在岩层具备开挖稳定条件,且满足防蚀、抗冲的前提下,围绕糙率的大小对泄流能力的影响进行技术经济分析。

在一般情况下,不衬砌隧洞应该是经济的,但在某些工程中,由于衬砌与不衬砌的糙率相差较大,致使衬砌隧洞反而比不衬砌遂洞更经济,因此应进行经济比较。同时也说明了严格控制糙率的必要性。

衬砌与不衬砌的经济分析,一般不将上游围堰的高度增加作为经济比较的条件。在流量与水头一定的条件下,因衬砌可减小断面,不衬砌需加大断面,故需进行相应的工程量计算与造价分析。

在实际工程中,全部不衬砌的隧洞极少。因为在洞长范围内,岩层不可能全部新鲜完整,尤其是进、出口段常是薄弱部位,一般离洞口一定范围内采用全断面衬砌。应引起注意的是衬砌与不衬砌的连接。如某电站泄洪洞衬砌段与不衬砌段采用1∶1过渡,实测接头处的局部水头损失极大,因此务必使其平顺衔接。

4. 隧洞进、出口型式

为了隧洞封堵,进口常设置封堵闸门。进口型式应有利于改善进水条件。良好的进口形状对提高泄流能力和防止气蚀破坏具有明显效果,一般应设置渐变段。渐变段长度常为1~3倍洞径或洞宽,采用1/4椭圆曲线。对于无压隧洞,为保证高水位时洞内为明流状态,常将进口压低成为短管式进水口。

隧洞出口的布置应保持水流的良好衔接,达到消能防冲的目的。出口的高程和型式不仅影响出口的水流状态，而且影响洞内的流态。因此，出口的型式与布置应同进口及洞内的流态作为整体考虑。水头较低时，出口一般不需要设置特殊的消能设施，当水头较高或导流隧洞与永久隧洞结合时，洞内流速往往较大，出口常需采取防护或消能措施。出口消能的方式一般有：①扩散消能，扩散角一般采用 5°～7°；②挑流鼻坎消能，挑射角度一般为 20°～40°；③消力池消能，消力池长度取决于水跃长度，需根据计算确定。

5. 导流隧洞与永久隧洞结合

导流隧洞尽量与永久隧洞结合，是一种较经济的布置方式。较普遍的是导流与泄洪隧洞结合，也有与发电引水洞、尾水洞、放空洞、灌溉洞、排沙洞等结合，还有一洞多用的结合型式。

结合的方式，泄洪洞以斜洞结合居多，采用“龙抬头”的形式，只结合导流隧洞的一部分。发电引水隧洞常用竖井结合，结合段可长一些。水头不高时，也有采用平洞结合，即全部利用导流隧洞。

（四）导流涵洞

导流涵洞埋于土石坝下，构成坝体的一部分，如发生沿洞渗漏、洞壁开裂或气蚀等任何局部破坏，将危及大坝的安全。因此，设计与施工都必须十分慎重。涵洞结构除坝体轮廓外的进、出口暴露部分外，其结构强度和稳定要求应与大坝同等对待。

1. 涵洞布置

（1）涵洞的位置应选择良好的地基，一般应坐落在岩基上。地基的不均匀沉陷，对涵洞的危害较大，应尽量避免，必要时对地基进行适当处理。

（2）涵洞的工作状态与隧洞一样，有明流、压力流及明流、压力流交替过渡，在条件允许时，应尽量采用明流泄水为好，以利减小振动影响，防止气蚀破坏。如必须采用有压泄流时，应采取适当措施，尽量缩短半有压段的工作时间，消除振动和负压的影响。

（3）为使水流顺畅，涵洞轴线一般应呈直线布置。如必须转弯时，应严格控制弯曲半径，保持良好的水流条件。当水头大于 20m 时，不宜设置弯道。

（4）进水口的型式应具有良好的进水条件，防止产生负压和气蚀破坏，进水口曲线一般采用 1/4 椭圆，并具有良好的渐变段。进水渠要平顺，避免水流偏向一侧。出口必须有消能措施和可靠的防冲保护。对于涵洞来说，进、出口水流条件与洞内流态要求应比隧洞更严，重要的工程应进行水工模型试验。

2. 断面尺寸选择

涵洞的断面尺寸和隧洞直径选择相似，应进行经济比较。但涵洞多用于土石坝，当围堰与坝体相结合时，往往是上游围堰越高越经济。因此，除经济分析外，还需以围堰的工程量和工期要求来确定断面大小，同时还应考虑后期坝体安全度汛的要求。

3. 需要注意的几个问题

（1）当涵洞工作处于明流、压力流交替或工作水头较高时，往往会产生振动，如果振动严重，甚至会引起沿洞防渗体破坏，以致产生坝坡液化，对此应予充分重视。应慎重研究进口形式和洞内流态，消除在各种水位条件下的负压和气蚀；加强结构刚度，减小结构变形；在地形、地质可能的条件下，尽量将涵洞嵌入基岩，提高抗振能力。

（2）为防止沿洞渗漏，一般都设置截流环，但防渗的布置还必须考虑振动影响，并严格控制出逸坡降。

(3)如果洞内流速较大,应控制不平整度。

(4)结构布置与施工措施。必须防止混凝土出现早期温度收缩或沉陷裂缝。

(五)导流底孔

在混凝土坝施工中,底孔导流被广泛采用。底孔一般用于分期导流,也用于明渠或隧洞导流的中、后期施工。

1. 导流底孔的布置

1)底孔的位置选择

底孔的位置应设在基础条件好,进水出流顺畅的坝段,一般以设置在溢流坝段为好,以便利用消力池或护坦作出口的消能防冲。当需布置在非溢流坝段时,应根据地形、地质情况,考虑出口防冲要求。底孔轴线一般呈直线布置,并与坝轴线呈正交。

2)底孔的设置高程

底孔的设置高程应考虑多方面的要求。从泄流、截流、通航、放木方面来看,应低一些好,可增大泄流能力;从防淤、封孔角度来看,则高一些好。底孔设置高程一般取接近于河床高程,以兼顾各方面的要求。对于中后期度汛的底孔,可适当高一些。当底孔数目较多时,可设在同一高程,也可分不同高程设置。底孔布置时,还应尽量利用永久泄水建筑物,在不同高程上加以充分利用。同时,在设计永久孔口时,也应兼顾导流的要求。在多泥沙河流上,导流底孔与冲沙孔结合是适宜的。

2. 底孔断面尺寸

底孔的设计流态常为压力流,或进口为压力流,孔内为明流,且常有明流、压力流交替过渡。底孔总过水面积需根据设计流量和围堰高度要求确定,应进行技术经济比较。对于中、后期度汛底孔,可根据坝体上升要求和度汛措施决定。单孔断面尺寸选择需考虑以下条件:

(1)坝体结构要求。一个坝段内允许设置底孔的最大宽度一般不超过坝段宽的50%,也有稍大于此值的。底孔的高宽比一般为1~2。

(2)封孔闸门尺寸和启闭能力的要求。如孔口过大则闸门过重,造成闸门沉放困难。因此,有些工程为了控制闸门尺寸,进口设置中墩。

(3)通航、放木等综合利用要求。当需要利用底孔通航、放木时,底孔的宽度和高度应满足船舶或木排的航运宽度和净空要求,进口一般不宜设置中墩。当底孔数目较多时,也可设置专用的通航、放木孔,其孔口尺寸和高程的设置可以分别对待。

3. 进水口型式选择

1)进水口的布置型式

底孔进口一般只设置封孔闸门,无检修门,必要时也可加设一道事故闸门。闸门槽的位置有设在喇叭口的前端或末端的,也有设在曲线中段的。前者门槽对进口影响小,但闸门较高;后者闸门尺寸小,而门槽对水流影响大,尤其应避免从门槽进水。门槽进水不仅易产生气蚀,对泄流能力影响也较大。

进水口的布置还应防止出现立轴旋涡(又称空气漏斗)。立轴旋涡的产生与进口型式及水头有关,水头较低时较难避免,但如进口型式选择不当,水头较高时也常出现。一般头部伸出坝外越长，越易产生立轴旋涡，采用胸墙式进口有利于消除这一现象。

2）进水口曲线型式

进水口的曲线型式不仅影响泄流能力，而且对防止产生气蚀关系极大。导流底孔所处高程较低，一般可按闸下出流曲线设计，常采用1/4椭圆曲线。

（六）导流缺口

缺口导流使用较广，在混凝土坝施工中被广为采用，常与隧洞、底孔等配合，以弥补其过水断面的不足。缺口泄洪还常是混凝土坝中、后期施工度汛的一种主要方式。对于前期低缺口导流的一般布置要求如下：

（1）缺口的位置。应根据导流程序的要求，尽量选择在水流条件和地基抗冲条件较好的部位，防止对围堰及其他建筑物的冲刷，还应考虑施工交通和场内施工布置。一般不宜两岸都布置缺口，以集中布置为佳。

（2）缺口的高程选择。主要考虑泄流及封堵要求，以及缺口升高的进度要求。高程越低，则泄流能力越大，但如果高程过低，经常处于枯水位以下，缺口封堵需有截流措施；施工易受洪水威胁，缺口的升高往往落在其他坝段的后面，成为控制施工总进度的关键。因此，缺口高程的选择必须全面分析。当需要通航、过木时，还需考虑航运的要求，也可设置不同高程的缺口。

缺口布置在底孔上部，与底孔联合泄流，这是一种常用的布置型式，但如果布置不当，易产生气蚀，当缺口与底孔的高程差较大时，尤应重视。

（3）缺口的宽度。主要根据泄流量大小、围堰高程要求及单宽流量分析确定。由于临时缺口泄洪的下游一般无保护，单宽流量不宜过大。允许的单宽流量应根据地基条件和抗冲要求进行具体分析。

四、截流工程

（一）截流标准

截流标准可采用截流时段重现期5～10年的月或旬平均流量，也可用其他方法分析确定。

（二）截流方式

河道截流方式主要有戗堤法、定向爆破法、建闸法、浮运结构法。绝大多数工程采用戗堤法截流，其他截流方式很少采用。

戗堤法按物料抛投方式不同，分为立堵和平堵两种基本方式；按戗堤数量不同，又分为单戗、双戗和多戗截流。

（三）截流方式选择

选择截流方式应充分分析水力学参数、施工条件和截流难度、抛投物数量和性质，并进行技术经济比较。

（1）单戗立堵截流简单易行，辅助设备少，当截流落差不超过3.5m时，宜优先选择，但其龙口水流能量相对较大，流速较高，需制备重大抛投物料相对较多。

（2）双戗和多戗立堵截流，可分担总落差，改善截流难度，适用于截流流量较大，且落差大于3.5m的情况。

(3)当河水较深、戗堤过高时,为防止立堵截流过程中堤头发生突然坍塌,可采用先平堵垫底,后立堵合龙的平、立堵结合方案。有架设浮桥或栈桥条件时,应对平堵截流方案与平、立堵结合截流方案进行比较。平堵截流虽然建桥费用较高,但其截流水力条件较好。

(4)在特殊条件下,经技术经济论证,亦可采用定向爆破法、建闸法、浮运结构法等截流方式。

(四)截流日期

截流日期一般选在枯水时段内,同时应为后续的围堰加高、基坑工作和主体建筑物施工留有余地,不致影响整个工程的施工进度。

在确定截流日期时,应考虑以下要求:

(1)截流以后,需要继续加高围堰,完成排水、清基、基础处理等大量基坑工作,并应把围堰或永久建筑物在汛期前抢修到一定高程以上,截流日期应尽量提前。

(2)在通航的河道上进行截流,截流日期最好选择在对航运影响较小的时段内。

(3)在北方有冰凌的河道上,截流不宜在流冰期进行。

(五)龙口位置和宽度

龙口位置的选择对截流工作顺利与否有密切关系。选择龙口位置时要考虑下述技术要求:

(1)一般说来,龙口应设在河床主流部位,方向力求与主流顺直,使截流前河水能较顺畅地经由龙口下泄,但有时也可以将龙口设置在河滩上。此时,为了使截流时的水流平顺,应在龙口上、下游顺河流流势按流量大小开挖引河。

(2)龙口应选择在耐冲河床上,以免截流时因流速增大引起过分冲刷。如果龙口段河床覆盖层较薄,则应清除;否则,应进行护底防冲。

(3)龙口附近应有较宽阔的场地,以便布置截流运输路线和制作、堆放截流材料。

原则上龙口宽度应尽可能窄些,这样合龙的工程量就小些。龙口宽度及其防护措施可根据相应的流量及龙口的抗冲流速来确定。在通航河道上,当截流准备期通航设施尚未投入运用时,船只仍需在截流前由龙口通过,这时龙口宽度便不能太窄,流速也不能太大,以免影响航运。

(六)截流水力计算

随着立堵龙口宽度的缩窄或平堵抛石体的升高,龙口流量和泄水建筑物的分流量都在随时间而变化。截流历时较长时,河道流量也在变化。因此,严格地说截流期间的水力学问题属于非恒定流范畴。但是,考虑到上述变化率一般较小,在所划分的时段内,可近似地看做恒定流。

截流过程中,河道来流量可分为四部分,即:

$$Q = Q_g + Q_d + Q_r + Q_s \tag{14-1-1}$$

式中 Q——河道来流量(截流设计流量);

Q_g——龙口泄流量;

Q_d——分流建筑物泄流量;

Q_r——上游河槽调蓄流量;

Q_s——戗堤渗流量。

按照截流方式不同，截流水力计算主要有单戗立堵计算、双戗立堵计算、单戗平堵计算和混合截流计算。下面仅介绍单戗立堵截流水力计算。

1. 分流建筑物泄流能力计算

常见的分流建筑物有明渠、隧洞、永久泄水闸孔、混凝土坝体的预留缺口和底孔、未完全拆除的前期围堰处的缺口和残留堰坎等，实际的分流建筑物常是以上某几种建筑物的组合。

截流计算需绘制的分流曲线 $Q_d = f(\nabla H)$，可参照本套教材《水利水电工程专业基础知识》第 1 章或水力学专著计算。

2. 立堵截流过程中上游河槽调蓄流量计算

截流过程中，上游河槽调蓄流量 Q_r 是变化的。如果 Q_r 值很大，则应计入 Q_r。如果抛石强度不大、上游水库面积和水位上升率不大，可不计算 Q_r。

1）基本方法

$$Q_r = \frac{\Delta W}{\Delta t} = \bar{S}\frac{\Delta H}{\Delta t} \tag{14-1-2}$$

式中 Q_r——截流过程中上游河槽调蓄流量，m^3/s；

Δt——截流过程中的某一时段，s；

ΔH——与 Δt 相应的上游水位变化值，m；

ΔW——与 Δt 相应的库容变化值，m^3；

$\bar{S}$——时段 Δt 始末的水库平均面积，m^2。

立堵截流 Δt 计算：

$$\Delta t = 3\,600 \times \frac{\Omega(\bar{B}_1 - \bar{B}_2)}{I} = 3\,600 \times \frac{P(a + \bar{m}P)(\bar{B}_1 - \bar{B}_2)}{I} \tag{14-1-3}$$

式中 Ω——戗堤平均横断面积，m^2；

$\bar{B}_1$、$\bar{B}_2$——时段 Δt 始末的平均龙口宽度，m；

I——戗堤端部的抛投强度，m^3/h；

P——戗堤高度，m；

a——戗堤顶宽，m；

$\bar{m}$——戗堤上下游坡度系数均值。

2）简化计算方法

初步设计时，抛投强度难以估准。为简化计算可采用以下近似方法。

立堵截流由式（14-1-2）和式（14-1-3）可得调蓄流量 Q_r 公式为：

$$Q_r = -\bar{S}\frac{1}{\Omega}\cdot\frac{dH}{dB} \tag{14-1-4}$$

一般合龙过程中的 $\nabla H = f(B)$ 近似于直线，故可将 $\frac{dH}{dB}$ 当做常数，并取 $\frac{dH}{dB} \approx \frac{Z_{max}}{B_0}$（其中，$B_0$ 为起始龙口宽度，Z_{max} 为截流最大落差）。式（14-1-4）中，$\bar{S}$、Ω 均可视为常数，则 Q_r 也可近似视为常数。

3. 立堵截流戗堤渗流量 Q_s 的估算

$$Q_s = K_s(\bar{B}_0 - \bar{B})H\sqrt{\frac{Z}{l_s}} \tag{14-1-5}$$

$$l_s = \frac{1}{2}(m_1 + m_2)P + a \tag{14-1-6}$$

式中 $\bar{B}_0$——龙口起始平均宽度,m;

$\bar{B}$——截流进占过程中的龙口平均宽度,m;

H——戗堤上游的平均水深,m;

Z——上下游落差,m;

K_s——紊流渗透系数,m/s;

l_s——平均渗径,m,可按式(14-1-6)近似估算;

a——戗堤顶宽,m;

P——戗堤高度,m,可近似用 $P \approx H$;

m_1、m_2——戗堤上、下游边坡系数,一般 $m_1 = 1.25$,$m_2 = 2.0$。

4. 立堵龙口泄流能力

龙口泄流量 Q_g 按下式计算:

$$Q_g = m\bar{B}\sqrt{2g}H_0^{3/2} \tag{14-1-7}$$

式中 $\bar{B}$——龙口平均过水宽度,m;

H_0——龙口上游水头,m,如有护底,则从护底表面起算;

m——流量系数,进口圆顺的窄戗堤,可按列别捷夫试验资料,由图 14-1-6 查用,一般采用 0.30 ~0.32。

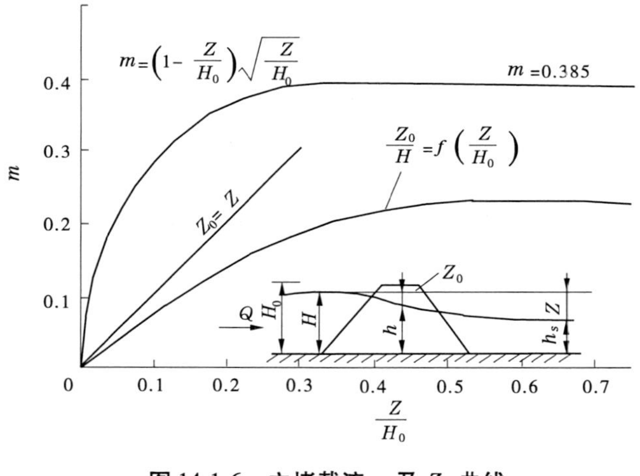

图 14-1-6 立堵截流 m 及 Z_0 曲线

5. 立堵截流过程中的水力参数计算

1)不考虑 Q_r 和 Q_s 时的计算

如图 14-1-7 所示,按下述步骤进行:

(1)绘制分流曲线 $Q_d \sim \nabla H$。此曲线可由计算或试验得到。

(2)绘制龙口泄水曲线 $Q_g=f(\nabla H,B)$。

(3)按图解法求出几组相应的 B、∇H、Q_g、Q_d 值。图 14-1-7 中的虚线是将分流曲线向右平移，距离为 Q。虚线与龙口泄水曲线簇交点的 ∇H、Q_g 即为所求解答。图 14-1-7 中实线表示的方法是图解的基本方法。

(4)列表计算截流过程中的诸水力参数，如上下游落差 Z、龙口平均流速 v、单宽流量 $q=Q_g/\bar{B}$、单宽功率 $N=\gamma gZ$ 等。

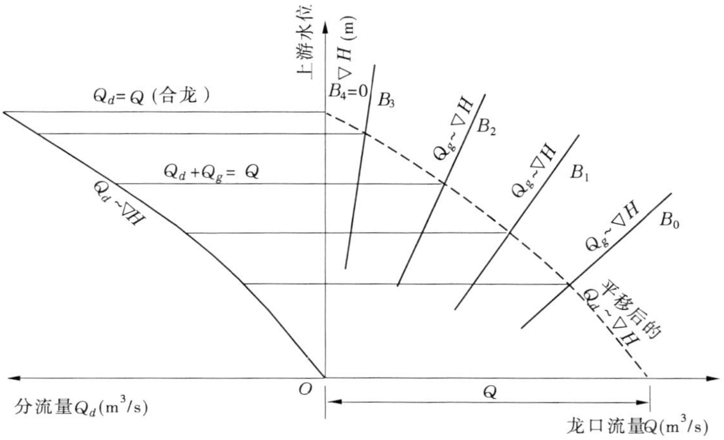

图 14-1-7　立堵水力计算图解法(不计 Q_r 和 Q_s 时)

主要参数是龙口流速，一般以戗堤轴线断面处为准。对龙口水深的确定，有两种方法：

(1)当龙口为淹没流时，取 $h\approx h_s$(下游水深)；为非淹没流时，取临界水深，即 $h\approx h_k$。

(2)按列别捷夫试验曲线如图 14-1-6 所示，确定轴线处落差 Z_0。从而得 $h=H-Z_0$。

龙口平均流速为：

$$v=\frac{Q_g}{Bh}=\frac{Q_g}{\bar{B}(H-Z_0)} \tag{14-1-8}$$

2)考虑 Q_r 和 Q_s 时的计算

如图 14-1-8 所示，按以下步骤进行：

(1)Q_r 按式(14-1-4)计算，然后将 Q_r 与 Q_d 叠加，绘出 $Q_d+Q_r=f(\nabla H)$ 曲线。

(2)Q_s 按式(14-1-5)计算，然后将 Q_s 与 Q_g 叠加，绘出 $Q_g+Q_s=f(\nabla H,B)$ 曲线。

由图解法求出不同月时的 Q_g 和 ∇H 值，即可进一步计算各项水力参数。

(七)动水中抛投料稳定计算

1. 龙口护底稳定计算

护底工作，必须在合龙以前完成，其块体尺寸不仅要满足抛投施工期间的稳定，还要保证在截流期间不被冲刷。护底抛投施工流量与截流设计流量是不同的。护底表层材料粒径应按上述两种水力条件选择。如果在汛前抛投护底，应满足汛期的水力条件要求。

护底的堆积轮廓要满足保护河床免受冲刷和增大糙率的要求，根据冲距大小，决定抛投入水点，通常按平底抗滑或抗倾覆校核其稳定。

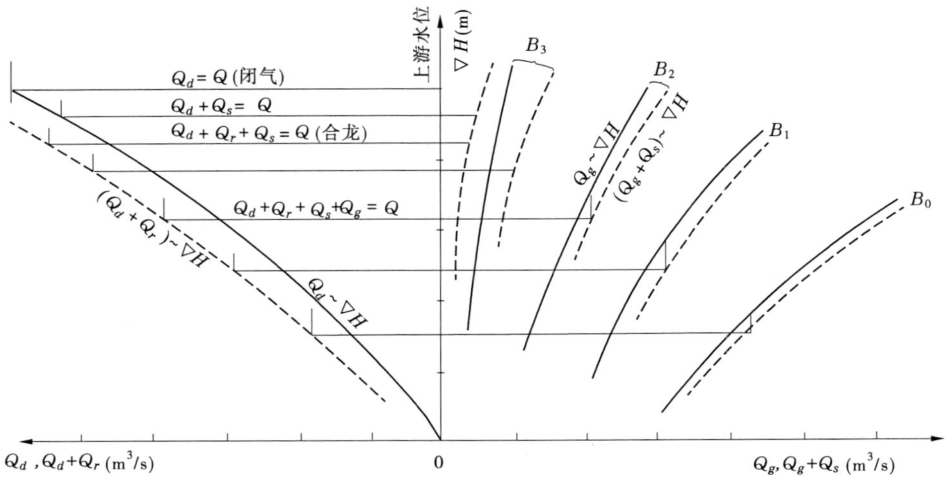

图 14-1-8　立堵水力计算图解法(计及 Q_r 和 Q_s 时)

1)抛石块径计算

抛石块径可按下式计算:

$$d = \frac{1}{2g\dfrac{\gamma_s - \gamma}{\gamma}}\left(\frac{v}{K}\right)^2 \tag{14-1-9}$$

式中　d——石块化为球体的当量直径,m;

g——重力加速度,$g = 9.8\text{m/s}^2$;

γ_s、γ——块石容重和水的容重,t/m^3;

v——计算流速,m/s;

K——稳定系数。

2)抛石冲距计算

在流水中抛石,石块在河底的稳定点和入水点间的距离,称为抛石冲距。冲距与水流参数和河床粗糙度有关,由于影响因素复杂,河床表面地形千差万别,建议按下列经验公式估算:

$$L = 0.92\frac{vH}{G^{1/6}} \tag{14-1-10}$$

$$L = 0.74\frac{v_0 H}{G^{1/6}} \tag{14-1-11}$$

$$L = 2.5\frac{vH}{d^{1/2}} \tag{14-1-12}$$

式中　L——抛石冲距,m;

H——水深,m;

v——垂线平均流速,m/s;

v_0——水流表面流速,m/s;

G——块石重量,kg;

d——块石折算直径,cm。

2. 立堵抛投块石稳定计算

1)伊兹巴什公式

对于当量直径为 d 的石块,其稳定流速 v 为:

$$v = K\sqrt{2g\frac{\gamma_s - \gamma}{\gamma}d} \tag{14-1-13}$$

式中符号意义同式(14-1-9)。稳定系数采用 $K = 0.90$。

2)司特芬逊公式

经变换可得:

$$v = \sqrt{2\cos\theta\sqrt{\tan^2\varphi - \tan^2\theta}} \times \sqrt{2g\frac{\gamma_s - \gamma}{\gamma}d} \tag{14-1-14}$$

对照式(14-1-9)和式(14-1-14)可得综合稳定系数 K:

$$K = \sqrt{2\cos\theta\sqrt{\tan^2\varphi - \tan^2\theta}} \tag{14-1-15}$$

式中 θ——戗堤进占前沿面与水平面之夹角;

φ——块石在水中的休止角;

其他符号意义与式(14-1-9)同。

3. 对块石稳定计算的建议

影响抛石稳定的因素很多,计算中很难全面计及,初算时仍可采用伊兹巴什公式。当用式(14-1-14)时,式中有 v、d、φ、θ 四个变数。其中,φ 值主要取决于块径口和底部边界的粗糙程度。由于 d 是待求未知数,所以用上述公式计算时,需先大致选择相应的 φ 值。下列建议可供初设时参考:

(1)当以较大块石为主时,例如 $d > 0.5$m,可取 $\varphi = 40° \sim 42°$;

(2)当以石渣为主时,例如 $d > 0.2$m,可取 $\varphi = 35° \sim 37°$;

(3)当以砂卵石料为主或抛石护底很光滑时,可取 $\varphi = 30° \sim 35°$。

混凝土块体及串体稳定系数 K 目前尚缺乏系统的研究,其稳定计算分析这里不作介绍。

五、基坑排水

(一)初期排水

围堰合龙闭气后,排除基坑积水期间的排水称之为初期排水。初期排水包括基坑积水、排水期渗水和降水等。

关于初期排水总量及其排水强度,《水利水电工程施工组织设计规范》(SL303—2004)中规定:初期排水总量应按围堰闭气后的基坑积水量、抽水过程中围堰及基础渗水量、堰身及基坑覆盖层中的含水量,以及可能的降水量等四部分组成计算,其中可能的降水量可采用抽水时段的多年日平均降水量计算;确定基坑初期抽水强度时,应根据不同围堰型式及基坑边坡对渗透稳定的要求确定基坑水位下降速度。

初期排水期间由于基坑渗水因素往往难以预料，渗流量计算不易符合实际，一些工程在可行性研究及初步设计阶段，也常采用经验估算法计算初期排水总量和排水强度。《水电水利工程施工导流设计导则》(DL/T5114—2000)中给出的基坑初期排水强度计算的经验公式为：

$$Q = \eta \frac{V}{T} \tag{14-1-16}$$

式中 Q——初期排水强度，m^3/s；

η——经验系数，主要与围堰种类、防渗措施、地基情况、排水时间等因素有关，一般取 $\eta = 3 \sim 6$，当覆盖层较厚、渗透系数较大时取大值；

V——基坑的积水体积，m^3；

T——初期排水时间，s。

初期排水时间主要受基坑水位下降速度控制。基坑水位下降速度应根据不同围堰型式及基坑边坡对渗透稳定的要求确定，土石围堰水位下降速度不宜大于0.5～0.8m/d。大型基坑初期排水时间一般为5～7d，中型基坑一般为3～5d。

排水设备总容量应不小于计算排水强度。水泵容量的选择不应过于单一，应有适当的级差，以便组合运行，满足不同排水时期不同排水流量的需要。此外，初期排水设备选择应与经常性排水一起综合考虑，初期排水设备在经常性排水期间应能得到充分利用。

（二）经常性排水

初期排水后，为保持基坑内工程干地施工而进行的排水，称之为经常性排水。

经常性排水由进入基坑的渗水、降水和施工弃水等组成。

确定经常性排水强度时，排水量计算应按两种组合考虑，以排水量大者选择设备，两种组合为：①渗水+降水；②渗水+施工弃水。

经常性排水的降水量按排水时段最大日降水量在当天排干计算。

第二节　主体工程施工方法

一、碾压式土石坝工程施工

碾压式土石坝工程施工包括准备作业、基本作业、辅助作业和附加作业。

准备作业包括平整施工场地、通车、通水、通电，架设通信线路，修建生产、生活福利、行政办公用房等项工作。基本作业包括料场土石料开采，挖、装、运、卸以及坝面铺平、压实、质检等项作业。辅助作业是保证准备作业及基本作业顺利进行，创造良好工作条件的作业，包括清除施工场地及料场的覆盖层，从上坝土料中剔除超径石块、杂物，坝面排水，层间刨毛和加水等。附加作业是保证坝体长期安全运行的防护及修整的工作，包括坝坡修整、铺砌护面块石及铺植草皮等。

（一）土石坝的综合机械化施工

土石坝施工挖、运、填等各道工序均由互相匹配的具有独特功能的工程机械来完成，构成“一条龙”的生产工艺流程，即为土石坝的综合机械化施工。

1. 挖运机械

挖掘机械的种类繁多,就其构造及工作特点来说,有循环单斗式和连续多斗式之分。就其传动系统来说,又有索式、链式和液压传动之分。液压传动具有突出的优点,现代工程机械多采用液压传动。

1)单斗式挖掘机

以正向铲挖掘机为代表的单斗式挖掘机有柴油或电力驱动两类,后者又称电铲。挖掘机有回转、行驶和挖掘三个装置。正向铲挖掘机有强有力的推力装置,能挖掘Ⅰ~Ⅳ级土和破碎后的岩石。这种挖掘机主要挖掘停机地面以上的土石方,也可挖掘停机地面以下不深的地方,但不能用于水下开挖。若要挖掘停机地面以下深处,可将正向铲挖掘机的工作机构改装成液压反铲。水下开挖采用索具操作铲斗的索铲和合瓣式抓斗的抓铲。

2)多斗式挖掘机

斗轮式挖掘机是陆上使用较普遍的一种多斗连续式挖掘机。它的生产率很高。

2. 挖运组合机械

1)推土机

推土机以拖拉机为原动机械,另加切土刀片的推土器,既可薄层切土又能短距离推运。

2)铲运机

按行驶方式,铲运机分为牵引式和自行式。前者用拖拉机牵引铲斗,后者自身有行驶动力装置。当今多用自行式,因其结构轻便,可带较大的铲斗,行驶速度高,多用低爪轮胎,有较好的越野性能。国外大容量铲运机多用底卸式,其铲斗容量高达 $57.5m^3$。铲运机的经济运距与铲斗容量有关,一般在几百米至几千米以内。大容量的铲运机要求牵引力大,运行的灵活性降低。

3. 综合机械化施工方案选择

土石坝工程量巨大,挖、运、填、压等多个环节环环相扣。提高劳动生产率、改善工程质量、降低工程成本的有效措施是采用综合机械化施工。选择机械化施工方案通常应考虑如下原则:

(1)适应当地条件,保证施工质量,生产能力满足整个施工过程的要求。

(2)机械设备性能机动、灵活、高效、低耗、运行安全、耐久可靠。

(3)通用性强,能承担先后施工的工程项目,设备利用率高。

(4)机械设备要配套,各类设备均能充分发挥效率,特别应注意充分发挥主导机械的效率,譬如在挖、运、填、压作业中,应充分发挥龙头机械挖掘机的效率,以期为其他作业设备效率的提高提供必要的前提和保证。运距较远时,应注重运输设备的效率发挥。

(5)设备购置及运行费用低,易于获得零、配件,便于维修、保养、管理和调度。

(6)应从采料工作面、回车场地、路桥等级、卸料位置、坝面条件等方面创造相适应的条件,以便充分发挥挖、运、填、压各种机械的效能。

(二)坝面作业施工组织规划

坝面作业施工程序包括铺土、平土、洒水、压实(对于黏性土料采用干碾,压实后尚须刨毛以保证层间结合的质量)、质检等工序。为避免坝面施工中的干扰,延误施工进度,坝面压实宜采用流水作业施工。

流水作业施工组织应先按施工工序数目对坝面分段,然后组织相应专业施工队依次进入各工段施工。这样,对于同一工段而言,各专业队按工序依次连续施工;对于各专业施工队而言,依次不停地在各工段完成固定的专业工作。其结果是实现了施工专业化,有利于工人熟练程度的提高。

正确划分工段是组织流水作业的前提,每个工段的面积取决于各施工时段的上坝强度,以及不同高程坝面面积的大小。工段数目 m 可按下式计算:

$$m = \frac{W_D}{W_B} \tag{14-2-1}$$

$$W_B = \frac{Q_D}{h} \cdot \frac{\alpha}{m'} \tag{14-2-2}$$

式中 W_D——坝体某一高程工作面面积,可根据施工进度按图确定,m^2;

W_B——每一工作时段的铺土面积,m^2;

Q_D——填筑强度,m^3/班;

h——根据压实试验确定的每层铺土厚度,m;

m'——工序数目;

α——同一工段各种工序循环一次的班数,班。

若 m' 为流水作业工序数,m 为每层工段数,二者的大小关系反映流水作业的组织情况。当 $m = m'$ 时,表示流水工段数等于流水工序数,有条件使流水作业在人、机、地三不闲的情况下进行;当 $m > m'$ 时,表示流水工段数大于流水工序数,这样流水作业在地闲而人和机械不闲的情况下进行;当 $m < m'$ 时,表示流水工段数小于流水工序数,表明人、机闲置,流水作业无法正常进行,这种情况应予避免。

(三)面板堆石坝施工

面板堆石坝是一种近期发展起来的新坝型。它具有工期短、投资省、施工简便、运行安全等突出的优点,也是一种工程量小、投资省的当地材料坝。

堆石体填筑可采用自卸汽车后退法或进占法卸料,推土机摊平。后退法的优点是汽车可在压平的坝面上行驶,减轻轮胎磨损;缺点是推土机摊土工作量大,且影响施工进度。进占法卸料,虽料物稍有分离,但对坝料质量无明显影响,并且显著减轻了推土机的摊土工作量,使堆石填筑速度加快。

垫层料的摊铺多用后退法,以减轻物料的分离。当压实层厚度大时,可采用混合法卸料,即先用后退法卸料呈分散堆状,再用进占法卸料铺平,以减轻物料的分离。

垫层料粒径较粗,又处于倾斜部位,通常采用斜坡振动碾压实。为改善碾压质量,可采用斜坡碾压与砂浆固坡相结合的施工方法。

(四)土石坝的冬季作业

土料在低温季节施工的关键是防冻。土石坝的冬季作业可采取防冻、保温、加热等措施,三者虽有区别,却又相互补充。

1. 防冻

防冻,首先是降低土料的含水量。对于砂砾料,在入冬前应挖排水沟和截水沟以降低地下水位,使砂砾料的含水量降到最低限度;对于黏性土,将含水量降到塑限的0.9倍,且在施工中不再加水。高度机械化施工,特别是压实过程采用重型碾和夯击机械,保证快速施工,是土料冬季压实的有效手段。

2. 保温

保温也是为了防冻,但保温的特点在于隔热,土料的隔热方法有:

(1)覆盖隔热材料。对采掘面积不大的料场可覆盖树枝、树叶、干草、锯末等保温隔热。

(2)覆盖积雪。积雪是天然的隔热保温材料,在土层上覆盖一定厚度的积雪有一定保温效果。

(3)冰层保温。在开挖土料上面留0.5m高的畦埂,每隔0.5m设支承柱,入冬后在畦埂内注水,待结成10~15cm的冰层后,将冰层下的水放出,于是在冰层下形成隔热保温的空气夹层。

(4)松土保温。在寒潮来前将拟开采的料场表层翻松、击碎,并平整至25~35cm厚,利用松土内的空气隔热保温。

以上四种保温措施简单易行,节约经费,效果显著,常在冬季作业中采用。

3. 加热

当气温过低、风速过大,一般保温措施不能满足要求时,需采用加热和保温结合的暖棚作业,在棚内用蒸汽和火炉升温。蒸汽可以通过暖气管和暖气包放热。

(五)土石坝的雨季作业

在雨季,因防渗体的黏土含水量太高,直接影响压实质量和施工进度。雨季作业通常采取如下三种措施。

1. 改造黏性土料特性,使之适应雨季作业

土料中掺合砂砾石料是在料场进行的,土料和砂砾石料相间平层铺填,挖土机立面开采或推土机斜面开采,混合取料。砂砾料与黏土的掺合质量比一般为50:50,其中大于5mm粒径的砾卵石总量百分数可按下式计算:

$$P_s = \frac{A}{A + B + C} \times 100\% \qquad (14\text{-}2\text{-}3)$$

式中 A——砂砾料中大于5mm粒径的砾卵石质量;

B——砂砾料中小于5mm粒径的砂粒质量;

C——黏土的质量。

掺合砂砾料可用自卸汽车分层进占法或后退法铺土,铺土过程便有降低含水量的作用。铺成土堆"闷土"后用正向铲挖掘机立面开采或推土机斜面开采,使土料混合均匀。

2. 合理安排施工,改进施工方法

(1)采用合理的取土方式。对含水量偏高的土料,采用推土机平层松土取料,有利于降低含水量。

(2)采用合理的堆存方式。晴天多采土料,加以翻晒,然后堆成土堆,并将土堆的表

面压实抹光，以利排水，这便形成储备土料的临时土库，即所谓土牛。

（3）采用合理的施工安排。充分利用气象预报资料，晴天安排修筑黏性防渗体，雨天或雨后多安排修筑非黏性的坝壳料。

3. 增加防雨措施，保证更多有效工作日

对工作面狭长的截水墙填土，可以搭建防雨棚，保证雨天施工，雨后不停工或少停工。当雨量不大、历时不长时，可在降雨前迅速撤离施工机械，然后用平碾或振动碾将坝面铺土压成光面，并使坝面略向外倾斜，以利排水。

4. 合理利用土料

在变坡转折部位，利用高含水量、高塑性的土料填筑，既可减少降低含水量的措施和费用，又可以避免裂缝发生，增强对坝体变形的适应能力。

二、混凝土坝工程施工

混凝土坝的施工方法有现场浇筑和预制装配两大类。现场分仓浇筑又可分为传统的分层分块浇筑和薄层碾压浇筑。到目前为止，前者应用最普遍，后者是一种高效、低成本、具有发展前途的施工方法。

在混凝土坝施工中，大量砂石骨料的采集、加工，水泥和各种掺合料、外加剂的供应是基础，混凝土制备、运输和浇筑是施工的主体，模板、钢筋作业是必要的辅助。

为了避免由于不均匀沉降引起坝体开裂，常用结构缝将坝体分段，为了控温防裂和施工方便，用纵缝将坝段分成若干柱状块，在浇筑时又用临时的施工缝将柱状块分层，形成若干浇筑仓，又称浇筑块。保证每个仓的浇筑质量是保证坝体质量的基础。

混凝土浇筑的施工过程包括：浇筑前的准备作业，浇筑时的入仓铺料、平仓振捣和浇筑后的养护。

（一）浇筑前的准备作业

1. 基础面处理

对于砂砾地基，应清除杂物，整平建基面，再浇 10 ~ 20cm 低标号混凝土作垫层，以防漏浆；对于土基应先铺碎石，盖上湿砂，压实后，再浇混凝土；对于岩基，在爆破后，用人工清除表面松软岩石、棱角和反坡，并用高压水枪冲洗，最后，再用高压风吹至岩面无积水，经质检合格，才能开仓浇筑。

2. 施工缝处理

施工缝是指浇筑块间临时的水平和垂直结合缝，也是新老混凝土的结合面。在新混凝土浇筑前，必须采用高压水枪或风砂枪将老混凝土表面含游离石灰的水泥膜（乳皮）清除，并使表层石子半露，形成有利于层间结合的麻面。施工缝面凿毛或冲毛后，应用压力水冲洗干净，使其表面无渣、无尘，才能浇筑混凝土。

3. 模板、钢筋和预埋件的安设

这道工序应做到规格、数量无误，定位准确，连接牢靠。

4. 开仓前全面检查

仓面准备就绪，风、水、电及照明布置妥当后，经质检部门全面检查，发给准浇证后，才允许开仓浇筑。一经开仓则应连续浇筑，避免因中断而出现冷缝。

(二)入仓铺料

混凝土入仓铺料多用平浇法。它是沿仓面某一边逐条逐层有序连续铺填,铺料层厚与振动设备性能、混凝土稠度、来料强度和气温高低有关。层厚一般为 30 ~ 60cm,当采用振捣器组振捣时,层厚可达 70 ~ 80cm。当混凝土初凝时间 t(h)已定后,为不出现冷缝,应满足以下条件:

$$KP(t - t_1) \geqslant BLh \tag{14-2-4}$$

或

$$P \geqslant \frac{BLh}{K(t - t_1)}$$

式中 K——混凝土运输延误系数,取 0.8 ~ 0.85;

P——浇筑仓要求的混凝土运浇能力,m^3/h;

t_1——混凝土从出机到入仓的时间,h;

B、L——浇筑块的宽度和长度,m;

h——铺料层厚度,m。

分块尺寸和铺层厚度受混凝土运浇能力的限制。若分块尺寸和铺层厚度已定,要使层间不出现冷缝,应采取措施增大运浇能力。倘若设备能力难以增加,则应考虑改变浇筑方法,将平浇法改变为斜层浇筑法或阶梯浇筑法,以避免出现冷缝。阶梯浇筑法的前提是薄层浇筑;斜层浇筑,层面坡度不宜大于 10°。对于以上两种浇筑法,为避免砂浆流失、骨料分离,宜采用低坍落度混凝土。

(三)平仓与振捣

卸入仓内成堆的混凝土料,按规定要求均匀铺平称为平仓。平仓可用插入式振捣器插入料堆顶部振动,使混凝土液化后自行摊平,也可用平仓振捣机进行,平仓振捣机类似小型推土机,其推土刀片用于平仓,尾部尚有 3 ~ 6 个振捣器用于振捣。它适用于仓面大、钢筋和埋件少的仓内,振捣干硬性混凝土效率更高。振捣是保证混凝土密实的关键。

插入式振捣器应用最广泛,而又以电动硬轴式在大体积混凝土振捣中应用较普遍,其振动影响半径大、捣实质量好、使用较方便;软轴式应用在钢筋密集、结构单薄的部位。

三、施工机械需要量计算

(一)机械生产能力和工程施工强度基本概念

1. 机械生产能力

机械在实际工程中的生产能力主要与机械的自身性能、工程施工条件、组织管理水平等有关。为了便于对机械生产能力计算的理解,先介绍机械的三种生产率概念。

(1)理论生产率:指机械在设计所规定的标准条件下连续工作的生产率,一般以小时生产率表示。它只与机械本身的设计性能有关,没有考虑具体的施工条件,不能表示实际的生产能力。

(2)技术生产率:指机械在某种具体的施工条件下连续工作的生产率,一般也以小时生产率表示。计算技术生产率时,除机械本身的性能参数外,还考虑了施工对象的性质和施工条件的影响。技术生产率表示在某种施工条件下,机械连续正常工作的生产能力。

(3)实用生产率:指在具体施工条件下,考虑了工作时间内机械必需的生产时间损失后的生产率。它是在技术生产率的基础上乘以时间利用系数求得的,一般以台班、台月生产率表示。实用生产率表示机械在工程可施工的工作时间内,全勤情况下的生产能力。

2. 施工强度

这里所讲的施工强度,仅指施工组织设计中施工进度计划要求的施工强度,一般以月强度、日强度和小时强度表示。这里仅介绍几个与施工机械需要量计算有关的施工强度概念。

1)月平均强度

月平均强度是相对于某一施工时段而言的,如高峰年月平均强度、高峰时段(一般为连续3~5个月)月平均强度等。某一施工时段的月平均强度等于该时段施工总量除以时段内工作月数。

2)高峰月强度

工程施工由于受诸多因素影响,施工强度是不均衡的。在工程施工组织设计中,高峰月强度一般采用高峰年或高峰时段的月平均强度乘以不均衡(或称不均匀)系数来确定,即:

$$Q_m = \overline{Q}_m K_m \tag{14-2-5}$$

式中 Q_m——高峰月强度,m^3/月;

$\overline{Q}_m$——高峰年或高峰时段的月平均强度,m^3/月;

K_m——月不均衡系数,与$\overline{Q}_m$对应采用高峰年或高峰时段的月不均衡系数。

(二)施工机械需要量计算

我国水利水电行业施工机械需要量计算方法主要有两大类,即定额计算法和公式计算法。

定额计算法以建筑工程定额中完成单位工程量的机械台班(或台时)消耗指标,及机械工作台班定额中每台机械年或月工作台班数为依据,根据工程施工进度计划要求的施工强度计算机械需要量。定额计算法的具体内容这里不作介绍。

公式计算法比定额计算法更能体现各工程具体情况,贴近工程实际。公式计算法把影响工程施工时间和机械生产效率的各种因素,以时间参数和调整系数的形式体现在公式中,由于各调整系数及部分时间参数所包含的影响因素和时间的范围不同,公式的表现形式也有所不同,因此目前部分设计手册和设计准则中施工机械需要量计算的公式形式也有所不同。

以下仅介绍几种主要施工机械目前常见的计算公式,这些公式系根据《水电水利工程施工机械选择设计导则》(DL/T5133—2001)中给出的计算公式拆解变形得到的,以帮助对公式计算法的概念及思路的理解。应用计算时可根据所给的计算参数适当变换公式形式,灵活运用。

1. 挖掘机、装载机挖装土石方

1)技术生产率

$$P_j = \frac{qnK_{ch}}{K_s} \tag{14-2-6}$$

式中 P_j——技术生产率,m^3/h;

q——铲斗容量,m^3;

K_{ch}——铲斗充满系数；

K_s——物料松散系数；

n——每小时工作次数，$n = 3\ 600/t$，其中 t 为每次作业循环时间，s，包括铲装、回转、载运、卸料、空回和掌子面内移动位置所用的时间。

2）实用生产率

$$P_b = TP_jK_t \tag{14-2-7}$$

式中 P_b——实用生产率，m^3/台班；

T——班工作时间，h，8 小时班制时取 $T = 8h$；

P_j——技术生产率，m^3/h；

K_t——工作时间利用系数。

3）需要量计算

$$N = \frac{Q_m}{MP_b} \tag{14-2-8}$$

式中 N——机械需要量，台；

Q_m——由工程总进度决定的月开挖强度，m^3/月；

P_b——实用生产率，m^3/台班；

M——单机月工作台班数，可以理解为单机在工程可施工的月工作班数内的出勤台班数，缺勤因素主要有机械损坏、检修、保养等。

2. 自卸汽车运输土石方

1）技术生产率

$$P_j = \frac{qnK_{ch}K_{su}}{K_s} \tag{14-2-9}$$

式中 P_j——技术生产率，m^3/h；

q——汽车载运容量，m^3，由车厢的堆装容量和汽车载重量双控确定；

K_{ch}——汽车装满系数；

K_s——物料松散系数；

K_{su}——运输损耗系数；

n——每小时运输次数，$n = 60/t$，其中 t 为每运一车循环时间，min，包括装车、行车、卸车、调车时间。

2）实用生产率

$$P_b = TP_jK_t \tag{14-2-10}$$

式中 P_b——实用生产率，m^3/台班；

T——班工作时间，h，8 小时班制时取 $T = 8h$；

P_j——技术生产率，m^3/h；

K_t——工作时间利用系数。

3）需要量计算

$$N = \frac{Q_m}{MP_b} \tag{14-2-11}$$

式中　N——机械需要量，台；

Q_m——由工程总进度决定的月施工强度，m^3/月；

P_b——实用生产率，m^3/台班；

M——单机月工作台班数，可以理解为单机在工程可施工的月工作班数内的出勤台班数，缺勤因素主要有机械损坏、检修、保养等。

3. 自卸汽车与挖装机械的配套

（1）自卸汽车与挖装机械的配套，一般以挖装机械为主导机械，按照挖装材料性质和工作面参数选择挖装机械，再选用与挖装机械适应的自卸汽车。

（2）自卸汽车的容量与挖装机械的斗容比应恰当，其合理比值随着运距的增加而提高，随着自卸汽车行驶速度的加快而降低，即自卸汽车的循环时间越长，每装满一车的铲装次数应越多，循环时间越短，铲装次数应越少，其铲装次数一般应为 3～6 次。在确定自卸汽车容量时，应注意汽车的运载量既不能超过车厢的堆装容积，也不得超过车辆的载重量，即应符合双控原则。

（3）在数量上自卸汽车与挖装机械的最佳搭配，概念上应是挖装机械一直有车可装，汽车到达装车地点时不用等候即可装车，这时与一台挖装机械配套的自卸汽车数量为：

$$N = \frac{\text{自卸汽车每运一车循环时间}}{\text{装载一车所需时间}}$$

这是配套计算的基本思路。配置自卸汽车数量时，应充分分析装载、运输、卸车等各环节的施工条件，根据配套选型确定的设备参数，通过生产率计算确定。

配套计算除上述方法外，还有定额计算法、排队论法等，不一一介绍。

4. 缆机、门机、塔机调运混凝土

1）技术生产率

$$P_j = nq \tag{14-2-12}$$

式中　P_j——技术生产率，m^3/h；

q——所配调罐的有效容积，m^3；

n——每小时吊运次数，$n = 3\,600/t$（其中，t 为每吊运一次的循环时间，s）。

2）实用生产率

$$P_m = P_j mnK_V K_z K_t \tag{14-2-13}$$

式中　P_m——实用生产率，m^3/（台·月）；

m——每月工作天数，d；

n——每天工作小时数，h；

K_V——吊罐容积利用系数；

K_z——综合作业影响系数，与吊运设备在吊运混凝土外所承担的辅助工作量有关；

K_t——时间利用系数。

3）需要量计算

$$N = \frac{Q_m}{P_m}K \tag{14-2-14}$$

式中　N——机械需要量，台；

Q_m——混凝土施工高峰月浇筑强度，m^3/月；

P_m——实用生产率，m^3/(台·月)；

K——备用系数，对于缆机、门机、塔机等大型设备一般可取 $K=1.0$，因此有些书上的公式不含备用系数。

4)需要量按浇筑仓初凝覆盖要求复核

混凝土吊运设备除总生产能力需满足混凝土施工高峰月浇筑强度外，单仓浇筑设备的生产能力还需满足最大仓面混凝土初凝覆盖要求，即在初凝覆盖允许的间歇时间内将下一浇筑层覆盖完毕。设备需要量复核可用下式计算：

$$P_j N \geqslant P_c \tag{14-2-15}$$

$$P_c = \frac{A\delta}{t} \tag{14-2-16}$$

式中 P_j——起重机技术生产率，m^3/h；

N——浇筑此仓面的起重机数量；

P_c——浇筑最大仓面满足初凝覆盖要求的小时入仓能力，m^3/h，按式(14-2-15)计算；

A——铺料层最大面积，m^2，平铺法浇筑时为最大仓面面积，台阶法浇筑时为各级台阶铺料面积之和；

δ——铺料层厚度，m；

t——初凝覆盖允许的层间间隔时间，h。

5. 有轨机车运输混凝土

1)台班生产率

$$P_b = \frac{T_0}{T_1} nqK_t K_V \tag{14-2-17}$$

式中 P_b——每列列车每班生产率，m^3/(列·班)；

T_0——每班工作时间，min；

T_1——列车往返循环时间，min；

n——每列列车载运混凝土罐个数；

q——每个混凝土罐的额定容量，m^3；

K_t——台班时间利用系数；

K_V——混凝土罐容积利用系数。

2)每台起重机需配备列车数量

$$N = \frac{T_1}{nt} K \tag{14-2-18}$$

式中 N——每台起重机所需列车数量，列；

T_1——列车往返循环时间，min；

n——每列列车载运混凝土罐个数；

t——起重机吊运一罐混凝土的循环时间；

K——列车备用系数。

第三节　料场开采规划设计

一、料场

(一)天然砂石料场

一般工程所在地附近大多有天然砂石料场可以利用。按其产地位置的相对高低,可分为陆上料场、河滩料场和河心水下料场三类,通常多数为河滩料场和水下料场。

(1)陆上料场。陆上料场一般覆盖层较厚,杂质含量较高,开采不受河水的影响。

(2)河滩料场。大部分的天然砂石料场为河滩料场。地处河流上游的河滩料场,常因河道坡陡流急,粒径偏粗,含沙量偏低,料场贮量少而分散。中下游地区的河滩料场,粒径相对较小,常可找到大片集中的料场。河滩料场上部在枯水期出露,洪水期淹没,一部分砂石经常位于河水位以下,表面覆盖层相对较薄。

(3)水下料场。水下料场是指常年处于河水面以下的砂砾料场,有时与河滩料场连成一片。

(二)岩石料场

湿抗压强度在40MPa以上的致密块状岩石一般可作为人工骨料的原石料,岩石料场宜选距用户近、覆盖及风化层薄、岩层厚、贮量丰富、施工干扰少的产地。大中型工程,如主要砂石用户附近无规模相当的天然砂石料场时,均应考虑研究人工骨料方案与天然骨料进行比较。

二、砂石原料的开采量

为避免砂石料在天然料、松散料、混合料和分级料之间反复地换算以及换算时所引起的误差,砂石料的计量采用重量单位。全工程所需砂石料的开采量可按下式确定:

$$V_d = (V_c A + V_o) K_s \tag{14-3-1}$$

$$K_s = K_3 K_4 K_5 K_6 K_7 K_8 K_9 [1 + \gamma(K_1 K_2 - 1)] \tag{14-3-2}$$

式中　V_d——砂石原料的总开采量,t;

V_c——全工程混凝土总量,m^3;

A——每立方米混凝土的骨料用量,无试验资料时,一般可取2.15~2.2t/m^3;

V_o——其他工程砂石用量,t;

K_s——包括级配不平衡弃料在内的运输、堆存、加工、浇筑的总损耗补偿系数,与原料的种类、采运加工工艺以及生产管理水平等因素有关,可按表14-3-1所列数值依式(14-3-2)逐项进行计算;

K_1——石粉或细砂流失补偿系数,对于人工骨料,原料为灰岩的人工砂,石粉含量较多时,可取较大值,花岗岩等火成岩制成的人工砂,石粉较少时取较小值,砂内允许有6%~12%的石粉时可适当减小K_1值,对于天然骨料,含泥量大,砂料偏细,须废弃一部分细砂以改善级配时取较大值,粗砂改细或制砂补充粗砂者取较小值;

K_2、K_4、K_6——均包括运输、堆贮中的损耗；

K_3——骨料加工损耗，对于人工骨料，是指有石屑回收利用设施者，对于天然骨料，原料较干净的取较小值，中等难洗的或含泥量大、砂子偏细时取较大值；

K_5——无预洗工艺时取 1.0，有预洗工艺时取较大值，但应适当减小 K_3 的取值；

K_7——级配不平衡的弃料补偿系数，视工程具体条件由级配平衡计算确定，一般不应超过 1.2，级配偏粗采取粒度调整措施时可取 1.0；

K_8——包括成品料的堆贮和运输损耗补偿系数；

K_9——混凝土的运输、浇筑、废料损耗补偿系数；

γ——平均砂率，以小数计。

一般大体积混凝土工程的平均砂率 γ 为 0.25 ~ 0.30，薄壁和地下工程为 0.30 ~ 0.35，表 14-3-1 中所列的 K_s 值系按大体积混凝土考虑的。

表 14-3-1　砂石运输加工损耗补偿系数

项　目		代　号	人工骨料	天然骨料	
				设级配调整设施时	无级配调整设施时
制砂和洗砂	石粉或细砂流失	K_1	1.15 ~ 1.25	1.10 ~ 1.30	
	储　运	K_2	1.01 ~ 1.02	1.01 ~ 1.02	
	小　计		1.16 ~ 1.28	1.11 ~ 1.33	
筛洗或中细碎	冲　洗	K_3	1.02 ~ 1.03	1.03 ~ 1.05	1.05 ~ 1.15
	储　运	K_4	1.01 ~ 1.02	1.01 ~ 1.02	1.01 ~ 1.02
	小　计		1.03 ~ 1.05	1.04 ~ 1.07	1.06 ~ 1.17
粗碎或超径处理	预　洗	K_5	1.02 ~ 1.05	1.02 ~ 1.05	1.02 ~ 1.05
	储　运	K_6	1.01 ~ 1.02	1.01 ~ 1.02	1.01 ~ 1.02
	小　计		1.01 ~ 1.07	1.01 ~ 1.07	1.02 ~ 1.07
级配不平衡		K_7	1.0	由级配平衡计算确定	
成品骨料贮运		K_8	1.00 ~ 1.03		
混凝土运输浇筑		K_9	1.01 ~ 1.02		
合　计		K_s	1.13 ~ 1.30	(1.14 ~ 1.25)K_7	(1.10 ~ 1.27)K_7

三、料场的评价

(一)贮量

1. 勘探贮量

按我国现行水利水电工程天然建筑材料勘探规程，勘探贮量应是圈定范围内有用层的埋藏量，它已扣除无用层、有害夹层、风化层、上覆无用层和边缘带以及零星夹层和边角地带的厚度为 0.2 ~ 0.3m 的有用层贮量。

2. 可采贮量

可采贮量是指按料场的开采条件和设备的技术性能可能采得的贮量。根据地形图和现场查勘估算时，可采贮量可按下式计算：

$$V_p = P(eV_s - V_f)\gamma_n \qquad (14\text{-}3\text{-}3)$$

式中　V_p——可采贮量，t；

V_s——包括表土在内的料场总体积，m^3；

V_f——表土量，m^3；

e——计算误差，地形图比例尺为 1/1 000 ~ 1/2 000 时取 0.90 ~ 0.95，小于上述比例尺时为 0.8 ~ 0.85；

γ_n——天然容重，无实测资料时，岩石取 2.50 ~ 2.70 t/m^3，砂砾料为 1.9 ~ 2.0 t/m^3，纯砂取 1.4 ~ 1.45 t/m^3；

P——可采率，采石场和陆上砂砾料场取 0.75 ~ 0.85，河滩料场和水下料场取 0.6 ~ 0.7。

为使料场有选择比较的余地，在可行性研究阶段，料场的可采贮量应不少于需要贮量的 3 倍，在初设阶段应不少于 2 倍。如果主料场的开采条件明显优越、贮量为需要贮量的 60% 以上，也可适当降低对可采贮量的要求。

3. 选定料场的可采贮量

在可行性研究阶段，选定料场的可采贮量应不小于需要贮量的 1.5 倍，初设阶段则不小于 1.15 倍。

4. 需要贮量

需要贮量按下式计算：

$$V_n = V_d K_L \qquad (14\text{-}3\text{-}4)$$

式中 K_L——开采损耗补偿系数，水上采石场取 1.02 ~ 1.05，砂砾料场水上取 1.02 ~ 1.05，水下取 1.05 ~ 1.10；

V_n——需要贮量，t；

V_d——与公式（14-3-1）中符号意义同。

（二）质量

原石料的质量应满足水工混凝土施工技术规范的要求，一般应避免采用含有碱活性的原料。

（三）级配

混凝土的砂石级配关系到混凝土的性能与水泥用量，一般应通过试验确定。人工骨料只要工艺设计合理，可以按选用的最优级配生产。在混凝土级配试验时，要考虑天然级配的实际情况，尽量把两者统一起来，取得最大的综合技术经济效果。

四、料场选择的原则和方法

（1）首先要了解工程的需要和河流梯级（或地区）的近期发展规划、料场状况，以确定建立几个梯级共用或地区性的砂石生产基地，或建工程专用的砂石系统。

（2）根据工程的设计要求与混凝土的级配资料，计算各级和总的砂石需用量。混凝土级配应结合料源的实际情况，通过综合的技术经济比较确定。成品骨料的利用率一般宜在 90% 以上，低于 90% 时，应考虑采取级配调整措施的经济合理性。

（3）根据料源的分布、贮量、质量和采运条件，对采用天然骨料与人工骨料作出初步的判断。只有确认天然骨料或人工骨料明显有利时，才能采用一种骨料方案。凡有相当数量的工程弃渣时，都应考虑利用弃渣的可能性和合理性。

（4）对采石场，首先应从岩性、夹层、埋藏状况来判断其开采和加工条件。一般地说，岩石的强度大，特别是冲击强度大，岩石的可碎性、可磨性差，石英含量高，对设备的磨蚀性强。通常石灰岩、花岗岩的加工性能较好，玄武岩、安山岩较差，砂岩的岩性变化较大。

对砂砾料场，须进行质量评价，对于不符合质量要求的砂砾料，应研究采取措施改善质量的可能性和经济性。

(5)根据各料场原料的贮量、质量、级配和开采运输条件，拟订料场的组合方案。在料场选择时应优先考虑具有下列有利条件的料场：①可采贮量为工程需要量50%以上的主料场；②与砂石用户或现成标准轨铁路、码头距离在5～10km以内的料场；③有用成分在80%以上的料场；④平均剥采比，砂砾料场在0.2以下，采石场在0.4以下，覆盖层的厚度不超过12～15m的料场；⑤有用料层的厚度，砂砾料场在3m以上，采石场在12～15m以上；⑥料场的地形具备建立必要的作业面的条件；⑦具备陆上开采条件的料场；⑧采石场与周围建筑物、交通干线、施工场地有足够的安全距离；⑨不占或少占农田，不拆迁或少拆迁现有生活、生产建筑物的料场。

(6)如果一个工程采用两个以上料场时，宜对各个料场的开采量用电算法优选。优选可分两步进行，先按扩大指标或粗算的采运、加工、弃料和土建费进行初步优选，然后根据初步选定的方案进行设计，修订费用系数，再代入优选。如果第二次选出的方案与第一次计算结果出入较大，则可再次迭代优选。料场状况较简单或无条件采用优选法时，可通过级配平衡计算进行选择。

(7)进行综合的技术经济分析，最后选定方案。

第四节　施工工厂设施

一、砂石加工系统

(一)生产规模

加工厂和各工段生产规模可用处理能力或生产能力来表示(一般用处理能力表示)。处理能力是以单位时间进入的原料量计算；生产能力则按该工段所生产的产品的数量计算。处理能力由生产能力决定。产量是指实际生产的产品数量。在一般情况下，整个加工厂的规模，可用月和日的处理能力表示。各工段的生产规模，一般按小时的处理能力表示，也可换算成班、日、月的处理能力。

砂石加工系统的加工处理能力可按混凝土高峰时段月平均骨料需用量及其他砂石需用量计算。

(二)厂址选择

砂石加工厂的厂址要在砂石混凝土系统总体规划时与料场、运输方案综合比较选定。除遵循一般的选址原则外，还应考虑：

(1)多料场供料的天然砂石加工厂，一般应尽量在主料场附近集中设厂。如果集中设厂会引起大量弃料或物料倒运，也可在若干个料场分别设厂。

(2)采用人工骨料的加工厂，如采石场位置离主要砂石用户不远，宜在其附近设厂，与混凝土厂共用堆料场和其他设施。如果采石场距主要用户较远，在采石场设厂，而将其余设施布置在混凝土工厂附近或适当位置。

(3)砂石加工厂应尽量靠近运输干线,并便于供水和供电。

(4)砂石加工厂的位置应尽可能远离职工生活区。当必须在职工生活区附近设厂时,也应选择在主导风向的下风侧,并采取必要的防护措施。

(5)厂址应具备为建厂所需要的地基条件,大中型加工成厂区地面应高出20年一遇的洪水位,否则应有防洪工程措施。

(6)应有足够和合适的场地布置各项设施和堆放弃料。

(三)总平面布置

在确定各生产车间、辅助车间、附属设施、交通运输线路及管线工程等的平面时应注意:

(1)充分利用有利地形,缩短工艺流程路线,简化运输过程,并尽可能做到自流下料。根据一般经验,破碎筛分设施布置在15°~20°的缓坡上比较有利。

(2)铁路线和建筑物的延伸方向应尽可能与地形等高线平行,铁路和公路应保证物料装卸方便、运输畅通。

(3)把安有重型和强烈振动设备的建筑物(如破碎、棒磨、筛分车间)布置在条件良好的地段。

(4)适当将系统分成几个相对独立的部分,各部分之间设置中间调节料仓。

(5)辅助车间尽量靠近服务对象,接入电源、水源应靠近主要用户。

(6)噪声强的车间(声级在90dB(A)级以上者)应尽量集中布置,噪声源具有方向性时,应不使噪声高的一面朝向生活区。

(7)砂石加工厂必须离爆破地点有一定的安全距离,参见表14-4-1。

表14-4-1　爆破安全距离

爆破方法	人员与爆破地点间最小距离(m)
二次爆破	400
深孔,深孔药壶爆破	300
炮眼爆破、炮眼药壶爆破	200

注:1. 洞室大爆破的安全距离由具体设计确定;

2. 沿坡度大于20°的山坡向下方爆破时,表中所有数据应增大50%。

二、混凝土生产系统

(一)生产规模

混凝土生产应满足质量、品种、出机口温度和浇筑强度的要求,小时生产能力可按月高峰强度计算,月有效生产时间可按500h计,不均匀系数按1.5考虑,并按充分发挥浇筑设备的能力校核。

(二)混凝土的供料方式

(1)集中设厂。设置一个混凝土工厂集中供料,其占地和土建工程量最省,总的建厂工作量较分散设置小,因此混凝土工厂的投资和运营费用都比较低。

(2)两岸设厂。采用分期的导流方式，如果由设置在一岸的混凝土工厂向对岸供料有很大困难或明显不利，应在两岸分别设厂。

(3)多厂供料。只有在工程规模很大、施工强度很高，或混凝土建筑物分布范围广、工作面大、施工场地开阔、设厂不受限制的条件下才需要研究超过两厂的多厂供料方案。

(4)先后设厂于不同高程。如坝的高度较大，浇筑起重设备由于受提升高度的限制，需在施工后期将浇筑起重设备提高并重新布置，或在使用缆机浇筑高坝特别是高拱坝时，可考虑在施工前期把拌和楼设在一较低高程，然后在前期任务完成后利用施工间隙将拌和楼拆迁至预定较高的高程。

(三)厂址选择的参考原则

(1)工厂附近如有爆破作业，安全距离一般不少于300m。

(2)厂址应便于拌和楼(站)接受各种材料和运出混凝土。为减少运输途中混凝土分离、坍落度损失以及温度变化，拌和楼应尽量靠近用户。我国多数大中型水利水电枢纽工程，拌和楼到坝址距离均在500m以内。气候炎热而无降温隔热措施时，运距应按混凝土出机到入仓的时间不超过40min考虑。

(3)厂址一般宜设在大坝下游，如必须设在大坝上游，应尽可能设置于初期发电水位以上，并妥善解决水库蓄水后的混凝土供料问题。

(4)厂址宜选择在地质良好、地形比较平缓处，拌和楼、水泥储罐等高大建筑物最好置于基岩上。若为软基，则要求地基土质均匀，承载能力大于0.2MPa，最低不低于0.15MPa。当厂址是从陡坡上开挖出来时，则要特别注意高边坡的稳定和危石处理，同时还应研究台阶式的布置方案，以节省开挖。

(5)厂区主要建筑物不受洪水影响。设于沟门时，要保证不受山洪或泥石流威胁。受料仓、卸料站、地弄等地下部分的建筑物，一般应设在地下水位以上，否则须采取防水或排水措施。

(6)混凝土工厂的出料高程一般指拌和楼底层轨面或地面高程，它与混凝土的运输方式和大坝的浇筑施工方法密切相关。鉴于混凝土工厂的出料高程对于厂址和运输线路的选择是一个很重要的条件，且对建安费用和混凝土成本也有一定的影响，所以选厂工作要和混凝土的施工方法的研究密切结合起来，以求得最大的综合效益。

(7)如果没有明显有利的厂址可选，特别是在地形地质复杂的条件下，应结合混凝土施工方法进行必要的方案比较和优选。

(四)混凝土工厂布置的基本原则

(1)在选定厂址的范围内，确定适当的拌和楼(站)的位置。拌和楼的地基必须坚实。当一个混凝土工厂采用两个或两个以上拌和楼时，要特别注意拌和楼的组合方式。图14-4-1为各种类型拌和楼的组合方式，供布置参考(图中六角形和八角形均为柱脚的中心连线)。多楼组合的基本布置要求是：每座楼最好有单独的出料线，一般不宜串联；进、出料线应互不干扰；砂石和水泥要从砂石堆料场和水泥库一侧进料；拌和楼如需分期安装，楼与楼之间应留有必要的施工场地。

(2)对于混凝土有降温要求的拌和楼，一般要设冷冻楼(厂)供冰、冷风和冷水。冷冻楼的位置应紧靠拌和楼进冰侧，必要时冷冻楼可架空跨接在混凝土出料线上。

(3)大中型混凝土工厂的水泥仓库一般采用水泥储罐,其位置要结合水泥卸载站和拌和楼考虑。从水泥储罐到拌和楼采用机械输送时,其水平运距一般不宜超过100m,水泥储罐地面高程也不宜低于拌和楼,水泥进料方向应与拌和楼的结构相适应。

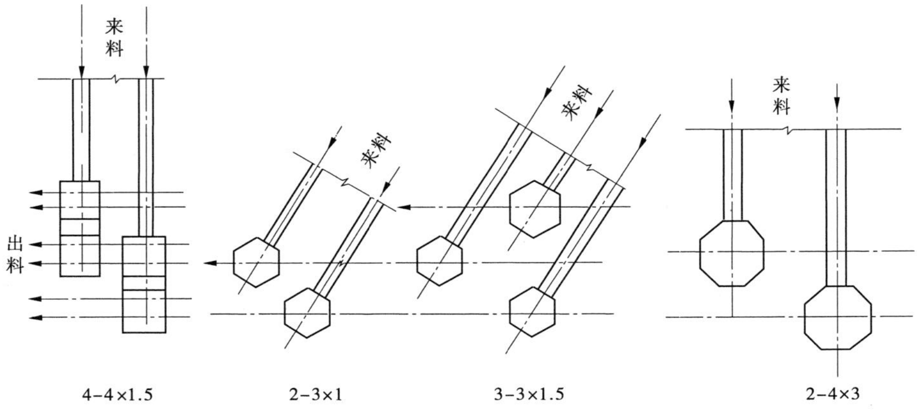

图 14-4-1 多楼组合布置方式

(4)混凝土工厂堆料场应设在地形平坦和排水良好的地段,便于受料和向拌和楼供料。

(5)对粗骨料有加热、冷却和二次冲洗筛分要求时,需在堆料场和拌和楼之间(或在拌和楼顶)分别设置相应的设施。二次筛分既可设在拌和楼下,也可设在拌和楼上。如设在拌和楼下,为调节骨料交替上楼,二次筛分后要有小料仓。

(6)水泥输送用压缩空气的压力一般仅需0.2~0.4MPa,为减少电耗,混凝土工厂宜设专用的压缩空气站。

(7)为便于料罐冲洗,应在运输线附近设料罐冲洗间,冲洗用水的压力一般为0.2~0.3MPa。

(8)为便于处理废弃的混凝土,应在拌和楼或出料线附近设置适当的废料弃料设施。

三、混凝土预冷、预热系统

为了防止混凝土冷却时发生裂缝,混凝土体内的最高温度必须加以严格的限制。在气温较高的季节,混凝土在自然条件下的出机口温度往往超过施工所要求的限度,此时就必须采取人工降温措施,使用预冷却材料拌制混凝土,降低出机口温度。混凝土冬季作业时,对混凝土材料须采取适当的预热措施,融化含在骨料内的冰,提高出机口温度,以防止施工早期混凝土受凉。

(一)材料的冷却方式

(1)堆料场骨料初冷。包括料堆表面喷水、料堆内部通风冷却以及设置遮阳棚、保持一定的贮料量和料层厚度等措施,以稳定降低骨料的初始温度。

(2)冷冻水拌和。

(3)以冰代水加冰拌和。

(4)风冷粗骨料。

(5)水冷粗骨料。有浸泡冷却、罐内循环水冷却和喷淋水冷却等方法。

(6)真空汽化法冷却粗、细骨料。

(7)在热交换器内冷却水泥和砂子。

(8)在气力输送系统中用液氮冷却水泥,用液氮直接冷却水或正在拌和中的混凝土。

(二)加冰设施的设计

一般片冰机直接安设在冰库的上面,所以冰库实际上包括了除计量外的全部主要加冰工序。为了减少运输途中片冰温度损失,一般要求冰库紧靠拌和楼布置。冰库按其形状,大体上有以下几种:

(1)圆筒形立罐。罐内有旋转的中心轴带动链条搅动刮冰下落。片冰大体上可以做到先进先出,结构简单,适用于小型冰库。

(2)长方形卧式冰库。此种冰库库顶设耙冰机,用冰时开启冰门,耙冰机把片冰耙入出冰螺旋机运出冰库,片冰是先进后出的。冰库库底可以是水平的,也可以倾斜成三角形断面。三角形冰库容量小,但其出冰螺旋机可以抬高,因而降低冷冻楼高度。

(三)混凝土材料的加热设施

1. 拌和水的加热

拌和用水可在锅炉房加热后用泵送至拌和楼贮水箱,也可在拌和楼的贮水箱内直接加热。加热的方式有蒸汽直接加热和热交换器加热两种。

2. 骨料加热

骨料可在料堆内或贮仓内加热,亦可利用解冻室加热。蒸汽和热风可用以直接加热,亦可用以间接加热,热水一般用于间接加热。

四、压缩空气系统

(一)任务及组成

水利水电工程工地压缩空气系统(亦称"施工供风系统")的主要任务是供应石方开挖、混凝土施工、水泥输送、灌浆作业和机电设备安装等所需的压缩空气,其组成包括压缩空气站和外部压气管网两大部分。

(二)站址选择

压缩空气站的设站地区和规模应通过规划确定。站址选择应考虑以下因素:

(1)尽量靠近主要用户,压缩空气站至用户的距离最好不超过0.5km,至多为1.5~2km。一般应设在爆破安全警戒线外,如必须设在危险区内,对人员和设备需采取可靠的防护措施。有条件时,可利用废旧洞室作为站址。

(2)接近供电和供水管网。

(3)便于设备搬运。

(4)尽量选择在空气洁净、通风良好处,避免靠近散发腐蚀性或有毒气体以及粉尘等有害物的场所,并设于上述场所全年最小频率风向的下风侧。

(5)适当离开要求安静和防振要求较高的场所。

(三)站房及设备布置

压缩空气站一般由机器间和辅助间组成。辅助间按站的规模、机修体制、动力供应条件和操作管理等需要确定。台数少、单机容量小的压缩空气站一般只设值班室,兼作贮藏工具和备品,而把配电和控制设备放在机器间内空压机的一侧。规模较大的压缩空气站必要时可设配电室、检修间和值班室等辅助间。若采用循环供水需配置水泵,可放在机器间内或专设水泵间。压缩空气站的布置应注意自然通风和采光,机器间周围少贴附其他附属建筑。尽可能使机器间正面迎向夏季主导风向,避免西晒。贮气罐应布置在室外,宜位于机器间北面,与外墙的净距不宜小于贮气罐高度的1/2。

五、施工给水系统

水利水电工程施工给水系统的任务是经济可靠地供给全工地的生活、生产和消防用水,主要用户有:主体工程施工用水、施工机械用水、施工辅助企业生产用水、生活用水、消防用水和其他用水。在保证供应足够水量的同时,尚须满足各类用户对水质、水压的要求。

施工给水系统一般由取水工程、净水工程和输配水工程等三部分组成。每一部分的具体组成应视各工地的实际情况,如地形、水源条件,用户分布情况及其用水要求等,通过规划和方案选择确定。为了给工程建设创造必要的条件,施工给水系统应于准备工程开始时尽早动工,按照用户需要的先后缓急,妥善安排施工计划,力求做到按时或提前供水。土建工程通常宜一次完成,部分设备可视需要陆续安装投入使用。

六、施工供电系统

(一)任务、组成和一般要求

施工供电系统的主要任务是把来自电力系统的35~220kV高压电能经过降压,或把自备发电厂发出的电能,或将两者联合起来输送到各分区变电站,再供给工地各用户生产用电和生活用电。它由施工总降压变电站(有时包括自备发电厂)、分区配电所、高低压配电线路和用电设备所组成。施工供电设计的任务主要是确定施工用电最高负荷,估算各年用电量,选定电源方案以及进行各降压变电站、自备发电厂、配电所和配电线路等的设计。从电力系统至总降压变电站的高压输电线路一般委托专业部门设计。

施工供电系统设计的一般要求:

(1)施工用电负荷属电力系统中的二、三类负荷,但对于地下工程及基坑开挖时的排水、汛期防洪泄洪设施以及对外通信站等重要负荷,由于停电可能造成重大损害,必须保证供电。因此,大中型水利水电工程最好能有两个独立的电源。如因条件限制采用单电源时,须设置自备发电厂作为单电源的备用电源。

(2)大中型水利水电工程一般只设一个总降压变电站,并根据施工现场的实际情况选择6~35kV电压级对分区进行供电。对于施工场地分布较广、负荷大的大型工程,可以考虑建设两个以上总降压变电站,但需进行技术经济论证后确定。

(3)对于重点用户,如地下工程和基坑开挖时的排水系统、混凝土拌和浇筑系统、压缩空气站等,宜采用环形网络或双回路供电。

(4)施工供电的电能质量应满足下列要求:电压损失允许值为额定电压的-10%~+5%,频率为48~51.5Hz;功率因数值为0.85~0.90,当功率因数值低于0.85时应予补偿。

(5)施工供电系统一般为临时性工程,应做到投资省、运行费用低;有时还需兼顾永久工程的需要，便于改造和扩建。

（二）施工电源容量确定原则

（1）各种电源综合工作容量应满足各个施工期内的用电最高负荷。

（2）以自备发电厂为主要电源时，电厂的装机容量尚应考虑有事故和检修的备用机组，以及自然条件对机组出力的影响。当工作机组在4台及以下时，装设1台机组作备用。作为备用电源的柴油机发电厂不必设置备用机组。

（3）当采用多种电源联合供电时，应根据不同电源的特性和承担的任务，在施工供电负荷曲线图上定出各自的工作位置。

（三）施工电源电压选择

（1）电压等级应符合国家规定的标准电压等级。同一地区、同一电网内，应尽可能简化电压等级。各级电压间的级差不宜太小。

（2）供电系统中的输、配电电压，应根据电网内线路送电容量和送电距离拟订出几个方案进行比较后确定。如果两个方案的技术经济指标相近，或低电压方案的优点不大时，则应采用高电压的方案，以利电网的发展。

七、施工通信系统

（一）任务

保证各种施工管理信息和水情信息迅速、准确地传递；保持与上级主管部门的通信联系；通过地方邮电系统保持同当地各部门和全国各地的通信联系。

（二）组成

系统的组成是根据工程规模大小、自动化程度和施工总平面布置来确定的。施工机械化水平不高的中小型工程一般只设施工管理电话。大型水利水电工程和机械化水平较高的中型工程，需要有较完整的有线、无线通信系统。

八、施工机械修配企业

水利水电工程施工机械修配企业一般由中心机械修配厂和工区机械修配站组成。

（一）机械修配厂设计任务和组成

机械修配厂主要承担工地大中型施工机械（包括本厂设备）的大、小修和部分配件的生产，并承担某些非标准设备和非标准件的加工制造任务。

机械修配厂主要由下列设施组成：施工机械加工修理等生产车间；实验室、仓库等辅助生产设施；动力、厂内运输、给排水及其他公共设施。

（二）厂址选择原则

（1）应与施工总布置密切结合。

（2）遵守现行工业企业卫生、防火安全标准。

（3）要考虑水电供应，以及施工机械设备进出厂和原材料运输的方便。如另设有专业汽车修配厂，应尽可能互相靠近，便于零件毛坯及加工的协作。

（4）避开地质条件不良的地区。

（5）与施工管理区和主要生活区保持适当距离。

(三)平面布置应注意的事项

(1)应满足生产工艺流程需要,使各种原材料、零部件及总成的运输路线便捷合理。

(2)各生产车间应按生产性质、动力需要、卫生、防火和防震等要求,结合地形进行分区布置。各主要车间应尽量布置在同一标高上。当受地形条件限制布置在不同标高上时,应保证各车间之间运输和联系方便。

(3)各车间应有良好的自然通风和采光条件,尽量采用南北向布置。

(4)应尽量避免烟尘和有害气体的影响。产生烟尘和有害气体的铸、锻、热处理、电镀、喷砂、锅炉房等车间应布置在厂区的下风侧。

(5)产生噪声的锻造、铆焊、发动机磨合、空气压缩机等车间应适当远离实验室、办公室及生活间。

(6)产生振动的锻造、碎铁等车间或生产设施,离其他车间的距离应符合防震距离要求。

(7)应注意防火防爆等要求,建筑物、构筑物之间的距离应符合建筑设计防火规范。易燃和可燃材料仓库等必须布置在生产厂房的下风侧。

(8)机械修配厂区域有铁路可以利用时,原材料、燃料、成品仓库等宜沿铁路线布置,便于物料的装卸和运输。

(9)厂区应充分考虑待修、拆装、修竣施工机械设备的存放场地,还应考虑一定的原材料、燃料和废料的堆置场地。

第五节　施工交通运输

水利水电工程施工交通运输量大、季节性强、运输强度高,因此正确解决交通运输问题,对保证工程按计划顺利进行和节约工程投资具有重要意义。

施工期间的交通运输,通常分为对外交通和场内交通。对外交通是指由国家交通干线或地方支线的车站以及港口码头把器材、物资等经过专用线路运往工地的交通运输。场内交通是指工地范围内联系各施工工区、仓库、堆场以及辅助企业、行政生活区等之间的交通运输,如把砂石骨料从筛分厂运到混凝土工厂,土、砂砾料、石料由采料场运到土石坝填筑地点等。

一、对外交通

(一)水利水电工程对外交通运输特点

(1)临时性。主要是为工程施工期间运输外来器材、物资及人员给养服务的,一般使用时间短、任务紧、运量大。

(2)季节性。水利水电工程施工多为露天作业,受气候与水文的变化影响较大,交通运输随季节不均衡。

(3)有重大件运输。大中型水利水电工程水轮发电机组设备、主变压器、金属结构以及大型施工机械等,单件运输重量和尺寸常有超重、超宽、超高的情况,对交通运输线路技术标准及运输设备有某些特殊要求。

(4)单向重复运输。水利水电工程多位于偏僻山区，为满足工程施工需要，大量的外来器材物资运进工地，而由工地运往其他地方的运量则极少。

(5)大宗水泥运输。对于混凝土坝枢纽，在其对外运输量中，水泥运输量一般占外来器材物资运输量的40% ~50%。

(二)设计的主要内容

1. 选择对外交通运输方案

根据工程施工特性，结合河流上下游梯级开发和当地建筑材料的来源等通盘考虑，综合研究，拟订方案进行技术经济比较。常用的对外交通运输方式有准轨铁路、公路和水运。

1)准轨铁路

准轨铁路的优点是运输能力大、保证性较强、运营费用较低，但是准轨铁路投资大、施工期长，工程竣工后利用率显著降低，而且还需公路配合作为辅助。

2)公路

公路具有方便、灵活、适应性强、施工期短及土建投资较省等优点。随着大吨位汽车和半挂车及大型拖车的使用，可以解决大中型水利水电工程施工期间各种外来器材物资的运输问题，但公路运输需耗用较多油料，运营管理费用较高。

3)水运

水运的优点是运输量大、投资少、运营费用较低。在有通航条件的河道上修建水利水电工程时，应尽量利用水运，但水运往往增加倒运次数，且航道受季节性影响，作为主要交通运输方式受到一定的限制，还需公路配合。

2. 委托设计任务

对外交通专用线的勘测设计一般委托工程所在地区的有关专业部门进行。如线路短、工程简易，水利水电勘测设计单位也可自行设计。

3. 研究确定重大件运输措施

研究确定重大件运输措施的工作内容有：配合机电专业及制造厂家确定运输重量和运输尺寸，合理选择运输方案、中途转运的装卸方式，调查研究途经路线的状况，并提出必要的改善措施，校核沿线桥涵等建筑物，提出必要的加固设计或采取绕行措施，以及与各有关单位订立协议等。

4. 场内外交通连接

配合施工总平面布置选择场内外交通的连接方式和连接地点，确定有关车站、码头、转运站等设施的规模和布置。

(三)对外交通运输方案比较选择的主要原则

(1)运输能力需满足工程施工需要；

(2)器材、物资运输迅速、安全、可靠，中转环节少；

(3)有条件时要尽量结合国家干线、地方支线及其他工矿企业的专用线和上下游梯级开发的要求；

(4)运输设备及线路修建所需器材来源较易；

(5)结合当地建筑材料的运输；

(6)主要技术条件和设计标准应符合现行有关规程、规范的要求；

(7)运输成本低；

(8)基建工期应满足主体工程施工需要。

运输方案比较选择必须进行技术经济比较，选定的方案应是技术上可靠、经济上合理的。当经济指标相差不大于10%时，应选取技术先进、基建工期短、与场内交通易于衔接的方案，比较中所采用的数据力求准确，方案比较的基础要求一致。

二、场内交通

(1)选择场内交通运输方式。场内运输方式取决于多种因素，主要有对外运输方式、运输量、施工特点、施工场地地形条件和施工场地的布置。汽车运输在场内交通中应用很广泛，其特点是灵活性大，适应各种运输条件。窄轨铁路在场内运输中也有较多的应用。

(2)进行场内交通线路的设计。配合施工总平面布置，详细分析货流方向、货运特性、运输量、运输强度以及运输设备的特点，拟定技术标准，进行场内主要交通线路的规划及平面布置，纵、横剖面设计，计算线路土石方工程量。线路设计应考虑永久和临时相结合、前期和后期相结合，妥善解决两岸交通联系，保证全年畅通。

(3)确定线路各主要建筑物，如桥涵、渡口、隧道、挡土墙的位置和结构型式，计算工程量。

(4)根据水利水电工程施工特点，选择路基、路面和桥涵等建筑物的设计标准。

第六节　施工总体布置

一、施工总体布置的任务

施工总体布置是施工场区在施工期间的空间规划，从场地安排上为保证施工安全、工程质量，加快施工进度和降低工程造价创造环境条件。

可行性研究阶段，施工总体布置应着重就对外交通、场内主干线以及它们之间的衔接、主要料场、主要场区划分等问题作出评价。初步设计阶段，应分别就施工场地的划分，生产、生活设施的分区布置，料场、主要施工工厂、大型临时设施和场内主要交通运输线路的布置以及场内外交通的衔接等，拟订各种可能的布局方案，进行论证比较，选择合理的方案。

二、施工总体布置基本原则

施工总体布置设计应在因地制宜、因时制宜和利于生产、方便生活、快速安全、经济可靠、易于管理的原则指导下进行，并注意以下各点：

(1)施工场地选择应综合考虑地形、地质条件，场内外交通布置，给水、供电、防洪排水等要求，尽量选择地形平坦宽阔、靠近水工枢纽、地质条件好的场地。

(2)场地划分和布置应符合国家有关安全、防火、卫生、环境保护等规定。

(3)合理利用地形，合理使用场地，布置尽量紧凑，减少占地面积和准备工程量。

(4)各种施工设施的布置应能满足主体工程施工工艺要求，避免干扰，避免和减少场料的重复、往返运输，并为均衡生产创造条件。

(5)分期布置应适应各施工期的特点，注意各施工期之间工艺布置的衔接和施工的连续性，避免迁建、改建和重建。

(6)选定的场内外运输方式尽量一致，满足运输要求，运营方便、可靠、经济。

(7)选用合适的防洪、排水标准，其系统布置应保证施工场地和施工设施的安全。

(8)应重视水利水电施工的生产、生活基地的建设(简称基地)，减少施工临建项目，减少临建投资和缩短准备工期。

三、施工总体布置设计步骤

施工总体布置设计包括的内容繁多，涉及的专业面广，且带有较强的政策性。它的设计过程可简述为承上启下、瞻前顾后、左右联系、协调汇总、反复比较、最后成图。主要步骤见图 14-6-1。

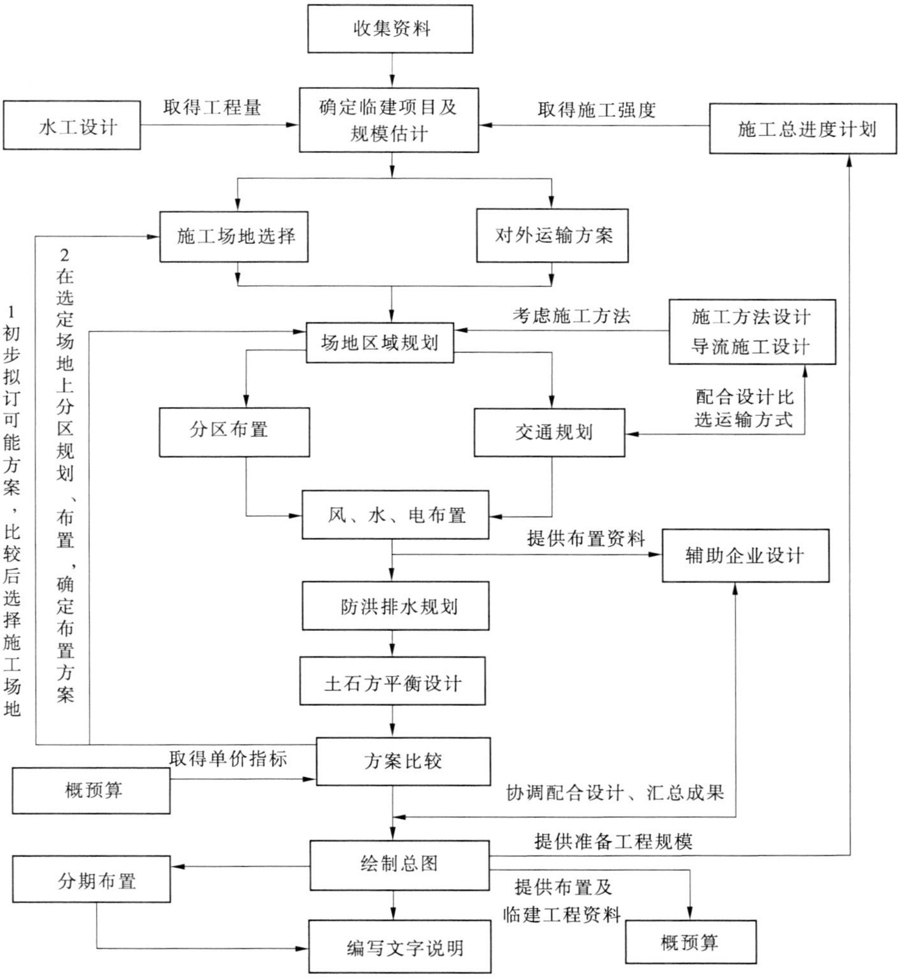

图 14-6-1 施工总体布置设计步骤

四、施工总体布置图的设计

设计施工总体布置图应符合以下原则：

(1)合理使用场地，尽量少占农田。

(2)场区划分和布局符合有利生产、方便生活、易于管理、经济合理的原则，并符合国家有关安全、防火、卫生和环保等的专门规定。

(3)临时建筑物和施工设施的布置，必须满足主体工程施工的要求，互相协调，避免干扰，尤其不能影响主体工程的施工和运行。

(4)主要的施工设施、施工工厂的防洪标准，可根据它们的规模大小、使用期限和重要程度，在5~20年重现期内选用。

设计施工总体布置图大体可以按以下步骤进行。

(一)收集和分析基本资料

所需的基本资料包括：施工场区的地形图，比例尺1/10 000~1/1 000；拟建枢纽的布置图；已有的场外交通运输设施、运输能力和发展规划；施工场区附近的居民点、城镇和工矿企业，特别是有关建筑标准、可供利用的住房、当地建筑材料、水电供应以及机械修配能力等情况；施工场区的土地状况；料场位置和范围；河流水文特征，包括在自然条件下和施工导流过程中不同频率上下游水位资料；施工地区的工程地质、水文地质及气象资料；施工组织设计中的有关成果等。

(二)列出临建工程项目清单

在掌握基本资料的基础上，根据工程的施工条件，结合类似工程的施工经验，编拟临建工程项目清单，估算占地面积、敞棚面积、建筑面积，明确建筑标准、使用期限以及布置和使用方面的要求，对于施工工厂还要列出生产能力、工作班制、水电动力负荷以及服务对象等情况。如有可能，宜结合施工分期分区的需要来编列清单，使临建工程的分片布置更加清晰。

(三)进行现场布置总体规划

施工现场布置总体规划是解决施工总体布置的关键，要着重研究解决一些重大原则问题。如：施工场地是设在一岸还是分布在两岸；如何分区；哪些临时设施要集中布置；主要交通干线设几条，它们的高程、走向如何布局；场内交通与场外交通如何衔接；临建工程和永久设施的结合、前期和后期的结合等。在工程施工实行分项承包的情况下，尤其要做好总体规划，明确划分各承包单位的施工场地范围，并按总体规划要求进行布置，使得既有各自的活动区域，又能避免互相干扰。

施工总布置可按下列分区：主体工程施工区；施工工厂设施区；当地建材开采区；仓库、站、场、厂、码头等贮运系统；机电、金属结构和大型施工机械设备安装场地；工程弃料堆放区；施工管理及生活营区。

(四)具体布置各项临时建筑物

在做出现场布置总体规划的基础上，通常是根据对外交通方式，按实际地形地貌，依一定顺序布置各项临时建筑物和施工设施。当对外交通采用标准轨铁路或水路时，宜首先确定车站或码头的位置，以满足站台停车线、泊岸航深和线路设计等方面的专门要求，然后布置场内外交通的衔接和场内交通干线，再沿干线布置各项施工工厂和仓库等设施，最后布置办公、生活设施以及水、电和动力供应系统等。

如果对外交通采用公路，则可与场内交通联成一个系统来考虑，再据以确定施工工厂，仓库，办公、生活设施以及水、电、动力系统的布置。

在具体布置各项临建工程时，以下意见可供参考：

(1)对外运输专用线的铁路车站或汽车基地，宜布置在施工场区入口附近。铁路车站的地面坡度最好不超过2%。有足够的临时堆场，机车库和检修支线宜在车站附近引出。

(2)工地的一般器材仓库可以靠近车站布置，而油库、炸药库等危险物品仓库应单独布置，设立一定的警戒线，并和场内外交通联系起来。

(3)混凝土工厂应设在主要浇筑对象附近，并和混凝土运输线路相协调。水泥仓库、骨料仓库、预制构件厂、钢筋加工厂、模板加工厂，在场地宽敞时都可以靠近混凝土工厂布置。如果地形条件不允许，至少应使水泥仓库、骨料仓库和混凝土工厂布置在一起，形成运输流水线。

(4)机械修配厂的布置要考虑重型机械进出方便，最好设在交通干线侧旁。

(5)码头、停泊处、木工厂(当木材由水路运来时)、供水抽水站均可布置在枢纽下游河边，但要考虑河岸稳定、河水流速、水位变化等条件的影响。

(6)空压机站、修钎厂等多分散布置在石方开挖地点附近，布置时要考虑爆破的安全距离和压缩空气的输送距离。

(7)闸门和金属结构安装基地常靠近主要安装地点，施工用金属结构和设备、钢管加工厂等可以和它靠近，以便统一使用人力和物力。

(8)水电站设备安装基地宜布置在水电站厂房附近。

(9)中心变电站常设在比较僻静便于警戒的地方，临时发电厂或低压变电站应布置在电能需要量比较集中的地点，如混凝土系统、机械修配厂附近。对隧洞、地下厂房等施工场区，需要布置由220V降至36V的变电设备。

(10)骨料加工厂应布置在料场附近，以免运输废弃料，并减轻现场干扰。

(11)弃料堆场的布置，不能影响各项永久工程和导流工程的施工和运行，弃料要一次到位，避免转运；尽可能利用开挖料渣填筑围堰、开拓施工场地等。

(五)调整、修改和选定合理方案

布置了各项临时建筑物和施工设施后，应对整个施工场地布置进行协调和修正，检查临建工程与主体工程之间、各项临建工程之间有无矛盾干扰，生产和施工工艺是否协调，能否满足安全防火和环境卫生方面的要求，占用农田是否合理。如有不协调的地方，进行适当调整。通常要提出若干个布置方案，进行综合评价，以供选择，并对选定方案绘制施工总体布置图。

五、施工总体布置的成果

施工总体布置的成果，需标示在一定比例尺的施工场区地形图上，构成施工总体布置图，它是施工组织设计的主要成果之一。

施工总体布置图一般应包括以下内容：

(1)施工导流建筑物，如围堰、隧洞等。

(2)交通运输系统，如公路、铁路、车站、码头、车库、桥涵等。

(3)料场及其加工系统，如土料场、石料场、砂砾料场、骨料加工厂等。

(4)各种仓库、料堆和弃料场等。

(5)混凝土制备系统，如混凝土工厂、骨料仓库、水泥仓库等。

(6)混凝土浇筑系统。

(7)机械修配系统。

(8)金属结构、机电设备和施工设备安装基地。

(9)风、水、电供应系统。

(10)其他施工工厂，如钢筋加工厂、木材加工厂、预制构件厂等。

(11)办公及生活用房，如办公室、实验室、宿舍、医院等。

(12)安全防火设施及其他，如消防站、警卫室、安全警戒线等。

施工总体布置的成果，除集中反映在施工总体布置图上外，还应提出各类临时建筑物、施工设施的分区布置一览表，其占地面积、建筑面积和建筑安装工程量；提出施工临时征地面积和征地使用计划，研究还地造田、征地再利用的措施；计算场地平整土石方工程量，对挖填方量进行综合平衡，提出有效挖方的利用规划；对重大施工设施的场址选择和大宗物料的运输进行合理的规划，提出施工运输的优选方案。

第七节　施工总进度

工程建设全过程可划分为工程筹建期、工程准备期、主体工程施工期和工程完建期四个施工时段。编制施工总进度时，工程施工总工期应为后三项工程之和。

一、编制施工总进度遵循的原则

(1)遵守基本建设程序。

(2)采用国内平均先进施工水平合理安排工期。

(3)资源(人力、物资和资金等)均衡分配。

(4)单项工程施工进度与施工总进度相互协调，各项目施工程序前后兼顾、衔接合理、干扰少、施工均衡。

(5)在保证工程施工质量、总工期的前提下，充分发挥投资效益。

施工总进度的表示形式应采用横道图和网络图。

二、编制施工总进度的步骤

施工总进度计划的对象是整个枢纽工程，它将整个工程划分成单项工程乃至分部分项工程等项目，定出每个项目的施工顺序和起止日期，以及施工准备和结尾工作项目的施工期限。

(一)收集基本资料

在编制施工总进度之前和在工作过程中,要收集和不断完善编制施工总进度所需要的基本资料。

(二)编制轮廓性施工进度

在河流规划阶段和可行性设计阶段初期,这一阶段的施工进度属轮廓性的,称轮廓性施工进度。在河流规划阶段,轮廓性施工进度是施工总进度的最终成果;在可行性设计阶段,轮廓性施工进度是编制控制性施工进度的中间成果;在初步设计阶段,可不编制轮廓性施工进度。

(三)编制控制性施工进度

在可行性设计阶段,控制性施工进度是施工总进度的最终成果;在初步设计阶段,控制性施工进度是编制施工总进度的重要步骤,并作为中间成果提供给施工组织设计的有关专业,作为设计工作的初步依据。

在编制控制性施工进度过程中,应根据工程建设总工期的要求,确定施工分期和施工程序,以拦河坝为主要主体建筑的工程,尚应解决好施工导流和主体工程施工方法设计之间在进度安排上的矛盾,协调各主体工程在施工中的衔接关系。因此,控制性施工进度的编制必然是一个反复调整的过程。完成控制性施工进度的编制后,施工总进度中的主要施工技术问题应当基本得到解决。

(四)编制施工总进度表

在初步设计的后期,即选定水工总体布置方案后,对以拦河坝为主要主体建筑的工程在导流方案确定之后,编制选定方案的施工总进度表。

三、编制施工总进度的方法

(一)轮廓性施工进度的编制方法

(1)同水工设计共同研究,选定代表性的水工方案,并了解主要建筑物的施工特性,初步选定关键性的工程项目。

(2)对初步掌握的基本资料进行粗略的分析,根据对外交通和施工布置的规模和难易程度,拟订准备工程的工期。

(3)以拦河坝为主要主体建筑的工程根据初步拟订的导流方案,对主体建筑物进行施工分期规划,确定截流和主体工程下基坑施工的日期。

(4)根据已建工程的施工进度指标,结合本工程的具体条件,规划关键性工程项目的施工期限,确定工程受益日期和总工期。

(5)对其他主体建筑物的施工进度作粗略的分析,绘制轮廓性施工进度表。

(二)控制性施工进度的编制方法

1. 分析选定关键性工程项目

分析工程所在地区的自然条件、主体建筑物的施工特性、主体建筑物的工程量。

2. 初拟控制性施工进度的步骤和方法(以拦河坝为关键性工程为例)

(1)结合研究导流方案确定拦河坝的施工程序。拦河坝的施工,受水文、气象条件的直接影响,汛期往往受到洪水的威胁,因此拦河坝的施工进度和施工导流方式以及施工期历年度汛方案有密切的关系。

(2)在编制控制性施工进度时,首先要分析确定准备工程的净工期,才能安排导流工程、其他准备工程和岸坡开挖的开始时间。

(3)确定截流时段、坝基开挖和地基处理的工期及坝体各期上升高程。

(4)安排其他单项工程的施工进度时,应根据其本身在施工期的运用条件以及相互衔接关系,围绕拦河坝的施工进度进行安排和调整。考虑以下主要原则:施工期洪水的影响;水库蓄水的要求;避免平面上的互相干扰;考虑利用石料上坝的要求;施工强度平衡。

第八节　工程施工分标原则

水利水电工程规模大,而且由多个单项工程组成,从施工的顺序和施工进度的安排,可以划分为不同对象、不同阶段、不同专业分别施工,例如基础工程与建筑物、主体工程与配套工程、土建工程与机电安装工程等。枢纽可划分成挡水坝、水电站、溢洪道、灌溉渠系等工程项目,既可进行总的招标承包,也可分项目、分阶段进行招标承包。像伊泰普水电站把整个枢纽分成40个标,分部位、分阶段进行招标,收到了很好的经济效果。这种招标方式能充分发挥各承包单位的竞争优势,降低工程造价,但标分得过细,增加招标次数和签订合同过多,增加人力、物力、财力的消耗,而且在合同实施阶段,难免发生各承包单位之间的矛盾。

分阶段、分项目进行招标,不同阶段、不同项目的投标单位,可以各自独立,互不受约束,但也有在前一阶段或前一个项目的招标文件中规定,前面的中标单位,如果工作干得出色,在后阶段的决标时,可给予一定的优惠条件。

工程分标是招标设计准备工作的重要内容之一,工程分标合适与否,将影响到招标、投标和合同管理全过程能否顺利实施。合理的标段划分,对工程建设起指导性作用,有利于合同管理和监督,充分利用资源,提高工程质量,控制造价和工期。

工程分标的基本原则是:

(1)应便于业主单位和监理工程师进行管理。如分标过多,将增加管理和协调的工作量。

(2)应有利于招标竞争。如分标少,每个标工程规模大,则要求投标者资格条件高,不利于吸收更多的承包单位参与竞争,总体的投标报价水平相对就会高。当然分标少,各标工程规模大,便于管理,各标间的互相影响和干扰可以减少,也减少了业主的风险。如果分标多,各分标项目都通过竞争产生承包者,则有利于降低报价。

(3)所分各标应易划清界线、明确责任,特别应划清承包单位和业主之间以及承包商之间的责任界线,以免造成引起索赔的因素。

(4)分标时应尽量保持单个建筑物的整体性,或按单项工程分标,以减少各标在建设中的相互干扰;要避免以工序来分标,如基础开挖和建筑物施工分开招标,易形成扯皮和责任不易划分。例如,我国某水库工程混凝土大坝施工招标是将大坝从第10坝段及第11坝段间的接缝处划分为左、右岸两部分,作为两个标分别发包给不同的承包单位。这种将一个建筑物分为两个标的做法,很容易导致在施工过程中发生相互干扰、相互影响、相互制约的情况，从而引起索赔争议，并增加了监理工程师协调控制工作的困难。如果将两个标合并为大坝一个标发包给一个承包单位则较为合理；或者再由总包将大坝的一部分转包给另一个二包单位，可能较平行分包更为有利。

(5)应把作业内容和施工技术相近的项目合为单标，以减少施工设备重复设置，以及施工人员、附属设施和施工场地的增加，从而影响总体报价水平，但也应注意防止潜在的索赔风险。例如，四川二滩水电站主体工程分标是分为两个大标，即地下工程标和大坝工程标(包括地下工程进出口的地上工程部分)。由于导流洞工程是划分在地下工程标中的，如果不能按期具备导流条件，必然会影响大坝工程标按时进行坝基开挖，势必将严重影响大坝工程标的实施，并造成索赔。为此，业主单位采用招标前在工程准备期先进行施工支洞和导流洞开挖的办法，一方面可以缩短承包单位进场后的准备时间，另一方面也可以通过导流洞开挖全面了解洞内地质情况，做到心中有数，有利于加快导流工程系统的建设速度，避免大坝工程不能按期开工的风险发生。

(6)业主提供的条件也对工程分标起着重大的影响。为了使承包单位进场后能顺利进行所承包工程的实施，业主可在承包单位进场前做一定的准备工作，以便为承包单位创造一个好的施工条件。所以，要把那些影响较大的对外交通、场内干线，公路，跨河大桥，以及水、电等基础设施从标中分离出来先行建设，但也要避免为承包商做过多的工程，如筛分系统、承包商营地等，由承包商按自己的需要确定较好，责任也易划清，而且还能充分发挥承包商自己的优势。

(7)利用外资贷款时，要考虑这些外资的主要投向。为了节省外资，应把那些自己可以干的、不影响主要工程实施和划清责任的项目分离出来，另行招标。这样有利于利用外资的项目采用先进的施工技术和施工设备，提高外资利用效益，也有利于确保主体工程的工程质量和避免各标间的制约与矛盾。

以上原则是相互制约的，要以确保投资效益，按合理工期控制总进度，又能达到质量标准为前提来分标。一些水利水电工程多根据工程规模及主体工程类型和位置等条件分标。例如，水口水电站工程是河床式水电站，全部主体工程仅一个标；二滩水电站是按主体建筑工程分为地下工程标及大坝标，大坝标包括混凝土拱坝以及泄水引水系统、进出口明挖和混凝土工程。小浪底水利枢纽主体工程分为三个标：一标为大坝(斜心墙堆石坝)标；二标为泄洪及洞群标，包括左岸进水口洞群和溢洪道；三标为引水发电系统标。

工程地质篇

第一章　水利水电工程地质勘察

水利水电工程地质勘察是水利水电工程设计和建设的基础性工作。其根本任务是应用地质学、工程地质学及其他相关学科的原理和知识，运用工程地质勘察的技术、方法，结合实践经验，查明工程区的工程地质条件，充分论证有关工程地质问题，为水利水电工程的规划、设计和施工提供科学的地质依据。

水利水电工程地质勘察分阶段进行，勘察阶段与设计阶段相适应。

第一节　工程地质勘察的基本任务和内容

一、大型水利水电工程

（一）规划阶段

规划阶段是水利水电工程设计的开始阶段。在规划阶段，工程地质勘察工作的主要目的是了解拟开发河流或河段的区域地质条件和各开发梯级的工程地质条件，以便选出工程建设的最适宜地段。在各规划梯级中对近期开发工程或控制性工程的工程地质条件应作较深入的了解，分析是否存在可能影响方案成立的主要工程地质问题。

规划阶段工程地质勘察的基本任务是对河流开发方案和水利水电近期开发工程选择进行工程地质论证，并提供相应的工程地质资料。

规划阶段工程地质勘察的主要内容包括：了解规划河流或河段的区域地质和地震概况；了解各梯级水库的地质条件和主要工程地质问题，分析建库的可能性；了解各梯级坝址的工程地质条件，分析建坝的可能性；了解长引水线路（长度大于 2km 的隧洞或渠道）的工程地质条件；了解各梯级坝址附近的天然建筑材料的赋存情况。

（二）可行性研究阶段

可行性研究阶段应对河流（河段）规划报告中所推荐的工程在环境、经济和技术等方面的可行性进行论证，并选定坝址，初选基本坝型和枢纽布置方案。因此，可行性研究阶段工程地质勘察应保证可行性研究报告中各方案的可比性，满足工程选址与选型、评估环境影响以及编制工程概算的需要。

可行性研究阶段工程地质勘察的基本任务是在河流（河段）规划选定方案的基础上选择坝址，对选定坝址、基本坝型、枢纽布置和引水线路方案进行工程地质论证，并提供相应的工程地质资料。

可行性研究阶段工程地质勘察的主要内容包括：进行区域构造稳定性研究，并对工程场地的构造稳定性和地震危险性作出评价；调查水库区的主要工程地质问题，并作出初步评价；调查坝址、引水线路、厂址和溢洪道等建筑物场地的工程地质条件，并对有关的主要工程地质问题作出初步评价；进行天然建筑材料初查。

（三）初步设计阶段

初步设计阶段工程地质勘察应在可行性研究阶段选定的坝址和建筑物场地上进行。其基本任务是查明水库及建筑物区的工程地质条件，对选定坝型和枢纽布置方案进行工程地质论证，提供建筑物设计所需的工程地质资料。

初步设计阶段工程地质勘察的主要内容应包括：查明水库区水文地质、工程地质条件，分析工程地质问题，预测蓄水后的变化；查明建筑物区的工程地质条件并进行评价，为选定各建筑物的轴线及地基处理方案提供地质资料和建议；查明导流工程的工程地质条件，根据需要进行施工附属建筑物场地的工程地质勘察和施工与生活用水水源初步调查；进行天然建筑材料详查；进行地下水动态观测和岩土体位移监测。

（四）技施设计阶段

技施设计阶段是水利水电工程设计的最后阶段。在技施设计阶段，应结合工程施工的具体情况进行优化和必要的变更。通过技施设计阶段工程地质勘察可以检验前期勘察成果质量，进一步提高勘察成果的精度，为优化设计提供更准确的资料，为设计变更提供依据。

技施设计阶段工程地质勘察的基本任务是：在初步设计阶段选定的水库及枢纽建筑物场地上，检验前期勘察的地质资料与结论，补充论证专门性工程地质问题，并提供优化设计所需的工程地质资料。

技施设计阶段工程地质勘察的主要内容包括：进行初步设计审批中要求补充论证的和施工中出现的专门性工程地质问题的勘察；提出对不良工程地质问题处理措施的建议；进行施工地质工作；提出施工期和运行期工程地质监测内容、布置方案和技术要求的建议；分析施工期工程地质监测资料。

二、中小型水利水电工程

（一）规划阶段

中小型水利水电工程的规划包含两种类型：一种是河流（河段）的规划；另一种是地区性的规划，即可以是一条河上的，也可以是跨流域的。在这一阶段中，工程地质勘察的任务和目的是了解规划河流（河段）或地区的区域地质情况及各规划方案的基本地质条件，以便为河流（河段）的开发或梯级开发方案的确定提供地质依据，包括对近期开发工程的推荐。

由于中小型工程河流较短，有的仅为一级开发，特别是一些小型工程，通过规划阶段工程地质勘察，已为直接选定的坝址提供地质资料，设计阶段不再进行选坝勘察。也有的小型工程不进行规划阶段勘察，而是直接在小河流上选定坝址进行设计阶段勘察。

规划阶段工程地质勘察的基本任务是对河流开发方案和水利水电工程规划进行地质论证。

规划阶段工程地质勘察的主要内容包括：了解规划河流（河段）或地区的区域地质、地震概况；了解各规划方案水库、坝（闸）址（河段）区的地质条件和主要工程地质问题，分析建库、坝（闸）的可能性；了解引水、排水线路的工程地质条件；了解规划方案中的其他水利水电工程地质概况；了解各规划方案所需天然建筑材料概况。

（二）可行性研究阶段

可行性研究阶段工程地质勘察的重点是水库、坝（闸）址、地下建筑物和引水、排水线路等影响方案能否成立的主要建筑物区。对于非主体建筑物，由于其规模较小、等级较低，只在必要时进行勘察。

可行性研究阶段工程地质勘察的基本任务是在选定的规划方案的基础上进行的，为选定坝（闸）址、推荐基本坝型、枢纽布置和引水、排水线路方案进行地质论证。

可行性研究阶段工程地质勘察的主要内容包括：调查区域地质构造和地震活动情况，对工程区的区域构造稳定性作出评价；进行库区地质调查，论证水库的建库条件，并对影响方案选择的库区主要工程地质问题和环境地质问题作出初步评价；初步查明坝（闸）址区和其他建筑物区的工程地质条件，对有关的主要工程地质问题作出初步评价；对初选的移民迁建新址进行地质调查，初步评价新址区的整体稳定性和适宜性；进行天然建筑材料初查。

（三）初步设计阶段

中小型水利水电工程初步设计阶段的勘察要求与大型工程基本相同，只是因工程规模较小，勘察工作量及工作深度和精度不需要达到大型工程那样的程度。本阶段的水库区勘察只针对存在的主要工程地质问题进行，坝（闸）址区、引水线路、排水线路及其他建筑物区勘察结果应能满足各建筑物设计的要求，并为最终确定坝型、建筑物轴线的确切位置，以及确定各建筑物的建基面高程和地基处理方案提供地质资料与建议。对于一般性的地质问题，可在施工期间随地基开挖而解决。

初步设计阶段工程地质勘察的基本任务是在可行性研究阶段选定的坝（闸）址和建筑物场地的基础上进行的，为选定坝线、坝型和其他建筑物位置、枢纽布置和地基处理进行地质论证。

初步设计阶段工程地质勘察的主要内容包括：查明水库区水文地质、工程地质条件，对水库渗漏、库岸稳定、浸没和固体径流等问题作出评价，预测蓄水后可能引起的环境地质问题；查明坝（闸）址、引水线路、排水线路和其他建筑物区的工程地质条件并进行评价，为选定坝线、坝型和其他建筑物轴线位置及地基处理方案提供地质资料与建议；查明导流工程的工程地质条件，必要时进行施工附属建筑物场地的工程地质勘察和施工及生活用水水源初步调查；对库区移民迁建新址进行勘察，进一步评价新址区的整体稳定性和适宜性；进行天然建筑材料详查。

（四）技施设计阶段

技施设计阶段的工程地质勘察对于中小型水利水电工程十分必要。中小型工程特别是小型工程，由于规模小、勘察周期短、勘察手段简化，前期勘察的深度和精度往往不够，导致许多应在初步设计阶段解决的问题遗留到施工期，所以中小型工程要加强技施设计阶段的工程地质勘察。

技施设计阶段工程地质勘察的基本任务和主要内容是：根据初步设计审查意见和设计要求，补充论证专门性工程地质问题；进行施工地质工作；对施工过程中出现的各种工程地质问题的处理提出建议；对施工期和运行期工程地质监测的内容、方法、布置方案及技术要求提出建议。

三、堤防工程

(一)规划阶段

规划阶段勘察仅限于新建堤防工程。新建堤防工程规划阶段工程地质勘察的目的是比较各方案区的水文地质、工程地质条件和主要工程地质问题,为方案的综合比选提供基础地质资料。在堤线的比较中,还应考虑堤岸及拟建大中型涵闸工程区的水文地质、工程地质条件。

规划阶段堤防工程地质勘察的基本任务是:了解各堤线方案地区的区域地质背景,了解各堤线方案地区的基本地质条件和主要工程地质问题,了解天然建筑材料的分布概况。

规划阶段工程地质勘察的主要内容包括:了解区域构造稳定性和历史地震情况;了解工程区的地形地貌特征;了解工程区内主要地层成因类型、分布概况、性质和存在的主要工程地质问题;了解对工程有影响的物理地质现象分布情况;了解区域水文地质条件;了解工程区附近天然建筑材料的分布情况,并估算储量。

(二)可行性研究阶段

1. 新建堤防工程

新建堤防可行性研究阶段工程地质勘察是在规划阶段选定的堤防方案的基础上,通过线路地质条件比较,对选定堤线提出地质建议。地质条件复杂时,勘察范围可适当扩大,以满足线路调整的需要。

可行性研究阶段堤防工程地质勘察的基本任务是:了解区域地质构造情况,进行区域构造稳定性评价;基本查明新建堤防各堤线的水文地质、工程地质条件及存在的主要工程地质问题,并对堤线进行比较,初步预测堤防挡水后可能出现的环境地质问题;基本查明涵闸闸址区的水文地质、工程地质条件,对存在的主要工程地质问题进行初步评价;调查堤岸岸坡的水文地质、工程地质条件,并对岸坡稳定性进行初步分段评价;进行天然建筑材料勘察。

可行性研究阶段新建堤防工程地质勘察的主要内容包括:评价区域构造稳定性,确定地震动参数;基本查明堤线区的地形地貌单元与微地貌类型、特征、分界线,调查河、湖变迁情况;基本查明各土层成因类型、地质年代、结构组成、分布规律、埋藏条件及其性状等,特别是堤(墙)基范围内分布的特殊土层、粗粒土层;基本查明基岩浅埋或出露区基岩的时代及岩性特征、岩层产状、风化程度,喀斯特发育特征,岩土接触面起伏变化情况等;基本查明物理地质现象的发育情况、形成原因及分布范围,并分析其对工程的影响;基本查明透水层和相对隔水层的埋藏条件和渗透特性;基本查明地下水类型、水位(水头)变化规律、补排条件、与地表水体的关系,地表水、地下水的物理性质和化学成分,初步评价对混凝土的腐蚀性;提出各土(岩)层的物理力学性质参数;对各堤线工程地质条件进行比较,对选定线路主要工程地质问题进行初步评价,并对堤线工程地质条件进行初步的分段评价;勘察天然建筑材料。

2. 已建堤防工程

堤基和堤身的稳定性、安全性是已建堤防主要的工程地质问题。已建堤防的堤基险情隐患与其地质条件密切相关,地质条件是产生险情的原因,险情是地质条件在汛期的表象。因此，已建堤防工程勘察除基本查明有关工程地质条件外，还要重点调查险情隐患情况，并结合勘探、地质测绘，基本查明与险情有关的工程地质条件，分析险情产生的原因和出险对原有地质条件的影响。

可行性研究阶段已建堤防工程地质勘察的主要内容除应符合新建堤防工程的要求外，还应调查拟加固堤段堤基险情隐患类型和分布位置、出险和抢险情况、临时加固措施及效果，初步分析险情产生的原因。

（三）初步设计阶段

1. 新建堤防工程

新建堤防初步设计阶段工程地质勘察是在可行性研究阶段工程地质勘察的基础上进行的，要求对区内工程地质条件、水文地质条件、环境地质条件和工程地质问题都予以查明，特别是对涉及堤防工程安全的抗滑稳定、渗透稳定、抗冲稳定等常遇的工程地质问题进行论证评价。

新建堤防初步设计阶段工程地质勘察的基本任务是：查明新建堤防沿线的水文地质、工程地质条件，并进行分段评价，预测堤防挡水后可能出现的环境地质问题；查明涵闸地基的水文地质、工程地质条件，对存在的主要工程地质问题进行评价；查明堤岸防护段的水文地质、工程地质条件，结合护坡方案评价堤岸的稳定性；进一步进行天然建筑材料勘察。

新建堤防初步设计阶段工程地质勘察的主要内容包括：查明堤基地质结构，特殊土层、粗粒土层以及腐殖土层、含沼气层等的分布、厚度及其性状；查明基岩浅埋或出露区基岩的地层岩性，易风化、易软化、中等—强透水岩层的分布，断层破碎带、裂隙密集带的产状、规模、充填与胶结情况，岩土接触面的起伏变化情况等；查明堤基土洞、喀斯特洞穴等的分布、规模、填充情况以及充填物的性状，分析其对堤基渗漏、稳定的影响；查明堤基相对隔水层和透水层的埋深、厚度、特性以及与江、河、湖、海的水力联系，调查沿线泉、井分布位置及其水位、流量变化规律，查明地下水与地表水的水质及其对混凝土的腐蚀性；基本查明堤线附近埋藏的古河道、古冲沟、渊、潭、塘等的性状、位置、分布范围，分析其对堤基渗漏、稳定的影响；确定堤（墙）基各土（岩）层的物理力学性质和渗透性参数；查明工程区滑坡、崩塌、沙丘等物理地质现象的分布位置、规模和稳定性，分析其对堤防的影响；对堤基的渗漏、渗透稳定、抗滑稳定、饱和砂土振动液化、振陷、沉降变形等问题进行评价，并对堤线进行分段工程地质评价，提出处理措施的建议；进一步勘察天然建筑材料。

2. 已建堤防工程

已建堤防初步设计阶段工程地质勘察的基本任务是：查明已建堤防拟加固堤段水文地质、工程地质条件，分析险情隐患的成因和危害程度，提出加固处理的建议措施；查明涵闸地基的水文地质、工程地质条件，对存在的主要工程地质问题进行评价，对加固、扩建、改建涵闸工程与地质有关的险情隐患提出处理措施的建议。

已建堤防初步设计阶段工程地质勘察的主要内容除应符合新建堤防的要求外，还应复核堤基险情隐患分布位置、范围、特征，调查堤外滩地形、微地貌特征和宽度，堤内决口冲刷坑和决口扇分布位置、范围等；同时，查明拟加固堤段堤基临时堵体、决口口门淤积物等的分布位置、特征等，查明因出险而引起的堤基地质条件变化情况，并调查以往加固处理堤段的范围、处理方法及其效果。

（四）施工地质工作

堤防工程施工地质除进行施工地质编录外，还应对前期勘察未查明的重大地质问题进行必要的勘察研究。施工地质的基本任务是：验证前期勘察成果；预测、预报施工中可能出现的不良地质现象，并提出处理建议，必要时可进行专门工程地质勘察或研究；参加与地质有关的工程项目验收。

堤防工程施工地质工作的主要内容包括：对初步设计审批中要求补充查明的有关工程地质问题进行研究；了解设计方案、施工方案、实施情况及与地质有关的事件，编写施工地质日志；收集、编录施工揭露的重要地质现象，检验各土（岩）层的物理力学参数，必要时应选择代表性样品进行复核；对施工中揭露的地质缺陷、出现的不良地质现象进行调查，分析其产生的原因及危害，进行有关地质问题的预测，提出处理和预防措施的建议，必要时可补充勘察或进行专门工程地质勘察；参加与地质有关的工程验收及工程质量检查，对堤基、涵闸、堤岸的险情隐患处理情况提出地质鉴定意见；复核各类料源的质量，必要时可对料场进行补充勘察；提出运行期监测工作的建议。

第二节　水库区工程地质勘察

水库蓄水后，由于拦蓄水位升高，库周边及其邻近地区水文地质、工程地质条件和地质环境的变化，可能会产生或引发各种工程地质问题（如水库渗漏、水库浸没、水库塌岸或边坡失稳及水库诱发地震等），影响水库安全、有效运行。水库区工程地质勘察应在全面调查水库区水文地质、工程地质条件的基础上，对可能存在问题的库段及主要工程地质问题（如水库渗漏、浸没、库岸稳定、滑坡等）进行重点勘察。

一、各勘察阶段的勘察内容

规划阶段各梯级水库勘察的主要内容包括：了解水库的地质和水文地质条件；了解可能威胁水库安全的滑坡、潜在不稳定岸坡、泥石流、塌岸和浸没等的分布范围；了解可溶岩地区的喀斯特发育情况，含水层和隔水层的分布范围，河谷和分水岭的地下水位，并对水库产生渗漏的可能性进行分析；了解重要矿产和名胜古迹的分布情况。

可行性研究阶段水库工程地质勘察的主要内容包括：调查水库区的水文地质条件、可能的渗漏地段，估算可能的渗漏量；调查库岸稳定条件，预测水库坍岸情况；预测水库浸没范围；调查影响水库建设的其他环境地质问题。

初步设计阶段在可行性研究阶段勘察工作的基础上，针对水库存在的地质问题，开展专门性工程地质勘察工作。

二、水库渗漏工程地质勘察

水库内水体由库盆向库外渗流而漏失水量的现象称为水库渗漏。

(一)水库渗漏的形式及产生水库渗漏的工程地质条件

1. 水库渗漏的形式

水库渗漏主要有暂时性渗漏和永久性渗漏两种形式。

暂时性渗漏是指水库蓄水初期,库水渗入库周不与库外相通的未饱和岩(土)体中的孔隙、裂隙和喀斯特洞穴中,一旦含水岩(土)体饱和即停止入渗,库水位回落时,部分渗入水体可回流水库。

永久性渗漏是指库水通过与库外相通的、具有渗漏性的岩土体长期向水库下游、库外邻谷或洼地渗入而产生的渗漏。通常所说的水库渗漏即指永久性渗漏。

2. 产生水库渗漏的工程地质条件

产生水库渗漏的工程地质条件主要包括岩性条件、地形地貌条件、地质构造条件及水文地质条件。

岩性条件主要调查分析库底和库周有无通向下游和库外的透水岩层分布,尤其是岩溶化碳酸盐岩地层的分布。地形地貌条件主要调查分析水库与相邻河谷间分水岭的规模和邻谷切割深度等与水库渗漏的关系。地质构造条件主要调查分析水库所处向斜、背斜、单斜构造部位、岩层产状、断裂构造与水库渗漏的关系。水文地质条件主要调查分析分水岭地区地下水出露分布特征及其与水库正常蓄水位的关系。

(二)水库渗漏工程地质勘察的基本方法和要求

1. 可行性研究阶段勘察

可行性研究阶段勘察的目的是初步圈定水库蓄水后可能发生渗漏的地段,估算渗漏量的大小,初步评价渗漏对建库的影响程度及处理的可能性,为坝址选择和回水高程的确定提供资料。勘察方法主要是通过综合性工程地质测绘对整个库区进行普遍调查,初步查明库区的地形地貌、地质构造、地层岩性和水文地质条件,以判定库区是否具备向库外渗漏的条件。测绘比例尺在规划阶段一般为1∶100 000~1∶50 000,测绘范围应包括库区及其周边有关地区。可溶岩地区的比例尺应用1∶50 000~1∶25 000,测绘范围应包括与渗漏有关的分水岭及邻谷地区。可行性研究阶段测绘比例尺为1∶50 000~1∶10 000,测绘范围应包括可能产生渗漏的低邻谷、洼地的河间地块、单薄分水岭、河湾区、坝下游地区。

本阶段应初步查明该区的透水层和相对隔水层的厚度、埋深、分布、连续性和封闭情况,地下水补排关系,地下分水岭的位置、高程和变迁情况,地下水流向,古河道,喀斯特通道和隐伏的大断层破碎带延伸情况等。

本阶段应在渗漏可疑地带进行勘探试验工作。勘探剖面垂直于地下水分水岭或平行于地下水流向布置,孔深应达到可靠的相对隔水层或喀斯特发育相对下限以下的适当深度。每孔均应测定初见水位和稳定水位,并做压水或抽水试验,以测定渗透系数,对于可能导致水库严重漏水的喀斯特区,必须进行地下水动态和水化学性质的研究,进行连通试验、堵洞试验、暗河流量测验及水量均衡研究等工作。

2. 初步设计阶段勘察

选定坝址以后,如不能避开某些水库渗漏段,则应在初步设计阶段对这些地段进行专门性勘察,以便查明可能渗漏地段的工程地质、水文地质条件,定量地评定渗漏量,为防渗措施的选择和设计提供资料。

专门性勘察集中于渗漏地段。首先，进行比例尺为1∶10 000～1∶2 000的工程地质测绘。其次，应平行于水库渗漏方向布置勘探剖面线。每一剖面上应布置3～4个坑孔，其具体数目和位置应根据地质情况和防渗处理方案而定；使用各种勘探手段查明渗漏地段的水文地质条件，包括透水层和隔水层的数目、厚度、透水层的连通性和隔水层的连续性、透水层和隔水层的埋深及起伏变化，有无地下水分水岭及其高程；以抽（压）水试验取得岩体透水性指标；进行地下水动态的长期监测和试验工作。

查明水文地质条件及测得渗透系数后，应根据边界条件选用适当的公式计算渗漏量，以便为防渗措施的设计提供依据。

在水库渗漏问题中，以喀斯特渗漏给工程建设带来影响最大，不仅渗漏量大而且处理技术措施也比较复杂。因此，应该做好前期勘察工作，选择不存在漏水问题或易于进行工程处理的库址。

三、水库浸没工程地质勘察

水库蓄水后，库区周围地下水相应壅高而接近或高于地面，导致地面农田盐碱化、沼泽化及建筑物地基条件恶化、矿坑涌水等，这种现象称为浸没。在丘陵地区、山前洪积冲积扇及平原水库，由于周围地势低缓，最易产生浸没，并且其影响范围往往很大。山区水库可能产生矿山和宽阶地浸没以及库水向较低的邻谷洼地渗漏的浸没。严重的水库浸没问题影响到水库正常蓄水位的选择，甚至影响到坝址选择。

（一）水库浸没工程地质勘察的主要内容

水库浸没工程地质勘察主要是对可能产生浸没的水库的地形条件、岩性条件、水文地质条件进行调查分析，通过地下水回水计算，预测地下水回水水位，进行浸没评价。

地形条件：库区周边地区的地面高程和起伏变化是决定产生浸没及浸没范围的主要因素。岩性条件：库岸带的透水岩层易产生浸没。水文地质条件：蓄水前地下水埋藏较浅，地下水排泄不畅，地下水补给量大于排泄量的库岸地段、封闭或半封闭的洼地、沼泽的边缘地带，易产生浸没。

（1）可行性研究阶段工程地质勘察的主要内容包括：调查水库周边地形地貌特征，潜水含水层厚度，岩性岩相分层和夹层，基岩或相对隔水层埋深，地下水位及地下水补排条件，含水层的水文地质参数和物理力学性质；调查农作物的分布、种类、根须层厚度、毛管水上升带的厚度、土壤盐渍化及沼泽化现状；调查水库周边城镇、居民区的分布、建筑物基础型式和砌置深度；调查水库周边喀斯特及其他洞穴的分布。本阶段勘察最终要预测水库的浸没范围。

（2）初步设计阶段应对已经圈定的浸没区进行详细勘察，主要内容包括：查明土的层次、厚度、物理性质、渗透系数、地下水水质、地下水位及其动态、相对隔水层或基岩的埋深、土的毛管水上升高度、给水度、土壤含盐量、产生浸没的地下水临界深度；根据水库运用水位确定浸没区的范围；查明防护地段的水文地质、工程地质条件，当防护区的地面高程低于水库蓄水位时，应对防护工程地基的渗透稳定性进行研究，提出处理措施建议；根据需要在浸没区建立长期观测网。

(二)水库浸没工程地质勘察的基本方法和要求

可行性研究阶段的勘察是初步圈定水库蓄水后可能的浸没范围,作出初步的评价,为选定正常蓄水位提供依据。此时,水库浸没的调查应结合全库区的工程地质测绘进行。依据可能的正常蓄水位方案,根据库岸地带的地形地貌、地质和水文地质条件,初步判定可能产生浸没的地段,并估计其严重程度。选择典型浸没地段,垂直于库岸或平行于地下水流向布置勘探剖面。孔深可按深孔、浅孔和探坑相结合的原则确定,其中探坑应打到地下水位以下,浅孔应打到地下水稳定水位以下1~3m,深孔必须打到相对隔水层。做少量抽水试验或注水试验,测定地下水的化学成分、矿化度及各土层的渗透系数、给水度、毛管水上升高度、水溶盐含量等,定期观测地下水位。

初步查明可能浸没区的水文地质条件后,进行稳定态潜水回水计算,圈定可能浸没范围,并对其危害作出初步评价。

根据回水计算结果,绘制水库蓄水后可能浸没区潜水等水位线和埋深预测图。当浸没临界值 H_{cr} 大于潜水回水埋深值时,则会产生浸没。H_{cr} 为浸没地下水临界埋深,可按式(1-2-1)计算:

$$H_{cr} = H_k + \Delta H \tag{1-2-1}$$

式中 H_k——地下水位以上的土壤毛管水最大上升高度,m;

ΔH——安全超高值,对农业区该值即根系层的厚度(0.3~0.5m),对城镇居民区该值取决于基础埋深和地基土的情况等因素。

初步设计阶段的浸没勘察在重点浸没地段进行,为确定浸没范围和防护措施提供工程地质资料。此时,除进行较大比例尺(城镇区1:2 000~1:1 000,农业区1:10 000~1:5 000)的工程地质测绘外,在对国民经济有重要意义的可能浸没地段上还要在可行性研究阶段工作的基础上适当增加勘探试验和长期监测工作,以便核实和查明浸没区含水层厚度和隔水底板的埋深和产状、地下水埋深及其动态变化规律,查明浸没临界值、土的渗透系数、给水度、毛管水上升高度、含盐量、地下水化学成分等。在此基础上,进行非稳定态潜水回水计算,编制出不同库水位情况下的潜水等水位线和埋深预测图,对不同库水位时的浸没范围作出复判,并对其危害作出评价,提出防护措施建议。

水库浸没评价应根据当地浸没临界值与潜水回水位埋深之间的关系确定,宜分为初判和复判两个阶段进行。

四、库岸稳定工程地质勘察

水库建成后,水库回水使库岸地区的自然条件(水文、气象、河道形态等)、岩土体性质及水文地质条件发生了显著的变化。受库水浸湿、浸泡的疏松土石库岸在库水冲击作用下,岸壁逐渐后退,浅滩逐渐扩大,到一定程度稳定下来,形成新的稳定岸坡的过程称为水库塌岸或库岸稳定。

(一)库岸稳定(塌岸)工程地质勘察的主要内容

库岸稳定(塌岸)工程地质勘察主要是对影响库岸稳定的因素(如水文气象、库岸岩性和地质结构、库岸形态等)进行调查分析,并进行塌岸和库岸稳定预测。

(1)可行性研究阶段工程地质勘察的主要内容包括:调查水库区对工程建筑物、城镇和居民区环境有影响的崩塌和其他潜在不稳定岸坡以及泥石流等分布的大致范围和体积，初步评价水库蓄水前和蓄水后的稳定性及其危害程度；抽水蓄能电站的上、下库，应调查库水位频繁变动对岸坡稳定的影响；第四纪沉积物组成的库岸，应预测水库塌岸带的范围。

(2)初步设计阶段主要塌岸区进行详细勘察的主要内容包括：查明土的分层、级配和物理力学性质，确定岸坡的自然稳定坡角、浪击带稳定坡角和土的水下浅滩坡角；预测不同库水位的塌岸范围，并提出长期观测的建议（预测中，应考虑水库的运用方式、风向和塌岸物质中粗颗粒的含量及其在坡角再沉积的影响；预测计算中，各阶段的稳定坡角应根据试验成果，结合调查资料选用）；调查邻近地区已建水库库岸和相似地质条件的河湖岸的自然稳定坡角和浪击带稳定坡角；查明防护工程区的工程地质条件。

（二）库岸稳定（塌岸）工程地质勘察的基本方法和要求

可行性研究阶段对库区进行普查，初步查明水库塌岸及近坝库岸高边坡可能失稳的规模及其严重程度，初步查明大松散堆积体、岸边卸荷带和其他不稳定边坡的大致体积，对已建或待建工程建筑物的影响程度及处理的可能性，为比较坝址的选定提供资料。初步设计阶段是在塌岸及可能失稳岸坡的重点地段进行的，目的是全面查明这些地段的稳定条件，进行稳定性计算，预测塌岸和失稳岸坡的范围和塌岸速度、滑动方式以及对工程建筑物的影响，并配合设计提出防治措施。

可行性研究阶段勘察以库区综合工程地质测绘为主，比例尺一般为1:100 000～1:25 000。对威胁水库、大坝及下游安全的大坍塌体和不稳定边坡，应进行较大比例尺的工程地质测绘。通过对地层岩性、各种软弱结构面的研究，结合斜坡的形状、变形破坏情况，以及库岸水上、水下边坡冲刷、堆积及其稳定坡角、水库的各种可能水位，初步判定有坍塌危险的地段。选出有代表性的地段作实测地质剖面。剖面方向应垂直于库岸。对于大坍塌体，一般按其坍塌方向布置纵、横勘探剖面，坑、孔深度应穿过坍塌面深入到其下的稳定岩（土）体。塌岸预测剖面一般垂直于库岸布置，近岸边的钻孔应打到水库死水位以下5～10m或陡坡脚，其余坑孔深度则根据具体情况确定。坑、孔应分层取样做物理力学性质试验，对大坍塌体或不稳定边坡进行变形、位移和地下水动态长期监测工作。

初步设计阶段勘察是在一般性勘察工作的基础上在库区的大坍塌体、大松散堆积体或其他不稳定边坡地段进行的。要详细查明边坡的稳定性及其边界条件，进行稳定性和塌岸预测，并配合设计提出防治措施。为此，在城镇地段进行比例尺为1:2 000～1:1 000、农业区进行比例尺为1:10 000～1:5 000的工程地质测绘，以详细查明不稳定边坡的形态特征、地质结构、水文地质条件等。同时，还要补充必要的勘探和试验工作，如防护地段的勘探工作、高边坡高地应力区的岩体应力测定、塌岸区的浪击试验、大坍滑体的涌浪试验以及塌岸的长期监测等。在此基础上进行稳定性计算和塌岸带的塌岸预测，分析对工程建筑物的影响，确定防护范围和防治措施。

五、水库滑坡工程地质勘察

水库滑坡是指水库蓄水后，破坏了水库边坡的自然平衡条件，受各种因素影响，水库边坡一部分岩（土）体在重力作用下以一定速度向库内滑移的现象。

水库滑坡是水库边坡变形破坏的一种形式。水库滑坡的发生不仅破坏了水库边坡稳定,严重的还将给库岸人民生命财产造成灾难。近坝区大规模的滑坡可产生巨大的涌浪,直接危及坝体安全。

水库滑坡工程地质勘察主要在可行性研究阶段和初步设计阶段进行。

(一)可行性研究阶段水库滑坡工程地质勘察

本阶段勘察应结合影响水库边坡稳定的工程地质条件的调查,初步查明水库滑坡区的分布。

1. 水库滑坡工程地质勘察的主要内容

本阶段勘察应调查水库边坡的滑坡区的地形地貌形态特征、地质岩性及分布规律、结构特征,第四纪地质应调查其成因类型、物质组成及土体物理力学性质,基岩地层应调查层状岩层的软弱岩层的分布、性状及其物理力学性质;调查地质构造的性质、类别、分布及其组合形式;调查地下水分布特征及其与库水的动态关系等。

通过对水库边坡和滑坡区工程地质条件的调查,初步查明滑坡区的位置、分布、规模、物质组成、边界条件等。结合水库边坡稳定分析,初步评价水库滑坡的稳定性及危害。

2. 水库滑坡工程地质勘察的主要方法和要求

本阶段勘察应对水库边坡和滑坡区及可能影响地段进行工程地质测绘普查,初步查明影响边坡稳定的工程地质、水文地质条件。水库边坡测绘比例尺一般为1∶50 000~1∶10 000,滑坡区测绘比例尺一般为1∶10 000~1∶5 000。滑坡区应同时进行剖面地质测绘,比例尺一般为1∶5 000~1∶2 000。

在工程地质测绘的基础上,布置物探、钻探、坑槽探等勘探工作。物探测线应分别平行、垂直滑坡区展布方向布置,测线间距根据地形地貌和工程地质条件确定。钻孔勘探线亦应分别平行、垂直滑坡区展布方向布置,每条勘探线上不少于3个钻孔,钻深一般应至滑坡区坡脚相应高程的深度或进入下伏相对稳定岩(土)体5~10m。同时,选择控制性钻孔进行钻孔压(注)水试验和物探测井。

本阶段可根据需要进行有关岩(土)体的物理力学性质试验,用于稳定性评价的物理力学参数根据试验结果和工程地质类比确定。

(二)初步设计阶段水库滑坡工程地质勘察

本阶段勘察主要对滑坡体进行专门性勘察,以查明滑坡体的工程地质条件并评价、预测其稳定性和变化趋势。

1. 滑坡体工程地质勘察的主要内容

本阶段勘察应查明滑坡体的位置、分布、规模、物质组成、形态要素特征及边界条件;查明滑动面(带)的厚度、形态、物质组成、结构特征及物理力学性质;查明滑床的分布特征、岩性及完整程度;查明滑坡裂隙的分布特征;查明滑坡的现状及变形破坏迹象。

根据发生滑坡作用的地质环境及滑坡的形态特征和影响因素,划分滑坡的成因类型。根据勘察资料进行滑坡稳定性分析,预测评价其变化趋势及危害,提出滑坡变形监测和治理措施地质建议。

2. 滑坡体工程地质勘察的主要方法和要求

本阶段勘察采取大比例尺工程地质测绘和以钻探为主的工程地质勘探及岩土试验等

方法，对滑坡及周边地带进行详细勘察。工程地质测绘比例尺一般为1∶2 000～1∶500，同时应沿滑坡可能滑移方向的左、中、右部位及垂直滑坡可能滑移方向的上、中、下部位进行剖面地质测绘，比例尺一般为1∶1 000～1∶200。

钻孔勘探线主要沿滑坡可能滑移方向布置，勘探线间距50～100m，每条勘探线不少于3个钻孔，钻孔深度应穿过可能滑移面进入滑床(下伏稳定岩土体)5～10m。同时，视滑坡边界条件垂直滑移方向布置辅助勘探线。根据勘察需要和具体工程地质条件，布置探井、探硐勘探工作，岩质滑坡其滑动面(带)为中、高倾角时一般采用探井，为缓倾角时一般采用探硐，勘察深度应揭穿滑动面(带)。土质滑坡一般采用探井。

本阶段所有勘探钻孔应进行物探测井，以全面了解滑坡体、滑动面(带)及滑床的分布状态。

为查明滑坡体、滑动面(带)岩土的物理力学性质，获得稳定分析的地质参数，对滑带土的室内有效试验组数累计不少于6组。根据需要可进行现场原位抗剪试验、涌浪模型试验、滑带土黏土矿物分析等。

为研究滑坡的变迁历史可采用放射性^{14}C、热释光法(TL)和电子自旋共振法(ESR)等方法测定滑动面(带)物质的绝对年龄。大型滑坡为研究其变形破坏部位、破坏机制、破坏过程，可根据需要进行模型试验。

滑坡稳定分析方法主要有自然历史分析法、工程地质类比法、图解分析法、极限平衡分析法等，应选择两种或两种以上运行综合分析。

第三节　水工建筑物工程地质勘察

一、坝(闸)址区工程地质勘察

坝(闸)址区工程地质勘察应当与水库区以及引水线路地区、厂房等的工程地质勘察紧密配合，协调一致。

(一)规划阶段

规划阶段的坝址工程地质勘察主要是为了了解各规划开发河段的工程地质概况，以及可能近期开发工程和控制性工程的主要工程地质问题，为选定规划河流(河段)的规划方案和近期开发工程提供所需要的地质资料。

各规划梯级坝区的工程地质勘察以工程地质测绘和地面物探为主，在有重大工程地质问题地段，以及近期开发工程的坝段可布置少量勘探工程。测绘的比例尺，峡谷区为1∶10 000～1∶5 000，丘陵平原区为1∶25 000～1∶10 000。测绘的范围应包括各可能的比较坝址及其枢纽布置地段，当比较坝址相距2km以上时可分别单独测绘。

地面物探纵、横剖面应不少于3条，并适当布置顺向纵剖面。主要应探测覆盖层、风化层、滑坡体厚度，以及地下水和基岩的地质构造情况。在拟定的近期开发工程的代表性坝址布置勘探剖面，河床中应有1～3个钻孔，两岸各1个钻孔或平硐。孔深一般为1倍坝高。基岩钻孔应做压水试验，土体钻孔应做标准贯入试验。此外，对坝区的岩土层、河水、地下水、软弱夹层应做少量岩矿鉴定、物理性质试验和水化学简易分析。对天然建筑材料的普查以目测、目估为主，并辅以少量坑探。普查储量应不少于设计需要量的3倍。

勘察中应注意了解河谷地貌、类型，覆盖层的组成和厚度、成因类型，古河道、冰碛物、泥石流、坍滑体、潜在不稳定岩体等的分布，不良土层的分布，岩土体的透水性分级和相对隔水层埋深，地下水位，可能产生严重渗漏的地段，喀斯特的发育情况，软弱夹层和缓倾角断层破碎带，第四纪断层等，以便对坝区的基本工程地质条件和主要工程地质问题有初步的了解和初步的分析。

（二）可行性研究阶段

可行性研究阶段坝址工程地质勘察的任务是选择坝址。因此，勘察工作是在规划选定的近期开发工程地段或其他梯级坝段上进行的，并以规划阶段所取得的工程地质资料为基础。为此，应在坝段范围内提出的几个比较坝址上进行勘察工作，初步查明各比较坝址的工程地质条件，对它们进行对比分析和初步评价，并为选定的坝址进行基本坝型和枢纽布置方案的工程地质论证，提供工程地质资料。

坝址区勘察应包括以下几个方面的内容：

（1）调查河床和两岸第四纪沉积物的厚度、成因类型、组成物质及其分层和分布，湿陷性黄土、软土、膨胀土、分散性土、粉细砂和架空层等的分布，基岩面的埋深，河床深槽、埋藏谷和古河道的分布。

平原区河流应调查牛轭湖、决口口门、沙丘等的分布和埋藏情况。当基岩埋深较浅时，应调查基岩面的倾斜和起伏情况。

（2）调查基岩的岩性、岩相特征，进行详细分层，初步查明软岩、易溶岩、膨胀性岩层和夹层等的分布和厚度，分析其对坝基或边坡岩体稳定的可能影响。

（3）调查坝址区内主要断层、破碎带、顺河断层和缓倾角断层的性质、产状、规模、延伸情况、充填和胶结情况以及晚更新世以来的活动性，进行节理裂隙统计，分析各类结构面的组合对坝基、边坡岩体稳定和渗漏的影响。

（4）调查岩体的风化深度和程度，以及不同风化带岩石的强度。

（5）调查对坝址选择和枢纽建筑物布置有影响的滑坡、倾倒体和潜在不稳定岩体，以及卸荷岩体的分布，初步评价其稳定性。

（6）调查泥石流的发生区、通过区和堆积区的范围、方量、发生条件，及其对工程的影响。

（7）调查坝址区的水文地质条件、岩土的渗透性、相对隔水层的埋深和厚度及连续性、地下水位、补排条件、河水和地下水的腐蚀性。

（8）可溶岩区应初步查明喀斯特的分布情况和发育规律，即主要溶洞和喀斯特通道的规模、分布、连通和充填情况，结合坝址区水文地质条件，分析可能发生渗漏的地段、渗漏量和处理方案。

（9）进行岩土物理力学性质试验，初步选定各项岩土物理力学性质参数。

本阶段勘察的范围较大，测绘范围应包括各比较坝址和枢纽建筑物场地（包括副坝引水发电系统、溢洪道和导流工程）以及与阐明各比较坝址地质条件有关的地段在内。当比较坝址相距2km及以上时，可单独测绘。比例尺一般为1∶10 000～1∶2 000。勘察中应广泛采用综合物探和各种勘探方法。在各比较坝址布置1～3条勘探剖面线，主勘探剖面上勘探点间距一般不大于100m。当坝基存在缓倾角软弱夹层时，可布置竖井或大口径钻孔。峡谷坝址，两岸坝肩应布置勘探平硐。对坝址比较有重大影响的顺河大断层、软弱夹层、河床深槽、潜在不稳定边坡等部位都应有钻孔或平硐控制。

钻孔孔深取决于坝高（或闸基底宽）和地质情况。两岸钻孔应打到河水位高程以下并进入相对隔水层，控制性钻孔和专门钻孔的孔深应按实际需要而定。

平原土基勘探孔应布置成网格状，钻孔间距为50~100m，孔深为深入到建基面以下不少于坝高或闸底宽度的1.5倍。倘若在此深度内遇到泥炭、淤泥、粉细砂等不良土层及强透水层时，钻孔应加深到下伏的承载力较高的土层或相对不透水层。当基岩埋深小于坝高或1.5倍闸基底宽时，钻孔应深入基岩5~10m。

水文地质测试主要是基岩压水试验、喀斯特连通试验、覆盖层抽水试验及水质分析。岩土试验以室内和现场原位测试为主。勘察期间，要对地下水动态和岩土体变形进行长期监测。

为了便于各坝址的比较，各比较坝址的工程地质条件应在研究程度上大致相同，但决非勘察工作量绝对相等。对各种条件明显不好的坝址，经少量勘察工作论证后，可首先予以放弃。

（三）初步设计阶段

本阶段坝（闸）址勘察的任务是全面查明所选定坝（闸）址建筑物区的工程地质条件，为选定坝轴线、坝型、枢纽总体布置和建筑物设计提供地质资料，并为论证与施工和地基处理设计有关的地质问题提供地质资料。

通过本阶段的工程地质勘察，应当对坝址枢纽布置范围内，特别是所选定的坝轴线地段的工程地质条件有相当详细准确的研究，应找出各种不利条件的细微变化规律，取得比较可靠的定量指标，对各种工程地质问题作出定量评价。

混凝土坝坝（闸）址应勘察以下内容：

（1）查明坝址建筑物场地覆盖层的分布、厚度、层次及其组成物质，河床深槽的具体范围和深度。

（2）查明坝基、坝肩岩体的层次，查明易溶岩层、软弱岩层、软弱夹层和蚀变带等的分布、性状、延续性、起伏差、充填物、物理力学性质参数以及与上、下岩层的接触情况。

（3）查明对建筑物稳定有影响的断层、破碎带、断层交汇带和裂隙密集带的具体位置、规模和性状，特别是顺河断层和缓倾角断层的分布和特征。

（4）查明岩体风化带和卸荷带在各部位的厚度及其特征。

（5）查明坝基、坝肩岩体的完整性、结构面的产状、延伸长度及其组合关系，确定坝基、坝肩稳定分析的边界条件。

（6）查明岸坡和开挖边坡的稳定条件。

（7）查明坝址的水文地质条件、主要喀斯特洞穴的分布和规模、相对隔水层埋藏深度、地表水和地下水对混凝土的腐蚀性、坝基与坝肩岩体渗透性的各向异性，以及岩体渗透性的分级，提出防渗处理的建议。

（8）查明泄流冲刷地段工程地质条件，评价泄流冲刷及泄流水雾对坝基及岸坡稳定的影响。

(9)调查峡谷坝址的岩体应力情况,根据需要测试岩体应力。

(10)根据坝基岩层和构造情况,进行坝基岩体结构分类。

(11)在分析坝基地质构造、岩体结构、岩体应力、风化特征、岩体强度和变形性质的基础上进行坝基岩体工程地质分类,查明各类岩体的物理力学性质参数,并对坝基工程地质条件作出评价。

(12)根据需要进行施工和生活用水水源勘察。

坝址勘察主要在枢纽建筑物场地及对工程有影响的地段进行,测绘比例尺为1:2 000~1:1 000。物探以综合测井、井下电视、无线电波透视等方法查明孔内、孔间软弱面(带)、含水层、渗漏带、洞穴等的分布位置及各类岩体的波速和动弹模参数。在所有建筑物轴线上应布置勘探剖面,在选定的坝轴线上应有坝轴线勘探剖面和上、下游辅助勘探剖面。坝轴线剖面勘探点间距为20~50m。钻孔应深入拟定建基岩面高程以下1/3~1/2坝高,帷幕线上孔深为1倍坝高或深入相对隔水层不少于10m。当覆盖厚度小于闸基底宽时,孔深应进入基岩5~10m;否则,孔深应为1~2倍闸基底宽,并进入承载力较高的下伏土层或相对隔水层。平硐、竖井、大口径钻孔和河底平硐应结合建筑物位置、两岸地形地质条件和现场岩体测试的需要因地制宜选用。拱坝坝肩每隔30~50m高程应有平硐控制。抗力体部位应布置专门的勘探,查明软弱岩体和缓倾角结构面。除室内试验外,现场试验工作量很大,如各类变形模量试验、原位抗剪(断)试验、标贯试验、十字板剪切试验、荷载试验、地应力测试、渗透变形试验、单孔和多孔抽水试验、压水试验、连通试验等。长期观测工作应继续进行。

土石坝坝(闸)址应勘察以下内容:

(1)查明坝基基岩面起伏变化情况,查明河床深槽、古河道、埋藏谷的具体范围、深度,以及深槽或埋藏谷侧壁的坡度。

(2)查明坝基河床及两岸基岩与覆盖层的层次、厚度和分布,重点查明软土层、粉细砂、湿陷性黄土、架空层、漂孤石、基岩中的石膏夹层等工程地质性质不良土层的情况。

(3)查明影响坝基、坝肩稳定的断层、破碎带的分布、规模、产状、性状、渗透性和渗透变形条件。

(4)查明坝基的水文地质结构,查明含水层或透水层和相对隔水层的岩性、厚度变化和空间分布,以及岩土渗透性和地下水、地表水对混凝土的腐蚀性,重点查明可能导致强透水和坝基、坝肩渗透变形的集中渗漏带的具体位置。

(5)查明岸坡的风化带、卸荷带的分布、深度及稳定条件,重点查明坝体、面板堆石坝趾板、防渗体与地基和岸坡连接地段有无断层破碎带及其变形特性和允许渗透水力比降。

(6)查明坝区喀斯特发育规律、主要喀斯特通道的分布与规模、相对隔水层的埋藏条件,提出建议的防渗处理范围。

(7)查明坝基岩土体的渗透系数、允许渗透水力比降和各项物理力学性质参数,对地基的沉陷、湿陷、抗滑稳定、渗透变形、液化等问题作出评价,并提出坝基处理的建议。根据需要可进行原位载荷试验、可能液化土的三轴振动试验等专门性工作。

本阶段坝址区测绘范围与可行性研究阶段相同,比例尺为1:5 000~1:1 000。物探方法以综合测井和岩土物理力学性质测试为主。勘探剖面应结合当地材料坝的坝轴线、防渗线、排水减压井、泄洪消能建筑物、面板堆石坝趾板等布置。勘探点间距为 50 ~ 100m。对于覆盖层地基，当下伏基岩埋深小于 1 倍坝高时，钻孔应深入基岩面以下 10 ~ 20m，帷幕线上孔深视需要而定；当下伏基岩埋深大于 1 倍坝高时，孔深应根据透水层和相对隔水层的具体情况确定。基岩地基上的钻孔孔深为1/3 ~ 1/2坝高，帷幕线上的钻孔孔深不小于 1 倍坝高。对两岸基岩岸坡应布置平硐、钻孔或探槽，以查明风化带、卸荷带、断层破碎带、喀斯特洞穴通道等的位置。第四纪地层坝基的主要含水（透水）层抽水试验不少于 3 次；强透水的大断层破碎带应专门做水文地质试验。软弱土层抗剪以三轴试验为主。其他试验可在混凝土坝坝址有关要求的基础上适当简化。

（四）技施设计阶段

技施设计阶段的坝址工程地质勘察是在选定的坝轴线和建筑物轮廓线范围内进行的。其主要任务是：进行初设审批中要求补充论证的和施工中新发现的专门工程地质问题的勘察；进行施工地质工作；提出不良工程地质问题的处理措施和建议；分析施工期间工程地质监测资料，必要时进行天然建筑材料的复查。

勘察的方法、内容和工作量大小随专门工程地质问题的复杂性、前期研究深度、场地条件等而变。主要是利用对开挖揭露面的观察，校核坝基的工程地质条件，修正岩体风化带和卸荷带的深度及坝基岩体质量分类，配合设计研究可利用岩面的深度、预留保护层厚度以及地基处理措施等。局部地段进行大比例尺测绘和专门的勘探、试验工作。

施工地质工作包括：搜集建筑施工场地在施工开挖过程中揭露的地质现象，检验前期勘察资料；进行基坑地质编录和 1∶1 000 ~ 1∶200 的地质测绘，对场地不良地质现象进行观测和预报；参加与地质有关的工程验收和地基处理措施的研究等。

二、地下洞室工程地质勘察

地下洞室工程地质勘察主要是在可行性阶段和初步设计阶段进行的。规划阶段仅对地下洞室地段的区域稳定、山体稳定以及地层岩性、地质构造、水文地质条件进行必要的地质调查和分析。

（一）可行性研究阶段

可行性研究阶段地下洞室工程地质勘察的任务是对洞线（址）进行方案选择，包括调查隧洞线路区域地质，研究分析区域地质构造背景，注意有无活断层的分布和地震情况，了解区域地应力情况。

1. 引水隧洞线路勘察内容

（1）调查隧洞沿线的地形地貌和物理地质现象及其分布。

（2）调查工程区出露的地层和岩性，重点调查松散、软弱、膨胀、可溶以及含放射性矿物与有害气体等工程地质性质不良岩层的分布。

（3）调查工程区的褶皱、主要断层破碎带和各种类型的结构面的产状、规模、延伸情况，初步评价其对进出口边坡和地下洞室围岩稳定的影响。

（4）调查主要的含水层、汇水构造和地下水溢出点的位置和高程、补排条件，以及与地表溪沟连通的断层破碎带、喀斯特通道和采空区等的分布，对隧洞掘进时突然涌水的可能性及对围岩稳定和环境水文地质条件的可能影响作出初步评价。

(5)调查隧洞进出口段、过沟段、傍山洞段和浅埋洞段等的覆盖层厚度、基岩的风化深度和卸荷裂隙深度等,并对隧洞所通过的山体及进出口边坡的稳定条件作出初步评价。

(6)进行岩石物理力学性质试验,并进行隧洞工程地质分段或岩体质量分级。

2. 地下厂房勘察内容

地下厂房勘察内容除包括上述引水隧洞线路勘察内容外,还应包括下列内容:

(1)调查地下厂房和洞群布置地段的岩性组成和岩体结构,各结构面的产状、规模及充填情况、挤压破碎带、风化、充填、延伸范围、空间展布以及相互切割组合情况,分析其对顶拱、边墙、洞群间壁岩体、高岔段、进出口以及高压管道上覆岩体等稳定的影响。

(2)了解地下厂房地段的岩体应力、地温、有害气体和放射性矿物等的情况。

3. 勘察方法

(1)工程地质测绘比例尺:隧洞线路可选用1:25 000~1:5 000;地下厂房区可选用1:5 000~1:1 000。测绘范围应包括隧洞各比较线路及其两侧各300~1 000m地带,测绘地质条件复杂地区时可适当扩大测绘范围。地下厂房区的测绘应包括各比较方案及其配套建筑物布置地段。

(2)勘察中应采用综合物探方法探测覆盖层厚度、地下水位、古河道、隐伏断层、喀斯特洞穴等;并应利用钻孔和平硐进行综合测井、波速和动弹性模量等岩体动力参数测试。

(3)勘探钻孔可布置在隧洞进出口、傍山和跨沟等地段,在存在重大工程地质问题的地段可布置专门性勘探钻孔。钻孔深度宜进入洞底高程以下10~30m,但不应小于洞径,并应根据需要进行钻孔压水、抽水和地下水动态观测。

(4)隧洞进出口、压力管道和地下厂房区可布置勘探平硐,并进行岩体的原位测试试验工作。

(二)初步设计阶段

初步设计阶段地质勘察应在可行性研究阶段选定的隧洞线路方案场地上进行,查明地下工程的工程地质条件、主要工程地质问题等。根据地质情况,可进一步优化调整局部线路方案,为工程设计提供所需的地质资料。

1. 地下洞室勘察的主要内容

(1)查明引水隧洞洞线和地下洞室的地形地貌条件和物理地质现象,以及过沟地段、傍山浅埋段和进出口边坡的稳定条件。

(2)查明洞室地段的岩性,重点查明松散、软弱、膨胀、易溶和喀斯特岩层的分布。在某些地区应调查岩层中有害气体或放射性元素的赋存情况。

(3)查明岩层的产状,以及主要断层、破碎带和节理密集带的位置、产状、规模、性状及其组合关系。

(4)查明洞室地段的地下水位、水压、水温和水化学成分,特别要查明涌水量丰富的含水层、汇水构造、强透水带以及与地表溪沟连通的断层、破碎带、节理裂隙密集带和喀斯特通道,预测掘进时突然涌水的可能性,估算最大涌水量。

(5)可溶岩区应查明洞室地段喀斯特的发育规律,以及主要洞穴的发育层位、规模、充填情况和富水性。

(6)进行围岩工程地质分类。

(7)确定各类岩体的物理力学性质参数，评价洞室围岩和进出口边坡的稳定性，提出处理建议。

(8)大跨度地下洞室尚应查明主要软弱结构面的分布和组合情况，并结合岩体应力评价洞顶、边墙和洞室交叉段岩体的稳定性，提出处理建议。

(9)查明压力管道地段上覆岩体厚度和岩体应力状态，高水头压力管道地段尚应调查上覆山体的稳定性、岩体的地质结构特征和高压渗透特性。

(10)查明深埋洞室岩体应力情况。

(11)调查深埋洞室的地温情况。

这里的大跨度地下洞室是指跨度大于20m的地下洞室，高水头压力管道是指水头大于300m的地下压力管道，深埋洞室是指埋藏深度大于300m的地下洞室。

2. 地下洞室的勘察方法

1) 工程地质测绘

(1)补充校核可行性研究阶段选定洞线地段的工程地质图。

(2)当地下式电站厂址以及隧洞进出口、傍山浅埋段、过沟段等地质条件复杂时，应进行专门性工程地质测绘，比例尺可选用1:2 000～1:1 000。

(3)根据地质条件与需要，局部地段可进行比例尺为1:500的工程地质测绘。

2) 物探

应采用综合物探方法进一步查明探测覆盖层厚度和地下水、隐伏断层、喀斯特洞穴等的分布特征，并应利用钻孔和平硐进行综合物探测试，如岩体波速和动弹性模量等。

3) 勘探

(1)进出口及各建筑物地段应布置勘探剖面。

(2)隧洞进出口与地下厂房区应布置勘探平硐。

(3)深埋洞室应根据具体条件选用钻孔、平硐或水平钻孔等进行勘察。

(4)勘探剖面线上的钻孔深度及水文地质试验等要求与可行性研究阶段相同。

4) 岩土试验

(1)各类岩土室内物理力学性质试验组数累计不应少于5组。

(2)大跨度深埋地下洞室应进行岩体变形模量、弹性抗力系数、抗剪断强度、岩体应力及地温等试验、测试工作，进行洞室围岩收敛观测。

5) 其他事项

(1)高水头压力管道地段宜进行高压压水试验。

(2)隧洞沿线和地下厂房的钻孔应当进行地下水动态观测，观测时间不得少于1个水文年。

(3)对建筑物安全有影响的不稳定岩土体应布置位移监测。

三、溢洪道工程地质勘察

溢洪道是水利枢纽中的泄水建筑物，通常按其泄流部位和建筑物的结构型式可分为坝内式溢洪道与岸坡式溢洪道两种类型。其中，岸坡式溢洪道涉及的地质问题比较多，主要有深挖方边坡稳定、溢洪道堰槛段上的闸基稳定、陡槽段和消能段的地基冲刷等。

（一）溢洪道工程地质勘察的任务

对溢洪道进行工程地质勘察的基本任务就是要对溢洪道的边坡稳定、地基稳定和抗冲刷稳定作出工程地质评价，为建筑物的设计与施工提供必需的工程地质资料。应查明的工程地质问题一般情况下与坝（闸）地基和边坡所要查明的问题是相似的。例如，对岸坡式溢洪道要特别注意由深挖方引起的岸坡稳定性变化，对利用天然垭口的溢洪道要特别注意断层破碎带、深风化层、古河道等的存在对地基稳定和冲刷稳定的影响。至于陡槽段、消力池及尾水渠段，还应考虑地下水扬压力对面板稳定性的影响和岩（土）的抗冲刷能力等方面的问题。

（二）溢洪道工程地质勘察的基本方法和要求

溢洪道的工程地质勘察工作的重点放在初步设计阶段进行。勘察工作的基本方法和要求包括以下几个方面：

（1）当溢洪道靠近坝体时，溢洪道的地面测绘可包括在坝址区工程地质测绘范围内。远离坝址的溢洪道是否要进行地面测绘应根据地形和地质复杂程度而定；如果为厚层的第四纪松散沉积物所覆盖，则可不做地面测绘工作。溢洪道地面测绘采用的比例尺一般取1∶2 000～1∶1 000。

（2）沿溢洪道中心线布置若干钻孔、试坑或剥土，绘制纵向勘探剖面。必要时在溢流堰和消能段增加辅助坑、孔，绘制横向勘探剖面。

（3）溢洪道纵向勘探剖面线上的坑孔位置应尽量照顾到不同的地形地质条件和工程的布置情况，如在溢流堰、挑流鼻坎以及消力池等部位应有勘探坑、孔控制。

（4）勘探坑、孔的深度应达到建基标高以下的适当深度，如闸基和挑流鼻坎部位钻孔应达到基础底面下5～10m，以便查明有无影响稳定的不利因素。

（5）根据建筑物的要求并结合地质条件进行必要的试验和长期观测工作，如闸基岩石的剪切试验、钻孔压水试验和地下水的动态、边坡稳定以及某些岩石的回弹、膨胀变形、风化速度的观测等。

在施工开挖过程中，地质勘察工作的重点是对溢洪道边坡及渠底及时进行地质编录，并对边坡的稳定状态进行观测和预报。

四、渠道工程地质勘察

渠道是一种呈线状分布的引水建筑物。一般说来，长渠道往往会穿越多种地貌单元和不同的岩土类型地带，在渠道沿线上的工程地质条件会有所差异。因此，渠道的工程地质勘察工作多分区段进行，针对各个渠段上存在的主要地质问题，采用相应的勘察手段与方法。

渠系工程常见的工程地质问题有渠道的渗漏问题、边坡稳定问题以及涵闸、渡槽等建筑物的地基稳定问题。

渠道属线形建筑物，在不同的渠段上存在的问题不完全相同，即具有一定的分带性。为了避免和尽量减少不利地质因素的影响，渠道的选线问题是工程成败的关键。因此，渠道的选线工作也就成为工程地质勘察工作的主要内容。渠道线路的确定主要考虑地质条件的优劣。在渠道选线时，一般遵循以下原则：

（1）尽量避开深挖方、高填方及沟谷密集地段；

（2）尽量避开和减少通过物理地质现象不良地段（如崩塌、滑坡、泥石流、流沙等）；

（3）尽量避开不良岩土层（如岩溶地层、石膏层、湿陷性黄土、膨胀土、软土、沼泽土、冻土等）分布地段。

（一）规划阶段工程地质勘察

利用搜集到的地形和地质资料结合路线查勘，进一步了解渠道沿线的地质情况，编绘1∶50 000～1∶10 000的地质图。地质图的范围应当尽可能把各个比较线路包括进去，并且连成一片。

（二）可行性研究阶段工程地质勘察

工程地质勘察的任务是查明与线路选择有关的地质问题，以便从中选择最优的线路方案。因此，对工程地质勘察工作的要求是：对于盘山和傍山渠道应以工程地质测绘为主，测绘精度应选用1∶25 000～1∶5 000比例尺；对于平原渠道应沿渠线布置勘探线；勘探点的数量应根据通过地段的地貌和工程地质分段布置拟定；勘探孔深宜钻至拟定渠底高程下5～10m，或钻至隔水层顶面；对渠道的进出口和主要建筑地段，应布置专门的钻探工作，必要时取样进行试验分析。

（三）初步设计阶段工程地质勘察

初步设计阶段工程地质勘察工作是在已选定的渠线上进行的，其任务是：

（1）查明渠道沿线地层岩性，重点是粉细砂、湿陷性黄土、膨胀土（岩）等工程性质不良岩土层的分布和性状。

（2）查明渠道沿线冲洪积扇、滑坡、崩塌、泥石流、新生冲沟、喀斯特等的分布、规模和稳定条件，并评价其对渠道的影响。对于沙漠地区渠道，还应查明移动沙丘及植被的分布等情况。

（3）查明渠道沿线含水层和隔水层的分布，地下水补排关系和水位，特别是强透水层和承压含水层等对渠道渗漏、涌水、渗透稳定、浸没、沼泽化、湿陷等的影响以及对环境水文地质条件的影响。

（4）查明渠道沿线地下采空区和隐藏喀斯特洞穴塌陷等形成的地表移动盆地，地震塌陷区的分布范围、规模和稳定状况，并评价其对渠道的影响。对于穿越城镇、工矿区的渠段，还应探明地下构筑物及地下管线的分布。

（5）查明傍山渠道沿线不稳定山坡的类型、范围、规模等，并评价其对渠道的影响。

（6）查明深挖方和高填方渠段渠坡、地基岩土性质与物理力学特征及其承载能力，并评价其稳定性。

（7）查明渡槽、倒虹吸等渠系建筑物的工程地质条件。

（8）进行渠道工程地质分段，提出各段岩土的物理力学参数和开挖渠坡坡比建议值，进行工程地质评价，并提出工程处理措施建议。

勘察工作的布置原则应符合以下规定：

（1）渠道工程地质测绘比例尺可选用1∶5 000～1∶1 000，渠系建筑物可选用1∶2 000～1∶500。测绘范围应包括渠道两侧各200～1 000m地带，当有局部线路调整、弃土场、移民等要求时，可适当加宽；渠系建筑物测绘范围应包括建筑物边界线外200～300m地带，并应包括有配套建筑物和设计施工要求的地段。

(2)宜采用物探方法探测覆盖层厚度、岩体风化程度、地下水位、古河道、隐伏断层、喀斯特洞穴、地下采空区、地下构筑物和地下管线等。

(3)渠道中心线应布置勘探剖面,勘探点间距为200~500m;各工程地质单元(段)均应布置勘探横剖面,横剖面间距宜为渠道中心线钻孔间距的2~3倍,横剖面长不宜小于渠顶开口宽度的2~3倍,每条横剖面上的勘探点数不应少于3个。钻孔深度宜进入渠道底板下10m。

(4)渠系建筑物应布置纵、横勘探剖面,钻孔应结合建筑物基础型式布置。采用墩(桩)基的渡槽,每个墩(桩)位至少应有1个钻孔,桩基孔深应进入桩端以下5m,墩基孔深宜进入墩基以下10~20m;倒虹吸轴线钻孔间距宜为50~100m,横剖面间距宜为轴线钻孔间距的2~4倍,钻孔深度宜进入建筑物底板下10~20m。遇软土、喀斯特发育的可溶岩等时,钻孔应适当加深。

(5)渠道每一工程地质单元(段)和渠系建筑物地基,每一岩土层均应取原状样进行室内物理力学试验,主要岩土层累计试验组数不应少于12组。各土层应结合钻探选择适宜的原位测试方法。特殊性岩土应取样进行特殊性试验。

(6)可能存在渗漏、基坑涌水问题的渠段,应进行抽(注)水试验。对于强透(含)水层,抽(注)水试验不应少于3段,渠道底部和建筑物岩石地基应进行钻孔压水试验,根据需要可布置地下水动态观测。

(7)对于渠道沿线的地下采空区,应充分收集矿区开采资料,调查地表移动盆地的分布规模、变形发展与稳定情况,根据需要可进行勘探验证和布置变形监测网。

第四节 抽水蓄能电站工程地质勘察

抽水蓄能电站工程地质勘察划分为选点规划阶段、预可行性研究阶段、可行性研究阶段、招标设计阶段和施工详图设计阶段。各阶段勘察内容根据常规水电工程地质勘察基本规定和技术标准的要求结合抽水蓄能电站建筑物对工程地质条件的特殊技术要求进行。

一、选点规划阶段工程地质勘察

选点规划阶段工程地质勘察主要对普查选择站址的区域地质,上水库、输水发电系统、下水库代表性方案及各主要建筑物场地进行工程地质论证,为比选站址、推荐近期开发工程提供地质依据。

(一)区域地质、地震调查

本阶段区域地质、地震调查的基本任务是了解站址的区域地质和地震活动概况。本阶段区域地质、地震调查的主要内容和要求:调查区域地形地貌的形态、类型;调查区域地层岩性及形成时代、分布范围,第四纪地层的成因类型、物质组成;调查区域构造单元及构造类型、产状、规模和构造活动史;调查区域地震情况及地震动参数;调查区域水文地质特征等。

（二）水库工程地质勘察

本阶段水库工程地质勘察的基本任务是了解站址上、下水库的工程地质条件和主要工程地质问题，初步分析成库条件。主要勘察内容和要求除包括常规水电工程相应勘察阶段的规定外，还应了解：

（1）可能导致水库渗漏的地形地质及水文地质条件，调查水库周边低矮垭口、单薄分水岭、低邻谷、贯穿库岸分水岭的断层破碎带、古河道、喀斯特化岩层及泉、井的分布情况，分析水库渗漏的可能性。

（2）库内外边坡的稳定情况，分析岸坡尤其是库水位变幅带边坡的稳定条件以及形成固体径流来源的可能性。

（3）拟利用已建水库时，应收集了解有关工程地质资料。

（三）坝址工程地质勘察

本阶段坝址工程地质勘察的基本任务是了解上、下各坝址的工程地质条件和主要工程地质问题，初步分析建坝条件。主要勘察内容和要求与常规水电工程相应勘察阶段相同，包括：调查各坝址的地形地貌特征，地层岩性的类别、分布，河床覆盖层的厚度和物质组成；调查各坝址地质构造的类型、规模和性状；调查各坝址的水文地质条件；调查各坝址风化、卸荷、崩塌、滑坡等物理地质现象；调查坝址区地震动参数和相应的地震基本烈度等。

近期开发和控制性工程还应调查坝基地质构造及软弱夹层的分布、性状，第四纪地层的物质组成及工程地质特性，初步分析坝基岩（土）体的稳定条件。

抽水蓄能电站拟利用已建坝时，应收集有关工程地质资料。

（四）输水发电系统工程地质勘察

本阶段输水发电系统工程地质勘察的基本任务是了解输水发电系统的工程地质条件和主要工程地质问题，初步分析成洞、建厂条件。主要勘察的内容和要求除包括常规水电工程相应勘察阶段的规定外，还应了解：

（1）地下洞室上覆岩体厚度和围岩稳定条件，分析输水发电系统沿线布置地下厂房洞室群以及调压井的地形地质条件。

（2）上、下水库进（出）水口和调压井的工程地质条件，分析对输水线路布置方案的影响。

（五）天然建筑材料工程地质勘察

本阶段天然建筑材料工程地质勘察的基本任务是了解站址附近天然建筑材料的分布情况。主要勘察内容和要求按常规水电工程相应勘察阶段的规定进行普查，并分析库盆开挖料利用的可能性。

二、预可行性研究阶段工程地质勘察

预可行性研究工程地质勘察应在选点规划推荐的近期工程站址上进行，对枢纽工程各组合方案开展工程地质勘察。初步查明站址代表性枢纽方案的上水库、坝、输水发电系统、下水库、坝等主要建筑物的工程地质条件，对影响方案成立的主要工程地质问题作出初步评价，提供相应的工程地质勘察资料。

(一)区域构造稳定性研究

本阶段区域构造稳定性研究的主要任务是进行区域构造稳定研究,对工程场地的构造稳定性和地震安全性作出评价。主要勘察内容和要求与常规水电工程相应勘察阶段的规定相同,包括区域构造背景研究、活动断裂活动性鉴定和地震安全性鉴定等。

需要注意的是,当上水库位于孤立的峰顶表平面时,应充分考虑工程区基本地震烈度所产生的地震放大效应及其对水库的影响。

(二)水库工程地质勘察

本阶段水库工程地质勘察的主要任务是初步查明各比较方案上、下库的工程地质条件及主要工程地质问题,并对各方案作出初步评价。主要勘察内容和要求除包括常规水电工程相应勘察阶段的规定外,还应初步查明:

(1)库周垭口、单薄分水岭、库周及库底可能渗漏地段的主要工程地质、水文地质条件。

(2)库岸稳定条件,分析库水位频繁变动对库岸稳定的影响。

(3)固体径流的来源对工程的可能影响。

(4)水库建设对环境地质的影响。

(5)当利用已建库时,应详细了解工程设计、施工、运行中有关工程地质条件、问题和动态变化情况。

水库渗漏勘察尚应初步查明:

(1)可溶岩、强透水岩土层、断层破碎带、节理密集带、单薄分水岭、古河道、地形垭口的分布和水文地质特征。

(2)库周地下水动态,库周相对隔水层分布与埋藏特征。

(3)可溶岩地区喀斯特的发育与分布规律,水文地质结构、地下水补给、径流、排泄条件及与库外连通情况,评价对建库的影响程度。

库岸稳定勘察尚应初步查明:

(1)库水位变动带范围内的边坡稳定条件。

(2)库内工程边坡(包括库内扩库、利用库内开挖料筑坝等)稳定条件。

(3)库周外侧边坡稳定条件。

(三)坝址工程地质勘察

本阶段坝址工程地质勘察的基本任务是初步查明各比较方案坝址的工程地质条件和主要工程地质问题,对各比较方案作出初步评价。主要勘察内容和要求与常规水电工程相应勘察阶段的规定基本相同。主要包括:初步查明坝址区第四纪沉积物的成因类型、物质组成、分布特征,特殊土的分布、河床基岩面的埋深;初步查明基岩岩性、岩相特征及软弱岩层等不良工程地质岩类的分布,分析其对坝基和边坡岩体稳定的影响;初步查明坝址区断层等地质构造和不良结构面的分布、性质及其组合特征,分析对坝基和边坡稳定、渗漏的影响;初步查明坝址区岩体风化、卸荷、滑坡、崩塌等物理地质现象的分布,初步评价边坡稳定性;初步查明坝址区水文地质条件;初步查明可溶岩区喀斯特的分布状况和发育规律等。

抽水蓄能电站应初步查明位于沟谷斜坡地段坝址结构面的发育及其组合情况,特别是顺坡向结构面的发育特征,初步评价坝基斜坡的稳定条件。

当利用已建库、坝时，应详细了解工程设计、施工、运行中的有关工程地质条件、问题和动态变化情况。

（四）输水发电系统工程地质勘察

本阶段输水发电系统工程地质勘察的基本任务是初步查明各比较方案输水发电系统主要建筑物工程地质条件及主要工程地质问题，并作出初步评价。主要勘察内容和要求除包括常规水电工程相应勘察阶段的规定外，还应初步查明：

（1）输水发电系统地下洞室沿线上覆及侧向岩体厚度，高压管道与厂房段围岩类别，并了解初始地应力状态。

（2）地下洞室围岩及沿线山体的地下水位、岩体渗透特性等水文地质特征。

（3）进（出）水口边坡稳定条件。

（4）调压井部位的地形地质条件。

（五）天然建筑材料勘察

本阶段天然建筑材料勘察的基本任务是对主要天然建筑材料进行初查。主要勘察内容和要求按常规水电工程相应勘察阶段的规定进行天然建筑材料初查，初步查明有用层储量、质量、开采、运输条件，并考虑工程开挖渣料的利用。

三、可行性研究阶段工程地质勘察

可性行研究阶段工程地质勘察应在预可行性研究阶段勘察的基础上进行。查明水库及建筑物区的工程地质条件，为选定坝址、坝型、坝线、输水线路和发电厂房位置及其轴线方向提供地质依据。论证水库防渗型式，评价厂房及输水系统洞室围岩稳定性。提供水库及各建筑物设计所需的工程地质资料。

（一）水库工程地质勘察

本阶段水库工程地质勘察的主要任务是查明上、下水库的工程地质、水文地质条件，评价水库的渗漏条件及库岸稳定性。设置拦沙坝的水库，应查明拦沙库的工程地质条件。主要勘察内容和要求除包括常规水电工程相应勘察阶段的规定外，水库渗漏、库岸稳定勘察还应包括以下内容。

水库渗漏勘察应查明：

（1）库周岩体渗透特性和地下水埋深。

（2）水库垂向和侧向渗漏条件，主要漏水地段或渗漏通道的位置和规模。进行库周水文地质分段，评价各段的渗漏条件，估算水库渗漏量。

（3）可溶岩地区喀斯特的发育规律、水文地质结构、地下水补给、径流、排泄条件及库内外连通情况、相对隔水层的分布等。

（4）根据水库的水文地质特征及其渗漏条件提出库盆防渗型式的建议。

水库库岸稳定勘察应查明：

（1）库岸边坡（包括天然边坡和工程边坡、水上边坡和水下边坡）的工程地质、水文地质条件，影响边坡稳定的结构面特性，重点查明水位变幅带的边坡稳定条件，评价边坡稳定性。

（2）库水对岸坡软弱结构面和软弱岩体渗透稳定性的影响，并作出工程地质评价。

(3)上水库库岸单薄分水岭外侧边坡的工程地质条件,并评价其稳定性。

对于面板防渗的水库,应查明库盆防渗面板地基的工程地质条件,评价地基的不均匀变形等工程地质问题。

拟利用已建水库或天然湖泊作为电站水库时,应查明与抽水蓄能电站设计相关的工程地质问题。对改扩建工程还应进行专门的工程地质勘察。

(二)坝址工程地质勘察

本阶段坝址工程地质勘察的基本任务是查明各坝址的工程地质、水文地质条件,评价坝址的渗漏条件及边坡稳定性。设置拦沙坝的水库应查明拦沙坝及泄洪洞或排沙洞的工程地质条件。主要勘察内容和要求与常规水电工程相应勘察阶段的规定相同。

(三)厂房系统工程地质勘察

本阶段厂房系统工程地质勘察的基本任务是查明厂房系统的工程地质条件,评价各洞室围岩稳定性。主要勘察内容和要求与常规水电工程相应勘察阶段的规定相同,主要包括厂址区、调压井布置区、压力管道及岔管布置区、气垫式调压室布置地段。

(四)输水系统工程地质勘察

本阶段输水系统工程地质勘察的基本任务是查明输水系统的工程地质条件,评价围岩稳定性及压力隧洞在高压水渗透条件下的围岩稳定性。主要勘察内容和要求除包括常规水电工程相应勘察阶段的规定外,还应查明:

(1)水道进出水口的工程地质条件,选择适宜修建进出水口建筑物、具备成洞条件和边坡稳定的地段作为上、下水库的进出水口位置。

(2)引水隧洞、压力隧洞、尾水隧洞等的工程地质、水文地质条件,特别应查明压力管道在高压水作用下的渗透稳定性,并作出工程地质评价。

(3)调压井、闸门井等重要建筑物的工程地质条件。

(五)天然建筑材料勘察

本阶段天然建筑材料勘察的基本任务是对天然建筑材料进行详查。主要勘察内容和要求除包括常规水电工程相应勘察阶段的规定外,还应包括:

(1)当拟利用工程开挖石料作为坝体填筑料时,应按石料场的勘察要求进行详查,并配合施工和设计进行挖填平衡的分析;工程开挖石料的储量系数可取1.2,但应有达到初查级的备用料场。

(2)进行筑坝堆石料的物理力学性质试验,根据需要配合开展专题试验研究。

四、招标设计阶段工程地质勘察

招标设计阶段工程地质勘察应在可行性研究选定的方案基础上进行,补充和完善可行性研究勘察成果,对前期勘察未涉及到的建筑物进行地质勘察,为工程招标标书的编制提供地质资料。

招标设计勘察任务应包括下列内容:

(1)复核前期勘察的地质资料和结论。

(2)对可行性研究阶段遗留的工程地质问题进行专门性工程地质问题勘察。

(3)配合设计优化,进行补充工程地质勘察。

(4)对场区公路、补水供水工程、堆渣场等前期勘察未涉及到的场地进行工程地质勘察。

(5)为工程区观测网、监测网和监测断面等的布置和实施提供地质资料和建议。

专门性工程地质问题勘察应在前期勘察成果的基础上，根据需要对下列问题进行复核性勘察。

(1)对于设置防渗面板的水库，应复核水库岸坡稳定性和防渗面板地基的不均匀变形问题。

(2)对于做垂直防渗处理的水库，应复核防渗帷幕的范围和深度。

(3)对于不做防渗处理的水库，应复核水库的封闭条件。

(4) 对于地下厂房洞室群，应复核围岩分类、稳定性及物理力学参数，并对支护措施的适应性提出建议。

(5)对于钢筋混凝土衬砌的高压管道及岔管，应复核围岩的变形特征和承受高内水压力的渗透稳定性。

(6)复核选定料场或可利用开挖料的储量和质量。

(7)复核工程边坡的稳定性。

五、施工详图设计阶段工程地质勘察

施工详图设计阶段工程地质勘察应在招标设计的基础上进行，结合施工开挖，检验前期勘察的地质资料与结论，并根据需要补充专门性工程地质问题勘察，提供设计优化所需的工程地质资料。

施工详图设计勘察任务应包括下列内容:

(1)根据施工开挖过程中揭露的地质情况复核水库渗漏条件，提出优化防渗处理措施的建议。

(2)根据上、下水库库盆和坝基开挖揭露的地质情况，复核影响岸坡和坝基的软弱岩(夹)层和软弱结构面及其物理力学参数，复核边坡和地基稳定性，提出处理措施建议。

(3)根据地下建筑物开挖的地质情况和监测资料，预测围岩稳定性，提出优化支护措施的建议。

(4)根据施工开挖揭露的地质情况，复核库盆开挖用于筑坝的石料的质量、储量，并根据需要详查备用料场。

第二章　勘察技术方法

第一节　勘察技术方法的选用原则

一、主要勘察技术方法

工程地质勘察常用的技术方法主要包括五大类，即工程地质测绘、工程地质勘探、工程地质测试与试验、工程地质观测及监测、工程地质物理模拟与数值分析。

（一）工程地质测绘

包括区域地质测绘、工程地质测绘、水文地质测绘、综合工程地质测绘和专门性（工程）地质测绘。专门性地质测绘包括滑坡地质测绘、水库浸没区地质测绘、重要大型断裂专门性地质测绘、岩溶水文地质测绘等。

（二）工程地质勘探

钻探：岩心钻探、冲击钻探、冲击回转钻探、土层钻探、大口径钻探。

硐（井）探：勘探平硐，勘探竖井、斜井。

坑槽探：剥土、探坑、探槽。

工程物探：电法勘探、地震勘探、重力勘探、磁法勘探、综合测井、地质雷达、大地电磁测深、地震波 CT、电磁波 CT、声波测试、钻孔电视等。

（三）工程地质测试与试验

岩矿基本性质鉴定：岩（土）的矿物组成、化学成分、结构、构造等。

岩石（体）物理力学性质测试：岩石的含水率、吸水性、颗粒密度、块体密度、膨胀性、耐崩解性等物理性质试验；岩块单轴压缩变形、单轴抗压强度、三轴抗压强度、抗拉强度、直剪强度等力学试验；现场岩体变形试验、混凝土与岩体接触面直剪试验、结构面直剪试验、岩体直剪试验，以及岩体应力测试等。

土（体）物理力学性质试验：土的物理力学性质试验项目很多。常规的物理性质试验有含水率试验、密度试验、比重试验、颗粒分析试验、界限含水率试验、相对密度试验、渗透试验、固结试验等。土的室内力学性质试验包括无侧限抗压强度试验、直接剪切试验、三轴压缩试验、排水反复直剪试验、弹性模量试验等。土体力学性质试验的一个重要方法是土体的原位测试，最常用的包括标准贯入试验、静力触探试验、动力触探试验、十字板剪切试验、旁压试验及载荷试验等。

水文地质试验：抽水试验、压水试验、注水试验、地下水流速流向测定、地下水连通试验等。

水质分析。

(四)工程地质观测及监测

岩体位移及变形监测:多点位移计、钻孔倾斜仪、地面倾斜计、收敛测量、伸缩仪、倒锤孔、人工测缝计观测等。

地面形变测量:视准线测量、精密水准测量、高精度边角网测量、GPS 测量。

水文地质观测:地下水位长期观测、泉水流量观测、水温、水质观测、钻孔钻进水位观测。

岩土体性状变化监测:岩体风化、崩解速度及膨胀状态观测,软岩、泥化夹层性状变化监测。

地形变及地震监测:断层位移监测、地形变监测、地震台网监测、水文地质监测(地下水位、水温、水氡等)、地应力监测。

(五)工程地质物理模拟与数值分析

物理模拟:主要有建筑物与地基联合作用的地质力学模型,地质现象发生、发展过程和形成机制的地质力学模型,岩体位移、变形和破坏机理及过程的地质力学模型,岩土体各种加固支挡结构作用和效果的模型等。

数值分析:目前应用最广泛的有二维有限元法、三维(线性、非线性)有限元法、边界元法、离散元法、有限差分法及非连续变形分析(DDA)法等。

二、正确选择勘察技术方法的重要性

水利水电工程地质勘察是一项认知自然、适应和改造自然的复杂技术工作,与其他工程勘察工作相比较,它有以下几个显著特点:

(1)水利水电工程对安全要求高。任何工程的重大失事都会给社会经济发展和人民的生命财产带来重大损失,而工程地质勘测成果是工程设计最重要的基础资料,是保证工程安全的第一道防线。据统计,世界大型重力坝失事中,36%都是由于对地基中存在的地质缺陷认识不足或处理不当造成的。

(2)水利水电工程建筑物类型多,工程规模、工作条件、运用条件千差万别,例如水库、大坝、地下建筑物、渠道、堤防、灌区、引(调)水工程等。每一类工程的工程地质勘察工作均须针对不同工程类型对地基的要求,取得相应的地质勘察成果,从而作出准确的工程地质结论。

(3)水利水电工程所处的自然环境复杂,尤其是地质条件,不可能有完全雷同的情况。由于每一个工程都有它独特的地质问题,所以在每一不同地区的不同工作阶段中,都需要采取适宜的勘察方法加以解决。特别是在近几年水利水电工程重点向中国西部转移的情况下,工程地质条件在工程建设中更具有举足轻重的影响。

综合上述原因,水利水电工程地质勘察工作具有研究范围广、涉及学科领域多、勘察工作量大且周期长、采用的方法和手段需要有针对性等特点。因此,勘察技术方法的选择与勘察工作效率和成果质量关系十分密切。

实践证明,只有根据不同地区的地形地质条件、不同的水工建筑物类型和不同的勘测设计阶段,选用不同的勘察方法及不同方法的有效组合,才能用最小的投入取得最有价值的成果,作出可信的地质结论。例如,工程物探在勘察工作的初期阶段(规划及可行性研究阶段),对了解场区的基本地质条件、找出重大地质隐患的征兆可以发挥重要作用,但在初步设计阶段及以后的阶段,由于受到物探成果的精度和分辨率的限制,并且已有较多的重型山地工作,物探方法的作用和使用条件就受到很大的影响。再如,在高山峡谷地区建坝,为探明两岸坝肩条件,尤其是探查岸边卸荷带的宽度、横河向和顺河向陡倾结构面与软弱层带的分布、坝肩岩体的完整性,分高程布置平硐远比采用钻探手段更有效。碳酸盐岩是加工制造混凝土人工骨料最理想的石料,但碳酸盐岩料场有一个其他类型人工骨料场所没有的突出问题,即表层普遍溶蚀夹泥层的厚度(即剥离层的厚度);实践证明,由于溶蚀夹泥层的不均匀性和钻孔的局限性,用钻孔确定这一厚度常常是不准确的,在这方面国内已有很多经验教训,导致施工上的被动。对此最适宜的勘探方法是以长探槽为主,配合少量钻孔,结合附近的路堑开挖边坡综合确定;也可开挖短平硐取代部分长槽,但必须是在不同地貌单元和不同高程中布置。堤防、渠道是线状的水工建筑物,长达数十、上百乃至上千千米,充分运用遥感图像进行路线选择可以取得事半功倍的效果;兴建在软土层地区的堤防、渠线,采用静力触探孔取代一部分土层钻探既经济,又能取得可靠的土层分层资料及相应的力学参数。对于滑坡,国内通常把滑坡的位移监测安排在滑坡勘察工作结束后,根据滑坡的重要性及活动性再来确定是否需要设置位移监测;但是在国外,从勘察工作一开始,对重要的滑坡就埋设位移监测设施,如钻孔倾斜仪,平面位移监测等。实践证明,国外的这种做法是可取的,因为对滑坡的许多基本性质的认识,如滑面的位置和数量(几个滑面)、变形特征及稳定性评价等,仅靠勘探常常难以作出正确的结论,有时甚至对是否是滑坡都会长期争论不休,而有了监测资料则有助于这些问题的解决,对滑坡稳定性的评价及据此提出的处理措施也可靠得多。

以上事例充分说明,重视研究不同勘察方法的特点及适用性,根据不同的地形地质条件、不同的工程地质问题、不同的水工建筑物类型、不同的勘测设计阶段,正确选择勘察手段和方法以及不同方法的有效结合,是一个成熟的工程地质工作者必须具备的业务素质。

第二节　水利水电工程地质测绘

一、基本要求

水利水电工程地质测绘是水利水电工程地质勘察的基础工作。其任务是调查与水利水电工程建设有关的各种地质现象,分析其性质和规律,为研究工程地质条件和问题、初步评价测区工程地质环境提供基础地质资料,并为布置勘探、试验和专门性勘察工作提供依据。

水利水电工程地质测绘应在充分了解工程规划设计意图和工程地质勘察大纲的基础上进行。测绘工作应针对与工程有关的地质条件,应用先进地质理论和技术方法,深入调查研究,加强综合分析。

工程地质测绘应依据勘察大纲或测绘任务书按照准备工作、野外测绘、资料整理、资料检验的程序进行。开展工程地质测绘工作前,应编制测绘作业计划。

工程地质测绘比例尺分级如下:

小比例尺,$S \leqslant 1:50\ 000$ 的各类比例尺;中比例尺,$1:50\ 000 < S < 1:5\ 000$ 的各类比例

尺；大比例尺，$S \geqslant 1:5\ 000$ 的各类比例尺。

各勘察阶段工程地质测绘的范围应符合《水利水电工程地质勘察规范》（GB50287—99）或《中小型水利水电工程地质勘察规范》（SL55—2005）的规定。比例尺选择可按表 2-2-1 执行，工作中可根据需要适当调整。

表 2-2-1　各勘察阶段工程地质测绘比例尺

<table>
<tr><th rowspan="2">测绘地区</th><th rowspan="2">类型</th><th colspan="4">勘察阶段</th></tr>
<tr><th>规划</th><th>可行性研究</th><th>初步设计</th><th>技施设计</th></tr>
<tr><td rowspan="2">区域</td><td>大型</td><td>1:500 000～1:100 000</td><td rowspan="2">1:100 000～1:50 000
（专门性测绘）</td><td rowspan="2">—</td><td rowspan="2">—</td></tr>
<tr><td>中、小型</td><td>1:100 000～1:50 000</td></tr>
<tr><td rowspan="2">水库区</td><td>大型</td><td>1:100 000～1:50 000
（可溶岩地区为
1:50 000～1:25 000）</td><td>1:50 000～1:10 000</td><td>严重渗漏段：
1:10 000～1:2 000；
浸没、塌岸城镇区：
1:2 000～1:1 000；
农业区：
1:10 000～1:5 000</td><td rowspan="2">—</td></tr>
<tr><td>中、小型</td><td>1:50 000～1:10 000</td><td>1:50 000～1:10 000</td><td>渗漏段：
1:10 000～1:2 000；
浸没区：
1:5 000～1:1 000；
溶洼水库：
1:10 000～1:5 000；
溶洞水库：
1:5 000～1:2 000；
堵体部位：
1:1 000～1:500</td></tr>
<tr><td rowspan="2">建筑物区</td><td>大型</td><td>峡谷区：
1:10 000～1:5 000；
丘陵、平原区：
1:25 000～1:10 000</td><td>坝址区：
1:10 000～1:2 000；
厂址区：
1:5 000～1:1 000；
溢洪道：
1:5 000～1:2 000</td><td>重力坝：
1:2 000～1:1 000；
高拱坝：1:500；
土石坝：
1:5 000～1:1 000；
地下洞室、地面厂址：
1:2 000～1:1 000；
溢洪道：1:1 000</td><td rowspan="2">1:1 000～
1:200
（专门性测绘）</td></tr>
<tr><td>中、小型</td><td>峡谷区：
1:5 000～1:2 000；
丘陵、平原区：
1:10 000～1:5 000</td><td>坝（闸）址、溢洪道、地下洞室：
1:5 000～1:1 000；
地面厂房：
1:2 000～1:1 000</td><td>坝（闸）址、溢洪道、地面厂房：
1:1 000～1:500；
地下洞室：
1:2 000～1:500</td></tr>
</table>

续表 2-2-1

<table>
<tr><th colspan="2" rowspan="2">测绘地区</th><th rowspan="2">类型</th><th colspan="4">勘察阶段</th></tr>
<tr><th>规划</th><th>可行性研究</th><th>初步设计</th><th>技施设计</th></tr>
<tr><td colspan="2" rowspan="2">引水线路区</td><td>大型</td><td>长引水线路：
1∶50 000～1∶10 000；
跨流域引水线路：
1∶50 000</td><td>渠道、隧洞：
1∶25 000～1∶5 000
（建筑物场地为
1∶5 000～1∶1 000）</td><td>渠道：
1∶10 000～1∶1 000
（建筑物场地为
1∶2 000～1∶1 000）</td><td rowspan="2">—</td></tr>
<tr><td>中、小型</td><td>1∶5 000～1∶1 000</td><td>1∶10 000～1∶5 000
（建筑物场地为
1∶2 000～1∶1 000）</td><td>1∶5 000～1∶2 000
（建筑物场地为
1∶1 000～1∶500）</td></tr>
<tr><td rowspan="3">堤防工程</td><td>堤防、岸堤</td><td>—</td><td>1∶50 000～1∶25 000</td><td>1∶25 000～1∶1 000</td><td>1∶5 000～1∶2 000</td><td rowspan="2">—</td></tr>
<tr><td rowspan="2">涵闸</td><td>大、中型</td><td></td><td>1∶2 000～1∶1 000</td><td>1∶1 000～1∶500</td></tr>
<tr><td>小型</td><td colspan="3">结合堤防工程进行</td><td>—</td></tr>
</table>

注：项目建议书测绘比例尺参照可行性研究阶段要求进行。

工程地质测绘应对地质点、地质线路进行详细观察描述，分析点、线、面、体之间的有机联系。以中小比例尺测绘成果指导大比例尺的测绘，以测绘成果指导勘探工作，并用勘探成果验证、补充、修改测绘成果。

工程地质测绘，特别是中小比例尺测绘，宜采用地质遥感技术。

使用已有测绘成果时应进行检验，必要时应进行野外校测。

可根据测区的地质构造、岩层特征、地形地貌条件进行工程地质测绘复杂程度的划分。具体划分方法见表 2-2-2。

表 2-2-2　工程地质测绘复杂程度分类

类别	简单	中等	复杂
地质构造	岩层产状水平或倾斜很缓	有显著的褶皱、断层	有复杂的褶皱、断层
岩层特征	简单、露头良好	变化不稳定、露头中等、有复杂的地质现象	变化复杂、种类繁多、露头不良、有褶皱和岩溶等复杂现象
地形地貌	地形平坦、植被不发育、易于通行	地形起伏较大、河流灌木较多、通行较困难	峡谷山地、林木密集，水网、稻田、沼泽，通行困难

注：划分时可按“一项符合，就高划类”的原则执行。

二、准备工作

工程地质测绘的准备工作应包括下列基本内容：收集资料；根据收集的资料，勾绘测区地质草图；测区现场踏勘；编制测绘作业计划。

（一）收集资料

收集资料应包括：工程规划、设计资料，地形资料（地形图及控制测量成果）、卫片、航片、陆摄照片等影像资料，区域地质资料，地方地质志、地震及地震地质资料、地质灾害资料、地质勘察资料，水文气象资料，矿产资源、森林资源、生态环境保护规划资料、文物分布和已有工程建设情况等资料，交通、行政区划、民族政策、地方法规及民俗习惯。

对所收集的资料应进行分类编录整理，分析其可利用程度和存在的问题，编制有关图表、说明。对所收集的遥感图像资料，必要时宜采用光学或数字化图像处理。

（二）勾绘测区地质草图

在综合分析、充分利用已有资料的基础上，勾绘测区地质草图。

（三）现场踏勘

根据地质草图进行现场踏勘，了解测区基本地质条件和工程地质环境，布置观察线路，选择地层柱状图测制位置，拟定野外工作方法。踏勘线路应选在地层岩性、地质构造有代表性的地段。

（四）编制测绘作业计划

根据工程地质勘察大纲、测绘任务书的要求，结合已有资料和现场踏勘情况，编制测绘作业计划。内容包括测绘目的、任务要求、地质概况、工作内容和方法、工作量、计划进度、质量保证措施、提交成果及人员组织、工作装备、安全措施等。

三、野外地质测绘工作的基本要求

工程地质野外测绘工作应按下列基本步骤进行：测制地层柱状图，观察描述、标测地质点、地质线路，勾绘地质图，测制典型地质剖面图。

工程地质测绘使用的地形图应是符合精度要求的同等或大于地质测绘比例尺的地形图。当采用大于地质测绘比例尺的地形图时，应在图上注明实际地质测绘精度。控制测量成果应满足工程地质测绘的要求，符合《水利水电工程测量规范》（SL197—97）的规定。

（一）对测制地层柱状图的要求

工程地质测绘应先测制地层柱状图（如已有地层柱状图可供利用，应先进行校核），确定地层填图单位，再进行全面测绘。测制地层柱状图应符合下列要求：

（1）比例尺应大于地质测绘比例尺 5 ~ 10 倍。对工程或建筑物具有重要意义的地质现象，应以扩大比例尺或符号表示。

（2）应选择在露头良好、地层出露连续、构造简单的地段。必要时，可到测区以外选择能代表测区地质条件的地段。

（3）当露头不连续或地层连续性受到构造破坏，需在不同地段测制地层剖面时，各剖面的衔接应有足够依据。必要时，应布置人工勘探点。

（4）测制地层柱状图应选择标志层和划分填图单位。对各类岩（土）层除进行一般描述外，还应着重描述其工程地质特性。尽量采集系统的岩石、化石标本，必要时应作鉴定。

（5）在地质构造复杂或岩相变化较大地区，应测制多条地层剖面，编制地层对比表（或联合地层柱状图）和综合地层柱状图。

（二）对填图单位划分的要求

不同比例尺工程地质测绘填图单位的划分应符合下列规定：

（1）地层的填图单位宜根据《中国地层指南及中国地层指南说明书》（修订版）划分为界、系、统、阶、带或地方性的地层单位群、组、段、带。其要求应符合表 2-2-3 的规定。

表 2-2-3　**工程地质测绘填图单位划分**

比例尺(S)	分层单位	
	必须的	争取的
$S \leqslant 1:50\ 000$	统(或群)	阶(或组)
$1:50\ 000 < S < 1:5\ 000$	阶(或组)	带(或段)
$1:5\ 000 \leqslant S < 1:2\ 000$	带或层(工程地质岩组)	
$S \geqslant 1:2\ 000$	工程地质岩组	

(2)工程地质岩组应根据岩性组合和工程地质、水文地质条件的差异等因素进行划分。

(3)第四系地层应按地层年代、成因类型、岩性及物质组成分层划分。大比例尺测绘还应根据工程需要,结合沉(堆)积物的物理力学性质、化学性质、水理性质等特征进行分层。

(三)测绘的基本方法

工程地质测绘的基本方法可分为利用遥感影像技术进行地质调查的地质遥感测绘法和进行地质点标测及地质界线穿越、追索观察的实地测绘法。各种比例尺测绘的方法应符合下列规定:

(1)小比例尺测绘宜以地质遥感测绘为主。对地层相变较大、构造复杂、需查清重要地质现象的地段,应进行实地测绘。

(2)中比例尺测绘宜采用地质遥感测绘与实地测绘相结合的方法。

(3)大比例尺测绘应采用实地测绘法。在地形陡峻地区,可用陆摄照片进行地质调绘,并进行野外验证。

工程地质测绘的内容应根据不同测绘比例尺的精度要求确定。小比例尺测绘应重点调查区域性地质环境,大、中比例尺测绘应重点调查工程区和建筑物部位的工程地质条件。

(四)对图件精度的要求

图件的精度和详细程度应与地质测绘的比例尺相适应。图上宽度大于2mm的地质现象应予以测绘。对具有特殊工程地质意义的地质现象,当在图上宽度不足2mm时,应扩大比例尺表示,并注示其实际数据。地质界线误差不应大于相应比例尺图上的2mm。

(五)地质遥感测绘技术规定

地质遥感测绘工作应按下列程序进行:

(1)根据测绘比例尺,选择适宜的地质遥感方法。

(2)收集、分析相关地质资料。

(3)遥感信息获取、处理。

(4)现场踏勘,建立解译标志。

(5)室内解译、勾绘地质草图。

(6)野外验证解译成果,补充地质数据。

(7)清绘成图,编制地质遥感调查报告。

地质遥感方法的选择应符合下列规定:

(1)地质遥感方法(航天、航空、地面遥感等)应与地质测绘比例尺相适应,针对具体的地质遥感目标选取不同的片种。

(2)航天、航空遥感主要用于中、小比例尺地质测绘,航空遥感资料可作为大比例尺地质测绘的补充。

(3)地面遥感可用于地质编录,并作为大比例尺地质测绘的补充。

(4)使用遥感图像的比例尺应大于或等于地质测绘的比例尺。

遥感信息的获取应符合下列要求:

(1)航天遥感信息应通过收集已有资料获取,其地面分辨率和时相应适应地质遥感解译的需要。

(2)航空遥感信息宜收集利用测绘系统或有关部门已有的符合要求的片种。当无所需片种时,应委托有资质的单位进行航摄,并按《地形图航空摄影规范》(GB/T15661—1995)进行验收。

(3)地面遥感信息可用地面摄影经纬仪或其他定位摄影设备,摄取影像信息。地面遥感尚应包括光谱测试和辐射测试等信息采集工作。

遥感信息处理应符合下列要求:

(1)遥感信息可采用光学处理和计算机数据图像处理。

(2)遥感图像的几何纠正应与地形资料相匹配,接边允许偏差 $\pm 0.5mm$,同时满足地质测绘的精度要求。有条件时宜采用正射投影技术 。

(3)遥感图像的放大以小于 5 倍为宜,放大后每毫米内像元点数或线对数不少于 5 个。

遥感图像解译应符合下列要求:

(1)遥感图像解译应遵循以已知推未知、先定性后定量、由粗到细的综合解译原则。

(2)遥感图像解译以目视为主,计算机自动分类为辅。解译要素应包括色调、大小、形状、相关关系、纹理、微地貌特征及其他指示性信息。

(3)在已有地质资料和遥感解译资料的基础上编绘地质草图。

(4)遥感解译成果必须经过野外验证,并解决室内解译时的疑难,补充调查有关地质数据,修正地质草图。野外验证取点应分布均匀,具有代表性,取点数不少于常规地质点数的 30% 。

内业整理应符合下列要求:

(1)正式绘图前应制作地理基础底图。地理基础底图的展点、镶嵌、经纬网或现行国家坐标系统网的精度应符合相应比例尺地形图规定的精度要求。

(2)解译内容的转绘可采用手工转绘或计算机叠加套绘。转绘精度应符合前述对图件精度的要求。

(3)地质遥感调查报告应综合分析已有的地质资料、遥感信息、室内解译和野外验证的成果。

地质遥感测绘工作结束后应提交以下资料:

(1)卫星、航测像片或磁带、光盘。

(2)地质图或影像地质图、镶嵌图。

(3)地质遥感调查报告。

(六)对地质点、地质线路的要求

工程地质测绘应布置地质点(天然露头、人工勘探点)和地质线路,并认真观察描述、定位测量。

地质点、地质线路的布置和定位测量应符合下列要求:

(1)地质点应布置在地质界线和其他有意义的地质现象上,地质线路宜穿越或追索地质界线布置。

(2)地质点间距应控制在相应比例尺图上距离2~3cm。在地质条件复杂、对工程影响较大的地段,可适当加密。

(3)在露头条件差或涉及重要地质现象地段,应按测绘精度要求布置人工勘探点。

(4)大比例尺工程地质测绘的地质点和地质线路,应采用仪器定位。中、小比例尺工程地质测绘的地质点和地质线路,可用目测、罗盘交会或手持GPS定位;对控制主要地质界线及重要地质现象的地质点,应采用仪器定位。

地质点、地质线路的观察描述及野外记录应符合下列要求:

(1)地质点观察描述内容主要包括位置、地貌部位、地层岩性、地质构造、水文地质、物理地质现象等。

(2)地质线路观察描述内容主要包括起止点和转折点位置、线路方向、地层岩性及出露厚度和层序关系,以及地质构造、水文地质和物理地质现象等。线路观察描述要注意地质点间的连续性、关联性,并附线路示意图。

(3)野外记录应在现场进行,内容要真实全面、重点突出。凡图上表示的地质现象,要有记录可查。

(4)重要地质点或地质现象应进行素描或摄影、录像。

(5)地质点应统一编号、现场标识。记录宜使用专用卡片、表格,并用铅笔书写,文字要清晰。

地质图应在野外实地勾绘,接图部位的地质界线应相互吻合。

(七)对测制地质剖面图的要求

测制地质剖面图应符合下列要求:

(1)一般剖面图,可在地质图上切制,主要地质现象应实地校核。

(2)专门性剖面图应实测。

(3)剖面图的地质界线应与地质图相吻合,实测剖面图应充分反映与工程有关的重要地质现象。

(4)必要时剖面图可采用变态比例尺。最大变态比例不宜大于5倍,平原区堤防、引调水及灌溉工程等可适当扩大。

(八)其他要求

测绘期间应采集具有代表性的岩(土)样,必要时进行鉴定或试验,对岩(土)进行定名、分类和分层;根据不同的需要和目的,对地表水和地下水取样进行水质分析。

宜使用简易测试仪器和方法，了解不同岩(土)体的工程地质特性。

利用遥感影像资料进行工程地质测绘时，应野外验证。

对已有测绘成果进行野外校测时，应按同等比例尺进行，校测点宜为地质点的10% ~30%。当校测点的不合格率达50%或重要地质现象有错误、遗漏时，应重新进行测绘。

野外测绘工作期间，应对原始资料及时整理分析。内容包括清绘地质底图、整理野外记录、拼图和接图、整理标本样品、编制分析图表等。

野外工作的第一性基础资料应在现场进行校核、复查，地质点复查率宜为5% ~10%。

四、野外地质测绘的调查内容

野外地质测绘的调查内容分为地貌、地层岩性、第四纪地层、地质构造、水文地质、物理地质现象、喀斯特等。

(一)地貌调查

地貌调查应包括下列基本内容：

(1)形态特征、分布规律、地貌类型及地貌单元划分。

(2)地貌与地层岩性、地质构造、第四纪地质及新构造活动的关系，与侵蚀、搬运及堆积作用的关系。

(3)水系的分布特征及其与地貌的关系。

(4)植被的种类、分布及其与地貌的关系。

(5)分析地貌环境对工程的影响。

地貌调查宜利用已有地形地貌资料和遥感图像资料。工程区应进行实地调查。

河谷地貌调查应包括下列内容：

(1)河谷类型、河谷结构、纵横剖面形态等发育特征，及其与地层岩性、地质构造的关系。

(2)谷底和河床的宽度，谷坡的形态、坡度和高度，峡谷与宽谷交替分布特征以及向分水岭过渡地带的地貌形态，两岸山体的发育特征和差异性。

(3)河床沙坡、浅滩、沙洲、深槽、岩槛、壶穴等分布特征及其与地层岩性、地质构造、物理地质作用、水流条件的关系。

(4)河漫滩的分布特征、物质组成以及古河床、牛轭湖、决口口门等地貌的分布形态。

(5)阶地的成因类型、级数，各级阶地的分布高程、形态特征、物质组成、结构及沿河谷方向分布的延续性。

河间地块调查应包括下列内容：

(1)相对高度、宽度、对称性、切割程度等地形特征及其与相邻河谷的关系。

(2)物质组成及地质结构特征。

(3)古河床、古冲沟、古风化壳、古喀斯特的分布特征及其埋藏条件。

(4)分析地貌结构对地表水和地下水的分布、埋藏、循环条件等的影响。

河口地貌调查应包括下列内容：

(1)河口区的形态特征,近口段、河口段、口外海滨段的分段范围及其与洪、枯水位和潮流的关系。

(2)河口湾、三角洲的类型及形态特征。

(3)河道分汊及心滩、沙坝等形态特征。

冲沟调查应包括下列内容:

(1)分布、密度、规模、形态特征及其与地层岩性、地质构造的关系。

(2)沟床、沟口高程,沟壁稳定性,堆积物的组成、堆积形态及分布特征。

(3)与河床或大一级冲沟的交汇形态。

(4)产生崩塌、滑坡、泥石流的可能性。

山前地貌调查应包括下列内容:

(1)洪积扇、坡积裙等的形态特征、分布范围及其与山体谷坡和洪流、片流的关系。

(2)堆积物的组成及堆积结构特征。

(3)物理地质现象的发育规律和分布特征。

(4)地下水的埋藏情况及泉水分布特征。

平原地貌调查应包括下列内容:

(1)成因类型、形态特征、分布范围及其与河流、河谷的关系。

(2)沉(堆)积物的地层岩性及结构特征。

(3)古河道、砂堤、鬃岗、牛轭湖、沼泽、水洼地等地貌的分布及形态。

水文网调查应包括下列内容:

(1)分布特征及其与地貌、地层岩性、地质构造的关系。

(2)干流和支流的交汇形态,河流袭夺、变迁情况。

(3)古河床、古泥石流、冰川埋藏谷的分布和埋藏条件。

地貌调查中应特别注意异常地貌现象和明显差异的地形形态,并分析其形成原因。工程区应注意微地貌特征及其与地层岩性、地质构造和不良地质现象的关系。线状水利工程应注意穿越不同地貌单元的形态组合关系及不同地貌单元特有的地貌地质环境条件,分析不利地貌地质条件对工程建筑物的影响。

(二)地层岩性调查

地层岩性调查应包括下列基本内容:

(1)地层年代及岩性类别、名称。

(2)地层的分布、变化规律,层序与接触关系。

(3)标志层的岩性特征及分布、发育规律。

(4)岩层的分布、岩性、岩相、厚度及其变化规律。

(5)岩体和岩石的基本工程地质特性。

各类岩层的调查描述应包括年代、成因类型、产状、岩相、厚度及变化规律、特征标志、层序接触关系,以及岩石名称、颜色、主要矿物成分、结构构造、物性特征和一般工程地质特性等。

层状岩单层厚度按表 2-2-4 分级。

表 2-2-4 层状岩单层厚度分级

单层厚度 h(cm)	$h \geqslant 100$	$100 > h \geqslant 50$	$50 > h \geqslant 20$	$20 > h \geqslant 5$	$h < 5$
描述	巨厚层	厚层	中厚层	薄层	极薄层

沉积岩应分析研究沉积环境、沉积韵律、层理层面结构构造及岩组特征等,并调查描述下列内容:

(1)碎屑岩类。碎屑矿物组成、颗粒大小、形状及分选性、胶结物、胶结类型、胶结程度及结构构造特征等。

(2)黏土岩类。矿物成分、结构构造特征、泥化特征、崩解特性等。

(3)化学和生物岩类。结晶程度、胶结物、胶结类型、结构构造特征及缝合线、溶蚀构造等特殊结构构造现象。

(4)工程区应重点调查软质岩和膨胀岩等特殊岩类的分布规律、结构、性状及膨胀、崩解、软化等特性,分析其工程地质条件。

岩浆岩应分析研究其成因类型、产状、规模、序次、与围岩的接触关系等,并调查描述下列内容:

(1)侵入岩。产状特征,所处构造部位及其与围岩的接触关系,流线、流层、析离体、捕虏体等特征,脉岩的产状、延展和厚度变化等发育规律。

(2)喷出岩。喷发、溢流形式,岩性、岩相的分异变化特征,原生和次生构造、原生节理、捕虏体特征,韵律、层序以及喷发间断、喷发旋回特征,与围岩的相互关系等。

(3)工程区侵入岩应重点研究侵入体的蚀变带及边缘接触带,平缓的原生节理,岩床、岩墙、岩脉的风化和破碎情况,软弱矿物富集带等;喷出岩应重点研究喷发间断面,凝灰岩及其软化特征,玄武岩中的熔渣、气孔、柱状节理等,分析其工程地质特性。

变质岩应分析研究其变质类型、变质程度、变质带划分及结构构造特征、矿物成分、矿物的共生组合和交代作用等,并调查描述下列内容:

(1)片麻岩类。片麻理构造,岩石的均一性和变化规律,软弱矿物的含量及其风化特征。

(2)片岩类。片理、原岩层理的产状及其发育程度,软弱矿物或片状矿物的富集特征。

(3)千枚岩、板岩类。原岩层理,片理、板理发育特征,千枚状构造、板状构造特征及其软化、泥化特性。

(4)混合岩类。混合岩化程度,混合岩的类型,残留体的岩性和构造等。

(5)工程区应重点研究千枚岩、板岩、片岩等软弱变质岩带和夹层的工程地质特性。

地层岩性调查中应正确判定地层间的层序和接触关系。区分整合、假整合、不整合。判定侵入体与围岩接触关系,区分侵入接触、沉积接触或断层接触。调查各类接触面或接触带的形态、产状、厚度、风化破碎程度及分布变化规律。

地层年代可按《中国地层指南及中国地层指南说明书》(修订版)和《中国区域年代地

层(地质年代)表说明书》及区域地质资料确认。必要时,应根据标准化石或绝对年龄测定予以确定。

(三)第四纪地层调查

第四纪地层调查应包括下列基本内容:

(1)第四纪沉(堆)积物成因类型、沉(堆)积环境及地貌单元。

(2)第四纪沉(堆)积物的地层年代、岩性类别、颗粒组成。

(3)特殊土的分布、成因类型、沉积环境(古气候、物理化学环境)、微地貌特征以及对已有建筑物的影响强度和破坏形式。

各类土的调查描述应包括土层年代、微地貌形态、成因类型、分布特征及岩性、颜色、颗粒组成、颗粒形态、结构、密实程度、天然湿度、稠度等物理特征。必要时应进行物理、化学及特性指标试验,并分析其工程地质条件。

膨胀土、湿陷性土、红黏土、软土、冻土、盐渍土及分散性土等特殊土的调查,尚应包括下列内容:

(1)膨胀土应调查土体沉(堆)积介质环境,地表膨胀变形特征,土体结构构造特征,裂隙发育特征及干缩开裂、遇水膨胀软化特性,并进行膨胀性判别。

(2)湿陷性土应调查地表湿陷变形特征、土体结构构造特征、古土壤及淋漓淀积层分布规律,并进行湿陷性判别。

(3)红黏土应调查土体沉(堆)积介质环境、地表收缩变形及地裂特征、土体结构构造特征、裂隙发育特征,并进行成因类型和土体结构分类。

(4)软土应调查土体及沉积环境特征,土体成层条件及层理特征,表层硬壳层的分布、性状,并了解其触变性、压缩性及强度特性。

(5)冻土应调查地表冻胀及融陷变形特征、土体结构构造特征、冻土层和冻融层的分布埋深、气候条件及地表水和地下水分布状况,并进行冻土工程地质分类及多年冰冻土融陷分级。

(6)盐渍土应调查地表松胀、溶陷及盐渍化特征、土体结构和毛细水作用特征、植被生长状况、地表水和地下水的分布及性质,并进行含盐性质和含盐量分类。

(7)分散性土应调查土体沉(堆)积介质环境、冲沟及孔洞发育特征、土体结构特征、观察暂时性水沟和积水洼地水是否浑浊或干涸后沉积物的失水龟裂特征,并进行分散性判别。

第四纪地层调查中应注意分析第四纪沉(堆)积物与地形地貌及地表水径流的关系、与物理地质作用的关系。对第四纪沉(堆)积物分布异常地段应分析其原因。

(四)地质构造调查

1.基本内容

地质构造调查应包括下列基本内容:

(1)根据区域资料分析区域构造背景,确定所属大地构造单元。

(2)各类地质构造的性质、分布、形态、规模、级别序次及组合关系,断裂构造分级可按表2-2-5、表2-2-6的规定执行。

(3)各类地质构造的形成年代和发展过程。

表 2-2-5　区域构造稳定性断裂构造分级

<table>
<tr><th>分级名称</th><th>延伸规模</th><th colspan="3">断裂类型</th><th>工程地质问题</th></tr>
<tr><td rowspan="2">区域性
断裂带</td><td rowspan="2">绵延数
百千米</td><td colspan="2">岩石圈断裂</td><td rowspan="2">一级、二级大地构造单元的分界断裂，切割深度相当于岩石圈断裂或地壳断裂，对区域构造应力场有控制作用</td><td rowspan="2">区域构造背景研究、新构造运动研究和断层活动性的判定、地震危险性和水库诱发地震危险性评价、区域外动力地质作用研究等问题</td></tr>
<tr><td colspan="2">地壳断裂</td></tr>
<tr><td rowspan="3">地区性
断裂</td><td rowspan="3">数十至一
二百千米</td><td rowspan="2">基底
断裂</td><td>Ⅰ型</td><td rowspan="3">三级、四级大地构造单元的分界断裂，切割深度相当于基底断裂或盖层断裂，其活动性受控于区域性断裂带，有时具地区特点</td><td rowspan="3">场(坝)区区域构造稳定性和地震活动性评价、大型水库诱发地震及其他环境地质评价等</td></tr>
<tr><td>Ⅱ型</td></tr>
<tr><td colspan="2">盖层断裂</td></tr>
<tr><td>地方性
断裂</td><td>一二十千米</td><td colspan="2">盖层断裂</td><td>构造单元内部的局部性断层，深度一般局限在沉积盖层内，少数可能切入基底顶部</td><td>场地地震地质条件评价、山体稳定、大范围岩体稳定和边坡稳定等问题</td></tr>
</table>

表 2-2-6　工程场区断裂构造分级

分级	分级名称	延伸规模	断裂类型	工程地质问题
Ⅰ	区域或地区性断层	>20km	大断裂带、区域性或地区性断层，深度至少切穿一个构造层	区域构造稳定性、新构造运动、天然地震和水库诱发地震危险性评价、与区域外动力作用的相互影响等
Ⅱ	大型断层	1～20km	贯穿工程区的断层，深度限于盖层	山体稳定、大范围岩体稳定
Ⅲ	中型断层	100～1 000m	断层，层间剪切带	岩体稳定、边坡稳定、坝基稳定等
Ⅳ	小断层、大裂隙	10～100m	小断层、延伸较长的节理、裂隙	个别坝段稳定、地下洞室围岩稳定、局部边坡稳定等
Ⅴ	节理裂隙	<10m	小的节理、裂隙、劈理	局部边坡与洞壁的岩块稳定，地基岩体完整性评价

(4)构造结构面的发育程度、分布规律、性质和形态特征，构造岩的物质组成、结构特征和工程地质特性。

(5)第四纪以来构造活动迹象、特点，识别、判定活断层。

2.褶皱调查

褶皱调查应包括下列内容：

(1)褶皱的基本要素。

(2)组成褶皱的地层、岩性和两翼岩层厚度变化。

(3)褶皱的类型、规模、形态特征。

(4)褶皱内部低序次小构造发育特征。

(5)褶皱的形成机制、形成时期及与其他构造的组合关系。

（6）工程区应注意轴部岩层的破裂脱空、两翼层间次级褶皱、挠曲及层间错动等现象，分析对工程建筑物的影响。

3. 断层调查

断层调查应包括下列内容：

（1）断层的基本要素。

（2）断层的位置、类型、性质、规模、形态及展布特征。

（3）断层构造岩的分类及其物质组成、结构、性状和胶结、充填特征。

（4）断层破碎带和影响带的划分及其宽度、形态和结构特征。

（5）断层两盘岩层层位、相对错动方向及断距的空间变化情况。

（6）断层的序次及组合关系、断层面及旁侧构造特征，分析断层的形成机制和活动期次。

（7）工程区应重点调查区域性断层、活断层、缓倾角断层、顺河向断层和断层交汇带。着重研究断层破碎带、影响带和构造岩的工程地质、水文地质特性，研究缓倾角断层的展布特征及其与建筑物的关系。

4. 节理、裂隙、劈理调查

节理、裂隙、劈理调查应包括下列内容：

（1）小比例尺测绘节理裂隙调查可结合区域构造调查，了解不同岩性地区和不同构造部位主要节理裂隙的产状、组数和性质。

（2）大、中比例尺测绘节理裂隙调查应结合工程建筑物的特点及地质条件，选择有代表性的地段进行详细调查，内容包括：节理裂隙的产状、成因、张开度、延伸长度，充填物及充填胶结程度，节理裂隙间距及发育程度；节理裂隙面的粗糙状态及起伏、风化、蚀变等特征；节理裂隙分组并分析各节理裂隙组的相互切割关系，以及节理裂隙密集带的分布情况；缓倾角节理裂隙的产状、分布、延伸长度，填充物的泥化程度以及与其他节理裂隙、断层的组合形式；对节理裂隙的调查结果进行统计，并绘制分析图表。

（3）劈理、片理调查内容包括构造部位、产状、性质、规模、发育程度及与其他结构面的组合关系等。

节理裂隙的张开度、延伸长度和发育程度，宜按表 2-2-7、表 2-2-8 和表 2-2-9 进行分级。

表 2-2-7　节理裂隙的张开度分级

分级	Ⅰ	Ⅱ	Ⅲ
张开度 w(mm)	$w \leq 0.5$	$0.5 < w < 5$	$w \geq 5$
描述	闭合	微张	张开

表 2-2-8　节理裂隙的延伸长度分级

分级	Ⅰ	Ⅱ	Ⅲ	Ⅳ	Ⅴ
延伸长度 i(m)	$i < 1$	$1 \leq i < 3$	$3 \leq i < 10$	$10 \leq i < 30$	$i \geq 30$
描述	很差	差	中等	好	很好

表 2-2-9　节理裂隙发育程度分级

分级	Ⅰ	Ⅱ	Ⅲ	Ⅳ
间距 d(m)	$d \geqslant 2$	$2 > d \geqslant 0.5$	$0.5 > d \geqslant 0.1$	$d < 0.1$
描述	不发育	较发育	发育	极发育

节理裂隙面的粗糙状态，宜按表 2-2-10 分类。

表 2-2-10　节理裂隙面的粗糙状态分类

类别	Ⅰ	Ⅱ	Ⅲ	Ⅳ	Ⅴ
描述	明显台阶状	起伏粗糙	起伏光滑	平直粗糙	平直光滑

5. 层间剪切带调查

层间剪切带应调查下列内容：

(1)产状、厚度、延伸长度、起伏差等分布形态特征。

(2)物质组成、结构特征及软(泥)化程度。

(3)与其他构造的组合关系。

(4)与上、下岩层的接触关系。

(5)工程区应重点调查其发育程度及分布范围，分析其对工程建筑物稳定影响。

6. 构造型式分析研究

地质构造调查中应注意对下列构造型式的分析研究：

(1)倒转构造地区的缓倾角叠瓦式断裂。

(2)褶皱发育或软硬岩石相间分布地区的揉皱和固态塑流变形及折叠层构造。

(3)塑性岩层分布区，应注意区别岩体蠕变与构造作用所形成的褶曲现象。

(4)物理地质现象发育地区，应注意区别构造变形与非构造变形。

7. 第四纪以来构造及地震地质调查

第四纪以来构造及地震地质调查应包括下列内容：

(1)第四纪以来断层的活动情况，分析研究活断层的延伸方向、规模、性质，调查断层沿线微地貌特征及地层出露关系，分析其活动性。必要时应取样鉴定其最新活动时期。

(2)在地震强烈活动地区，根据工程需要应进行专门地震地质调查，分析区域构造稳定性对工程建筑物场区的影响。

8. 节理裂隙统计分析

观测统计点的选择应符合下列要求：

(1)观测统计点应布置在测绘调查区范围，选择有代表性的地段进行裂隙观测统计。

(2)不同工程地质单元应分别观测统计，一个工程地质单元内一般不少于 3 个观测统计点，每个观测统计点面积不宜小于 $2m^2$。

(3)用于研究构造节理裂隙的观测统计点，位置选择应避开滑坡、卸荷、风化等非构造因素的影响。

野外观测记录应包括下列内容：

(1)节理裂隙统计点的编号、位置、高程、坐标。

(2)统计点所在的层位、构造部位、岩层产状、岩性。

(3)节理裂隙的产状、规模、节理裂隙面性质、填充特征。

(4)进行节理裂隙分组,观察研究切断错开、限制终止等分布规律以及共轭配套规律,分析节理裂隙的成因类型。

(5)现场绘制节理裂隙编录图,比例尺可选用1∶50~1∶10。

室内统计分析应包括下列内容:

(1)分组统计节理裂隙延伸长度、张开宽度以及间距的最大值、最小值和常见值。

(2)绘制玫瑰图、极点图、等密图,对节理裂隙的产状、发育规律进行定性、定量统计分析。

(3)对裂隙的充填程度、充填物进行统计分析。充填程度可划分为全充填、半充填、局部充填、无充填四个等级。

(4)分析节理裂隙的成生规律及其与本区构造发育特征的关系。

(五)水文地质调查

1.调查的基本内容

水文地质调查应包括下列基本内容:

(1)地下水天然露头(泉)、人工露头(水井、钻孔、矿坑等)及地表水体(河流、湖泊、沼泽、池塘等)的分布。

(2)地下水的类型、分布情况和埋藏条件。

(3)相对隔水层、透水层、含水层的分布。

(4)环境水的物理性质、化学成分。

(5)分析水文地质条件对工程建筑物的影响。

(6)预测水文地质条件的改变对环境的影响。

2.泉、井和地表水体调查

泉水调查的内容包括:

(1)类型、出露位置、高程。

(2)颜色、温度、透明度、口味、气味、悬浮物、沉淀物、流量、浑浊度等物理性质。

(3)温度、流量、浑浊度等随季节变化情况。

(4)泉水的化学成分和化学类型。

(5)泉水所处的地形地貌、地层岩性、地质构造、含水层和隔水层特征。

井水调查的内容包括:

(1)位置、井深、井口高程和井体结构。

(2)井的类型、流量、井水位高程。

(3)地形地貌、地层岩性与地质构造。

(4)水位埋深及其随季节变化情况,估算涌水量。

(5)水温、颜色、透明度、口味、气味、悬浮物、沉淀物等水的物理性质。

(6)井水的化学成分和化学类型。

(7)含水层、隔水层特征。

地表水体应调查其分布位置、范围、地形地貌特征，以及主要河流、湖泊的流量、水位、水质及其与地下水的补排关系。

水文地质调查中应着重了解透水层和相对隔水层的数目、层位、岩性、埋藏条件、分布情况以及是否有尖灭或被构造断裂错开等现象。分析透水层的透水性和相对隔水层的阻水性及其对工程建筑物的影响。

在可能产生渗漏地段应结合地形地貌、地层岩性、地质构造和水文地质点调查，初步分析地下水分水岭的位置和高程。

工程区应初步分析工程施工和运行引起的水文地质条件改变及其对工程和环境的影响。

（六）物理地质现象调查

物理地质现象调查应包括下列基本内容：

（1）各种物理地质现象（岩体风化、卸荷、滑坡、崩塌、蠕变、泥石流、黄土喀斯特等）的分布位置、地层岩性、形态特征、规模、类型和发育规律。

（2）各种物理地质现象的成因、分布规律，分析其发展趋势及对工程建筑物的影响。

岩体风化调查应包括下列内容：

（1）风化岩体的岩性、颜色，结构构造变化，风化裂隙发育特征，充填物、充填程度以及风化蚀变特征等。

（2）风化层的分布和形态特征，岩体风化程度分带。岩体风化带划分应符合《水利水电工程地质勘察规范》（GB50287—99）的规定。

（3）对易风化岩石，应研究其风化速率及特征。必要时，进行专门性试验。

（4）分析影响岩体风化的因素。

卸荷带调查应包括下列内容：

（1）卸荷裂隙、卸荷带的产状、分布、形态特征及充填物性质。

（2）卸荷裂隙、卸荷带与地形地貌、地层岩性及地质构造的关系。

（3）工程区应分析卸荷带、卸荷松动体的发育特征及其对工程建筑物的影响。

滑坡调查应包括下列内容：

（1）滑坡地段的地形地貌、地层岩性、地质构造，植被生长特征，气象条件，地表径流和地下水分布。

（2）滑坡体的位置、分布、规模、物质组成及形态特征。

（3）滑坡的成因、类型及要素特征。

（4）滑坡体的边界条件，滑动面的埋藏条件，滑动带的结构特征及滑坡裂隙的分布特征等。

（5）滑坡体的活动历史、稳定现状和后缘山体的稳定性。

（6）工程区应重点调查邻近建筑物的滑坡，分析其稳定性、发展趋势及对工程建筑物的危害。

崩塌调查应包括下列内容：

（1）崩塌区的地形地貌、地层岩性、地质构造和水文气象条件。

（2）崩塌体的位置、分布、规模，物质组成、结构特征及崩（堆）积体的形态特征。

(3)崩塌的成因及变形破坏特征。

(4)工程区应重点调查邻近建筑物的崩塌体,分析崩塌区岩体和崩塌体的稳定性、发展趋势及其对工程建筑物的影响。

蠕变(倾倒、溃屈)调查应包括下列内容:

(1)蠕变体的位置、分布、范围及形态特征。

(2)蠕变体的岩性、构造和结构特征。

(3)蠕变体的成因类型及变形破坏特征。

(4)工程区应分析其稳定性、变形发展趋势及其对工程建筑物的影响。

泥石流调查应包括下列内容:

(1)泥石流形成的地形、地质、水文气象和其他(土壤、植被、人类活动等)条件。

(2)泥石流的类型、范围、规模和活动性。

(3)泥石流堆积物的物质组成、规模及稳定性。

(4)工程区应着重调查与建筑物有关的泥石流,分析其发展趋势及对工程建筑物的影响。

黄土喀斯特调查应包括下列内容:

(1)地形地貌特征及水文、气象条件。

(2)地层层位及黄土的物理、化学性质和结构特征。

(3)黄土喀斯特的分布、规模、形态及发育特征;对地下洞穴、盲沟应追索调查,分析其对工程建筑物的影响。

(七)喀斯特调查

喀斯特调查应包括下列基本内容:

(1)喀斯特区的地貌、地层与地质构造特征。

(2)可溶岩的分布、岩性、产状、化学成分。

(3)喀斯特区水文地质条件和喀斯特水文地质现象。

(4)喀斯特形态特征及其空间分布、规模和组合形式。

(5)喀斯特发育历史、发育程度和发育规律。

(6)分析喀斯特对工程建筑物地段的不良影响和可能产生的环境地质问题。

喀斯特洞穴调查应包括下列内容:

(1)分布位置、洞口高程、所在层位、岩性及构造特征。

(2)纵横剖面形态特征和延伸变化情况。

(3)洞穴地下水状态,充填情况和充填堆积物性质及洞体稳定性。

(4)不同形态洞穴的规模、数量、密度和成层性等空间分布规律以及垂直、水平方向的连通性,落水洞、竖井等垂直洞穴的发育特征及地表水排泄、入渗情况。

(5)分析研究洞穴与各级剥蚀面及阶地的对应关系、洞穴充填物的性质和年代,判定洞穴形成时期。

(6)测定地下河(暗河)的流量、流速、流向,调查地下河的入口、出口及发育方向,观察地下河中的生物情况。

喀斯特泉调查应包括下列内容:

(1)出露位置、高程、所在层位及岩性。

(2)流量、物理化学性质及其变化规律。

(3)反复泉、多潮泉、涌泉的分布特征及其动态变化规律。

对其他喀斯特现象(溶沟、溶槽、溶蚀裂隙、石芽等)应调查岩性、分布、规模、特征、延伸方向、充填情况及其与洞穴的关系。

喀斯特调查中应分析喀斯特发育与下列因素的关系:

(1)与地形地貌的关系。夷平面、沟谷、河流、阶地等地形地貌条件对喀斯特发育的影响。

(2)与岩性和岩组的关系。可溶岩的矿物组成、化学成分、结构、构造等对喀斯特发育的影响,应特别注意相对隔水层的岩性、厚度、分布情况和完整程度。

(3)与地质构造的关系。岩层产状、褶皱、断层和节理裂隙的产状、性质、分布密度,以及不同构造部位对喀斯特形态和发育方向的控制,不同构造单元与喀斯特类型的关系,后期构造对古喀斯特的影响。

(4)与水文网、水文地质条件的关系。喀斯特发育的深度与地下水动力条件和排泄基准面的关系,基准面的改变与地下分水岭位置迁移的关系,降水量、气温以及水的侵蚀性对喀斯特发育的影响。

工程区应重点调查喀斯特的分布范围和天然封闭条件,分析对库、坝、堤防等工程建筑物渗漏、稳定性的影响,预测可能产生的突然涌水、塌陷、触发地震等环境地质问题。

在水库区,当可溶岩分布至邻谷或下游时,调查范围应扩大至相应地区。对可疑的渗漏河段,还应结合水文测流,了解其渗漏情况。

(八)其他调查

天然建筑材料勘察的工程地质测绘工作应按《水利水电工程天然建筑材料勘察规程》(SL251—2000)的有关规定执行。在进行中、小比例尺测绘时,宜了解测区天然建筑材料的分布。

附属建筑物,如通讯设施、生产生活设施、场区公路、桥梁等工程地质测绘应按有关规程、规范执行。

在进行工程地质测绘时,应调查与工程有关的洞穴、采空区、废矿井等的分布情况。

五、资料整理

野外测绘工作结束后,应立即进行资料内业整理。

资料整理应包括下列基本内容:

(1)整理、分析基础资料。内容应包括野外测绘资料及相关勘探、试验资料的汇总、计算、统计、分析,各种野外原始记录、照片、素描及遥感影像等基础资料的分类、编目、造册,地质遥感解译资料,其他应分析、整理的基础资料。

(2)编制成果图表。内容应包括实际材料图、综合地层柱状图、工程地质图、工程地质剖面图、节理裂隙统计图(表)、探槽(坑)展示(编录)图等,断层汇总表、褶皱汇总表、井泉汇总表、岩石鉴定成果汇总表等。

(3)编写工程地质测绘说明书或工程地质测绘报告。内容应包括任务要求,工作情况、完成工作量及提交的成果图表，测区地质概况，工程地质条件初步评价，存在的问题及下一步工作建议。

资料整理过程中，如发现疑难或有争议的重大地质问题，应进行野外复查。

工程地质测绘资料应按规定归档。

六、资料检验

工程地质测绘成果资料应按校核、审查、审定逐级进行检验签署，全部通过后方可提交使用。

检验人员的资格要与检验级别对应。基础资料（原始记录等）以校核检验为终检，成果图件及文字报告以审查或审定检验为终检。

检验工作应依据勘察大纲、测绘任务书、测绘作业计划及《水利水电工程地质测绘规程》（SL299—2004）的相关规定进行。

检验工作应包括下列基本内容：地质点选位及密度，原始记录的真实、准确，测绘精度及图件布局，文字报告的结构、结论，原始资料、图件、文字报告的协调。

检验中发现不合格项应立即停止资料成果的流转，并分析原因予以修正。

第三节　水利水电工程物探

一、概述

工程地球物理勘探简称工程物探，是用物理的方法针对地壳浅部岩体中与水利水电工程息息相关的地质背景进行勘探的技术手段。

工程物探已越来越广泛地用于勘察设计的各个阶段。工程物探的方法很多，从原理上分，主要有地震波法、声波法（弹性波法）、电法、磁法、电磁法、层析成像法（弹性波 CT、电磁波 CT）及物探测井等。每种方法都有各自的特点，在实际工作中应具有综合物探的思想。根据工程勘察现场的地质条件、地球物理应用前提，结合钻孔资料，合理运用一种或多种物探方法，经过综合分析，排除或减少多解性的影响，尽量接近真实。因此，在工程地质勘察中一般都要求有关人员了解主要工程物探方法的基本原理、应用条件及适用范围，并能结合工程特点，运用一种或多种物探手段来解决工程地质问题。

可以说，工程物探技术发展水平以及应用水平常常是衡量工程勘察现代化水平的标志之一。

下面介绍几种常用物探方法的基本原理、应用条件和适用范围（各种物探方法的应用范围见表 2-3-1），其他方法可参见《水利水电工程物探规程》（SL326—2005）。

二、电法勘探

（一）基本情况

电法勘探是地球物理勘探最主要的方法之一，它广泛应用于水文地质、工程地质等地质勘察领域。

表 2-3-1　工程物探在水利水电地质勘察中的应用一览

物探方法		覆盖层探测	隐伏构造破碎带探测	喀斯特探测	岩体风化带厚度和卸荷带深度探测	软弱夹层探测	滑坡体探测	隧洞施工超前预报	地下水探测	水下覆盖层厚度	建基岩体质量检测	洞室松弛圈检测	水文地质参数测试	岩土物理和力学参数测试
电法勘探	电测深法	○	○	○	○		○		○				○	△
	电剖面法	△	○	○	○		△							
	高密度电法	○	○	○	○		○		△					
	自然电场法		○						○			○		
	充电法		○						○			○		
	激发极化法		○	△			○		○					
	音频大地电磁法	○	○	○			○		○					
	瞬变电磁法	○	○	○			○		○					
探地雷达	探地雷达	○	△	○	○			○		○				
地震勘探	浅层折射波法	○	○	△	○		○		△	○	△		○	○
	浅层反射波法	○	○	○	△		○	○	△				○	○
	瑞雷波法	△		△			○				△			
弹性波测试	声波法	○			○	○				○	○		○	
	地震法	○			○					○	△		○	
层析成像	地震波 CT		○	○	○					△				
	声波 CT		○	○	○					○				
	电磁波 CT			○	△					△				

续表 2-3-1

物探方法		覆盖层探测	隐伏构造破碎带探测	喀斯特探测	岩体风化带厚度和卸荷带深度探测	软弱夹层探测	滑坡体探测	隧洞施工超前预报	地下水探测	水下覆盖层厚度	建基岩体质量检测	洞室松弛圈检测	水文地质参数测试	岩土物理和力学参数测试
水声勘探	水声勘探	○												○
放射性测量	γ 测量		○						△					
	α 射线测量		△						△					
	同位素示踪								○			○		
综合测井	电测井	○	○	○	○	○	△		○			○	○	
	电磁波或雷达测井	○	○	○	△		△		△	○	○		○	
	声波测井	△	○	△	○	○	○					△	○	
	放射性测井	△	○			○			○					
	井径测井		○	○	△	○	○							
	井中流体测量			△			○							
	磁化率测井		△	△										
	钻孔电视		○	○	○	○	○		○					
	超声成像测井		○		○	○	○		○					
	井温测量			△					○					

注：○—主要方法；△—辅助方法。

概略地说，研究和利用存在于三度空间中由人工或天然产生的电场、电磁场来解决各种地质问题的方法，称为电法勘探（简称电法）。电法是以岩石和矿物存在的电性差异为基础，通过研究电场的分布特征来解决具有不同电性的物质的分布，从而解决与之有关的工程地质问题。电法勘探中主要应用的电磁参数有视电阻率（ρ）、介电常数（ε），磁导率（μ），与电化学性质有关的激发极化率（η）以及电化学活动性等。

（二）应用条件

（1）电法勘探的应用条件包括：

①被探测目的层相对于埋深和装置长度具有一定规模并近水平延伸，被探测目的体相对于埋深和装置长度有一定的规模，被探测目的层与相邻地层之间或目的体与周边介质之间有电性差异，电性界面与地质界面相关。

②地形起伏不大、接地良好。

③采用电极接地测量方式的方法要求被探测目的层或目的体上方没有极高电阻屏蔽层，采用线框测量方式的方法要求被探测目的层或目的体上方没有极低电阻屏蔽层。

④各地层或地质体电性稳定，异常范围和幅值等特征可以被测量和追踪。

⑤测区内没有较强的工业游散电流、大地电流或电磁干扰。

⑥水上工作时，水流速度较缓。

（2）电测深进行分层探测的要求包括：

①地下电性层层次不多，电性标志层稳定，被探测层与供电极距相比具有一定规模和厚度，并近水平延伸。

②下伏基岩或被探测目的层层面与地面交角应小于20°。

③有一定数量的中间层电阻率资料。

（3）电剖面法探测的地质界面或构造线与地面的交角应大于30°。

（4）自然电场法探测渗流场的应用条件包括：

①渗流层有较大的压差，地下水的矿化度低，岩石为微孔隙结构，能形成强自然电场。

②饱水渗流层埋藏不深，上覆和下伏渗流岩层电阻率高。

（5）充电法测试地下水流速流向测试区应有钻孔，钻孔应深入地下水位以下一定深度，金属套管应位于地下水位以上；含水层埋深宜小于50m，地下水流速宜大于1m/d，周边介质电阻率应大于水电阻率的3倍。充电法探测低阻地质体，要求被探测地质体的导电率大于围岩导电率的10倍，规模大小应与埋深深度相当，埋深宜小于25m。

（6）激发极化法探测地下水，要求在固液相界面上有明显的以离子交换形式存在的电化学反应和电荷效应，在测区内没有或较少有强电化学效应的金属矿物、煤层、石墨、碳化岩层等。

（7）可控源音频大地电磁测深测区现场应符合所选用的场源要求，被探测目的层或目的体位于探测盲区以下；电磁噪声比较平静，各种干扰较小。

（8）瞬变电磁法适用于不具备布极条件的沙漠、戈壁、裸露岩石、冻土等测区，测区内的测线和测点处应无荆棘、树林、陡坎等障碍物，并便于布置线框，外来电磁噪声干扰小。

（三）适用范围

（1）电测深法可用于探测覆盖层厚度和下伏基岩面起伏形态，进行地层分层和风化分带,探测地下水位埋深等,也可用于探测构造破碎带、岩性分界面、喀斯特、洞穴、堤防隐患等,还可用于测试岩土体电阻率。

(2)电剖面法可用于解决非水平板状或球状电性异常体探测问题,也可用于探测构造破碎带、岩性分界面、喀斯特和洞穴等。

(3)高密度电法可用于探测构造破碎带、岩性分界面、喀斯特、洞穴、堤防和防渗墙隐患等,也可用于探测覆盖层厚度,进行地层分层和风化分带、岩性分层等。

(4)自然电场法可用于探测地下水流向,进行堤防和防渗墙探测,也可用于探查地下金属管道、桥梁、输电线路铁塔的腐蚀情况等。

(5)充电法可用于测试地下水流速、流向,也可用于探测黏土或水充填的喀斯特洞穴、含水断层破碎带等低阻地质体的分布情况。

(6)激发极化法可用于地下水探测,圈定含水的古河道、古洪积扇、喀斯特、构造破碎带等,确定含水层的埋深,评价含水层的富水程度。

(7)可控源音频大地电磁测深法可用于探测隐伏断层破碎带、覆盖层厚度、地下古河道、喀斯特、洞穴等,也可用于堤防和防渗墙隐患探测、地下水和地热资源探测等。

(8)瞬变电磁法可用于探测覆盖层、构造破碎带、喀斯特、洞穴等,也可进行地层分层、风化分带以及地下水和地热水资源调查,圈定和监测地下水污染情况,探测堤防和防渗墙隐患等。

三、地震勘探

(一)基本情况

浅层地震勘探是目前在水利水电工程中应用广泛、效果良好的一种物探方法。基本原理是通过人工激发产生的地震波在岩石中的传播,当遇到弹性性质不同的分界面时,弹性波在界面上产生反射和折射,用地震仪器记录下反射波、折射波、面波等的信息,分析波的运动学与动力学特征,进而研究岩石的性质,推断地下地质结构。水利水电工程地质要求的勘探深度浅(比之石油勘探工程的数千米勘探深度),所以常常采用浅层折射波法、浅层反射波法。近年来,针对浅层地基、浅层构造等,还发展开拓了瑞雷波法,应用范围日渐扩大。

(二)应用条件

浅层地震勘探适用于层状介质和似层状介质的勘探。

(1)浅层折射波法应用条件为:

①被追踪地层的波速应大于各上覆层的波速,并且各层之间存在明显的波速差异。

②被追踪地层应具有一定的厚度,中间层厚度宜大于其上覆层厚度。

③沿测线被追踪地层的视倾角与折射波临界角之和应小于90°。

④被追踪地层界面起伏不大,折射波沿界面滑行时无穿透现象。

⑤被探测地质体与周边介质之间应存在明显的波速差异,并具有一定的规模。

(2)浅层反射波法的应用条件为:

①被追踪地层与其相邻层之间应存在明显的波阻抗差异。

②被追踪地层应具有一定的厚度,并且应大于有效波波长的1/4。

③地层界面较平坦，入射波能在界面上产生较规则的反射波。

④被探测的断层应有明显的断距。

(3)瑞雷波法的应用条件为：

①被追踪地层与其相邻层之间、被探测地质体与周边介质之间存在明显的波速差异。

②被追踪地层应为横向相对均匀的层状介质，被追踪的不良地质体应具有一定规模。

③地面应相对平坦，地层界面起伏不大，并避开沟、坎等复杂地形的影响。

(三)适用范围

(1)浅层折射波法可探测地层厚度及其分层、基岩面起伏形态及风化带厚度、隐伏构造破碎带、松散层中的地下水位以及滑坡体厚度等，也可测试岩土体纵波速度，但不宜探测高速屏蔽层下部的地层。

(2)浅层反射波法不受地层速度逆转限制，可探测高速层下部的地层，划分沉积地层层次和探测有明显断距的断层，可探测地层厚度及其分层、基岩面起伏形态及风化层厚度、隐伏断层构造等，探测松散层中的地下水位以及滑坡体厚度，也可测试岩土体纵波速度。通常情况下，选用工作效率高、探测深度较深的纵波反射法；在浅部松散含水地层探测时，宜使用具有较强分层能力的横波反射法。

(3)瑞雷波法可进行浅部覆盖层分层、饱和砂土液化判定、地基加固效果评价等。

四、弹性波测试

(一)基本情况

水利水电工程勘察中的弹性波测试主要是指采用声波法和地震法对岩(土)体进行的弹性波测试。这两种方法都以研究弹性波在岩体内的传播特征作为理论基础，包括基岩露头、探槽、探洞、竖井及地下洞室的物性测试，坝基施工检测，帷幕灌浆和固结灌浆效果检测，以及近年来的混凝土质量检测和建基岩体质量检测等。

(二)应用条件

声波法测试的应用条件为：

(1)单孔声波应在无金属套管、且有井液耦合的钻孔中测试。

(2)穿透声波在孔间观测时，宜有井液耦合；孔距大小应确保接收信号清晰。

(3)表面声波、声波反射和地震连续波速测试应在混凝土、基岩露头、探槽、竖井及洞室比较平整的表面进行。

(4)脉冲回波宜在目的体与周边介质有明显的波阻抗面，并在目的体内能产生多次回波信号的表面进行。

(5)地震测井宜在无金属套管的钻孔中进行。

(6)穿透地震波速测试宜在钻孔、平洞或临空面间进行；用手探测时，被探测目的体与周边介质间应有明显的波速差异且具有一定规模。

(三)适用范围

(1)单孔声波可用于测试岩体或混凝土纵波、横波速度和相关力学参数，探测不良地质结构、岩体风化带和卸荷带，测试洞室围岩松弛圈的厚度，检测建基岩体质量及灌浆效果等。

(2)穿透声波可用于测试具有成对钻孔或其他二度体空间的岩土体或混凝土波速，探测不良地质体、岩体风化和卸荷带，测试洞室围岩松弛圈厚度，评价混凝土强度，检测建基岩体质量及灌浆效果等。

(3)表面声波可用于大体积混凝土、基岩露头、探槽、竖井及洞室的声波测试，评价混凝土强度和岩体质量。

(4)声波反射可用于检测隧洞混凝土衬砌质量及回填密实度，检测大体积混凝土及其他弹性体浅部缺陷。

(5)脉冲回波可用于检测地下洞室明衬钢管与混凝土接触状况，也可用于检测混凝土衬砌厚度和内部缺陷。

(6)地震测井可用于测试地层波速，确定裂隙和破碎带位置。

(7)地震穿透波速测试可用于测试岩土体纵波、横波速度，也可圈定大的构造破碎带、喀斯特等速度异常带，检测建基岩体质量和灌浆效果等。

(8)地震连续波速测试可用于洞室、基岩露头、探槽、竖井等岩体纵波、横波速度测试，也可检测建基岩体质量，探测风化带和卸荷带。

五、地球物理测井

(一)基本情况

通过地球物理测井，可以获得较多的岩(土)体物性参数，从而更好地发挥钻孔的效益。水利水电工程测井的方法有电测井、声波测井、地震测井、放射性测井、钻孔电视观察、温度测井、井中流体测量、电磁波或雷达测井、磁化率测井、孔壁超声成像、井径测量、井斜测量等。

一般为了取得较好的地质效果，常采用综合测井方法。

(二)应用条件

地球物理测井的各种方法的应用条件为：

(1)电测井应在无金属套管、有井液的孔段测试，被探测目的层相对上、下层应存在电性差异，目的层应具有一定厚度。

(2)声波测井、地震波测井宜在无金属套管、有井液的孔段测试，被探测目的层相对上、下层应存在弹性波波速差异，目的层应具有一定厚度。

(3)放射性测井无论有无套管及井液均可应用，自然 γ 测井用于分层时，各层应有自然放射性差异；γ—γ 测井用于分层时，各层应有密度差异。

(4)钻孔电视观察应在无套管的干孔或清水钻孔中进行。

(5)超声成像测井宜在无套管、有井液的钻孔中进行。

(6)井中流体测量应在无套管或有滤管、有井液的钻孔中进行。

(7)电磁波或雷达、磁化率测井应在无金属套管的钻孔中进行，被探测目的体具有一定规模，与周边介质存在电磁差异。

(三)适用范围

地球物理测井的各种方法的适用范围为：

(1)电测井主要用于划分地层，区分岩性，确定软弱夹层、裂隙和破碎带位置及厚度，确定含水层的位置、厚度，划分咸、淡水分界面，也可用于测试岩层电阻率。

(2)声波测井主要用于划分地层，区分岩性，确定裂隙和破碎带位置及厚度，也可利用测试的声波速度与其他参数计算地层岩土体的力学参数和孔隙度。

(3)地震测井主要用于划分地层，区分岩性，确定破碎带的位置及厚度，也可进行地层波速测试。

(4)自然 γ 和 γ—γ 测井、磁化率测井均可用于划分地层，区分岩性，确定软弱夹层、裂隙和破碎带。γ—γ 测井还可以测试岩层密度和孔隙度。

(5)钻孔电视观察主要用于划分地层，区分岩性，确定岩层节理、裂隙、破碎带、软弱夹层的位置和产状，观察钻孔揭露的喀斯特洞穴的情况，也可用于检查灌浆质量、混凝土浇筑质量及观察井下物体等。

(6)孔壁超声成像主要用于确定钻孔中岩层、裂隙、破碎带、软弱夹层的位置及大致产状，也可用于检查灌浆质量、混凝土浇筑质量，还可用于粗测钻孔直径。

(7)温度测井可用于测试含水层位置及地下水运动状态，还可测试灌浆和水泥固井时水泥回返高度。

(8)井中流体测量可用于确定含水层位置及厚度，测试地下水在钻孔中的运动状态和涌水量。在有利条件下，可估算地下水渗透速度等。

(9)电磁波或雷达测井可用于划分地层和破碎带，也可用于探测近孔壁的不良地质体。

(10)井径测量可用于测试钻孔的井径变化。

(11)井斜测量可用于测试钻孔的倾斜方位和顶角。

六、物探方法的综合应用

物探方法的特点可概括为：透视性、高效率、条件性和多解性。

透视性是指各种物探方法都通过观测并研究地下地质体在地面(包括空中、水下、坑道、钻孔中)产生的物理场的空间分布规律，来推测地质情况，从而达到勘探的目的。较之地面肉眼测绘或动用工程机械手段，物探显然具有透视性。

高效率是相对常规地质勘探手段而言的。物探装备轻便，劳动强度不大，获得的信息量较多而勘探成本较低，因而具有高效率。

条件性是指探测的目标对象与围岩应有物性差异，并且能被现有仪器、设备观察到。没有物性差异，就没有物探异常，也就不能进行物探工作。另外，每种物探方法，其适用条件、勘探深度以及分辨率都是有一定限制的。作为水利工程师，要心中有数，不应从事不可能完成的工作。

多解性是指异常来源的不唯一性以及异常体参数定量推断的不唯一性。这是应该注意的。

实践表明，不同的物探方法，研究不同的物理场的空间分布规律，对不同的地质问题，其效果是不同的。在工程勘察中，只有善于综合运用物探手段，才能最大限度地发挥物探方法的优点，克服单一方法的不足，为地质勘探提供客观地反映地质条件的可靠资料，使物探方法成为了解地下构造不可缺少的技术手段。

第四节　水利水电工程钻探

一、概述

钻探是水利水电工程地质勘察的重要手段，通过钻探采取岩心可以直接观察确定地层岩性、地质构造、岩体风化特征，判断含水层与隔水层的情况，揭露地下水位（或水头），采取岩（土）样、水样，在钻孔中做各种水文地质试验、综合测井、变形测试、地应力测量以及利用钻孔进行相关项目的长期观测等。因此，在工程地质勘察中如能合理地布置钻探，有效地利用钻探，对深入了解工程区地下地质结构和特点是十分重要的。

二、钻孔设计

每一个钻孔施工前都应根据对钻孔孔位、孔深、方向、倾角、质量标准、技术要求和理想柱状图有明确规定的钻孔任务书，编制钻孔设计，其内容主要包括施工进度、重要设备和器材、钻进方法（包括工艺参数）、取心工具、钻孔结构（包括开孔直径、换径次数与深度、下套管程序等），以及为保证质量与防止事故的特殊措施等。

三、钻进方法

钻进方法应根据地质结构特点、岩石可钻性和地质要求按表 2-4-1 的规定选择。岩心钻探岩石可钻性分级见表 2-4-2。

表 2-4-1　常用钻进方法

钻进方法	岩石可钻性等级和特点
表镶金刚石回转钻进	4 ~ 11 级，较完整均一岩层
孕镶金刚石回转钻进	4 ~ 12 级，较破碎不均一岩层
金刚石冲击回转钻进	9 ~ 12 级，坚硬打滑岩层
硬质合金钻进	1 ~ 7 级，软、中硬岩层
硬质合金冲击回转钻进	5 ~ 8 级，中硬岩层
冲击钻进	1 ~ 5 级，松散地层
空气潜孔锤钻进	4 ~ 12 级，较完整均一岩层

四、覆盖层及特殊地层钻探

覆盖层及特殊地层钻探包括回转钻进、冲击钻进和辅助手段孔内爆破等。具体方法的选择主要取决于土层的岩性与颗粒组成、与地下水水位的关系，以及对采样的要求严格程度等。

（一）回转钻进

泥浆护壁硬质合金钻进适宜于土层。应选择双管钻具取心，退出岩心应采用水压法；应采用肋骨钻头，加大内出刃 3mm，钻具长度小于 3m；钻进应保持充足的冲洗液量和较

表 2-4-2　岩心钻探岩石可钻性分级

岩石级别	岩石物理力学性质			钻进时效指标			代表性岩石举例
	压入硬度（MPa）	摆球硬度		统计效率（m/h）			
		弹次	塑性系数	金刚石	硬质合金	钢粒	
Ⅰ～Ⅳ	<1 000	<30	>3.37		>3.90		粉砂质泥岩、碳质页岩、粉砂岩、中粒砂岩、透闪岩、煌斑岩
Ⅴ	900～1 900	28～35	0.33～0.39	2.90～3.60	2.50		硅化粉砂岩、碳质硅页岩、滑石透闪岩、橄榄大理岩、白色大理岩、石英闪长玢岩、黑色片岩、透辉石大理岩、大理岩
Ⅵ	1 750～2 750	34～42	0.29～0.35	2.30～3.10	2.00	1.50	黑色角闪斜长片麻岩、白云斜长片麻岩、石英白云大理岩、黑云母大理岩、白云岩、蚀变角闪闪长岩、角闪变粒岩、角闪岩、黑云石英片岩、角岩、透辉石榴石矽卡岩、黑云白云石大理岩
Ⅶ	2 600～3 600	40～48	0.27～0.32	1.90～2.60	1.40	1.35	白云斜长片麻岩、石英白云石大理岩、透辉石化闪长玢岩、混合岩化浅粒岩、黑云角闪斜长岩、透辉石岩、白云石大理岩、蚀变石英闪长玢岩、石英闪长玢岩、黑云母石英片岩
Ⅷ	3 400～4 400	46～54	0.23～0.29	1.50～2.10	0.80	1.20	花岗岩、矽卡岩化闪长玢岩、石榴子矽卡岩、石英闪长斑岩、石英角闪岩、黑云母斜长角闪岩、混合伟晶岩、黑云母花岗岩、斜长闪长岩、斜长角闪岩、混合片麻岩、凝灰岩、混合浅粒岩
Ⅸ	4 200～5 200	52～60	0.20～0.26	1.10～1.70		1.00	混合岩化浅粒岩、花岗岩、斜长角闪岩、混合闪长岩、斜长闪长岩、钾长伟晶岩、橄榄岩、斜长混合岩、闪长玢岩、石英闪长玢岩、似斑状花岗岩、斑状花岗闪长岩
Ⅹ	5 000～6 100	59～68	0.17～0.24	0.80～1.20		0.75	硅化大理岩、矽卡岩、混合斜长片麻岩、钠长斑岩、钾长伟晶岩、斜长角闪岩、安山质熔岩、长英质混合岩化角闪岩、斜长岩、花岗岩、石英岩、硅质凝灰砂砾岩、英安质角砾熔岩
Ⅺ	6 000～7 200	67～75	0.15～0.22	0.50～0.95		0.50	凝灰岩、熔凝灰岩、石英角岩、英安岩
Ⅻ	>7 000	>70	<0.20	<0.60			石英角岩、玉髓、熔凝灰岩、纯石英岩

注：表中岩石压入硬度、摆球硬度不在一个区间时，可以根据公式 $K=3.198\,0+0.000\,885\,4H_y+0.025\,78H_n$ 确定岩石级别，其中 K 为岩石可钻性等级，H_y 为压入硬度值（MPa），H_n 为标准岩样时的摆球弹次。

高的钻进速度;采用低失水量泥浆,钻进中发生孔内造浆或稀释时,应及时调整泥浆指标;回次钻进终了时,可干钻100~150mm卡取岩心;在黏土和泥岩地层可采用普通单管钻具钻进,深孔应采用投球单管钻具。

套管护壁硬质合金干钻适用于砂层或砾石层。钻具长度以2m为宜,可用小一级单管干钻取样,再用大一级钻具扩孔。每次干钻取样进尺不得超过0.5m。钻进过程中及时跟入套管。

螺旋钻、勺钻钻进适用于土层。钻进时应经常提动钻具,防止夹钻;每次进尺不得超过钻头体长度;螺旋钻具螺旋角的选择,应适合地层特点。

(二)冲击钻进

打入取样钻进适用于土层、砂层及粒径小于100mm的卵砾石层。采用小一级钻具打入地层取样,用大一级钻具扩孔;钻具长度以2m为宜,宜采用孔内冲击;可下入套管护壁。

有阀打入或压入取样钻进适用于饱和的粉细砂和软土层。孔壁极不稳定时,应先打入套管,然后取样钻进;砂层中可采用弹簧管打入取样钻进。

冲击管钻取样钻进适用于卵石最大粒径小于130mm的松散地层。钻具规格的选择应满足地层中大多数卵石粒径小于管钻阀门张开后的直径;选用跟管护壁;抽筒长度不得小于1.6m,冲程0.15~0.3m;跟管护壁应先打管后掏料。管钻外径与套管内径间隙应保持5~10mm;管钻抽料以小于半管为宜;套管内水位应高于地下水位3m;破碎大直径砾石可选用一字钻头。

泥浆护壁冲抓锥钻进适用于卵砾石地层孔径为500~1 300mm的钻孔;应选择专用冲击钻机钻进;冲抓锥质量为$15\times10^2\sim25\times10^2$ kg,破岩与取样相结合;破岩工具应配用一字钻头或十字钻头;孔口管内径应大于钻头直径0.2m,长度不得小于1.5m,孔口管四周应用黏土夯实;孔内泥浆液面应高于地下水位3m;孔内岩渣应及时用抽筒打捞,其沉淀层厚度不得超过0.5m。

(三)钻孔取样

钻孔取样应遵守下列规定:

(1)采取原状土样的钻孔,孔径应比使用的取土器外径大一个径级。

(2)在地下水位以上,应采用干钻法钻进,不得注水或使用冲洗液。土质较硬时,可采用二重管或三重管回转取土器,钻进、取样合并进行。

(3)在饱和软黏性土、粉土和砂土中钻进,宜采用泥浆护壁。若采用套管护壁时应先钻进后跟进套管,套管管脚的下入深度与取样位置之间应保留3倍管径以上的距离。不得向未钻过的土层中强行击入套管。

(4)钻进宜采用回转方式,不得使用底喷式钻头钻进。在采取原状土样的钻孔中,不宜采用振动或冲击方式钻进。

(5)取土器下放之前应清孔。采用敞口取土器取样时,孔底残留浮土的厚度应小于5cm。

(6)应保持钻进平稳,防止钻具回转时抖动,升降钻具时应避免对孔壁的扰动破坏。

贯入式取土器取样应遵守下列规定:

(1)取土器应平稳下放,不得冲击孔底。取土器下放后,应校核孔深与钻具长度,残留浮土厚度不得超过规定。

(2)采取Ⅰ级原状土样,应采用快速、连续的静压方式,贯入速度不小于0.1m/s。采取Ⅱ级原状土样可使用间断静压方式或重锤少击方式。

(3)贯入取样管的深度宜控制在总长的90%左右。贯入深度应在贯入结束后量测并记录。

(4)提升取土器之前,为切断土样与孔底土的联系,可以回转2~3圈或者稍加静置之后再提升。

(5)提升取土器应做到均匀平稳,避免磕碰。

回转式取土器取样应遵守下列规定:

(1)采用单动、双动或三重管采取原状土样,必须保持平稳回转钻进,使用的钻杆应事先校直。可在取土器上接加重导向钻杆。

(2)冲洗液宜采用泥浆。钻进参数宜根据地质特点确定。

(3)取样开始时应将泵量减至能维持钻进的最低限度,然后随着进尺的增加,逐渐增加至正常值。

(4)回转取土器应具有可调内管超前长度的管靴。如土质变软,可使内管超前增加至50~150mm。对软硬交替的土层,宜采用具有自动调节功能的单动双管或三重管取土器。

(5)对硬塑以上的硬质黏性土、密实砾砂、碎石土和软岩,可使用双动三重管取样器采取原状土样。对非胶结的砂可用取砂器取原状样。对卵石层取样可在管靴上设置逆爪。

(6)采用无泵孔底反循环钻进,用普通单层岩心管采取试样,可作为Ⅱ级原状样。

(四)岩溶地层及滑坡区钻探

岩溶地层钻进应遵守下列规定:

(1)当溶洞深度小于3m时,可加长粗径钻具;洞深大于3m时,应下入套管导向。

(2)钻进时钻压不得过大,倒杆时应吊住钻具。

(3)遇有连续溶洞,冲洗液不能循环时,应下入套管止水堵漏。

(4)应精确测定溶洞顶、底板的高程。

(5)溶洞中有充填物时,应取样。

滑坡地段钻进应遵守下列规定:

(1)应根据地质情况及滑坡体的稳定程度等确定下套管深度及方法。

(2)当钻进至滑带时,回次进尺应为0.3~0.5m。

(3)钻进中及时取样鉴定,并作好水文地质观测和记录。

(4)对有危险的滑坡体应设专人观察滑坡体的动态。如发现有滑动迹象时,立即撤离至安全地区。

五、硬质合金钻探

（一）钻头的选择和使用

硬质合金钻头参数应根据岩石可钻性、钻头直径和地质结构特点等进行选择，见表 2-4-3。

表 2-4-3　硬质合金钻头及硬质合金选型

钻头类型	岩石可钻性	岩石类别	合金型号
阶梯式肋骨钻头	3～4	页岩、砂页岩、胶结差的砂岩	T105
			T107
肋骨薄片式钻头	1～4	塑性及水胀性岩层	T412
刮刀式钻头	1～4	塑性及水胀性岩层	T313
直角薄片钻头	3～4	中研磨性岩层、泥质砂岩、大理石等	T007
单双粒钻头	4～5	弱研磨性铁质及钙质砂岩、软硬互层	T105
犁式密集钻头	4～6	石灰岩、砂岩	T105
			T313
			T106
大八角钻头	5～6	软硬不均互层、裂隙及研磨性强岩层、砾岩等	T110
针状合金钻头	4～7	中硬砂岩、砾岩等	胎块及 T313
复合片钻头	5～7	研磨性强的砂岩	

注：T 表示地质工具，数字表示合金几何形状参数。

（二）钻进技术参数与要求

硬质合金钻进技术参数应根据岩性、孔径和钻头结构进行选择，见表 2-4-4。

表 2-4-4　硬质合金钻进技术参数

岩石级别	钻进技术参数			
	钻压		转速（r/min）	泵量（L/min）
	普通合金（kN/粒）	针状合金（kN/块）		
1～4 级	0.3～0.6		200～350	>60
5～6 级、部分 7 级	0.5～1.0	1.5～2	150～250	>60

六、金刚石钻探

钻头、扩孔器应根据岩石的可钻性、研磨性和完整程度进行选择。

在中硬的、可钻性级别低和均质、完整的岩层中，应选用粗粒表镶或粗粒孕镶的钻头和扩孔器；在硬的、坚硬的、可钻性级别高和破碎的、裂隙发育的岩层中，应选用细粒表镶或细粒孕镶钻头和扩孔器；在强研磨性的岩层中钻进时，应选用耐磨的和高硬度胎体的钻头与扩孔器；在弱研磨性的岩层中钻进时，应选用低硬度胎体的钻头和扩孔器。

绳索取心钻进适用于9级以下的岩层，尤其适宜于破碎岩层或孔壁不稳定的地层。

七、钻探质量

钻探必须保证质量，不同岩层岩心质量标准见表2-4-5。

表2-4-5　不同岩层岩心质量标准

岩层特性	岩心采取率(%)
完整新鲜岩层	≥95
较完整的弱风化、微风化岩层	≥90
较破碎的弱风化、微风化岩层	≥85
软硬互层、硬脆碎、软酥碎、软硬不均和强风化岩层	根据地质要求确定
软弱夹层和断层角砾岩	
土层、泥层、砂层	
砂卵砾石	

为保证钻探质量，破碎地层中钻进应遵守下列规定：

(1)在强风化地层中钻进，可采用直径110mm以上的压卡式钻具，回次进尺0.5～0.8m，用泥浆或无固相泥浆作冲洗液，用水压退心法退出岩心，也可采用无泵钻进。

(2)在破碎及软硬互层中钻进，可采用出刃较大的硬质合金单动双管钻具，选用较小的钻进技术参数，钻进时不得上下提动钻具，也可采用无泵孔底反循环钻进。

(3)在硬、脆、碎地层中钻进，可采用“喷反”钻具或双管钻具，回次进尺0.5～0.8m，用沉淀法取心，孔底岩粉不得超过0.3m。

(4)宜采用钻孔直径75mm或91mm金刚石单动双管钻具钻进，植物胶作冲洗液。

软弱夹层钻进应遵守下列规定：

(1)软弱夹层钻进方法应单独作出施工设计。

(2)根据理想柱状图，钻进到离夹层顶板1m左右时，即换用与软弱夹层相适应的钻具和钻进方法，回次进尺为0.5～1.0m。遇有穿透夹层迹象时，应再钻进0.1～0.2m起钻。

(3)有软弱夹层的钻孔，金刚石钻进可采用钻孔直径75mm或91mm单动双管钻具钻进，植物胶作冲洗液。

(4)采用单动双管或三管时，钻具的有效长度不得超过1m。在内管与钻头之间设置扶正器。

(5)应安装岩心堵塞报警装置，发现岩心堵塞立即起钻。

(6)钻进时注意观察仪表，对钻速变化、回水颜色应记录，应判定顶板、底板的位置。

(7)重要的软弱夹层可采用套钻方法，其工艺过程为：①采用导向钻具钻中心孔，直径应小于36mm；②钻中心孔前，孔底应灌入聚酯浆液，凝固后磨孔；③插筋后灌入黏结剂，压力为1.5～1.8MPa；④套钻直径应不小于91mm。

岩心编录应遵守下列规定：

(1)从岩心管退出的岩心，应按先后顺序排列在岩心箱内，每一回次用岩心牌隔开，按岩心牌上的要求用钢笔填写。

(2)易冲蚀、风化、崩解的岩心,应按地质要求进行封存。

(3)岩心在岩心箱内应按自上而下、由左向右的次序排放,不得颠倒和混乱。岩心长度超过 50mm 的,应按序用红油漆编号。编号应同一方向,书写清晰。

(4)岩心箱侧面应用红油漆标明“坝址名称,孔号,第几箱,孔深从几米至几米”字样。

第五节　水利水电工程钻孔压水试验

一、概述

钻孔压水试验是水利水电工程地质勘察中最常用的在钻孔内进行的岩体原位渗透试验,其成果主要用于评价岩体的渗透特性。现行的水利水电行业标准中的钻孔压水试验规程所采用的吕荣试验方法以透水率为衡量岩体透水性的尺度,并以在 1MPa 压力作用下每米试段内每分钟压入 1L 的水量为 1 个吕荣作为透水率的单位,它是防渗帷幕设计的基本依据。当裂隙岩体及试验条件比较简单时,也可以将其换算为渗透系数值用于渗漏量的计算。

钻孔压水试验方法是用止水栓塞把一定长度(一般为 5m)的孔段隔开,然后用不同的压力向试段内送水,测定其相应的流量值。一般情况下,都需要进行三个压力、五个阶段的试验,并采用最大压力阶段的压力值和相应的流量值计算得出透水率;以五个阶段的 P、Q 值绘制 $P \sim Q$ 曲线,判断其类型。最终是以试段透水率和 $P \sim Q$ 曲线类型的组合来表示某一试段的试验成果。

二、试验钻孔

压水试验钻孔的孔径一般为 59 ~ 150mm。压水试验钻孔宜采用金刚石或合金钻进,不应使用泥浆等护壁材料钻进。试验钻孔的套管脚应止水。

三、试验方法与试段长度

(一)试验方法

试验方法一般分为单栓塞分段压水和双栓塞分段压水两种。

单栓塞压水试验是随钻孔的加深自上而下进行的。相邻试段应互相衔接,可少量重叠,但不应漏段。

双栓塞压水试验一般是在孔壁岩石完整、光滑、稳定的孔段进行的。试验孔段的连续钻进深度每一次都不宜超过 40m。

(二)试段长度

试段长度一般为 5m。对于含断层破碎带、强透水带等的孔段,试段长度应根据具体情况确定。

四、压力值与压力阶段

（一）压力值

试验压力一般为 $P_1 = 0.3\text{MPa}, P_2 = 0.6\text{MPa}, P_3 = 1\text{MPa}$。

（二）压力阶段

试验一般按五个压力阶段（即 $P_1—P_2—P_3—P_4(=P_2)—P_5(=P_1)$）进行。

与确定试验压力值及压力阶段的相关问题还有：

（1）当试段位于基岩面以下30m范围内或岩体软弱时，应适当降低试验压力，以防止试验时岩体抬动、破坏。

（2）逐级升压至最大压力值后，如该试段的透水率小于1Lu，可不再进行降压阶段的试验。

（3）试段压力是指作用于试段内的实际平均压力。当用安装在与试段连通的测压管上的压力表测压时，试段压力按式（2-5-1）计算：

$$P = P_P + P_Z \tag{2-5-1}$$

式中 P——试段压力，MPa；

P_P——压力表指示压力，MPa；

P_Z——压力表中心至压力计算零线的水柱压力，MPa。

当用安设在进水管上的压力表测压时，试段压力按式（2-5-2）计算：

$$P = P_P + P_Z - P_S \tag{2-5-2}$$

式中 P_S——管路压力损失，MPa。

（4）压力计算零线的确定方法为：①当地下水位在试段以下时，压力计算零线为通过试段中点的水平线；②当地下水位在试段以内时，压力计算零线为通过地下水位以上试段中点的水平线；③当地下水位在试段以上时，压力计算零线为地下水位线。

（5）管路压力损失的确定方法有两种。

当工作管内径一致，并且内壁光滑度变化不大时，管路压力损失可用式（2-5-3）计算：

$$P_S = \lambda \cdot \frac{L_P}{d} \cdot \frac{v^2}{2g} \tag{2-5-3}$$

式中 λ——摩阻系数，$\lambda = 2\times10^{-4} \sim 4\times10^{-4}\text{MPa/m}$；

L_P——工作管长度，m；

d——工作管内径，m；

v——管内流速，m/s；

g——重力加速度，$g = 9.8\text{m/s}^2$。

当工作管内径不一致时，管路压力损失应根据实测资料确定。实测方法请直接参见《水利水电工程钻孔压水试验规程》（SL31—2003）附录A。

五、试验设备

（一）止水栓塞

目前使用的栓塞有气压式、水压式、单管顶压式、双管循环式等类型，可根据具体条件选择。一般情况是气压式和水压式栓塞止水的可靠性好，宜优先选用。

对止水栓塞的基本要求是:

(1)栓塞长度不小于8倍钻孔孔径。

(2)止水可靠,操作方便。

(二)供水设备

在有条件的地方宜采用自流供水进行试验。

供试验用水的水泵应工作可靠、压力稳定、出水均匀,并能满足在1MPa压力下流量保持100L/min。

为能保证供水压力稳定、出水均匀、工作可靠,当供水采用往复式水泵时,在其出口处应安装容积大于5L的稳压空气室。

(三)量测设备

试验压力量测设备有试段压力计和压力表等。

试段压力计能直接测定试段压力,宜优先选用,但需注意其可靠性和耐久性。

压力表应反映灵敏,其工作压力应保持在极限压力值的1/3~3/4。

流量计应能在1.5MPa压力下正常工作,量测范围为1~100L/min,并能测出正向流量和反向流量。

六、现场试验

(一)洗孔

一般孔段采用压水洗孔法。岩粉堵塞严重的孔段或拟进行双栓塞压水试验的孔段宜采用活塞抽吸洗孔法。

(二)试段隔离

下塞前应对压水试验工作管进行检查。接头处应采取严格的止水措施。

采用气压式或水压式栓塞时,充气(水)压力应比最大试验压力 P 大0.2~0.3MPa,在试验过程中充气(水)压力应保持不变。

当栓塞隔离无效时,应采取移动栓塞、起栓塞检查、更换栓塞或灌制混凝土塞位等措施加以处理。移动栓塞时只准向上移,其范围不应超过上一次试验的塞位。

(三)试验前水位观测

试验前应观测试段的地下水位。观测工作一般在试段隔离后,在工作管内进行。

水位观测一般每隔5min进行一次。当水位下降速度连续两次均小于5cm/min时,观测工作即可结束。用最后的观测结果确定压力计算零线。

水位观测过程中发现承压水或多层水等现象时,观测工作应遵照专门规定进行。

(四)压力和流量观测

流量观测前应调整调节阀,使试段压力达到预定值并保持稳定。

试验的流量观测一般每隔1~2min进行一次。当流量无持续增大趋势,且5次流量读数中最大值与最小值之差小于最终值的10%,或最大值与最小值之差小于1L/min时,本阶段试验即可结束。取最终值作为计算值。

试验在降压阶段,如出现水由岩体向孔内回流的现象,应记录回流情况,待回流停止,试验段内的流量仍需达到上述的标准后方可结束本阶段试验。

试验结束前，应认真检查原始记录是否齐全、正确，如有缺项应及时补充，错误应及时纠正。

七、试验资料整理

（一）绘制 $P \sim Q$ 曲线，确定 $P \sim Q$ 曲线类型

绘制 $P \sim Q$ 曲线时，应采用统一比例尺，即纵坐标（P 轴）1mm 代表 0.01MPa，横坐标（Q 轴）1mm 代表 1L/min。曲线图上各点应标明序号，并依次用直线相连，升压阶段用实线，降压阶段用虚线。

试段的 $P \sim Q$ 曲线类型应根据升压阶段 $P \sim Q$ 曲线形状以及降压阶段 $P \sim Q$ 曲线与升压阶段 $P \sim Q$ 曲线之间的关系确定。$P \sim Q$ 曲线的类型及曲线特点见表 2-5-1。

表 2-5-1　$P \sim Q$ 曲线的类型及曲线特点

类型名称	A（层流）型	B（紊流）型	C（扩张）型	D（冲蚀）型	E（充填）型
$P \sim Q$ 曲线	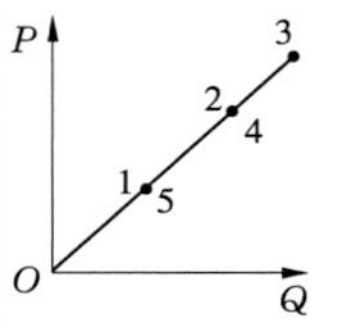	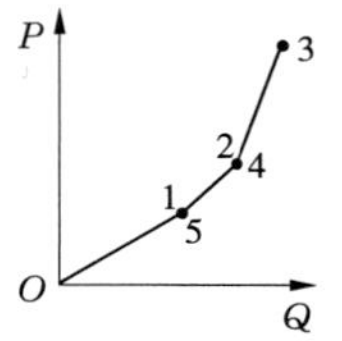	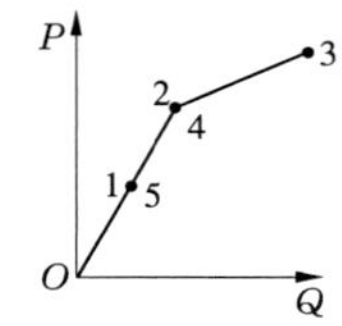	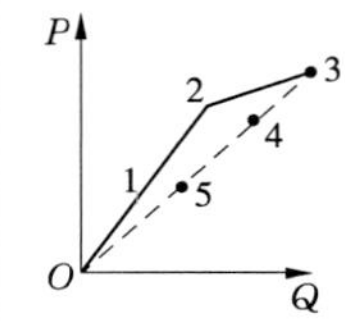	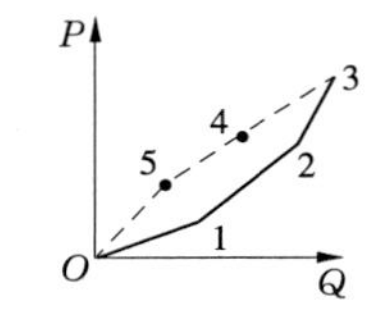
曲线特点	升压曲线为通过原点的直线，降压曲线与升压曲线基本重合	升压曲线凸向 Q 轴，降压曲线与升压曲线基本重合	升压曲线凸向 P 轴，降压曲线与升压曲线基本重合	升压曲线凸向 P 轴，降压曲线与升压曲线不重合，呈顺时针环状	升压曲线凸向 Q 轴，降压曲线与升压曲线不重合，呈逆时针环状

（二）试段透水率计算

试段透水率采用最大压力阶段（第三阶段）的压力值（P_3）和流量值（Q_3）按式（2-5-4）计算：

$$q = \frac{Q_3}{L \cdot P_3} \tag{2-5-4}$$

式中　q——试段的透水率，Lu；

L——试段长度，m；

Q_3——第三阶段的计算流量，L/min；

P_3——第三阶段的试验压力，MPa。

试段透水率取两位有效数字。

（三）用压水试验成果计算岩体渗透系数

当压水试段位于地下水位以下，透水性较小（$q < 10$ Lu），且 $P \sim Q$ 曲线为 A 型（层流型）时，可按式（2-5-5）计算岩体渗透系数：

$$k = \frac{Q}{2\pi HL} \cdot \ln \frac{L}{r_0} \tag{2-5-5}$$

式中　k——岩体渗透系数，m/d；

Q——压入流量，m^3/d；

H——试验水头，m；

L——试段长度，m；

r_0——钻孔半径，m。

当试段位于地下水位以下，透水性较小，$P \sim Q$ 曲线为 B（紊流）型时，可用第一阶段的压力 P_1（换算成水头值，以米计）和流量 Q_1 代入式(2-5-5)近似地计算渗透系数。

当透水性较大时，式(2-5-5)计算结果误差较大，宜采用其他水文地质试验方法测定岩体渗透系数。

（四）试段试验成果表示

每个试段的试验成果，用试段透水率和 $P \sim Q$ 曲线类型的符号（加括号）表示如 0.23（A）、12（B）、8.5（D）等。

第六节　水利水电工程钻孔抽水试验

一、概述

水利水电工程地质勘察中的抽水试验是通过测量从试验钻孔中抽出的水量和在距抽水一定距离处的观测孔中量测的水位降低值，根据钻孔涌水的稳定流或非稳定流理论来确定含水层水文地质参数和判断某些水文地质边界条件的一种野外渗透试验方法。

抽水试验是确定含水层渗透系数(k)、导水率(T)、储（释）水系数(S_s)、给水度(μ)和导压系数(a)的重要方法。

通过抽水试验可以查明某些其他手段难以查明的水文地质条件，如地表水、地下水之间及含水层间的水力联系，以及地下水补给通道和强径流带或阻水带位置等。

钻孔抽水试验无论是在潜水含水层还是在承压含水层中进行，它们都会在抽水孔的相当范围内形成一个降落漏斗。通过对降落漏斗的研究（以周围观测孔的地下水位来表示）可知，降落漏斗的规模和形状主要取决于抽水量、抽水持续时间、岩土性质、夹层或其他边界条件、地下水面的形状和补给的性质等因素。因此，抽水试验能得到更大范围内含水岩土体的渗透系数、导水系数和储（释）水系数。试验成果可以用来评价地下水资源和含水岩土体的疏干条件，并为水工建筑物及其他岩土工程的渗控设计提供依据。

二、抽水试验类型

根据不同的井流理论、不同的目的任务、工程上的不同精度要求以及实践中经常遇到的具体问题，抽水试验一般分为几种相互对应的主要类型。

（一）稳定流抽水试验

稳定流抽水试验是在抽水试验过程中，固定地下水降深值，同时观测其涌水量的变化，直到经过一定时间后形成一种相对稳定的关系，并可利用裘布衣－戚姆公式进行水文地质参数计算的抽水试验。

（二）非稳定流抽水试验

非稳定流抽水试验一般是保持常流量观测水位降深值的变化，并根据泰斯非稳定流理论利用井函数进行水文地质参数计算的抽水试验。

（三）单孔抽水试验

单孔抽水试验是不带观测孔，只在一个抽水孔中测量涌水量与水位降深值数据的抽水试验。

（四）多孔抽水试验

多孔抽水试验是除在一个抽水孔中抽水并测量涌水量外，还在距抽水孔不同距离上布置观测孔进行动水位观测的带观测孔的抽水试验。

（五）完整孔抽水试验

完整孔抽水试验是抽水孔进水段长度完全贯穿含水厚度的抽水试验。

（六）非完整孔抽水试验

非完整孔抽水试验是抽水孔进水段长度仅为含水层厚度一部分的抽水试验。

三、抽水试验工作设计

（一）设计的准备工作

抽水试验的费用较高，抽水孔和观测孔都要安装过滤器及洗井，还需要适合的抽水设备、辅助设备和工作人员。因此，必须作好抽水试验的设计。在进行抽水试验之前，应取得场地可靠的地质剖面资料，主要应包括含水层的岩性、结构、构造，地下水的动力与运动特征以及抽水降落漏斗范围及其边界条件等。必要时，可以借助专门钻孔来达到这一目的。

（二）设计的主要内容

设计的主要内容应包括试验目的、抽水孔和观测孔的布置、造孔要求和钻孔结构、抽水设备的规格及数量、试验设备的安装和试验的技术要求、计算公式的初步选择和对成果图件的要求等。

四、单孔试验与多孔试验

（一）单孔与多孔试验的选择

一般为了解含水层的渗透性能及其变化规律，应进行单孔抽水试验；对枢纽工程的重要建筑物地段或水文地质条件复杂的地段，必要时为了能比较准确地测定含水层渗透系数，则应进行一定数量的多孔抽水试验。

（二）多孔试验的观测孔布置原则

多孔抽水试验一般布置 1 ~ 2 条观测线。布置 1 条观测线时，应垂直地下水流向布置；布置 2 条观测线时，应分别垂直地下水流向和平行地下水流向布置。

对岩性变化大的松散地层和基岩地区，宜布置 2 条观测线，一条沿岩性变化的方向或透水性强的方向布置，另一条与前一条垂直。

每条观测线上的观测孔一般不少于 3 个。观测孔至抽水孔的距离，当抽水孔为完整孔时，第一个观测孔宜控制在 2 ~ 3m，第二个观测孔宜为含水层厚度的 1 ~ 1.5 倍，第三个观测孔宜为含水层厚度的 2 ~ 3 倍；抽水孔为非完整孔时，应根据所选计算公式的适用条件确定。

五、试验孔与观测孔结构

（一）完整孔

根据水利水电工程地质勘察所涉及的中强透水层的深度范围及实际的可能用于抽水试验的设备能力，一般在均质含水层厚度小于 15m 时，试验孔宜采用完整孔结构；大于 15m 时，可采用非完整孔结构。

试验孔采用完整孔结构时，其过滤器的实际长度不应小于 0.9 倍含水层厚度。

（二）非完整孔

对于非均质层状含水层，当透水的单层厚度大于等于 6m 时（特殊的大于 3m 时），为测得其渗透系数，可进行非完整孔的分段抽水，过滤器置于单层透水层的中部，其长度不大于单层厚度的 1/3，但不宜小于 2m（特殊的不宜小于 1m）。

在河床中做抽水试验时，一般采用非完整孔结构，过滤器顶端至河底的距离不应小于 2m。

（三）测压管与观测孔

一般应在松散含水层中的抽水孔过滤器外壁设置测压管，测压管的有眼部分的长度应与抽水孔过滤器等齐。

松散含水层中的观测孔同样应安装过滤器，其长度应与抽水孔过滤器相当，并应放置在同一高程上。

六、抽水试验降深与稳定延续时间

抽水试验一般应进行三次降深，每次降深间的差值宜相等；单孔抽水的最小降深不应小于 0.5m；多孔抽水中心孔的降深应保证最远观测孔降深不小于 0.1m，或相邻观测孔的降深差值不小于 0.2m。

抽水过程中在稳定延续时间内，涌水量的稳定标准一般应满足涌水量的最大值与最小值之差小于常见值的 5% 的要求；并且涌水量的变化无持续的升或降的现象出现。

抽水过程中的动水位稳定控制标准为：离心泵抽水时，抽水孔水位波动值不大于 3cm，观测孔水位波动值不大于 1cm；空压机抽水时，抽水孔的水位波动不大于 10cm。

抽水试验各次降深稳定延续时间均不应少于 4～8h，其中单孔不应少于 4h，多孔不应少于 8h。多孔抽水应以最远观测孔的稳定延续时间为准。

七、试验设备

试验设备包括过滤器、抽水设备和测试工具三部分。有关技术要求详见《水利水电工程抽水试验规程》（SL320—2005）。

八、现场工作

（一）钻探

抽水孔和观测孔一般均不应采用泥浆钻进。

抽水试验孔段的孔径，在松散层中一般不宜小于 168mm，在基岩中不宜小于 108mm。

过滤器直径均不得小于 108mm。采用填砾过滤器时，试验段孔径应根据实际情况确定。

观测孔的观测管内径不应小于 25mm。

（二）设备安装

过滤器安装应严格按照设计书的要求进行，并详细记录过滤器各部分的规格、长度和实际下入深度。

填砾过滤器的砾石必须冲洗干净，分批填入，每次填入的高度不宜大于 0.8m，套管靴内保留的高度不宜小于 0.2m，填充的最终高度应高出过滤器工作部分顶端 0.5～1m。

采用空压机抽水时，沉没比宜控制在 0.4～0.6，但风管在动水位以下的深度不宜小于 10m。

（三）洗孔、试验抽水和观测静止水位

正式试验前，抽水孔和观测孔均需反复清洗，因特殊情况采用了泥浆钻进时，还要应用活塞洗孔或空压机洗孔，直至满足要求达到水清砂净无沉淀为止。

试验抽水可与洗孔同时进行。通过试抽检查水泵、动力、测试工具的运转情况和工作效果，并实测可能达到的最大降深。

试验抽水后应测量孔深，如有沉淀，应予以清除。

正式抽水前的静止水位应在洗孔后每隔 10～20min 观测一次，2h 内变幅不大于 1cm，且无连续上升或下降时，即可视为稳定。

（四）抽水试验

稳定流或非稳定流抽水试验中，若采用离心泵抽水时，其吸水龙头在各次降深中应放同一深度处。在承压含水层中抽水，吸水龙头宜放在含水层顶板处；在潜水含水层中抽水，宜放在最大降深动水位以下 0.5～1.0m 处。

试验过程中应定时观测动水位和涌水量。

对于稳定流抽水试验，宜在抽水开始后的第 5min、10min、15min、20min、30min、40min、50min、60min，宜各观测一次动水位和出水量，以后每隔 30min 观测一次。对于非稳定流抽水试验，宜在抽水开始后的第 1min、2min、3min、4min、6min、8min、10min、15min、20min、25min、30min、40min、50min、60min、80min、100min、120min 各观测一次，以后每隔 30min 观测一次，直至结束。试验延续时间应根据降深与时间 $S(\Delta h^2)\sim \lg t$ 关系曲线确定。

试验中应详细记载所发生的与试验有关的情况，随时检查各项观测记录，并现场绘制 $Q\sim S$ 曲线或 $Q\sim \Delta h^2$ 曲线和 $S\sim t$ 曲线与 $Q\sim t$ 曲线。当 $Q\sim S$ 曲线反常时，应分析原因，必要时重做试验。

抽水结束后应立即观测恢复水位，观测时间与非稳定流抽水试验要求相同。

九、资料整理

渗透系数计算是试验资料整理的重要组成部分，计算时应在对试验区地质和水文地质条件查明的基础上，通过合理地选择计算公式进行。

（一）单孔稳定流的渗透系数计算

（1）当 $Q\sim S$（或 $Q\sim \Delta h^2$）关系曲线呈直线时，可以直接选用《水利水电工程抽水试验规程》(SL320—2005)附录 B 表 B-1 中的公式计算。

(2)当 $Q \sim S$ 或 $Q \sim \Delta h^2$ 关系曲线呈曲线,而 $S/Q \sim Q$(或 $\Delta h^2/Q \sim Q$)关系曲线呈直线时,可采用作图法求得纵轴(S/Q)上的截距 a(待定系数),并将拟从《水利水电工程抽水试验规程》(SL320—2005)附录 B 表 B-1 内选用公式中的 Q/S 或 $Q/(H^2-h_w^2)$ 项以 a 代入后计算渗透系数。该渗透系数即为修正了抽水试验中井损后的试验结果。

(3)当 $Q \sim S$(或 $Q \sim \Delta h^2$)关系曲线呈任一形式曲线时,可采用插值法按《水利水电工程抽水试验规程》(SL320—2005)附录 C 中的 C.0.4 表得出代数多项式 $Q \sim S$ 的待定系数 a_1,并将拟采用公式中的 Q/S 或 $Q/(H^2-h_w^2)$ 项以 $1/a_1$ 代入后计算渗透系数。

(二)多孔稳定流的渗透系数计算

(1)当根据观测资料,采用《水利水电工程抽水试验规程》(SL320—2005)所列潜水含水层多孔抽水试验公式计算渗透系数时,其适用范围应为抽水降落漏斗水力坡度不大于25°处。

(2)当观测孔中的降深 S(或 Δh^2),在 $S \sim \lg r$(或 $\Delta h^2 \sim \lg r$)关系曲线上能连成直线时,则宜选用《水利水电工程抽水试验规程》(SL320—2005)附录 B 表 B-2 中的公式计算渗透系数。

(三)其他比较复杂情况的渗透系数计算

有关消除抽水试验孔损的计算、插值法的计算、非稳定流抽水试验渗透系数的计算、抽水试验影响半径的计算以及利用恢复水位观测资料渗透系数的计算等,可按照《水利水电工程抽水试验规程》(SL320—2005)的有关规定执行。

第七节　水利水电工程注水试验

一、概述

注水试验是用人工抬高水头,向试坑或钻孔内注入清水,测定岩土体渗透性的一种原位试验方法。它适用于不能进行抽水试验和压水试验、取原状样进行室内试验又比较困难的松散岩土体。根据试验方法和适用岩土层条件不同,注水试验分为试坑注水试验和钻孔注水试验两大类。试坑注水试验又分为试坑单环注水试验和试坑双环注水试验,钻孔注水试验又分为钻孔常水头注水试验和钻孔降水头注水试验。

二、试坑单环注水试验

(一)适用条件

试坑单环注水试验适用于水位以上的砂土、砂卵砾石等土层。

(二)现场试验

现场试验按试坑开挖、试环安装、试验注水和试验量测等程序进行。

在选定的试验位置挖一个圆形或方形试坑至试验层,然后在试坑底部再挖一个深15～20cm的注水试坑,修平坑底,并确保试验土层的结构不被扰动。

试环放入注水试坑后,环外用黏土填实,确保四周不漏水,同时在环底铺2～3cm厚的粒径 5 ~ 10mm 的砾石或碎石作为缓冲层。

向环内注水，保持 10cm 的水深，量测时间和注入水量。试验过程中应保持水深 10cm，波动幅度不大于 0.5cm。

水量观测精度应达到 0.1L。开始每隔 5min 量测一次，连续观测 5 次，之后每隔 20min 量测一次并至少连续量测 6 次。当连续 2 次量测的注入流量之差不大于最后一次流量的 10% 时，试验即可结束，取最后一次注入流量作为计算值。

（三）渗透系数计算

试验土层的渗透系数按式（2-7-1）计算：

$$k = \frac{16.67Q}{F} \tag{2-7-1}$$

式中 k——试验土层的渗透系数，cm/s；

Q——注入流量，L/min；

F——试环的面积，cm^2。

三、试坑双环注水试验

（一）适用范围

试坑双环注水试验适用于地下水位以上的粉土层和黏土层。

（二）现场试验

试坑开挖与试坑单环注水试验相同。

在注水试坑内放入试环，将直径分别为 25cm 和 50cm 的两个试环按同心圆状压入坑底，深一般为 5 ~ 8cm，并确保试验土层的结构不被扰动，试环周边不漏水。在内环及内外环之间环底铺上厚 2 ~ 3cm 粒径为 5 ~ 10mm 的砾石或碎石作为缓冲层。

试验过程中，两个流量瓶同时向内环和内外环之间注水，水深均为 10cm。

开始每隔 5min 量测一次，连续观测 5 次；之后每隔 15min 量测一次，连续量测 2 次；以后每隔 30min 量测一次并至少量测 6 次。当连续 2 次量测的注入流量之差不大于最后一次流量的 10% 时，试验即可结束，取最后一次注入流量作为计算值。

在干燥炎热条件下进行注水试验时，应同时测定蒸发量。

可采用下列方法确定渗入深度：

（1）试验前在距离试坑 3 ~ 5m 处打一个比坑底深3 ~ 4m的钻孔，并每隔 20cm 取土样测定其含水量。试验结束后，应立即排出环内积水，在试坑中心打一个同样深度的钻孔，每隔 20cm 取土样测定其含水量，与试验前资料对比，以确定注水试验的渗入深度。

（2）以试坑内环直径为一边向下开挖，通过对土层进行观察或测定含水量确定注水试验的渗入深度。

（三）渗透系数计算

试验土层的渗透系数应按式（2-7-2）计算：

$$k = \frac{16.67Qz}{F(H + z + 0.5H_a)} \tag{2-7-2}$$

式中 k——试验土层的渗透系数,cm/s;

Q——内环的注入流量,L/min,干燥炎热条件下应扣除蒸发水量;

F——内环的底面积,cm^2;

H——试验水头,cm,$H=10$cm;

H_a——试验土层的毛细上升高度,cm,可按《土工试验规程》(SL237—1999)进行测定或取经验值;

z——从试坑底算起的渗入深度,cm。

四、钻孔常水头注水试验

(一)适用条件

钻孔常水头注水试验适用于渗透性比较大的壤土、粉土、砂土和砂卵砾石层,或不能进行压水试验的风化、破碎岩体、断层破碎带等透水性较强的岩体。

(二)现场试验

(1)注水试段不应使用泥浆钻进,孔底沉淀物厚度不应大于10cm,应防止试段岩土层被扰动。

(2)注水试验前,应进行地下水位观测,水位观测间隔为5min,当连续2次观测数据变幅小于10cm时,水位观测即可结束,用最后一次观测值作为地下水位计算值。

(3)试段止水可采用栓塞或套管脚黏土止水等方法,并应保证止水可靠。对孔壁稳定性差的试段宜采用花管护壁。同一试验段不宜跨越透水性相差悬殊的两种岩土层。对于均一岩土层,试段长度不宜大于5m。

(4)试段隔离后,即可向套管内注入清水,使套管中水位高出地下水位一定高度(或至孔口),并保持固定不变,用流量计或量桶量测注入流量。

(5)量测频次与试验结束标准与试坑单环注水试验相同。

(三)渗透系数计算

当试段位于地下水位以下时,应采用式(2-7-3)计算试验土层的渗透系数:

$$k=\frac{16.67Q}{AH} \tag{2-7-3}$$

式中 k——试验土层的渗透系数,cm/s;

Q——注入流量,L/min;

H——试验水头,cm;

A——形状系数,cm。

当试验段位于地下水位以上,且 $50<H/r<200$、$H\leqslant l$ 时,可用式(2-7-4)计算试验岩土层的渗透系数:

$$k=\frac{7.05Q}{l\cdot H}\lg\frac{2l}{r} \tag{2-7-4}$$

式中 r——钻孔内半径,cm;

l——试段长度,cm;

其余符号意义同式(2-7-3)。

五、钻孔降水头注水试验

(一)适用条件

钻孔降水头注水试验适用于地下水位以下粉土、黏性土层或渗透系数比较小的岩层。

(二)现场试验

(1)钻孔降水头注水试验对造孔、地下水位观测和试段止水的要求与钻孔常水头注水试验相同。

(2)试段止水后,应在套管内注入清水,使管中水位高出地下水位一定高度或至套管顶部作为初始水头值,停止供水,开始观测和记录管内水位随时间变化的情况。

(3)管内水位观测应符合下列规定:

①开始间隔时间为 1min,连续观测 5 次;然后间隔时间为 10min,观测 3 次;后期观测间隔时间应根据水位下降速度确定,可按 30min 间隔进行。

②应在现场采用半对数坐标纸绘制水头比与时间($\ln(H_t/H_0)\sim t$)关系曲线。当水头比与时间关系曲线不呈直线时,应进行检查并重新试验。

③当试验水头下降到初始试验水头的 0.3 倍或连续观测点达到 10 个以上时,即可结束试验。

(三)渗透系数计算

试验岩土层的渗透系数应按式(2-7-5)计算:

$$k = \frac{0.052\,3r^2}{A}\frac{\ln\frac{H_1}{H_2}}{t_2 - t_1} \tag{2-7-5}$$

式中 k——试验岩土层的渗透系数,cm/s;

t_1、t_2——注水试验某一时刻的试验时间,min;

H_1、H_2——在试验时间 t_1、t_2 时的试验水头,cm;

r——套管内半径,cm;

A——形状系数,cm;按《水利水电工程注水试验规程》(SL345—2007)有关规定选用。

还可根据 $\ln(H_2/H_1)\sim t$ 关系曲线求得的注水试验特征时间 T_0,用式(2-7-6)计算试验岩土层的渗透系数:

$$k = \frac{0.052\,3r^2}{AT_0} \tag{2-7-6}$$

式中 T_0——注水试验的特征时间,min,即 $H_t/H_0 = 0.37$ 时所对应的 t 值,可在 $\ln(H_2/H_1)\sim t$ 曲线上确定,H_t 为注水时间为 t 时的水头值(cm),H_0 为注水试验的初始水头值(cm);

其余符号意义同式(2-7-5)。

第八节　室内试验

一、土的基本物理性质试验

（一）含水率（ω）

测定含水率一般采用烘干法，将试样在105～110℃的恒温下烘至恒重。烘干时间对黏质土不少于8h；砂类土不少于6h；对有机质含量超过10%的土，应将烘干温度控制在65～70℃。

在野外如无烘箱设备或要求快速测定含水率时，也可采用酒精燃烧法和比重法。酒精燃烧法适用于简易测定细粒土含水率，比重法适用于砂类土。

（二）密度（ρ）

测定土的密度，对一般黏质土采用环刀法；土样易碎裂，难以切削，可用蜡封法；对于砂和砾质土宜在现场采用灌水法或灌砂法。

（三）比重（G_s）

测定土的比重，对于粒径小于5mm的土，应采用比重瓶法。

粒径大于5mm，其中粒径大于20mm的土的质量小于总土质量的10%的土，应采用浮称法；粒径大于20mm的土的质量大于总土质量的10%的土，应采用虹吸筒法；粒径小于5mm部分采用比重瓶法。取其加权平均值作为土粒比重。

一般土粒比重用纯水测定，对含有可溶盐、亲水性胶体或有机质的土，须用中性液体（如煤油）测定。

（四）其他物理性质指标

根据试验测定的含水率、密度和比重计算取得的其他基本物理性质指标常用换算公式见表2-8-1。

表2-8-1　基本物理性质指标常用换算公式

指标名称	符号	单位	物理意义	常用换算公式
干密度	ρ_d	g/cm^3	$\rho_d=\dfrac{m_s}{V}=\dfrac{\text{土粒质量}}{\text{土的总体积}}$	$\rho_d=\dfrac{\rho}{1+0.01\omega}$
饱和密度	ρ_{sat}	g/cm^3	$\rho_{sat}=\dfrac{m_s+V_v\rho}{V}$	$\rho_{sat}=n\cdot\rho_w+\rho_d$
孔隙比	e		$e=\dfrac{V_v}{V_s}=\dfrac{\text{土中孔隙体积}}{\text{土粒的体积}}$	$e=\dfrac{d_s\rho_w(1+0.001\omega)}{\rho}-1$
孔隙率	n	%	$n=\dfrac{V_v}{V}=\dfrac{\text{土中孔隙体积}}{\text{土的总体积}}\times100$	$n=\dfrac{e}{1+e}\times100$
饱和度	S_r	%	$S_r=\dfrac{V_w}{V_v}\times100=\dfrac{\text{土中水的体积}}{\text{土中孔隙体积}}\times100$	$S_r=\dfrac{\omega\cdot d_s}{e}$

注：ρ_w为水的密度，g/cm^3，一般取1。

二、细粒土的界限含水率试验

（一）液限

液限可采用液塑限联合测定仪或碟式仪测定。液塑限联合测定法是将土制备成3个不同含水率的试样，其中两个试样的含水率分别接近于液限和塑限，另一个介于两者之间。绘制圆锥下沉深度与含水率的双对数关系曲线，从曲线图上查得圆锥下沉深度为17mm时所对应的含水率即为液限（ω_L）。

碟式仪法是将土制备成3个不同含水率的试样，控制试样在碟式仪槽底合拢长度为13mm时所需的击数为15～35击（25击以上及以下各1次），在击数与含水率半对数曲线上查得击数为25击时对应的含水率为液限。

（二）塑限

塑限可采用滚搓法或液塑限联合测定仪测定。

滚搓法是将制备的土样在毛玻璃板上用手掌滚搓，当土条直径达到3mm时产生裂缝并开始断裂，此时土条的含水率即为塑限（ω_p）。

液塑限联合测定法是在圆锥下沉深度与含水率的双对数曲线上，查得圆锥下沉深度为2mm时所对应的含水率即为塑限。

（三）缩限

缩限可采用收缩皿法测定，也可在收缩试验中确定。

收缩皿法是将试样含水率约调为液限，分层填入收缩皿中，将其风干后再放入烘箱内烘干，根据试样的含水率、烘干前后的体积，按式（2-8-1）计算缩限：

$$\omega_s = 0.01\omega \frac{V_1 - V_2}{m_d}\rho_w \times 100 \tag{2-8-1}$$

式中 ω_s——缩限（%）；

V_1——湿土体积，cm^3；

V_2——干土体积，cm^3；

ω——制备土试样的含水率（%）；

m_d——干土质量，g；

ρ_w——水的密度，g/cm^3。

三、颗粒分析试验

颗粒分析试验有筛析法、密度计法和移液管法。筛析法适用于粒径大于0.075mm的土，密度计法和移液管法适用于粒径小于0.075mm的土。当土中既含有粗粒也含有细粒时，可联合使用筛析法及密度计法或移液管法。

土的颗粒组成是指土按粒径大小分组所占的质量百分数。根据土的颗粒组成，可以绘制成颗粒分配曲线。从颗粒分配曲线上，可以查得界限粒径、平均粒径、中间粒径和有效粒径，进而可以计算土的不均匀系数与曲率系数等颗粒组成指标。

界限粒径（d_{60}）：小于该粒径的颗粒占总质量的60%，mm。

平均粒径（d_{50}）：小于该粒径的颗粒占总质量的50%，mm。

中间粒径(d_{30}):小于该粒径的颗粒占总质量的 30%,mm。

有效粒径(d_{10}):小于该粒径的颗粒占总质量的 10%,mm。

土的不均匀系数(C_u)是表示组成土的颗粒的均匀程度的指标。不均匀系数越大,表明土的粒度组成越不均匀,按式(2-8-2)计算:

$$C_u = \frac{d_{60}}{d_{10}} \tag{2-8-2}$$

土的曲率系数(C_c)表示某种粒径的粒组是否缺失的情况,按式(2-8-3)计算:

$$C_c = \frac{(d_{30})^2}{d_{10} \times d_{60}} \tag{2-8-3}$$

四、相对密度

相对密度是度量无黏性土紧密程度的指标。相对密度试验包括测定最大孔隙比与最小孔隙比。砂的最小孔隙比是指砂在最紧密状态时的孔隙比,砂的最大孔隙比是指砂在最松散状态时的孔隙比。最大孔隙比试验宜采用漏斗法和量筒法,最小孔隙比试验宜采用振动锤击法。各试验方法均适用于颗粒粒径小于 5mm 而能自由排水的砂砾土。

砂土的相对密度可按式(2-8-4)计算:

$$D_r = \frac{e_{\max} - e_0}{e_{\max} - e_{\min}} = \frac{(\rho_d - \rho_{d\min})\rho_{d\max}}{(\rho_{d\max} - \rho_{d\min})\rho_d} \tag{2-8-4}$$

式中 D_r——相对密度;

e_0——天然孔隙比;

$e_{\max}$——最大孔隙比;

$e_{\min}$——最小孔隙比;

ρ_d——天然干密度,g/cm^3;

$\rho_{d\max}$——最大干密度,g/cm^3;

$\rho_{d\min}$——最小干密度,g/cm^3。

五、渗透试验

(一)物理意义

土的透水性以土的渗透系数 k 表示,其物理意义为当水力梯度等于 1 时水在多孔介质中的渗透速度。

$$k = \frac{Q}{FI} = \frac{v}{I} \tag{2-8-5}$$

式中 k——渗透系数,cm/s;

Q——渗透流量,cm^3/s;

F——过水断面面积,cm^2;

v——渗透速度,cm/s;

I——水力梯度。

(二)试验方法

室内测定土的渗透系数可分常水头渗透试验和变水头渗透试验两种方法。

1. 常水头渗透试验

常水头渗透试验适用于粗粒土，试验使用常水头渗透仪（亦称 70 型渗透仪）。渗透系数按式（2-8-6）计算：

$$k_T = \frac{QL}{AHt} \tag{2-8-6}$$

式中 k_T——水温为 T℃时试样的渗透系数，cm/s；

Q——时间 ts 内的渗出水量，cm^3；

L——两侧压管中心的距离，10cm；

A——试样断面面积，cm^2；

H——平均水位差$\left(\frac{H_1 + H_2}{2}\right)$，cm；

t——时间，s。

标准温度下的渗透系数应进行水的黏滞系数比的校正。

$$k_{20} = k_T \frac{\eta_T}{\eta_{20}} \tag{2-8-7}$$

式中 k_{20}——标准温度（20℃）时试样的渗透系数，cm/s；

η_T——T℃时水的动力黏滞系数，10^{-6}kPa · s；

η_{20}——20℃时水的动力黏滞系数，10^{-6}kPa · s。

2. 变水头渗透试验

变水头渗透试验适用于细粒土，试验使用变水头渗透仪（亦称 55 型渗透仪）。渗透系数按式（2-8-8）计算：

$$k_T = 2.3 \frac{aL}{At} \lg \frac{h_1}{h_2} \tag{2-8-8}$$

式中 a——变水头管截面面积，cm^2；

h_1——开始时水头，cm，；

h_2——终止时水头，cm。

对于透水性很弱的黏性土，可采用透压仪进行土的渗透性试验。

六、土的击实试验

土的击实试验分为轻型击实试验和重型击实试验两种。轻型击实试验适用于粒径小于 5mm 的黏性土，其单位体积击实功能为 592. 2kJ/m^3，至少制备 5 个不同含水率的试样，其中 2 个大于塑限、2 个小于塑限、1 个接近塑限，每个试样分 3 层击实，每层 25 击。重型击实试验适用于粒径小于 20mm 的土，其单位体积击实功能为 2 684. 9kJ/m^3，至少制备 5 个不同含水率的试样，其中至少有 3 个试样的含水率小于塑限，每个试样分 5 层击实，每层 56 击。

根据击实试验成果，绘制含水率和干密度的关系曲线，曲线上峰值点的纵、横坐标分别为土的最大干密度和最优含水率。

当土中粒径大于 5mm 的粗颗粒含量小于试样总质量的 30% 时，应对最大干密度和最优含水率进行校正。

$$\rho'_{dmax} = \frac{1}{\frac{1-P_5}{\rho_{dmax}} + \frac{P_5}{\rho_w \cdot G_{s2}}} \tag{2-8-9}$$

式中 ρ'_{dmax}——校正后的最大干密度，g/cm³；

ρ_{dmax}——粒径小于 5mm 试样的最大干密度，g/cm³；

G_{s2}——粒径大于 5mm 的颗粒的比重；

ρ_w——水的密度，g/cm³；

P_5——粒径大于 5mm 颗粒的含量（用小数表示）。

$$\omega_{opt}' = \omega_{opt}(1 - P_5) + P_5 \cdot \omega_{ab} \tag{2-8-10}$$

式中 ω_{opt}'——校正后的最优含水率（%）；

ω_{opt}——粒径小于 5mm 试样的最优含水率（%）；

ω_{ab}——粒径大于 5mm 颗粒的吸着含水率（%）。

在一定的击实功能作用下，能使填筑土达到最大密度所需的含水率称为最优含水率，与其相对应的干密度称为最大干密度。土的可塑性增大，最优含水率增大；随着夯实功能的增大，含水率—干密度曲线向左上方移动，最优含水率减小，最大干密度增大。

七、土的自由膨胀率试验

自由膨胀率是指用人工制备的烘干土，在纯水中膨胀稳定后的体积增量与原体积之比。

$$\delta_{ef} = \frac{V_{we} - V_0}{V_0} \times 100 \tag{2-8-11}$$

式中 δ_{ef}——自由膨胀率（%）；

V_{we}——土样在水中膨胀稳定后的体积，mL；

V_0——土样初始体积，10mL。

八、土的压缩系数和压缩模量

（一）压缩系数 a_v

压缩试验取得的 $e \sim p$ 曲线中，某一压力区段的割线斜率称为压缩系数。通常采用压力由 $p_i = 100$kPa 增加到 $p_{i+1} = 200$kPa 时所得的压缩系数 a_{1-2}（MPa^{-1}）来判定土的压缩性。当 $a_{1-2} \geq 0.5\mathrm{MPa}^{-1}$时，为高压缩性；$0.1\mathrm{MPa}^{-1} \leq \alpha_{1-2} < 0.5$MPa 时，为中等压缩性；$a_{1-2} < 0.1\mathrm{MPa}^{-1}$时，为低压缩性。压缩系数按式(2-8-12)计算：

$$a_v = \frac{1\,000(e_i - e_{i+1})}{p_{i+1} - p_i} \tag{2-8-12}$$

式中 a_v——压缩系数，MPa^{-1}；

e_i、e_{i+1}——压力为 p_i、p_{i+1}时固结稳定后的孔隙比；

p_i、p_{i+1}——与 e_i、e_{i+1}相对应的压力，kPa。

（二）压缩模量 E_s

压缩模量是指在无侧向膨胀条件下，垂直压力增量与垂直应变增量的比值。压缩模量越大，表明在同一压力变化范围内土的压缩变形越小，则土的压缩性越低。压缩模量可按式（2-8-13）计算：

$$E_s = \frac{1 + e_0}{a_v} \tag{2-8-13}$$

式中 E_s——压缩模量，MPa；

e_0——试样的初始孔隙比。

九、土的抗剪强度试验

（一）直接剪切试验

直接剪切试验是测定土的抗剪强度最常用的一种方法。一组试验不少于 4 个试样，制成直径 61.8mm、高 20mm 的试样，分别在不同的垂直压力下，在固定的剪切面上施加水平剪应力，使土样剪切破坏，取得破坏时的剪应力。然后根据库仑定律求得抗剪强度参数。

按固结及剪切速率将直接剪切试验分为快剪、固结快剪和慢剪三种。快剪是试样在垂直压力施加后立即进行快速剪切，试验过程中不排水；固结快剪是试样在垂直压力下固结稳定后，再快速剪切；慢剪是试样在垂直压力下固结稳定后，再慢速剪切，试验过程中孔隙水自由排出。直接剪切试验适用于测定细粒土及粒径小于 2mm 砂土的抗剪强度参数。渗透系数大于 10^{-6}cm/s 的土不宜做快剪试验。

根据一组不少于 4 个试样在不同垂直压力下的剪切试验结果，利用库仑定律，用图解法或最小二乘法确定抗剪强度指标 c_i、φ_i 值。计算公式如下：

$$\varphi_i = \arctan\left[\frac{1}{\Delta}k\left(\sum ps - \sum p \sum s\right)\right] \tag{2-8-14}$$

$$c_i = \frac{\sum s}{k} - \frac{\sum p}{k}\tan\varphi_i = s_m - p_m \tan\varphi_i \tag{2-8-15}$$

$$\Delta = k\sum p^2 - \left(\sum p\right)^2 \tag{2-8-16}$$

式中 p——垂直压力，kPa；

s——水平剪力（抗剪强度），kPa；

k——每组试样数。

（二）排水反复直接剪切试验

超固结黏土试样在某一有效应力作用下进行剪切试验时，当剪应力达到峰值以后，若继续剪切，则剪应力随剪切位移增加而显著降低，最后达到一个稳定值，该稳定值称为土的残余抗剪强度，其强度参数（c_r、φ_r）用排水反复直接剪切试验来测定。

对于一般粉质土、粉质黏土及低塑性黏土，剪切速度不宜超过 0.06mm/min；对于高塑性黏土，剪切速度不宜超过 0.02mm/min，每次最大剪切位移为 8～10mm。对于一般粉质黏土、砂质黏土需 5～6 次正向剪切；黏土需 3～4 次正向剪切，直至剪应力达到稳定值为止。排水反复直接剪切试验的指标计算同直接剪切试验。

（三）三轴压缩试验

三轴压缩试验是测定土的抗剪强度的一种方法。一组试验不少于 3 个试样，试样制成圆柱形，分别在不同的恒定周围压力（即小主应力 σ_3）下，施加轴向压力（即产生主应力差 $\sigma_1-\sigma_3$），直到破坏，然后根据摩尔—库仑理论，求得抗剪强度参数。

三轴压缩试验按固结和排水条件可分为不固结不排水（UU）试验、固结不排水（CU）试验和固结排水（CD）试验。

1. 不固结不排水（UU）试验

不固结不排水（UU）试验是在施加周围压力和增大轴向压力直至试样破坏过程中均不允许试样排水固结。该试验可以测定总抗剪强度参数。

以主应力差为纵坐标，轴向应变为横坐标。绘制主应力差与轴向应变关系曲线。取曲线上主应力差的峰值作为破坏点，无峰值时，取 15% 轴向应变时的主应力差值作为破坏点。

以剪应力为纵坐标，法向应力为横坐标，在横坐标轴以破坏时的$\frac{\sigma_{1f}+\sigma_{3f}}{2}$（$\sigma_{1f}$和 σ_{3f}为破坏时的值）为圆心，以$\frac{\sigma_{1f}-\sigma_{3f}}{2}$为半径，绘制破损应力圆，并绘制不同周围压力下破损应力圆的包线，求出不排水强度参数。

2. 固结不排水（CU）试验

固结不排水（CU）试验是试样先在某一周围压力作用下排水固结，然后在保持不排水条件下，增加轴向压力直至试样破坏，本试验可以测得总抗剪强度参数或有效抗剪强度参数和孔隙压力系数。

绘制主应力差与轴向应变关系曲线，并以有效应力比为纵坐标，轴向应变为横坐标，绘制有效应力比与轴向应变关系曲线。取曲线上主应力差或有效应力比的峰值作为破坏点，无峰值时，以有效应力路径的密集点或轴向应变 15% 时的主应力差值作为破坏点。据此绘制破损应力圆和不同周围压力下破损应力圆的包线，求出总应力强度参数；如果以$\frac{\sigma'_{1f}+\sigma'_{3f}}{2}$（$\sigma'_{1f}$和 σ'_{3f}为破坏时的值）为圆心，以$\frac{\sigma'_{1f}-\sigma'_{3f}}{2}$为半径，绘制有效破损应力圆及其包线，则可求出有效应力强度。

3. 固结排水（CD）试验

固结排水（CD）试验是试样先在某一周围压力作用下排水固结，然后在允许试样排水的情况下增加轴向压力直至试样破坏，本试验可以测得有效抗剪强度参数和变形参数。

（四）无侧限抗压强度试验

无侧限抗压强度是试样在无侧向压力条件下，抵抗轴向压力的极限强度。原状土的抗压强度与重塑土的抗压强度之比定义为灵敏度。

无侧限抗压强度试验适用于饱和软黏土，试样直径为 35 ~ 50mm，高径比宜采用 2.0 ~ 2.5。试验时的轴向应变速度宜为每分钟 1% ~ 3%，试验宜在 8 ~ 10min 内完成。

取应力—应变曲线中的峰值应力作为无侧限抗压强度，如最大轴向应力不明显，取轴向应变为 15% 对应的轴向应力作为无侧限抗压强度。

当需要测定灵敏度时，将破坏后的试样重塑，使其与原试样具有相同的尺寸、密度和含水量，重新测定其无侧限抗压强度。

无侧限抗压强度及灵敏度可按式(2-8-17)和式(2-8-18)计算：

$$q_u = \frac{10p_u(1-\varepsilon_u)}{A_0} \tag{2-8-17}$$

$$S_t = \frac{q_u}{q_u'} \tag{2-8-18}$$

式中 q_u——不扰动土样的无侧限抗压强度，kPa；

q_u'——重塑土样的无侧限抗压强度，kPa；

S_t——灵敏度；

p_u——试样破坏时的竖向压力，N；

ε_u——试样破坏时的竖向应变；

A_0——试样的初始截面面积，cm^2。

十、黄土湿陷试验

黄土湿陷试验用来测定黄土的湿陷特性和力学指标，主要包括压缩变形系数、湿陷变形系数、渗透溶滤变形系数、自重湿陷系数等黄土压缩性指标。黄土湿陷试验有单线法和双线法两种方法。

（一）单线法

单线法测定湿陷变形时，至少需要切取5个试样，根据工程需要和土的沉积条件确定浸水压力。各试样在天然湿度下，采用不同的浸水压力；待变形稳定后，保持压力不变，使试样浸水饱和，至湿陷变形稳定为止。测定自重湿陷变形时，试样在天然湿度下，逐步加压至试样所处的上覆土层饱和自重压力；待变形稳定后，使试样浸水饱和，至湿陷变形稳定为止。测定溶滤变形时，在浸水压力下，待湿陷变形稳定后，继续使水渗过，直至变形稳定为止。

湿陷系数按式(2-8-19)计算：

$$\delta_s = \frac{h_1 - h_2}{h_0} \tag{2-8-19}$$

式中 δ_s——湿陷系数；

h_0——试样原始高度，mm；

h_1——在某级压力下，试样变形稳定后的高度，mm；

h_2——在某级压力下，试样浸水湿陷变形稳定后的高度，mm。

自重湿陷系数按式(2-8-20)计算：

$$\delta_{zs} = \frac{h_z - h_z'}{h_0} \tag{2-8-20}$$

式中 δ_{zs}——自重湿陷系数；

h_z——在饱和自重压力下试样变形稳定后的高度，mm；

h_z'——在饱和自重压力下试样浸水湿陷变形稳定后的高度，mm。

溶滤变形系数按式(2-8-21)计算：

$$\delta_{wt} = \frac{h_z - h_s}{h_0} \quad (2\text{-}8\text{-}21)$$

式中　h_s——在某级压力下,试样在溶滤变形稳定后的高度,mm。

(二)双线法

双线法测定湿陷变形时,需要切取2个试样。其中一个试样在试验过程中始终保持天然含水率;另一个试样则在50kPa压力下达到变形稳定后,自试样顶面加水,待再度稳定后继续加压进行试验。某一压力下的湿陷系数按式(2-8-22)计算：

$$\delta_{zs} = \frac{h_p - h_p'}{h_0} \quad (2\text{-}8\text{-}22)$$

式中　h_p——在某一压力下,天然含水率试样压缩曲线的纵坐标,mm;

h_p'——在同压力下浸水后试样压缩曲线的纵坐标,mm。

十一、土的膨胀性试验

土的膨胀性试验主要包括自由膨胀率、膨胀率、膨胀力及收缩试验等。

(一)膨胀率试验

膨胀率试验分为有荷载膨胀率试验和无荷载膨胀率试验两种。有荷载膨胀率是指试样在特定荷载及有侧限条件下,浸水膨胀稳定后试样增加的高度与试样原始高度之比。无荷载膨胀率是指试样在无荷载及有侧限条件下,浸水后的膨胀量与试样原始高度之比。

特定荷载下的膨胀率按式(2-8-23)计算：

$$\delta_{ep} = \frac{Z_p + \lambda - Z_0}{h_0} \times 100 \quad (2\text{-}8\text{-}23)$$

式中　δ_{ep}——某荷载下的膨胀率(%);

Z_p——某荷载下膨胀稳定后的量表读数,mm;

Z_0——加荷前量表读数,mm;

λ——某荷载下的仪器压缩变形量,mm;

h_0——试样的原始高度。

无荷载膨胀率按式(2-8-24)计算：

$$\delta_e = \frac{Z_t - Z_0}{h_0} \times 100 \quad (2\text{-}8\text{-}24)$$

式中　δ_e——时间 t 时的无荷载膨胀率(%);

Z_t——时间 t 时的量表读数,mm。

(二)膨胀力试验

膨胀力是指土体吸水膨胀时产生的内应力,通常采用平衡法测定。当试样浸水膨胀时,立即施加平衡荷重,保持试样体积不变,根据施加的最大平衡荷重计算膨胀力。

$$p_e = k\frac{W}{A} \times 10 \quad (2\text{-}8\text{-}25)$$

式中　p_e——膨胀力,kPa;

W——施加在试样上的总平衡荷重,N;

k——压缩仪杠杆比;

A——试样面积,cm^2。

(三)收缩试验

收缩试验是测定细粒土在自然风干条件下的线缩率、体缩率、收缩系数等收缩指标。在室温不高于30℃条件下,测定不同时间试样的含水率及收缩变形量,以及在收缩变形稳定后的烘干体积。线缩率按式(2-8-26)计算:

$$\delta_{si} = \frac{Z_i - Z_0}{h_0} \times 100 \tag{2-8-26}$$

式中 δ_{si}——试样在某时刻的线缩率(%);

Z_0——百分表初始读数,mm;

Z_i——某时刻的百分表读数,mm。

体缩率按式(2-8-27)计算:

$$\delta_V = \frac{V_0 - V_d}{V_0} \times 100 \tag{2-8-27}$$

式中 V_0——试样初始体积,cm^3;

V_d——试样烘干后的体积,cm^3。

收缩系数按式(2-8-28)计算:

$$\lambda_s = \frac{\Delta\delta_{si}}{\Delta\omega} \tag{2-8-28}$$

式中 λ_s——竖向收缩系数;

$\Delta\delta_{si}$——收缩曲线上第 i 阶段两点线缩率之差(%);

$\Delta\omega$——相应于 $\Delta\delta_{si}$ 两点含水率之差(%)。

第九节 岩石(体)物理力学性质试验

一、岩石物理性质

(一)岩石含水率

岩石含水率是岩石试件在105~110℃温度下烘至恒量时所失去水的质量与试件干质量的比值,以百分数表示。岩石含水率试验采用烘干法测定,按式(2-9-1)计算,每组试件数量不宜少于6个。

$$\omega_0 = \frac{m_0 - m_d}{m_d} \times 100 \tag{2-9-1}$$

式中 ω_0——岩石天然含水率(%);

m_0——试件烘干前的质量,g;

m_d——试件烘干后的质量,g。

(二)岩石吸水性

岩石吸水性用自然吸水率、饱和吸水率和饱水系数等指标表示。

岩石自然吸水率是岩石在常温常压条件下最大自由吸入水的质量与试件固体质量的比值,以百分数表示。采用在大气压力和室温条件下自然吸水法测定,试件全部浸入在水中自由吸水48h。岩石自然吸水率的大小取决于岩石中孔隙的多少及连通性。岩石的自然吸水率愈大,表明岩石中孔隙愈大,连通性愈好,岩石力学性质愈差。

岩石饱和吸水率是试件在强制饱和状态下的最大吸水质量与试件固体质量的比值,以百分数表示。采用煮沸法或真空抽气法测定,煮沸法煮沸时间不得少于6h,真空抽气法抽气时间不得少于4h。饱和吸水率反映岩石内部张开型孔隙和裂隙的发育程度,对岩石的抗冻性和抗风化能力有较大影响。

岩石饱水系数是指岩石自然吸水率与饱和吸水率的比值,以百分数表示。岩石的自然吸水率、饱和吸水率和饱水系数分别按式(2-9-2)~式(2-9-4)计算:

$$\omega_a = \frac{m_a - m_d}{m_d} \times 100 \tag{2-9-2}$$

$$\omega_s = \frac{m_s - m_d}{m_d} \times 100 \tag{2-9-3}$$

$$k_w = \frac{\omega_s}{\omega_a} \tag{2-9-4}$$

式中 ω_a——岩石自然吸水率(%);

ω_s——岩石饱和吸水率(%);

k_w——岩石饱水系数;

m_a——试件浸水48h后的质量,g;

m_s——试件强制饱和后的质量,g。

(三)岩石孔隙率

岩石孔隙率是指岩石孔隙体积与岩石总体积的比值,以百分数表示。岩石中的孔隙分为开型孔隙与闭型孔隙,其中开型孔隙按其开启程度分为大开型孔隙和小开型孔隙,因此岩石的孔隙率分为总孔隙率 n、总开孔隙率 n_0、大开孔隙率 n_b、小开孔隙率 n_s 和闭孔隙率 n_c。

岩石总开孔隙率可采用水中称重法测定岩石吸水率和岩石块体密度的试验数据,按式(2-9-5)计算:

$$n_0 = \frac{m_s - m_d}{m_s - m_w} \times 100 \tag{2-9-5}$$

式中 n_0——岩石开型孔隙率(%);

m_s——试件强制饱和后的质量,g;

m_w——强制饱和试件在水中的称量,g。

(四)岩石颗粒密度

岩石颗粒密度是岩石固相物质的质量与体积的比值,采用比重瓶法或水中称量法测定,分别按式(2-9-6)、式(2-9-7)计算:

$$\rho_p = \frac{m_d}{m_1 + m_d - m_2} \cdot \rho_w \tag{2-9-6}$$

$$\rho_p = \frac{m_d}{m_d - m_w} \cdot \rho_w \tag{2-9-7}$$

式中　ρ_p——颗粒密度,g/cm^3;

m_1——瓶和试液总质量,g;

m_2——瓶、试液和岩粉总质量,g;

ρ_w——试验温度下试液密度,g/cm^3;

m_w——强制饱和试件在水中的称量,g。

比重瓶法适用于各类岩石;水中称量法适用于除遇水崩解、溶解和干缩湿胀以及密度小于 $1g/cm^3$ 以外的各类岩石。

(五)岩石块体密度

岩石块体密度是岩石试件的质量与体积的比值。根据岩石含水状态分为天然密度、干密度和饱和密度,采用量积法、水中称量法或密封法测定。

量积法适用于能制备成规则试件的各类岩石;水中称量法适用于除遇水崩解、溶解和干缩湿胀的各类岩石;对于不能用量积法或直接在水中称量进行试验的岩石宜采用密封法,密封材料可选用石蜡或高分子树脂胶涂料。

水中称量法岩石块体密度按式(2-9-8)~式(2-9-10)计算:

$$\rho_0 = \frac{m_0}{m_s - m_w} \cdot \rho_w \tag{2-9-8}$$

$$\rho_d = \frac{m_d}{m_s - m_w} \cdot \rho_w \tag{2-9-9}$$

$$\rho_s = \frac{m_s}{m_s - m_w} \cdot \rho_w \tag{2-9-10}$$

式中　ρ_0——岩石块体天然密度,g/cm^3;

ρ_d——岩石块体干密度,g/cm^3;

ρ_s——岩石块体饱和密度,g/cm^3。

(六)岩石渗透性

岩石渗透性是岩石被水(流体)通过的能力,用渗透系数 k 表示。渗透系数等于单位水力坡降时的渗透速度。在实验室采用岩石渗透仪测定,在现场采用抽水或压水试验测定。岩石的渗透性与岩石种类、结构、孔隙裂隙和应力状态有关。

(七)岩石膨胀性

岩石膨胀性试验分为自由膨胀率试验、侧向约束膨胀率试验和体积不变条件下膨胀压力试验三种。自由膨胀率试验适用于遇水不易崩解的岩石,侧向约束膨胀率试验和体积不变条件下膨胀压力试验适用于各类岩石。岩石自由膨胀率试验测定试件不受约束时浸水后的轴向和径向膨胀变形;岩石侧向约束膨胀率试验测定试件在侧向约束不产生侧向变形、轴向有5kPa固定载荷的条件下,浸水后产生的轴向膨胀变形;岩石体积不变条件下膨胀压力试验采用平衡—加压法,测定试件浸水后保持原体积不变所需要的压力。

(八)岩石耐崩解性

岩石耐崩解性试验是模拟干燥及湿润过程,测试岩石对软化和崩解作用所表现出的抵抗能力，适用于黏土类岩石和风化岩石。岩石耐崩解性通常以耐崩解性指数 I_d 表示。耐崩解性指数是指岩石试块经过干燥和浸水两个标准循环后试件残留的质量与其原质量之比，以百分数表示。岩石耐崩解性指数 I_d 按式(2-9-11)计算：

$$I_d = \frac{m_r}{m_d} \times 100 \tag{2-9-11}$$

式中 I_d——岩石耐崩解性指数(%)；

m_d——原试件烘干质量，g；

m_r——残留试件烘干质量，g。

(九)岩石抗冻性

岩石抗冻性是指岩石抵抗冻融破坏的性能，以冻融质量损失率 L_f 和冻融系数 K_f 表示。通常采用将试件放在空气中(慢冻)或水中(快冻)冻融的直接冻融法测定。冻融循环次数根据工程需要确定，一般为 20 次，严寒地区不应少于 25 次。冻融质量损失率 L_f 是岩石在 ±20 ℃范围内经过多次(20 次或 25 次)反复冻融后的质量损失与冻融前的饱和质量之比，按式(2-9-12)计算，以百分数表示。

$$L_f = \frac{m_s - m_f}{m_s} \times 100 \tag{2-9-12}$$

式中 L_f——冻融质量损失率(%)；

m_s——冻融试验前试件饱和质量，g；

m_f——冻融试验后试件饱和质量，g。

冻融系数 K_f 是指反复冻融后岩石饱和单轴抗压强度和冻融前的饱和单轴抗压强度之比，按式(2-9-13)计算，以百分数表示。

$$K_f = \frac{\overline{R}_f}{\overline{R}_s} \tag{2-9-13}$$

式中 K_f——冻融系数；

$\overline{R}_f$——冻融试验后的饱和单轴抗压强度平均值，MPa；

$\overline{R}_s$——冻融试验前的饱和单轴抗压强度平均值，MPa。

二、岩石力学性质

(一)岩石变形性质

岩石变形性质采用单轴压缩变形试验研究。在轴向载荷作用下测定岩石试件的轴向变形和横向变形，据此计算岩石的变形模量、弹性模量和泊松比。常用试验方法有电阻应变片和千分表法两种，前者适用于坚硬或较坚硬的岩石，后者适用于软岩或较软岩。

岩石的变形模量是指岩石试件在轴向应力作用下，应力与相对应的轴向应变的比值，也称割线模量，一般用 E_{50} 表示，是指应力—应变曲线原点与抗压强度 50% 处应变点连线的斜率。岩石的弹性模量是指岩石试件在轴向应力作用下，应力与相对应的弹性应变的比值，一般用应力—应变关系直线段的斜率表示。

岩石的泊松比是指岩石试件在轴向应力作用下，所产生的横向应变与相对应的轴向应变的比值。

（二）岩石抗压强度

岩石抗压强度分为单轴抗压强度和三轴抗压强度。岩石三轴抗压试验根据侧向压力加载方式分为真三轴和假三轴。前者侧向压力不相等（$\sigma_1 > \sigma_2 > \sigma_3$），后者侧向压力相等（$\sigma_1 > \sigma_2 = \sigma_3$）。

岩石抗压强度按岩石试件的含水状态可划分为天然状态、饱和状态和烘干状态三种。

岩石单轴抗压试验是指岩石在无侧限条件下受轴向力作用破坏的试验方法。岩石三轴抗压试验常用等侧压三轴试验（$\sigma_1 > \sigma_2 = \sigma_3$）方法，未考虑中间主应力 σ_2 的变化对岩石强度变形特性的影响。试验采用直径为50mm、高径比为2∶1的圆柱试件作为标准试件，加载速率控制为每秒0.5～1.0MPa。

（三）岩石抗拉强度

测试岩石抗拉强度最常用的是劈裂法。劈裂法又称巴西法，为间接拉伸法，是沿试件直径轴面方向施加一对线载荷，使试件沿直径轴面方向劈裂破坏，按式（2-9-14）计算岩石的抗拉强度。试件为圆柱体，直径为48～54mm，厚径比为0.5～1.0。

$$\sigma_t = \frac{2p}{\pi dH} \tag{2-9-14}$$

式中 σ_t——岩石抗拉强度，MPa；

p——破坏载荷，N；

d——试件直径，mm；

H——试件高度，mm。

（四）岩石抗剪强度

岩石抗剪强度一般通过直剪试验和三轴抗剪试验获得。

岩石直剪强度根据岩石试件在不同法向载荷下相应剪切强度，按库仑准则确定岩石的抗剪强度参数，包括摩擦系数 f 和凝聚力 c。

岩石三轴抗剪强度根据岩石试件在不同侧向压力（$\sigma_2 = \sigma_3$）下取得的轴向抗压强度 σ_1，在剪应力 τ 与正应力 σ 的坐标系中，绘制莫尔应力圆簇和莫尔强度包络线，按莫尔—库仑准则确定岩石的三轴抗剪强度参数。岩石三轴抗剪强度试验在一定程度上消除了直剪试验时剪切面上的应力分布不均匀的缺点，成果的规律性较好，并且反映了实际岩体的受力状况。但三轴抗剪强度试验和直剪试验的意义和结果不尽相同，直剪试验是预先确定剪切面，而三轴抗剪强度试验破坏面主要由应力控制。

（五）岩石点荷载强度指数

岩石点荷载强度试验在点荷载仪上进行。将岩石试件置于上、下2个球端圆锥之间，对其施加集中载荷直至试件破坏，测定其点荷载强度指数。该试验方法操作方便，适用于除软岩外的各类岩石，但试验成果需要根据不同试件形状和加载方向等进行修正。

（六）岩石断裂韧度

测定岩石断裂韧度的方法很多，现行规程推荐采用直切口或V形切口圆柱梁试件三点弯曲法。试件采用带直切口或V形切口的圆柱体，直径为48～54mm，长度与直径之比为3.5～4.0。

三、岩体现场变形试验

(一)承压板法变形试验

承压板法变形试验方法是现行试验规程推荐的主要方法。按承压板的性质,承压板法又分为刚性承压板法和柔性承压板法。

圆形刚性承压板法试验按式(2-9-15)计算岩体弹性(或变形)模量 E:

$$E = \frac{\pi}{4} \cdot \frac{(1 - \mu^2)pD}{W} \tag{2-9-15}$$

式中 E——岩体弹性(或变形)模量,MPa,当 W 取总变形时计算结果为变形模量,当 W 取弹性变形时计算结果为弹性模量;

W——岩体变形,cm;

p——承压板下单位面积上的压力,MPa;

D——承压板直径,cm;

μ——岩体泊松比。

(二)钻孔径向加压法试验

钻孔径向加压法假定钻孔内试验压力影响范围内的岩体为均匀、各向同性的弹性介质,利用钻孔中加压装置对钻孔孔壁施加径向压力,同时测量钻孔围岩径向变形,按弹性理论公式计算岩体变形模量和弹性模量。按加压装置的不同分为柔性加压和刚性加压。柔性加压直接测量岩体变形的仪器称为钻孔压力计,柔性加压通过体积变化换算孔径向变形的称为钻孔膨胀计,刚性加压的称为钻孔千斤顶法。

柔性加压条件下,钻孔变形试验计算弹性(或变形)模量按式(2-9-16)计算:

$$E_0 = \frac{pd(1 + \mu)}{\Delta d} \tag{2-9-16}$$

式中 E_0——岩体弹性(变形)模量,MPa;

Δd——钻孔径向弹性变形或全变形,cm;

μ——岩体泊松比;

p——最大压力与初始压力差,MPa;

d——实测点钻孔直径,cm。

与其他岩体变形试验相比,钻孔变形试验具有设备轻、便于携带、在一个钻孔中进行多点试验获得不同深度的岩体变形特性参数等优点。但由于试验的岩体范围小,不能反映具有足够多裂隙的岩体变形特性,数据波动较大,代表性有限。

(三)隧洞径向加压变形试验

隧洞径向加压变形试验按加压方式分为液压枕径向加压法和水压法。液压枕径向加压法是将充油的液压钢枕沿隧洞围岩周边布置,在反力架支撑下向围岩加压。水压法试验则是通过充满隧洞中的压力水对围岩施加压力。与液压枕径向加压法相比,水压法有更接近水工隧洞运行实际条件、受力面积大、代表性好且可以进行衬砌结构试验等优点。隧洞径向加压法变形试验的主要技术问题有试验洞直径选择、试验加压段长度的确定、试验边界条件的确定、测量中心轴支点位置的确定、温度影响等。进行水压法试验时,为了满足平面应变条件，要求隧洞变形试验洞加压段长度不小于3倍洞直径，此时抗力系数K、单位抗力系数K_0、变形模量E_0按式(2-9-17)～式(2-9-19)计算：

$$K = \frac{p}{\Delta R} \tag{2-9-17}$$

$$K_0 = \frac{K \cdot R}{100} \tag{2-9-18}$$

$$E_0 = p(1 + \mu) \cdot \frac{R}{\Delta R} \tag{2-9-19}$$

式中 K——岩体抗力系数，MPa/cm；

p——作用于围岩岩体表面上的压力，MPa；

ΔR——围岩表面径向变形，cm；

K_0——岩石单位抗力系数，MPa/cm；

R——试洞半径，cm；

μ——岩体泊松比；

E_0——岩体变形模量，MPa。

四、现场岩体强度试验

现场岩体强度试验包括混凝土与岩体接触面直剪试验、岩体本身直剪试验、结构面直剪试验、岩体三轴强度试验及岩体载荷试验等。

（一）混凝土与岩体接触面直剪试验

混凝土与岩体接触面直剪试验是研究在外力作用下混凝土与岩体接触面之间所具有的抵抗剪切能力的方法。试验通常采用平推法或斜推法，试验面积一般采用50cm×50cm～70cm×70cm。根据一组试验（不宜少于5块试样）取得的正应力和剪应力试验成果，按库仑直线方程拟合，确定摩擦系数(f)和凝聚力(c)。影响混凝土与岩体接触面抗剪强度的主要因素有试件尺寸、基岩面起伏差、混凝土抗压强度、岩石风化程度以及岩体结构类型等。

（二）结构面直剪试验

结构面直剪试验的主要目的是测定结构面的剪应力与剪位移的关系曲线和抗剪强度，研究结构面受剪切载荷时的变形特性和破坏规律，为坝基、边坡、地下洞室岩体变形稳定分析提供抗剪强度参数。岩体的稳定性往往取决于其中的结构面，尤其是软弱结构面的性质，在某些情况下，研究软弱结构面的抗剪强度比研究混凝土与岩体之间的抗剪强度更为重要。

（三）岩体本身直剪试验

岩体本身直剪试验是研究岩体在外力作用下本身所具有的抵抗剪切能力的方法。岩体中存在的结构面是控制工程岩体稳定的主要因素，但不是唯一因素。在外力作用下，岩体中的实际破坏面决定于应力分布状态或应力轨迹，破坏面可能在结构面上，也可能通过结构面之间的岩体本身发生，即所谓“岩桥”问题。在进行工程岩体稳定性核算时，不仅需要结构面抗剪强度参数，也需要岩体本身抗剪强度参数，即使好的岩体也有必要进行抗剪强度试验。对于均质岩体本身可在室内中型剪力仪上用20cm×20cm左右的试样进行直剪强度试验;对于非均质的岩体则应在现场进行直剪试验。

(四)岩体三轴强度试验

岩体三轴强度试验是研究岩体在三向应力状态下所具有的抗压强度以及测定岩体内摩擦角和凝聚力的方法。工程建设中建筑物的地基以及地下洞室围岩,多处于三向应力状态,而岩体力学性质通常与所处应力状态有关。与室内岩块试样三轴试验相比,现场岩体三轴强度试验由于包含裂隙和层面等不连续面,能更好地反映岩体的性质,能提供较大尺寸岩体单轴抗压强度、围压系数、岩体内摩擦系数(或内摩擦角)、凝聚力以及岩体变形参数。

现场岩体三轴强度试验采用等侧压($\sigma_2=\sigma_3$)状态测定岩体强度,试验主要技术问题是侧压的选取、试体尺寸的确定、顶部和侧向摩擦力消除、加荷方式与加荷速率等。

(五)岩体载荷试验

岩体载荷试验主要是测定半无限边界条件下岩体表面所能承受的极限载荷。对于很好的和好的岩体,其强度较高,一般不存在由于其承载能力不够而引起工程岩体的稳定问题。因此,岩体载荷试验通常只针对较破碎和软弱的岩体(如黏土岩、页岩、断层破碎带等)进行。通过岩体载荷试验可确定岩体强度特性的各特征点,包括比例极限、屈服极限、破坏极限和极限载荷点。与极限载荷点对应的载荷为极限承载力,表征被测岩体所能承受的最大承载能力。岩体载荷试验的主要试验技术问题是承压板的面积大小和承压板应具有足够的刚度。

五、地应力测量

地应力测量是指对岩体内部应力状态所进行的测量。其测量方法根据测量手段的不同分为构造法、变形法、电磁法、地震法、放射性法等;根据测量原理的不同分为应力恢复法、应力解除法、应变恢复法、应变解除法、水压致裂法、声发射法、X射线法、重力法等。其中,钻孔套心应力解除法和水压致裂法是目前国内外应用最为普遍、技术发展最为成熟的地应力测量方法。

(一)钻孔套心应力解除法

钻孔套心应力解除法是利用大口径钻头将岩心与围岩分离开来,从而使得岩心内原来承受的应力全部解除,根据此过程中岩心产生的应变(或变形)和岩石的弹性常数,反演原来的应力状态。按照被测量的物理量及其测量部位的不同,分为钻孔孔壁应变测量法、钻孔孔径变形测量法和钻孔孔底应变测量法。其中,钻孔孔壁应变测量法应用最为广泛。该方法利用安设在小钻孔的孔壁应变计测量的解除应变值计算解除前的应力状态,在一个钻孔的一次测量就可以确定岩体的三维应力状态。

浅钻孔应力测量通常在勘探平硐中进行,测量钻孔方向一般为水平向,测量深度一般为15~20m。该方法首先在岩壁上用大口径(一般直径为130mm)钻进到预测深度后,在其孔底同心钻一个小直径的钻孔(一般直径为30~50mm),然后安设钻孔应变计(或变形计),再用大口径钻头在小钻孔周围(同心圆方式)进行套钻,解除岩心的应力,同时记录应变计(或变形计)的应变(或变形)变化,据此推算岩体的应力状态。

深钻孔套心应力解除测量法一般采用孔壁应变测量法，国外最大测量深度为510m。为解决钻孔深度大所带来的一系列问题，在浅钻孔岩体应力测量技术的基础上有许多发展。主要有能够在深水中工作的深钻孔水下三向应变计（包括配套的应变片水下黏结剂、水下应变计粘贴技术）、安装定位的触发装置、井下测定应变片方向的装置、深钻孔套钻技术以及井下数据采集系统（可以在深达数百米钻孔中不间断地取得应力解除全过程的解除应变数据）。

（二）水压致裂法

水压致裂法地应力测量的原理是建立在弹性力学平面问题理论基础上的，其经典理论以如下三个假设条件为前提：①围岩是线性、均匀、各向同性的弹性体；②围岩为多孔介质时，注入的流体按达西定律在岩石孔隙中流动；③岩体中初始应力的一个主应力方向为铅垂向，与钻孔方向一致。该方法主要设备由三部分组成，即钻孔承压段的封隔系统、加压系统和测量记录系统。利用一对可膨胀的橡胶封隔器，在预测深度处取其上、下一段钻孔进行封隔，然后泵入液体对中间段钻孔施压，加压到钻孔围岩出现破裂缝（此时的压力称破裂压力）时，立即关闭压裂泵，维持裂缝张开（此时的压力称为瞬时关闭压力），最后压裂泵卸压至零。围岩第一次破裂后，重复注液施压至破裂缝继续开裂（这时的压力为重张压力），以获得较准确的压裂参数。根据实测压裂过程曲线确定压裂参数（破裂压力 p_b、瞬时关闭压力 p_s、重张压力 p_r、孔隙压力 p_0、静水压力 p_h、岩体抗拉强度 σ_t），并按式(2-9-20)～式(2-9-22)计算测段岩体最大、最小水平主应力，根据裂缝张开方向确定主应力方向。

$$S_h = p_s \tag{2-9-20}$$

$$S_H = 3S_h - p_b - p_0 + \sigma_t \tag{2-9-21}$$

$$S_H = 3S_h - p_r - p_0 \tag{2-9-22}$$

式中　S_H、S_h——钻孔横断面的最大、最小平面主应力；

p_b——岩体破裂压力，MPa；

p_0——岩体孔隙压力，MPa；

σ_t——岩体抗拉强度，MPa；

p_s——瞬时关闭压力，MPa；

p_r——岩体重张压力，MPa。

水压致裂法是迄今为止进行深部地应力测量最有效的手段，国外最大测量深度达5 105m。此外，该方法还具有以下钻孔套心应力解除法无法比拟的突出优点：①资料整理不需要岩石弹性常数参与计算，避免因弹性常数取值不准确而引起的误差；②岩壁受力范围较大，避免点应力状态的局限性和地质条件不均匀性的影响；③可以利用现有地质勘探钻孔进行测量，不需要专门钻孔；④操作简易，测量周期短。

六、岩体声波测试

岩体声波测试是利用电脉冲、电火花、锤击等方式在岩体中激发产生声波，测试声波在岩体中的传播时间，根据收、发换能器间的距离和测试时间计算声波在岩体中的传播速度。

岩体声波测试的测区布局、测线布置、测点要求以及声学参数的选取等都需要考虑到符合测试目的和要求。为对声波测试结果与静力法测试结果作动静对比，应将声波测点布置在与静力法测点相同的岩体上，并使声波测试方向与静载荷施力方向相同。

声波测试的工作方式按波的传播方式分为直透法（直达波法）和平透法（折射波法和反射波法），按换能器布置方式分为表面观测（发、收换能器置于同一平面的共面观测与分别置于不同平面的不共面观测）、内部观测（单孔测试及孔间穿透）及预埋式（收换能器预先埋置于介质内部），按发射及接收换能器的配置数量划分为一发一收、一发双收、多发多收。

第十节　水利水电工程地质观测

本节所述的观测是指在水利水电工程地质勘察过程中，根据《水利水电工程地质勘察规范》（GB50287—99）的要求进行的观测，其目的是满足工程地质勘察要求，并为工程地质问题的评价、采取工程处理措施等服务，不同于工程建设中建立起来的各类观测设施。

一、地下水观测

（一）概述

水利水电工程地质勘察中的地下水观测主要包括地下水简易观测和地下水动态观测。

地下水简易观测一般是指在工程勘探钻孔的钻进过程中，按照规定的内容、规定的程序和相关的技术标准观测、收集有关地下水位、水量的技术方法。比较全面的勘探钻孔的地下水位和自流水水量的观测资料是研究、分析区域和工程区含水层、隔水层或相对隔水层存在、规模和分布的基础；是确定每一含水层在不同空间位置上的水位高程的基本数据；是分析、判断含水层的水力特性，不同含水层间的水力联系以及隔水层的隔水性能等的基本依据。所以，对勘探钻孔而言，钻进过程中的地下水简易观测应该是水文地质测试工作中的重要内容。

地下水动态观测是指对表征地下水数量与质量的各种要素（如水位、水化学、水温、泉流量及其他物理特征等）随时间而变化的过程及规律性的测试与检测。在天然条件下，地下水的动态是地下水埋藏条件和形成条件的综合反映。因此，应根据所获得的地下水各种动态观测资料，考虑各种影响因素（水文、气象、人为）的作用，来确定区内地下水的成因类型，为认识区域地下水的埋藏条件、水质、水量的形成条件及有害环境地质作用的产生和发展原因等提供依据。

由于对地下水动态规律的认识往往要经过相当长时间的资料积累才能得出结论，因此在水文地质调查中，都强调应尽早开展地下水动态的研究。《水利水电工程地质勘察规范》（GB50287—99）即作出了相应的规定，在水库、坝址、引水线路勘察中，有关勘察技术方法的要求，从可行性研究阶段开始即要求进行地下水动态观测，初步设计阶段即要求完善，技施设计阶段则进一步要求提出施工期和运行期包括地下水动态观测在内工程地质观测内容、布置方案和技术要求的建议，同时还要求进行施工期工程地质观测资料分析。

关于正确布设地下水动态观测网点，对地下水动态观测的项目、频度和观测时间，有关的规程规范都有相应的规定。

（二）地下水简易观测

地下水简易观测包括钻孔初见水位、钻进过程水位、终孔水位和稳定水位以及自流孔的水头、流量观测等。其具体观测要求详见《水利水电工程地质观测规程》（SL245—1999）。

（三）地下水分层水位的观测要求

钻进中发现新的承压含水层或其他含水层时，应停止钻进，进行临时止水隔离，并依据观测稳定水位的要求进行水位观测。

预计在同一钻孔中，可能揭露两个或两个以上含水层，需要分别测定稳定水位时，则应在钻孔任务书中作出钻孔结构设计，并在实施中进行止水效果检查。

（四）地下水动态观测项目

地下水动态观测（项目）应包括地下水位、水质、水温及泉水流量观测；同时尚应包括工程区的降水量观测和地表水体的水位、水质和水温观测。

（五）地下水动态观测点网的布置原则

地下水动态观测点网应分别由垂直和平行河流流向的观测点线组成；远离河流的宜分别由平行和垂直于地下水流向或垂直和平行微地貌分界线的观测点线组成。

有关点线、点网的布置要求详见《水利水电工程地质观测规程》（SL245—1999）。

二、边坡变形观测

（一）观测对象

水利水电工程边坡变形观测对象包括坝址区、库区和移民新址等处的不稳定和潜在不稳定边坡，以及其他有疑点的边坡。重点是上述地区已经开挖的边坡及发现的新、老滑坡等。

（二）观测内容

边坡变形观测内容主要包括边坡表层的垂直位移、水平位移和滑坡深层滑面的位移观测，以及滑坡体的沉降和周边裂缝的张合观测。另外，对边坡变形可能产生影响的因素（如降水量、地下水位和地表水体水位等）也需与边坡变形观测同时进行。

（三）观测布置

（1）对边坡变形区从勘察初期开始就需要建立相应的观测系统并随工作深入逐步完善。其中，水平与垂直位移观测网基准点应设置在边坡变形影响范围以外的稳定地带；工作基点宜埋设在方便观测和稳固的基础上：观测点则应与边坡的岩土牢固结合，使观测值能真正代表边坡的变形。

（2）观测点位的选择应结合地形地质条件和不稳定边坡、滑坡体的变形范围、变形特征考虑，选择在具有工程地质代表意义的敏感部位；并根据滑坡体不同部位的力学特征，分别在滑坡后缘下带、中前部隆起带、前缘附近地带以及其他明显有应力集中和控制滑动的锁固点附近布设。

(3)地表观测网的垂直位移基准点宜设在水平位移基准点附近,垂直与水平位移观测应配合进行。深层位移观测点的地面对应部位应同时设置地表观测点。

(4)地表观测点的分布密度、间距和形式应主要根据地形、不稳定边坡和滑坡体的规模、分布面积及形态特征(长宽比)确定。对于大型不稳定边坡和滑坡体,观测点宜沿不稳定边坡和滑坡体的纵、横方向成网格形排列,纵向观测线不宜少于3条,横向观测线不宜少于2条。

(四)观测方法

边坡变形观测方法主要包括地质巡视、简易观测、大地测量及埋设仪器方法等。

(1)地质巡视中的观察与访问主要有下列内容:

①地表和平硐中边坡裂缝的发生与发展的变化情况;

②边坡及其附近泉水点数与泉水流量的突变情况;

③边坡和坡顶上工程建筑物与民房的变形变化情况;

④沟谷、路堑边坡的岩土体结构面顺坡滑动变化情况;

⑤悬岩或高边坡的崩石频率与崩石量的变化情况;

⑥暴雨、洪水引发的滑坡体和崩塌体的个数、方量的变化情况。

每一次地质巡视都应视为一次专门性地质调查,进行定点与追踪观察以及详细的现场记录。

(2)简易观测可采用一些简单的标示和通用的量测工具,对不稳定的边坡和滑坡进行观测。观测中应符合下列要求:

①地表裂缝的宽度可用钢尺在缝口直接量测,裂缝宽度的变化宜用在缝两边设固定观测点并定期量测点间距离的方法来确定,裂缝宽度量测应精确到0.5mm。

②地表裂缝两侧三向位移情况宜采用三点或多点的方法进行观测,测缝标点间的距离应大致相等,量测的距离应精确到0.5mm。

③在勘察平硐中,对滑坡沿滑动面的位移量测,宜采用在滑动面两侧埋设固定桩、点的方法,定期量测其距离变化,以求得滑体的水平位移和垂直位移。量测桩、点间的距离应精确到0.5mm。

④在不稳定边坡和滑坡的勘探平硐基本完工后,宜及时沿硐壁以及硐壁与硐底的交线附近分别埋设玻璃条和水泥带,定期观测它们被错开的位置、时间、距离和方向,对其中出现明显张开和位错的裂缝或滑移面,可按前面提到的裂缝观测方法观测裂缝宽度变化或水平位移和垂直位移的变化。

(3)埋设仪器观测可采用钻孔倾斜仪、钻孔多点位移计和伸缩仪(收敛计),对深层滑动面的位移进行探测与测量。钻孔测斜管道可采用铝合金管,孔深应达到主滑面以下5m左右,主测方向应与预计的主滑方向基本一致;多点位移计和伸缩仪的测线方向还应与深层滑动的主滑方向一致。

(4)工作区内宜设雨量观测站,并采用自记雨量计或自动测报雨量计进行降水量观测。

在不稳定边坡和滑坡范围及其附近,应充分利用人工和天然的地下水露头点进行地下水位或水压的观测。必要时还应布置专门钻孔施测其水位或孔隙水压力的变化。

（五）观测频度与观测精度

雨季、洪水期或发现水平和垂直位移有明显异常时，应加密观测。

观测点水平位移观测允许误差为 ±3mm 或年位移量的 1/5 ~ 1/10。观测点垂直位移观测允许误差为 ±3mm。裂缝宽度张合量量测允许误差为 ±1mm。

三、区域构造稳定性观测

（一）区域构造稳定性观测

对符合下列情况之一的工程，应进行区域稳定性观测：

（1）有经综合判定为活断层分布的地区。

（2）坝高大于 200m 或库容大于 100 亿 m^3 的大（1）型工程，或地震基本烈度为Ⅶ度地区的坝高大于 150m 的大（1）型工程。

（3）地质构造复杂、新构造活动显著、地震活动频繁、需要进行区域构造稳定性观测的地区。

区域构造稳定性观测包括断裂活动性观测和地震活动性观测。

（二）断裂活动性观测

1. 观测范围

断裂活动性的观测范围包括水利水电工程建筑物周围 8km 范围内的活动断层和 20 ~ 40km范围的区域性活断层。

2. 观测站点的布置要求

观测站点的布置应符合下列要求：

（1）综合变形观测站点可沿主断裂带选择一处至数处代表性地段横跨断裂布设，设站点处应具备断裂出露清楚，活动迹象明显，且地形地貌适合布设各种观测手段的基本条件，并应兼顾交通和通讯方便。

（2）应跨断裂两盘按观测方法的要求布点，并构成合理的组合，点位必须置于坚固稳定的基础上。

（3）宜一点多手段观测共用。

（4）跨断裂短水准点选择、跨断裂三角网和 GPS 点位的选择除应符合前述要求外，尚应分别符合《国家一、二等水准测量规范》（GB12897—2006）、《跨断层测量规范》和《全球定位系统（GPS）测量规范》（CH2001—92）的有关规定。

（5）跨断裂短基线、水管倾斜仪和伸缩仪观测断裂的形变宜在横跨断裂的硐室内进行，观测线可垂直断裂和与断裂成 30°左右交角布设，硐内要求相对恒温以减少环境干扰。

（6）在地形陡峻的河谷岸坡，设置断裂变形观测点，尚应考虑岩体重力变形的影响。

3. 观测方法

断裂活动性观测法包括跨断层短水准线路、跨断层短基线、跨断层测距和三角网、GPS 网、水管倾斜仪和伸缩仪等。各种观测方法可按《水利水电工程地质观测》（SL245—1999）的规定执行。

(三)地震活动性观测

地震活动性观测范围宜包括建筑物区 20 ~ 40km 范围内和可能发生 6 度以上水库诱发地震的库段。特大和特别重要的工程可酌情扩大观测范围,并宜涵盖附近的控震断裂。

观测台网的布置应遵守下列规定:

(1)可行性研究阶段宜布置单台或流动站,了解地震活动特征。

(2)当可行性研究阶段认为发生大于 6 度的水库诱发地震可能性较大时,应布设水利水电工程专用地震台网。每一个子台均应置于远景建设区以外,以避开可能产生的干扰源,并应建在地势平坦的完整、坚硬、稳定的基岩上。

(3)水利水电工程专用地震台网可选用遥测地震台网或人工值守台网。台网设置前应编制正式的总体设计报告;各子台的布局应根据观测目的满足监测区内不漏测 Ms 大于和等于 0.5 级地震的要求;台网应在蓄水前 1 ~ 2 年投入运行。

(4)在水库诱发地震发生后,应根据震情发展,增设若干流动台,进行现场加密观测。

(5)专用台网的地震观测应至少持续至库水位达到正常蓄水位之后 3 ~ 5 年。

第三章　区域构造稳定性

第一节　概　述

区域构造稳定性(Regional Tectonic Stability)是指建设场地所在的一定范围、一定时段内,内动力地质作用可能对工程建筑物产生的影响程度。

区域构造稳定性综合评价是论证工程的可行性、合理选择建设场址和建筑物型式的重要基础工作;在现代构造活动强烈、区域构造条件特别复杂的地区,有时可能成为确定规划方案和选择建筑场址的决定性因素之一。

在区域工程地质学中,相近的术语为区域稳定性(或称区域地壳稳定性),是指"工程建设地区在内、外动力(以内动力为主)的作用下,现今地壳及其表层的稳定程度,以及这种稳定程度与工程建筑之间的相互作用和影响。"在水利水电工程地质勘察的实践中,倾向于把主要研究内动力地质作用对建设场地的直接影响的工作,明确称之为"区域构造稳定性研究";而把介质及其结构条件、各种外动力地质作用及相关的地质灾害等,结合水库、坝基、边坡、地下建筑物、岩溶地区建库等不同对象,分别列为若干工程地质专题,开展专门研究。

第二节　区域构造稳定性研究评价

一、各勘察设计阶段的基本要求

(一)规划阶段

在收集、整编和分析区域地质构造资料和地震资料的基础上,提出规划河流(河段)的区域构造稳定性初步评价。

对于跨越多个大地构造单元、地震地质条件复杂的大江大河,或大型的跨流域调水、引水工程,区域构造稳定性往往成为合理确定近期开发河段或首期工程、合理规划选择调水、引水线路的关键性因素,应在本阶段早期进行规划河流或选线地区的区域构造稳定性分区。为此,必要时可安排一定数量的野外地质调查和少量轻型勘探工作,复核和补充已有的区域地质资料。

(二)可行性研究阶段

可行性研究阶段是区域构造稳定性研究的主要阶段,要求开展区域构造背景研究、断层活动性研究和活动断层判定、地震危险性分析和场地地震动参数的确定、水库诱发地震危险性研究和预测等工作,提出工程场地的区域构造稳定性综合评价。如果待选的比较坝段、坝址处在不同的大地构造单元或同一单元的不同构造部位,则应分别给出区域构造稳定性评价意见并加以比较。

在地震地质条件特别复杂或区域构造稳定性成为论证工程可行性的控制因素的情况下，有时需要在本阶段就布设一定规模的断层活动性监测和地震监测站（网），及早开始观测和积累有关资料。

（三）初步设计阶段

当上一阶段已经作出了工程场地的区域构造稳定性综合评价时，一般情况下本阶段不再安排系统的勘测研究工作。对于地震地质条件复杂的工程，初步设计阶段要求在必要时进一步开展某些专题研究，诸如活动断层的进一步认证及监测、重点库段的水库诱发地震危险性预测和库坝区地震监测等，为水工建筑物抗震设计提供有关参数，为今后工程施工和运行阶段的监测工作奠定基础。

（1）活动断层监测主要是对距坝址 8km 范围内有可能直接影响水工建筑物稳定的、已确认的活动断层进行仪器监测，以取得断层活动的性质和速率等定量数据。坝址周围 20 ~40km 范围内已判定的区域性活动断层，以及与坝址区活动断层有密切成生联系的现代活动断层，有时也布置一定的仪器监测。

（2）在上一阶段判定有可能发生水库诱发地震的库段，进行水库诱发地震危险性专题研究，预测诱发地震的成因类型、地段、最大震级及对水工建筑物的影响程度，评价对工程和环境的影响。

（3）在水库诱发地震的预测烈度大于 6 度或主要活动断层沿线有明显小震活动的情况下，布设工程专用地震台（网），对蓄水前后的地震活动进行监测。

（4）上一阶段的勘测研究工作完成后，若在区域地质环境、区域地震活动性等方面又发现重大的新情况，并且有可能影响区域构造稳定性评价结论时，往往组织针对性的专题研究，并据之复核和修正原来的结论。

（四）技施设计阶段

技施设计阶段继续进行断层活动性监测、地震监测等工作，以取得较长时段的、连续可靠的基础资料，掌握天然状态下断层形变和地震活动的动态特征。

施工和运行期则需要根据监测资料及时分析断层活动性质和速率的变化、库区地震活动性的变化，综合判断水库诱发地震的特点，预测其发展趋势，评价其对水工建筑物抗震安全的影响。

二、工作内容

依据《水利水电工程地质勘察规范》（GB50287—99）和配套的技术规程、规定的要求，水利水电工程场地的区域构造稳定性研究包括区域构造背景研究和区域构造稳定性分区、断层活动性研究和活断层判定、地震危险性分析和场地地震动参数确定、水库诱发地震潜在危险性研究和预测、工程场地的区域构造稳定性综合评价和工程场地构造稳定性评价、活动断层监测和地震监测。

区域构造背景研究属于基础性的地质工作，是区域构造稳定性各项专题研究和综合评价的基础，同时也是库坝区各项工程地质和水文地质研究的重要基础之一。此项工作一般安排在规划阶段和可行性研究阶段进行，可分为三个层次。

（一）工程场地周围300km的范围（远场区）

了解区域地层岩性、断裂和褶皱构造、深部地球物理场、区域性断裂及其活动性、现代构造应力场、区域地震活动性等资料，复核大地构造单元（Ⅱ、Ⅲ级）和地震区（带）的划分，分析并评估各构造单元和地震区（带）的构造稳定性，确定工程场地所处的大地构造部位。

研究范围可根据工程场地所处的大地构造单元和地震区（带）的分布特点确定，通常包括坝址所在的Ⅱ、Ⅲ级大地构造单元及相邻单元的有关地区，以及发生强烈地震对坝址的影响烈度有可能达到或超过6度的地震带，但无需超出距坝址300km的范围。为确保能进行合理的宏观分析和评估，一般距坝址也不宜小于150km。

目前，我国已积累了丰富的区域地质、深部地球物理和地震资料。大部分情况下，通过收集已有资料，结合重点地段的路线考察复核，就能满足要求。对于西部大开发中特别重要和规模宏伟的远景项目，如南水北调西线工程等，所处偏远地区地质研究程度不高，规划阶段的地质工作量就十分巨大。这类工作需要专门论证立项，不是某一个水电工程所可比拟的。

（二）坝址周围20～40km的范围（近场区）

近场区是区域构造背景研究的关键地区，需要详细搜集和分析各项资料，对穿过此范围的区域性断裂和地震带进行现场调查复核，判定对坝址可能有直接影响的活动断裂，编制中等比例尺的区域地质图以及相应的构造纲要图、第四纪断裂分布图、历史地震和仪测地震震中分布图、地震综合等烈度线图等。研究范围可根据第一层次研究的结果确定，一般应包括坝址所在的Ⅳ级（或Ⅲ级）构造单元及邻近地区，但距坝址不宜小于20km。

地震地质条件复杂地区或地质研究程度较低的边远地区的大型工程，则需要进行专门性的构造地质测绘，着重调查区域性断裂带的展布和构造活动史、第四系沉积物及其变形特征、第四纪断层及其活动性、第四纪断层的构造等级及其与区域性断裂带的关系、历史强震和古地震遗迹等，并研究深部构造与地表构造的关系。构造地质测绘中可辅以少量浅层勘探、物探和断层测年工作。

（三）坝址周围8km的范围（工程场区）

在上一层次研究中，若判定坝址区存在活断层或处在历史强震的极震区，以及确定的发震断层通过工程场区或区域性活动断裂的延长线指向工程场区，这时就有必要对坝址周围8km的范围内进行专门的构造地质测绘，作为指导进一步开展现代活动断层研究和判定的基础。

坝址周围的专门性构造地质测绘，比例尺一般选用1∶50 000～1∶10 000。除满足相应比例尺的精度要求外，对初步判定或怀疑具有现今活动性的断裂构造要特别注意追索其空间展布，查明其规模和构造等级与区域性断裂带及高等级断层之间的成生联系和空间相关性。为此，需要布置一定数量的勘探工作，以取得确凿的证据，排除地表观察和取样的不确定性和某些假象。构造地质测绘可与坝区工程地质测绘结合进行，并充分利用大比例尺工程地质测绘和勘探的资料。必要的断层测年工作也应考虑与断层活动性专题研究的需要相结合。

目前地震部门将远场区定义为工程场地周围不小于150km范围；近场区为不小于

25km 范围;工程场区为不小于 5km 范围。因此,在使用地震部门资料时应予以注意。

三、综合评价方法

区域构造稳定性综合评价是可行性研究阶段的重要工作之一,对论证工程的可行性、合理选择坝址与坝型等有一定的意义;在现代构造活动强烈、区域构造条件特别复杂的地区,有时可能成为确定规划方案和坝段、坝址选择中的决定性因素之一。一般情况下,通过对区域构造背景、断层活动性、地震危险性分析和水库诱发地震危险性预测四个方面的详细工作,就能够对建设场地的区域构造稳定性得出恰当的评价意见。

传统的区域构造稳定性综合评价方法是建立在宏观分析判断基础上的定性评价。然而,水利水电工程所处的自然条件千差万别,研究程度深浅不一。在区域构造条件复杂的地区,有些问题往往一时很难查清,或者不同的研究者各执一词,很难得出一致的结论。近年来,国内外研究人员都在探索可以量化的、利用数学模型的区域构造稳定性综合评价方法。但由于模型法的局限性和不成熟,在实际工作中,通常是先用定性的综合分析方法判断工程场地的构造稳定性等级,再用定量或半定量分析方法进行比较论证。

(一)定性评价方法

1. 构造类比和地震地质类比法

构造类比和地震地质类比法主要从大地构造格架、区域性活动断裂及其次级断裂的展布、地震活动等方面进行综合分析评价。

2. 工程类比法

在抗震设计和制定抗震措施方面,工程类比法是常用的方法之一。在区域构造稳定性分析评价中,将若干工程进行宏观比较,同样有一定的意义。这是因为当地质工作局限在一个工程的范围内,有时难免夸大或缩小某些影响因素的作用,而对处于不同构造环境中的工程进行横向对比,往往有助于发现本工程在评价中存在的问题。例如,二滩、百色和龙滩三个水利水电工程的地震基本烈度均为 7 度地区,场区 100 年超越概率 0.01 的水平峰值加速度分别确定为 0.254g、0.202g 和 0.311g。然而,宏观分析得到结论是龙滩工程的区域构造稳定性应是三者中最好的,至少不比其他两者更差,从而对龙滩坝区的地震动参数重新进行了复核。

(二)定量(半定量)评价方法

这类方法以其对各类工程地质作用和现象、岩土性质和状态等资料进行定量化数学整理为基础,使用计算机解决工程地质问题的理论计算方法。经过 10 余年的工程实践,目前仍处于初步探索阶段,迄今还没有一种得到普遍的认可的方案。

1. 数学模型与人工智能方法

最常用的数学模型是概率和数理统计模型。从某种程度上说,概率和数理统计方法是对地质类比分析的量化表达方法。目前使用较多的是贝叶斯概率模型、灰色系统、模糊数学评判和模式识别等。

人工智能法目前在区域构造稳定性研究中应用的主要是专家系统方法,是用已知的知识和经验推断未知的方法。它是在充分吸收一位或几位本学科权威专家的知识的基础上，建立专家知识结构模型和几个层次的知识库，应用计算机辅助决策评价的方法。设计同时具有形式逻辑推理、概率推理、可信度推理和反映专家主观专业直觉的默认推理等能力的推理机，通过人机对话，输入研究区有关的地质和地震资料，由计算机作出该区的区域构造稳定性评价。

2. 数值计算方法

数值计算是采用离散化的方法得到微分方程的近似解，主要是有限元法、边界元法、差分和离散元法等。目前在区域构造稳定性评价中应用最多的是有限元法。

根据对研究区地球动力学环境、区域地质构造格局、区域构造应力场、区域新构造运动和地震活动规律，以及库坝区附近主要断裂的空间展布、交切关系、新活动性、古地震和现今地震活动等资料的认识，建立一定的力学—数学模型，通过有限元数值计算分析，反演研究区现今应力—形变场及应变能分布特征，并据以作出区域构造稳定性评价。这种模型将反演得出的应力—应变集中部位和量级作为唯一标志，来评价给定地区或地段的区域构造稳定性，也可称为单因子模型。

3. 物理模拟方法

在区域构造稳定性研究中使用较多的是光弹模拟和泥巴模拟等方法。在对某种因素或地质现象的综合评价、研究区域地壳的应力状态、形变发展等方面，物理模拟方法尤有前景。值得注意的是，模拟效果取决于人们对地质原形的认识程度。

四、分级分区评价

区域构造稳定性评价就是对工程区的地质背景进行分级分区评价，根据等级划分指标编制区域构造稳定性分区图。

区域构造稳定性一般按四级或三级标准划分。若按四级划分，分别为稳定、较稳定、较不稳定和不稳定；若按三级划分，分别为稳定性好、稳定性较差和稳定性差。四分法和三分法两类方案没有本质上的区别。

在水利水电工程的实际使用中，四分法方案的二、三档界线较难以掌握，特别是在我国西部地区的大型水电工程，由于各项因子都带有不同程度的不确定性，研究人员的主观取舍对评价结果具有很大影响。

为了更确切地反映场址在区域构造稳定性上的差异，在《水利水电工程地质勘察规范》(GB50287—99)的编写过程中，结合目前我国水工建筑物抗震设计的水平，以及相应行业规范的规定，提出了稳定性分档的三分法方案(见表 3-2-1)。其中，“地震基本烈度”一项是将基本烈度≤6 度的地区划为“稳定性好”的等级，其工程意义是“可不进行抗震计算”；6 度 < 基本烈度 < 9 度的地区合并划为“稳定性较差”的等级，在这类地区中，我国已经积累了成功进行抗震设防的丰富经验，发布了相应的专业规范，规定大型水电工程的壅水建筑物必须根据不同情况分别按设计烈度 7、8、9 度进行抗震设计，能够确保工程抗震安全；基本烈度≥9 度的地区划为“稳定性差”的等级，这类地区目前还缺乏大型水电工程抗震设计的成熟经验，一般不宜选为拟建工程的坝址。

表 3-2-1　区域构造稳定性分级和评价

标准参量	稳定性好	稳定性较差	稳定性差
地震烈度	≤6	7～8	≥9
相应的加速度	≤0.089g	(0.090～0.353)g	≥0.354g
现代活动断层	坝址 8km 以内无现代活动断层	坝址 8km 以内有长度小于 10km 的现代活动断层，但不是 M≥5 级地震的发震构造	坝址 8km 以内有长度大于 10km 的现代活动断层，且是 5 级以上地震的发震构造
地震活动	近场区（坝址周围半径 20～40km 范围之内）无 M≥5级地震活动	近场区有 5≤M<7 级中强地震或不多于一次的 M≥7 级强烈地震	近场区有多次 M≥7 级的强烈地震活动
重磁异常	无区域性重磁异常	区域性重磁异常不明显	有明显的区域性重磁异常

第三节　活断层的判别和研究方法

无论是大型水利水电工程，还是其他重大建设工程，断层活动性的研究、识别和判定都具有十分重要的意义。活断层对水利水电工程的影响主要表现为以下两个方面：

（1）在工程的设计基准期内（一般为 50～200 年），活断层错动（包括引起强烈地震的突然错动和无震蠕滑错动）对工程可能产生直接破坏。

（2）由于活断层突然错动引发强烈地震动，其巨大动荷载造成水工建筑物结构的破坏、库岸崩塌或滑坡、软基液化失效等，影响工程正常运行。

一、活断层的界定

目前，对断层活动性的研究十分广泛，文献和资料繁多，但不同领域或不同的人员对“活断层”往往赋予各自的标准，经常混淆，不便沟通。

对于水利水电工程而言，活断层指晚更新世（绝对年龄 10 万～15 万年）以来有过活动，今后还可能活动的断层。

二、活断层的判别标志

（一）直接标志

具下列标志之一的断层，可判定为活断层。

（1）错断晚更新世以来地层的断层。

（2）断裂带中的构造岩或被错动的脉体，经绝对年龄测定，其最后一次错动的年代距今 10 万～15 万年者。

（3）根据仪器观测，沿断层有位移和地形变（大于 0.1mm/年）者。

(4)沿断层有历史和现代中、强震震中分布或晚更新世以来的古地震遗迹,或密集而频繁的近期微震活动者。

(5)在构造上,证实与已知活断层有共生或同生关系的断层。

直接标志一般可以为断层活动提供可靠的实证,特别是在上述(1)~(4)条中,只要找到确凿无疑的证据,便可确定该断层为活断层。

第(5)条在单独使用时,必须结合活断层分段的研究成果,充分考虑同一断裂系中不同断层在活动性质上的时空不一致性,以免夸大了活断层的范围。

(二)间接标志

(1)沿断层晚更新世以来同级阶地发生错位;在跨越断层处,水系有明显的同步转折现象,或断层两侧晚更新世以来的沉积物厚度有明显的差异。

(2)沿断层有断层陡坎,断层三角面平直新鲜,山前经常分布有连续的大规模的崩塌或滑坡,沿断层有串珠状或呈线状分布的斜列式盆地、沼泽、冷泉和承压泉等。

(3)沿断层有明显的重力失衡带分布。

(4)沿断层有水化学异常或同位素异常带分布。

间接标志主要是沿所研究断层实际观察到的地形地貌、遥感、地球物理场、地球化学场、水文地质场等方面的形迹,它们能为断层活动性研究提供重要线索。但在尚未找到直接证据的情况下,不能单独作为判定活断层的依据。

(三)参考标志

(1)卫星相片和航空摄影相片上判读的清晰线性形迹,小比例尺地形图上标示的线形排列的沟谷、山脊、陡崖等。

(2)区域夷平面或高阶地面上明显的高程差异、河谷阶地位相图上明显的转折、两岸阶地发育明显的不对称性等。

(3)小比例尺地球物理(重力、航磁、地热)和地球化学图件上的线性异常带,人工地震剖面中解读的深部断点和隐伏断裂等。

(4)覆盖地区用简易物探、化探方法测得的线性异常。

(5)区域构造应力场物理模拟(光弹、泥巴试验)和数学模拟(线弹性有限元分析、流变过程分析)求出的活动性强烈的断层段。

参考标志往往是工作中首先引起人们注意的现象,在大范围的新构造研究中有时也可以作为区域性断裂活动性的主要标志。在水电工程场区小范围的研究中,它们能指出工作的重点地段和重点问题,避免遗漏并减少许多工作量。但这些标志是否为活断层的反映,必须经过实地检验,取得直接证据,才能作出可靠的结论。

还需要指出,在不利的地质环境或恶劣的现场勘测研究和取样条件下获得的直接或间接标志,许多情况下也只有参考意义。

(四)各种标志的多解性和不确定性

间接标志具有多解性,已为水利水电部门大多数勘测人员所接受。直接标志在许多情况下同样具有多解性,却还未引起足够的重视。就以最直接的晚更新世地层错动来说,它可能是发震断层向覆盖层中的直接延续;也可能是地震重力错动,指示附近有发震断层,但本身只反映了在强烈震动下松软沉积物表层的重力压密变形,并非真正的活断层;

还可能是由外动力地质作用（如滑坡、流水侵蚀、冰川推挤等）引起的，没有构造意义。因此，在没有发现与之相应的基岩活断层之前，往往不能得出最终的结论。

活断层的各种判别标志都具有一定的不确定性。在不同的地质环境和研究条件下，不同的判别标志的可信度有所不同；或者说，在分析确定某条断层是否为活断层时，不同的判别标志的权重是不一样的。第四系地层的错动或变形是最可靠、最直接的证据，在确认它属于构造成因之后，权重最大。例如，断层带物质测年为 Q_3 活动过，但断层上覆 Q_3 或 Q_2 地层没有错断或变形，仍应判定为 Q_3 以来无活动；反之，测年资料较老而地层错动资料很新，就应该认为该断层确有新的活动，而测年资料需要作进一步的核对。

同一类现象在判断断层活动性上，也可能有多种含义和不同的权重。例如，断层线上发生过里氏 6.5 级以上地震或多次 5 ~ 6 级地震，可以认为是该断层有现今活动的直接证据；个别 5 ~ 6 级地震或相对密集的小震只能看做间接证据；而少量沿断层线分布的小震最多只能看做参考标志，不足以证明该断层的现代活动。

研究条件对判别标志的权重有很大的影响。例如，断层位移观测，数十年的连续资料是可靠的直接标志，而三五年的资料只能作为参考。又如，断层测年样品，取自埋深百米以下的平硐，应属可靠的直接标志，取自浅埋的平硐也较为可信，而在地表露头或探槽中取样，有时只能作为参考。

三、活断层的主要研究方法

（一）遥感图像的解译判读

遥感图像包括陆地卫星多波段图像、航空遥感彩红外像片、机载热红外扫描图像、机载侧视雷达图像等。根据图像上的线性影像、水系格局、地下水及湖海岸的形状变化等判别活动断裂的位置、规模、组合及交切关系、活动断裂的力学性质和活动强度等。

（二）地质地貌法

观察活动断裂带沿线的地貌特征，包括洪积扇、河流阶地、断层三角面坡、夷平面、水系及第四系岩相和厚度的变化。

（三）野外地质调查和测绘

野外直接的宏观地质调查和宏观地质判断工作是不能忽视的、第一位的重要工作。现场的地质调查中，根据断层出露的地质条件、构造变形和地貌特征作出的判断是评价各种技术资料和综合分析的基础，也是最终正确判别断层活动性的基础。在坝区，除对断层逐段进行地面追索、实测地质剖面、槽探等工作外，在冲沟覆盖较深的地段，还需应用物探（地震和电法剖面）、钻探（斜孔对）、平硐等手段，对断层错动遗迹进行定量研究。

（四）断层活动年龄的测定

在断层带内采样，应用各种科技测试手段（^{14}C、ESR 和热释光等方法）进行测年。采样时应注意明确需要使用的方法和测试意图，取断层泥样品是为了直接说明断层活动的年龄，取断层上覆盖的完整地层样品是为了说明断层不活动的年龄。值得注意的是，各种测年断代方法都有其适用范围和局限性，目前并没有哪种测年方法是绝对准确和可靠的，应根据具体情况来分析使用所测得的资料。切忌以为有一两组测年数据，断层活动年龄的问题就解决了。应与断层活动的其他证据互相印证，才能得出可信度较高的结论。

（五）古地震研究

用地质和考古等方法查明史前浅源强震产生的地表和沉积物剩余变形的地质标志，并复原古地震的震中位置、震级和发震年代。由于古地震强震都与构造活动有关，所以古地震研究是断层活动性研究的重要组成部分。常见判断古地震存在的最直接手段是开挖探槽，对槽壁剖面进行详细素描，测量制图，分层对比，采集测年样品；根据不同层位的埋藏断裂及其伴生的液化扰动层、喷沙体，综合分析断层的活动次数、强度、发震时间和重复周期等。值得注意的是，识别古地震是一项复杂的工作，不能仅根据某一孤立的标志就作定论，而应寻找到多种标志进行综合分析。

（六）地震资料的分析处理

地震资料的分析处理包括分析地震活动的空间分布与断裂构造的关系，震源机制解分析断层活动的力学性质。

（七）活动断层位移监测和测量

断层活动性观测包含两个层次的工作，即论证所研究断层是否具有现代活动性和测取已确认的现代活动断层的活动性参数。为前一个目的而设置的断层形变观测站一般建在距勘探工地较远的地方，多采用地表跨断层的短水准、短基线、三角网等方法，近年已开始应用高精度的 GPS 技术。为后一个目的目前应用较多的是在专门的平硐内设置断层活动测量仪，对断层形变进行连续自动的模拟记录；也可以采用跨断层的短水准、短基线、钻孔倾斜仪，以及水管倾斜仪、石英伸缩仪等方法。

第四节　常用的断层活动性测年方法

断层活动性研究主要关心的是断层在晚更新世 Q_3 以来的构造活动，所使用的方法的测年范围应该在百万年以内。

一、放射性碳（^{14}C）法

放射性碳（^{14}C）法是一种基于放射性同位素衰减的测年方法。

物质中 ^{14}C 的浓度通常采用放射性比度来表示，即每克碳中每分钟内 ^{14}C 的衰变次数，单位为 dpm/g。假定在最近的四五万年间宇宙辐射的强度未变，样品被埋藏后可以满足化学封闭条件，则样品的 ^{14}C 年龄 t 由式（3-4-1）计算：

$$t = -8\,033\ln(A_{sn}/A_{on}) \qquad (3\text{-}4\text{-}1)$$

式中　A_{sn}——样品残留的 ^{14}C 比度；

A_{on}——现代碳的 ^{14}C 比度。

可供 ^{14}C 测年的物质种类比较多，如木头、木炭、泥炭、淤泥、腐殖土、珊瑚、贝壳、骨头以及次生碳酸盐（泉华、石笋、钙质胶结层和钙结核）等。^{14}C 法测年的适用范围为 200 ~ 50 000 年。

二、热释光（TL）法

热释光是结晶固体特有的一种发光现象，是矿物接受了核辐射而产生的。

结晶固体在其形成和存在的过程中，接受了来自周围环境和宇宙中的放射性核辐射，固体晶格以内部电子的转移来贮存核辐射带来的能量，这种能量在遇到外来热刺激（或光照）后，又能通过贮能电子的复原运动而以光子发射的方式再度把能量释放出来，这就是热释光。

自然界的沉积物中含有微量的长寿命放射性元素——铀、钍和钾，它们在衰变过程中所释放的 α、β 和 γ 射线可使晶体发生电离，产生游离电子。这些游离电子大部分很快复原，有一部分就被较高能态的晶格缺陷所捕获而贮藏在陷阱中。当晶体受到热刺激（或光照）时，被俘获的电子获得能量就可逸出陷阱产生热释光。释放的光子数与陷阱中的贮能电子数成正比，贮能电子数与晶体接受的核辐射剂量成正比，即晶体的热释光强度与接受的核辐射总剂量成正比。在一定的时段内，半衰期很长的铀、钍和钾的放射性强度几乎为恒量，结晶固体每年接受的核辐射剂量也应视为恒定值。因此，可以认为，晶体的热释光强度与贮能电子累积的时间成正比。这就是热释光法测年的基本原理。

目前，热释光法测年中最常用的矿物是石英，其次是方解石、钾长石等，陨石也可用于测年。对于断层活动性研究的采样来说，常用的样品为断层泥、具有构造意义的方解石脉、能够反映活动年代意义的细粒松散沉积物（风成或河湖相沉积）和钟乳石等。热释光法测年的适用范围为 $10^2 \sim 10^6$ 年。

三、光释光（OSL）法

光释光法是在热释光法的基础上形成的一种测年方法，其信号形成机理与热释光信号相同。不过，光释光信号具有光敏感性，光释光信号在强光下，就能全部释放出来。因此，在自然风化搬运沉积过程中，其已有的光释光信号较热释光信号更易回零。

光释光法所测样品主要是风成沉积物（黄土）和细粒的河湖相、冰水相沉积（如粉砂和黏土）等第四纪沉积物。由于在同等沉积条件下，光释光信号比热释光信号更易于回零，所以对于松散沉积物测年而言，光释光法得到的结果可能更为可靠。

四、电子自旋共振（ESR）法

科学家很早就观测到一种现象：顺磁性物质在高频电磁波的作用下，当磁场强度和微波频率调节到某一特定值时，微波能量会被顺磁性物质强烈吸收，称为顺磁共振。由于这一现象的本质与顺磁性物质中的自旋电子有关，所以也被称为电子自旋共振。

电子自旋共振波谱仪是探测物质中不成对电子浓度的直接工具。由于矿物中普遍存在能够捕获由辐照产生的自由电子（或失去电子的空穴）的缺陷，它们可以形成含有不成对电子（空穴）的顺磁中心。由于样品中顺磁中心的浓度是随着辐照剂量的增加而增加的，那么样品中顺磁中心的数目将与样品的年龄成正比。假设样品形成时含有的顺磁中心数为零，而且环境的自然辐照剂量相对不变，通过用电子自旋共振波谱仪来确定样品形成后所接受的等效辐照剂量，可以推算出样品的年龄。

电子自旋共振法所测样品种类很多。对于断层活动性研究来说，一般常用的样品有断层泥、具有构造意义的方解石脉、能够反映活动年代意义的细粒松散沉积物（风成或河湖相沉积）和钟乳石等。电子自旋共振法测年的适用范围为 $10^3 \sim 10^6$ 年。

五、石英颗粒表面显微观测(SEM)法

石英颗粒表面显微观测法又称为扫描电镜形貌分析法,属于相对测年方法,所测样品为断层泥中的石英碎砾。

断层泥中的主要成分为碎砾和黏土矿物,碎砾主要是石英和其他矿物及原岩碎屑,其中石英是稳定的矿物,形成后不会风化变质为其他矿物,而因溶蚀程度的不同表现出不同的溶蚀类型。同时,石英碎砾的溶蚀程度与时间是相关的,可在经验上和统计上得到不同时期形成的石英碎砾的溶蚀特征分布。这样,对比所测样品中石英碎砾的溶蚀类型和所占的比例就可以得到样品形成的地质时期。

石英颗粒表面显微观测法可用于确定晚第三纪以来的样品的相对年龄。

六、第四纪孢粉分析法

第四纪孢粉分析法是通过对第四纪孢子花粉化石的研究,达到恢复第四纪古植被、古气候及古地理环境,进而划分和对比第四纪地层,尤其可用于划分全新世松散沉积物的相对年龄。

将孢粉分析法用于断层活动性研究,主要是通过鉴别断层上覆盖的第四纪地层的年代,测定断层停止活动的大致时间。

孢粉分析法的应用受到很多限制,不仅取决于样品所含孢子花粉的数量和种类,还取决于对当地第四纪古植被、古气候及古地理环境的研究深度。

除上述方法外,还有铀系不平衡法、钾-氩法和裂变径迹法等。

第五节　地震安全性评价

一、地震安全性评价的工作内容

(一)《工程场地地震安全性评价技术规范》(GB17741—1999)的有关内容

工程场地地震安全性评价工作共分四级,各级工作必须符合下列要求。

(1)级工作包括地震危险性的概率分析和确定性分析、能动断层鉴定、场地地震动参数确定和地震地质灾害评价。适用于地震安全性要求高的重大建设工程项目中的主要工程。

(2)Ⅱ级工作包括地震危险性的概率分析及地震小区划。适用于《中国地震烈度区划图(1990)》烈度值6度及6度以上地区的大城市、重要经济开发区以及覆盖区域较大的重要生命线工程中的主要工程。

(3)Ⅲ级工作包括地震危险性的概率分析、场地地震动参数确定和地震地质灾害评价。适用于《中国地震烈度区划图(1990)》烈度值6度及6度以上地区除Ⅰ级、Ⅱ级外的重大建设工程项目中的主要工程。

(4)Ⅳ级工作依据现行《〈中国地震烈度区划图(1990)〉使用规定》。对需要进行地震烈度复核者进行地震危险性概率分析。适用于Ⅰ级、Ⅱ级、Ⅲ级以外的工程。

地震安全性评价内容包括区域地震活动性和地震构造、近场及场区地震活动性和地震构造、场地工程地震条件、地震烈度与地震动衰减关系、地震危险性的确定性分析、地震危险性的概率分析、区域性地震区划、场地地震动参数确定和地震地质灾害评价、地震动小区划等九部分内容。对于水利水电工程场地来说,上述内容中一般不进行区域性地震区划和地震动小区划的内容。

(二)《地震安全性评价管理条例》的有关内容

第六条 国家对从事地震安全性评价的单位实行资质管理制度。

从事地震安全性评价的单位必须取得地震安全性评价资质证书,方可进行地震安全性评价。

第七条 从事地震安全性评价的单位具备下列条件,方可向国务院地震工作主管部门或者省、自治区、直辖市人民政府负责管理地震工作的部门或者机构申请领取地震安全性评价资质证书:

(一)有与从事地震安全性评价相适应的地震学、地震地质学、工程地震学方面的专业技术人员;

(二)有从事地震安全性评价的技术条件。

第十一条 下列建设工程必须进行地震安全性评价:

(一)国家重大建设工程;

(二)受地震破坏后可能引发水灾、火灾、爆炸、剧毒或者强腐蚀性物质大量泄露或者其他严重次生灾害的建设工程,包括水库大坝、堤防和贮油、贮气、贮存易燃易爆、剧毒或者强腐蚀性物质的设施以及其他可能发生严重次生灾害的建设工程;

(三)受地震破坏后可能引发放射性污染的核电站和核设施建设工程;

(四)省、自治区、直辖市认为对本行政区域有重大价值或者有重大影响的其他建设工程。

第十四条 地震安全性评价单位对建设工程进行地震安全性评价后,应当编制该建设工程的地震安全性评价报告。

地震安全性评价报告应当包括下列内容:

(一)工程概况和地震安全性评价的技术要求;

(二)地震活动环境评价;

(三)地震地质构造评价;

(四)设防烈度或者设计地震动参数;

(五)地震地质灾害评价;

(六)其他有关技术资料。

(三)《地震监测管理条例》的有关规定

第十四条 下列建设工程应当建设专用地震监测台网:

(一)坝高 100 米以上、库容 5 亿立方米以上,且可能诱发 5 级以上地震的水库;

(二)受地震破坏后可能引发严重次生灾害的油田、矿山、石油化工等重大建设工程。

第十五条 核电站、水库大坝、特大桥梁、发射塔等重大建设工程应当按照国家有关规定,设置强震动监测设施。

第十六条 建设单位应当将专用地震监测台网、强震动监测设施的建设情况,报所在地省、自治区、直辖市人民政府负责管理地震工作的部门或者机构备案。

二、水利水电工程的有关规定

《水利水电工程地质勘察规范》(GB50287—99)规定，工程场地地震基本烈度和地震危险性分析应根据工程的重要性和地区的地震地质条件，按下列规定进行。

(1)坝高大于200m或库容大于$10\times10^9m^3$的大(1)型工程或地震基本烈度为7度及以上地区的坝高大于150m的大(1)型工程，应进行专门的地震危险性分析。

(2)其他大型工程可按现行《中国地震烈度区划图(1990)》确定地震基本烈度。对地震基本烈度为7度及以上地区的坝高为100～150m的工程，当历史地震资料较少时，应进行地震基本烈度复核。

(3)地震危险性分析应包括工程使用期限内不同超越概率水平下坝、库区可能遭受的地震烈度，坝址基岩地震峰值水平加速度及反应谱等地震动参数，以及合成基岩地震动时程。

《水工建筑物抗震设计规范》(SL203—97)和《水工建筑物抗震设计规范》(DL5073—2000)规定，坝高大于100m、库容大于5亿m^3的水库，如有可能发生高于6度的水库诱发地震时，应在水库蓄水前就进行地震前期监测。

第六节 《中国地震动参数区划图》(GB18306—2001)

中国地震动参数区划图包括中国地震动峰值加速度区划图、中国地震动反应谱特征周期区划图和地震动反应谱特征周期调整表。

新建、扩建、改建一般建设工程的抗震设计和已建一般建设工程的抗震鉴定与加固必须按本标准规定的抗震设防要求进行。

下列工程或地区的抗震设防要求不应直接采用本标准，需作专门研究。

(1)抗震设防要求高于本地震动参数区划图抗震设防要求的重大工程、可能发生严重次生灾害的工程、核电站和其他有特殊要求的核设施建设工程。

(2)位于地震动参数区划分界线附近的新建、扩建、改建建设工程。

(3)某些地震研究程度和资料详细程度较差的边远地区。

(4)位于复杂工程地质条件区域的大城市、大型厂矿企业、长距离生命线工程以及新建开发区等。

中国地震动峰值加速度区划图和中国地震动反应谱特征周期区划图的比例尺为1:400万，设防水准为50年超越概率10%，场地条件为平坦稳定的一般(中硬)场地。两图均不应放大使用。

地震动反应谱特征周期调整表采用四类场地划分，使用时应根据工程场地的具体条件按表3-6-1予以调整。

《中国地震动参数区划图》(GB18306—2001)直接采用地震动参数(地震动峰值加速度和地震动反应谱特征周期)，不再采用地震基本烈度。现行有关技术标准中涉及地震基本烈度概念的，应逐步修正。在技术标准等尚未修订(包括局部修订)之前，可以参照下述方法确定。

表 3-6-1　地震动反应谱特征周期调整表

特征周期分区	场地类型划分			
	坚硬	中硬	中软	软弱
1 区	0.25	0.35	0.45	0.65
2 区	0.30	0.40	0.55	0.75
3 区	0.35	0.45	0.65	0.90

(1)抗震设计验算直接采用本标准提供的地震动参数。

(2)当涉及地基处理、构造措施或其他防震减灾措施时,地震基本烈度数值可由本标准查取地震动峰值加速度并按表 3-6-2 确定,也可根据需要作更细致的划分。

表 3-6-2　地震动峰值加速度分区与地震基本烈度对照表

地震动峰值加速度分区	$<0.05g$	$0.05g$	$0.10g$	$0.15g$	$0.20g$	$0.30g$	$>0.40g$
地震基本烈度(度)	<6	6	7	7	8	8	≥9

第七节　地震反应谱的基本概念

反应谱是抗震设计的基础,关系到地面运动输入作用和设防的标准。关于反应谱,首先要区分实际地震反应谱和抗震设计反应谱。

实际地震反应谱是根据一次地震中强震仪记录的加速度记录计算得到的谱,也就是具有不同周期和一定阻尼的单质点结构在地震地面运动影响下最大反应与结构自振周期的关系曲线。包括加速度反应谱、速度反应谱和位移反应谱。

抗震设计反应谱是根据大量实际地震记录分析得到的地震反应谱进行统计分析,并结合震害经验综合判断给出的。也就是说,设计反应谱不像实际地震反应谱那样具体反映一次地震动过程的频谱特性,而是从工程设计的角度,在总体上把握具有某一类特征的地震动特性。根据《水工建筑物抗震设计规范》(SL203—97),抗震设计反应谱是抗震设计中所采用的一定阻尼比的单质点体系,在地震作用下的最大加速度反应随体系自振周期变化的曲线,一般以其与地震动最大峰值加速度的比值表示。

关于水工建筑物设计反应谱的确定,详见《水工建筑物抗震设计规范》(SL203—97)。

第八节　水库诱发地震

一、水库诱发地震的定义及基本特征

(一)水库诱发地震的定义

因蓄水而引起库盆及其邻近地区原有地震活动性发生明显变化的现象称为水库诱发

地震，简称水库地震。它是人类兴建水库的工程建设活动与地质环境中原有的内、外应力引起的不稳定因素相互作用的结果，是诱发地震中震例最多、震害最重的一种类型。

据不完全统计，我国迄今已发现水库诱发地震的工程有31例，其中有争议和尚未确认的有9例，是世界上水库诱发地震最多的国家之一。

（二）水库诱发地震的基本特征

通过对我国已有震例的研究，可归纳出水库诱发地震的以下特点。

1. 发震概率

国内外统计资料表明，虽然出现水库诱发地震的工程占水利水电工程总数的比例不足0.1%，但随着坝高（蓄水深度）和库容的增大，其所占比例明显增高。

2. 空间分布

水库诱发地震研究的早期，地震台网分布稀疏，震中定位精度较低，许多发震水库又缺乏现场调查资料。研究者曾主观认为距大坝或水库几何中心25～50km以内的地区，如果蓄水后出现的地震活动就属于水库诱发地震。这一标准曾引起很大的争议。

近年来，随着研究的深入和工程专用小孔径台网的增加，测震资料和震中区详细的现场调查都表明，典型的水库诱发地震在空间分布上具有若干明显的特点。平面分布上，震中的主体部分集中在库盆和距库岸3～5km以内的地方，特殊情况下（如区域性大断裂带横穿库区或水库沿喀斯特暗河形成地下支汊）也不至超过10km。垂向分布上，水库诱发地震一般都属于极浅震，震源深度在3～5km以内；国内外曾对一些水库用极近场密集台网（可控制震源深度误差小于0.5～0.7km）进行专门研究，测得的震源深度只有0.2～1.2km。此外，虽然有一些水库诱发地震（包括新丰江和柯依纳两次强震）发生在大坝附近，但大部分较大水库的诱发地震并未发生在水深和载荷最大的库首部位，而是在库区中段甚至在库尾。许多发震水库可以明显地划分出若干个震中密集区，它们相隔有一定的距离，有相对确定的范围，各自有相对独立的发生发展过程。在有的震例中，相距较近的震中区地震此起彼落，来回迁移，表现出某种有机联系。

水库诱发地震的空间分布特征表明，水深及载荷只是诱发地震的因素之一，而局部地段是否存在有利于诱发地震的地质地形条件组合，可能更为重要。

3. 时间分布

蓄水与地震活动之间的相关关系是水库地震研究中首先受到注意的特征。有些研究者曾提出，水库诱发地震活动的频次和强度与库水位呈明显的正相关，最大地震往往在水深达到100m前后发生；地震活动滞后于水位上升的现象则归因于孔隙压力传递至震源区所需的时间。随着震例的增多发现，诱发地震活动与水库充水过程之间，或者说，水库地震在时间分布上存在着十分复杂的景象。

1）初震

我国大部分震例的初震出现在开始蓄水后几天至一两年。更细致的分析则表明，同一水库的几个震中密集区出现初震的时间是不同的，但大都是在库水位刚刚上涨到该震中区并超过当地天然最高洪水位的时刻，几乎没有滞后。值得特别注意的是，大型水库的施工组织复杂，工期长，蓄水过程也长，诱发地震的初震多半在施工期间或蓄水初期出现，有可能成为施工人员必须立即采取适当对策的实际工程问题。新丰江和1979年以来发生诱发地震的高坝大库,无一例外地都是这种情况。

2)主震

主震与蓄水过程的关系比较复杂,大致可以归纳为以下几种情况。

(1)大部分震例的主震发生在蓄水初期、库水位持续上升至水库开始正常运行的时段中,与初震之间的滞后从不到1个月至2~4年不等,它取决于首次蓄至设计水位所需的时间。一些具有多年调节性能的大水库,投入运行后库水位长期不能达到设计高程,主震发生的时间甚至可能在蓄水后数年至十几年不等。

(2)有一部分水库,初震序列中最大的地震也就是该库的主震,以后诱发地震活动逐渐减弱、平息。这类主震震级一般不高,多数在里氏3级上下。

(3)同一水库的几个震中区,往往有各自的主震,它们发生的先后、震级大小等取决于该震中区自身的地震地质特征,相互间没有明显关系。

(4)少数水库,在达到最高水位后并没有发震,又经历了若干次正常的充水—消落年周期,才在库区或邻近地区出现较大地震。它们是否属于水库诱发地震往往存在较大的争议。美国的渥洛维尔是典型的震例,我国佛子岭、大化等也有类似情况。

3)衰减和平息

水库诱发地震活动的衰减一般比较缓慢,当其频次和强度回落至蓄水前天然地震的水平,就可以认为因蓄水而诱发的地震活动已经平息。4次强震中,新丰江和柯依纳的水库地震经历了30年以上,至今仍未完全平息;卡里巴和克里马斯塔估计在主震后10年左右已趋平息。大部分水库在主震后的衰减过程延续数年至10余年,但同一水库中不同震中区往往不一样,其中一些在发震后很快就停止了活动,另一些则会延续较长时间。一般来说,主震震级较小,其衰减至平息的时间也较短一些。也有一些中小水库,主震强度并不大,但历经多年,遇到一定的水位和天气条件的情况下,仍然会发生地震。

上述时间分布特征同样也表明,水库诱发地震的成因是复杂的,不能单一地只考虑库水位高低一个因素。

4.最大地震的强度

一般把$M_S \geq 4.7$级(或震中烈度≥6度)的天然地震称为破坏性地震,小于4.7级则称为小震。考虑到水库地震震源较浅,震中烈度偏高等因素,在水库诱发地震研究中,将$M_S \geq 6.0$级的水库地震称为强烈地震(强震),5.9~4.5级的称为中等强度地震(中强震),4.4~3.0级的称为弱震,小于3.0级的称为微震。有时还将$M_S < 1.0$级($M_L < 1.8$级)的划分出来,称之为极微震。

据统计,全球的水库诱发地震,强震仅占3%,中强震约占27%,另外的70%是弱震和微震;我国则相应为4%、16%和80%。也就是说,在已知的震例资料中,绝大部分的水库诱发地震是微震和弱震,只有少数为中强震、个别为强震。

根据水库地震震例调查资料,4次强震(M_S为6.1~6.5级)的震中烈度为8度或8度强;中强水库地震震中烈度为6度至7度,如参窝4.7级地震为7度,丹江口4.8级为6度。可见,强烈和中等强度的水库地震,其震中烈度与浅源天然构造地震的情况基本一致。弱震的震中烈度往往可达到5至6度(如新店4.2级为6度,南水3.0级为5度,前进 3.0 级为 6 度等),微震的震中烈度可达 5 度,有时在一个极小范围内甚至能达到 6 度(如铜街子 2.9 级为 5 度,南充 2.8 级为 6 度,鲁布革 2.4 级为 6 度等)。它们均明显高于天然构造地震的情况,而且可以观察到震级较小时烈度偏高的程度更大一些,但尚未见到 4.5 级以下的水库地震震中烈度达到 7 度的事例。

强烈和中强水库诱发地震在大多数情况下都超过了当地历史记载的最大地震。许多发生了弱震和频繁有感微震的水库,也是当地居民记忆中所未曾有过的重大事件。

4 座发生强震的水库,水深在 100m 上下,库容大于 20 亿 m^3。但现有震例的统计资料表明,从总体上看,发震水库的最大地震和水库规模之间并不存在明显的相关关系。许多水深超过 150m 或库容大于 100 亿 m^3 的工程只出现了弱震或微震。反之,也有不少水库,水深不足 50m,库容小于 10 亿 m^3,却发生了 4.5 级甚至 5 级以上的中强震。

5. 水库诱发地震的危害

发生在坝址附近的强震和中强震,有可能对大坝和其他水工建筑物造成直接损害。已知挡水建筑物遭受明显损害的有两个震例(见表 3-8-1),但尚未发现大坝因水库地震而溃垮或严重破坏的情况。水库诱发地震中的弱震和微震,即使发生在坝址地区,一般也不会给主要水工建筑物带来损害。

表 3-8-1 水库诱发地震造成水工建筑物损害情况汇总

大坝名(国家)	震级	震中至大坝距离(km)	坝区影响烈度	水工建筑物受到的损坏		加固处理情况
				挡水建筑物	其他建筑物	
柯依纳(印度)	6.5	3~6	8 度	12~18 号坝段和 24~30 号坝段坝顶以下 40m 左右发生多条水平裂缝,下游面出现严重漏水现象,但库水位并无明显下降	坝顶起吊塔严重破坏,坝面上其他附属建筑也有损坏,水电站建筑物受轻微破坏而中断运行	地震后降低水位,用环氧树脂对裂缝灌浆黏合,并用预应力钢索加固,耗资约 740 万美元,至今已安全运行近 30 年
新丰江(中国)	6.1	1.1	8 度	大坝右侧接近顶部 108m 高程产生贯穿性水平裂缝,长达 82m;左侧同一高程有断续水平裂缝,长 13.5m,出现轻微渗漏现象	坝后厂房主结构受轻微损坏	蓄水初期发生微震,开始大坝第一期加固工程,主震后进行第二期加固;加固过程中运行未中断,迄今已安全运行 30 余年

水库诱发地震对库区及邻近地区居民点的影响则更为常见。强震和中强震会造成一定范围内的人员伤亡和民居严重损坏。表 3-8-2 是 3 次强烈水库地震对震中区造成的损害情况。水库地震中的弱震和微震烈度往往偏高,加之震感明显,地声频频,常常会在震中区极小范围内造成少量房屋的损坏和个别人员受伤,并在当地居民中引起普遍惊慌,影响正常的生产生活,带来间接的经济损失。

表 3-8-2　强烈水库诱发地震对震中区造成损害情况汇总

坝　名	震级	震中烈度	人员伤亡	物质损失
柯依纳（印度）	6.5	8 度	死 180 人 伤 2 300 人	震中区几个村镇大部房屋倒毁，受到影响的村镇达到 1 000 个，震坏房屋 47 000 栋
新丰江（中国）	6.1	8 度	死 6 人 伤 80 人	倒塌房屋 1 800 间
克里马斯塔（希腊）	6.2	8 度	死 1 人 伤 60 人	480 间房屋倒塌，1 200 间严重破坏，21 500 处建筑物受损坏

二、水库诱发地震的类型

水库诱发地震大体上可分为三大类，即内成成因的水库地震（简称构造型水库地震）、外成成因的水库地震（包括喀斯特型、地表卸荷型等）、混合型水库地震。其中，构造型水库地震的强度较高，喀斯特型较为常见。

（一）构造型水库地震

构造型水库地震是对水利水电工程影响最大、也是国内外研究最多的类型。通过对主震震级 $M_S \geq 4.5$ 级震例的地震地质环境的分析，可以将主要的发震条件归纳为：①区域性断裂带或地区性断裂（参见断裂构造分级）通过库坝区；②断层有晚更新世以来活动的直接地质证据；③沿断层带有历史地震记载或仪器记录的地震活动；④断裂带和破碎带有一定的规模和导水能力，与库水沟通，并可能渗往深部。

构造型水库地震中还有一种类型，即原来的天然地震活动水平比较高，蓄水至高水位时地震反而减少（如美国的安德逊水库、我国台湾曾文水库等）。其震例数量较少，研究程度较差，对工程也没有明显影响。

（二）喀斯特型水库地震

喀斯特型水库地震是最常见的类型，中国震例中 70% 以上处在碳酸盐岩分布地区。主震震级多数为 1 ~ 2 级，最大不超过 4 级。震例分析表明，只有在合适的喀斯特水文地质结构条件下，才会出现喀斯特型水库地震，其发生的主要条件可归纳为：①库区有较大面积的碳酸盐岩分布，特别是质纯、层厚、块状的石灰岩；②现代喀斯特作用强烈；③一定的气候和水文条件（如暴雨中心、陡涨陡落型洪峰等）。

（三）地表卸荷型水库地震

近年的资料表明，地表卸荷型水库地震比原先预想的更为常见。现代强烈下切的河谷下部（所谓的卸荷不足区）、富硅的岩性条件（如酸性火成岩、硅质或富含燧石结核的灰岩）等，可能有利于此类水库地震出现。一般震级不高，延续时间不长，但有时很小的地震就有强烈震感，对工程和库区环境的影响不可忽视。

三、水库诱发地震产生的地震地质背景

不同成因类型的水库地震，其发震条件不同，地震的最大发震强度和对工程的影响程

度也大不相同。下面对几种主要类型的水库诱发地震产生的地震地质背景进行讨论。

(一)构造型水库地震的地震地质背景

构造型(增强亚型)水库诱发地震是对水利水电工程影响最大的一类,也是国内外研究最多的类型。通过对已有震例资料、特别是那些主震震级 M_S 在 4.5 级以上的发震水库的条件,以及它们所处地震地质环境的分析,可以将构造型(增强亚型)水库地震的主要发震条件归纳为如下几条:

(1)区域性断裂(高等级大地构造单元之间的边界断裂)或地区性断裂(或低等级构造单元的分界断层)通过库坝区。

(2)断层有现今活动(Q_3 以来)的直接地质证据。

(3)沿断层线有可靠的历史地震记载或仪器记录的地震活动。

(4)断裂带和破碎带有一定的规模和导水能力,有可能成为通往地质体深处的水文地质结构面。

(5)断裂带与库水直接接触,或通过次级旁侧断层、横断层等与库水保持一定的水力联系(可按主断裂带至库边距离不大于 10km 考虑)。

这五条判别标志中,前三条是诱发构造型水库地震的地质构造基础,第四条指必要的水文地质环境,第五条则反映了库水作用的途径和方式。它们共同反映了一个概念,就是认为诱发构造型水库地震的必要条件,是必须存在库水向深部循环的通道,蓄水后才有可能引起数千米以下地质体中原有构造应力场的某种扰动,进而在特定条件下导致原已积累的构造应力"提前释放"。喜马拉雅期以来强烈活动的区域性断裂带,既是现今构造应力场中的突变段或薄弱地带,又因其最新活动而至今保持着相对破碎松散的状态,只有它们才能构成这种深循环的必要通道。

有些研究者根据某些震例的经验,还提出过多种判别标志。有些标志如新生代盆地的边缘部位、库区有温泉出露等,只是活动断层的间接标志,本身就具有多解性和较大的不确定性;另一些如花岗岩等块状坚硬岩体的介质条件等,也不是诱发构造型水库地震的必要条件。

构造破裂型(减弱亚型)的水库诱发地震,在 20 世纪 70 年代初已有个别震例报道。Gupta H. K. (1992)在其专著中列出了美国的安德逊水库、我国台湾曾文水库等 8 个震例。由于数量较少,并且因其蓄水后地震活动减弱而不易引起工程界的注意,研究程度较差。目前只能提出以下几个初步的判别标志,供工作中参考。

(1)有明显的现代活动断层穿过库坝区,并且与库水之间保持有水力联系。

(2)库坝区原来的天然地震活动水平就比较高,蓄水前记录到相对频繁的微弱地震,蓄水后地震活动反而减弱。

(3)库盆主要由较软弱的砂、页岩等层状岩体组成(美国佛莱敏峡水库的震中区为前寒武系的层状变质岩)。

(二)喀斯特塌陷型水库地震的地震地质背景

喀斯特塌陷型水库地震是最常见的类型。我国的震例中,70% 以上处在碳酸盐岩分布地区。不少研究人员曾经推断,库水能通过喀斯特管道的沟通而沿断层渗入到地质体的深部,并认为这是诱发构造型水库地震的有利条件。实际上,现代喀斯特主要是当地侵蚀基准面附近和地下水水位变幅带范围内的现象。任美锷等(1983)统计了我国部分地区深部洞穴的最低标高,多在 -200 m 至 -700m 之间,距当地地表不到 1km。这说明在侵蚀基准面以下 1km 的深度上,断层带内地下水的循环已极为缓慢,很难形成一定规模的喀斯特发育带,对于引发中强以上构造型水库地震,其作用已微不足道。

对我国碳酸盐岩地区震例的分析表明,喀斯特发育初期(溶孔溶隙阶段)不会诱发地震,深部喀斯特和现今已不再活动的古喀斯特也不会诱发地震,发育晚期的喀斯特(溶丘—洼地或宽谷—残丘阶段)发生水库地震的可能性也很小。只有在喀斯特发育的壮年期(喀斯特管道系统阶段)和青年期(溶隙和个别漏斗、溶洞阶段),才会出现喀斯特塌陷型水库地震,其中又以前者的可能性更大。结合对其发震机理的研究,可总结出喀斯特塌陷型水库地震发生的主要条件为:

(1)库区有较大面积的碳酸盐岩分布,其中包括某些地层厚度较大且质纯的厚层块状灰岩。

(2)现代喀斯特作用发育,可见明显的喀斯特管道系统,蓄水前已有天然喀斯特塌陷或喀斯特地震的记载。

(3)一定的气候和水文条件。

(4)合适的喀斯特水文地质结构条件。

所谓喀斯特水文地质结构,是指碳酸盐岩层组类型与喀斯特水动力单元在空间上的组合关系。它决定着每个局部地段喀斯特的发育阶段和特点。根据控制喀斯特发育的主要地质和水文地质因素,如岩性、单层厚和总厚度、地层中可溶岩与非可溶岩的组合关系,以及地质构造(褶皱形态和断层、裂隙的发育程度)、地貌形态和水动力特征等,可划分出若干种喀斯特水文地质结构类型。不同类型与水库地震的相关性各不相同,在前期预测中可作为一个专项加以考虑。

在这里,第一条是岩性基础,第二条指喀斯特发育的阶段,第三条提出有利于在管道系统中出现强烈的水动力作用的外部条件,它们综合表示出可能发生喀斯特塌陷型水库地震的大环境,通过一般的地质和工程地质调查不难取得必要的资料。然而,在同一个地区,喀斯特的发育阶段往往是不同的,它取决于局部地段是否具有合适的喀斯特水文地质结构条件。因此,判别标志中的第四条就成为判断发震库段和具体部位的关键标志。

(三)地壳表层卸荷型水库地震的地震地质背景

近年的资料表明,地壳表层卸荷型水库地震比原先预想的更为常见。某些构造型或喀斯特塌陷型水库地震序列的初震期间,可能也包含有部分地壳表层卸荷型地震的组分在内。由于这类水库地震的震级很小,不致对工程和环境带来明显危害,且收集完整的测震资料比较困难,国内外研究的都不多,其宏观地震地质条件目前还不很清楚,难以概括出明确的判别标志。现代强烈下切的河谷下部(所谓的卸荷不足区)、富硅的岩性条件(如酸性火成岩、硅质或富含燧石结核的灰岩等),可能有利于其出现。震中区初次被库水淹没时立即发震,时间滞后期极短,但库水消落后再次回升时,只要水位不超过曾达到的高程,往往不再出现新的微震序列。达到设计的最高库水位后两三年内,地震活动就逐渐平息。震中空间分布和震源机制解没有明显的优势方向、地震主压应力轴与谷坡局部应力场相关密切等,也是这类地震的显著特征。

四、水库诱发地震的主要研究内容

在我国水利水电建设的实践中，水库诱发地震的研究和前期预测已成为大型工程库坝区的主要工程地质问题之一。它既是水工建筑物场地区域构造稳定性评价的有机组成部分，又是水库环境评估中的一个重要方面。施工期和运行初期的水库诱发地震监测预测工作引起越来越多的重视，在大部分重大工程中得到实施。

配合勘察设计和施工各阶段的进程，水库诱发地震研究和分析预测工作大体可分三个阶段进行。

第一阶段，在区域构造背景研究和库坝区工程地质测绘的基础上，进行库坝区诱震环境分区，定性评价拟建水库诱发地震的可能性和可能诱震的库段。对具备诱发地震条件的重点库段进行水库诱发地震危险性的初步评估，着重从地质环境的角度判断水库地震的最大强度，其对坝区的影响是否会超过地震基本烈度而成为工程抗震设计的控制因素。一般情况下，本阶段的工作配合可行性研究阶段进行。地震地质条件复杂的大型河流或河段也可以在规划选点阶段开始。

第二阶段，在初步定性评价中认为水库诱发地震对坝区的影响有可能超过地震基本烈度，或水库地震震中区的最大地震烈度有可能等于或超过当地基本烈度的情况下，对诱震可能性较大的地段逐一进行工程地质和地震地质论证，详细校核当地的具体诱震条件，进一步判定发震地点，预测合理的发震强度，并对坝区和有关库段可能遭受的影响作出定量或半定量的评价，直接为水工抗震设计和环境保护工作提供必要的依据。本阶段的工作一般以专题研究的形式在初步设计阶段进行。

第三阶段，对于特殊重要的工程项目和前期预测中确定水库诱发地震危险性较大的一般大型工程，建立水库诱发地震监测预测系统，包括地震监测台网、其他必要的长期监测设施、分析预测中心等，主要目的是：监测蓄水前、后库坝区的地震活动性；对蓄水后的震情变化进行实时动态分析；在发生水库地震后组织现场调查和专门性的补充研究，预测地震发展趋势，评估水工建筑物实际抗震能力，进行对策研究，为工程抗震决策提供技术依据。本阶段的工作一般应在初步设计阶段或技施设计阶段早期开始，地震台网投入运行不得晚于施工准备期。施工期结束后，此项工作应纳入水电站管理部门的大坝内外安全监测系统中，至少延续至库水位达到设计水位两三次之后，在发生水库地震的情况下则应延续至水库诱发地震活动基本平息。

五、水库诱发地震危险性预测

水库诱发地震危险性预测是前期水利水电工程勘测的一项主要工作，其任务是对工程蓄水后出现水库地震的可能性、危险地段、最大强度及其对大坝和库区环境影响进行评估，一般在可行性研究阶段或初步设计阶段进行。早期以专家评估为基础的预测方法，一般通过了解工程场区的地震地质情况、地震活动及现场考察，与其他水库地震的震例资料进行比较后，对诱发地震的可能性和最大震级作出判断。随着震例的增加，研究人员尝试引入各种物理、数学模型，以期减少专家主观因素的影响和使预测意见定量化。

物理模型中常用的有工程类比法和成因模型法两类。

（1）工程类比法。研究人员在全面系统地查清待测水库或其某一区段各诱震因子的状态及其组合之后，与已有震例相类比，作出宏观预测；或者采用专家赋值的方法，对每个因子、每种状态给定一个分数值，按所得总分的高低，分档预测水库地震危险性的大小。此法比较直观且简单易行，有广泛的应用，但研究者的主观影响仍然偏大。

（2）成因模型法。这类模型往往对复杂的地质和水库运行条件进行高度简化，主要参数难以取得实测值，在工程实践中没有得到推广。

数学模型中用得最多的是统计预测模型。这类模型避开成因机制方面的争论，把与水库诱发地震有关的若干因素视为随机量，选取一定数量的发震水库和未发震水库组成样本集，分别求出每一因子不同状态的先验概率，然后按某个统计模型预测所研究水库的诱发地震可能性。目前应用较广的是统计检验模型、模糊数学和灰色系统方法两类。

在原来就有天然地震的地区建坝，蓄水后记录到的地震许多情况下是天然地震活动的正常表现，需要根据天然地震活动的序列资料的统计分析，从时间、空间和强度分布等方面判别蓄水后库区地震的性质，严格区别水库地震与天然地震。

第四章　水库工程地质*

第一节　概　述

在江河上修建的水库，特别是大型水库，在水库蓄水之后，水文条件发生剧烈变化，库区及其邻近地带的地质环境受到较大影响，就产生了各种工程地质问题，如水库渗漏、水库浸没（岩溶地区的内涝）、水库塌岸或岩质边坡失稳、水库诱发地震以及其他环境工程地质问题，对工程效益、库区两岸人民生命财产安全和生存环境造成不同程度的影响。

下面对水库渗漏、水库浸没、水库塌岸以及其他环境地质问题等的特点、发生的地形地质条件及评价方法进行介绍，水库诱发地震的研究方法详见本书工程地质篇第三章。

第二节　水库渗漏

一、水库渗漏类型

水库渗漏有暂时性渗漏和永久性渗漏两种类型。

（一）暂时性渗漏

暂时性渗漏是指水库蓄水初期，库水渗入库水位以下不与库外相通的岩土体中未饱和的孔隙、裂隙和洞穴等，使之饱和而出现的库水渗漏现象。这部分渗漏损失在所有水库都存在，但因其是暂时性渗漏或是一次性损失，对水库初期蓄水可能会造成一定影响，但对水库永久蓄水和正常运行没有威胁，一般不作专门评价。

（二）永久性渗漏

永久性渗漏是指库水沿具透水性的岩（土）体或构造流向库外的邻谷、洼地或坝下游而产生的渗漏现象。这种渗漏是长期的，因而对水库蓄水效益影响极大，轻者削弱了水库调节径流的能力，重者可使水库不能蓄水而失去作用，还可能因大量渗漏带来其他环境地质问题。因此，永久性渗漏是水库渗漏问题研究的重点。

事实上，完全不漏水的水库是没有的。一般情况下，只要是渗漏总量（包括坝区的渗漏量）不影响水工建筑物的安全和水库的经济效益，可以允许一定的渗漏量。对于渗漏规模较大或集中的渗漏通道则需进行工程处理。

二、产生水库渗漏的地质条件

产生水库渗漏的地质条件包括岩性条件、地形地貌条件、地质构造条件、水文地质条件。

---

* 本章主要根据陆兆溱《工程地质学》（2001 年，第二版）编写。

（一）岩性条件

产生水库渗漏的首要条件是库底和水库周边有透水岩层。它们可能是疏松的卵砾石和砂土层、断层破碎带、喀斯特化碳酸岩、裂隙极发育的地层以及各种不整合面、层面和古风化壳等。库底和水库周边区无连续、稳定、封闭可靠的隔水层，或隔水层因被断裂破坏而起不到隔水作用，这些都必将导致水库渗漏。

（二）地形地貌条件

要产生水库渗漏，除具备透水岩层外，还需要具备有利于库水渗漏的地形地貌条件。水库与相邻河谷间分水岭的宽窄和邻谷的切割深度对水库渗漏影响很大。当地形分水岭很单薄，而邻谷又低于库水位很多时，就具备了水库渗漏的地形条件。若有透水岩层通过单薄分水岭地段，由于渗径短、渗流坡降大，外渗的可能性就大；反之，外渗的可能性就小。当邻谷河水位（不包括悬托河）高于库水位时，不产生渗漏。因此，在沟谷切割密度大、深度大的山区，容易具备有利于渗漏的地形条件，如库区和坝下游河道之间的单薄分水岭河湾地段，坝上、下游的支沟间单薄分水岭地段，水库一侧或两侧与邻谷有横向支流相对发育的垭口地段等。

在平原河流上建库，位于曲流段或现代河床一侧的古河道，如果它通向库外或坝下游河道，就会构成库水渗漏的通道。

（三）地质构造条件

在纵向河谷地段，当库区位于向斜部位，因两岸岩层均倾向库内，隔水层将整个水库包围，即使库区内为强喀斯特岩层，水库也是不会渗漏的（见图 4-2-1）。当库区位于单斜构造时，库水会顺倾向渗向低邻谷。当库区位于背斜部位时，若岩层平缓则有沿透水层向两侧渗漏的可能性。但是当单斜谷、背斜谷的岩层倾角较大时，水库渗漏的可能性就会较小。如果库区没有隔水层，或隔水层较薄导致隔水性能差，或隔水层被未胶结的横向断层切断，则水库仍可能漏水。

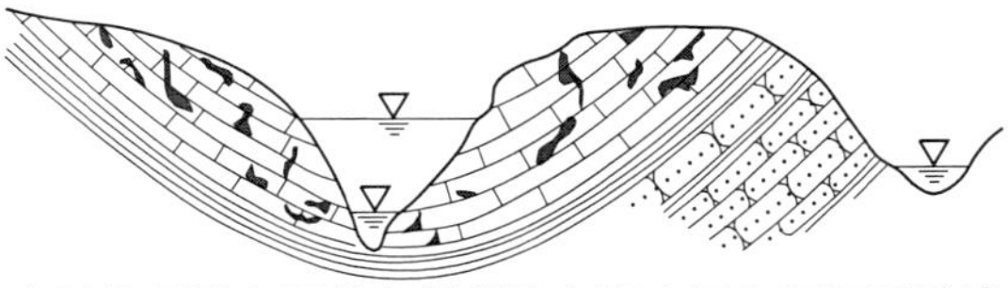

图 4-2-1　库区位于纵向河谷向斜部位有隔水层包围而不致渗漏示意

在横向河谷，水库渗漏的必要条件是：渗漏通道一端出露于库区的库水位以下，并穿过分水岭而与邻谷相通，在邻谷低于库水位的高程出露。横穿分水岭的未胶结的大断层情况与此相似。水库是否渗漏将决定于水文地质条件。

有时断层往往将透水岩层切断，使渗漏通道失去与邻谷的连通性（见图 4-2-2）。这对防止水库渗漏有利。但也有相反的情况，即隔水层被断层切断，使水库失去封闭条件，不同透水层连通起来，成为渗漏通道（见图 4-2-3）。

（四）水文地质条件

具备了有利于渗漏的岩性、地形地貌、地质构造条件，是否能产生渗漏还取决于水文地质条件。要具体分析分水岭地区地下水出露和分布特征，确定有无地下水分水岭、地下分水岭的高程及其与水库正常蓄水位的关系。如果水库蓄水之前该河段就向邻谷渗漏，

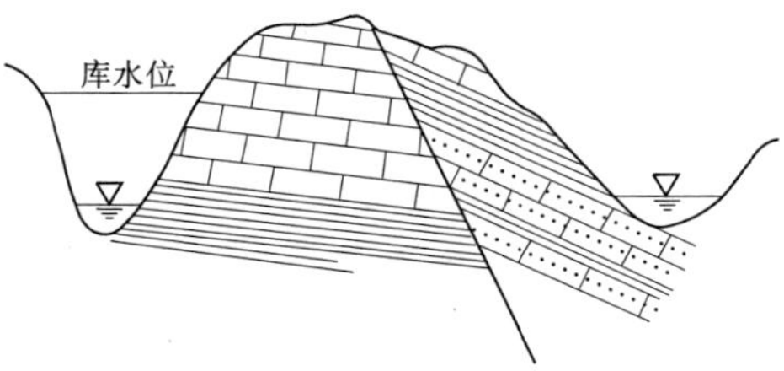

图 4-2-2　断层切断渗漏通道示意

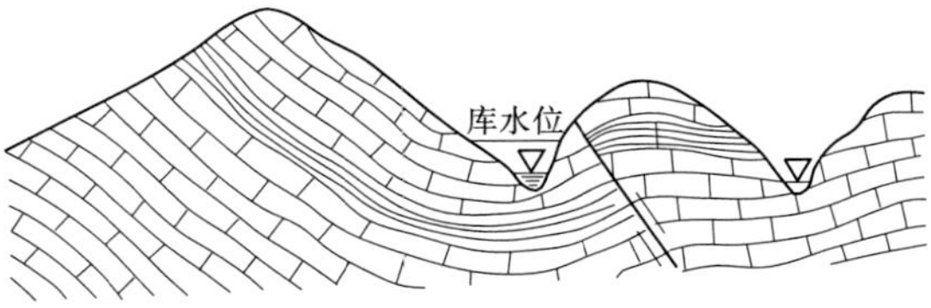

图 4-2-3　断层破坏隔水层的连续性示意

分水岭地区无地下水分水岭，则水库蓄水后渗漏必然加剧，见图 4-2-4(a)；如果建库前邻谷地下水流向库区河谷，河间地区无地下水分水岭，但邻谷水位低于水库正常蓄水位，则建库后水库仍将向邻谷渗漏，见图 4-2-4(b)；如果水库蓄水前地下水分水岭高程大大低于水库正常蓄水位，则建库后水库蓄水地下分水岭消失，库水向邻谷渗漏，见图 4-2-4(c)；如果地下水分水岭高程略低于水库正常高水位，则建库蓄水后地下水壅高，使地下水分水岭高于水库正常蓄水位，不会产生渗漏，见图 4-2-4(d)；如果蓄水前地下水分水岭高于水库正常蓄水位，则建库后不会向邻谷渗漏，见图 4-2-4(e)。

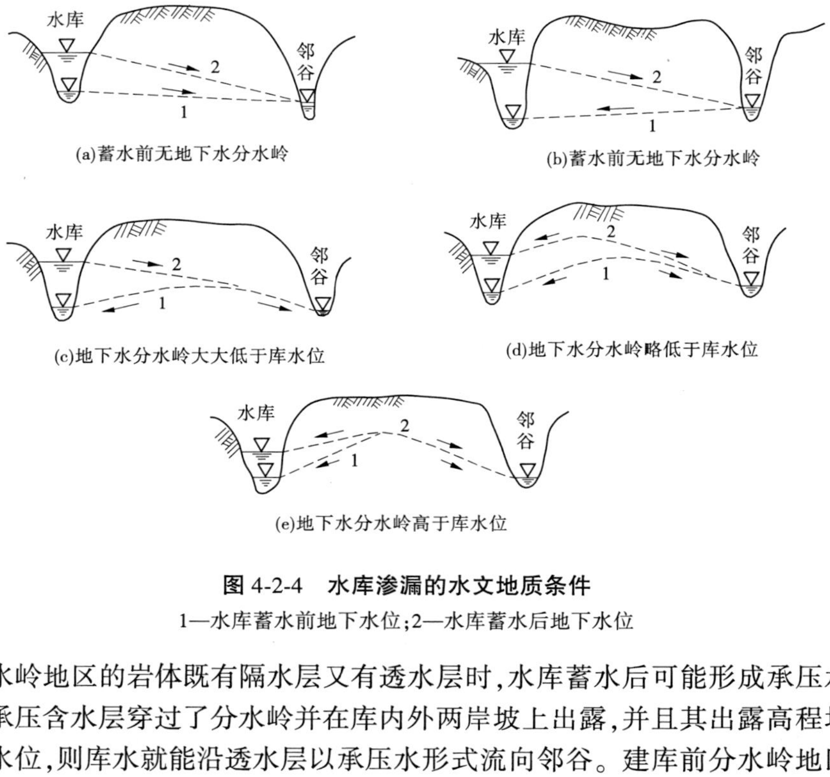

(a)蓄水前无地下水分水岭　(b)蓄水前无地下水分水岭

(c)地下水分水岭大大低于库水位　(d)地下水分水岭略低于库水位

(e)地下水分水岭高于库水位

图 4-2-4　水库渗漏的水文地质条件

1—水库蓄水前地下水位；2—水库蓄水后地下水位

当分水岭地区的岩体既有隔水层又有透水层时，水库蓄水后可能形成承压水渗漏通道。只要承压含水层穿过了分水岭并在库内外两岸坡上出露，并且其出露高程均低于水库正常蓄水位，则库水就能沿透水层以承压水形式流向邻谷。建库前分水岭地区有承压水露头时，只要泉水出口高程超过水库正常蓄水位且其内部通道没有与低处泉水串通，则库水就不会沿该承压含水层渗漏。若泉水出口高程低于库水位，库水能否沿承压含水层渗漏则应根据承压含水层的补给区和排泄区的具体情况确定。

在喀斯特地区，当建库河谷河水向地下水补给时，最容易产生大量渗漏，库水会沿库区的落水洞、盲谷、溶洞等岩溶通道大量外漏。在覆盖型岩溶洼地建库时,如果覆盖层厚度不大、抗渗性不强,则覆盖层会因库水渗漏而产生塌陷,或因地下洞穴空腔中的气、水体击穿覆盖层引起水库大量渗漏。在河床下存在与河床平行或叠置的地下径流,其排泄点在库外时,会发生水库渗漏。在河湾地段,凸岸地下喀斯特强烈发育时,可形成与河流大致平行的纵向径流带,此时即使存在地下水分水岭,也会因纵向径流带的地下水位低于水库蓄水位而产生水库渗漏。此外,当库区外分水岭两侧的喀斯特管道系统相互连通或经溶蚀裂隙而沟通时,若这种连通或沟通部位低于水库蓄水位,同样会发生水库渗漏。

三、水库渗漏量的估算

(一)水库渗漏量估算原则

由于水库渗漏量问题的复杂性,其计算尚没有统一的计算理论和方法,但一般应符合下列要求:

(1)根据渗漏地段的水文地质结构、渗流特性和边界条件,选择适宜的水文地质计算公式估算渗漏量。存在多个透水层时,可分别估算渗漏量。

(2)应根据水文地质测试成果,经统计分析后给定各透水层(组、带)的渗透系数。要注意透水层(组、带)的不均匀性。具有多个透水层或明显渗透分带的透水层,难以单独估算渗漏量的,可取各透水层(组、带)渗透系数的加权平均值,用以估算渗漏量。

(二)水库渗漏量估算

(1)下部有水平隔水层,且潜水透水层均一(见图4-2-5)的渗漏量计算公式为:

$$q = k \cdot \frac{H_1 - H_2}{L} \cdot \frac{H_1 + H_2}{2} \tag{4-2-1}$$

$$Q = q \cdot B \tag{4-2-2}$$

式中 q——单宽渗漏量,$m^3/(d \cdot m)$;

k——岩土体的渗透系数,m/d;

H_1——相对隔水层以上的水库水头,m;

H_2——相对隔水层以上的邻谷水头,m;

L——渗漏距离,m;

Q——渗漏总量,m^3/s;

B——渗漏总宽度,m。

(2)不同透水性的水平岩层(见图4-2-6)的渗漏量计算公式为:

$$q = k_{cp} \cdot (T_1 + T_2) \cdot \frac{H_1 - H_2}{L} \tag{4-2-3}$$

式中 T_1——下层透水层的厚度,m;

T_2——上层透水层的过水部分的平均厚度,m,$T_2 = \frac{H_1 - T_1}{2} + \frac{H_2 - T_1}{2}$;

k_{cp}——两层岩土体的加权平均渗透系数,m,$k_{cp} = \frac{k_1 T_1 + k_2 T_2}{T_1 + T_2}$;

其他符号意义同前。

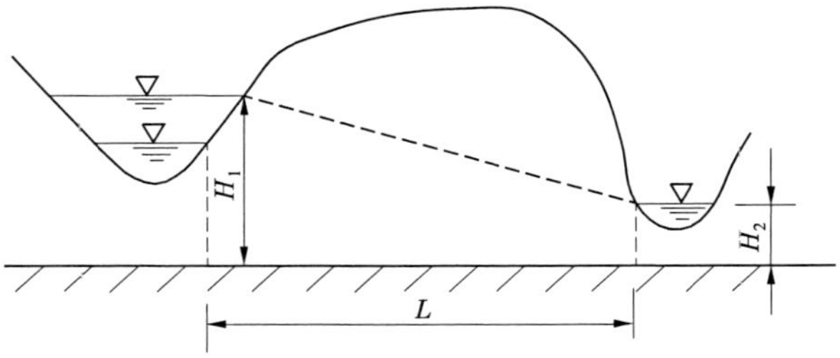

图 4-2-5　透水层均一岩(土)层渗漏量计算剖面示意

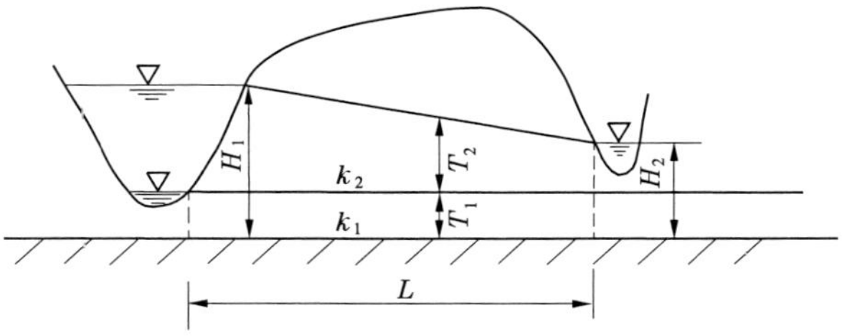

图 4-2-6　水平岩层透水性不一的渗漏量计算剖面示意

(3)倾斜承压含水层(见图 4-2-7)的渗漏量计算公式为:

$$q = k \cdot \frac{m_1 + m_2}{2} \cdot \frac{\Delta H}{L} \tag{4-2-4}$$

式中　m_1——水库附近承压含水层厚度,m;

m_2——同一承压含水层在排水区的厚度,m;

ΔH——水库与邻谷的水位差,m;

其他符号意义同前。

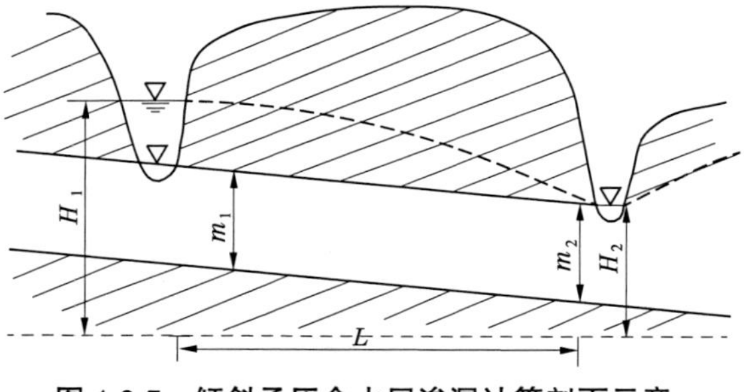

图 4-2-7　倾斜承压含水层渗漏计算剖面示意

四、水库渗漏的处理

对水库渗漏可能产生影响工程安全和水库运行效益的地段,应进行必要的防渗处理。防渗处理方案的研究应抓住水库渗漏的关键部位,要充分利用隔水层(相对隔水层)和有利的水文地质条件，针对不同的渗漏形式和渗漏程度，提出相应的防渗处理措施。

（一）混凝土防渗墙

混凝土防渗墙适用于松散土层、强烈溶蚀岩层等的渗漏处理，是常见的有效的防渗漏措施。

（二）水泥灌浆帷幕

水泥灌浆帷幕是水利水电工程常用的防渗措施，适用于裂隙岩体的防渗处理。

（三）防渗面板

防渗面板是建筑于地表的防渗结构，可以采用浇筑混凝土或喷射混凝土的方法，用于岩溶地区渗漏。

（四）水平铺盖

采用黏土、混凝土、防渗用土工布等材料在渗漏地段水平铺设，主要用于坝基防渗。

（五）其他措施

除以上措施外，在岩溶地区还常用围、隔、堵等措施解决水库渗漏问题。

在水利水电工程中，究竟选用什么防渗措施，常常要结合工程区具体地质条件综合考虑确定。

第三节　水库浸没

一、水库浸没的地质条件

水库蓄水后，库区周围地下水相应壅高而接近或高于地面，导致地面农田盐碱化、沼泽化及建筑物地基条件恶化、矿坑涌水等，这种现象称为浸没。在丘陵地区、山前洪积冲积扇及平原水库，由于周围地势低缓，容易产生浸没，并且其影响范围往往很大。山区水库可能产生矿山和宽阶地浸没，以及库水向低邻谷洼地渗漏的浸没。在喀斯特地区的水库，还可能发生由于水库的蓄水淹没了暗河系统的出口，导致暗河的排泄能力下降，水位顶托造成暗河系统的溶蚀洼地产生浸没或内涝。严重的水库浸没问题影响到水库正常蓄水位的选择，甚至影响到坝址选择。

水库周边地区是否产生浸没，应通过地下水回水计算，预测地下水回水水位，再结合水库正常蓄水位上下范围的地形地貌、岩性及水文地质条件进行评价。

（一）地形地貌条件

库区周边地区的地面高程和起伏变化是决定是否产生浸没及其范围的主要因素。地面高程低于或略高于水库正常蓄水位的盆地型水库边缘与山前洪积扇直接相接的地段，喀斯特地区暗河出口位于水库水位以下且暗河系统有大片的溶蚀洼地地区，平原型水库的坝下游、顺河坝或围堤或引水渠道的外侧地段，均易产生浸没。地面越是宽阔低平，则浸没范围越大。若研究地段与库岸之间有经常性水流沟谷，其水位相当于或高于水库正常蓄水位，则这种地段地下水位不受水库水位抬升的影响，不会产生浸没。

（二）岩性条件

库岸带为透水岩层，易产生浸没。若库岸由相对不透水岩土体组成，或研究地段与库岸之间有连续完整的相对不透水层阻隔，则不致产生浸没。

(三)水文地质条件

蓄水前地下水埋藏较浅，地下水排泄不畅，蓄水后地下水壅高，地下水补给量大于排泄量的库岸地段、封闭或半封闭的洼地、沼泽的边缘地带，易产生浸没。若水库蓄水前研究地区的地下水在水库边岸的露头已经高于水库正常蓄水位，或者是水库蓄水前研究区的地下水埋藏很深，地下水位与建筑物基底或植物根系的距离远大于水库水位升高值，则不会产生浸没。

二、水库浸没的判别标准和方法

(一)判别方法

水库浸没判别分为初判和复判。浸没的初判应在调查水库区的地质与水文地质条件的基础上，排除不会发生浸没的地区，对可能浸没地区进行稳定态潜水回水预测计算，初步圈定浸没范围。经初判圈定的浸没地区应进行复判，并应对其危害作出评价。

1. 初判

初判只考虑设计正常蓄水位条件下的最终浸没范围。

不易产生浸没地区的初判标志包括以下几种：

(1)库岸或渠道由相对不透水岩土层组成或调查地区与库水之间有相对不透水层阻隔，并且该不透水层的顶部高程高于水库设计正常蓄水位。

(2)调查地区与库岸间有经常水流的溪沟，其水位等于或高于水库设计正常蓄水位。

易产生浸没地区的初判标志包括以下几种：

(1)平原型水库的周边和坝下游，顺河坝或围堤的外侧，地面高程低于库水位地区。

(2)盆地型水库边缘与山前洪积扇、洪积裙相连的地区。

(3)潜水位埋藏较浅、地表水或潜水排泄不畅、补给量大于排泄量的库岸地区，封闭或半封闭的洼地，沼泽的边缘地区。

另外，在气温较高地区，当潜水位被壅高至地表，排水条件又不畅时，可判为涝渍、湿地浸没区；对气温较低地区，则可判为沼泽地浸没区。在干旱、半干旱地区，当潜水位被壅高至土壤盐渍化临界深度时，可判为次生盐渍化浸没区。

在进行潜水回水预测计算时，根据可能浸没区的地形地貌、工程地质和水文地质条件，选定若干个垂直于水库库岸或垂直于渠道的计算剖面进行。浸没范围可在各剖面潜水稳定态回水计算的基础上，绘制水库蓄水后或渠道过水后可能浸没区潜水等水位线预测图或埋深分区预测图，结合实际调查确定的各类地区的地下水临界深度，初步圈出涝渍、次生盐渍化、沼泽化和城镇浸没区等的范围。

2. 复判

在初判的基础上进行复判。主要包括以下三个方面的内容：

(1)核实和查明初判圈定的浸没地区的水文地质条件，获得比较详细的水文地质参数及潜水动态观测资料。

(2)建立潜水渗流数学模型，进行非稳定态潜水回水预测计算，绘出设计正常蓄水位情况下库区周边的潜水等水位线预测图，预测不同库水位时的浸没范围。

(3)除复核水库设计正常蓄水位条件下的浸没范围外,还要根据需要计算水库运用规划中的其他代表性运用水位下的浸没情况。

3. 潜水回水计算

不论是初判还是复判,均需要进行水库蓄水后库岸地下水回水计算。不同水文地质条件下稳定态潜水回水计算常用公式见表 4-3-1。

表 4-3-1　稳定态潜水回水计算常用公式

水文地质特征		示意图	公式
无渗入时均质岩层	隔水层底板水平,陡直河岸	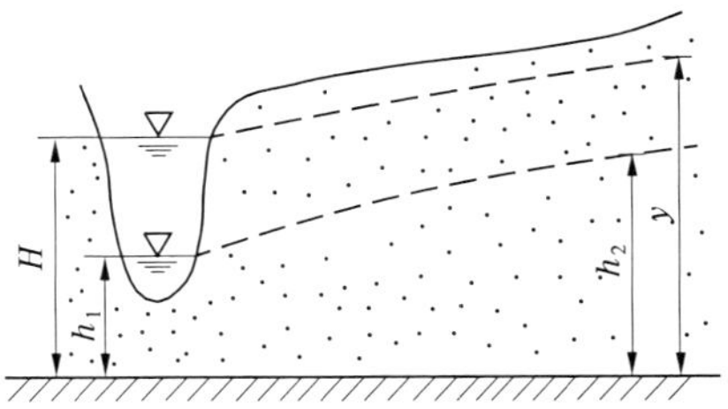	$y = \sqrt{h_2^2 - h_1^2 + H^2}$
无渗入时均质岩层	隔水层底板水平,平缓开阔河谷	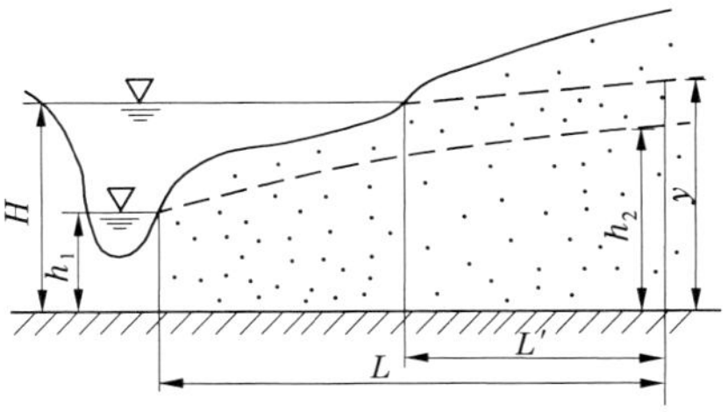	$y = \sqrt{\frac{L'}{L}(h_2^2 - h_1^2) + H^2}$
无渗入时均质岩层	隔水层底板倾斜	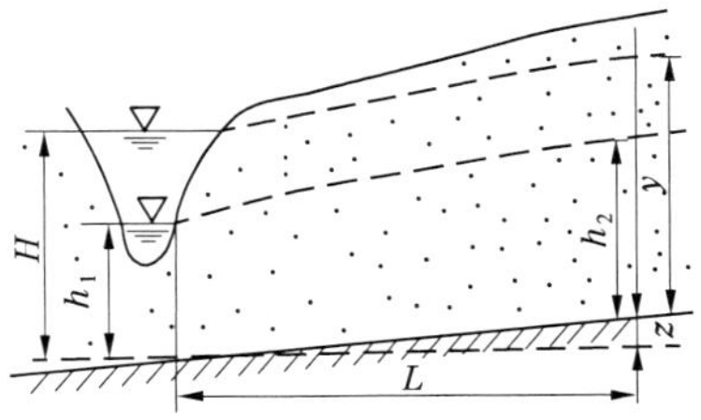	正坡: $y = \sqrt{\frac{z^2}{4} + H^2 + h_2^2 - h_1^2 + z(h_2 + h_1 - H)} - \frac{z}{2}$
无渗入时均质岩层	隔水层底板倾斜	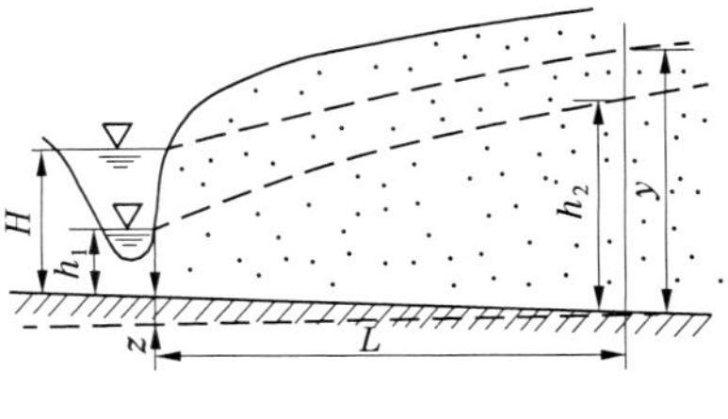	反坡: $y = \sqrt{\frac{z^2}{4} + H^2 + h_2^2 - h_1^2 - z(h_2 + h_1 - H)} + \frac{z}{2}$

续表 4-3-1

水文地质特征		示意图	公式
无渗入时非均质岩层	双层结构	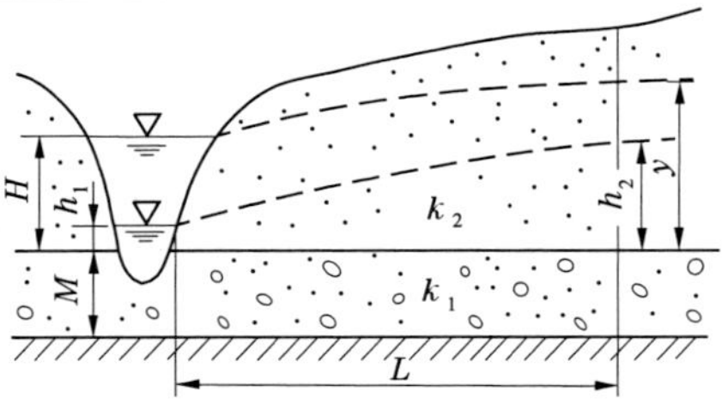	$$2k_1M(h_2-h_1)+k_2(h_2^2-h_1^2)=2k_1M(y-H)+k_2(y^2-H^2)$$
	透水性在水平方向上急剧变化	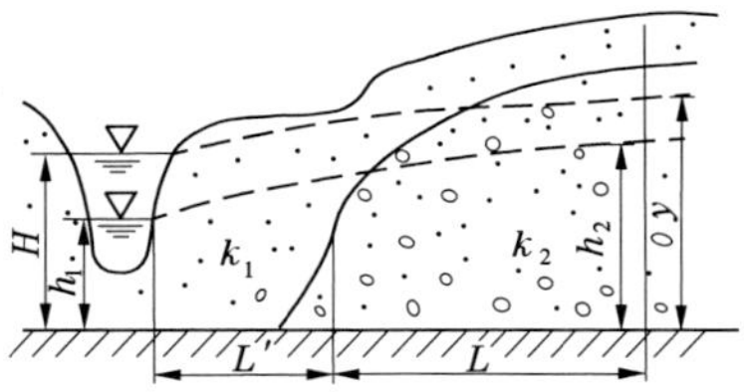	$$y=\sqrt{h_2^2-h_1^2+H^2}$$
	构造复杂的非均质岩层	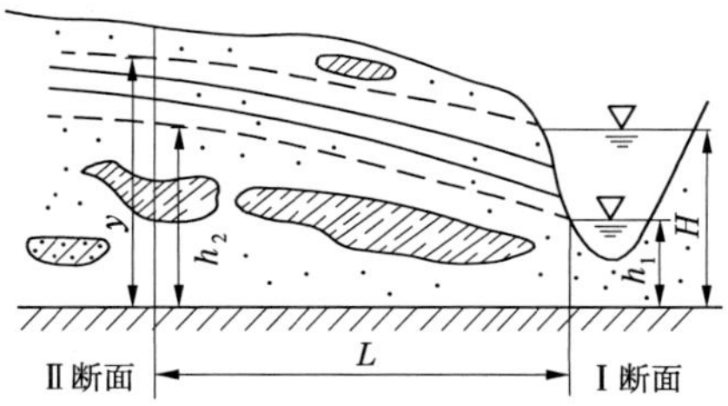	$$(k_1h_1+k_2h_2)(h_2-h_1)=(k'_1H+k'_2y)(y-H)$$ 式中　k_1、k_2——壅水前Ⅰ、Ⅱ断面的平均渗透系数； k'_1、k'_2——壅水后Ⅰ、Ⅱ断面的平均渗透系数
	非均质岩层隔水底板倾斜	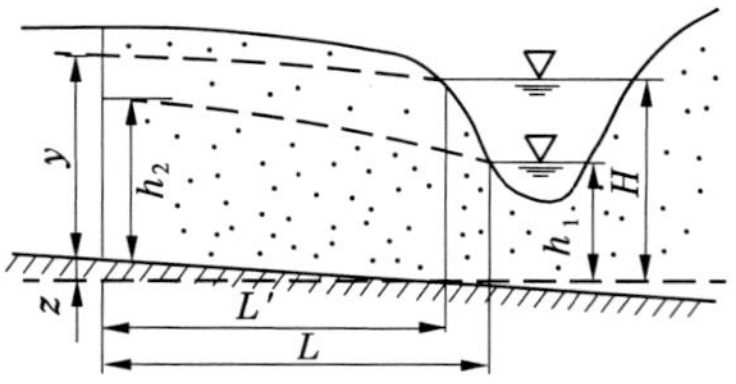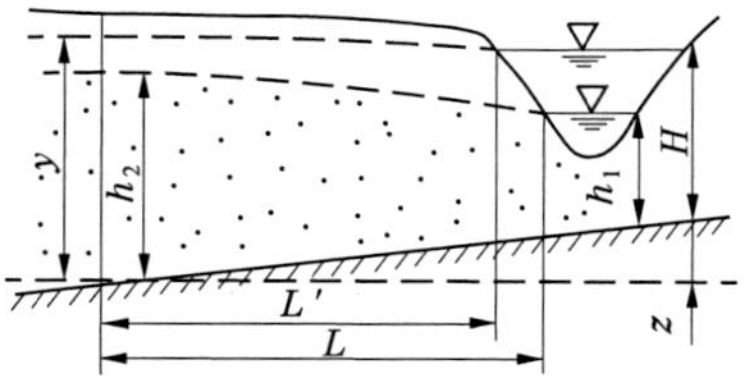	正坡： $$y=\sqrt{(\frac{2H-z}{2})^2+\frac{k}{k'}L'I(h_1+h_2)}-\frac{z}{2}$$ 反坡： $$y=\sqrt{(\frac{2H+z}{2})^2+\frac{k}{k'}L'I(h_1+h_2)}+\frac{z}{2}$$ 式中　I——回水前上、下断面间的潜流坡度 断面间的平均渗透系数 k（壅水前）或 k'（壅水后）计算公式为 $$k(k')=[(k'_1h'_1+k'_2h'_2+\cdots+k'_nh'_n)+(k''_1h''_1+k''_2h''_2+\cdots+k''_nh''_n)]/[(h'_1+h'_2+\cdots+h'_n)+(h''_1+h''_2+\cdots+h''_n)]$$ 式中　k'_1、k'_2、…、k'_n——开始断面处地下水位以下厚度 h'_1、h'_2、…、h'_n 的渗透系数； k''_1、k''_2、…、k''_n——计算断面处地下水位以下厚度 h''_1、h''_2、…、h''_n 的渗透系数

续表 4-3-1

<table>
<tr><th colspan="2">水文
地质特征</th><th>示意图</th><th>公式</th></tr>
<tr><td rowspan="4">有渗入时河间地块</td><td>两河壅水,陡直河岸</td><td>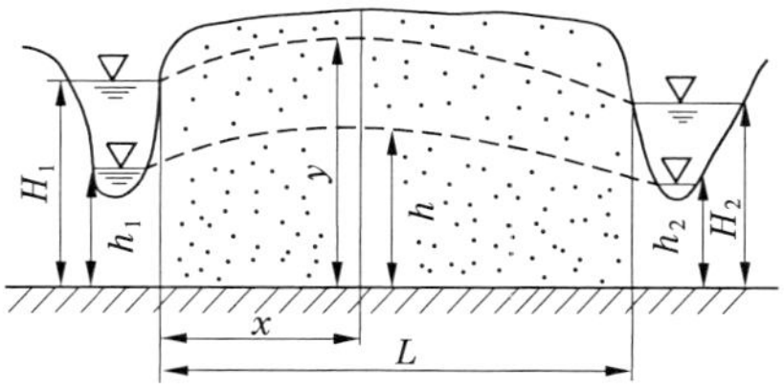</td><td>$$y=\sqrt{h^2+(H_1^2-h_1^2)\frac{L-x}{L}+(H_2^2-h_2^2)\frac{x}{L}}$$</td></tr>
<tr><td>两河壅水,平缓河岸</td><td>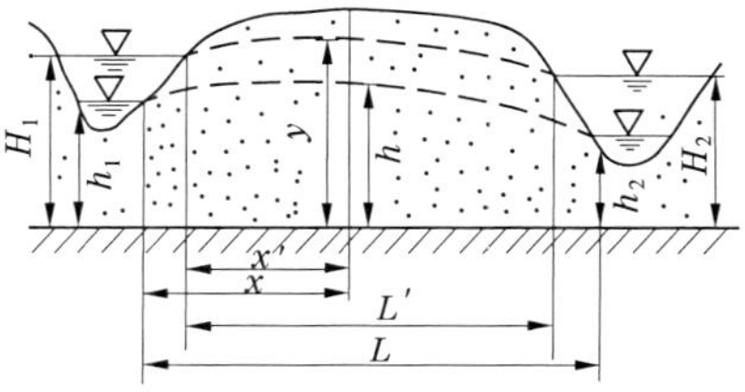</td><td>$$y=\sqrt{H_1^2-x'[\frac{H_1^2-H_2^2}{L}-\frac{L'-x'}{L-x}(\frac{h^2-h_1^2}{x}+\frac{h_1^2-h_2^2}{L})]}$$</td></tr>
<tr><td>一河壅水,一河水位不升高,陡直河岸</td><td>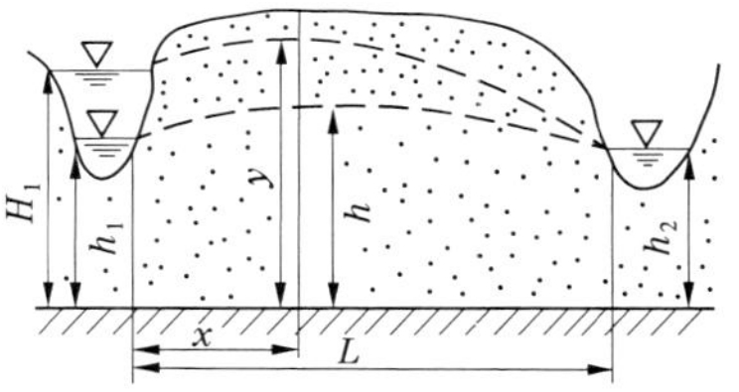</td><td>$$y=\sqrt{h^2+(H_1^2-h_1^2)\frac{L-x}{L}}$$</td></tr>
<tr><td>一河壅水,一河水位不升高,平缓河岸</td><td>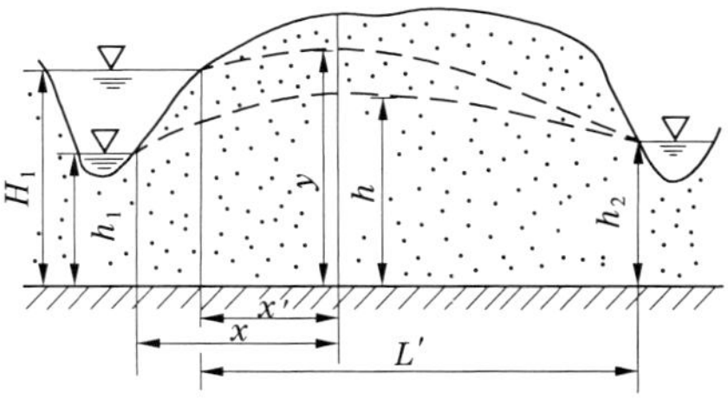</td><td>$$y=\sqrt{H_1^2-x'[\frac{H_1^2-h_2^2}{L'}-\frac{L'-x'}{L-x}(\frac{h^2-h_1^2}{x}+\frac{h_1^2-h_2^2}{L})]}$$</td></tr>
<tr><td colspan="2">辐射流
(非平面流)</td><td></td><td>$$y_1^2=\frac{\ln b'_1-\ln b'_2}{\ln b_1-\ln b_2}\times\frac{b_1-b_2}{b'_1-b'_2}(h_1^2-h_2^2)+y_2^2$$
式中 b_1、b_2——回水前上、下游断面潜流宽度;
b'_1、b'_2——回水后上、下游断面潜流宽度;
h_1、h_2——回水前上、下游断面潜流厚度;
y_1、y_2——回水后上、下游断面潜流厚度</td></tr>
</table>

在进行地下水位回水计算时,水库上游地区库水位应采用库尾水位翘高值。由于水库库尾淤积使当地河水位抬高,从而影响地下水壅高值,所以在计算中必须予以考虑。最

终和分期的预测浸没范围都应在相应的泥沙计算成果的基础上作出。

壅水前的地下水位，采用农作物生长期的多年平均水位。

对于非稳定态的潜水回水计算，需要采用数值法进行计算。

（二）判别标准

浸没评价根据当地浸没临界值与潜水回水位埋深之间的关系确定。当前述预测的潜水回水位埋深值小于浸没的临界地下水位埋深时，该地区即应判定为浸没区。

确定浸没的临界地下水位埋深，是浸没评价的重要环节。这里的浸没地下水临界埋深，是指不致引起浸没的允许地下水埋深。对于农业区来说，临界地下水位埋深应控制在这样的深度：在多雨时期可以避免土壤过湿，使作物根须层土壤保持适宜的通气性；在干旱时期又可以借助土壤的毛管作用向根系供水，通常又把它称为适宜作物生长的地下水埋深。在干旱、半干旱地区以及其他地下水矿化度较高的地区，地下水临界埋深即防止土壤发生盐渍化所要求的最小地下水埋深。

地下水临界埋深与地区土的类型、水文地质结构、地下水的矿化度、气候条件、农作物的种类与生长期以及地区的排灌条件等因素有关。因此，一般是根据浸没地段所在地区的具体水文地质条件、农业科研单位的田间试验观测资料和当地生产实践经验确定的。

在根据上述方法确定浸没的临界地下水位埋深有困难时，也可按式(4-3-1)计算求得：

$$H_{cr} = H_k + \Delta H \tag{4-3-1}$$

式中 H_{cr}——浸没的临界地下水位埋深，m；

H_k——地下水位以上，土壤毛管水上升带的高度，m；

ΔH——安全超高值，m，农业区该值即根系层的厚度，城镇和居民区该值取决于建筑物荷载、基础型式和砌置深度。

土壤毛管水上升带高度可根据农作物生长期的土壤适宜含水量和野外实测的地下水位以上土壤含水量（在盐碱化地区还要考虑土壤含盐量的情况）随深度变化曲线选取。

（1）在非盐渍化地区，毛管水饱和带可取土的饱和度（S_r）等于或大于80%的土层的顶部距地下水位的高度。这是因为饱和度等于或大于80%的土壤层，已不利于作物根系呼吸和生长。此外，也可以根据适宜于作物生长的土壤水分确定。

国内外多数资料认为，砂质土地区农作物要求的最小地下水埋深为60～90cm，黏性土地区的最小地下水埋深为100～150cm。

（2）在盐渍化地区，应根据地下水位以上土壤含水量随深度曲线上毛管水断裂点的位置、土壤含盐量分布及其动态变化以及地区的排水条件等情况确定。无试验或调查资料时，可参考表4-3-2所列数值选用。

表4-3-2　盐渍化地区的地下水临界深度　（单位：m）

土质	地下水矿化度（g/L）			
	<2	2～5	5～10	>10
轻壤土	1.8～2.1	2.1～2.3	2.3～2.6	2.6～2.8
中壤土	1.5～1.7	1.7～1.9	1.8～2.0	2.0～2.2
重壤土、黏土	1.0～1.2	1.1～1.3	1.2～1.4	1.3～1.5

(3)居民区可通过对地下水位以上土的含水量随深度变化曲线与水库蓄水前持力层土的天然含水量的对比确定。对重要大型建筑物的浸没问题应单独进行专门研究。

第四节　水库库岸稳定

一、概述

水库建成后,水库回水使沿岸地区的自然条件发生显著的变化。水位的升高造成河流局部侵蚀基准面和地下水位的抬高,原来处于干燥状态的土石体遭受库水的浸湿或浸泡,并引起水文动态和水文地质条件的变化,使原本自然稳定的边坡在库水的作用下,稳定条件恶化,形成各种边坡破坏现象。比如,抗冲刷能力较弱的疏松土石体构成的岸坡受到波浪的影响,在一个不太长的时期里会以剥落、崩塌、错落、滑坡、滑塌等形式破坏,岸线节节后退,塌落的土石体部分堆积于水下形成浅滩。对于抗冲刷能力较强的岩质库岸,在水库运行期间岸坡虽不大可能发生明显的塌岸现象,但是岩质库岸中原处于极限稳定或接近极限稳定的岸坡、古滑坡体、原有的崩滑体以及潜在的蠕滑体,在库水和地下水作用下,往往会诱发其发生突然性的大规模崩滑。愈近坝区,水位抬高和变幅愈大,库岸稳定性愈差。近坝区的大规模崩滑不仅造成水库淤积,而且可能产生冲击大坝的波浪,直接影响坝体的稳定,同时危及下游的安全。因此,在水库岸坡稳定性研究中,重点研究近坝库岸特别是距大坝 1~3km 范围内的库岸稳定性。

二、库岸工程地质评价

水库岸坡稳定性的研究应在水库工程地质勘察的基础上进行。其分析的内容有以下几个方面:

(1)地形地貌条件,河谷结构类型,冲沟发育情况。

(2)库岸岩土体性质,完整程度,断层和节理裂隙的发育程度,充填物的物理力学性质,风化程度,岩体应力状况。

(3)岩体中各种结构面(层面、断层、节理裂隙、软弱夹层等)与库岸坡向的组合关系。

(4)库岸地下水特征及动态变化,泉水分布及特征。

(5)库岸稳定现状,变形破坏的发育阶段,变形破坏迹象和位移监测资料。

(6)库水位的变化情况,特别是抽水蓄能电站库水位剧烈变化情况。

(7)降水、地震、地下矿藏开采以及其他天然和人为活动情况等。

在对以上内容分析的基础上,应根据河谷地貌形态、岩(土)体性质、岩(土)体结构类型、地质构造特征、水文地质条件、库岸稳定性现状等因素,对库岸进行工程地质分段研究和评价,评价库岸、潜在不稳定库岸和现行破坏体的稳定现状,预测它们在水库蓄水过程中和运行期(库水位骤降或频繁升降)的发展趋势,以及边坡失稳的可能性和变形破坏机制、规模,并提出处理措施等。

三、水库滑坡

水库蓄水后，库周岸线长，涉及的天然滑坡最多，是水库岸坡稳定性研究中的重要内容。关于滑坡的特征、分类、稳定影响因素、评价方法等，详见本篇第六章。这里仅对水库滑坡的危害进行介绍。

水库滑坡可造成水库周边的环境条件发生较大改变，不仅给库区人民生命财产带来直接危害，有时还会对枢纽工程造成威胁。

近坝库岸的大规模滑坡如快速进入水库，可能造成巨大的涌浪，对工程造成严重的危害。但滑体激起的涌浪波高计算至今没有得到圆满解决。这里主要介绍水库涌浪的几种算法。

(一)垂直滑坡体的涌浪计算

假定水体边有一垂直滑坡体(见图4-4-1)，其下落速度为 V，滑坡体宽度为 λ，水深为 d，滑坡底面在水面下的距离与水深之比为 $s(t)$，在起滑点的水平平均流速为 $F(t)$，由连续条件得

$$\lambda V = F(t) \cdot [1 - s(t)]d \tag{4-4-1}$$

1. 计算滑速 V

$$V = \sqrt{1 - \cot\theta \cdot f - \frac{c \cdot L}{m \cdot g \cdot \sin\theta}} \cdot \sqrt{2gH} \tag{4-4-2}$$

式中 m——滑坡体单宽质量，kg；

g——重力加速度，m/s^2；

L——滑坡体水上部分滑面长度，m；

H——滑坡体水上部分重心至水面高度，m；

θ——滑面倾角；

f——滑面摩擦系数；

c——滑面的黏聚力，MPa。

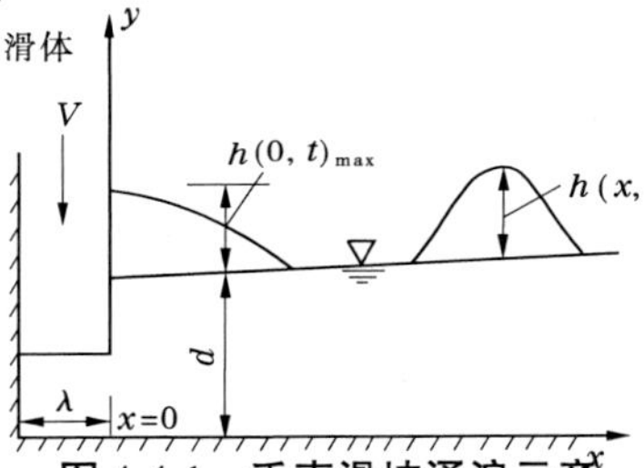

图4-4-1 垂直滑坡涌浪示意

2. 计算初始浪高 $h(0,t)_{max}$

在滑坡处($x=0$)的最高涌浪 $h(0,t)_{max}$ 的相对值 $h(0,t)_{max}/\lambda$ 是 $V/(gd)^{0.5}$ 的函数(见图4-4-2)，可查阅图4-4-1，图中 d 为水库水深。

3. 确定波浪的特性

计算 λ/d 值，由图4-4-3查出波浪特性区，图中 $\bar{V}$ 为相对滑速，即由 $\bar{V}=\frac{V}{\sqrt{gd}}$ 求出。不同波浪区的最大浪高计算方式见表4-4-1。

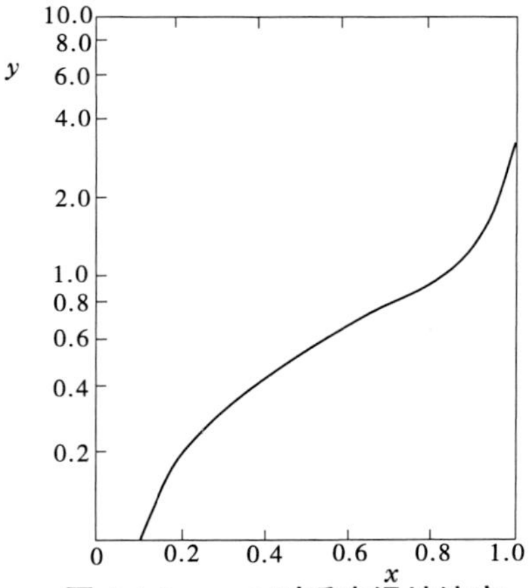

图4-4-2 $x=0$ 时垂直滑坡浪高

x—$h(0,t)_{max}/\lambda$；y—相对滑速($\bar{V}=\frac{V}{\sqrt{gd}}$)

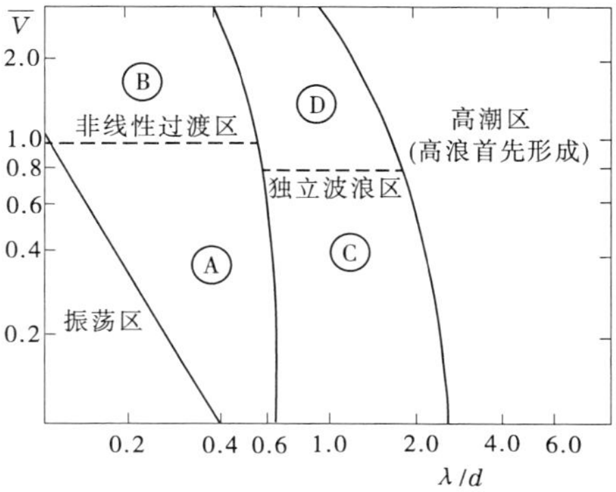

图 4-4-3 波浪特性分区

表 4-4-1 不同波浪特性分区的最大浪高计算法

波浪特性分区		波浪曲线	最大浪高计算方法
振　荡　区			用线性理论解
非线性过渡区	A		按 $\overline{V}$ 值在振荡区与非线性区之间用线性插补
	B		用线性解,一律令 $x=5$
独立波浪区	C		用线性解,一律令 $x=5$
	D		用线性解,一律令 $x=0$
高　潮　区			用线性解,一律令 $x=0$

4. 计算不同距离的涌浪高度

简化的方法可用图 4-4-4,按相对滑速 $\overline{V}$ 和相对距离 $x(x=x'/d,x'$为计算点至滑坡距离),在图中查出 h_{max}/λ 值。

(二)水平滑坡涌浪计算

最大浪高与相对滑速有关,在封闭端或附近,可用近似公式计算。

$$h_{max}/d = 1.17V/(gd)^{0.5} \tag{4-4-3}$$

离开封闭端较远处,$h(x,t)_{max}$ 要比 h_{max} 小,与相对位置 x 和运动持续时间 T 有关,相对运动时间 $T'=T(g/d)^{0.5}$,当 $\overline{V}=1.0$ 时,其浪高可查阅图 4-4-5。当 $\overline{V}\geq 1$ 时,所求的 h_{max} 值应乘以 V 校正。

由于滑坡入水后所造成的水体反应非常复杂,上述计算方法对水库的形态均作了假设,如线性问题、理想流体、波动为微波,边界条件也作了充分简化,所以具有一定的局限性。在有些工程中,如三峡工程和龙羊峡工程,对地形较复杂或峡谷型水库进行波浪预测时,还配合进行特殊模型试验,或采用数值分析等方法。

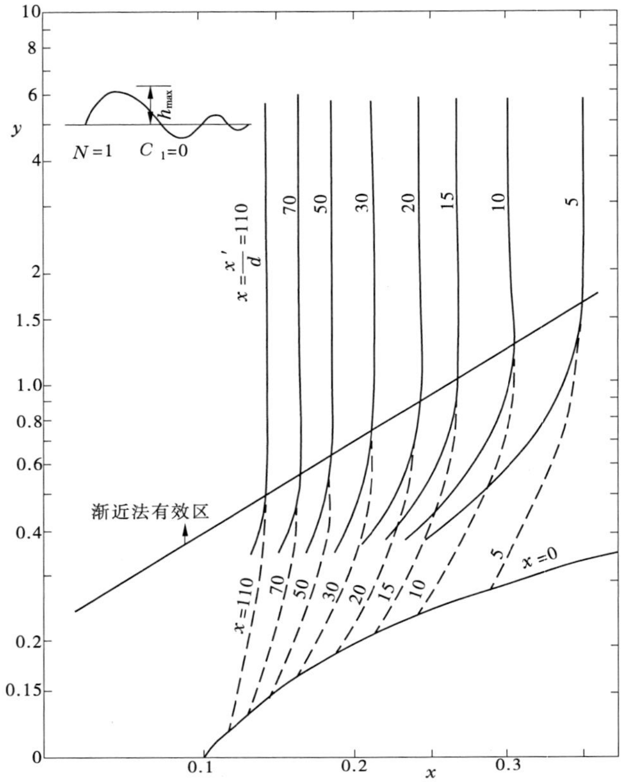

图 4-4-4　垂直滑坡最大浪高计算

x—h_{max}/λ；y— 相对滑速（$\bar{V}=\frac{V}{\sqrt{gd}}$）

（图中直线表示渐近解法，虚线表示直接数解法）

在近坝库岸滑坡涌浪预测的评价中，对滑坡的破坏机制的研究是非常重要的。如果滑坡是一种缓慢、逐渐解体的形式破坏，即使规模再大，因其变化的时间长，一次破坏的规模小，也不会形成过高的涌浪而给工程带来的危害。但滑坡如果是以一种整体的高速滑动的机制破坏，则其进入水体后，造成的涌浪就可能带来严重的危害。

四、水库塌岸

疏松土石库岸在库水作用下，岸壁逐渐后退和浅滩逐渐扩大，到一定程度就稳定下来，形成新的稳定岸坡的过程称为水库塌岸。水库塌岸不仅使岸边的建筑物（如城镇、道路、厂房等）和大量农田遭受毁坏，而且塌落下来的土石体淤积于水库，减少了有效库容。因此，必须对水库塌岸作出预测，以便采取防护措施或迁出塌岸范围内的已有建筑设施，避免在塌岸带内再修新建筑工程。

（一）塌岸的过程

水库塌岸的过程就是在水库水动力作用下原岸坡的破坏和新岸坡的形成过程，与湖岸、海岸的形成过程基本上是一致的。

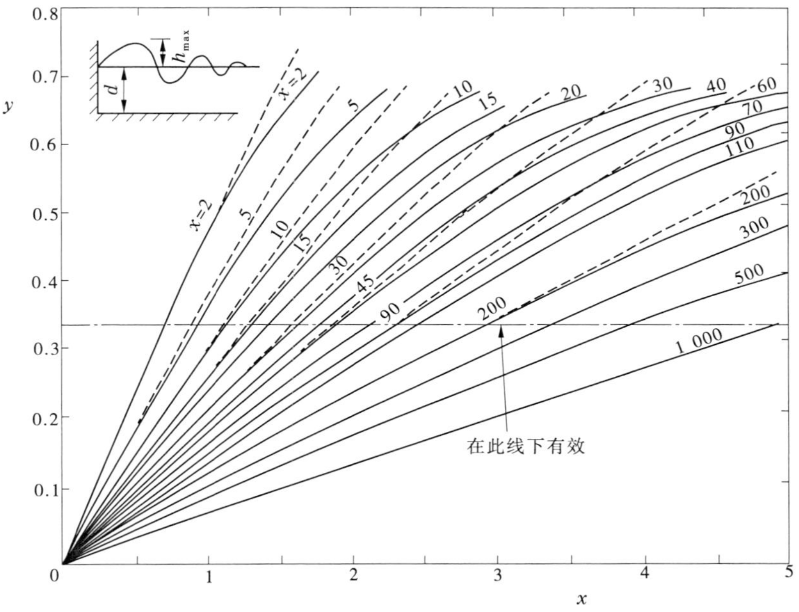

图 4-4-5　水平滑坡最大浪高计算

x— 最大滑动时间 $T'(T' = T\sqrt{g/d})$；y—$h(x,t)_{max}/d$

(图中实线表示渐近解法，虚线表示直接积分法)

水库蓄水到一定高程时，库岸岩土体遭受浸水和波浪的冲蚀，伴随着岸边张裂隙的发育而开始塌落(见图 4-4-6(a))。塌岸的快慢决定于岩(土)体的强度和结构以及波浪能量的大小。如果原始岸坡较高，经过一段时间便在冲蚀的地方形成浪蚀龛及由塌落物在水下斜坡初步形成浅滩的雏形(见图 4-4-6(b))。随着浪蚀龛的加深，上部岩(土)体受重力作用而坍方，岸壁随之后退。塌落物质，部分被沿岸流运走，部分被波浪运向深水处堆积下来，使浅滩逐渐发展壮大(见图 4-4-6(c))。由于水库放水，使库水消落至较低位置，在此库水位附近出现浪蚀龛和岸坡后退以及浅滩加宽，上部受冲蚀而变得更平缓(见图 4-4-6(d))。水库蓄水再次到高水位时继续淘蚀库岸，使岸壁后退，并到第二次消落水位时使浅滩继续扩大。由于水库高、低水位不断地轮回变化，使岸坡不断改造。水下浅滩的发展减小了近岸带的水深，加长了波浪击岸的路程，削弱了波浪冲蚀库岸的能力，从而减慢了库岸再造的过程。同时，破坏产物来源的减少限制了浅滩本身的继续发展。当浅滩增长到足以消耗奔向库岸的波浪的全部能量时，冲蚀和堆积就基本停止下来，库岸不再后退，水下浅滩停止扩展，水上和水下岸坡都达到相对稳定状态(见图 4-4-6(e))。

(二)影响水库塌岸的因素

影响水库塌岸的因素包括水文气象因素、库岸的岩性和地质结构因素、库岸形态因素等。

1. 水文气象因素

水库回水，促使地下水位上升引起库岸岩(土)体的湿化和物理、力学、水理性质改变，破坏了岩(土)体的结构，从而大大降低其抗剪强度和承载力，易于塌岸的发生。随着

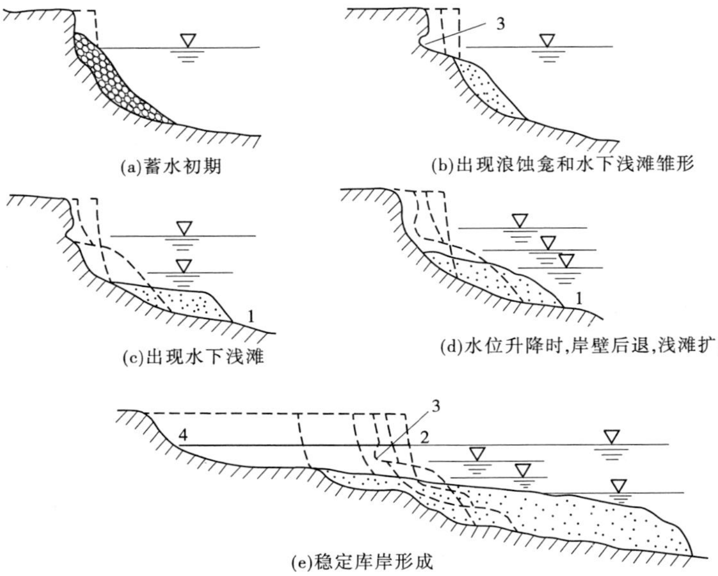

图 4-4-6　土质库岸塌岸过程示意

1—水下浅滩;2—原库岸;3—浪蚀龛;4—最终库岸

库水上升,地下水壅高,地下水的坡降减缓,动水压力降低,暂时有利于库岸的稳定。当库水再度消落时,却又增加了地下水的动水压力,库岸的稳定性又显著降低。根据国外某水库的统计,1941~1953 年库岸共发生崩滑 500 次,在初期充水时产生的崩滑次数为 245 次,占总数的 49%;库水位消落时产生的崩滑次数为 150 次,占总数的 30%。我国北方某两座水库在蓄水初期的塌岸宽度占整个蓄水过程的总塌宽的 50%~90%。

此外,库水位的变化幅度与各种水位持续的时间对水库塌岸影响甚大。高水位时所形成的浅滩,当水位下降时就会受到破坏。在其他条件相同的情况下,库水位的变化幅度越大,浅滩就容易受到破坏,并变得越宽缓;库水位的持续时间越长,波浪作用就越显著,使塌岸速度加快,塌岸范围扩大。

水库蓄水后,波浪作用成为主要营力。波浪对塌岸的影响主要表现为击岸浪对岸壁土体的淘刷和磨蚀,对塌落物质进行搬运,从而加速塌岸过程。波浪作用的强烈程度取决于对库岸作用的有效波能的大小,后者与波高、波速及作用于库岸的方向等因素有关。对同一类岩性的库岸来说,水面越宽波浪越高,流速越大,作用时间越长,波浪推进方向与岸线交角越大,则波能越大,波浪的淘刷与磨蚀作用越强,塌落物被搬运的速度越快,被搬运物质的粒径就越大,搬运距离就越远,形成的浅滩宽而缓。反之,对岸壁淘刷与磨蚀作用的能力弱,塌落物质被搬运的速度则慢,被运走的物质粒径小,形成的浅滩陡而窄。

沿岸流一方面对凸岸、岸嘴进行冲刷,加速塌岸过程;另一方面,它所挟带的物质在凹岸沉积,使岸线顺直化,有利于减缓塌岸的过程。

冻融和浮冰作用对库岸亦有一定的破坏作用,但它们仅具区域性的意义。

流水作用仅在库尾,或洪水期、库水位降低时期对库岸有冲刷破坏作用。

2. 库岸的岩性和地质结构因素

组成库岸的岩土类型和性质是决定水库塌岸速度和宽度的主要因素。坚硬岩石在与水接触时强度降低不明显,抗冲蚀能力强,一般能维持较大的稳定坡角,所以水库塌岸速度极慢,也不严重。半坚硬岩石在干燥状态下稳定坡角也较大,但与水相接触,其性能显著改变,强度降低很多,塌岸问题就较严重。尤其是黏土岩,在水上时易受风化剥蚀;在水下时易受软化、崩解而破坏较快,稳定坡角较小,塌岸宽度较大。由松软土组成的库岸,除卵砾石层外,塌岸都很严重,其中黄土和粉细砂土库岸的塌岸速度快、宽度大。例如,原苏联布拉茨克水库,在由黄土状砂质黏土组成的库岸地区,1967~1975 年岸坡最大冲刷宽度达 96m,而在寒武系粉砂岩和砂岩库岸区,最大冲刷宽度为 7~15m,在奥陶系砂岩库岸为 20~25m。三门峡水库分布在两岸二、三级阶地上的黄土状亚黏土、亚砂土、砂层或卵石层与塌岸密切相关,在水库蓄水两年过程中,塌岸宽度一般为 30~90m,最大达 280m,单宽塌岸量一般为 200~2 000m^3,最大达 7 000m^3。与官厅水库相比,三门峡水库塌岸量变化较大。

塌岸的速度和宽度还与触水部分岩层的组合有关。当库水接触的岩性为黄土、黄土状亚砂土、粉砂、黏土与粉砂互层,且岸高坡陡者,塌岸快,塌岸宽;若库水接触的是胶结或半胶结的砂层、砂卵石层、黏土层,而黄土不与库水接触时,虽然岸高坡陡,但塌岸宽度和塌岸量均不大。

基岩库岸的地质构造和岩体结构是控制库岸稳定的重要因素。要特别注意各种软弱结构面的产状和组合关系、分布高程,结合库水位高程和变化幅度进行具体分析。

3. 库岸形态因素

库岸形态指的是库岸高度、坡度、库岸的沟谷切割及岸线弯曲情况等。它们对塌岸也有很大影响。库岸愈高、愈陡,塌岸就愈严重;反之,则塌岸轻微。水下地形陡直且岸前水深大的库岸,波浪对库岸的作用强烈,塌落物质被搬运得快,因此加快了塌岸过程。一般当地形坡度小于 10°时,不发生塌岸。在平面形态上,支沟发育、地形切割严重、岸线弯曲的库岸塌岸严重,特别是突嘴、凸岸三面临水,坍塌严重,平直岸和凹岸则较轻微。

4. 其他因素

库岸有良好的植被和库尾的淤积作用,可保护岸壁和减弱水库塌岸。风化作用、滑坡、崩塌、地表水流的冲刷作用等,在一定程度上加速了塌岸的过程。

实践证明,塌岸是上述各种因素综合作用的结果。库岸原始坡度和形态、地层岩性、地层结构和岩体结构是内在因素,而水和水流的作用、库水位变化幅度和持续时间、风力和波浪作用等是外在因素。不同水库或同一水库的不同地段,即使在相同的蓄水时期内,塌岸的发展速度和程度可能是很不相同的。因此,必须在综合考虑各因素的基础上,抓住主导因素,才能正确分析水库塌岸的发展趋势,作出可靠的预测。

(三)水库塌岸的预测

水库塌岸预测的目的是根据水库区的工程地质条件和水库运用期水位变化的情况等,定量地估计水库蓄水后某一期限内以及最终的塌岸宽度、塌岸速度、形成最终塌岸的可能期限,以便作出库岸农田利用的规划和城镇居民、工矿企业、道路等设施迁移计划和防治措施。

1. 卡丘金法

卡丘金法是以类比为基础的预测方法，可以预测最终塌岸宽度（见图 4-4-7）。其计算公式为：

$$S_t = N[(A + h_B + h_p)\cot\alpha + (h_s - h_B)\cot\beta - (B + h_p)\cot\gamma] \tag{4-4-4}$$

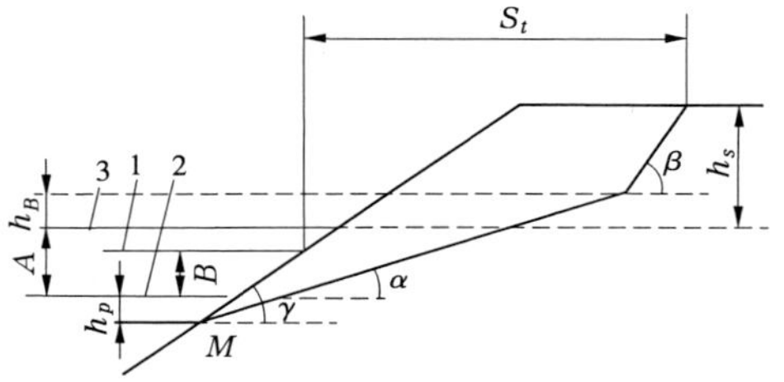

图 4-4-7　卡丘金塌岸计算公式图解

1—正常高水位；2—最低水位；3—最高水位

式中　N——与土的颗粒成分有关的系数，黏土为 1，冰碛亚黏土为 0.8，黄土为 0.6~0.8，砂土为 0.5，砂卵石为 0.4；

A——水库水位变化幅度，即保证率为 10%~20% 的最高水位与非结冰期间的最低水位之差，m；

B——正常高水位与非结冰期间最低水位之差，m；

h_B——波浪爬升高度，m

h_p——暴风时波浪影响深度，m；

h_s——保证率为 10%~20% 的最高水位以上的岸高，m；

β——水上岸坡的稳定坡角（见表 4-4-2）；

α——边岸浪蚀浅滩的稳定坡角，其大小与波高及岩性有关（见图 4-4-8）；

γ——原岸坡角。

表 4-4-2　水上岸坡稳定坡角

岩性	β(°)	岩性	β(°)
黏土	5~30	含砾石亚黏土	35~45
黄土	20~38	粗砂	38~45
亚黏土	25~48	细砾石	大于 45
细砂	30~35	卵石	大于 45
中砂	30~40		

波浪爬升高度 h_B 可按式(4-4-5)计算：

$$h_B = 3.2Kh\tan\alpha \tag{4-4-5}$$

式中　α——天然冲刷坡角；

h——波高，m；

K——与斜坡粗糙度有关的系数，混凝土坡面为 1.0，堆石坡面为 0.775，砂岸为 0.55~0.75，砾石岸为 0.85~0.9。

在我国，根据气候特点和水库水位的运行特点，对卡丘金公式作了部分修改和简化。将式(4-4-4)中的 A 和 B 赋予同一含义，水库水位变化幅度，即汛前水位与消落水位的差值；H_s 为汛前水位以上的岸高。公式中的其他含义不变。

有些地区的实际观测结果表明，$h_B = (0.1 \sim 0.8)h$，对于细粒土取小值，粗粒土取大值。对于波浪影响深度,一般取 $h_p=(1.5\sim2.0)h$。

2. 卓洛塔廖夫图解法

此法较适用于具有非均一地质结构的库岸。如图 4-4-9 所示,水库塌岸后,其库岸可分为五个带,即Ⅰ浅滩外缘斜坡、Ⅱ堆积浅滩面、Ⅲ冲蚀浅滩、Ⅳ波浪爬升斜坡、Ⅴ水上稳定边坡,各带的稳定坡角互不相同。塌岸后稳定剖面形状和位置与堆积系数 K_a 有关。所谓堆积系数,是指不能被波浪搬走的堆积浅滩的体积 V_1 与岸坡破坏部分体积 V_2 的百分比,由表 4-4-3 确定。预测分短期(10 年)和长期两种。现介绍最终塌岸预测。

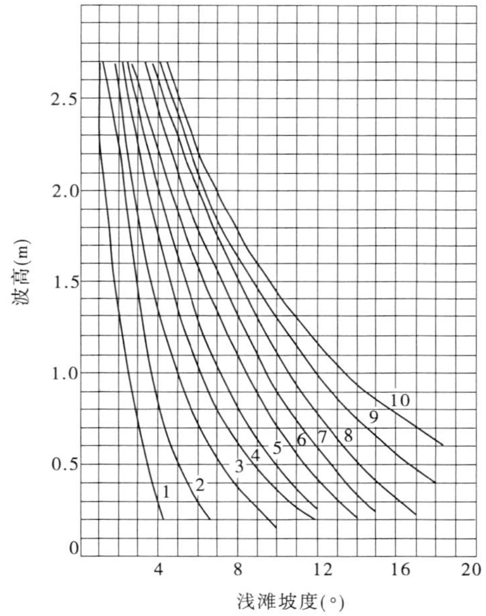

图 4-4-8　各种沉积物的水下岸坡坡角与波高的关系

1—黏土;2—黄土;3—亚黏土;4—细砂;5—中砂;6—含漂砾的亚黏土;7—粗砂;8—细砾;9—卵石;10—粗碎石

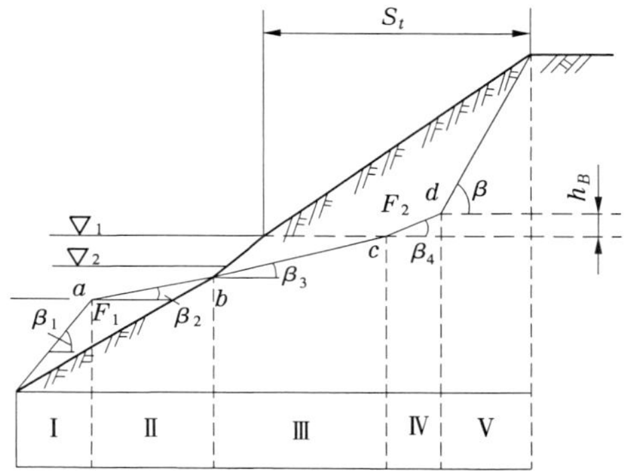

图 4-4-9　卓洛塔廖夫图解法最终塌岸预测剖面

1—正常高水位;2—最低水位;

Ⅰ—浅滩外缘斜坡;Ⅱ—堆积浅滩面;

Ⅲ—冲蚀浅滩;Ⅳ—波浪爬升斜坡;

Ⅴ—水上稳定边坡

(1)绘制预测地点和地形地质剖面图。

(2)标出水库正常高水位和最低水位。

(3)由正常高水位向上取(0.3~0.4)h 作为波浪爬升高度,由最低水位向下画出 h_p 表示波浪冲刷影响深度。

(4)在波浪影响深度线上取一点 a,该点的选取应使 K_a 值与表 4-4-3 数值相符。a 点位于堆积浅滩面与浅滩外缘斜坡带的转折处。

(5)根据堆积浅滩的岩性和粒度成分、紧密程度,在 a 点向下绘出外缘斜坡坡角 β_1,向上绘出浅滩表面坡角 β_2,与坡面交于 b 点。β_1 和 β_2 的大小可由表 4-4-3 选取。

(6)由 b 点按 β_3 值绘制浪蚀浅滩坡面线,与正常高水位交于 c 点。β_3 视岩性而定,见表 4-4-3。

(7)由 c 点按 β_4 值绘制波浪爬升带坡面线,与波浪爬升高度水位线相交于 d 点。β_4

由表 4-4-3 确定。

表 4-4-3 水库塌岸自然坡角和堆积系数值(据 Г. С 卓洛塔廖夫等)

岩层名称	浅滩外缘斜坡坡角 β_1	浅滩坡角 β_2 和 β_3		波浪爬升带坡角 β_4		堆积系数 K_a(体积%)
		10 年期	最终期	10 年期	最终期	
细粒薄层砂 不等粒砂和中砂	<10°~12°	1°30′ 3°	1° 2°	5° 6°	3° 4°	5~10 10~15
粗砂和砾石 被砂充填的卵石和碎石 被黏土充填的卵石和碎石	<8°~10°	5° 10°~12° 8°~10°	3° 8°~10° 6°~8°	10° 18°~20° 15°~18°	6° 15°~18° 14°~16°	15~20 20~35 20~25
亚砂土 砂质黏土 黏土 黄土状土	<8°~10°	1°30′ 1°30′ 2° 1°30′	1° 1° 1°30′ 1°	4° 4° 6° 4°	3° 2°~3° 8° 2°	3~5 <3 0 <3

(8)由 d 点按 β 值绘制出水上稳定边坡。

(9)检验 K_a 值与表 4-4-3 中经验数值是否相等。如不符,向左或向右移动 a 点,并按上述步骤重新作图,直到所求 K_a 值与经验值相符为止。堆积系数可用求积仪量出 F_1、F_2 求得。

3. 我国黄土地区水库塌岸长期预测

(1)均质黄土状土,水下岸坡较陡的塌岸(见图 4-4-10)预测公式为:

$$S_t = (l - h_p)\cot\rho + (B + h_p + h_B)\cot\alpha + H\cot\beta - p\cot\gamma \tag{4-4-6}$$

式中 S_t——最终塌岸宽度,m;

l——水库消落水位 2 与原河道最高洪水位 3 的差值,m;

B——库水位变幅,m;

H——水库最高水位时击浪高度以上的岸高,m;

ρ——波浪冲刷深度以下的水下岸坡坡角,见表 4-4-4;

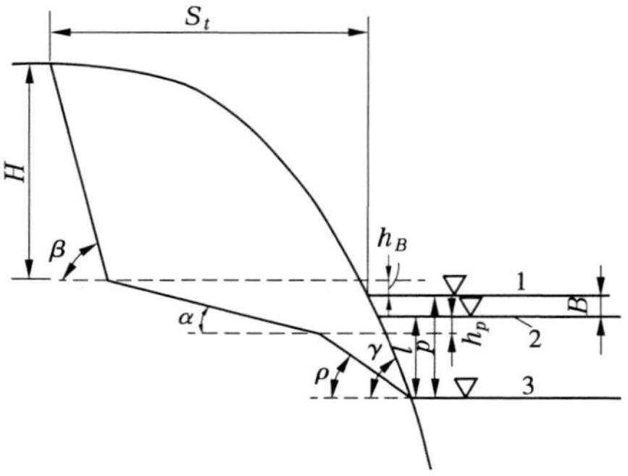

图 4-4-10 均质陡岸长期塌岸预测图解

1—正常高水位;2—消落水位;3—原河道最高洪水位

α——浪击带冲刷浅滩坡角；

β——浪击带以上库岸稳定坡角，见表 4-4-4；

γ——原始水上岸坡坡角；

p——最高水位 1 与水位 3 之差，m。

表 4-4-4　河北与河南某水库的 ρ 和 β 参考值

岩　性	ρ	β	岩　性	ρ	β
密实的黏土 亚黏土	60°~80°	—	砂土	6°~20°	38°~45°
黄土状黏土 黄土状亚砂土	8°~22°	50°~70° 40°~50°	砂砾石	14°~26°	45°~60°
			胶结的砂层 或砂砾石	60°~80°	60°~80°

(2)非均质陡岸的塌岸(见图 4-4-11)预测公式为：

$$S_t = (b - B - h_p)\cot\rho + (B + h_B + h_p)\cot\alpha + \sum_{i=1}^{n} m\beta_i - b\cot\alpha \qquad (4\text{-}4\text{-}7)$$

式中　b——松软岩层底板至正常高水位的距离，m；

$m\beta_i$——水上岸壁第 i 层岩层的厚度，m；

n——岩层的层数；

其他符号含义同前。

4. 我国干旱区半成岩库岸的塌岸预测

龙羊峡水库位于干旱区，库岸中下部主要由早更新世超固结呈半成岩状的黏性土夹薄层砂土类地层组成，含有较多的可溶盐，易湿化崩解(30min 至 2h)，又有层间软弱面和陡倾裂隙切割。近坝南库岸 70%以上为松散堆积物。下面介绍其塌岸预测。

(1)在原始库岸地形剖面上标明水库低水位(见图 4-4-12)H_1 与坡面交点为 a，再标明新的升高水位 H_2。

(2)从 a 点起向上画出淘蚀坡。它是库水有效(首次)作用时间(ΔT)内库水位平均上升速率与塌岸后退速率的比值。水位由 H_1 升到 H_2，升幅为 ΔH，塌岸后退宽度为 ΔS，则淘蚀坡 ab 段的坡度 α 的计算公式为：

$$\tan\alpha = \Delta H / \Delta S \qquad (4\text{-}4\text{-}8)$$

公式两边同除以 ΔT，得

$$\tan\alpha = \frac{\Delta H/\Delta T}{\Delta S/\Delta T} = \frac{V_W}{V_S} \qquad (4\text{-}4\text{-}9)$$

式中　ΔT——库水有效作用时间，即从 H_1 升到 H_2，再下降 0.5m 所经历的时间；

V_W——库水上升速率；

V_S——塌岸后退速率，龙羊峡水库黏性土为 6.2~6.9m/月，完整性好的滑坡堆积物为 6.7~8.8m/月，砂性土滑坡堆积物为 13.6~18.4m/月。

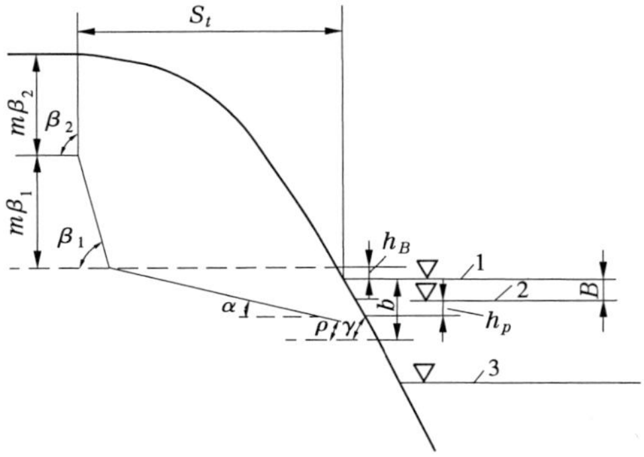

图 4-4-11　非均质陡岸长期塌岸预测图解

1—正常高水位;2—消落水位;3—原河道最高洪水位

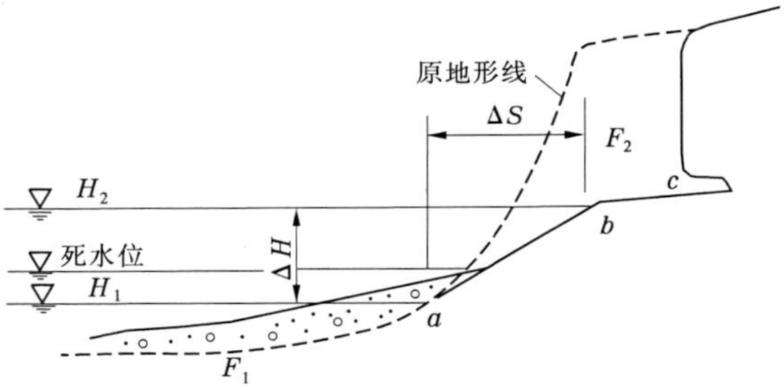

图 4-4-12　龙羊峡塌岸预测图解

(据庆祖荫资料修改,1993)

(3)从 b 点向上画出磨蚀平台宽度。磨蚀平台仅分布于最高水位附近,据观测资料每年高水位的持续时间仅 20d 左右,宽度约为后退速率数值的 2/3,界于 5~8m。据统计,黏性土磨蚀坡角为 7°~12°,完整性好的滑坡堆积物为 7°~10°,砂性土滑坡堆积物为 3°~6°。于是可得 c 点。

(4)从 c 点向上画出水上边坡。在完整地层中,地形受平行岸坡的陡倾裂隙控制,坡度约为 80°,滑坡堆积物则为 50°。

(5)在原始地形剖面上标明死水位,堆积物主要堆积在死水位高程以下,仅有少量坍落体依伏在淘蚀坡之上,堆积坡度为 20°~30°,堆积系数均大于 1。

据观察研究,龙羊峡水库首次库水上升过程中就能形成基本定型的水下和水上边坡,库水的重复作用对库岸形态的再改造影响不大。库水首次作用即可使半岩性土岸再造基本完成的观点已突破了传统的库岸再造评价方法,值得重视并逐步完善。

第五节　水库其他环境问题

本节以泥石流为例说明水库其他环境问题。

泥石流是山区特有的一种自然地质现象,是由于降水(暴雨、融雪、冰川)而形成的一种挟带大量泥沙、石块等固体物质的特殊洪流。在中国水利百科全书的水利工程勘测分册中,将泥石流定义为含饱和或过饱和固体物质(泥沙、石块和巨砾)的高黏性流体。

一、泥石流的类型

(一)按泥石流的流域地貌特征划分

(1)标准型泥石流。标准型泥石流是比较典型的泥石流,流域呈扇状,流域面积一般为十几平方千米至几十平方千米,能明显区分泥石流的形成区(泥石流沟谷的上游,是固体物质和水源的集中区)、流通区和堆积区。

(2)河谷型泥石流。流域呈狭长型,流域上游水源补给较充分。形成泥石流的固体物质主要来自中游地段的滑坡和塌方。沿河谷既有堆积,又有冲刷,形成逐次搬运的"再生式泥石流”。

（3）山坡型泥石流。流域面积小，一般不超过 $1km^2$。流域呈斗状，没有明显的流通区，形成区直接与堆积区相连。

（二）按泥石流的物质组成划分

（1）泥流。固体物质主要由细粒的泥沙组成，含有少量岩屑和碎石。黏度比较大，呈稠糊状。有时可能含有大量“泥球”。此类泥流在西北黄土高原地区比较常见。

（2）泥石流。流体中含有大量的粉砂、黏土等细粒物质和巨大的石块、漂砾等。多见于花岗岩、片麻岩、板岩以及页岩分布的山区。多见于我国的西南地区。

（3）水石流。固体物质数量不多，主要由细粒砂和黏土形成稀泥浆，同时还挟有少量的大块石，常发生在石灰岩、大理岩和部分花岗岩地区。

（三）按泥石流的结构和流动性质划分

（1）黏性（结构型）泥石流。以粉砂黏土颗粒为主，重度大于 $16kN/m^3$，最高可达 $22.4kN/m^3$，固体物质总量可占 40%～60%，最高达 80%。水和泥沙、石块凝聚成一个黏稠的整体以相同的速度流动。因而具有很大的黏性和结构性。

（2）稀性（紊流型）泥石流。稀性泥石流为水和固体物质的混合物，以水为主并含有不足 40%的黏粒和粉粒，重度为 $14～16kN/m^3$。在运动过程中，泥浆的流动速度大于石块的移动速度，因而泥石流的流态呈紊流的性质。

（四）按水的补给来源和方式划分

（1）暴雨型泥石流。由暴雨形成的洪水对坡面的冲刷所引起的泥石流。多发生在最大降雨出现之后的 0.5～1h 内，流动时间只有几小时。频率高的一年中可发生数次，频率低的可多年发生一次。

（2）冰雪溶水型泥石流。由冰川、积雪急剧消融形成的洪水冲蚀冰碛物所引起的泥石流。如西藏东南部海洋性冰川区，冰崩、雪崩和冰雪的融水量较多，此类泥石流发生的频率就比较高。

（3）溃决型泥石流。由高山冰湖、冰碛湖及滑坡崩塌形成的堰塞湖突然溃决而引起的泥石流。有时，人工水库的溃决也可能形成此类泥石流。

二、泥石流的形成条件与形成机制

（一）泥石流的形成条件

根据泥石流的特征，形成泥石流须具备一定的条件。首先，流域内应具有较丰富的固体径流物质，源源不断地补给泥石流；其次，要有陡峻的地形和较大的沟床纵坡；最后，在流域中上游，应有强大的暴雨或冰雪强烈消融等充足的水源。

（1）固体径流物质。固体径流物质是流域内崩塌、滑坡等多种成因的松散堆积物和风化岩体。固体物质的补给量、补给方式等都影响着泥石流的特征。据对甘肃泥石流的研究，固体物质补给量大于 50 万 m^3/km^2 时，大多形成黏性泥石流；补给量小于 20 万 m^3/km^2 时，大多形成稀性泥石流；补给量小于 4 万 m^3/km^2 时，一般不形成泥石流。

（2）地形条件。汇水面积大，地形、沟床坡度比较陡，使地表水能够迅速集中并沿着沟谷急剧排泄。泥石流形成区的地形为三面环山、一面有出口的瓢形或斗状圈谷，谷坡

30°~60°。泥石流的流通区地形上常呈瓶颈状或喇叭状，断面为峡谷地形。谷坡陡，沟床纵比降大，有时谷底会形成陡坎或台阶。泥石流的堆积区多呈扇形或锥形，谷坡与沟底比较平缓。由上游带来的大小石块混杂堆积于山口附近或大河谷的一侧往往形成起伏的垄岗地形。如果有多次泥石流活动，还会使堆积扇呈套叠现象。

(3)水文气象条件。水不仅是泥石流的组成部分，而且也是搬运介质。资料表明，暴雨是形成泥石流的基本动力条件。如云南东川地区有一次降雨强度为6h内180mm水量，就引发了历史罕见的泥石流。

(4)地质条件。泥石流频发地区，地质构造多比较复杂，岩体破碎，各种物理地质作用(山崩、滑坡等)也比较发育，为固体径流物质来源准备了条件。在一些新构造活动和地震活跃的地区，可能会因地壳变动的影响使沟床坡降变化，从而起到加速或抑制泥石流的作用。

(5)其他条件。土壤、植被和人类活动等对泥石流的形成有一定的影响。如土壤与植被直接影响地表径流的形成和泥石流搬运物质的颗粒级配。尤其需要指出的是，在山区建设中，人们不合理地改造坡地，破坏地表结构，滥肆砍伐树木、毁坏草皮等均造成水土流失，滑坡、塌方加剧，有些地区因此而形成泥石流灾害。如四川省1981年的特大暴雨，使全省1 060余处发生泥石流，仅岷江上游的汶川、理县、茂汶、黑水和松潘境内就有380余处，为历史所未曾有过的。其原因之一是近30年来森林覆盖率由35%下降为18.8%，造成大面积的山体裸露，使风化作用加剧。

(二)泥石流的形成机制

(1)土力类形成机制。位于山坡上或沟谷内的不稳定土体(如残积物、坡积物、洪积物、冰碛物或重力堆积物等)充水后达到饱和或过饱和状态，土石体的结构相应地发生变化，内聚力降低。随剪切力增大，土石体处于所谓"塑化状态"。因此，在水流作用下即产生滑移，进而出现流动。一般来说，土体的平衡与破坏是由其受力状态决定的。当起动剪切力大于临界剪切力时，就可能演变成泥石流。土力类泥石流具有一种疏松结构，即在流体中黏附有泥膜的固体颗粒相互接触形成的一种结构，也称临界结构。

(2)水力类形成机制。水力类泥石流主要是由水流对沟谷冲刷作用形成的。水流冲蚀强度与水量的增加速度和土体强度降低的程度两方面因素有关。其中，土体强度降低又是由充水和饱水作用引起的。当水量急剧增大并猛烈地冲刷岸坡上的土体时，造成洪流的含砂量超过挟砂的水量，便形成水力类泥石流。

三、泥石流特征指标的确定

为了查明泥石流的性质、运动特点和活动规律，需要对泥石流的重度、流量、流速及泥石流最大一次淤积量加以确定。

(一)泥石流的重度

(1)实测法。在现场配制相当于历次泥石流状态的试件进行测定，求出单位体积的重量，即为泥石流的重度(γ_c)。

(2)体积比法。通过调查得知，泥石流体中固体物质和水的体积之比例关系按式(4-5-1)计算：

$$\gamma_c = (Gf_c + 1)\gamma_w/(f_c + 1) \quad (4\text{-}5\text{-}1)$$

式中 γ_c——泥石流的重度,kN/m^3;

G——固体物质的比重,一般为2.40~2.71;

γ_w——水的重度,kN/m^3;

f_c——固体物质体积和水的体积之比,以小数计。

一般也可以根据泥石流的稠度特征选用γ_c(见表4-5-1)。

表4-5-1 泥石流稠度特征与γ_c的关系

稠度特征	稀浆状	稠浆状	稀粥状	稠粥状
γ_c(kN/m^3)	12~14	14~16	16~18	18~23

(二)泥石流的流量

目前比较常用的测定流量的方法有形态调查法、汇水面积法和配方法三种。

(1)形态调查法。与水文测验中的方法相同,即过流断面与流速的乘积。公式为:

$$Q_c = F_c V_c \quad (4\text{-}5\text{-}2)$$

式中 Q_c——泥石流的流量,m^3/s;

F_c——泥石流流体的横断面面积,m^2;

V_c——泥石流流速,m/s。

(2)汇水面积法。用同一汇水面积内的清水流量乘以沟谷形态和糙率修正系数求出。计算公式为:

$$Q_c = Q_B(1 + \phi)D_c \quad (4\text{-}5\text{-}3)$$

式中 Q_B——泥石流沟的清水流量,m^3/s;

D_c——泥石流堵塞系数,轻微的小于1.5,严重堵塞的大于2.5;

ϕ——泥石流修正系数,$\phi=(\gamma_c+1)/(G-\gamma_c)$。

(3)配方法。按泥石流中水和固体物质的比例,用在设计标准下可能发生的洪水流量加上按比例所需的固体物质体积,就能配出泥石流的流量,可按式(4-5-4)进行计算:

$$Q_c = Q_B(1 + P_c) \quad (4\text{-}5\text{-}4)$$

式中 P_c——泥石流修正系数,与土壤重度和天然含水量有关。

(三)泥石流流速测定

(1)稀性泥石流。铁道部第一设计院建议用式(4-5-5)计算:

$$V_c = 15.3R_c^{2/3}I^{1/2}/\beta \quad (4\text{-}5\text{-}5)$$

式中 V_c——泥石流断面平均流速,m/s;

β——阻力系数,可以从图4-5-1中查取;

R_c——泥石流流体的水力半径,m;

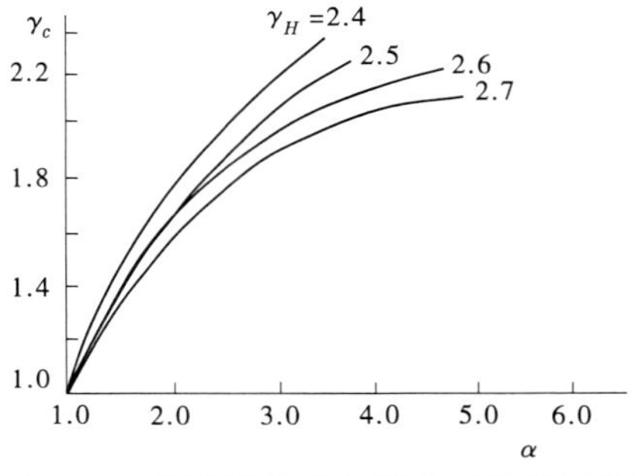

图4-5-1 泥石流重度与阻力系数关系曲线

I——泥石流水面纵坡(%)。

(2)黏性泥石流。依据试验资料总结出经验公式(4-5-6):

$$V_c = \frac{1}{n} \cdot R_c^{3/4} \cdot I^{1/2} \tag{4-5-6}$$

式中 n——泥石流粗糙率,一般取0.45。

(四)最大一次淤积量的测定

测定泥石流最大一次淤积量,有助于了解泥石流的规模及其危害性大小。它是各类工程建筑物在规划和设计中必需的指标。在野外调查时,可进行直接测量或用有关公式计算确定。

(1)平均厚度法。根据洪积扇上一次最新沉积的泥石流淤积范围和平均厚度求最大一次泥石流淤积量。计算公式为:

$$W_h = F \cdot h \tag{4-5-7}$$

式中 W_h——最大一次淤积量,m^3;

F——泥石流淤积范围,m^2;

h——平均厚度,m。

(2)经验公式法。计算公式为:

$$W_h = 1\,000H_p \cdot \alpha_p \cdot F_p \cdot P_p \tag{4-5-8}$$

式中 H_p——引起洪水的降雨量,mm;

α_p——面流系数,高于2 500m山区取0.5~0.7,中等高度山区取0.3~0.5,低山山区取0.1~0.3;

F_p——有效的汇水面积,km^2;

P_p——固体物质含量百分数,一般为30%~50%。

四、泥石流的评价与防治

(一)泥石流调查与评价内容

应调查水库区泥石流的分布、规模及成因等,综合调查泥石流地区的水文气象资料,地形地质条件,地貌特征,泥石流发生区、流通区、堆积区的范围,泥石流的固体径流物质来源、物质组成、颗粒级配,泥石流沟的形态特征、汇水条件,历史泥石流的活动状况,人类活动对泥石流的影响等。对泥石流和泥石流流体性质进行分类,并根据泥石流的形态、形成泥石流的松散碎屑物质的积累和聚集程度、水源的补给情况等,预测泥石流爆发的可能性及其频率,分析评价其对水工建筑物的安全、水库淤积、库周城镇、规划移民区、农业区及重要工程设施的影响和危害程度,并提出防治措施的建议。

(二)泥石流的防治

1.防治措施的类型

目前采用的防治措施主要有预防和治理两类措施。

在有可能发生但尚未发生泥石流的沟谷中,应采取预防措施。禁止在流域内进行滥砍滥伐,应保护植被。严禁在坡度大于25°的地区进行垦荒种地。在山坡上修建工程时,要保持边坡的稳定,并且对施工的弃土、弃渣采取水保措施,不能人为造成滑坡等固体物质来源。

对于已暴发过泥石流的沟谷,治理措施可分为生物措施和工程措施两类。生物措施采用植树造林、种草及合理耕种等,使流域形成多结构的地面保护层,保护地表土免遭侵蚀。如果流域内存在大量崩塌、滑坡,沟壁陡峭,单靠生物措施难以控制的,就必须采取工程措施与之配合。

2. 工程防治措施

一般工程措施均能起到减轻泥石流的作用,但是很难控制泥石流的发生和发展。因此,需注重泥石流全流域的综合治理。根据治理工程对泥石流所起的作用不同,可分为"防、拦、排"三类措施。

(1)防护工程。由于泥石流是水流挟带泥沙石块的混合物,因而治水、治泥和水土隔离是治本措施。为了减少流域中的水流汇集及洪峰流量,在泥石流的上游修建水库、蓄水池是有效的。为了减少泥石流量,通常可采取平整坡地和修建护坡、挡土墙或各种谷坊、护坝及护坦等工程,以防治沟壁坍塌和沟底下切。

(2)拦挡工程。将泥石流的大部分拦截在沟道内或停积在冲积扇的适当部位。这样不仅起到拦截固体物质的作用,还能使山坡稳定,减轻滑动及沟壁坍塌。常用的拦挡工程有隔栅坝和停淤场等。

(3)排导工程。将泥石流顺利排入大河或冲积扇下部任其堆积,是目前广泛使用疏导泥石流的方法,也是一种保护自然环境的消极方法。因大河的河床将不断淤高,将给下游造成危害。排导工程包括导流堤、排导沟、渡槽等多种形式。

第五章　水工建筑物工程地质

第一节　水工建筑物对地形地质条件的基本要求

不同水工建筑物对地形地质条件的基本要求是水利水电工程地质工作者所必须熟练掌握的一项基本技能,但又不可能规定出具体的标准和要求。地形地质条件对水工建筑物的设计和施工有着影响和制约的一面,但并不是唯一的限制条件,其还与水工建筑物的类型、自然环境条件、施工和运行条件等多种因素有关。同时,随着科学技术的进步,不同水工建筑物对地形地质条件的要求也在不断变化,随着新坝型(如面板堆石坝)、新型材料(如土工聚合物作防渗材料)和新施工工艺(如盾构开挖设备、深厚覆盖层防渗墙施工工艺)的出现,许多过去受地形、地质条件严重制约的水工建筑物,现在却可以成功建设。因此,地形、地质条件的影响,更多地综合反映在工期造价、生态环境、运行安全等方面。

不论何种水工建筑物,有以下几个带有共性的地质问题必须高度重视:

(1)地震安全性。必须保证建筑物在当地可能发生的最大地震的情况下,对建筑物不会造成严重破坏和酿成重大次生灾害。在高地震区或周围有活断层通过地区修建水工建筑物时,这一问题尤为突出。避开活动断层是工程选址、选线的最基本准则。

(2)地质灾害的危害性。必须保证重大地质灾害(崩塌、滑坡、泥石流)不会对建筑物造成严重破坏,带来严重次生灾害和影响工程的正常运行。

(3)水工建筑物的稳定性。为了保证工程安全运行,在各种工况条件下地基不发生破坏,需要进行地基稳定性评价,包括渗透稳定、抗滑稳定和变形稳定等。

(4)天然建筑材料的可靠性。各类水工建筑物都有对天然建筑材料的要求,天然建筑材料的可靠性不仅影响建筑物的安全和耐久性,而且对工程的工期、造价常常有重大的影响。如混凝土骨料和碱活性对混凝土强度、耐久性的影响;特殊土(如膨胀土、分散性土等)对土石坝质量的影响。

一、大坝

几种主要坝型对地形地质条件的基本要求可作如下概括。

(一)混凝土重力坝

(1)地形基本对称,岸坡较完整,宽窄恰当,便于水工布置。

(2)河谷覆盖层不厚,尽量避开大的顺河断层和基岩深槽。

(3)全强风化带和卸荷带岩体厚度不宜过大。

(4)岩体较完整,岩性较均一,强度能满足大坝荷载应力的要求。

(5)岩层产状有利,岩体中软弱夹层及缓倾角结构面(断层、长大裂隙)不发育。

(6)岩体透水性不宜过大,有可靠的防渗封闭条件。

(7)泄洪消能区岩体有足够的抗冲能力。

(二)拱坝

(1)地形基本对称,河谷宽高比最好小于3.5:1,不宜大于6:1,坝肩下游没有深切沟谷。

(2)河床覆盖层不厚,尽量避开大的顺河断层和基岩深槽。

(3)全强风化带及卸荷带岩体厚度不宜过大。

(4)两岸坝肩岩体完整,强度高;没有或很少有垂直河流分布的软弱层带;平行河流的结构面(断层、节理、裂隙)不发育。

(5)岩层产状有利,坝基岩体中缓倾角软弱夹层或结构面不发育。

(6)岩体透水性不宜过大,有可靠的防渗帷幕封闭条件。

(7)泄洪消能区岩体有足够的抗冲能力。

(三)土石坝

(1)地形条件适于布设泄洪和引水发电建筑物。

(2)河床覆盖层的厚度及物质组成不会给地基防渗体施工造成很困难的条件。

(3)避免地基中存在厚的粉细砂层、淤泥、软土层、湿陷性黄土等特殊土层。

(4)避免在基岩中存在规模较大透水性强的顺河向断层。

(5)有适宜的天然建筑材料。

(四)混凝土面板堆石坝

混凝土面板堆石坝既具有当地材料坝对地基、地形、地质条件要求较低的特点,又通过混凝土面板防渗,解决土石坝防渗体对材料和施工技术要求较高的困难。对地形、地质条件的要求,主要是趾板通过的地段地形较完整;全强风化带岩体厚度不宜过大,岩体较新鲜完整,透水性较小,没有大的破碎带通过。

二、地下建筑物

地下建筑物包括各种引水、输水、导流隧洞及地下电站等地下洞室。地下建筑物对地形地质条件的基本要求是:

(1)进出口边坡地形较完整,边坡岩体稳定性好,没有重大的地质灾害危及进出口安全。

(2)隧洞通过地段应以Ⅰ、Ⅱ、Ⅲ类围岩为主,尽量避开厚层软岩或大型破碎带通过。

(3)地下建筑物地段地应力不宜过大,建筑物轴线与最大主应力方向的交角宜小。

(4)地下建筑物轴线与主要构造线(断层、褶皱、岩层产状)方向最好呈大角度相交。

(5)注意地下建筑物地段涌水、突泥的危害,特别是通过岩溶地区大型涌水、突泥的危害。

(6)注意岩爆、地热、放射性元素、瓦斯及其他有害气体的危害。

(7)掌握地下水对围岩体稳定性的可能影响。

三、人工开挖高边坡

各种人工开挖高边坡对地形地质条件的基本要求是:

(1)边坡地形较完整,临空面的方向、切割深度等与边坡的关系较有利。

(2)边坡岩土体的类型及工程性质适宜开挖高边坡,避免分布有特殊土层,覆盖层、风化层的厚度较小,物质组成较紧密。

(3)边坡岩体卸荷带的发育强度及深度不大。

(4)主要结构面(层面、断层面、优势节理、裂隙)的走向与边坡走向呈大角度的夹角,结构面倾角大小利于边坡形成。

(5)边坡地段地表水系的补排不经常危及边坡安全。

(6)岩土体的渗透性及地下水的赋存状况(含(透)水层特点、补排关系、地下水位、动态变化等)不会严重恶化边坡岩土体的工程性质。

四、水闸

闸址对地形地质条件的基本要求包括:

(1)地形开阔,尽量选择在河岸基本稳定的顺直河段或弯道凹岸顶点偏向下游处,尽量避开险工堤段。挡潮闸闸址宜选择在岸线和岸坡稳定的潮汐河口附近。

(2)尽量选用地质条件良好的天然地基,避开特殊岩(土)地基。

(3)尽量选择地下水位低且对施工影响小的地段。

五、渠道

渠道是水利工程中最常见的一种水工建筑物,包括灌溉、输水、发电引水渠道、长距离调水渠道等。渠道对地形地质条件的基本要求包括:

(1)在地形上,尽量避免深挖和高填,傍山渠道尽量避免切坡。

(2)尽量避开物理地质现象(如崩塌、滑坡、泥石流等)发育的地段。

(3)尽量避开岩溶发育地区、沼泽地、膨胀土、湿陷性黄土及可能产生液化的砂层分布区等。

(4)尽量避免穿越煤矿等矿产采空区及少占压矿产资料。

六、堤防

堤防选线时,对地形地质条件的基本要求是:尽量避开软弱地基、深水地带、古河道及强透水地基;尽量距不稳定库坡有一定安全距离。

第二节　水工建筑物地基稳定问题

一、混凝土坝坝基(肩)岩体的抗滑稳定性

(一)坝(闸)基的主要滑移模式

坝基抗滑稳定性是指坝基岩体在建坝后的各种荷载作用下,抵抗发生剪切滑动破坏的性能。不同坝型对坝体和地基接触面或地基岩体中是否可能产生滑动的要求是不同的。重力坝的坝基主要是岩体,重力坝是依靠自身的重量在某一可能的滑移面上所产生

的摩擦阻力(或称为抗滑力)保持稳定的。一般情况下,坝身比较坚固,很少有坝身受到剪切滑动破坏的坝;但是,坝基岩体则不然,多数坝基岩体中总是存在着风化岩体、软弱夹层、断层裂隙、地下水等不利地质条件,在不利条件组合下造成坝基滑动,使大坝遭受破坏。

重力坝坝基的滑动破坏有三种类型。

1. *表层(面)滑动*

表层(面)滑动是沿坝体底面与坝基岩体接触面(建基面)发生的破坏(见图 5-2-1(a)),是坝基滑移的最基本形式。主要发生在坝基岩体坚硬、均匀、完整、裂隙少,无控制滑动的软弱结构面,岩体强度远大于坝体混凝土强度的条件下。此时,混凝土坝底与岩体接触面常成为薄弱而有滑动可能的面。

2. *浅层滑动*

浅层滑动是坝体连同一部分坝基浅部岩体发生的剪切破坏(见图 5-2-1(b))。这种情况的发生主要是由于坝基岩体软弱,风化岩层清除不彻底,或岩体比较破碎,岩体本身抗剪强度低于坝体混凝土与基岩接触面的强度而引起的。在近于水平产出的薄层状岩体(特别是有软弱夹层者)坝基,由于抗弯折变形能力很低,在水平推力作用下,坝趾下游岩层弯曲隆起,于是促成坝基浅部岩体发生滑动(见图 5-2-1(c))。

3. *深层滑动*

深层滑动是当坝基岩体深部存在特别软弱的可能滑动面时,坝体连同一部分岩体沿深部滑动面产生的剪切滑动(见图 5-2-1(d))。

深层滑动模式有单滑面和双滑面之分。单滑面者是指主滑面为倾向下游的缓倾角软弱层(带),与陡倾角断层带组合(见图 5-2-1(f)),或与下游冲刷坑等斜坡临空面组合;主滑面为倾向下游的缓倾角软弱层(带)与陡倾断层带组合。双滑面者是指主滑面为倾向下游的软弱夹层与下游反倾向缓倾角断层带或不连续裂隙组合(见图 5-2-1(d))。

此外,还出现上述几种类型组合而成的滑移模式(见图 5-2-1(e))。

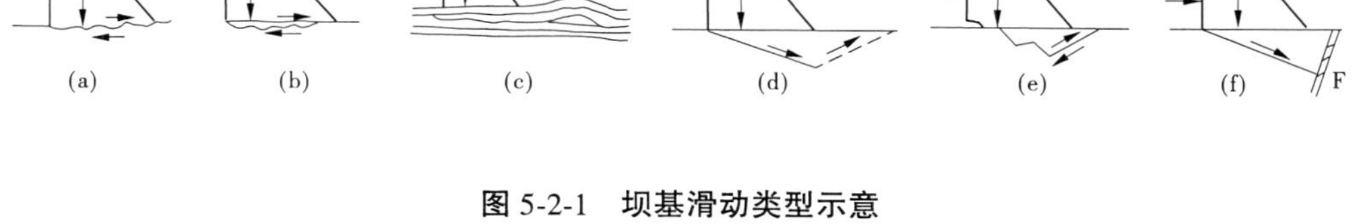

图 5-2-1　坝基滑动类型示意

(a)表面滑动;(b)浅层滑动;(c)水平层状坝基的滑移弯曲;
(d)深层滑动;(e)混合滑动;(f)沿软弱夹层的滑动

(二)坝基岩体滑动边界条件分析及确定方法

坝基深层滑动条件比较复杂,它必须具备滑动面、纵向和横向切割面、临空面。这些要素构成了深层滑动的边界条件。

1. 坝基岩体滑动边界条件分析

滑动面是指坝基岩体滑动破坏时,发生相对位移,并在工程作用力下产生较大的剪应力及摩擦阻力的软弱结构面。该面的实际抗滑能力低于坝体混凝土与基岩接触面的抗剪能力。这类结构面就是坝基的滑动控制面。通常构成滑移的有软弱夹层(特别是泥化夹层)、软弱断层破碎带、软弱岩脉、围岩蚀变带、缓倾角裂隙等。当它具有产状平缓(小于30°)、分布范围大、连续性强、埋藏浅、夹泥多等特征时,坝基滑动的问题就十分突出。这些软弱结构面中最危险的是泥化夹层,其抗剪强度很低。当坝基中有多层泥化夹层时,应逐层试算,确定出抗滑能力最低的控制性滑移面。坝基岩体抗滑能力主要取决于滑动面的工程地质特性。因此,滑动面及其抗剪强度参数的确定是抗滑稳定分析的关键。

切割面是指与滑动面相配合把滑移体与周围岩体分割开的结构面,可分为纵向切割面和横向切割面。纵向切割面是指顺河方向延伸的、长而平直的陡倾、陡立结构面。工程作用力在该面上只产生剪应力,不产生法向应力或法向应力很小。横向切割面是平行于坝轴线的结构面。它垂直于工程作用力方向,岩体滑动时在此面上产生拉应力,故又称拉裂面。

临空面是指滑移体向下游滑动时能够自由滑出的面。存在于坝下游距坝趾不远的范围内。临空面有两类:一类是水平临空面,如下游河床地面;另一类是陡立临空面,如下游河床深潭、深槽、溢流冲刷坑、厂房及其他建筑物基坑等,使滑动面出露。当坝趾下游岩体中有横穿河床的断层破碎带、节理密集带、软弱岩体、深风化破碎带、潜伏溶洞带等时,由于它们强度低,压缩累积变形大,同样可以造成位移自由空间,形成"陡立临空面"。滑动面、纵向切割面和横向切割面的共同组合,形成了与周围岩体分离的滑移体。滑移体的形状随各种组合而定。对坝基抗滑稳定不利的有平卧于河床的楔形体、方块体、棱柱形体或锥形体。

当坝基下软弱夹层倾向下游时,若下游没有冲刷坑或可压缩的断层破碎带作临空面,则下游岩体有一定的抗力作用。岩体沿软弱夹层向下游滑动,必然受到下游完整岩体的抵抗,通常将坝下游这部分能抵抗坝基滑移作用的岩体称为尾岩抗力体。如葛洲坝工程二江泄水闸闸基尾岩抗力体可以承担水平推力的35%~50%,有利于坝基岩体稳定。

双牌水电站坝基为砂岩、板岩互层,倾向下游偏左岸,倾角7°~20°。6#~7#坝墩两侧有顺河向 F_{101} 与 F_{102} 断层作为纵向切割面。坝趾下游86~90m处的溢流冲刷坑切断了顺层面分布的可能滑动的破碎夹泥层。滑移边界条件已具备。坝建成后,10余年来,在6#~7#坝墩空腔的渗压观测孔渗漏水中带有黄色絮状物质,局部夹层被淘空,孔内渗压水高出下游河水位7.5m。重新做软弱夹层试验,摩擦系数屈服值为0.33,峰值为0.38,而原设计值为0.45,因而大坝稳定性可疑。于是采取了加强防渗帷幕、坝基固结灌浆和尾岩抗力体预应力锚固等措施。加固后安全系数提高到1.19,能满足抗滑稳定安全要求。

朱庄水库坝基为震旦系石英砂岩夹泥质薄层粉砂岩和页岩。岩层倾向下游偏右岸,倾角6°~8°。以伊利石为主的层间错动泥化夹层单层厚0.1~2.0cm,其中以Ⅱ—5和 C_{n72} 夹层的抗剪强度最低,f 值分别采用0.29和0.22。坝址下游有斜切河床的 F_4 断层,破碎带宽8~10m,动弹模为 0.5×10^9Pa。由于 F_4 的压缩变形大,可按临空面对待。经计算岩体抗滑稳定安全系数达不到规范要求,故采取了降低坝高和加宽坝体的措施(见图5-2-2)。

可见,有连续分布的、缓倾下游的软弱夹层,下游有冲刷坑或可压缩断层破碎带作临

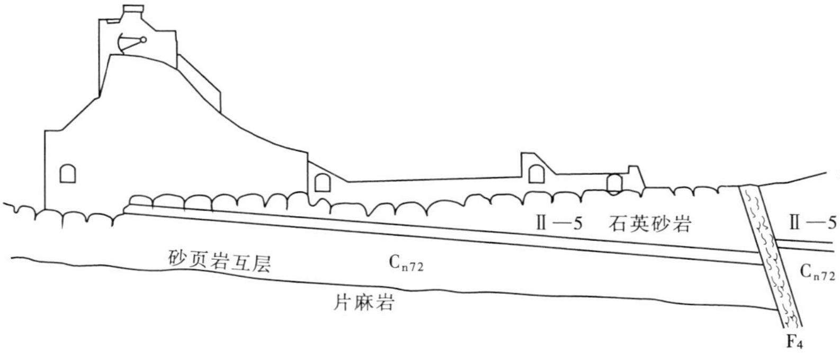

图 5-2-2 朱庄水库溢流坝段地质纵剖面

空面，则抗滑稳定性不好。葛洲坝坝基为白垩系的紫红色砂页岩，岩层走向北东与坝轴线斜交 70°，倾向下游，倾角 4°～8°，共发育有 71 层软弱夹层，其中对抗滑稳定影响最大的是沿黏土岩中层间错动带发育的泥化夹层，泥厚一般 1mm 至数厘米，最厚 10～20cm，分布范围广，抗剪强度低(f=0.17～0.20)，是滑移控制面。抗滑稳定计算中考虑抗力体作用后，可以提高抗滑稳定安全系数 0.2～0.7。抗力体第一破裂面与水平面的夹角 β 由试算确定，即先假定一系列 β 角，提供最小抗力的 β 角就是实际的破裂角(见图 5-2-3)。

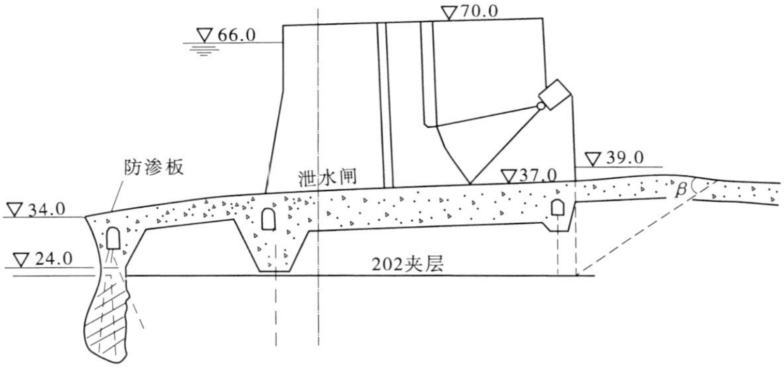

图 5-2-3 葛洲坝坝基滑移体示意

三峡工程左岩坝段为坝后式厂房，其中 1#～5#机组坝段坝基岩体缓倾角结构面发育。通过采用金刚石小口径钻进工艺、孔内彩色摄像、加密钻孔(最小孔距在 10m 左右)等综合勘察手段及对地质条件的分析与判断，查清了坝基长大裂隙的确切位置和组合关系，建立了坝基岩体结构确定性滑移模型(见图 5-2-4)。

2. 边界条件的确定方法

为查明坝基抗滑稳定的边界条件，应根据不同工程级别及规模、不同勘察设计阶段、不同地形地质条件，采用具有不同侧重和逐步深入的勘察技术手段和方法。

1) 主滑面具有确定性滑移条件

对于具有确定性滑移条件的坝基岩体，如缓倾角软弱夹层和断层软弱带，通常采用综合勘察与试验手段，如专门工程地质调查，详测岩性柱状图，开展大、小口径的钻探及平硐，竖井勘探、钻孔综合测井及钻孔彩电观察，软弱层(带)物理力学性质试验。查明软弱

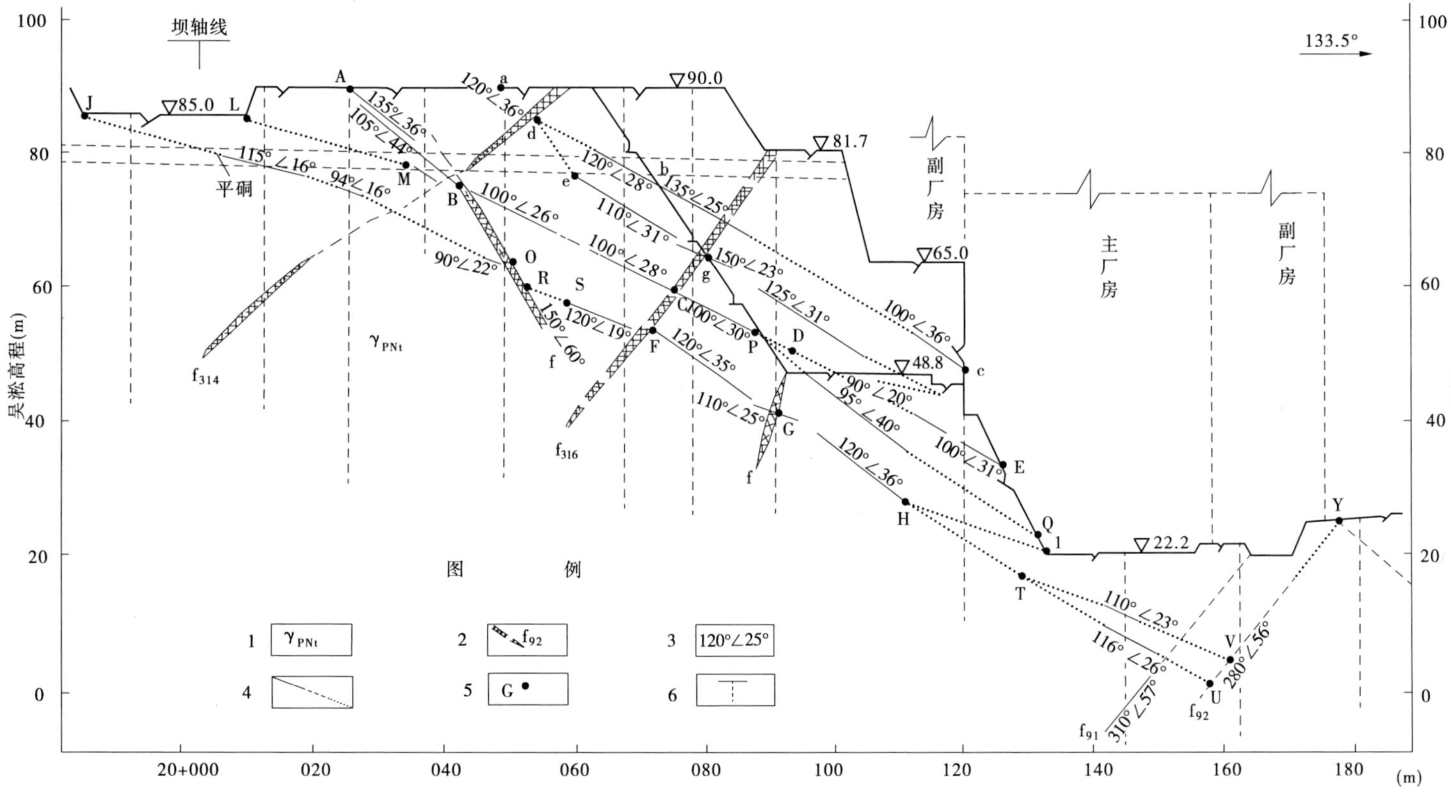

图 5-2-4　左厂 3 号机组坝段坝基及厂坝联合抗滑稳定分析地质剖面图

1—闪云斜长花岗岩；2—断层及编号（实线为确定部分、虚线为推测部分）；3—结构面产状；

4—潜在滑移面（实线为确定部分、虚线为推测部分、点线为岩桥部分）；5—潜在滑移面结点；6—钻孔

层(带)的物质组成、层次、厚度、分布范围、埋藏深度、连续性、透水性、软弱结构面起伏及破碎程度、物理力学性质、水理性质,与其他结构面的组合关系。查明抗力部位反倾向缓倾角裂隙发育程度及岩体完整程度。

2)主滑面具有不确定性滑移条件

对具有不确定性滑移条件的坝基岩体,如火成岩、某些火山岩、陡倾层状岩体地区,缓倾角裂隙较发育,控制坝基抗滑稳定的滑移路径具有不确定性,该滑移面由不连续的缓倾裂隙面与岩桥组成,需要确定不同部位缓倾面组合形式;如直线形、折线形、阶梯形,找出安全度最小的滑移路径。

对缓倾角裂隙连通率的研究很重要。通常研究方法有:

(1)剖面投影法:为目前常用的统计方法,即利用自然及人工边坡或勘探平硐,在特定方向上对缓倾角裂隙迹线进行投影统计。

(2)模拟网络法:利用计算机建立二维裂隙网络模型,确定缓倾角裂隙在某一特定方向上的连通率。

(三)重力坝坝基岩体抗滑稳定计算与评价

坝基岩体抗滑稳定计算的方法有极限平衡法、有限单元法和地质力学模型试验法。由于极限平衡法计算简明方便,又具有一定的精确度,所以得到广泛的应用。下面介绍这一方法。

1. 坝体承受的荷载

进行重力坝坝基岩体抗滑稳定计算时,需要考虑的荷载包括坝体自重、水压力、扬压力、淤沙压力、地震力、波浪压力及冰压力等。

2. 抗滑稳定计算及安全系数规定

根据《混凝土重力坝设计规范》(SL319—2005),重力坝坝体抗滑稳定计算主要核算坝基面滑动条件,可按抗剪断强度公式或抗剪强度公式计算坝基面抗滑稳定安全系数。

(1)抗剪断强度的计算公式(剪摩)为:

$$K' = \frac{f' \sum W + C'A}{\sum P} \tag{5-2-1}$$

式中 K'—— 按抗剪断强度计算的抗滑稳定安全系数;

f'—— 坝体混凝土与坝基岩接触面的抗剪断摩擦系数;

C'—— 坝体混凝土与坝基岩面的抗剪断凝聚力,kPa;

$\sum W$——作用于坝体上全部荷载对滑动平面的法向分值,kN;

$\sum P$——作用于坝体上全部荷载对滑动平面的切向分值,kN;

A——坝基接触面截面积,m^2。

K'值应满足下列要求:

基本组合:$K' \geqslant 3.0$;

特殊组合(1):$K' \geqslant 2.5$;

特殊组合(2):$K' \geqslant 2.3$。

(2)抗剪强度的计算公式(纯摩)为:

$$K = \frac{f\sum W}{\sum P} \tag{5-2-2}$$

式中　K——按抗剪强度计算的抗滑稳定安全系数,K 值不应小于表 5-2-1 规定的数值;

f——坝体混凝土与坝基接触面的抗剪摩擦系数。

表 5-2-1　抗滑稳定安全系数

荷载组合		坝的级别		
		1	2	3
基本组合		1.10	1.05	1.05
特殊组合	(1)	1.05	1.00	1.00
	(2)	1.00	1.00	1.00

当坝基岩体内存在软弱结构面、缓倾角裂隙时,应采用抗剪断指标计算深层抗滑稳定安全系数。当采取工程措施后,抗滑稳定安全系数仍不能满足要求时,可采用抗剪指标进行计算,其抗滑稳定安全系数指标应经论证后确定。

3. 拱坝拱座抗滑稳定分析

修建于狭窄河谷上的拱坝和薄拱坝,将坝体所受荷载的大部分经拱端传至两岸岩体,少部分传至河床坝基。因此,坝肩岩体的稳定是坝体稳定的关键。一般情况下,当拱坝坝肩下游支撑拱座的岩体不是风化破碎或单薄岩体时,坝肩岩体失稳破坏形式主要沿缓倾角软弱结构面向下游河床滑动的问题。

坝肩岩体受力条件如图 5-2-5 所示,将拱坝作用在坝肩的荷载分解为与拱座垂直的轴向力(H_A)和与拱座平行的径向力(V_A)。坝肩岩体产生滑动时,必须限于 ab 和 ac 两线之间的范围内。

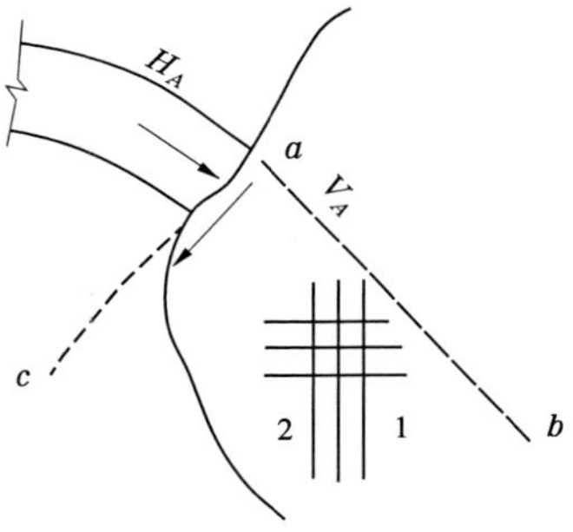

图 5-2-5　拱坝坝肩岩体滑动方向分析

坝肩岩体滑移的边界条件与前述的重力坝相同。必须具备滑动面、切割面、临空面。

(1)滑动面。一般为倾向下游或上游方向的缓倾角较弱结构面构成滑移面。如缓倾角软弱夹层、层面、断面破碎带及裂隙等。

(2)切割面。有侧向切割面及横向切割面。若坝肩附近存在有顺河方向的断层破碎带或长大裂隙时,则构成侧向切割面,在断层带与拱座间的岩体有可能发生破裂,然后沿断层破碎带向下游滑移。与岸坡近于垂直的陡倾结构面,如节理裂隙发育,构成横向切割面,将产生拉裂。

(3)临空面。滑动岩体的下游,需要具有岩体能产生滑动位移的空间,如下游河流急转弯、岸坡凸出段、冲沟,以及可以起到临空面作用的横切岸坡的大断层破碎带、较宽的软弱岩带等,都能构成临空面。而后者受力后产生压缩变形,足以形成岩体的滑动空间,可能导致岩体向下游方向滑移。

(4)尾岩抗力体。若坝肩岩体中存在倾向下游的缓中倾角软弱结构面,但未在岸边出露而埋藏一定深度,具有一定厚度的岩体构成尾岩抗力体。对抗力体的强度、完整性有无反倾向缓倾角裂隙发育等,需要加以勘察与论证。

对拱坝坝肩岩体稳定不利的地形地质条件,可概括如图 5-2-6 所示。

常见的滑移体形态有楔形体、锥形体、棱形体、方形体(见图 5-2-7)。

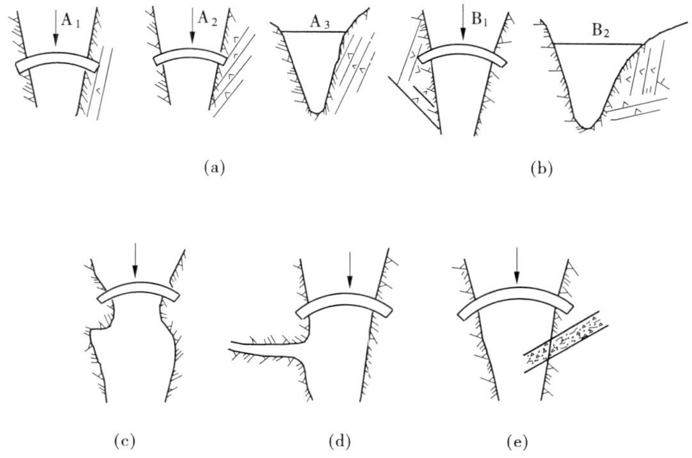

图 5-2-6 对拱坝不利的地形地质条件

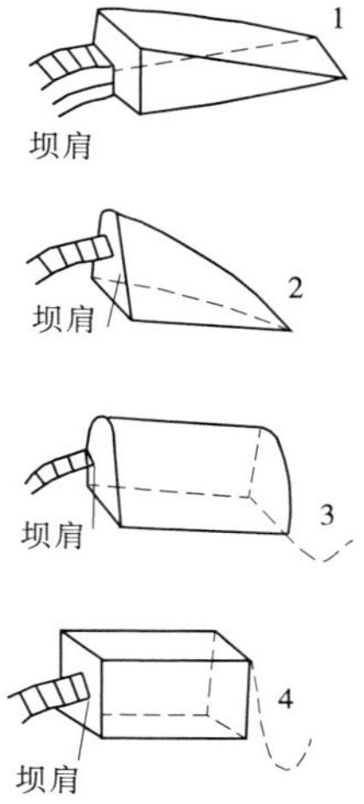

图 5-2-7 常见的滑移体形态

拱座抗滑稳定安全系数应符合表 5-2-2 的规定。

表 5-2-2 拱座抗滑稳定安全系数

荷载组合		坝的级别		
		1	2	3
用抗剪断公式计算	基本	3. 50	3. 25	3. 00
	特殊(非地震)	3. 00	2. 75	2. 50
用抗剪公式计算	基本			1. 30
	特殊(非地震)			1. 10

二、饱和砂土振动液化问题

(一)饱和砂土振动液化的形成条件

饱和砂土振动液化是指无黏性土和少黏性土在振动条件下孔隙水压力上升、土粒间有效应力降低而导致的土体强度丧失、土体由固态转化为液态的现象。土体液化造成两方面的工程影响:一是由于强度丧失引起地面下陷、上部水工建筑物的破坏;二是土体流动引起边坡变形失稳。

试验揭示，砂粒的圆度和级配对液化强度影响不明显，砂的平均粒径 d_{50} 和砂的密实度影响明显。$d_{50}=0.07mm$ 时，液化强度达到最低值；在相对密度小于 80%时，液化强度与相对密度成正比。近代沉积的粉细砂是一种容易发生液化的土体。此外，唐山地震时还观察到了饱和粉土和砂砾石液化现象。

由于液化的本质是土体中的孔隙水压力在外界因素触发下，在短时间内上升到超过有效应力水平，所以液化土的渗透性多为 $10^{-3}\sim10^{-4}cm/s$。渗透性太强时，孔隙水压力易于消散，难以形成超孔隙水压力；渗透性太弱时，土体黏结强度（c 值）增大，孔隙水压力难以达到有效应力水平。

（二）饱和砂土振动液化的判别方法

土的液化判别分为初判和复判。初判应排除不会发生液化的土层，对初判可能发生液化的土层，应进行复判。详见《水利水电工程地质勘察规范》（GB50287—99）。

从震害实例看，砂土液化多局限在地表下 15m 深度范围内，有的规范和手册明确判别范围为地表下 15m。15m 的确定基于以下考虑：一是土体的地震放大效应主要表现在地表下 15m 深度范围内，统计的地震动加速度值随深度呈指数衰减；二是砂土密度随深度而增大，15m 以下的土体一般可达到中密以上；三是多数情况下建筑物荷载的作用范围不超过 15m。15m 深度以下是否需要作判定，可根据建筑物的重要性、当地的地震水平来确定，并且可以采用相对密度法、静力触探法等判定。

过去一般认为地震烈度小于或等于 6 度时，可不计液化影响。目前，不同规范对 6 度地震时对液化的考虑尚不完全一致。《水利水电工程地质勘察规范》（GB50287—99）中给出了 7、8、9 度地震对应的液化判别标准贯入锤击数基准值，由于缺乏对 6 度地震区情况的研究和必要的现场实际数据，没有给出 6 度时的基准值。水利水电工程目前尚未涉及 10 度地震区，规范也没有相应的数据。

（三）饱和砂土振动液化的常用处理措施

当水工建筑物基础下分布可液化地层时，应根据建筑物的重要性和土体的液化等级，确定采取全部消除液化的措施或部分消除液化的措施。

1. 改变基础型式

在液化层厚度不大时，可采用深基础，基础底面埋入可液化层以下稳定土层中的深度不小于 0.5m；在液化层厚度较大时，可采用桩基础，桩端伸入液化深度以下稳定土层中的长度应按计算确定，对碎石土、砂砾石、坚硬黏性土应不小于 0.5m，其他非岩石土应不小于 2m。液化层厚度及埋深不大时，也可采用置换的方法。

2. 地基加固（加密）处理

如采取振冲、振动加密、砂桩挤密、强夯、深层搅拌、高压喷射注浆等措施，对液化层进行加密处理。同时，应根据建筑物的重要性和上部建筑物荷载作用范围，确定地基处理深度。处理后的地基（或复合地基）应满足抗液化和承载力两方面的要求。

3. 围封

采用地下连续墙的形式对地基液化土层进行封闭处理。一般适用于建筑物地基。

4. 盖重

在基础下铺盖一层非液化土，其设计要点在于确定铺盖厚度和侧向铺盖宽度，需要同时满足地基抗液化、承载力和抗滑稳定的要求。

三、岩(土)体渗透性及其防治措施

(一)岩(土)体渗透性分级

岩土体的渗透性按渗透系数或透水率的大小进行分级,以表征岩(土)体渗透性强弱的程度,从而为评价水利水电工程地基的渗漏量、地基岩(土)体渗透稳定性及选择地基防渗方案提供依据。水利水电系统岩(土)体渗透性分级见表 5-2-3。

表 5-2-3　岩(土)体渗透性分级

渗透性等级	标准		岩体特征	土类
	渗透系数 k(cm/s)	透水率 q(Lu)		
极微透水	$k<10^{-6}$	$q<0.1$	完整岩石,含等价开度<0.025mm 裂隙的岩体	黏土
微透水	$10^{-6}\leq k<10^{-5}$	$0.1\leq q<1$	含等价开度 0.025～0.05mm 裂隙的岩体	黏土—粉土
弱透水	$10^{-5}\leq k<10^{-4}$	$1\leq q<10$	含等价开度 0.05～0.1mm 裂隙的岩体	粉土—细粒土质砂
中等透水	$10^{-4}\leq k<10^{-2}$	$10\leq q<100$	含等价开度 0.1～0.5mm 裂隙的岩体	砂—砂砾
强透水	$10^{-2}\leq k<1$	$q\geq 100$	含等价开度 0.5～2.5mm 裂隙的岩体	砂砾—砾石、卵石
极强透水	$k\geq 1$		含连通孔洞或等价开度>2.5mm 裂隙的岩体	粒径均匀的巨砾

注:1. Lu 为透水率的单位,当试段压力为 1MPa 时每米试段的压入水流量(L/min)。

2. 等价开度为假定试段内,每米裂隙都是平直、光滑,壁面平行,开度都相同时,裂隙的平均开度。表列数据是假定裂隙间距 1m 时,相应的等价开度范围值。

(二)岩(土)体渗透破坏类型和判断标准

1. *渗透破坏类型*

岩(土)体渗透破坏类型的划分,目前仍是以土层中产生的渗透破坏现象为依据,分为管涌、流土、接触冲刷和接触流失四大类。

(1)管涌。土体中的细颗粒在渗流作用下,由骨架孔隙通道流失称为管涌,主要发生在砂砾石地基中。

(2)流土。在上升的渗流作用下局部土体表面的隆起、顶穿,或者粗细颗粒群同时浮动而流失称为流土。前者多发生于表层为黏性土与其他细粒土组成的土体或较均匀的粉细砂层中,后者多发生在不均匀的砂土层中。

(3)接触冲刷。当渗流沿着两种渗透系数不同的土层接触面或建筑物与地基的接触面流动时,沿接触面带走细颗粒称接触冲刷。

(4)接触流失。在层次分明、渗透系数相差悬殊的两土层中,渗流垂直于层面将渗透系数小的一层中的细颗粒带到渗透系数大的一层中的现象称为接触流失。

上述四种渗透破坏类型中，最主要的是管涌和流土。

基岩中的渗透破坏主要发生在各类张开裂隙中充填的松散物质、断层带中及软弱夹层中松软物质。虽然基岩中的渗透破坏类型仍沿用上述四种类型，但实际上基岩中的渗透破坏，尤其是断层带和软弱夹层，由于其物质组成、渗透性、密实度均与第四系松散地层有很大差别，所以其渗透破坏的特点和过程表现得隐散和缓慢，除少数破碎夹层(带)外，渗透破坏多为流土和接触冲刷，渗透破坏发展过程缓慢，破坏比降也远较第四系松散地层为大。

2. 判别标准

土的渗透破坏形式的判别，对于流土和管涌，大多以土中细颗粒含量(P_c)、粗细颗粒含量比(D/d)及不均匀系数 C_u 三个指标区分。但是，对于细颗粒的划分标准，粗细颗粒含量比以及用不均匀系数区分流土和管涌的界线，不同的参考书有不同的标准。例如，细颗粒粒径的大小，有的定为粒径小于 1mm 的颗粒，有的定为粒径小于 2mm 的颗粒，有的则根据连续级配和不连续级配分别给出不同的确定方法。用细颗粒含量判别流土和管涌，标准也不完全一样。

土的渗透变形的判别应包括土的渗透变形类型的判别、流土和管涌的临界水力比降的确定和土的允许水力比降的确定。当实际水力比降大于允许水力比降时，可能发生渗透变形破坏；反之，则不会发生。关于土的渗透变形破坏判别方法，详见《水利水电工程地质勘察规范》(GB50287—99)附录 M。

对岩体中的裂隙充填物、断层破碎带和软弱夹层进行渗透稳定评价时，一般都是取样进行室内试验。但由于取原状样困难，所以要通过较多样品的试验对比分析才能得出一个较可信的值。在实际工作中，通过压水试验的 $P \sim Q$ 曲线类型判别，也可判断出岩体中某些裂隙、断层、夹层中的软弱物质是否产生渗透变形。当压水试验出现 D(冲蚀)型曲线时，即可判断在某个压力作用下，裂隙(断层、夹层)出现渗透破坏(充填物被冲蚀)。同时，也提示对这类物质的渗透稳定问题要予以高度重视，并进一步加以研究论证。对一些十分重要的工程，也可进行现场大型渗透破坏试验，如葛洲坝、五强溪、隔河岩、大藤峡等。但这类试验费用高，过程复杂，所以不经常使用。由于断层、软弱夹层的结构构造、物质组成、产出环境、地下水运移条件等与松散地层有很大不同，而且不同工程遇到的具体条件也有很大差别，所以裂隙充填物、断层破碎带和软弱夹层的渗透破坏形式和破坏比降不同地质条件地区差别很大，对它的试验研究常常要比松散地层复杂。表 5-2-4 反映了我国几个水利工程断层破碎带和软弱夹层的渗透坡降值。

岩体中的另一种渗透破坏类型是化学潜蚀。当岩体中含有易溶盐类(如岩盐、钾盐、石膏等)以及某些难溶性盐类(如方解石、菱镁矿、白云石等)时，在流动水的作用下，尤其是在地下水循环比较剧烈的区域，矿物逐渐被溶蚀，被水流带走而使岩体的完整性和强度受到影响，这种现象称为化学潜蚀。

断层带胶结物中如含有石膏和方解石，则其溶蚀速度比整个石灰岩层或石膏岩层更快。发生条件是：

表 5-2-4 部分工程夹层、断层渗透坡降值

工程名称	层位	试验方法	临界坡降	破坏坡降	破坏类型
葛洲坝	202 夹层	实测	3.5~6.5 (4.5~8)	5~10	冲刷、流土
	308 夹层	实测	>30	地层抬动后坡降很小	
青山	泥化夹层	室内	4~7	12.3	流土
		野外		1.0	接触流土
	F_A^6 两侧泥化的夹层	室内		9.9~26.1	接触流土
		野外		>12	未破坏
丹江口	f_{6889}、F_{16}	钻孔压水	20.9~40	20.4	
万安	F_0 层间破碎鳞片状	现场钻孔	8~12	>40	
丰满	断层		40		未破坏
清河	断层		50		未破坏
五强溪	F_1 破坏夹泥层	现场平硐	2.34	(建议 2.0)	局部流土
	B_{N511} 纯夹泥层	现场平硐	3.12	(建议 3.0)	局部流土

(1)水中 HCO_3^- 在压力流情况下,由于压力降低释放出 CO_2,形成 $CaCO_3$ 和 $MgCO_3$ 沉淀。反应式为:

$$2Ca(HCO_3)_2 \longrightarrow 2CaCO_3\downarrow + 2CO_2\uparrow + 2H_2O$$

$$2Mg(HCO_3)_2 \longrightarrow 2MgCO_3\downarrow + 2CO_2\uparrow + 2H_2O$$

(2)在碱性条件下,部分溶于水中的硅在 pH 值降低或脱水时,硅的溶胶聚合成乳白色、半透明絮状胶体物并在裂隙出口淤堵。

(3)水中有侵蚀性 CO_2,使低价铁 Fe^{2+} 变为 $Fe(HCO_3)_2$,在压力降低和温度升高时,亚铁在氧化条件下,其中 CO_2 溶解度变小而分离出来,低价铁变高价铁而沉淀。

由于断层中物质的溶蚀而使坝毁损的实例尚不多见,但不能因此忽视溶蚀可能招致的危害。在红色岩层和华北奥陶系灰岩中,常有石膏夹层分布,经过不同水头下的溶滤试验表明,在不透水或弱透水的地层中,石膏溶滤速度是很缓慢的。但是机械作用伴随着化学作用发生,促使岩溶作用的加快。例如,美国圣·佛兰西斯重力坝,坝高 62.2m。河谷中部和左岸的 2/3 是云母页岩,层理倾向下游,抗压强度 250~770MPa。右岸是黏土胶结的深红色砾岩,干抗压强度 40~133MPa,浸水 10min 后降低到 15MPa。砾岩中夹有石膏层。失事前,库区下暴雨,水库满水,坝基发现渗水。1928 年 3 月 12 日坝开始破坏,两岸都被冲坏,只留下河床中部 23m 长一段。其原因是岩层的接触带是一条强度较低的软弱带,坝基砾岩胶结很差,构造极不规则,水位升高后,砾岩中的石膏被溶解,岩体崩解成黏土、砂、砾石等松散体,一旦软化的砾岩被水压力挤出后,产生了大量的渗漏,形成一股急剧的泥水,坝下被淘空导致失事。

(三)防止岩(土)体渗透破坏的工程措施

防止岩(土)体产生渗透破坏的工程措施可概括为两大类:一类是改善岩土体的结构特性,提高其抵抗渗透破坏能力,使其由可能产生渗透破坏的岩(土)体,变成为不易产生渗透破坏的岩(土)体;另一类是采取措施截断岩(土)体中的渗透水流或减小岩(土)体中渗透水流的渗透比降,使其小于允许比降。

第一类措施通常只用在岩体中。为防止岩体内断层破碎带、软弱夹层、裂隙充填物产生渗透破坏,可采用水泥灌浆、化学灌浆、混凝土防渗墙、局部置换等方法提高这类软弱破碎物质的抗渗性。这类处理措施通常都是和提高断层破碎带、软弱夹层的力学性质相结合进行的。

第二类工程措施中,最可靠的方法是在渗透土层中兴建防渗墙,截断土层中的渗透水流,从而消除产生渗透破坏的前提条件。这一种方法随着施工工艺、设备和方法的不断发展,目前已成为在透水土层地基、强透水岩体中防渗工程的重要型式。小浪底大坝地基砂砾层防渗墙已深达 82m。冶勒水电站工程的砂砾石地基采用上墙下幕的方式,已深达 150m。长江干流主要堤防工程,在堤基中分布有砂层、砂砾石层的堤段,也都采用防渗墙进行防渗。帷幕灌浆也是防渗工程的一种重要型式,它的作用介于延长渗径减小渗透比降和截断渗透水流两者之间,主要用于基岩地区建筑物的防渗。在国外,在砂砾石层地基上采用灌浆帷幕防渗的工程事例很多,如埃及的阿斯旺坝、法国的谢尔邦松坝等,前者的灌浆深度达 250m。

水平铺盖是早期兴建土石坝中用得较多的一种防渗型式,尤其是对于中小型工程、水头不高的情况下常被采用。但是水平铺盖由于下伏地层情况复杂,岩性、厚度变化大,渗透性不均一,铺盖各部位承受的荷载、渗透压力不同,常发生裂缝、塌陷、管涌等问题而失效,而且铺盖和两岸岸坡防渗接头也很难处理,加之防渗墙和灌浆帷幕的施工技术日益成熟,因而水平铺盖的使用已日渐减少。近 10 余年来,用土工膜织物作为水平铺盖和坝体防渗的也逐渐增多,尤其是一些小型水库、堤防、渠道和抽水蓄能电站的上库。

排水减压和设置反滤层是在渗透水流出逸处采取的防止渗透破坏的两种措施。前者多用于地基上部为透水性较弱的土层,通过排水井削减下层强透水层可能形成的承压水头对地基的破坏;后者则直接依靠反滤层的保护,防止透水地基砂层、砂砾层产生渗透破坏。凡是无法完全截断渗透水流而又有可能产生渗透破坏的土层,通过反滤层的保护,防止产生渗透破坏是一种有效的工程措施,在挡水建筑物及透水地基中被广泛采用。排水减压井及可能产生渗透破坏的基岩地层中的排水孔,也都采取反滤措施。

四、坝基渗漏对工程的危害及渗控设计方案的选择

(一)坝基渗漏类型

坝基渗漏可以分为土基渗漏和岩基渗漏两类。

1. 土基渗漏

一般建于砂砾层地基上的闸、坝或建于上部为黏性土层下部为砂砾石上的闸坝,坝基渗漏主要通过砂砾石透水层发生。

2. 岩基渗漏

岩基渗漏又可分为裂隙性岩基渗漏和岩溶化岩基渗漏两种。

1) 裂隙性岩基渗漏

由于裂隙、断层、层面等破坏了岩体的完整性,在后期风化、卸荷等作用下,成为透水通道。

2) 岩溶化岩基渗漏

建于岩溶化岩体(主要为碳酸盐岩)上的闸、坝,通过岩溶裂隙和洞穴系统可能产生岩溶渗漏,渗漏的性质和规模取决于岩体岩溶化程度。强烈岩溶化岩基可产生规模较大的岩溶集中渗漏,而岩溶化很弱的岩体与裂隙岩体无明显差别。

(二) 坝基渗漏对工程的危害

坝基渗漏除损失水量外,还伴随着渗透变形破坏。由于渗漏造成的坝基岩(土)体工程特性恶化,甚至发生管涌、冲刷、坝基扬压力过高等,影响坝基稳定。

1. 渗漏量

较大的坝基渗漏量可影响水库功能的发挥。对于供水水库和抽水蓄能电站上库等,较大的渗漏量造成经济损失;对于一些年径流量较小的水库,较大的渗漏量会影响水库的正常运行。

2. 坝基渗透稳定

对于土基及岩基中的断层破碎带、软弱夹层、岩溶洞隙充填物,在水流长期作用下,可能发生渗透变形(流土、管涌、接触冲刷、接触流失等);若岩基中含有易溶盐(岩盐、石膏等),则可能产生化学管涌。坝基岩(土)体产生渗透变形,严重时破坏坝基岩(土)体的整体性,甚至会危及大坝安全。

3. 坝基扬压力

坝基渗流在坝基下形成扬压力,过高的坝基扬压力不利于大坝稳定。

(三) 渗控设计方案的选择

为防止坝基出现超过设计允许的渗漏,应采取渗控措施。渗控措施应结合坝基的具体地质条件和建筑物型式选取。如建于土基上的闸、坝,一般可采取防渗墙、防渗铺盖等措施;建于裂隙岩体上的闸、坝,一般可采用帷幕灌浆;对于岩溶化坝基,除防渗帷幕外,还可同时采取堵洞、截水墙等防渗措施。

1. 防渗帷幕

防渗帷幕一般用于裂隙岩体和岩溶化岩体的防渗。对砂砾石透水层也有采用灌浆帷幕(如埃及的阿斯旺水库)或用高压喷射灌浆形成防渗墙的方法。

在坝基有隔水层可利用时,防渗帷幕下限可以深入隔水层封闭。在无隔水层时,可深入到相对不透水岩体。相对不透水岩体的标准,岩石坝基一般以岩体的渗透率 q(吕荣值)表示,根据库容坝型、坝高,防渗帷幕的下限,按有关规程规范确定,一般采用 $q=1\sim10$Lu。当透水层较厚、相对不透水层埋深较大时,也可根据坝高确定灌浆帷幕的安全深度,如0.3~0.7倍坝高。对于岩溶化岩体的坝基,灌浆帷幕的深度还应考虑岩溶发育的深度(参见第九章第一节岩溶地质部分)。

防渗帷幕的孔、排距、灌浆压力等,一般需要通过灌浆试验确定。

为了保证大坝防渗体系的连续性、完整性和两岸坝肩边坡的稳定,大坝防渗帷幕要向两岸延伸一定距离。一般情况下,帷幕端点应与两岸正常蓄水位高程的地下水位相接;当两岸有隔水层可利用时,帷幕端点可直接与隔水层连接。当地下水位较低或隔水层分布很远,帷幕延伸过远时,也可根据岩体透水性的特征,结合渗漏量大小、渗透稳定、边坡稳定等的要求,确定帷幕向两岸延伸的长度。

帷幕灌浆一般采用水泥或加入速凝剂、黏土等材料。对于一些裂隙很细小的岩体或很密实的断层破碎带,当水泥灌浆效果不好时,也可采用化学灌浆,即采用化学材料制成浆液进行灌浆。

2. 防渗墙、堵洞

防渗墙一般用于松散地基的防渗处理(见本章土石坝地基工程地质一节),也可用于强岩溶化地层防渗,对于一般裂隙岩体地基很少采用。防渗墙形式可以按施工工艺、材料类型,分为混凝土防渗墙(刚性或塑性)、黏土防渗墙等。

堵洞防漏一般用于岩溶化地层的防渗,如防渗帷幕线上遇见较大溶洞,可采用堵洞处理。地面铺盖遇有大的溶洞、落水洞时,也必须先采取堵洞措施。

3. 铺盖

铺盖防渗可用于第四系松散层,也可用于裂隙化岩体及岩溶化岩体的防渗。如建在松散层上的闸坝,可利用坝前天然黏土作为防渗铺盖防渗,也可采用人工防渗料铺盖防渗,以减少渗漏量和延长渗径,减小渗透比降。对于岩溶化漏水岩体,在坝前面积不大时,也可采用铺盖防渗。岩溶洼地作为水库(包括用做抽水蓄能电站的上库)时,须对库盆进行铺盖防渗。

4. 排水

排水是降低坝基扬压力的有效措施。坝基防渗帷幕可减少坝基渗漏量,也可降低部分坝基扬压力。如在防渗帷幕下游同时采取排水(孔、幕)措施,则可明显降低坝基扬压力,提高大坝的稳定性。两岸坝肩防渗帷幕后排水兼有增加岸坡稳定性的作用。因此,大坝渗控工程一般都包括防渗帷幕和幕后排水两部分。

排水孔孔距可根据坝基地质条件和坝高等条件确定,一般主排水孔的孔距2~3m,辅助排水孔孔距3~5m。排水孔孔深一般为防渗帷幕深度的0.4~0.6倍。排水孔的孔径宜不小于100mm,岩溶区应大于150~250mm。两岸山体排水,除排水孔外,也可开挖排水洞,并辅以排水孔。

对于可能发生渗透变形的断层破碎带、软弱夹层、夹泥裂隙和溶蚀填充物等部位,应对排水孔采取相应的反滤保护措施,以防止发生软弱层带的渗透破坏。

建于第四系覆盖层上的闸坝,当下游坝基出逸比降较大时,常采用减压井排水降压。

五、基坑涌水量的计算

计算建筑基坑涌水量的方法很多,归纳起来有外推法、类比法、解析法、数值法和水均衡法等。目前应用最广的是稳定流解析计算法,是基于渗流基本理论,根据实际边界条件建立解析公式,进而计算建筑基坑涌水量。

(一)均质含水层潜水完整井

对于均质含水层潜水完整井,见图 5-2-8,基坑涌水量可按下列规定计算。

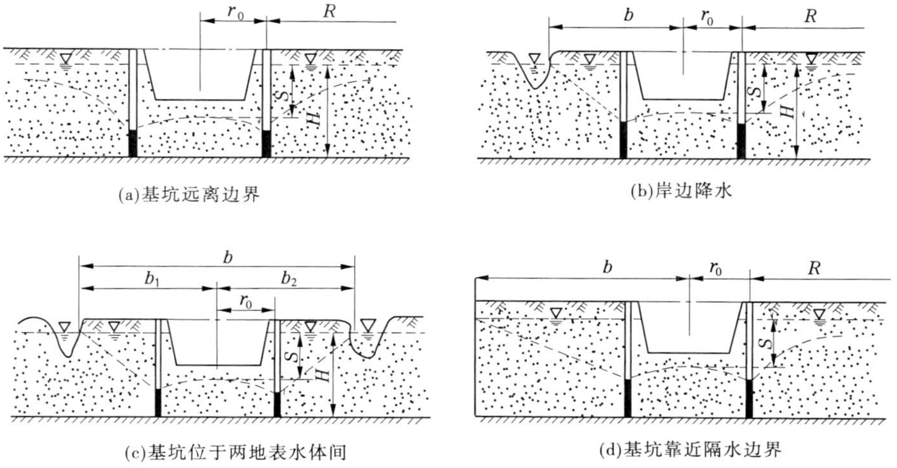

图 5-2-8　均质含水层潜水完整井基坑涌水量计算简图

(1)基坑远离边界时,涌水量可按式(5-2-3)计算:

$$Q=1.366k\frac{(2H-S)S}{\lg\left(1+\frac{R}{r_0}\right)} \tag{5-2-3}$$

式中　Q——基坑涌水量,m^3/d;

k——渗透系数,m/d;

H——潜水含水层厚度,m;

S——基坑水位降深,m;

R——降水影响半径,m;

r_0——基坑等效半径,m。

(2)岸边降水时,涌水量可按式(5-2-4)计算:

$$Q=1.366k\frac{(2H-S)S}{\lg\left(\frac{2b}{r_0}\right)}\quad (b<0.5R) \tag{5-2-4}$$

(3)当基坑位于两个地表水体之间或位于补给区与排泄区之间时,涌水量可按式(5-2-5)计算:

$$Q=1.366k\frac{(2H-S)S}{\lg\left[\frac{2(b_1+b_2)}{\pi r_0}\cos\frac{\pi(b_1-b_2)}{2(b_1+b_2)}\right]} \tag{5-2-5}$$

(4)当基坑靠近隔水边界,涌水量可按式(5-2-6)计算:

$$Q=1.366k\frac{(2H-S)S}{2\lg(R+r_0)-\lg r_0(2b+r_0)}\quad (b<0.5R) \tag{5-2-6}$$

(二)均质含水层潜水非完整井

对于均质含水层潜水非完整井,见图 5-2-9,基坑涌水量可按下列规定计算。

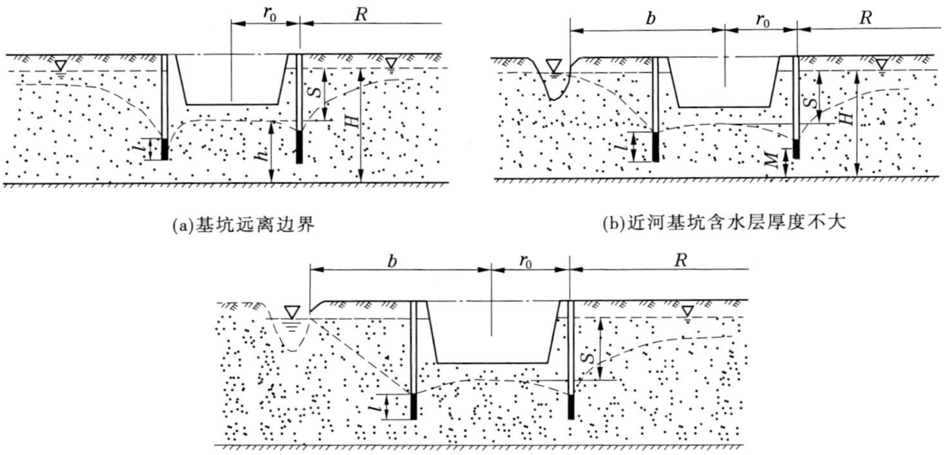

(a)基坑远离边界　　(b)近河基坑含水层厚度不大

(c)近河基坑含水层厚度很大

图 5-2-9　均质含水层潜水非完整井涌水量计算简图

(1)基坑远离边界时,涌水量可按式(5-2-7)计算:

$$Q=1.366k\frac{H^2-h_m^2}{\lg\left(1+\frac{R}{r_0}\right)+\frac{h_m-l}{l}\lg\left(1+0.2\frac{h_m}{r_0}\right)}\quad\left(h_m=\frac{H+h}{2}\right)\tag{5-2-7}$$

(2)近河基坑降水,含水层厚度不大时,涌水量可按式(5-2-8)计算:

$$Q=1.366kS\left[\frac{l+S}{\lg\frac{2b}{r_0}}+\frac{l}{\lg\frac{0.66l}{r_0}+0.25\frac{l}{M}\cdot\lg\frac{b^2}{M^2-0.14l^2}}\right]\quad\left(b>\frac{M}{2}\right)\tag{5-2-8}$$

式中　M——由含水层底板到过滤器有效工作部分中点的长度,m;

l——过滤器进水部分长度,m。

(3)近河基坑降水,含水层厚度很大时,涌水量可按式(5-2-9)、式(5-2-10)计算:

$$Q=1.366kS\left[\frac{l+S}{\lg\frac{2b}{r_0}}+\frac{l}{\lg\frac{0.66l}{r_0}-0.22\operatorname{arsh}\frac{0.44l}{b}}\right]\quad(b>l)\tag{5-2-9}$$

$$Q=1.366kS\left[\frac{l+S}{\lg\frac{2b}{r_0}}+\frac{l}{\lg\frac{0.66l}{r_0}-0.11\frac{l}{b}}\right]\quad(b<l)\tag{5-2-10}$$

(三)均质含水层承压水完整井

对于均质含水层承压水完整井,见图 5-2-10,基坑涌水量可按下列规定计算。

(1)当基坑远离边界时,涌水量可按式(5-2-11)计算:

$$Q=2.73k\frac{MS}{\lg\left(1+\frac{R}{r_0}\right)}\tag{5-2-11}$$

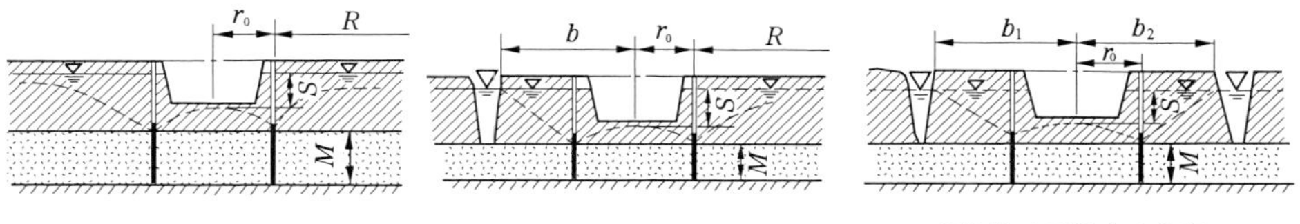

图 5-2-10　均质含水层承压水完整井基坑涌水量计算图

式中　M——承压含水层厚度，m。

(2) 当基坑位于河岸边时，涌水量可按式(5-2-12)计算：

$$Q=2.73k\frac{MS}{\lg\left(\frac{2b}{r_0}\right)}\qquad (b<0.5R) \tag{5-2-12}$$

(3) 当基坑位于两个地表水体之间或位于补给区与排泄区之间时，涌水量可按式(5-2-13)计算：

$$Q=2.73k\frac{MS}{\lg\left[\frac{2(b_1+b_2)}{\pi r_0}\cos\frac{\pi(b_1-b_2)}{2(b_1+b_2)}\right]} \tag{5-2-13}$$

(四) 均质含水层承压水非完整井

对于均质含水层承压水非完整井，见图 5-2-11，基坑涌水量可按式(5-2-14)计算：

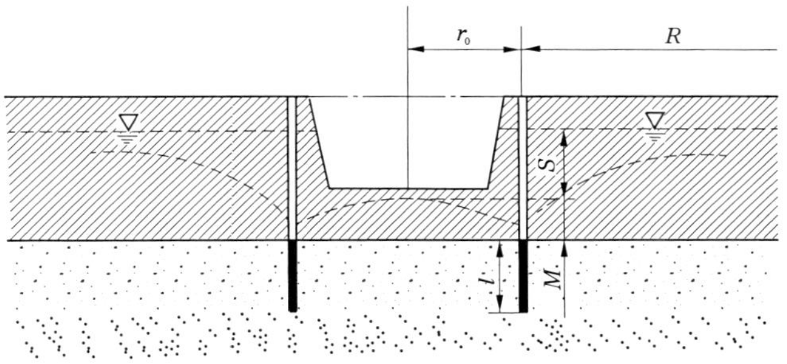

图 5-2-11　均质含水层承压水非完整井基坑涌水量计算图

$$Q=2.73k\frac{MS}{\lg\left(1+\frac{R}{r_0}\right)+\frac{M-l}{l}\lg\left(1+0.2\frac{M}{r_0}\right)} \tag{5-2-14}$$

(五) 均质含水层承压—潜水非完整井

对于均质含水层承压—潜水非完整井，如图 5-2-12 所示，基坑涌水量可按式(5-2-15)计算：

$$Q=1.366k\frac{(2H-M)M-h^2}{\lg\left(1+\frac{R}{r_0}\right)} \tag{5-2-15}$$

(六) 等效半径

当基坑为圆形时，基坑等效半径应取圆半径；当基坑为非圆形时，等效半径可按下列

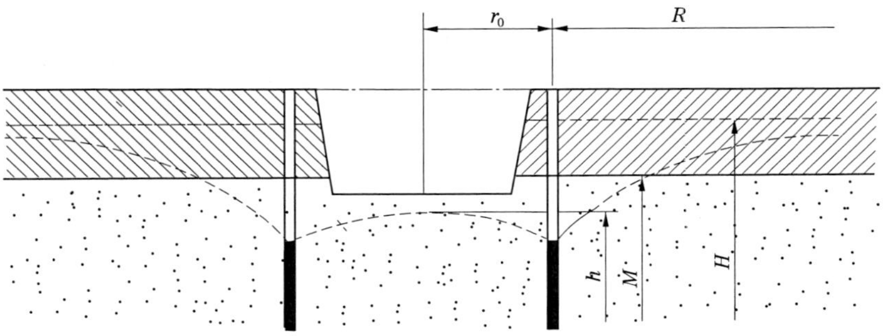

图 5-2-12　均质含水层承压—潜水非完整井基坑涌水量计算图

规定计算。

(1)矩形基坑等效半径可按式(5-2-16)计算：

$$r_0 = 0.29(a+b) \tag{5-2-16}$$

式中　a、b——基坑的长、短边。

(2)不规则块状基坑等效半径可按式(5-2-17)计算：

$$r_0 = \sqrt{A/\pi} \tag{5-2-17}$$

式中　A——基坑面积。

(七)影响半径

降水影响半径可按下列经验公式计算。

(1)潜水含水层可按式(5-2-18)计算：

$$R = 2S\sqrt{kH} \tag{5-2-18}$$

式中　R——降水影响半径,m；

S——基坑水位降深,m；

k——渗透系数,m/d；

H——含水层厚度,m。

(2)承压含水层可按式(5-2-19)计算：

$$R = 10S\sqrt{k} \tag{5-2-19}$$

六、冲刷坑的形成条件及评价

工程建成后,常在坝后消力池及其下游河床、溢洪道及其出口、发电厂房尾水区等部位形成冲刷坑。在泄洪、排沙、发电过程中,高速水流冲刷河底及岸坡,引发多方面的地质问题。如：

(1)淘刷岸坡,造成塌方滑坡。三门峡电站左岸泄洪洞出口水流淘刷坡脚含煤地层,使上部山体产生两次大的塌方,体积分别达 1 700m^3 和 5 600m^3。

(2)高速泄洪水流在大坝下游形成复杂的水动力条件,剧烈冲刷坝脚、消力池底板及河床岩体,冲刷坑一旦形成,便有向上游溯源发展趋势,危及坝基稳定。丹江口大坝在运行 10 余年后,下游河床冲刷坑最深达到约 40m,不得不进行混凝土回填处理。从冲刷坑发展的监测成果看，冲刷主要出现在洪水年份，一次20年一遇的洪水就可能造成10余m到20余m的冲刷坑。特别是在表底孔联合泄洪时，冲刷作用更为剧烈。在枯水或正常水情年份，则基本不产生新的冲刷或在已有坑内形成淤积。

(3)冲刷坑不断加深，坝基下的软弱夹层、缓倾角断层等被揭露形成临空面，从而可能引起大坝深层滑动问题。双牌电站运行15年后，下游冲刷坑深度超过20m，导致软弱夹层临空暴露出来。

(4)在对坝后河床冲刷的同时，被冲刷物在冲刷坑下游堆积下来，可能造成中小型河流坝后河水位不同程度的壅高。如修文坝在1963年7月遇特大洪水，连续泄流152h，河床淤积导致电站尾水壅高1.3m。

(5)混凝土建筑物受高速水流作用遭致破坏，如消力池底板、溢洪道底板等。1969年10月，刘家峡电站泄洪时，溢洪道底板被掀起，出现3处大冲坑，其中1号坑被掀起的混凝土底板1m多厚，重达500余t，底部锚筋被拔出，基岩冲深达10m。

(一)冲刷坑形成的地质条件

形成冲刷坑的因素很多，除与水流特性、下游水深、水舌入射角、冲刷持续时间、水库调度方式等有关外，还与冲刷区的地质条件密切相关，包括岩体的抗冲刷性、岩体完整性、缓倾角结构面发育程度、构造破碎带和软弱夹层的性状与分布、岩体透水性及水动力条件等。岩性是影响冲刷坑形成的最基本地质因素。岩体的完整性，特别是断裂带的存在往往成为冲刷坑的切入点。当岩体中同时存在缓倾角结构面时，块体便更容易被拔出带走，双牌、柘溪、盐锅峡、丹江口、丰满等大坝下游冲刷坑与此有关。

在硬岩及岩体完整条件下，抗冲刷能力强，冲刷坑发展缓慢，一般不致危及建筑物安全。在软岩及断裂、裂隙发育区，抗冲刷能力弱，冲刷坑不但形成很快，而且坑深坡陡，位置多变，扩展较快，往往影响建筑物的安全。消力池及溢洪道底板混凝土的破坏一般还与岩体中的水动力条件有关，特别是与脉冲水压力有关。因此，近几年在水工设计时，多采取底板加锚筋和设排水廊道(甚至抽排)的处理措施，以降低底板下的水头。

(二)冲刷坑的工程地质评价

冲刷坑的工程地质评价包含两方面的内容：一是在前期勘察及初步设计阶段对大坝下游河床、消力池、溢洪道底板等易受冲刷影响部位的工程地质条件进行评价，预测出现冲刷的可能性，提出抗冲刷处理措施建议；二是在业已出现冲刷坑或预测将出现冲刷坑时，评价冲刷坑对大坝等建筑物的安全影响。

岩性、岩体完整性、岩体水力学条件是控制冲刷坑形成的内在因子，工程实践中常采用冲刷系数、基岩抗冲流速、允许流速、土质渠道不冲刷流速以及岩体透水性和水头等定量表征岩土体的抗冲刷性及对冲刷坑形成的影响程度。有关岩体特性冲刷系数的关系、基岩抗冲流速、允许流速、土质渠道不冲刷流速等经验值见表5-2-5~表5-2-8。

在设计过程中，根据大坝单宽泄量、上下游水位差、下游水深、采用的泄流形式等，计算冲刷坑深度。对于大型工程一般都通过水工模型试验确定冲刷坑深度及位置。工程运行后，应收集有关冲刷坑的深度和位置变化情况，与前期设计成果对比，分析对大坝等建筑物的影响。

表 5-2-5　岩体特性与冲刷系数的关系

岩体结构	散体、碎裂、薄层状结构	镶嵌、互层状结构	中厚层、次块状结构	厚层、巨厚层、块状、整体状结构
裂隙发育情况	发育 3 组以上裂隙，间距小于 10cm	发育 3 组以上裂隙，间距 10~30cm	发育 2~3 组裂隙，间距 30~50cm	发育 1~2 组裂隙，间距大于 50cm
冲刷系数	1.5~2	1.2~1.5	0.9~1.2	0.8~0.9
冲刷分类	易冲刷	较易冲刷	可冲刷	难冲刷

表 5-2-6　基岩抗冲流速(经验选定)

工程名称	岩性	抗冲流速(m/s)
曼格拉	砂岩、粉砂岩、黏土岩互层	4.9
塔贝拉	片岩、灰岩	6.1
葛洲坝	砾岩、砂岩、粉砂岩、黏土岩	5

注：据《水利水电工程地质手册》。

表 5-2-7　允许流速经验值

岩性	不同水深的流速(m/s)			
	水深 0.4m	水深 1m	水深 2m	水深 3m
胶结较差的砾岩、泥灰岩、页岩	2.0	2.5	3.0	3.5
多孔灰岩、致密砾岩、层状灰岩、白云质灰岩	3.0	3.5	4.0	3.5
块状灰岩、硅质灰岩、大理岩	4.0	5.0	5.5	6.5
花岗岩、辉绿岩、玄武岩、石英岩、斑岩	15.0	18.0	20.0	22.0

注：据《水利水电工程地质手册》。

表 5-2-8　土质渠道不冲刷流速　　(单位：m/s)

渠道土质	一般水深渠道	宽浅渠道	渠道土质	一般水深渠道	宽浅渠道
砂土	0.35~0.75	0.3~0.6	重壤土	0.7~1.0	0.6~0.9
砂壤土	0.4~0.7	0.35~0.6	黏土	0.65~1.05	0.6~0.95
轻壤土	0.55~0.8	0.45~0.7	砾石	0.75~1.3	0.6~1.0
中壤土	0.65~0.9	0.55~0.8	卵石	1.2~2.2	1.0~1.9

注：据《水利水电工程地质手册》。

第三节　混凝土坝工程地质

一、风化岩体的工程地质特征

(一)岩体风化分带

岩体风化分带问题,国内外不同部门和学者都有不同的分带方法,一般划分4~6个带。《水利水电工程地质勘察规范》(GB50287—99)中划分5个带,即全风化、强风化、中等风化(弱风化)、微风化、新鲜岩体;《工程岩体分级标准》(GB50218—94)划分5个带,即全风化、强风化、弱风化、微风化、未风化;《岩土工程勘察规范》(GB50021—2001)按岩石风化程度分类划分6类,即未风化、微风化、中等风化、强风化、全风化、残积土。上述分带或分类标准基本相同。

岩体风化分带(或分类)划分方法主要是以现场观察、鉴定和经验判断的定性分析方法为主。20世纪70年代以来,随着测试技术的发展,国内外普遍采用了弹性波测试技术和点荷仪、回弹仪等现场简易测试技术,同时亦开展了室内与现场风化与新鲜岩体(石)的物理力学性质试验,提出了在定性基础上进行单指标定量分析方法。20世纪80年代以来,又采用了定性与多指标综合分析方法,同时多元统计分析方法和模糊数学方法也被用于岩体风化分带。在岩体风化分带方面应用较多的数学分析方法主要有聚类分析、判别分析、有序量的最优分割法等。

(二)岩体风化类型及风化分带的定性(野外)分带标准

1. 风化类型的地质特征

风化类型(或风化形式)表征了不同风化带的风化程度的性状特征及产出条件,据此划分出一般(常见)风化类型及特殊风化类型两大类,或者分为均匀风化和不均匀风化两大类。

1)一般风化类型

垂向上自地表至深部,按岩体风化类型及性状特征,分为碎屑状风化、碎块状风化、疏松状或蜂窝状风化、球状风化、裂隙状风化等5种。前4种类型常以不同的组合形式存在于全强风化带中,第5种类型存在于中等风化及微风化带中。

碎屑状风化:碎屑状风化为均一的松散砂、砾状或砂状碎屑物,夹少量碎块状风化,呈散体结构,分布于全风化带中。

碎块状风化:碎块状风化在浅表及深部都可能有分布。主要沿岩脉、劈理及隙裂密集带、断裂交汇带加深风化。风化产物为半坚硬状的碎块夹风化碎屑物,块径10~20cm,分布于强风化带中。

疏松状或蜂窝状风化:在浅表部位因矿物蚀变及溶滤作用,分别形成结构疏松或孔洞状的风化岩,仍保持岩石外貌,矿物具弱联结性。

球状风化:球状风化产于浅表部位,是一种极不均一的风化形式。风化产物为疏松、半疏松状碎屑物夹不规则的球(块)体,球(块)体多为中硬岩及坚硬岩,块径0.5~2m。该风化类型是由于岩体被多组节理裂隙切割成块状后,风化营力沿裂隙侵入,对周边加剧风化而成球状硬块而形成的。

裂隙状风化：裂隙状风化是沿岩体中的节理裂隙产生不同程度的风化现象。表皮状风化分布于弱风化带下部及微风化带岩体中，沿裂隙面分布有极薄的（厚度小于 1mm）风化晕或风化皮为铁质氧化薄膜。在弱风化带上部，沿裂隙风化呈疏松至半疏松状碎屑状，厚度几毫米至 3cm 不等。

2）特殊风化类型

风化夹层或夹层状风化：沿层状岩体的层间挤压破碎带或软硬相间的软弱岩层有加深风化现象，称为风化夹层；而沿块状岩体中的断层及节理密集带或变质岩中的片理、板理等结构面形成加剧风化现象，称为夹层状风化。

深风化槽或风化囊：当岩体中存在规模较大、延展较深的断层破碎带或断裂交汇带、不稳定矿物富集带、岩脉与断裂交叉带及地下水循环交替较强的局部裂隙发育带时，常能见到这种现象。这时风化的底部界线突然加深。如三峡工程三斗坪坝址结晶岩断裂带中形成的深槽状风化，断裂带弱风化带的下限要比围岩平均低 20m，最深处可达 80m，长度数十米。

2. 岩体风化分带的野外特征

岩体风化分带的野外特征，涵盖以下内容：

（1）岩体风化变色及矿物蚀变。

（2）岩石组织结构的变化。

（3）风化类型（或型式）及地质特征。

（4）沿结构面的风化程度及充填物。

（5）围岩中地下水渗流状态。

（6）锤击声及开挖情况。

《水利水电工程地质勘察规范》（GB50287—99）提出的岩体风化分类标准见表 5-3-1。

表 5-3-1　岩体风化分带

风化分带	主要地质特征	风化岩纵波速与新鲜岩纵波速之比
全风化	·全部变色，光泽消失 ·岩石的组织结构完全破坏，已崩解和分解成松散的土状或砂状，有很大的体积变化，但未搬运，仍残留有原始结构痕迹 ·除石英颗粒外，其余矿物大部分风化蚀变为次生矿物 ·锤击有松软感，出现凹坑，矿物手可捏碎，用锹可以挖动	<0.4
强风化	·大部分变色，只有局部岩块保持原有颜色 ·岩石的组织结构大部分已破坏；小部分岩石已分解或崩解成土，大部分岩石呈不连续的骨架或心石，风化裂隙发育，有时含大量次生夹泥 ·除石英外，长石、云母和铁镁矿物已风化蚀变 ·锤击哑声，岩石大部分变酥，易碎，用镐可以挖动，坚硬部分需爆破	0.4~0.6

续表 5-3-1

风化分带	主要地质特征	风化岩纵波速与新鲜岩纵波速之比
中等风化（或弱风化）	· 岩石表面或裂隙面大部分变色，但断口仍保持新鲜岩石色泽 · 岩石原始组织结构清楚完整，但风化裂隙发育，裂隙壁风化剧烈 · 沿裂隙铁镁矿物氧化锈蚀，长石变得浑浊、模糊不清，矿物蚀变厚度可达数厘米 · 锤击哑声，开挖需用爆破	0.6~0.8
微风化	· 岩石表面或裂隙面有轻微褪色 · 岩石组织结构无变化，保持原始完整结构 · 大部分裂隙闭合或为钙质薄膜充填，仅沿大裂隙有风化蚀变现象，厚度可达数毫米，或有锈膜浸染 · 锤击发音清脆，开挖需用爆破	0.8~1.0
新鲜	· 保持新鲜色泽，仅大的裂隙面偶见褪色 · 裂隙面紧密，完整或焊接状充填，仅个别裂隙面有锈膜浸染或轻微蚀变 · 锤击发音清脆，开挖需用爆破	>1.0

陆兆溱等根据现行规范及我国三峡、二滩、漫湾等大型水电工程的实践经验，总结出风化岩体的特征，见表 5-3-2。

（三）岩体风化分带的定性定量综合分析方法

1. 根据弹性波波速及波速曲线划分风化带

近年来，国内外广泛利用弹性波测试来研究岩体质量和风化程度。常用的弹性波测试方法有声波法、地震法和超声波法。工程施工中对建基面岩体质量评定亦广泛应用弹性波测试。

在实际工程实践中，当弱风化岩体较厚时，为进一步研究其可利用性，常常根据岩体风化特征及弹性波资料对风化带进一步划分出若干亚带。

国内部分工程岩体风化带划分及其对应的声波测试资料见表 5-3-3。

2. 根据岩石物理力学性质指标划分风化带

用室内和现场测试的岩石（体）物理力学性质指标进行岩体风化分带，也是目前国内常用的方法。

岩体随风化程度的加深，密度减小，孔隙率、含水量、吸水量都逐渐增大。风化岩体的透水性取决于裂隙的发育程度及其充填物质，而裂隙的发育程度又与岩性和风化程度有关。从钻孔压水试验资料分析，同类风化程度的岩体的透水率 q 值比较分散。一般来说，随着风化程度加深，岩体透水性增强，如弱风化岩体的透水性较微风化及新鲜岩体强，强风化岩体又强于弱风化岩体，而在有些地区（如泥岩、黏土岩地区），全、强风化岩体反而

表 5-3-2　岩体风化分带的特征(据陆兆溱,2001 年 10 月)

风化程度		岩石特征			结构面特征		其他特征	
		颜色光泽	矿物变异	岩石组织结构	裂隙发育程度	充填情况	围岩地下水渗流	锤击声及开挖情况
残积土		完全变色	除石英外,绝大部分化成土状	完全破坏				
全风化带		完全变色,光泽消失	除石英外,其余矿物都已蚀变为绿泥石、绢云母、盐类及黏土等次生矿物	完全破坏、已崩解成松散的土状或砂状,外观保持岩体状态	裂隙异常发育	大部分为泥质或次生残积物充填	涌水严重	锤击哑声,有松软感,手可捏碎,用锹可挖
强风化带		岩石表面大部变色,唯岩块中心尚保持原色	矿物蚀变严重,黑云母多蛭石化或变为绿泥石、长石高岭石化,角闪石绿泥石化	大部分破坏,部分崩解或分解为土状,外观保持原岩结构	裂隙很发育,张开,有充填,锈膜片状、网状	一部分无充填,一部分为泥质和风化碎屑充填	涌水	锤击哑声,易碎,用镐可挖,坚硬部分需用爆破
弱风化带	弱风化带上部	岩石表面和裂隙面大部变色,唯断口保持新鲜色泽	矿物蚀变明显,黑云母呈金黄色,失去弹性,大部分长石微高岭石化,角闪石轻度绿泥石化	组织结构完好,但风化裂隙发育,裂风化剧烈	裂隙发育,微张锈膜呈条状	大部分无充填,少部分为风化碎屑或绿泥石充填	滴水,量较大	锤击声不够清脆,但不易击碎,开挖需用爆破
	弱风化带下部	岩石表面和裂隙面部分变色	矿物蚀变不明显,仅节理裂隙出现次生矿物	组织结构完好,但风化裂隙较少,呈块状结构	裂隙不甚发育,微张,锈膜较零星分散	大部分无充填,约有 20% 为钙质、绿帘石充填	滴水,量较小	锤击声清脆,开挖需用爆破
微风化带		岩石表面和裂隙面轻微变色	矿物未蚀变,仅沿节理面有泥质薄膜或铁锰质渲染	组织结构无变化,保持原始完整结构	裂隙闭合或含隐裂隙,锈膜呈零星点状	大部分无充填,偶有钙质、绿帘石、绿泥石充填	潮湿	锤击声清脆,开挖需用爆破
新鲜		保持新鲜色泽,仅大裂隙面偶有褪色	矿物未蚀变,个别节理或裂隙面有锈膜渲染	原岩结构完整	裂隙面紧闭	呈焊接状充填	干燥	锤击声清脆,开挖需用爆破

透水性较弱。

岩体的抗压强度、弹性模量和变形模量都随风化程度的加深而降低，以全、强风化岩体的降低尤为显著。根据国内某些工程实测资料分析，一般微风化岩体强度比新鲜岩体降低 5%~20%；弱风化岩体由于风化的不均一性，强度变化范围较大，降低 20%~50%；强风化岩体降低 50%~80%。

表 5-3-3　部分大型工程岩体风化带划分及声波测试成果

<table>
<tr><th>工程</th><th>岩性</th><th colspan="2">风化分带</th><th>声波波速 V_p(m/s)</th></tr>
<tr><td rowspan="8">二滩</td><td>正长岩变质玄武岩</td><td colspan="2" rowspan="2">新鲜—微风化</td><td>均值 5 800</td></tr>
<tr><td>三、四层玄武岩</td><td>5 700</td></tr>
<tr><td>正长岩</td><td rowspan="5">弱风化</td><td rowspan="2">下段为主</td><td>5 300</td></tr>
<tr><td>各类玄武岩</td><td>5 100</td></tr>
<tr><td>正长岩</td><td>中段</td><td>4 400</td></tr>
<tr><td>正长岩</td><td rowspan="2">上段为主</td><td>3 000</td></tr>
<tr><td>二层玄武岩</td><td>3 100</td></tr>
<tr><td>各种岩石</td><td colspan="2">全、强风化</td><td>1 800</td></tr>
<tr><td rowspan="6">三峡</td><td rowspan="6">闪云斜长花岗岩</td><td colspan="2">新鲜</td><td>4 800~5 850</td></tr>
<tr><td colspan="2">微风化</td><td>4 600~5 600(均值 5 310)</td></tr>
<tr><td rowspan="2">弱风化</td><td>下亚带</td><td>4 300~5 500(均值 4 750)</td></tr>
<tr><td>上亚带</td><td>2 600~5 100(均值 3 780)</td></tr>
<tr><td colspan="2">强风化</td><td>2 000~3 000(均值 2 250)</td></tr>
<tr><td colspan="2">全风化</td><td>500~1 000</td></tr>
<tr><td rowspan="4">龙滩</td><td rowspan="4">泥板岩夹砂岩</td><td colspan="2">新鲜</td><td>4 560~6 170</td></tr>
<tr><td colspan="2">微风化</td><td>4 100~5 870</td></tr>
<tr><td colspan="2">弱风化</td><td>3 470~5 790</td></tr>
<tr><td colspan="2">强风化</td><td>2 460~4 450</td></tr>
<tr><td rowspan="6">李家峡</td><td rowspan="6">印支期花岗岩</td><td colspan="2">新鲜—微风化(Ⅰ)</td><td>>5 000(地震法)</td></tr>
<tr><td colspan="2">微风化(Ⅱ)</td><td>4 000~5 000(地震法)</td></tr>
<tr><td colspan="2">弱风化下部(Ⅱ)</td><td>4 000~5 000(地震法)</td></tr>
<tr><td colspan="2">弱风化中上部(Ⅲ)</td><td>3 000~4 000(地震法)</td></tr>
<tr><td colspan="2">强风化(Ⅳ)</td><td><3 000(地震法)</td></tr>
<tr><td colspan="2">全、强风化(Ⅴ)</td><td><2 000(地震法)</td></tr>
</table>

岩石(体)物理力学性质指标随风化程度而变化，探索它们之间的变化规律，便能给出划分岩体风化程度的定量指标。

1978 年成都勘测设计院提出采用岩石风化程度系数划分风化带。风化对岩石的影响最终可归结为强度的削弱，可将风化程度系数 K_v 定义为：

$$K_v = \frac{R_{aD}}{R_{fD}} \tag{5-3-1}$$

式中　R_{aD}——风化岩石单轴抗压强度，MPa；

R_{fD}——新鲜岩石单轴抗压强度，MPa。

按岩石风化程度系数进行风化程度分类，见表 5-3-4。

表 5-3-4　根据风化程度系数 K_v 划分岩石风化程度

风化程度	全风化	强风化	弱风化	微风化	新鲜
岩石风化程度系数	< 0.2	0.2 ~ 0.4	0.4 ~ 0.75	0.75 ~ 0.9	> 0.9

3. 根据点荷载强度指标划分风化带

岩石点荷载试验适用于各类岩石。试验时将岩石试样置于两个球端圆台之间，利用球端圆台状加荷器施加点荷载，直至试件破坏。记录和量测试样破坏时的极限压力 P(N) 和加荷点间距离 D(mm)，按式(5-3-2) 计算点荷载强度 I_s(MPa)：

$$I_s = \frac{P}{D^2} \tag{5-3-2}$$

式中　I_s——未经修正的岩石点荷载强度，MPa。

在实际工作中，当加荷点间距离不等于 50mm 时，需要换算成加荷点间距为 50mm 时点荷载强度 $I_{s(50)}$。

当试验资料较多时，应根据试验结果绘制 D^2 与破坏荷载 P 之间的曲线，并在该曲线上找出 $D^2 = 2\ 500\text{mm}^2$ 对应的 P_{50}，按式(5-3-3) 计算 $I_{s(50)}$：

$$I_{s(50)} = \frac{P_{50}}{2\ 500} \tag{5-3-3}$$

当试验资料较少时，按式(5-3-4) 计算 $I_{s(50)}$：

$$I_{s(50)} = \left(\frac{D}{50}\right)^m \cdot I_s \tag{5-3-4}$$

式中　m——修正指数，$m = 2(1 - n)$，n 为 $\lg P \sim \lg D^2$ 关系曲线的斜率。

一些研究者根据点荷载强度指标划分岩体风化带标准，见表 5-3-5。

表 5-3-5　根据点荷载强度指标划分岩体风化带的界限值(据陆兆溱，2001 年 10 月)

研究者	岩石名称	指标名称	岩体风化程度				
			全风化	强风化	弱(中) 风化	微风化	新鲜
T. Y. 伊凡	花岗岩	I_s(MPa)	< 0.1	0.1 ~ 4	4 ~ 6	6 ~ 10	> 10
崔冠英	花岗岩	点荷载抗拉强度(MPa)	< 1	1 ~ 5	5 ~ 8	8 ~ 10	> 10
陆兆溱等	混合花岗岩、混合花岗片麻岩	$I_{s(50)}$(MPa)	< 1	1 ~ 5	5 ~ 8	8 ~ 12	> 12
原水电部华东院	闽浙花岗岩	I_s(MPa)	< 1	1 ~ 5	5 ~ 9	9 ~ 11	> 11
三峡工程	闪云斜长花岗岩	I_s(MPa)		< 1	弱上 1 ~ 3 弱下 3 ~ 7	7 ~ 9	> 9
胡敏慧	结晶片岩	片理 I_s(MPa)	0.08	0.4 ~ 2	4.1 ~ 6.0	7.2	

用点荷载强度划分岩体风化分带，简捷经济，可直接在现场或室内进行，值得推广应用。

4. 根据波速比和标准贯入试验击数划分风化带

波速比即波速衰减系数，表达式为：

$$K_v = \frac{V_{pw}}{V_{pf}} \tag{5-3-5}$$

式中 V_{pw}、V_{pf}—— 风化岩体和新鲜岩体纵波速度，m/s。

《岩土工程勘察规范》(GB50021—2001)用波速比 K_v 和风化系数 K_f 作为岩体风化分带的指标，对于花岗岩的残积土和全、强风化带用标准贯入试验击数 $N_{63.5}$ 进行划分，见表5-3-6。

表 5-3-6 岩石按风化程度分类标准

岩石类别	风化程度	风化程度划分参数					
		压缩波速度 v_p (m/s)	波速比 K_v	风化系数 K_f	标贯击数 $N_{63.5}$	点荷载强度 $I_{s(50)}$ (MPa)	动弹模 E_d ($\times 10^3$MPa)
硬质岩石	新鲜(未风化)	> 5 000	0.9 ~ 1.0	0.9 ~ 1.0	—	> 12	> 36
	微风化	4 000 ~ 5 000	0.8 ~ 0.9	0.8 ~ 0.9	—	8 ~ 12	18 ~ 36
	中等风化	2 000 ~ 4 000	0.6 ~ 0.8	0.4 ~ 0.8	—	5 ~ 8	8 ~ 18
	强风化	1 000 ~ 2 000	0.4 ~ 0.6	< 0.4	≥ 50	1 ~ 5	2 ~ 8
	全风化	500 ~ 1 000	0.2 ~ 0.4	—	50 > N ≥ 30	< 1	< 2
	残积土	< 500	< 0.2	—	< 30		
软质岩石	新鲜(未风化)	> 4 000	0.9 ~ 1.0	0.9 ~ 1.0			
	微风化	3 000 ~ 4 000	0.8 ~ 0.9	0.8 ~ 0.9			
	中等风化	1 500 ~ 3 000	0.5 ~ 0.8	0.3 ~ 0.8			
	强风化	700 ~ 1 500	0.3 ~ 0.5	< 0.3			
	全风化	300 ~ 700	0.1 ~ 0.3	—			
	残积土	< 300	< 0.1	—			

注：标贯击数适用于花岗岩类的全、强风化带及残积土；$I_{s(50)}$ 及 E_d 为参考建议值。

二、缓倾角结构面及软弱夹层的工程地质特征

(一)缓倾角结构面的工程地质研究

1. 缓倾角结构面的成因类型

岩体中的倾角小于30°的结构面称为缓倾角结构面。缓倾角结构面按成因可分为原生结构面(层理、冷凝节理)、构造结构面(断层、层间错动剪切带，节理或裂隙)、次生结构

面(风化、卸荷裂隙)。

1)原生结构面

成岩过程中形成的结构面称为原生结构面,包括沉积结构面,如层理面;火成结构面,岩浆侵入、喷溢、冷凝过程中形成的结构面(原生节理、间歇喷溢面等);变质结构面,如区域变质作用形成的片理、板理、黑云母绿泥石滑石富集带等。

2)构造结构面

构造结构面是指在地壳构造应力作用下,岩体中形成的具有不同地质力学性质的缓倾角结构面,如缓倾角断层及挤压带、缓倾角节理、层间剪切带、岩脉与围岩接触破碎带。

3)次生结构面

次生结构面是指在地壳浅表部位,由于外动力地质作用,在岩体中形成的缓倾角次生结构面,如常见的卸荷裂隙、风化裂隙,尤以卸荷裂隙普遍,且规模较大。特别是河谷地段,由于河流深切,岩体中地应力释放与调整,卸荷回弹作用而产生的卸荷拉裂裂隙,裂隙多曲折、不连续,裂面平行于谷底及两岸斜坡临空面。还有一种追踪缓倾角构造裂隙拉裂,形成构造—卸荷型裂隙。

2. 缓倾角结构面发育特征及分布规律

1)缓倾角构造结构面

结晶岩块状岩体:在地壳构造应力作用下,表现为脆性构造变形,如断层、节理、劈理等,不同力学性质及产状均有发育。

缓倾角构造结构面,按形成的构造条件可分为剖面“X”挤压破裂型、主干断裂扭动派生破裂型和岩脉与围岩接触蚀变破裂型。

剖面“X”挤压破裂型形成于区域或局部构造应力场,以缓倾角逆断层、节理、劈理或挤压带为主。平面上呈平行或斜列,走向与区域构造线一致,剖面上呈叠互式构造或剖面“X”型断裂,力学性质属压性、压扭性。

主干断裂扭动派生破裂型是指规模较大的主干断裂一侧或两侧,由于断层上、下盘的扭动作用而形成的缓倾角节理,扭性、张扭性。剖面上呈羽列状分布。

岩脉与围岩接触蚀变破裂型是指后期岩脉沿岩体缓倾角结构面侵入、蚀变,再遭构造挤压破碎,造成地下水集中渗流及加剧风化,形成软弱结构面。

缓倾角构造结构面空间展布及发育程度具有不均一性和集中成带、成片分布特征。在构造应力强烈地段及主干断裂附近,缓倾角裂隙较发育,成片、成束展布。延伸长度小于10m或10~20m不等。

陡倾层状岩体:以剖面“X”挤压型分布较普遍,如压性断层、压扭性断层、节理、劈理等,剖面上表现为共轭节理(缓倾角),一组发育,一组不发育,剖面上呈羽列,或裂隙密集带,疏密相间。

缓倾层状岩体:软硬相间的缓倾角层状岩体,由于层间扭动而形成普遍分布的层间错动剪切带。

2)缓倾角卸荷结构面

缓倾角卸荷结构面主要见有拉裂型卸荷裂隙和追踪型卸荷裂隙。

拉裂型卸荷裂隙一般在河谷底部及两岸岸坡基岩中发育,裂隙面一般平行于谷底及两岸斜坡坡面,具有不同程度的张开度,裂隙宽几毫米至几厘米,裂隙面起伏粗糙至极粗糙,常充填风化碎屑物或夹泥。在谷底以下强卸荷带中最发育,并随深度增加而减弱。

典型工程实例:富春江水电站,基岩为白垩系火山岩,坝基普遍发育有缓倾角卸荷裂隙。在谷底部位最发育,呈似层状分布,裂面与基岩面近于平行,倾角10°~25°,在两岸岸坡部位倾角变大,裂面平行岸坡坡面。基坑开挖实测资料表明,在断层带及其附近的强风化岩体,裂隙张开度增大,一般2~10cm,最大达20cm;弱风化带中裂隙张开度一般0.5~1cm,普遍充填黏土夹碎石,延伸长度10~20m。坝基卸荷缓倾角裂隙分布是影响坝基抗滑稳定的主要工程地质问题。

追踪型卸荷裂隙是沿着原有缓倾角及陡、中倾角构造裂隙追踪拉裂所形成的裂隙。

典型工程实例:龚嘴水电站,基岩为澄江期似斑状黑云母花岗岩,河床左侧坝基下,沿原缓倾角构造裂隙追踪,卸荷拉裂,形成厚达15~30m的水平卸荷裂隙带,裂隙张开度0.5~5cm,充填泥膜,形成强透水带。

三峡工程坝区河谷卸荷带,卸荷作用与风化作用有密切的成因联系。结晶岩卸荷带主要在强风化带、弱风化带中表现明显。从地表观察,沿原有缓倾角裂隙追踪拉裂为主。裂面张开度1~3cm,个别5cm,长度一般5~10m,裂面粗糙,多为风化碎屑物充填,主要发育在小包子漫滩及中堡岛等处的弱风化花岗岩体中。

3. 缓倾角结构面的特征及定量描述方法

1)产状及组数

结构面空间分布状态一般采用走向、倾向、倾角表示。对缓倾角结构面进行分组,典型地段实测缓倾角节理的地质剖面及平面节理分布素描图,以研究缓倾角结构面的分布规律。当坝基岩体中发育有不连续的缓倾角裂隙时,为查明产状及其分布,需在钻孔中采用孔内电视方法量测产状。根据野外大量量测资料,编制玫瑰图及极点等密图。

通过地表露头、平硐及大口径钻孔揭露的缓倾角裂隙,按走向进行分组,统计每组条数及所占总条数的百分率。对各组发育程度进行初步评价。

2)间距

缓倾角裂隙间距是指结构面间的垂直距离,通常指一个节理(裂隙)组的平均间距或常见间距。陡、缓倾角结构面间距是反映岩体完整程度和块度大小的重要指标。

结构面的密集程度或发育程度,通常在生产实践中以线裂隙率、面裂隙率来表示。

线裂隙率又称线密度或节理频度,是指该测线方向单位长度上结构面或裂隙的条数。如结构面的平均间距为S(m),则线裂隙率为$1/S$。

面裂隙率又称结构面的面积密度,是指单位测量面积中裂隙面积所占的百分率,表示为:

$$Ka=\frac{\text{各裂隙面积(长度×宽度)之和}}{\text{所测量的岩体面积}}\times 100\% \tag{5-3-6}$$

3)延续性(或延展性)

延续性是表征结构面的展布范围和延伸长度。对露头好的基岩地区,可以采用野外实测。根据各组结构面所测得的延续长度，国际岩石力学学会现场试验标准化委员会建议对延续性描述如表 5-3-7 所示。

表 5-3-7 结构面延续性描述

描述	延续长度(m)	描述	延续长度(m)
延续性很差的	<1	延续性好的	10~30
延续性差的	1~3	延续性很好的	>30
中等延续性的	3~10		

三峡工程结晶岩坝区，将缓倾角裂隙延续长度划分 5 级，分别为：<10m、10~20m、20~30m、30~40m、>40m，并按不同裂隙组统计裂隙条数及所占百分率。

4）粗糙度

粗糙度是指结构面的粗糙及光滑程度，用起伏度和起伏差来表征。结构面的粗糙度对于研究岩体的抗剪强度和评价岩体的剪胀有重要意义。起伏度常用起伏角 i 来表示；波状起伏的结构面则以波峰与波谷之间的距离表示起伏差 h（单位：cm）。在野外填图的初始阶段（可行性研究阶段），在小规模（几厘米）和中等规模（几米）观测基础上，可将结构面分为台阶形的、波浪形的、平直形的三种典型剖面。每种剖面可分为粗糙的、平坦的和光滑的三种类型，如图 5-3-1 所示。

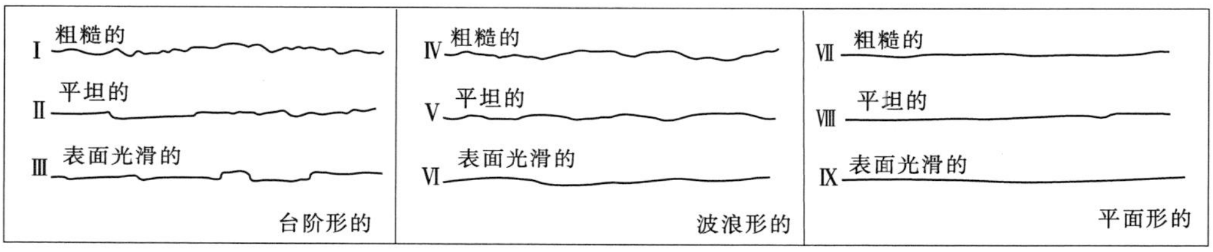

图 5-3-1 表示结构面粗糙度的典型剖面及建议术语
（每剖面长度变化范围 1~10m）（据陆兆溱，2001）

对结构面粗糙度的量化研究，我国在 20 世纪 80~90 年代已开始在矿山和大型水电工程开展科研工作。20 世纪 90 年代初，水利部长江勘测技术研究所与中南工业大学合作，采用国际岩石力学学会推荐的针疏轮廓仪在三峡坝区进行现场实测缓倾角结构面粗糙度，来研究结构面的形貌特征及其剪切特性。按结构面粗糙度指标 J_R 值划分 10 级，并与现场大剪试验及中剪试验所获得的结构面抗剪强度参数建立相关分析，提出各级粗糙度的抗剪强度参数值。

二滩工程研究结构面粗糙度和起伏度，取岩样长 1cm，利用光切原理进行研究。起伏度 R_x 高差的测量采用离面反射干涉法。根据云纹光学原理，设计了直接量测结构面起伏的离面反射干涉仪。将这些成果用于预测结构面抗剪强度，即应用巴顿（Barton，1973）经验公式，成都勘测设计院在此基础上提出修正公式。

5)裂隙连通率(或连通系数)

缓倾角结构面的发育特征,具有不连续性、随机性和方向性,可选择特定方向上来研究缓倾角节理(裂隙)的连通程度,未被连通者称“岩桥”。这对于研究坝基抗滑稳定具有重要意义。

研究裂隙连通率目前有两种方法,即剖面投影法和模拟网络法。

剖面投影法是目前国内常用的现场量测统计法,即选择一定长度的天然或人工剖面(平硐)进行特定方向上的投影统计,然后计算裂隙连通率。

$$\mu = \frac{L_1 + L_2 + \cdots + L_n}{L} = \frac{\sum L_n}{L} \tag{5-3-7}$$

式中 μ——连通率(%);

L——测线总长度,m;

L_1、L_2、…、L_n——每条缓倾角结构面在水平测线上投影长度,m。

结构面网络模拟是根据蒙特卡洛(Monte Carlo)模拟原理,利用二维裂隙网络概率模型来研究缓倾角裂隙在某一特定方向上连通系数的。

6)充填物

按充填物成分可划分五类,即无充填,泥质及泥夹岩屑充填,钙质或方解石充填,长石、绿泥石、绿帘石充填,硅质及铁质充填。充填物与结构面张开度、胶结程度一并研究,并统计各类充填物所占百分率。

上述对缓倾角结构面的描述同样适用于其他裂隙。

(二)软弱夹层的工程地质研究

1. 软弱夹层的成因类型与分类

岩体中厚度相对较薄、力学强度较低的软弱层或带称为软弱夹层。软弱夹层是地质历史的产物,与成岩条件、构造作用和地下水活动等密切相关。按其成因一般可分为三种类型。

(1)原生型。原生型是指成岩过程中,在坚硬岩层间所夹的黏粒含量高、胶结程度差、力学强度低的软弱岩层。如碳酸盐建造、碎屑岩建造中夹的页岩、黏土岩薄层,火山岩喷发间歇期沉积的凝灰岩、凝灰质页岩,变质岩中的绢云母、绿泥石富集带等。

(2)次生型。次生型是指原生软弱夹层、蚀变破碎带、次生矿物充填的节理等在风化、地下水等外营力作用下,产生泥及碎屑物质而形成的软弱夹层,又称风化夹层。这类夹层多分布在浅表地层,往往受地形、水文地质条件、岩性及原生软弱夹层或软弱带发育情况所控制,常呈局部软化或泥化,黏粒含量及含水量均较高。

(3)构造型。构造型是指岩层在构造作用下形成的软弱夹层。一种是层间错动带,亦称原生构造型软弱夹层,是岩体在构造应力作用下,沿软、硬岩层接触带或软岩内部发生层间剪切错动;剪切错动带受到多期构造变动而发生剪切破坏,形成大量细颗粒物质和裂隙,经地下水的渗透和物理化学作用而使原生夹层软化、泥化形成软弱夹层。另一种是指构造作用形成的断层破碎带经泥化、软化而形成的软弱带。

研究软弱夹层的分布规律,就是要研究各种成因类型的软弱夹层的产状、规模、分布范围、数量及空间变化。原生型软弱夹层的特点是:成层条件好,层次多、有韵律、分布广、厚度较大、延伸远、产状稳定且与岩层产状一致。次生型软弱夹层特点是：产状不稳定，厚度变化大，成层条件不好，主要分布在风化卸荷带或地下水循环带内，从地表向下逐渐变薄，到卸荷带以下则基本消失。因此，要查明次生型软弱夹层的分布规律，必须首先研究岩体的风化特征、卸荷带的范围以及地下水的渗流途径。

原生型（包括原生构造型）与构造型软弱夹层的区别在于：①原生型厚度较薄而构造型厚度变化很大；②原生型一般只限定一种岩性而构造型可通过几种岩性；③原生型大都产状变化小，一般不相交，而构造型倾角变化大，有时各层彼此相交。

在工程实践中遇到的软弱夹层不少属于综合作用成因。软弱夹层中的泥化部分称为泥化软弱夹层，简称泥化夹层。泥化夹层，尤其是连续性强、倾角小于30°的泥化夹层，对坝基的抗滑稳定影响严重。陡倾角的泥化夹层对坝基影响较小，但数量多，累计厚度大，对变形也是不利的。此外，对拱坝坝肩、边坡、地下洞室的稳定影响也很大。葛洲坝工程在泥化夹层的成因研究方面积累了很多经验。一般认为泥化夹层是由黏粒含量高的原生软弱夹层，经构造错动，在地下水作用下形成的。

关于软弱夹层的分类，各个工程有自己的划分方法，没有统一的标准。有的按岩性、成因或产状分，也有的按夹层岩性组合、颗粒组成和破碎程度、构造作用强烈程度和夹层性状分。一般认为，应按先成因、再工程地质性状的依据划分软弱夹层。

《水利水电工程地质勘察规范》（GB50287—99）根据软弱夹泥中黏粒含量，把软弱夹泥分为岩块岩屑型、岩屑夹泥型、泥夹岩屑型和泥型，分别对应的黏粒含量为少或无、小于10%、10%～30%和大于30%。

葛洲坝工程坝基岩体为白垩系下统五龙组黏土质岩石与砂岩互层。根据软弱夹层的建造与改造（剪切破坏程度）的综合特征划分五种类型：Ⅰ类，普遍具泥化的黏土岩类夹层；Ⅱ类，黏土岩夹层根据泥化程度分为两个亚类，$Ⅱ_1$ 为局部具泥化的黏土岩夹层，$Ⅱ_2$ 为具零星泥化的黏土岩夹层；Ⅲ类，砾状黏土岩或碎屑状黏土岩，黏土岩团块夹层；Ⅳ类，含炭质条带的页状云母粉细砂岩夹层；Ⅴ类，粉砂岩夹零星的黏土岩薄层或透镜体夹层。以上软弱夹层均遭受到不同程度的层间剪切破坏，形成层间剪切带，发育完善的剪切带大都已泥化而称为泥化夹层。剪切带具有明显的构造分带性，如典型的剪切带可划分泥化带、劈理柔皱软化带和节理带。已查明的坝基岩体中有72层剪切带，都不同程度地控制大坝的某些坝段的稳定。因此，必须对每一层剪切带作出准确的评价，并给出设计使用参数。

小浪底工程将软弱夹层分为软岩夹层（指夹于砂岩间的页岩、黏土岩、粉砂岩薄层）和泥化夹层两大类，而将泥化夹层按粒度成分和厚度变化分为五种类型：①全泥型——厚度大于3mm、不含角砾的黏土、粉质黏土、粉土层；②泥夹角砾型——角砾含量小于10%的黏性土层；③泥夹粉砂和粉砂夹泥型——角砾含量小于10%的粉土层；④泥膜型——大多为不含角砾的薄黏土层；⑤角砾夹泥型——角砾含量在10%～50%的黏性土层。

肖树芳在《泥化夹层的组构及强度蠕变特性》一书中，根据对小浪底、大藤峡、张坊、五强溪、铜街子工程泥化夹层的研究，将泥化夹层的成因类型划分为泥化型和蚀变—泥化型两大类，见表5-3-8。

表 5-3-8 泥化夹层成因类型划分

类型	亚类
泥化型	A 砂、泥页岩类泥化夹层
	B 碳酸盐类泥化夹层
蚀变—泥化型	C 石英岩、板岩类泥化夹层
	D 火山岩类泥化夹层

泥化型:含黏土矿物等高分散物质的原生软弱岩层,经构造破坏后,在与水作用的泥化过程中,黏土矿物的类型没有明显变化。

蚀变—泥化型:原岩并不含黏土矿物等高分散物质,但经构造破坏后,地下水的物理化学作用导致矿物蚀变,由原生矿物转化为次生的黏土矿物。

2. 泥化夹层的基本特性研究

1)泥化夹层的矿物成分和化学成分

泥化夹层是多种矿物组成的复杂的高分散体系,一般采用电子显微镜、X 射线衍射和差热分析等手段,进行综合鉴定。主要的黏土矿物是蒙脱石、伊利石(水云母)和高岭石。蒙脱石是在排水条件不好,周围具有 MgO、CaO 和碱金属氧化物的碱性环境中形成的。其可以交换的离子被吸附在质点表面最多,矿物格架是活动的,浸水时比表面积增大,有明显的膨胀性。高岭石是在排水条件良好和发生溶滤作用的酸性条件下形成的,它在水中膨胀很微弱,是相对稳定的黏土矿物。伊利石则介于两者之间,膨胀性较弱。

泥化夹层的矿物成分与母岩性质和后期改造程度有关。有的泥化夹层与母岩矿物成分相同。如葛洲坝工程 202 泥化夹层与母岩(黏土岩)都是以伊利石和蒙脱石为主,其次是绿泥石。有的由于后期改造变化,泥化夹层与母岩的矿物成分在数量和种类上有较大的差别。如风滩水电站坝基泥化夹层和母岩(薄层板岩)的主要矿物都有伊利石,但夹层中有许多次生的蒙脱石;桓仁水电站坝基泥化夹层的伊利石和蒙脱石是由母岩(安山凝灰岩)中长石与绿泥石富集带转变而成的;青山水电站坝基泥化夹层的矿物为蒙脱石类的皂石和高岭石,是由母岩中长石、透辉石、黑云母次生变化和蚀变而成的。矿物成分及其相对含量的差异,对泥化夹层的水理性质和物理力学性质有重要的影响。

泥化夹层的主要化学成分为 SiO_2、Al_2O_3、Fe_2O_3,其次为 CaO、MgO、K_2O、Na_2O 等。泥化后 CaO 含量比母岩低,Al_2O_3、Fe_2O_3 的含量比母岩高,这是由于钙的溶失和游离氧化物凝聚的结果。

2)泥化夹层的微观结构特征

以葛洲坝工程对层间剪切带电镜扫描分析成果为例,各带微观结构及物理化学性质有明显特点。

泥化带粒团间具有明显的定向排列,在地下水作用下,粒团和颗粒表面的溶剂化薄膜有所发展,静电斥力有所增大,因而减弱粒团的连接,粒团排列松散,有的呈边与面接触,孔隙增大,从而形成密度低、含水量高、强度低的泥化夹层。

劈理柔皱软化带内劈理极发育,间距 1mm,形如鱼鳞,此带结构受到严重的构造应力破坏。电镜扫描揭示，此带岩体成岩作用所形成的超压密黏土颗粒集合体——粒状泥质结构变成定向排列的超密鳞片状结构。后期经地下水作用下大都软化。这一带厚度一般为3～5cm，最厚可达21cm。劈理带的微观结构与泥化带无大差别，粒团间具有高度的定向排列，唯有 $CaCO_3$ 及游离氧化物的胶结作用比泥化带好，含水量稍低，密度稍大。

节理带内黏土岩的微观结构特征表现为粒团内部的薄片堆叠和粒团之间的排列都很紧密，粒团定向不强，$CaCO_3$、游离氧化铁胶结作用及对微孔隙的充填作用好，反映了原岩密度大、渗透性低、强度高的特点。

3）泥化夹层的水理性质

泥化夹层的膨胀量与膨胀力主要与黏土矿物成分和微结构面的发育程度有关。以伊利石和高岭石为主、微结构面不发育的夹层，膨胀量一般小于1%；而以蒙脱石为主的夹层，膨胀量可达8%，其中钠蒙脱石的膨胀量大于钙蒙脱石。如夹层被扰动后，膨胀量和膨胀力明显增加。据葛洲坝工程308泥化夹层试验，粉碎试样的膨胀量可达20%以上，膨胀力大于0.2MPa。因此，泥化夹层必须在围压作用和未扰动的情况下进行试验，否则试验指标的偏差很大。

泥化夹层具有明显渗流层状分带现象和渗流集中的特点，各带的渗透性差别很大。泥化带渗透系数很小，为 10^{-5}～10^{-9}cm/s，是基本（相对）不透水的；劈理带的渗透系数为 10^{-3}～10^{-5}cm/s；节理带（或影响带）渗透系数大于 10^{-3}cm/s，透水性良好。夹层的渗透破坏部位往往发生在泥化带与劈理带和岩石的界面上。据葛洲坝工程对典型夹层（202、308夹层等）进行渗透破坏试验的结果表明，渗透破坏有两种型式：一种是沿裂隙机械管涌破坏，平行流现场试验渗透破坏比降为3.5～5，室内试验则为4～10；另一种是爆发式挤出破坏，这是在夹层上下岩体较完整，裂隙闭合，透水性弱时产生的，渗透破坏比降高达30以上。因此，做好夹层上下接触部位及劈理带岩体的防渗和排水设施是改造泥化夹层的渗透性能、提高渗透破坏比降的重要措施。

泥化夹层亦可用亲水性指标（液限含水量与黏粒含量之比）来判断夹层性质的好坏。亲水性大于1.25为较差的夹层，0.75～1.25为中等的夹层，亲水性指标小于0.75则为较好的夹层。

3. 泥化夹层的物理力学性质

不同地区泥化夹层的物理力学特性和规律不尽相同。但据国内一些地区的泥化夹层分析，其物理力学性质主要是由夹层内物质成分、结构特征、上下界面形态决定的。泥化夹层内泥化带与相邻上下部位岩体在物理力学性质上有明显的差异性。泥化带黏粒含量较高，一般大于30%，但含量高低随母岩不同而变化。在黏土岩、页岩等黏粒含量较高的夹层中，泥化带的天然含水量常大于塑限。因此，也可以利用这一特性，作为判断黏土岩和页岩等夹层泥化的一个重要指标。不同矿物成分的泥化夹层，其物理力学性质亦有明显的差别。如表5-3-9所列为葛洲坝工程不同类型泥化错动带的某些特性指标，夹层的母岩分别为粉砂质黏土岩和黏土岩。以伊利石为主的泥化带天然含水量、塑限、液限都比以蒙脱石为主的泥化带为低，而干密度、峰值抗剪强度则相反。

表 5-3-9　不同类型泥化错动带的性质(据王幼麟)

泥化夹层编号	黏土矿物组成	$CaCO_3$ 含量(%)	比表面积(m^2/g)	阳离子交换量($\frac{mg 当量}{100g}$)	小于 0.002mm 粒级含量(%)	天然含水量(%)
Ⅰ	以伊利石为主,其次为绿泥石、蒙脱石	7.33~10.86	90~110	11.32~17.38	32~40	21~25
Ⅱ	以蒙脱石为主,其次为伊利石、绿泥石	0.73~7.81	261~368(内表面积为200~327)	47.84~67.58	32~61	34~49

泥化夹层编号	天然干密度(g/cm^3)	液限(%)	塑限(%)	室内抗剪强度		备注
				c(kPa)	φ	
Ⅰ	1.63~1.75	31~33	16~19	21	13.5°	202 夹层
Ⅱ	1.18~1.37	55~72	30~40	13	11.00°	308 夹层

表 5-3-10 列举了国内部分工程泥化夹层的室内土工试验和现场试验抗剪强度值及其相应层位的主要物理性质指标。从表中看出,在夹层上下层面较平直、其厚度较大的情况下,室内与现场试验的峰值摩擦系数比较接近。例如,葛洲坝工程 202 夹层、铜街子 C_5 夹层。因此,岩性均一,夹泥层与围岩接触面较平直,夹层较厚,可用室内土工试验代替现场试验,比较节约;但当岩性不均一,夹层中有角砾、岩屑时,室内土工试验值偏高,需要进行现场试验。根据长江水利委员会的经验,可按充填夹泥的厚度、充填度(t/h)大小采用不同的试验方法。当 $t/h \geqslant 1$,且泥厚大于 5cm 时,可采取原状土做室内试验;当 $t/h<1$ 时,应尽可能做一定组数的现场试验。

三、坝基各类地质缺陷的工程地质评价

(一)断层破碎带

1. 控制大坝坝基抗滑稳定问题

坝基下存在缓倾角断层破碎带,与缓倾角软弱夹层(层间剪切带)一样,不管其倾向上游或下游,与其他结构面组合,均能构成对深层抗滑稳定不利的楔形块体,而缓倾角断层破碎带则构成控制性的滑移面。这样的工程实例很多。如红石水电站坝基 f_{201} 缓倾角断层倾向右岸偏下游,对 14#、15#、16# 坝块坝基抗滑稳定产生不利影响;安康工程坝基变质岩中发育平缓断层、平缓裂隙与陡倾角断层组合构成深层滑移的楔体,对坝基抗滑稳定产生不利影响。

2. 存在渗透稳定问题

断层破碎带中软弱破碎岩屑夹泥,在水库长期渗压水作用下产生细颗粒移动或颗粒成分、结构发生改变的现象,称为渗透变形或渗透破坏。主要破坏形式有流土、管涌、接触冲刷(沿断层顶底板接触面)等。当断层破碎带物质产生渗透破坏后,将形成集中渗漏带,对大坝稳定带来不利影响。因此,在工程地质勘察中需要开展现场或室内的渗透稳定

表 5-3-10　国内部分工程泥化夹层的抗剪强度及物理性质

工程	夹层编号及地质特征	剪切部位	室内试验(峰值) f	室内试验(峰值) c (kPa)	现场试验(峰值) f	现场试验(峰值) c (kPa)	天然含水量(%)	干密度(g/cm^3)	液限(%)	塑限(%)	塑性指数	粒级含量(%) >0.05 mm	粒级含量(%) 0.05~0.005 mm	粒级含量(%) <0.005 mm	粒级含量(%) <0.002 mm
葛洲坝	202 夹层,厚 10~30cm,原岩为粉砂质黏土岩,泥化带厚 0.2~2cm,上下界面平直	松软黏土岩	0.28	67			9	2.3	26	15	11	18	48	34	16
		泥化层	0.24	20	0.23	63	23	1.75	32	18	14	12	36	52	36
	308 夹层,黏土质粉砂岩,节理带厚 30cm,黏土岩节理带厚 10~15cm,劈理带泥化层厚 5~7cm	软弱粉砂质黏土岩	0.46	45			10	2.13	34	18	16	16	48	36	20
		泥化带面	0.19	13			41	1.27	63	36	27	10	30	60	40
		劈理带	0.22	32											
彭水	303 夹层,原岩为泥质页岩,夹薄层灰岩透镜体,厚 2~24cm,泥化层厚 1~2cm,夹方解石碎屑	泥化带	0.51	1	0.5	40			29.7	14.5	15.2	27	24	49	
岩滩	F_{65} 辉绿岩体沿岩脉和蚀变岩形成的风化破碎夹层厚 10~35cm	破碎带	0.50	70	0.46	90	17.5	1.74	29	20.6	8.4	66.2	22.8	11	
小浪底	黏土岩、页岩与砂岩、粉砂岩互层,全泥型(A),厚 0.5~6cm;泥夹角砾型(B),厚 1~4.5cm;泥夹粉砂型(C),厚 0.1~1.5cm;泥膜型(D),厚度 < 0.1cm;角砾夹泥型,厚 0.3~1.0cm	全泥型	0.249	13	0.204	15	14.2	1.97	27.3	16.3	11	33.0	34.3	32.7	
		泥夹角砾型	0.268	7	0.214	5						32.9	31.2	35.5	
		泥夹粉砂型	0.351	11	0.28	3									
		泥膜型	0.364	12	0.38	8						40.6	39.2	20.2	
		角砾夹泥型	0.352	15											
五强溪	板岩泥化,厚 10~30cm,其中泥化带厚 2~8cm	f_1 夹泥带	0.23	13	0.22	28	13.9	1.94	22.5			72.7	13.7	13.6	
		PN 破碎夹泥层	0.32	16	0.36	57	14.9	1.86	24.5			63.8	20.7	15.5	
		P 破碎夹层			0.56	152	19	1.68	32	19	13	28	38	34	
		泥化带			0.31	10	13.4	1.86	29.7			47	29	24	
铜街子	C_5 夹层厚 20cm,泥化层厚 0.1~2.5cm,与围岩接触面较平直	泥化带	0.32	10	0.30	18	19	1.88	29	18	11	46	16	38	27

试验，求出临界比降、破坏比降，考虑一定的安全系数（1.5~2.0），得出允许比降，进行渗透稳定性评价。

3. 产生压缩变形问题

已建工程勘察实践表明，坝基（肩）岩体中发育规模不等的断层破碎带是普遍现象，而以陡倾角为主，次为中倾角及缓倾角。由于断层带构造岩力学强度和变形模量随破碎程度加剧而降低，其中以糜棱岩、角砾岩、构造黏土岩、断层泥及页岩中鳞片状挤压带降低最显著，所以断层破碎带可能产生压缩变形，导致坝基产生不均匀变形。

大型水利水电工程坝基岩体稳定的有限元分析成果显示，坝基下分布陡倾角断层破碎带，使岩体的均一性、完整性遭到不同程度的破坏。最大主应力等值线分布产生明显的应力降，形成主应力等值线凹槽，而这一凹槽区易产生应力集中及压缩变形。

如葛洲坝工程大江电厂17#~20#机组坝段石门组砾岩中Ⅴ号断层强透水带，主要由f_{114}、f_{116}为主干的断层及NNE~近SN向f_{126}等一系列缓倾角断层组成，构造岩结构疏松，发育较多溶蚀孔洞，力学强度及变形模量很低，易产生压缩变形。对大江断层强透水区进行有限元分析表明，基岩部位均出现5个拉应力区，由于断层带力学强度低，致使基岩受坝体传来的荷载后产生应力集中，导致发生不均匀沉陷。最后采用了深孔固结灌浆加固处理。

龙羊峡工程大坝为混凝土重力拱坝，坝基为花岗闪长岩。两岸坝肩发育有F_{73}、F_{71}、F_{32}、F_{67}等断层带，走向与拱端推力方向近于正交，在高程2 530~2 540m以外，这些断层交汇，形成宽约15m的全强风化破碎岩带，距拱端50~60m。至高程2 570m处这些断层位于1#、2#坝段及重力墩基内，在拱端推力作用下，可能产生岩体深部压缩—剪切变形。

4. 断层强透水带的集中渗漏问题

坝基岩体中的断层破碎带最易构成强透水带，成为控制坝基渗漏的主要通道。集中渗漏通道呈带状分布，顺河向或斜交河向。断层破碎带多为碎裂结构岩体，现场压水试验求得的透水率$q>100$Lu，渗透系数$k=10^{-2}\sim1$cm/s。如葛洲坝工程大江电厂17#~20#机组坝段后门组砾岩中的Ⅴ号断层强透带，透水性较大，压水试验单位吸水量ω最大可达10.9L/(min·m·m)，换算透水率$q=1\ 090$ Lu，构成坝基集中渗漏带。该带与长江库水连通，水量丰沛，流量大，在上游设置临时截渗帷幕，深达19~37m，截断f_{114}断层带的来水。

（二）风化深槽

风化深槽（或深风化槽）是沿断层破碎带、裂隙密集的交汇带加深、加剧风化形成的槽状风化现象。三峡工程结晶岩坝址区的深风化槽定义为微风化带岩体顶板比周围相邻地段凹下20m以上的槽状地带，槽内为强风化、弱风化岩体，其中以强风化及弱风化上部岩体完整性差，以碎裂结构为主，属于Ⅳ类岩体，岩体变形模量（E_0）一般为（0.2~0.5）×10^4MPa。坝基下分布有深风化槽时，在大坝荷载作用下，易形成应力集中区，可能造成不均匀沉陷，对坝基岩体稳定产生不利影响。通常将强风化及弱上部岩体挖除，利用弱下部岩体，通过固结灌浆提高岩体的力学强度及完整性，改善坝基应力状态。

典型工程实例：万安工程坝基为浅变质岩系的石英砂岩、粉砂岩夹砂质页岩，坝基（左河床）下的f_{160}断层破碎带，由片状构造岩夹断层泥组成，结构松散，沿断层带风化加深形成深风化槽，槽内为弱风化岩体组成。弱风化带上部岩体为碎裂结构岩体，属于Ⅳ类岩体，弹性模量为(0.5～1)×10^3MPa。该类岩体力学强度及变形模量低，易产生压缩变形，需要挖除。坝基局部坝段利用弱下岩体(Ⅲ类岩体)，并加强固结灌浆处理。

(三)裂隙密集带

裂隙密集带在各类岩体中均有分布，但多见于火成岩及变质岩、混合岩地区。一般表现为具有单组裂隙(节理)或多组裂隙(节理)组成一定宽度的裂隙(节理)密集带，带宽几十厘米至几米，裂隙密度一般大于10条/m，延展长达10～20m，最长可达30～40m，有时带与带间距具有等距性。多组不同产状的裂隙交汇，形成裂隙交汇带，岩体破碎，呈碎裂或镶嵌碎裂结构，属于Ⅳ类岩体，岩体完整性差，力学强度及变形模量低，透水性增强。坝基岩体存在有裂隙密集带或交汇带，可能造成坝基局部不均匀变形，或者形成强透水带，可能构成坝基集中渗漏带。

(四)软弱夹层

当坝基下分布有规模较大的软弱夹层(剪切带)时，主要存在坝基深层抗滑稳定、渗透稳定、不均匀变形等三大工程地质问题。

1. 坝基深层抗滑稳定问题

根据我国坝工勘察实践，当坝基岩体存在有缓倾角软弱夹层或泥化夹层，并与其他结构面及临空面组合构成不利组合的楔形块体时，对大坝深层抗滑稳定产生不利影响。

规模较大软弱夹层是指坝基岩体中具有连续分布的控制性软弱夹层，如葛洲坝工程二江泄水闸坝基下控制性202泥化夹层、双牌水电站坝基下f_3破碎夹层、铜街子工程坝基下的C_5破碎夹层、万安工程基下F_0'破碎夹层、朱庄水库坝基下Ⅱ-5及C_{n72}泥化夹层等，都是坝基抗滑稳定控制性的重点勘察研究的软弱夹层(或层间剪切带)。

2. 坝基渗透稳定问题

软弱夹层或泥化夹层在长期渗流作用下，可能产生渗透变形或渗透破坏，造成坝基下局部集中渗漏，导致坝基扬压力升高，威胁大坝稳定与安全。因此，对于软弱夹层发育的岩基，必须做好防渗与排水设计，并保护夹层不发生渗透破坏。

如江西赣江支流上犹江水电站，在20世纪50年代勘测与施工过程中曾发现两岸的坝基岩体存在有缓倾角板岩破碎泥化夹层，从建筑物的安全出发进行了基础处理。如右岸丙丁坝块廊道中开挖明槽，左岸洞挖清除夹层回填混凝土。1958年发现坝基扬压力升高，超过设计允许值5%。进一步勘察分析表明，丙坝块坝基帷幕灌浆深度不够，混凝土与基岩接触间可能形成渗漏通道，板岩破碎泥化夹层局部产生渗透破坏。1963年进行补强帷幕灌浆处理，收到良好效果。从1984年大坝运行期回访情况来看，渗漏量减少，扬压力降低。

葛洲坝工程二江泄水闸采用全封闭护坦渗控处理，在做好防渗帷幕的前提下，在纵、横分布的基础廊道中，布设封闭和辅助排水孔，结合护坦板下的暗沟排水，形成空间排水体系，对地基中软弱夹层设置专门的保护设施。以上采用这种结构型式，国内外尚属罕见。工程运行实践及监测结果表明，全封闭护坦的运行是成功的，安全是有保证的，软弱夹层结构及性状稳定未发生渗透破坏。

3. 坝基不均匀变形问题

引起坝基不均匀变形(或不均匀沉陷变形)的因素有岩体的不均一性及力学强度和

变形模量。

岩体的不均一性是指岩性组合(软硬相间)及厚度变化较大,特别是含有多层软弱夹层(或层间剪切带)的非均质岩体,软弱夹层的力学强度和变形模量较低,在大坝荷载作用下,有可能产生不均匀沉陷变形,影响建筑物安全。

如葛洲坝工程坝基为白垩系五龙组薄层砾岩、砂岩、粉砂岩互层,夹有大量的黏土岩类薄层,为软硬相间、多层面、多软弱夹层的非均质各向异性的岩体,岩体的变形模量差别悬殊,见表 5-3-11。

表 5-3-11　各类岩体的变形模量及泊松比

岩体类型	变形模量(MPa)	泊松比
钙质砂岩	20 000	
砂岩	2 650	0.28
疏松砂岩	1 000	0.33
粉砂岩	2 000	0.30
黏土质粉砂岩	1 650	0.30
砾状黏土岩	150	
紫红色黏土岩、粉砂质黏土岩	80	0.37
灰黑色黏土岩	40	
泥化夹层(剪切带)	10	0.40

研究结果表明,以二江泄水闸尤为重要,闸基为黏土质粉砂岩,岩性软弱,夹多层软弱夹层,为了解决沉陷变形问题采取了一些结构措施。

四、坝基岩体质量评价及建基面确定

(一)坝基岩体质量评价

1. *岩体结构及岩体单指标分类(或分级)*

1)*岩体结构分类*

中国科学院地质研究所谷德振教授等早在 20 世纪 70 年代总结我国工程实践,创建了岩体结论理论,将岩体结构类型划分为 4 种类型 8 种亚类型,见表 5-3-12。

《岩土工程勘察规范》(GB50021—2001)中将岩体结构划分为 5 种基本类型,分别为整体状结构、块状结构、层状结构、碎裂状结构、散体状结构。

《水利水电工程地质勘察规范》(GB50287—99)中将岩体结构划分为 5 种基本类型 13 种亚类型,见表 5-3-13。

表 5-3-12　岩体结构类型

类型	亚类	类型	亚类
整体块状结构	整体结构	碎裂结构	镶嵌结构
	块状结构		层状碎裂结构
层状结构	层状结构		碎裂结构
	薄层状(板状)结构	散体结构	散体结构

表 5-3-13　岩体结构分类

类型	亚类	岩体结构特征
块状结构	整体结构	岩体完整,呈巨块状,结构面不发育,间距大于 100cm
	块状结构	岩体较完整,呈块状,结构面轻度发育,间距一般 50~100cm
	次块状结构	岩体较完整,呈次块状,结构面中等发育,间距一般 30~50cm
层状结构	巨厚层状结构	岩体完整,呈巨厚状,层面不发育,间距大于 100cm
	厚层状结构	岩体较完整,呈厚层状,层面轻度发育,间距一般 50~100cm
	中厚层状结构	岩体较完整,呈中厚层状,层面中等发育,间距一般 30~50cm
	互层结构	岩体较完整或完整性差,呈互层状,层面较发育或发育,间距一般 10~30cm
	薄层结构	岩体完整性差,呈薄层状,层面发育,间距一般小于 10cm
镶嵌结构		岩体完整性差,岩块镶嵌紧密,结构面较发育到很发育,间距一般 10~30cm
碎裂结构	块裂结构	岩体完整性差,岩块间有岩屑和泥质物充填,嵌合中等紧密—较松弛,结构面较发育到很发育,间距一般 10~30cm
	碎裂结构	岩体破碎,结构面很发育,间距一般小于 10cm
散体结构	碎块状结构	岩体破碎,岩块夹岩屑或泥质物
	碎屑状结构	岩体破碎,岩屑或泥质物夹岩块

2)*岩石强度分级*

《水利水电工程地质勘察规范》(GB50287—99)按岩块单轴饱和抗压强度,将岩石分为四级,见表 5-3-14。

表 5-3-14　岩石按强度分级

岩石指标	硬质岩		软质岩	
	坚硬岩	中硬岩	较软岩	软岩
单轴饱和抗压强度(MPa)	$R_B>60$	$60\geqslant R_B>30$	$30\geqslant R_B>15$	$15\geqslant R_B>5$

《工程岩体分级标准》(GB50218—94)将岩石分为五级,其中将单轴饱和抗压强度小于 5MPa 的岩石分为极软岩,其他同表 5-3-14。

3）岩石质量指标 *RQD* 分级

岩石质量指标 *RQD* 分级是由美国迪尔（Derre. D. U.）于 20 世纪 60 年代提出的。*RQD* 是在考虑钻孔直径效应后，以钻孔的单位长度中的大于 10cm 的岩心所占的比例来确定，其表达式为：

$$RQD(\%)=\frac{\text{长度}\geq 10\text{cm 岩心累积长度(m)}}{\text{钻探进尺深度(m)}}\times 100 \tag{5-3-8}$$

基于 *RQD* 的岩石质量分级见表 5-3-15。

表 5-3-15　岩石质量分级及对应的完整性

分级	*RQD*（%）				
	90～100	75～90	50～75	25～50	<25
质量分级	很好	好	中等	差	很差
完整性	完整	较完整	中等完整	较破碎	破碎

挪威学者帕姆斯特拉姆（Palmstram. A.）提出 *RQD* 与体积节理数（J_V）的相关公式，按式（5-3-9）求出 *RQD*：

$$RQD=115-3.3J_V \tag{5-3-9}$$

当 $J_V<4.5$ 时，*RQD* 按 100 计。

4）岩体完整性系数分级

岩体完整性系数按式（5-3-10）计算：

$$K_V=\left(\frac{V_{pm}}{V_{pr}}\right)^2 \tag{5-3-10}$$

式中　K_V——岩体完整性系数；

V_{pm}——现场实测的岩体弹性波纵波速度，km/s；

V_{pr}——室内实测相应完整岩石的纵波速度，km/s。

按岩体完整性系数划分岩体完整程度分级见表 5-3-16。当无实测声波值时，可按岩体体积节理数 J_V 确定对应的 K_V 值。

表 5-3-16　岩体完整程度分级

K_V	$K_V>0.75$	$0.75\geq K_V>0.55$	$0.55\geq K_V>0.35$	$0.35\geq K_V>0.15$	$K_V\leq 0.15$
J_V	<3	3～10	10～20	20～35	≥35
完整程度	完整	较完整	完整性差	较破碎	破碎

2. 坝基岩体质量分类及岩体质量评价

1）坝基岩体质量分类的目的与原则

岩体质量分类的目的是：应客观地反映岩体本身的工程地质特性，对岩体质量的好坏有统一标准和认识，根据岩石质量分类指导岩体力学试验，提供力学参数和配合进行坝基岩体稳定性分析，确定坝基可利用岩体和坝基开挖深度，以及研究坝基处理措施，提高工程地质评价水平。

岩体质量分类应遵循下列原则：

(1)宏观综合性。应以宏观地质调查、定性分析为基础，辅以描述岩体特征的多因素定量指标，既要考虑岩体的强度和变形特性，又要考虑岩体水动力效应(包括地表水和地下水)；同时，还应考虑一些不良地质因素，如软弱夹层、岩体风化程度和喀斯特发育等。

(2)准确性和客观性。应采用定性和定量相结合的方法，尽可能用岩石或岩体的具有代表性的物理力学参数来表征，避免人为因素的随意性。

(3)简便适用性。分类应粗细适中，简繁得当，过细则烦琐，过粗则不精。分类的级数应适当，一般按五分法进行。

(4)针对性。此种分类不同于地下洞室围岩分类，也不同于边坡工程岩体分类，应适用于各种坝型，是评价坝基变形、强度和稳定性的基础。

2)坝基岩体质量分类(分级)方法及评价简介

(1)《水利水电工程地质勘察规范》(GB50287—99)的分类。该分类是在总结我国水利水电工程地质分类经验基础上制定的。影响坝基岩体工程地质条件的主要因素有岩石饱和单轴抗压强度、岩体结构类型、岩体完整程度、结构面发育程度及其组合等，并作为分类基础。根据岩体作为修建高混凝土坝的适用性、产生变形滑移的危险程度、加固处理难度的原则，将坝基岩体工程地质条件划分为5类。见表5-3-17。

(2)《工程岩体分级标准》(GB50218—94)的分类。该分类采用定性与定量相结合的方法，并分两步进行，先确定岩体基本质量，再结合具体工程的特点确定岩体级别。

岩体基本质量应由岩石坚硬程度和岩体完整程度两个因素确定，采用定性划分和定量指标两种方法确定。

岩体基本质量分级是根据岩体基本质量的定性特性和岩体基本质量指标(BQ)两者相结合确定的，见表5-3-18。

岩体基本质量指标(BQ)应根据分级因素的定量指标R_C(MPa)和K_V按式(5-3-11)计算：

$$BQ=90+3R_C+250K_V \tag{5-3-11}$$

使用式(5-3-11)时，必须遵循两个限制条件：当$R_C>90K_V+30$时，应以$R_C=90K_V+30$和K_V代入计算BQ值；当$K_V>0.04R_C+0.4$时，应以$K_V=0.04R_C+0.4$和R_C代入计算BQ值。

对工程岩体进行初步定级时，宜按表5-3-18规定的岩体基本质量级别作为岩体级别。

对工程岩体详细定级时，应在岩体基本质量分级的基础上，考虑地下水状态、初始应力状态、工程轴线或走向线的方位与主要结构面产状的组合关系等必要的修正因素。

岩体基本质量修正值$[BQ]$，可按式(5-3-12)计算：

$$[BQ]=BQ-100(k_1+k_2+k_3) \tag{5-3-12}$$

式中　$[BQ]$——岩体基本质量指标修正值；

BQ——岩体基本质量指标；

表 5-3-17　坝基岩体工程地质分类

类别	A 坚硬岩(R_B>60MPa)		B 中硬岩(R_B=30~60MPa)		C 软质岩(R_B<30MPa)	
	岩体特征	岩体工程性质评价	岩体特征	岩体工程性质评价	岩体特征	岩体工程性质评价
Ⅰ	AⅠ:岩体呈整体状或块状、巨厚层状、厚层状结构,结构面不发育—轻度发育,延展性差,多闭合,具各向同性力学特性	岩体完整,强度高,抗滑、抗变形性能强,不需做专门性地基处理,属优良高混凝土坝地基				
Ⅱ	AⅡ:岩体呈块状或次块状、厚层结构,结构面中等发育,软弱结构面分布不多,或不存在影响坝基或坝肩稳定的楔体或棱体	岩体较完整,强度高,软弱结构面不控制岩体稳定,抗滑抗变形性能较高,专门性地基处理工作量不大,属良好高混凝土坝地基	BⅡ:岩体结构特征同AⅠ,具各向同性力学特性	岩体完整,强度较高,抗滑、抗变形性能较强,专门性地基处理工作不大,属良好高混凝土坝地基		
Ⅲ	AⅢ$_1$:岩体呈次块状或中厚层状结构,结构面中等发育,岩体中分布有缓倾角或陡倾角(坝肩)的软弱结构面或存在影响坝基或坝肩稳定的楔体或棱体	岩体较完整,局部完整性差,强度较高,抗滑、抗变形性能在一定程度上受结构面控制,对影响岩体变形和稳定的结构面应做专门处理	BⅢ$_1$:岩体结构特征基本同AⅡ	岩体较完整,有一定强度,抗滑、抗变形性能受岩石强度控制	CⅢ:岩石强度大于15MPa,岩体呈整体状或巨厚层状结构,结构面发育—中等发育,岩体具各向同性力学特性	岩体完整,抗滑、抗变形性能受岩石强度控制
	AⅢ$_2$:岩体呈互层状或镶嵌碎裂结构,结构面发育,但贯穿性结构面不多见,结构面延展差,多闭合,岩块间嵌合力较好	岩体完整性差,强度仍较高,抗滑、抗变形性能受结构面和岩块间嵌合能力以及结构面抗剪强度特性控制,对结构面应做专门性处理	BⅢ$_2$:岩体呈次块或中厚层状结构,结构面中等发育,多闭合,岩块间嵌合力较好,贯穿性结构面不多见	岩体较完整,局部完整性差,抗滑、抗变形性能一定程度上受结构面和岩石强度控制		
Ⅳ	AⅣ$_1$:岩体呈互层状或薄层状结构,结构面较发育—发育,明显存在不利于坝基及坝肩稳定的软弱结构面、楔体或棱体	岩体完整性差,抗滑、抗变形性能明显受结构面和岩块间嵌合能力控制,能否作为高混凝土坝地基,视处理效果而定	BⅣ$_1$:岩体呈互层状或薄层状,存在不利于坝基(肩)稳定的软弱结构面、楔体或棱体	同AⅣ$_1$	CⅣ:岩石强度大于15MPa,结构面发育或岩体强度小于15MPa,结构面中等发育	岩体较完整,强度低,抗滑、抗变形性能差,不宜作为高混凝土坝地基,当局部存在该类岩体,需专门处理
	AⅣ$_2$:岩体呈碎裂结构,结构面很发育,且多张开,夹碎屑和泥,岩块间嵌合力弱	岩体较破碎,抗滑、抗变形性能差,不宜作为高混凝土坝地基,当局部存在该类岩体,需做专门性处理	BⅣ$_2$:岩体呈薄层状或碎裂状,结构面发育—很发育,多张开,岩块间嵌合力差	同AⅣ$_2$		
Ⅴ	AⅤ:岩体呈散体状结构,由岩块夹泥或泥包岩块组成,具松散连续介质特征	岩体破碎,不能作为高混凝土坝地基,当坝基局部地段分布该类岩体,需做专门性处理	同AⅤ	同AⅤ	同AⅤ	同AⅤ

k_1——地下水影响修正系数；

k_2——主要结构面产状修正系数；

k_3——初始应力状态影响修正系数。

表 5-3-18　岩体基本质量分级

基本质量级别	岩体基本质量的定性特征	岩体基本质量指标（BQ）
Ⅰ	坚硬岩，岩体完整	>550
Ⅱ	坚硬岩，岩体较完整；较坚硬岩，岩体完整	550~451
Ⅲ	坚硬岩，岩体较破碎；较坚硬岩，或软硬岩互层，岩体较完整；较软岩，岩体完整	450~351
Ⅳ	坚硬岩，岩体破碎；较坚硬岩，岩体较破碎—破碎；较软岩或软硬岩互层，且以软岩为主，岩体较完整—较破碎；软岩，岩体完整—较完整	350~251
Ⅴ	较软岩，岩体破碎；软岩，岩体较破碎—破碎；全部极软岩及全部极破碎岩	<250

(二)大坝建基面确定

1. 确定大坝建基面的基本原则

对于大型水利水电工程高混凝土重力坝、高混凝土拱坝，确定大坝建基面应遵循以下基本原则：

(1)对建基面选择的勘察研究，随着勘察设计阶段的深入，应循序渐近，由浅及深。初步设计阶段应根据具体工程地质条件，按《水利水电工程地质勘察规范》(GB50287—99)提出"标准"原则，制定适用于本工程的坝基岩体工程地质分类或岩体质量分级与评价。制定坝基利用岩体的质量标准，为建基面的选择提供依据。

(2)大坝建基岩体应符合优良(Ⅰ)及良好(Ⅱ)坝基。应具有足够的力学强度及均一性、完整性，具有足够的抗滑、抗变形、较好的抗渗条件，基础处理工程量不大。

(3)建基面选择除考虑地质条件外，还要考虑工程结构条件对建基面的调整变化。因此，最终建基面的确定，需地质、设计共同协商决策。

2. 大坝建基面的优化选择

大坝建基面确定应在岩体工程地质分类和岩体质量研究的基础上，确定利用岩体质量的类别(或级别)，建立定性与定量化标准，如岩体结构类型、岩体风化分带、岩体完整程度、岩体抗剪(断)强度和变形模量、岩体弹性波速度等。编制建基面利用岩体质量分区工程地质图及利用岩面顶板等高线图。

我国已建或在建的高混凝土坝，其建基面岩体基本上以Ⅰ、Ⅱ类岩体为主。对于Ⅲ类岩体，对影响岩体变形和稳定的结构面需做专门处理。Ⅳ类岩体为较破碎岩体，不宜作为高混凝土坝地基，局部地段分布该类岩体时，需做专门性处理。Ⅴ类岩体为破碎岩体，不宜作为高混凝土坝坝基，当局部存在时需做专门性处理。

五、河谷岩体应力及其对工程的影响

在天然状态条件下，地壳岩体内所具有的内应力称为地应力。常把未经人为扰动的岩体内的应力称为初始应力或天然应力，而把人类工程活动引起的地应力称为次生应力或附加应力。对天然应力场起主导作用的是自重应力和构造应力。地应力以弹性应变能的形式贮存在岩体内。当地应力增大并超过岩体强度或岩体中原有断裂的阻抗力时，便可能引起岩体蠕滑或岩体突然破裂。在地壳表部，由于地面起伏不平，地面下一定范围内岩体中的地应力是不均匀的。在河谷地带，地应力会随着地形变化而出现应力方向的偏转及最大和最小主应力差值的增大。

模拟试验及现场观测显示，河谷地带的最大主应力一般平行于岸坡分布，并在坡脚出现应力集中现象；第二主应力一般平行于河流分布；最小主应力一般垂直于坡面分布。河谷下最大主应力多数呈近水平向。河谷局部应力场的上述特征对边坡工程、大型渠道工程及大坝坝基防渗工程具有以下重要意义：

(1)在深切河谷顺向坡，平行边坡的最大主应力可能是引起溃曲破坏的重要因素之一。在坡脚最大主应力和最小主应力相差悬殊的条件下(这时剪应力也达到较高水平)，坡脚岩体可能首先出现压剪破坏，进而向坡内逐渐扩展，它可能是一些崩塌滑坡形成初期的一个重要诱发因素。此外，河谷边坡的应力格局使岩体很容易在拉—剪的应力状态下被“拉裂”，形成卸荷带。

(2)“U”形河谷下的地应力场对河床下岩体的垂向卸荷非常有利，当岩体中发育缓倾角结构面时，裂隙往往具有明显的张开现象和透水性增强现象。随着埋深增大，局部应力场逐渐向天然应力场过渡，岩体卸荷及透水性也逐渐趋于减弱。

地面下，岩体处于三向受力状态，随着围压的增高，岩体的力学性能也逐渐由脆性向弹性、塑性状态变化。如果三个主应力值完全相同，则剪应力为零，岩体不会出现剪切破坏和相对位移。在地表及断裂带附近，三个主应力一般不等，当应力差达到一定水平时，便可能引发不同形式的破坏和变位。通常情况下，岩体中不会出现因压应力过大而引起岩体破坏的条件，岩体破坏均在剪应力、压—剪、拉张和拉—剪应力状态下发生。

在工程涉及的地壳岩体范围内，地应力以弹性应变能的形式贮存在岩体内。由于不同岩体贮存弹性应变能的能力不同，在同样深度、不同岩体(不同岩性)中的应力水平就会存在差异，这种差异在河谷局部应力场中可能表现明显，向深部可能趋于模糊。就目前水利水电工程中实测的地应力数据看，最大主应力为30~40MPa，各地差异较大，与当地构造环境、岩性等有关，见表5-3-19。

天然状况下，岩体内地应力处于相对平衡状态。当由于河流切割、人工开挖等外部营力改变了岩体的边界条件时，地应力就会以变形破坏的形式表现出来。高地应力区的饼状岩心便是高地应力存在的间接标志。此外，当原位实测的岩体波速、弹模高于室内岩块实测值时，也意味着较高地应力可能存在。

水利水电工程建设中，地应力的表现可谓多种多样，如基坑开挖后出现的沿软弱面发生的近水平位移、由硬岩组成的人工开挖边坡中的拉裂现象，以及洞室边墙与顶拱出现的片帮、弯折内鼓、岩爆及缩径等。

表 5-3-19　部分水利水电工程实测最大地应力

工程名称		最大主应力(MPa)	中间主应力(MPa)	最小主应力(MPa)
广西天湖(18~19m)		18.7(水平)		11.2(水平)
二滩		38.4	17.3	10.4
拉西瓦		29.7 32.92(水平)	20.6	9.9
天生桥二级		20.5	4	2.67
河北张沙湾		5.5	3.3	2.1
葛洲坝(23m)		5.53(水平)		
三峡(船闸 194m)		15.74	12.98	7.6
三峡(秭归 800m 孔)		22.5(水平)	18.7(垂直)	
黑龙江荒沟(花岗岩)		11.1	8.5	5.6
云南马鹿塘		9.5	5.1	4.4
青铜峡(灰岩)		9.1	1.4	0.1
十三陵(侏罗系砾岩)		40.4	17.3	9
云南狮子桥		30.3(水平)	18.9(垂直)	
锦屏二级	河床下 50~80m 大理岩	36(水平)		
	河床 130m 以下绿片岩	25(水平)		
	左岸 200m 以内大理岩	40	36	11
	右岸 100~350m 大理岩	35.7	25	21
	右岸 350m 以内绿片岩	23~27	17	8

注:锦屏二级地应力数据源自成都勘测设计院报告,其他工程数据源自中国地应力数据库。

地下工程中的地应力问题概括起来有两个方面,即硬岩开挖时的岩爆和软岩的大变形。它不仅严重影响地下开挖(掘进)的顺利进行,还威胁地下工程的安全运行。为此,在高地应力区和深埋洞室条件下,一般都要进行地应力测量,以了解地应力的量级和方向,从而为地下工程的布置以及确定需要采取的相应措施提供依据。奥地利一埋深 2 400*m* 的隧洞位于花岗片麻岩中,开挖后洞壁最大变形达到 30 多 *cm*。为尽量减小地应力对地下工程的影响,一方面在建筑物布置时,尽可能使地下洞室的长轴方向与最大水平主应力方向一致;另一方面需要加大衬砌厚度,并采用长锚杆、锚索降低洞周的应力集中水平。

六、环境水对混凝土的腐蚀性

在评价环境水的腐蚀性之前，应首先收集工程区的气候条件、冰冻资料、高程、岩土性质、环境水的补给、径流、排泄条件，应查明当地受工业、农业、居民生活污染情况，查明场地附近已有建筑物被腐蚀的情况，查明可能影响水化学特征的岩土体特殊成分(如黄铁矿、石膏等)。取样进行水质分析，包括河水、溪沟水、泉水及地下水。某些条件下，环境水可以对混凝土或金属材料产生腐蚀作用，从而影响建筑材料的强度和建筑物的使用寿命。

环境水腐蚀性分析的主要项目包括 pH 值、矿化度、游离 CO_2、侵蚀性 CO_2、Na^+、K^+、Ca^{2+}、Mg^{2+}、NH_4^+、Fe^{2+}、Fe^{3+}、Cl^-、SO_4^{2-}、HCO_3^-、CO_3^{2-}、NO_3^-等。环境水对混凝土的腐蚀性主要有分解类腐蚀、结晶类腐蚀和结晶分解复合类腐蚀三种。环境水对混凝土腐蚀性判定标准见表 5-3-20。

表 5-3-20　环境水对混凝土腐蚀性判定标准

腐蚀性类型		腐蚀性特征判定依据	腐蚀程度	界限指标	
分解类	溶出型	HCO_3^- 含量($mmoL/L$)	无腐蚀	$HCO_3^->1.07$	
			弱腐蚀	$1.07\geqslant HCO_3^->0.70$	
			中等腐蚀	$HCO_3^-\leqslant 0.70$	
			强腐蚀		
	一般酸性型	pH 值	无腐蚀	$pH>6.5$	
			弱腐蚀	$6.5\geqslant pH>6.0$	
			中等腐蚀	$6.0\geqslant pH>5.5$	
			强腐蚀	$pH\leqslant 5.5$	
	碳酸型	侵蚀性 CO_2 含量(mg/L)	无腐蚀	$CO_2<15$	
			弱腐蚀	$15\leqslant CO_2<30$	
			中等腐蚀	$30\leqslant CO_2<60$	
			强腐蚀	$CO_2\geqslant 60$	
分解结晶复合类	硫酸镁型	Mg^{2+}含量(mg/L)	无腐蚀	$Mg^{2+}<1\ 000$	
			弱腐蚀	$1\ 000\leqslant Mg^{2+}<1\ 500$	
			中等腐蚀	$1\ 500\leqslant Mg^{2+}<2\ 000$	
			强腐蚀	$2\ 000\leqslant Mg^{2+}<3\ 000$	
结晶类	硫酸盐型	SO_4^{2-} 含量(mg/L)		普通水泥	抗硫酸盐水泥
			无腐蚀	$SO_4^{2-}<250$	$SO_4^{2-}<3\ 000$
			弱腐蚀	$250\leqslant SO_4^{2-}<400$	$3\ 000\leqslant SO_4^{2-}<4\ 000$
			中等腐蚀	$400\leqslant SO_4^{2-}<500$	$4\ 000\leqslant SO_4^{2-}<5\ 000$
			强腐蚀	$500\leqslant SO_4^{2-}<1\ 000$	$5\ 000\leqslant SO_4^{2-}<10\ 000$

第四节　土石坝地基工程地质

一、一般土性状的判定

依据土的室内试验指标，对土的性状的判定各有关规范、规程的附录或手册中均有介绍，不尽相同。现将有关常用的判别介绍如下。

（1）砂土密实度判定见表5-4-1～表5-4-3。

表5-4-1　按相对密度判定砂土密实度

相对密度 D_r	砂土密实度
$1 \geqslant D_r > 0.67$	密实的
$0.67 \geqslant D_r > 0.33$	中密的
$0.33 \geqslant D_r > 0$	松散的

表5-4-2　按砂土的孔隙比判定砂土密实度

砂土类别	砂土的密实度			
	密实	中密	稍密	松散
砾石、粗砂、中砂	$e<0.6$	$0.6 \leqslant e \leqslant 0.75$	$0.75<e \leqslant 0.85$	$e>0.85$
细砂、粉砂	$e<0.7$	$0.7 \leqslant e \leqslant 0.85$	$0.85<e \leqslant 0.95$	$e>0.95$

表5-4-3　按标准贯入击数判定砂土密实度

标准贯入击数 N	密实度	标准贯入击数 N	密实度
$N \leqslant 10$	松散	$15<N \leqslant 30$	中密
$10<N \leqslant 15$	稍密	$N>30$	密实

（2）砂土均匀性判定见表5-4-4。

表5-4-4　按不均匀系数判定砂土的均匀性

不均匀系数 C_u	砂土的均匀性
$C_u<5$	均匀的
$5 \leqslant C_u<10$	中等均匀的
$C_u \geqslant 10$	不均匀的

（3）粉土的密实度判定见表5-4-5。

表 5-4-5 按孔隙比判定粉土的密实度

孔隙比 e	粉土密实度
$e<0.75$	密实
$0.75\leq e\leq 0.9$	中密
$e>0.9$	稍密

（4）粉土湿度判定见表 5-4-6。

表 5-4-6 按天然含水量判定粉土湿度

天然含水量 ω(%)	粉土的湿度
$\omega<20$	稍湿
$20\leq\omega\leq 30$	湿
$\omega>30$	很湿

（5）黏性土状态的判定见表 5-4-7。

表 5-4-7 按液性指数判定黏性土状态

液性指数	状态	液性指数	状态
$I_L\leq 0$	坚硬	$0.75<I_L\leq 1$	软塑
$0<I_L\leq 0.25$	硬塑	$I_L>1$	流塑
$0.25<I_L\leq 0.75$	可塑		

（6）黏性土压缩性判定见表 5-4-8。

表 5-4-8 按黏土压缩性判定黏性土压缩的判定

压缩性划分	高压缩性	中压缩性	低压缩性
按压缩系数 a_{1-2} 分	$a_{1-2}\geq 0.5$	$0.5>a_{1-2}\geq 0.1$	$a_{1-2}<0.1$
按压缩模数 E_s 分	$E_s\leq 5$	$5<E_s\leq 15$	$E_s>15$

注：a_{1-2} 为压力为 100~200*kPa* 时的压缩系数，MPa^{-1}；E_s 的单位为 *MPa*。

（7）碎石土（粗粒土）密实度判定见表 5-4-9、表 5-4-10。

表 5-4-9 按重型动力触探锤击数判定碎石土（粗粒土）的密实度

重型动力触探锤击数 $N_{63.5}$	密实度	重型动力触探锤击数 $N_{63.5}$	密实度
$N_{63.5}\leq 5$	松散	$10<N_{63.5}\leq 20$	中密
$5<N_{63.5}\leq 10$	稍密	$N_{63.5}>20$	密实

注：$N_{63.5}$ 系修正过的值。

表 5-4-10　按超重型动力触探锤击数判定碎石土(粗粒土)的密实度

超重型动力触探锤击数 N_{120}	密实度	超重型动力触探锤击数 N_{120}	密实度
$N_{120} \leqslant 3$	松散	$11 < N_{120} \leqslant 14$	密实
$3 < N_{120} \leqslant 6$	稍密	$N_{120} > 14$	很密
$6 < N_{120} \leqslant 11$	中密		

注:N_{120} 系修正过的值。

(8)标贯击数与黏性土密度(ρ)、含水量(ω)及液性指数 I_L 的关系见表 5-4-11、表 5-4-12。

表 5-4-11　N 与黏性土 ρ、ω 的关系

N	1	2	3	4	5	6	7	8	9	10
$\rho(g/cm^3)$	1.60~1.75	1.70~1.80	1.75~1.85	1.80~1.87	1.84~1.89	1.86~1.90	1.88~1.93	1.90~1.95	1.90~2.00	1.95~2.09
ω(%)	60~40	55~37	45~35	40~32	38~30	36~29	34~28	32~27	30~25	<25

表 5-4-12　N 与黏性土 I_L 的关系

N	<2	2~4	4~7	7~18	18~35	>35
I_L	>1	1~0.75	0.75~0.5	0.5~0.25	0.25~0	<0
状态	流动	软塑	软可塑	硬可塑	硬塑	坚硬

二、土石坝坝基稳定性评价

从工程地质角度对土石坝坝基稳定性评价主要包括两方面内容:一是坝基渗漏与渗透稳定;二是坝基抗滑稳定与不均匀变形。

坝基稳定性工程地质评价应在工程地质勘察的基础上进行。

对于基岩坝基,一般不存在抗滑稳定及变形问题,主要是根据岩体的透水性及断层构造分布等提出合适的坝基防渗范围。但对于高坝,当坝基存在全、强风化岩体特别是全风化岩体时,应根据风化状况、厚度、分布特征及物理力学参数等对坝基稳定的影响进行评价。

对于河床砂砾石坝基,河床砂砾石层具有渗透性强、强度较高、压缩变形小的特点,主要存在渗漏和渗透变形问题,常需要进行防渗处理,包括垂直防渗和水平铺盖两种形式,需根据具体工程地质条件和工程特性综合考虑确定。同时,要特别注意河床砂砾石层的紧密程度,是否存在粉细砂、淤泥质软土等不良地层的情况。当粉细砂、淤泥质软土的分布范围和厚度较大时,应分析是否存在地震液化和坝基沉陷变形问题。

对于细粒土坝基,渗流的影响主要反映在土的渗透性和抗渗性上,决定着渗透变形或破坏的类型及渗漏量。首先需要判断渗透变形的类型,再根据允许水力比降和坝基承受的实际水力比降评价渗透变形的可能性,同时还要根据水文地质资料估算坝基渗漏量。最终提出坝基防渗处理建议。坝基土的抗剪强度和压缩性指标是坝基土体力学特性的重要指标,是对坝基抗滑稳定问题和沉陷变形问题进行工程地质评价或稳定计算的重要依据。

一般软土不宜作坝基。采取处理措施后,可作为低均质土坝或心墙坝坝基。

湿陷性黄土、膨胀土等特殊土,一般不宜作为大型水利水电工程的坝基,需要视情况采取地基处理措施。

对于砂土坝基,还应判定饱和砂土振动液化对坝基的破坏,如可能发生地震液化,应进行处理。

三、土石坝坝基防渗型式

(一)坝基类型及防渗型式

土石坝坝基有岩基和土基两类。防渗型式的选择应根据地基类型、地质结构与组成、渗透性与抗渗性、作用水头、坝体防渗体型式等,进行渗流计算或模型试验,并通过多个方案比选,确定技术可靠、施工便捷、经济合理的方案。

坝基的防渗和渗控型式有以下几种。

(1)垂直防渗。包括明挖回填截水槽、混凝土防渗墙及灌浆帷幕等型式。

(2)上游水平防渗铺盖及下游排水。

(3)下游排水设施及盖重。包括水平排水垫层、反滤排水沟、排水减压井、下游透水盖重和反滤排水沟及排水减压井的组合等型式。

(二)岩质坝基的防渗

土石坝坝基为岩基时,多选用垂直防渗,设在坝体的防渗体底部,均质土坝设于轴线下。当透水层厚度不大时,可开挖截水槽、回填防渗黏土或混凝土;当透水层厚度较深时,可开挖浅槽做混凝土压浆板,对坝基进行灌浆帷幕。

(三)土质坝基的防渗

1. 厚层黏土坝基

坝基为连续分布、厚层、稳定、坚硬的黏土时,由于其渗透性微弱、抗渗性强,一般只需做好坝体的防渗体与坝基的连接和下游的反滤与排水,可不做专门的防渗处理。

2. 黏土、砂土互层坝基

坝基为可塑、松软的黏土、粉土、粉细砂薄层组成的多层或互层结构时,由于粉土、粉细砂多呈中等透水,抗渗性能差,需进行专门防渗处理,常采用垂直防渗,可选用截水墙,其深度进入相对隔水层内。

3. 粉土、砂、砂砾石坝基

坝基为粉土、砂、砾石时,对于低坝可采取上游水平铺盖和下游反滤排水的防渗措施。水平铺盖可使用防渗黏土或土工膜,长度与厚度应满足坝基土层允许渗透比降、坝体结构和施工的要求;亦可采取下游坝脚外透水盖层压重和反滤排水的渗控措施。当下部砂砾石透水较强时,可采用排水减压井。对于中高坝,当覆盖层较厚时,宜采用混凝土防渗墙进入基岩 0.5~1.0m,并根据需要对基岩进行帷幕灌浆;当覆盖层较薄时,可选用明挖回填黏土截水槽。对于中低坝,如果灌浆效果能够保证,可采用灌浆以形成防渗体,或采用高压喷射灌浆进行防渗。当河床砂砾石层特别厚时,如四川冶勒水电站和新疆下板地水利枢纽的河床砂砾石层厚度都在 100m 以上,设计经综合技术经济研究后采用混凝土防渗墙与灌浆帷幕的组合形式截断砂砾石层的渗漏通道。

四、混凝土面板堆石坝趾板地基及其处理

(一)趾板地基

坚硬新鲜完整的岩体是最好的趾板地基,但岩体岩性多软硬不均,风化程度不同,并有断层、裂隙或岩溶洞穴发育。一般根据坝高的不同,多选择强风化下部或弱风化岩体做趾板地基,并进行地基处理来满足趾板的要求。

当河床砂砾石深厚、挖除困难时,中低坝的趾板可以砂砾石层作为地基,但高坝需对其组成、密实程度及变形特性等作专门的论证。

(二)趾板地基处理

趾板地基一般应挖除强风化岩体,开挖面应平顺,避免陡坎和反坡。当有影响垫层料碾压的反坡或陡坎时,应削坡或回填混凝土处理;或调整趾板位置,趾板地基一期开挖后,宜作趾板二次定线。对易风化、崩解的软岩应预留保护层。

对于强风化深槽、断层破碎带、裂隙密集带、软弱夹层,需适当深挖和延长并回填混凝土,做趾板与地基的锚固及固结灌浆。在趾板中部设置灌浆帷幕,一般帷幕孔为一排,岩体破碎或断层带应增加灌浆孔排数。防渗帷幕深度应进入相对不透水层。

对于岩溶发育的地基,需对岩溶洞穴进行处理,以满足防渗帷幕灌浆的要求。

砂砾石层作趾板地基时,应挖除表部松散层,并进行必要的碾压或强夯处理。在趾板下或趾板上游设置混凝土防渗墙防渗,其深度应进入弱风化基岩,并应做好渗流逸出区的反滤保护及趾板与防渗墙之间的连接处理,防止渗流及不均匀变形引起的破坏。

第五节　坝基(地质缺陷)的处理措施

一、混凝土塞

沿断层破碎带开挖出一定深度的倒梯形槽,将其中软弱构造岩及两侧破碎岩体清除,然后回填混凝土,其作用是使坝体荷载经混凝土塞传到两岸新鲜完整基岩上(见图 5-5-1)。混凝土塞的深度,根据我国坝工建设经验,对于宽度小于 2m 的断层破碎带按常规方法抽槽,开挖深度 $h=(1.0\sim1.5)b$(b 为破碎带宽度);对于宽度大于 2m 的断层破碎带,开挖深度参考以下计算方法。

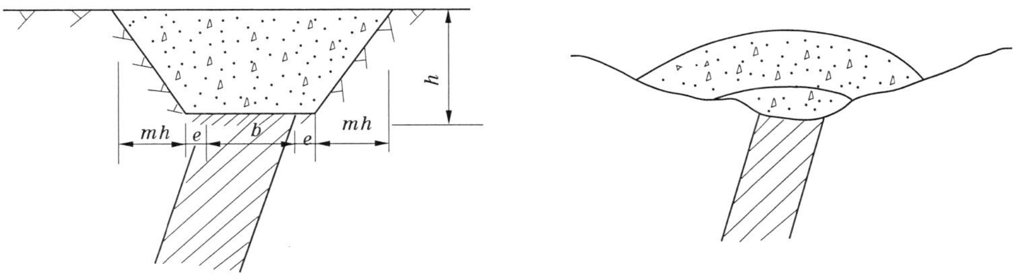

(a)混凝土塞　　(b)混凝土拱

图 5-5-1　混凝土塞和混凝土拱

(一)美国计算开挖回填深度的经验公式

当坝高 $H \geqslant 150$in[1] 时,按式(5-5-1)计算:

$$h=0.002bH+5 \tag{5-5-1}$$

当坝高 $H<150$in 时,按式(5-5-2)计算:

$$h=0.3bH+5 \tag{5-5-2}$$

(二)美国垦务局经验公式

美国垦务局经验公式为:

$$h=0.0067bH+1.5 \tag{5-5-3}$$

符号含义同上,h 及 H 单位为 m。该经验公式近年来在三峡工程应用过。

(三)日本坝工设计规范

日本坝工设计规范规定:当断层与坝轴线接近垂直相交时,对于断层水平宽度为 B,开挖边坡为 $1:m$ 的断层,混凝土回填深度 h 可用式(5-5-4)计算:

$$h=\frac{K_c'P-f'V}{2\sqrt{1+m^2}\cdot C'L} \tag{5-5-4}$$

式中　K_c'——按抗剪断强度计算的抗滑稳定安全系数;

P、V——作用于塞子宽度 $b+2mh+2e$ 范围内的总水平和垂直作用力,图 5-5-1 中 e 取 0.5~1.0m;

f'、C'——基岩或混凝土的抗剪断强度指标,取二者较小的;

L——混凝土回填的长度,通常取坝底宽度;

m——坡度比值。

对于顺河向的软弱带,除坝基内做混凝土塞子外,并应向上、下游伸出坝外 1~2h,以改善坝基承载能力。

二、混凝土拱(或梁)、混凝土垫层

对于很宽的断层破碎带,采用混凝土拱的处理形式,将坝体应力传送到两侧的完整岩体上,避免断层破碎带产生过大的压缩变形;也可以采用混凝土梁的处理形式。当大小断

[1] 1in=0.3048m。

层密集交错、软弱破碎岩体的范围较大时，为改善坝基应力条件，可浇筑混凝土、钢筋混凝土垫层。

三、明挖、洞挖处理

(一)明挖

当缓倾角软弱夹层埋藏较浅时，将其全部挖除，最为安全可靠。

(二)洞挖

沿缓倾角软弱夹层的倾向，布置一定数量的纵横交错的平硐，回填混凝土，形成混凝土抗滑键，并进行固结灌浆和接触灌浆，使回填混凝土与围岩紧密结合，增强整体性，以满足沿软弱夹层的抗滑稳定要求。例如，桓仁工程坝基软弱夹层曾采用明挖和洞挖结合的方式进行处理(见图 5-5-2)。

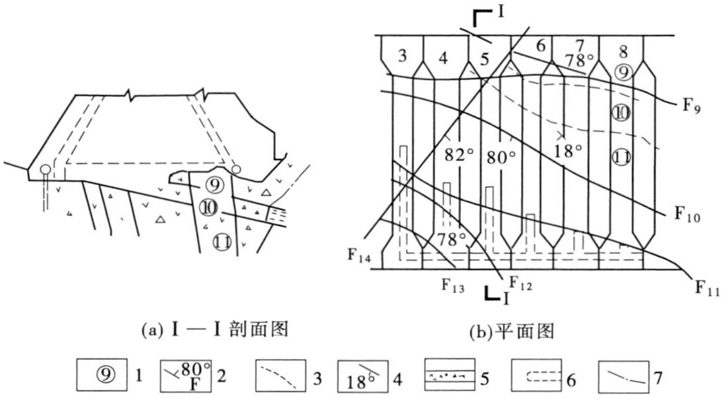

图 5-5-2　桓仁电站软弱夹层处理

1—岩层编号；2—断层及编号；3—岩层界线；4—岩层产状；5—洞挖回填混凝土；6—平硐；7—设计滑移破裂面

四、大直径钢筋混凝土桩

在坝基范围内用若干大口径钻孔穿过缓倾角软弱夹层(带)，进入完整岩体中，孔内放置钢筋并浇筑混凝土，形成钢筋混凝土桩。坝工实践表明，钢筋混凝土桩可以把软弱夹层上下部岩体联成整体，并将应力传至深部岩体，具有抗滑和减少坝体水平变形作用。佛子岭连拱坝 12 垛基础下有一缓倾角断层破碎带，打了 17 个大口径钻孔(直径为 950mm)，深入断层带下 2m，浇筑成钢筋混凝土桩，每个桩抗剪断力 2MN。

五、混凝土深齿墙

在坝基中用深挖齿墙截断缓倾角软弱夹层，使齿墙嵌入软弱夹层下部的完整岩体一定深度，依靠嵌入部分混凝土齿墙的嵌固力，软弱夹层的摩擦力和下游抗力体三者联合作用，来满足坝基深层抗滑稳定的要求。对于缓倾下游的软弱夹层，需要利用下游岩体作为抗力时，应详细查明下游抗力体的地质条件。必要时，可对下游抗力体采用固结灌浆，采取钢筋混凝土桩、压重等加固措施,以提高下游抗力体的岩体完整性和承载能力,减少坝基变形。葛洲坝工程二江泄水闸基对软弱夹层处理即采用了这种型式,见图 5-5-3。

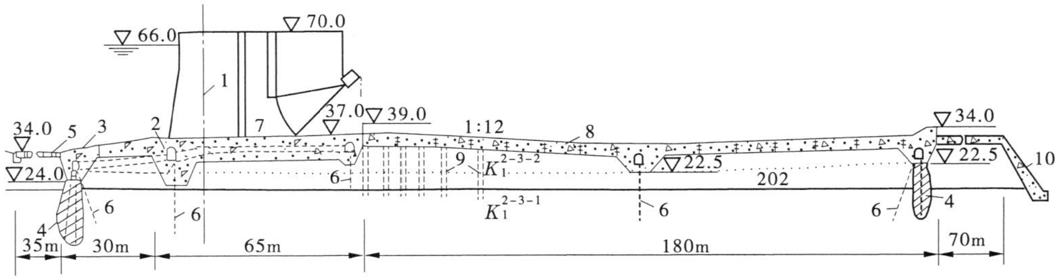

图 5-5-3　葛洲坝二江泄水闸处理

1—坝轴线;2—齿墙;3—防渗板;4—防渗帷幕;5—防冲板;6—排水孔;
7—泄水闸;8—护坦板;9—加固桩;10—防淘墙

六、预应力锚固

预应力锚固就是用钻孔穿过控制坝基岩体滑移的缓倾角软弱层(带),深入至坚硬、完整岩体的一定深度,插入预应力钢筋或钢缆,钻孔中回填水泥砂浆封闭,以增强岩体稳定的一种加固措施。梅山连拱坝右坝肩失稳,1964 年首次使用锚固处理。共设锚固孔 250 孔,孔距 2~3m,孔深 25~40m,用直径为 110mm 和 130mm 的两种孔径,分别放入钢索 81 根和 123 根,每根钢索直径为 5mm。双牌工程为增强坝基深层抗滑稳定性,对倾向下游的缓倾角破碎夹层采取了预应力锚固处理措施,锚固孔穿过控制性破碎夹层 f_3 至 f_5 夹层以下的完整基岩中,效果良好。

七、固结灌浆

固结灌浆是加固坝基的一种常用工程措施。它是用适当的压力将水泥浆液或其他化学固化材料灌注到地质缺陷部位,如断层破碎带、软弱夹层、深风化槽、裂隙密集带、卸荷带中去,待浆液固化后,起到增加岩体完整性,提高岩体弹性模量,减少坝基沉陷的作用。布置在防渗帷幕前的坝基固结灌浆,能提高坝基浅层的抗渗性,达到加强防渗帷幕的目的。

固结灌浆的设置范围应根据坝基工程地质条件,结合坝的等级和规模以及灌浆试验资料等确定。除前面提到固结灌浆的部位外,一般来说,坝基岩体比较破碎、裂隙发育、具有一定的可灌性时,应在坝基范围内全面进行固结灌浆。如地质条件良好,而灌浆效果又不明显时,可以适当减小固结灌浆范围。通常情况下在坝底上下游各 1/4 底宽的范围内需要固结灌浆。

为进行固结灌浆,须选择合理的设计参数,如孔、排距与孔深,制定适合于坝基地质条件的施工工艺,才能达到预期的效果。因此,当条件许可时,应在坝址区内选择具有代表性的地区进行固结灌浆试验,为设计提供依据。同时,也可参考国内外工程实例和规范的有关规定,结合工程具体条件研究确定,并在工程实践过程中,予以验证并及时修改完善。

国内有关固结灌浆的一些设计参数如下:孔、排距 2~3m,多数采用 3m;孔深 5~8m。

在断层加固及帷幕上游区为 8~15m。

固结灌浆材料以水泥浆液为主，在某些有特殊要求的部位，也可采用化学材料灌注，如环氧树脂等。

固结灌浆孔一般采用铅直孔。但是，如果坝基岩体中发育有陡倾角裂隙、层面等时，铅直孔灌浆效果有时不理想，可考虑选择斜孔灌浆，尽可能多地打穿结构面，提高坝基的固结灌浆效果。

固结灌浆效果常用物探方法（如声波或地震波法）进行检查。必要时，可以利用钻孔取样和压水试验，甚至开挖探洞进行检查。

八、坝基防渗和排水

坝基防渗和排水设施的主要目的是减少坝基渗流量，降低坝基扬压力至设计允许值以内。一般来说，在坝基处理设计中，都是同时采取防渗和排水措施。只有在特殊情况下，经过论证，才采用单一的设施。

（一）坝基防渗

岩基坝基的防渗型式有水平和垂直两种。水平防渗是在坝基上游一定范围内，用隔水材料筑成铺盖；垂直防渗有防渗帷幕和混凝土防渗墙等。国内工程多采用防渗帷幕的型式（见图 5-5-4）。

防渗墙往往使用于截断软弱夹层、断层破碎带等需要局部加强防渗的地区。例如，刘家峡、新安江等工程，对断层的防渗处理均采用在帷幕轴线上，跨过断层（包括断层影响带）设置一定深度的混凝土防渗墙（井），与防渗灌浆帷幕相衔接，在挡水前沿形成连续的防渗设施。

此外，有的工程根据地质条件，采用因地制宜的防渗设施。例如，黄坛口工程右坝头，为了截断软弱的页岩层，自右岸开始坝段于坝基上游面开挖断面 3m×6m、长 18m（向山坡内延伸 4m）的隧洞，回填混凝土，成为阻水墙（见图 5-5-5）。桓仁工程为了截断沿软弱夹层的渗漏，在右岸重力坝部位帷幕轴线上设置长 12.5m，高为嵌入软弱夹层上、下盘岩层中各 0.5m 的防渗平硐，回填混凝土，并做回填灌浆，起到防止绕渗的作用。

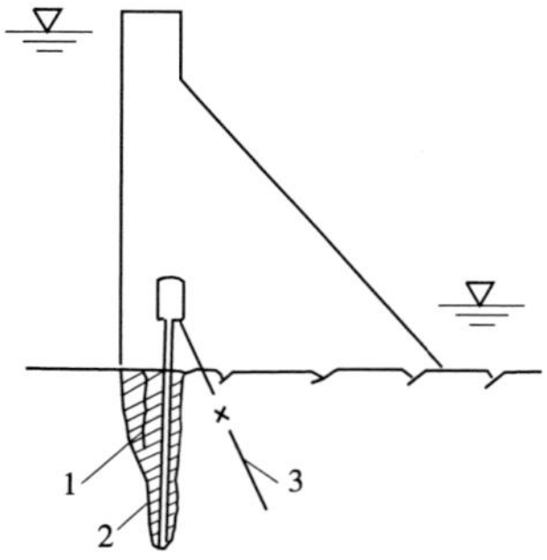

图 5-5-4　防渗帷幕布置示意

1—起辅助帷幕作用的固结灌浆；
2—防涌帷幕；3—坝基排水孔

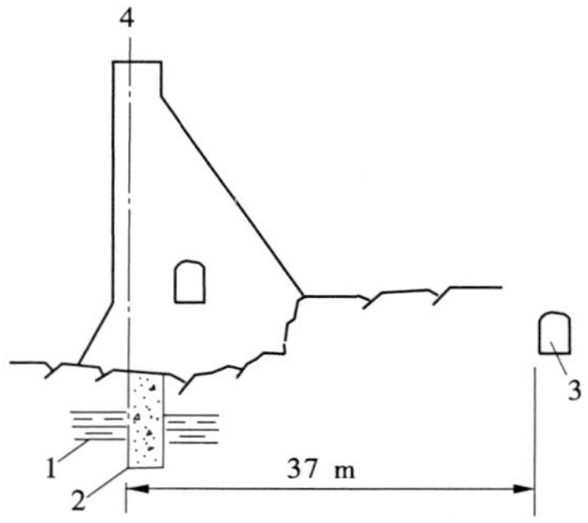

图 5-5-5　黄坛口工程阻水墙隧洞布置示意

1—页岩；2—截断页岩回填混凝土的阻水隧洞；
3—排水隧洞；4—坝轴线

防渗设施除在坝体挡水前沿全线布置外，应根据坝址水文地质、工程地质条件，向两岸伸入一定的长度和足够的深度，并与河床部位的防渗设施连成整体，以防止产生绕坝渗漏，影响两岸岸坡的稳定。两岸防渗设施大都采用防渗灌浆帷幕，可在岸坡地表直接进行灌浆。如岸坡地段陡峻，也可以在两岸开挖灌浆隧洞，在洞内进行灌浆，以节省钻灌工程量。高坝（重力坝和拱坝）建设中，往往需开挖多层灌浆隧洞，以保证帷幕钻孔的垂直度，使整个帷幕连接良好，洞与洞间的垂直间距以小于 60m 为宜。灌浆隧洞也像坝体内的灌浆廊道一样，布设排水孔，以消减帷幕后山体内的渗水压力。

防渗帷幕的防渗标准根据坝型、坝高确定。对于重力坝和拱坝，按坝高确定防渗帷幕幕体及其下部相对隔水岩体的透水性，坝高在 100m 以上时 $q=1\sim3$Lu、50～100m 时 $q=3\sim5$Lu、50m 以下时 $q=5$Lu（拱坝为 $q\leqslant5$Lu）的标准控制。即帷幕应伸入到上述相对不透水岩体内 3～5m。对于土石坝，1、2 级坝及高坝坝基防渗控制标准为 $q=3\sim5$Lu，3 级及以下坝为 $q=5\sim10$Lu。当坝基相对不透水岩层埋藏较深或分布无规律时，帷幕深度一般可在 0.3～0.7 倍坝高范围内选择。美国规范和设计准则中规定在极致密基岩中，帷幕深度的变化可能为水头的 30%～40%；在不良基岩中，深度可能达到水头的 70%。

帷幕灌浆材料以水泥浆为主。水泥浆液的可灌性取决于被灌岩体的行浆通道的宽度和水泥颗粒粒径。试验资料表明，当通道的宽度为水泥最大粒径的 3～5 倍时，水泥浆可顺利灌注。对于一般标号的新鲜水泥，大致可灌入宽度 0.3mm 以上的通道；高细度水泥，如湿磨水泥，则可灌入宽度 0.15mm 以上的通道，但需要有相应的施工工艺措施，如高速搅拌、浆液中添加活性掺合料等，才能充分发挥细水泥的作用。

20 世纪 60 年代以来，国内逐渐发展了用于防渗帷幕的高分子化学材料。这类材料具有黏滞性低、抗渗性高、浆液的胶凝时间可按预期的要求在几秒钟至几十分钟内凝固等特性，因而对某些水泥浆液不能灌注的断层破碎带、细密微裂隙、软弱夹层等部位，都具有一定的效果。从某种意义上说，这种灌注材料还可以代替施工复杂而且艰巨的断层破碎带防渗墙（井）等设施。国内已有很多工程用水泥浆灌注达不到效果的地区，改用化学材料灌注，效果良好。目前用于防渗的化学灌注材料有丙凝、丙强、氰凝、铬木素等，其中以丙凝使用较广，取得了较为丰富的经验。

（二）坝基排水

坝基处理中，普遍在防渗帷幕下游设置进入基岩一定深度的排水孔，是降低坝基扬压力的有效措施。如果坝基地质条件十分良好，经过充分论证，可以仅设置排水孔，而不设防渗帷幕。为了充分发挥排水的降压作用，对于高坝，除在帷幕下游设置一道主排水孔外，还可设置 2～3 道辅助排水孔；中、低坝则可视情况增设 1～2 道，必要时还可沿横向廊道或在宽缝空腔内设置。在岸坡坝段，一般在坝体内专门设置纵横向排水廊道，并使渗水尽量靠近低处坝基面排出坝体外，以降低岸坡部位的坝基渗透压力，有利于坝体的侧向稳定。

对于峡谷河流，经论证需要加强岸坡岩体排水、保证岸坡稳定时，可在山体内设置专门的排水隧洞，并设排水孔，排出山体渗水。这些排水隧洞，可与灌浆隧洞相结合，在这方面国内有不少工程已取得成功经验，如刘家峡工程，为了处理左岸挤压破碎带，在左岸山体不同高程开挖排水隧洞，设置排水孔。黄坛口工程右岸坝头，岩石破碎，裂隙发育，并夹有页岩层,为保护右坝头和边坡稳定,在坝后山体内设置 1.8m×2.3m、长 48m 的排水隧洞,蓄水后排水隧洞对岸坡排水效果良好。后来发现裂隙中夹泥有被渗水带出的现象,洞壁岩石也有不稳定趋势,故又进行了混凝土衬砌,再设排水孔。

坝基排水设计,应根据坝高、坝基水文地质、工程地质条件,结合坝基防渗和固结灌浆等措施,综合研究确定有关参数。我国混凝土重力坝设计规范对坝基排水孔设计参数规定如下:

孔深。主排水孔为防渗帷幕深度的 0.4~0.6 倍,且对于高中坝不小于 10m;辅助排水为 6~12m。

孔距。主排水孔 2~3m;辅助排水孔 3~5m。孔径 110~130mm,不宜过小。

排数。主排水孔按单排布置,与帷幕孔的距离不宜小于 2m;高坝可布置 2~3 排辅助排水孔,中坝为 1~2 排。

排水孔设计中,对下述几个方面应引起注意:

(1)坝基有裂隙承压水层、分布较广的深层透水区、控制坝体抗滑稳定的滑移结构面、间隔分布的相对隔水层和缓倾岩层等地质条件,一般来说,均不利于排水。尤其是当这些相对隔水层倾向上游,使坝基渗水无排泄通路时,尤为不利。因此,除加强这些部位的防渗处理外,排水孔应根据隔水和富水部位的分布情况,合理布置。排水孔深应穿过这些部位,以利于迅速排水,避免在坝基内形成封闭的承压渗水区,而不利于坝基的稳定。

(2)防渗帷幕后的主排水孔与帷幕之间的距离不宜过近,以免使帷幕体承受的水力坡降过大,产生渗透破坏。按有关规定,主排水孔与帷幕间的距离不宜小于 2~4m。对于软弱岩层,尤其是有泥化夹层或具松散充填物的裂隙等不良地质条件时,应从地质上充分论证合适的间距,必要时应进行现场管涌试验,取得可靠数据,作为设计依据。

(3)穿过上述不良地质条件地区的排水孔,必要时应采取相应的保护措施。常用的措施是在排水孔中回填砂粒反滤料或其他材料。如葛洲坝工程对排水孔中泥化夹层的保护,采用带孔眼的塑料滤水管、通孔性泡沫软塑和工业过滤布组成的“过滤体”,安装在排水孔中夹层部位,以防止产生机械管涌。

第六章　边坡工程地质*

第一节　概　述

边坡包括自然边坡和人工边坡两种类型。前者是指在自然地质作用下形成的山体斜坡、河谷岸坡、海岸陡崖等;后者是指人类工程活动形成的规模不同、陡缓不等的斜坡,如道路工程中的路堑、路堤边坡,房屋、桥梁工程的基坑边坡,露天矿山的边坡,水利水电工程中的运河渠道边坡,船闸、溢洪道边坡,引水隧洞进、出口边坡,土石坝边坡及坝肩边坡等。因此,边坡稳定性问题是工程建设中经常研究的主要工程地质问题。

在形成边坡的过程中,坡体内部的应力状态将发生变化,引起应力的重分布和应力集中等效应。当坡体中新的应力状态超过岩(土)体的强度时,边坡将处于不稳定状态。在各种自然或人为营力作用下,将使坡体内产生附加应力(如地震力、动力压力等)或岩(土)体因风化、软化和孔隙水压力增高等而使强度削弱。这些营力是促进边坡变形与破坏的因素。

边坡的变形与破坏有很多种型式,不同部门在实践中划分出的类型也不尽相同。水利水电工程中常将边坡的变形与破坏划分为松弛张裂、崩塌、滑坡、蠕动、倾倒、流动等基本类型。泥石流是发生在山区的一种挟带大量固体碎屑物质和黏土质细粒土的洪水流,是在暴雨和冰川、积雪形成的洪流和重力作用下,边坡表层的松散碎屑物质沿边坡向下流动的现象。这是与边坡变形与破坏有关的一种物理地质现象。

边坡的失稳破坏常给工程建设带来巨大的危害,有时形成严重的自然灾害。大量实例表明,边坡稳定性的工程地质分析具有重要意义。一方面通过对边坡的勘察要对边坡的稳定性作出评价和预测,另一方面要为设计合理的工程边坡和制定有效的防治措施提供地质依据。因此,要研究边坡变形和破坏规律、演变过程以及影响因素,建立边坡变形和破坏的地质模型;并结合工程地质实际,完善边坡工程数学模型和物理模型的分析技术,进行边坡稳定的定性和定量评价与计算;要研究边坡工程的综合治理加固和施工工艺及原位监测,形成一整套先进的勘察、设计、施工和原位监测的新技术。

第二节　边坡的应力分布特征

自然边坡在受侵蚀、下切和人工边坡在开挖过程中,边坡岩体的应力方向和大小在不断地发生调整和变化。了解边坡形成过程中这种应力重分布规律及应力松弛和应力集中等效应,对于认识边坡的变形、破坏机制是十分重要的,亦有助于正确评价边坡的稳定性,

* 本章主要根据陆兆溱《工程地质学》(2001 年,第二版)编写。

更合理地制订边坡的设计和整治方案。

一、边坡应力分布的一般特征

为了建立边坡岩体应力分布的初步概念，先假设边坡岩体为均质连续弹性介质，根据有限元计算结果，说明边坡应力分布的一般特征。

（1）无论是以自重应力为主，还是以水平构造应力为主的构造应力场条件下，其总的特征是愈靠近临空面，最大主应力愈接近平行于临空面，最小主应力则与之近于直交。如图 6-2-1～图 6-2-3 所示为坡角 $i=30°$、$90°$及 $45°$时，在自重应力场作用下主应力分布方向及大小，图 6-2-4 为 $i=45°$且存在初始水平构造应力场情况下（$K=3$）的边坡应力分布。

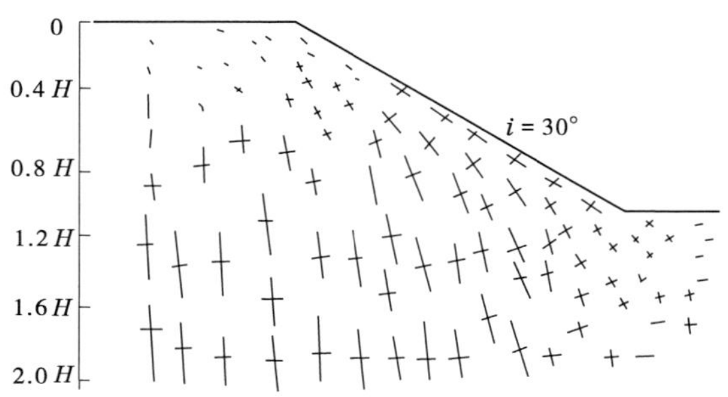

图 6-2-1　自重应力场作用下边坡主应力分布（$i=30°$）

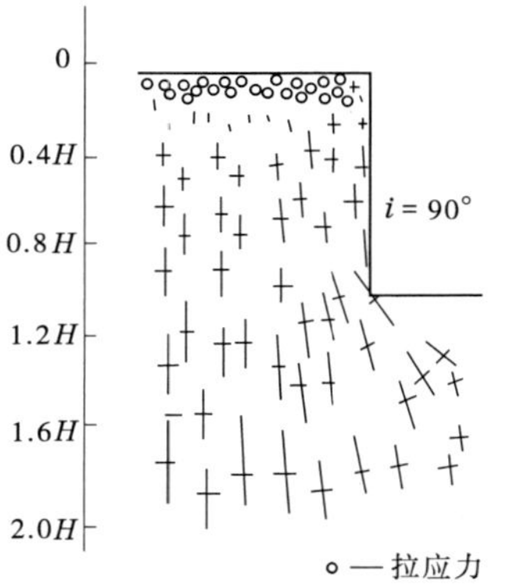

图 6-2-2　自重应力场作用下边坡主应力分布（$i=90°$）

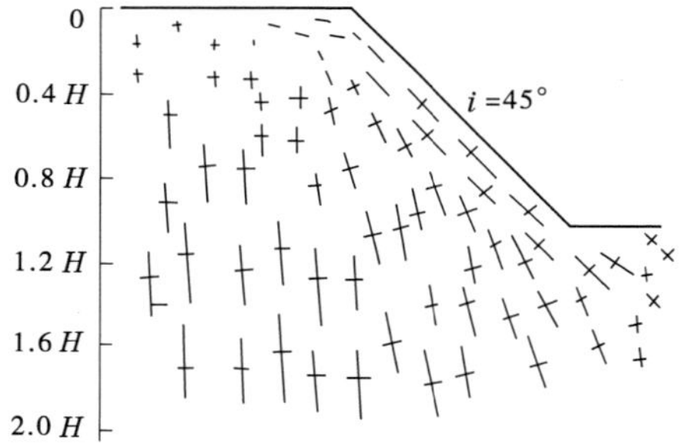

图 6-2-3　自重应力场作用下边坡主应力分布（$i=45°$）

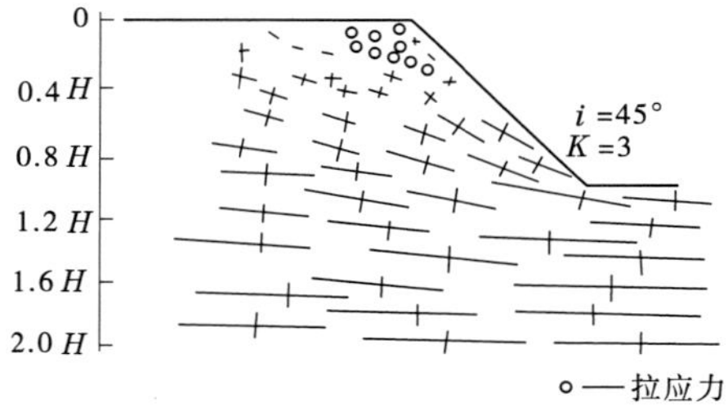

图 6-2-4　存在初始水平构造应力场情况下的边坡应力分布（$K=3,i=45°$）

（2）在自重应力场作用下，在边坡深部岩体内，最大主压应力为垂直方向；在边坡坡顶及后缘常出现拉应力，形成与坡面近乎平行的张裂缝；大约在离地表 1/3 坡高处，转换为压应力。

（3）当存在初始水平构造应力时，在边坡深处最大主应力为水平，接近坡面，逐渐与坡面平行；同样在坡顶出现拉应力，在坡脚则产生压应力集中，在离底板一定距离后，又恢复到原始应力状态(见图6-2-4)。

二、深切河谷自然边坡的应力分布特征

(1)深切河谷边坡应力分布与构造作用和剥蚀作用有关。在剥蚀作用下,地下不太深处存在一个地应力集中带,在接近地面处存在一个卸荷应力带(应力松弛带),在深部才是正常应力带。

(2)根据孙广忠的研究,高应力地区的地质标志为:①开挖边坡和竖井时,常出现岩层沿软弱面错位;②钻探时出现饼状岩心;③在隧道施工中出现软弱夹层挤出(施工上称"吐舌头")或岩爆、剥离现象;④水下开挖隧洞时无渗水;⑤开挖时有时有瓦斯逸出。低应力地区的地质标志为:①开挖时节理面有夹泥、次生矿物及空洞;②在隧道施工中,围岩松动、塌方、掉块;③岩脉内岩块松动、强风化。

(3)应力分布还与岩性密切相关。在同样条件下,坚硬岩体地应力高,软弱岩体地应力低。当坡脚有反倾软弱带分布时,常表现为软弱带的最大主压应力降低,并成定向排列,而剪应力增高。在坡面及坡顶则出现拉应力区,造成边坡松动变形(见图6-2-5)。

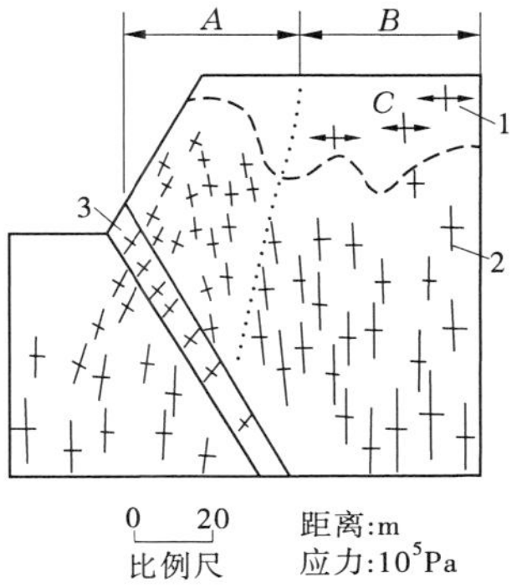

图6-2-5 有软弱带坡体主应力分布

A—σ_1 相对下降区;B—σ_1 相对升高区;C—拉应力区;1—拉应力;2—压应力;3—断层

三、开挖边坡的释放位移

在自重作用下,不同边坡坡度因开挖引起边坡释放位移。一般来说,底板隆起,坡腰鼓出,坡顶向后方向上移动。随坡度增加,坡腰位移减小。

第三节 边坡变形破坏的基本类型

边坡在复杂的内外地质营力和各种因素影响下变化发展。岩体风化可使表层坡体剥落,卸荷可使坡体张裂,暴雨则使边坡表部碎屑物质冲刷流动,在重力和水的作用影响下还可使边坡产生崩塌、倾倒、蠕动或滑坡等变形破坏。边坡变形一般是指坡体只产生局部的位移和微破裂,岩块只出现微量的角变化,没有显著的剪切位移或滚动,因而边坡不致引起整体失稳;边坡破坏是指坡体以一定的速度出现较大的位移,边坡岩体产生整体滑动、滚动或转动。二者在边坡变化过程中是相互密切联系的。在边坡破坏前,边坡岩体总要经历一个从徐变到剧变的变形过程。为了研究边坡变形与破坏的规律,常将边坡变形破坏分为以下六种基本类型,即松弛张裂、崩塌、倾倒、溃屈、深层蠕动和滑坡。但工程实践中发现,边坡的破坏往往还以组合形式出现。

一、松弛张裂

松弛张裂是指边坡的侧向应力削弱后(例如,河谷受到侵蚀下切或人工开挖边坡),由于卸荷回弹而在坡体出现张裂隙的现象。这种卸荷张裂隙一般与原始谷坡坡面相平行或迁就已有的高角度的构造节理或结构面发育。随着河谷进一步深切,则卸荷裂隙愈向深部发展,裂隙顶部的张开度就愈来愈宽。由于卸荷差异回弹,还可能产生与坡面大角度相交或近于垂直的剪切裂隙。卸荷裂隙由坡面向深部有时呈多层状发育,在边坡形成松弛张裂带(或称卸荷带)。河谷谷坡卸荷带的发育宽度和深度与边坡的岩性及岩体结构有关。此外,还受边坡形态和原始应力状态控制,边坡愈高愈陡,水平残余构造应力愈大,则卸荷裂隙愈发育。在深切河谷和高水平残余构造应力区,谷坡的发育宽度及自地表向下的发育深度可达到数十米甚至上百米(见表 6-3-1)。在河谷底部,亦可以形成卸荷带,深度亦可达数十米。

表 6-3-1　我国某些水电河谷卸荷带发育深度

工程名称	岩　性	坡高(m)	坡度(°)	谷坡卸荷带发育深度(m)	谷底卸荷带发育深度(m)	备　　注
澜沧江漫湾	流纹岩、流纹质火山碎屑岩	200	35~42	20~38	27±	据水电部昆明勘测设计院资料
大渡河龚嘴	花岗岩	200+	30~45	10~56	28	据水电部成都勘测设计院资料
雅砻江二滩	正长岩、玄武岩	300+	30~50	50~85 40~60	25±	
长江葛洲坝	砂、页岩			—	25~40	
岷江渔子溪	闪长岩	200	45~75	70~100		
沅江五强溪	砂岩	150	30~40	—	20~30	
耒水东扛	花岗岩	200	30~50	35~50	—	

边坡松弛张裂是由岩体卸荷回弹引起的,但边坡张裂变形还可能由其他原因引起。由于坡脚软弱层的蠕变引起上覆岩体内部应力的调整,或者因震动(地震或爆破)使高陡边坡产生深层剪切蠕动,或者因边坡体压应力集中而产生压致拉裂等,均可引起边坡张裂变形。松弛张裂可能导致边坡产生滑坡、崩坍,而蠕动、滑坡又能促使岩体张裂的发展。

二、崩塌

崩塌是指在陡坡地段,边坡上部的岩体受陡倾裂隙切割,在重力作用下,突然发生高速脱离母岩翻滚坠落的急剧变形破坏的现象。崩塌以自由坠落为主要运动形式,岩块在斜坡上翻滚滑动并相互碰撞破碎后堆积于坡脚,形成岩堆或崩积体。规模巨大的山区崩塌称为山崩,小型崩塌则称为坠石。1911 年帕米尔高原巴尔坦格河谷一次巨大山崩,崩落体积达 36 亿~48 亿 m^3,堵塞河流形成长 75km、深 262m 的大湖。

崩塌的实例表明,陡峻的块状和巨厚层状岩石边坡具有与边坡面走向近乎平行的陡倾结构面时，最易于大型崩塌的形成；而平缓的层状或软硬互层状岩体斜坡，由于平缓的软弱面对陡倾的拉裂面起了一定的阻隔作用，不易于拉裂面向深部扩展，所以以小型崩塌或危石坠落为主。岩体的风化作用、破裂面中空隙水压力作用、水沿细微裂隙的楔入作用、高寒地区裂隙中渗水的反复冻胀作用以及地震和爆破引起的附加外力，都可以成为促进崩塌的外部因素。在黄土岸坡地段，坡脚受地表流水的淘蚀，也可以引起岸坡的崩塌。当坡脚存在软弱层而发生蠕动变形或地下开采时往往引起陡倾张裂隙的发育，亦常促使崩塌的形成。

三、倾倒

倾倒是指层状反坡向结构及部分陡倾角顺层的边坡，表部岩层因蠕动变形而向临空一侧发生弯曲、折裂，形成所谓“点头哈腰”的现象。倾倒多发生于由塑性的薄层岩层（如页岩、千枚岩、片岩等）或软硬相间岩层（如砂岩、页岩互层，页岩、灰岩互层等）组成的反坡向结构的边坡中，陡倾角顺层边坡或脆性岩层顺层边坡垂直于层面的节理发育、切割较深时，表层亦可能发生倾倒蠕动变形。岩层的倾倒是以弯曲、张裂、滑动和转动等形式出现，倾倒体与下伏完整岩体间可产生折裂或错动。图 6-3-1 所示为五强溪水电站杨五庙坝址左岸倾倒蠕动变形边坡，基岩为前震旦纪板溪群石英砂岩夹板岩，正常岩层倾角为 45°～55°。由于倾倒蠕动，形成厚达 40～50m 的蠕变带，下部有张裂隙发育带，边坡岩体因倾倒严重松动架空，呈砌石状。

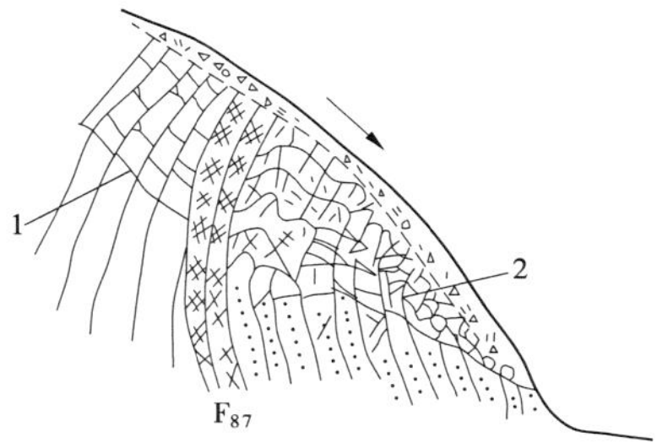

图 6-3-1　五强溪水电站杨五庙坝址左岸倾倒蠕动变形边坡示意

1—蠕变带界面；2—倾倒蠕动

四、溃屈

层状结构顺层边坡，岩层倾角与坡角大致相似，上部坡体沿软弱面蠕滑，由于下部受阻而发生岩层鼓起、拉裂等现象。在薄层柔性岩石地区（例如，千枚岩、片岩地区），可使表部岩石产生揉皱弯曲，但很少折裂，而软硬相间互层岩体中所夹砂岩、灰岩等脆性岩体将发生弯折、转动，甚至产生表部岩层的倒转。

五、深层蠕动

深层蠕动是坚硬岩层组成的边坡底部存在软弱岩层或软弱结构面时，由于软弱岩层的塑性流动或坡体岩层沿软弱面发生缓慢的蠕变性滑移，上覆硬岩层因而出现张裂隙，软弱岩层则向临空侧挤出，甚至发生上覆脆性岩石缓慢解体下沉挤入软层，出现不均匀沉陷的现象。

六、滑坡（滑动）

滑坡是指边坡一部分岩体以一定加速度沿某一滑动面发生剪切滑动的现象。滑动面可以是受剪应力最大的贯通性剪切破坏面或带，也可以是岩体中已有的软弱结构面。按滑动面的形态，可划分为圆弧形滑面和平面两种基本类型。圆弧形滑面多发生在土质、半岩质(例如，黏土岩)或强风化的岩质边坡中，这类滑面的形状受坡体最大剪应力面所控制，常接近于对数螺旋曲线。在力学计算中，为简化起见，常作为圆弧形滑面。沿圆弧形滑面的滑坡体在下滑时将发生旋转，故又称旋转式滑坡。平面滑坡还包括折线形滑坡和由两组或三组以上软弱面组成的楔形体滑坡。

滑坡是边坡变形破坏中分布最广、较为常见的一种。从边坡变形破坏的整个历史看，前述的边坡表层和深层蠕动变形只是边坡变形破坏的一个发展阶段或过程，是长期缓慢进行的。但蠕变的进一步发展并在震动、裂隙水作用等外部因素的影响下，往往导致边坡急剧的变形破坏。边坡的崩塌、滑坡常常与松弛张裂、倾倒、溃屈、蠕动塑性流动等变形破坏相组合而发生。

第四节　滑坡的工程地质特征

一、滑坡的形态特征

滑坡在平面上的边界和形态与滑坡的规模、类型及所处的发育阶段有关。一个发育完全的滑坡，一般由下列要素组成。

(一)滑坡体

滑坡体简称滑体，是指滑坡发生后与母体脱离开的滑动部分。因是整体性滑动，岩(土)体内部相对位置基本不变，原来层位关系和结构面系统还能基本保持，但在滑动的动力作用下产生了新的裂隙，旧的裂隙也有所开张，使滑体松动。

(二)滑动带

滑动带是指滑动时形成的辗压破碎带，有时土石受到揉皱，发生片理化和糜棱化的现象。它往往由压碎岩、岩粉、岩屑和黏土物质组成，厚度可达十余厘米或数十厘米。包括扰动带，则可达数米。

(三)滑动面

滑动面简称滑面，是指滑坡体沿着下滑的表面。它可以是滑带的底面，也可能位于滑带之中。均质岩土体滑动面常呈曲面或近似圆弧形；非均质或层状岩(土)体中最常见的滑动面是平面，也有平缓阶梯形、波浪形或更不规则的面。

(四)滑坡床

滑坡床是指滑体以下固定不动岩(土)体，它基本上未变形，保持了原有的岩体结构。

(五)滑坡壁

滑坡壁是指滑体后部和母体脱离开的分界面，暴露在外面的部分，平面上多呈圈椅状，高数厘米至数十米，陡度多为60°~80°，形成陡壁。

(六)滑坡台阶

由于各段滑体运动速度的差异，在滑坡体上部常常形成滑坡错台，每一错台都形成一个陡坎和平缓台面，叫做滑坡台阶或台坎。滑坡壁是指某一整体滑坡范围最外缘的一个壁，而坎壁是滑体中前后两部分分界的壁。岩质边坡的滑坡壁和坎壁往往沿已有陡倾结构面形成。

(七)滑坡舌

滑坡舌又称滑坡前缘或滑坡头,在滑坡的前部,形如舌状伸入沟谷或河流,甚至越过河对岸。滑坡舌的隆起部分称为滑坡鼓丘。古滑坡的舌部,往往一部分或全部被河流冲蚀掉,但从河曲的外貌和滑体前缘所残留的弧石等物质,可恢复多数滑舌的形状。

(八)滑坡周界

滑坡周界是指滑坡体与其周围不动体在平面上的分界线。它圈定了滑坡的范围。

(九)封闭洼地

滑体与滑坡壁之间拉开成沟槽,相邻滑体形成反坡地形,形成四周高中间低的封闭洼地。此洼地往往由于地下水在此处出露或地表水的汇集,形成湿地、水塘、甚至滑坡湖。如滑壁或滑体部分塌落而充填洼地,则洼地消失。

(十)主滑线

主滑线也称滑坡轴,是滑坡在滑动时运动速度最快的纵向线。它代表滑体的运动方向,位于滑体上推力最大滑床凹槽最深的纵断面上。主滑线通常位于滑坡体最厚的部分。

(十一)滑坡裂隙

滑坡裂隙可分为四类。

1. 拉张裂隙

拉张裂隙分布在滑坡体的上部,长数十米至数百米,多呈弧形,和滑坡壁的方向大致吻合或平行。

2. 剪切裂隙

剪切裂隙分布在滑体中部的两侧,因滑体和不动体相对位移而在分界处形成剪力区,在此区内所形成的裂隙为剪切裂隙,常伴生有羽毛状裂隙。

3. 扇状裂隙

扇状裂隙分布在滑坡体的中下部,尤以舌部为多,属滑体向两侧扩散而形成的张裂隙,作放射状分布,呈扇形。

4. 鼓张裂隙

鼓张裂隙分布在滑体的下部,是因滑体下滑受阻土体隆起而形成的张裂隙,其方向垂直于滑动方向。

二、滑坡的分类

滑坡分类的目的在于对发生滑坡作用的地质环境和形态特征以及形成滑坡的各种因素进行概括,以便反映出各类滑坡的工程地质特征及其发生发展的规律,从而有效地预测和预防滑坡的发生,或在滑坡发生之后有效地进行治理。

根据不同的原则和指标,各国学者和工程部门对滑坡提出了各种分类方案。我国铁道部门则按滑体的岩性、滑面与岩土体层面的关系、滑体厚度等进行分类,在国内应用较为广泛。从研究山坡发展形成历史出发,则可以分为古滑坡、老滑坡、新滑坡、现代活滑坡等类型;日本渡正亮则按滑坡的发展阶段,将滑坡分为幼年期、青年期、壮年期和老年期;按滑坡的滑动力学特征,则可分为推动式、平移式和牵引式滑坡。下面分别加以论述。

（一）按滑动面与岩（土）体层面的关系分类

这是应用较广的一种分类，可分为均质滑坡（同类土滑坡）、顺层滑坡、切层滑坡三类。

1. 均质滑坡

均质滑坡是发生在均质的、没有明显层理的岩体或土体中的滑坡，滑坡面不受层面的控制，而是受边坡的应力状态和岩（土）体的抗剪强度控制。滑动面近似于圆柱形。滑坡在坡面或坡脚处出现；当坡底下存在软弱岩层时，滑弧则可切入其中而从坡底穿出地面。

2. 顺层滑坡

顺层滑坡发生在非均质的成层岩体中，岩层沿层面发生滑动。沿着产状与层面相近的软弱结构面（断层面、大裂隙面）的滑动或者残积、坡积物沿下伏基岩面的滑动也属于顺层滑动。顺层滑坡的滑动面为平面、波状或倾斜阶梯形。

3. 切层滑坡

滑坡面穿切岩土层面，发生在岩层产状较平缓和与坡面反倾向的非均质岩层中。滑动面在顶部常是陡直的，沿裂隙面发育，一般呈圆柱形或对数螺旋曲线。

按滑动面与岩（土）体层面关系的分类，对绘制出真实的滑坡地质剖面图和对边坡稳定性作出定量的评价有重要的意义。

（二）按滑坡的滑动力学特征分类

1. 推动式滑坡

推动式滑坡主要是由于上部张开裂缝发育或因坡上堆积重物或进行建筑，引起边坡上部不稳或压力增加，以致上部始滑而使下部的下滑力增加而造成的。

2. 平移式滑坡

平移式滑坡的始滑部位分布于滑动面的许多点，同时局部滑移，然后逐步发展连接起来。

3. 牵引式滑坡

牵引式滑坡是由于坡脚受河流冲刷或人工开挖，又有其他不良因素的配合，首先在边坡下部发生滑动，引起由下而上的依次下滑。

（三）按滑坡的岩土类型分类

边坡的地层岩性是决定边坡工程地质特征的基本因素之一。边坡的岩性不同，则滑坡的滑动力学特征、形态特征、滑动面形状及发育规模等都有所不同。铁道部门按岩土类型将滑坡为四大类，即堆积层（包括坡积、洪积和残积层）滑坡、黄土滑坡、黏土滑坡、岩层滑坡。

（四）按岩质边坡的岩体结构分类

岩质边坡的稳定常受岩体结构控制，岩体结构与岩质边坡可能出现的变形破坏方式有密切的联系，水利水电工程地质勘察中岩质边坡常按岩体结构分为 4 大类和 8 亚类，如表 6-4-1 所列。

（五）其他分类

按滑体的厚度可分为：①浅层滑坡，厚度小于 5m；②中层滑坡，厚度 5～20m；③深层滑坡，厚度 20～50m；④超深层滑坡，厚度大于 50m。

按滑坡前缘滑面出露情况可分为：①裸露滑坡，前缘滑面露出，有自由滑动空间；②埋藏滑坡，前缘滑面埋于地下，由于前缘岩石挤压变形给滑体以滑动空间；③覆盖滑坡，前缘滑坡本来露出地表，以后被堆积物覆盖。

表 6-4-1　岩质边坡分类(按岩体结构)

序号	边坡结构分类		岩石类型	岩体特征	边坡稳定特征
	类型	亚类			
1	块体结构边坡		岩浆岩、厚层变质岩、厚层沉积岩	岩体呈块状巨厚层状,结构面不发育,多为刚性结构面,贯穿性软弱结构面少见	边坡稳定条件好,易形成高陡边坡,失稳形态多沿某一结构面崩塌或复合结构面滑动,滑动稳定性受结构面抗剪强度与岩石抗剪断强度控制
2	层状结构边坡	层状顺向	各种厚度的沉积岩、层状变质岩和成分复杂多次喷发的火山岩	边坡与层面同向,坡面与层面走向夹角小于30°,岩体多呈互层状,结构面发育,软弱夹层和层间错动带常为贯穿性软弱结构面	层面或软弱夹层形成滑动面,坡脚切断后易产生滑动,倾角较陡时易产生溃屈或倾倒,稳定性受坡角与岩层倾角组合关系、顺坡向软弱结构面的发育程度及抗剪强度所控制
		层状反向		边坡与层面反向,坡面与层面走向夹角小于30°,岩体多呈互层状,结构面发育,软弱夹层和层间错动带常为贯穿性软弱结构面	岩层较陡时易产生倾倒弯曲松动变形,坡脚有软层时,上部易拉裂,局部崩塌滑动,稳定性受坡角与岩层倾角组合、岩层厚度、层间结合力及反倾结构面发育与否所控制
		层状横向		边坡与层面斜交,坡面与层面走向夹角大于60°,岩体多呈互层状,结构面发育,软弱夹层和层间错动带常为贯穿性软弱结构面	边坡稳定性较好,注意楔形体结构面产生的失稳现象
		层状斜向		边坡与层面斜交,坡面与层面走向夹角介于30°~60°,岩体多呈互层状,结构面发育,软弱夹层和层间错动带常为贯穿性软弱结构面	易形成层面与节理组成的楔形体滑动或崩塌,层面与坡面走向夹角越大稳定性愈好
		层状平迭		近于水平岩层构成的边坡,岩体多呈互层状,结构面发育,软弱夹层和层间错动带常为贯穿性软弱结构面	在坡底有软弱夹层时,在孔隙水压力或卸荷作用下产生向临空面的滑移、崩塌
3	碎裂结构边坡		构造影响带、破碎带、蚀变带或风化破碎岩体	岩体结构面发育,岩体宏观的工程力学特性已基本不具备由结构面造成的各向异性	边坡稳定性较差,稳定坡角取决于岩块间的镶嵌情况和岩块间的咬合力
4	散体结构边坡		构造破碎及其强烈影响带、强风化破碎带	由碎屑泥质物夹大小不规则的岩块组成,软弱结构面发育成网	边坡稳定性差,稳定坡角取决于岩体的抗剪强度,滑动面呈圆弧状

注:摘自《水电水利工程边坡工程地质勘察技术规程》(DL/T5337—2006)。

按滑坡的发展阶段可分为幼年期、青年期、壮年期、老年期。这对滑坡的预测和调查、滑坡的发生发展规律的研究有重要的意义。

第五节 影响边坡稳定性的因素

边坡稳定性受多种因素影响，主要可分为内在因素和外部因素两个方面。内在因素包括组成边坡岩(土)体的性质、地质构造、岩(土)体结构、岩体初始应力等；外部因素包括水的作用、地震、岩体风化、工程荷载条件及人工开挖等。内在因素对边坡的稳定性起控制作用；外部因素则使边坡的下滑力增大，岩(土)体的强度降低而削弱岩(土)体的抗滑力，促进边坡变形破坏发生和发展。

一、岩土类型和性质的影响

地层岩性的差异是影响边坡稳定的主要因素。不同的岩层组成的边坡有其常见的变形破坏形式。例如，有些岩层中滑坡特别发育，这与该岩层中含有特殊的矿物成分、风化物、易于形成滑带有关。如高灵敏的海相黏土、裂隙黏土，第三系、白垩系和侏罗系的红色页岩、泥岩地层，二叠系煤系地层以及古老的泥质变质岩系(千枚岩、泥质板岩、片岩)等都是易滑地层。在黄土地区边坡的变形破坏形式以滑坡为主，在花岗岩、厚层石灰岩地区则以崩塌为主，而在片岩、板岩、千枚岩地区则往往产生表层挠曲和倾倒等蠕动变形。岩性、坡高和坡角对边坡的稳定亦起重要的控制作用。坚硬完整的块状或厚层状岩石，如花岗岩、石灰岩、砾岩等可以形成数百米高的陡坡，如长江三峡的石灰岩峡谷；而在淤泥或淤泥质软土地段，由于淤泥的塑性流动，几乎难以开挖渠道，边坡随挖随坍，难以成型。黄土边坡在干燥时可以直立陡峻，但一经水浸，土的强度大减，变形急剧，滑动速度快、规模及动能巨大，破坏力强，具有崩塌性。松散地层边坡的坡度较缓，如山坡地层，为风化层、破碎带、山坡堆积等，其坡角常小于 40°。河岸边坡堆积层中含块石较多，其坡角为 30°~40°，含碎石或软岩碎石较多的，其坡角为 25°~30°。

表 6-5-1 所示为不同性质的岩质边坡对边坡稳定性的影响及与水利水电工程的关系。

二、地质构造和岩体结构的影响

地质构造对边坡稳定性特别是岩质边坡稳定性的影响十分明显。在区域构造比较复杂、褶皱比较强烈、新构造运动比较活跃的地区，边坡稳定性较差。如我国西南横断山脉地区边坡的崩塌、滑坡、泥石流等极其发育，常出现巨大型滑坡及滑坡群，有的崩塌或滑动体积达数亿立方米。一般来说，水平岩层的边坡稳定性较好，但如存在陡倾的节理裂隙，则易形成崩塌和剥落。同向缓倾的岩质边坡(结构面倾向和边坡坡面倾向一致，倾角小于坡角)的稳定性比反向倾斜的差，这种情况最易产生顺层滑坡。结构面或岩层倾角愈陡，稳定性愈差。如岩层倾角小于 1°~15°的边坡，除沿软弱夹层可能产生塑性流动外，一般是稳定的；大于 25°的边坡，通常是不稳定的；倾角 15°~25°的边坡，则根据层面的抗剪强度等因素而定。

对于红色地层中黏土岩、页岩边坡，岩层倾角为 13°~18°时最易发生顺层滑坡。同向陡倾层状结构的边坡，一般稳定性较好，但如由薄层或软硬岩互层的岩石组成，则可能因蠕变而产生挠曲弯折或倾倒。反向倾斜层状结构的边坡通常较稳定,但如垂立层面或片理面的走向节理发育,却顺山坡倾斜,则亦易产生切层滑坡。

表 6-5-1 不同岩性对边坡稳定性的影响与水利水电工程的关系(据金德濂)

边坡岩性	主要工程地质特征	影响边坡稳定的主要因素	主要变形破坏形式	与水利水电工程的关系
侵入岩类	如花岗岩、闪长岩等,岩性较均一,强度较高,一般呈块状结构,常形成陡坡并发育卸荷裂隙	节理裂隙切割特征	崩塌、松弛张裂,沿软弱结构面滑动	边坡一般较稳定,当卸荷裂隙发育时,对承压、抗渗不利
喷出岩类	如玄武岩、凝灰岩、流纹岩、凝灰角砾岩等,强度差别较大,裂隙发育,有时具层状或似层状结构,孔隙率大,边坡形态受产状控制	岩层产状、节理、软弱夹层性状	崩塌、沿软弱夹层、节理滑动	边坡有产状不利的软弱夹层分布时,易产生滑动
碎屑沉积岩	如砂岩、砾岩、页岩等,强度差别较大,具层状结构边坡形态,受岩层产状控制	岩层产状和岩体结构特征	沿层面滑动、崩塌,松动、倾倒或挠曲型蠕动变形	边坡稳定受岩层产状与岩体结构特征控制显著,同向缓倾结构对边坡稳定不利
碳酸盐岩类	如石灰岩、白云岩等,强度一般较高,多具层状结构,边坡形态受岩层产状和节理裂隙发育特征控制,常形成陡坡悬崖,有时岩溶发育	岩层产状及岩溶发育状况	崩塌、松弛张裂、顺层滑坡	边坡一般尚较稳定,岩溶发育对边坡抗渗不利
夹有软弱夹层的沉积岩	如夹有泥化夹层或破碎夹泥层的砂岩、页岩、石灰岩等,具层状结构	软弱夹层产状及性状	沿软弱夹层的蠕动,各类蠕动变形	当夹层产状对抗滑不利时,作为工程边坡不宜切断夹层,应注意防止沿夹层的大体积滑坡
软弱岩类	如白垩—第三纪红色黏土岩、泥灰岩、页岩等,以及半成岩河湖相地层,强度甚低,易风化崩解	岩石的物理、力学及水理性质	顺层或切层滑坡,塑流型蠕动变形、剥落	因强度低,易风化,不利于承压,作为渠道及其他工程边坡时,常须做专门保护
特殊岩类	含石膏、岩盐等易溶岩层,强度甚低,易溶于水	岩石的物理力学及水理化学性质	滑坡或塌滑	遇水易溶解,与库水、渠道水或渗透水接触时极为不利,并且强度低,一般须全部开挖处理或绕避
变质岩类	如板岩、千枚岩、片岩、片麻岩、石英岩等,强度差别大,多呈片状或层状结构,岩体完整性差	岩性及岩层产状	滑坡或蠕动变形	因沿片理抗滑稳定性差,作为坝肩、渠道边坡,须注意防止顺层滑坡

三、水的作用的影响

地表水和地下水是影响边坡稳定性的重要因素。不少滑坡的典型实例都与水的作用有关，或者说水是滑坡的触发因素，如著名的长江鸡扒子滑坡、甘肃的酒勒山滑坡都与地下水的活动有关。处于水下的透水边坡将承受水的浮托力的作用，而不透水边坡的坡面将承受静水压力；充水的张开裂隙将承受裂隙水静水压力的作用；地下水的渗流将对边坡体产生动水压力。水对边坡岩(土)体还产生软化或泥化作用，使岩(土)体的抗剪强度大为降低，地表水的冲刷、地下水的溶蚀和潜蚀也直接对边坡产生破坏作用。

(一)浮托力

处于水下的透水边坡承受浮托力作用，使坡体的有效重量减轻，这对边坡的稳定不利。不少水库周围松散堆积层边坡，在水库蓄水时发生变形，浮托力的影响是原因之一。对处于极限稳定状态且依靠坡脚岩体重量保持暂时稳定的边坡，坡脚被水淹没后，浮托力对边坡稳定的影响就更加显著。边坡内地下水位的抬升同样使岩体悬浮减重，孔隙水压力猛增，有效正压力降低，使边坡的抗滑阻力减小。

(二)静水压力

作用于边坡的静水压力主要包括两种情况：其一是当边坡被水库淹没时，库水对边坡坡面所产生的静水压力；其二是当裂隙岩石边坡的张裂隙充水时，裂隙中的水压力。

1. 边坡坡面的静水压力

当边坡被水淹没，而边坡的表部相对不透水时，坡面上将承受一定的静水压力，静水压力的方向与坡面正交。当边坡的滑动面(软弱结构面)的倾角小于坡角时，则坡面静水压力传到滑动面上的切向分量为抗滑力，对边坡稳定有利；反之，则切向分量为下滑力，则不利于边坡的稳定。

2. 边坡裂隙静水压力

张裂隙发育的岩石边坡以及长期干旱的裂隙黏土边坡，如果因降雨或地下水活动使裂隙充水，则裂隙面将承受静水压力，如图 6-5-1 所示。静水压力的作用方向与裂隙面相垂直，其大小与裂隙水水头有关。对于部分充水的高角度裂隙，裂隙静水压力 P_w(取单宽坡体)为：

$$P_w = \frac{1}{2}HL\gamma \tag{6-5-1}$$

式中 H——裂隙水的水头；

L——裂隙充水的长度；

γ——水的重度。

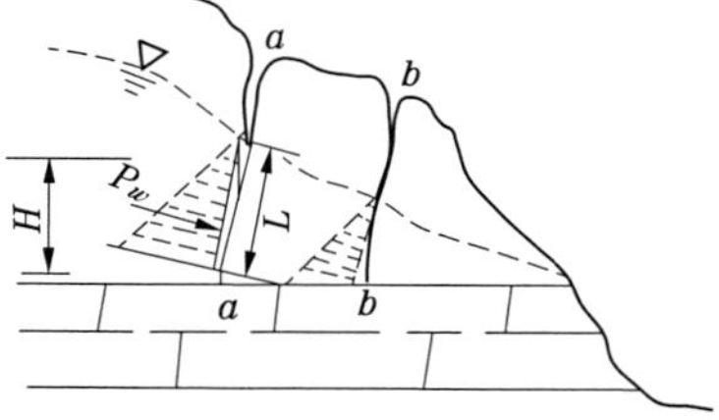

图 6-5-1　裂隙静水压力

由于裂隙水活动的不规律性，岩体中的地下水位通常不是圆滑的曲线。当相邻裂隙的地下水位不同时，地下水位高的裂隙较地下水位低的裂隙承受较大的静水压力。这种静水压力的差别，有时是促使边坡失稳的原因之一。

由于地下水出口节理裂隙敞开情况不同，也影响裂隙水压力的大小，进而影响边坡的稳定。当出口节理张开时，地下水位低，裂隙水压力小；当出口节理闭合时，透水性差，则地下水位高，裂隙水压力大。

3. 动水压力

动水压力是地下水在流动过程中所施加于岩（土）体颗粒上的力。它是一种体积力，其数值为：

$$D = V\gamma I \tag{6-5-2}$$

式中 V——流动水体体积；

γ——水的重度；

I——水力梯度。

动水压力的方向和水流方向平行，在近似计算中，多假定与地下水面或滑面平行。如果动水压力的方向和滑体滑动方向不一致，则应分解为垂直和平行于滑面的两个分量参与稳定计算。在边坡稳定的实际计算中，由于渗流方向不是定值，且水力梯度不易精确确定，一般作简化假定，以采用不同的滑体重度将动水压力的影响计入。在地下水位以下、静水位以上有渗流活动的滑体，计算下滑力时，采用饱和重度；计算抗滑力时，采用浮重度。

四、地震作用的影响

地震对边坡稳定性的影响较大。在地震的作用下，首先使边坡岩体的结构发生破坏或变化，出现新的结构面，或使原有结构面张裂、松弛，饱水砂层出现振动液化，地下水状态亦有较大的变化。在地震力的反复振动冲击下，边坡沿结构面发生位移变形，直至破坏。

在进行边坡稳定计算时，应按照不同的地震烈度与震级，采用不同的地震系数，将地震力计入。

五、工程荷载的影响

在水利水电工程中，工程荷载的作用影响边坡的稳定性。例如，拱坝坝肩承受的拱端推力、边坡坡肩附近修建大型水工建筑物引起的坡顶超载、压力隧洞内水压力传递给边坡的裂隙水压力、库水对库岸的浪击淘刷力以及为加固边坡所施加的力，如预应力锚固时所加的预应力等。由于工程的运行，也可能间接地影响边坡的稳定。例如，由于引水隧洞运行中的水锤作用，使隧洞围岩承受超静水荷载，引起出口边坡开裂变形。

除上述因素外，坡脚人工开挖、爆破影响、岩体的风化作用、引水渠道的修建、黄土湿陷等，均可以引起边坡的变形与破坏。

第六节 边坡稳定性的工程地质评价方法

边坡稳定性的工程地质评价包括两方面的任务：一方面要对与工程活动有关的天然斜坡或人工边坡的稳定性作出定性和定量的评价，另一方面要为设计合理的人工边坡和边坡变形破坏的防治措施提供依据。边坡稳定性的工程地质评价方法可概括为地质分析法（历史成因分析法）、力学计算法和工程地质类比法三种。地质分析法是通过边坡形成的地质历史及所处的自然地质环境的研究，根据边坡的地质地貌条件、变形破坏形迹以及影响边坡稳定的各种因素，对边坡的演变发展趋势和稳定性作出评价和预测。力学计算方法很多，可以根据边坡的不同边界条件和变形破坏的类型采用不同的计算和评价方法，如极限平衡理论法中的圆弧面法（瑞典法、毕肖普法）、萨尔玛法、平面及折线形滑动面计算法、二维和三维有限单元法、离散元法、图表计算法、图解分析法（以赤平投影为基础）等。工程地质类比法是根据边坡的工程地质因素分析及已有工程设计的经验选择边坡的稳定坡角。

影响边坡稳定的因素十分复杂，用力学计算法评价边坡稳定性都是在对自然条件作某些简化的前提下进行的。虽然是定量的计算结果，亦只能作为全面评价边坡稳定性的参考。

由于影响因素的复杂性和不确定性，通常表征这些影响因素的指标（如裂隙间距、长度、摩擦角、凝聚力、地下水埋深等）都是随机变量。为此，从 20 世纪 70 年代起在国外发展了边坡稳定的随机性分析，如蒙特卡罗（Monte Carlo）法，应用统计试验方法，确定随机变量的分布及密度函数，并对已知分布的随机变量抽样，最后求出边坡的破坏概率。这对克服以极限平衡理论法为基础的力学计算法的不足有很大的实用意义，是值得重视的一种方法。

大型重要的工程边坡还通过模型试验法研究在特定边坡岩体结构和开挖、处理条件下边坡岩体的变形与破坏机制、变形的大致部位和危害程度。采用的试验方法有块体结构模型试验、离心模型试验和底面摩擦试验等。但前两种耗资大、试验复杂，仅适用于大型重要工程。

边坡稳定分析应收集下列资料：①地形和地貌特征；②地层岩性和岩（土）体结构特征；③断层、裂隙和软弱层的分布、产状、充填物质以及结构面的组合与连通率；④边坡岩体风化、卸荷深度；⑤各类岩土和潜在滑动面的物理力学参数以及岩体应力；⑥岩（土）体变形监测和地下水观测资料；⑦坡脚淹没、地表水位变幅和坡体透水与排水资料；⑧降雨历时、降雨强度和冻融资料；⑨地震基本烈度和动参数；⑩边坡施工开挖方式、开挖程序、爆破方法、边坡外荷载、坡脚采空和开挖坡的高度和坡度等。

边坡稳定性分析应首先根据边坡工程地质勘察资料及实测的边坡岩体结构面自然特征进行结构面网络模拟，确定边坡变形破坏的类型和边界条件；其次用极限平衡理论法作为最基本、最简单的方法进行计算，通常可用来作为设计的依据，重要的工程边坡则采用二维或三维有限元法、离散元法等，相互验证，综合研究；最后，根据工程实际需要还可进行模型试验和原位监测资料的反分析，验证其稳定性，并用来检验边坡加固治理措施的作用和效果。

一、地质分析法

地质分析法是根据边坡的地貌形态、地质条件和边坡变形破坏的基本规律追溯边坡演变的全过程，预测边坡稳定性发展的总趋势和边坡变形破坏方式，对边坡的稳定性作出定性评价。对已发生过滑坡的边坡，则判断其能否复活或转化。

（一）根据边坡的地貌形态预测和评价边坡的稳定性

根据边坡的表部特征，可判断边坡的稳定性：

（1）山坡表面比较平整顺直，坡脚没有地下水出露，树木生长亦较茂盛，则边坡比较稳定。

（2）山坡表面不平整，有较多的大小台阶，树木歪斜倾倒，坡脚有泉水出露，则边坡可能不稳定。

（3）山坡泉水较多，呈点状不规则分布，成为高地地下水排泄面时，山坡可能滑动，将地下水通道切断。

（4）当边坡表层为松散堆积层时，可按基岩形态判断其稳定性。当基岩的层面较陡或呈凹向地下洼槽时，易形成滑坡。

（5）河流冲刷岸的边缘易产生崩塌或滑坡。

对是否曾产生过滑坡，可根据以下的地貌特征进行判断：

（1）在地层、构造等条件相类似的河段上，局部边坡剖面呈上陡、中缓、下陡的地貌形态，而缓坡的高程与当地阶地又不相协调。

（2）在边坡高处的陡坡下部出现洼地、沼泽及其他负地形，而又不是碳酸盐类岩层，并且陡坡的后缘出现裂缝。

（3）边坡出现独特的簸箕形或圈椅形地貌，与上下游河段平顺边坡不相协调；在岩石外露的陡坡下，中间有一个坡度较为平缓的核心台地（滑坡台地）。

（4）在现代河床受冲刷的凹岸，山坡反而稍微突出河中，有时形成急滩；或在古河床受冲刷的凹岸，河岸边多有大块孤石分布，这很可能是由于滑坡体下缘已被冲走而残留的大孤石。

（5）双沟同源地形。一般山坡上的沟谷多是一沟数源，而在一些大的老滑坡体上，两侧为冲沟环抱，而上游同源或相距很近，有时甚至形成环谷。青年期、壮年期的滑坡地形，后部台地清晰，其中可见陷落洼地或池沼，双沟上游的距离相距亦较远；而老年期的滑坡地形，表面剧烈起伏不平，形成平缓斜坡，一直延伸到河岸，地形等高线呈明显的紊乱。

（6）在山坡上出现树干下部歪斜、上部直立的“马刀树”和东倒西歪的“醉汉林”。

（7）陡峭峡谷段出现缓坡，但必须注意区别因地层岩性变化而出现的缓坡。

必须指出，地貌形态的成因是很复杂的。在判断滑坡标志时，要综合考虑，不能仅根据一点就判定是滑坡。例如，滑坡台地应与河流侵蚀台地或冲积台地区别开来。侵蚀台地由较稳定的基本岩层所构成，表面堆积不厚，常与相邻的几个台地有大致相同的高度，显示早期河床的侵蚀基准面。冲积台地的覆盖层下都有一层底砾层，与相邻台地也具有大致相同的高度；而滑坡台地主要由堆积层或坡积层所构成，高度无一定规律，一般无底砾层。另外，一些地貌形态是地质构造运动成因，不一定是滑坡成因。

（二）根据地层岩性、地质构造等地质条件分析边坡变形破坏的形式及稳定性

根据地层岩性特征可以定性地评价边坡的稳定性和可能的变形破坏形式（见表 6-5-1）。根据岩质边坡的岩体结构分类，也可对不同边坡的变形失稳模式和稳定状态进行定性评价（见表 6-4-1），在此基础上，再应用图解法、块体理论以及其他计算方法进行进一步的分析和研究。

近年来,开始出现 CSMR 边坡岩体质量分类法,即根据边坡的岩体质量和影响边坡的各种因素进行综合测评、打分,然后对其稳定性进行分类,是一种半定量的稳定性评价方法。

CSMR 分类法的因素基本上分为两部分,一部分是岩体基本质量(*RMR*),由岩石强度、*RQD*、结构面间距、结构面条件及地下水等因素综合确定;另一部分是各种边坡影响因素的修正,包括边坡高度系数(ξ)、结构面方位系数(F_1、F_2、F_3)、结构面条件系数(λ)及边坡开挖方法系数(F_4)。采用积差评分模型,其表达式定义为:

$$CSMR = \xi \cdot RMR - \lambda \cdot F_1 \cdot F_2 \cdot F_3 + F_4 \tag{6-6-1}$$

(1)坡高系数 ξ 按式(6-6-2)计算:

$$\xi = 0.57 + \frac{34.4}{H} \tag{6-6-2}$$

式中 H——边坡高度,m。

(2)*RMR* 值的确定方法。

RMR 值是对岩体的 5 个因素,即岩石强度(单轴抗压强度或点荷载强度)、*RQD* 值、结构面间距、结构面特征、地下水状况按权重给以评分,再对各因素的评分求和,得到总评分,总评分最高为 100 分,最低为 0 分,*RMR* 取值见表 6-6-1。

表 6-6-1 *RMR* 分类参数及评分标准

参数			评分标准				
1	岩石强度(MPa)	点荷载强度	>10	4~10	2~4	1~2	<1 不宜采用
		单轴抗压强度	250~100	100~60	60~30	30~15	15~5
	评分		15~10	8	5	3	2~0
2	岩石质量指标 *RQD*(%)		90~100	75~90	50~75	25~50	<25
	评分		20	17	13	8	3
3	结构面间距(cm)		200~100	100~50	50~30	30~5	<5
	评分		20~15	13	10	8	5
4	结构面条件	粗糙度	很粗糙	粗糙	较粗糙	光滑	擦痕、镜面
		评分	6	4	2	1	0
		充填物	无	≤5mm(硬)	>5mm(硬)	≤5mm(软)	>5mm(软)
		评分	6	4	2	2	0
		张开度	未张开	<0.1mm	0.1~1mm	1~5mm	>5mm
		评分	6	5	4	1	0
		结构面长度	<1m	1~3m	3~10m	10~20m	>20m
		评分	6	4	2	1	0
		岩石风化程度	未风化	微风化	强风化	强风化	全风化
		评分	6	5	3	1	0
5	地下水条件	状态	干燥	湿润	潮湿	滴水	流水
		透水率(Lu)	<0.1	0.1~1	1~10	10~100	>100
		评分	15	10	7	4	0

(3) F_1、F_2、F_3 的确定方法。

F_1:反映结构面倾向与边坡倾向间关系的系数;

F_2:与结构面的倾角相关的系数;

F_3:反映边坡倾角与结构面倾角关系的系数。

F_1、F_2、F_3 取值见表 6-6-2。

表 6-6-2　结构面方向修正

破坏机制	情况	非常有利	有利	一般	不利	非常不利
P T	$\gamma_1=\|a_j-a_s\|$ $\gamma_1=\|a_j-a_s-180°\|$	>30°	30°~20°	20°~10°	10°~5°	<5°
P,T	F_1	0.15	0.40	0.70	0.85	1.00
P	$\gamma_2=\|\beta_j\|$	<20°	20°~30°	30°~35°	35°~45°	>45°
P T	F_2 F_2	0.15 1	0.40 1	0.70 1	0.85 1	1.00 1
P	$\gamma_3=\beta_j-\beta_s$	>10°	10°~0°	0°	0°~-10°	<-10°
T	$\gamma_3=\beta_j+\beta_s$	<110°	110°~120°	>120°	—	—
P,T	F_3	0	5	25	50	60

注:P 代表滑动;a_s 为边坡倾向;a_j 为结构面倾向;T 代表倾倒;β_s 为边坡倾角;β_j 为结构面倾角。

(4)结构面条件系数 λ 的取值见表 6-6-3。

表 6-6-3　结构面条件系数 λ

结构面条件	λ
断层、夹泥层	1.0
层面、贯穿裂隙	0.8~0.9
节理	0.7

(5)开挖方法系数 F_4 的取值见表 6-6-4。

表 6-6-4　边坡开挖方法修正

方法	自然边坡	预裂爆破	光面爆破	常规爆破	无控制爆破
F_4	+5	+10	+8	0	-8

通过上述的边坡岩体质量评分和各项边坡工程因素的修正后,求得的 *CSMR* 总分,即可根据表 6-6-5 确定边坡岩体类别,半定量地评价岩体质量和稳定性。

表 6-6-5　根据 *CSMR* 评价边坡稳定性

类别	Ⅴ	Ⅳ	Ⅲ	Ⅱ	Ⅰ
CSMR	0～20	21～40	41～60	61～80	81～100
岩体质量	很差	差	中等	好	很好
稳定性	很不稳定	不稳定	基本稳定	稳定	很稳定

（三）根据边坡变形体的外形和内部变形迹象判断边坡的演变阶段

具有下列标志时，可以认为滑坡处于稳定阶段：

（1）山坡滑坡地貌已不明显，原滑坡平台宽大且已被夷平，土体密实，无不均匀沉陷现象。

（2）滑坡后壁较高，长满树木，壁面稳定，找不到擦痕；前缘的斜坡较缓，土体密实，无松散坍塌现象，滑坡舌迎河部分多出露于含大孤石的密实土层。

（3）河水已远离滑坡台地，并且在有些台地外已有漫滩阶地。

（4）滑坡两侧的自然沟谷切割很深，已达基岩。

（5）滑坡台地的坡脚有清晰的泉水出露。

具有下列标志时，滑坡可能处于复活阶段：

（1）边坡产生新的裂缝。各种类型的滑坡，裂缝开裂的形状及部位是不同的。如堆积层滑坡主要裂缝在平面上是向上弯的弧形裂缝，出现的部位在离边坡顶较远处，有时竟达数十米到数百米。而岩层滑坡裂缝多出现在构造软弱线上，常与断层面或大节理面一致，裂缝长而贯通。当滑坡带主要裂缝首先出现在山坡中部，而且张开很宽，错距增大，在滑坡前缘也出现滑动面后，从主要裂缝向上又发生一些弧形裂缝，愈向上裂缝愈小，长度愈短，则显示是牵引式滑坡；如最上面的一圈裂缝首先出现，发展最快，长度最长，则显示是推动式滑坡。如从滑壁到滑坡前缘都出现连贯成不规则马蹄形的裂缝带，则说明滑坡正在活动。

（2）虽有滑坡平台，但面积不大，有向下缓倾的现象，坡面未夷平；或者山坡表面有不均匀陷落的局部平台，参差不齐。

（3）滑坡地表潮湿，地下水泉发育，并且有新生冲沟。

（4）滑坡前缘土体松散，有小坍塌，并处于当前河流冲刷条件下。

（5）在平硐勘探中，发现岩体中有明显的滑动面，并见有擦痕。在排除断层或岩石断裂所产生的擦痕的情况下，此现象可作为滑坡是否重新复活的一个根据。

（四）根据周期性规律判定促进边坡演变的主导因素

促进边坡变形破坏的各种因素，在地质历史进程中都有其周期性变化规律。例如，河流由侵蚀变为淤积、再侵蚀、再淤积的规律，地震的周期性出现，气象、水文的季节性和多年性变化等。因此，边坡的演变和发展也会具有周期性变化规律，在某一个时期必然是由某一主导因素所制约的。这样，追溯边坡演变的周期性规律，将有助于判明不同时期促进边坡演变的主导因素。

（五）边坡稳定性的区域性特点

在地质、地貌及气候条件相似的地区，边坡变形破坏的演变规律也会具有相似性，因而还必须研究边坡破坏的区域性规律。这对评价区域稳定性有重要的理论和实践意义。

黄土滑坡常具有区域性特点。在陕西黄土地区,滑坡常见于高阶地前缘斜坡上,常形成滑坡群。深、中层滑坡的滑面上部多穿切黄土层、古土壤层和冲积层,中部多沿基岩或砂砾卵石层的顶、底板的亚黏土层滑动。前缘翘起穿过冲积层和黄土层,或者穿过基岩,滑体厚达 20~90m,浅层滑坡则产生于同类黄土层中或不同时期黄土接触处及不同成因类型的黄土接触带,滑体规模小,质地均一,厚仅数米,裂缝发育。

成都黏土滑坡以成都黄黏土为主要成分,其下为雅安砾石层(黏土夹砾石),这两层土沿基岩滑动;山西红黏土滑坡,表层为黄土,其下为不同时期的红黏土,黄土与红土层亦是沿基岩滑动。这两个地区的滑坡特点是:成群出现,分布面积广,但规模比较小,深度仅数米到十几米,属中浅层滑坡;发生滑坡的原地面平缓,平均坡度不超过 10°;滑坡外观是横长式,滑壁陡而滑床平缓(小于 10°)等。这些区域性特点都有助于预测和评价边坡的稳定性。

在新构造运动强烈地区,在地壳强烈上升、河谷不断下切时期,往往会出现高陡的河岸斜坡,成为边坡变形破坏的活跃期,保存着相当数量的古滑坡和崩塌残体。这种现象在我国西南山区河流中十分普遍,往往是水库库岸稳定性研究的重点地段。

二、极限平衡理论法计算边坡的稳定性

(一)土质边坡

以极限平衡理论为基础计算土坡的稳定性,如瑞典条分法、毕肖普法、泰勒摩擦圆法等。这些方法假定边坡破坏时的滑面形态为圆弧形(圆柱面形),通过试算或根据经验找出最危险滑动圆弧的中心。边坡的稳定系数 K 定义为:沿圆弧形滑面的抗滑力对滑弧圆心的力矩和滑动力对滑弧圆心的力矩之比。

根据试验和野外调查资料,均质土坡的滑面多呈圆弧形或接近于圆弧形,故用瑞典条分法等来计算均质土坡的稳定,比较接近实际。但由于计算时作了一些简化假定:如把滑体作为均质刚体考虑,认为滑体本身不变形,滑面简化为圆弧形,立体问题简化为平面问题等;并且影响边坡稳定的因素很复杂,很多计算参数是随机变量。因此,计算出的稳定系数实际上仍属于定性或半定量指标的范畴,必须根据边坡的工程地质条件作出综合的分析。对于非均质土坡,滑面的形状则决定于土的性状和结构。某些裂隙性黏土和黄土滑面形状则与土坡中裂隙发育状况有关。沿裂隙面滑动的土坡稳定计算与裂隙岩质边坡稳定计算方法相同。

(二)岩质边坡

岩质边坡稳定性计算必须密切结合岩体的工程地质条件分析。岩质边坡稳定计算的准确性,在很大程度上决定于地质边界条件的正确分析和计算参数的正确选取。脱离地质分析的岩质边坡稳定计算,即使采用的力学理论很精确,也是徒劳的。为此,首先要弄清边坡滑体的边界条件,以便确定滑体的体型。边坡滑体的边界条件是指边坡变形破坏时的滑动面(或可能滑动面)、切割面和临空面的产状、形状及受力条件。这些面在边坡变形破坏时构成了边界,受边坡岩体的地质构造、岩体结构、边坡形态及地貌、地下水、地表水等因素控制。滑动面可以由层面、节理、裂隙、断层等有一定延展性的面组成,大部分

是较缓的软弱面。切割面是指边坡岩体与其周围岩体分割开来的面,一般都为高角度的节理面和构造破裂面。临空面是指边坡的临空一侧,有的面虽未临空,但此面附近的岩体可能产生过量的压缩变形或靠近冲沟、河岸有可能被侵蚀掉,亦可构成临空面。

首先,岩质边坡在地质条件复杂的情况下,往往有多组不同产状的结构面,因而滑动岩体的边界条件是很复杂的。其中,滑动面的产状、组合形态及滑动面的性状对岩质边坡稳定性起决定性作用。根据结构面的产状及组合情况,通常在计算分析中把边坡岩体的滑动破坏分为同倾向单滑面型、同倾向双滑面型和多滑面型、不同倾向双滑面型和多滑面型等。前三种可用极限平衡理论法按平面问题分析,后两种滑体常被滑动面切割成形状复杂的楔形,需要配合赤平投影法和实体比例投影法,按空间课题分析或者采用块体矢量分析法。风化破碎的裂隙岩体可按圆弧形滑动面,与土坡稳定分析相同。

其次,在滑体类型确定后,要研究滑体的受力条件。滑体所受的力有岩体自重、裂隙水静水压力、动力压力、因地震及人工爆破产生的振动力、库水压力、浮托力、工程荷载及实测的地应力等。

再次,要根据边坡的工程地质条件和滑面的岩性及试验资料,选择边坡稳定计算中的计算参数,其中主要有滑面的摩擦系数、凝聚力、岩体重度、地下水位高度及滑体几何形态参数等。滑动面的摩擦系数、凝聚力对计算成果的正确性十分重要,一般通过试验求得。一般认为,对于尚未滑动过的滑带(潜在的滑动面)可取峰值强度;对于古滑坡及多次滑动的滑体,则可取残余强度。在选取指标时,还应考虑工程蓄水运行后滑带物质软化,强度降低的可能性;也可以通过已有滑体的稳定分析,通过反算求得。

最后,选择合适的计算方法。极限平衡理论法,除常用的圆弧形面法、单滑面及多滑面法、矢量分析法外,在我国水电工程建设中,近年来还常用1979年由S. K. Sarma提出的滑坡体用斜分条的极限平衡分析法——萨尔玛法。该法的主要特点是:

(1)改变了传统的垂直条分法,对滑坡体进行斜分条,以模拟断层节理等不连续面。

(2)假定沿条块侧面也达到了极限平衡。

这样,通过静力平衡条件即可唯一地确定边坡的安全系数或加载系数。Sarma法适用于断层、节理发育的岩质边坡稳定性计算,具有明显的优越性。陈祖煜等对Sarma法还作了改进,主要将Sarma法的静力平衡方程转化为微分方程,通过求该微分方程的闭合解得到安全系数,而且还开发了最优化程序,具有自动搜索最小安全系数和寻找临界滑动面、临界斜分条模式的功能。

岩质边坡的倾倒变形可采用Goodman和Bray(1976)提出的倾倒稳定分析方法。陈祖煜等结合龙滩边坡工程的研究,对该法作了重要的改进:安全系数采用与Sarma法一样的定义;考虑了滑面上岩桥的作用,计入节理连通率,将岩桥抵抗剪切和倾倒的弯矩计入静力平衡方程中;考虑了底面和侧面不正交的一般情况。

现将岩质边坡稳定分析中常遇到的几种滑动类型作简要的叙述。

1. 单滑面平面滑动破坏

这是同向边坡(贯通性软弱结构面或岩层层面与坡面倾向相同的边坡)最常见的破坏形式。当滑动面走向与坡面走向接近一致、侧向切割条件较好、有一定的临空面且滑面倾角大于滑面摩擦角时,最易产生滑动。据野外调查,同向单滑面型滑动破坏的临界岩层倾角如表 6-6-6 所示。

表 6-6-6　同向单滑面型滑动破坏的临界岩层倾角

滑面岩性	临界坡角(°)	滑面岩性	临界坡角(°)
黏土岩、黏土页岩、泥质板岩、凝灰质页岩的层面	9~20	砂岩、砾岩层面	30~35
		无泥质充填的构造破裂面	35~60

如图 6-6-1 所示，边坡岩体在自重作用下发生滑动，根据极限平衡理论，稳定系数按式(6-6-3)计算。

$$K=\frac{\tan\varphi}{\tan\alpha}+\frac{4c}{\gamma h\sin 2\alpha} \tag{6-6-3}$$

边坡极限坡高 H_{max} 为：

$$H_{max}=\frac{2c\sin\beta\cos\varphi}{\gamma\sin(\beta-\alpha)\sin(\alpha-\varphi)} \tag{6-6-4}$$

式中　φ——滑面内摩擦角，(°)；

c——滑面凝聚力，kPa；

γ——滑体重度，kN/m^3；

h——滑体厚度，m；

α——滑面倾角，(°)；

β——边坡坡角，(°)。

从式(6-6-3)看出，单滑面平面滑动的稳定系数与滑面长、坡面倾角无关，而与滑体厚度成反比。这对单滑面型边坡做整治处理而采用削坡减荷方法时，提高边坡稳定系数的有效方法是削减滑体厚度值，而与边坡倾角大小及滑面长短无关。

在考虑裂隙静水压力、地震力等因素时，式(6-6-3)将有更为复杂的形式。

2. 同倾向双滑面型滑动破坏

这种类型在野外地质勘测中经常遇到，由走向大致平行、倾向相同的两组软弱结构面组成的滑体或堆积层滑坡都属于这种类型。

如图 6-6-2(a)所示，与坝基深层抗滑稳定计算方法相似，可采用等 K 法或剩余下滑力法。假定在 bd 线上作用有推力 E_1，则 Ⅰ 块的稳定系数为：

$$K=\frac{N_1\tan\varphi_1+c_1L_1}{T_1-E_1} \tag{6-6-5}$$

式中　φ_1——Ⅰ块滑面的内摩擦角；

c_1——Ⅰ块滑面的凝聚力。

Ⅱ块的稳定系数为：

$$K=\frac{N_2\tan\varphi_2+c_2L_2+E_1\sin(\alpha_1-\alpha_2)\tan\varphi_2}{T_2+E_1\cos(\alpha_1-\alpha_2)} \tag{6-6-6}$$

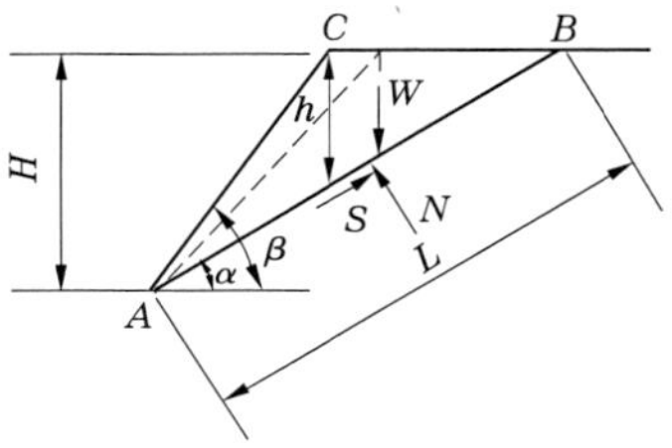

图 6-6-1　单滑面平面滑动

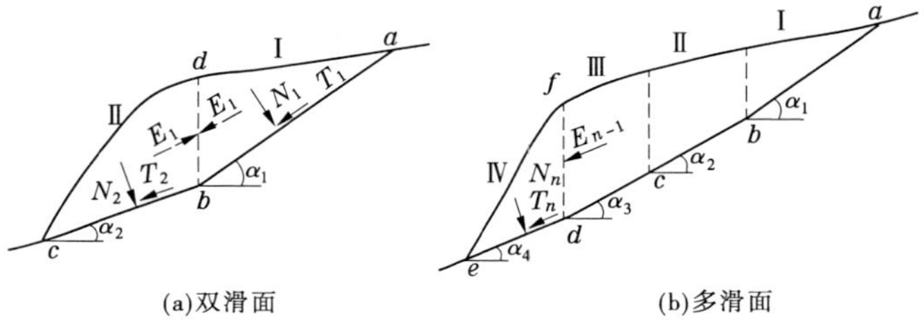

图 6-6-2　同倾向折线形滑动面

式中　φ_2——Ⅱ块滑面的内摩擦角；

c_2——Ⅱ块滑面的凝聚力。

由式(6-6-5)、式(6-6-6)可得：

$$K=\frac{N_2\tan\varphi_2+c_2L_2+\left(T_1-\dfrac{N_1\tan\varphi_1+c_1L_1}{K}\right)\sin(\alpha_1-\alpha_2)\tan\varphi_2}{T_2+\left(T_1-\dfrac{N_1\tan\varphi_1+c_1L_1}{K}\right)\cos(\alpha_1-\alpha_2)} \tag{6-6-7}$$

根据式(6-6-7)可用试算法求 K 值。

如用剩余下滑力法，以第Ⅰ块的 K_c 值为1，求算第Ⅰ块的剩余下滑力：

$$E_1=T_1-N_1\tan\varphi_1-c_1L_1 \tag{6-6-8}$$

则第Ⅱ块的稳定系数为：

$$K=\frac{N_2\tan\varphi_2+c_2L_2+(T_1-N_1\tan\varphi_1-c_1L_1)\sin(\alpha_1-\alpha_2)\tan\varphi_2}{T_2+(T_1-N_1\tan\varphi_1-c_1L_1)\cos(\alpha_1-\alpha_2)} \tag{6-6-9}$$

一般以第Ⅱ块的稳定系数代表整体稳定性。

多滑面型滑动破坏亦常用剩余下滑力法，如图6-6-2(b)所示，计算方法与双滑面型相似。当各组滑面倾角相差较小时，可假定上一块剩余下滑力的方向与下一块滑面的方向平行。

以上的计算方法只用于分析岩质边坡滑动破坏最简单的情况，在理论上亦存在一定问题，但比较简便，在初步评价岩坡稳定时，仍被广泛采用。在考虑各种设计方案时，需要切取不同剖面进行繁复的分析计算，可以编制程序用计算机计算。

三、图解法

边坡稳定分析的图解法，按其性质可分为两种。一种是用一定的曲线和诺模图来表征边坡有关参数之间的定量关系，由此求出边坡的稳定系数，或在已定稳定系数及其他参数($\varphi,c,\gamma,\alpha,\beta,H$)仅一个未知的情况下，求稳定坡角或极限坡高。这是力学计算法的简化。在土力学、岩石力学及一些工程地质手册中可以查到这些图表。另一种是利用图解求边坡变形破坏的边界条件，分析软弱结构面的组合关系，分析滑体的形态、滑动方向，评价边坡的稳定程度，为力学计算创造条件。常用方法有赤平极射投影分析及实体比例投影法。下面作简要介绍。

(一)赤平极射投影分析法

赤平极射投影是表示物体的几何要素或点、线、平面的空间方向和相互之间的角距关系的一种平面投影。在编绘赤平投影图时,常采用吴尔福投影网或施密特投影网,可采用上半球投影或下半球投影,一般用上半球投影。利用赤平极射投影法分析边坡的稳定是建立在对边坡岩体大量调查统计的基础上的。通过节理裂隙的调查统计,掌握比较发育和贯通性强的结构面,特别是软弱结构面的产状特征,据以分析沿这些结构面可能出现的变形破坏形式和评价边坡的稳定性。如软弱结构面比较明显,则画出边坡坡面和软弱结构面的赤平投影图,即可初步分析边坡的稳定性。有关赤平极射投影分析法的详细介绍可参见河海大学陆兆溱主编的《工程地质学》。

赤平极射投影法虽能有效地定性评价边坡的稳定性和滑动形式等问题,但不能表示出软弱结构面在边坡上的具体位置及滑动体的大小及形态等基本特征。为此,以赤平投影为基础,尚须采用实体比例投影方法。

(二)实体比例投影法

利用实体比例投影法可以解决滑体的形态及其与边坡倾向的关系问题,在应用时也比较方便。实际分析时,可按下列几个程序进行。

第一,根据地质勘测资料,在工程区内不同边坡地段分别编制赤平投影图,用以分析边坡上有无不利于边坡稳定的软弱结构面存在。当边坡上确实存在不利于稳定的软弱结构面时,则需进入程序第二,以便详细分析不稳定岩体的形态特征,并着手编绘实体比例投影图。如未发现不利条件,则只需画出赤平投影图这一程序即可。

第二,根据赤平投影所分析的不利情况,编制实体比例投影图。编制方法见河海大学陆兆溱主编的《工程地质学》。

第三,沿结构面的交线切取断面图。

根据实体比例投影和边坡断面图,可以判断边坡岩体的稳定性和直接找出不稳定岩体的边界条件。

四、有限单元法分析边坡的稳定性

用有限单元法分析边坡岩体的应力分布、位移和塑性区分布来评价边坡的稳定性,已是边坡稳定性工程地质评价中广泛采用的一种方法。这个方法的基本原理和步骤是:将一个连续的边坡岩体,通过离散化变换成离散的单元组合体,利用网格剖分,将边坡(一般采用二维)剖面体系在形式上划分为有限个单元体,假定各单元均为均匀、连续、各向同性的完全弹性体(或非线性弹性体、弹塑性体、黏弹塑性体),保持自己的介质特征,有自己的物理力学参数;各单元由节点相互连接,边坡岩体的内力和外力由节点来传递。单元所受的力,按静力等效原则移置到节点,成为节点力。当按位移法求解时,取各节点的位移作为未知数,按照一定的函数关系,求出各节点位移后,即可进一步求得单元的应变与应力。有限单元法实质上是一种“化整为零”的计算方法。单元的形状一般都采用简单的三角形,以便于适应边坡坡面复杂的边界形状。网格的大小、单元的划分布置,则取决于模拟边坡各种特定工程地质问题的要求和精度,一般可参照边坡中层面、断层面、节理面等各种结构面的特征和岩性进行划分。在应力变化比较剧烈的部位,单元要划分得密一些;在岩性物理力学参数突变的部位,应将突变线作为单元的分界线,例如软弱岩带的界面等。此外,还要确定边界约束条件和荷载位置。如果以节点位移为未知量,在将单元计算参数输入后,先计算各节点的力,再计算节点的位移,最后求解应力。根据各单元的应力和位移特征,分析评价边坡的变形破坏机制,进而对其稳定性作出评价。由于将坡体划分为有限个单元体,因而可使复杂的问题归结为求解线性方程组,借助于电子计算机,可以迅速解出。

有限单元法的优点在于部分地考虑了边坡岩体的非均质不连续介质的特性,考虑了岩体弹性和塑性,因而可以避免将坡体视为刚性块体过于简化计算边界条件的缺点,能够较接近实际地从应力应变分析边坡的变形破坏机制,并可以直接得出边坡的位移量和坡体的应力分布。

有限单元法分析边坡稳定性的可靠性仍取决于对边坡的工程地质条件的研究,特别是正确地定出边坡的岩体结构、边界条件和选择岩体及结构面物理力学性质参数。

五、工程地质类比法

工程地质类比法的实质是把已有的自然边坡或人工边坡的研究设计经验应用到条件相似的新边坡的研究和人工边坡的研究设计中去。为此,需要对已有边坡进行广泛的调查研究,全面分析工程地质因素的相似性和差异性,分析影响边坡变形发展的主导因素的相似性和差异性。此外,还应考虑工程的类别、等级以及对边坡的特征要求等。工程地质类比法虽然是一种经验方法,但在边坡设计中,特别是中小型工程的设计中,是很通用的一种方法,其应用范围包括下列方面:

(1)根据边坡的岩性、构造、结构、坡高、水文地质条件等相似性,从经验数据中选取容许稳定坡度值。

(2)根据岩性和岩体结构的相似性,从经验数据中选取稳定计算参数。

(3)根据自然条件相似的边坡破坏实例,反算推求边坡稳定性的计算参数,预测其变形破坏形式及发展变化规律。

(4)根据条件相似的边坡整治经验,提出边坡整治措施。

第七节　边坡原位监测

一、边坡监测的目的

边坡工程的稳定性受边坡岩体复杂的地质条件、环境和施工因素控制。由于地质条件的复杂性和环境、施工因素的多变性导致边坡稳定的性态变化而呈现动态特征,所以边坡岩体的原位监测对评价岩体的稳定性、掌握其动态变化具有重要作用。

通过监测,掌握边坡岩体的实时动态,验证地质判断和稳定性计算的结论;检验加固治理手段的可靠性,确保边坡安全;分析多种信息并反馈到施工加固上,调整必要的施工程序和方法、措施,实现信息化施工,以达到经济、安全地分析多种信息的目的,预测施工、运行期边坡岩体可能的变形与破坏。

前期勘察阶段一般不进行边坡稳定的原位监测，只对有变形迹象的大型水库滑坡体、重要的工程边坡进行监测，常采用的手段有地表大地测量法、结合勘探平硐布置洞内裂缝带的拉裂、沉陷观测（如玻璃条、砂浆条带、观测标）等。主要目的是获得天然状态下岩体稳定状态信息，初步验证地质分析和稳定性计算的结论。

为了给出施工、运行期边坡岩体的实时信息，验证地质分析所提供的物理模型和计算参数的正确性，判断稳定性计算成果的准确性，在施工、运行期需针对上述目的和环境条件建立高效的边坡监测系统。对于水库岸坡而言，监测的重点是获取水库水位急剧变化时边坡的变形信息，掌握边坡动态，目的是预测可能的失稳部位、方式和规模。

我国水利水电建设中为评价和掌握潜在危险边坡的稳定性，通常采用地质分析、稳定性计算和原位监测进行研究。边坡原位监测近20年来取得了较大的进展。例如，李家峡水库库首Ⅰ、Ⅱ号滑坡，滑坡总体积分别为692万m^3和1 845万m^3，1983年以来先后在地表、地下建立了简易观测桩、大地测量点、收敛计测桩、测距线测点、平硐内玻璃条与砂浆条带、钻孔倾斜仪等，对施工期制定有效的安全措施发挥了重要作用。1985年，天生桥二级水电站厂房高边坡开挖引起芭蕉林老滑坡复活，产生变形，采用了大地测量、钻孔伸长计等手段进行监测，有效地掌握了滑坡的变形趋势，及时采取了相应的加固治理措施。龙羊峡水电站右岸下游虎丘山岸坡，自1986年以来用大地测量法获得了位移时间曲线，成功地预报了1989年滑坡发生的时间。1983年清江隔河岩导流洞山口边坡、1989年五强溪水电站左岸船闸边坡在施工期都采用了边坡监测系统，保证了施工安全，实现了信息化施工。上述实例充分说明边坡原位监测的重要性和必要性。

二、边坡监测的内容及仪器设备

边坡岩体原位监测的内容一般包括地表和地下变形监测、地下水监测、应力监测、边坡自动化监测，其中以变形监测为重点。

（一）地表变形监测

地表变形监测包括大地测量法、机械测量法和全球定位系统（GPS）法。

1. 大地测量法

大地测量法用于监测地表水平和垂直位移，有边角网法、视准线法、水准测量法等。边角网法精度高，其位移误差可控制在1~2mm，常用的仪器有精密测距仪ME5000、DI2002、电子经纬仪T2000S、光学经纬仪T_3等。视准线法方法简单灵活，易于实施，适合施工时临时测点的位移监测。水准测量法用于测量边坡的垂直位移，一般常用二等水准测量。

2. 机械测量法

机械测量法常用的机械式仪器有收敛计、测缝计，具有安装方便、价格低廉、可靠性高的特点。

3. 全球定位系统法

全球定位系统（GPS）法可提供连续的位置、位移信息，其突出的优点是没有通视要求，受环境影响小。

（二）地下变形监测

地下变形监测是指利用钻孔、平硐设置仪器，观测水平、垂直位移和倾斜量等边坡岩体内部变形量。所用仪器有钻孔倾斜仪、滑动测微计、多点伸长仪及平硐内的水管倾斜仪。用得最多的是钻孔倾斜仪,它利用垂直钻孔监测各段岩体的水平位移,判断岩体变形机制,寻找滑坡的滑动面。

(三)地下水监测

地下水监测包括水位监测、孔隙水压力监测、渗压监测、排水廊道中地下水流量监测等。地下水位监测利用长年观测钻孔或测压管,了解不同季节、时段地下水位变化与滑动带的关系。孔隙水压力监测用于了解滑移面附近孔隙水压力消长情况。渗压观测主要用于边坡加固处理部位的水压力监测,了解边坡挡土结构处的水压力变化。

(四)应力监测

应力监测用于岩质边坡的加固处理监测。如预应力锚索加固边坡岩体的受力状态与变化对了解边坡稳定性有重要意义,可用测力计进行。在边坡加固结构内部和其与岩体接触面的应力监测,可用应力计进行。

(五)边坡自动化监测系统

我国三峡、龙羊峡、五强溪等大型工程都曾采用边坡自动化监测系统,实现了数据自动化采集及滑坡自动化报警。采用的设备有美国 SINCO 公司、日本 Oyo 公司等进口的自动化监测系统及国内研制的设备。其优点是工作效率高,资料及时准确;缺点是需要电源、费用昂贵。

三、边坡变形破坏预测方法

边坡变形破坏的预测可分为中长期预测、短期预测及临滑预报。当边坡未进入加速变形阶段时进行的预测为中长期预测,主要研究边坡是否会失稳、在何处失稳,预测时间可为数年至数十年。进入加速变形阶段进行的预测称为短期预测(报)及临滑预报,研究边坡何时会失稳破坏,预测时间可为数月或数天。

对于预测、预报两个概念,使用上比较含糊,有不同理解。预测为长期趋势性研究边坡失稳破坏的类型、范围和可能发生破坏的时间等,研究内容广泛;而预报仅指临滑前边坡失稳破坏的短期时间预测。在中长期预测的基础上,依据某些信息,如位移、裂缝、地下水等异常变化及其他变形迹象,即可作出短期预测或临滑预报。应用最多的是边坡位移监测资料。根据时间—位移曲线,应用某种数学模型,即可预测边坡变形破坏的时间和破坏范围。

边坡监测的原始数据中蕴含着有用的信息,又包容有误差因子,常需要经过处理分析,去伪存真,才能成为正确反映边坡岩体状态的可靠信息。监测数据常含有趋势性成分、周期波动和随机误差。其中,趋势性成分是边坡岩体变形破坏内在规律的反映;周期波动反映了受季节降雨、温度、水位变化的影响;随机误差受测试和环境条件变化影响,无确定性规律。因此,首先要剔除随机误差,寻找规律性变化。一般数据处理,对振荡型位移—历时曲线可采用均匀滤波方法进行处理;对阶跃型曲线可采用非均匀滤波法或非均匀和均匀滤波联合法进行处理。边坡监测数据都采用数据库储存。

已有的边坡失稳预报数学模型大致可划分为三类:其一为理论模型,即基于岩(土)体流变理论的预测模型;其二是统计模型,即根据边坡变形以及边坡物理、力学场的动态特征,作统计分析得到的模型;其三是灰色模型,它是依据时间序列中原始数据累加后成灰色指数规律原理而建成的。理论模型的物理力学概念十分明确,边坡的变形(位移)特征在不同流变阶段可用不同的流变模型来表达,但模型参数一般不易确定,也无法考虑边坡演变过程中的一些触发因素的影响;统计模型灵活性较大,只要边坡变形时间序列足够长就可以建模。但统计分析中的物理力学概念不甚明确,而且对时间序列采用不同的预处理,可得到不同的模型。同一变形时间序列,统计模型不是唯一的;灰色模型可就较短的时间序列建模,但是如果数据离散不光滑,预测精度一般偏低,即使采用残差 GM(1,1)作修正,精度改善也并不理想。除上述三类模型外,近年还应用研究系统的不连续跳跃和突然质变的突变理论模型。

国内外常采用的预测模型有最佳回归模型、正交多项式最佳逼近模型、线性一阶灰色模型(GM(1,1))、灰色包络模型、斋滕迪孝(Saito)模型、黄金分割模型、耦合模型等。西北勘测设计研究院、长江勘测技术研究所等单位已开发研制了边坡监测数据处理预报软件系统(如 LSMOS 系统),可在实际工程中应用。

第八节 防治边坡变形破坏的工程措施

一、边坡变形破坏的防治原则

失稳边坡防治措施的选择与工程建筑的类型和等级、地质勘测工作的深度、施工条件、边坡变形破坏的成因类型等各方面因素有关。因此,只有作详细的调查和分析计算后,才能制订出切合实际的防治设计方案。失稳边坡的防治应采取以防为主、综合治理、及时处理的原则。

对于大型复杂的、稳定性差、治理难度大的边坡,一般都采取使工程绕避的原则。对于确实无法绕避的病害边坡(如正在滑动或可能复活的大型滑坡、崩塌和松散体等),经技术经济比较,应采取综合治理的措施。先采取有效措施消除或防止控制边坡变形破坏的主要因素;再针对各种次要因素,修建各种治理工程和辅助措施。对于因水库蓄水或其他工程因素(如开挖坡脚、爆破、表层剥土等)的影响而有可能使边坡稳定性恶化的边坡,应预先采取措施,及时治理,以防工程边坡的失稳。

二、边坡变形破坏的防治措施

边坡变形破坏常采用的防治措施可归纳如下。

(一)消除和减轻地表水和地下水的危害

边坡变形破坏的发生和发展常与水的作用有密切的关系。在水利水电工程中,水的作用往往是导致边坡变形破坏的主要因素。消除和减轻水对边坡的危害作用的目的是:降低孔隙水压力和动水压力,防止岩(土)体的软化及溶蚀分解,消除或减小水的冲刷或浪击作用。

防止外围地表水进入滑坡区,可在滑坡边界修截水沟;在滑坡区内,可在坡面修筑排水沟。截、排水沟如修在岩坡上,沟底裂隙应用灰浆勾缝;如修在覆盖层上,应用浆砌片石铺砌,以防水流下渗。岩质边坡面可用喷混凝土护面或挂钢筋网喷混凝土。

排除地下水的措施很多,应根据边坡的地质结构特征和水文地质条件加以选择。常用方法有:

(1)水平钻孔疏干。从坡面打近于水平或仰斜的钻孔或孔群,利用重力作用把地下水引出。此法施工简便、经济且适应性强。当含水层透水性较强时,采用此法效果更为显著。对于裂隙岩体,也可通过不同高程的排水孔疏干排泄分散的裂隙水。

(2)垂直孔排水。借助于穿透上部含水层和隔水层的垂直钻孔,将地下水转移到下伏强透水岩层,以降低上部岩层中的地下水位。

(3)竖井抽水。从坡顶打竖井并安装深井泵抽水。此法可实现预先疏干,但设备和运营费较高。井深一般为边坡高度的 1.2 倍,井间距取决于边坡的渗透性和地质构造。高边坡疏干可采用分段打竖井疏干的方法。

(4)隧洞疏干。在滑坡体外围可设置截水隧洞(巷道),拦截外围的补给水;内部应设置排水隧洞,疏导排泄深层地下水。隧洞布置原则要根据含水层类型及埋藏条件、地下水补给来源和流向以及滑动面的空间形态等决定。截水隧洞轴线应大致与水流方向垂直,隧洞应在滑坡后部滑动面之下,开挖顶线必须切穿含水层。排水疏干隧洞洞底应布置在含水层以下,常布置在滑坡头部,平行滑动方向并排修筑。地下水量较大时,可设置分支隧洞或仰斜排水孔,把地下水引入主隧洞。边坡岩体如有断层通过,排水隧洞应穿切断层。坝肩边坡或异流洞出口处边坡,即使不是滑坡体,也可根据需要设置排水洞以降低地下水的渗透压力。

(5)支撑盲沟。支撑盲沟兼有阻滑和疏干地下水的作用,多用于土质滑坡的治理。盲沟深为 2~8m,沟内堆积干砌块石、片石。一般顺滑坡方向,布置在地下水露头和局部崩塌处,上部可岔成支沟。地下水经支撑盲沟汇集后,从纵向盲沟和挡土墙内泄水孔排出。

(二)改善边坡岩(土)体的力学强度

提高边坡的抗滑力,减小滑动力,以改善边坡岩(土)体的力学强度,常用措施有以下几种:

(1)削坡减载。用降低坡高或放缓坡角来改善边坡的稳定性。削坡设计应尽量削减不稳定土体的高度,而阻滑部分岩(土)体不应削减。此法不一定总是最经济、最有效的措施,需要进行经济技术比较后确定。

(2)边坡人工加固。常用方法有:①修筑挡土墙、护墙等支挡不稳定岩体;②钢筋混凝土抗滑桩或钢筋桩作为阻滑支撑工程;③预应力锚杆或锚索,适用于加固有裂隙或软弱结构面的岩质边坡,此法是在拟固定的岩体上钻孔直达下部稳定基岩的一定深度,在孔内插锚杆,并浇水泥砂浆固定,孔口以螺栓固定;④固结灌浆或电化学加固法加强边坡岩体或土体的强度;⑤锚固洞、抗滑键以提高边坡岩体强度;⑥用预裂爆破、减震爆破等控制爆破技术防止岩(土)体强度的削弱。

第七章　地下洞室工程地质

在岩(土)体内,为各种目的经人工开凿的工程构筑物称为地下洞室。水利水电工程中的引水(输水)隧洞、地下厂房、尾水洞等都属地下洞室。

地下洞室工程地质勘察的任务是通过各种勘察手段和测试方法,选择有利的洞线(址)、分析洞室围岩的稳定性,为工程设计和施工提供可靠的地质依据。

第一节　地下洞室选线(址)的地质要求

地下洞室位置的选择除取决于工程目的要求外,主要受地形、岩石性质、地质构造、地下水及地应力等工程地质条件的控制。

一、地形地质条件

地下洞室的位置要求地形完整,山体稳定,无冲沟、山洼等地形的切割破坏,无滑坡、塌方等不良地质现象。水工隧洞进出口地段要有稳定的洞脸边坡,洞口岩石宜直接出露或覆盖层较薄,岩层宜倾向山里并有较厚的岩层作为顶板。此外,洞室的围岩应有一定的厚度,洞室围岩最小厚度的确定与洞径大小、岩体完整性及岩石强度有关。根据水利水电工程经验,无压隧洞上覆岩体的最小厚度与洞径(B)的关系如表 7-1-1 所示。

表 7-1-1　上覆岩体厚度

岩石类别	坚硬岩石	中等坚硬岩石	软弱岩石
上覆岩体最小厚度	$(1.0 \sim 1.5)B$	$(1.5 \sim 2.0)B$	$(2.0 \sim 3.0)B$

抽水蓄能电站地下洞室对上覆岩体、侧向岩体厚度的基本要求是:能承受高水头作用下隧洞岔管地段巨大的内水压力而不发生岩体破裂,满足上抬理论。

二、岩性条件

岩石性质是地下洞室围岩稳定、掘进、支撑和衬砌的重要因素,也是决定工程工期和造价的主要条件之一。在坚硬岩石中开挖地下洞室,围岩稳定性好,便于施工;在软弱岩层、破碎岩层和松散岩层中开挖地下洞室,围岩稳定性差,施工困难。因此,地下洞室应尽量避开岩性条件差的围岩,使洞身置于坚硬完整的岩层中。

三、地质构造条件

地质构造条件对洞室围岩稳定性有重要的影响。洞室应选在岩体结构完整、地质构造简单的地段,尽量避开大的构造破碎带。洞室轴线宜与构造线、岩层走向垂直或大角度相交。

四、地下水条件

地下水对洞室的不良影响主要表现为静水压力对洞室衬砌的作用、动力压力对松散或破碎岩层的渗透变形，以及施工开挖的突然涌水等。因此，应尽量将洞室置于非含水岩层中或地下水位以上，或采取地下排水措施，避免或减少渗透压力对围岩稳定的影响。

五、地应力条件

岩体中的初始应力状态对洞室围岩的稳定性有重要的影响。理论与实践研究表明，当天然应力比值系数（即 σ_h/σ_v）较小时，洞室的顶板和边墙容易变形破裂；当洞室处于大致均匀的应力状态时，围岩稳定性较好。因此，要重视岩体初始应力状态对洞室围岩稳定性的影响。当岩体中的水平应力值较大时，洞室轴线最好平行最大主应力方向或与其小角度布置。

抽水蓄能电站地下岔管段要求最小主应力要大于岔管处的内水压力至少 1 ~2 倍，满足最小主应力理论。

第二节　围岩稳定性及评价方法

围岩稳定性是地下洞室的主要工程地质问题。围岩稳定性勘察研究的主要内容包括分析影响围岩稳定的因素及其可能的变形破坏形式，进行围岩稳定性评价。

一、影响围岩稳定性的主要因素

影响围岩稳定性的有客观（即内在）因素，也有主观（即人为）因素。概括起来，主要因素有以下几点。

（一）应力状态

主要包括岩体的天然应力状态及洞室的形状和规模。区域最大主应力与洞室轴线的关系与围岩稳定性有着密切关系，如两者平行，围岩中的应力状态对洞室长边墙的稳定最为有利，而对高端墙则十分不利。理论分析表明，最大主应力方向与洞室轴线方向的夹角以不大于 30°为好。在水平应力大于垂直应力地区，侧压力系数常为各向异性，二次应力调整可使围岩中出现拉应力区以致围岩失稳。在高地应力区，地下洞室围岩稳定性所遇到的问题要复杂得多，如拉应力和剪应力区范围加大，围岩变形严重，块体失稳及岩爆现象增多，支护难度加大等。

（二）岩性和结构

根据岩性可将围岩分为塑性围岩和脆性围岩。前者主要包括黏土质岩体、破碎松散岩体以及某些吸水膨胀的岩体，它们具有风化速度快、力学强度低以及遇水易于软化、膨胀或崩解等不良性质，对围岩稳定性最为不利；后者主要包括坚硬及半坚硬岩体，其强度主要取决于岩体结构，其中以碎裂结构的稳定性最差，薄层状结构次之，而厚层状及块体状岩体则稳定性好。坚硬及半坚硬岩体围岩稳定性主要受软弱结构面的发育和分布特点所控制。例如,地下洞室的顶拱,“正人字形”结构是最不稳定的,“川字形”结构在顶拱处于拉应力环境中也是不稳定的;对于边墙来说,走向平行洞轴、倾向洞内的裂隙,与其他软弱结构面组合成一定的分离体时,往往造成边墙失稳。

(三)地下水的赋存、活动条件

地下水可降低岩体结构面的抗剪强度;高外水压力不仅直接推动岩石滑移,还促使岩体裂隙张开扩容,降低结构面的有效应力;地下水的物理化学作用在一定条件下也会影响岩体的强度。

(四)施工方法

对于潜在不稳定围岩,合理的施工方法能克服围岩大范围失稳,而施工方法不当则可导致大规模塌方事故的发生。

二、围岩的破坏形式及原因分析

围岩的破坏形式多种式样。在确定围岩稳定分析方法之前,应分析围岩的可能破坏形式和原因。

根据对影响围岩稳定性因素的分析,围岩破坏形态可以归纳为局部块体滑动与塌落、层状岩体的弯曲与折断、碎裂岩体的松动脱落、软质岩体的变形与膨胀及脆性岩体的岩爆等。

(一)滑动与塌落

这种破坏多发生在发育多组结构面的坚硬围岩中。破坏有时是非扩展性的,有时是扩展性的,无论哪种情况,破坏都是从局部开始的。

滑动与塌落常受软弱结构面控制。结构面不同,结构面的抗剪强度也不同。这种破坏形式易于发生失稳的部位如下:

(1)当结构面和洞壁切线方向平行或成锐角时,沿这一结构面容易发生剪切破坏。当夹角接近正交时,一般比较稳定。因此,对于层面水平的岩体,顶拱容易失稳,边墙比较稳定;对于倾斜的岩层,层面与洞壁相切的部位易于失稳。

(2)洞室边墙与倾斜的结构面相交,若结构面的倾角大于结构面的摩擦角,顺倾向临空的一侧洞壁可能失稳,另一侧的洞壁虽然也会因剪切而破坏,但坍塌的威胁要小些。对于拱座部位,结构面与拱座的切线相切的部位剪切破坏范围很大,工程中遇有这样的部位几乎都要失稳;结构面与拱座切线较为正交的一侧,剪切破坏区很小,只要其下部边墙没有滑移破坏,则这一部位的顶拱一般易稳定,见图 7-2-1。

(3)对于倾斜产状的节理体系,浅埋洞室比中等埋深洞室的破坏范围要大,这是因为浅埋洞室的岩体间正应力较小。因此,浅埋洞室开挖一般较中等埋深洞室要困难。

(4)当围岩中有多组结构面并且都是倾斜产状时,顶拱或边墙都容易失稳破坏,顶拱上方易于形成楔形体塌落,两侧边墙易于滑移破坏。当两侧边墙滑移后,将使顶拱塌落范围更加扩大,如图 7-2-2 所示。

(二)弯曲与折断

弯曲与折断多发生在层状岩体中,特别是在有软弱岩层组成的互层地层中较常出现。块状岩体中如果有一组裂隙极为发育,也会产生这种破坏。

层状岩体的破坏主要受层面控制。由于层状岩体的层间结合力差,当地层近水平时,

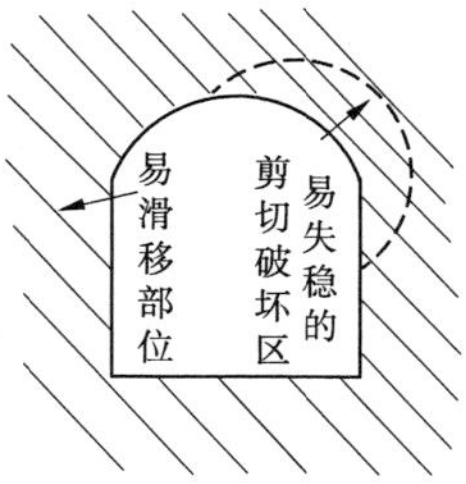

图 7-2-1　倾斜岩层的围岩破坏形式

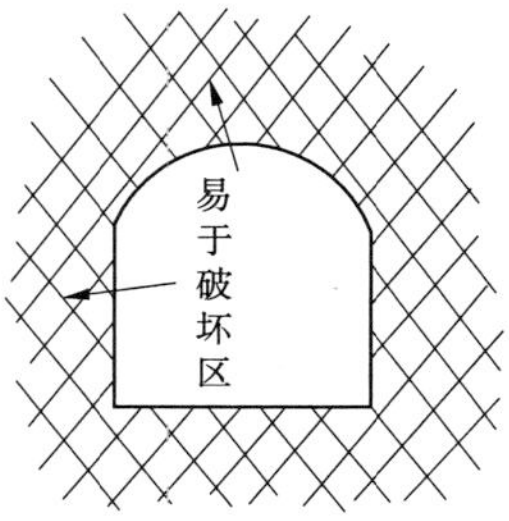

图 7-2-2　多组结构面切割的围岩破坏形式

洞顶岩层在重力作用下下沉弯曲,进而张裂、折断而形成塌落体。如果围岩为陡倾岩层,洞壁在侧向应力作用下岩层弯曲倾倒或弯曲鼓胀变形。

(三)松动脱落

松动脱落主要发生在碎裂岩体、大的断层破碎带、裂隙密集带出露的部位。

(四)变形与膨胀

变形与膨胀主要发生在软质岩层中。在重力、地应力及地下水作用下,围岩发生边墙挤入、底鼓及洞径收缩等现象。这种破坏具有明显的时间效应,往往从开始变形到最终破坏有一个过程。

(五)岩爆

岩爆一般发生在高地应力区的坚硬、脆性岩体中,其形成条件大致为以下几点:

(1)近代构造活动使山体内地应力较高,岩体贮存着很大的应变能,应变能的积聚与压应力的平方成正比,与岩体弹模成正比。应变能随着洞室开挖而释放。

(2)新鲜完整围岩,裂隙极少或仅有隐裂隙,属坚硬脆性介质,能够贮存能量,而其变形特性属于脆性破坏类型,应力解除后,回弹变形很小。

(3)具有足够的上覆岩体厚度。

(4)无地下水,岩体干燥。

(5)开挖断面形状不规则,造成局部应力集中点。

实践经验表明,岩爆发生的部位与区域新构造应力场的主应力方向有关;岩爆在开挖后陆续出现,以 24h 内最为明显,延续时间一般 1 ~ 2 个月,有的延续一年以上,事前一般无明显预兆;一般岩爆发生在新鲜坚硬岩体中,当发生岩爆时先产生声响,然后出现片状剥落和弹射。

三、围岩稳定性分析方法

(一)地质分析法

地质分析法是通过勘测手段了解与围岩稳定有关的、经常出现的、起控制作用的岩石特性、地质构造、水的作用和岩体应力四个主要因素,并通过综合分析确定围岩的稳定性。这种分析方法是比较客观和符合实际的。

1. 地层岩性

在埋深不大的洞室中,由坚硬岩石组成的岩体,只要构造应力不大,岩体完整,则围岩一般是稳定的。但由很软弱的岩石组成的岩体,围岩往往是不稳定的。

在坚硬岩石地区,应特别注意在沿构造带、各种岩脉及不整合或整合面形成风化带对围岩稳定的影响。

对于软弱岩体,应特别注意风化后常出现次生矿物,如长石、云母等变成绿泥石、绢云母、高岭土等,它们将改变岩石原来的力学性质,破坏组成矿物之间及岩块之间的联结力,从而严重削弱了岩体的稳定性。

黏土岩、泥质页岩和易溶岩等遇水常易泥化、崩解、膨胀或溶蚀,会使围岩产生较大变形而破坏。

岩石特性分析主要是弄清导致围岩破坏的岩石特性因素。

2. 地质构造

地质构造分析按褶皱、断层破碎带和岩体结构从宏观到微观进行分析。

1)褶皱

褶皱形式、疏密程度及其轴向与洞室轴向交角不同,对围岩稳定性的影响不同。洞身横穿褶皱轴比平行褶皱轴有利于围岩稳定,平缓舒展的褶皱比紧密褶皱有利于围岩稳定。

褶皱轴部岩层多伴生有裂隙和断层,将岩体切割成不同形状块体。当岩层陡倾时,多为平行轴向和垂直轴向两组近于直立的断层;当岩层缓倾时,常有与洞轴斜交的一对高角度 X 型节理。

当洞室通过不对称的、平卧的、倒转的、扇形的或箱形的复杂褶皱时,必须进行具体分析。

2)断层破碎带

洞室通过断层时,其走向与洞室轴交角越小,则洞内破碎带宽度出露越长,影响越大。较大的软弱结构面,对洞室围岩稳定性具有决定性影响。一般来说,洞室轴线与其夹角小于 25°时最不利。

破碎带物质胶结情况及碎块性质直接影响洞室的稳定性。由坚硬岩块或胶结组成的破碎带稳定性比较好,否则应按松散介质处理。

3)结构面及其组合

完整岩体中若有结构面形成不利于岩体稳定的结构体时,应根据结构面的分布、性质、产状和组合关系,确定结构体形态及其与洞身的关系,评价围岩的稳定性。

围岩中主要有三类结构体,分别为:①方形结构体,此种结构体主要由岩体内陡立结构面和平缓结构面形成,有四方柱、三角柱、长柱和短柱(薄板状);②楔形结构体,当岩体内有走向相同倾向不同、或走向与倾向相同倾角不同的结构面组合时,便形成此种结构体,常见的是屋脊形、半屋脊形;③锥形和断头锥形结构体,当岩体内有三种以上走向的倾斜结构面时,形成此种结构体。

方形结构体出露于洞顶时,其稳定性主要取决于结构面的性质。当存在一组缓倾结构面时,稳定性差,常在水的作用下产生塌方。方形结构体若出露于洞壁时,则稳定性较好。

楔形结构体出露于洞顶或侧壁的方式多种多样,稳定性也各不相同。若尖楞朝下出露于洞顶,则比较稳定;若出露于侧壁,则稳定性较差。若尖楞朝上出露于洞顶,则稳定性差;出露于洞壁,一般是处于稳定状态的。

锥形结构体的尖锥朝上出露于洞顶,则稳定性很差;尖锥朝下,稳定性较好;出露于洞壁，则稳定性较差。

3. 地下水

地下水对围岩稳定性的影响主要是静水压力、动水压力、溶解和软化等作用。

在地下水静水压力作用下，洞顶的平缓结构面容易拉裂，在陡倾角裂隙组合条件下使结构体塌落。而静水压力作用在陡立结构面上，易使洞壁上的结构体滑塌。

地下水渗流的动水压力可促使结构体沿水流方向移动、结构面内的充填物溶蚀和结构体移动。

地下水对结构面、软弱岩体具有溶解、软化等作用，使岩体强度降低，导致围岩失稳。

大的断层破碎带、张性构造、向斜核部等部位常有较丰富的地下水，是围岩失稳经常发生的部位。

4. 岩体应力

岩体应力状态与围岩稳定性密切相关。在绝大多数情况下，岩体应力有明显的方向性，最大主应力多为水平或近水平方向，这种应力控制着围岩的变形和破坏特征。

在围岩稳定分析中，要正确地考虑岩体应力的影响，并尽可能适应它甚至利用它，以减轻或消除它的不利影响。

（二）工程类比法

工程类比法是根据拟建工程区的地质条件、岩体特性和动态观测资料，通过与具有类似条件的已建工程的综合分析和对比，从而判断工程区岩体的稳定性。

工程类比法需要收集拟建工程的地质资料，包括岩体结构类型、岩体应力状态、岩体力学参数、地下水情况、洞室尺寸及断面形状、使用条件和使用年限、施工方法与围岩稳定有关的测试资料等。

1. 围岩稳定性分类法

在分析研究了已收集的基础资料的基础上，考虑岩体结构构造、完整性、岩石强度、岩体应力、地下水以及洞室尺寸等因素，进行围岩分类，据此评价围岩稳定性。

2. 工程类比

根据已有资料和所作的围岩分类，与国内外已建同类工程实践经验进行比较，全面分析其各种因素的相似性与差异性，并考虑工程等级类别的区别，使类比条件尽可能相似，从而确定拟建工程围岩稳定性及支护设计参数。

（三）岩体结构分析法

岩体结构分析法是块状岩体结构围岩稳定分析的简易方法。在岩体结构及其特性研究的基础上，考虑工程力作用方式和围岩应力，借助赤平极射投影法、实体比例投影法和块体坐标投影法进行图解分析，初步判断岩体的稳定性。应用极限平衡理论对由软弱结构面切割成的不稳定块体进行稳定计算。

岩体结构分析包括以下过程：

（1）根据地质勘察结果，对岩体结构面进行整理分组，列出各组结构面的产状和力学指标。

（2）运用赤平极射投影的方法，研究可能塌滑块体的组合形态、边界滑动面、滑移方式和塌滑范围。

（3）根据塌滑体的体积，运用极限平衡理论计算塌滑体的稳定性。

第三节　常用的围岩分类方法及其适用性

围岩分类是为评价地下洞室的成洞条件和围岩稳定性而对岩体进行的工程地质分类,是工程地质分析中的一种重要的综合评价方法,目前已达百种以上。在实际工作中,主要使用《水利水电工程地质勘察规范》(GB50287—99)推荐的分类方法,其他方法则根据实际情况选择地加以运用,作为《水利水电工程地质勘察规范》(GB50287—99)围岩分类方法的一种补充和验证。

一、国内常用方法

近年来,国内地下工程围岩分类的研究和运用有了很大的进展,中国科学院地质研究所谷德振的分类、原水利电力部有关规程和科研成果中的分类以及铁道部有关规程的分类,具有一定的代表性,体现了我国围岩分类技术水平。

(一)《水利水电工程地质勘察规范》(GB50287—99)规定的围岩分类方法

《水利水电工程地质勘察规范》(GB50287—99)规定的围岩分类,是根据“六五”国家科技攻关项目“水电地下工程围岩分类”的研究成果,参考了国内外一些主要的隧洞围岩分类方法和我国十几个大型水利水电工程的实际分类后提出的。该方法以岩石强度、岩体完整程度、结构面状态、地下水及主要结构面产状五个因素评分的总和为基本判据,以围岩强度应力比为限定判据。

围岩工程地质分类中五个因素的评分标准见表 7-3-1 ~ 表 7-3-5。

表 7-3-1　岩石强度评分表

岩质类型	硬质岩		软质岩	
	坚硬岩	中硬岩	较软岩	软岩
饱和单轴抗压强度 R_B(MPa)	$R_B>60$	$60\geqslant R_B>30$	$30\geqslant R_B>15$	$15\geqslant R_B>5$
岩石强度评分 A	30 ~ 20	20 ~ 10	10 ~ 5	5 ~ 0

注:1. 当岩石饱和单轴抗压强度大于 100MPa 时,岩石强度的评分为 30。

2. 当岩体完整程度与结构面状态评分之和小于 5 时,岩石强度评分大于 20 的,按 20 评分。

表 7-3-2　岩体完整程度评分表

岩体完整程度		完整	较完整	完整性差	较破碎	破碎
岩体完整性系数 K_V		$K_V>0.75$	$0.75\geqslant K_V>0.55$	$0.55\geqslant K_V>0.35$	$0.35\geqslant K_V>0.15$	$K_V\leqslant 0.15$
岩体完整性评分 B	硬质岩	40 ~ 30	30 ~ 22	22 ~ 14	14 ~ 6	<6
	软质岩	25 ~ 19	19 ~ 14	14 ~ 9	9 ~ 4	<4

注:1. 当 $60\text{MPa}\geqslant R_B>30\text{MPa}$,岩体完整性程度与结构面状态评分之和大于 65 时,按 65 评分。

2. 当 $30\text{MPa}\geqslant R_B>15\text{MPa}$,岩体完整性程度与结构面状态评分之和大于 55 时,按 55 评分。

3. 当 $15\text{MPa}\geqslant R_B>5\text{MPa}$,岩体完整性程度与结构面状态评分之和大于 40 时,按 40 评分。

4. 当 $R_B\leqslant 5\text{MPa}$ 时,属特软岩,岩体完整性程度与结构面状态不参加评分。

表 7-3-3　结构面状态评分表

结构面状态	张开度 W (mm)	闭合 $W<0.5$		微张 $0.5\leqslant W<5.0$									张开 $W\geqslant5.0$	
	充填物	—		无充填			岩屑			泥质			岩屑	泥质
	起伏粗糙状况	起伏粗糙	平直光滑	起伏粗糙	起伏光滑或平直粗糙	平直光滑	起伏粗糙	起伏光滑或平直粗糙	平直光滑	起伏粗糙	起伏光滑或平直粗糙	平直光滑	—	—
结构面状态评分 C	硬质岩	27	21	24	21	15	21	17	12	15	12	9	12	6
	较软岩	27	21	24	21	15	21	17	12	15	12	9	12	6
	软岩	18	14	17	14	8	14	11	8	10	8	6	8	4

注：1. 结构面的延伸长度小于3m时，硬质岩、较软岩的结构面状态评分另加3分，软岩加2分；结构面延伸长度大于10m时，硬质岩、较软岩减3分，软岩减2分。

2. 当结构面张开度大于10mm，无充填时，结构面状态的评分为零。

表 7-3-4　地下水评分表

活动状态			干燥到渗水滴水	线状流水	涌水
水量 q(L/(min·10m 洞长))或压力水头 H(m)			$q\leqslant25$ 或 $H\leqslant10$	$25<q\leqslant125$ 或 $10<H\leqslant100$	$q>125$ 或 $H>100$
基本因素评分 T'	$T'>85$	地下水评分 D	0	0 ~ −2	−2 ~ −6
	$85\geqslant T'>65$		0 ~ −2	−2 ~ −6	−6 ~ −10
	$65\geqslant T'>45$		−2 ~ −6	−6 ~ −10	−10 ~ −14
	$45\geqslant T'>25$		−6 ~ −10	−10 ~ −14	−14 ~ −18
	$T'\leqslant25$		−10 ~ −14	−14 ~ −18	−18 ~ −20

注：基本因素评分 T' 是前述岩石强度评分 A、岩体完整性评分 B 和结构面状态评分 C 的和。

表 7-3-5　主要结构面产状评分表

结构面走向与洞轴线夹角		90° ~ 60°				60° ~ 30°				<30°			
结构面倾角		>70°	70° ~ 45°	45° ~ 20°	<20°	>70°	70° ~ <45°	45° ~ 20°	<20°	>70°	70° ~ 45°	45° ~ 20°	<20°
结构面产状评分 E	洞顶	0	−2	−5	−10	−2	−5	−10	−12	−5	−10	−12	−12
	边墙	−2	−5	−2	0	−5	−10	−2	0	−10	−12	−5	0

注：按岩体完整程度分级为完整性差、较破碎和破碎的围岩，不进行主要结构面产状评分的修正。

围岩工程地质分类标准见表 7-3-6。

表 7-3-6 围岩工程地质分类

<table>
<tr><th>围岩类别</th><th>围岩稳定性</th><th>围岩总评分 T</th><th>围岩强度应力比 S</th><th>支护类型</th></tr>
<tr><td>Ⅰ</td><td>稳定,围岩可长期稳定,一般无不稳定块体</td><td>$T>85$</td><td>>4</td><td rowspan="2">不支护,或局部锚杆,或喷薄层混凝土,大跨度时,喷混凝土、系统锚杆加钢筋网</td></tr>
<tr><td>Ⅱ</td><td>基本稳定,围岩整体稳定,不会产生塑性变形,局部可能产生掉块</td><td>$85\geqslant T>65$</td><td>>4</td></tr>
<tr><td>Ⅲ</td><td>局部稳定性差,围岩强度不足,局部会产生塑性变形,不支护可能产生塌方或变形破坏,完整的较软岩可能暂时稳定</td><td>$65\geqslant T>45$</td><td>>2</td><td>喷混凝土、系统锚杆加钢筋网,跨度为 20 ~ 25m 时,浇筑混凝土衬砌</td></tr>
<tr><td>Ⅳ</td><td>不稳定,围岩自稳时间很短,规模较大的各种变形和破坏都可能发生</td><td>$45\geqslant T>25$</td><td>>2</td><td rowspan="2">喷混凝土、系统锚杆加钢筋网,并浇筑混凝土衬砌</td></tr>
<tr><td>Ⅴ</td><td>极不稳定,围岩不能自稳,变形破坏严重</td><td>$T<25$</td><td></td></tr>
</table>

注:1. 围岩强度应力比 $S=\dfrac{R_B \cdot K_V}{\sigma_m}$,其中:$R_B$ 为岩石饱和单轴抗压强度,MPa;K_V 为岩体完整性系数;σ_m 为围岩的最大主应力,MPa,无实测资料时可用岩体自重应力(γH)代替。

2. Ⅱ、Ⅲ、Ⅳ类围岩,当其强度应力比小于本表规定时,围岩类别宜相应降低一级。

(二)中国科学院地质研究所围岩分类

中国科学院地质研究所工程地质室谷德振教授 1979 年提出的分类,把岩体按结构类型分为整体块状结构、层状结构、裂隙结构和散体结构四大类八亚类,每一亚类都归纳了岩体特征,确定了力学介质类型,其完整状态和力学特性都用定量指标给出界限值。最后提出了(包括作为地下洞室围岩在内的)工程地质评价要点。在此基础上,王思敬等 1984 年提出了更为详细的分类,把四大类分为 12 个亚类,每亚类除岩性和结构描述外,还有明确的定量指标,包括完整系数、基本块度、夹泥率、声波指数、质量系数和弹模,最后给出围岩的稳定性,如表 7-3-7 所示。

二、国外常用方法

(一)挪威的 Q 系统分类法

20 世纪 70 年代,挪威岩土工程研究所的 Barton、Lien 和 Lunde 研究了约 200 个隧洞工程实例,提出反映隧洞围岩稳定性的岩体质量指标 Q 系统。工程实例的实践表明,隧洞永久支护的数量和类型与围岩的 Q 值有密切的关系,Q 值按式(7-3-1)计算。

$$Q=\left(\frac{RQD}{J_n}\right)\times\left(\frac{J_r}{J_a}\right)\times\left(\frac{J_w}{SRF}\right) \tag{7-3-1}$$

表 7-3-7　中国科学院地质研究所围岩分类表

岩体结构		破坏机制	变形过程	分析方法	施工方法	稳定性评价和支护		
类型	亚类					跨度<5m	跨度 5~10m	跨度 10~30m
块状结构	整体	岩爆、劈裂	瞬时能量释放	弹性理论断裂力学	全断面开挖，导洞扩挖	稳定良好，局部喷层	稳定良好，局部喷锚	稳定良好，一般喷锚
	块状	块体塌滑开裂	与爆破同时发生或因爆破逐次松动突然塌方	弹脆性，节理单元块体力学	导洞扩挖，危岩加锚	稳定良好，局部喷锚	稳定良好，全部喷层，局部加锚	稳定良好，一般喷锚，局部加网
	裂隙块状	块体塌滑	突然发生，与爆破松动有关	弹脆性，节理单元块体力学	光爆，导洞扩挖，尽快喷锚危岩	稳定良好，一般喷层，局部加锚	稳定良好，一般喷锚	稳定良好，一般喷锚、加网，局部深锚
层状结构	互层	顺层滑动，岩层弯曲	稳定变形 1 周至 3 个月，失稳变形数日至数十天	光爆，导洞扩挖，尽快喷锚	弹性，层状单元，层体结构力学	稳定良好，一般喷锚	稳定较好，一般喷锚，局部加锚或挂网	稳定一般，加强喷锚、加网，局部深锚
	间（夹）层	顺层滑动塌落	稳定变形数日至 10 余天有时长达 1 个月	弹性，层状及夹层单元	光爆，导洞扩挖，尽量少切层，局部锚固	稳定良好，一般喷锚	稳定较好，一般喷锚，局部加锚	稳定一般，加强喷锚、加网，局部深锚
	薄层	顺层滑动，岩层弯曲剥裂	稳定变形及发展变形 10 天至 1 个月	弹塑性层体结构力学	小炮开挖，及时喷锚	稳定良好，一般喷锚	稳定一般，加强喷锚，挂网	稳定一般，加强喷锚、加网，局部加强
	软层	塑性变形及剪切破坏	变形阶段达数月或更长	弹塑性或黏弹性理论	小炮开挖，及时锚喷	稳定一般，加强喷锚，加喷	稳定一般，加强喷锚，挂网，局部加喷	稳定较差，加强喷锚，加喷，内部可用衬砌

续表 7-3-7

岩体结构		破坏机制	变形过程	分析方法	施工方法	稳定性评价和支护		
类型	亚类					跨度<5m	跨度 5~10m	跨度 10~30m
碎裂结构	镶嵌	松动塌滑	稳定及发展变形阶段很短，一般数日	不抗拉分析，碎块力学	小炮开挖，喷锚紧跟	稳定一般，喷锚，局部加网	稳定一般，加强喷锚，挂网，并加网	稳定较差，加强喷锚，加网，加喷，内部衬砌
	碎裂	松动崩塌，塑性变形和剪切破坏	变形阶段长达 3 个月至半年	弹塑性，不抗拉，黏塑性碎块力学	小炮开挖，喷锚紧跟，必要时先墙后拱	稳定较差，加强喷锚，局部加网喷层	稳定较差，加强喷锚，局部加网，深锚，内衬	稳定差，加强喷锚加网，加深锚，内衬，个别加反拱
	层状碎裂	松动塌方，塑性变形，剪切	变形阶段长达 3 个月至半年	弹塑性，不抗拉，黏塑性碎块力学	小炮开挖，喷锚紧跟，必要时先墙后拱	稳定差，加强喷锚，局部加网加喷，局部内衬	稳定较差，加强喷锚，局部加网，加喷，局部内衬	稳定差，加强喷锚，加网，加喷，深锚内衬，个别加反拱
散体结构	松散	松动剪切破坏	变形阶段长达 1 个月至 3 个月	弹塑性，散体，极限平衡	小炮开挖或不放炮喷锚紧跟，必要时特殊施工（如冻结法）	稳定差，加强喷锚，加网喷，内衬反拱	稳定差，加强喷锚，加网喷，内衬反拱	稳定很差，加强喷锚，加网，内衬，加反拱及特殊支护
	松软	塑性变形，剪切破坏（膨胀）	变形阶段长 3 个月至一年以上	弹塑性流变力学	小炮开挖或不放炮喷锚紧跟，必要时特殊施工（如冻结法）	稳定差，加强喷锚，加网喷，内衬反拱	稳定差，加强喷锚，加网喷，内衬反拱	稳定很差，加强喷锚，加网，内衬，加反拱及特殊支护

式中 RQD——Deere 的质量指标；

J_n——节理组数，与 RQD 的比值粗略地代表岩石的块度；

J_r——最脆弱的节理的粗糙度系数；

J_a——最脆弱节理面的蚀变程度或填充情况，与 J_r 的比值代表嵌合岩块的抗剪强度；

J_w——裂隙水的折减系数；

SRF——应力折减系数与 J_w 的比值反映围岩的主动应力。

以上六个参数都可以根据实际地质条件，由专门制定的参数取值表查出，然后计算 Q 值。Q 值的范围为 0.001～1 000，代表着围岩的质量从极差的挤出性岩石到极好的坚硬完整岩体，分为九个质量等级，见表 7-3-8。

表 7-3-8　Q 值围岩分类

Q 值	0.001	0.1	1	4	10	40	100	400	1 000
等级	特别差	极差	很差	差	一般	好	很好	极好	特别好

然后又按隧洞的等效尺寸进一步细分为 36 种类型。每一类给出了建议的支护类型、数量和布置要点。Barton 还给出一系列图表，反映不同 Q 值时隧洞顶板的支护压力和不需要支护的最大跨度。他们的经验计算式为：

$$顶板支护压力 = 2J_n^{1/2}Q^{-1/3}/3J_r \tag{7-3-2}$$

计算边墙支护压力时，上式中的 Q 值须作如下调整：当 $Q>10$ 时，应以 $5Q$ 代入计算；当 $0.1<Q<10$ 时，以 $2.5Q$ 代入；当 $Q\leqslant 0.1$ 时，就以 Q 值代入，亦即边墙压力与顶板压力一致。

对于不需要支护的最大跨度，按 $D=2.1Q^{0.387}$ 近似考虑，式中 D 为等效跨度。

Q 系统分类是 Barton 等于 1974 年提出的，欧洲和亚洲的一些国家已较普遍的采用，并认为是一种比较方便且较切合实际的方法。

（二）地质力学分类法

地质力学分类法又称 *RMR* 分类或 *CSIR* 分类，是比尼威斯基（Z. T. Bieniawski）根据 111 个工程实例的分析研究，于 1973 年提出的一种分类方法，并在实际应用中进行了修改。

RMR 分类包括五个基本参数，分别为岩石材料的单轴抗压强度、*RQD*、节理间距、节理状况和地下水状况。将各参数根据实际状况按规定评定分值，五个分值相加得到 *RMR* 分，再以主要节理走向的评分予以修正得最终的 *RMR* 评分值。按总分值将岩体分为Ⅴ类（见表 7-3-9）。

表 7-3-9　*RMR* 岩体分类表

岩体分级	Ⅰ	Ⅱ	Ⅲ	Ⅳ	Ⅴ
RMR 总分值	100～81	80～61	60～41	40～20	<20
岩体类别	很好	好	一般	差	很差
岩体 c 值（kPa）	>400	300～400	200～300	100～200	<100
岩体 φ 值	>45°	35°～45°	25°～35°	15°～25°	<15°

Bieniawski 指出，在进行围岩分类时，应首先根据地质条件作分区和分段，然后再对各

区段分别进行 *RMR* 评分。

Bieniawski 提出的岩体变形模量 E_m(GPa)与 *RMR* 评分之间的经验公式为：

$$E_m = 10^{\frac{RMR-10}{40}} \tag{7-3-3}$$

(三)新奥法

此分类是目前欧洲许多国家采用的主要分类。

新奥法被认为是近代隧洞工程技术中的比较先进的方法之一,它的最大的特点是在概念上把围岩看做是地下洞室承载结构的一部分(甚至是主要部分)。支护仅是给围岩承载能力不足部分的补充和强化,这一概念的建立是隧洞工程发展新阶段的标志。

在奥地利,围绕新奥法的发展,许多学者如 Lauffer、Richard、Linder、Owen 等都提出一些围岩分类,新奥法创始人之一 Rabcewicz 根据新的认识,和 Pacher 一道改进了原 1957 年时提出的分类法,把岩体归纳为五种类型,见表 7-3-10。

表 7-3-10　新奥法围岩分类

<table>
<tr><th>岩体类型</th><th>Ⅰ
稳定及稍脆岩体</th><th>Ⅱ
脆性岩体</th><th>Ⅲ
破碎及极破碎岩体</th><th>Ⅳ
挤出性岩体</th><th>V_a
强烈挤出性岩体</th><th>V_b
无黏结力的滚动性岩体</th></tr>
<tr><td>特征</td><td>稍有裂隙可见</td><td>被层面、裂隙切割成块状,裂隙黏土化呈薄片剥落</td><td>片理及裂隙呈细片状,软化、黏化</td><td>在强烈挤压性岩体中,呈细片化的岩块错综复杂地咬合在一起,有较好的黏结力的破碎岩体</td><td>极其紊乱,呈糜棱化的粉状破碎不固结、黏结力很小的破碎岩体</td><td>无黏结力的挤出性破碎岩体</td></tr>
<tr><td rowspan="2">动态</td><td colspan="2">岩体强度大于切向应力,岩体平衡,始终是稳定的</td><td rowspan="2">切向应力大于岩体强度时要用下部或支撑环的闭合来支撑</td><td colspan="3" rowspan="2">岩体强度比切向应力小,岩体由于本身的塑性向洞内挤入,稍有侧压底鼓强烈,用环状闭合来控制岩体的挤入</td></tr>
<tr><td>要局部支护,注意岩块</td><td>拱部要形成环状支护</td></tr>
<tr><td>地下水影响</td><td>完全没有</td><td>几乎没有</td><td>在裂隙影响</td><td>有</td><td colspan="2">影响显著</td></tr>
<tr><td>开挖分部支护方法</td><td>全断面开挖</td><td>拱部系统锚固</td><td>分上下半断面开挖,拱部和侧壁形成支撑环后挖下部</td><td>台阶法开挖,修砌拱前环体要闭合</td><td colspan="2">台阶法开挖,环体要闭合</td></tr>
<tr><td>支护效能和紧急措施</td><td>局部极弱处可能有岩爆</td><td>扩大拱部支护使侧壁稳定</td><td>开挖后立即支护,表面剥离要处理好</td><td colspan="3">整个施工期,支护要控制主岩体的挤出,支撑环闭合形成岩体承载环,要维持岩体的自承能力,每一台阶开挖前,支撑都要形成保护环</td></tr>
<tr><td>其他</td><td colspan="2">除岩爆外,没有必要采取紧急措施</td><td></td><td></td><td></td><td></td></tr>
</table>

第四节　地下洞室超前预报、支护加固处理措施及适用条件

一、地下洞室超前预报

地下洞室超前预报是施工阶段施工地质工作的一项重要内容,应在地下洞室地质勘察的基础上,选用合适的方法实施适时的地质超前预报。在长大复杂的隧洞(特别是岩溶隧洞)施工地质预报工作中,应坚持洞内探测与洞外地质勘探相结合、地质方法与物探方法相结合、多种物探方法相结合、地球物理方法与超前水平钻探相结合、隧洞施工方法与地质超前预报方法相结合,开展多层次、多手段的超前地质预报,并贯穿整个施工过程中。

施工期的地质超前预报可分直接预报方法和间接预报方法两大类。

(一)直接预报方法

可根据施工开挖情况,对照前期勘察预测的成果,预报隧洞掌子面前方的地质情况。当地质情况复杂,并且对隧洞工程危害大时,可在掌子面布置超前钻探或超前导坑。根据超前导坑与正洞的位置,分为正洞超前导坑和平行超前导坑。前者的超前导坑位于正洞范围内,是正洞的一部分;后者与正洞平行,在正洞范围之外。例如,日本青涵海底隧道曾进行水平钻孔探测。秦岭隧道曾采用总长 18km 的平行导坑超前预报。

(二)间接预报方法

间接预报方法主要是采用多种类型的物探手段探测前方地质情况。主要的物探仪器和方法主要有:

(1)TSP(Tunnel Seismic Prediction)。这是瑞士 Amberg 公司生产的一种反射地震法仪器,可探测深度 100～200m。该法对与隧道呈大角度的软弱带,如断层、软弱夹层、地层分界等效果较好,对不规则形态的地质缺陷如溶洞、暗河及含水情况效果不理想。

(2)HSP(水平声波剖面法)。这是目前铁路系统应用得比较广泛的一种物探方法。

(3)地质雷达。这是应用较多的一种方法,探测深度一般在 30m 以内,对空洞、水体等的反映较灵敏,因而在岩溶地区用得较普遍,例如在引黄入晋工程南干线 6 号隧洞探测岩溶发育情况效果较好。

(4)红外探水法。此法是基于岩体中地下水的富集程度和活动状况的差异而引起岩体红外辐射场强度的变化提出的。通过探测岩体红外辐射场强度的变化,判断掌子面前方或洞壁四周岩体含水程度,预报掌子面前方有无潜伏的含水体。

二、支护加固处理措施

(一)一般原则

(1)地下洞室支护加固处理的目的是保持围岩稳定或提供必要的稳定时间,为永久支护衬砌和施工创造安全条件。

(2)支护加固措施应充分发挥围岩的自承和承载能力,支护结构宜按围岩自承能力确定。

(3)支护形式应根据工程地质和水文地质条件、断面大小、施工方法等通过分析计算或工程类比决定,围岩支护加固的效果应根据围岩变形观测的分析,不断改进(或加强)支护加固的措施。

(4)对地下洞室(临时或一期)支护加固的建议是在施工地质安全预报后提出的,支护措施是通过地质、设计、施工、监理等各方综合研究确定的。

(二)支护加固措施主要方法

1.喷锚支护

喷锚支护在地下工程中经常采用,可用于临时支护和永久支护。喷锚支护的类型有喷混凝土、锚杆、锚索、喷混凝土加锚杆、挂网喷混凝土加锚杆等,一般根据围岩地质条件选定。

实施喷锚支护时应注意:

(1)及时性和适时性。一般在低地应力区,围岩变形快、自稳时间短,喷锚支护要及时。在高应力区,一般要注意适时性。

(2)在干燥少水的洞段,喷锚支护加固围岩的效果十分显著;在线状流水的洞段,应做好地下水的集中引排工作,以保障喷锚工作的实施和质量;在大涌水洞段,应首先进行围岩的超前堵、排处理后,再实施开挖围岩的喷锚支护。

(3)在围岩稳定性差的洞段,应进行围岩的超前加固处理措施后(如超前注、灌浆措施),再实施开挖围岩的喷锚支护。

(4)围岩稳定性差的洞段宜进行围岩的变形观测,以了解喷锚支护的效果并决定是否进行补强加固措施。

2.钢拱架和格栅钢拱架支护

钢拱架和格栅钢拱架支护通常是与喷锚支护联合使用的一种措施,常用于围岩稳定性差的破碎岩体或断层破碎带中。

3.管棚支护

当隧洞要通过松散土层,或隧洞顶部覆盖土层较薄,或要通过已塌方的洞段时,可以采用管棚法施工。

第五节　地下洞室围岩监测

一、布置原则

宜在有代表性的洞段布置围岩的监测,主要有:

(1)1级水工隧洞。

(2)不良地质洞段:如Ⅳ~Ⅴ类围岩洞段,具有特殊不良工程性质的岩土洞段、高外水和地下水丰富洞段,具有有害气体、放射性元素、有害水质洞段,高地应力洞段等。

(3)土洞段:如具有湿陷性黄土、膨胀性黏土及岩土过渡段等。

(4)大洞径、高(内)水头、高流速的水工隧洞。

(5)采用新技术的洞段。

二、监测内容

(一)常规项目

洞内监测的内容主要包括监测围岩的变形及应力,作用在衬砌结构上的围岩压力和外水压力、渗流量、温度等。

洞外监测包括隧洞进出口山体的稳定性,隧洞地区地面沉陷、位移、地下水位变化情况及隧洞渗漏情况等。

(二)其他项目

(1)应加强支护的施工监测和施工时的地表监测。

(2)洞口应设置与施工监测相结合的位移安全监测点,监测地面下沉及边坡稳定情况。

(3)浅埋土洞及稳定性较差(或极差)洞段,施工时应进行沿洞线(洞段)的地表下沉监测。

(4)对湿陷性黄土、膨胀土、软黏土洞段中的混凝土(或钢筋混凝土)衬砌应设永久安全监测断面,并进行放空时的断面收敛量测。

(5)湿陷性黄土洞段应进行渗漏安全监测。

第八章　天然建筑材料勘察

天然建筑材料勘察是水利水电工程地质勘察中重要的基础工作。天然建筑材料的分布、质量、储量及开采运输条件等，是工程建设的基本条件，对工程设计方案和投资有着直接的影响。因此，应重视天然建筑材料勘察。

天然建筑材料主要指天然形成的可用于工程建筑的材料，包括砂砾石料、砂料、土料及块石料等。

第一节　勘察目的和料场选择的基本原则

天然建筑材料勘察的目的是查明工程所需要的各类天然建筑材料料场的分布、位置、储量、质量、开采和运输条件，为工程设计提供依据。因此，天然建筑材料勘察必须结合工程设计阶段和设计方案，因地制宜地进行。

天然建筑材料料场选择的原则是：在考虑环境保护、经济合理、保证质量的前提下，宜由近至远，先集中后分散，并注意各种料源的比较；应不影响建筑物布置及安全，避免或减少与工程施工相干扰；不占或少占耕地、林地，确需占用时宜保留还田土层；应充分利用工程开挖料。

第二节　勘察依据和勘察大纲编制

天然建筑材料勘察应依据勘察任务书或合同进行。为使勘察工作和勘察成果更好地满足要求，勘察任务书或合同中应明确设计阶段、设计方案、勘察级别、材料种类、需用量等内容。

勘察大纲是指导勘察工作合理、科学开展的重要文件，应依据任务书或合同的要求全面收集已有资料，认真进行现场踏勘后，结合工程实际进行编制。

天然建筑材料勘察大纲的主要内容包括任务来源和工作依据，勘察区地形、地貌及工作条件，勘察工作内容、方法及工作量，勘察工作布置及成果提交要求等。

第三节　勘察精度分级

天然建筑材料勘察划分为普查、初查、详查 3 个级别，与水利水电工程的规划、可行性研究、初步设计 3 个阶段相对应。

第四节　各设计阶段勘察的基本要求

一、规划阶段

规划阶段天然建筑材料的勘察目的是了解工程所需材料的分布情况，初选料场，并了解各类材料的质量、储量情况。

本阶段勘察精度为普查。基本勘察要求包括：对规划方案所有天然建筑材料都必须进行普查；宜在规划的水利水电工程 20km 范围内对各类天然建筑材料进行地质调查；经过草测 1/10 000 ~ 1/5 000 料场地质图，初步了解材料类别、质量，并估算储量，编制 1/100 000 ~ 1/50 000 料场分布图；对近期开发工程或控制性工程，每个料场应根据天然露头草测 1/10 000 ~ 1/5 000 综合地质图，还应布置少量勘探和取样试验工作，初步确定有用层质量。必要时，在普查基础上进行初查。

二、可行性研究阶段

可行性研究阶段天然建筑材料的勘察目的是初步查明初选料场的地质条件以及有用层的储量、质量和开采运输条件。

本阶段勘察精度为初查。基本勘察要求包括：工程所需各类天然建筑材料必须做到初查；初步查明料场岩（土）层结构及岩性，夹层性质及空间分布，地下水位，剥离层、无用层厚度及方量，有用层储量、质量、开采、运输条件和对环境影响等；当天然建筑材料的初查精度不能满足建筑物形式和结构选择时，应对控制性的料源及主要料场进行详查；采用 1/5 000 ~ 1/2 000 地形图作底图，进行料场地质平面测绘及勘探布置；人工骨料料场和块石料料场应实测 1/2 000 ~ 1/1 000 料场地质剖面，砂砾料、土料场可实测 1/2 000 ~ 1/1 000料场地质剖面；进行料场勘探与取样试验；勘察储量与实际储量误差应不超过 40%，勘察储量不得少于设计需要量的 3 倍；编制 1/50 000 ~ 1/25 000 料场分布图、1/5 000 ~ 1/2 000 料场综合地质图、1/2 000 ~ 1/1 000 料场地质剖面图。

三、初步设计阶段

初步设计阶段天然建筑材料勘察是在可行性研究阶段初查的基础上进行的，勘察目的是详细查明选定料场的地质条件以及有用层的储量、质量和开采运输条件，并论证对环境的影响。

本阶段勘察精度为详查。基本勘察要求包括：详细查明料场岩（土）层结构及岩性，夹层性质及空间分布，地下水位，剥离层、无用层厚度及方量，有用层储量、质量、开采、运输条件和对环境的影响等；应采用 1/2 000 ~ 1/1 000 地形图作底图，进行料场地质测绘和勘探布置；对人工骨料和块石料应实测 1/2 000 ~ 1/500 料场地质剖面；砂砾料和土料料场可实测 1/2 000 ~ 1/500 料场地质剖面图；进行料场勘察与取样试验；勘察储量与实际储量误差应不超过 15%，勘察储量不得少于设计需要量的 2 倍；编制 1/50 000 ~ 1/10 000 料场分布图、1/2 000 ~ 1/1 000 料场综合地质图、1/2 000 ~ 1/500 料场地质剖面图。

四、招标和施工图设计阶段

初步设计阶段以后，由于天然或人为活动影响，前期勘察料场的储量、质量可能会发生变化，或者因设计方案变更使已勘察的料场不能满足工程设计的需要。因此，本阶段主要是根据需要对天然建筑材料进行补充勘察和对初步设计阶段勘察的料场进行复查。

招标和施工图设计阶段天然建筑材料勘察的基本要求包括：复查初步设计审批中所提出的天然建筑材料遗留问题，有针对性地进行勘探和取样试验；当因设计、施工方案变更需要新辟料源和扩大料源时，应按详查级别进行勘察；调查料场详查至开采时段内，有无因天然或人工因素造成料场明显变化，必要时应重新进行详查级别的勘察工作；复查或补做详查应在料场开采前完成；应配合设计、施工进行专门性试验研究工作；在料场开采过程中，做好资料收集和整理工作。

第五节　料场勘探和取样试验

天然建筑材料料场勘探应依据料场地形地貌特征，宜沿岩性、岩相变化大的方向布置勘探线。勘探网（点）间距应符合各勘察级别的要求，并可根据料场条件作适当调整。勘探点的布置应先疏后密，逐渐增加并形成网格状。

在进行天然建筑材料料场取样试验时，对每个勘探点均应分层取样试验。已做过初查的料场可适当减少。材料试验分全分析和简分析两种，按材料种类确定全分析和简分析试验项目。

一、砂砾料

（一）料场分类

砂砾料料场按地形地质条件宜分为三类：Ⅰ类，面积广，有用层厚而稳定，表面剥离层零星分布；Ⅱ类，呈带状分布，有用层厚度变化不大，有剥离层；Ⅲ类，面积小，有用层厚度小，岩性变化较大，有剥离层。

（二）料场勘探

砂砾料勘探点间距应按表 8-5-1 确定。

表 8-5-1　砂砾料勘探点间距

料场类型	勘察级别		
	普查	初查（m）	详查（m）
Ⅰ	近期开发或控制性工程，每个料场布置 1～3 个勘探点和 1～3 条物探测线	200～400	100～200
Ⅱ		100～200	50～100
Ⅲ		<100	<50

勘探方法应按料场特性和勘察级别确定。水上部分可采用物探、坑探、钻探、井探等；水下部分可以钻探、物探为主，必要时可布置少量沉井式井探或其他有效勘探手段。

各勘探点应揭穿有用层或基岩顶板。若有用层过厚，其勘探深度应超过最大开采深度。勘探点应进行详细描述，其内容包括地层名称、厚度，颗粒组成及砂、砾石、蛮石和泥团(黏粉粒)的含量，砂的矿物和砾石的岩石成分、风化程度、密实度、胶结程度，夹层或透镜体特征，并记录勘探时地下水位与相应时间的河水位、取样地点、深度和编号。

(三)取样试验

各勘探点必须按水上、水下分层取样做简分析。取样间距可按单层厚度 1～3m 取 1 组，岩相稳定或变化较大，取样间距可适当增减；大于 0.5m 的夹层应取样。

每个取样点均应做简分析。全分析应取代表性样品，砂砾料取样最少组数应按表 8-5-2确定，单层取样初查不少于 2 组，详查不小于 3 组。

水上部分应以试坑取样为主，可用刻槽、吊桶抽取、全坑等方法；水下部分应以钻孔取样为主，可适当布置少量沉井取样。刻槽断面宜 30cm×40cm，其最小宽度和深度应大于最大粒径长轴的 2 倍，大蛮石就地测量，不予刻取。取样钻孔孔径应在 168mm 以上。

样品数量应根据试验需要和颗粒组成而定。对超量样品应以四分法缩取。现场试验样品，全分析不得少于 1 000kg，简分析不得少于 300kg。室内试验样品，砾石(除去大于 80mm 的)不应少于 30kg，砂不应少于 10kg。坝壳填料的大型试验样品数量应按试验需要确定。

简分析试验项目，砂料应为颗粒分析、含泥量、轻物质含量，砾石料应为颗粒分析、针片状颗粒、软弱颗粒、活性骨料、泥块(团)、轻物质等含量。若经岩相法鉴定砾石料中有含碱活性成分的岩石时，应取样进行碱活性骨料的危害性鉴定。全分析试验项目应符合《水利水电工程天然建筑材料勘察规程》(SL251—2000)的规定，同时可根据地域及工程需要适当增减部分试验项目。

二、人工骨料

(一)料场分类

人工骨料料场按地形地质条件宜分为三类：Ⅰ类，地形完整，沟谷不发育，岩性单一，岩相稳定，断裂、岩溶不发育，风化层及剥离层较薄；Ⅱ类，地形不完整，沟谷较发育，岩性、岩相较稳定，没有或少有无用夹层，断裂、岩溶较发育，风化层及剥离层较厚；Ⅲ类，地形不完整，沟谷发育，岩性、岩相变化大，夹无用层，断裂、岩溶发育，风化层及剥离层厚。

(二)料场勘探

人工骨料勘探网(点)间距应按表 8-5-3 确定。

表 8-5-2　砂砾料取样最少组数

料场储量(10^4m^3)	勘察级别	
	初查	详查
<50	4	6
50～200	6	9
>200	8	12

表 8-5-3　人工骨料勘探网(点)间距

料场类型	勘察级别		
	普查	初查(m)	详查(m)
Ⅰ	近期开发或控制性工程，每个料场实测 2～4 条剖面和 1～3 个勘探点	200～300	100～500
Ⅱ		100～200	50～100
Ⅲ		<100	<50

勘探方法应按料场特性和勘察级别确定，采用钻探、坑槽探、硐探和物探等。控制性钻孔应揭穿有用层或开采底板线以下 3 ~ 5m。

勘探点应描述地层、岩性、产状、无用夹层，断层、裂隙发育情况、风化程度、岩溶及充填物等，并记录地下水位、取样位置和编号、岩心获得率等。

（三）取样试验

取样试验应符合下列规定：

（1）详查取样组数应按岩性、风化程度分别取样。同一岩性不少于 5 组，同一风化层取样数量不应少于 3 组，初查时可适当减少。

（2）取样应在钻孔岩心中选取和坑槽、探硐壁凿取。

（3）每组试验样品数量和规格，应满足试验要求。

原岩试验项目及重要的大型工程，做人工骨料轧制试验的项目应符合《水利水电工程天然建筑材料勘察规程》（SL251—2000）的规定。

（四）质量要求

混凝土用人工骨料要求岩石单轴饱和抗压强度应大于 40MPa，常态混凝土人工细骨料中石粉含量以 6% ~ 12% 为宜。其他质量技术指标尚应符合混凝土细、粗骨料的质量要求。

三、土料

（一）料场分类

土料料场按地形地质条件宜分为三类：Ⅰ类，料场面积大，地形平缓，有用层厚而稳定，土层结构简单；Ⅱ类，料场面积较大，地形起伏，有用层厚度较稳定，土层结构较复杂；Ⅲ类，料场面积小，地形起伏大，有用层较薄，土层结构变化大。

（二）料场勘探

土料料场勘探网（点）间距可按表 8-5-4 确定。初查，每条剖面上不应少于 2 个坑（孔）；详查，Ⅲ类料场每条剖面上不应小于 3 个坑（孔）。

勘探方法应采用机钻、手摇钻、洛阳铲、坑槽探、井探等。

勘探点应描述土的名称、颜色、成分、结构、厚度、潮湿状态、塑性状态、含碎（砾）石或结核、腐殖质等，并记录地下水位、取样位置、编号、高程。

（三）取样试验

每个勘探点均应分层取样做简分析，间距 1 ~ 3m 取 1 组样。潮湿地区天然含水率试验应 1m 取 1 个样。

土料全分析样品最少组数可按表 8-5-5 确定。单层初查不少于 3 组，详查不少于 5 组。黄土应增加崩解试验组数，膨胀土应增加膨胀、收缩试验组数，分散性土应增加分散性试验组数，红黏土应增加双比重计试验组数。

取样应在坑槽和钻孔中采用刻槽法和孔内取土器分层采取。原状土样要现场及时蜡封、装存、运送，严禁碰撞、振动。取样规格及数量应满足试验要求，原状样不小于 15cm × 15cm × 15cm 或直径不小于 9cm、长度不小于 10cm，扰动样不少于 25kg。

黏性土简分析项目应为天然含水率、颗粒分析、液限、塑限，视需要可增加击实、击实后的剪切、渗透系数等项目。黏性土全分析试验项目应按《水利水电工程天然建筑材料勘察规程》(SL251—2000)的规定确定,必要时应做天然含水率随季节变化的试验。分散性土还应做分散性试验(针孔试验、孔隙水溶液试验、土块试验、双比重计试验)。红黏土还应做双比重计试验。

表 8-5-4　土料料场勘探网(点)间距

料场类型	勘探级别		
	普查	初查(m)	详查(m)
Ⅰ	近期开发或控制性工程,每个料场实测 1 ~ 3 条剖面和 1 ~ 3 个勘探点	200 ~ 400	100 ~ 200
Ⅱ		100 ~ 200	50 ~ 100
Ⅲ		< 100	< 50

表 8-5-5　土料全分析样品最少组数

料场储量(10^4m^3)	初查	详查
< 10	3	5
10 ~ 50	4	7
> 50	6	9

四、碎(砾)石料

(一)料场分类

碎(砾)石料料场按地形地质条件宜分为三类:Ⅰ类,料场面积大,地形平缓,岩性单一,有用层厚度大而稳定,成分、结构较简单;Ⅱ类,料场面积较大,地形起伏,有用层厚度和成分、结构变化较大;Ⅲ类,料场带状分布,地形起伏大,有用层厚度和成分、结构变化大。

(二)料场勘探

碎(砾)石料勘探网(点)间距可按表 8-5-6 确定。初查每条剖面上不少于 2 个坑(孔),详查每条剖面上不应少于 3 个坑(孔)。

勘探方法应以坑探、槽探、井探、钻探为主。

对所有勘探点都要进行描述,其内容包括岩土层名称、颜色、岩性结构、风化程度及分带、粒度成分、潮湿状态、塑性状态等,并记录取样位置、编号及高程。

(三)取样试验

取样可采用刻槽或钻孔内分段取样,或全钻孔取样。

每个勘探点均应分层取样做简分析,单层厚 1 ~ 3m 取样 1 组。碎(砾)石料全分析取样最少组数可按表 8-5-7 确定,单层取样初查不少于 1 组,详查不少于 2 组。全分析取样不少于1 000kg,简分析不少于 300kg。

表 8-5-6　碎(砾)石料勘探网(点)间距

料场类型	勘察级别		
	普查	初查(m)	详查(m)
Ⅰ	利用天然露头观察	200 ~ 300	100 ~ 150
Ⅱ		100 ~ 200	50 ~ 100
Ⅲ		< 100	< 50

表 8-5-7　碎(砾)石料全分析取样最少组数

料场储量(10^4m^3)	初查	详查
< 10	3	5
10 ~ 50	4	7
> 50	6	9

简分析试验项目应为天然含水率、颗粒分析、液限、塑限,视需要可增加击实、击实后的剪切、渗透系数等项目。全分析试验项目应按《水利水电工程天然建筑材料勘察规程》(SL251—2000)的规定确定。

对风化成因的碎(砾)石类土,应做压实后的颗粒分析、渗透破坏试验和干湿循环试验。必要时,应做碎(砾)石类土的碾压试验。

五、槽孔固壁土料

槽孔固壁土料应选取胶粒含量高、砂粒含量低、塑性指数大的土料料场作为勘探料场。详查应在调查和取少量样试验合格的基础上进行,其勘探网间距应以 20 ~ 30m 为宜。

勘探方法、勘探点描述及取样方法与土料相同。

勘探点均应分层取样做简分析,取样间距 1 ~ 3m。全分析取样应有代表性,取样组数应按料场储量确定,储量大于 $1\times10^4m^3$ 时取 3 ~ 5 组,小于 $1\times10^4m^3$ 时取 2 ~ 3 组。取样规格及数量应满足试验要求,每组样不少于 5kg。

试验项目应符合《水利水电工程天然建筑材料勘察规程》(SL251—2000)的规定。

六、块石料

(一)料场分类

块石料料场按地形地质条件宜分为三类:Ⅰ类,岩性单一,岩相稳定,断裂、岩溶不发育,岩石裸露,风化轻微;Ⅱ类,岩层厚度及质量较稳定,没有或有少量无用夹层,断裂、岩溶较发育,剥离层薄;Ⅲ类,岩层厚度和质量变化较大,有无用夹层,风化层较厚,断裂、岩溶发育,剥离层较厚。

(二)料场勘探

块石料勘探网(点)间距可按表 8-5-8 确定。初查,每条剖面上不应少于 2 个坑(孔);详查,每条剖面上不应少于 3 个坑(孔)。

表 8-5-8 块石料勘探网(点)间距

料场类型	勘察级别		
	普查	初查(m)	详查(m)
Ⅰ	利用天然露头,必要时布置少量勘探点	300 ~ 500	150 ~ 250
Ⅱ		200 ~ 300	100 ~ 150
Ⅲ		<200	<100

勘探方法可采用钻探、坑槽、探井和硐探等。

勘探点应描述岩层名称、岩性、产状、构造、岩石块度、风化程度、岩心获得率等,并记录取样位置、高程及编号等。

（三）取样试验

取样应具有代表性。详查应在 1 ~ 3 个典型剖面上的有用层中按不同岩性分别取样，Ⅰ、Ⅱ、Ⅲ类料场取样间距分别按 5 ~ 10m、3 ~ 5m、2 ~ 3m 取试样一组，各有用层不同岩性试样总数不应少于 5 组。典型剖面以外勘探点所揭露的有用层，均应取一组试样。初查，可取少量试样。

取样应在钻孔岩心中选取或在坑槽、竖井、平硐凿取，其规格及数量应满足试验要求。

试验项目包括极限抗压强度（干、饱和、冻融）、密度（天然、干、饱和）、吸水率、硫酸盐及硫化物含量（合算成 SO_3）。

为论证爆破后石块的大小、级配能否符合要求，详查时应收集有关爆破资料，进行类比。当岩体裂隙发育、质量较差时，应配合设计、施工与试验性开采结合进行爆破试验，爆破试验点应选择在有代表性的典型地段上。爆破后，必须测定堆石的块径、级配和休止角或抗剪强度。爆破试验组数宜不少于 2 ~ 3 组。

第六节　天然建筑材料的质量要求

天然建筑材料是水利水电工程施工建筑的主要用料，其质量是水工建筑物施工和安全运行的重要条件。因此，不同水工建筑物对所采用的天然建筑材料的质量有不同的要求。同时，天然建筑材料的质量必须符合水利水电工程施工建设的质量要求。

天然建筑材料的质量技术指标应符合《水利水电工程天然建筑材料勘察规程》（SL251—2000）的规定。

一、土料的质量要求

（一）均质土坝对土料的要求

均质土坝对土料的要求主要是透水性弱、抗剪强度高和抗水性强。根据《水利水电工程天然建筑材料勘察规程》（SL251—2000），用于均质土坝的土料主要技术指标包括：黏粒含量以 10% ~30% 为宜，碾压后的渗透系数小于 1×10^{-4}cm/s，塑性指数为 7 ~ 17，天然含水量最好接近该土的最优含水量或塑限（ω_p），水溶盐和有机质含量分别小于 3% 和 5% 等。

在野外鉴定时，可用手抓土，能够紧捏成团但不黏手，摔到地上又能摔碎，这时土料的含水量即接近最优含水量。土料的天然含水量过大、过小都不容易压实，不利于施工。中、易溶盐含量小于 8% 。但在干燥地区上述条件可适当放宽。

碎石土也可用于填筑均质土坝。与传统土料相比，碎石土具有强度较高、易于压实等优点，但存在料源分散、储量小、质量相对不均一等缺点。对于风化成因的碎石土，特别是软岩类的风化岩，因母岩质软，抗压强度低，经压实后级配与天然状态有较大变化，必要时应做干湿循环试验。

在工程施工现场，上坝前用天然含水量作为控制指标，用天然干密度作为检测指标。

（二）防渗体土料的质量要求

相对于均质土坝土料，防渗体土料的质量要求要高一些。根据《水利水电工程天然建筑材料勘察规程》(SL251—2000),用于防渗体的土料主要技术指标包括:黏粒含量以15% ~40% 为宜,碾压后的渗透系数小于 1×10^{-5} cm/s,塑性指数为 10 ~ 20,天然含水量最好接近该土的最优含水量或塑限(ω_p),水溶盐和有机质含量分别小于 3% 和 2% 等。

二、砂砾石的质量要求

(一)用于混凝土骨料的砂砾石质量要求

对用于混凝土的砂料中有害物质含量有专门规定,如云母含量应小于 2% 、硫酸盐及硫化物含量(换算成 SO_3)小于 1% 、轻物质含量小于 1% 、含泥量应小于 3% 且不允许有黏土团块或黏土薄膜。颗粒级配对砂料质量影响较大,要求细度模数以 2.5 ~ 3.5 为宜。另外,还应注意是否有碱活性物质,表观密度、堆积密度、孔隙率等指标是否满足规程要求。

用于混凝土粗骨料的砾料要求级配连续,粒度模数以 6.25 ~ 8.30 为宜,并要求针片状矿物含量小于 15% 、软弱颗粒含量小于 5% 、含泥量小于 1% 、硫酸盐及硫化物含量(换算成 SO_3)小于 0.5% 。其他指标如表观密度、堆积密度、孔隙率、吸水率、冻融损失率、有机质含量及轻物质含量等应满足《水利水电工程天然建筑材料勘察规程》(SL251—2000)。

(二)用于坝壳料的砂砾石质量要求

用于坝壳的砂砾石料相对于混凝土骨料要求低一些,要求 5mm 至相当于 3/4 填筑层厚度的颗粒含量为 20% ~80% ,含泥量小于 5% ,碾压后的渗透系数大于 1×10^{-3} cm/s。其中,干燥区的渗透系数可小一些,含泥量高一些;而强震区的砾石含量下限应予以提高,其中的砂料应尽可能采用粗砂。

三、碎(砾)石土的质量要求

碎(砾)石土的质量要求与土料相似,详见《水利水电工程天然建筑材料勘察规程》(SL251—2000)。

四、块石料的质量要求

块石料的使用目的不同,质量要求相应有所差异,但其共性要求是:具有较高的强度和较强的抗风化、抗侵蚀能力,冻融损失率小于 1% 。理想的块石料是呈致密块状或厚层状的坚硬岩石。

在对块石料的质量进行评价时,还要特别注意断层、岩溶等对块石料成材率的影响。

第七节　天然建筑材料开采运输条件

天然建筑材料勘察,应当同时研究其开采运输条件。在普查阶段就应当根据已有的地质资料研究寻找的方向,按照由近及远等原则进行工作。砾石和砂的产地分布最广的多是沿河的漫滩和阶地;而土料产地主要是山间盆地及平原地区,阶地的上部常分布有大量土料。

天然建筑材料产地最好分布在施工场地附近且具有较好的交通运输条件。在其他条件相同时,应优先选择运输条件较好的产地,特别是靠近已有运输路线的产地。有时距离施工场地较远的料场，如果距已有运输线路较近，反而比没有运输路线的较近产地更经济、合理。水上运输比较经济，在具备水上运输条件时可考虑使用。

剥离层和有用层的厚度及其比值直接影响到料场开采的难易及其经济合理性。剥离层厚度大时会使开采工作困难且不经济，一般来说，剥离层的厚度与有用层的厚度之比小于1:4时比较合适。如果有用层中分布有较多的有害夹层，将增加开采难度和成本。地下水位对开采方式有较大影响。对于低漫滩上的料场，还应注意洪水对开采运输条件的影响。对石料来说，岩石裂隙发育情况和岩石脆性也会影响开采方法、速度和成材率。

在选择天然建筑材料产地时，还应尽可能地避免占用过多的耕地，并做好料场复耕工作。

从环境保护的角度出发，天然建筑材料的采掘应当尽可能少地破坏环境和威胁文物古迹的安全。

在运输条件方面，应当考虑由料场至施工场地敷设运输路线的条件。

第八节　资料整理与报告编写

一、图件编制

天然建筑材料勘察图件应包括料场分布图、料场综合地质图、地质剖面图、钻孔柱状图，以及平硐、竖井、坑槽展示图等。

(1)料场分布图包括以下内容：各类天然建筑材料料场名称和位置；建筑物位置、交通线路、城镇等；各料场概况一览表，应按料源类别列表，内容包括料场位置、名称、编号、至建筑物距离、勘察级别、剥离方量、有用储量和质量总评价。

(2)料场综合地质图包括以下内容：勘探点(线)位置及编号、地面高程、坑(孔)深度、剥离层厚度、有用层厚度；地层、岩性、构造等主要地质界线及代号，耕地、林地范围和其他标志；储量计算范围线；质量分区界线，应按材料的质量优劣、有用层和剥离层的厚度及分布、开采条件等进行分区；储量、质量汇总表应按岩土分类、分区分别汇总统计。

(3)料场地质剖面图包括以下内容：勘探点编号、位置、高程、坑(孔)深度、取样位置和编号，剥离层厚度、有用层厚度；地层、岩性、构造、风化等界线；地下水位线、高程与施测日期；河床、河漫滩应标出相应枯水位和一般洪水位；质量分区线和储量计算范围线；剖面方向，相交剖面和编号。

(4)柱状图和展示图包括以下内容：勘探点编号、位置、高程、深度、施工起止日期，勘探点地层、岩性、风化界线、厚度，地下水埋藏深度、高程和施测日期，取样点位置和编号，地质描述；人工骨料场地层柱状图还应列出矿物化学成分试验成果；基岩勘探孔应标明岩心获得率、*RQD*；土料勘探孔宜标明黏粒含量和天然含水量。

二、试验成果整理

(一)试验成果整理的基本要求

试验成果应及时整理，以便发现问题，利于校正和补充试验；应分层、分区或按产地汇总整理;如考虑水下开采,则水上、水下分别整理;列入整理的试验成果,其试验方法必须相同。

各项试验成果应计算平均值或加权平均值,列出最大值、最小值,根据指标的类别和工程需要列出大值平均值或小值平均值。

砾石密度、针片状颗粒含量、软弱颗粒含量、活性骨料含量应分级统计。

(二)砂、砾料试验成果整理

对于土坝坝壳填筑砂砾料(包括砂料)颗粒级配资料,应计算各级粒径组百分含量,绘制级配曲线。

对于混凝土骨料用砂砾石颗粒级配资料,应计算各级粒径组的百分含量,绘制级配曲线,计算砂的细度模数和平均粒径。

对影响混凝土骨料质量的指标,如砾石中的针片状颗粒、软弱颗粒、活性骨料等,当含量较高、变化较大,并且试验组数较多时,应采用加权平均法计算其含量。

土坝坝壳填筑砂砾料及砂料应分析计算渗透系数和抗剪强度指标。

(三)土料试验成果整理

土料的试验成果整理应分析计算压缩性指数、抗剪强度(直剪、三轴剪)指标。

必要时,应编制土的天然含水率随深度变化图及天然含水率随季节变化曲线。

应绘制土在击实试验后干密度与渗透系数的关系曲线。应绘制土的最大干密度与最优含水量的关系曲线,并确定最大干密度、最优含水量指标。

三、储量计算

储量计算范围和边界应在有用区圈定范围内计算有用层的总储量和剥离层及夹层的体积,并按分区、分层、水上、水下进行储量计算。

储量计算方法可采用平均厚度法、平行断面法、三角形法,选择一种方法计算,取另一种方法校核。平均厚度法多用于地形平缓、有用层厚度较稳定的料场。平行断面法多用于地形有起伏、剥离层与有用层厚度有变化的料场。三角形法常用于勘探网(点)布置不规则的料场。

混凝土骨料净砾石、净砂及砾石应分级计算储量。

四、报告编写

(一)规划阶段

规划阶段工程地质勘察报告应阐明天然建筑材料普查成果,略评各规划工程天然建筑材料条件,并附料场分布图。

对近期开发工程或控制性工程的初查成果,必须专门编写天然建筑材料勘察报告。

(二)可行性研究阶段和初步设计阶段

每个料场完成初查或详查后,均应编写天然建筑材料勘察报告,编写内容包括料场位置、地形地貌、地层岩性、开采运输条件、材料质量、储量及评价,应附料场综合地质图及地质剖面图。

在可行性研究阶段和初步设计阶段天然建筑材料勘察报告中,应包括下列部分:

(1)简述工程概况、任务要求、勘察过程、完成工作量和对前人资料的利用情况等。

(2)自然地理地质概况应叙述与建筑材料质量有关的区域地质简况、水文气象特征等。

(3)按材料类别分料场叙述下列内容:料场位置、高程、至建筑物距离、交通条件、占用农田的面积,并简要叙述料场地貌、岩土层结构、有用层和无用层及有害层的厚度、性质与变化规律、地下水位、河水位及相互关系等;勘探方法、布置形式、勘探点间距、取样方法和组数;根据试验成果汇总表与质量技术指标或工程设计特殊要求,评价材料质量是否符合要求;储量计算方法及计算边界,列出储量计算成果表和储量汇总表。

(4)按不同材料类别简要说明勘察结论,进行综合分析比较,推荐优选料场及提出下一步工作建议。

(5)天然建筑材料料场分布图、料场综合地质图、料场地质剖面图、试验成果汇总表和储量汇总表、各料场综合成果表和勘察工作量表作为报告的附图、附表。

(6)水利水电工程地质勘察报告中的天然建筑材料部分(章、节),应为天然建筑材料勘察报告的摘要。

(三)招标设计和施工图设计阶段

招标设计和施工图设计阶段天然建筑材料复查报告的主要内容包括:目的、任务及完成勘察工作量,试验成果综合分析、评价和结论等。所附图表可按实际情况而定。

(四)施工期

施工期应通过收集料场开采施工资料与前期勘察成果对比分析。竣工后编写天然建筑材料勘察工作总结,并将内容编入工程竣工地质报告。

《水利水电工程天然建筑材料勘察规程》(SL251—2000)对天然建筑材料勘察的任务和内容、料场勘察和取样试验、质量技术要求及资料整理和报告编写,作了具体、明确的规定。

第九章　特殊岩(土)体地质问题

第一节　岩溶地质

一、基本概念

(一)碳酸盐岩溶蚀机理

1.岩溶的定义

岩溶(喀斯特)是可溶性岩石在水的溶(侵)蚀作用下,产生的各种地质作用、形态和现象的总称。可溶岩包括碳酸盐类岩石以及石膏、岩盐、芒硝等其他可溶性岩石。由于碳酸盐类岩石在我国分布范围最广,所以这里主要指碳酸盐类岩石中的岩溶。

2.碳酸盐岩溶蚀机理

天然水对碳酸盐岩的溶蚀是由二氧化碳(包括其他腐蚀性物质)、水和碳酸盐岩的反应过程,可以简单地用化学式表示为:

$$\begin{array}{c} CaCO_3 + H_2O + CO_2(\text{溶解}) \rightleftharpoons Ca^{2+} + 2HCO_3^- \\ \uparrow\downarrow \\ CO_2(\text{空气}) \end{array}$$

3.混合溶蚀作用

当两种不同浓度的饱和碳酸钙的水溶液混合后,在其他条件不变的情况下,重新获得溶解石灰岩能力或增加对碳酸钙溶解量的作用,称为混合溶解作用或混合溶蚀。这个概念已被应用于说明许多洞穴的形成机理。混合溶蚀是由 $CaCO_3$ 及 CO_2 的平衡曲线(为一非线性函数)提出的。

(二)岩溶发育的基本条件

可溶岩石和水是岩溶发育的基本条件。岩石必须具有可溶性和透水性,流经岩面或入渗于岩石(体)中的地表、地下水应具有溶蚀能力,并不断将溶蚀物质带走,才能使溶蚀作用不断进行。因此,岩石(体)的可溶性、透水性和水的溶蚀能力、流动性是岩溶发育的基本条件。

(三)岩溶地貌特征与岩溶形态类型

岩溶地区具有特殊的地貌特征,如浑圆的溶丘、封闭的洼地、神奇的峰林和洞穴,以及伏流、暗河和岩溶大泉、深切岩溶峡谷等地貌景观。主要的地表地下岩溶形态见表9-1-1,不同气候条件下的岩溶形态组合特征见表9-1-2。

根据气候、岩溶发育时代、岩溶出露条件、岩溶作用及岩溶形态组合等因素进行岩溶类型分类,见表9-1-3。

表 9-1-1　主要岩溶形态

地表岩溶形态	地下岩溶形态
岩芽、石林、溶隙、溶洞、溶蚀准平原、溶槽、溶蚀洼地、溶蚀槽谷、溶蚀平原、溶碟、漏斗、溶蚀谷地、峰丛、峰林、落水洞、竖井、干谷、盲谷、孤峰	溶孔、落井、溶潭、伏流、溶穴、溶泉、天窗、暗河、溶洞

表 9-1-2　不同气候环境下的岩溶形态组合特征

气候环境	地表形态				地下形态		
	宏观	大形态	小形态	堆积物	大形态	小形态	堆积物
干旱、半干旱	常态山	干谷	单个溶痕	石灰岩角砾、钙壳或钙质结核	风蚀岩层穿沿,除雪山底部外很少大洞穴	雪山底部洞穴中,可见涡穴、贝窝	雪山底洞穴,可见各种小型次生化学沉积物
寒带、高寒山区	常态山	干谷、浅洼地	尖溶痕	石灰岩角砾、流水钙华	雪山或现代冰川下可发育大型洞穴	少量涡穴、贝窝、边槽	次生化学沉积物较少,冰川纹泥、崩塌堆积,少量寒冷区生物堆积
温带	丘陵地形、丘陵洼地	碟型洼地、溶盆	尖溶痕、土下溶痕溶盆	流水钙华、少量洞外钟乳石,有的地区有石灰岩角砾	常见大型洞穴系统,形态取决于水动力条件	常有涡穴、贝窝、边槽悬吊岩等	较多次生化学沉积物,常有崩塌堆积,冲积层,温带生物堆积
热带、亚热带	峰林地形	多边形洼地、溶盆、石林	尖溶痕、土下溶痕溶盆	红壤土、大量洞外钟乳石	常见大型洞穴系统、形态取决于水动力条件	较多的小型溶蚀形态	大量次生化学沉积物,崩塌堆积,冲积层,热带、亚热带生物堆积

表 9-1-3　岩溶类型

分类依据	岩溶类型
气候	主要类型:1. 热带型;2. 亚热带型;3. 温带型 次要类型:1. 高寒地区型;2. 干旱地区型
岩溶发育时代	1. 古岩溶:中生代及中生代以前发育的岩溶; 2. 近代岩溶:新生代以来发育的岩溶
岩溶出露条件	1. 裸露型:岩溶岩层裸露,仅低洼地区有零星小片第四系覆盖; 2. 半裸露型:岩溶岩层裸露为主,在谷地、大型洼地及河谷附近有较大面积被第四系覆盖; 3. 覆盖型:岩溶岩层大面积被厚的(一般为几十米以上)第四系覆盖,地面一般没有岩溶岩层的分布; 4. 埋藏型:岩溶岩层大面积埋藏于非岩溶岩层之下
岩溶作用及岩溶形态组合	1. 溶蚀为主类型:包括石林溶沟、溶丘洼地、峰丛洼地、溶蚀槽谷、峰林谷地、孤峰坡地或残丘坡地带; 2. 溶蚀—侵蚀类型:包括岩溶高山深谷、岩溶中山峡谷、岩溶低山沟谷、海岸岩溶、礁岛岩溶等; 3. 溶蚀构造类型:包括垄脊箱谷、垄脊谷地、岩溶断陷盆地、岩溶断块山地等

（四）岩溶发育的影响因素

1. 地层岩性

地层岩性的影响因素主要包括岩石的化学成分、地层的组合及其厚度等。一般情况下，质纯的碳酸盐岩较含泥质、硅质多的岩溶发育；钙镁比值高的碳酸盐岩较钙镁比值低的岩溶发育，如石灰岩较白云岩岩溶发育。

地层组合或层组类型对岩溶发育的影响，主要表现在由于非碳酸盐岩夹层的存在，不同程度地限制了地下水的活动或地表水与地下水的转化，而使岩溶的发育受到影响。

岩石的化学成分、结构和层组组合都是由沉积环境和条件决定的，二者之间具有一定的内在联系。一般构成巨厚层纯碳酸盐岩层组，往往都是质纯的石灰岩或白云岩；构成夹层或互层层组的岩石，多数是含泥质或硅质较多的碳酸盐岩。因此，岩性和地层组合对岩溶发育的影响是一致的。

2. 地质构造

断裂影响岩溶发育强度，控制岩溶发育方向和格局。不同力学性质的断裂面常显示不同的岩溶形态。

张裂面：一般空隙大，易形成落水洞、漏斗、条形洼地、天窗、竖井、地下河、溶洞。直立的洞穴一般多不规则，呈串球状、楔形等。

压性或压扭性面：空隙小，断裂带中常有压碎岩或变质带，透水性差，岩溶不发育。

扭裂面：易形成溶脊、溶沟、溶槽、脊峰、石芽、石林、峰林。地下则普遍形成网状洞穴、平直溶洞，“扭裂面”交接处形成大厅或直立大洞。

褶皱岩层中常有大量张裂隙，加剧了地表水与地下水的循环交替。

线状褶皱：两翼岩层较陡，形成顶状单面山式峰林、峰丛、洼地、盆地、树枝状水系，核部形成长条洼地、盲谷、旱谷、箱屉状、塔式峰丘、矩形盆地。

带状背斜：长条形分水岭，轴部岩溶不发育，两翼岩溶加深增强。

带状向斜：带状山的羽状向心水系，轴部为岩溶主干通道。

桌状背斜及屉状向斜：波状台地、低丘、浅凹、宽岩溶槽谷。

穹盆褶：石芽、石林、溶丘、塔式峰、浅宽溶谷、盆地。

岩层产状对岩溶发育的影响：在横向河谷地段，当岩层倾角较陡时，易于接受大气降水和地表水的渗入而使岩体含水量丰富，循环深度也大。岩溶沿岩层走向发育，并且由于非碳酸盐岩夹层的存在，往往沿河谷两岸形成独具水力联系的岩溶系统；岩层倾角较平缓，岩溶发育多数是受层面裂隙和断层控制，两者在空间上的交会部位往往都有岩溶洞隙发育。

区域构造运动是岩溶作用的内动力，它控制地表地下水排泄基准面的变化。不同时期的岩溶能够反映地壳运动的过程。我国白垩纪以前数千米厚的碳酸盐岩曾几度间断，它反映了地壳有几次升降。每一次当碳酸盐岩暴露于地表时，为该岩层发育岩溶提供了条件，所以在地层不整合面之下的碳酸盐岩层往往有古岩溶。新构造运动对近期岩溶发育影响最大，反映了地壳升降幅度以及相对稳定的时间等，因为它影响着地下水的下蚀、旁蚀范围及方向。新构造运动决定了地下水排泄基准面的变化，同时造就了近代岩溶发育程度。

3. 地下水的补给排泄条件

地下水补给排泄条件是岩溶形成的直接因素之一。在构造断裂带，地下水形成通道，它扩大了水与可溶岩体的接触面积，也促进了地下水的循环交替。新构造运动改变了地下水排泄基准面高度，而使地下水的活动获得新的动力。

地貌单元不同，岩溶发育程度也有差异。如河谷岸坡与分水岭谷坡，其岩溶发育类型规模均有显著区别，地面坡度不一，影响地面水入渗条件，所以地面坡度小，往往岩溶发育。

植被条件好，促使地下水富集，因而岩溶易发育。

4. 气候条件

气候条件对岩溶发育影响也较明显。我国南方湿热，降水多，岩溶发育强度大；北方干旱地区相应岩溶发育规模小。不同气候带由于气温对溶解作用的影响，岩溶类型也不尽相同。

（五）岩溶发育的基本规律

（1）在不同岩性、结构与层厚的碳酸盐岩岩体中，岩溶发育具有明显的分选性。厚层、质纯、粒粗的石灰岩中，岩溶发育强烈，洞体规模大；随组分中杂质（硅、铝等）含量增加、岩层变薄、结构致密而发育程度渐弱，规模渐小。当不同岩性倾斜成层时，岩溶在平面上呈带状分布，与非（弱）可溶岩接触处，岩溶较为发育。

（2）岩体中各类结构面是岩溶水流动的集中通道，有利于岩溶发育。地质构造线往往决定了岩溶水的流动趋向，也控制了岩溶发育的延伸方向。

（3）河流水系是岩溶水的排泄基准面。岩溶形态在垂直河谷方向上具有分带性和成层性；在平面形态上，由于地下水由分散趋向集中，所以形成岩溶水系和相应的岩溶洞穴系统。在河谷排泄区，由于地下水呈倒虹吸管循环排泄，常形成低于排泄基准面的局部深岩溶洞穴。

（4）水平状洞穴系统在竖向分布上具有成层性，某一高程水平的洞穴与既定的排水基准相适应，两者高程相当，水平洞穴是这一基准面岩溶水长期作用的结果。地壳或基准面升降，也可以出现数级水平洞穴，其发育程度及规模与地壳、基准面相对稳定时间有关。

（5）向深处，岩溶发育程度与规模有减弱、渐小的趋势。

（六）岩溶水文地质结构及岩溶水文地质单元

岩溶水文地质结构可划分为背斜型、向斜型和单斜型及水平型等岩溶水文地质结构。岩溶水文地质单元相应地划分为背斜分流型、向斜汇流型、单斜顺层型和水平层流型岩溶水文地质单元。

（七）河谷岩溶水动力类型

河谷区岩溶地下水动力在垂向剖面上的特征，一般可分为以下几类（见表 9-1-4）：

补给型：两岸地下水补给河水，河谷区地下水水力坡降与岩溶发育强度有关，水力坡降愈缓，岩溶愈发育。

排泄型：两岸地下水位均低于河水位，河水补给地下水。

补排型：一岸地下水补给河水，另一岸河水补给地下水。

悬托型：两岸及河床地下水位均低于河水位，河水补给地下水。这类岩溶水动力类型多见于北方干旱地区。

表 9-1-4　河谷岩溶水动力类型

类型	水动力条件示意图	特 征
补给型	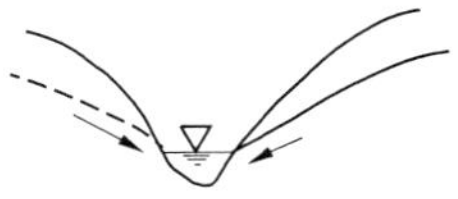	河谷两岸地下水位高于河水位,与邻谷间存在地下水分水岭,谷坡地段岩溶发育,岩层透水性强,地下水水力坡降随岩溶发育程度的加强而变缓
排泄型	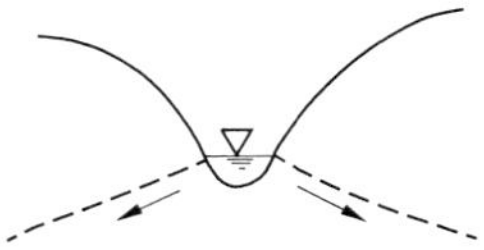	两岸地下水位低于河水位,有低邻谷,无地下分水岭
补排型	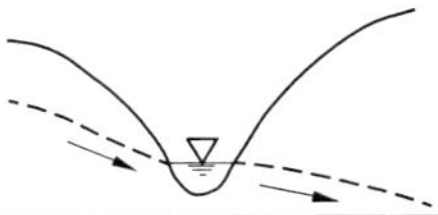	河谷一岸地下水位高于河水位,一岸低于河水位
悬托型	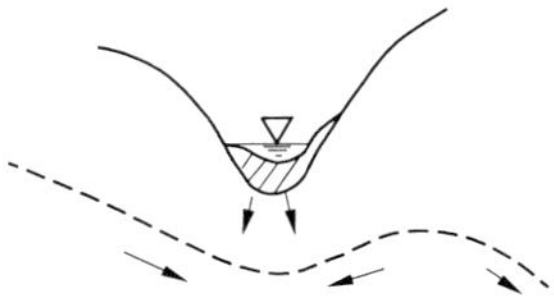	河谷两岸及河床地下水位均低于河水位,河水受覆盖层悬托于地下水面之上,河水越流向地下水缓慢排泄,补给地下水,地下水向低邻谷或下游排泄

对于补给型河谷,岩溶水动力类型一般可分为以下四个带:

(1)垂直渗流带。从地表到最高地下水面之间的部分,地下水以垂直渗流为主,并促使垂直形态岩溶发展。

(2)地下水面季节变动带。此带位于最高、最低地下水面之间。此带地下水在高水位时期做水平运动;在低水位时做垂直运动。

(3)完全饱水带。此带范围从最低地下水面至深部地下水向河流运动区。此带地下水在两岸做大致水平的运动,河床以下自下而上运动,可用流网表示。岩溶发育主要在上部,下部岩溶发育微弱。大量实际资料表明,本带分水岭地区钻孔地下水位随深度的增加而下降,河床钻孔地下水位随深度的增加而升高。

(4)深循环带。本带岩溶发育和地下水运动都是十分微弱的,并且地下水不向邻近的河床排泄,而是向远处缓慢运动。但是,目前对于这一带的存在和特点多是从理论上推出的,实际资料很少。

(八)岩溶地下水的补给运动排泄特征,岩溶水与岩溶水系

岩溶地下水赋存在碳酸盐岩洞穴和裂隙中,主要通过裸露地表的溶蚀裂隙、漏斗、落水洞、溶蚀洼地等接收大气降雨补给,也可通过地表明流集中补给,或由上覆第四系含水层补给,通过地下岩溶管道系统向排泄区运动,以岩溶泉、暗河等形式排泄于地表。岩溶含水层具有含水性和透水性的不均一性和各向异性。随着岩体岩溶化程度的增强,各向异性弱化。

岩溶地下水一般表现为分散补给、集中排泄的特征,一个岩溶水排泄点具有一定的地下水汇水域。因此,每个大的岩溶泉、暗河都可称为岩溶水系。岩溶水系的主通道在地下水等水位线图上一般表现为“低槽”,主通道两侧或一侧有较宽的低水位带,地下水坡降较小。

二、岩溶水文工程地质勘察与试验

(一)不同勘察阶段水库岩溶渗漏勘察内容及要求

根据《水利水电工程地质勘察规范》(GB50287—99),不同勘察阶段水库岩溶渗漏勘察的内容和要求见表9-1-5。

表9-1-5　不同勘察阶段水库岩溶渗漏勘察研究内容和要求

勘察阶段	勘察内容	勘察要求
规划	岩溶发育情况、含水层和隔水层的分布、河谷和分水岭的地下水位,对水库岩溶渗漏的可能性进行分析	进行1/50 000～1/25 000岩溶水文地质测绘,测绘范围应包括分水岭和邻谷
可行性研究	调查岩溶发育规律,主要包括喀斯特通道的延伸和连通情况,隔水层的分布、隔水性能及封闭条件,地下水的补排条件及地下水分水岭的位置、水位,估算渗漏量,初步评价渗漏对建库的影响程度和处理的可能性等	1/50 000～1/10 000岩溶水文地质测绘,范围包括邻谷、河间地块和坝下游地段,对产生渗漏地区可采用钻探和物探了解岩溶及地下水位等,并进行长期观测,观测时间不应少于1个水文年
初步设计	查明地下水位及其动态、相对隔水层的分布、厚度和延续性、岩溶渗漏的性质;主要渗漏通道的位置、形态和规模,估算渗漏量提出防渗处理的范围和深度	严重渗漏地段采用1/10 000～1/2 000岩溶水文地质测绘,范围包括可能渗漏通道及进出口地段,进行洞穴追索,利用各种物探手段了解岩溶和强透水带的空间位置,对可能渗漏的含水层不应少于2个钻孔了解地下水位,进行连通试验,了解洞穴的连通性和地下水的流向,也可进行大降深抽水和堵水试验,进行钻孔地下水位、岩溶泉、暗河的动态观测等
技施设计	核定坝基、坝肩和渗漏地段的防渗处理范围	进行专门性补充勘察和地下水长期观测

(二)岩溶水文地质调查(测绘)

为解决岩溶渗漏问题的岩溶水文地质调查(测绘),一般是在收集和分析坝区及其外围区域地质图件(比例尺为1∶100 000～1∶50 000)资料的基础上进行的。应该收集和分析的资料主要包括:

(1)区域地貌演变史及水文网发育史。

(2)区域构造发展史及区域地层剖面。

(3)区域构造形态,构造线方向及主要构造断裂力学性质、规模等。

(4)岩溶洼地、地下暗河、大型泉水及大型水平溶洞的发育和分布规律。

(5)区域地下水补给、运动及排泄条件。

通过区域资料分析,确定水库区和分水岭重点地段,进行综合性工程地质测绘,测绘比例尺一般为1∶5 000～1∶25 000。坝址区的测绘一般结合坝址区1∶1 000～1∶2 000的工程地质测绘进行。

岩溶水文地质调查(测绘)是在一般工程地质调查测绘的基础上,重点调查岩溶水文地质方面的内容，如以岩溶层组、岩溶层、隔水层等划分地层单元，查明岩溶渗漏区的岩溶水文地质结构。对调查（测绘）区的地面地下岩溶现象作详细的调查记录，对地表地下水露头进行详细描述，将岩溶水文地质现象详细测绘在图上。岩溶水文地质调查（测绘）是岩溶渗漏研究的基础工作，可以此分析水库的封闭条件，确定可疑的渗漏地段和渗漏途径，初步判断渗漏的可能性、渗漏的规模及危害程度等。只有在岩溶水文地质调查（测绘）的基础上才能确定需要重点研究的地段，并提出有效的勘探工作布置、要求及目的。

（三）岩溶水文地质勘探

岩溶水文地质勘探主要包括钻探和硐探。钻探主要了解岩溶含水层的地下水位、岩体岩溶的发育程度及随深度的变化情况，进行水文地质试验（抽水或压水）、连通试验、取水样分析、水温测量，并留作地下水动态长期观测等。对于揭穿由隔水层分隔的两个岩溶含水层，应进行分层观测水位。

岩溶水文地质钻探是确定河间地块、河湾地块及两岸地下水位、地下水分水岭的重要手段。由于其成本较高，一般是在岩溶水文地质调查的基础上，对调查区的岩溶水文地质特征有了基本了解的情况下布设钻孔进行验证的。钻孔深度应穿过岩溶强烈发育带，可能严重渗漏层组内的钻孔不应少于2个。

硐探主要用于岩溶洞穴追索，了解洞穴的规模、延伸方向、充填情况等，也可用于地下暗河的追索，了解岩溶系统的延伸方向、补给情况、水源点高程等。

（四）地球物理勘探

地球物理勘探在岩溶水文地质勘察研究中得到了广泛的应用，主要方法有地震法、声波法、电磁波法、电磁测深、电法、地质雷达等，用于确定岩溶含水层的地下水位与流向、岩溶发育情况、岩溶的规模和延伸方向等。由于各种物探手段都有其适用条件，故应结合勘察研究区的具体条件选用合适的物探手段才能获得好的效果。同时，由于物探成果有多解性，在解释物探成果时，应有工程地质人员参与。

（五）岩溶水动态研究

在岩溶地区，对地下水动态研究尤为重要，是了解岩溶水文地质条件的重要手段。

1. 观测网布置

岩溶区地下水动态观测，包括天然或人工地下水露头点，并选择其中部分重要的和具有代表性的钻孔、井、泉、地下暗河出口和地下暗河天窗作为固定观测点，进行定期观测。

长期观测钻孔应分层安装观测管，观测各含水层的地下水动态变化规律。

2. 观测项目

观测项目主要有水位、水温、水质（水的化学成分包括二氧化碳的含量）和水的颜色、气味等。对于地下水天然或人工露头点，自流钻孔等还应包括流量或流速的观测。同一观测孔如有两个含水层隔离分层观测时，各观测项目的观测数据要分别记录清楚。此外，在进行地下水有关项目观测时，应收集相应时间的水文及气象资料，如河水位、降雨量、蒸发量、气温等。同时，对地下水中的生物活动也应注意观察。

3. 观测时间

观测时间间隔视各地区的具体条件、具体项目和要求确定，一般每1～4周观测一次。第一个水文年观测应加密，以后可以适当延长时间间隔；洪水季节水位变动较大时，应加密观测次数，其他季节可以适当减少。洪水期，暴雨之后应加密观测，至少每天观测一次，直至恢复正常变化为止。也可根据一些专门要求进行特殊观测，如为了解钻孔水位与降雨的关系，可进行连续一个降雨过程观测。

岩溶地区地下水动态长期观测的持续时间，勘察阶段应不少于 1 个水文年。水库蓄水后可结合水库运行期渗漏情况确定。

4. 观测资料整理

观测资料整理要对观测资料的准确性和代表性作出正确判断。对有错误的资料要在分析其错误的原因之后才能更改，否则只有舍弃不用。对地下水动态长期观测资料的整编除原始记录本外，主要应提供下列分析图件：各时期各含水层的地下水等水位线图，各观测点地下水位变化过程曲线图，地下水位、水量、水温、水质变化与水文、气象因素变化关系曲线图。

（六）连通试验

连通试验是岩溶勘察研究中常用的重要手段，主要用来判断岩溶地下通道的连通情况，确定各岩溶洞穴、水点之间的水力联系；确定岩溶地下水的补、排关系，运行方向及流速；论证隔水层或相对隔水层的可靠性。

连通试验主要的方法有水位传递法和示踪剂法两种。水位传递法主要利用抽水、注水、放水、堵水等手段抬高或降低地下水位，观测有关点的水位水量的变化，以判断相互连通关系。示踪剂法采用向流动水流投入示踪剂，通过观测其流经点和流出点来判断洞穴之间的连通情况和流向流速等。

示踪剂一般要求满足以下条件：①悬浮，易溶或易分散于水中均匀地随水流动；②在物理、化学、光化学或生物的作用下，具有可靠的稳定性；③检测精度较高，能进行快速测定，多次测量；④无毒或低毒，不影响水质的可用性，不污染环境；⑤价格便宜，来源丰富。

目前常用的示踪剂有荧光素、食盐、石松孢子等。此外，尚有同位素法，如国内试用过铬（^{51}Cr）、碘（^{131}I）、氚（^{3}H）、氡（^{222}Rn）、铟（^{192}In）、硫（^{35}S）、钠（^{24}Na）、磷（^{32}P）等放射性同位素作为示踪剂，国外曾经用氚（^{3}H）、钴（^{58}Co、^{60}Co）、溴（^{82}Br）、铬（^{51}Cr）、碘（^{131}I）、铷（^{86}Rb）等放射性同位素进行过试验。

连通试验成果包括以下图表：

（1）连通试验成果表。连通试验成果表主要包括如下项目：投放点的位置和高程，投放时间，示踪物名称，投放数量，投放处的流量和水位；接收点的位置及高程，接收处的流量和水位，接收物数量（石松孢子个数或荧光素等示踪剂的浓度，在可能的情况下，还可分初到值、最高值和二次高峰等），示踪剂初到时间，持续时间；投接点直线距离，水位差以及计算的水力坡降和地下水流速等。

（2）接收点示踪剂（时间）浓度过程曲线。该曲线的浓度（纵）和时间（横）坐标比例尺可根据具体情况确定，以能清晰反映出峰值变化特征为原则，以便间接了解地下溶洞形态的复杂性和分支情况等。

（3）连通试验应标绘在岩溶水文地质图上。主要用不同符号或颜色表示出不同示踪物的投放点和观测点间的连通情况，如地下水流向、地下水连通线或某示踪剂示踪方向等。同时，还应注明各投放点及观测点的高程、水位、流量以及接收到的示踪剂的量值等。

(七)大降深抽水试验和堵水(洞)试验

大降深抽水试验和堵水(洞)试验属于“水位传递法”连通试验,能够了解到更多的岩溶水文地质信息,是研究岩溶发育和岩溶地下水特征、岩溶管道的连通情况、岩溶岩体的渗透性能、岩溶水分布等的有效手段。抽水试验可了解地下水位以下岩体岩溶发育情况,堵水试验可了解地下水位以上岩体的岩溶发育情况。

广西大化水电站区曾在落水洞(竖井)中进行过这种大流量(每秒 20L 以上)抽水试验。影响半径达 1 000m,判断出岩溶通道的主要发育方向及其中一个落水洞与地下河道直接相通的情况。鲁布革水电站在人工开挖的河边竖井中进行的大流量大降深抽水试验,两岸选择了 19 个观测孔,影响半径约 400m,跨越河床及两岸,观测成果反映出在呈椭圆形的影响范围内各点的地下水的连通情况、连通程度及其不均匀性。彭水水电站堵洞试验,溶洞内地下水位抬高近 50m,水压力击穿了通向坝址下游的岩溶通道,证实了水库蓄水后向下游绕渗的结论。

三、岩溶水文工程地质问题及处理措施

(一)水库岩溶渗漏及防渗处理

水库岩溶渗漏是岩溶地区修建水利水电工程主要的工程地质问题之一。

1. 水库封闭条件

确定一个水库是否存在岩溶渗漏问题,首先要查明水库的封闭条件,即库周边有无隔水层或相对隔水层封闭。如果不能封闭,有可溶岩通向库外,则水库可能沿可溶岩层向库外渗漏。

2. 水库岩溶渗漏类型

渗漏类型可以分为向邻谷渗漏、河湾渗漏、坝基渗漏和绕坝渗漏;按渗漏的性质可分为岩溶裂隙性渗漏、岩溶管道渗漏及两者混合型渗漏。

3. 水库岩溶渗漏的分析与评价

水库岩溶渗漏应根据岩溶发育规律和空间分布、邻谷的位置和下切深度、河间地块岩层的透水性、岩溶化程度,以及岩溶水的补、排、径流条件与动态变化和地下水分水岭的高程等,岩溶水文地质条件以及非岩溶化岩层的封闭条件和隔水性能等综合判定。

当水库存在下列条件之一时,可判断为水库不存在喀斯特渗漏:

(1)水库周边有可靠的非喀斯特化地层或厚度较大的弱喀斯特化地层封闭。

(2)水库与邻谷或与下游河湾地块有可靠的地下水分水岭,并且分水岭水位高于水库正常蓄水位。

(3)水库与邻谷或与下游河湾地块的地下水分水岭水位略低于水库正常蓄水位,但分水岭地段喀斯特化程度轻微。

(4)邻谷常年地表水或地下水位高于水库正常设计蓄水位。

当水库存在下列条件之一时,可判断为可能存在溶隙性渗漏:

(1)河间或河湾地块存在地下水分水岭,地下水位低于水库正常蓄水位,但库内外无大的喀斯特水系统(泉、暗河)发育,无贯穿河间或河湾地块的地下水位低槽。

(2)河间或河湾地块地下水分水岭水位低于水库正常蓄水位,库内外有喀斯特水系

统发育，但地下分水岭地块中部为弱喀斯特化地层。

当水库存在下列条件之一时，可判断为可能存在溶隙与管道混合型渗漏或管道型渗漏：

（1）可溶岩层通向库外低邻谷或下游支流，可溶岩地层喀斯特化强烈，河间或河湾地块地下水分水岭水位低平且低于水库正常蓄水位，喀斯特洼地呈线状或带状穿越分水岭地段，分水岭一侧或两侧有喀斯特水系统发育。

（2）经连通试验或水文测验证实，天然条件下河流向邻谷或下游河湾排泄。

（3）悬托型或排泄型河谷，天然条件下存在喀斯特渗漏。

（4）库内外有喀斯特水系统发育，系统之间在水库蓄水位以下曾发生过相互袭夺现象，或有对应的成串状喀斯特洼地穿越分水岭地块，经连通试验证实地下水经喀斯特洼地、漏斗、落水洞流向库外。

4. 水库岩溶渗漏量计算

水库岩溶渗漏量计算是十分困难的课题，原因是渗漏的边界条件复杂，计算参数难以准确确定。

一般来说，岩溶渗漏量估算应根据岩体喀斯特化程度，地下水赋存及运动特征，计算单元内水力联系等情况概化计算模型，用相应的计算方法进行估算。溶隙型渗漏可采用地下水动力学法和水量均衡法进行估算；管道型渗漏可采用水力学法估算和水量均衡法进行估算；管道与溶隙混合型渗漏可分别估算后迭加；此外也可采用数值模拟方法估算。由于喀斯特渗漏量计算的边界条件和参数十分复杂，需对各种计算方法取得的成果进行相互验证，作出合理判断。

5. 渗漏危害性评价

水库岩溶渗漏的危害性应区分对工程建筑物安全、水量损失和对环境影响等方面进行评价。

6. 防渗处理方案、原则和技术措施

防渗处理方案主要根据渗漏类型和工程对象选择。对于管道性集中漏水，多选择堵、截的防渗方案。对于裂隙性分散渗漏，多选择帷幕、铺盖或天然淤积的防渗方案。多数的情况是既有集中的管道漏水，又有分散的裂隙渗漏，因此防渗也应采用综合处理方案，如铺盖与堵洞相结合、帷幕与截水墙相结合、帷幕与堵洞相结合等。

对于坝址的防渗处理，一般以灌浆帷幕和排水结合为主，辅以堵、截等方法，有时也可采用铺盖方案。

进行库区的防渗处理时，对集中的漏水通道，多用堵、截或隔离方案。对于分散的大片漏水，可考虑铺淤方案。

防渗处理的原则应区分水库水量漏失和与建筑安全有关的渗漏两类，处理的措施要有所区别。对于仅有水量漏失的处理只要封堵漏水通道，减少渗漏水量即算达到目的。对于涉及建筑物安全的防渗处理范围和深度应在保证建筑物安全的前提下，通过技术经济比较，按照下列原则确定：

（1）保护坝基、坝肩附近的溶洞、裂隙中充填物在大坝运行期不发生冲刷，也不允许增大扬压力。

（2）利用隔水层或相对隔水层。

(3)通过渗流计算和电模拟试验。

防渗处理的技术措施应在查清渗漏边界条件的前提下,因地制宜选定,主要有以下几种:

(1)灌浆帷幕。通过钻孔向地下灌注水泥或其他浆液,填塞岩溶岩体中的渗漏通道,形成阻水帷幕,以达到防渗的目的。

灌浆帷幕用于裂隙性岩溶渗漏具有显著的防渗效果。对规模不大的管道性岩溶渗漏采用填充性灌浆也有一定效果。

一般在坝基和坝肩部位都设置灌浆帷幕,以防止绕坝渗漏。坝肩帷幕应布置在无相对隔水层分布的坝址,以垂直(或有较大的交角)谷坡地下水等水位线及岸坡地形线为宜。在利用相对隔水层防渗的坝址,帷幕在深入岸坡一定距离后,即转向相对隔水层,与相对隔水层连接。帷幕深度及向两岸的延伸范围则根据防渗处理范围确定。

帷幕的灌浆压力、孔距、排距、排数等,根据壅水高度、建筑物特点、岩溶发育程度和灌浆试验结果确定。对有泥质填充的裂隙岩体,可试用高压灌浆处理。另外一种观点则主张采用一般灌浆压力,起压密填充作用,不会再被渗透水流带走。过高的灌浆压力会使岩体产生宽0.5~0.8mm的细微裂隙,故对其适用性应首先进行研究。

(2)堵洞和截水墙。选择集中漏水洞口用适当的建筑材料堵塞,是防止岩溶通道渗漏的有效方法。对裸露基岩中的漏水洞,只要清除其充填物和洞壁的风化松软物质,然后用混凝土封堵,即可获得良好效果。在覆盖型岩溶河段,由于基岩中岩溶管道埋藏于覆盖层之下,要清除覆盖层,找到基岩中岩溶管道的入口,加以封堵。如因覆盖层太厚,彻底清除确有困难,也应尽可能深挖扩大,清除其中的松软物质,然后加以堵塞。一般的堵洞结构是下部做反滤层,上部以混凝土封堵,再以黏土回填。在覆盖层中堵洞,有时要进行多次才能成功。对于岩溶极发育的地段,也可采用截水墙拦截。

国内外的经验表明,堵洞后封存在溶洞中的空气在水位变动时会产生不利的影响。当地下水位迅速上升时,空洞中的空气压力升高,高压气体可能突破管道的薄弱部分或堵洞工程,向外排气。随后,这一排气洞可能成为水库的漏水洞。而当地下水位迅速下降时,被封闭的溶洞又成为负压区,也可能导致上部盖层或堵洞工程的破坏,成为漏水洞。因此,堵洞时,应留有高出水库水面的排气孔、排气管或排气活门。

(3)铺盖。在坝上游或水库的某一部分,以黏土层或钢筋混凝土板做成铺盖,覆盖漏水区以防止渗漏。铺盖防渗主要适用于大面积的孔隙性或裂隙性渗漏。库底大面积渗漏,常用黏土铺盖;对于库岸斜坡地段的局部渗漏,用混凝土铺盖。为防止坝基、坝肩渗漏而设置的铺盖,最好使坝体与上游的隔水岩层相衔接,或铺盖的范围扩大使绕过铺盖的水流比降和流量控制在允许限度以内。一般情况下,铺盖工程应在蓄水前或水库放空以后施工,以保证质量。但有些情况下,用水中抛土方法形成铺盖,也可起到一定的防渗作用。铺盖厚度,黏土可为1/8~1/10水头,最小1m。有承压水时,不宜用黏土做铺盖。

(4)隔离。在库岸基岩上修筑隔水围坝,将范围不大的集中渗漏区与库水隔离,以减少水量损失。

(5)排水。将建筑物基础下及其周围的承压地下水或泉水通过有反滤设备的减压井、导管及排水沟(廊道)等将承压地下水引导排泄至建筑物范围以外,以降低渗透压力。排水孔、减压井或其他排水设施一般设在防渗帷幕后面和两岸边坡。

（二）岩溶地基稳定

岩溶化岩体作为建筑物地基的工程地质评价方法在现行《水利水电工程地质勘察规范》（GB50827—99）中尚没有涉及，在有关论著中虽作过一些探索，但仍未形成共识。岩溶对地基稳定的影响主要表现在以下方面：①岩溶洞穴（含充填软弱松散堆积物的洞穴）周边围岩在外荷载作用自身失稳导致地基沉陷变形（压缩、塌陷）或坍塌；②由于溶洞作为临空面导致地基沿某一软弱面向溶洞滑移变形；③由于溶洞充填物在高压水流作用下发生渗透变形和冲刷导致沿溶洞管道发生渗漏，破坏地基的稳定。以上三方面可以单独发生，也可混合发生。

坝基或拱座岩体中存在溶洞，在外荷载作用下溶洞围岩的稳定性可以基础面至溶洞之间岩体作为板梁进行计算，也可进行有限元分析计算，作为岩溶洞穴围岩稳定性评价和处理的依据。坝基和拱座岩体中存在溶洞和溶蚀缝隙与其他软弱面组合，可作为滑移变形的空间，在抗滑稳定验算时应作为可压缩的临空面考虑。

岩溶坝基（拱座）基础处理的一般原则为：

（1）坝基和拱座等建筑物宜避开岩溶强烈发育区。

（2）当坝基含石膏、岩盐等易溶岩时，应考虑快速溶蚀作用的不利影响。

（3）对建筑物稳定有影响的岩溶洞隙可根据其形态、大小及埋深，采用清除换填、浅层扩挖填塞、洞底支撑、设置基础垫层、局部调整轮廓等方法处理。

（4）岩溶水的处理宜采取灌、堵、截、疏、排等措施。

（三）岩溶地区地下洞室稳定

在岩溶地区开挖地下洞室，除遇到非岩溶地层地下洞室的地质问题外，还将遇到由岩溶及岩溶水造成的特殊地质问题。

水利水电工程的地下洞室（如导流洞、地下厂房及输水系统、泄洪洞等），规模一般较大，在地面下的埋藏深度较大，距岩溶水的排泄区较近，地下水量丰富，且常与河水有水力联系。岩溶地区地下洞室遇到的特殊地质问题主要有：

（1）溶洞对地下洞室围岩稳定的影响，其中包括开挖过程中及运行期。据有限元分析，洞室周边有隐伏溶洞存在时，对洞室顶拱边墙位移有较大影响。开挖中遇到大的岩溶洞穴会有大量堆积物涌入洞内，并造成天然溶洞顶板或堆积物的失稳。

（2）洞室遇到暗河等排泄地下水的通道时，会遇到突然涌水、突泥，特别是暴雨期间，来水快，水量大；如果洞室位于河水位以下，还将出现河水倒灌，对施工造成威胁。

（3）溶蚀洞穴、溶隙等与其他软弱结构面组合在围岩中形成不稳定块体。

（4）深埋隧洞通过岩溶含水层（尤其是向斜汇水构造）时，将遇到很高的岩溶水外水压力，对隧洞的施工和长期稳定极为不利。

（5）有些地区存在地下岩溶热水，给地下洞室的施工和运行造成影响。

岩溶洞穴和岩溶水工程处理的一般原则为：

（1）地下洞室应尽可能避开岩溶发育区和岩溶水富水区。

（2）地下洞室开挖过程中对岩溶洞穴的处理一般采用的方法有洞底回填跨越、钢排架支护、超前锚杆喷混凝土、混凝土拱帽法、钢支撑挑梁法等，保证一期支护的稳定，在此基础上结合洞室要求进行永久支护。

(3)对岩溶水的处理,一般采用堵截、灌、引、排等措施,降低外水压力,保证洞室稳定。

(4)对施工中可能遇到涌水、突泥地段要进行预测、预报,并采取外引内排等措施,减小施工难度,保证施工安全。

(5)遇有岩溶热水的地下洞室,要有排水降温措施。

(四)岩溶水库环境问题

岩溶地区的水库除常规水库的工程地质问题外,还存在岩溶型水库诱发地震和岩溶洼地的浸没淹没问题。

1. 水库诱发地震

世界上所发生的水库诱发地震资料统计表明,岩溶地区水库的发震率是比较高的,发震的机理与岩溶洞穴在库水作用下发生气爆或塌陷有关,称为"岩溶型"水库诱发地震。其震级一般小于4级,震中烈度小于6度。因此,岩溶水库除有诱发"构造型"水库地震外,还可能诱发"岩溶型"水库地震。在水库勘察中对岩溶发育的库段,特别是有大型岩溶洞穴、暗河、岩溶泉分布的库段,诱发"岩溶型"水库地震的可能性较大。

2. 岩溶洼地浸没与淹没

水库近岸分布有岩溶洼地的库段,部分洼地底部高程接近或略高于水库正常蓄水位,由于水库蓄水抬高了地下排水系统的水位,水力坡降减小,地下水排泄能力降低,使原来不积水的洼地发生临时积水或浸没,造成淹没损失,或造成洼地滞洪时间加长。在南方岩溶洼地发育地区,应特别重视对这一问题的勘察研究。

3. 岩溶塌陷

水库蓄水提高了两岸的地下水位,改变了两岸的水文地质环境。水库蓄水位的涨落可能造成两岸岩溶洼地、漏斗、落水洞底部洞穴充填物的潜蚀带走,或水位降落对洞穴的增压或负压作用产生新的地面塌陷。

第二节　特殊岩(土)体

一、软土

(一)软土的成因类型

天然孔隙比大于或等于1.0,并且天然含水量大于液限的细粒土称为软土,包括淤泥、淤泥质土、泥炭、泥炭质土。

软土的成因类型有3种,分别为滨海沉积、湖沼沉积和河流沉积。不同成因类型的软土,其特征各不相同。

滨海沉积的软土分布范围广,地表往往分布一层黄褐色黏性土的硬壳层,按照沉积环境可分为滨海相、泻湖相、溺谷相和三角洲相。滨海相软土常与较粗颗粒相掺杂,疏松而不均匀,透水性较好,易于压缩固结;泻湖相软土的颗粒较细、孔隙比大、强度低,底部含有贝壳和生物残骸碎屑;溺谷相软土的孔隙比大、结构疏松、含水量高;三角洲相软土常与薄层(或透镜体)砂交错沉积。

湖沼沉积的软土中夹有粉砂颗粒,具有明显的层理。与滨海相沉积的软土相比而言,含水量较低，孔隙比较小，强度稍高。

河流沉积的软土包括河漫滩相和牛轭湖相，软土成分不均一，平面分布不规则，厚度变化大，常呈带状或透镜状，与砂或泥炭互层，厚度不大。

（二）软土的工程性质

软土天然含水量高，孔隙比大，压缩性高，强度低，渗透性弱，具有如下工程性质：

（1）触变性。当受到振动时，软土的结构连接被破坏，强度随之降低或变成稀释状态，这就是触变性。其大小常用灵敏度 S_t 来表示，软土的 S_t 一般为 3～6。

（2）流变性。在剪应力作用下，土体会发生缓慢而长期的剪切变形。

（3）高压缩性。$\alpha_{1-2} > 0.5\text{MPa}^{-1}$，大部分压缩变形发生在垂直压力为 100kPa 左右时。

（4）低强度。不排水抗剪强度小于 30kPa。

（5）低透水性。垂向渗透系数为 $i \times (10^{-6} \sim 10^{-8})$ cm/s，对排水固结不利。

（6）不均匀性。软土中常夹有厚薄不等的粉土、粉砂、细砂等，在水平和垂直向分布有差异。

（三）软土的勘察要点

软土勘察应重点查明下列内容：

（1）软土的成因类型、成层条件、分布规律，薄层理与夹砂特性、水平与垂直向的均匀性，地表硬壳层的分布与厚度，地下硬土层或基岩的埋深与起伏。

（2）微地貌的状态，暗埋的塘、浜、坑、古河道的分布、埋深及其填土的性质。

（3）软土的固结历史及应力水平，结构破坏对强度和变形的影响。

（4）基坑的开挖、回填、支护、工程降水、打桩、沉井等过程及相邻施工与荷载变化对基土的应力状态、强度和压缩性的影响。

（5）地区的建筑经验。

软土的原位测试宜采用荷载试验、静力触探试验、十字板剪切试验与旁压试验。对暗埋的塘、浜、沟、坑穴等宜采用轻型动力触探试验。

软土的室内试验应符合下列要求：

（1）常规固结试验，可根据建筑物荷重和上覆土自重压力确定最后一级压力。

（2）固结系数 C_v、前期固结压力 P_c、试验的最后一级荷载、加荷级数及稳定标准应按土的特性、上覆压力和建筑物的性质确定。固结系数的测定一般包括垂向固结系数和水平向固结系数，压力范围可采用在自重压力至自重压力与附加压力之和的压力范围内选定。

（3）软土的静弹性模量可用应力控制式三轴剪力仪，在围压固结条件下，采用垂向反复加、卸荷法确定。

（4）软土的剪切试验应按地基应力状态的变化，加荷、卸荷速度，排水条件等选用合适的方法。当土体加荷或卸荷速率超过土中孔隙水压力消散的速度时，宜采用自重压力预固结的不固结不排水三轴压缩试验或快剪试验；当土体排水速度快且施工过程较慢时，宜采用固结不排水三轴压缩试验或固结快剪；对于土体可能发生较大应变的工程，应测定残余抗剪强度。必要时应进行蠕变试验、动扭剪试验、动单剪试验或动三轴试验。土压力计算所需的抗剪强度参数应区别总应力强度和有效应力强度参数，后者可用固结不排水剪测孔隙水压力试验(CU)求得。

(四)软土的工程地质评价

1. 地基的稳定性

在建筑场地内，如遇下列情况之一时，应评价地基的稳定性：

(1)当建筑物离池塘及河岸、海岸等边坡较近时，应分析评价软土侧向塑性挤出或滑移的危险。

(2)当地基土受力范围内有基岩或硬土层，并且其表面倾斜时，应分析判定该面以上的软土沿此倾斜面产生滑移或不均匀变形的可能性。

(3)对于含有浅层沼气带的地基，应分析判定沼气的逸出对地基稳定性和变形的影响。

(4)根据对场地地下水位的变化幅度、水力梯度或承压水头等水文地质条件的分析，判定其对软土地基沉降和稳定性(特别是深基坑稳定性)的影响。

(5)当建筑场地位于强地震区时，还应分析场地和地基的地震效应，并对场地稳定性和震陷的可能性作出评定。

2. 持力层的选择

分析评价软土地基的均匀性，选择适宜的持力层。当地表有硬壳时，一般应充分利用。在地基主要受力层范围内有薄层砂与软土互层时，应仔细查清，以正确估计沉降速度随固结度增大的历时过程，充分挖掘地基潜力。

3. 地基强度

软土地基承载力不宜采用单一的方法计算确定，应采用原位测试、理论计算及地区建筑经验相结合的综合分析的方法确定。当地基沉降计算范围内有软弱下卧层时，应验算下卧层的强度。

确定地基承载力时，应考虑下列因素取值：

(1)软土的形成条件、成层特点、均匀性、固结应力历史、地下水及其变化条件。

(2)上部建筑结构类型、刚度、对不均匀沉降的敏感性，荷载性质、大小和分布特征。

(3)基础的类型、尺寸、埋深和刚度等。

(4)施工方法、程序以及加荷速率对软土性质的影响。

(5)采用预压排水处理地基，应考虑软土固结排水后强度的增长。

4. 地基变形

地基的沉降量可用分层总和法计算，也可考虑土的固结应力历史的沉降计算法。

当建筑物相邻高低层荷载相差过大时，应分别计算各自的沉降，并分析其相互影响。当有大面积堆载时，应分析对相邻建筑物的不利影响。

5. 地下水影响

根据地下水水质分析资料，评价地下水对混凝土及金属的腐蚀性。

根据地下水位、流向、流速及有关地下水力学效应等参数，评价地下水对箱形、片筏基础以及其他结构物在水位最大幅度变化范围内产生上浮作用的可能性，如地下水抽降停止后基坑内水位回升引起的附加浮托力等；评价由于工程施工降水或大量抽取地下水，地下水位下降能否引起土体沉降或大面积地面沉降及其对工程周围环境的影响。

如软土地层中粉土或粉砂夹层的厚度大于25cm，在施工过程（开挖等）中可能引起水头差。存在下列情况时，应预测产生潜蚀、流砂、涌土的可能性：

（1）颗粒级配不均匀系数小于5。

（2）土的含水率大于30%。

（3）土的孔隙率大于40%。

（4）土的黏粒含量小于10%，粉粒含量大于75%。

当基坑下部有承压含水层时，基坑开挖后，造成基坑底板突涌的可能性。当工程需要验算边坡稳定性时，应评价地下水及其动水压力对边坡稳定的不利影响。

（五）地基处理

软土地基处理措施一般应根据软土的成层特点、夹层性状、场地条件和建筑物结构类型及其对地基的要求等合理选定。软土地基处理一般有下列几种：

（1）对于暗埋的塘、浜、沟、坑穴，当范围不大时，一般采用基础加深或换垫处理；当宽度不大时，一般采用基础梁跨越处理；当范围较大时，一般采用灌浆（粉喷、旋喷）、短桩（砂桩、碎石桩、预制桩等）。

（2）对于表层或浅层软土，用换土法或垫层法处理。

（3）对于大面积厚层软土地基，可采用真空预压排水固结或深层搅拌等方法。对荷载大、沉降限制严格的建筑物，宜采用桩基。

二、湿陷性土

（一）湿陷性黄土的成因与分布

黄土的成因多种多样，既有风积，也有冲积、洪积。一般将风成黄土称为原生黄土，原生黄土无层理；原生黄土经流水冲刷、搬运、再沉积，形成次生黄土，次生黄土具层理，常含有砂、砾等。

我国湿陷性黄土分布可分为7个区。

（1）Ⅰ区——陇西地区。湿陷性黄土厚度一般大于10m，土的黏粒含量较少，天然含水率低，湿陷性强烈，多具有自重湿陷性，地基湿陷等级多为Ⅲ、Ⅳ级，对工程危害性大，建筑物事故多而严重。

（2）Ⅱ区——陇东陕北地区。该区为典型黄土高原地区，黄土总厚度可达100多m，湿陷性黄土厚度为4～15m。黄土的黏粒含量少，湿陷性比较强烈，并且多属自重湿陷性黄土，地基湿陷等级有一半为Ⅲ、Ⅳ级。

（3）Ⅲ区——关中地区。黄土的黏粒含量和含水率均高于Ⅰ、Ⅱ区，湿陷性和湿陷敏感程度中等。在低阶地，湿陷性黄土厚度一般为4～8m，多属非自重湿陷性黄土；高阶地黄土厚度为6～12m，偶尔也有自重湿陷性黄土，但自重湿陷发展缓慢，湿陷量也小，对建筑物的危害比Ⅰ、Ⅱ区轻。

（4）Ⅳ区——山西地区。汾河两岸多属非自重湿陷性黄土，湿陷土层厚度为2～10m，新近堆积黄土较普遍，结构疏松，压缩性高。高阶地多属自重湿陷性黄土，湿陷土层厚度一般为5～16m。本区黄土的湿陷性和敏感程度中等。

(5) Ⅴ区——河南地区。湿陷性黄土厚度一般为 4 ~ 8m，黏粒含量较多，结构较密实，湿陷敏感性弱，湿陷量小，为非自重湿陷性黄土。

(6) Ⅵ区——冀鲁地区。湿陷性黄土厚为 2 ~ 6m，黏粒含量高，湿陷性轻微，对建筑物危害小。

(7) Ⅶ区——北部边缘地区。湿陷敏感性中等或较弱，湿陷量小，土的压缩性低。

(二)湿陷性黄土的物理力学性质

(1)颗粒组成均一，粉粒占绝对优势，黏粒含量较低，典型湿陷性黄土黏粒含量在10%左右，在黄土高原东部的华北、豫东地区黏粒含量较高，可达20%左右。

(2)孔隙比较大，一般为 0.85 ~ 1.24，大多数为 1.0 ~ 1.1，随深度增大而减小。在其他条件相同时，土的孔隙比越大，湿陷性越强。

(3)湿陷性黄土天然含水率一般较低。天然含水率与强度关系密切，含水率低时，结构强度较高，湿陷性强烈。随含水率的增大，结构强度降低，湿陷性减弱。

(4)液限。一般当液限小于 30% 时，湿陷性较强；当液限大于 30% 时，湿陷性较弱。

(5)压缩性。湿陷性黄土的压缩系数介于 $0.1 \sim 1.0MPa^{-1}$，除土的天然含水率的影响外，地质年代是一个重要因素。Q_2 和 Q_3 早期黄土，其压缩性多为中等偏低或低压缩性。Q_3 晚期和 Q_4 黄土多为中等偏高压缩性。新近堆积黄土一般具有高压缩性。

(6)抗剪强度。常见的黄土的凝聚力为 12 ~ 25kPa，内摩擦角为 15° ~ 25°。

(三)湿陷性黄土的勘察

(1)黄土地基的勘察工作应着重查明地层时代、成因、湿陷性土层的厚度、湿陷性随深度变化、场地湿陷类别和级别、地下水位变化幅度。结合工程要求，对场地和地基作出评价和处理措施建议。

(2)采取不扰动土试样必须保持其天然湿度和结构。探井中取样竖向间距一般为1m，土样直径不应小于 10cm；钻孔中取样，必须按《湿陷性黄土地区建筑规范》(GB50025—2004)的操作要求执行。

取土勘探点中，应有一定数量的探井。在Ⅲ、Ⅳ级自重湿陷性黄土场地，探井数量不得少于全部勘探点的 1/3。

(3)为评价地层均匀性和土的力学性质，勘探点中宜有一定数量的静力触探，并可采用标贯试验或旁压试验等原位测试手段。

(4)取样勘探点在初步勘察时应按地貌单元和控制性的地段布置，其数量不得少于全部勘探点的 1/2；详细勘察时，不得少于全部勘探点的 2/3；若勘探点的间距较大或数量不多时，全部勘探点可作为取样勘探点。

(5)勘探点深度除应大于压缩层深度外，对非自重湿陷性黄土场地还应大于基础底面下 5m；对自重湿陷性黄土场地，当基础底面以下湿陷性黄土厚度大于 10m 时，对于陇西、陇东和陕北地区，不应小于基础底面下 15m；其他地区不小于基础底面下 10m。

(6)在特定条件下，季节性降水或定期灌溉等会影响黄土的湿陷性评价。雨季取样试验确定的湿陷等级和承载力会偏低，而在旱季确定的湿陷等级和承载力又可能偏高。这些因素在勘察和评价时应根据具体情况加以考虑。

(7)试验要求：①室内测定湿陷系数的压力，应自基础底面(初步勘察时，自地面下

1.5m)算起,10m 以内应用 200kPa,10m 以下至非湿陷土层顶面应用其上覆土的饱和自重压力,当基底压力大于 300kPa 时宜按实际压力测定湿陷系数;②自重湿陷量一般通过室内试验测定的自重湿陷系数计算,但对重要建筑物或有特别要求的建筑物,也可采用试坑浸水试验实测自重湿陷量;③湿陷起始压力可采用室内试验(单线法、双线法)和现场载荷试验(单线法、双线法、饱和曲线法)进行。

(四)黄土的湿陷机理与湿陷性评价

1.黄土的湿陷机理

对于黄土的湿陷机理,国内外学者有各种假说,如毛细管假说、溶盐假说、胶体不足说、水膜楔入说、欠压密理论和结构学说等,其中欠压密理论有较多的拥护者。该假说认为,黄土是在干旱和半干旱条件下形成的,在干燥少雨的条件下,由于蒸发量大,水分不断减少,盐类析出,胶体凝结,产生了加固凝聚力,在土湿度不很大的情况下,上覆土层不足以克服土中形成的加固凝聚力,因而形成欠压密状态,一旦受水浸湿,加固凝聚力消失,就产生湿陷。

2.黄土湿陷性的判定

黄土的湿陷性应按室内压缩试验在一定压力下测定的湿陷系数 δ_s 值判定。当湿陷系数 δ_s 值小于 0.015 时,应定为非湿陷性黄土;当湿陷系数 δ_s 值等于或大于 0.015 时,应定为湿陷性黄土。

湿陷性系数 δ_s 值应按式(9-2-1)计算:

$$\delta_s = \frac{h_p - h'_p}{h_0} \tag{9-2-1}$$

式中 h_p——保持天然湿度和结构的土样,加压至一定压力下,下沉稳定后的高度,cm;

h'_p——上述加压稳定后的土样,在浸水作用下,下沉稳定后的高度,cm;

h_0——土样的原始高度,cm。

黄土的自重湿陷性应按室内压缩试验测定的不同深度的土样在饱和土自重压力下的自重湿陷系数 δ_{zs} 值判定。当自重湿陷系数 δ_{zs} 值等于或大于 0.015 时,应定为自重湿陷性黄土。

自重湿陷系数 δ_{zs} 值可按式(9-2-2)计算:

$$\delta_{zs} = \frac{h_z - h'_z}{h_0} \tag{9-2-2}$$

式中 h_z——保持天然湿度和结构的土样,加压至土的饱和自重压力时,下沉稳定后的高度,cm;

h'_z——上述加压稳定后的土样,在浸水作用下,下沉稳定后的高度,cm;

h_0——土样的原始高度,cm。

3.场地湿陷类型

首先计算自重湿陷量。自重湿陷量 Δ_{zs}(cm)应按式(9-2-3)计算:

$$\Delta_{zs} = \beta_0 \sum_{i=1}^{n} \delta_{zsi} h_i \tag{9-2-3}$$

式中 δ_{zsi}——第 i 层土的自重湿陷系数;

h_i——第 i 层土的厚度,cm;

β_0——因土质地区而异的修正系数,在缺乏实测资料时,对陇西地区可取 1.5,对陇东、陕北、晋西地区可取 1.2,对关中地区可取 0.9,对其他地区可取 0.5。

计算自重湿陷量 Δ_{zs},应自天然地面算起(当挖、填方的厚度和面积较大时,应自设计地面算起),至其下非湿陷性黄土层的顶面为止,其中自重湿陷系数 δ_{zs} 小于 0.015 的土层不应累计。

其次,根据自重湿陷量 Δ_{zs} 判别场地湿陷类型。当实测或计算自重湿陷量小于或等于 7cm 时,应定为非自重湿陷性黄土场地;当实测或计算自重湿陷量大于 7cm 时,应定为自重湿陷性黄土场地。

4. 地基湿陷等级

湿陷性黄土地基受水浸湿饱和至下沉稳定为止的总湿陷量 Δ_s(cm),应按式(9-2-4)计算:

$$\Delta_s = \sum_{i=1}^{n} \beta\delta_{si}h_i \tag{9-2-4}$$

式中 δ_{si}——第 i 层土的湿陷系数;

h_i——第 i 层土的厚度,cm;

β——考虑基底下地基土的受水浸湿可能性和侧向挤出等因素的修正系数,在缺乏实测资料时,基底下 5m(或压缩层)深度内可取 1.5,5~10m(或压缩层)深度以内可取 1.0,在自重湿陷性黄土场地,基底下 10m 以下至非湿陷性黄土层顶面可取工程所在地区的 β_0 值。

总湿陷量的计算深度,应自基础底面(如基底标高不确定时,自地面下1.5m)算起。在非自重湿陷黄土场地,累计至基底下 10m(或地基压缩层)深度止;在自重湿陷性黄土场地,累计至非湿陷黄土层顶面为止;其中湿陷系数 δ_s(10m 以下为 δ_{zs})小于 0.015 的土层不累计。

根据表 9-2-1 判别地基湿陷等级。

表 9-2-1 湿陷性黄土地基的湿陷等级

湿陷类型		非自重湿陷性场地	自重湿陷性场地	
计算自重湿陷量(mm)		$\Delta_{zs} \leqslant 70$	$70 < \Delta_{zs} \leqslant 350$	$\Delta_{zs} > 350$
总湿陷量 Δ_s (mm)	$\Delta_s \leqslant 300$	Ⅰ(轻微)	Ⅱ(中等)	—
	$300 < \Delta_s \leqslant 700$	Ⅱ(中等)	*Ⅱ(中等)或Ⅲ(严重)	Ⅲ(严重)
	$\Delta_s > 700$	Ⅱ(中等)	Ⅲ(严重)	Ⅳ(很严重)

注:* 表示当湿陷量的计算值 $\Delta_s > 600$mm、自重湿陷量计算值 $\Delta_{zs} > 300$mm 时,可判为Ⅲ级,其他情况可判为Ⅱ级。

(五)湿陷性黄土的处理

1. 地基处理措施

消除地基的全部湿陷量,可采用桩基等深基穿透全部湿陷性土层。消除地基的部分湿陷量,可采用换土垫层及夯实、挤密法等。

2. 防水措施

防水措施分基本防水措施和严格防水措施。基本防水措施是在建筑布置、场地排水、地面防水、散水等方面采取措施，防止雨水或生产生活用水渗入地基内的各项措施；严格防水措施是对重要建筑场地和高级别湿陷地基，在检漏防水措施的基础上，对防水地面、排水沟、检漏管沟和检漏井等设施提高设计标准。

3. 结构措施

减少建筑物的不均匀沉降，或使结构物适应地基的变形。建筑平面布置力求简单，或用沉降缝分成若干个体型简单的独立单元，用增设圈梁、基础梁、构造柱等办法，加强建筑物上部结构的整体刚度。

三、膨胀岩（土）

（一）膨胀岩（土）的基本性质

膨胀岩（土）含有大量亲水黏土矿物，湿度变化时有较大体积变化，膨胀变形受约束时产生较大的内应力。天然状态下，膨胀土多呈坚硬—硬塑状态，结构致密，强度较高。经过反复的胀缩作用后，土体中裂隙发育，强度衰减较快。影响膨胀岩（土）胀缩变形的主要有下列因素：

（1）亲水黏土矿物多，胀缩性大。

（2）SiO_2 含量与 Al_2O_3 和 Fe_2O_3 含量的比值愈大，胀缩量愈小。

（3）黏粒含量高，胀缩变形量大。

（4）土的密度大，孔隙比小，浸水膨胀强烈，失水收缩量小。

（5）初始含水量与胀后含水量愈接近，土膨胀的可能性愈小，收缩可能性就愈大。

（二）膨胀岩（土）的勘察

1. 地质测绘

地质测绘的内容包括：查明膨胀土的岩性、地质年代、成因、产状、分布及颜色、节理、裂缝等外观特征；划分地貌单元及场地类型，查明有无浅层滑坡、地裂、冲沟以及微地貌形态和植被情况；调查地表水的排泄和积聚情况、地下水类型、水位及其变化规律；收集当地降水量、蒸发力、气温、干湿季节、干旱持续时间等气象资料，查明大气影响深度；调查当地建筑经验。

2. 勘探

膨胀岩（土）地区的勘探点数量宜比非膨胀岩（土）地区适当增加，并应有一定数量的探井，其中取样勘探孔不应少于全部孔数的1/2，在地貌单元边界附近及典型微地貌地段均应布置勘探孔。

勘探孔的深度，除应考虑基础埋深及附加荷载的影响深度外，尚应超过大气影响深度。

3. 室内及现场试验

除一般物理性质试验外，尚应测定膨胀岩（土）的自由膨胀率、膨胀率、收缩系数和膨胀力等指标。详见第二章第八节室内试验。

（三）膨胀土的地基评价

（1）膨胀土膨胀潜势按自由膨胀率确定，见表9-2-2。

(2)膨胀土胀缩等级按分级变形量确定,见表9-2-3。

表9-2-2 膨胀土的膨胀潜势分类

自由膨胀率(%)	膨胀潜势
$40 \leqslant \delta_{ef} < 65$	弱
$65 \leqslant \delta_{ef} < 90$	中
$\delta_{ef} \geqslant 90$	强

表9-2-3 膨胀土地基的胀缩等级

分级变形量 S_e(%)	级别
$15 \leqslant S_e < 35$	Ⅰ
$35 \leqslant S_e < 70$	Ⅱ
$S_e \geqslant 70$	Ⅲ

(3)膨胀土地基变形量可按下列三种情况分别计算:①当离地表1m处地基土的天然含水率等于或接近最小值,或地面有覆盖且无蒸发可能时,以及建筑物在使用期间,经常有水浸湿的地基,可按膨胀变形量计算;②当离地表1m处地基土的天然含水率大于1.2倍塑限时,或直接受高温作用的地基,可按收缩变形量计算;③其他情况下可按胀缩变形量计算。

(4)地基土的膨胀变形量,应按式(9-2-5)计算:

$$S_e = \psi_e \sum_{i=1}^{n} \delta_{epi} \cdot h_i \tag{9-2-5}$$

式中 S_e——地基土的膨胀变形量,mm;

ψ_e——计算膨胀变形量的经验系数,宜根据当地经验确定,若无可依据的经验,三层及三层以下建筑物,可采用0.6;

δ_{epi}——基础底面下第i层土在该层土的平均自重压力与平均压力之和作用下的膨胀率,由室内试验确定;

h_i——第i层土的计算厚度,mm;

n——自基础底面至计算深度内所划分的土层数,计算深度应根据大气影响深度确定,有浸水可能时可按浸水影响深度确定。

(5)地基土的收缩变形量,应按式(9-2-6)计算:

$$S_s = \psi_s \sum_{i=1}^{n} \lambda_{si} \Delta\omega_i h_i \tag{9-2-6}$$

式中 S_s——地基土的收缩变形量,mm;

ψ_s——计算收缩变形量的经验系数,宜根据当地经验确定,若无可依据经验,三层及三层以下建筑物,可采用0.8;

λ_{si}——第i层土的收缩系数,应由室内试验确定;

$\Delta\omega_i$——地基土收缩过程中,第i层土可能发生的含水率变化的平均值(以小数表示);

n——自基础底面到计算深度内所划分的土层数,计算深度可取大气影响深度,当有热源影响时,应按热源影响深度确定。

在计算深度内,各土层的含水率变化值,应按式(9-2-7)计算:

$$\Delta\omega_i = \Delta\omega_1 - (\Delta\omega_1 - 0.01)\frac{Z_i - 1}{Z_n - 1} \tag{9-2-7}$$

$$\Delta\omega_1 = \omega_1 - \psi_w \omega_p$$

式中 ω_1、ω_p——地表下1m处土的天然含水率和塑限(以小数表示),在地表下4m土层深度内，存在不透水基岩时，可假定含水率变化值为常数；

ψ_w——土的湿度系数；

Z_i——第 i 层土的深度，m；

Z_n——计算深度，可取大气影响深度，m，在计算深度内有稳定地下水位，可计算至水位以上 3m。

(6)膨胀土湿度系数应根据当地 10 年以上的土的含水率变化及有关气象资料统计求出。无此资料时，可按式(9-2-8)计算：

$$\psi_w = 1.152 - 0.726\alpha - 0.00107c \tag{9-2-8}$$

式中 ψ_w——膨胀土湿度系数，在自然气候影响下，地表下 1m 处土层含水率可能达到的最小值与其塑限之比；

α——当地 9 月至次年 2 月的蒸发力之和与全年蒸发力之比值，我国部分地区蒸发力及降水量值可按《膨胀土地区建筑技术规范》(GBJ112—87)附录二采用；

c——全年中干燥度(干燥度为蒸发力与降水量之比值)大于 1.00 的月份的蒸发力与降水量差值之总和，mm。

(7)大气影响深度应由各气候区土的深层变形观测或含水率观测及地温观测资料确定。无此资料时，可按表 9-2-4 采用。

表 9-2-4 大气影响深度 （单位：m）

土的湿度系数 ψ_w	大气影响深度 d_a	土的湿度系数 ψ_w	大气影响深度 d_a
0.6	5.0	0.8	3.5
0.7	4.0	0.9	3.0

注：1. 大气影响深度是自然气候作用下，由降水、蒸发、地温等因素引起土的升降变形的有效深度。
2. 大气影响急剧层深度是指大气影响特别显著的深度。

大气影响急剧层深度可按表 9-2-4 中的大气影响深度值乘以 0.45 采用。

(8)地基土的胀缩变形量，应按式(9-2-9)计算：

$$S = \psi \sum_{i=1}^{n} (\delta_{epi} + \lambda_{si} \cdot \Delta\omega_i) h_i \tag{9-2-9}$$

式中 ψ——计算胀缩变形量的经验系数，可取 0.7。

(四)膨胀岩土的地基处理

膨胀土地基处理可采用换土、砂石垫层、土性改良等方法，亦可采用桩或墩基。

换土可采用非膨胀性材料或灰土，换土厚度可通过变形计算确定。平面场地上Ⅰ、Ⅱ级膨胀土的地基处理宜采用砂、石垫层，垫层厚度不应小于 300mm，垫层宽度应大于基底宽度，两侧宜采用与垫层相同的材料回填，并做好防水处理。

采用桩基础时，其深度应达到胀缩活动区以下，并且不小于设计地面下 5m，并需考虑因胀缩作用产生的土对桩的上拔力或下拽力(负摩擦力)的影响。对于桩墩本身，宜采用非膨胀土作隔层。

四、分散性土

(一)分散性土的分散性及其危害

分散性土是指黏性土颗粒能在水中散凝呈悬浮状态，被雨水或渗流冲蚀带走而引起土体破坏的土。分散性土属低液限黏土，其分散性是一个复杂的物理化学过程，其破坏具有快速、隐蔽的特点，具潜在危险性，常造成建筑物地基失稳，日趋受到工程界关注。

土的分散特性是由主要黏土矿物蒙脱石和低含盐量的水两方面因素决定的，须高度重视土和水这两个不可分割的特性因子组合的辩证关系。我国已在10多个省(区)发现分散性土，其中仅松嫩平原就有2万km^2。

分散性土分布区常发育溶蚀微地貌，如溶蚀小沟、溶蚀洞穴等，应特别注意调查隐伏的溶蚀洞穴。

(二)分散性土的判别与分类

1.分散性土试验方法

迄今尚无分散性土室内试验方法标准，而国内外工程界基本认同美国水土保持局提出的碎块试验、双比重计试验、针孔试验和孔隙水可溶盐试验。不少工程实践证明，针孔试验和孔隙水可溶盐试验结果更符合实际。有些时候，用蒸馏水做试验为分散性土，而用一定含盐量的工程环境水做试验则不显示分散性，所以必须有一定量蒸馏水和环境水平行试验，以免误判。此外，尚需进行土壤盐分和可交换钠离子的测定、黏土矿物鉴定等。

(1)碎块试验：将10mm左右的方块样放入水中，观察5~10min，根据土块和水的变化判别土的分散性(见表9-2-5)。碎块试验方法简便，无需特殊的试验仪器，室内和野外都能进行，是初步判定分散性土的有效方法；但它具有多解性，有些膨胀土的碎块试验亦反应有分散性。

表9-2-5　碎块试验分散性等级评价标准

分散性等级	土块浸水后的反应
Ⅰ	没有反应，土块可能在杯底塌散，但没有胶粒使水变混浊的迹象
Ⅱ	微有反应，土块表面附近水有些混浊
Ⅲ	中等反应，容易鉴别出悬液中的胶体混浊点，通常在杯底扩散成细条纹
Ⅳ	强烈反应，杯底有一薄层胶体沉积，有些土样会使整杯水混浊

(2)双比重计试验：双比重计试验即颗粒大小分析试验中的比重计法。第一次是在土、水混合液中加分散剂，第二次不加分散剂。根据两次试验求出的黏粒(粒径小于0.005mm)含量，计算分散度。双比重计试验评价土的分散性见表9-2-6。

表9-2-6　双比重计试验评价土的分散性标准

分散性	分散度D(%)	分散性	分散度D(%)
非分散性土	<30	分散性土	50~70
过渡型土	30~50	高分散性土	>70

注：分散度D=不加分散剂的黏粒含量/加分散剂的黏粒含量×100%。

(3)针孔试验：将击实土样穿一直径为1mm的轴向小孔，然后在针孔试验装置中用蒸馏水进行渗流试验，在各级水头下观察针孔受水流冲蚀的情况。根据针孔试验评价土的分散性见表9-2-7。

(4)孔隙水可溶盐试验：把土与蒸馏水拌和到接近液限的稠度，用有过滤设备的真空吸水器抽出孔隙水样，测定孔隙水样中的钙、镁、钠、钾四种金属阳离子总量（*TDS*），并求出其中钠离子含量的百分数。根据图 9-2-1 评价土的分散性，图中 A 区为分散性土，B 区为非分散性土，C 区为过渡型土。

表 9-2-7　针孔试验评价土的分散性标准

分散性	试验水头（mm）	试验持续时间（min）	最终孔径 d_z（mm）	出水混浊情况
高分散性土	50	10	$d_z \geqslant 3.0$	很混浊
分散性土	50	10	$2.0 \leqslant d_z < 3.0$	很混浊
过渡型土	50	10	$1.5 \leqslant d_z < 2.0$	混浊
	180			
非分散性土	380	≥5	$d_z \leqslant 1.5$	微混浊
	1 020			
高抗冲蚀性土	1 020	≥5	针孔孔径保持不变	清水

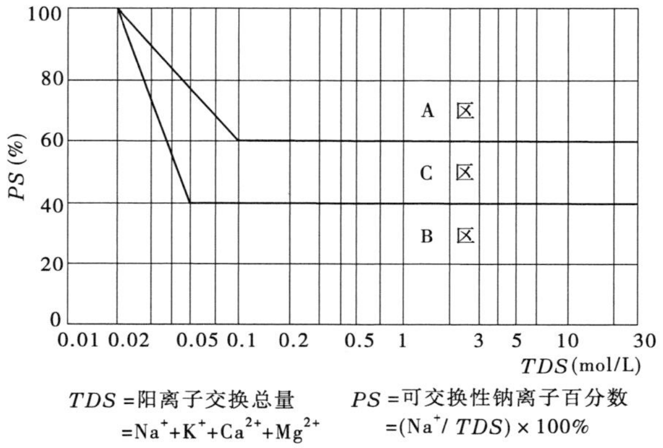

图 9-2-1　孔隙水溶液试验评价土的分散性图

A 区——分散性土；B 区——非分散性土；C 区——过渡型土

2. 分散性土综合分类

评定土的分散性时，应采用野外调查与室内试验相结合的方法，同时应进行多种方法的对比试验，以综合分类标准判别结果为准（见表 9-2-8）。

（三）分散性土的处理原则

分散性土只有遇到低溶盐的水才会表现出分散性来。世界上有不少用分散性土所筑的水坝，虽未做任何处理，并未因为分散性而出事，究其原因是水库所蓄的水是高溶盐水。因此，对分散性土的处理应遵从下列方法：

（1）围封，即将分散性土包裹起来，使之不与低溶盐的水接触，包裹材料可用防渗土工膜、塑料、橡胶制品等，也可用非分散性黏土。

（2）改造库水，即定期向水体中投放钠盐和钙盐混合物，将低溶盐水改造成高溶盐水。

表 9-2-8　分散性土综合分类

分类名称	针孔试验分散性	孔隙水可溶盐试验 PS(%)	双比重计试验 D(%)		碎块试验分散性等级
			中、低塑性黏土	高塑性黏土	
非分散性土	高抗冲蚀土、非分散性土	<40	<20	<30	Ⅰ
过渡型土	过渡型土	40~60	20~40	30~50	Ⅱ
分散性土	分散性土	60~90	40~60	50~70	Ⅲ
高分散性土	高分散性土	>90	>60	>70	Ⅳ

(3)改良土质,即在分散性土中掺加石灰或硫酸铝等化学物质,改变分散性土的性质,消除其分散性土。

(4)坝后堵截,即设置细砂反滤体,使分散性土中的细颗粒不被水冲蚀带走,从而保证分散性土的完整程度不受破坏。

五、红黏土

(一)红黏土的形成条件与基本特征

1. 红黏土的形成条件

红黏土是碳酸盐岩经红土化作用形成的,呈棕红、褐黄等色的黏土,其液限一般等于或大于50%,具明显的收缩性,网状裂隙发育。红黏土经搬运、沉积后仍保留其基本特征,且液限介于45%~50%的土,称为次生红黏土。

红黏土的形成必须满足下列两个条件:

(1)气候条件。年降水量大于蒸发量,气候湿润,有利于岩石的机械风化与化学风化。

(2)岩性条件。原岩多为碳酸盐类岩石,也可以是玄武岩和花岗岩等。当岩层褶皱发育、岩石破碎、易于风化时,更易形成红黏土。

2. 红黏土的基本特征

(1)土的天然含水率、孔隙比、饱和度以及液限、塑限很高,但却具有较高的力学强度和较低的压缩性。

(2)各种指标的变化幅度很大。

(3)具有表面收缩、上硬下软、裂隙发育的特征。

(4)透水性微弱,多含裂隙潜水和上层滞水。

(二)红黏土的勘察

1. 工程地质测绘与调查

工程地质测绘与调查应包括下列内容:

(1)不同地貌单元的红黏土和次生红黏土的分布、厚度、物质组成、土性、土体结构等特征及其差异。

(2)下伏基岩的岩性、岩溶发育特征与红黏土土性、厚度变化的关系。

(3)土体结构特征,地裂分布、发育特征及其成因,裂隙的密度、深度、延伸方向、规律及其对人工边坡的影响。

(4)地表水体及地下水的分布、动态及其对红黏土湿度状态垂向分带、土质软化的影响。

(5)现有建筑物开裂原因分析,地基基础勘察、设计及施工经验等。

2. 测试与试验

根据需要,宜做载荷试验和旁压试验;裂隙发育的红黏土应进行三轴剪切及无侧限抗压强度试验;需评价边坡稳定时,应进行反复剪。

(三)红黏土的工程地质评价

1. 红黏土的分类

红黏土坚硬状态按含水比(a_w)划分见表9-2-9,红黏土的结构分类见表9-2-10。

表9-2-9 红黏土坚硬状态按含水比 a_w 划分

a_w 值	坚硬状态
$a_w \leq 0.55$	坚硬
$0.55 < a_w \leq 0.70$	硬塑
$0.70 < a_w \leq 0.85$	可塑
$0.85 < a_w \leq 1.00$	软塑
$a_w > 1.00$	流塑

注:a_w 为土的天然含水率与土的液限之比。

表9-2-10 红黏土的结构分类

裂隙发育程度	裂隙状态
偶见裂隙(<1条/m)	致密状
较多裂隙(1~2条/m)	巨块状
富裂隙(>5条/m)	碎块状

红黏土按界限液塑比 I_r' 和液塑限比 I_r 分类见表9-2-11,红黏土按地基均匀性分类见表9-2-12。

表9-2-11 红黏土按界限液塑比和液塑限比关系划分

类别	I_r 与 I_r' 关系	收缩特征
Ⅰ类	$I_r \geq I_r'$	收缩后再浸水,膨胀量能恢复到原位
Ⅱ类	$I_r < I_r'$	收缩后再浸水,膨胀量不能恢复到原位

注:1. $I_r = 1.4 + 0.066\omega_L$。

2. $I_r' = \omega_L / \omega_p$。

表9-2-12 按地基均匀性划分

类别	均匀性分类	收缩特征
Ⅰ类	均匀	全部由红黏土组成
Ⅱ类	不均匀	由红黏土与岩石组成

2. 裂隙和胀缩性的评价

轻型建筑物的基础埋深应大于当地大气影响剧烈层的深度。高温设备基础应考虑地基土不均匀收缩变形;开挖明渠应考虑土体干湿循环的影响;在有石芽出露的地段,应考虑地表水下渗冲蚀形成的地面变形。

六、填土

(一)填土的分类及性质

1. 填土的分类

填土是指由人类活动而堆积的土,按其物质组成和堆填方式可分为以下几种:

(1)素填土。由碎石、砂、粉土和黏性土等一种或几种材料组成,不含杂质或杂质很少。

(2)杂填土。含有大量建筑垃圾、工业废料或生活垃圾等杂物。

(3)冲填土。由水力冲填泥沙形成。

(4)压实填土。经分层压实的填土。

2. 填土的土质特性

(1)素填土均匀性变化较大,密实度受堆积时间影响较大。

(2)杂填土性质不均,厚度及密度变化大,变形大并有湿陷性,压缩性大,强度低。

(3)冲填土具不均匀性,透水性弱,排水固结程度低。

(二)填土的勘察

1. 勘察要点

(1)收集资料,调查地形和地物的变迁、填土来源、堆填年限和堆填方式。

(2)查明填土的分布、厚度、物质成分、颗粒级配及其均匀性、密实性、压缩性和湿陷性。

(3)判定地下水对混凝土的腐蚀性及其与相邻地表水体的水力影响。

(4)对冲填土应确定排水条件、固结性能及固结程度。

2. 勘察方法

(1)勘察方法应根据填土性质确定。对粉性、黏性素填土,宜采用轻型钻具,对含较多粗粒成分的杂填土宜采用触探、钻探,并应设一定数量的探井。

(2)填土的均匀性及密实度宜用触探测定,辅以室内试验。轻型动力触探适用于黏性、粉性素填土,静力触探适用于冲填土和黏性素填土,重型动力触探适用于粗粒填土。

(3)填土的压缩性、湿陷性可采用压缩试验、浸水压缩试验或荷载试验、浸水载荷试验确定。

(4)杂填土的密度,宜采用大容积法测定。

(5)填土的承载力,可由轻型动力触探、重型动力触探、静力触探和取样分析确定。必要时应采用载荷试验。

(6)对压实填土,在压实前应测定填料的最优含水率和最大干密度。压实后测定其压实系数。

(三)填土的工程地质评价

(1)填土的均匀性和密实度与填土的物质组成、分布特征和堆积年代有密切关系。必要时应按厚度、强度和变形特性指标进行分层和分区评价。

(2)对于堆积年限较长的素填土、冲填土以及由建筑垃圾和性能稳定的工业废料组成的杂填土,当较均匀和较密实时,可考虑用为天然地基。由有机质含量较多的生活垃圾和对基础有腐蚀性的工业废料组成的杂填土,不宜作为天然地基。

(3)利用压实填土作地基时,必须根据结构类型、填料性能、现场条件提出填土地基的质量要求。未经检验的及不符合质量要求的,不得作为天然地基。

(4)填土的承载力应结合当地建筑经验、室内外测试结果确定。

七、盐渍岩土

(一)盐渍岩土的分类及其基本特征

岩土中易溶盐含量大于0.3%,并且具有溶陷、盐胀、腐蚀等特性时,称为盐渍岩土,按含盐性质可分为氯盐渍土、亚氯盐渍土、亚硫酸盐渍土、硫酸盐渍土和碱性盐渍土；按含盐量分为弱盐渍土、中盐渍土、强盐渍土、超盐渍土。盐渍岩按含盐矿物成分分为石膏盐渍岩和芒硝盐渍岩等。

1. 氯盐渍土的工程性质

(1)氯盐含量增大，临塑荷载增大。

(2)氯盐含量越高，可塑性越低。

(3)氯盐含量增大，孔隙比降低。

(4)有较大的吸湿性，土体容易压实。

(5)具有一定的腐蚀性。

2. 硫酸盐渍土的工程性质

(1)硫酸盐含量增大，力学强度降低。

(2)具有松胀性。

(3)具有较强的腐蚀性。

3. 碳酸盐渍土的工程性质

(1)遇水即发生强烈膨胀作用，透水性减弱，密度减小，从而导致地基稳定性及强度降低。

(2)对各种建筑材料具有不同的腐蚀性。

(二)盐渍土勘察

1. 工程地质测绘

(1)查明盐渍岩土的分布范围、形成条件、含盐类型、含盐程度、溶蚀洞穴发育程度和空间分布状况，植物分布生长状况。

(2)对含石膏为主的盐渍岩，应查明硬石膏的水化深度；对含芒硝较多的盐渍岩，在隧道通过地段应查明地温情况。

(3)查明大气降水的积聚、径流、排泄，洪水淹没范围，冲蚀情况，地下水类型、埋藏条件、水质、水位及其变化。

(4)查明有害毛细水上升高度。对粉土、黏性土宜采用塑限含水量法确定，对砂土宜采用最大分子含水量法确定。

(5)收集气象(包括气温、地温、降水量、蒸发量)和水文资料。

(6)调查当地建筑经验。

(7)查明盐渍土的盐胀性和溶陷性。

2. 试样的采取

盐渍土试样宜在干旱季节采取，宜符合表 9-2-13 的规定。

3. 原位测试及室内试验

根据盐渍土的特征，选用适宜的原位测试方法。为确定其湿陷性和地基承载力，宜进行载荷试验，对湿陷性盐渍土尚应做浸水载荷试验；对盐胀性盐渍土宜现场测定有效盐胀厚度和总盐胀量。室内试验应符合下列规定：

(1)对松胀性和湿陷性指标，应按照膨胀土和湿陷性土的有关试验方法进行。

(2)对硬石膏，根据需要可做水化试验、测定有关膨胀参数。

(3)应有一定数量的试样做化学成分分析、矿物成分分析和有机质含量的测定。

(4)必要时对岩、土的结构进行电子显微镜鉴定。

表 9-2-13　盐渍土扰动土试样取样要求

勘察阶段	深度范围(m)	取土试样间距(m)	取样点勘察点总数(%)
初步勘察	<5	1.0	100
	5~10	2.0	50
	>10	3.0~5.0	20
详细勘察	<5	0.5	100
	5~10	1.0	50
	>10	2.0~3.0	30

注:浅基取样深度到 10m 即可。

(三)盐渍土的工程地质评价

(1)根据地区的气象、水文、地形、地貌、场地积水、地下水位、管道渗漏、地下洞室等环境条件变化,对场地建筑适宜性作出评价。

(2)评价岩土中含盐类型、含盐量及主要含盐矿物对岩土工程性质的影响。

(3)盐渍土地基的承载力宜采用载荷试验确定。当采用其他原位测试方法时,应与载荷试验结果进行对比,并应考虑盐渍岩的水溶性影响。

(4)盐渍岩边坡的坡度宜比非盐渍岩的软质岩石边坡适当放缓,对软弱夹层,破碎带及中、强风化带应部分或全部加以防护。

八、冻土

(一)冻土的分类

温度达到或低于 0℃并含有固相水(冰)的各类土,称为冻土。冻土分为多年冻土(又称永久冻土)和季节冻土。多年冻土是指持续冻结时间在 2 年或 2 年以上的土。季节性冻土泛指 2 年间冬季冻结而夏季曾经融化的土。

按冻结状态,可将冻土分为坚硬冻土、塑性冻土和松散冻土。坚硬冻土中未冻水含量很少,土的强度高;塑性冻土中含较多未冻结的水,强度不高,具有塑性;松散冻土的含水量较小,土粒未被冰所冻结,仍呈松散状态。

(二)冻土的物理力学性质及分级

季节性冻土在冻结状态时,具有较高强度和较低压缩性,融化后则承载力大为降低,压缩性急剧增高,使地基产生融陷;相反,在冻结过程中又产生冻胀,对地基均不利。冻土的冻胀和融沉性与土的颗粒大小、含水率有关。一般来说,土的颗粒愈粗,含水率愈小,土的冻胀与融沉性愈小;反之则愈大。

季节性冻土地基与季节融化层土的冻胀性分级见表 9-2-14。

表 9-2-14　季节性冻土地基与季节融化层土的冻胀性分级

土的名称	冻前天然含水率 ω（%）	冻结期间地下水位距冻结面的最小距离（m）	平均冻胀率 η（%）	冻胀等级	冻胀类别
碎（卵）石，砾、粗、中砂（<0.075mm 粒径含量<15%），细砂（<0.075mm 粒径含量<10%）	不考虑	不考虑	$\eta \leq 1$	Ⅰ	不冻胀
碎（卵）石，砾、粗、中砂（<0.075mm 粒径含量>15%），细砂（<0.075mm 粒径含量>10%）	$\omega \leq 12$	>1.0	$\eta \leq 1$	Ⅰ	不冻胀
		≤1.0	$1 < \eta \leq 3.5$	Ⅱ	弱冻胀
	$12 < \omega \leq 18$	>1.0			
		≤1.0	$3.5 < \eta \leq 6$	Ⅲ	冻胀
	$\omega > 18$	>0.5			
		≤0.5	$6 < \eta \leq 12$	Ⅳ	强冻胀
粉砂	$\omega \leq 14$	>1.0	$\eta \leq 1$	Ⅰ	不冻胀
		≤1.0	$1 < \eta \leq 3.5$	Ⅱ	弱冻胀
	$14 < \omega \leq 19$	>1.0			
		≤1.0	$3.5 < \eta \leq 6$	Ⅲ	冻胀
	$19 < \omega \leq 23$	>1.0			
		≤1.0	$6 < \eta \leq 12$	Ⅳ	强冻胀
	$\omega > 23$	不考虑	$\eta > 12$	Ⅴ	特强冻胀
粉土	$\omega \leq 19$	>1.5	$\eta \leq 1$	Ⅰ	不冻胀
		≤1.5	$1 < \eta \leq 3.5$	Ⅱ	弱冻胀
	$19 < \omega \leq 22$	>1.5			
		≤1.5	$3.5 < \eta \leq 6$	Ⅲ	冻胀
	$22 < \omega \leq 26$	>1.5			
		≤1.5	$6 < \eta \leq 12$	Ⅳ	强冻胀
	$26 < \omega \leq 30$	>1.5			
		≤1.5	$\eta > 12$	Ⅴ	特强冻胀
	$\omega > 30$	不考虑			
黏性土	$\omega \leq \omega_p + 2$	>2.0	$\eta \leq 1$	Ⅰ	不冻胀
		≤2.0	$1 < \eta \leq 3.5$	Ⅱ	弱冻胀
	$\omega_p + 2 < \omega \leq \omega_p + 5$	>2.0			
		≤2.0	$3.5 < \eta \leq 6$	Ⅲ	冻胀
	$\omega_p + 5 < \omega \leq \omega_p + 9$	>2.0			
		≤2.0	$6 < \eta \leq 12$	Ⅳ	强冻胀
	$\omega_p + 9 < \omega \leq \omega_p + 15$	>2.0			
		≤2.0	$\eta > 12$	Ⅴ	特强冻胀
	$\omega > \omega_p + 15$	不考虑			

注：1. 本表摘自《冻土工程地质勘察规范》（GB50324—2001）。
2. ω_p 为塑限含水率（%），ω 为冻前天然含水率在冻层内的平均值。
3. 盐渍化冻土不在表列。
4. 塑性指数>22 时，冻胀性降低一级。
5. 小于 0.005mm 粒径含量大于 60% 时，为不冻胀土。
6. 碎石类土当填充物大于全部质量的 40% 时，其冻胀性按填充物土的类别判定。

多年冻土按融沉性分级和评价见表9-2-15。

表9-2-15　多年冻土的融沉性分级

土类	总含水量 ω(%)	平均融沉系数 δ_0	融沉等级	融沉类别
碎(卵)石,砾、粗、中砂(粒径小于0.075mm的颗粒含量不大于15%)	$\omega<10$	$\delta_0\leqslant 1$	Ⅰ	不融沉
	$\omega\geqslant 10$	$1<\delta_0\leqslant 3$	Ⅱ	弱融沉
碎(卵)石,砾、粗、中砂(粒径小于0.075mm的颗粒含量大于15%)	$\omega<12$	$\delta_0\leqslant 1$	Ⅰ	不融沉
	$12\leqslant\omega<15$	$1<\delta_0\leqslant 3$	Ⅱ	弱融沉
	$15\leqslant\omega<25$	$3<\delta_0\leqslant 10$	Ⅲ	融沉
	$\omega\geqslant 25$	$10<\delta_0\leqslant 25$	Ⅳ	强融沉
粉砂、细砂	$\omega<14$	$\delta_0\leqslant 1$	Ⅰ	不融沉
	$14\leqslant\omega<18$	$1<\delta_0\leqslant 3$	Ⅱ	弱融沉
	$18\leqslant\omega<28$	$3<\delta_0\leqslant 10$	Ⅲ	融沉
	$\omega\geqslant 28$	$10<\delta_0\leqslant 25$	Ⅳ	强融沉
粉土	$\omega<17$	$\delta_0\leqslant 1$	Ⅰ	不融沉
	$17\leqslant\omega<21$	$1<\delta_0\leqslant 3$	Ⅱ	弱融沉
	$21\leqslant\omega<32$	$3<\delta_0\leqslant 10$	Ⅲ	融沉
	$\omega\geqslant 32$	$10<\delta_0\leqslant 25$	Ⅳ	强融沉
黏性土	$\omega<\omega_p$	$\delta_0\leqslant 1$	Ⅰ	不融沉
	$\omega_p\leqslant\omega<\omega_p+4$	$1<\delta_0\leqslant 3$	Ⅱ	弱融沉
	$\omega_p+4\leqslant\omega<\omega_p+15$	$3<\delta_0\leqslant 10$	Ⅲ	融沉
	$\omega_p+15\leqslant\omega<\omega_p+35$	$10<\delta_0\leqslant 25$	Ⅳ	强融沉
含土冰层	$\omega\geqslant\omega_p+35$	$\delta_0>25$	Ⅴ	融陷

注:1. 本表摘自《冻土工程地质勘察规范》(GB50324—2001)。

2. 总含水量 ω 包括冻水和未冻水。

3. 盐渍化冻土、冻结泥炭土、腐殖土、高塑性黏土不在表列。

4. ω_p 为塑限含水量。

(三)冻土的勘察

1. 勘察要点

工程地质勘察应包括下列内容:冻土及融土的平面分布规律;冻土层的厚度及其垂直结构;土的季节冻结与季节融化深度;冻土的温度状态和类型;冻土构造特征;冻土现象;季节冻土和季节融化层土的冻胀性级别,冻结前及冻结期间地下水位变化;冻土的物理、力学和热学性质。

2. 测试与试验

试验项目除按常规要求外，尚应根据需要提供总含水量，体积含冰量、相对含冰量、未冻水含量，导热系数、融化系数、冻土地基承载力等热学及冻土力学参数。

（四）冻土的工程地质评价

1. 多年冻土的融沉性分级及评价

工程地质评价应包括下列内容：

（1）季节融化层的厚度及其变化特征。

（2）对多年冻土的融沉性和季节融化层的冻胀性进行分级。

（3）根据冻土工程地质条件及其变化，提出利用原则及其相应的保护和防治措施建议。

2. 季节性冻土的评价

对季节性冻土，应评价其温度状况，包括地表积雪、植被、水体、沼泽化、大气降水渗透作用、土的含水率、地形等对地温的影响，并应对融沉性和冻胀性进行分级。